普通高等教育“十一五”国家级规划教材

国家精品课程教材

教育部高等学校电子电气基础课程教学指导分委员会推荐教材

电子信息学科基础课程系列教材

电路分析基础

陈洪亮 田社平 吴雪 徐雄 编著

清华大学出版社

北 京

内容简介

本书围绕电路分析方法，全面介绍了电路分析的基本概念、基本原理和基本方法，主要内容为：电路的基本概念及基尔霍夫定律、电路元件及电路基本类型、电路的基本分析方法、电路的网络拓扑分析方法、电路基本定理、一阶电路、二阶电路、相量及相量分析法、三相电路、功率和能量。书后附有部分习题答案。全书配有丰富的例题、思考与练习题、习题。本书选用通用数学分析软件 MATLAB 作为电路分析的辅助工具，教材中配有各种电路分析程序。附录 A 包含 MATLAB 语言简介，附录 B～G 对电路分析中的一些疑难问题进行了分析。

本书可作为高等学校电气信息类各专业“电路分析基础”和“电路”课程教材使用，也可作为科技人员的参考书。

图书在版编目(CIP)数据

电路分析基础/陈洪亮等编著.—北京：清华大学出版社，2009.1（2022.7重印）
（电子信息学科基础课程系列教材）
ISBN 978-7-302-18705-9

Ⅰ.电… Ⅱ.陈… Ⅲ.电路分析—高等学校—教材 Ⅳ.TM133

中国版本图书馆 CIP 数据核字(2008)第 154739 号

责任编辑：陈国新 陈志辉
责任校对：焦丽丽
责任印制：宋 林

出版发行：清华大学出版社
网 址：http://www.tup.com.cn，http://www.wqbook.com
地 址：北京清华大学学研大厦 A 座 **邮 编**：100084
社 总 机：010-83470000 **邮 购**：010-62786544
投稿与读者服务：010-62776969，c-service@tup.tsinghua.edu.cn
质量反馈：010-62772015，zhiliang@tup.tsinghua.edu.cn
课件下载：http://www.tup.com.cn，010-62795954
印 装 者：涿州市京南印刷厂
经 销：全国新华书店
开 本：185mm×260mm **印 张**：31.25 **字 数**：761 千字
版 次：2009 年 1 月第 1 版 **印 次**：2022 年 7 月第12次印刷
定 价：79.00 元

产品编号：023504-03

《电子信息学科基础课程系列教材》
丛 书 序

电子信息学科是当今世界上发展最快的学科，作为众多应用技术的理论基础，对人类文明的发展起着重要的作用。它包含诸如电子科学与技术、电子信息工程、通信工程和微波工程等一系列子学科，同时涉及计算机、自动化和生物电子等众多相关学科。对于这样一个庞大的体系，想要在学校将所有知识教给学生已不可能。以专业教育为主要目的的大学教育，必须对自己的学科知识体系进行必要的梳理。本系列丛书就是试图搭建一个电子信息学科的基础知识体系平台。

目前，中国电子信息类学科高等教育的教学中存在着如下问题：

(1) 在课程设置和教学实践中，学科分立，课程分立，缺乏集成和贯通；

(2) 部分知识缺乏前沿性，局部知识过细、过难，缺乏整体性和纲领性；

(3) 教学与实践环节脱节，知识型教学多于研究型教学，所培养的电子信息学科人才不能很好地满足社会的需求。

在新世纪之初，积极总结我国电子信息类学科高等教育的经验，分析发展趋势，研究教学与实践模式，从而制定出一个完整的电子信息学科基础教程体系，是非常有意义的。

根据教育部高教司 2003 年 8 月 28 日发出的[2003]141 号文件，教育部高等学校电子信息与电气信息类基础课程教学指导分委员会(基础课分教指委)在 2004—2005 两年期间制定了“电路分析”、“信号与系统”、“电磁场”、“电子技术”和“电工学”5 个方向电子信息科学与电气信息类基础课程的教学基本要求。然而，这些教学要求基本上是按方向独立开展工作的，没有深入开展整个课程体系的研究，并且提出的是各课程最基本的教学要求，针对的是“2＋X＋Y”或者“211 工程”和“985 工程”之外的大学。

同一时期，清华大学出版社成立了“电子信息学科基础教程研究组”，历时 3 年，组织了各类教学研讨会，以各种方式和渠道对国内外一些大学的 EE(电子电气)专业的课程体系进行收集和研究，并在国内率先推出了关于电子信息学科基础课程的体系研究报告《电子信息学科基础教程 2004》。该成果得到教育部高等学校电子信息与电气学科教学指导委员会的高度评价，认为该成果“适应我国电子信息学科基础教学的需要，有较好的指导意义，达到了国内领先水平”，“对不同类型院校构建相关学科基础教学平台均有较好的参考价值”。

在此基础上，由我担任主编，筹建了“电子信息学科基础课程系列教材”编委会。编委会多次组织部分高校的教学名师、主讲教师和教育部高等学校教学指导委员会委员，进一步探讨和完善《电子信息学科基础教程 2004》研究成果，并组织编写了这套“电子信息学科基础课程系列教材”。

在教材的编写过程中，我们强调了“基础性、系统性、集成性、可行性”的编写原则，突出了以下特点：

(1) 体现科学技术领域已经确立的新知识和新成果。

(2) 学习国外先进教学经验，汇集国内最先进的教学成果。

(3) 定位于国内重点院校，着重于理工结合。

(4) 建立在对教学计划和课程体系的研究基础之上，尽可能覆盖电子信息学科的全部基础。本丛书规划的14门课程，覆盖了电气信息类如下全部7个本科专业：

- 电子信息工程
- 通信工程
- 信息工程
- 计算机科学与技术
- 自动化
- 电气工程与自动化
- 生物医学工程

(5) 课程体系整体设计，各课程知识点合理划分，前后衔接，避免各课程内容之间交叉重复，目标是使各门课程的知识点形成有机的整体，使学生能够在规定的课时数内，掌握必需的知识和技术。各课程之间的知识点关联如下图所示：

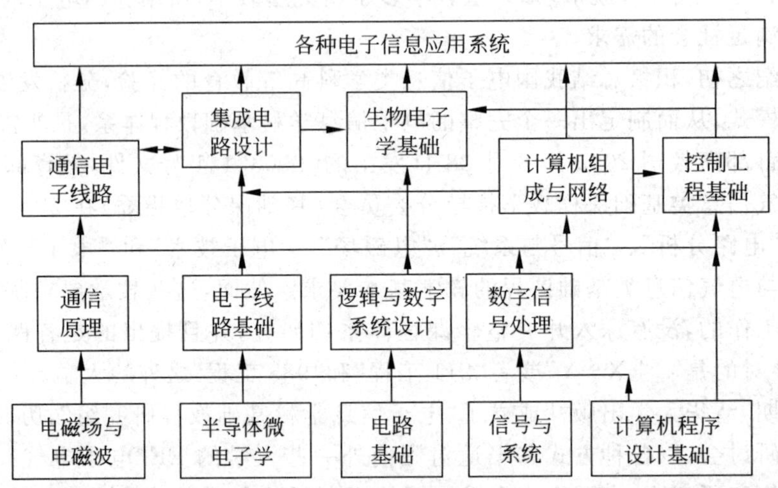

即力争将本科生的课程限定在有限的与精选的一套核心概念上，强调知识的广度。

(6) 以主教材为核心，配套出版习题解答、实验指导书、多媒体课件，提供全面的教学解决方案，实现多角度、多层面的人才培养模式。

(7) 由国内重点大学的精品课主讲教师、教学名师和教指委委员担任相关课程的设计和教材的编写，力争反映国内最先进的教改成果。

我国高等学校电子信息类专业的办学背景各不相同，教学和科研水平相差较大。本系列教材广泛听取了各方面的意见，汲取了国内优秀的教学成果，希望能为电子信息学科教学提供一份精心配备的搭配科学、营养全面的“套餐”，能为国内高等学校教学内容和课程体系的改革发挥积极的作用。

然而，对于高等院校如何培养出既具有扎实的基本功，又富有挑战精神和创造意识的社会栋梁，以满足科学技术发展和国家建设发展的需要，还有许多值得思考和探索的问题。比如，如何为学生营造一个宽松的学习氛围？如何引导学生主动学习，超越自己？如何为学生打下宽厚的知识基础和培养某一领域的研究能力？如何增加工程方法训练，将扎实的基础和宽广的领域才能转化为工程实践中的创造力？如何激发学生深入探索的勇气？这些都需要我们教育工作者进行更深入的研究。

提高教学质量，深化教学改革，始终是高等学校的工作重点，需要所有关心我国高等教育事业人士的热心支持。在此，谨向所有参与本系列教材建设工作的同仁致以衷心的感谢！

本套教材可能会存在一些不当甚至谬误之处，欢迎广大的使用者提出批评和意见，以促进教材的进一步完善。

王志功

2008 年 1 月

前言

电路分析课程是电气信息类专业的一门重要的专业基础课程。通过本课程的学习，可使读者掌握电路的基本理论、基本分析方法和进行电路实验、仿真的初步技能，并为后续课程准备必要的电路理论知识和分析方法。

当前，电气、电子信息科学技术的迅猛发展，对电气信息类专业创新人才的培养、课程体系的改革、课程内容的更新提出了更高的要求。在高等院校加强通识教育、素质教育的大背景下，我们在构建适合于电气信息类专业基础课程体系过程中，结合电路分析课程的改革实践，编写了本教材。

本教材内容符合教育部高等学校电子信息科学与电气信息类基础课程教学指导分委员会2004年颁布的《电路分析基础》的教学基本要求。在编写过程中，我们特别考虑了以下问题：

(1) 强调电路分析方法的理论性和应用性的结合。电路是一门理论性和工程性都非常强的学科，而电路分析课程又是电气信息类各专业开设的第一门专业基础课程。我们力求在内容叙述上既要讲清楚电路分析的方法，又要说清楚该方法的理论基础。对一些较难、不宜在课堂上讲授，但对读者深入理解和掌握电路分析方法有帮助的内容，我们将之归入附录B～G，供读者参考。

同时，在教材中有针对性地编入一些强调电路理论应用的内容。如微分电路、积分电路在波形转换中的应用(例6.3.5、例6.3.6)、谐振电路(第8.7.3节)、功率因数的提高(第10.2.5节)等，以培养读者的工程应用意识。

(2) 难度适中，既注重基本概念、基本理论的阐述，又强调解题的技巧性和灵活性。在本书编写过程中，力图讲清电路分析的基本概念、基本理论和基本方法，同时根据电路分析题型多变、灵活的特点，适当强调解题的技巧性和灵活性。

(3) 以电路的分析方法为主线，便于读者掌握电路分析的方法。全书的编写结构如下页图所示。

全书第1、2章主要介绍基本概念、基本规律、元件和电路的基本类型。随着电路理论和电路应用技术的发展，现在更加强调电路端口特性的分析和电路等效的应用，本书第2章以端口为线索来安排电路元件和电路类型的内容，而将电路的等效变换的内容归入第3.1节。

从第3章开始介绍电路分析的各种方法，包括电路的基本分析方法(第3章)、电路的网络拓扑分析方法(第4章)、电路定理(第5章)、动态电路的分析方法(第6、7章)、相量分析方法(第8、9章)。对动态电路的分析，将大部分的基本概念和基本方法归入第6章，以引导读者尽快理解和掌握动态电路分析中所面对的问题及相应的分析方法；第7章以动态电路分析的时域分析、复频域分析、状态变量分析进行分节编排，以期让读者理解动态电路分析方法的概貌。

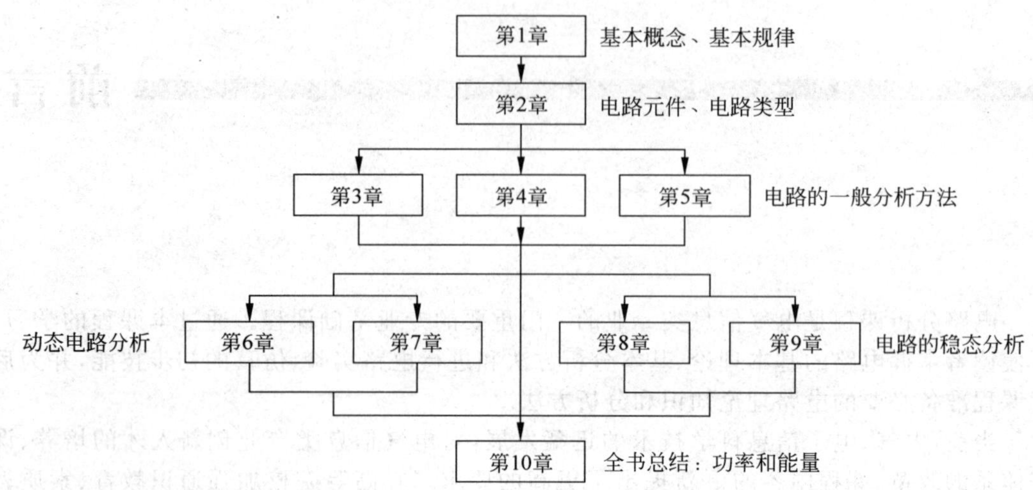

电路分析的目的不仅仅是求得电路中的电压和电流变量，对电路应用的使用者而言，关心电路消耗的功率和能量也许更重要，典型的例子就是电力系统中的用户都装有计量电能量的电度表。全书以功率和能量(第 10 章)作为结束，正是表达了我们的这一看法。

考虑到不同高校在电路课程教学中对知识点的不同需求，以及不同的教学学时数，本教材对部分较难、较深的内容标以"＊"号，在教学中略去这部分内容并不影响授课的连续性。

(4) 强调可读性，精选例题和习题。通过例题读者可以更好地掌握电路分析方法，本教材特别注重例题的选取。每章都配置了丰富的思考题与练习题，通过这些思考题与练习题，读者可进一步巩固和掌握电路的基本知识和基本分析方法。每章末还配置了难度适当的习题，以进一步锻炼读者的电路分析能力。

(5) 适当加入计算机辅助分析的内容。电路的计算机辅助分析是电路分析重要而实用的方法，是学生应该掌握的方法，在将来从事实际电路分析工作中必不可少。为了让读者了解和掌握电路的计算机辅助分析方法，而又不降低对电路分析的基本概念、基本原理和基本方法的掌握效果，我们选用通用数学分析软件 MATLAB 作为电路分析的辅助工具，在教材中插入各种电路分析程序，供读者学习、揣摩。

本书由多位作者分工撰写。上海交通大学陈洪亮编写第 1、6、7 章，华东理工大学吴雪编写第 4 章及 2.5 节，其余章节由上海交通大学田社平编写。全书习题由陈洪亮、田社平共同完成，MATLAB 程序由田社平负责编写和调试。全书最后由陈洪亮和田社平统稿。

书稿完成后承清华大学陆文娟教授仔细审阅，并提出了许多宝贵的建议。作者在此致以衷心的感谢。

在编写教材过程中，课程组老师和我们的学生提出了积极的建议，同时本书的编写还参考了许多兄弟院校的教材和文献，在此一并表示感谢。

由于编写时间较为仓促，加上水平所限，缺点和不足之处在所难免，欢迎广大读者批评指正。编者的 Email 地址分别为：陈洪亮，hlchen@sjtu. edu. cn；田社平，sptian@sjtu. edu. cn；吴雪，wuxue@ecust. edu. cn；徐雄，xxu@sjtu. edu. cn。

编　者
2008 年 8 月

目录

目录

目录

目录

目录

目录

第1章 电路的基本概念及基尔霍夫定律

内容提要

本章介绍电路的基本概念及基尔霍夫定律。实际电路种类繁多，功能各异。电路理论是研究电路普遍规律的一门学科，它通过把实际电路的本质特征抽象出来建立理想化的电路模型，通过研究电路模型的规律来指导实际电路的分析与设计。本书重点研究的是集中参数电路模型，简称电路，它由各种具有单一电磁特性的理想化的电路元件组成。用这些理想化的电路元件可以代表实际电路器件、装置和设备的主要电磁特性。描述电路元件的基本变量为电压和电流。电路中的电压和电流分别满足基尔霍夫电压定律和基尔霍夫电流定律。基尔霍夫定律是电路理论的基石。

1.1 电路 电路图 集中参数元件 集中参数电路

电(electricity)是一种物理现象。从工程技术观点看,电又是一种广泛使用的能量形式和重要的信息载体,它在日常生活、工农业生产、科学研究以及国防等各个方面都有非常广泛的应用。电力系统通过大规模地产生、传输和转换电能,构成了现代化工业生产、日常生活电气化等方面的基础;电具有携带信息的能力,通过对电信号进行处理和变换,可以得到人们所需要的信息,如日常的电话通信、计算机间的信息交流等;电还是控制其他形式能量最有效的手段,如电通过电机可以控制机械设备的运转等。电的能量形式和信号形式是电的应用的两大基本形式。

电的理论基础是**电磁学**(electromagnetism)和**电子学**(electronics)。1600 年,英国物理学家吉伯特(W. Gilbert)在《论磁》一书中首次讨论了电与磁,他被世人称为电学之父。1800 年,意大利物理学家伏特(A. Volta)发明了伏打电池,它能够把化学能不断地转变为电能,维持单一方向的电流持续流动,并形成了电路,电磁现象开始付诸实际应用。1820 年,丹麦物理学家奥斯特(H. C. Oersted)通过实验发现了电流的磁效应,在电与磁之间架起了一座桥梁,打开了近代电磁学的突破口。1831 年,英国物理学家法拉第(M. Faraday)发现了电磁感应现象。1864 年,英国科学家麦克斯韦(J. C. Maxwell)总结了当时所发现的种种电磁现象的规律,提出了一组电和磁共同遵守的数学方程,即麦克斯韦方程,他预言空间一定存在电磁波,为电路理论奠定了坚实的基础。有关电的应用也几乎是同时并进的,如电报发明于 1837 年;电话发明于 1875 年;1882 年,直流高压输电试验成功,标志电气化时代的到来;无线电发明于 1894 年,从此开始了无线电通信的时代。

19 世纪末,洛伦兹(H. A. Lorentz)建立了古典电子理论,推动了电子技术的迅速发展。1906 年出现了电子三极管。1925 年,英国的贝尔德(J. L. Baird)首先发明电视。1936 年,黑白电视机就正式问世了。1946 年,第一台电子计算机在美国宾夕法尼亚大学莫尔电子工程学院研制成功。1947 年,贝尔实验室的布拉丁(W. Bratain)、巴丁(J. Bardeen)和肖克利(W. Shockley)发明了晶体管,随后很快就应用于通信、电视、计算机等领域,促进了电气和电子工程技术的飞速发展。

从 20 世纪 30 年代开始,电路理论已形成一门独立的学科。从历史上看,1827 年,德国的物理学家欧姆(G. S. Ohm)提出了欧姆定律,它是最早总结出的电路定理。20 年后,德国科学家基尔霍夫(G. R. Kirchhoff)发表了基尔霍夫定律,这成为电路分析最基本的依据。

1.1.1 实际电路与电路模型

电路(electric circuit)是由电气器件互连而成的电的通路。电的应用是以电路的形式表现出来的。各种实际电路都是由电阻器、电容器、电感器等**部件**(component)和晶体管、运算放大器等**器件**(device)组成的,以实现人们所需要的功能。随着微电子技术的发展,已可将若干部件、器件制作在一块硅片上,在电气上相互连接,在结构上形成一个整体,即所谓的**集成电路**(integrated circuit)。可以认为,实际电路是指由若干电气器件按照特定的目的互相连接而构成的总体,在这个总体中具有电流赖以流通的路径。日常生活中使用的实际电路随处可见,手电筒电路、照明电路、电子手表电路、数码照相机电路以及计算机电路等都是实际电路的例子。为了研究的方便,实际电路中的部件、器件可以用电气图形符号表示,表 1.1.1 列举了一些我国国家标准中的电气图形符号。发电机、电动机、变压器、变阻器、线圈、电容器、二极管、运算放大器等就是这些电气器件的实物。采用这些符号可以简便地绘出实际电路的连接关系,称为**电气图**(electric diagram)。例如,实际的电热水器电路由导线、转换开关、电热丝等组成,它的电气图如图 1.1.1(a)所示。

表 1.1.1 部分电气图形符号

名称	符号	名称	符号	名称	符号
导线		传声器		可变电阻器	
连接的导线		扬声器		电容器	
接地		二极管		电感器、绕组	
接机壳		稳压二极管		变压器	
开关		隧道二极管		铁芯变压器	
熔断器		晶体管		直流发电机	G
灯		电池		直流电动机	M
电压表	V	电阻器			

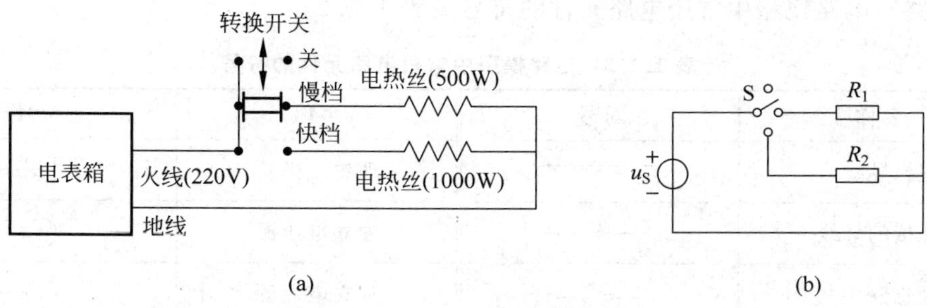

图 1.1.1 电热水器电路

(a) 电气图; (b) 电路图(电路模型)

实际电路的形式和作用是多种多样的。从电路的尺寸来看，大的电路可以跨越几个城市，甚至国界、洲际；小的电路可以局限在几个平方毫米内，在不大于指甲的集成电路芯片上，可能有数千、数万甚至数十万个晶体管集构成一个复杂的电路或系统。从电路的功能来看，信号调理电路的作用是对电信号进行变换和处理，得到所需要的有用信号；输电电路的作用是电厂发电机生产的电能，通过变压器等设备传输、分配到用电单位。

任何实际电路在通电后，其用作电气连接的外伸端钮和电路内部都会出现各种电磁过程，其表现都相当复杂。这是因为实际电路应用的实际器件，如电阻器、电容器、电感线圈、晶体管、变压器、运算放大器和电源设备等，在实际电流、电压和环境条件下的性能复杂多变。比如电阻器中电流变化时，周围就伴随着电磁场的变化；电容器中不但储存电场能量，还要消耗能量；器件内部经常伴之有热效应、化学效应和机械效应等。要在数学上精确描述这些现象相当困难。

任何一个实际器件，在电流或电压作用下都包含有能量的消耗、电场能量的储存和磁场能量的储存三种基本效应，这些基本效应互相交织在一起，使实际电气器件呈现很复杂的性状。然而，上述三种基本效应在某个电气器件上的表现又不是均衡的，在一定的条件下，其中的某一种效应可能表现较强，处于主导地位，而其他效应可能表现较弱，处于次要地位，即使将其忽略，也不致使理论分析结果与实际情况有本质的差异。

为了研究实际电路的普遍规律，将组成实际电路的电气器件在一定条件下按其主要电磁性质加以理想化，用一个足以表征其主要性能的**模型**(model)来表示，从而得到一系列理想化元件，如电阻元件、电容元件和电感元件等。

通常把呈现主导的单一电磁性质的电路元件称为**理想电路元件**(ideal circuit element)。由于没有任何一种特殊的实际器件只呈现一种电磁性质，而能把其他电磁性质排除在外，所以具有单一电磁性质的电路元件是理想化了的，实际中是不存在的。这些理想元件称为实际器件的模型，它们都可以用严格的数学关系加以定义。这样，就可以通过电路模型间接而较准确地分析实际电路的主要电气性能。通常所说的**电路分析**(circuit analysis)，就是对由理想元件组成的电路模型的分析。虽然分析结果仅是实际电路的近似值，但它是判断实际电路电气性能和指导电路设计的重要依据。

一般情况下，一个实际的电路或器件要用多个理想元件的组合才能较好地表达其特性。例如热水器电路可以用如图 1.1.1(b)所示的电路模型来表示。电路模型也常常简称为电路。电路模型中常用电路元件的符号见表 1.1.2。

表 1.1.2　电路模型中常用电路元件的符号

名称	符号	名称	符号
理想导线		理想二极管	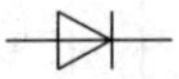
连接的导线		独立电压源	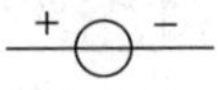 + −
理想开关	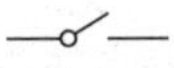	独立电流源	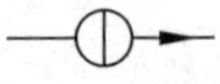
接地点		受控电压源	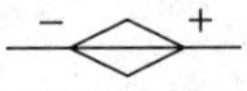 − +

续表

名称	符号	名称	符号
电阻	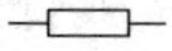	受控电流源	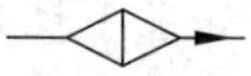
可变电阻		理想运算放大器	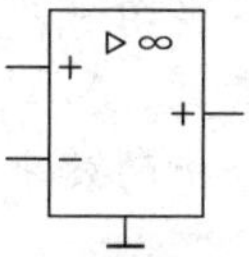
非线性电阻	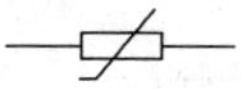	理想变压器和耦合电感	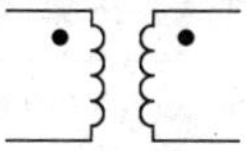
电容	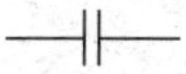		
电感		回转器	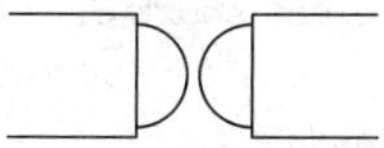

1.1.2 集中参数元件和集中参数电路

根据实际电路的特性,可以建立两种类型的电路模型:集中参数电路和分布参数电路。当实际电路的尺寸远小于其使用时最高工作**频率**(frequency)所对应的**波长**(wavelength)时,电磁波沿电路传播的时间几乎为零。在这种情况下,可以定义**集中参数元件**(lumped parameter element)来构成实际电路的模型。例如上面提到的电阻元件、电容元件和电感元件等都是集中参数元件。每一种集中参数元件只表示单一的电磁特性。例如,用电阻元件表示消耗电能;用电容元件和电感元件分别表示电场储能和磁场储能。由集中参数元件组成的电路,称为实际电路的集中参数电路模型或简称为**集中参数电路**(lumped parameter circuit)。对集中参数电路而言,电路中的电磁量,如电压和电流等,只是时间的函数,因而描述电路的方程一般是代数方程或常微分方程。图 1.1.1(b)所示的电路就是一个集中参数电路。如果电路中的电磁量是时间和空间的函数,使得描述电路的方程是以时间和空间为自变量的代数方程或偏微分方程,则这样的电路模型称为**分布参数电路**(distributed parameter circuit)。

一般认为,当电路的尺寸小于其使用时最高工作频率所对应波长的 1/10 时,该电路为集中参数电路。

【例 1.1.1】 我国电力用电的频率是 50Hz,则该频率对应的波长

$$\lambda = c/f = (3\times 10^8/50)\text{km} = 6000\text{km}$$

显而易见,对以此为工作频率的实验室设备来说,其尺寸远小于这一波长,因此它能满足集中化条件。而对于数量级为 10^3km 的远距离输电线来说,则不满足集中化条件,不能按集中参数电路处理。

【例 1.1.2】 一个中波段收音机电路,其工作信号的最高频率为 1600kHz,对应的波长为

$$\lambda = c/f = [3\times 10^8/(1600\times 10^3)]\text{m} = 187.5\text{m}$$

收音机电路的实际尺寸远远小于此波长,显然也能满足集中化条件。

【例 1.1.3】 某手机的信号工作频率为 1800MHz，则对应的波长为

$$\lambda = c/f = [3\times10^8/(1800\times10^6)]\text{m} = 0.167\text{m}$$

因此，如果手机天线的尺寸达到 20mm，就不能将该天线视为集中参数元件。

在电路分析中，涉及大量的计算、推导、求解方程等，采用手工方法十分繁琐，有时甚至无法进行。MATLAB 是一款具有强大数学计算能力的软件，借助 MATLAB，可极大提高电路分析的效率。下面采用 MATLAB 求解上述例题。MATLAB 的使用可参见附录 A。

MATLAB 计算程序：

```
%采用 MATLAB 求解例 1.1.1、例 1.1.2 及例 1.1.3
 format short e;                           % 设置输出结果的显示格式
 c = 3e8; f = [50 1600e3 1800e6];          % 已知量赋值,其中频率 f 为行向量
 lamda = c./f                              % 计算波长,注意向量除法的语法
```

计算结果：

```
lamda = 6.0000e+006   1.8750e+002   1.6667e-001
```

如果不作另外说明，本书将集中参数电路一概简称为电路。

【思考与练习】

1.1.1 通讯卫星天线，其直径通常在几米以上。如果工作频率为 f=30GHz，试问卫星天线是否属于分布参数电路?

1.2 电路变量及其参考方向

分析电路就是要对电路进行数学描述，这种描述是由电路的一些物理量，如电压、电流、电荷、磁通、功率和能量等来表示的。由于这些量可以取不同的时间函数，因此这些物理量统称为电路变量或网络(指复杂的电路，且可引申至非电情况)变量。在这些电路变量中，电压和电流是描述电路特性的两个基本变量，这是因为电压和电流是电路中比较容易观察到的两个物理量，同时电路的基本定律大多叙述一个电路中各部分的电压或电流之间关系。一旦一个电路中各部分的电压和电流被确定，则这一电路的特性也就被掌握了。

1.2.1 电流、电压及其参考方向

1. 电流

电场的作用使电荷运动或移动，电荷的有规则运动或移动即形成电流(电荷流)。将所带电荷的多少称为电量，在国际单位制(SI)中，电量的单位是库仑(其符号为 C)。电量用符号 q 或 Q 表示。

单位时间内通过导体横截面的电量定义为电流强度，用以衡量电荷流的大小。电流强度常简称为**电流**(current)，用 i 表示，即

$$i=\frac{\mathrm{d}q}{\mathrm{d}t} \tag{1.2.1}$$

电流的SI单位名称为安[培](A)。实用中还常用千安(kA)、毫安(mA)和微安(μA)等单位计量电流。表1.2.1给出SI单位中规定的用来构成十进制倍数和分数单位的词头，可以构成更大或更小的单位。

表1.2.1 SI词头

因数	词头名称	符号	因数	词头名称	符号
10^{24}	尧 yotta	Y	10^{-1}	分 deci	d
10^{21}	泽 zetta	Z	10^{-2}	厘 centi	c
10^{18}	艾 exa	E	10^{-3}	毫 milli	m
10^{15}	拍 peta	P	10^{-6}	微 micro	μ
10^{12}	太 tera	T	10^{-9}	纳 nano	n
10^{9}	吉 giga	G	10^{-12}	皮 pico	p
10^{6}	兆 mega	M	10^{-15}	飞 femto	f
10^{3}	千 kilo	k	10^{-18}	阿 atto	a
10^{2}	百 hecto	h	10^{-21}	仄 zepto	z
10	十 deca	da	10^{-24}	幺 yocto	y

一段电路中的电流可以有两个不同的方向。习惯上把正电荷运动的方向规定为电流的实际方向。电流的方向既可以用箭头"→"表示，也可用双下标表示，并规定由前一个字母指向后一个字母。例如图1.2.1中电流可从a流向b或者相反，则可用 i_{ab} 或 i_{ba} 表示，该图中的方框表示一个元件或若干元件的组合。

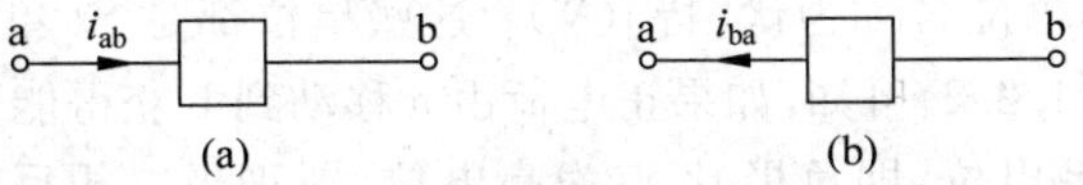

图1.2.1 电流的实际方向与参考方向的关系

如果电流的大小和方向不随时间变化，则这种电流称为恒定电流或**直流电流**(direct current)，简写为dc或DC，可用符号 I 表示，否则称为**时变**(time-varying)电流。若时变电流的大小和方向都随时间作周期性变化，则称为**交流电流**(alternating current)，简写为ac或AC。

在分析简单的直流电路(支路电流为直流电流)时，可以确定电流的实际方向。但在分析复杂的电路时，某条支路电流的实际方向往往事先难以判断，即使是简单的交流电路(支路电流为交流电流)，其交流电流的方向也是随时间变化的，所以它的实际方向也就很难确定。为此，在分析电流时可以先设定一个方向，称之为**参考方向**(reference direction)。电流的参考方向通常用带有箭头的线段表示，箭头所指方向表示电流的流动方向。当电流的实际方向与参考方向一致时，电流的数值就为正值(即 $i>0$)，如图1.2.2(a)

所示。图中带箭头的实线段为电流的参考方向，虚线段为电流的实际方向（下同）。反之，当电流的实际方向与参考方向相反时，则电流的数值为负值（即 $i<0$），如图 1.2.2(b) 所示。由此可知，在参考方向设定之后，电流就有了正值和负值之分，电流值的正负符号就反映了电流的实际方向。

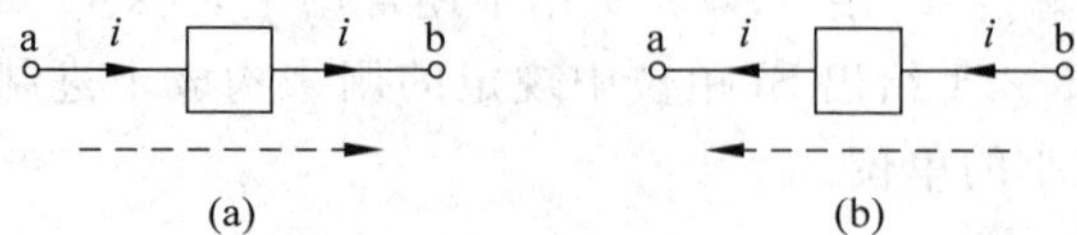

图 1.2.2 电流的实际方向与参考方向的关系
(a) 实际方向与参考方向一致；(b) 实际方向与参考方向相反

在未标电流参考方向的情况下，电流的正负是没有意义的。在本书电路图中所标的电流方向箭头都是参考方向箭头。

对于集中参数元件，通过其中的电流仅仅是时间的函数，因此，在任一时刻流入二端元件任一端钮的电流等于从另一端钮流出的电流，见图 1.2.2。为了方便起见，电流的参考方向只需标于元件的一侧即可。

2. 电压

库仑电场力移动单位正电荷由电场中的 a 点到 b 点所做的功称为 a、b 两点间的**电压**（voltage），用 u 表示。设在电场力作用下，电量为 dq 的电荷由 a 点被移动到 b 点时，电场力所做的功为 dw，则 a、b 两点间的电压为

$$u=\frac{dw}{dq} \tag{1.2.2}$$

其中，dq 的单位名称为库仑(C)；dw 表示转移过程中，dq 所获得或失去的能量，单位名称为焦耳(J)；电压的单位名称为伏[特](V)；这些单位都是 SI 单位。

由电压的定义式(1.2.2)可知，如果正电荷由 a 移动到 b 获得能量，即有 $dw<0$，$dq>0$，则 $u<0$，因此 a 点为低电位，即负极，b 点为高电位，即正极。相反，如果正电荷由 a 转移到 b 失去能量，则 a 点为高电位，即正极，b 点为低电压，即负极。正电荷在电路中转移时电能的得或失表现为电位的升或降，即电压升或电压降。

习惯上规定电压的实际方向为正极指向负极。

如果电压的大小和极性不随时间变化，则这种电压称为**直流电压**（direct voltage）或恒定电压，可用符号 U 表示，否则称为时变电压。如果时变电压的大小和极性都随时间作周期性变换，则称为**交流电压**（alternating voltage）。

为了便于分析和计算，电压也引入参考方向。参考方向是可以任意设定的，电压的参考方向通常采用“＋”、“－”极性符号表示，也可以采用双下标字母表示，并规定由前一个字母指向后一个字母，如图 1.2.3 所示。若电压参考方向选 b 点指向 a 点，则电压应写成 u_{ba}，且 $u_{ab}=-u_{ba}$。显然，在未标参考方向的情况下，电压的正负也是毫无意义的。

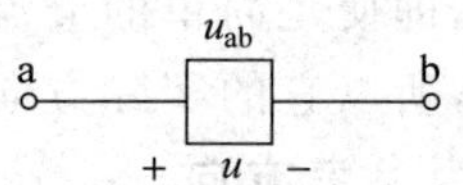

图 1.2.3 电压参考极性的表示方法

对于集中参数元件，其两端的电压仅仅是时间的函数，因此，在任一时刻任一元件两端的电压为确定值，两个端钮对选定的**参考节点**(reference point)(或称基准点，其电位规定为零)的电位均为确定值。

综上所述，在分析电路时，既要为通过元件的电流设定参考方向，也要为元件两端的电压设定参考方向，它们彼此可以独立无关地任意设定。但为了方便起见，常常采用**一致**(consistent)参考方向，即电流参考方向与电压"+"极到"−"极的参考方向一致，如图1.2.4(a)所示。这样一来，在电路图上只需标出电压参考方向或电流参考方向即可，如图1.2.4(b)、(c)所示。一致参考方向也常称为**关联**(associated)参考方向。

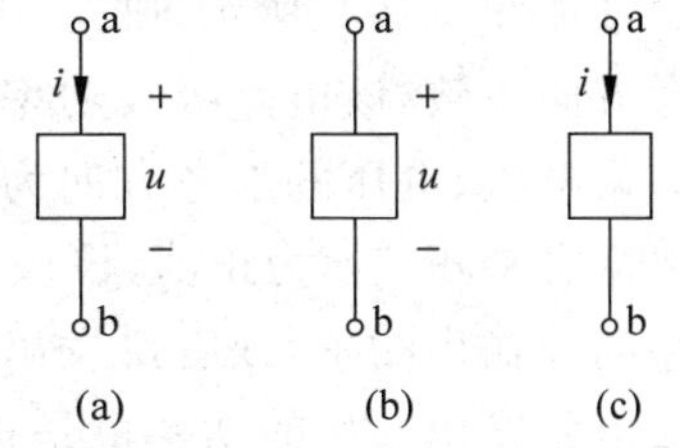

图1.2.4　一致参考方向

必须指出，在分析电路时对电路中电压、电流设定参考方向是必需的。不设电压、电流的参考方向，电路中基本定律就无法应用，电路问题的分析计算就无法进行。习惯上凡是一看便知电压、电流实际方向的，就设参考方向与实际方向一致。对于不易看出实际方向的，也不必花费时间去判别，只需在这些支路上任意设定一个参考方向。为表示简洁和使用方便，电路图中常常把元件上电压、电流参考方向设成一致参考方向，一个元件只需设定电压或电流一个量的参考方向。

1.2.2　功率与能量

功率和能量是电路中两个重要的电路变量。

功率(power)是指某一段电路吸收或提供能量的速率。功率用符号 p 表示，其数学定义为

$$p=\frac{\mathrm{d}w}{\mathrm{d}t} \tag{1.2.3}$$

式中，$\mathrm{d}w$ 为 $\mathrm{d}t$ 时间内电场力所做的功。功率的单位名称为瓦[特](W)。

在电路中，更关注的是功率与电压、电流之间的关系。以图1.2.5所示电路为例加以讨论。图中矩形框代表任意一段电路，其内可以是电阻、电源，也可以是若干电路元件的组合。电压的参考方向设定为a点为"+"极，b点为"−"极，电流的参考方向设定为从a点流向b点，即取一致参考方向。设在 $\mathrm{d}t$ 时间内由a点转移到b点的正电荷量为 $\mathrm{d}q$，则电压 u 意味着单位正电荷从a移至b电场力所做的功。显然移动 $\mathrm{d}q$ 正电荷电场力做的功为 $\mathrm{d}w=u\mathrm{d}q$。电场力做功说明电能损耗，损耗的这部分电能被ab这段电路所吸收。下面具体导出ab这段电路吸收的电功率与其电压、电流之间的关系。

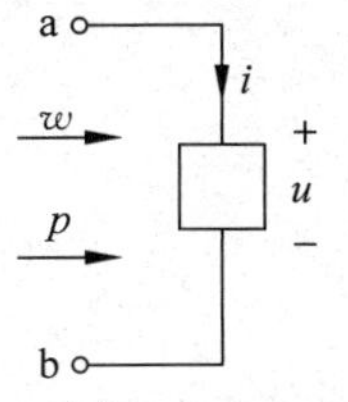

图1.2.5　功率的参考方向

由式(1.2.2)可知正电荷量为 $\mathrm{d}q$ 的电荷在转移过程中失去的能量为 $\mathrm{d}w=u\mathrm{d}q$，再由式(1.2.1)可知 $\mathrm{d}q=i\mathrm{d}t$，因此由式(1.2.3)可知，当任意一个二端电路元件的电压和电流取一致参考方向时，其吸收(即外界输入)的功率为

$$p = ui \tag{1.2.4}$$

如同电流、电压作为代数量处理一样，也可为功率设定参考方向，当功率的实际方向与参考方向一致时，功率为正，否则，功率为负。从式(1.2.4)的推导过程可知：一段电路在电压、电流取一致参考方向的情况下，功率的参考方向指定为进入该电路，三者之间的关系如图 1.2.5 所示，则运用式(1.2.4)计算得到的功率为正，说明功率的实际方向与参考方向一致，该电路吸收功率。在电路分析中，常常仅标识电流、电压的参考方向，此时如果电流、电压的参考方向为一致参考方向，则电路所吸收的功率为该段电路两端电压、电流之乘积。p 为正值，该段电路吸收功率；p 为负值，该段电路吸收负功率，即该段电路向外输出功率，或者说发出功率。例如，求得 ab 这段电路吸收功率为－5W，那么说 ab 段电路发出 5W 的功率也是正确的。如果遇到电路中电压、电流取非一致参考方向的情况，在计算吸收功率的公式中应冠以负号，即

$$p = -ui \tag{1.2.5}$$

在图 1.2.5 所示的一致参考方向下，在 t_0 到 t 的时间内该部分电路吸收的**能量**(energy)为

$$w(t_0, t) = \int_{t_0}^{t} p(\tau)\mathrm{d}\tau = \int_{t_0}^{t} u(\tau)i(\tau)\mathrm{d}\tau \tag{1.2.6}$$

能量的 SI 单位名称为焦[耳](J)。

从本质上讲，电荷的概念是描述一切电现象的基础，即所有电效应都与电荷有关。一般来说，电荷的测量非常困难，而电荷的运动或移动会产生电流，运动或移动过程中如果对电荷做功，则还会产生电压，电流和电压都易测得，因此在进行电路分析时采用电压和电流作为基本的电路变量。电路的基本规律和电路元件的特性都可借助这两个变量加以描述，其他变量如功率和能量等都可由这两个变量计算而得。

【例 1.2.1】 已知在图 1.2.5 中，测得 $u_{ba} = -5\text{V}$，$i = -2t\text{A}(0 \leqslant t \leqslant 1\text{s})$，试求 $t = 0.5\text{s}$ 时刻该段电路吸收或发出的功率以及在 $0 \leqslant t \leqslant 1\text{s}$ 时间内吸收或发出的能量。

解 图 1.2.5 所示的一段电路取一致参考方向。由电压参考方向的定义知

$$u = -u_{ba} = 5\text{V}$$

当 $t = 0.5\text{s}$ 时，由式(1.2.4)可得

$$p(0.5) = 5 \times (-2 \times 0.5)\text{W} = -5\text{W} < 0$$

因此该段电路在 $t = 0.5\text{s}$ 时刻发出功率 5W。

在 $0 \leqslant t \leqslant 1\text{s}$ 时间内该段电路吸收的能量为

$$w(0,1) = \int_{0}^{1} 5 \times (-2t)\mathrm{d}\tau = -5\text{J} < 0$$

因此该段电路在 $0 \leqslant t \leqslant 1\text{s}$ 时间内发出能量 5J。

【思考与练习】

1.2.1 在图 1.2.6 所示电路中已标出各电压、电流的大小和参考方向，试确定各电压、电流的实际方向。

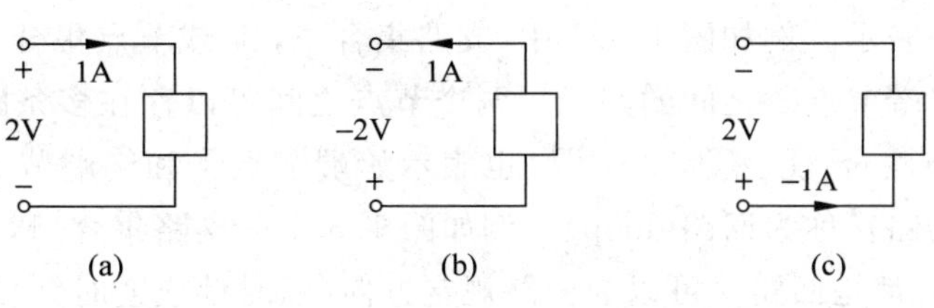

图 1.2.6 思考与练习 1.2.1

1.2.2 有一盏标注 25W/220V 的白炽灯接到直流电压为 220V 的电源上，试问通过电灯的电流为多少？若将它接到交流电源时，试问白炽灯上的功率有可能为负值吗，为什么？(0.114A)

1.2.3 若测得某段电路 $U_{ab}=5\text{V}$，$I_{ab}=-2\text{A}$，试问 a、b 两点哪点电位高？电流从哪点流入该电路？

1.2.4 已知在图 1.2.5 中，测得 $u=2\sin(2\pi t)\text{V}$，$i=\sin(2\pi t)\text{A}$，试求该段电路吸收或发出的功率以及在 1s 时间内吸收或发出的能量。(吸收，$2\sin^2(2\pi t)\text{W}$；吸收，1J)

1.3 基尔霍夫定律

1.3.1 基尔霍夫电流定律

集中参数电路中的电压、电流变量间的关系受到两方面的约束：**拓扑约束**(topological constraint)和**元件约束**(element constraint)，它们是分析、研究集中参数电路的基本依据。拓扑约束是指由电路的结构，即由电路连接方式所表现出来的约束关系，体现这种约束的是 1847 年德国物理学家基尔霍夫(Gustav R. Kirchhoff)提出的基尔霍夫定律，包括基尔霍夫电压定律和基尔霍夫电流定律。

为了表述基尔霍夫定律，先介绍与电路拓扑结构有关的几个名词。电路由电路元件通过端钮互相连接而成，图 1.3.1 就是电路的一个示例。电路的结构用支路、节点、路径、回路、网孔等名词来描述。

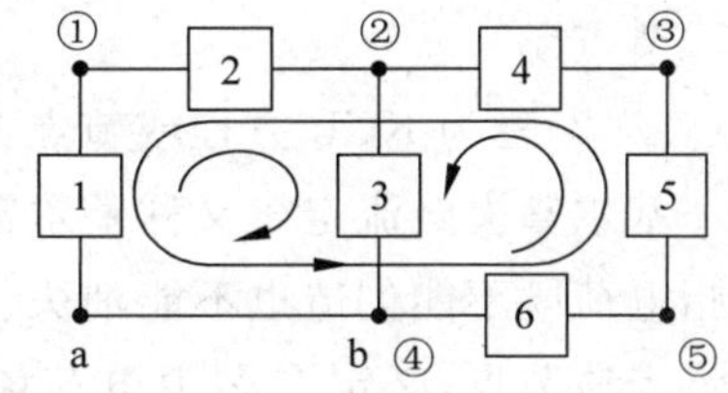

图 1.3.1 电路拓扑结构

构成电路的每一个二端元件称为一条**支路**(branch)，两条或两条以上支路的连接点称为**节点**(node)。图 1.3.1 包含 6 条支路和 5 个节点。不要误认为图 1.3.1 中的 a 点和 b 点为两个节点，这是因为 a、b 之间用理想导线连接，不存在电路元件，它们是相同的端点。为了电路分析的方便，也可将若干条串联或并联连接的支路当作一条支路处理。例如图 1.3.1 中将支路 5 和支路 6 作为一条支路，则连接点⑤就不能作为节点看待了。

如果电路中两个节点(称为始端节点和终端节点)间存在由不同支路和不同节点依次连接而成的一条通路，则称这条通路为连接该两节点的**路径**(path)。路径可以用支路集合或节点集合来表示。例如图1.3.1中,支路集合{2, 4}或节点集合{①, ②, ③}都表示始端节点①和终端节点③之间的路径。两个节点之间可以存在多条路径,显然支路集合{1, 3, 4}或节点集合{①, ④, ②, ③}也表示始端节点①和终端节点③之间的路径。电路中任一闭合的路径称为**回路**(loop)。例如图1.3.1中支路集合{1, 2, 3}、{3, 4, 5, 6}、{1, 2, 4, 5, 6}都是回路。可以为回路规定方向(顺时针或逆时针),一般用箭头或集合中元素的顺序表示回路的方向。

如果将电路画在平面上,可以做到任意两条支路都不相交的情况,那么称该电路为**平面电路**(planar circuit)。平面电路中的单孔回路(即在回路内部或外部不另含支路)称为**网孔**(mesh)。内部不含任何支路的网孔称为内网孔;外部不含任何支路的网孔称为外网孔。在图1.3.1中,支路集合{1, 2, 3}、{3, 4, 5, 6}表示两个内网孔,而支路集{1, 2, 4, 5, 6}表示外网孔。如无特别说明,网孔均指内网孔。

基尔霍夫电流定律(Kirchhoff's current law, KCL)可表述为:对于任一集中参数电路中的任一节点,在任一时刻,流出(或流入)该节点的所有支路电流的代数和等于零。假设流经某节点的 b 条支路中第 k 条支路电流用 i_k 表示,则KCL可表示为

$$\sum_{k=1}^{b} i_k = 0 \tag{1.3.1}$$

对节点应用KCL建立电路方程时,根据各支路电流的参考方向,既可规定流出节点的电流为正,也可规定流入节点的电流为正,两种取法任选一种。

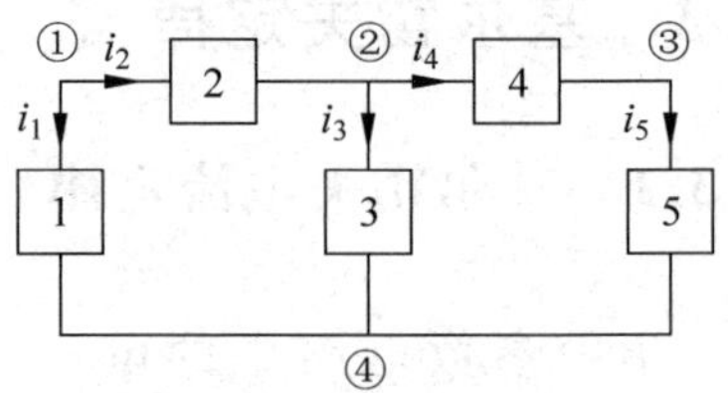

图1.3.2 KCL的说明

例如,对图1.3.2所示电路应用KCL,取离开节点的电流为正,可得

节点① $\quad i_1 + i_2 = 0 \quad$ (1.3.2a)

节点② $\quad -i_2 + i_3 + i_4 = 0 \quad$ (1.3.2b)

节点③ $\quad -i_4 + i_5 = 0 \quad$ (1.3.2c)

节点④ $\quad -i_1 - i_3 - i_5 = 0 \quad$ (1.3.2d)

式(1.3.2)称为KCL方程或节点方程。

基尔霍夫电流定律又称基尔霍夫第一定律,其物理背景是电荷守恒公理。电荷守恒是指电荷既不能创造也不能消失。在任一时间间隔内,对电路中的任一节点,有多少电荷流入该节点,必定有多少电荷流出该节点,节点上不可能有电荷的累积。例如,对于图1.3.2的节点②,有

$$\frac{\mathrm{d}q}{\mathrm{d}t} = -i_2 + i_3 + i_4 \tag{1.3.3}$$

式中,q 为节点②处的电荷。由于节点只是理想导体的汇合点,不可能积累电荷,因此 $\mathrm{d}q/\mathrm{d}t = 0$,从而得到

$$-i_2 + i_3 + i_4 = 0 \tag{1.3.4}$$

式(1.3.4)即为节点②的KCL方程。

KCL 适用于任何集中参数电路，它与元件的性质无关。由 KCL 所得到的电路方程是线性齐次代数方程，它表明了电路中与节点相连接的各支路电流所受的线性约束。

KCL 方程并非都是独立的。例如把式(1.3.2)所示的四个方程相加，可以发现所有支路电流都出现两次，一次是正的，一次是负的。于是所得方程为 0=0。对任一具有 n 个节点，b 条支路的电路列写 KCL 方程，所得方程组中的独立方程只有 $n-1$ 个。

为了得到独立的 KCL 方程，一般先选定参考节点，然后对除去参考节点外的其他 $n-1$ 个节点列写 KCL 方程。

在运用 KCL 时，应先标出所有电流的参考方向，对于未知电流，其参考方向可任意假定。解出的未知电流若为负值，则说明实际电流方向与设定的参考方向相反。

KCL 通常适用于集中参数电路的节点，但对电路中闭合面也是成立的，即对于任一集中参数电路中的闭合面，在任一时刻，流出(或流入)该闭合面的所有支路电流的代数和等于零。例如，在图 1.3.3 所示电路中的闭合面包含支路集{1,2,4,5,6,7}，其支路电流分别为 i_1、i_2、i_4、i_5、i_6、i_7，取流入该闭合面的电流为正，则该闭合面的 KCL 方程为

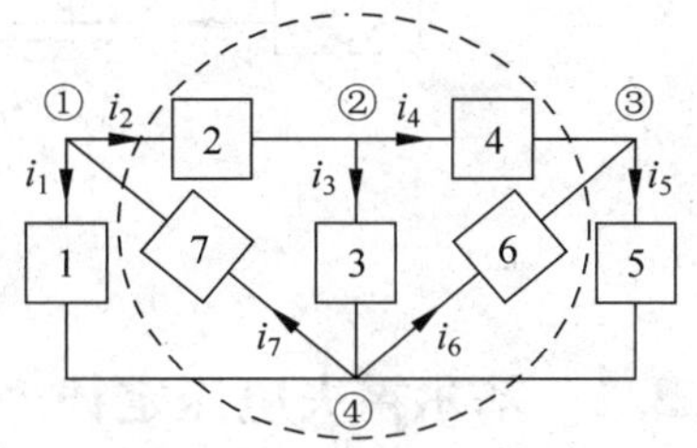

图 1.3.3 KCL 应用于闭合面

$$i_1+i_2-i_4+i_5-i_6-i_7=0$$

【例 1.3.1】 已知电路如图 1.3.4(a)所示，试由电路中已知的支路电流求出其他支路电流。

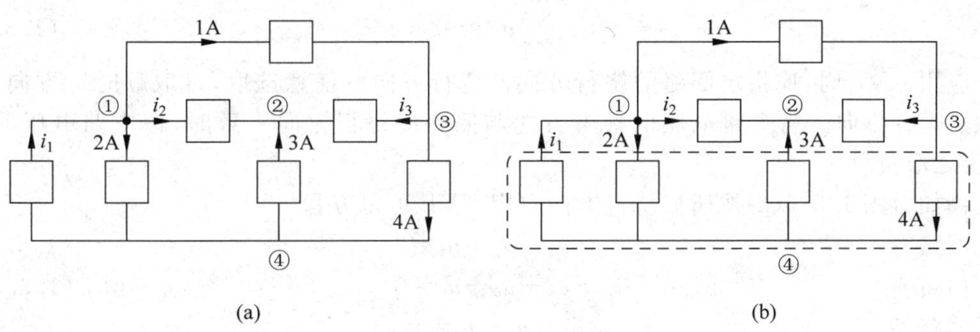

图 1.3.4 例 1.3.1

解 对图 1.3.4(a)所示电路的节点列写 KCL 方程，并求解得

节点③ $i_3+4\text{A}-1\text{A}=0$ 解得 $i_3=-3\text{A}$

节点② $-i_2-3\text{A}-i_3=0$ 代入 i_3 解得 $i_2=0\text{A}$

节点① $-i_1+i_2+2\text{A}+1\text{A}=0$ 代入 i_2， 解得 $i_1=3\text{A}$

可以列写一个 KCL 方程直接求得 i_1。如图 1.3.4(b)所示，对闭合面列写 KCL 方程，得

$$i1-2\text{A}+3\text{A}-4\text{A}=0 \qquad \text{解得 } i_2=3\text{A}$$

【例 1.3.2】 试运用 KCL 列写图 1.3.5 所示电路中 i_1、i_2、i_3 及 i_4 所满足的节点方程。

解 图 1.3.5(a)所示电路中的 N 表示由若干电路元件构成的电路，它对外具有三个端钮，称为三端电路。显然，对图 1.3.5(a)所示的闭合面 KCL 成立，因此可得到如下节点方程

$$i_1 + i_2 + i_3 = 0$$

图 1.3.5(b)所示电路具有特殊的结构，即构成电路的左右两部分通过一根导线相连，这根导线可保证两部分电路与该导线的连接点具有相同的电位。由对图 1.3.5(b)所示的闭合面可看出，i_4 满足

$$i_4 = 0$$

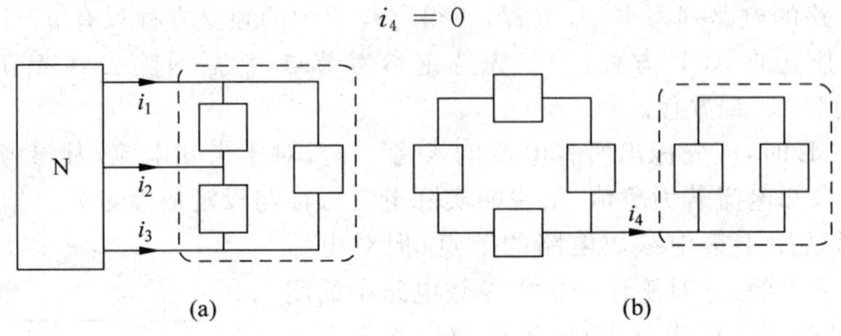

图 1.3.5　例 1.3.2

1.3.2　基尔霍夫电压定律

基尔霍夫电压定律(Kirchhoff's voltage law,KVL)可表述为：对于任一集中参数电路中的任一回路，在任一时刻，沿该回路所有支路电压的代数和等于零。假设某一回路上的 b 条支路中第 k 条支路电压用 u_k 表示，则 KVL 可表示为

$$\sum_{k=1}^{b} u_k = 0 \tag{1.3.5}$$

应用 KVL 时，应指定回路的绕行方向。绕行方向可任意选取，可取顺时针方向，也可取逆时针方向。当支路电压的参考方向与回路的绕行方向一致时，该支路电压取正号，反之取负号。

例如对图 1.3.6(a)按所取绕行方向应用 KVL 可得方程

回路 l_1　　$-u_1 + u_2 + u_4 = 0$　　(1.3.6a)

回路 l_2　　$-u_4 + u_5 + u_6 = 0$　　(1.3.6b)

回路 l_3　　$u_1 - u_3 - u_6 = 0$　　(1.3.6c)

式(1.3.6)称为 KVL 方程或回路方程。

基尔霍夫电压定律又称基尔霍夫第二定律，简记为 KVL，其物理背景是能量守恒公理。能量守恒是指能量既不能创造，也不能消灭。对于任一独立的电路，在任一时刻，电路从外界获得的能量或功率为零。对于图 1.3.6(a)，采用一致参考方向，电路在任一时刻的总功率为

$$u_1 i_1 + u_2 i_2 + u_3 i_3 + u_4 i_4 + u_5 i_5 + u_6 i_6 = 0 \tag{1.3.7}$$

对节点①、②、③列写 KCL 方程得

$$\begin{cases} i_1 = -i_2 - i_3 \\ i_4 = i_2 - i_5 \\ i_6 = i_3 + i_5 \end{cases} \tag{1.3.8}$$

将上式代入式(1.3.7)，整理得

$$(-u_1+u_2+u_4)i_2+(-u_1+u_3+u_6)i_3+(-u_4+u_5+u_6)i_5=0 \quad (1.3.9)$$

注意到 i_2、i_3、i_5 线性无关，因此由上式可推出式(1.3.6)。

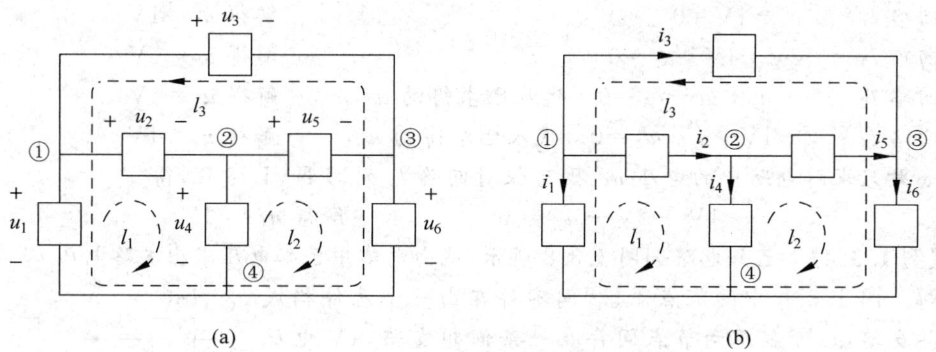

图 1.3.6 KVL 的说明

KVL 适用于任何集中参数电路，它与元件的性质无关。由 KVL 所得到的电路方程是线性齐次代数方程，它表明了构成回路的各支路电压所受的线性约束。

列写电路 KVL 方程时，若支路电压、电流取一致参考方向，且电流参考方向已经标出，如图 1.3.6(b)所示，同样可得出式(1.3.6)所示的三个 KVL 方程。

对任一具有 n 个节点，b 条支路的电路列写 KVL 方程，其独立方程数等于独立回路数。独立的 KVL 方程数为 $b-(n-1)$。

在求出各支路电压后，就可以求解任意节点间的电压。对于集中参数电路中的任一对节点ⓙ和ⓚ，在任一时刻，位于这两个节点之间的电压 u_{jk} 等于两者相对于任意所选参考节点ⓝ的电位 u_{jn} 和 u_{kn} 之差，即

$$u_{jk}=u_{jn}-u_{kn} \quad (1.3.10)$$

值得指出的是，上述两个节点之间在电路中应至少有一条支路连通，否则无法利用式(1.3.10)求出 u_{jk}。

在运用 KVL 时，应先标出所有电压的参考方向，对于未知电压，其参考方向可任意设定。解出的未知电压若为负值，则说明实际电压方向与设定的参考方向相反。

【例 1.3.3】 已知电路如图 1.3.7(a)所示，试由电路中已知的支路电压求出其他支路电压。

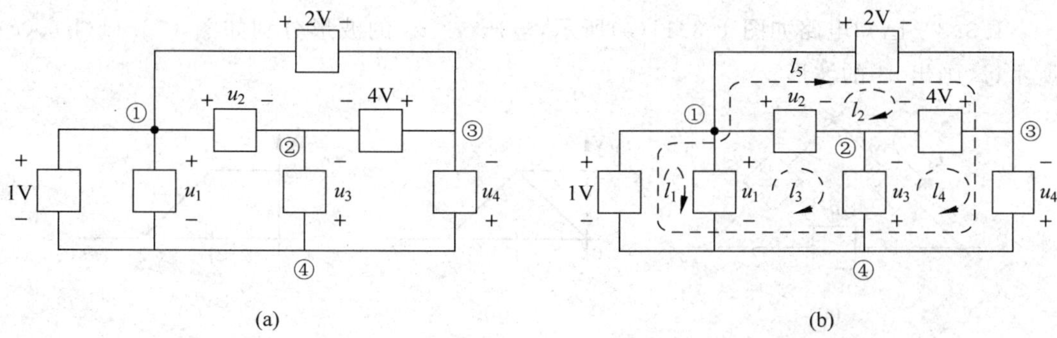

图 1.3.7 例 1.3.3

解 先选定 4 个回路 l_1、l_2、l_3 和 l_4，并规定各回路的绕向，如图 1.3.7(b)所示，然后列写 KVL 方程，并求解得

回路 l_1　　$u_1-1\text{V}=0$　　　　　　　　　　　　解得 $u_1=1\text{V}$

回路 l_2　　$2\text{V}+4\text{V}-u_2=0$　　　　　　　　　解得 $u_2=6\text{V}$

回路 l_3　　$-u_1+u_2-u_3=0$　代入已求得的 u_1，u_2，　解得 $u_3=5\text{V}$

回路 l_4　　$-4\text{V}+u_3-u_4=0$　代入已求得的 u_3，　　解得 $u_4=1\text{V}$

如果只求解电路中的电压 u_4，则可仅对回路 l_5 列写 KVL 方程，得

$$-1\text{V}+2\text{V}-u_4=0 \qquad \text{解得 } u_4=1\text{V}$$

【例 1.3.4】 已知电路如图 1.3.8 所示，试由电路中已知电压求出支路电压 u_1 及 u_2。

解 图 1.3.8 中的节点①、②间不存在由一个元件构成的实际支路，但可假想两节点间存在一条假想支路，1V 电压可看做假想的支路电压，运用 KVL 列写电路方程时所选回路可包含假想支路。对图 1.3.8 所示回路 l_1 和回路 l_2，分别列写 KVL 方程，并求解得

回路 l_1　$-u_1+2\text{V}+1\text{V}=0$　　解得 $u_1=3\text{V}$

回路 l_2　　$u_2+4\text{V}-1\text{V}=0$　　解得 $u_2=-3\text{V}$

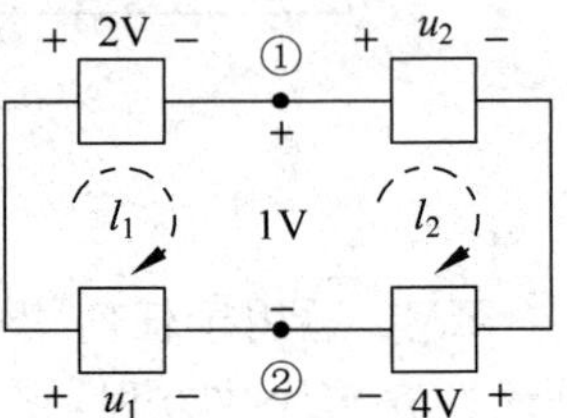

图 1.3.8　例 1.3.4

【思考与练习】

1.3.1　已知电路如图 1.3.9 所示，试求电压 i_1、i_2。(2A，−2A)

1.3.2　已知电路如图 1.3.10 所示，试求电压 u_1、u_2。(−6V，3V)

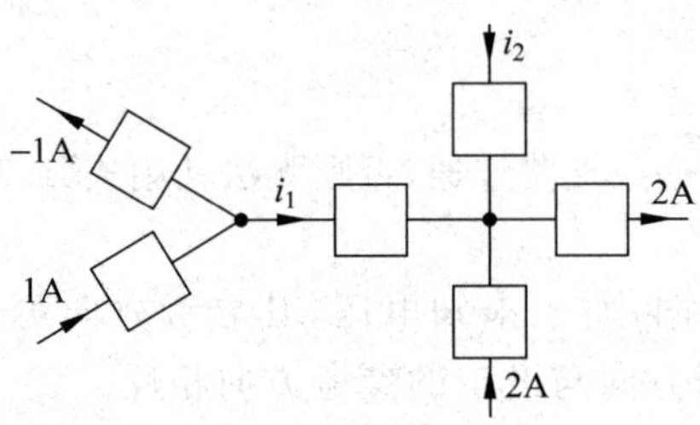

图 1.3.9　思考与练习 1.3.1

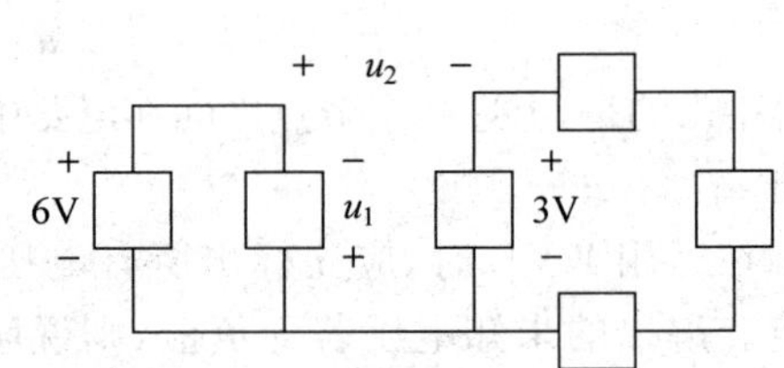

图 1.3.10　思考与练习 1.3.2

1.3.3　已知电路如图 1.3.11(a)所示，电压 u_1、u_2 的波形分别如图 1.3.11(b)、(c)所示，试画出 u_3 的波形。

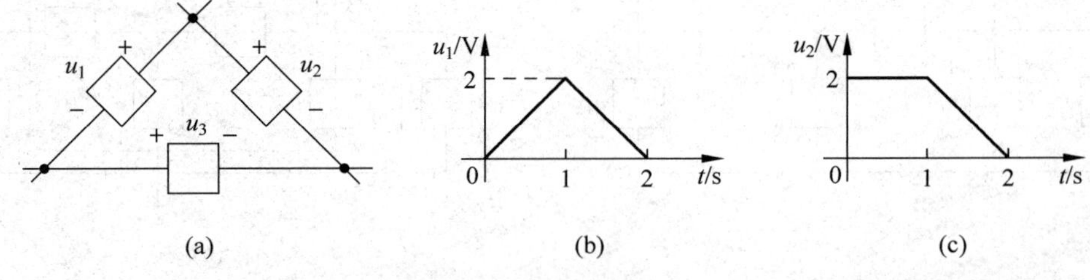

图 1.3.11　思考与练习 1.3.3

习题

电路　电路图　集中参数元件 集中参数电路

1.1　一调频接收机用一根 2m 长的馈线和它的天线连接，如题图 1.1 所示。如果接收机调到 100MHz 时，天线端出现的瞬时电流为 $i=I_0\sin(2\pi\times10^8 t)$A，试问接收机输入端的瞬时电流是否与天线端相等？该馈线能否用集中参数模型来表示，为什么？

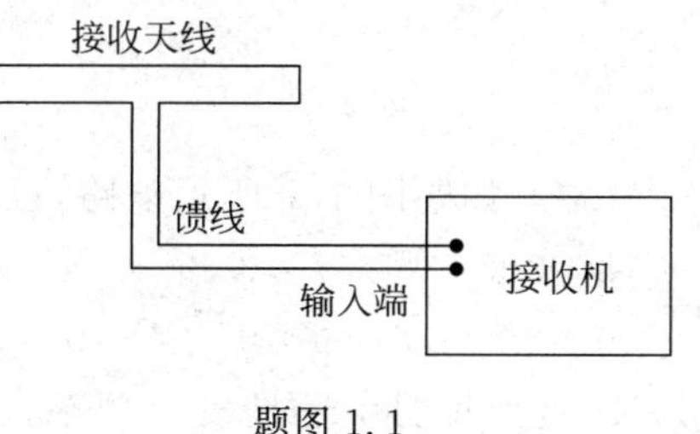

题图 1.1

1.2　若一高保真音响系统所允许信号的最高频率为 25kHz，最低频率为 20Hz，试问该系统能否看做集中参数电路？

电路变量及其参考方向

1.3　题图 1.3(a)为一段电路支路，假设流经该支路的电荷量 q 随时间 t 的变化规律如题图 1.3(b)所示，试画出 $t>0$ 时电流 i 的波形，并指出 $t=0.5$s 和 $t=2$s 时电流 i 的实际方向。

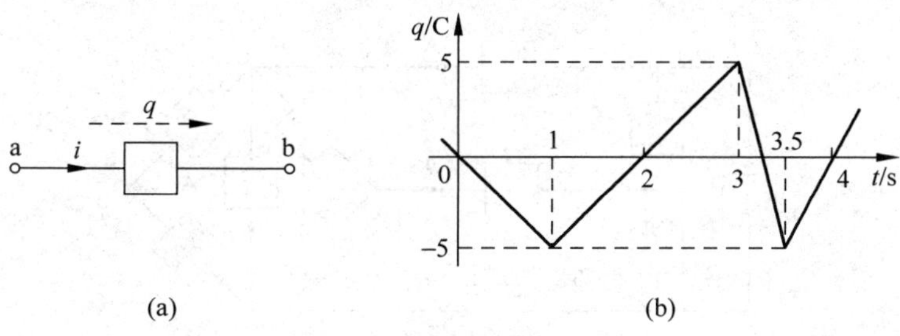

题图 1.3

1.4　题图 1.4 为一段电路支路，假设移动 2C 的正电荷从某参考点到 a 点，电场能增加了 10J；移动 2C 的负电荷从某参考点到 b 点，电场能增加了 20J，试求电压 u 的大小。

1.5　题图 1.5 为一段电路支路，已知该支路两端电压为 $u=\begin{cases}200\cos(2\pi t)\text{V} & t\geqslant0\\0 & t<0\end{cases}$，流经该支路的电流为 $i=\begin{cases}20\cos(2\pi t)\text{A} & t\geqslant0\\0 & t<0\end{cases}$，试计算该支路吸收的功率和能量，画出 $0\leqslant t\leqslant3$ 内功率和能量关于 t 的函数图形。

题图 1.4　　题图 1.5

1.6 试按题图 1.6 所示的参考方向和数值，指出各元件中电压和电流的实际方向。计算各元件中的功率，并说明元件是吸收功率还是发出功率。

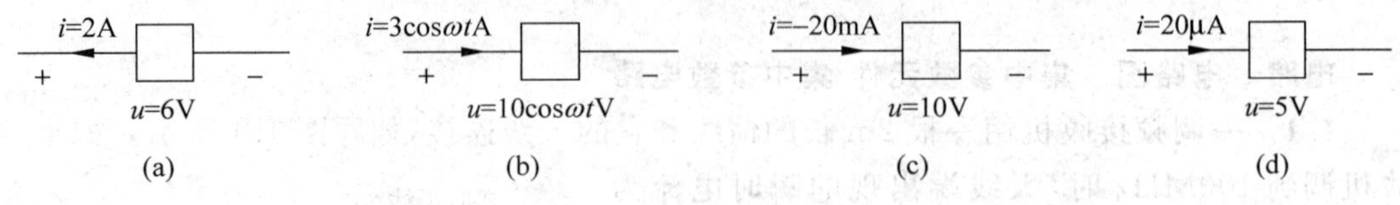

题图 1.6

1.7 如题图 1.7 所示电路，已知电压和电流分别为 $u=\begin{cases}800000e^{-500t} & t\geqslant0\\0 & t<0\end{cases}$，$i=\begin{cases}-15te^{-500t} & t\geqslant0\\0 & t<0\end{cases}$。试求：(1)$N_1$ 是吸收功率还是发出功率？(2)N_1 吸收或发出的最大功率。(3)N_1 吸收或发出的能量。

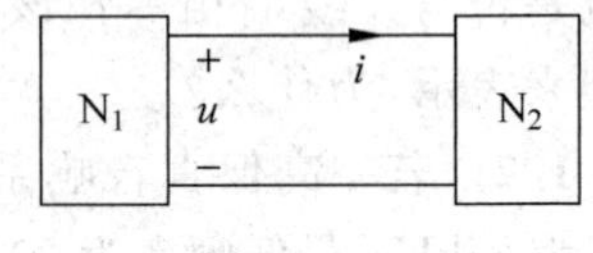

题图 1.7

1.8 有一 36V 蓄电池用来驱动 60W 的电动机，若该蓄电池的额定值为 100Ah，试求蓄电池存储的能量。

基尔霍夫定律

1.9 电路如题图 1.9 所示，试求电流 I。

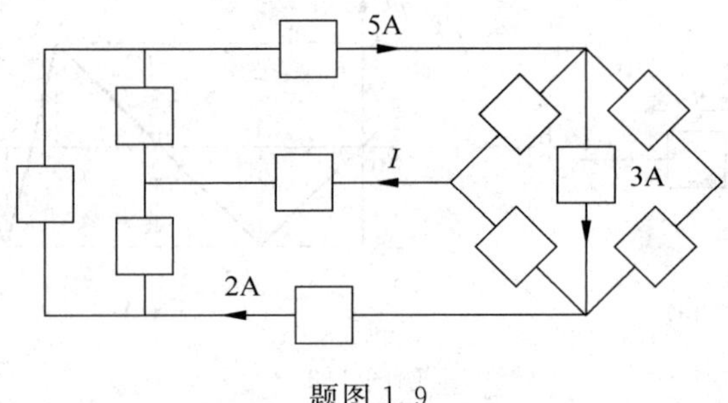

题图 1.9

1.10 电路如题图 1.10 所示，试求电流 i_1、i_2。

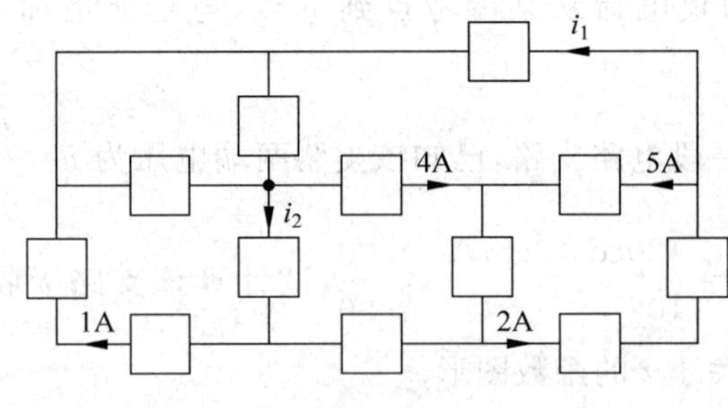

题图 1.10

1.11 在题图 1.11 所示电路中，已知 $u_1=1\text{V}$，$u_2=2e^{-t}\text{V}$，$u_3=4\sin t\text{V}$，试求电压 u_4。

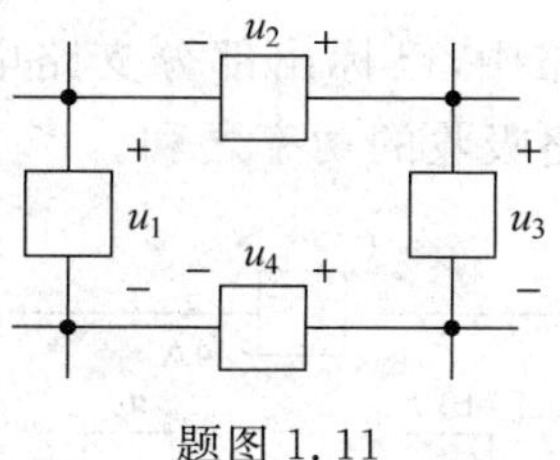

题图 1.11

1.12 如题图 1.12 所示汽车照明电路简化模型，有 3 个并联的灯泡 A，B 和 C。灯泡 A 点亮时的功率为 36W，B 点亮时的功率为 24W，C 点亮时的功率为 14.4W。试求：(1)流过每个灯泡的电流；(2)电源输出电流 I；(3)电源输出的功率及所有元件吸收的总功率；(4)题图 1.12(b)中使 15A 的保险丝熔断的 A 灯泡的最少个数。

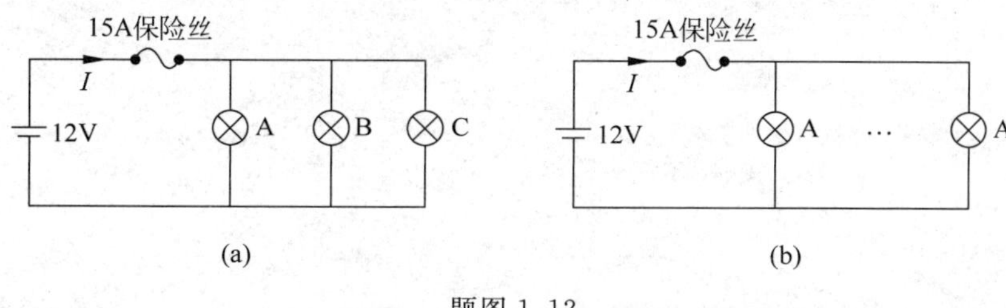

题图 1.12

1.13 在题图 1.13 所示电路中，部分支路电压已经标出。试尽可能多地确定未标出电压的大小。

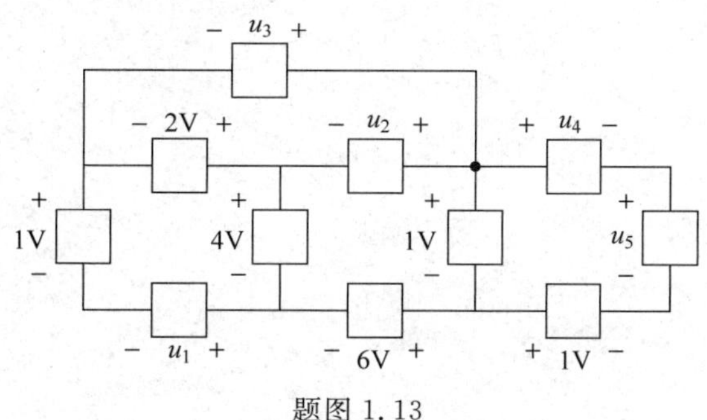

题图 1.13

1.14 在题图 1.14 所示电路中，已标出部分支路电流。试尽可能多地确定未标出电流的大小。

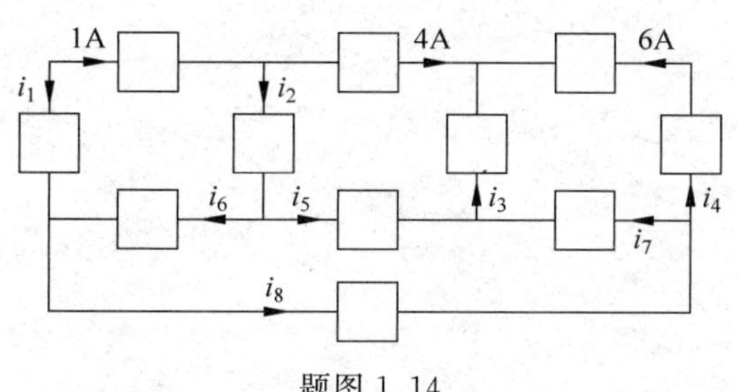

题图 1.14

1.15 在题图 1.15 所示电路中，已标出部分支路电压和电流。试确定未标出的电压和电流的大小，并计算所有支路吸收的功率之和。

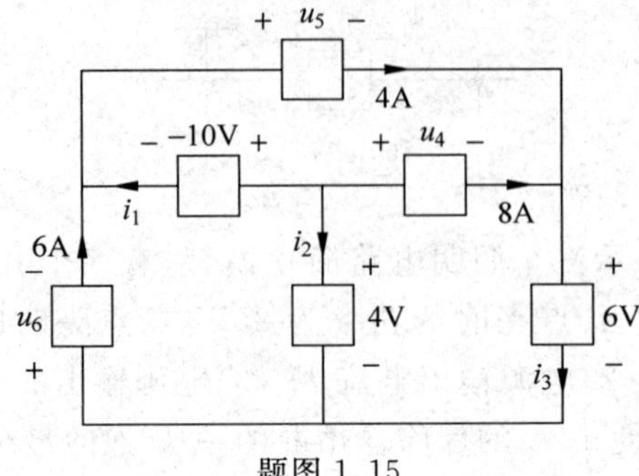

题图 1.15

第2章 电路元件及电路基本类型

内容提要

本章介绍电路基本元件及电路基本类型。电路是由电路元件互相连接而成的一个整体。对实际电路器件进行建模，用以定义若干电路元件，它们是构成电路的最小单位。电路元件分为二端电路元件和二端口电路元件。基本的二端电路元件包括电阻元件、独立电源、电容元件及电感元件等；基本的二端口电路元件包括受控电源、运算放大器、理想变压器及耦合电感元件等。电路元件可以用确定的电压-电流关系加以描述。如果电路元件的电压-电流关系是代数方程，则称该元件为电阻性元件；如果电路元件的电压-电流关系是微分方程，则称该元件为动态元件。

根据构成电路的元件的性质，可将电路分为电阻电路和动态电路。构成电阻电路的元件全部为电阻性元件，描述电路的方程为代数方程。描述动态电路的方程为微分方程，因此构成动态电路的元件必定包含动态元件。

将一个电路分解成若干“小”的子电路，子电路之间通过端口相连接，如果子电路对外只有一个端口，便称为一端口电路；如果子电路对外只有两个端口，便称为二端口电路。它们对外的电路特性可以用端口的电压-电流关系来表达。

2.1 二端电路元件

2.1.1 电阻元件

电路是由电路元件互相连接而成的，电路的性质不仅取决于元件的连接关系，而且还取决于组成电路的元件的性质。每一种电路元件都有明确的数学定义，这种定义用**电压-电流关系**(voltage-current relationship)加以表达。首先介绍电阻元件。

在电路理论中，电阻元件是从实际电阻器抽象出来的模型，用以表示实际电路中广泛使用的各种电阻器的电磁特性。

一个二端元件，其端钮间的电压 u 和通过其中的电流 i 之间的关系可以用代数方程

$$f(u,i)=0 \tag{2.1.1}$$

来描述，亦即这一方程可由 i-u 平面(或 u-i 平面)上的一条曲线所确定，则此二端元件称为电阻元件，简称**电阻**(resistor)。i-u 平面(或 u-i 平面)上的这条曲线称为电阻的伏安特性曲线。式(2.1.1)也称为电阻特性方程。

二端元件的两个端钮流过同一电流。在电路理论中，将流过相同电流的两个端钮称为一个**端口**(port)。二端电阻有一个端口，其端口电磁特性就是通过端口电压和端口电流的关系来表征的，见式(2.1.1)。

电阻按照它的电压-电流关系是**线性**(linear)还是**非线性**(nonlinear)的，可以分为线性电阻和非线性电阻；根据它的电压-电流关系与时间的关系，还可以分为**时变**(time-varying)电阻和**非时变**(time-invariant)电阻。这里主要讨论线性电阻。

一个电阻，如果其伏安特性曲线是一条不随时间变化、通过原点的直线，则称为线性非时变电阻。线性非时变电阻的电路符号及其伏安特性曲线如图 2.1.1 所示，其特性方程为

$$u=Ri \tag{2.1.2a}$$

或

$$i=Gu \tag{2.1.2b}$$

式中的电压 u 和电流 i 取一致参考方向；R 称为**电阻[值]**(resistance)，单位名称是欧姆(Ω)，它的大小也就是电阻伏安特性曲线的斜率；G 称为**电导[值]**(conductance)，单位名称是西门子(S)。式(2.1.2)是**欧姆定律**(Ohm's law)的数学表达式。因此，线性非时变电阻是一种满足欧姆定律的电阻。

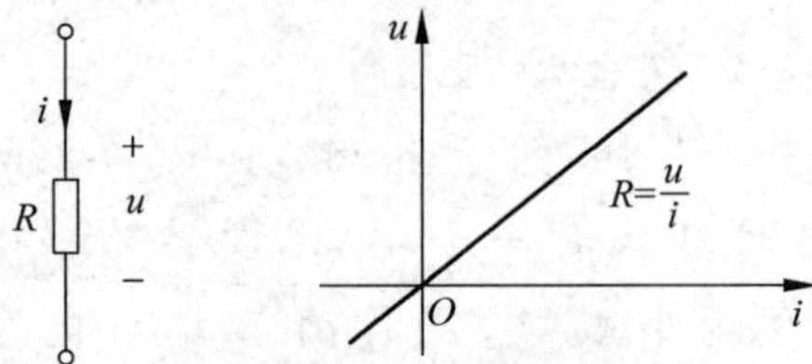

图 2.1.1 线性非时变电阻的电路符号及其伏安特性曲线

电阻 R 和电导 G 是互为倒数的常数，即 $G=1/R$，它们都反映了电阻元件阻碍电流通过的作用。电阻元件的电阻值越大，则阻碍电流通过的作用越强；相反，电阻元件的电导值越大，则阻碍电流通过的作用越弱。电阻 R 和电导 G 都是描述电阻元件的基本参数。

式(2.1.2)中的 R 或 G 也可以取负值，此时电阻的伏安特性曲线是一条位于 i-u 平面的第二、四象限内的直线，如图 2.1.2 所示。把 R 或 G 取负值的电阻称为**负电阻**(negtive resistor)，而把 R 或 G 取正值的电阻称为**正电阻**(positive resistor)。如果对所有时间 t，电阻伏安特性曲线位于 i-u 平面的第一、三象限内，则这个电阻必然为正电阻；如果对所有时间 t，电阻伏安特性曲线位于 i-u 平面的第二、四象限内，则这个电阻必然为负电阻。工程实际中可以通过其他电路器件构成的电路来实现负电阻特性。

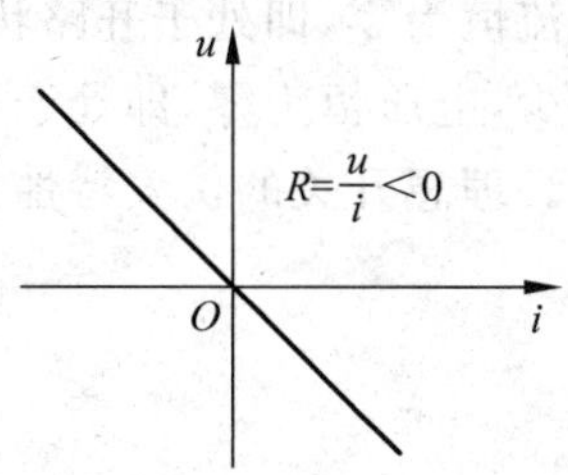

图 2.1.2 负电阻的伏安特性曲线

当 $R=0$ 时，由式(2.1.2a)可知，不论流经电阻的电流为多大，其两端的电压恒等于零，此时电阻相当于**短路**(short circuit)，短路的伏安特性曲线就是 i-u 平面上与 i 轴重合的直线，如图 1.2.3(a)所示。当 $G=0$ 时，由式(2.1.2b)可知，不论施加电阻两端的电压为多大，流经电阻的电流恒等于零，此时电阻相当于**开路**(open circuit)，其伏安特性曲线就是 i-u 平面上与 u 轴重合的直线，如图 2.1.3(b)所示。

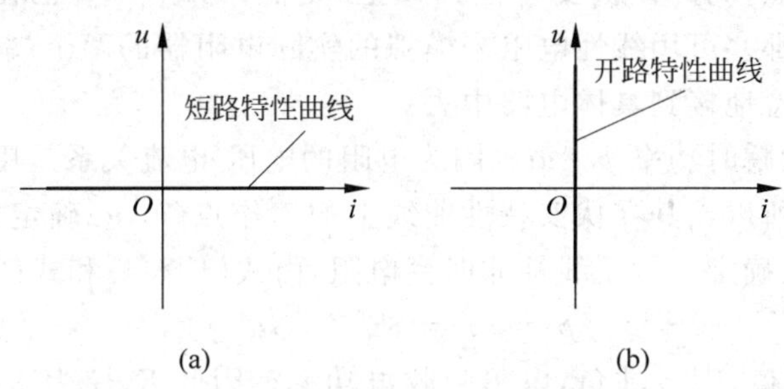

图 2.1.3 短路、开路的伏安特性曲线

(a) 短路；(b) 开路

在电路理论中，"电阻"一词往往作为电阻元件或电阻值的简称，但在习惯上，"电阻"也指实际的电阻器，如"线绕电阻器"也称为"线绕电阻"。对"电导"一词亦是如此。在以后介绍的电容元件、电感元件以及耦合电感元件等也存在类似的情况。

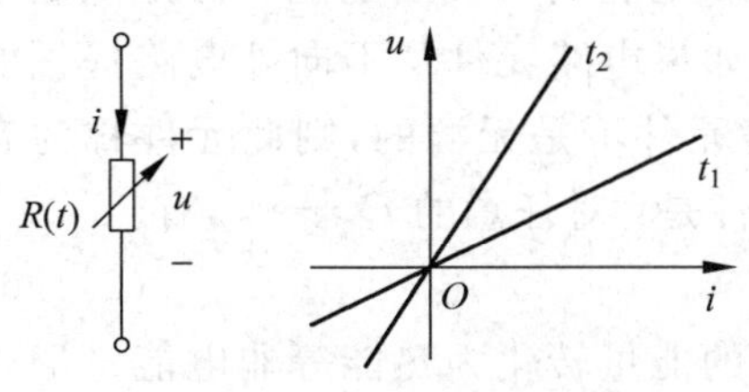

图 2.1.4 线性时变电阻的电路符号及其伏安特性曲线

若一个电阻的伏安特性曲线是随时间变化、通过原点的直线，则称为线性时变电阻。线性时变电阻的电路符号及其伏安特性曲线如图 2.1.4 所示。其特性方程为

$$u=R(t)i \tag{2.1.3a}$$

或

$$i=G(t)u \tag{2.1.3b}$$

式中，$R(t)=1/G(t)$。$R(t)$和$G(t)$分别是电阻在时刻t的电阻和电导。

理想开关(ideal switch)是一种典型的线性时变电阻。理想开关在电路图中的符号如图 2.1.5(a)所示。当理想开关 S 被打开时，不管其两端电压为多少，流经理想开关的电流恒为零，即处于开路状态；而当 S 被合上后，情况却恰好相反，此时不管流经电流是多少，电压恒为零，即处于短路状态。一个理想开关总是处于电阻$R=\infty$或$R=0$的状态。理想开关的伏安特性如图 2.1.5(b)所示。

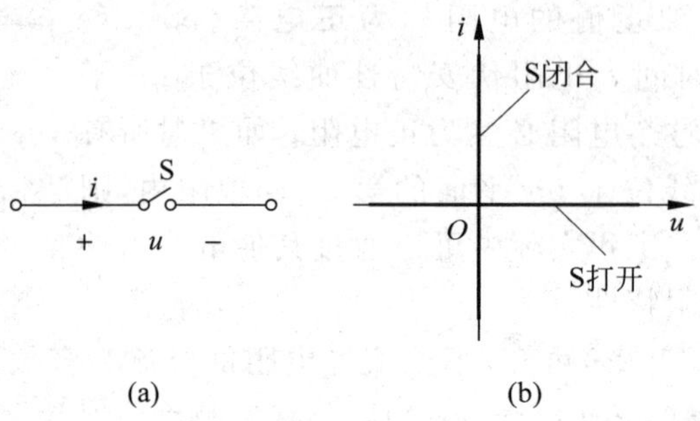

图 2.1.5　理想开关及其伏安特性曲线

线性电阻的伏安特性曲线关于原点是对称的，称为**双向电阻**(two-way resistor)。对线性电阻而言，如果点(u,i)在伏安特性曲线上，则点$(-u,-i)$也在伏安特性曲线上。所以在实际应用中，那些可用线性电阻来模拟的实际电阻器的两个端钮不需要用标记加以区别，它们可以任意地接到具体电路中去。

二端电阻吸收的瞬时功率$p=ui$。因为电阻的电压-电流关系是用i-u平面上的伏安特性曲线来表征的，所以当其在伏安特性曲线上的工作点(i,u)确定之后，电阻在时间t时的瞬时功率也随之确定。对于线性非时变电阻，由式(1.2.4)和式(2.1.2)可得

$$p=ui=Ri^2=Gu^2 \tag{2.1.4}$$

显然，如果R、G为正值，则p非负，电阻吸收电功率。因此R、G为正值的电阻属于**耗能元件**(dissipative element)。

电阻吸收的(电)能量由式(1.2.6)给出。对任一时刻t_0，线性非时变电阻从时刻t_0到时刻t所吸收的(电)能量为

$$w(t_0,t)=R\int_{t_0}^{t}i^2(\tau)\mathrm{d}\tau=G\int_{t_0}^{t}u^2(\tau)\mathrm{d}\tau \tag{2.1.5}$$

显然，当R、G为正值时，$w(t_0,t)$非负，表明电阻只吸收电能而不发出电能。但是满足电阻元件定义的某些电路元件，也可以对外发出电能。如果电路元件从不向外电路提供能量，则称该电路元件为**无源**(passive)元件。如果电路元件不是无源的，则此元件称为**有源**(active)元件。一个电路元件为无源元件的充要条件是：对任意的$t\geqslant-\infty$，有

$$w(-\infty,t)\geqslant 0 \tag{2.1.6}$$

由式(2.1.6)可知，正电阻属于无源元件，其吸收的能量转化为热能等非电能量形式向周围空间散失。负电阻属于有源元件，它对外发出电能。

以上介绍的是线性电阻。如果电阻的电压-电流关系不是线性的，就称为**非线性电阻**

(nonlinear resistor)。例如半导体器件中的**PN 结二极管**(p-n junction diode)就是非线性电阻的一个最典型的原型。PN 结二极管的特性方程为

$$i = I_S(e^{qu/kT} - 1) \tag{2.1.7}$$

式中,I_S 为反向饱和电流,即二极管反偏压(具有负值 u)较大时的二极管电流;q 为一个电子的电荷量;k 为玻耳兹曼常数;T 为元件的绝对温度。在室温下 kT/q 接近于 0.026V。

2.1.2 独立电源

独立电源(independent source)是实际电源的理想化电路元件模型,包括**电压源**(voltage source)和**电流源**(current source)两种。独立电源为实际工作的电路提供能量,在含电阻的电路中有电流流动时,就会不断地消耗能量,该能量就是由独立电源提供的。

在电路模型中,用电压源元件来近似表示电池或稳压电源的电磁特性。电压源的电路符号如图 2.1.6 所示,其中图 2.1.6(a)为直流电压源的符号,图 2.1.6(b)为一般电压源的符号。电压源的电压-电流关系为

$$u = u_S \tag{2.1.8}$$

式中,u_S 是给定的时间函数,称为电压源的**源电压**(source voltage)。上式中不含电流 i,表示源电压不受流过电压源电流的制约,因此流过电压源的电流可以是任意量值。对于含电压源的电路,流经电压源的电流由该具体电路确定。

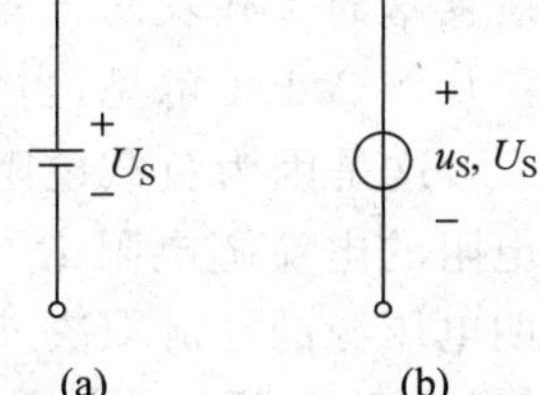

图 2.1.6 电压源符号

当电压源是直流电源时,u_S 为常数,其伏安特性曲线如图 2.1.7(a)所示。直流电压源的电压也常用 U_S 表示。当电压源是时变电源时,u_S 是时间 t 的函数,其特性曲线如图 2.1.7(b)所示。

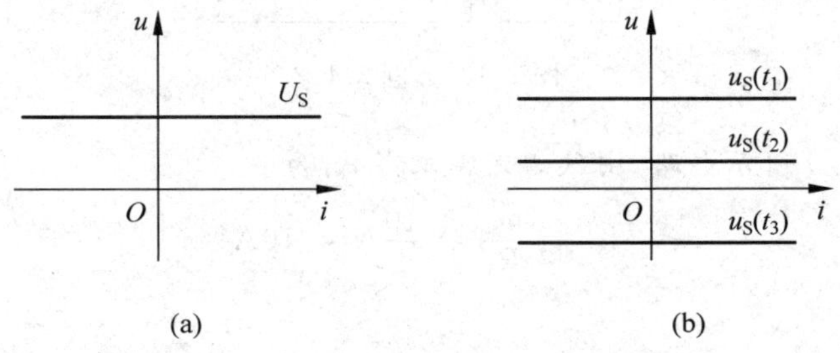

图 2.1.7 电压源伏安特性曲线

从图 2.1.7 可见,电压源的特性曲线在 $u_S \neq 0$ 时是 i-u 平面上的一条或一族不经过原点、与 i 轴平行的直线。因此,电压源可以看做是一个非线性电阻。当 $u_S = 0$ 时,电压源的伏安特性曲线与横轴重合,相当于短路。如果要去除含独立电源电路中某电压源的作用,则可以使该电压源 $u_S = 0$,即用短路置换,称为电压源置零。

在图 2.1.6 中,如果流经电压源的电流 i 取与电压源电压一致的参考方向,则电压源吸收的功率为

$$p = u_S i \tag{2.1.9}$$

当 p 为负值时(对应电压源特性曲线位于二、四象限部分),说明在电压源内部电流从低电位流向高电位,表示电压源输出功率,电压源处于供电状态;当 p 为正值时(对应电压源特性曲线位于一、三象限部分),表示电压源吸收功率,电压源处于受电状态。

【例 2.1.1】 电路如图 2.1.8 所示,试求当 $R=1\Omega$ 或 ∞ 时电阻上的电压与电流。

解 对图 2.1.8 所示电路,当 $R=1\Omega$ 时,由 KVL 得

$$u = U_S = 1\text{V}$$

再由欧姆定律求得

$$i = u_S/R = (1/1)\text{A} = 1\text{A}$$

如果将电阻看做电路的负载,且 $R\neq 0$ 或 $R\neq\infty$,称电路的工作状态为有载工作状态。

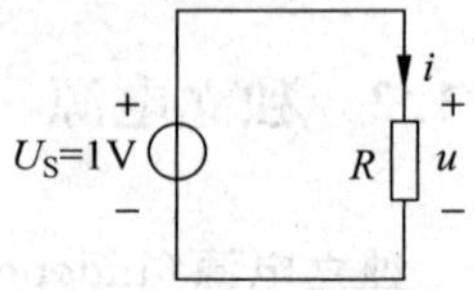

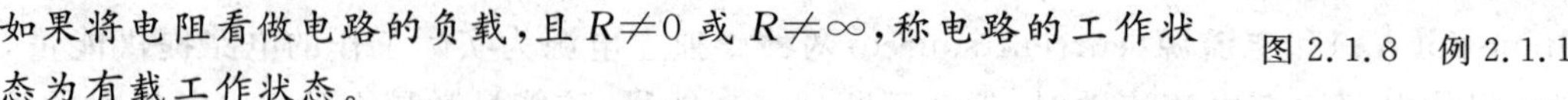

图 2.1.8 例 2.1.1

同理,当 $R=\infty$ 时,可求得

$$u = U_S = 1\text{V}, \quad i = u_S/R = (1/\infty)\text{A} = 0\text{A}$$

此时电路的工作状态为开路工作状态($i=0$)。

从例 2.1.1 可见,当负载变化时($R=1\Omega$ 或 ∞),负载两端的电压恒等于电压源的电压 U_S,这是因为负载电阻直接接在电压源两端,而电压源电压的大小是恒定的;流经负载电阻的电流随电阻 R 的不同而不同,该电流的大小即为流经电压源的电流大小,这也说明电压源的电流取决外接电路。

【例 2.1.2】 试计算图 2.1.9 所示电路中每个电阻消耗的功率,并通过计算电压源所提供的功率,确定电阻消耗功率的来源。

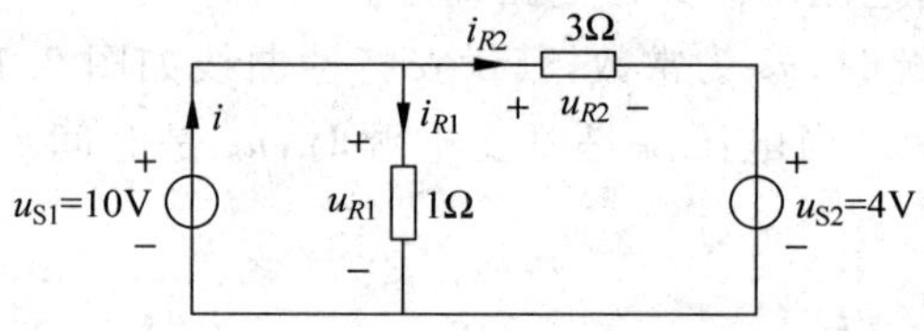

图 2.1.9 例 2.1.2

解 对图 2.1.9 所示电路,由欧姆定律求得 i_{R1} 为

$$i_{R1} = \frac{u_{S1}}{R_1} = \frac{10}{1}\text{A} = 10\text{A}$$

由 KVL 得

$$u_{S1} - R_2 i_{R2} - u_{S2} = 0$$

解得 i_{R2} 为

$$i_{R2} = \frac{u_{S1} - u_{S2}}{R_2} = \frac{10-4}{3}\text{A} = 2\text{A}$$

又由 KCL 可求得 i 为

$$i = i_{R1} + i_{R2} = (10+2)\text{A} = 12\text{A}$$

电阻 R_1 消耗的功率

$$p_{R1} = u_{R1} i_{R1} = 10\times 10\text{W} = 100\text{W}$$

电阻 R_2 消耗的功率

$$p_{R2}=u_{R2}i_{R2}=i_{R2}^2R_2=2^2\times 3\text{W}=12\text{W}$$

电压源 u_{S1} 吸收的功率

$$p_{S1}=-u_{S1}i=-10\times 12\text{W}=-120\text{W}$$

负号表示电压源 u_{S1} 实际发出功率。

电压源 u_{S2} 吸收的功率

$$p_{S2}=u_{S2}i_{R2}=4\times 2\text{W}=8\text{W}$$

可见，两个电阻所消耗的功率是由电压源 u_{S1} 提供的，电压源 u_{S2} 也吸收一部分功率。此外还可以看出电压源 u_{S1} 提供的功率正好等于两个电阻所消耗的功率和与电压源 u_{S1} 所消耗的功率之和。

MATLAB 计算程序：

```
%采用 MATLAB 求解例 2.1.2
R1 = 1; R2 = 3; us1 = 10; us2 = 4;              %已知量赋值
iR1 = us1/R1; iR2 = (us1 - us2)/R2; i = iR1 + iR2;    %计算支路电流
pR1 = us1 * iR1                                  %计算 R1 消耗的功率
pR2 =  iR2^2 * R2                                %计算 R2 消耗的功率
pus1 = - us1 * i                                 %计算 us1 消耗的功率
pus2 = us2 * iR2                                 %计算 us2 消耗的功率
```

计算结果：

```
pR1 = 100
pR2 = 12
pus1 = -120
pus2 = 8
```

在电路模型中，用电流源元件来近似表示稳流电源的电磁特性。电流源的电路符号如图 2.1.10 所示。电流源的电压-电流关系为

$$i=i_S \tag{2.1.10}$$

式中，i_S 是给定的时间函数，称为电流源的**源电流**(source current)。式(2.1.10)中不含电压 u，表示源电流不受流过电流源电压的制约，因此电流源两端的电压可以是任意量值。

当电流源是直流电源时，i_S 为常数，其伏安特性曲线如图 2.1.11(a)所示。直流电流源的电流也常用 I_S 表示。当电流源是时变电源时，i_S 是时间 t 的函数，其特性曲线如图 2.1.10(b)所示。

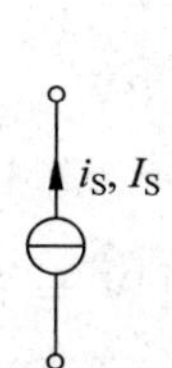

图 2.1.10　电流源符号

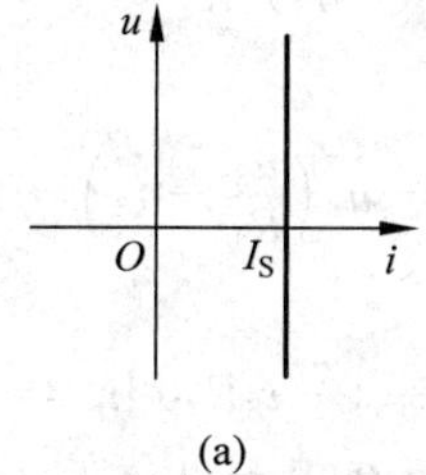

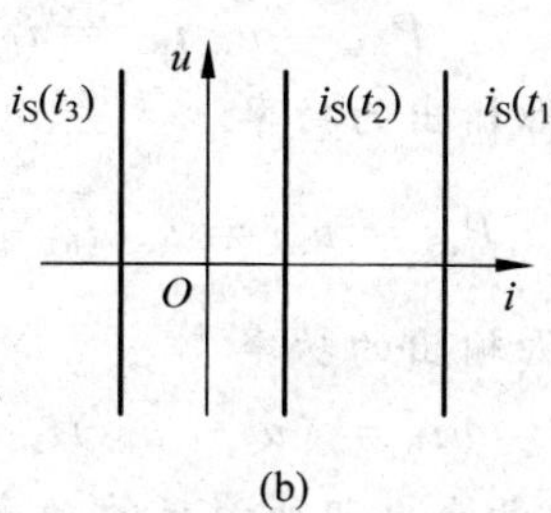

图 2.1.11　电流源伏安特性曲线

从图 2.1.11 可见，电流源的特性曲线在 $i_S \neq 0$ 时是 i-u 平面上的一条或一族不经过原点，且与 u 轴平行的直线。因此，电流源也可以看做是一个非线性电阻。当 $i_S = 0$ 时，电流源的伏安特性曲线与 u 轴重合，相当于开路。如果要去除含独立电源电路中某电流源的作用，则可以使该电流源 $i_S = 0$，即用开路置换，称为电流源置零。

在图 2.1.10 中，如果电流源两端电压 u 取与电流源电流一致的参考方向，则电流源吸收的功率为

$$p = ui_S \tag{2.1.11}$$

当 p 为负值时(对应电流源特性曲线位于二、四象限部分)，表示电流源输出功率，电流源处于供电状态；当 p 为正值时(对应电流源特性曲线位于一、三象限部分)，表示电流源吸收功率，电流源处于受电状态。

【例 2.1.3】 电路如图 2.1.12 所示，试求当 $R = 1\Omega$ 或 0 时电阻上的电压与电流。

解 对图 2.1.12 所示电路，当 $R = 1\Omega$ 时，电路的工作状态为有载工作状态。由 KCL 得

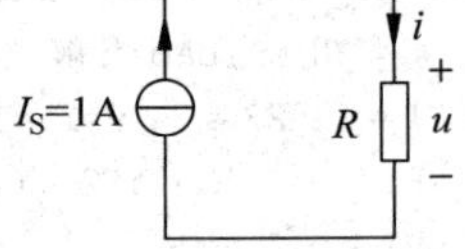

$$i = I_S = 1\text{A}$$

再由欧姆定律求得

$$u = Ri = (1 \times 1)\text{V} = 1\text{V}$$

图 2.1.12 例 2.1.3

同理，当 $R = 0$ 时，可求得

$$i = I_S = 1\text{A}, \quad u = Ri = (1 \times 0)\text{V} = 0$$

此时电路的工作状态为短路工作状态($u = 0$)。

从上例可见，当负载变化时($R = 1\Omega$ 或 0)，负载两端的电流恒等于电流源的电流 I_S，这是因为负载电阻直接接在电流源两端，而电流源电流的大小是恒定的；负载电阻两端的电压随电阻 R 的不同而不同，该电压的大小即为电流源两端电压的大小，这也说明电流源的电压取决外接电路。

【例 2.1.4】 试计算图 2.1.13 所示电路中每个电阻消耗的功率，并通过计算电压源和电流源所提供的功率，确定电阻消耗功率的来源。

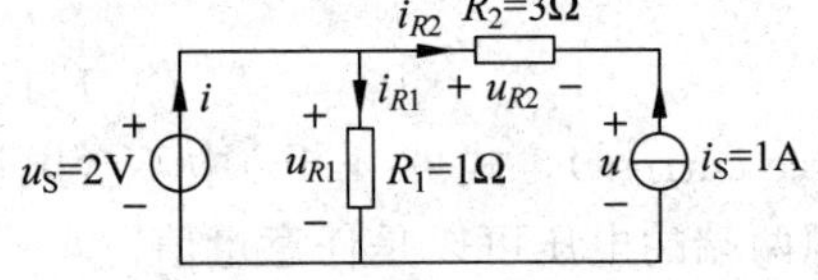

图 2.1.13 例 2.1.4

解 在图 2.1.13 所示电路中，电阻 R_1 消耗的功率

$$P_{R1} = u_{R1} i_{R1} = \frac{u_{R1}^2}{R_1} = \frac{u_S^2}{R_1} = \frac{2^2}{1}\text{W} = 4\text{W}$$

电阻 R_2 消耗的功率

$$P_{R2} = u_{R2} i_{R2} = i_{R2}^2 R_2 = (-i_S)^2 R_2 = (-1)^2 \times 3\text{W} = 3\text{W}$$

电压源输出的功率

$$P_{uS} = u_S i = u_S(i_{R1} + i_{R2}) = u_S\left(\frac{u_S}{R_1} - i_S\right) = 2\left(\frac{2}{1} - 1\right)\text{W} = 2\text{W}$$

电流源输出的功率

$$P_{iS} = ui_S = (u_S - u_{R2})i_S = [u_S - (-i_S R_2)]i_S = (2 + 1 \times 3) \times 1\text{W} = 5\text{W}$$

可见，两个电阻所消耗的功率是由电压源和电流源共同提供的。

2.1.3　电容元件

电容器(condenser)在电气、电子、通信、计算机和控制系统中被广泛使用。例如电梯的触摸开关电路,收音机的调谐电路,计算机系统的动态存储器等等。尽管电容器的种类繁多,但就其构成原理来说,都是由两块用不同介质隔开的金属极板组成。由于理想介质是不导电的,如果在两块极板间接一电源,则在两块极板上分别存储等量的正、负电荷,并在介质中建立电场而具有电场能量。将外电源移去后,电荷可继续聚集在极板上,电场仍然存在。在电路理论中,用电容元件表示实际电容器的这种电磁特性,即电荷与电压的关系。**电容**(capacitance)是反映电场储能性质的电路参数,电容器的主要参数就是电容。

一个二端元件,如果在任一时刻 t,它所储存的电荷 q 和它的端电压 u 之间的关系是由 u-q 平面(或 q-u 平面)上的一条曲线所确定,则此二端元件称为**电容元件**(capacitor)。这条曲线称库伏特性曲线。和电阻元件类似,根据库伏特性曲线是否为过原点的直线,电容元件可分为线性电容元件和非线性电容元件。电容元件也有时变电容元件和非时变电容元件之分。这里主要讨论线性非时变电容元件。

如果电容元件的库伏特性曲线是一条与时间变化无关的过原点的直线,那么该电容元件称为线性非时变电容元件。线性非时变电容元件常简称电容。

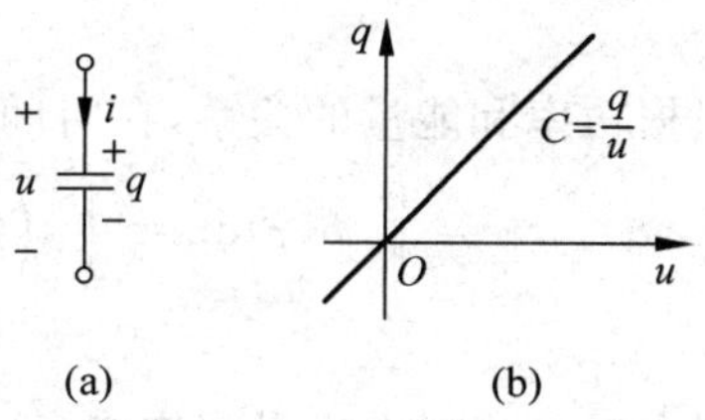

图 2.1.14　电容元件的符号及其库伏特性曲线

电容元件在电路图中的符号及特性曲线如图 2.1.14 所示,其库伏特性方程为

$$q = Cu \tag{2.1.12a}$$

或

$$u = \frac{q}{C} \tag{2.1.12b}$$

式中电容元件端电压 u 和电荷 q 的参考方向如图 2.1.14(a)所示。端电压 u 和电荷 q 的单位分别为伏特和库仑。C 是与电荷和电压无关的电路参数,称为电容元件的电容。电容的数值等于库伏曲线的斜率,是一个常数。C 的 SI 单位名称为法拉(F)。

电容是一种单调元件,既是荷控元件,又是压控元件。

如图 2.1.14(a)所示,电容电流 i 和电容电压 u 取一致参考方向,由式(1.2.1)和式(2.1.12)可知线性非时变电容元件中的电流 i 和其端电压 u 之间的关系为

$$i = \frac{\mathrm{d}q}{\mathrm{d}t} = C\frac{\mathrm{d}u}{\mathrm{d}t} \tag{2.1.13}$$

上式表明,t 时刻的电容电流 i 取决于该时刻电容电压 u 随时间 t 的变化率,因此,电容属于动态元件。

电容的电压 u 和电流 i 之间的关系也可用积分形式表示

$$u = \frac{1}{C}\int_{-\infty}^{t} i(\tau)\mathrm{d}\tau = \frac{1}{C}\int_{-\infty}^{t_0} i(\tau)\mathrm{d}\tau + \frac{1}{C}\int_{t_0}^{t} i(\tau)\mathrm{d}\tau = u(t_0) + \frac{1}{C}\int_{t_0}^{t} i(\tau)\mathrm{d}\tau \quad t \geqslant t_0 \tag{2.1.14}$$

式(2.1.14)表明，电容在t时刻的电压值取决于从$-\infty$到t时刻的电流值。就是说，电容电压u与电容元件的电流历史有关，可通过电容电流在时刻t以前的全部历程来反映。电容元件具有“记忆”电流的性质，是一种**记忆元件**(memeory element)。

式(2.1.14)中$u(t_0)$表示电容元件的**初始电压**(initial voltage)。该式表明，一个电容元件只有在C和$u(t_0)$都给定时，才是一个完全确定的元件。

特别地，当$t_0=0$时，式(2.1.14)可写成

$$u=u(0)+\frac{1}{C}\int_0^t i(\tau)\mathrm{d}\tau \tag{2.1.15}$$

根据式(2.1.15)分别写出在t和$t+\Delta t$两个瞬间的电压表达式，然后取其差值Δu，得

$$\Delta u=u(t+\Delta t)-u(t)=\frac{1}{C}\int_t^{t+\Delta t} i(\tau)\mathrm{d}\tau \tag{2.1.16}$$

如果在时间区间$[t,t+\Delta t]$内，电流$i(t)$均为有限值，那么当$\Delta t\to 0$时，就有$\Delta u\to 0$。这说明只要电容电流是有界函数，电容电压就是连续函数，不会跳变。线性非时变电容元件的电压连续性质在分析动态电路时非常有用。

电容在时刻t吸收的功率为

$$p=ui=Cu\frac{\mathrm{d}u}{\mathrm{d}t} \tag{2.1.17}$$

根据功率和能量的关系，在时间间隔$[t_0,t]$内，电容吸收的能量为

$$w_C(t_0,t)=\int_{t_0}^t p(\tau)\mathrm{d}\tau=\int_{t_0}^t\left(Cu(\tau)\frac{\mathrm{d}u(\tau)}{\mathrm{d}\tau}\right)\mathrm{d}\tau=C\int_{u(t_0)}^{u(t)}u\mathrm{d}u=\frac{1}{2}Cu^2(t)-\frac{1}{2}Cu^2(t_0) \tag{2.1.18}$$

令$t_0=-\infty$时电容没有**充电**(charge)，即$u(-\infty)=0$，则可得到电容吸收的总能量为

$$w_C=\frac{1}{2}Cu^2 \tag{2.1.19}$$

该能量也就是电容储存的电场能量。显然，如果电容元件的库伏特性曲线位于第一或第三象限，它所储存的能量总是正的，这种电容元件称为无源电容元件。

从式(2.1.19)可知，当电压一定时，电容储存的电场能与电容C成正比，电容C的大小反映了电容储能的能力；电容储能的大小只取决于电容端电压的瞬时值，与电压的建立过程无关，也与电容中的电流无关，即使流过电容的电流为零，电容中的电场能仍然存在。当电压消失时电容中的电场能也消失而转变成其他形式的能量。

在使用实际的电容器时，不仅要关注其电容值的大小，还有注意它的额定电压。电容器两端的电压如果超过额定电压，电容器就有可能因介质被击穿而损坏。

【例 2.1.5】 如图 2.1.15(a)所示电路中电容与电压源连接，已知电压源电压按图 2.1.15(b)所示曲线变化，试求电容电流及电容的储能。

解 由图 2.1.15(b)所示曲线，可求得电压的表达式为

$$u=\begin{cases}8t & 0\leqslant t<0.5\mathrm{s}\\ 4 & 0.5\mathrm{s}\leqslant t<1\mathrm{s}\\ -8t+12 & 1\mathrm{s}\leqslant t<1.5\mathrm{s}\end{cases}$$

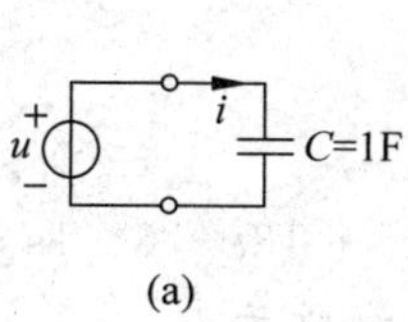

(a)

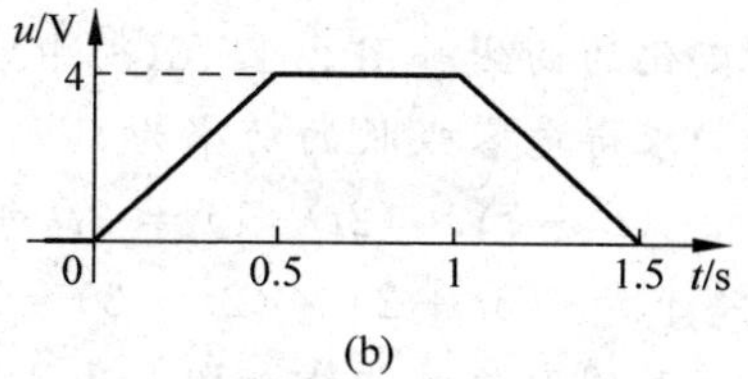

(b)

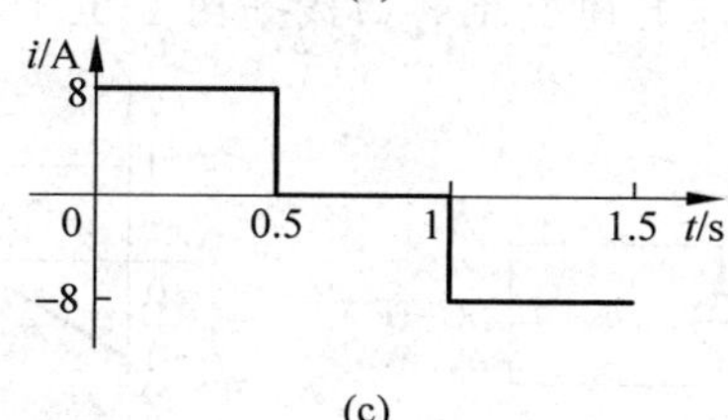

(c)

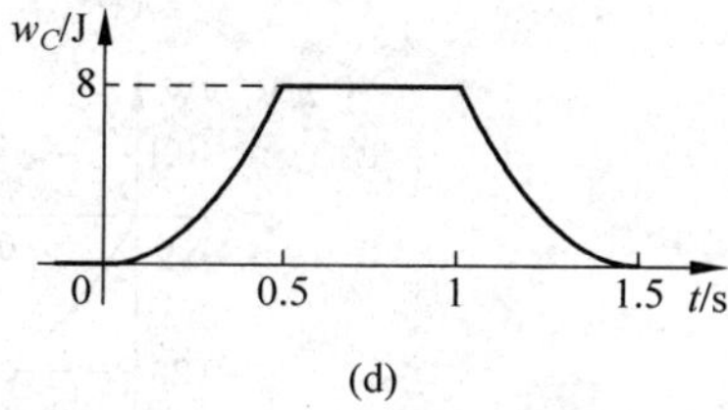

(d)

图 2.1.15 例 2.1.5

由式(2.1.13)求得电容电流为

$$i = C\frac{\mathrm{d}u}{\mathrm{d}t} = \begin{cases} 8 & 0 \leqslant t < 0.5\mathrm{s} \\ 0 & 0.5\mathrm{s} \leqslant t < 1\mathrm{s} \\ -8 & 1\mathrm{s} \leqslant t < 1.5\mathrm{s} \end{cases}$$

电容电流随时间变化的曲线如图 2.1.15(c)所示。

由式(2.1.19)求得电容的储能为

$$w_C = \frac{1}{2}Cu^2 = \begin{cases} 32t^2 & 0 \leqslant t < 0.5\mathrm{s} \\ 8 & 0.5\mathrm{s} \leqslant t < 1\mathrm{s} \\ 32t^2 - 96t + 72 & 1\mathrm{s} \leqslant t < 1.5\mathrm{s} \end{cases}$$

电容储能随时间变化的曲线如图 2.1.15(d)所示。

【例 2.1.6】 如图 2.1.16(a)所示电路中电容与电流源连接，已知电流源电流按图 2.1.16(b)所示曲线变化，试求电容电压及电容吸收的功率，设 $u(0)=0$。

解 由图 2.1.16(b)所示曲线，可求得电流的表达式为

$$i = \begin{cases} 2t - 1 & 0 \leqslant t < 1\mathrm{s} \\ 2t - 3 & 1\mathrm{s} \leqslant t < 2\mathrm{s} \end{cases}$$

由式(2.1.15)计算电容电压。当 $0 \leqslant t < 1\mathrm{s}$ 时

$$u = u(0) + \frac{1}{C}\int_0^t i(\tau)\mathrm{d}\tau = \int_0^t (2\tau - 1)\mathrm{d}\tau = t^2 - t$$

当 $1\mathrm{s} \leqslant t < 2\mathrm{s}$ 时

$$u = u(1) + \frac{1}{C}\int_1^t i(\tau)\mathrm{d}\tau = 0 + \int_1^t (2\tau - 3)\mathrm{d}\tau = t^2 - 3t + 2$$

电容电压随时间变化的曲线如图 2.1.16(c)中实线所示。

由式(2.1.17)求得电容吸收的功率为

$$p = ui = \begin{cases} (t^2 - t) \times (2t - 1) = 2t^3 - 3t^2 + t & 0 \leqslant t < 1\text{s} \\ (t^2 - 3t + 2) \times (2t - 3) = 2t^3 - 9t^2 + 13t - 6 & 1\text{s} \leqslant t < 2\text{s} \end{cases}$$

电容吸收的功率随时间变化的曲线如图 2.1.16(c)中虚线所示。

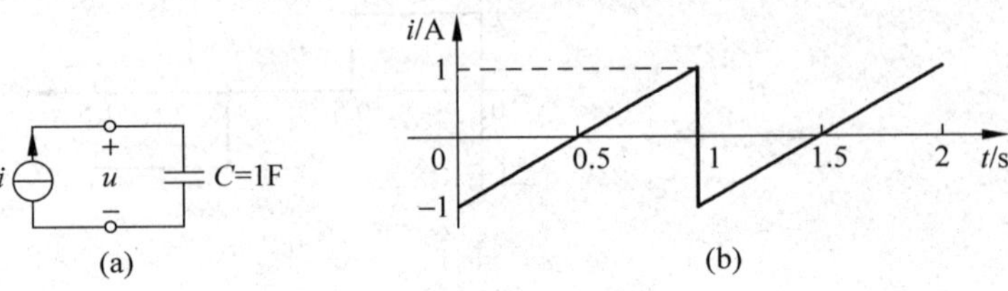

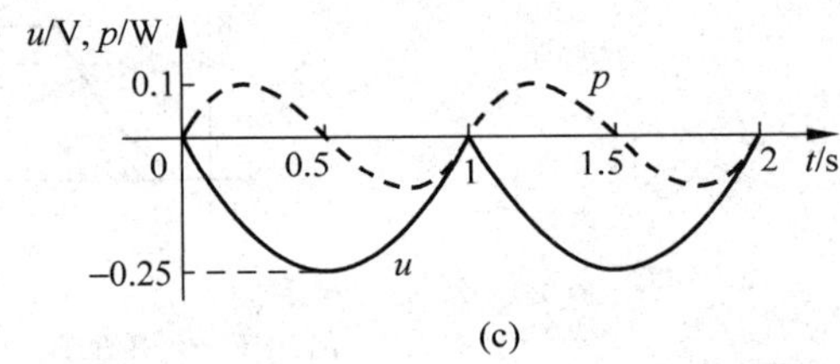

图 2.1.16 例 2.1.6

2.1.4 电感元件

电感器(induction coil)在电气、电子、通信、计算机和控制系统中同样被广泛使用。例如日光灯的镇流电路,收音机的谐振电路等等。导线通以电流,其周围即建立磁场。通常将导线绕成线圈的形状以增强线圈内部的磁场,因此电感器常称为电感**线圈**(coil)。实际的电感器形状各异,但就其工作原理来说,都是在线圈中通以电流,在其周围激发磁场,从而在线圈中形成与电流相交链的**磁通**(flux)Φ,两者的方向符合右手螺旋定则,如图 2.1.17 所示。与每匝线圈相交链的磁通之和,称为该线圈的磁链 ψ。在电路理论中,用电感元件表示实际电感器的这种电磁特性,即磁链与电流的关系。**电感**(inductance)是反映电场储能性质的电路参数,电感器的主要参数就是电感。

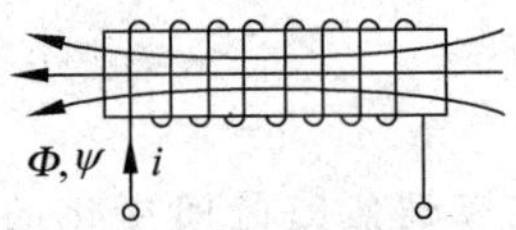

图 2.1.17 电感器原理

一个二端元件,如果在任一时刻 t,它的磁链 ψ 与流过它的电流 i 之间的关系由 ψ-i 平面(或 i-ψ 平面)上的一条曲线所确定,则此二端元件称为**电感元件**(inductor)。这条曲线称韦安特性曲线。和电阻元件类似,根据韦安特性曲线是否为过原点的直线,电感元件可分为线性电感元件和非线性电感元件。电感元件也有时变电感元件和非时变电感元件之分。这里主要讨论线性非时变电感元件。

如果电感元件的韦安特性曲线是一条与时间变化无关的过原点的直线,那么该电感元件称为线性非时变电感元件。线性非时变电感元件常简称电感。

电感在电路图中的符号及特性曲线如图 2.1.18 所示,其韦安特性方程为

$$\psi = Li \tag{2.1.20a}$$

或

$$i = \frac{\psi}{L} \tag{2.1.20b}$$

式中电感元件的电流和磁链的参考方向应符合右手螺旋法则，磁链 ψ 和电流 i 的单位分别为韦伯和安培。L 是与磁链和电流无关的电路参数，称为电感元件的电感。L 的值等于韦安曲线的斜率，是一个常数。L 的 SI 单位名称为亨利(H)。

电感是一种单调元件，既是磁控元件，又是流控元件。

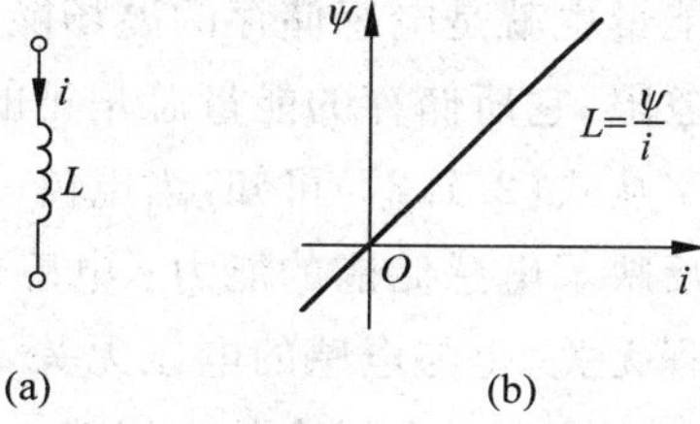

图 2.1.18 线性非时变电感元件的符号及其特性曲线

如图 2.1.18(a)所示，电感电流 i 和电感电压 u 取一致参考方向，电感中的端电压 u 和流经电流 i 之间的关系为

$$u = \frac{\mathrm{d}\psi}{\mathrm{d}t} = L\frac{\mathrm{d}i}{\mathrm{d}t} \tag{2.1.21}$$

上式表明 t 时刻的电感电压 u 取决于该时刻电感电流 i 的变化率，而并不取决于该时刻的电感电流值，因此，电感属于动态元件。

电感的电压 u 和电流 i 之间的关系也可用积分形式表示

$$i = \frac{1}{L}\int_{-\infty}^{t} u(\tau)\mathrm{d}\tau = \frac{1}{L}\int_{-\infty}^{t_0} u(\tau)\mathrm{d}\tau + \frac{1}{L}\int_{t_0}^{t} u(\tau)\mathrm{d}\tau = i(t_0) + \frac{1}{L}\int_{t_0}^{t} u(\tau)\mathrm{d}\tau \tag{2.1.22}$$

式(2.1.22)表明，电感在 t 时刻的电流值取决于从 $-\infty$ 到 t 时刻的电压值。就是说，电感电流 i 与电感的电压历史有关，可通过电感电压在时刻 t 以前的全部历程来反映。电感具有“记忆”电压的性质，是一种记忆元件。

式(2.1.22)中 $i(t_0)$ 表示电感的**初始电流**(initial current)。该式表明，一个电感元件只有在 L 和 $i(t_0)$ 都给定时，才是一个完全确定的元件。

特别地，当 $t_0=0$ 时，式(2.1.22)可写成

$$i = i(0) + \frac{1}{L}\int_{0}^{t} u(\tau)\mathrm{d}\tau \tag{2.1.23}$$

根据式(2.1.23)分别写出在 t 和 $t+\Delta t$ 两个瞬间的电流表达式，然后取其差值 Δi，得

$$\Delta i = i(t+\Delta t) - i(t) = \frac{1}{L}\int_{t}^{t+\Delta t} u(\tau)\mathrm{d}\tau \tag{2.1.24}$$

如果在时间区间$[t,t+\Delta t]$内，电压 u 均为有限值，那么当 $\Delta t\to 0$ 时，就有 $\Delta i\to 0$。这说明只要电感电压是有界函数，电感电流就是连续函数，不会跳变。线性非时变电感元件的电流连续性质在分析动态电路时非常有用。

电感在时刻 t 吸收的功率为

$$p = ui = Li\frac{\mathrm{d}i}{\mathrm{d}t} \tag{2.1.25}$$

根据功率和能量的关系，在时间间隔$[t_0,t]$内，电感吸收的能量为

$$w_L(t_0,t)=\int_{t_0}^{t}p(\tau)\mathrm{d}\tau=\int_{t_0}^{t}\left(Li(\tau)\frac{\mathrm{d}i(\tau)}{\mathrm{d}\tau}\right)\mathrm{d}\tau=L\int_{i(t_0)}^{i(t)}i\mathrm{d}i=\frac{1}{2}Li^2(t)-\frac{1}{2}Li^2(t_0) \tag{2.1.26}$$

令 $t_0=-\infty$ 时电感电流为零，即 $i(-\infty)=0$，则可得到电感吸收的总能量为

$$w_L=\frac{1}{2}Li^2 \tag{2.1.27}$$

该能量也就是电感储存的磁场能量。显然，如果电感元件的韦安特性曲线位于第一或第三象限，它所储存的能量总是正的，这种电感元件称为无源电感元件。

从式(2.1.27)可知，当电流一定时，电感储存的磁场能与电感 L 成正比，电感 L 的大小反映了电感储能的能力；电感储能的大小只取决于电感电流的瞬时值，与电流的建立过程无关，也与电感的电压无关，即使电感两端的电压为零，电感中的磁场能仍然存在。当电流消失时电感中的磁场能也消失而转变成其他形式的能量。

在使用实际的电感器时，不仅要关注其电感值的大小，还要注意它的额定电流。流过电感器的电流如果超过额定电流，电感器就有可能发生线圈过热或线圈受到过大的电磁力的作用而发生机械形变甚至烧毁等情况。

【思考与练习】

2.1.1 试求图 2.1.19 所示电路中电压 u_{ab}。(−2V,2V,2V,−2V)

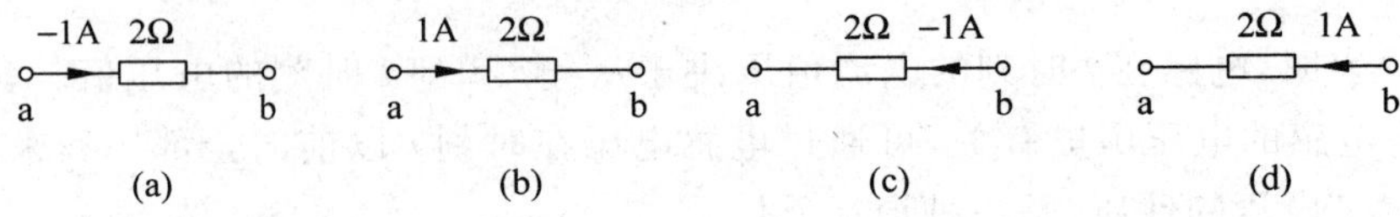

图 2.1.19 思考与练习 2.1.1

2.1.2 对一个 1W、10Ω 的碳膜电阻，它允许通过的电流是多少？若把它接到 3V 的电源上是否会烧毁？能不能把它接到 10V 的电源上使用？(0.316A)

2.1.3 一把标有 220V/45W 的电烙铁，在使用时能否接到 380V 的电源上，为什么？

2.1.4 试求图 2.1.20 所示电路中的电压 u 和电流 i。(−4V,1A)

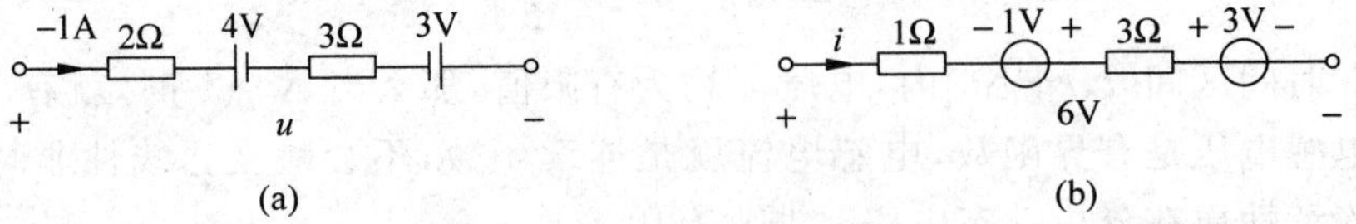

图 2.1.20 思考与练习 2.1.4

2.1.5 除了直流电压源外，大多数电压源的电压幅值都是随时间变化的，如何理解该电压幅值与通过它的电流大小无关？

2.1.6　对一个 1F 的电容，已知在某一时刻其两端的电压为 5V，能否计算出该时刻通过电容的电流，为什么？

2.1.7　如果一个电感元件两端的电压为零，其储能是否也一定等于零？如果一个电容元件中的电流为零，其储能是否也一定等于零？

2.1.8　绕线电阻是用电阻丝绕制而成的，它除具有电阻外，一般还有电感。若需要一个没有电感的绕线电阻，试问应该如何绕制？

2.1.9　试求图 2.1.21 所示电路中电压 u 和电流 i 的波形，开关 S 在 $t=0$ 时动作（打开或闭合）。

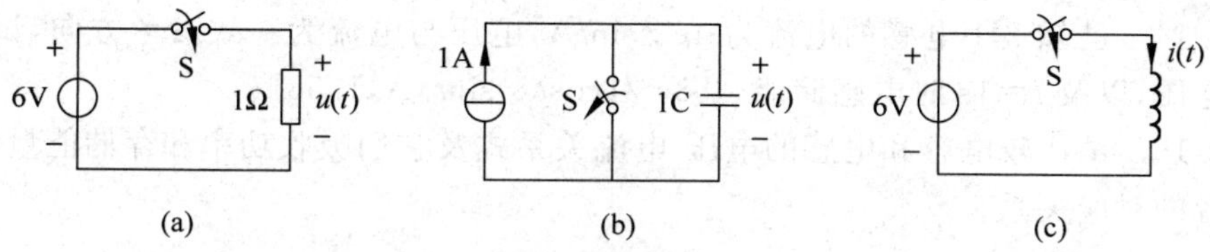

图 2.1.21　思考与练习 2.1.9

2.1.10　如图 2.1.22(a)所示电路中电容与电压源连接，已知电压源电压按图 2.1.22(b)所示曲线变化，试绘出电容电流的波形。

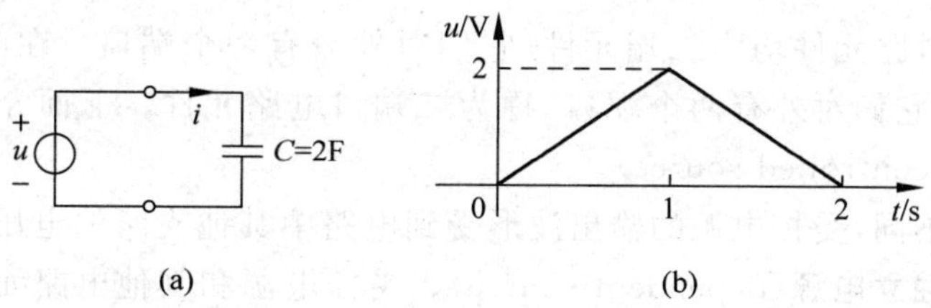

图 2.1.22　思考与练习 2.1.10

2.1.11　如图 2.1.23(a)所示电路中电容与电流源连接，已知电流源电流按图 2.1.23(b)所示曲线变化，试绘出电容电压的波形，假设 $u(0)=0$。

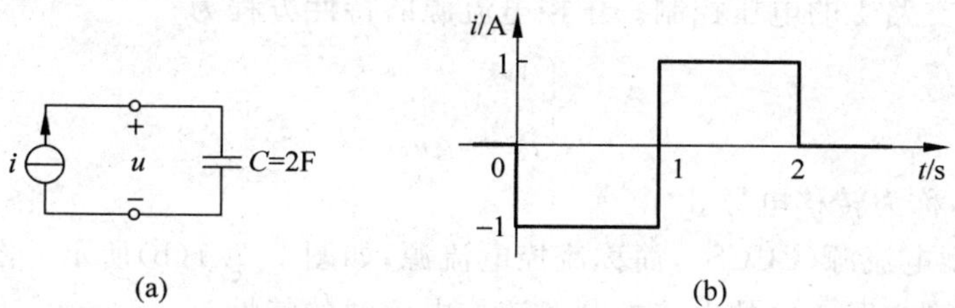

图 2.1.23　思考与练习 2.1.11

2.1.12　图 2.1.24 所示三个电感线圈的电流及磁链参考方向分别如图中所示，试写出这三个电感的电压-电流关系式。

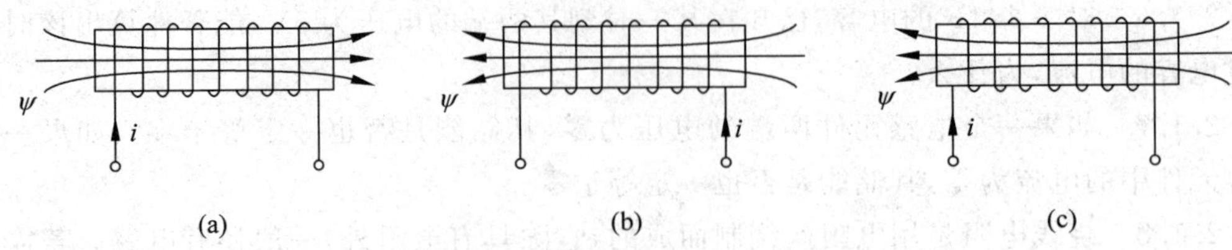

图 2.1.24　思考与练习 2.1.12

2.1.13　将一线圈通过开关接在电池上，试分析在下列三种情况下线圈两端电压的方向：(1)开关合上瞬间；(2)开关合上较长时间后；(3)开关断开瞬间。

2.1.14　已知 2H 电感的电流为 $4e^{-t}\sin t$A，电压与电流为一致参考方向，试求电感两端的电压，以及 $t=1$s 时电感储能。[$8e^{-t}(\cos t-\sin t)$A，1.53J]

2.1.15　试比较电容和电感的电压-电流关系式及它们吸收功率和存储能量的公式，找出两者的对应关系。

2.2　二端口电路元件

2.2.1　受控电源

前面讨论的电路元件均为二端元件，它们对外只有一个端口。在电路理论中，还存在另外一类元件，它们对外有两个端口，称为二端口电路元件。下面介绍一种二端口元件——**受控电源**(controlled source)。

与独立电源不同，受控电源的输出波形受到电路中其他支路的电压或电流控制。受控电源也称为**非独立电源**(dependent source)。受控电源和其他电路元件的组合可以用来表示实际电子器件(如集成运算放大器)的模型。

受控电源可分为四类：电压控制型电流源(VCCS)、电流控制型电流源(CCCS)、电压控制型电压源(VCVS)和电流控制型电压源(CCVS)。

电压控制型电流源(VCCS)，简称压控电流源，如图 2.2.1(a)所示，图中支路 2 为电流源，其电流受支路 1 的电压控制。压控电流源的特性方程为

$$\begin{cases} i_1 = 0 \\ i_2 = gu_1 \end{cases} \tag{2.2.1}$$

式中，$g=i_2/u_1$，称为转移电导。

电流控制型电流源(CCCS)，简称流控电流源，如图 2.2.1(b)所示。图中支路 2 为电流源，其电流受到支路 1 中的电流控制。流控电流源的特性为

$$\begin{cases} u_1 = 0 \\ i_2 = \beta i_1 \end{cases} \tag{2.2.2}$$

式中，$\beta=i_2/i_1$，称为电流比。

电压控制型电压源(VCVS)，简称压控电压源，如图 2.2.1(c)所示，图中支路 2 为电

压源，其电压受支路1的电压控制。压控电压源的特性是

$$\begin{cases} i_1 = 0 \\ u_2 = \mu u_1 \end{cases} \tag{2.2.3}$$

式中，$\mu = u_2/u_1$，称为电压比。

电流控制型电压源(CCVS)，简称流控电压源，如图2.2.1(d)所示。图中支路2为电压源，其电压受支路1中的电流控制。流控电压源的特性为

$$\begin{cases} u_1 = 0 \\ u_2 = r i_1 \end{cases} \tag{2.2.4}$$

式中，$r = u_2/i_1$，称为转移电阻。

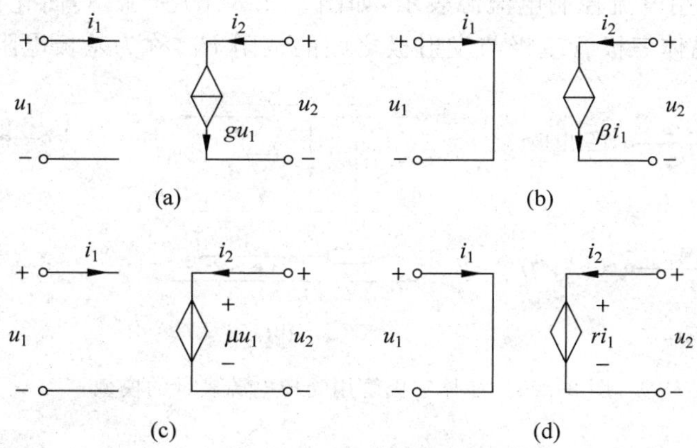

图 2.2.1 受控电源的四种形式

受控电源的控制量或是开路电压或是短路电流，为方便起见，在电路图中的受控源，一般只在受控源的符号旁边标明控制关系，而不专门画出控制端口。受控电源可以是线性非时变的、时变的，也可以是非线性非时变的、时变的。在式(2.2.1)～(2.2.4)中，系数β、g、μ及r是常数，因此由它们表征的受控电源是线性非时变元件。当系数分别为$\beta(t)$、$g(t)$、$\mu(t)$及$r(t)$，即都与时间有关时，则受控电源为线性时变元件。如果四类受控电源的受控量分别用$i_2 = f(u_1)$或$i_2 = f(u_1, t)$、$i_2 = f(i_1)$或$i_2 = f(i_1, t)$、$u_2 = f(u_1)$或$u_2 = f(u_1, t)$以及$u_2 = f(i_1)$或$u_2 = f(i_1, t)$表示，那么它们是非线性非时变元件或非线性时变元件。

下面讨论受控电源吸收的功率。如图2.2.2所示受控电源，根据图中标示的电压、电流参考方向，受控电源吸收的功率为

$$p = u_1 i_1 + u_2 i_2 \tag{2.2.5}$$

由于控制支路不是开路($i_1 = 0$)就是短路($u_1 = 0$)，因此上式可写成

$$p = u_2 i_2 \tag{2.2.6}$$

以VCVS为例来计算受控源吸收的功率。

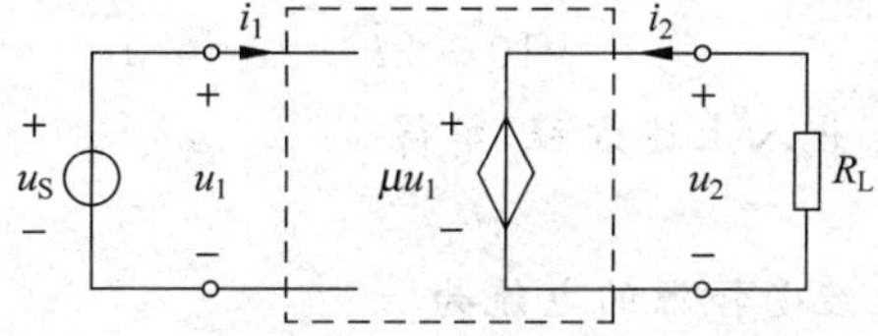

图 2.2.2 受控电源可以向外界供能量的电路

如图 2.2.2 所示，并将 VCVS 的支路 1 与独立电压源 u_S 相连，支路 2 与线性电阻 R_L 相连。此时由于 $i_2=-u_2/R_L$，式(2.2.6)可以写成

$$p=-\frac{u_2^2}{R_L} \tag{2.2.7}$$

式中，$u_2=\mu u_1$。式(2.2.7)表明，受控电源吸收的功率为负值，即受控电源是向负载 R_L 提供功率。因此受控电源是一种有源元件。

受控电源是一种常用的电路元件，在电路中常被用来模拟电子器件中所发生的物理现象。例如，NPN 晶体三极管的集电极的电流 i_2 与基极电流 i_1 之间关系为

$$i_2=\beta i_1 \tag{2.2.8}$$

式中，β 为电流放大倍数，其范围为 50～1000。因此 NPN 晶体三极管的电路模型(见图 2.2.3(a))可以用电流控制电流源表示，如图 2.2.3(b)所示，其简化图如图 2.2.3(c)所示。其中表示晶体三极管基极与发射极之间的电阻 R_b，称为基极电阻。

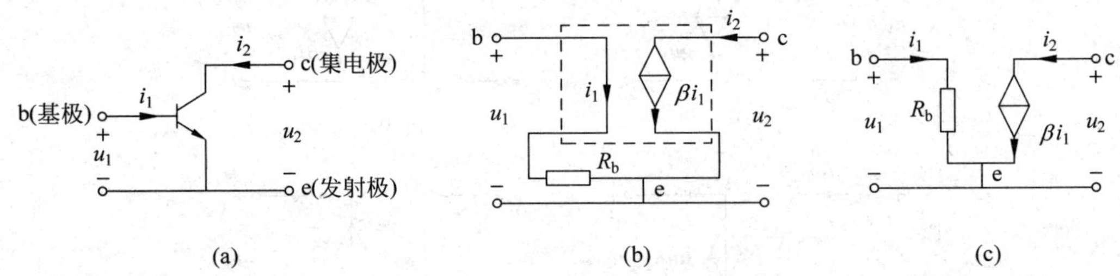

图 2.2.3 晶体三极管用受控电源表示的模型

受控电源与独立电源都是有源元件，都能对外提供能量，但两者是完全不同的电路元件。在图 2.2.3 所示晶体三极管及其用受控电源表示的模型中，晶体三极管本身并不提供电能，它工作时必须外接直流电源(图中未标出)，模型中受控电源的能量实际上由直流电源提供。独立电源本身能向电路提供能量，而受控电源向电路提供的能量来自于使该受控电源正常工作的外加独立电源，这是两者本质的区别。

【例 2.2.1】 含有 CCCS 的电路如图 2.2.4 所示，试求流经受控源的电流及其两端的电压。

解 对图 2.2.4 所示电路，可列写 KCL 方程

$$i+3i-i_1=0$$

即

$$i_1=4i$$

再列写 KVL 方程

$$10-2i-2i_1=0$$

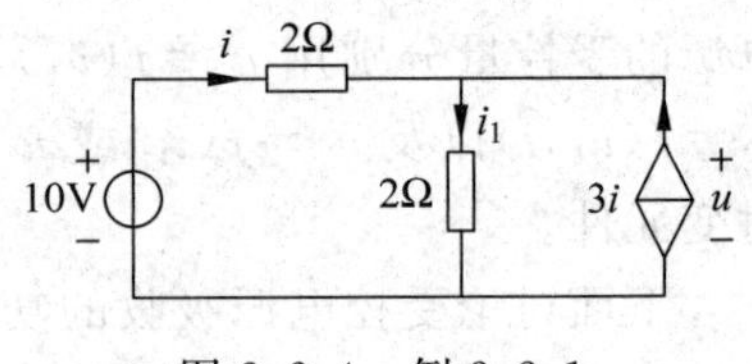

图 2.2.4 例 2.2.1

将 i_1 代入上述方程，解得

$$i=1\text{A}$$

因此经受控源的电流为

$$3i=3\text{A}$$

受控源两端的电压为

$$u = (2\Omega)i_1 = 2 \times 4 \times 1\text{V} = 8\text{V}$$

MATLAB 计算程序：

```
%采用 MATLAB 求解例 2.1.1
 syms i i1                              % 定义符号变量
 eqKCL = i + 3 * i - i1;                % 列 KCL 方程
 eqKVL = 10 - 2 * i - 2 * i1;           % 列 KVL 方程
 g = solve(eqKCL, eqKVL,'i','i1');      % 求解电流 i 和 i1
 i1 = g.i1;                             % 写出 i1；本行和下一行可用语句 u = 2 * g.i1 代替
 u = 2 * i1                             % 计算电压 u
```

计算结果：

```
u = 8
```

2.2.2 运算放大器

运算放大器(operational amplifier)是一种有着广泛用途的电子器件，它最早开始应用于 1940 年，主要用于模拟计算机，由于可以模拟加法、减法、积分等运算而得名。1960 年后，随着集成电路技术的发展，运算放大器逐步集成化，大大降低了成本，获得了越来越广泛的应用。虽然运算放大器有多种型号，其内部结构也各不相同，但从电路分析的角度出发，人们感兴趣的是该器件的外部特性。

运算放大器的符号及其输入-输出特性曲线如图 2.2.5 所示，其中图(a)为电路图形符号，图中标注 $+U$ 和 $-U$ 字样的两个端钮是供接入直流工作电源的。u_-、u_+ 及 u_o 分别是运算放大器相应端钮对参考节点的电压(电位)。电压 $u_i = u_+ - u_-$ 为差动输入电压，u_o 为输出电压。u_- 对应“$-$”端钮，当输入电压 u_- 单独加于该端钮时，输出电压 u_o 与输入电压 u_- 反相，故称它为**反相输入端**(inverting input)。u_+ 对应“$+$”端钮，当输入电压 u_+ 单独由该端加入时，输出电压 u_o 与输入电压 u_+ 同相，故称它为**同相输入端**(non-inverting input)。必须注意，这里的“$-$”、“$+$”并非指电压的参考极性，而是用以区分两种不同性质输入端的标志。在分析含运算放大器的电路时，可以不考虑工作电源，采用图 2.2.5(b)所示的电路符号。

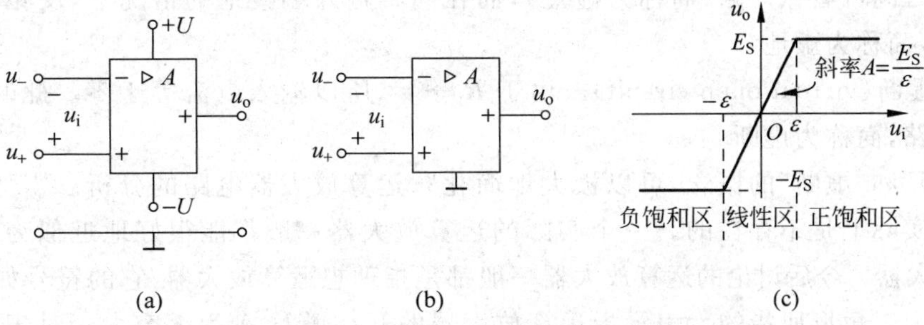

图 2.2.5 运算放大器的符号及其输入-输出特性曲线

运算放大器的输入-输出特性如图 2.2.5(c)所示。如果运算放大器工作于图中的线性区,其斜率 $A=E_S/\varepsilon$,称为运算放大器的**开环增益**(open loop gain),此时运算放大器的输出

$$u_o = Au_i = A(u_+ - u_-) \tag{2.2.9}$$

由式(2.2.9)可以看出,工作于线性区的运算放大器可以用电压控制电压源来模拟,如图 2.2.6 所示,其中,R_i、R_o 分别为运算放大器的输入电阻和输出电阻。

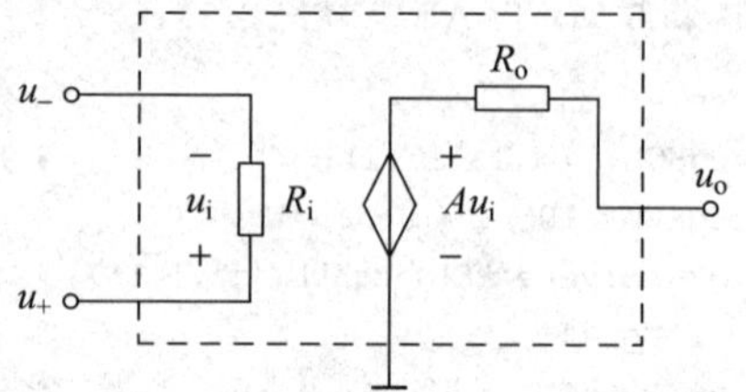

图 2.2.6　工作于线性区的运算放大器的电路模型

实际的运算放大器,一般输入电阻 R_i 和开环增益 A 都很大,输入电阻可达 $10^6 \sim 10^{13}\Omega$,开环增益可达 $10^5 \sim 10^8$,而输出电阻 R_o 很小,一般为 $10 \sim 100\Omega$。例如当 $A=10^8$,$E_S=20\text{V}$ 时,$\varepsilon=0.2\mu\text{V}$,可见线性区的范围是非常小的,如果运算放大器在使用时不采取措施,则当运算放大器受到干扰时,u_i 很容易超出线性区范围而使运算放大器进入饱和区。常常采用负反馈的方式使运算放大器稳定地工作在线性区。所谓负反馈,是指将一部分输出引到运算放大器的反相输入端。如果将一部分输出引到运算放大器的同相输入端,则称为正反馈。采用正反馈连接方式的运算放大器一般工作在饱和区。运算放大器在很多应用场合都采用反馈的连接方式。

在电路分析中常用**理想运算放大器**(ideal operational amplifier)模型。所谓理想运算放大器是指具有下列参数的运算放大器

$$R_i \to \infty \tag{2.2.10a}$$

$$R_o = 0 \tag{2.2.10b}$$

$$A \to \infty \tag{2.2.10c}$$

根据式(2.2.10),可以得出当理想运算放大器工作在线性区时具有两个重要特性,即:

(1) **虚短**(virtual short circuit)　由于 $A\to\infty$ 而输出电压 u_o 为有限值,所以由式(2.2.9)可知

$$u_i = u_o/A = 0 \tag{2.2.11}$$

式(2.2.11)意味着 $u_+=u_-$,即反相输入端对地电压与同相输入端对地电压相等,此时两个输入端之间可看做短路(简称为虚短),而在同相输入端接地的情况下,反相输入端与地同电位(简称为虚地)。

(2) **虚断**(virtual open circuit)　由于 $R_i\to\infty$,所以输入电流等于零。此时,输入端可看做断路,简称为虚断。

"虚短"和"虚断"的概念,可以极大地简化含运算放大器电路的分析。当然,理想运算放大器实际上是不存在的。一个实际的运算放大器一般都能很好地近似为一个理想的运算放大器。今后讨论的运算放大器一般都是指理想运算放大器,它的符号如图 2.2.7 所示。图中三角形所指的∞表示指运算放大器的开环增益 A 为无穷大。对于含有理想运算放大器的电路,可以应用"虚短"(或虚地)和"虚断"的概念来分析。

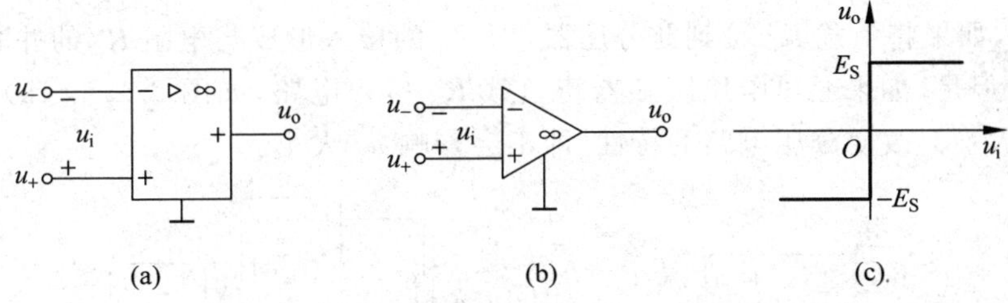

图 2.2.7　理想运算放大器的符号及输入-输出特性

(a) 国家标准符号；(b) 国际标准符号；(c) 输入-输出特性

【例 2.2.2】 图 2.2.8 所示为**反相放大器**(inverting amplifier)，试求其输出电压 u_o 与输入电压 u_i 之间的关系。

解　图 2.2.8 所示电路中在输出端和反相输入端之间接有电阻 R_f，这是负反馈连接方式，电路能够稳定地工作在线性区。根据图示电路，由"虚断"概念可知，$i_1=i_2$；由"虚地"概念可知，反相输入端电压为零。因此，有

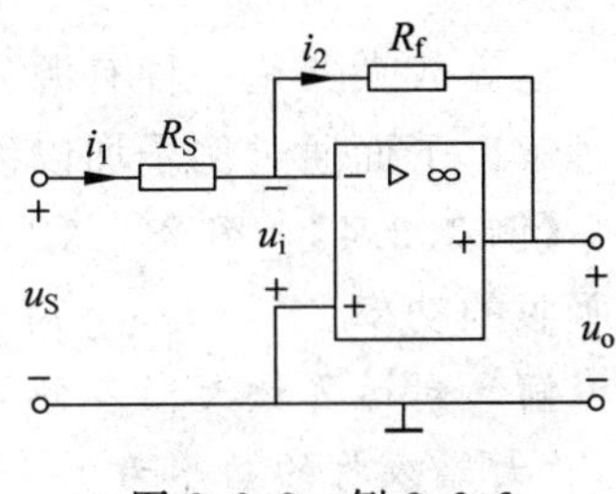

图 2.2.8　例 2.2.2

$$\frac{u_S}{R_S}=\frac{0-u_o}{R_f}$$

即

$$u_o=-\frac{R_f}{R_S}u_S$$

由上式可知，反相放大器具有使两个电压(输入电压和输出电压)成比例的功能，并且使两者之比只与比值 R_f/R_S 有关，而与开环增益无关。所以，选择不同的 R_f 和 R_S 值，可获得不同的比例(即增益)。当 $R_S=R_f$ 时，$u_o=-u_S$，即输出电压与输入电压大小相等，方向相反，故此时的比例器称为反相器。

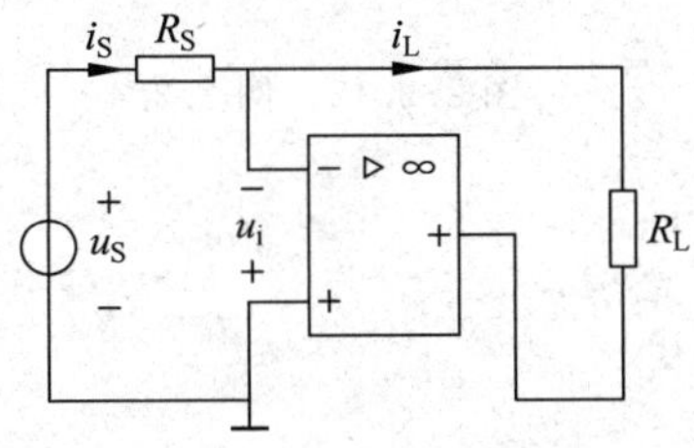

图 2.2.9　电源转换器

利用反相放大器，可以构成电源转换器，即将电压源转换成电流源的转换器。如图 2.2.9 所示电路，其输入为电压源电压 u_S。由"虚地"概念可知 $u_i=0$，再根据"虚断"概念可知 $i_S=i_L$。所以流过负载的电流

$$i_L=\frac{u_S}{R_S}$$

即 i_L 与负载电阻 R_L 的大小无关，负载 R_L 相当于接在一个电流源上，而且电流源电流的大小可以通过电压源 u_S 和电阻 R_S 加以调节。

【例 2.2.3】 图 2.2.10 所示为**电压跟随器**(voltage follower)。试求其输出电压 u_o 与输入电压 u_1 之间的关系。

解　根据图 2.2.31 所示电路，由"虚短"的概念，运用 KVL 可知

$$u_o=u_1$$

亦即输出电压与输入电压完全相同。

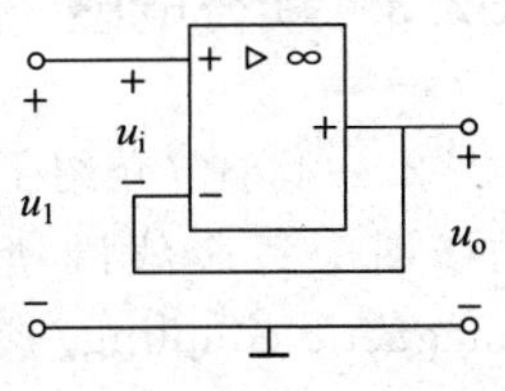

图 2.2.10　例 2.2.3

由于运算放大器的输入电流为零，当电压跟随器接入两电路之间，可起隔离作用。图 2.2.11(a)所示为由电阻 R_1 和 R_2 构成

的分压电路，如果将负载 R_L 接到此分压器，则 R_L 的接入形成与电阻 R_2 的并联将会引起 u_2 的改变。但是，如果通过电压跟随器将负载 R_L 接入电路，如图 2.2.11(b)所示，则电阻 R_L 的接入不会改变分压电路的特性，即不会影响 u_2 大小。

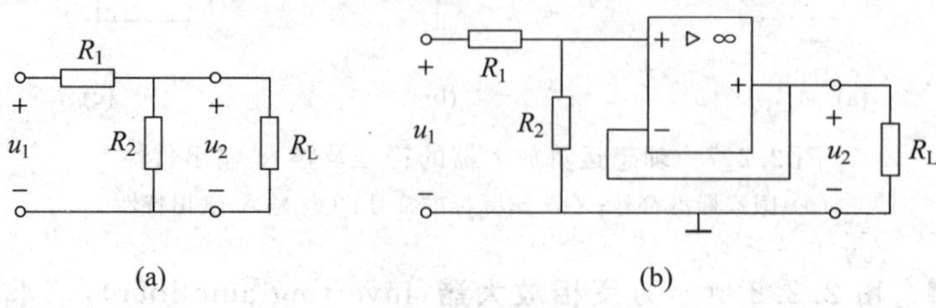

图 2.2.11　电压跟随器的隔离作用

运算放大器是一种有源元件。这从用受控电源表示的运算放大器的电路模型中不难理解。下面通过例子加以说明。

【例 2.2.4】　图 2.2.12 所示为**同相放大器**(noninverting amplifier)。试求运算放大器吸收的功率。

解　对运算放大器各端口的电压、电流取一致参考方向，放大器吸收的功率为

$$p = u_1 i_1 + u_2 i_2$$

由理想运算放大器的“虚断”、“虚短”概念可知，$i_1=0$，$u_1=0$，并且

$$\frac{u_S}{R_1} = \frac{u_2}{R_1+R_f}$$

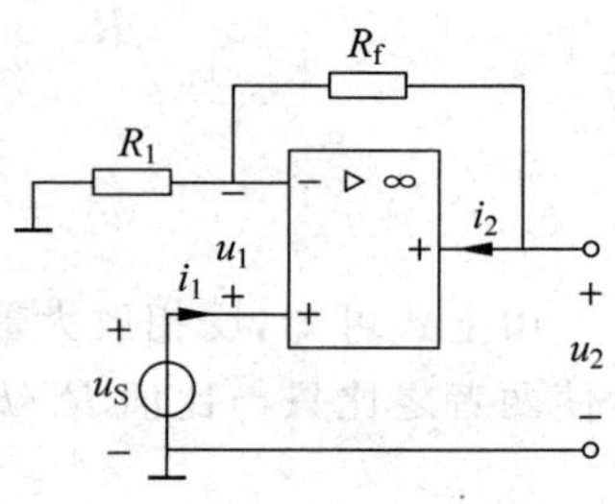

图 2.2.12　例 2.2.4

因此运算放大器的输出电压为

$$u_2 = \left(1+\frac{R_f}{R_1}\right)u_S$$

运算放大器输出端电流为

$$i_2 = \frac{u_S - u_2}{R_f} = -\frac{1}{R_1}u_S$$

于是，运算放大器吸收的功率为

$$p = u_2 i_2 = \left(1+\frac{R_f}{R_1}\right)u_S \times \left(-\frac{1}{R_1}u_S\right) = -\frac{R_1+R_f}{R_1^2}u_S^2$$

上式的负号表明运算放大器向外输出功率。可见，运算放大器是一种有源元件。

2.2.3　耦合电感

2.1.4 小节介绍了电感元件，电感元件也称为自感元件。如果两个线圈或两个以上的线圈中每个线圈所产生的磁通都与另一个线圈相交链，则称这些线圈有**磁耦合**(magnetic coupling)或者说具有**互感**(mutual induction)。若假定这些线圈是静止的，并且忽略了线圈中的电阻和匝间的分布电容，具有磁耦合的诸线圈就可表示为理想化的**耦**

合电感元件(coupled inductor)，简称耦合电感。本节主要讨论线性二端口耦合电感。

如图 2.2.13 所示，在两个彼此靠近的线圈分别通以电流 i_1、i_2，根据两个线圈的绕向、电流的参考方向及两线圈的相对位置，按照右手螺旋定则可以确定电流产生的磁链的方向和彼此交链的情况。假设线圈 1 中的电流 i_1 产生的磁通为 Φ_{11}，该磁通在穿越线圈 1 时产生的磁链为 ψ_{11}，称为自感磁链；同时 Φ_{11} 中还有部分磁通与线圈 2 交链而形成线圈 1 对线圈 2 的磁链 ψ_{21}，称为互感磁链。同样，线圈 2 中的电流 i_2 也产生自感磁链 ψ_{22} 和互感磁链 ψ_{12}(图中未标出)。线圈中的磁链等于自感磁链和互感磁链的代数和，即线圈 1、2 中的总磁链 ψ_1、ψ_2 为

$$\begin{cases}\psi_1 = \psi_{11} \pm \psi_{12} = L_1 i_1 \pm M_{12} i_2 \\ \psi_2 = \pm \psi_{21} + \psi_{22} = \pm M_{21} i_1 + L_2 i_2\end{cases} \tag{2.2.12}$$

式中，L_1 和 L_2 分别为线圈 1 和线圈 2 的**自感**(self inductance)；M_{12}、M_{21} 为线圈 1 和线圈 2 之间的**互感**(mutual inductance)。自感和互感的 SI 单位名称都是亨(H)。

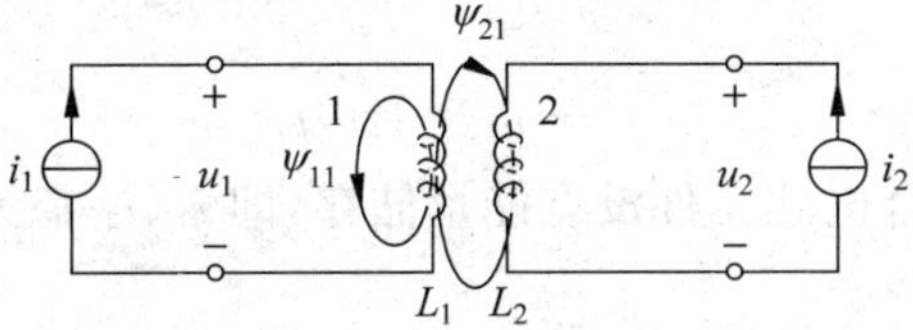

图 2.2.13　两个线圈的磁耦合

可以证明 $M_{12} = M_{21}$。因此，以后将不加区别地用 M 表示耦合电感元件的互感。式(2.2.12)可表示为

$$\begin{cases}\psi_1 = L_1 i_1 \pm M i_2 \\ \psi_2 = \pm M i_1 + L_2 i_2\end{cases} \tag{2.2.13}$$

耦合电感的电路符号如图 2.2.14 所示，该符号并没有表示出两个线圈的相对绕向，无法确定耦合电感的自感磁链和互感磁链是互相加强还是互相减弱，亦即不能确定式中 M 前的正、负号。为此，约定互相有耦合的电感元件的端钮用符号"·"或"*"作为标记，具有标记的两个端钮称为**同名端**(corresponding terminals)，当电流从同名端的两个端钮流入(或流出)两个线圈时，两个线圈产生的自感磁链和互感磁链的方向相同，亦即两者互相加强。显然，未作标记的两个端钮亦称同名端。一个电感元件的端钮有标记，另一个电感元件的端钮无标记，这两个端钮称为异名端。

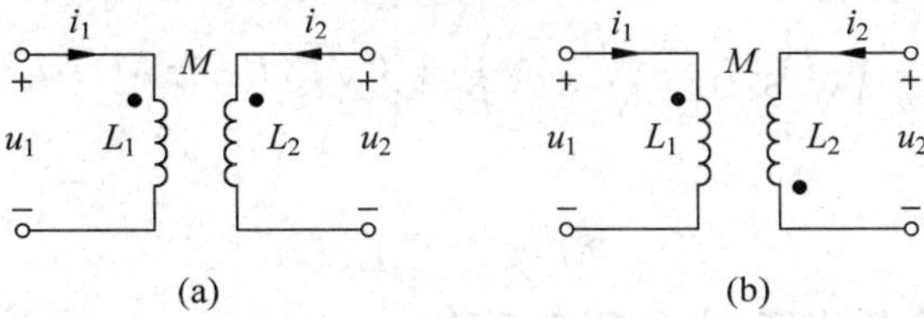

图 2.2.14　耦合电感的电路符号及其同名端

根据电磁感应定律和式(2.2.13)，耦合电感端口电压、电流取一致参考方向时的电压-电流关系为

$$\begin{cases} u_1 = \dfrac{\mathrm{d}\psi_1}{\mathrm{d}t} = L_1 \dfrac{\mathrm{d}i_1}{\mathrm{d}t} \pm M \dfrac{\mathrm{d}i_2}{\mathrm{d}t} \\ u_2 = \dfrac{\mathrm{d}\psi_2}{\mathrm{d}t} = \pm M \dfrac{\mathrm{d}i_1}{\mathrm{d}t} + L_2 \dfrac{\mathrm{d}i_2}{\mathrm{d}t} \end{cases} \tag{2.2.14}$$

式中，若 u_1 与 u_2（或 i_1 与 i_2）的参考方向相对同名端是相同的，则相应的 M 前取正号；反之，相应的 M 前取负号。例如，对图 2.2.14(a)，式(2.2.14)中 M 前取正号；对图 2.2.14(b)，式(2.2.14)中 M 前取负号。

如果以 u_1 和 u_2 为自变量，式(2.2.14)也可以写成如下形式

$$\begin{cases} \dfrac{\mathrm{d}i_1}{\mathrm{d}t} = \dfrac{L_2}{L_1L_2 - M^2}u_1 - \dfrac{\pm M}{L_1L_2 - M^2}u_2 \\ \dfrac{\mathrm{d}i_2}{\mathrm{d}t} = -\dfrac{\pm M}{L_1L_2 - M^2}u_1 + \dfrac{L_1}{L_1L_2 - M^2}u_2 \end{cases} \tag{2.2.15}$$

如果耦合电感两个端口的电压、电流都取一致参考方向，则耦合电感吸收的总功率为

$$p = u_1 i_1 + u_2 i_2 \tag{2.2.16}$$

假设在 $t=-\infty$ 时耦合电感元件没有能量储存，即 i_1、i_2 都为零，则在任意时刻 t 耦合电感所储存的能量为

$$w_{\mathrm{M}} = \int_{-\infty}^{t} p(\tau)\mathrm{d}\tau = \int_{-\infty}^{t} [u_1(\tau)i_1(\tau) + u_2(\tau)i_2(\tau)]\mathrm{d}\tau \tag{2.2.17}$$

将式(2.2.14)代入上式，得

$$\begin{aligned} w_{\mathrm{M}} &= \int_{-\infty}^{t} \left[L_1 i_1 \frac{\mathrm{d}i_1}{\mathrm{d}\tau} \pm M\left(i_1 \frac{\mathrm{d}i_2}{\mathrm{d}\tau} + i_2 \frac{\mathrm{d}i_1}{\mathrm{d}\tau}\right) + L_2 i_2 \frac{\mathrm{d}i_2}{\mathrm{d}\tau}\right]\mathrm{d}\tau \\ &= \int_{-\infty}^{i_1} L_1 i_1 \mathrm{d}i_1 \pm \int_{-\infty}^{i_1 i_2} M\mathrm{d}(i_1 i_2) + \int_{-\infty}^{i_2} L_2 i_2 \mathrm{d}i_2 \\ &= \frac{1}{2}L_1 i_1^2 + \frac{1}{2}L_2 i_2^2 \pm M i_1 i_2 \end{aligned} \tag{2.2.18}$$

该能量也就是耦合电感储存的磁场能量。从式(2.2.18)可知，当 $M=0$ 时，磁能就是两个自感元件的储能之和；当存在磁耦合时，磁能要增加一项 $\pm Mi_1$，其中的正、负号取决于互感的作用是使磁场增强还是减弱。

由式(2.2.18)还可以进一步推导互感 M 的取值范围。由于耦合电感的储存的磁能恒为非负，即 $w_{\mathrm{M}} \geqslant 0$，因此由式(2.2.18)得

$$w_{\mathrm{M}} = \left(\sqrt{\frac{L_1}{2}}i_1 - \sqrt{\frac{L_2}{2}}i_2\right)^2 + (\sqrt{L_1L_2} \pm M)i_1 i_2 \geqslant 0 \tag{2.2.19}$$

上式恒成立的条件为

$$M \leqslant \sqrt{L_1L_2} \tag{2.2.20}$$

为了反映互感耦合的程度，定义**耦合系数**(coefficient of coupling)k 为

$$k = \frac{M}{\sqrt{L_1L_2}} \tag{2.2.21}$$

由式(2.2.20)以及互感 $M \geqslant 0$ 不难得出耦合系数 k 的取值范围为

$$0 \leqslant k \leqslant 1 \tag{2.2.22}$$

当 $k=1$ 时，互感达最大值，$M=\sqrt{L_1L_2}$，表明一个电感元件中电流所产生的磁通全部与另一电感元件交链，称为**全耦合**（perfectly coupled）；当 k 接近 1 时，称为紧耦合；当两个电感元件在空间相隔较远，亦即 k 值较小时，称为松耦合；当两电感元件的轴线互相垂直时，两线圈无磁耦合，这时 $k=0$。

与上面讨论类似，可以得到多个线性耦合电感元件的电压-电流关系。请读者自行推导。

【例 2.2.5】 图 2.2.15 所示为确定耦合电感同名端的电路。已知开关 S 快速闭合的瞬间，电压表的指针正向偏转，试确定耦合电感的同名端。

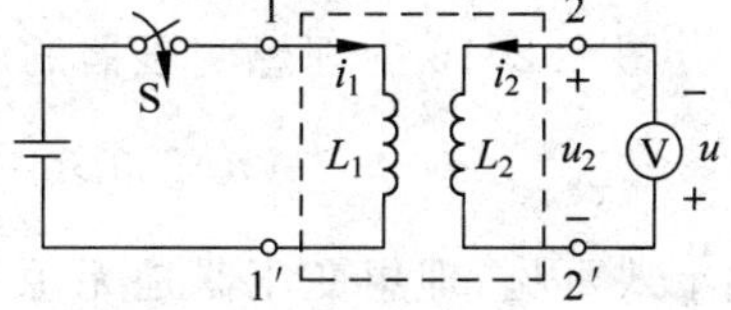

图 2.2.15　例 2.2.5

解　对耦合电感，如果不标明同名端，就无法写出端口的电压-电流关系。为此，不妨假设端钮 1 和端钮 2 为同名端，由式(2.2.14)可写出端口 22′的电压为

$$u_2 = M\frac{\mathrm{d}i_1}{\mathrm{d}t} + L_2\frac{\mathrm{d}i_2}{\mathrm{d}t}$$

由于端口 22′接电压表，可认为其内阻为无穷大，因此 $i_2=0$，从而 $\mathrm{d}i_2/\mathrm{d}t=0$。从电压表的接法可知，$u=-u_2$。于是得出电压表的电压 u 为

$$u = -M\frac{\mathrm{d}i_1}{\mathrm{d}t}$$

开关 S 快速闭合的瞬间，电流 i_1 从零增大，因此 $\mathrm{d}i_1/\mathrm{d}t>0$。由上式可知 $u<0$，与电压表正向偏转矛盾。说明"端钮 1 和端钮 2 为同名端"的假设错误，正确的结论为端钮 1 和端钮 2′为同名端。

2.2.4　理想变压器

理想变压器（ideal transformer）是实际变压器的理想化模型。它是一种二端口元件，电路符号如图 2.2.16 所示。图中标有符号"·"的两个端钮称为同名端。同名端用来表示线圈的互相位置及绕向关系。当两个线圈的电流 i_1 和 i_2 同时流进或流出同名端时，它们产生的磁通是互相增强的。

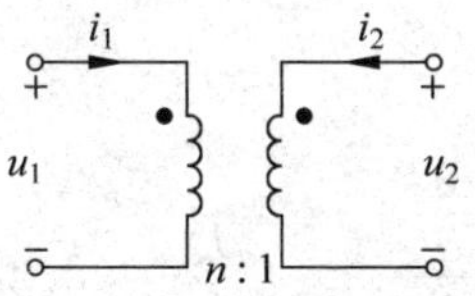

图 2.2.16　理想变压器的符号

理想变压器的电压-电流关系式为

$$\begin{cases} u_1 = nu_2 \\ i_1 = -\dfrac{1}{n}i_2 \end{cases} \tag{2.2.23}$$

式中，n 称为理想变压器的**变比**（transformation ratio），是理想变压器的唯一参数。应该指出如果改变图 2.2.16 中的电压与电流的参考方向或改变同名端的位置，其电压-电流关系也应做相应的改变。例如，将图 2.2.16 中任意一个绕组的同名端颠倒，则在其电压-电流关系中必须用 $-n$ 代替原来的 n。

理想变压器也可用受控电源组成的模型来表示。根据式(2.2.23)，其模型如图 2.2.17 所示。

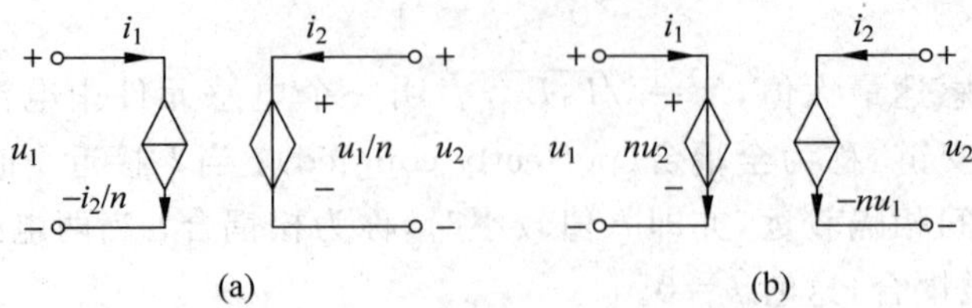

图 2.2.17　理想变压器用受控电源表示的模型

下面讨论理想变压器吸收的瞬时功率及其电阻变换性质。

图 2.2.16 中理想变压器的电压与电流采用一致参考方向，因此其吸收的功率

$$p = u_1 i_1 + u_2 i_2 = (nu_2)\left(-\frac{1}{n}i_2\right) + u_2 i_2 = 0 \tag{2.2.24}$$

由上式可见，理想变压器是无源元件。由于它既不储存能量又不消耗能量，故它能把从输入端口流入的能量全部由输出端口传送出去。

理想变压器的定义中对电压、电流并没有限制，既可以取交流，也可以取直流。如果限制电压、电流为交流，则理想变压器可看成是满足一定条件的耦合电感。该条件为：(1)自感 L_1、L_2 无限大，且 $\sqrt{L_1/L_2}=n$；(2)耦合系数 $k=1$。

对图 2.1.14(a)，由式(2.2.14)得

$$\begin{cases} u_1 = L_1 \dfrac{\mathrm{d}i_1}{\mathrm{d}t} + M \dfrac{\mathrm{d}i_2}{\mathrm{d}t} \\ u_2 = M \dfrac{\mathrm{d}i_1}{\mathrm{d}t} + L_2 \dfrac{\mathrm{d}i_2}{\mathrm{d}t} \end{cases} \tag{2.2.25}$$

当 $k=1$，即全耦合时，$M=\sqrt{L_1 L_2}$，代入上式，得

$$\begin{cases} u_1 = L_1 \dfrac{\mathrm{d}i_1}{\mathrm{d}t} + \sqrt{L_1 L_2} \dfrac{\mathrm{d}i_2}{\mathrm{d}t} \\ u_2 = \sqrt{L_1 L_2} \dfrac{\mathrm{d}i_1}{\mathrm{d}t} + L_2 \dfrac{\mathrm{d}i_2}{\mathrm{d}t} \end{cases} \tag{2.2.26}$$

由上式得

$$\frac{u_1}{u_2} = \frac{L_1 \dfrac{\mathrm{d}i_1}{\mathrm{d}t} + \sqrt{L_1 L_2} \dfrac{\mathrm{d}i_2}{\mathrm{d}t}}{\sqrt{L_1 L_2} \dfrac{\mathrm{d}i_1}{\mathrm{d}t} + L_2 \dfrac{\mathrm{d}i_2}{\mathrm{d}t}} = \frac{\sqrt{L_1}\left(\sqrt{L_1} \dfrac{\mathrm{d}i_1}{\mathrm{d}t} + \sqrt{L_2} \dfrac{\mathrm{d}i_2}{\mathrm{d}t}\right)}{\sqrt{L_2}\left(\sqrt{L_1} \dfrac{\mathrm{d}i_1}{\mathrm{d}t} + \sqrt{L_2} \dfrac{\mathrm{d}i_2}{\mathrm{d}t}\right)} = \sqrt{\frac{L_1}{L_2}} \tag{2.2.27}$$

即

$$\frac{u_1}{u_2} = \sqrt{\frac{L_1}{L_2}} = n \tag{2.2.28}$$

又由式(2.2.26)中的第一式，利用 $L_1 \to \infty$，$u_1/L_1 = 0$，可得出

$$\frac{\mathrm{d}i_1}{\mathrm{d}t} = \frac{u_1}{L_1} - \sqrt{\frac{L_2}{L_1}} \frac{\mathrm{d}i_2}{\mathrm{d}t} = -\frac{1}{n} \frac{\mathrm{d}i_2}{\mathrm{d}t} \tag{2.2.29}$$

积分后可得

$$i_1 = -\frac{1}{n} i_2 + K \tag{2.2.30}$$

式中，K 为积分常数。如果略去两线圈中电流的直流部分，则有

$$i_1 = -\frac{1}{n} i_2 \tag{2.2.31}$$

式(2.2.28)与式(2.2.31)就是理想变压器的电压-电流关系。

如果在理想变压器的输出端口接上一个电阻 R_L，如图 2.2.18 所示，由于

$$u_2 = -R_L i_2$$

图 2.2.18　接有负载 R_L 的理想变压器

又由式(2.2.23)，有

$$u_1 = nu_2 = -nR_L i_2 = -nR_L(-ni_1) = (n^2 R_L) i_1 \tag{2.2.32}$$

上式表明，当电阻 R_L 接于理想变压器输出端口时，在其输入端看进去仍是一个电阻，但其电阻(称输入电阻)却是原电阻 R 乘以变比 n 的平方，且与同名端的位置无关。因此理想变压器具有变换电阻大小的性质，这是理想变压器的一个重要性质。

【思考与练习】

2.2.1　受控电源和独立电源是两类不同的电路元件，试比较它们的不同点和相同点。

2.2.2　试求图 2.2.19 所示受控电源提供的功率。(0.5W)

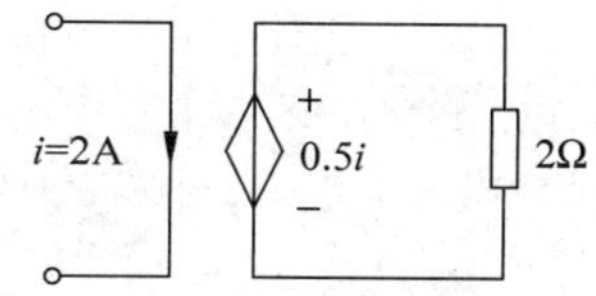

图 2.2.19　思考与练习 2.2.2

2.2.3　试求图 2.2.20(a)所示电路中各元件吸收的功率。如果保持功率不变，将其中的受控电源用电阻代替，如图 2.2.20(b)所示，电阻 R 为多少？(−6W，2W，4W，4Ω)

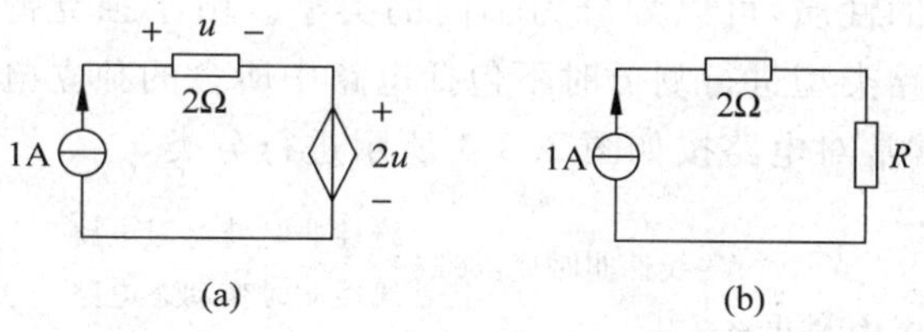

图 2.2.20　思考与练习 2.2.3

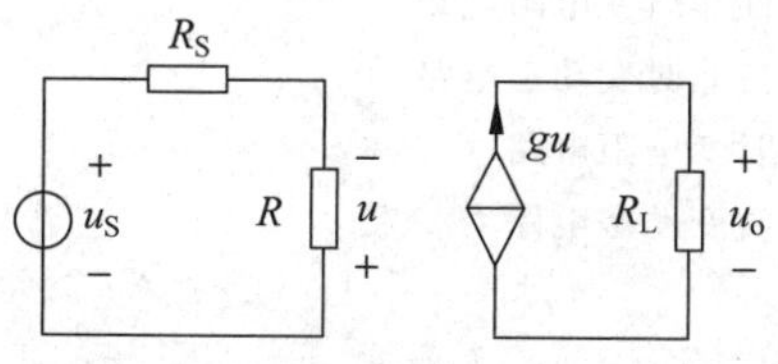

图 2.2.21　思考与练习 2.2.4

2.2.4　试求图 2.2.21 所示电路中的 u_o/u_S。$\left(-\dfrac{gRR_L}{R+R_S}\right)$

2.2.5　根据"虚短"、"虚断"的概念，在分析含理想运算放大器的电路时是否可将运算放大器的同相输入端和反相输入端短接或断开，为什么？

2.2.6　试利用图 2.2.6 所示的运算放大器模型求解例 2.2.2。

2.2.7　试确定图 2.2.22 所示耦合电感的同名端。(1、3 或 2、4；2、3 或 1、4；1、3 或 2、4)

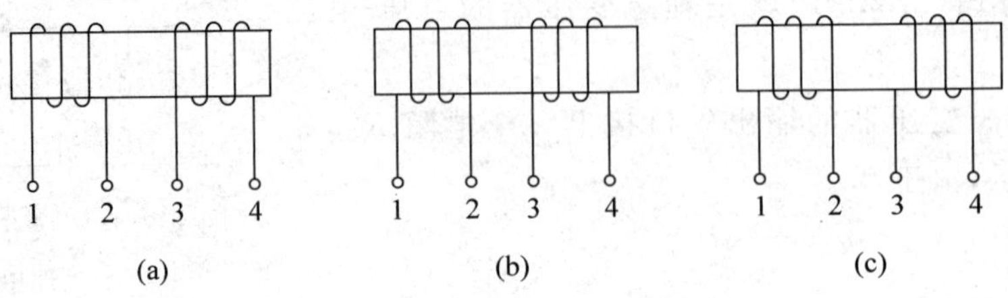

图 2.2.22　思考与练习 2.2.7

2.2.8　已知流经图 2.2.22 所示耦合电感的 1、2 端的电流为 $i_{12}=\sin t\mathrm{A}$ 的电流，互感 $M=0.1\mathrm{H}$，试求 u_{34}。($0.1\cos t\mathrm{V}$，$-0.1\cos t\mathrm{V}$，$0.1\cos t\mathrm{V}$)

2.2.9　试说明理想变压器变换电阻大小的性质与同名端无关。

2.2.10　试求图 2.2.23 所示电路中电源提供的功率。(40W，0.4W)

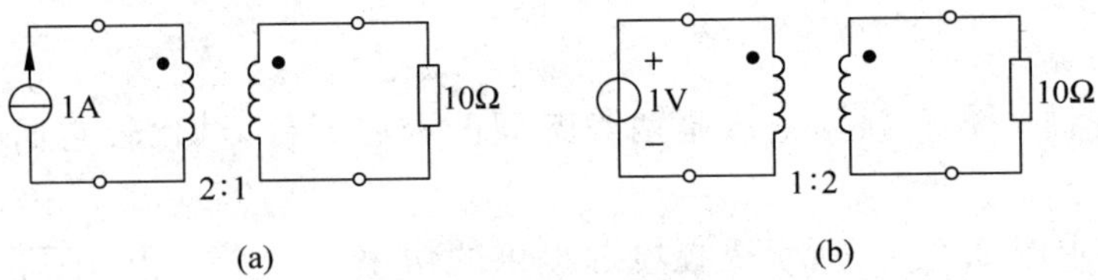

图 2.2.23　思考与练习 2.2.10

2.3　电路基本类型

电路按所含元件的性质，可以划分为不同的类型。由于独立源在电路中起激励(输入)的作用，因此对电路类型进行划分时不包括电路中所含的独立电源。

在电路理论中，常常对电路按如图 2.3.1 所示进行分类。

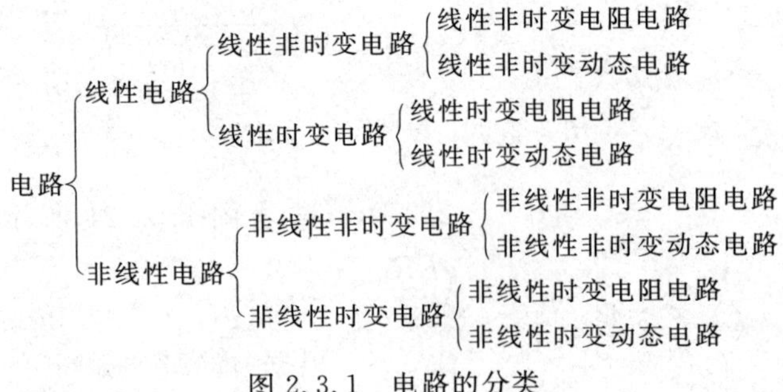

图 2.3.1　电路的分类

在上述电路的分类中，涉及电路所含元件的线性性质、时变性质及动态性质，这些性质与描述电路的方程的性质相关。

一个电路，如果根据元件约束和电路定律列出描述电路的方程（可能是代数方程、微分方程或积分方程）为线性方程，则称该电路为线性电路；如果列出的电路方程为非线性方程，则称该电路为非线性电路。

一个电路，如果其所含元件均为非时变元件，则列出的电路方程中的参数不随时间变化，这样的电路称为非时变电路；如果所含元件有一个、几个或全部是时变元件，则列出的电路方程中至少有一个参数是随时间变化的，这样的电路称为时变电路。

如果电路元件的电压-电流关系为代数方程，则该电路元件称为电阻性元件。由电阻性元件构成的电路所列出的电路方程为代数方程，该电路称为电阻电路；如果电路元件的电压-电流关系为微分方程或积分方程，则该电路元件称为动态元件。电路中若包含一个或几个动态元件，则列出的电路方程为微分方程或积分方程，该电路称为动态电路。

本书主要讨论线性非时变电阻电路和线性非时变动态电路的分析方法。

电路还有其他的分类方法。如按工作频率来分，有高频电路、中频电路和低频电路等；按功能来分，有放大电路、整流电路、检波电路等。

电路分析的主要目的之一就是求出电路中的各支路电压和支路电流，而这些支路电压、电流就是在独立电源激励下电路的响应。要求出支路电压和支路电流首先需要列出包含这些变量的方程，列方程的依据是：(1)基尔霍夫定律，(2)电路元件和独立电源的电压-电流关系或称支路方程。由第1章讨论可知，KCL、KVL方程都是线性的代数方程。而支路方程则与元件的性质有关。

对电阻电路而言，组成电路的元件为电阻元件，因此支路方程都是代数方程，这些方程和KCL、KVL方程构成的电路方程也是代数方程组。如果电阻电路是线性非时变的，则电路方程是线性非时变的代数方程组，因此可用线性代数方程组的求解方法来求解线性非时变电阻电路的电路方程。

对动态电路而言，组成电路的元件为动态元件，因此支路方程都是微分方程，这些方程和KCL、KVL方程构成的电路方程将是微分方程组。如果动态电路是线性非时变的，则电路方程是线性非时变的微分方程组，而线性非时变微分方程组一般可化为常系数高阶微分方程，因此可用线性常系数微分方程的求解方法来求解线性非时变动态电路的电路方程。

2.4 一端口电路及其端口特性

2.4.1 一端口电路

对电路进行分析时，可以将电路当作一个整体来分析电路中各支路电压和支路电流。在有些情况下，当电路比较复杂或仅需对电路中的某一支路或某些支路电压、电流感兴趣时，将电路当作一个整体来分析就不一定合适了。这时的解决办法之一就是把复杂的“大”电路拆分成“小”电路，对这些“小”电路逐一求解从而得出所需结果。一种最简单的拆分方法，就是将原电路N看成是由通过两根导线相连的两部分电路组成的，如图2.4.1(a)所示。两部分电路拆分后就得到了如图2.4.1(b)所示的两个对外只有一个

端口的电路 N_1 和 N_2。一个电路如果对外只有两个端钮，从一个端钮流入的电流等于从另一个端钮流出的电流，则两个端钮构成一个端口，该电路称为**一端口电路**(one-port circuit)。一端口电路也称为二端电路。一个电路如果对外有 n 个端钮，则该电路整体称为 n 端电路。

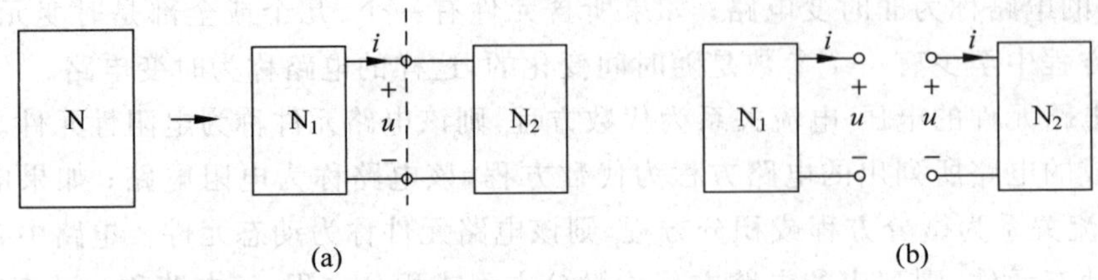

图 2.4.1　大电路拆分成由两个一端口电路组成

对一端口电路的分析通常就是分析电路的端口特性即端口电压-电流关系。在电路内部结构未知的情况下，对电路的端口进行端口特性分析既有实际意义，又有可操作性。

2.4.2　一端口电路的电压-电流关系

研究电路的特性可以从电路的端口特性着手。所谓电路的端口特性指的是构成端口的端钮上的电压与电流之间的关系，这种关系通常称为**端口特性**(outer characteristic)。对图 2.4.2(a)所示的一端口电路，端口电压、电流取一致参考方向，其端口特性就是端口的电压-电流关系，可表示为

$$f(u,i)=0 \tag{2.4.1}$$

式中，u，i 分别为端口电压和端口电流。如果端口电压、电流取非一致参考方向，如图 2.4.2(b)所示，则端口的电压-电流关系表示为

$$f(u,-i)=0 \tag{2.4.2}$$

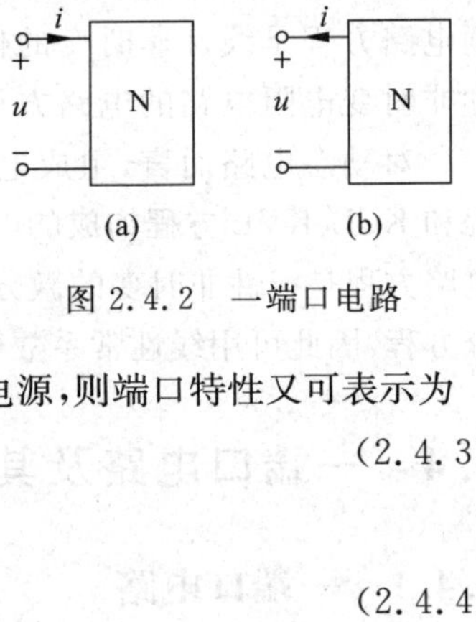

图 2.4.2　一端口电路

如果一端口电路全部由线性电阻性元件构成，不包括独立电源，则端口特性又可表示为

$$u=ai \tag{2.4.3}$$

或

$$i=\frac{u}{a} \tag{2.4.4}$$

式中，a 为与 u、i 无关的函数。如果组成一端口电路的线性电阻性元件为非时变的，则 a 为实常数。a 称为一端口电路的**等效电阻**(equivalent resistance)，也称为**输入电阻**(input resistance)。$1/a$ 称为一端口电路的**等效电导**(equivalent conductance)，也称为**输入电导**(input conductance)。

如果一端口电路全由线性电阻性元件(可包含受控电源)构成，并且包括独立电源，则其端口特性可表示为

$$u = ai + b \tag{2.4.5}$$

式中,a、b 为与 u、i 无关的函数。如果组成一端口电路的线性电阻性元件为非时变的,且独立电源为直流电源,则 a、b 为实常数。

一端口电路的端口特性是由电路本身的元件和结构决定的,与外电路无关。因此,一端口电路的端口特性可以在一端口电路的端口接任意电路的情况下来求取。外接电路完全可以选择最简单的情况,如电流源、电压源等。在端口电路两端外接电流源求端口电压的方法简称为"外加电流源法",在端口电路两端外接电压源求端口电流的方法简称为"外加电压源法",它们也是用实验方法确定端口特性的依据。下面举例加以说明。

【例 2.4.1】 试求图 2.4.3(a)所示一端口电路的端口特性。

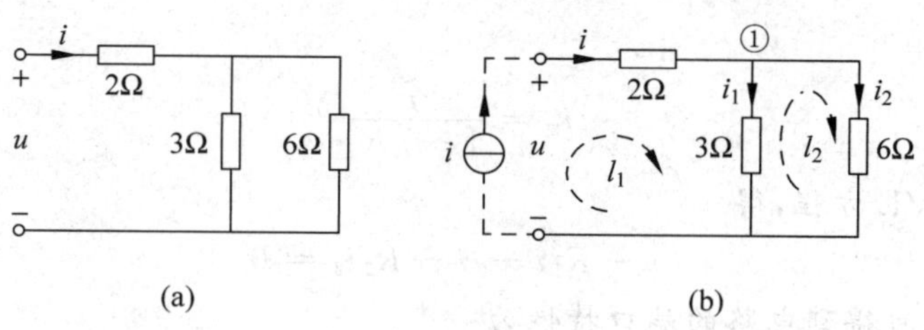

图 2.4.3 例 2.4.1

解 图 2.4.3(a)所示电路仅含电阻。外加电流源 i,如图 2.4.3(b)中虚线部分所示,对节点①列写 KCL 方程得

$$i - i_1 - i_2 = 0$$

对回路 l_1、l_2 列写 KVL 方程,得

$$u - 2i - 3i_1 = 0$$

$$3i_1 - 6i_2 = 0$$

消去电流 i_1、i_2 即可得到电路的端口特性为

$$u = 4i \quad 或 \quad i = 0.25u$$

MATLAB 计算程序:

```
%采用 MATLAB 求解例 2.4.1
syms i i1 i2 u                          % 定义符号变量
eqKCL = i - i1 - i2;                    % 列写 KCL、KVL 方程
eqKVL1 = u - 2 * i - 3 * i1;
eqKVL2 = 3 * i1 - 6 * i2;
g = solve(eqKCL, eqKVL1, eqKVL2,'i1','i2','u');     % 以 i 为已知量求解 i1、i2、u
u = g.u                                 % 求电压 u 与电流 i 之间的关系
```

计算结果:

```
u = 4 * i
```

【例 2.4.2】 试求图 2.4.4(a)所示一端口电路的端口特性。

解 图 2.4.4(a)所示电路含有电阻和受控源。外加电压源 u,如图 2.4.4(b)中虚线部分所示,对节点①列写 KCL 方程得

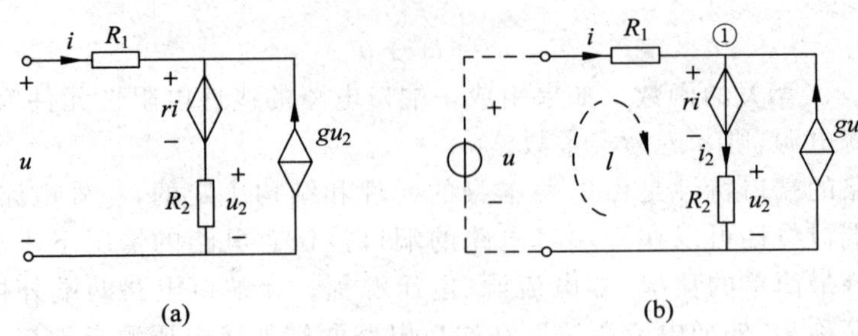

图 2.4.4　例 2.4.2

$$i_2 = gu_2 + i = gR_2 i_2 + i$$

解得 i_2 为

$$i_2 = \frac{i}{1 - gR_2}$$

对回路 l 列写 KVL 方程，得

$$u - R_1 i - ri - R_2 i_2 = 0$$

将 i_2 代入上式即可得到电路的端口特性为

$$u = \left(R_1 + r + \frac{R_2}{1 - gR_2}\right)i$$

MATLAB 计算程序：

```
%采用 MATLAB 求解例 2.4.2
syms u i i2 R1 R2 g r                    % 定义符号变量
eqKCL = i2 - g * R2 * i2 - i;            % 列写 KCL、KVL 方程
eqKVL = u - R1 * i - r * i - R2 * i2;
g = solve(eqKCL, eqKVL,'i2','u');        % 以 i 为已知量求解 i1、i2、u
u = simple(g.u)                          % 求电压 u 与电流 i 之间的关系并化简
```

计算结果：

```
u = r*i+i*(-R1+R1*g*R2-R2)/(-1+g*R2)
```

【例 2.4.3】 试求图 2.4.5(a)所示包含独立电源的一端口电路的端口特性。

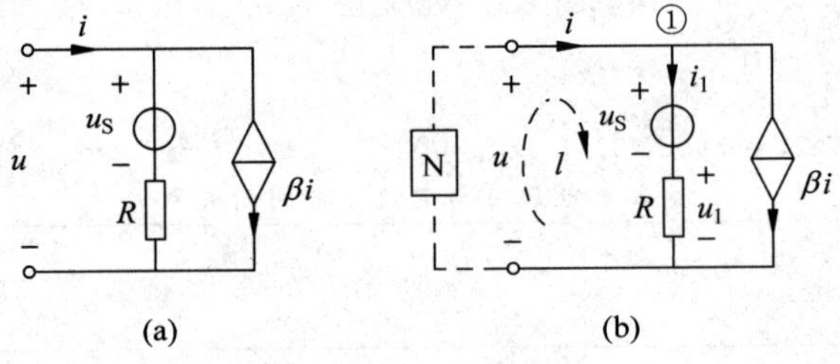

图 2.4.5　例 2.4.3

解　求一端口电路的端口特性可以在端口接任意电路 N。如图 2.4.5(b)中虚线部分所示，对节点①列写 KCL 方程得

$$i - i_1 - \beta i = 0$$

解得 i_1 为

$$i_1 = i - \beta i$$

对回路 l 列写 KVL 方程，得

$$u - u_1 - u_S = 0$$

将 i_1 代入上式即可得到电路的端口特性为

$$u = (1-\beta)Ri + u_S$$

【思考与练习】

2.4.1 试写出图 2.4.6 所示电路的端口特性。($u=u_S-Ri, i=u/R-i_S$)

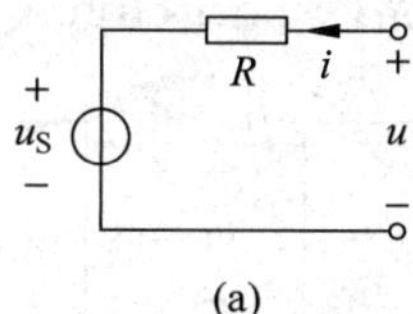

(a)

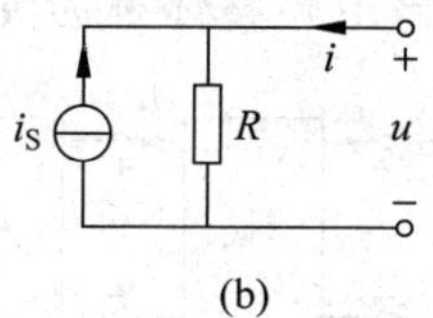

(b)

图 2.4.6 思考与练习 2.4.1

2.4.2 试证明当 $R=R_1+R_2$ 时图 2.4.7 所示两电路的端口特性相同。

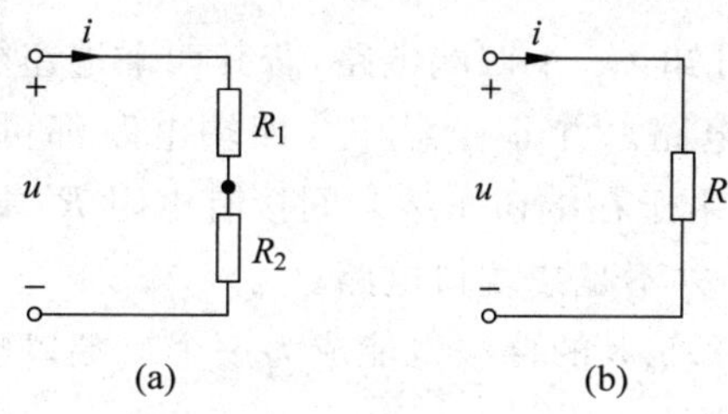

图 2.4.7 思考与练习 2.4.2

2.4.3 试证明当 $G=G_1+G_2$ 时图 2.4.8 所示两电路的端口特性相同。

2.4.4 已知图 2.4.9 中一端口电路 N 全部由电阻连接而成，其等效电阻为 20Ω，试求电流 i 的大小。(0.25A)

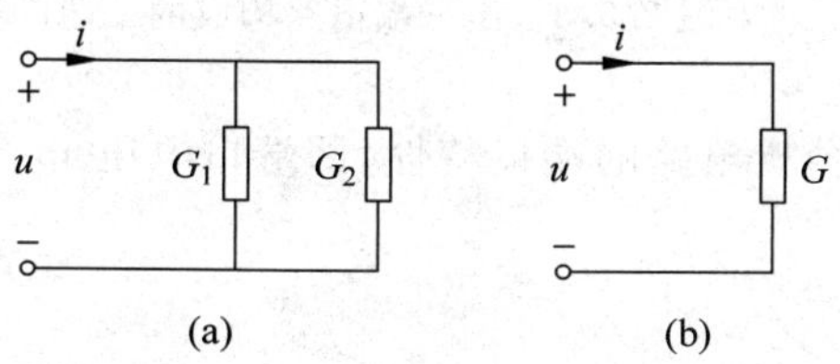

图 2.4.8 思考与练习 2.4.3

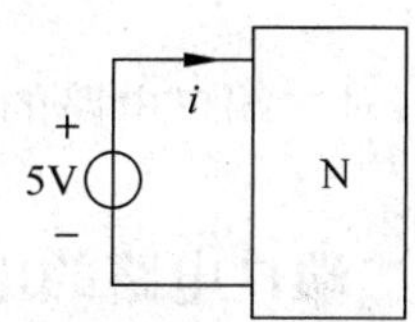

图 2.4.9 思考与练习 2.4.4

2.5 二端口电路及其端口特性

2.5.1 二端口电路

上节讨论了将一个电路分解成两个一端口电路的情况。对电路进行分解可以有多种拆分方法。"大"电路根据需要也可以拆分成一端口电路 N_1、N_2 和电路 N_3，如图 2.5.1(a) 所示。可以对一端口电路 N_1、N_2 和电路 N_3 单独进行分析，如图 2.5.1(b)所示。电路 N_3 对外有四个端钮，其中与 N_1 相接的两个端钮构成一个端口，与 N_2 相接的两个端钮构成另一个端口，因此 N_3 对外有两个端口。一个电路如果对外有两个端口，则该电路称为**二端口电路**(two-port circuit)。图 2.5.1(b)中的 N_3 就是一个二端口电路。如果一个电路对外有 n 个端口，则该电路整体称为 ***n* 端口电路**(n-port circuit)。

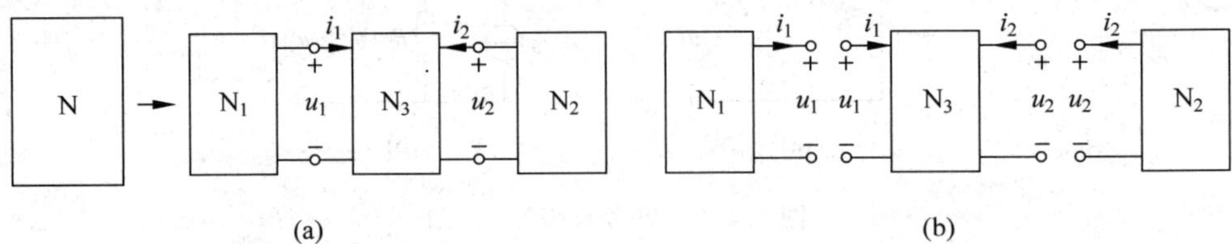

图 2.5.1　大电路拆分成由两个一端口电路和一个二端口组成

由二端口电路的定义可知：一个四端电路，若其四个端钮能两两成对地构成端口，则此四端电路是一个二端口电路。并非任意一个四端电路都可以构成二端口电路，例如图 2.5.2 中的四端电路 N，由于在端钮 1、2 之间接有电阻 R，端钮 1 和 1′、端钮 2 和 2′并不满足端口的条件，因此 N 并不是二端口电路。

一个三端电路 N 按图 2.5.3 的接法也能成为一个二端口电路。

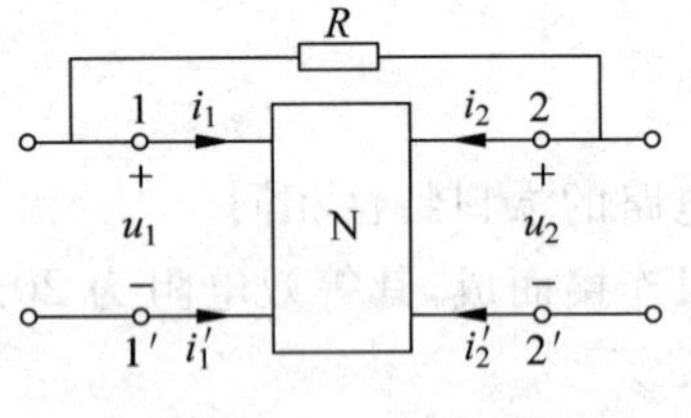

图 2.5.2　二端口电路

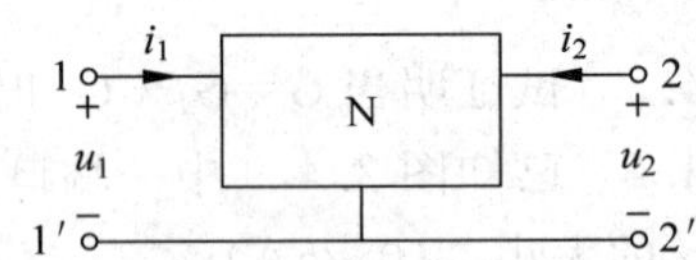

图 2.5.3　由三端电路构成的二端口电路

同样，对二端口电路的分析通常也就是分析电路的端口特性，即端口电压-电流关系。

2.5.2 二端口电路的电压-电流关系

二端口电路一般用图 2.5.4 中的图形来表示。端钮 1 和 1′构成的端口通常称为输入端口；端钮 2 和 2′构成的端口通常称为输出端口。端口上的电压和电流的参考方向习惯上总是取如图 2.5.4 所示的一致参考方向。

与一端口电路类似，二端口电路的端口特性也是由端口电压、端口电流来表达的。二端口电路的端口上共有四个变量，即 u_1、u_2、i_1 和 i_2。它的端口特性就是由存在于这四个变量之间的约束关系来描述的。每个端口对电路提供一个约束，因此四个变量间的约束关系有两个。这两个约束关系为

$$\begin{cases} f_1(u_1, u_2, i_1, i_2) = 0 \\ f_2(u_1, u_2, i_1, i_2) = 0 \end{cases} \tag{2.5.1}$$

图 2.5.4 二端口电路

对于仅由电阻性元件构成的线性二端口电路，上述两个约束关系可具体化为下列两个线性方程

$$\begin{cases} c_{11}u_1 + c_{12}u_2 + d_{11}i_1 + d_{12}i_2 = 0 \\ c_{21}u_1 + c_{22}u_2 + d_{21}i_1 + d_{22}i_2 = 0 \end{cases} \tag{2.5.2a}$$

或者

$$\begin{bmatrix} c_{11} & c_{12} \\ c_{21} & c_{22} \end{bmatrix}\begin{bmatrix} u_1 \\ u_2 \end{bmatrix} + \begin{bmatrix} d_{11} & d_{12} \\ d_{21} & d_{22} \end{bmatrix}\begin{bmatrix} i_1 \\ i_2 \end{bmatrix} = 0 \tag{2.5.2b}$$

式(2.5.2b)是以一般形式给出的线性二端口电路的端口特性方程。

可以从四个端口变量中任选两个作为独立变量，另两个作为非独立变量。从四个端口变量中任选两个作为独立变量共有 $C_4^2=6$ 种选法。对每一种选法，均能得到一种两个非独立变量与独立变量之间关系的显式方程，于是能得出六种如表 2.5.1 所示的二端口参数。

表 2.5.1 二端口参数的变量组合

序号	非独立变量	独立变量	二端口参数矩阵
1	u_1, u_2	i_1, i_2	$\boldsymbol{R}$
2	i_1, i_2	u_1, u_2	$\boldsymbol{G}$
3	u_1, i_2	i_1, u_2	$\boldsymbol{H}$
4	i_1, u_2	u_1, i_2	$\hat{\boldsymbol{H}}$
5	u_1, i_1	$u_2, -i_2$	$\boldsymbol{A}$
6	u_2, i_2	$u_1, -i_1$	$\hat{\boldsymbol{A}}$

下面根据表 2.5.1 来讨论这六种方程，并导出表征二端口电路的各种参数。

1. 开路电阻参数二端口方程

选择端口电流 i_1 和 i_2 为独立变量的情况相当于二端口电路受到两个电流源 i_1 和 i_2 的共同激励，如图 2.5.5 所示。此时从式(2.5.2b)可解出

$$\begin{bmatrix} u_1 \\ u_2 \end{bmatrix} = -\begin{bmatrix} c_{11} & c_{12} \\ c_{21} & c_{22} \end{bmatrix}^{-1}\begin{bmatrix} d_{11} & d_{12} \\ d_{21} & d_{22} \end{bmatrix}\begin{bmatrix} i_1 \\ i_2 \end{bmatrix} = \begin{bmatrix} r_{11} & r_{12} \\ r_{21} & r_{22} \end{bmatrix}\begin{bmatrix} i_1 \\ i_2 \end{bmatrix} \tag{2.5.3a}$$

或者

$$\boldsymbol{u}=\boldsymbol{R}\boldsymbol{i} \tag{2.5.3b}$$

式中

$$\boldsymbol{u}=[u_1 \quad u_2]^{\mathrm{T}},\quad \boldsymbol{i}=[i_1 \quad i_2]^{\mathrm{T}}$$

$$\boldsymbol{R}=\begin{bmatrix} r_{11} & r_{12} \\ r_{21} & r_{22} \end{bmatrix}=-\begin{bmatrix} c_{11} & c_{12} \\ c_{21} & c_{22} \end{bmatrix}^{-1}\begin{bmatrix} d_{11} & d_{12} \\ d_{21} & d_{22} \end{bmatrix}$$

若将式(2.5.3b)写成标量形式,有

$$\begin{cases} u_1 = r_{11}i_1 + r_{12}i_2 \\ u_2 = r_{21}i_1 + r_{22}i_2 \end{cases} \tag{2.5.4}$$

矩阵 $\boldsymbol{R}$ 中的四个元素各有自己的名称和物理含义。从式(2.5.4)可得

$$r_{11}=\left.\frac{u_1}{i_1}\right|_{i_2=0} \quad r_{12}=\left.\frac{u_1}{i_2}\right|_{i_1=0} \quad r_{21}=\left.\frac{u_2}{i_1}\right|_{i_2=0} \quad r_{22}=\left.\frac{u_2}{i_2}\right|_{i_1=0} \tag{2.5.5}$$

其中,r_{11}是端口 2 开路时端口 1 的驱动点电阻;r_{22}是端口 1 开路时端口 2 的驱动点电阻;r_{12}是端口 1 开路时的反向转移电阻;r_{21}是端口 2 开路时的正向转移电阻。由于四者均与端口开路有关,故统称为二端口电路的**开路电阻参数**(open-circuit resistance parameter)。矩阵 $\boldsymbol{R}$ 称为二端口电路的**开路电阻矩阵**(open-circuit resistance matrix),它的元素称为 r 参数。式(2.5.4)称为开路电阻参数二端口方程。

图 2.5.5 受到两个电流源激励的二端口电路

由式(2.5.4)可以得到如图 2.5.6 所示用 r 参数表示的二端口电路,称为 r 参数等效电路。

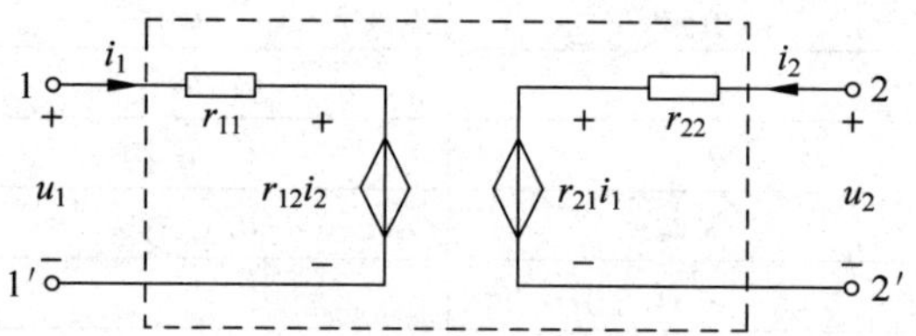

图 2.5.6 r 参数等效电路

【例 2.5.1】 试求图 2.5.7(a)所示二端口电路的开路电阻参数。

解 先将端口 2 开路,端口 1 外接电流源 i_1,如图 2.5.7(b)所示,对回路 l_1、l_2 列写 KVL 方程得

$$u_1=(R_1+R_3)i_1$$

$$u_2=R_3i_1$$

根据式(2.5.5)可求出

$$r_{11}=R_1+R_3,\quad r_{21}=R_3$$

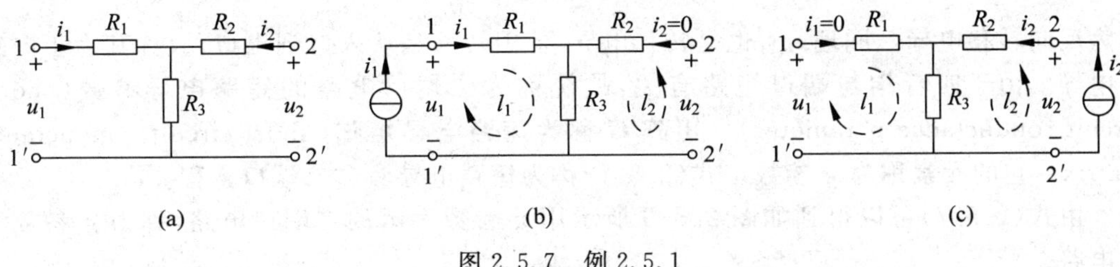

图 2.5.7 例 2.5.1

再将端口 1 开路，端口 2 外接电流源 i_2，如图 2.5.7(c)所示，对回路 l_1、l_2 列写 KVL 方程得

$$u_1 = R_3 i_2$$

$$u_2 = (R_2 + R_3) i_2$$

根据式(2.5.5)又可求出

$$r_{12} = R_3, \quad r_{22} = R_2 + R_3$$

2. 短路电导参数二端口方程

选取端口电压 u_1 和 u_2 为独立变量的情况，相当于二端口电路受到两个电压源 u_1 和 u_2 的共同激励，如图 2.5.8 所示。此时从式(2.5.2b)可解出

$$\begin{bmatrix} i_1 \\ i_2 \end{bmatrix} = -\begin{bmatrix} d_{11} & d_{12} \\ d_{21} & d_{22} \end{bmatrix}^{-1} \begin{bmatrix} c_{11} & c_{12} \\ c_{21} & c_{22} \end{bmatrix} \begin{bmatrix} u_1 \\ u_2 \end{bmatrix} = \begin{bmatrix} g_{11} & g_{12} \\ g_{21} & g_{22} \end{bmatrix} \begin{bmatrix} u_1 \\ u_2 \end{bmatrix} \tag{2.5.6a}$$

或者

$$\boldsymbol{i} = \boldsymbol{G}\boldsymbol{u} \tag{2.5.6b}$$

式中

$$\boldsymbol{u} = [u_1 \quad u_2]^{\mathrm{T}}, \quad \boldsymbol{i} = [i_1 \quad i_2]^{\mathrm{T}}$$

$$\boldsymbol{G} = \begin{bmatrix} g_{11} & g_{12} \\ g_{21} & g_{22} \end{bmatrix} = -\begin{bmatrix} d_{11} & d_{12} \\ d_{21} & d_{22} \end{bmatrix}^{-1} \begin{bmatrix} c_{11} & c_{12} \\ c_{21} & c_{22} \end{bmatrix}$$

若将式(2.5.6b)写成标量形式，有

$$\begin{cases} i_1 = g_{11} u_1 + g_{12} u_2 \\ i_2 = g_{21} u_1 + g_{22} u_2 \end{cases} \tag{2.5.7}$$

图 2.5.8 受两个电压源激励的二端口电路

矩阵 $\boldsymbol{G}$ 中的四个元素也各有自己的名称和物理含义。从式(2.5.7)可得

$$g_{11} = \left.\frac{i_1}{u_1}\right|_{u_2=0} \quad g_{12} = \left.\frac{i_1}{u_2}\right|_{u_1=0} \quad g_{21} = \left.\frac{i_2}{u_1}\right|_{u_2=0} \quad g_{22} = \left.\frac{i_2}{u_2}\right|_{u_1=0} \tag{2.5.8}$$

式中，g_{11} 是端口 2 短路时，端口 1 的电流与电压之比，故称其为端口 2 短路时端口 1 的驱动点电导。同理，g_{22} 被称为端口 1 短路时端口 2 的驱动点电导。g_{12} 是端口 1 短路时，端口 1 的电流与端口 2 的电压之比，具有转移电导的性质，而且转移是从出口到入口，故称

其为反向转移电导。同理，g_{21}也是转移电导，但因转移是从入口到出口，故称其为正向转移电导。由于四者均与端口短路有关，故统称为二端口电路的**短路电导参数**(short-circuit conductance parameter)。矩阵 $\boldsymbol{G}$ 称为**短路电导矩阵**(short-circuit conductance matrix)，它的元素称为 g 参数。式(2.5.7)称为短路电导参数二端口方程。

由式(2.5.7)可以得到如图 2.5.9 所示用 g 参数表示的二端口电路，称为 g 参数等效电路。

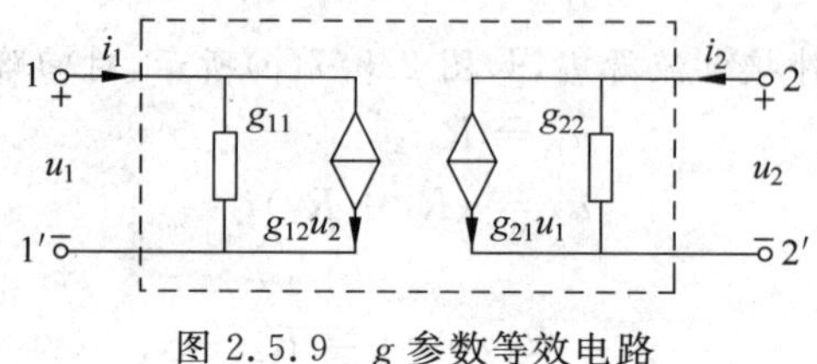

图 2.5.9　g 参数等效电路

【**例 2.5.2**】　试求图 2.5.10 所示 VCCS 电路的 g 参数矩阵。

解　根据图 2.5.10，有

$$i_1 = 0, \quad g_m u_1 - i_2 = 0$$

写成矩阵形式为

$$\begin{bmatrix} i_1 \\ i_2 \end{bmatrix} = \begin{bmatrix} 0 & 0 \\ g_m & 0 \end{bmatrix} \begin{bmatrix} u_1 \\ u_2 \end{bmatrix}$$

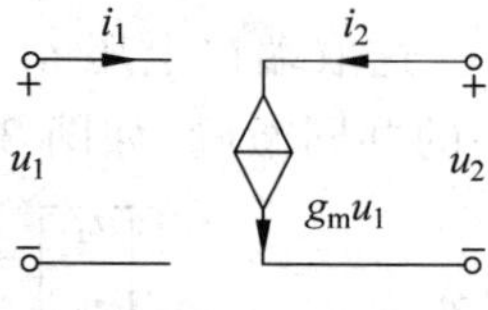

图 2.5.10　例 2.5.2

得出 g 参数矩阵为

$$\boldsymbol{G} = \begin{bmatrix} 0 & 0 \\ g_m & 0 \end{bmatrix}$$

3. 混合参数二端口方程

若选取端口电流 i_1 和端口电压 u_2 为独立变量，此时相当于二端口电路的端口 1 受到电流源 i_1 的激励，端口 2 受到电压源 u_2 的激励，如图 2.5.11 所示。按表 2.5.1 第四种选法，选取端口电压 u_1 和端口电流 i_2 为独立变量，相当于二端口电路的端口 1 受到电压源 u_1 的激励，端口 2 受到电流源 i_2 的激励，如图 2.5.12 所示。

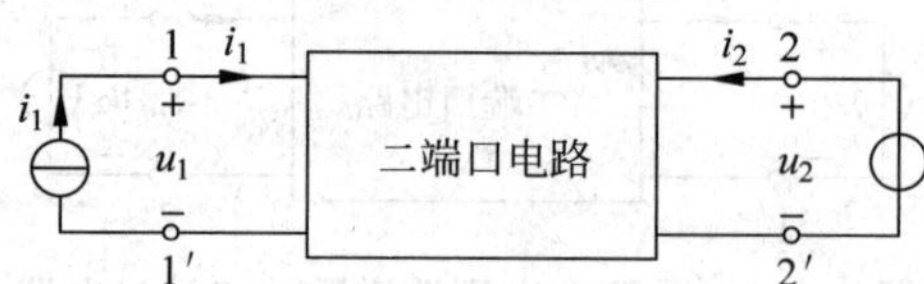

图 2.5.11　端口 1 受电流源激励、端口 2 受电压源激励的二端口电路

图 2.5.12　端口 1 受电压源激励、端口 2 受电流源激励的二端口电路

先讨论前一种选法。将式(2.5.2a)重新排列成下面的形式

$$\begin{cases} c_{11}u_1 + d_{12}i_2 + d_{11}i_1 + c_{12}u_2 = 0 \\ c_{21}u_1 + d_{22}i_2 + d_{21}i_1 + c_{22}u_2 = 0 \end{cases} \tag{2.5.9}$$

由矩阵形式二端口方程

$$\begin{bmatrix} c_{11} & d_{12} \\ c_{21} & d_{22} \end{bmatrix}\begin{bmatrix} u_1 \\ i_2 \end{bmatrix} + \begin{bmatrix} d_{11} & c_{12} \\ d_{21} & c_{22} \end{bmatrix}\begin{bmatrix} i_1 \\ u_2 \end{bmatrix} = 0 \tag{2.5.10}$$

可解得

$$\begin{bmatrix} u_1 \\ i_2 \end{bmatrix} = -\begin{bmatrix} c_{11} & d_{12} \\ c_{21} & d_{22} \end{bmatrix}^{-1}\begin{bmatrix} d_{11} & c_{12} \\ d_{21} & c_{22} \end{bmatrix}\begin{bmatrix} i_1 \\ u_2 \end{bmatrix} \tag{2.5.11}$$

令

$$\boldsymbol{H} = \begin{bmatrix} h_{11} & h_{12} \\ h_{21} & h_{22} \end{bmatrix} = -\begin{bmatrix} c_{11} & d_{12} \\ c_{21} & d_{22} \end{bmatrix}^{-1}\begin{bmatrix} d_{11} & c_{12} \\ d_{21} & c_{22} \end{bmatrix} \tag{2.5.12}$$

则

$$\begin{bmatrix} u_1 \\ i_2 \end{bmatrix} = \boldsymbol{H}\begin{bmatrix} i_1 \\ u_2 \end{bmatrix} = \begin{bmatrix} h_{11} & h_{12} \\ h_{21} & h_{22} \end{bmatrix}\begin{bmatrix} i_1 \\ u_2 \end{bmatrix} \tag{2.5.13}$$

或者

$$\begin{cases} u_1 = h_{11}i_1 + h_{12}u_2 \\ i_2 = h_{21}i_1 + h_{22}u_2 \end{cases} \tag{2.5.14}$$

矩阵 $\boldsymbol{H}$ 中的四个元素有各自的名称和物理含义。从式(2.5.14)可得

$$h_{11} = \left.\frac{u_1}{i_1}\right|_{u_2=0} \quad h_{12} = \left.\frac{u_1}{u_2}\right|_{i_1=0} \quad h_{21} = \left.\frac{i_2}{i_1}\right|_{u_2=0} \quad h_{22} = \left.\frac{i_2}{u_2}\right|_{i_1=0} \tag{2.5.15}$$

式中,h_{11}是端口 2 短路时,端口 1 的驱动点电阻;h_{22}是端口 1 开路时,端口 2 的驱动点电导;h_{12}是端口 1 开路时的反向电压传输比;h_{21}是端口 1 短路时的正向电流传输比。由于这四个元素不全是电阻或电导,所以统称为二端口电路的第一种混合参数。矩阵 $\boldsymbol{H}$ 称为第一种**混合参数矩阵**(hybrid parameter matrix),它的元素称为 h 参数。式(2.5.14)称为第一种混合参数二端口方程。

由式(2.5.14)可以得到如图 2.5.13 所示用 h 参数表示的二端口电路,称为 h 参数等效电路。

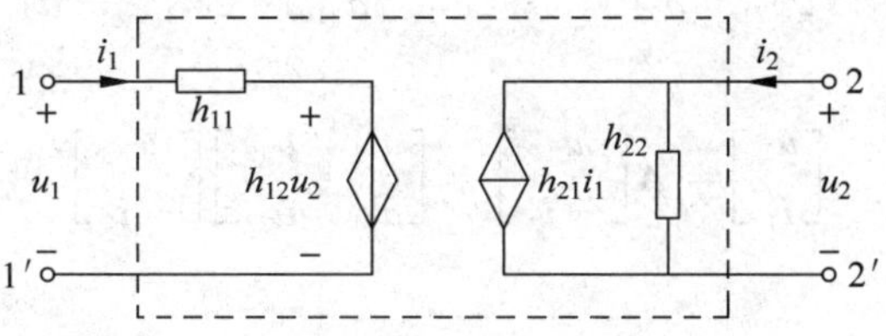

图 2.5.13 h 参数等效电路

对后一种选法,应从式(2.5.10)中解出$[i_1, u_2]^{\mathrm{T}}$,即

$$\begin{bmatrix} i_1 \\ u_2 \end{bmatrix} = -\begin{bmatrix} d_{11} & c_{12} \\ d_{21} & c_{22} \end{bmatrix}^{-1}\begin{bmatrix} c_{11} & d_{12} \\ c_{21} & d_{22} \end{bmatrix}\begin{bmatrix} u_1 \\ i_2 \end{bmatrix} \tag{2.5.16}$$

令

$$\hat{\boldsymbol{H}}=\begin{bmatrix}\hat{h}_{11} & \hat{h}_{12}\\ \hat{h}_{21} & \hat{h}_{22}\end{bmatrix}=-\begin{bmatrix}d_{11} & c_{12}\\ d_{21} & c_{22}\end{bmatrix}^{-1}\begin{bmatrix}c_{11} & d_{12}\\ c_{21} & d_{22}\end{bmatrix} \tag{2.5.17}$$

则

$$\begin{bmatrix}i_1\\ u_2\end{bmatrix}=\hat{\boldsymbol{H}}\begin{bmatrix}u_1\\ i_2\end{bmatrix}=\begin{bmatrix}\hat{h}_{11} & \hat{h}_{12}\\ \hat{h}_{21} & \hat{h}_{22}\end{bmatrix}\begin{bmatrix}u_1\\ i_2\end{bmatrix} \tag{2.5.18}$$

或者

$$\begin{cases}i_1=\hat{h}_{11}u_1+\hat{h}_{12}i_2\\ u_2=\hat{h}_{21}u_1+\hat{h}_{22}i_2\end{cases} \tag{2.5.19}$$

根据式(2.5.19),有

$$\hat{h}_{11}=\left.\frac{i_1}{u_1}\right|_{i_2=0}\quad \hat{h}_{12}=\left.\frac{i_1}{i_2}\right|_{u_1=0}\quad \hat{h}_{21}=\left.\frac{u_2}{u_1}\right|_{i_2=0}\quad \hat{h}_{22}=\left.\frac{u_2}{i_2}\right|_{u_1=0} \tag{2.5.20}$$

式中,$\hat{h}_{11}$是端口 2 开路时,端口 1 的驱动点电导;$\hat{h}_{12}$是端口 1 短路时的反向电流传输比;$\hat{h}_{21}$是端口 2 开路时的正向电压传输比;$\hat{h}_{22}$是端口 1 短路时,端口 2 的驱动点电阻。这四个元素统称二端口电路的第二种混合参数,矩阵$\hat{\boldsymbol{H}}$称为第二种混合参数矩阵,它的元素称为$\hat{h}$参数。式(2.5.19)称为第二种混合参数二端口方程。

由式(2.5.19)可以得到二端口电路的$\hat{h}$参数等效电路,请读者自行绘出。

4. 传输参数二端口方程

当选 u_2 和 i_2 为独立变量时,从式(2.5.2a)可解出

$$\begin{bmatrix}u_1\\ i_1\end{bmatrix}=-\begin{bmatrix}c_{11} & d_{11}\\ c_{21} & d_{21}\end{bmatrix}^{-1}\begin{bmatrix}c_{12} & -d_{12}\\ c_{22} & -d_{22}\end{bmatrix}\begin{bmatrix}u_2\\ -i_2\end{bmatrix} \tag{2.5.21}$$

令

$$\boldsymbol{A}=\begin{bmatrix}a_{11} & a_{12}\\ a_{21} & a_{22}\end{bmatrix}=-\begin{bmatrix}c_{11} & d_{11}\\ c_{21} & d_{21}\end{bmatrix}^{-1}\begin{bmatrix}c_{12} & -d_{12}\\ c_{22} & -d_{22}\end{bmatrix} \tag{2.5.22}$$

则

$$\begin{bmatrix}u_1\\ i_1\end{bmatrix}=\boldsymbol{A}\begin{bmatrix}u_2\\ -i_2\end{bmatrix}=\begin{bmatrix}a_{11} & a_{12}\\ a_{21} & a_{22}\end{bmatrix}\begin{bmatrix}u_2\\ -i_2\end{bmatrix} \tag{2.5.23}$$

或者

$$\begin{cases}u_1=a_{11}u_2+a_{12}(-i_2)\\ i_1=a_{21}u_2+a_{22}(-i_2)\end{cases} \tag{2.5.24}$$

从式(2.5.24)可得

$$a_{11}=\left.\frac{u_1}{u_2}\right|_{i_2=0}=\frac{1}{\hat{h}_{21}}\qquad a_{12}=\left.\frac{u_1}{-i_2}\right|_{u_2=0}=-\frac{1}{g_{21}} \tag{2.5.25a}$$

$$a_{21}=\frac{i_1}{u_2}\bigg|_{i_2=0}=\frac{1}{r_{21}}\qquad a_{22}=\frac{i_1}{-i_2}\bigg|_{u_2=0}=-\frac{1}{h_{21}}\tag{2.5.25b}$$

式中，a_{11}是端口 2 开路时的反向电压传输比；a_{12}是端口 2 短路时的反向转移电阻；a_{21}是端口 2 开路时的反向转移电导；a_{22}是端口 2 短路时的反向电流传输比。a_{11}、a_{12}、a_{21}和a_{22}统称第一种传输参数，矩阵 **A** 称为第一种**传输参数矩阵**（transmission parameter matrix），它的元素称为 a 参数。式(2.5.24)称为第一种传输参数二端口方程。

当选取 u_1 和 i_1 为独立变量时，从式(2.5.2a)可解出

$$\begin{bmatrix}u_2\\i_2\end{bmatrix}=-\begin{bmatrix}c_{12}&d_{12}\\c_{22}&d_{22}\end{bmatrix}^{-1}\begin{bmatrix}c_{11}&-d_{11}\\c_{21}&-d_{21}\end{bmatrix}\begin{bmatrix}u_1\\-i_1\end{bmatrix}\tag{2.5.26}$$

令

$$\hat{\mathbf{A}}=\begin{bmatrix}\hat{a}_{11}&\hat{a}_{12}\\\hat{a}_{21}&\hat{a}_{22}\end{bmatrix}=-\begin{bmatrix}c_{12}&d_{12}\\c_{22}&d_{22}\end{bmatrix}^{-1}\begin{bmatrix}c_{11}&-d_{11}\\c_{21}&-d_{21}\end{bmatrix}\tag{2.5.27}$$

则

$$\begin{bmatrix}u_2\\i_2\end{bmatrix}=\hat{\mathbf{A}}\begin{bmatrix}u_1\\-i_1\end{bmatrix}=\begin{bmatrix}\hat{a}_{11}&\hat{a}_{12}\\\hat{a}_{21}&\hat{a}_{22}\end{bmatrix}\begin{bmatrix}u_1\\-i_1\end{bmatrix}\tag{2.5.28}$$

或者

$$\begin{cases}u_2=\hat{a}_{11}u_1+\hat{a}_{12}(-i_1)\\i_2=\hat{a}_{21}u_1+\hat{a}_{22}(-i_1)\end{cases}\tag{2.5.29}$$

从式(2.5.29)可得

$$\hat{a}_{11}=\frac{u_2}{u_1}\bigg|_{i_1=0}=\frac{1}{h_{12}}\qquad \hat{a}_{12}=\frac{u_2}{-i_1}\bigg|_{u_1=0}=-\frac{1}{g_{12}}\tag{2.5.30a}$$

$$\hat{a}_{21}=\frac{i_2}{u_1}\bigg|_{i_1=0}=\frac{1}{r_{12}}\qquad \hat{a}_{22}=\frac{i_2}{-i_1}\bigg|_{u_1=0}=-\frac{1}{\hat{h}_{12}}\tag{2.5.30b}$$

式中，$\hat{a}_{11}$是端口 1 开路时的正向电压传输比；$\hat{a}_{12}$是端口 1 短路时的正向转移电阻；$\hat{a}_{21}$是端口 1 开路时的正向转移电导；$\hat{a}_{22}$是端口 1 短路时的正向电流传输比。$\hat{a}_{11}$、$\hat{a}_{12}$、$\hat{a}_{21}$和$\hat{a}_{22}$统称第二种传输参数，矩阵$\hat{\mathbf{A}}$称为第二种传输矩阵，它的元素称为$\hat{a}$参数。式(2.5.29)称为第二种传输参数二端口方程。

【例 2.5.3】 试求理想变压器的混合参数矩阵和传输参数矩阵。

解 已知理想变压器的电压-电流关系为

$$\begin{cases}u_1=nu_2\\i_1=-\dfrac{1}{n}i_2\end{cases}$$

写成混合参数和传输参数矩阵形式为

$$\begin{bmatrix}u_1\\i_2\end{bmatrix}=\begin{bmatrix}0&n\\-n&0\end{bmatrix}\begin{bmatrix}i_1\\u_2\end{bmatrix},\quad \begin{bmatrix}i_1\\u_2\end{bmatrix}=\begin{bmatrix}0&-1/n\\1/n&0\end{bmatrix}\begin{bmatrix}u_1\\i_2\end{bmatrix}$$

$$\begin{bmatrix} u_1 \\ i_1 \end{bmatrix} = \begin{bmatrix} n & 0 \\ 0 & 1/n \end{bmatrix} \begin{bmatrix} u_2 \\ -i_2 \end{bmatrix}, \quad \begin{bmatrix} u_2 \\ i_2 \end{bmatrix} = \begin{bmatrix} 1/n & 0 \\ 0 & n \end{bmatrix} \begin{bmatrix} u_1 \\ -i_1 \end{bmatrix}$$

各参数矩阵为

$$\boldsymbol{H} = \begin{bmatrix} 0 & n \\ -n & 0 \end{bmatrix}, \quad \hat{\boldsymbol{H}} = \begin{bmatrix} 0 & -1/n \\ 1/n & 0 \end{bmatrix}, \quad \boldsymbol{A} = \begin{bmatrix} n & 0 \\ 0 & 1/n \end{bmatrix}, \quad \hat{\boldsymbol{A}} = \begin{bmatrix} 1/n & 0 \\ 0 & n \end{bmatrix}$$

2.5.3 二端口电路各参数间的关系

同一个二端口电路的六种参数之间是可以互相换算的，见表 2.5.2。参数间的换算关系不难求出，现以用 $\boldsymbol{R}$ 参数换算出其他参数为例，说明其换算方法。

已经知道用 $\boldsymbol{R}$ 参数表达的二端口方程为

$$\begin{cases} u_1 = r_{11} i_1 + r_{12} i_2 \\ u_2 = r_{21} i_1 + r_{22} i_2 \end{cases} \tag{2.5.31a}$$

写成矩阵形式为

$$\begin{bmatrix} u_1 \\ u_2 \end{bmatrix} = \begin{bmatrix} r_{11} & r_{12} \\ r_{21} & r_{22} \end{bmatrix} \begin{bmatrix} i_1 \\ i_2 \end{bmatrix} \tag{2.5.31b}$$

由式(2.5.31b)得

$$\begin{bmatrix} i_1 \\ i_2 \end{bmatrix} = \begin{bmatrix} r_{11} & r_{12} \\ r_{21} & r_{22} \end{bmatrix}^{-1} \begin{bmatrix} u_1 \\ u_2 \end{bmatrix} = \frac{1}{\Delta_r} \begin{bmatrix} r_{22} & -r_{12} \\ -r_{21} & r_{11} \end{bmatrix} \begin{bmatrix} u_1 \\ u_2 \end{bmatrix} \tag{2.5.32}$$

式中，$\Delta_r = r_{11} r_{22} - r_{12} r_{11}$。当 $\Delta_r \neq 0$ 时，由式(2.5.32)可以得出用 $\boldsymbol{R}$ 参数表示的 $\boldsymbol{G}$ 参数矩阵为

$$\boldsymbol{G} = \frac{1}{\Delta_r} \begin{bmatrix} r_{22} & -r_{12} \\ -r_{21} & r_{11} \end{bmatrix} \tag{2.5.33}$$

将式(2.5.31b)移项，并按次序 u_1、i_2、i_1、u_2 排列，得

$$\begin{cases} u_1 - r_{12} i_2 - r_{11} i_1 + 0 = 0 \\ 0 - r_{22} i_2 - r_{21} i_1 + u_2 = 0 \end{cases} \tag{2.5.34}$$

写成分块矩阵形式，有

$$\begin{bmatrix} 1 & -r_{12} \\ 0 & -r_{22} \end{bmatrix} \begin{bmatrix} u_1 \\ i_2 \end{bmatrix} + \begin{bmatrix} -r_{11} & 0 \\ -r_{21} & 1 \end{bmatrix} \begin{bmatrix} i_1 \\ u_2 \end{bmatrix} = 0 \tag{2.5.35}$$

由式(2.5.35)得

$$\begin{bmatrix} u_1 \\ i_2 \end{bmatrix} = -\begin{bmatrix} 1 & -r_{12} \\ 0 & -r_{22} \end{bmatrix}^{-1} \begin{bmatrix} -r_{11} & 0 \\ -r_{21} & 1 \end{bmatrix} \begin{bmatrix} i_1 \\ u_2 \end{bmatrix} = \frac{1}{r_{22}} \begin{bmatrix} \Delta_r & r_{12} \\ -r_{21} & 1 \end{bmatrix} \begin{bmatrix} i_1 \\ u_2 \end{bmatrix} \tag{2.5.36}$$

由式(2.5.36)可以得出用 $\boldsymbol{R}$ 参数表示的 $\boldsymbol{H}$ 参数矩阵为

$$\boldsymbol{H} = \frac{1}{r_{22}} \begin{bmatrix} \Delta_r & r_{12} \\ -r_{21} & 1 \end{bmatrix} \tag{2.5.37}$$

和上面的推导类似，不难求出用 $\boldsymbol{R}$ 参数表示的 $\hat{\boldsymbol{H}}$、$\boldsymbol{A}$、$\hat{\boldsymbol{A}}$ 参数矩阵分别为

$$\hat{\boldsymbol{H}} = \frac{1}{r_{11}} \begin{bmatrix} 1 & -r_{12} \\ r_{21} & \Delta_r \end{bmatrix} \tag{2.5.38}$$

$$\boldsymbol{A}=\frac{1}{r_{21}}\begin{bmatrix} r_{11} & \Delta_r \\ 1 & r_{22} \end{bmatrix} \tag{2.5.39}$$

$$\hat{\boldsymbol{A}}=\frac{1}{r_{12}}\begin{bmatrix} r_{22} & \Delta_r \\ 1 & r_{11} \end{bmatrix} \tag{2.5.40}$$

根据上述推导方法，可以求得各组参数间的互换关系如表 2.5.2 所示，可供直接查用，其中 Δ_r 是 $\boldsymbol{R}$ 参数的行列式，Δ_g 是 $\boldsymbol{G}$ 参数的行列式等。

表 2.5.2　二端口电路各组参数的互换关系

	$\boldsymbol{R}$	$\boldsymbol{G}$	$\boldsymbol{H}$	$\hat{\boldsymbol{H}}$	$\boldsymbol{A}$	$\hat{\boldsymbol{A}}$
$\boldsymbol{R}$	$\begin{bmatrix} r_{11} & r_{12} \\ r_{21} & r_{22} \end{bmatrix}$	$\begin{bmatrix} \frac{g_{22}}{\Delta_g} & -\frac{g_{12}}{\Delta_g} \\ -\frac{g_{21}}{\Delta_g} & \frac{g_{11}}{\Delta_g} \end{bmatrix}$	$\begin{bmatrix} \frac{\Delta_h}{h_{22}} & \frac{h_{12}}{h_{22}} \\ -\frac{h_{21}}{h_{22}} & \frac{1}{h_{22}} \end{bmatrix}$	$\begin{bmatrix} \frac{1}{\hat{h}_{11}} & -\frac{\hat{h}_{12}}{\hat{h}_{11}} \\ \frac{\hat{h}_{21}}{\hat{h}_{11}} & \frac{\Delta_{\hat{h}}}{\hat{h}_{11}} \end{bmatrix}$	$\begin{bmatrix} \frac{a_{11}}{a_{21}} & \frac{\Delta_a}{a_{21}} \\ \frac{1}{a_{21}} & \frac{a_{22}}{a_{21}} \end{bmatrix}$	$\begin{bmatrix} \frac{\hat{a}_{22}}{\hat{a}_{21}} & \frac{1}{\hat{a}_{21}} \\ \frac{\Delta_{\hat{a}}}{\hat{a}_{21}} & \frac{\hat{a}_{11}}{\hat{a}_{21}} \end{bmatrix}$
$\boldsymbol{G}$	$\begin{bmatrix} \frac{r_{22}}{\Delta_r} & -\frac{r_{12}}{\Delta_r} \\ -\frac{r_{21}}{\Delta_r} & \frac{r_{11}}{\Delta_r} \end{bmatrix}$	$\begin{bmatrix} g_{11} & g_{12} \\ g_{21} & g_{22} \end{bmatrix}$	$\begin{bmatrix} \frac{1}{h_{11}} & -\frac{h_{12}}{h_{11}} \\ \frac{h_{21}}{h_{11}} & \frac{\Delta_h}{h_{11}} \end{bmatrix}$	$\begin{bmatrix} \frac{\Delta_{\hat{h}}}{\hat{h}_{22}} & \frac{\hat{h}_{12}}{\hat{h}_{22}} \\ -\frac{\hat{h}_{21}}{\hat{h}_{22}} & \frac{1}{\hat{h}_{22}} \end{bmatrix}$	$\begin{bmatrix} \frac{a_{22}}{a_{12}} & -\frac{\Delta_a}{a_{12}} \\ -\frac{1}{a_{12}} & \frac{a_{11}}{a_{12}} \end{bmatrix}$	$\begin{bmatrix} \frac{\hat{a}_{11}}{\hat{a}_{12}} & -\frac{1}{\hat{a}_{12}} \\ -\frac{\Delta_{\hat{a}}}{\hat{a}_{12}} & \frac{\hat{a}_{22}}{\hat{a}_{12}} \end{bmatrix}$
$\boldsymbol{H}$	$\begin{bmatrix} \frac{\Delta_r}{r_{22}} & \frac{r_{12}}{r_{22}} \\ -\frac{r_{21}}{r_{22}} & \frac{1}{r_{22}} \end{bmatrix}$	$\begin{bmatrix} \frac{1}{g_{11}} & -\frac{g_{12}}{g_{11}} \\ \frac{g_{21}}{g_{11}} & \frac{\Delta_g}{g_{11}} \end{bmatrix}$	$\begin{bmatrix} h_{11} & h_{12} \\ h_{21} & h_{22} \end{bmatrix}$	$\begin{bmatrix} \frac{\hat{h}_{22}}{\Delta_{\hat{h}}} & -\frac{\hat{h}_{12}}{\Delta_{\hat{h}}} \\ -\frac{\hat{h}_{21}}{\Delta_{\hat{h}}} & \frac{\hat{h}_{11}}{\Delta_{\hat{h}}} \end{bmatrix}$	$\begin{bmatrix} \frac{a_{12}}{a_{22}} & \frac{\Delta_a}{a_{22}} \\ -\frac{1}{a_{22}} & \frac{a_{21}}{a_{22}} \end{bmatrix}$	$\begin{bmatrix} \frac{\hat{a}_{12}}{\hat{a}_{11}} & \frac{1}{\hat{a}_{11}} \\ -\frac{\Delta_{\hat{a}}}{\hat{a}_{11}} & \frac{\hat{a}_{21}}{\hat{a}_{11}} \end{bmatrix}$
$\hat{\boldsymbol{H}}$	$\begin{bmatrix} \frac{1}{r_{11}} & -\frac{r_{12}}{r_{11}} \\ \frac{r_{21}}{r_{11}} & \frac{\Delta_r}{r_{11}} \end{bmatrix}$	$\begin{bmatrix} \frac{\Delta_g}{g_{22}} & \frac{g_{12}}{g_{22}} \\ -\frac{g_{21}}{g_{22}} & \frac{1}{g_{22}} \end{bmatrix}$	$\begin{bmatrix} \frac{h_{22}}{\Delta_h} & -\frac{h_{12}}{\Delta_h} \\ -\frac{h_{21}}{\Delta_h} & \frac{h_{11}}{\Delta_h} \end{bmatrix}$	$\begin{bmatrix} \hat{h}_{11} & \hat{h}_{12} \\ \hat{h}_{21} & \hat{h}_{22} \end{bmatrix}$	$\begin{bmatrix} \frac{a_{21}}{a_{11}} & -\frac{\Delta_a}{a_{11}} \\ \frac{1}{a_{11}} & \frac{a_{12}}{a_{11}} \end{bmatrix}$	$\begin{bmatrix} \frac{\hat{a}_{21}}{\hat{a}_{22}} & -\frac{1}{\hat{a}_{22}} \\ \frac{\Delta_{\hat{a}}}{\hat{a}_{22}} & \frac{\hat{a}_{12}}{\hat{a}_{22}} \end{bmatrix}$
$\boldsymbol{A}$	$\begin{bmatrix} \frac{r_{11}}{r_{21}} & \frac{\Delta_r}{r_{21}} \\ \frac{1}{r_{21}} & \frac{r_{22}}{r_{21}} \end{bmatrix}$	$\begin{bmatrix} -\frac{g_{22}}{g_{21}} & -\frac{1}{g_{21}} \\ -\frac{\Delta_g}{g_{21}} & -\frac{g_{11}}{g_{21}} \end{bmatrix}$	$\begin{bmatrix} -\frac{\Delta_h}{h_{21}} & -\frac{h_{11}}{h_{21}} \\ -\frac{h_{22}}{h_{21}} & -\frac{1}{h_{21}} \end{bmatrix}$	$\begin{bmatrix} \frac{1}{\hat{h}_{21}} & \frac{\hat{h}_{22}}{\hat{h}_{21}} \\ \frac{\hat{h}_{11}}{\hat{h}_{21}} & \frac{\Delta_{\hat{h}}}{\hat{h}_{21}} \end{bmatrix}$	$\begin{bmatrix} a_{11} & a_{12} \\ a_{21} & a_{22} \end{bmatrix}$	$\begin{bmatrix} \frac{\hat{a}_{22}}{\Delta_{\hat{a}}} & \frac{\hat{a}_{12}}{\Delta_{\hat{a}}} \\ \frac{\hat{a}_{21}}{\Delta_{\hat{a}}} & \frac{\hat{a}_{11}}{\Delta_{\hat{a}}} \end{bmatrix}$
$\hat{\boldsymbol{A}}$	$\begin{bmatrix} \frac{r_{22}}{r_{12}} & \frac{\Delta_r}{r_{12}} \\ \frac{1}{r_{12}} & \frac{r_{11}}{r_{12}} \end{bmatrix}$	$\begin{bmatrix} -\frac{g_{11}}{g_{12}} & -\frac{1}{g_{12}} \\ -\frac{\Delta_g}{g_{12}} & -\frac{g_{22}}{g_{12}} \end{bmatrix}$	$\begin{bmatrix} \frac{1}{h_{12}} & \frac{h_{11}}{h_{12}} \\ \frac{h_{22}}{h_{12}} & \frac{\Delta_h}{h_{21}} \end{bmatrix}$	$\begin{bmatrix} -\frac{\Delta_{\hat{h}}}{\hat{h}_{12}} & -\frac{\hat{h}_{22}}{\hat{h}_{12}} \\ -\frac{\hat{h}_{11}}{\hat{h}_{12}} & -\frac{1}{\hat{h}_{12}} \end{bmatrix}$	$\begin{bmatrix} \frac{a_{22}}{\Delta_a} & \frac{a_{12}}{\Delta_a} \\ \frac{a_{21}}{\Delta_a} & \frac{a_{11}}{\Delta_a} \end{bmatrix}$	$\begin{bmatrix} \hat{a}_{11} & \hat{a}_{12} \\ \hat{a}_{21} & \hat{a}_{22} \end{bmatrix}$

【例 2.5.4】 试求图 2.5.14 所示的二端口电路的六种参数矩阵。

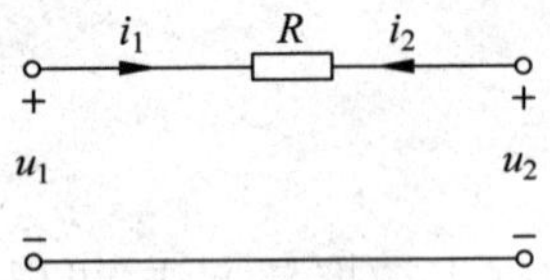

解 根据图 2.5.14 可写出

$$u_1 = -i_2 R + u_2, \qquad i_1 = -i_2$$

改成矩阵形式，有

$$\begin{bmatrix} u_1 \\ i_1 \end{bmatrix} = \begin{bmatrix} 1 & R \\ 0 & 1 \end{bmatrix} \begin{bmatrix} u_2 \\ -i_2 \end{bmatrix}$$

图 2.5.14 例 2.5.4

由上式可知

$$\boldsymbol{A} = \begin{bmatrix} 1 & R \\ 0 & 1 \end{bmatrix}$$

再根据表 2.5.2 可求出

$$\boldsymbol{G} = \begin{bmatrix} \frac{1}{R} & -\frac{1}{R} \\ -\frac{1}{R} & \frac{1}{R} \end{bmatrix}, \quad \boldsymbol{H} = \begin{bmatrix} R & 1 \\ -1 & 0 \end{bmatrix}, \quad \hat{\boldsymbol{H}} = \begin{bmatrix} 0 & -1 \\ 1 & R \end{bmatrix}, \quad \hat{\boldsymbol{A}} = \begin{bmatrix} 1 & R \\ 0 & 1 \end{bmatrix}$$

又 $a_{21}=0$，可知 $\boldsymbol{R}$ 矩阵不存在。

从上例可以看到，并非任何一个二端口电路都具有六种矩阵。一个二端口电路是否具有六种矩阵，可根据下列六个 2×2 矩阵是否奇异来断定，即

(1) 当 $\det\begin{bmatrix} c_{11} & c_{12} \\ c_{21} & c_{22} \end{bmatrix}=0$ 时，电路无 $\boldsymbol{R}$ 矩阵；

(2) 当 $\det\begin{bmatrix} d_{11} & d_{12} \\ d_{21} & d_{22} \end{bmatrix}=0$ 时，电路无 $\boldsymbol{G}$ 矩阵；

(3) 当 $\det\begin{bmatrix} c_{11} & d_{12} \\ c_{21} & d_{22} \end{bmatrix}=0$ 时，电路无 $\boldsymbol{H}$ 矩阵；

(4) 当 $\det\begin{bmatrix} d_{11} & c_{12} \\ d_{21} & c_{22} \end{bmatrix}=0$ 时，电路无 $\hat{\boldsymbol{H}}$ 矩阵；

(5) 当 $\det\begin{bmatrix} c_{11} & d_{11} \\ c_{21} & d_{21} \end{bmatrix}=0$ 时，电路无 $\boldsymbol{A}$ 矩阵；

(6) 当 $\det\begin{bmatrix} c_{12} & d_{12} \\ c_{22} & d_{22} \end{bmatrix}=0$ 时，电路无 $\hat{\boldsymbol{A}}$ 矩阵。

在上例中，$\begin{bmatrix} c_{11} & c_{12} \\ c_{21} & c_{22} \end{bmatrix} = \begin{bmatrix} 1 & -1 \\ 0 & 0 \end{bmatrix}=0$，因此 $\boldsymbol{R}$ 矩阵不存在。

【思考与练习】

2.5.1 假设二端口电路仅由电阻组成，在六种参数矩阵中，哪几种参数矩阵可以通过实验进行测定？试拟定相应的实验步骤，需要哪些仪表？

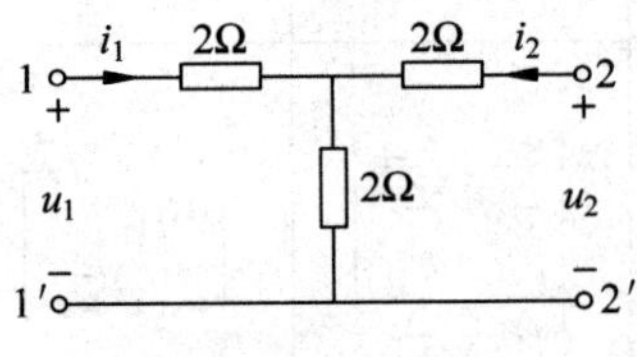

图 2.5.15 思考与练习 2.5.2

2.5.2 试求图 2.5.15 所示二端口电路的 g 参数。(1/3S，−1/6S，−1/6S，1/3S)

2.5.3 试求图 2.5.15 所示二端口电路的 h 参数。(3Ω，0.5，−0.5，0.25S)

2.5.4 试求图 2.5.15 所示二端口电路的 a 参数。(2,6Ω,0.5S,2)

2.5.5 试求图 2.5.16 所示二端口电路的 a 参数。(1,0,0,1; −1,0,0,−1)

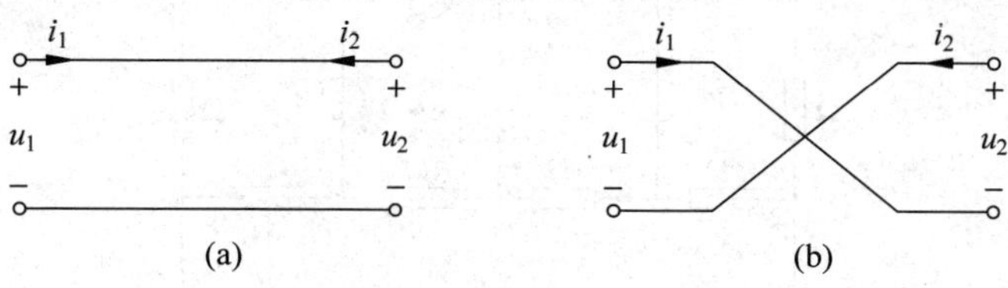

图 2.5.16 思考与练习 2.5.5

2.5.6 试求图 2.5.16 所示二端口电路的$\hat{a}$参数。(同上一题)

2.5.7 已知二端口电路的开路矩阵为 $\boldsymbol{R}=\begin{bmatrix}18 & 6\\ 6 & 9\end{bmatrix}\Omega$,试运用表 2.5.2 求其他五种参数矩阵。

$$\left(\boldsymbol{G}=\begin{bmatrix}1/14 & -1/21\\ -1/21 & 1/7\end{bmatrix}\text{S},\quad \boldsymbol{H}=\begin{bmatrix}14\Omega & 2/3\\ -2/3 & 1/9\text{S}\end{bmatrix},\quad \hat{\boldsymbol{H}}=\begin{bmatrix}1/18\text{S} & -1/3\\ 1/3 & 7\Omega\end{bmatrix},\right.$$

$$\left.\boldsymbol{A}=\begin{bmatrix}3 & 21\Omega\\ 1/6\text{S} & 2/3\end{bmatrix},\quad \hat{\boldsymbol{A}}=\begin{bmatrix}3/2 & 21\Omega\\ 1/6\text{S} & 3\end{bmatrix}\right)$$

习题

二端电路元件

2.1 已知题图 2.1(a)、(b)所示元件的伏安特性曲线如题图 2.1(c)所示,试确定元件 1 和元件 2 是什么元件。

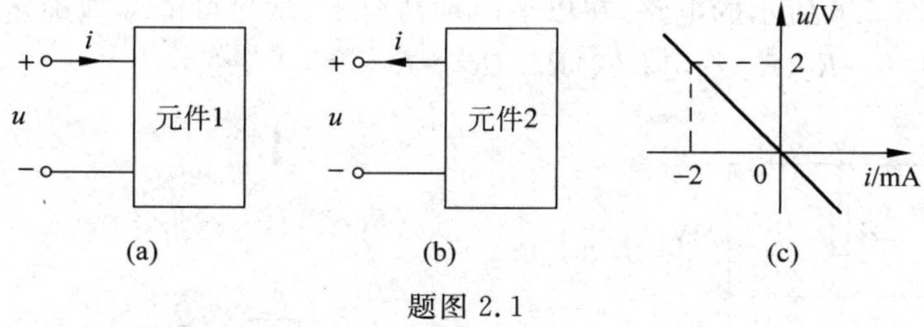

题图 2.1

2.2 试求题图 2.2 所示电路中的 I_1 和 I_2。

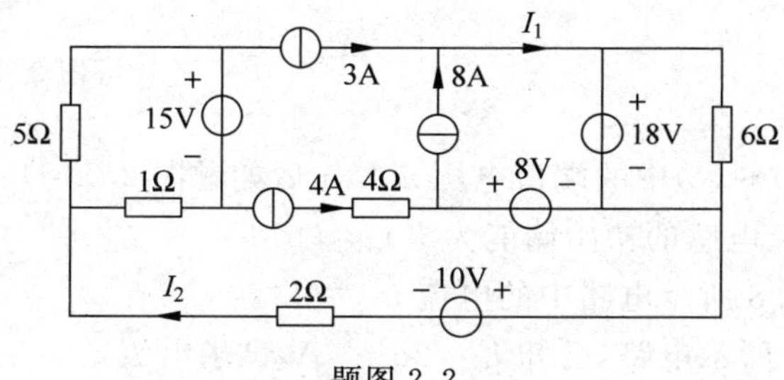

题图 2.2

2.3 试求题图 2.3 所示电路中的 i_1 和 i_3。

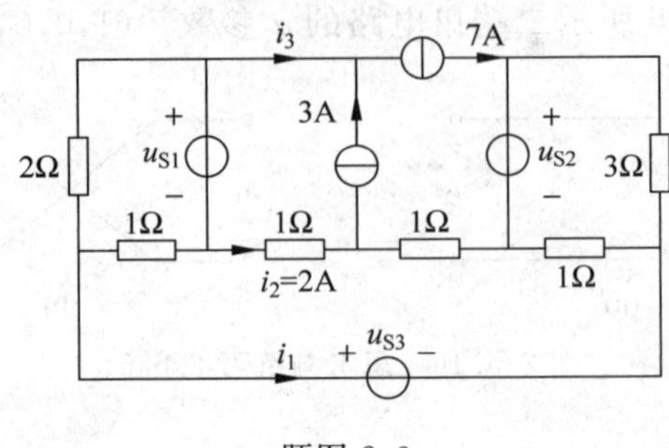

题图 2.3

2.4 试求题图 2.4 所示电路中 A 点的电位，并计算各电阻所消耗的功率。题图 2.4(a)中 $R_1=R_3=1\Omega$，$R_2=6\Omega$，$R_4=2\Omega$，$U_{S1}=U_{S3}=6\text{V}$，$U_{S2}=24\text{V}$。题图 2.4(b)中 $R_1=4\Omega$，$R_2=2\Omega$，$R_3=1\Omega$，$U_{S1}=6\text{V}$，$U_{S2}=3\text{V}$。

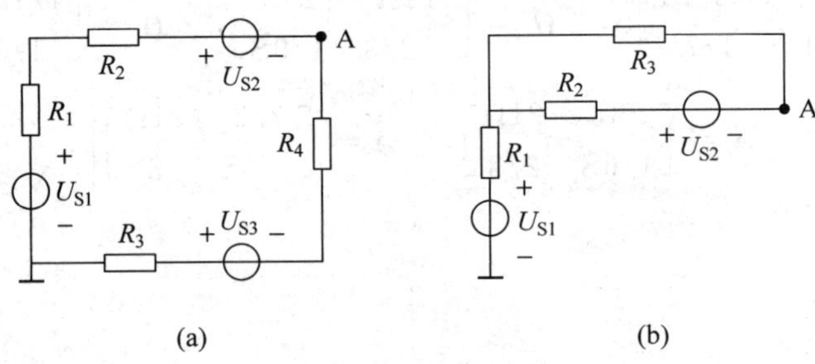

题图 2.4

2.5 电路如题图 2.5 所示，试求电流 i_{cd} 和两电压源的功率。

2.6 如题图 2.6 所示的电路，在以下两种情况下，试尽可能多地确定其他各电阻中的未知电流。(1)R_1、R_2、R_3 不定；(2)$R_1=R_2=R_3$。

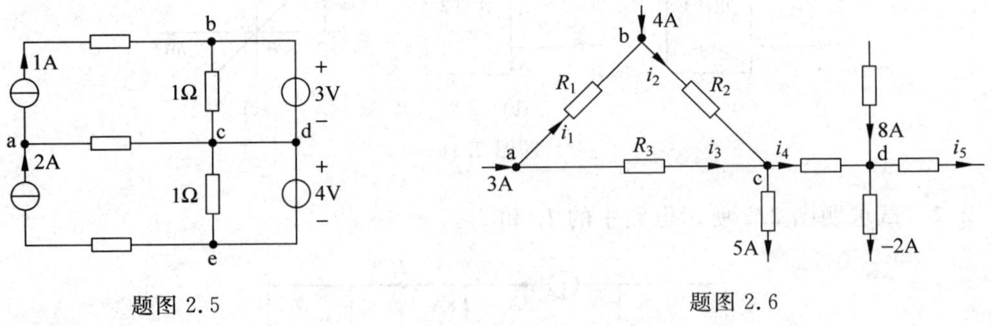

题图 2.5　　题图 2.6

2.7 题图 2.7(a)～(c)中的端口电压 u 都先后如题图 2.7(d)、(e)所示，试求每种情况下 i 的波形(设电容、电感的初始储能为零)。

2.8 试求题图 2.8 所示电路中的电流 i。

2.9 如题图 2.9 所示电路，已知 $i_C=2\mathrm{e}^{-100t}\text{A}$，试求电流 i。

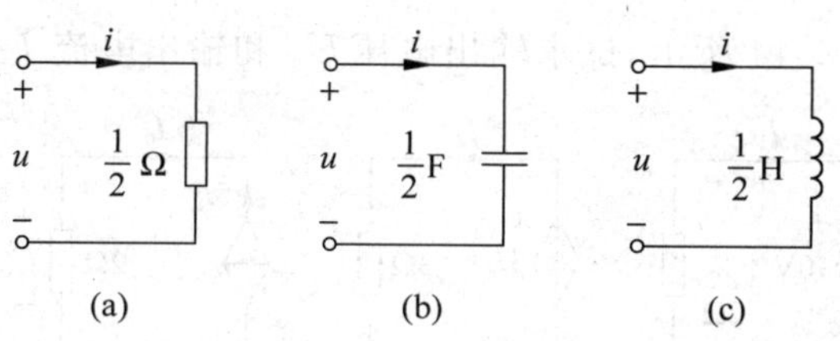

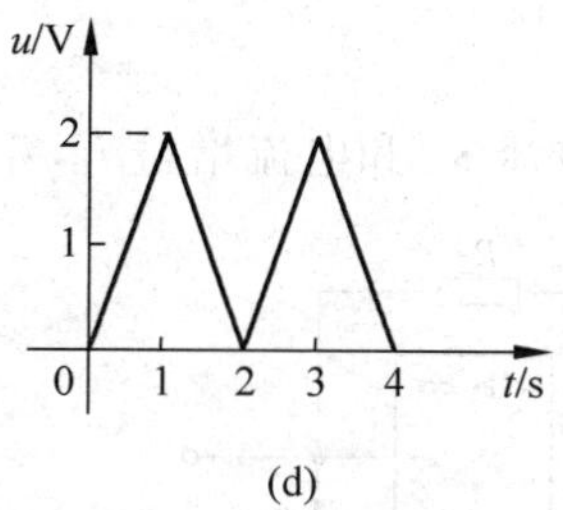

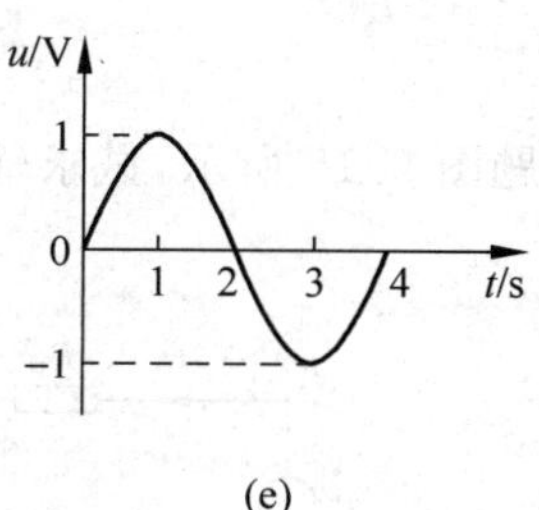

题图 2.7

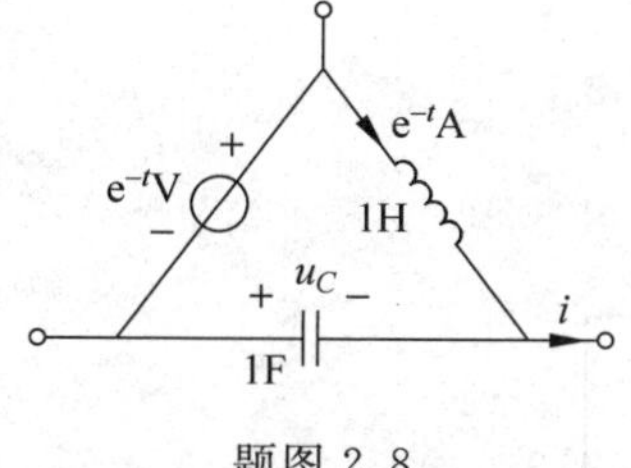

题图 2.8

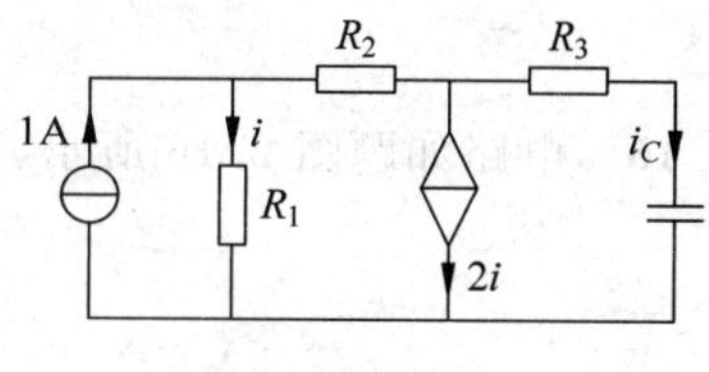

题图 2.9

二端口电路元件

2.10 试求题图 2.10 所示电路中的 I_2。

2.11 试求题图 2.11 中受控源提供的功率。

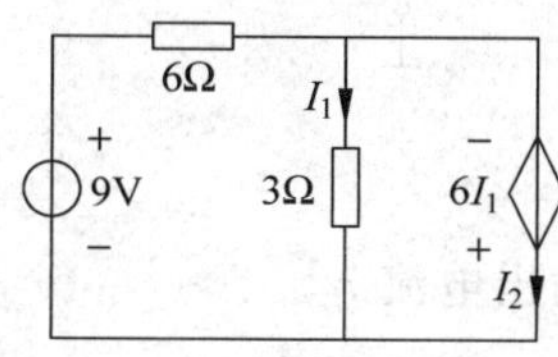

题图 2.10

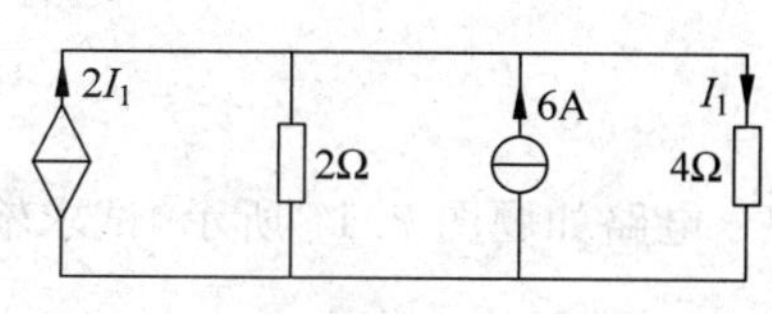

题图 2.11

2.12 试求题图 2.12 中的电流 i，已知 $i_1=1$A。

2.13 电路如题图 2.13 所示，试求电流 i、i_1。

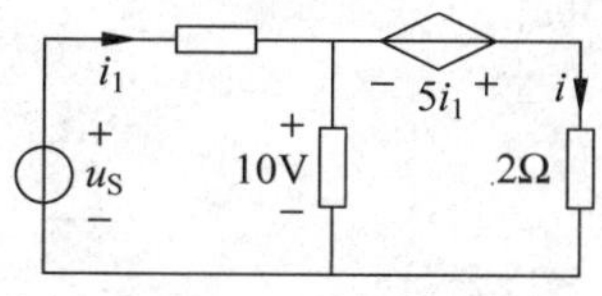

题图 2.12

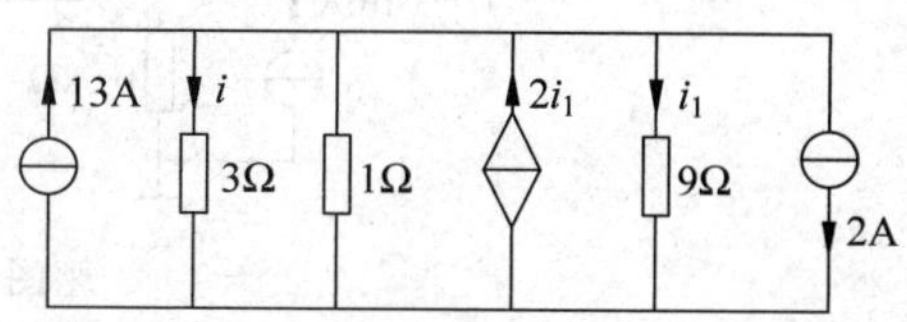

题图 2.13

2.14 电路如题图 2.14 所示，试求输出电压 U_o 和输出电流 I_o。

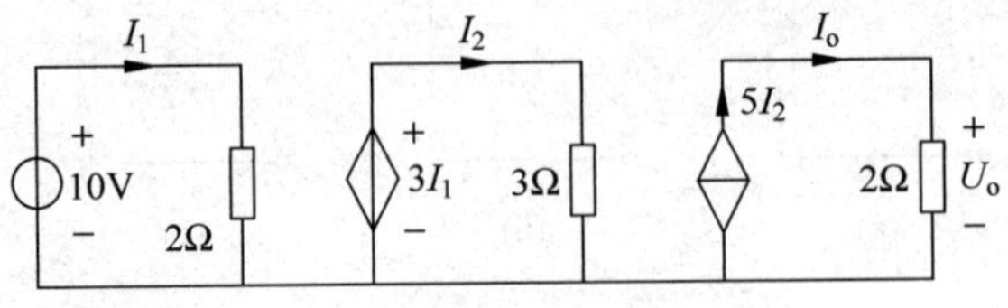

题图 2.14

2.15 电路如题图 2.15 所示，试求输出电压 u_o 和电流增益 i_L/i_1。

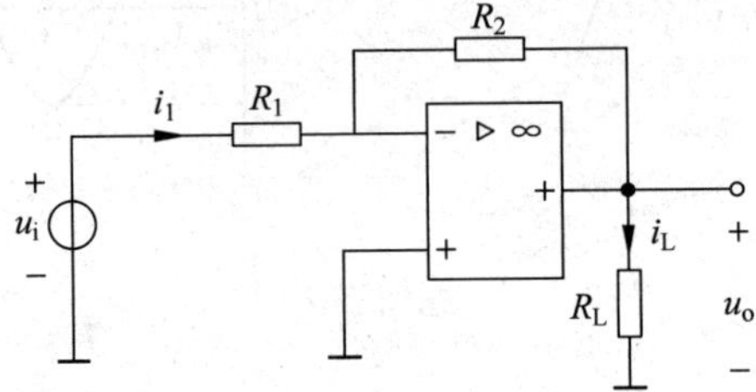

题图 2.15

2.16 电路如题图 2.16 所示，试求电压增益 u_o/u_i。

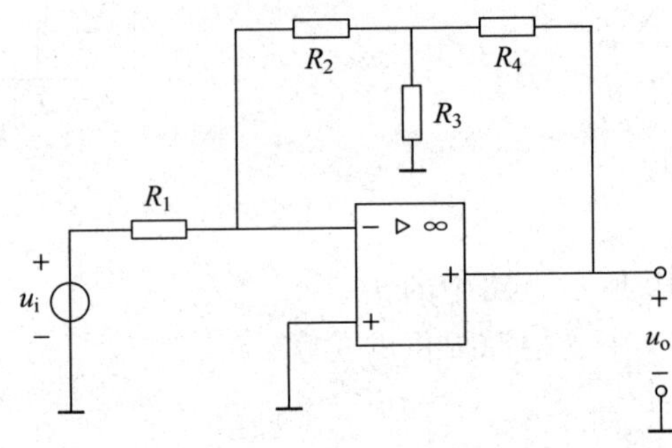

题图 2.16

2.17 电路如题图 2.17 所示，试求输出电压 u_o 和输出电流 i_L。

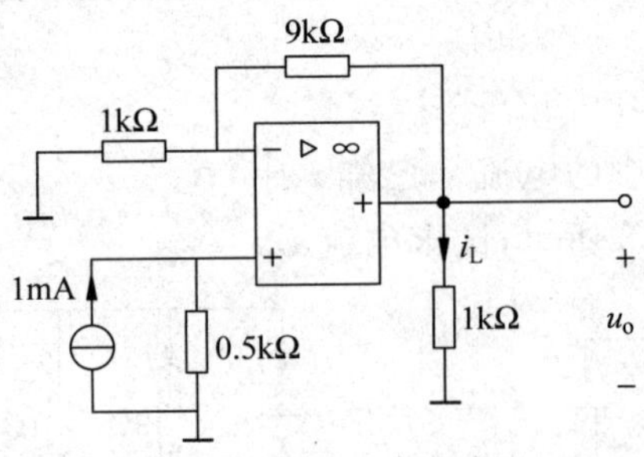

题图 2.17

2.18 题图 2.18 所示电路起减法作用，试求输出电压 u_o 和输入电压 u_1，u_2 之间的关系。

2.19 如题图 2.19 所示电路，试求电压 u_1 和 u_2。

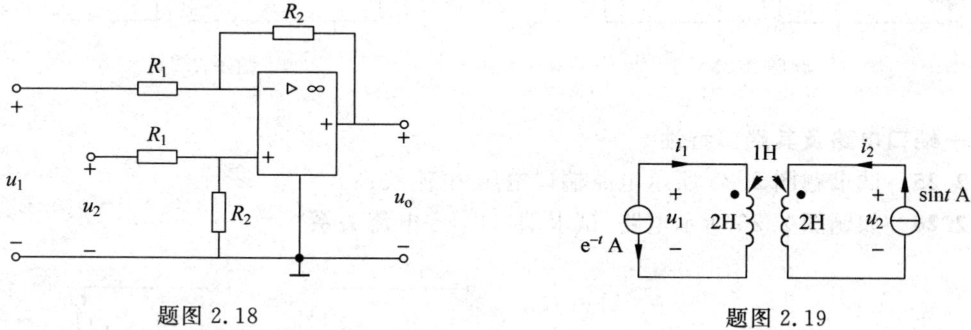

题图 2.18　　　　题图 2.19

2.20 在题图 2.20 所示电路中，已知 $i_S=0.6e^{-10t}$A，$u_S=10te^{-20t}$V，$L_1=0.2$H，$L_2=0.1$H，$M=0.08$H，求电压 u_1。

2.21 在题图 2.21 所示电路中，已知 $i_S=e^{-t}\sin t$A，$L_1=2$H，$L_2=1$H，$M=1$H，试求电压 u_1、u_2。

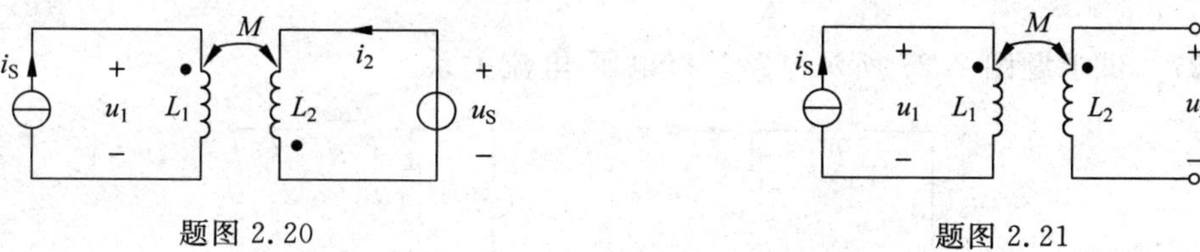

题图 2.20　　　　题图 2.21

2.22 题图 2.22(a)所示耦合电感为全耦合。试证明题图 2.22(b)电路是题图 2.22(a)电路的等效电路，其中 $n=\sqrt{L_1/L_2}$。

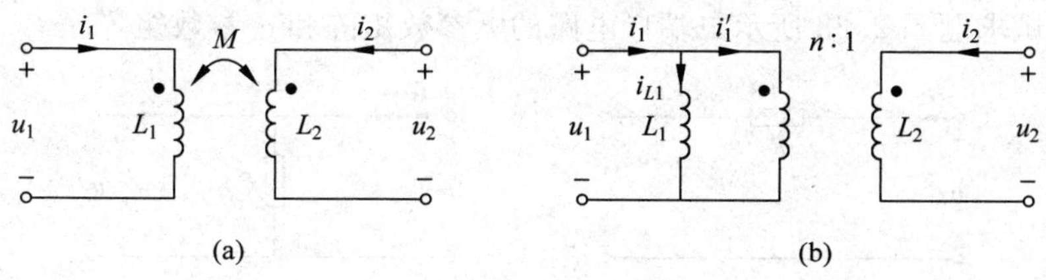

题图 2.22

2.23 在题图 2.23 所示电路中，$R_1=4\Omega$，$R_2=16\Omega$，电压 u_1，u_2 的关系为 $u_2=\frac{4}{5}u_1$，试求理想变压器的变比 n。

2.24 试求题图 2.24 所示电路中的电流 i_1 和 i_2。已知 $R_1=20\Omega$，$R_2=5\Omega$，$U_S=80$V。

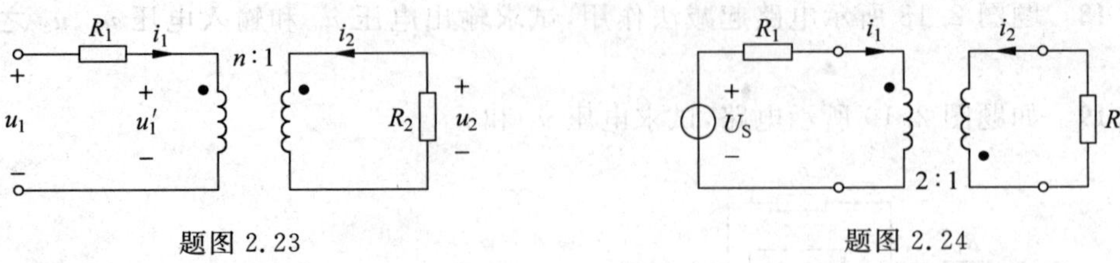

题图 2.23　　　　题图 2.24

一端口电路及其端口特性

2.25　试求题图 2.25 所示电路端口电压-电流关系。

2.26　如题图 2.26 所示电路，试求端口电压-电流关系。

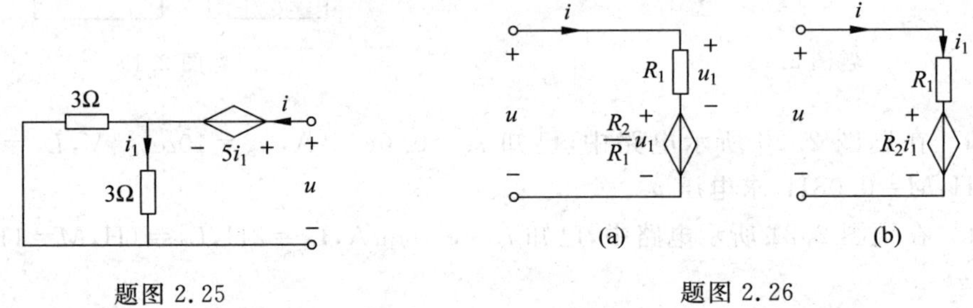

题图 2.25　　　　题图 2.26

2.27　试求题图 2.27 所示电路端口电压-电流关系。

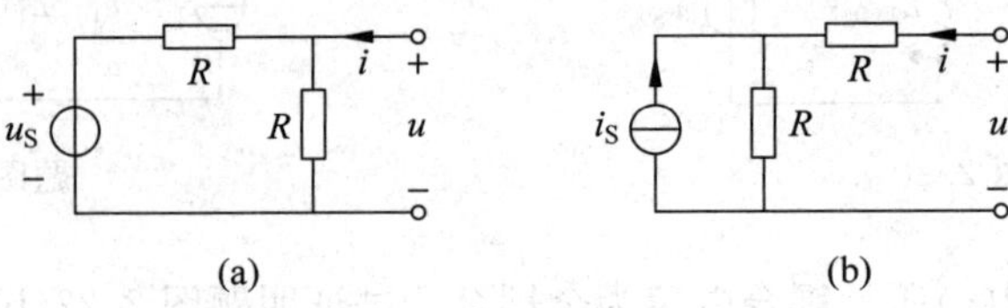

题图 2.27

二端口电路及其端口特性

2.28　试求题图 2.28 所示二端口电路的 r 参数矩阵和 g 参数矩阵。

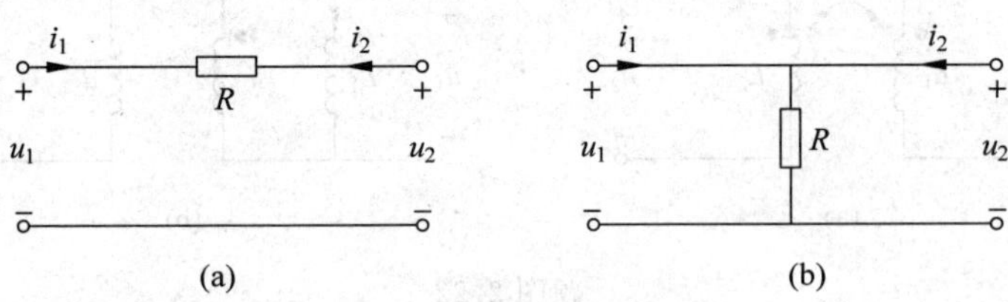

题图 2.28

2.29　试求题图 2.29 所示二端口的 g 参数矩阵。

2.30　题图 2.30(a)所示为双极性晶体管，题图 2.30(b)所示为其小信号模型，试求该二端口电路模型的 h 参数矩阵。

2.31　试求题图 2.31 所示二端口电路的 a 参数矩阵和 $\hat{a}$ 参数矩阵。

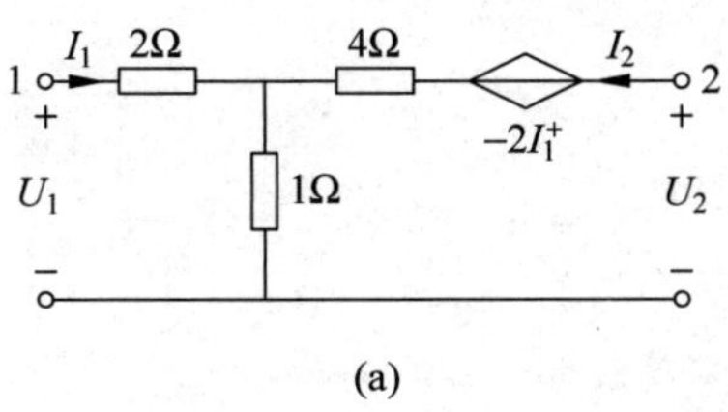

(a)

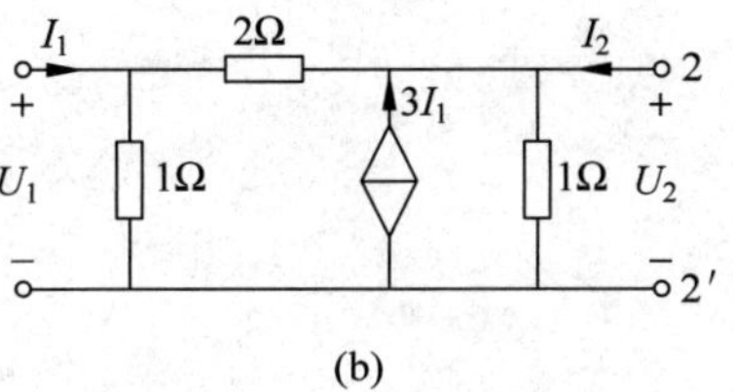

(b)

题图 2.29

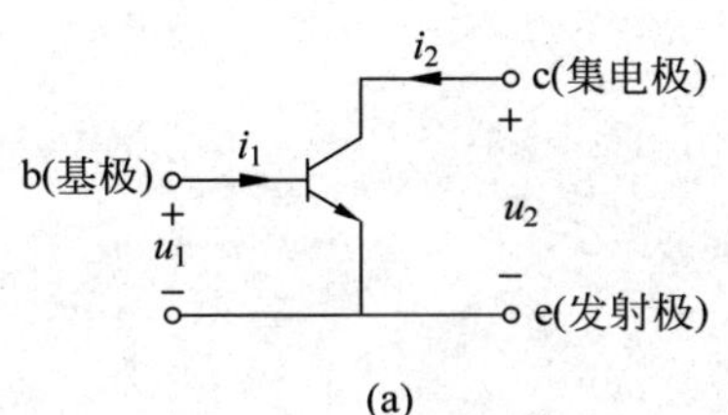

(a)

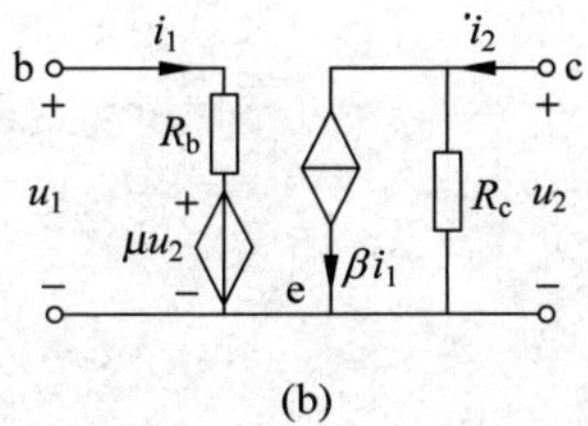

(b)

题图 2.30

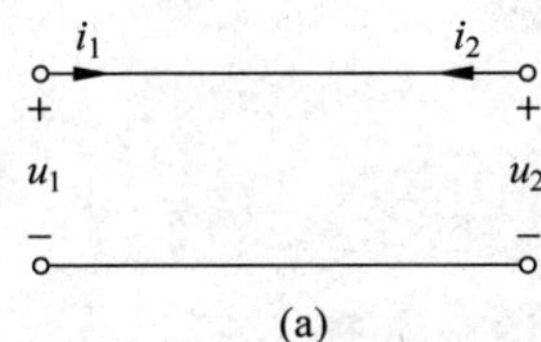

(a)

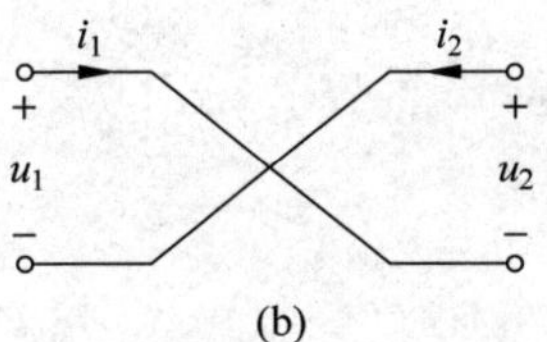

(b)

题图 2.31

2.32 已知二端口电路的 r 参数为 $r_{11}=40\Omega, r_{12}=10\Omega, r_{21}=20\Omega, r_{22}=20\Omega$，试求该二端口电路的其他五种参数矩阵。

第3章 电路的基本分析方法

内容提要

本章主要介绍线性电阻电路分析的基本方法。首先介绍等效分析方法，利用等效的概念，讨论几种常见的等效变换方法，包括电阻、电容、电感、耦合电感等串联与并联的等效变换、电源的等效变换、含受控源电路的等效变换、T形电路和Π形电路的等效变换以及具有零电压支路/零电流支路电路的等效变换等。其次介绍电路分析的一般方法，即以独立电流、电压变量列写电路方程的方法，包括以回路电流为未知变量的回路分析法、以节点电压为未知变量的节点分析法。最后介绍电路的对偶概念，利用对偶的概念，可以清楚地看出上述方法之间的联系。电路分析的一般方法是电路分析普遍适用的方法，是分析复杂电路的有效方法，也是计算机辅助电路分析的基础。

3.1 等效电路与等效变换

在对电路进行分析时，为了简便起见，有时可以把电路的一部分进行简化，即用一个较为简单的电路来替换该部分。如图 3.1.1(a)所示，电路由两个互相连接的一端口电路 N 和 N_1 构成，其中 N_1 又由若干电阻连接构成。从下面的讨论可知，可以用一个等效电阻 R_{eq}来替换 N_1 在电路中的作用，如图 3.1.1(b)中 N_2 所示。如果替换前后电路 N 中所有电压和电流都保持不变，则称这种替换为**等效变换**(equivalent transformation)。显然，等效变换的条件是 N_1 和 N_2 的端口特性必须相同。

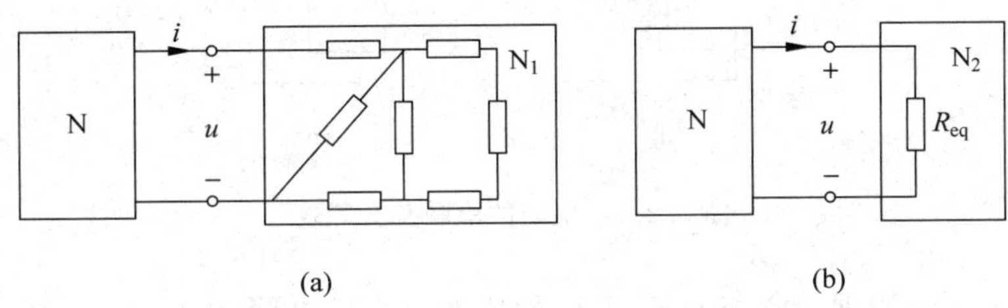

图 3.1.1 等效的概念

由等效变换的概念可引出等效电路的概念。如果端钮一一对应的 n 端电路 N_1 和 N_2 具有相同的端口特性，即相同的两组端口电压分别代入两个电路的端口特性方程会得出相同的两组端口电流，或者将相同的两组端口电流代入两个电路的端口特性方程会得出相同的两组端口电压，则二者互相等效，并互称**等效电路**(equivalent circuit)。

由于两个电路等效是指二者的端口特性相同，而不涉及二者的内部特性，所以两个等效电路的内部可以有很大的不同。例如二者的连接方式可以完全不同，一个是非常复杂的电路，而另一个却是很简单的电路。

电路的等效变换往往可以简化电路的分析。当任一线性电路的任一部分 N_1 等效变换成电路 N_2 后，电路的不变部分中的支路电压和支路电流并不因变换而有所改变。

3.2 二端电路的等效变换

由上一节讨论可知，两个二端电路互为等效，则这两个二端电路端口特性必定相同。下面分析一些常见二端电路的等效变换。

3.2.1 电阻、电容、电感的串联与并联

1. 电阻的串联与并联

线性非时变电阻在电路中最简单的连接形式是**串联**(series connection)和**并联**(paralell connection)。

将电阻依次连接，从而各电阻流过相同的电流，则称这些电阻的连接为串联。如图 3.2.1 所示，如果 $R=R_1+R_2$，两个电路的端口特性方程相同，即

$$u=(R_1+R_2)=Ri \tag{3.2.1}$$

因此当 $R=R_1+R_2$ 时，N 和 N′必然等效，反之亦然。电阻 R 称为电阻 R_1 与 R_2 串联的等效电阻。

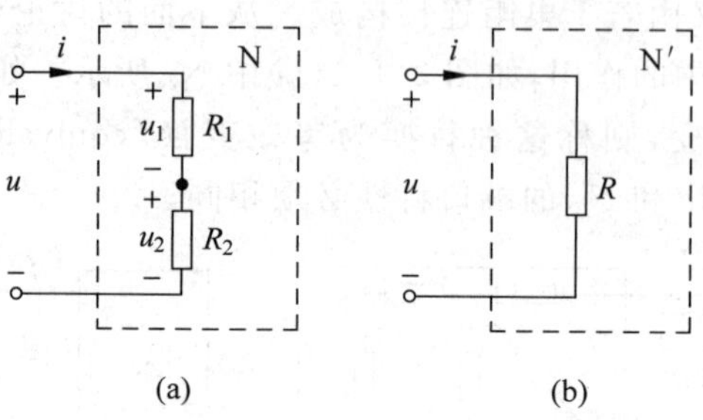

图 3.2.1 电阻的串联及其等效

同理，由 n 个电阻 $R_1,R_2,\cdots,R_n$ 串联而成的一端口电路 N 与仅含一个电阻 R 的一端口电路 N′，当 $R=R_1+R_2+\cdots+R_n$ 时，必然等效，其阻值

$$R=\sum_{k=1}^{n}R_k \tag{3.2.2}$$

就是 n 个线性非时变电阻串联的等效电阻。

电阻的串联连接常用于分压，其中每个串联电阻所承受的电压为总电压的一部分。对图 3.2.1(a)，由式(3.2.1)可得电流 i 为

$$i=\frac{u}{R_1+R_2} \tag{3.2.3}$$

于是可求出各电阻上的电压为

$$u_1=R_1 i=\frac{R_1}{R_1+R_2}u,\quad u_2=R_2 i=\frac{R_2}{R_1+R_2}u \tag{3.2.4}$$

上式就是两个电阻串联时的**分压公式**(voltage-divider equation)。下述分压公式表达了 n 个电阻串联后总电压在第 k 个电阻上的分配比例

$$u_k=\frac{R_k}{R}u=\frac{R_k}{\sum\limits_{i=1}^{n}R_i}u \tag{3.2.5}$$

式中，u 表示 n 个电阻串联电路的端口电压，u_k 表示电阻 R_k 两端的电压。

将电阻都连接到同一对节点之间，从而各电阻两端的电压相同，则称这些电阻的连接为并联。如图 3.2.2 所示，两个电阻并联也是一个内部结构为已知的一端口电路。和两个电阻的串联等效变换类似，可以得出如图 3.2.2 所示的 N 和 N′ 等效的条件为

$$R=\frac{R_1R_2}{R_1+R_2}\quad 或 \quad G=G_1+G_2 \tag{3.2.6}$$

同理，由 n 个电阻 $R_1, R_2, \cdots, R_n$ 并联而成的一端口电路 N，其电导值为

$$G = \sum_{k=1}^{n} G_k \tag{3.2.7}$$

即为 n 个线性非时变电阻并联的等效电导。

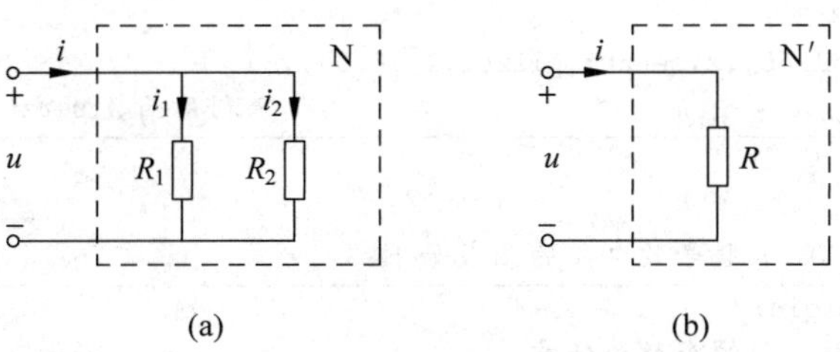

图 3.2.2　电阻的并联及其等效

电阻的并联连接常用于分流，其中每个并联电阻所承受的电流为总电流的一部分。下述**分流公式**(current-divider equation)表达了 n 个电阻并联后总电流在第 k 个电阻中的分配比例

$$i_k = \frac{G_k}{\sum_{i=1}^{n} G_i} i \tag{3.2.8}$$

式中，i 表示 n 个电阻并联电路的端口电流；i_k 表示流经电阻 R_k 的电流。

式(3.2.2)和式(3.2.7)所表述的两个结论可以推广到多个线性时变电阻的串联与并联。n 个电阻串联时的等效时变电阻为

$$R(t) = \sum_{k=1}^{n} R_k(t) \tag{3.2.9}$$

n 个电导并联时的等效时变电导

$$G(t) = \sum_{k=1}^{n} G_k(t) \tag{3.2.10}$$

在电路分析中，往往既有电阻的串联，又有电阻的并联，对这种电阻混联的电路，可以采用对电路的串联部分和并联部分单独进行等效简化的方法来进行分析。

【例 3.2.1】　图 3.2.3(a)所示为电阻混联的电路。试求电路的输入电阻 R_i。

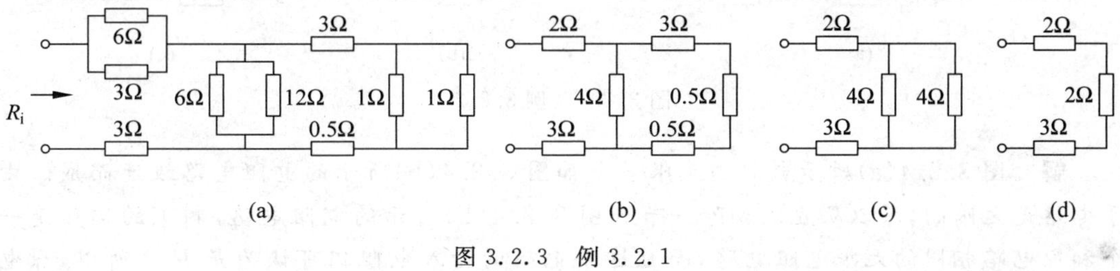

图 3.2.3　例 3.2.1

解　可以从最简单的串联或并联电阻的等效变换入手。对图 3.2.3(a)所示的电路，先将并联的 3Ω 和 6Ω 电阻等效为 2Ω，并联的 6Ω 和 12Ω 电阻等效为 4Ω，并联的 1Ω 和 1Ω 电阻等效为 0.5Ω，得到图 3.2.3(b)所示的电路，再将三个串联的电阻等效为 4Ω，得

到图 3.2.3(c)所示的电路,再进一步等效得到图 3.2.3(d)所示的电路,最后得到输入电阻为 $R_i=7\Omega$。

MATLAB 计算程序:

```
%采用 MATLAB 求解例 3.2.1
Ri = serz(pllz(6,3),pllz(6,12,serz(3,pllz(1,1),0.5)),3)
                                          %利用函数 serz()、pllz()计算输入电阻
```

计算结果:

```
Ri = 7
```

上面程序中用于计算串联、并联等效电阻的函数如下:

```
function z = serz(varargin)
%计算电阻的串联,串联电阻的个数为任意
%输入参数:varargin -- 串联电阻值列表,可为数值型,也可为符号型
%输出参数:z -- 串联等效电阻
z = varargin{1};
for i = 2: length(varargin)
    z = z + varargin{i};
end

function z = pllz(varargin)
%计算电阻的并联,并联电阻的个数为任意
%输入参数:varargin -- 并联电阻值列表,可为数值型,也可为符号型
%输出参数:z -- 并联等效电阻
z = 1/varargin{1};
for i = 2: length(varargin)
    z = z + 1/varargin{i};
end
z = 1/z;
```

【例 3.2.2】 图 3.2.4(a)所示为一无限电阻电路。其中所有电阻的阻值都为 1Ω。试求电路的输入电阻 R_i。

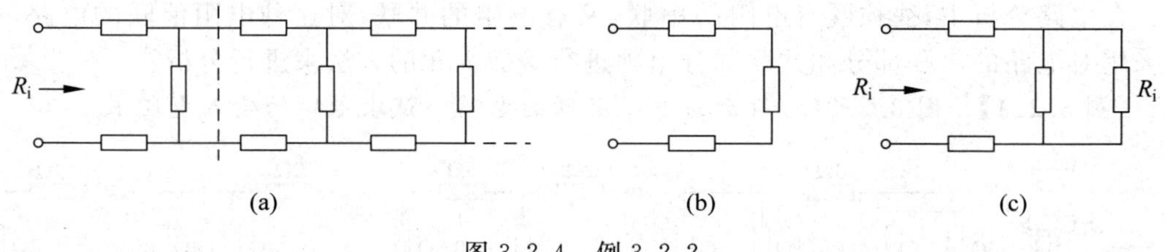

图 3.2.4 例 3.2.2

解 图 3.2.4(a)所示电路由无限多个如图 3.2.4(b)所示的电阻电路级连而成。由于电路是无限的,所以从左端切除一节如图 3.2.4(b)所示的电阻电路,剩下的仍然是一个和原电路相同的无限电阻电路,而且这个电路的输入电阻仍可认为是 R_i。所以,原电路可看成是一个如图 3.2.4(b)所示的电阻电路级连了一个电阻值为 R_i 的线性非时变电阻,如图 3.2.4(c)所示。根据图 3.2.4(c)的电路可以写出

$$R_i = 1 + \frac{R_i}{1+R_i} + 1$$

由此式求得

$$R_{\mathrm{i}} = (1 \pm \sqrt{3})\,\Omega$$

由于输入电阻应为正值，因此 $R_{\mathrm{i}}=(1+\sqrt{3})\,\Omega$。

2. 电容的串联与并联

和电阻串联类似，将电容依次连接，从而各电容流过相同的电流，则称这些电容的连接为串联。为了提高电容承受的电压，可以将若干个电容串联后使用。如图 3.2.5(a)所示，各串联电容为 $C_k(k=1,2,\cdots,n)$，设串联前电容的初始电压分别为 $u_k(0)(k=1,2,\cdots,n)$，根据 KVL 和电容的电压、电流关系可以得到 n 个电容串联后的电压-电流关系为

$$u = \sum_{k=1}^{n} u_k = \sum_{k=1}^{n}\left(u_k(0) + \frac{1}{C_k}\int_0^t i(\tau)\,\mathrm{d}\tau\right) = \sum_{k=1}^{n} u_k(0) + \left(\sum_{k=1}^{n}\frac{1}{C_k}\right)\int_0^t i(\tau)\,\mathrm{d}\tau \tag{3.2.11}$$

对图 3.2.5(b)所示的由一个电容 C 组成的一端口电路，其端口的电压-电流关系为

$$u = u(0) + \frac{1}{C}\int_0^t i(\tau)\,\mathrm{d}\tau \tag{3.2.12}$$

比较式(3.2.11)和式(3.2.12)可知，串联等效电容的初始电压为各串联电容初始电压之和，即

$$u(0) = \sum_{k=1}^{n} u_k(0) \tag{3.2.13}$$

串联等效电容的倒数等于各串联电容倒数之和，即

$$\frac{1}{C} = \sum_{k=1}^{n}\frac{1}{C_k} \tag{3.2.14}$$

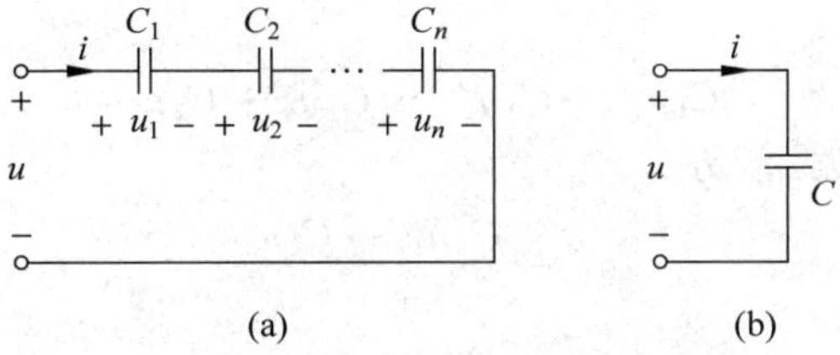

图 3.2.5 电容的串联等效

和电阻并联类似，将电容都连接到同一节点之间，从而各电容两端的电压相同，则称这些电容为并联。为了得到较大的电容，可将若干电容并联起来使用。如图 3.2.6(a)所示，n 个电容并联后组成的一端口电路的电压-电流关系为

$$i = \sum_{k=1}^{n} i_k = \sum_{k=1}^{n}\left(C_k\frac{\mathrm{d}u_k}{\mathrm{d}t}\right) = \left(\sum_{k=1}^{n} C_k\right)\frac{\mathrm{d}u}{\mathrm{d}t} \tag{3.2.15}$$

图 3.2.6(b)所示的由一个电容 C 组成的一端口电路，其端口的电压-电流关系为

$$i = C\frac{\mathrm{d}u}{\mathrm{d}t} \tag{3.2.16}$$

比较式(3.2.15)和式(3.2.16)可知,并联等效电容等于并联电容之和,即

$$C=\sum_{k=1}^{n}C_k \tag{3.2.17}$$

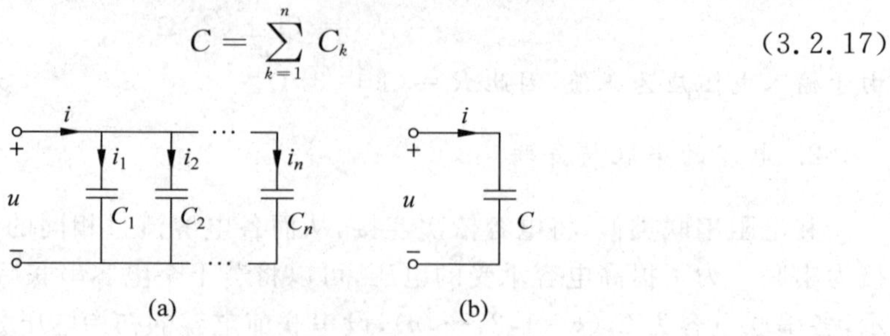

图 3.2.6 电容的并联等效

值得指出的是:电容并联时并未考虑各并联电容的初始电压,如各电容的初始电压相等,则并联等效电容的初始电压与各电容的初始电压相同;如各电容的 $u_k(0)$不等,则在并联的瞬间,各电容上的电荷将重新分配,使各电容的初始电压相等,等效电容的初始电压为该初始电压。

【例 3.2.3】 图 3.2.7(a)所示电路中开关 S 在 $t=0$ 时刻闭合,试求开关 S 闭合后等效电容的电容值和初始电压。已知 $u_1(0)=u_{10}$,$u_2(0)=u_{20}$。

解 开关 S 闭合后两个电容并联,等效电容值为 $C=C_1+C_2$。等效电容的初始电压 u_0 可通过电荷守恒定律来求得。开关闭合前,电容的电荷量为

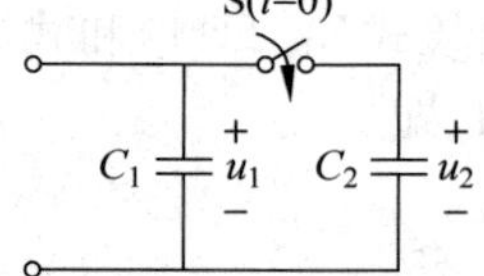

图 3.2.7 例 3.2.3

$$q_{C1}+q_{C2}=C_1u_{10}+C_2u_{20}$$

开关闭合后,由 KVL 可知,两电容上的电荷将重新分配,使两个电容两端的电压相等(满足 KVL),其大小为等效电容的初始电压 u_0。此时电容的电荷量为

$$q'_{C1}+q'_{C2}=C_1u_0+C_2u_0$$

由电荷守恒定律可知

$$C_1u_{10}+C_2u_{20}=C_1u_0+C_2u_0$$

求得等效电容的初始电压 u_0 为

$$u_0=\frac{C_1u_{10}+C_2u_{20}}{C_1+C_2}$$

3. 电感的串联与并联

电感串联和电感并联连接分析,可参照电容串联和电容并联的方法进行。

如图 3.2.8(a)所示,若干个电感串联后,其端口的电压-电流关系为

$$u=\sum_{k=1}^{n}u_k=\sum_{k=1}^{n}\left(L_k\frac{\mathrm{d}i_k}{\mathrm{d}t}\right)=\left(\sum_{k=1}^{n}L_k\right)\frac{\mathrm{d}i}{\mathrm{d}t} \tag{3.2.18}$$

由上式可知,串联等效电感(如图 3.2.8(b)所示)等于串联电感之和,即

$$L=\sum_{k=1}^{n}L_k \tag{3.2.19}$$

和电容并联类似,电感串联时并未考虑各串联电感的初始电流,如各电感的初始电流相等,则串联等效电感的初始电流与各电感的初始电流相同;如各电感的 $i_k(0)$不等,

则在串联的瞬间，各电感上的磁通链将重新分配，使各电感的初始电流相等，等效电感的初始电流为各电感串联后的初始电流。

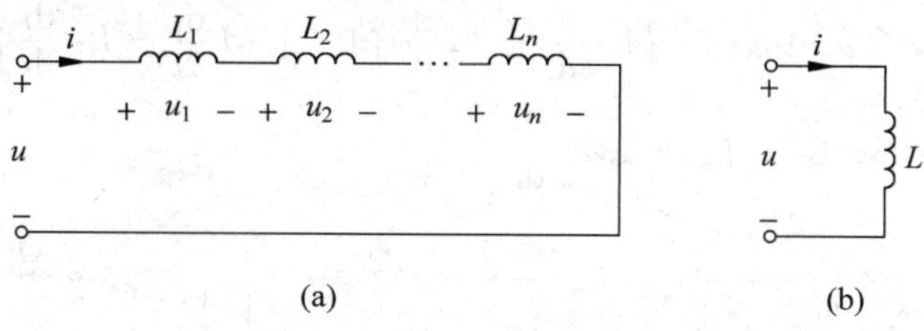

图 3.2.8　电感的串联等效

为了提高电感承受的电压，可以将若干个电感串联后使用。

对于并联电感电路，如图 3.2.9(a)所示，设并联前电感的初始电流为 $i_k(0)(k=1,2,\cdots,n)$，根据 KCL 和电感元件的电压-电流关系，可得并联电感电路的端口电压-电流关系为

$$\begin{aligned} i &= \sum_{k=1}^{n} i_k = \sum_{k=1}^{n}\left(i_k(0)+\frac{1}{L_k}\int_0^t u_k(\tau)\mathrm{d}\tau\right) \\ &= \sum_{k=1}^{n} i_k(0)+\left(\sum_{k=1}^{n}\frac{1}{L_k}\right)\int_0^t u(\tau)\mathrm{d}\tau \end{aligned} \tag{3.2.20}$$

由上式可知，并联等效电感(如图 3.2.9(b)所示)的初始电流为各电感的初始电流之和，即

$$i(0)=\sum_{k=1}^{n} i_k(0) \tag{3.2.21}$$

并联等效电感的倒数等于各并联电感倒数之和，即

$$\frac{1}{L}=\frac{1}{L_1}+\frac{1}{L_2}+\cdots+\frac{1}{L_n} \tag{3.2.22}$$

为了得到较大的电感，可以将若干个电感串联后使用。

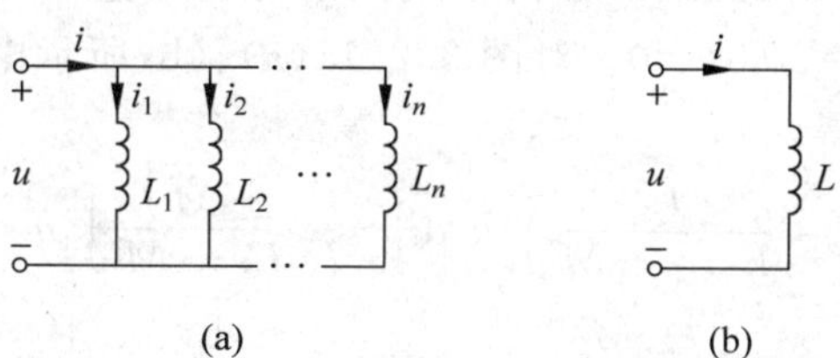

图 3.2.9　电感的并联等效

4. 耦合电感的串联与并联

耦合电感的两个线圈可以串联连接构成一个电感，如图 3.2.10 所示。耦合线圈的自感和互感分别为 L_1、L_2 和 M。图 3.2.10(a)是异名端相连接，称为顺接；图 3.2.10(b)是同名端相连接，称为反接。

根据 KVL，对图 3.2.10(a)、(b)所示电路，由耦合电感的电压-电流关系式(2.2.14)可得

$$u = u_1 + u_2 = \left(L_1 \frac{\mathrm{d}i}{\mathrm{d}t} \pm M \frac{\mathrm{d}i}{\mathrm{d}t}\right) + \left(\pm M \frac{\mathrm{d}i}{\mathrm{d}t} + L_2 \frac{\mathrm{d}i}{\mathrm{d}t}\right)$$
$$= (L_1 + L_2 \pm 2M) \frac{\mathrm{d}i}{\mathrm{d}t} \tag{3.2.23}$$

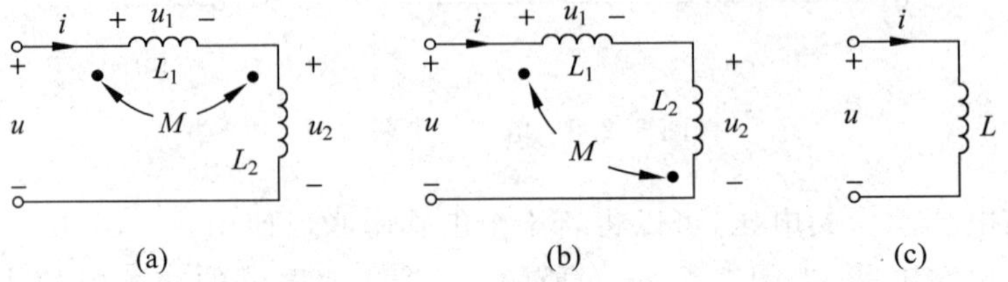

图 3.2.10　耦合电感的串联等效

对图 3.2.10(c)所示的由一个电感构成的电路，其电压-电流关系为

$$u = L \frac{\mathrm{d}i}{\mathrm{d}t} \tag{3.2.24}$$

比较式(3.2.23)和式(3.2.24)可知，耦合电感的串联可用一个电感来等效，其等效电感为

$$L = L_1 + L_2 \pm 2M \tag{3.2.25}$$

由上式可知，对图 3.2.10(a)所示电路，电流 i 从两个线圈的同名端流入两线圈(顺接)，互感磁通和自感磁通互相加强，式(3.2.25)中 $2M$ 前取"+"号，等效电感大于两自感之和；图 3.2.10(b)所示电路，电流 i 从两个线圈的异名端流入两线圈(反接)，互感磁通减弱，自感磁通互相减弱，式(3.2.25)中 $2M$ 前取"－"号，等效电感小于两自感之和，但不会成为负值。

耦合电感的并联也可用等效电感替代，如图 3.2.11 所示。图 3.2.11(a)是两个线圈的同名端连接在一起，图 3.2.11(b)是两个线圈的异名端连接在一起。假设耦合电感的初始电流为零，即 $i_1(0)=i_2(0)=0$。对图 3.2.11(a)、(b)所示电路，由耦合电感的电压-电流关系式(2.2.15)可得

$$\begin{cases} i_1 = \dfrac{L_2}{L_1 L_2 - M^2}\displaystyle\int_0^t u_1 \mathrm{d}\tau - \dfrac{\pm M}{L_1 L_2 - M^2}\displaystyle\int_0^t u_2 \mathrm{d}\tau \\ i_2 = -\dfrac{\pm M}{L_1 L_2 - M^2}\displaystyle\int_0^t u_1 \mathrm{d}\tau + \dfrac{L_1}{L_1 L_2 - M^2}\displaystyle\int_0^t u_2 \mathrm{d}\tau \end{cases} \tag{3.2.26}$$

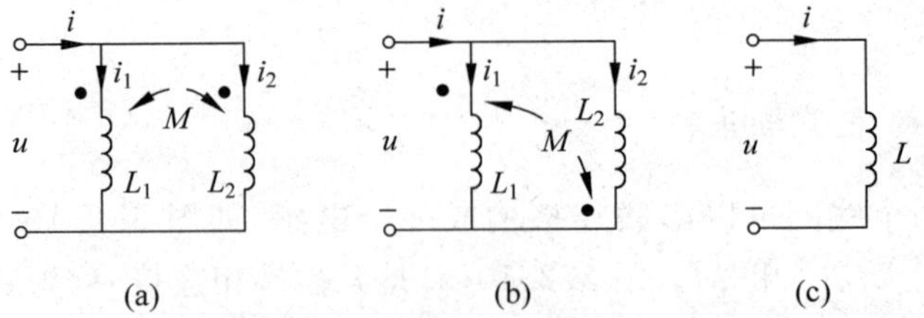

图 3.2.11　耦合电感的并联等效

根据 KCL，有

$$i = i_1 + i_2 = \left(\frac{L_2}{L_1L_2 - M^2}\int_0^t u_1\mathrm{d}\tau - \frac{\pm M}{L_1L_2 - M^2}\int_0^t u_2\mathrm{d}\tau\right)$$

$$+\left(-\frac{\pm M}{L_1L_2 - M^2}\int_0^t u_1\mathrm{d}\tau + \frac{L_1}{L_1L_2 - M^2}\int_0^t u_2\mathrm{d}\tau\right) = \frac{L_1 + L_2 \mp 2M}{L_1L_2 - M^2}\int_0^t u\mathrm{d}\tau \tag{3.2.27}$$

对图 3.2.11(c)所示的由一个电感构成的电路，设电感的初始电流为零，其电压-电流关系为

$$i = \frac{1}{L}\int_0^t u\mathrm{d}\tau \tag{3.2.28}$$

比较式(3.2.28)和式(3.2.29)可知，耦合电感的并联可用一个电感来等效，其等效电感为

$$L = \frac{L_1L_2 - M^2}{L_1 + L_2 \mp 2M} \tag{3.2.29}$$

3.2.2 含独立电源电路的等效变换

如果电路中含有独立电源，则称这种电路为含源电路。含源电路的等效和用等效变换对其进行简化是电路分析中的基本方法之一。

1. 独立电源的串联与并联

(1) 电压源的串联

电压源可以进行串联连接。两个电压源的串联连接如图 3.2.12(a)所示。根据 KVL，该含源一端口电路的端口电压为电压源的端口电压之和；由 KCL 可知，端电流 i 是流过每个电压源的电流，为任意值。因此该一端口电路的端口电压取确定值而端电流取任意值，其端口特性方程可表示为

$$u = u_{S1} + u_{S2} \tag{3.2.30}$$

对如图 3.2.12(b)所示仅含一个电压源的一端口电路，其端口特性方程为

$$u = u_S \tag{3.2.31}$$

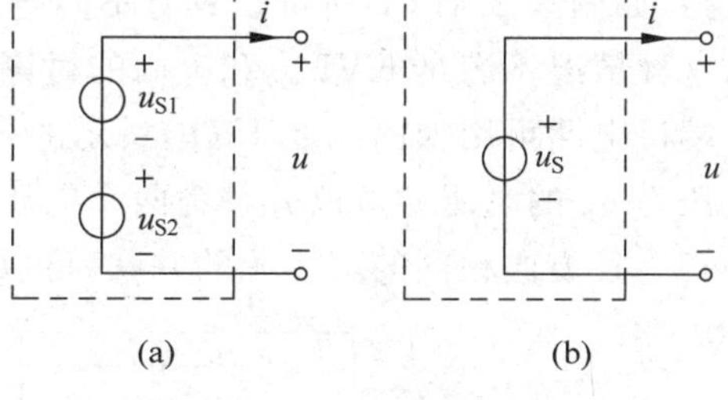

图 3.2.12 电压源的串联及其等效

显然，当 $u_S = u_{S1} + u_{S2}$ 时两个一端口电路互为等效。由此可以得出下述结论：两个电压分别为 u_{S1}、u_{S2} 的电压源的串联组合等效于一个电压为 $u_S = u_{S1} + u_{S2}$ 的电压源；一个电压为 u_S 的电压源可以分解为两个电压源的串联，两个电压源的电压满足 $u_S = u_{S1} + u_{S2}$。对多个电压源的串联，可以得到类似的结论。

(2) 电流源的串联

两个电流大小相等且方向一致的电流源可以串联在一起形成一个一端口电路，如

图 3.2.13(a)所示。具有不同电流或方向相反的电流源是不允许串联连接的，因为这种情况不满足 KCL。

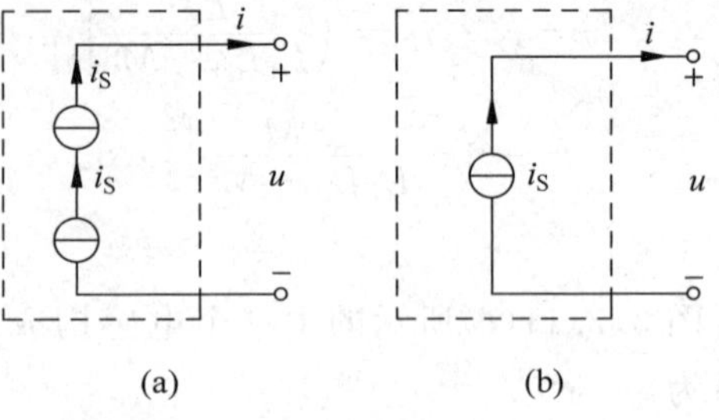

图 3.2.13 电流源的串联及其等效

对图 3.2.13(a)所示的一端口电路，其端口特性方程为

$$i = i_S \tag{3.2.32}$$

图 3.2.13(b)所示的一端口电路由一个电流源构成，其端口特性方程为

$$i = i_S \tag{3.2.33}$$

比较式(3.2.32)和式(3.2.33)可得出下述结论：两个电流同为 i_S 的电流源的串联等效于一个电流为 i_S 的单一电流源；一个电流为 i_S 的单一电流源可分解为两个电流同为 i_S 的电流源的串联组合。对多个电流相同的电流源的串联，可以得到类似的结论。

(3) 电压源与电流源的串联

电压源和电流源可以串联连接，如图 3.2.14(a)所示。由 KCL 可知，其端电流等于电流源的端电流；由 KVL 可知，端口电压 u 可取任意值。因此该一端口电路的口特性方程为

$$i = i_S \tag{3.2.34}$$

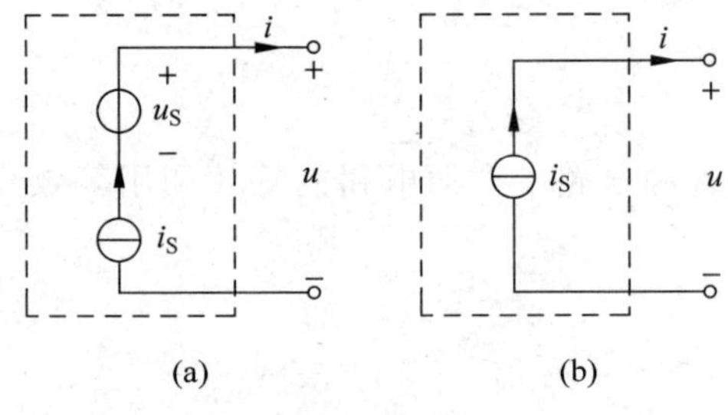

图 3.2.14 电压源和电流源的串联及其等效

显然，该电路可以用图 3.2.14(b)所示的单个电流源来等效，电流源的电流为 i_S。对多个电压源和多个电流大小相等且方向相同的电流源的串联，可以得到同样的结论。

(4) 电压源的并联

只有端口电压大小相等且方向相同的两个电压源才可并联在一起形成一个一端口电路，如图 3.2.15(a)所示。具有不同电压或方向相反的电压源是不允许并联连接的，因为这种情况不满足 KVL。和上面的讨论类似，可以得出如下结论：图 3.2.15(a)所示的一端口电路可用如图 3.2.15(b)所示的一个电压为 u_S 的电压源来等效。与之相反，一个电压为 u_S 的电压源可以分解为两个电压为 u_S 的电压源的并联组合。对多个端口电压大小相等且方向相同的电压源的并联，可以得到类似的结论。

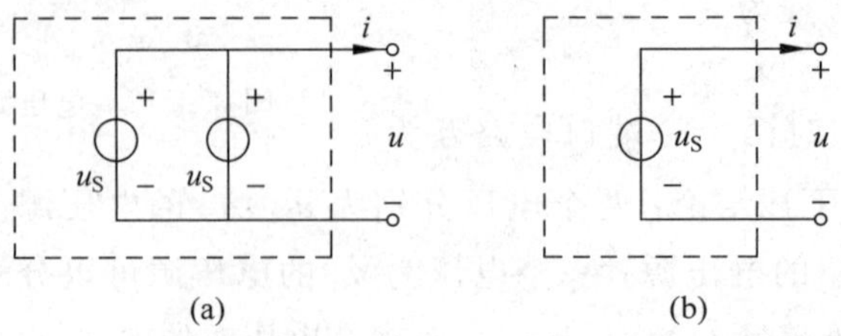

图 3.2.15 电压源的并联及其等效

(5) 电流源的并联

两个电流分别为 i_{S1}、i_{S2} 的电流源并联而成的一端口电路如图 3.2.16(a)所示。和上面的讨论类似,可以得出如下结论:图 3.2.16(a)所示的一端口电路可用一个电流为 $i_S=i_{S1}+i_{S2}$ 的电流源来等效,如图 3.2.16(b)所示。与之对应,一个电流为 i_S 的电流源可以分解为两个电流源的并联,只要这两个电流源的电流满足 $i_S=i_{S1}+i_{S2}$。对多个电流源的并联,可以得到类似结论。

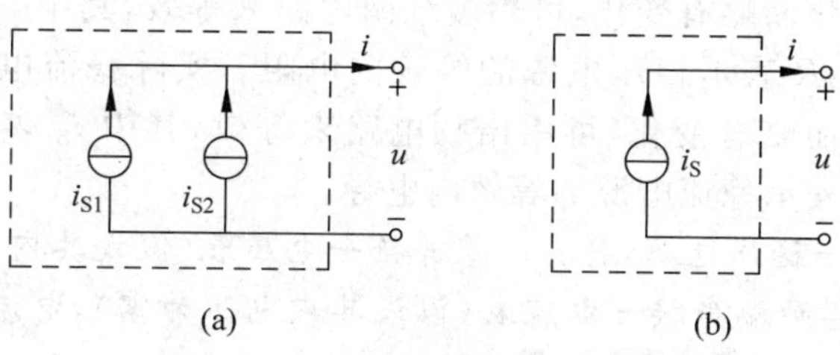

图 3.2.16 电流源的并联及其等效

(6) 电压源与电流源的并联

一个电压源与一个电流源并联而成的一端口电路见图 3.2.17(a),其等效电路如图 3.2.17(b)所示。因此,一个电压源与一个电流源相并联可用一个单一的电压源来等效,只需该电压源的电压为 u_S。对多个电压大小相等且方向相同的电压源和多个电流源的并联,可以得到类似结论。

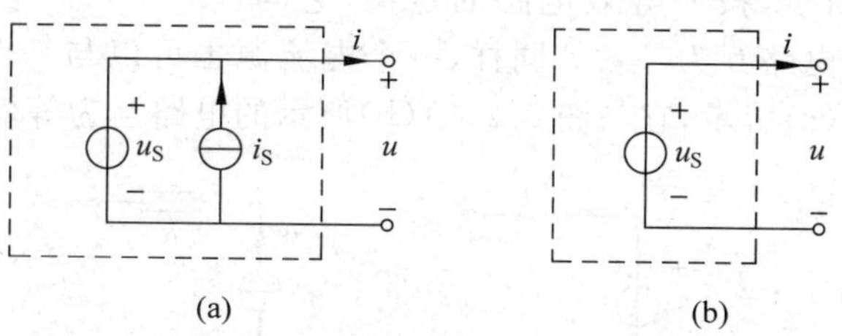

图 3.2.17 电压源与电流源的并联及其等效

2. 独立电源和电阻的串联与并联

独立电源和电阻连接构成含源一端口电路。图 3.2.18 所示是两种典型的含源电路,其中图 3.2.18(a)为一个电压源与一个线性非时变电阻串联,称为**戴维南电路**(Thevinin's circuit);图 3.2.18(b)为一个电流源与一个线性非时变电阻并联,称为**诺顿电路**(Norton's circuit)。

图 3.2.18 所示含源电路的电压-电流关系可表示为

$$u=u_S-Ri \tag{3.2.35}$$

$$i=i_S-Gu \tag{3.2.36}$$

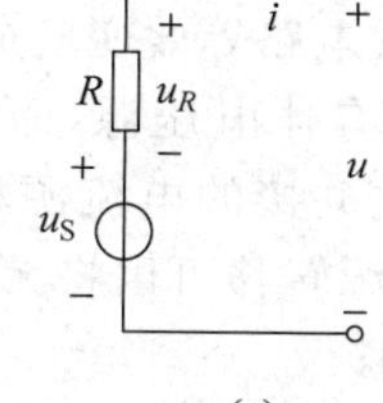

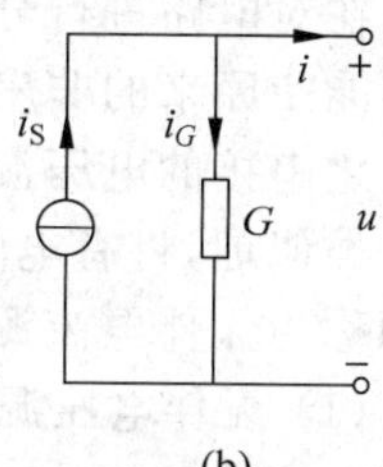

图 3.2.18 戴维南电路和诺顿电路的等效变换

比较式(3.2.35)和式(3.2.36)可知,如果满足下列条件

$$\begin{cases} u_S = Ri_S \\ \dfrac{1}{G} = R \end{cases} \tag{3.2.37}$$

则式(3.2.35)和式(3.2.36)完全相同,也就是戴维南电路和诺顿电路互为等效。

戴维南电路和诺顿电路常用作实际电源的电路模型。实际稳压电源工作时,其端口电压随端口电流的变化而略有变化,可用戴维南电路来等效,其中 u_S 表示稳压电源空载(开路)时的输出电压,R 表示稳压电源的等效内电阻。实际稳流电源工作时,其端口电流随端口电压的变化而略有变化,可用诺顿电路来等效,其中 i_S 表示稳流电源空载(短路)时的输出电流,G 表示稳流电源的等效内电导。

【例 3.2.4】 有一稳压电源,将其两端并接一电压表(假设其内电阻为无穷大),电压表的读数为 24V,将其两端串接一电流表(假设其内电阻为零),电流表的读数为 96A,试画出此稳压电源组的戴维南电路和诺顿电路。

解 只要求出两种电路模型中的电阻 R,问题便可立即解决。由式(3.2.37)和已知数据得

$$R = \frac{u_S}{i_S} = \frac{24}{96}\Omega = 0.25\Omega$$

于是,所求的两种电路模型分别如图 3.2.19(a)、(b)所示。

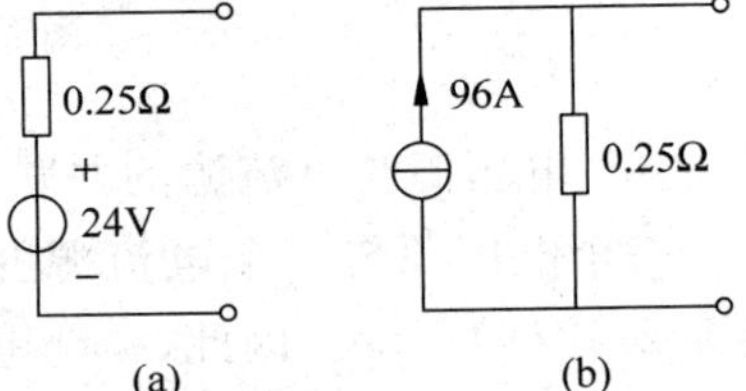

图 3.2.19 例 3.2.4

一个电压源也可以与一个电阻并联构成一端口电路,如图 3.2.20(a)所示,按照等效电路的定义,它与图 3.2.20(b)所示的电路互为等效。同样,一个电流源也可以与一个电阻串联构成一端口电路,如图 3.2.21(a)所示,它与图 3.2.21(b)所示的电路互为等效。

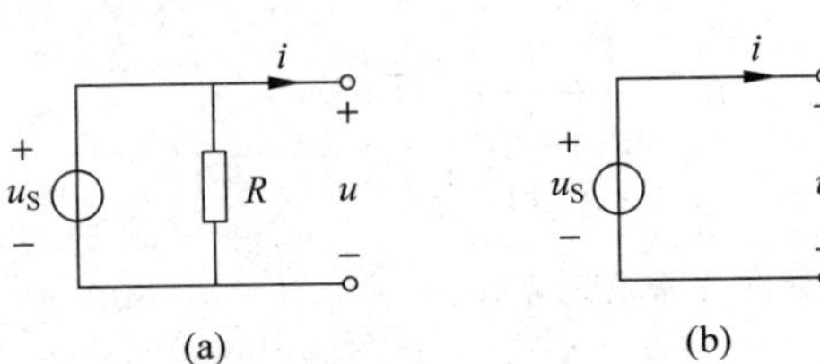

图 3.2.20 电压源与电阻并联

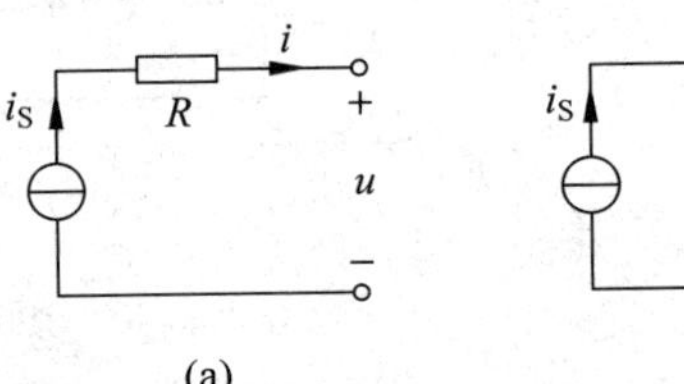

图 3.2.21 电流源与电阻串联

3. 电源转移

在对电路进行分析时,有时需要进行**电源转移**(source transfer)的等效变换。电源转移能使原来的非串、并联电路等效变换成新的、便于简化的串、并联电路。一般将有电阻与之串接的电压源称为有伴电压源,而将没有电阻与之串接的电压源称为无伴电压源。类似地,将有电阻与之并接的电流源称为有伴电流源,而将没有电阻与之并接的电流源称为无伴电流源。电源转移可以将无伴独立电源等效变换为有伴独立电源。

(1) 无伴电压源的转移

电路中的无伴电压源支路可转移(等效变换)到与该支路任一端连接的所有支路中与各电阻串联,原无伴电压源支路短路。反之亦然。图 3.2.22(a)中节点 a-b 间的无伴

电压源支路既可转移到与节点 a 连接的所有支路中与各电阻相串联，而消去节点 a，如图 3.2.22(b)所示；也可转移到与节点 b 连接的所有支路中与各电阻相串联，而消去节点 b，如图 3.2.22(c)所示。必须注意转移后的各个电压源与原有的无伴电压源具有相同的大小和方向。可以证明，在无伴电压源转移前后，电路的端口特性不变。

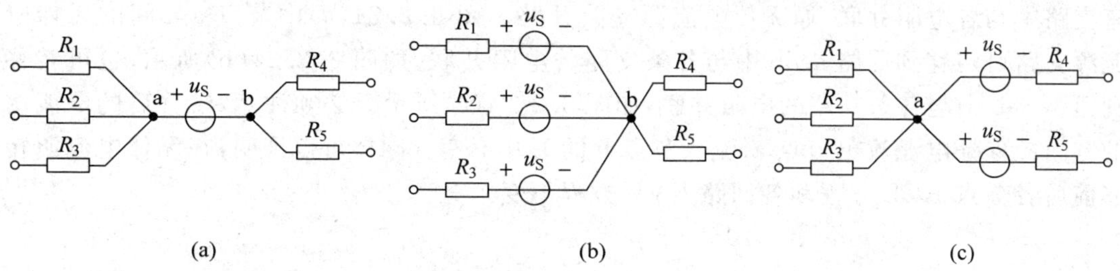

图 3.2.22　无伴电压源的转移

【例 3.2.5】　对图 3.2.23(a)所示电路，试用电源转移方法简化电路并求电流 i。

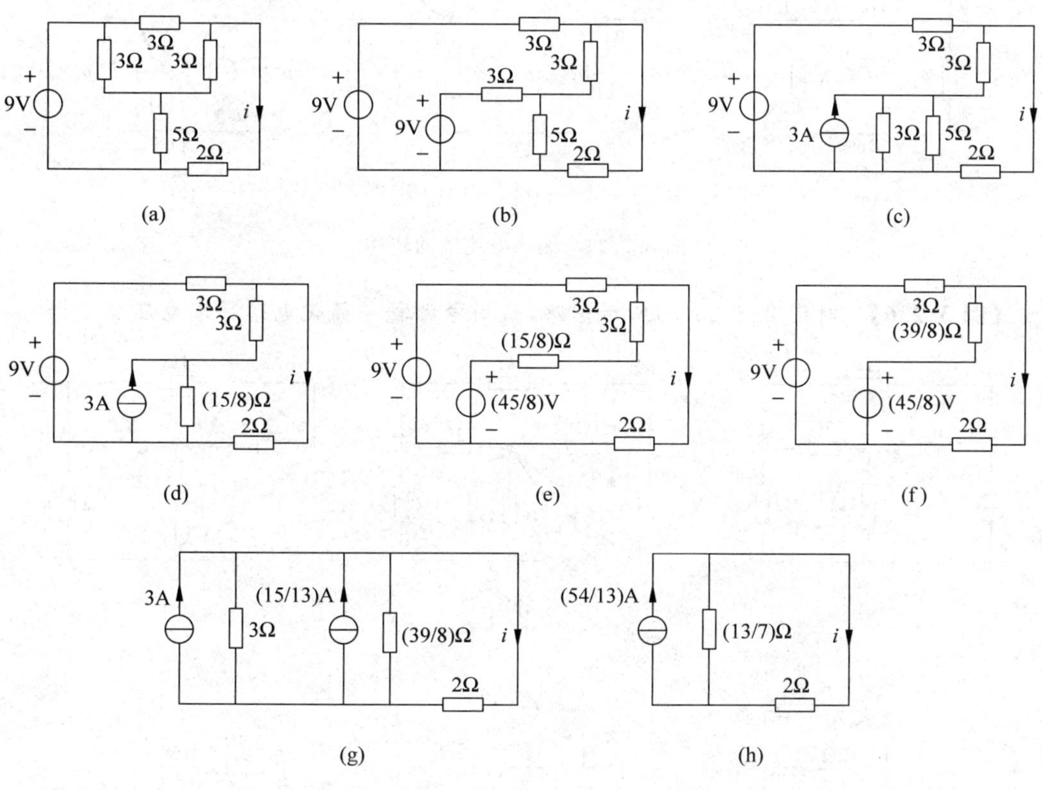

图 3.2.23　例 3.2.5

解　按图 3.2.23 所示次序用电压源转移方法以及戴维南电路与诺顿电路等效变换对电路进行等效变换，得到图 3.2.23(h)所示电路，由图 3.2.23(h)可得

$$i = \frac{54}{13} \times \frac{13/7}{13/7+2}\text{A} = 2\text{A}$$

在上例中给出了用电压源转移方法对电路简化的详细过程。当对电路简化的步骤非常熟悉后,可以省略分析的中间步骤。

(2) 无伴电流源的转移

电路中的无伴电流源支路可转移(等效变换)到与该支路形成回路的任一回路的所有支路中与各电阻并联,原无伴电流源支路开路。图 3.2.24(a)中节点 a-b 间的无伴电流源支路可转移到回路 acdb 中与各条支路的电阻并联,如图 3.2.24(b)所示,也可转移到回路 aeb 中与各条支路的电阻并联,如图 3.2.24(c)所示。必须注意,转移后的电流源的方向应保证电流流出节点 a、流入节点 b 的关系不变。同样可以证明,在无伴电流源转移前后各节点 KCL 方程和各回路 KVL 方程不变。

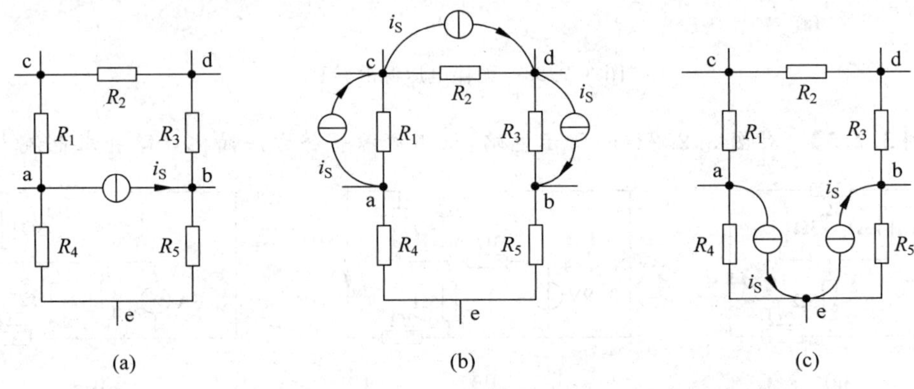

图 3.2.24 无伴电流源的转移

【例 3.2.6】 对图 3.2.25(a)所示电路,试用电源转移简化电路并求电压 u。

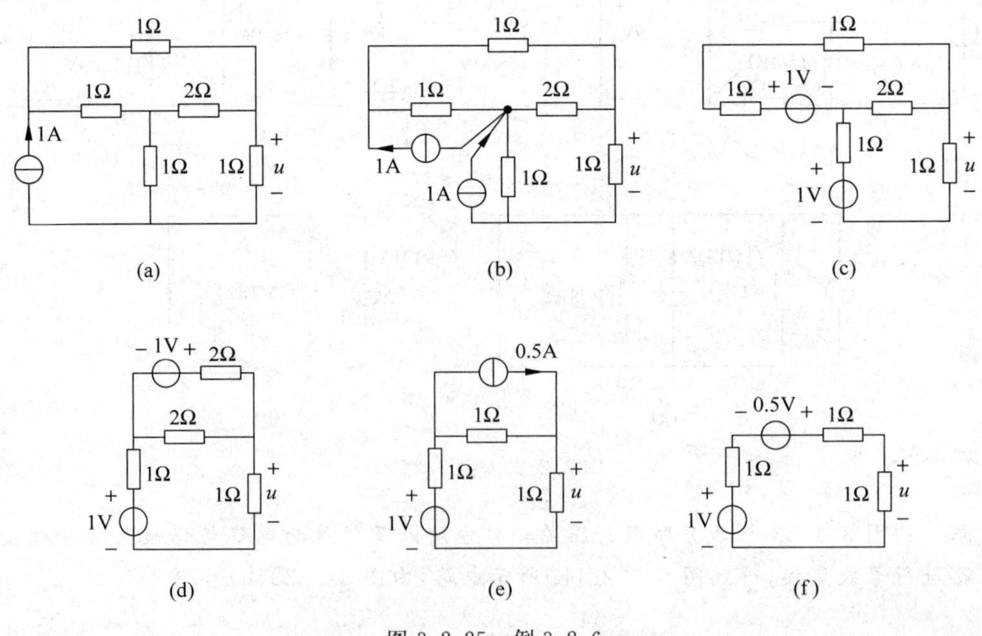

图 3.2.25 例 3.2.6

解　按图 3.2.25 所示次序用电流源转移方法以及戴维南电路与诺顿电路等效变换对电路进行等效变换，得到图 3.2.25(f)所示电路，由图 3.2.25(f)可得

$$u = 1 \times \frac{1+0.5}{1+1+1}\text{V} = 0.5\text{V}$$

【例 3.2.7】　对图 3.2.26(a)所示电路，试用电源转移简化电路并求电流 i。

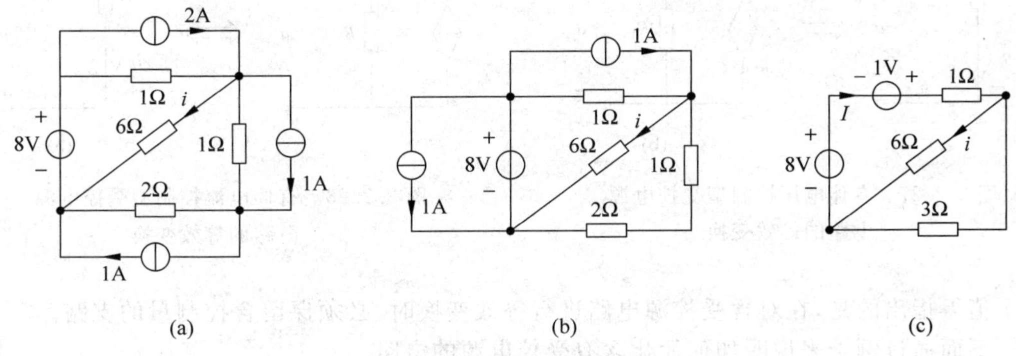

图 3.2.26　例 3.2.7

解　用电流源转移将图 3.2.26(a)等效变换为图 3.2.26(b)，其中 8V 电压源与 1A 电流源并联，可等效变换为 8V 电压源，1A 电流源与 1Ω 电阻并联电路可等效变换为相应的戴维南电路，如图 3.2.26(c)所示，由图 3.2.26(c)得

$$I = \frac{8+1}{1+6 \,/\!/\, 3}\text{A} = \frac{9}{1+2}\text{A} = 3\text{A}$$

$$i = \frac{3}{6+3}I = 1\text{A}$$

3.2.3　含受控源电路的等效变换

受控电源和独立电源有本质上的不同，但在列写电路方程和对电路进行简化时，可以把受控电源作为独立电源来对待。这样，前面所讲的有关独立电源的处置方法对受控电源就都能适用。例如，受控电压源的串联和受控电流源的并联都可用一个受控电源(前者用受控电压源，后者用受控电流源)等效；有伴受控电源电路可以互相等效变换等等。

图 3.2.27 表示有伴电压控制型受控电源电路的等效变换，其中 u_k 为支路 k 的支路电压。可以看出图 3.2.27(a)所示的受控电压源与电阻串联电路的端口特性为

$$u = Ri + \mu u_k \tag{3.2.38}$$

图 3.2.27(b)所示的受控电流源与电阻并联电路的端口特性为

$$u = Ri + gRu_k \tag{3.2.39}$$

比较式(3.2.38)和式(3.2.39)，可以得出图 3.2.27(a)所示表示的受控电压源电路和图 3.2.27(b)所示表示的受控电流源电路的等效条件为

$$\mu = Rg \tag{3.2.40}$$

图 3.2.28 表示有伴电流控制型受控电源电路的等效变换，其中 i_k 为支路 k 的支路

电流。类似地，可以得出图 3.2.28(a)所示表示的受控电流源电路和图 3.2.28(b)所示表示的受控电压源电路的等效条件为

$$r = R\beta \tag{3.2.41}$$

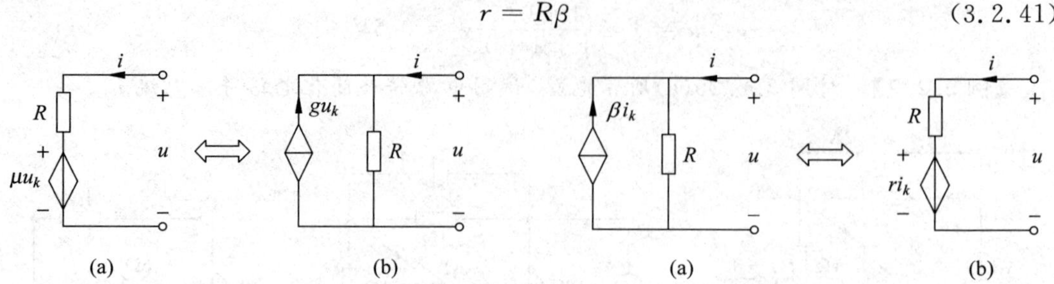

图 3.2.27 有伴电压控制型受控电源电路的等效变换

图 3.2.28 有伴电流控制型受控电源电路的等效变换

值得指出的是，在对含受控源电路进行等效变换时，必须保留含控制量的支路。下面通过例子来说明如何简化含有受控电源的电路。

【例 3.2.8】 试求图 3.2.29(a)所示电路中的电压 u。

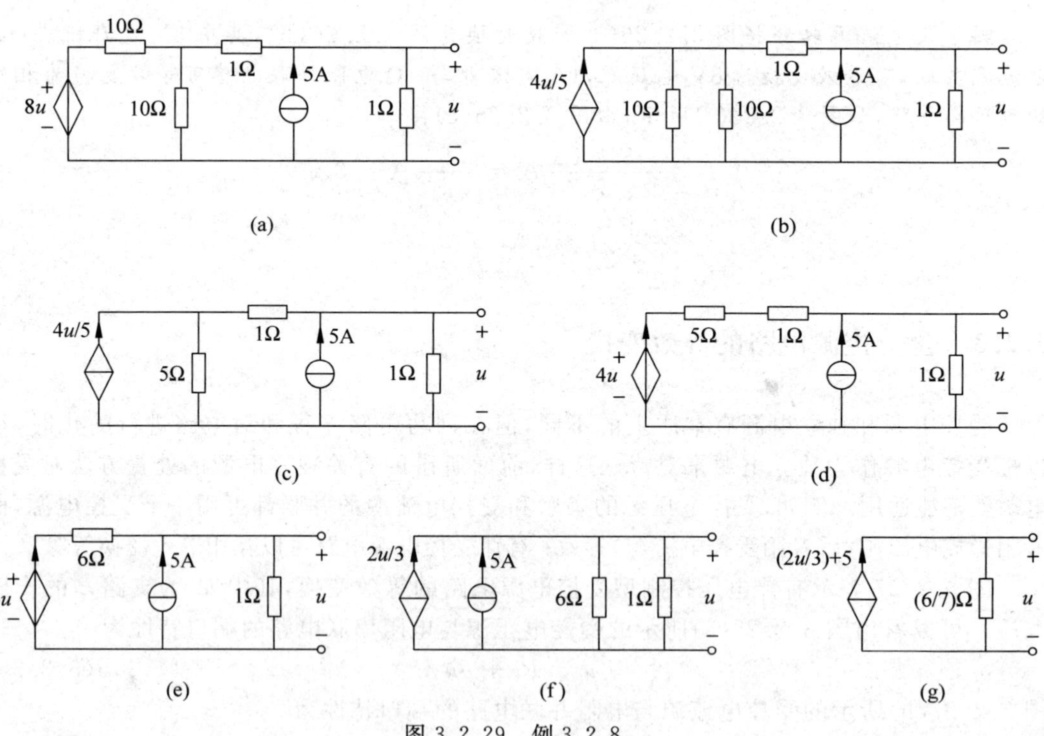

图 3.2.29 例 3.2.8

解 此题可按图 3.2.29 所示的顺序逐步简化直到图 3.2.29(g)为止，对图 3.2.29(g)运用 KVL，得

$$\frac{6}{7} \times \left(\frac{2u}{3} + 5\right) = u$$

解得

$$u=10\text{V}$$

【例 3.2.9】 试求图 3.2.29(a)所示电路的最简等效电路。

解 在图 3.2.29(g)中标出端口电压和端口电流，如图 3.2.30(a)所示，列写端口特性方程得

$$u=\frac{6}{7}\times\left(\frac{2u}{3}+5+i\right)$$

整理得

$$u=2i+10 \quad 或 \quad i=0.5u-5$$

最简等效电路分别如图 3.2.30(b)、(c)所示。

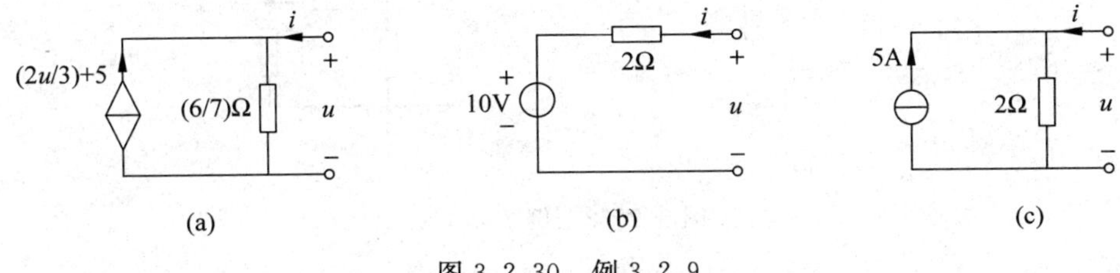

图 3.2.30 例 3.2.9

3.2.4 具有等电位节点/零电流支路电路的等效变换

在为数众多的电路中有一类电路包含等电位节点和零电流支路。对于具有相等电位的两节点，节点间的电压为零，与短路等效，因此该两节点可以用导线相连接；对于具有零电流的支路，支路电流为零，与开路等效，因此该支路可以断开。利用这一性质可使电路的分析得到简化。

利用电路的对称性特性，可以较为清楚看出电路中的等电位节点/零电流支路。下面举例说明。

【例 3.2.10】 试求图 3.2.31(a)所示电路中的电流 i。

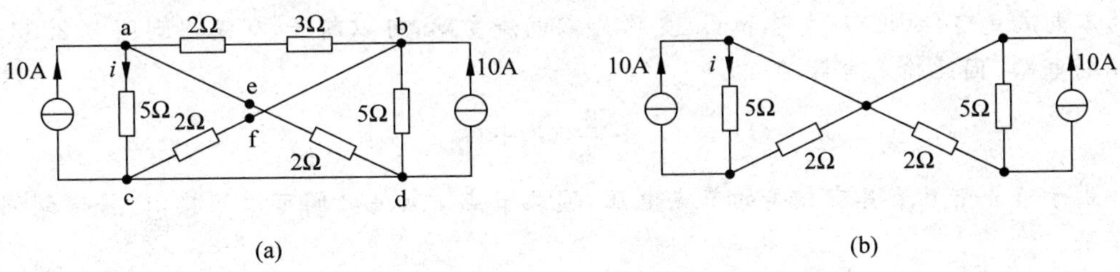

图 3.2.31 例 3.2.10

解 由于图 3.2.31(a)所示电路具有对称性，可以看出节点 a 和 b 具有相等电位，即 $u_{ab}=0$，由欧姆定律可知，节点 a、b 间的支路为零电流支路，因此 a 和 b 之间可以断路。同理节点 c 和 d 之间也可以断路。又节点 e 和 f 具有相等电位，因此 e 和 f 可以短路。这样，图 3.2.31(a)所示电路可以等效变换为图 3.2.31(b)所示电路，该电路实际上由两个具有一个公共节点的子电路组成。由图 3.2.31(b)可得

$$i = \frac{2}{5+2} \times 10\text{A} = \frac{20}{7}\text{A}$$

【例 3.2.11】 图 3.2.32(a)所示电路的每条支路 $R=1\Omega$，试求从 a、b 两端看进去的等效电阻 R_{ab}。

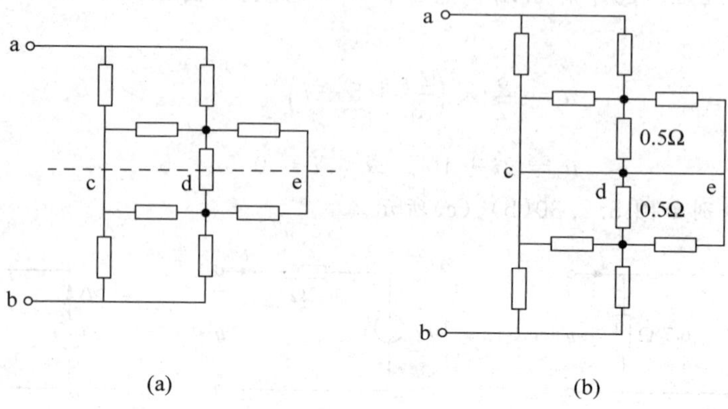

图 3.2.32 例 3.2.11

解 如果在图 3.2.32(a)所示电路 a、b 两端施加一电源(电压源、电流源均可)，可以看出节点 c、d、e 对节点 a、b 具有相同的拓扑结构，具有相等的节点电压，可以短接。如图 3.2.32(b)所示，从 a、b 两端看进去的等效电阻为

$$R_{ab} = 2 \times [(1+1 /\!/ 0.5 /\!/ 1) /\!/ 1]\Omega = (10/9)\Omega$$

有时给定电路的对称性质并不十分明显，需要稍加处理才能表现出来，下面的例子便是这样。

【例 3.2.12】 如图 3.2.33(a)所示电路的每条支路的电导已标出，试求输入电导 G_{ab}。

解 图 3.2.33(a)所示的电路没有对称性，要判断同电压节点或零电流支路存在一定的困难。分析图 3.2.33(a)电路，发现如果断开 G_5 支路和 G_6 支路，如图 3.2.32(b)所示，在 a、b 两端施加一电源(电压源、电流源均可)，可以看出节点 c、d、e 具有相等的节点电压，即 $u_{cd}=u_{de}=0$，由欧姆定律可知，如果在节点 c、d 间和 d、e 接入电阻支路，则该支路必为零电流支路，因此 G_5 支路和 G_6 支路为零电流支路，可以断开，从而得到图 3.2.33(b)所示的电路，因此输入电导为

$$G_{ab} = G_1 + \frac{2}{3}(G_2 + G_3 + G_4)$$

由于节点 c、d、e 具有相等的节点电压，因此节点 c、d、e 之间可以短接，这将得到同样的结果。

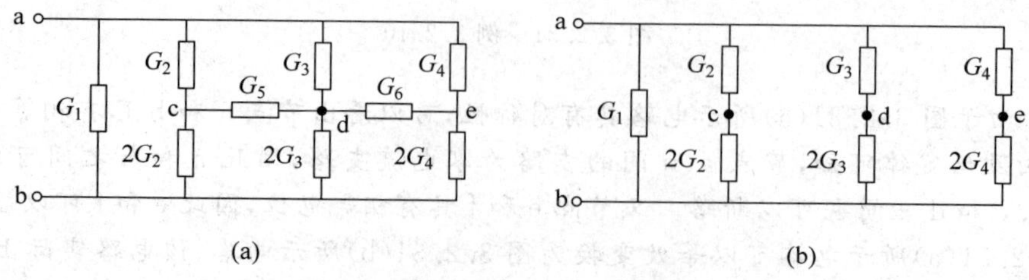

图 3.2.33 例 3.2.12

【思考与练习】

3.2.1　试求图 3.2.34 所示电路的输入电阻 R_{ab}，图中未标示的电阻值均为 1Ω。(1Ω，1.5Ω，3.5Ω，0.4Ω)

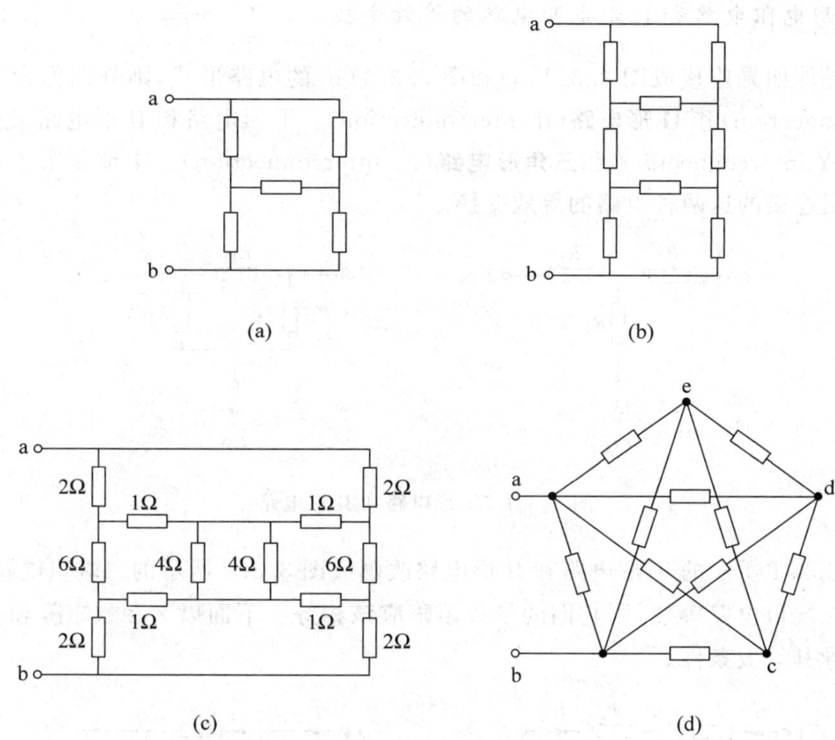

图 3.2.34　思考与练习 3.2.1

3.2.2　在图 3.2.35 所示的无限电容电路(初始电容电压为零)和无限电感电路(初始电感电流为零)中，所有的电容均为 1F，所有的电感均为 1H，试求等效电容和等效电感。$\left(\frac{\sqrt{3}-1}{2}\text{F},(1+\sqrt{3})\text{H}\right)$

3.2.3　试求图 3.2.36 所示电路中电阻 R 两端的电压 u。(−5V)

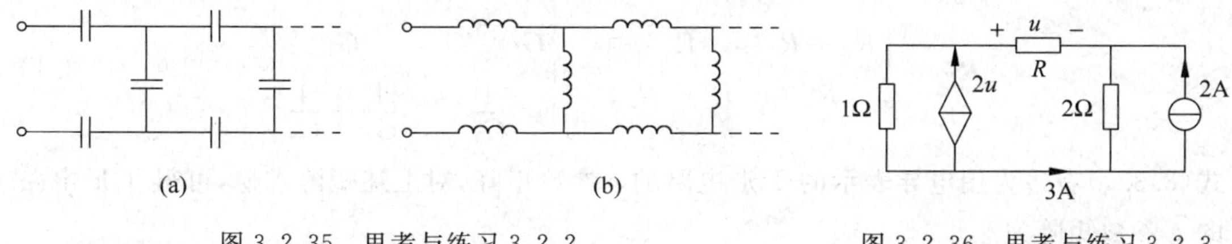

图 3.2.35　思考与练习 3.2.2

图 3.2.36　思考与练习 3.2.3

3.3 多端电路的等效变换

3.3.1 T形电路和Π形电路的等效变换

1. T形电阻电路和Π形电阻电路的等效变换

电路元件如果连接成图 3.3.1(a)和图 3.3.1(b)的电路形式，则分别称为**T形电路**(T interconnection)和**Π形电路**(Π interconnection)。T形电路和Π形电路又分别称为**Y形电路**(Y interconnection)和**三角形电路**(△ interconnection)。本节仅限于讨论线性非时变电阻连接的这两种电路的等效变换。

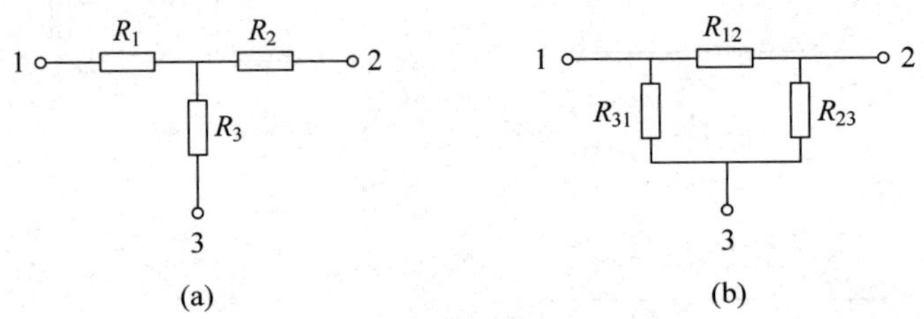

图 3.3.1 T形电路和Π形电路

将图 3.3.1 所示的T形电路和Π形电路改画成图 3.3.2 所示的二端口电路形式，如果这两个二端口电路等效，则它们的参数矩阵应该相等。下面以 r 参数矩阵和 g 参数矩阵为例推导其等效条件。

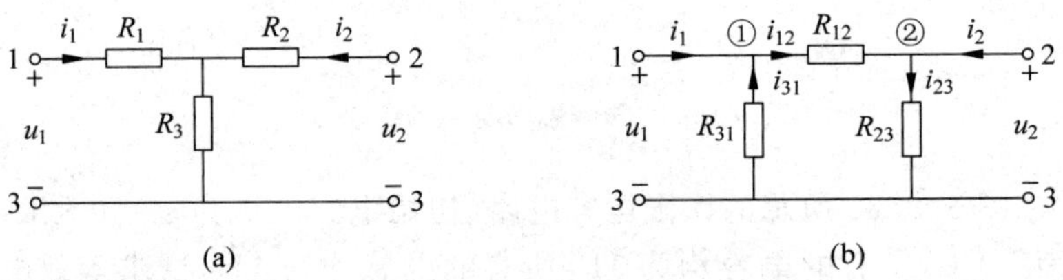

图 3.3.2 T形电路和Π形电路的二端口电路形式

对图 3.3.2(a)所示的电路，例 2.5.1 已经求出其 r 参数矩阵为

$$\boldsymbol{R}_{\mathrm{T}} = \begin{bmatrix} R_1 + R_3 & R_3 \\ R_3 & R_2 + R_3 \end{bmatrix} = \begin{bmatrix} \dfrac{1}{G_1} + \dfrac{1}{G_3} & \dfrac{1}{G_3} \\ \dfrac{1}{G_3} & \dfrac{1}{G_2} + \dfrac{1}{G_3} \end{bmatrix} \tag{3.3.1}$$

式(3.3.1)右边为用电导表示的T形电路的 r 参数矩阵，对上述矩阵求逆，可得T形电路的 g 参数矩阵为

$$\boldsymbol{G}_{\mathrm{T}}=\boldsymbol{R}_{\mathrm{T}}^{-1}=\begin{bmatrix}\dfrac{R_2+R_3}{R_1R_2+R_2R_3+R_3R_1} & -\dfrac{R_3}{R_1R_2+R_2R_3+R_3R_1}\\ -\dfrac{R_3}{R_1R_2+R_2R_3+R_3R_1} & \dfrac{R_1+R_3}{R_1R_2+R_2R_3+R_3R_1}\end{bmatrix} \tag{3.3.2}$$

对图3.3.2(b)所示的电路，由欧姆定律得

$$i_{12}=\frac{u_1-u_3}{R_{12}},\quad i_{23}=\frac{u_2-u_3}{R_{23}},\quad i_{31}=\frac{u_3-u_1}{R_{31}} \tag{3.3.3}$$

对节点①、②列写KCL方程得

$$i_1=i_{12}-i_{31},\quad i_2=i_{23}-i_{12} \tag{3.3.4}$$

将式(3.3.3)代入式(3.3.4)并整理得

$$\begin{cases}i_1=\left(\dfrac{1}{R_{12}}+\dfrac{1}{R_{31}}\right)u_1-\dfrac{1}{R_{12}}u_2\\ i_2=-\dfrac{1}{R_{12}}u_1+\left(\dfrac{1}{R_{12}}+\dfrac{1}{R_{23}}\right)u_2\end{cases} \tag{3.3.5}$$

于是得到Π形电路的 g 参数矩阵为

$$\boldsymbol{G}_{\Pi}=\begin{bmatrix}\dfrac{1}{R_{12}}+\dfrac{1}{R_{31}} & -\dfrac{1}{R_{12}}\\ -\dfrac{1}{R_{12}} & \dfrac{1}{R_{12}}+\dfrac{1}{R_{23}}\end{bmatrix}=\begin{bmatrix}G_{12}+G_{31} & -G_{12}\\ -G_{12} & G_{12}+G_{23}\end{bmatrix} \tag{3.3.6}$$

上式右边为用电导表示的Π形电路的 g 参数矩阵，对上述矩阵求逆，可得Π形电路的 r 参数矩阵为

$$\boldsymbol{R}_{\Pi}=\begin{bmatrix}\dfrac{G_{12}+G_{23}}{G_{12}G_{23}+G_{23}G_{31}+G_{31}G_{12}} & -\dfrac{G_{12}}{G_{12}G_{23}+G_{23}G_{31}+G_{31}G_{12}}\\ -\dfrac{G_{12}}{G_{12}G_{23}+G_{23}G_{31}+G_{31}G_{12}} & \dfrac{G_{12}+G_{31}}{G_{12}G_{23}+G_{23}G_{31}+G_{31}G_{12}}\end{bmatrix} \tag{3.3.7}$$

令 $\boldsymbol{G}_{\mathrm{T}}=\boldsymbol{G}_{\Pi}$，即

$$\begin{cases}\dfrac{R_2+R_3}{R_1R_2+R_2R_3+R_3R_1}=\dfrac{1}{R_{12}}+\dfrac{1}{R_{31}}\\ \dfrac{R_3}{R_1R_2+R_2R_3+R_3R_1}=\dfrac{1}{R_{12}}\\ \dfrac{R_1+R_3}{R_1R_2+R_2R_3+R_3R_1}=\dfrac{1}{R_{12}}+\dfrac{1}{R_{23}}\end{cases} \tag{3.3.8}$$

由上式第二式可解得 R_{12}，进而解得 R_{31}、R_{23}，得到T形电路到Π形电路的等效变换公式为

$$\begin{cases}R_{12}=R_1+R_2+\dfrac{R_1R_2}{R_3}\\ R_{23}=R_2+R_3+\dfrac{R_2R_3}{R_1}\\ R_{31}=R_3+R_1+\dfrac{R_3R_1}{R_2}\end{cases} \tag{3.3.9}$$

或

$$\begin{cases} G_{12} = \dfrac{G_1 G_2}{G_1 + G_2 + G_3} \\ G_{23} = \dfrac{G_2 G_3}{G_1 + G_2 + G_3} \\ G_{31} = \dfrac{G_3 G_1}{G_1 + G_2 + G_3} \end{cases} \tag{3.3.10}$$

再令 $\boldsymbol{R}_{\mathrm{T}} = \boldsymbol{R}_{\Pi}$，即

$$\begin{cases} \dfrac{1}{G_1} + \dfrac{1}{G_3} = \dfrac{G_{12} + G_{23}}{G_{12}G_{23} + G_{23}G_{31} + G_{31}G_{12}} \\ \dfrac{1}{G_3} = \dfrac{G_{12}}{G_{12}G_{23} + G_{23}G_{31} + G_{31}G_{12}} \\ \dfrac{1}{G_2} + \dfrac{1}{G_3} = \dfrac{G_{12} + G_{31}}{G_{12}G_{23} + G_{23}G_{31} + G_{31}G_{12}} \end{cases} \tag{3.3.11}$$

由上式第二式可解得 G_3，进而解得 G_1、G_2，得到 Π 形电路到 T 形电路的等效变换公式为

$$\begin{cases} G_1 = G_{31} + G_{12} + \dfrac{G_{31}G_{12}}{G_{23}} \\ G_2 = G_{12} + G_{23} + \dfrac{G_{12}G_{23}}{G_{31}} \\ G_3 = G_{23} + G_{31} + \dfrac{G_{23}G_{31}}{G_{12}} \end{cases} \tag{3.3.12}$$

或

$$\begin{cases} R_1 = \dfrac{R_{12}R_{31}}{R_{12} + R_{23} + R_{31}} \\ R_2 = \dfrac{R_{23}R_{12}}{R_{12} + R_{23} + R_{31}} \\ R_3 = \dfrac{R_{31}R_{23}}{R_{12} + R_{23} + R_{31}} \end{cases} \tag{3.3.13}$$

式(3.3.9)、式(3.3.10)和式(3.3.12)、式(3.3.13)统称为 T 形电路和 Π 形电路的互换公式。

如果 T 形电路中三个电阻或 Π 形电路中三个电阻的电阻值都相等，即 $R_1 = R_2 = R_3 = R_{\mathrm{T}}$ 或 $R_{12} = R_{23} = R_{31} = R_{\Pi}$，则称对称 T 形电路或对称 Π 形电路，并有

$$R_{\mathrm{T}} = \frac{1}{3}R_{\Pi} \quad \text{或} \quad R_{\Pi} = 3R_{\mathrm{T}} \tag{3.3.14}$$

【例 3.3.1】 如图 3.3.3(a)所示电路，试求电压 u。

解 将图 3.3.3(a)上虚线框内的部分先进行简化。把电阻值为 1/3Ω、1/2Ω 和 1Ω 的三个电阻所接成的 T 形连接变换成 Π 形连接，Π 形连接的三个电阻分别为

$$R_{\mathrm{ab}} = R_{\mathrm{a}} + R_{\mathrm{b}} + \frac{R_{\mathrm{a}}R_{\mathrm{b}}}{R_{\mathrm{c}}} = \left(\frac{1}{3} + 1 + \frac{\frac{1}{3} \times 1}{\frac{1}{2}}\right)\Omega = \left(\frac{1}{3} + 1 + \frac{2}{3}\right)\Omega = 2\Omega$$

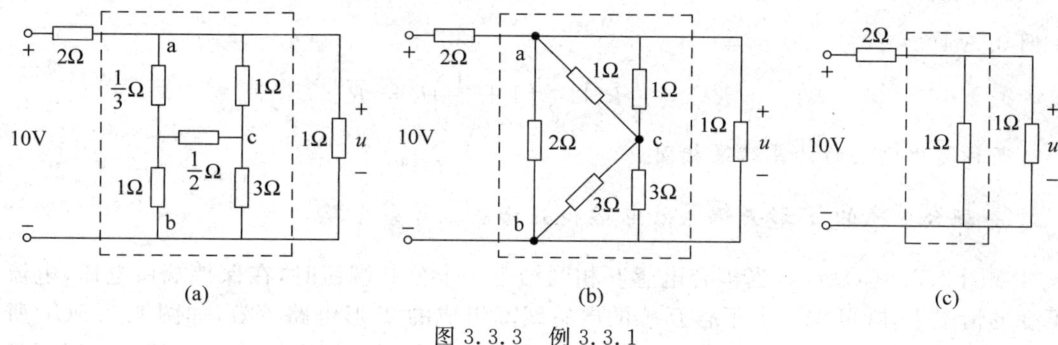

图 3.3.3　例 3.3.1

$$R_{bc}=R_b+R_c+\frac{R_bR_c}{R_a}=\left(1+\frac{1}{2}+\frac{1\times\frac{1}{2}}{\frac{1}{3}}\right)\Omega=\left(1+\frac{1}{2}+\frac{3}{2}\right)\Omega=3\Omega$$

$$R_{ca}=R_c+R_a+\frac{R_cR_a}{R_b}=\left(\frac{1}{2}+\frac{1}{3}+\frac{\frac{1}{2}\times\frac{1}{3}}{1}\right)\Omega=\left(\frac{1}{2}+\frac{1}{3}+\frac{1}{6}\right)\Omega=1\Omega$$

电路如图 3.3.3(b)所示，虚线框内电路部分可以用串联、并联进一步简化为一个 1Ω 的电阻，得到图 3.3.3(c)所示电路，由此电路很容易求出

$$u=\frac{0.5}{2+0.5}\times10\text{V}=2\text{V}$$

【例 3.3.2】 图 3.3.4(a)所示为一桥-T 形电路，其内含有由电阻 R 组成的 Π 形电路和 T 形电路。试求 ab 端的入端电阻 R_{ab}。

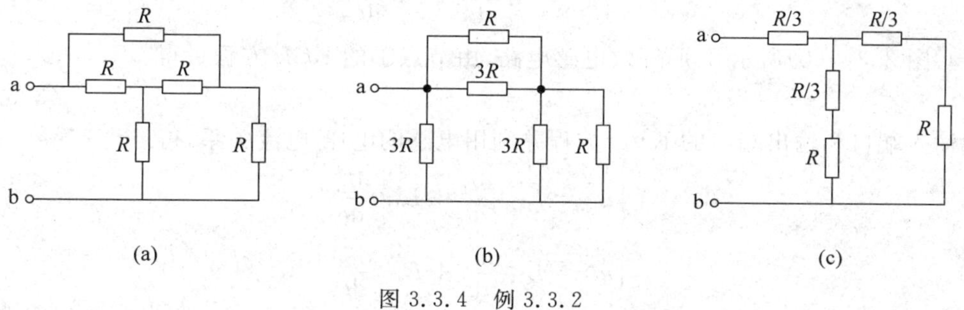

图 3.3.4　例 3.3.2

解　要想用串联和并联简化法把图 3.3.4(a)电路简化成一个等效电阻 R_{ab} 是不可能的，因为在其内部不存在可以用电阻串联和并联等效方法简化的电阻。但是，若能把其 T 形电路等效变换成 Π 形电路，则图 3.3.4(a)电路可变换成如图 3.3.4(b)所示电路。显然，对此电路进行串联和并联简化就可得到结果。同样，把图 3.3.4(a)电路内的 Π 形电路变成 T 形电路会得出如图 3.3.4(c)所示电路。对此电路进行串联和并联简化就同样可得到相同的结果。由图 3.3.4(b)可得

$$R_{ab}=\frac{3\times2\times\frac{3}{3+1}R}{3+2\times\frac{3}{3+1}}=R$$

由图 3.3.4(c)可得

$$R_{ab}=\frac{1}{3}R+\frac{1}{2}\left(1+\frac{1}{3}\right)R=R$$

两种简化方法的计算结果相同。

2. 耦合电感的 T 形去耦等效电路和 Π 形去耦等效电路

如图 3.3.5(a)所示，当耦合电感互相联结于一个公共端钮时，在保持端口电压、电流不变的情况下，既可用三个不含互感的电感线圈组成的 T 形电路等效，如图 3.3.5(b)所示，也可用三个不含互感的电感线圈组成的 Π 形电路等效，如图 3.3.5(c)所示。下面推导它们之间的等效关系。

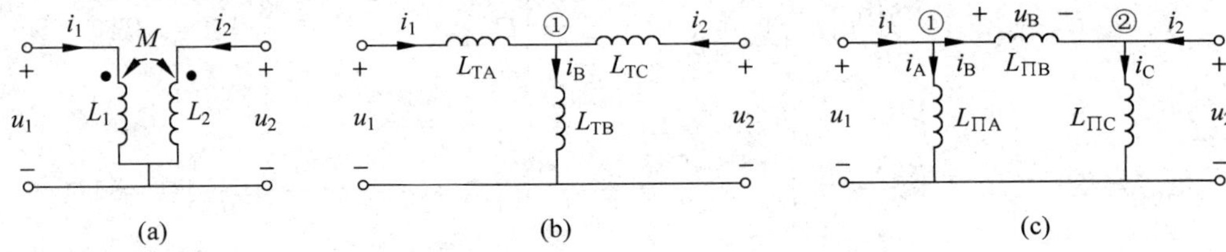

图 3.3.5 耦合电感的去耦等效电路

根据式(2.2.14)，图 3.3.5(a)所示耦合电感端口电压-电流关系为

$$\begin{cases}u_1=L_1\dfrac{di_1}{dt}+M\dfrac{di_2}{dt}\\[2ex]u_2=M\dfrac{di_1}{dt}+L_2\dfrac{di_2}{dt}\end{cases}\tag{3.3.15}$$

对图 3.3.5(b)所示 T 形等效电感电路，由节点①的 KCL 方程可得

$$i_B=i_1+i_2\tag{3.3.16}$$

列写输入端口和输出端口的 KVL 方程并利用电感的电压-电流关系，得

$$\begin{cases}u_1=L_{TA}\dfrac{di_1}{dt}+L_{TB}\dfrac{di_B}{dt}\\[2ex]u_2=L_{TC}\dfrac{di_2}{dt}+L_{TB}\dfrac{di_B}{dt}\end{cases}\tag{3.3.17}$$

将式(3.3.16)代入上式并整理得

$$\begin{cases}u_1=(L_{TA}+L_{TB})\dfrac{di_1}{dt}+L_{TB}\dfrac{di_2}{dt}\\[2ex]u_2=L_{TB}\dfrac{di_1}{dt}+(L_{TB}+L_{TC})\dfrac{di_2}{dt}\end{cases}\tag{3.3.18}$$

比较式(3.3.15)和式(3.3.18)，则可求出 T 形等效电路的各电感值为

$$\begin{cases}L_{TA}=L_1-M\\L_{TB}=M\\L_{TC}=L_2-M\end{cases}\tag{3.3.19}$$

如果改变图 3.3.5(a)所示电路中两电感同名端连接为异名端连接，则上式中 M 之

前的符号也应改变。

对图 3.3.5(c)所示 Π 形等效电感电路，由 KVL 可得

$$u_B = u_1 - u_2 \tag{3.3.20}$$

设电感的电流初始值为零，列写节点①、②的 KCL 方程并利用电感的电压-电流关系，得

$$\begin{cases} i_1 = i_A + i_B = \dfrac{1}{L_{\Pi A}}\displaystyle\int_0^t u_1 \mathrm{d}\tau + \dfrac{1}{L_{\Pi B}}\displaystyle\int_0^t u_B \mathrm{d}\tau \\ i_2 = i_C - i_B = \dfrac{1}{L_{\Pi C}}\displaystyle\int_0^t u_2 \mathrm{d}\tau - \dfrac{1}{L_{\Pi B}}\displaystyle\int_0^t u_B \mathrm{d}\tau \end{cases} \tag{3.3.21}$$

将式(3.3.20)代入上式并整理得

$$\begin{cases} i_1 = \left(\dfrac{1}{L_{\Pi A}} + \dfrac{1}{L_{\Pi B}}\right)\displaystyle\int_0^t u_1 \mathrm{d}\tau - \dfrac{1}{L_{\Pi B}}\displaystyle\int_0^t u_2 \mathrm{d}\tau \\ i_2 = -\dfrac{1}{L_{\Pi B}}\displaystyle\int_0^t u_1 \mathrm{d}\tau + \left(\dfrac{1}{L_{\Pi B}} + \dfrac{1}{L_{\Pi C}}\right)\displaystyle\int_0^t u_2 \mathrm{d}\tau \end{cases} \tag{3.3.22}$$

为了求出 Π 形等效电路的电感值，根据式(2.2.15)，耦合电感端口电压-电流关系可写为

$$\begin{cases} \dfrac{\mathrm{d}i_1}{\mathrm{d}t} = \dfrac{L_2}{L_1 L_2 - M^2} u_1 - \dfrac{M}{L_1 L_2 - M^2} u_2 \\ \dfrac{\mathrm{d}i_2}{\mathrm{d}t} = -\dfrac{M}{L_1 L_2 - M^2} u_1 + \dfrac{L_1}{L_1 L_2 - M^2} u_2 \end{cases} \tag{3.3.23}$$

设耦合电感的电流初始值为零，由上式可得

$$\begin{cases} i_1 = \dfrac{L_2}{L_1 L_2 - M^2}\displaystyle\int_0^t u_1 \mathrm{d}\tau - \dfrac{M}{L_1 L_2 - M^2}\displaystyle\int_0^t u_2 \mathrm{d}\tau \\ i_2 = -\dfrac{M}{L_1 L_2 - M^2}\displaystyle\int_0^t u_1 \mathrm{d}\tau + \dfrac{L_1}{L_1 L_2 - M^2}\displaystyle\int_0^t u_2 \mathrm{d}\tau \end{cases} \tag{3.3.24}$$

比较式(3.3.22)和式(3.3.24)，则可求出 Π 形等效电路的各电感值为

$$\begin{cases} L_{\Pi A} = \dfrac{L_1 L_2 - M^2}{L_2 - M} \\ L_{\Pi B} = \dfrac{L_1 L_2 - M^2}{M} \\ L_{\Pi C} = \dfrac{L_1 L_2 - M^2}{L_1 - M} \end{cases} \tag{3.3.25}$$

同样，如果改变图 3.3.5(a)所示电路中两电感同名端连接为异名端连接，则上式中 M 之前的符号也应改变。

上述 T 形等效电路和 Π 形等效电路中的三个耦合线圈，都是无耦合关系的电感线圈，所以称去耦等效电路。在分析含耦合电感元件的电路时，“去耦等效”方法有时会使计算变得方便。T 形和 Π 形去耦等效电路的局限性在于两个耦合线圈必须有公共端钮。

3.3.2 二端口电路的互连

一个二端口电路有时可以看成由更为简单的二端口电路互相连接而成，不同的二端口电路也可以适当地连接在一起构成一个更为复杂的二端口电路。本节主要讨论二端口电路有哪些连接方式，以及在不同的连接的方式下所得到的总二端口电路的参数矩阵与子二端口电路（即组成总二端口电路的那些二端口电路）的参数矩阵之间的关系。

常见的二端口电路间的连接方式有：串联、并联和级联等。

1. 串联连接

两个二端口电路的串联连接如图 3.3.6 所示。经过这种连接得出的总电路仍是一个二端口电路。设二端口电路 N_1、N_2 的开路电阻矩阵分别为 $\boldsymbol{R}_1$、$\boldsymbol{R}_2$，N_1、N_2 连接后仍满足端口定义，由 N_1、N_2 的端口特性

$$\begin{bmatrix} u'_1 \\ u'_2 \end{bmatrix} = \boldsymbol{R}_1 \begin{bmatrix} i'_1 \\ i'_2 \end{bmatrix},\quad \begin{bmatrix} u''_1 \\ u''_2 \end{bmatrix} = \boldsymbol{R}_2 \begin{bmatrix} i''_1 \\ i''_2 \end{bmatrix}$$

根据图 3.3.6 所示的串联连接，有

$$\begin{bmatrix} i_1 \\ i_2 \end{bmatrix} = \begin{bmatrix} i'_1 \\ i'_2 \end{bmatrix} = \begin{bmatrix} i''_1 \\ i''_2 \end{bmatrix} \tag{3.3.26}$$

$$\begin{bmatrix} u_1 \\ u_2 \end{bmatrix} = \begin{bmatrix} u'_1 + u''_1 \\ u'_2 + u''_2 \end{bmatrix} = \begin{bmatrix} u'_1 \\ u'_2 \end{bmatrix} + \begin{bmatrix} u''_1 \\ u''_2 \end{bmatrix} \tag{3.3.27}$$

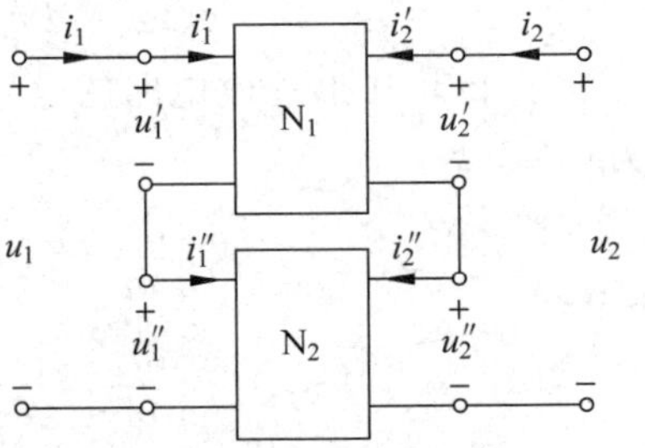

图 3.3.6 两个二端口电路的串联连接

于是可以求得

$$\begin{bmatrix} u_1 \\ u_2 \end{bmatrix} = \boldsymbol{R}_1 \begin{bmatrix} i'_1 \\ i'_2 \end{bmatrix} + \boldsymbol{R}_2 \begin{bmatrix} i''_1 \\ i''_2 \end{bmatrix} = (\boldsymbol{R}_1 + \boldsymbol{R}_2) \begin{bmatrix} i_1 \\ i_2 \end{bmatrix} = \boldsymbol{R} \begin{bmatrix} i_1 \\ i_2 \end{bmatrix} \tag{3.3.28}$$

其中

$$\boldsymbol{R} = \boldsymbol{R}_1 + \boldsymbol{R}_2 \tag{3.3.29}$$

式(3.3.29)表明，由两个子二端口电路串联而成的总二端口电路，其开路电阻矩阵 $\boldsymbol{R}$ 等于两个子二端口电路的开路电阻矩阵 $\boldsymbol{R}_1$、$\boldsymbol{R}_2$ 之和。

但要注意，式(3.3.29)的成立是有条件的，这个条件是两个子二端口电路经串联后，每个子二端口电路的端口电流约束条件必须得到保证，否则便不成立。下面用具体电路来说明这个问题。

设有两个相同的二端口电路 N_1 和 N_2 如图 3.3.7(a)所示，将它们串联连接，得到的总二端口电路 N 如图 3.3.7(b)所示。从图 3.3.7(b)可以看出

$$i''_1 = 0,\quad i''_2 = i_1 + i_2 \tag{3.3.30}$$

显然，此时两个子二端口电路 N_1 和 N_2 的端口电流约束条件均遭到破坏。不难证实，此时 N 的 $\boldsymbol{R}$ 矩阵不等于 N_1 的 $\boldsymbol{R}_1$ 矩阵和 N_2 的 $\boldsymbol{R}_2$ 矩阵之和。根据求 $\boldsymbol{R}$ 矩阵的方法可求得 N_1 和 N_2 的开路电阻矩阵

$$\boldsymbol{R}_1=\boldsymbol{R}_2=\begin{bmatrix}R_1+R_2 & R_2\\ R_2 & R_2\end{bmatrix}\tag{3.3.31}$$

将 N 简化为图 3.3.7(c)所示二端口电路，其 $\boldsymbol{R}$ 矩阵为

$$\boldsymbol{R}=\begin{bmatrix}R_1+2R_2 & 2R_2\\ 2R_2 & 2R_2\end{bmatrix}\tag{3.3.32}$$

将 $\boldsymbol{R}_1$ 和 $\boldsymbol{R}_2$ 相加后，再与 $\boldsymbol{R}$ 进行比较，便知 $\boldsymbol{R}_1+\boldsymbol{R}_2\neq\boldsymbol{R}$。

导致端口电流约束条件遭到破坏的原因很容易从图 3.3.7(b)上看出。此图表明二端口电路 N_2 的电阻 R_1 在连接时被短路，正是因为这种短路引起了电流分布的改变，才破坏了端口电流的约束条件。

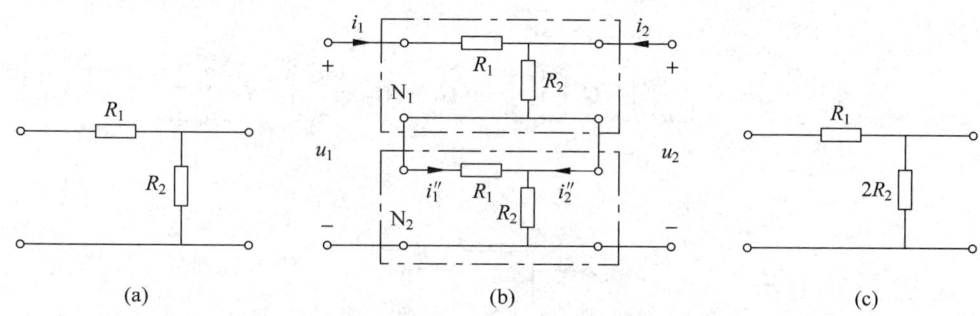

图 3.3.7　二端口电路的串联

(a) 二端口电路 N_1、N_2；(b) 总二端口电路 N；(c) 简化后的二端口电路 N

两个二端口电路互相连接在一起后，若各自的端口电流约束条件不被破坏，则称两者的连接有效。两个二端口电路之间的连接是否有效，可通过有效性测试来判定。对串联连接来说，测试过程如下。

先将电路接成如图 3.3.8(a)的形式，并用电压表测量电压 u_1；再将电路改接成如图 3.3.8(b)的形式，并用电压表改测量电压 u_2。若在这两次测量中电压表的读数均为零，即 $u_1=0$ 和 $u_2=0$，则可断定连接有效。用有效性测试检查图 3.3.7(b)上的连接，可以发现它不符合有效性的要求。

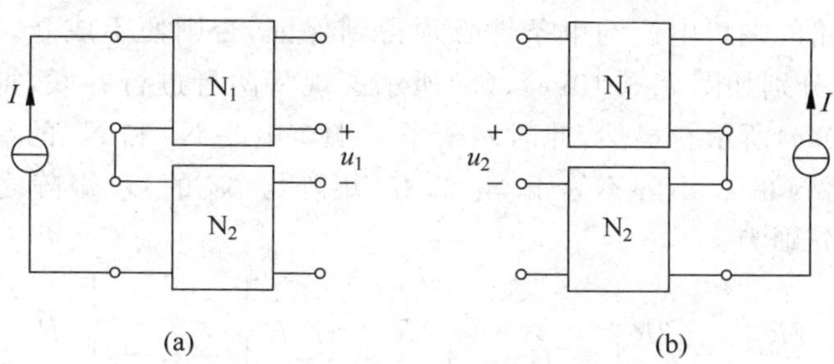

图 3.3.8　串联连接的有效性测试电路

2．并联连接

两个二端口电路的并联连接如图 3.3.9 所示。显然，经过这种连接得出的总电路仍

是一个二端口电路。设二端口电路 N_1、N_2 短路电导矩阵分别为 $\boldsymbol{G}_1$、$\boldsymbol{G}_2$，N_1、N_2 连接后仍满足端口定义，由 N_1、N_2 的端口特性

$$\begin{bmatrix} i'_1 \\ i'_2 \end{bmatrix} = \boldsymbol{G}_1 \begin{bmatrix} u'_1 \\ u'_2 \end{bmatrix}, \quad \begin{bmatrix} i''_1 \\ i''_2 \end{bmatrix} = \boldsymbol{G}_2 \begin{bmatrix} u''_1 \\ u''_2 \end{bmatrix}$$

根据图 3.3.9 所示的并联连接，有

$$\begin{bmatrix} u_1 \\ u_2 \end{bmatrix} = \begin{bmatrix} u'_1 \\ u'_2 \end{bmatrix} = \begin{bmatrix} u''_1 \\ u''_2 \end{bmatrix} \tag{3.3.33}$$

$$\begin{bmatrix} i_1 \\ i_2 \end{bmatrix} = \begin{bmatrix} i'_1 + i''_1 \\ i'_2 + i''_2 \end{bmatrix} = \begin{bmatrix} i'_1 \\ i'_2 \end{bmatrix} + \begin{bmatrix} i''_1 \\ i''_2 \end{bmatrix} \tag{3.3.34}$$

由上述方程可以求得

$$\begin{bmatrix} i_1 \\ i_2 \end{bmatrix} = \boldsymbol{G}_1 \begin{bmatrix} u'_1 \\ u'_2 \end{bmatrix} + \boldsymbol{G}_2 \begin{bmatrix} u''_1 \\ u''_2 \end{bmatrix} = (\boldsymbol{G}_1 + \boldsymbol{G}_2) \begin{bmatrix} u_1 \\ u_2 \end{bmatrix} = \boldsymbol{G} \begin{bmatrix} u_1 \\ u_2 \end{bmatrix} \tag{3.3.35}$$

其中

$$\boldsymbol{G} = \boldsymbol{G}_1 + \boldsymbol{G}_2 \tag{3.3.36}$$

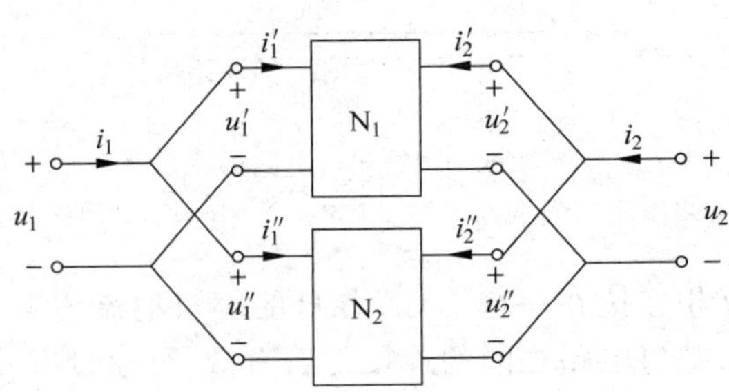

图 3.3.9　两个二端口电路的并联连接

式(3.3.36)表明，由两个子二端口电路并联而成的总二端口电路，其短路电导矩阵 $\boldsymbol{G}$ 等于两个子二端口电路的短路电导矩阵 $\boldsymbol{G}_1$、$\boldsymbol{G}_2$ 之和。

但要注意，式(3.3.36)的成立是有条件的，这个条件是两个子二端口电路经并联后，每个子二端口电路的端口电流约束条件必须得到保证，否则便不成立。例如有两个二端口电路 N_1 和 N_2 分别如图 3.3.10(a)、(b)所示。现将两者进行并联，得到的总二端口电路 N 如图 3.3.10(c)所示。显然，此时两个子二端口电路 N_1 和 N_2 的端口电流约束条件均遭到破坏，因此 N 的 $\boldsymbol{G}$ 矩阵不等于 N_1 的 $\boldsymbol{G}_1$ 矩阵与 N_2 的 $\boldsymbol{G}_2$ 矩阵之和。N_1、N_2 和 N 的短路电导矩阵分别为

$$\boldsymbol{G}_1 = \begin{bmatrix} \frac{1}{2R} & -\frac{1}{2R} \\ -\frac{1}{2R} & \frac{1}{2R} \end{bmatrix}, \quad \boldsymbol{G}_2 = \begin{bmatrix} \frac{1}{R} & -\frac{1}{R} \\ -\frac{1}{R} & \frac{1}{R} \end{bmatrix}, \quad \boldsymbol{G} = \begin{bmatrix} \frac{2}{R} & -\frac{2}{R} \\ -\frac{2}{R} & \frac{2}{R} \end{bmatrix} \tag{3.3.37}$$

对并联连接必须进行有效性测试，测试过程如下：先将电路接成如图 3.3.11(a)的形式，并用电压表测两个二端口电路输出端钮间的电压；再将电路改接成如图 3.3.11(b)的形式，并用电压表改测两个二端口电路输入端钮间的电压。若在这两次测量中电压表的

读数均为零，即 $u_1=0$ 和 $u_2=0$，则可断定连接有效。用有效性测试检查一下图 3.3.10(c)上的连接，可以发现它不符合有效性的要求。

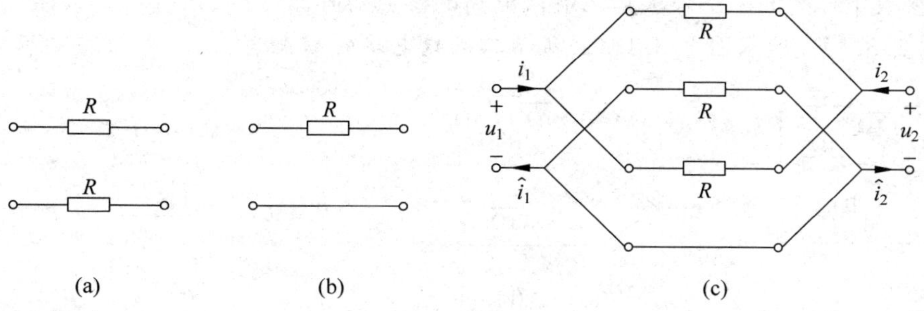

图 3.3.10　二端口电路的并联

(a) 二端口电路 N_1；(b) 二端口电路 N_2；(c) 总二端口电路 N

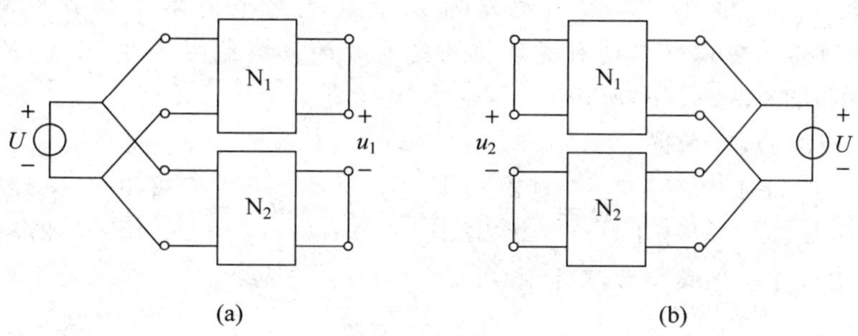

图 3.3.11　并联连接的有效性测试电路

3. 级联连接

两个二端口电路的级联连接见图 3.3.12。根据该图所示电压、电流可得

$$\begin{bmatrix} u_1 \\ i_1 \end{bmatrix} = \boldsymbol{A}_1 \begin{bmatrix} u_2' \\ -i_2' \end{bmatrix} = \boldsymbol{A}_1 \begin{bmatrix} u_1'' \\ i_1'' \end{bmatrix} = \boldsymbol{A}_1\boldsymbol{A}_2 \begin{bmatrix} u_2 \\ -i_2 \end{bmatrix} = \boldsymbol{A} \begin{bmatrix} u_2 \\ -i_2 \end{bmatrix} \tag{3.3.38}$$

其中

$$\boldsymbol{A} = \boldsymbol{A}_1\boldsymbol{A}_2 \tag{3.3.39}$$

对 n 个二端口电路的级联连接，有

$$A = \prod_{i=1}^{n} A_i \tag{3.3.40}$$

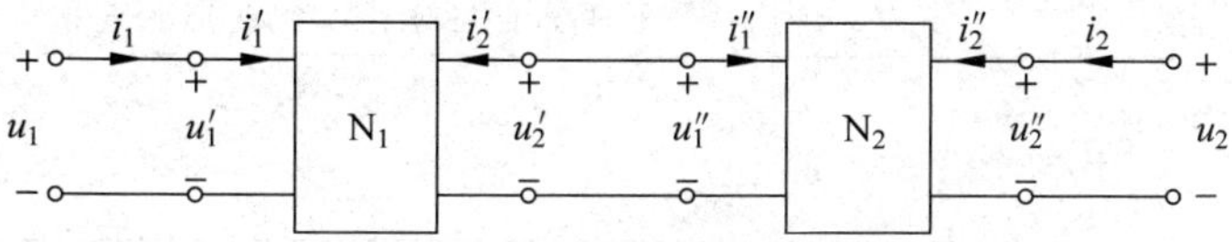

图 3.3.12　级联连接

很明显，这种连接方式不会出现端口电流约束条件遭到破坏的情况，式(3.3.40)总是成立的，所以不需要做有效性测试。

以上讨论的是二端口电路的连接方式以及当连接有效时总二端口电路的参数矩阵与各子二端口电路的参数矩阵之间的关系。下面通过几个例子说明如何利用这些连接方式和参数矩阵间的关系来求解二端口电路的参数矩阵。

【例 3.3.3】 试求图 3.3.13(a)所示二端口电路的 $\boldsymbol{G}$ 矩阵。

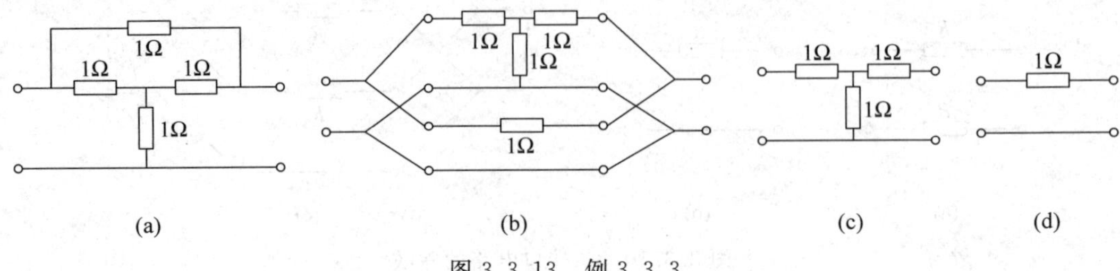

图 3.3.13 例 3.3.3

解 图 3.3.13(a)所示二端口电路可以看成是两个简单二端口电路的并联，如图 3.3.13(b)所示。可以断定这种并联接法是有效的。构成图 3.3.13(b)的两个二端口电路分别如图 3.3.13(c)、(d)所示。

对图 3.3.13(c)，可求得

$$\boldsymbol{R}_1=\begin{bmatrix}1+1 & 1\\ 1 & 1+1\end{bmatrix}\Omega=\begin{bmatrix}2 & 1\\ 1 & 2\end{bmatrix}\Omega,\quad \boldsymbol{G}_1=\boldsymbol{R}_1^{-1}=\begin{bmatrix}2/3 & -1/3\\ -1/3 & 2/3\end{bmatrix}\mathrm{S}$$

对图 3.3.13(d)，可求得端口方程为

$$\begin{cases}i_1=u_1-u_2\\ i_2=u_2-u_1\end{cases}$$

因此

$$\boldsymbol{G}_2=\begin{bmatrix}1 & -1\\ -1 & 1\end{bmatrix}\mathrm{S}$$

最后得到

$$\boldsymbol{G}=\boldsymbol{G}_1+\boldsymbol{G}_2=\begin{bmatrix}2/3 & -1/3\\ -1/3 & 2/3\end{bmatrix}\mathrm{S}+\begin{bmatrix}1 & -1\\ -1 & 1\end{bmatrix}\mathrm{S}=\begin{bmatrix}5/3 & -4/3\\ -4/3 & 5/3\end{bmatrix}\mathrm{S}$$

MATLAB 计算程序：

```
% 采用 MATLAB 求解例 3.3.1
R1 = [1 + 1 1; 1 1 + 1]; G2 = [1  -1; -1 1];     % 计算图 3.3.13(c)的 R 矩阵，图 3.3.13(d)的 G 矩阵
G = rats(inv(R1) + G2)                            % 计算 G 矩阵并以分数形式表示
```

计算结果：

```
G =       5/3        -4/3
         -4/3         5/3
```

【例 3.3.4】 已知图 3.3.14(a)所示电路的 $\boldsymbol{A}$ 矩阵为 $\begin{bmatrix}4 & 0\\ 0.5\mathrm{S} & 0.25\end{bmatrix}$，试求 n 和 R。

解 给定的电路可看成图 3.3.14(b)、(c)所示的两个二端口电路的级联，因此有

$\boldsymbol{A}=\boldsymbol{A}_1\boldsymbol{A}_2$，即

$$\begin{bmatrix}4 & 0\\0.5 & 0.25\end{bmatrix}=\begin{bmatrix}n & 0\\0 & 1/n\end{bmatrix}\begin{bmatrix}1 & 0\\1/R & 1\end{bmatrix}=\begin{bmatrix}n & 0\\1/(nR) & 1/n\end{bmatrix}$$

由上式可得 $n=4, R=5\Omega$。

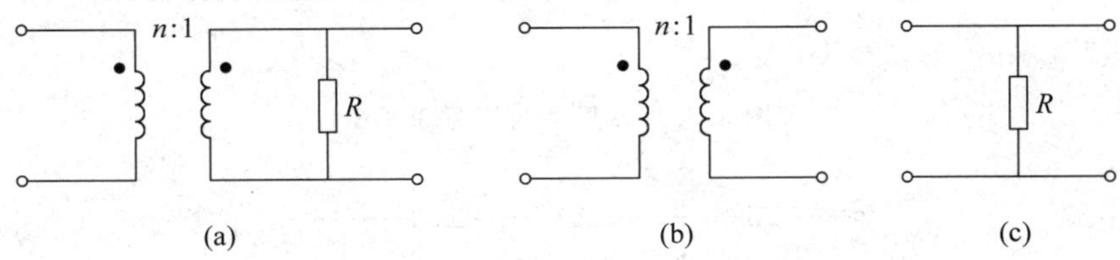

图 3.3.14　例 3.3.4

有效性测试可以判断二端口电路互连是否为有效连接，并没有给出实现有效连接的方法。在电子工程技术中常常需要对给定的两个二端口电路进行某种连接，以实现相应的功能。如果利用端口有效性测试得知连接是失效的，则必须采取措施变失效连接为有效连接。一般可采用光电隔离、变压器隔离等方法来实现有效连接。这里介绍变压器隔离法。如果两个二端口电路互连为无效连接，则可以在不满足有效连接的端口中接入一个 $n=1$ 的理想变压器。图 3.3.15 分别给出了二端口电路串联、并联的变压器隔离方法。值得指出的是，理想变压器可以接入两个二端口电路中的任意一个端口。

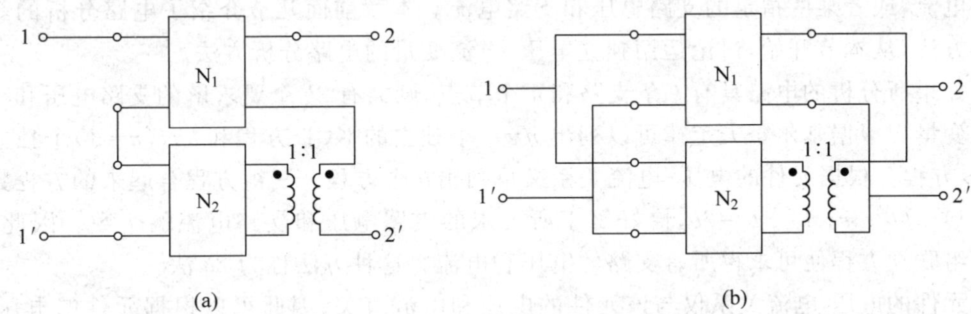

图 3.3.15　二端口电路连接的变压器隔离

从图 3.3.15 可以看出，由于理想变压器的接入，N_1、N_2 的二端口特性没有发生变化，因此为有效连接。不难证明上述二端口电路连接完全满足端口检查的有效性测试。

【思考与练习】

3.3.1　已知图 3.3.16 中 $u=6\text{V}$，试求电流 i。(4.5A)

3.3.2　试求图 3.3.17 所示电路的 T 形去耦等效电路和 Π 形去耦等效电路。

3.3.3　试求图 3.3.18 所示网络的传输参数 $\boldsymbol{A}$ 矩阵，图中电阻均为 1Ω。$\left(\begin{bmatrix}41 & 30\Omega\\15\text{S} & 11\end{bmatrix}\right)$

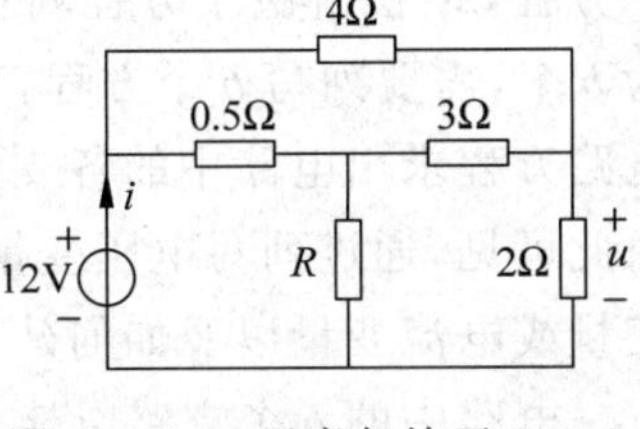

图 3.3.16　思考与练习 3.3.1

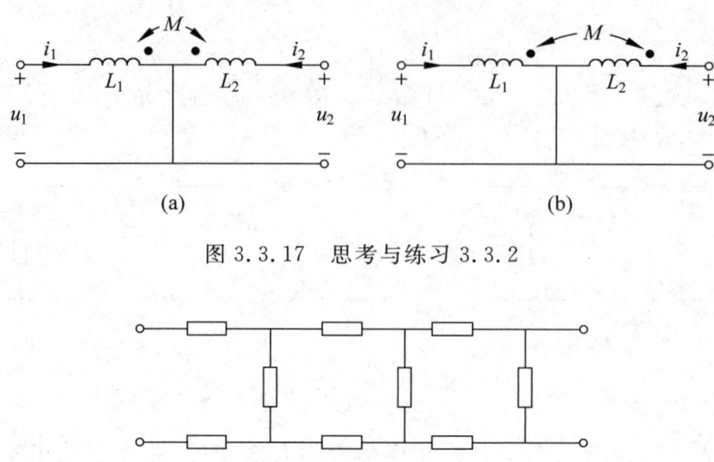

图 3.3.17　思考与练习 3.3.2

图 3.3.18　思考与练习 3.3.3

3.4　独立电流变量和独立电压变量

电路分析的典型问题是：对给定结构和元件的电路，确定电路中的所有支路电压和支路电流，或者某些指定的支路电压和支路电流。本章前面几节介绍了电路分析的等效变换方法，从本节开始，讨论运用独立电压、电流变量的电路分析方法。

如果所分析的电路具有 b 条支路和 n 个节点，则共有 $2b$ 个要求解的支路电压和支路电流变量。根据基尔霍夫定律可以列出 $n-1$ 个独立的 KCL 方程和 $b-(n-1)$ 个独立的 KVL 方程。根据元件的电压-电流关系又可列出 b 个方程。三组方程合起来的方程数为 $(n-1)+(b-n+1)+b=2b$，恰好等于所要求的支路电压和支路电流的个数。因此，求解三组联立方程便可求得所有支路的电压和电流。这种方法称为 $2b$ 法。

元件的电压-电流关系仅与该元件的电压和电流有关，因此可以根据元件的电压-电流关系将支路电压用支路电流表示，再代入 KVL 方程，或者将支路电流用支路电压表示，再代入 KCL 方程，这样都将得到 b 个电路方程，从而减少联立求解的方程数。这种以支路电流或支路电压为变量列写电路方程来求解电路的方法分别称为**支路电流法**(branch current analysis)或**支路电压法**(branch voltage analysis)。支路电流法和支路电压法统称为支路分析法或 $1b$ 法。

当对电路电压和电流变量不给予任何约束时，电路的独立变量有 $2b$ 个，必须列写 $2b$ 个方程，$2b$ 法解决了方程列写问题；如果以支路电流或支路电压为独立变量，变量个数为 b 个，需要列写 b 个方程，$1b$ 法解决了方程列写问题。$2b$ 法和 $1b$ 法尽管可以通过列写电路方程求出电路中的各支路电压和支路电流，但求解的联立方程数分别为 $2b$ 和 b 个。由此可见，通过列写电压变量或电流变量的电路方程来分析电路时，涉及如何选择电压变量或电流变量以及如何建立求解这些变量所需的联立方程的问题。

电路中的 b 个支路电流受 KCL 制约，独立的 KCL 方程为 $n-1$ 个，因此 b 个支路电流中只有$b-(n-1)$电流变量是独立的。可以用b个支路电流构造$b-(n-1)$电流变量作为独立电流变量，其余的电流变量可由$n-1$个KCL方程求出。

如图3.4.1所示为一具有4个节点、6条支路的电流，独立KCL方程数为$(4-1)=3$个，独立电流变量数为$6-(4-1)=3$个。对节点①、②和③列写KCL方程得

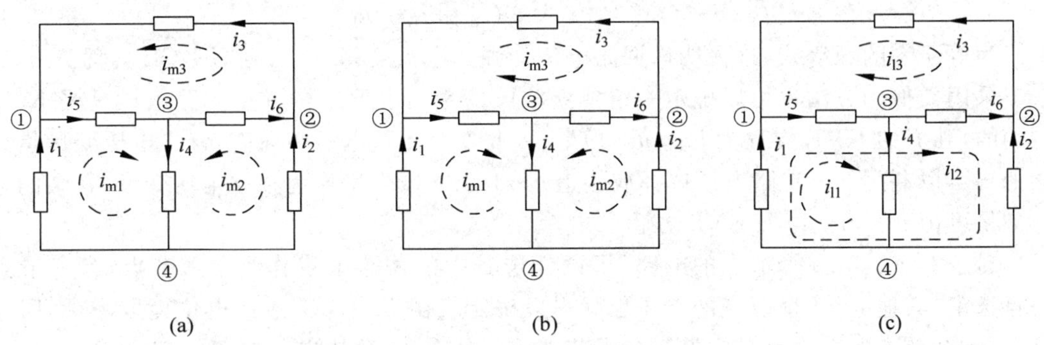

图3.4.1　独立电流变量的选择

节点①：
$$i_1+i_3-i_5=0 \tag{3.4.1a}$$
节点②：
$$i_2-i_3+i_6=0 \tag{3.4.1b}$$
节点③：
$$-i_4+i_5-i_6=0 \tag{3.4.1c}$$

如图3.4.1(a)所示，选择支路电流中的三个电流变量
$$i_{m1}=i_1,\quad i_{m2}=i_2,\quad i_{m3}=i_3 \tag{3.4.2}$$
作为独立电流变量，则非独立电流变量i_4、i_5、i_6可由式(3.4.1)求出为
$$i_4=i_{m1}+i_{m2},\quad i_5=i_{m1}+i_{m3},\quad i_6=-i_{m2}+i_{m3} \tag{3.4.3}$$

从式(3.4.2)和式(3.4.3)可以看出：如果将独立电流变量i_{m1}、i_{m2}、i_{m3}看做分别沿网孔m_1、网孔m_2、网孔m_3边界流动的闭合电流，则非独立电流变量i_4、i_5、i_6就等于独立电流变量i_{m1}、i_{m2}、i_{m3}的代数和。称这种沿着每个网孔边界构成的闭合路径自行流动的电流为**网孔电流**(mesh current)。由内网孔电流构成的一组电流变量是一组独立变量。

图3.4.1(b)给出了网孔电流的另一种取法，其中网孔电流i_{m3}的流动方向与图3.4.1(a)相反。显然，此时的独立电流变量为
$$i_{m1}=i_1,\quad i_{m2}=i_2,\quad i_{m3}=-i_3 \tag{3.4.4}$$
所有支路电流变量可直接写出为
$$i_1=i_{m1},\quad i_2=i_{m2},\quad i_3=-i_{m3},\quad i_4=i_{m1}+i_{m2},\quad i_5=i_{m1}-i_{m3},\quad i_6=-i_{m2}-i_{m3}$$

独立电流变量的选择可以有多种形式。如图3.4.1(c)所示，构造三个独立电流变量
$$i_{l1}=i_4,\quad i_{l2}=-i_2,\quad i_{l3}=-i_3 \tag{3.4.5}$$
同样可直接写出所有支路电流变量为
$$i_1=i_{l1}+i_{l2},\quad i_2=-i_{l2},\quad i_3=-i_{l3},\quad i_4=i_{l1},\quad i_5=i_{l1}+i_{l2}-i_{l3},\quad i_6=i_{l2}-i_{l3}$$

由图3.4.1(c)可以看到，独立电流变量i_{l1}、i_{l2}、i_{l3}沿着选定的回路l_1、回路l_2、回路l_3

边界构成的闭合路径自行流动，称为**回路电流**(loop current)。显然，网孔电流可看做回路电流的特例。

由于回路电流本身是连续的，若以回路电流为独立电流变量，便等价地应用了 KCL。例如将节点①的 KCL 方程用回路电流表示有

$$(i_{l1}+i_{l2})+(-i_{l3})-(i_{l1}+i_{l2}-i_{l3})=0 \tag{3.4.6}$$

上式为等于零的恒等式，这说明以回路电流为独立电流变量，不必列写 KCL 方程。

采用类似的方法也可以确定一组独立电压变量。电路中的 b 个支路电压是受 KVL 制约的，独立的 KVL 方程为 $b-(n-1)$个，因此 b 个支路电压中只有 $n-1$ 电压变量是独立的。可以利用 b 个支路电压选择或构造 $n-1$ 个电压变量作为独立电压变量，其余的电压变量可由 $b-(n-1)$个 KVL 方程求出。

对于一个具有 n 个节点的电路，可以任选其中的一个节点作为参考节点，参考节点一旦选定，其他 $n-1$ 个节点的电压也就得以确定。由于参考节点的电位恒取为零，所以这 $n-1$ 个节点的电位就是它们与参考节点之间的电压，称为**节点电压**(node voltage)。

节点电压是一组独立的电压变量。如图 3.4.2 所示，选择节点④为参考节点，用 u_{n1}、u_{n2}、u_{n3} 分别表示节点①、②、③的节点电压，则所有支路电压用节点电压表示为

$$u_1=-u_{n1},\quad u_2=-u_{n2},\quad u_3=u_{n2}-u_{n1},\quad u_4=u_{n3},$$
$$u_5=u_{n1}-u_{n3},\quad u_6=-u_{n2}+u_{n3} \tag{3.4.7}$$

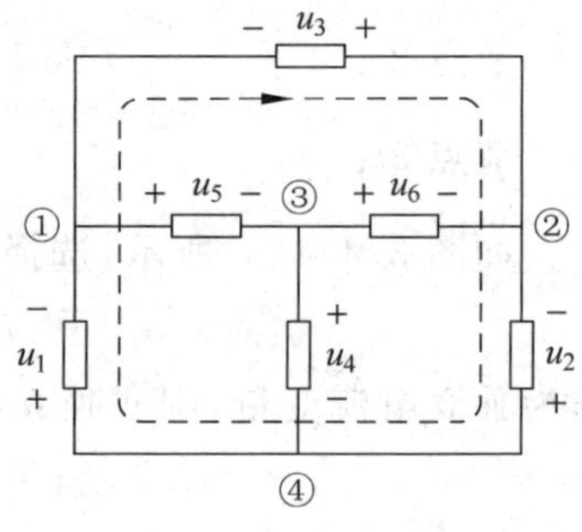

图 3.4.2　独立电压变量的选择

下面讨论节点电压与 KVL 的关系。对图 3.4.2 所示回路应用 KVL 得

$$u_1-u_3-u_2=-u_{n1}-(u_{n2}-u_{n1})-(-u_{n2})=0 \tag{3.4.8}$$

上式为等于零的恒等式，这说明以节点电压为独立电压变量，不必列写 KVL 方程。

独立电压变量和独立电流变量也可以用图论的方法加以选择，这将在第 4 章中讨论。

【例 3.4.1】 如图 3.4.3 所示，选择网孔电流 i_{m1}、i_{m2}、i_{m3} 为独立电流变量，试用网孔电流表示各支路电流，并确定网孔电流与支路电流之间的关系。

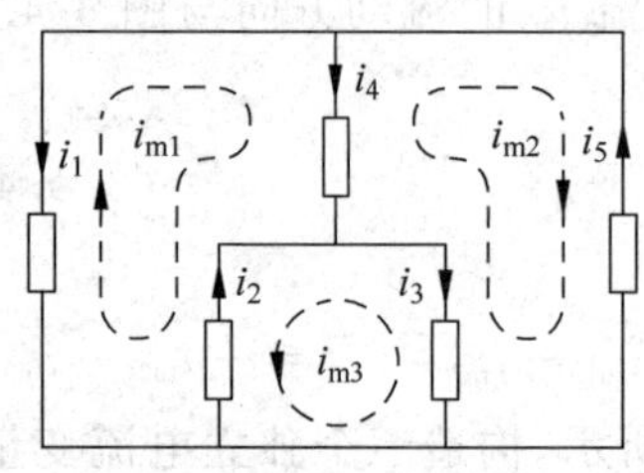

图 3.4.3　例 3.4.1

解　由图 3.4.3 所示电路可知，各支路电流与网孔电流之间的关系为

$$i_1=-i_{m1},\quad i_2=-i_{m1}-i_{m3},\quad i_3=-i_{m2}-i_{m3},$$
$$i_4=i_{m1}-i_{m2},\quad i_5=-i_{m2}$$

从上式可确定网孔电流与支路电流之间的关系为

$$i_{m1}=-i_1,\quad i_{m2}=-i_5,\quad i_{m3}=i_1-i_2$$

由于支路电流满足 KCL，因此可用多种形式来表示网孔电流与支路电流之间的关系，例如网孔电流还可以表示为

$$i_{m1}=-i_1,\quad i_{m2}=-i_1-i_4,\quad i_{m3}=-i_3+i_5$$

可见，作为独立电流变量的网孔电流是支路电流的线性组合。

3.5 回路分析法

回路分析法(loop analysis)是以独立回路电流作为未知变量来列写方程,并求解回路电流,进而求取各支路电流和支路电压的方法。此时所得方程称为**回路方程**(loop equation)。由于一个电路的回路数总小于支路数,所以,回路分析法可以减少求解电路所需的联立方程数。从回路方程求得回路电流以后,便能求出各支路电压和支路电流。当所取的回路为网孔时,则以网孔电流列写电路方程,称为**网孔分析法**(mesh analysis)。相应的电路方程称为**网孔方程**(mesh equation)。

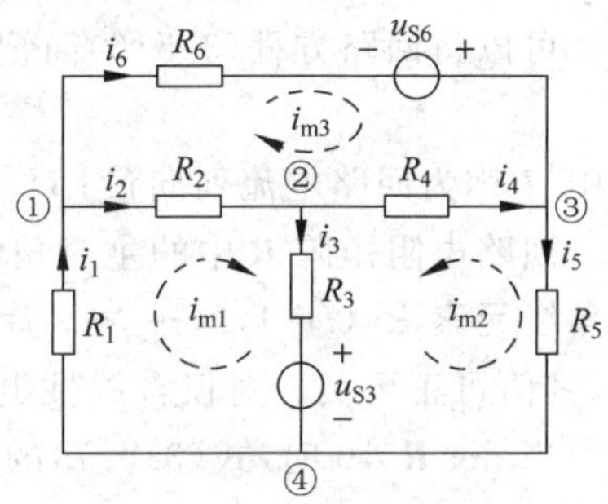

图 3.5.1 回路分析法

设有如图 3.5.1 所示的电路,取独立回路为三个网孔。在图上已规定了支路电流的参考方向,规定了回路电流 i_{m1}、i_{m2} 和 i_{m3} 的参考方向,支路电压和支路电流取一致参考方向。

为列写以 i_{m1}、i_{m2} 和 i_{m3} 为未知量的三个独立电路方程,首先由三个网孔列出三个独立的 KVL 方程

$$\begin{cases} R_1 i_1 + R_2 i_2 + R_3 i_3 + u_{S3} = 0 \\ -R_3 i_3 + R_4 i_4 + R_5 i_5 - u_{S3} = 0 \\ -R_2 i_2 - R_4 i_4 + R_6 i_6 - u_{S6} = 0 \end{cases} \tag{3.5.1}$$

式(3.5.1)中的各支路电流可用 i_{m1}、i_{m2} 和 i_{m3} 来表示,即

$$\begin{aligned} &i_1 = i_{m1}, \quad i_2 = i_{m1} - i_{m3}, \quad i_3 = i_{m1} + i_{m2} \\ &i_4 = -i_{m2} - i_{m3}, \quad i_5 = -i_{m2}, \quad i_6 = i_{m6} \end{aligned} \tag{3.5.2}$$

将式(3.5.2)代入式(3.5.1),整理后可得

$$\begin{cases} (R_1 + R_2 + R_3) i_{m1} + R_3 i_{m2} - R_2 i_{m3} = -u_{S3} \\ R_3 i_{m1} + (R_3 + R_4 + R_5) i_{m2} + R_4 i_{m3} = -u_{S3} \\ -R_2 i_{m1} + R_4 i_{m2} + (R_2 + R_4 + R_6) i_{m3} = u_{S6} \end{cases} \tag{3.5.3}$$

表示成矩阵形式

$$\begin{bmatrix} R_1 + R_2 + R_3 & R_3 & -R_2 \\ R_3 & R_3 + R_4 + R_5 & R_4 \\ -R_2 & R_4 & R_2 + R_4 + R_6 \end{bmatrix} \begin{bmatrix} i_{m1} \\ i_{m2} \\ i_{m3} \end{bmatrix} = \begin{bmatrix} -u_{S3} \\ -u_{S3} \\ u_{S6} \end{bmatrix} \tag{3.5.4}$$

式(3.5.3)、式(3.5.4)即为图 3.5.1 所示电路的回路方程。

现将式(3.5.3)简写成

$$\begin{bmatrix} R_{11} & R_{12} & R_{13} \\ R_{21} & R_{22} & R_{23} \\ R_{31} & R_{32} & R_{33} \end{bmatrix} \begin{bmatrix} i_{m1} \\ i_{m2} \\ i_{m3} \end{bmatrix} = \begin{bmatrix} u_{S11} \\ u_{S22} \\ u_{S33} \end{bmatrix} \tag{3.5.5}$$

式中,R_{11} 为回路 1 中所有电阻的总和,称为回路 1 的自电阻;R_{22} 为回路 2 中所有电阻的总和,称为回路 2 的自电阻;R_{33} 为回路 3 的自电阻;$R_{12}=R_{21}$,为回路 1 和回路 2 公共支路的电阻之和,称为回路 1 和回路 2 的互电阻。应该注意,自电阻总是正的,而互电阻可

能为正，也可能为负。如果回路电流 i_{m1} 与 i_{m2} 在公共支路上的方向相同，则互电阻 R_{12} 取正号，否则取负号。对网孔电流，若其方向全取顺时针方向或全取逆时针方向，则互电阻的值总是负值。u_{S11} 表示回路 1 中所有的电压源电压升的代数和。

根据以上表述，通过观察很容易将回路方程的列写推广到一般情况，具有 m 个独立回路的线性电阻电路，其回路方程的形式可写成

$$\begin{bmatrix} R_{11} & R_{12} & \cdots & R_{1m} \\ R_{21} & R_{22} & \cdots & R_{2m} \\ \vdots & \vdots & \ddots & \vdots \\ R_{m1} & R_{m2} & \cdots & R_{mm} \end{bmatrix} \begin{bmatrix} i_{l1} \\ i_{l2} \\ \vdots \\ i_{lm} \end{bmatrix} = \begin{bmatrix} u_{S11} \\ u_{S22} \\ \vdots \\ u_{Smm} \end{bmatrix} \tag{3.5.6}$$

可以将回路方程(3.5.6)简记为

$$\boldsymbol{RI} = \boldsymbol{U}_{\mathrm{S}} \tag{3.5.7}$$

式中，$\boldsymbol{I}$ 称为回路电流列向量；$\boldsymbol{U}_{\mathrm{S}}$ 称为回路电压源列向量；系数矩阵 $\boldsymbol{R}$ 称为回路电阻矩阵。回路电阻矩阵 $\boldsymbol{R}$ 中的主对角线元素 $R_{ii}(i=1,2,\cdots,m)$ 为第 i 个回路的自电阻，非主对角线元素 $R_{ij}(i=1,2,\cdots,m;\ j=1,2,\cdots,m;\ i\neq j)$ 是第 i 个回路与第 j 个回路的互电阻，其值可正可负。对仅含线性电阻的电路来说，$R_{ij}=R_{ji}$，即回路电阻矩阵具有对称性。

当 $\det \boldsymbol{R}\neq 0$ 时，式(3.5.7)的解为

$$\boldsymbol{I} = \boldsymbol{R}^{-1}\boldsymbol{U}_{\mathrm{S}} \tag{3.5.8}$$

当求出回路电流之后，就可以进一步求出电路中的所有支路电压和支路电流。

图 3.5.1 中所取的回路也是网孔，因此上述的回路分析也称为网孔分析。由于只在平面电路中才有网孔的概念，因此网孔分析法只适用于平面电路。

【例 3.5.1】 试用回路分析法求图 3.5.2 所示电路中 8Ω 两端的电压 u。

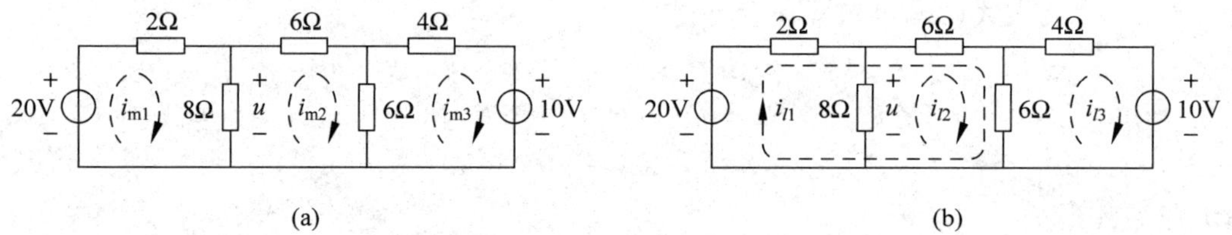

图 3.5.2 例 3.5.1

解 1 取独立回路为三个网孔。设三个网孔电流分别为 i_{m1}、i_{m2} 及 i_{m3}，如图 3.5.2(a) 所示。可写出网孔方程如下

$$\begin{bmatrix} 8+2 & -8 & 0 \\ -8 & 8+6+6 & -6 \\ 0 & -6 & 6+4 \end{bmatrix} \begin{bmatrix} i_{m1} \\ i_{m2} \\ i_{m3} \end{bmatrix} = \begin{bmatrix} 20 \\ 0 \\ -10 \end{bmatrix}$$

解此方程组得

$$i_{m1} = 2.8\mathrm{A}, \quad i_{m2} = 1\mathrm{A}, \quad i_{m3} = -0.4\mathrm{A}$$

于是，8Ω 两端的电压 u 为

$$u = 8\times(i_{m1} - i_{m2})\mathrm{V} = 8\times 1.8\mathrm{V} = 14.4\mathrm{V}$$

MATLAB计算程序：

`%采用 MATLAB 求解例 3.5.1`
`R=[8+2 -8 0; -8 8+6+6 -6; 0 -6 6+4]; Us=[20; 0; -10];   %输入回路电阻矩阵和电`
`                                                            %压源列向量`
`im=inv(R)*Us;                                               %计算回路电流`
`u=8*(im(1)-im(2))                                           %计算电压u`

计算结果： `u= 14.4000`

解 2 如图 3.5.2(b)所示，设三个独立回路电流分别为 i_{l1}、i_{l2} 及 i_{l3}。可写出回路方程为

$$\begin{bmatrix} 2+6+6 & 6+6 & -6 \\ 6+6 & 8+6+6 & -6 \\ -6 & -6 & 6+4 \end{bmatrix}\begin{bmatrix} i_{l1} \\ i_{l2} \\ i_{l3} \end{bmatrix}=\begin{bmatrix} 20 \\ 0 \\ -10 \end{bmatrix}$$

解此方程得

$$i_{l1}=2.8\text{A},\quad i_{l2}=-1.8\text{A},\quad i_{l3}=-0.4\text{A}$$

于是，8Ω 两端的电压 u 为

$$u=-8\times i_{l2}\text{V}=8\times 1.8\text{V}=14.4\text{V}$$

列写电路的回路方程应首先对电路的回路进行编号，然后通过观察直接写出回路电阻矩阵 $\boldsymbol{R}$ 和回路电压源列向量 $\boldsymbol{U}_\text{S}$，进而得到电路的回路方程。列写回路电阻矩阵 $\boldsymbol{R}$ 需注意自电阻和互电阻的含义，其中自电阻恒为正，互电阻可正可负；列写回路电压源列向量 $\boldsymbol{U}_\text{S}$ 时，其中的元素为相应回路所有的电压源电压升的代数和。

【例 3.5.2】 试列出图 3.5.3 所示电路的网孔方程。

解 首先将受控源当作独立电源来处理，于是应用观察法写出电路方程为

$$\begin{bmatrix} R_1+R_2 & -R_2 \\ -R_2 & R_2+R_3 \end{bmatrix}\begin{bmatrix} i_{\text{m1}} \\ i_{\text{m2}} \end{bmatrix}=\begin{bmatrix} u_\text{S} \\ ri_2 \end{bmatrix}$$

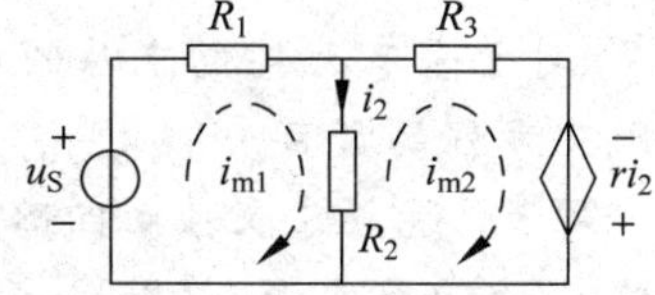

图 3.5.3 例 3.5.2

然后用网孔电流来表示受控电源的控制变量，即

$$i_2=i_{\text{m1}}-i_{\text{m2}}$$

将上式代入前一式电路方程，经整理得

$$\begin{bmatrix} R_1+R_2 & -R_2 \\ -R_2-r & R_2+R_3+r \end{bmatrix}\begin{bmatrix} i_{\text{m1}} \\ i_{\text{m2}} \end{bmatrix}=\begin{bmatrix} u_\text{S} \\ 0 \end{bmatrix}$$

即为待求的网孔方程。可见，当电路含有受控电源时，其互电阻 $R_{12}\neq R_{21}$。

由上例可知，应用回路法对含受控源电路进行分析时，可先将受控源当作独立电源来处理，列写出电路方程，然后用回路电流表示受控源中的控制变量，最后得到仅含回路电流的电路方程。

【例 3.5.3】 试列出图 3.5.4(a)所示电路的回路方程。

解 1 采用网孔分析法列网孔方程。当电路中含有无伴电流源时，可设电流源两端的电压为 u。设三个网孔电流分别为 i_{m1}、i_{m2} 及 i_{m3}，如图 3.5.5(a)所示。列出网孔方程为

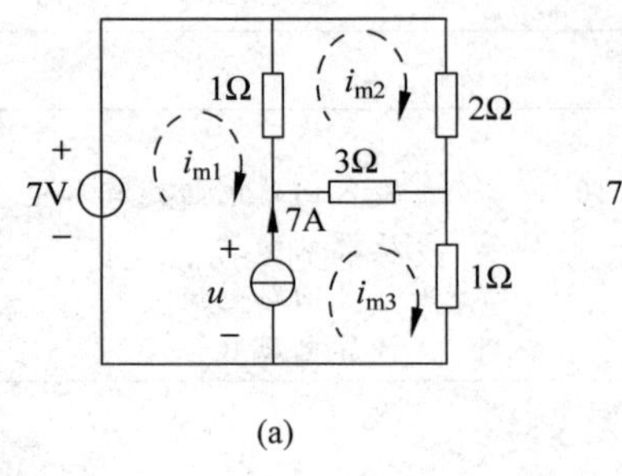

(a)

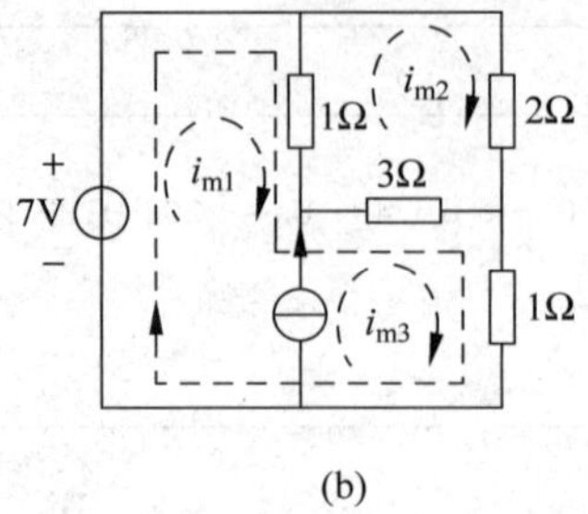

(b)

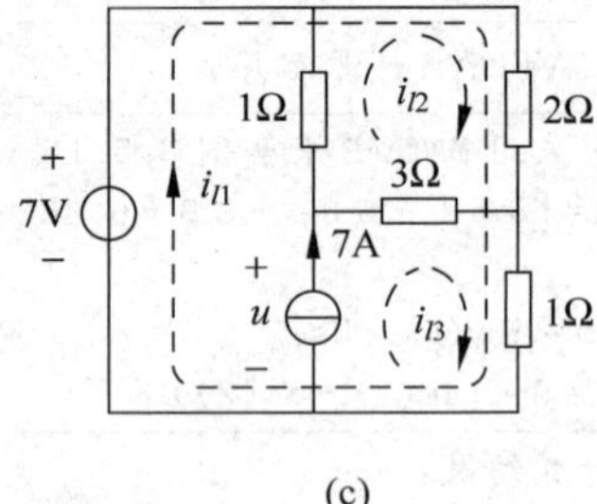

(c)

图 3.5.4　例 3.5.3

$$\begin{cases} i_{m1} - i_{m2} = -u + 7 \\ -i_{m1} + 6i_{m2} - 3i_{m3} = 0 \\ -3i_{m2} + 4i_{m3} = u \\ i_{m3} - i_{m1} = 7 \end{cases}$$

解 2　在图 3.5.4(a)所示电路中 u 是未知量，因此需增列 $i_{m3} - i_{m1} = 7$ 这一方程，使求解方程的数量增加了一个。注意到网孔方程实质上就是 KVL 方程，可将网孔 1 和网孔 3 组合成为一个大的网孔(去掉公共的电流源)，称为**广义网孔**(generalized mesh)，对该广义网孔同样可以列出网孔方程。如图 3.5.4(b)所示，广义网孔左边的网孔电流为 i_{m1}，右边的网孔电流为 i_{m3}，其网孔方程为

$$i_{m1} - 4i_{m2} + 4i_{m3} = 7$$

该方程就是广义网孔的 KVL 方程。它也是解 1 中网孔方程的第一、三式消去 u 后得到的方程。

对广义网孔，还需补充网孔电流 i_{m1}、i_{m3} 之间的约束条件。完整的广义网孔方程为

$$\begin{cases} i_{m1} - 4i_{m2} + 4i_{m3} = 7 \\ -i_{m1} + 6i_{m2} - 3i_{m3} = 0 \\ i_{m3} - i_{m1} = 7 \end{cases}$$

可见，对于含有无伴电流源的电路可以采用上面介绍的广义网孔法进行分析，以减少联立网孔方程的数目。

解 3　适当选取独立回路，使电流源仅包含在一个回路中，如图 3.5.4(c)所示。这样回路 l_3 的回路电流 i_{l3} 就等于电流源电流 7A，从而减少了一个待求的回路电流。对图 3.5.4(c)所示三个回路列写回路电流方程得

$$\begin{cases} 3i_{l1} + 2i_{l2} + i_{l3} = 7 \\ 2i_{l1} + 6i_{l2} - 3i_{l3} = 0 \\ i_{l1} - 2i_{l2} + 4i_{l3} = u \end{cases}$$

电流源电压只出现在上式第三个回路电流方程中，若无须求电压，该方程便可不列。这样，完整的回路电流方程为

$$\begin{cases} i_{l3} = 7 \\ 3i_{l1} + 2i_{l2} + i_{l3} = 7 \\ 2i_{l1} + 6i_{l2} - 3i_{l3} = 0 \end{cases}$$

可见，通过适当选取独立回路，使电流源仅包含在一个回路中，可以减少待求量及方程数。

【思考与练习】

3.5.1 试用回路分析法求图 3.5.5 所示电路中的各电流。(2A,0.5A,1.5A,1A,−0.5A)

3.5.2 对仅含线性电阻的电路来说,回路电阻矩阵的互电阻 $R_{ij}=R_{ji}$,即回路电阻矩阵具有对称性。对含受控电源的线性电阻电路来说,回路电阻矩阵的互电阻一般来说 $R_{ij}\neq R_{ji}$,试确定图 3.5.6 所示电路的回路电阻矩阵是否具有对称性,并求电流 i 的大小。(对称,2A)

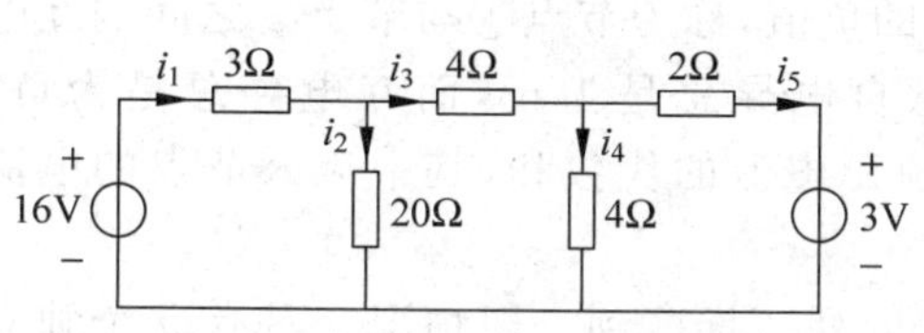

图 3.5.5 思考与练习 3.5.1

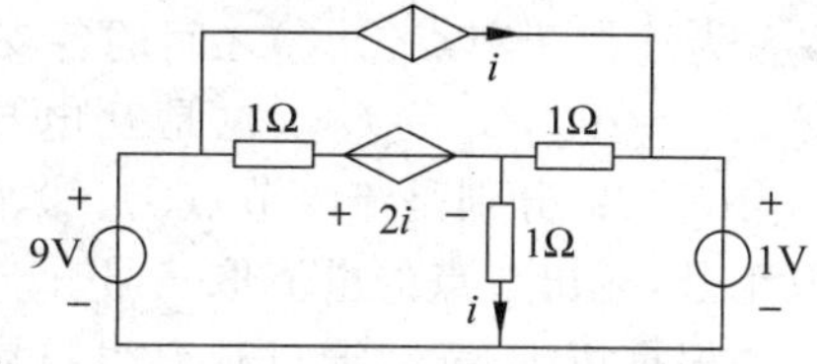

图 3.5.6 思考与练习 3.5.2

3.6 节点分析法

节点分析法(node analysis)是以电路中各节点电压作为未知变量来列写方程,从而求解节点电压,进而求取支路电压和支路电流的方法。这里将用符号 u_{n1}、u_{n2}、…、$u_{n(n-1)}$ 表示 $n-1$ 个独立节点电压。为了求出各节点电压,应该先列出以节点电压为未知量的 $n-1$ 个独立方程,即**节点方程**(node equation),然后求解。

在图 3.6.1 所示电路中,已标出各支路电压的参考方向。该电路共有四个节点,现选节点④为参考节点。

为列写以 u_{n1}、u_{n2} 和 u_{n3} 为未知量的三个独立电路方程,首先对图 3.6.1 所示电路中的节点①、节点②和节点③分别列写 KCL 方程

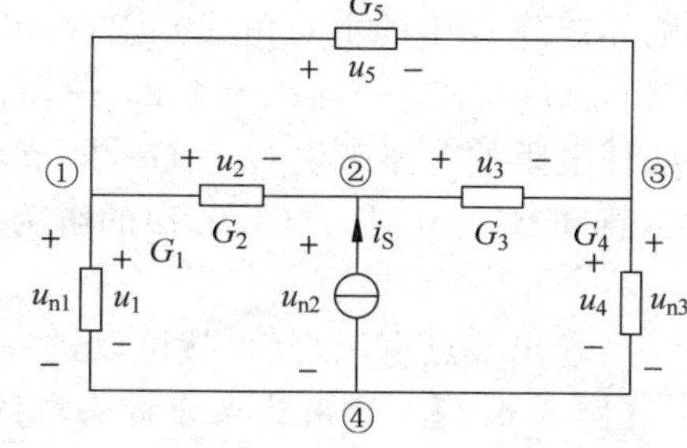

图 3.6.1 节点分析法

$$\begin{cases}G_1u_1+G_2u_2+G_5u_5=0\\-G_2u_2+G_3u_3-i_S=0\\-G_3u_3+G_4u_4-G_5u_5=0\end{cases}\tag{3.6.1}$$

式(3.6.1)中各支路电压可用 u_{n1}、u_{n2} 和 u_{n3} 表示为

$$u_1=u_{n1},\quad u_2=u_{n1}-u_{n2},\quad u_3=u_{n2}-u_{n3},\quad u_4=u_{n3},\quad u_5=u_{n1}-u_{n3}\tag{3.6.2}$$

将式(3.6.2)代入式(3.6.1),并整理得

$$\begin{cases}(G_1+G_2+G_5)u_{n1}-G_2u_{n2}-G_5u_{n3}=0\\-G_2u_{n1}+(G_2+G_3)u_{n2}-G_3u_{n3}=i_S\\-G_5u_{n1}-G_3u_{n2}+(G_3+G_4+G_5)u_{n3}=0\end{cases}\tag{3.6.3}$$

表示成矩阵形式为

$$\begin{bmatrix} G_1+G_2+G_5 & -G_2 & -G_5 \\ -G_2 & G_2+G_3 & -G_3 \\ -G_5 & -G_3 & G_3+G_4+G_5 \end{bmatrix}\begin{bmatrix} u_{n1} \\ u_{n2} \\ u_{n3} \end{bmatrix}=\begin{bmatrix} 0 \\ i_S \\ 0 \end{bmatrix} \tag{3.6.4}$$

式(3.6.3)和式(3.6.4)即为图3.6.1所示电路的节点方程。将式(3.6.4)简写为

$$\begin{bmatrix} G_{11} & G_{12} & G_{13} \\ G_{21} & G_{22} & G_{23} \\ G_{31} & G_{32} & G_{33} \end{bmatrix}\begin{bmatrix} u_{n1} \\ u_{n2} \\ u_{n3} \end{bmatrix}=\begin{bmatrix} i_{S11} \\ i_{S22} \\ i_{S33} \end{bmatrix} \tag{3.6.5}$$

式中，G_{11}、G_{22}、G_{33}分别为与节点①、②、③相关联支路的电导的总和，称为自电导；$G_{12}=G_{21}$，为连接于节点①、②之间的各支路电导总和的负值，称为节点①与节点②之间的互电导，$G_{13}=G_{31}$，$G_{23}=G_{32}$，也是互电导；应当注意自电导总是为正，而互电导总是为负。i_{S11}、i_{S22}、i_{S33}分别是流入节点①、②、③的所有电流源电流的代数和，其中流入节点的电流取正号，流出节点的电流取负号。

根据以上表述，通过观察很容易将节点方程的列写推广到一般情况。具有n个独立节点的线性电阻电路的节点方程的形式可写为

$$\begin{bmatrix} G_{11} & G_{12} & \cdots & G_{1n} \\ G_{21} & G_{22} & \cdots & G_{2n} \\ \vdots & \vdots & \ddots & \vdots \\ G_{n1} & G_{n2} & \cdots & G_{nn} \end{bmatrix}\begin{bmatrix} u_{n1} \\ u_{n2} \\ \vdots \\ u_{nn} \end{bmatrix}=\begin{bmatrix} i_{S11} \\ i_{S22} \\ \vdots \\ i_{Snn} \end{bmatrix} \tag{3.6.6}$$

可以将式(3.6.6)简写为

$$\boldsymbol{GU}=\boldsymbol{I}_S \tag{3.6.7}$$

式中，$\boldsymbol{U}$为节点电压列向量；$\boldsymbol{I}_S$为节点电流源列向量；系数矩阵$\boldsymbol{G}$为节点电导矩阵。节点电导矩阵$\boldsymbol{G}$中的主对角线元素$G_{ii}(i=1,2,\cdots,n)$为第i个节点的自电导，非主对角线元素$G_{ij}(i=1,2,\cdots,n;\ j=1,2,\cdots,n;\ i\neq j)$是第$i$个节点与第$j$个节点的互电导。对仅含线性电阻的电路来说$G_{ij}=G_{ji}$，即节点电导矩阵$\boldsymbol{G}$为对称矩阵。

当$\det\boldsymbol{G}\neq 0$时，式(3.6.7)的解为

$$\boldsymbol{U}=\boldsymbol{G}^{-1}\boldsymbol{I}_S \tag{3.6.8}$$

当求出节点电压之后，就可以进一步求出电路中所有的支路电压和支路电流。

【例3.6.1】 试用节点分析法求图3.6.2(a)所示电路中的电流i。

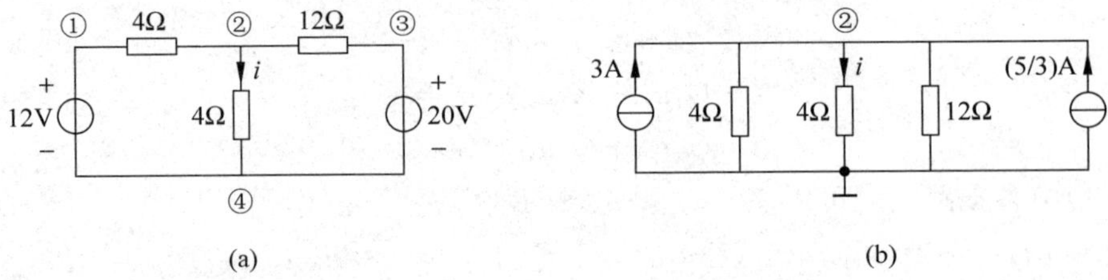

图3.6.2 例3.6.1

解 对图3.6.2(a)所示电路的节点编号，取节点④为参考节点，设节点①、②、③的节点电压分别为u_{n1}、u_{n2}、u_{n3}。显然节点电压u_{n1}、u_{n3}是已知的，因此只需列出节点②的方程为

$$\left(\frac{1}{4}+\frac{1}{4}+\frac{1}{12}\right)u_{n2}-\frac{1}{4}u_{n1}-\frac{1}{12}u_{n3}=0$$

将 $u_{n1}=12\text{V}$，$u_{n3}=20\text{V}$ 代入，解得 $u_{n2}=8\text{V}$。因此 i 为

$$i=\frac{u_{n2}}{4}=2\text{A}$$

也可将电压源与电阻串联支路等效变换为诺顿支路，如图 3.6.2(b)所示，此时只有一个独立节点②，其节点方程为

$$\left(\frac{1}{4}+\frac{1}{4}+\frac{1}{12}\right)u_{n2}=3+\frac{5}{3}$$

同样解得 $u_{n2}=8\text{V}$。

【例 3.6.2】 试列出图 3.6.3 所示电路的节点方程。

解 对于图 3.6.3 这类含有受控电源的电路，通过观察列写节点方程时，可首先将受控电源当作独立电源处理，然后用节点电压来表示该受控电源的控制量，从而得出含有受控电源电路的节点方程。图 3.6.3 所示电路包含两个独立节点，节点电压分别为 u_{n1}、u_{n2}。列出电路节点方程为

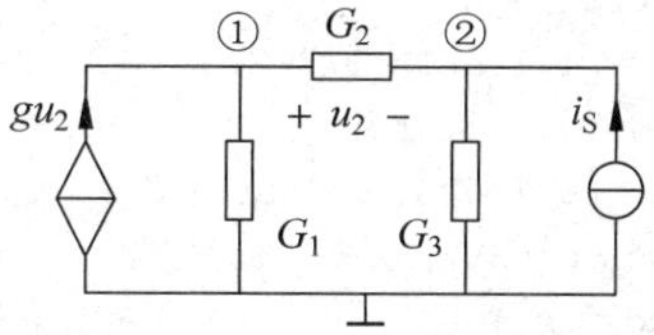

$$\begin{cases}(G_1+G_2)u_{n1}-G_2u_{n2}=gu_2\\-G_2u_{n1}+(G_2+G_3)u_{n2}=i_S\end{cases}$$

图 3.6.3 例 3.6.2

然后用节点电压表示受控电源的控制变量，即

$$u_2=u_{n1}-u_{n2}$$

将上式代入电路方程，并经过整理后得节点方程为

$$\begin{bmatrix}G_1+G_2-g & -G_2+g\\-G_2 & G_2+G_3\end{bmatrix}\begin{bmatrix}u_{n1}\\u_{n2}\end{bmatrix}=\begin{bmatrix}0\\i_S\end{bmatrix}$$

对于含有受控电源的电路，节点电导矩阵 $\boldsymbol{G}$ 一般为非对称矩阵。

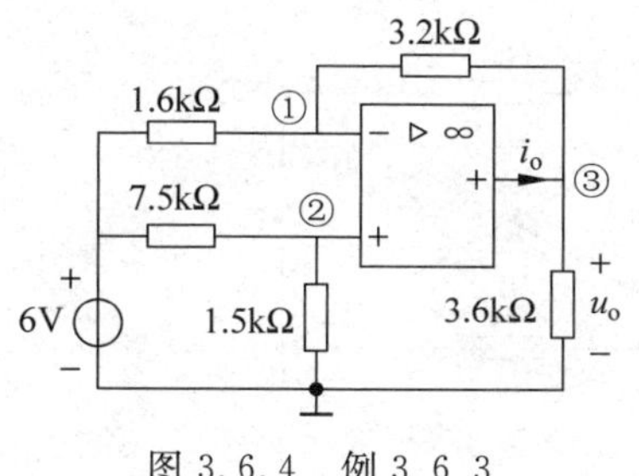

图 3.6.4 例 3.6.3

【例 3.6.3】 含有运算放大器的电路如图 3.6.4 所示，试求该电路的输出电压和输出电流。

解 图 3.6.4 所示电路有三个独立节点，其编号如图所示。设各节点电压分别为 u_{n1}、u_{n2}、u_{n3}。由图 3.6.4 所示电路可知 $u_o=u_{n3}$。注意到运算放大器的"虚断"特性，该电路的节点方程为

$$\begin{cases}\left(\dfrac{1}{1.6\times10^3}+\dfrac{1}{3.2\times10^3}\right)u_{n1}-\dfrac{1}{3.2\times10^3}u_{n3}=\dfrac{6}{1.6\times10^3}\\\left(\dfrac{1}{7.5\times10^3}+\dfrac{1}{1.5\times10^3}\right)u_{n2}=\dfrac{6}{7.5\times10^3}\\-\dfrac{1}{3.2\times10^3}u_{n1}+\left(\dfrac{1}{3.6\times10^3}+\dfrac{1}{3.2\times10^3}\right)u_{n3}=i_o\end{cases}$$

由第二式解得

$$u_{n2}=1\text{V}$$

注意到运算放大器的“虚短”特性，有

$$u_{n1}=u_{n2}$$

将 $u_{n1}=1\text{V}$ 代入节点方程第一式，解得

$$u_o=u_{n3}=-9\text{V}$$

将上述结果代入节点方程第三式，解得输出电流

$$i_o=-5.625\times10^{-3}\text{A}$$

上述方程组共有三个独立方程，解该方程组即可求出全部节点电压和输出电流 i_o。由本例可以看出，如果不需求出输出电流 i_o，则运算放大器输出端的节点方程可不必列出。此外，对含运算放大器的电路，也可以采用回路分析法进行分析，但考虑到理想运算放大器的“虚断”和“虚短”特性，采用节点分析法更合适。

MATLAB 计算程序：

```
%采用 MATLAB 求解例 3.6.3
format short e              %设置 5 位有效位的浮点形式格式
A=[1/1.6e3+1/3.2e3 -1/3.2e3 0; 1/7.5e3+1/1.5e3 0 0; -1/3.2e3 1/3.6e3+1/3.2e3 -1];
%输入系数矩阵
b=[6/1.6e3; 6/7.5e3; 0];    %输入列向量
un_io=A\b;                  %计算未知变量，该语句同 un_io=inv(A)*b
uo=un_io(2)                 %输出电压
io=un_io(3)                 %输出电流
```

计算结果：

```
uo= -9
io= -5.6250e-003
```

【例 3.6.4】 含有无伴电压源的电路如图 3.6.5(a)所示，试列出该电路的节点方程。

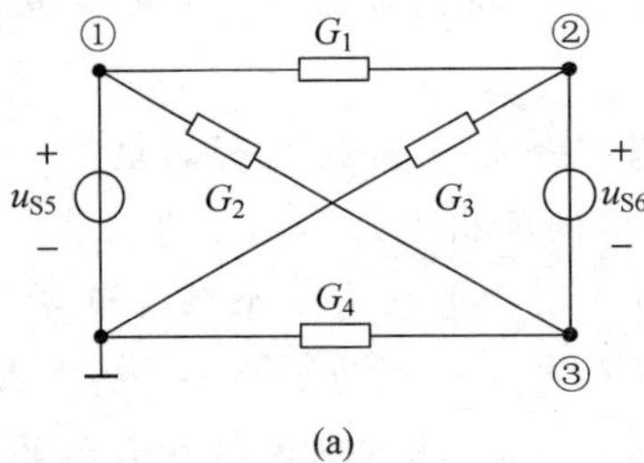

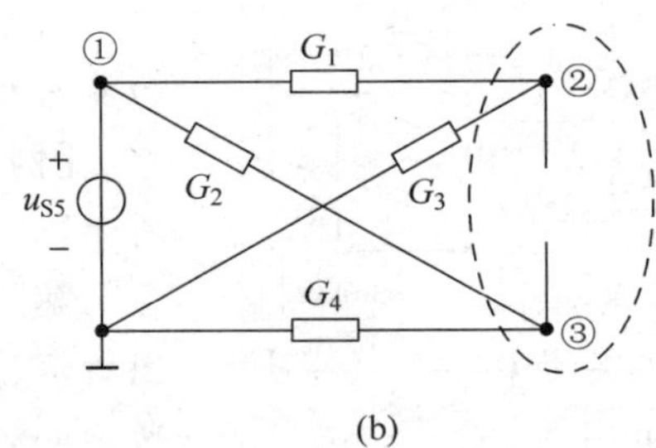

图 3.6.5 例 3.6.4

解 取电路的独立节点和参考节点如图 3.6.5(a)所示，设各节点电压分别为 u_{n1}、u_{n2}、u_{n3}。注意到节点①和参考节点间，节点②、③间各有一无伴电压源 u_{S5} 和 u_{S6}，对节点②列写节点方程时必须设流经电压源 u_{S6} 的电流为变量，这将增加独立方程的数目。

由于节点方程实质上就是 KCL 方程，因此可将节点②和节点③组合成为一个大的节点(去掉共有的电压源)，称为**广义节点**(generalized node)。对该广义节点同样可以列出节点方程。如图 3.6.5(b)所示，广义节点上端的节点电压为 u_{n2}，下端的节点电压为 u_{n3}，其节点方程为

$$-(G_1+G_2)u_{n1}+(G_1+G_3)u_{n2}+(G_2+G_4)u_{n3}=0$$

观察上述方程可知，该方程就是图 3.6.5(b)中的闭合面(广义节点)所列写的 KCL 方程！对广义节点，还需补充节点②、③之间的电压约束方程，即

$$u_{n2}-u_{n3}=u_{S6}$$

节点①的节点方程为

$$u_{n1}=u_{S5}$$

最后得到节点方程为

$$\begin{cases}u_{n1}=u_{S5}\\ u_{n2}-u_{n3}=u_{S6}\\ -(G_1+G_2)u_{n1}+(G_1+G_3)u_{n2}+(G_2+G_4)u_{n3}=0\end{cases}$$

对于含有无伴电压源的电路可以采用例中介绍的广义节点法进行分析，以减少节点方程的数目。

【思考与练习】

3.6.1 试用节点分析法再求图 3.5.5 所示电路中的各电流。

3.6.2 试列写图 3.5.6 所示电路的节点电压方程，观察节点电导矩阵是否具有对称性。

3.7 电路的对偶性

在这一节中，将讨论电路的**对偶性**(duality)。在电路理论中许多电路问题是以对偶的形式表现的，电路的结构、连接方式、定律、元件、参数、名词、变量及其关系等都存在互相对偶性。这些互相对偶的"内容"称为对偶因素。表 3.7.1 列出了电路中常见的对偶关系。

表 3.7.1 电路的对偶关系

对偶因素		对偶因素	
电压	电流	电容	电感
KCL	KVL	割集	回路
电阻	电导	T 形连接	Π 形连接
电荷	磁通	自电阻	自电导
电流源	电压源	互电阻	互电导
开路	短路	(以下是以后要用到的对偶关系)	
VCCS	CCVS	戴维南定理	诺顿定理
VCVS	CCCS	互易定理 1	互易定理 2
节点	网孔	树枝	连枝
参考节点	外网孔	基本割集	基本回路
串联	并联	阻抗	导纳

对偶性是电路中普遍存在的一种规律。如果电路中某一关系(定理、方程等)的表述是成立的，则将表述中的概念(变量、参数、元件、结构等)用其对偶因素转换后所得的对

偶表述也一定是成立的。这就是**对偶原理**(duality principle)。

利用对偶原理可以加深对电路理论的理解。例如电阻串联时的等效电阻等于各电阻之和,与之对偶可以得出,电阻并联时的等效电导等于各电导之和。又如T形电路和Π形电路的等效变换公式之间互为对偶,如图3.7.1所示。

$$\begin{cases} R_{12} = R_1 + R_2 + \dfrac{R_1 R_2}{R_3} \\ R_{23} = R_2 + R_3 + \dfrac{R_2 R_3}{R_1} \\ R_{31} = R_3 + R_1 + \dfrac{R_3 R_1}{R_2} \end{cases} \qquad \begin{cases} G_1 = G_{31} + G_{12} + \dfrac{G_{31} G_{12}}{G_{23}} \\ G_2 = G_{12} + G_{23} + \dfrac{G_{12} G_{23}}{G_{31}} \\ G_3 = G_{23} + G_{31} + \dfrac{G_{23} G_{31}}{G_{12}} \end{cases}$$

$$\begin{pmatrix} \text{下标 } 1、2、3 \leftrightarrow \text{ 下标 } 23、31、12 \\ R \leftrightarrow G \end{pmatrix}$$

$$\Leftrightarrow$$

$$\text{T形电路} \leftrightarrow \Pi\text{形电路}$$

$$\begin{cases} G_{12} = \dfrac{G_1 G_2}{G_1 + G_2 + G_3} \\ G_{23} = \dfrac{G_2 G_3}{G_1 + G_2 + G_3} \\ G_{31} = \dfrac{G_3 G_1}{G_1 + G_2 + G_3} \end{cases} \qquad \begin{cases} R_1 = \dfrac{R_{12} R_{31}}{R_{12} + R_{23} + R_{31}} \\ R_2 = \dfrac{R_{23} R_{12}}{R_{12} + R_{23} + R_{31}} \\ R_3 = \dfrac{R_{31} R_{23}}{R_{12} + R_{23} + R_{31}} \end{cases}$$

图3.7.1 T形电路和Π形电路等效变换公式的对偶

对偶原理还可以用于对偶电路的设计。为了便于说明,先讨论图3.7.2中的两个电路。由网孔法可得图3.7.2(a)所示电路的网孔方程为

$$\begin{bmatrix} R_1 + R_3 + R_6 & -R_6 & -R_3 \\ -R_6 & R_2 + R_4 + R_6 & -R_4 \\ -R_3 & -R_4 & R_3 + R_4 + R_5 \end{bmatrix} \begin{bmatrix} i_{m1} \\ i_{m2} \\ i_{m3} \end{bmatrix} = \begin{bmatrix} -R_6 i_{S6} \\ R_6 i_{S6} \\ u_{S5} \end{bmatrix} \tag{3.7.1}$$

由节点法可得图3.7.2(b)所示电路的节点方程为

$$\begin{bmatrix} \hat{G}_1 + \hat{G}_3 + \hat{G}_6 & -\hat{G}_6 & -\hat{G}_3 \\ -\hat{G}_6 & \hat{G}_2 + \hat{G}_4 + \hat{G}_6 & -\hat{G}_4 \\ -\hat{G}_3 & -\hat{G}_4 & \hat{G}_3 + \hat{G}_4 + \hat{G}_5 \end{bmatrix} \begin{bmatrix} \hat{u}_{n1} \\ \hat{u}_{n2} \\ \hat{u}_{n3} \end{bmatrix} = \begin{bmatrix} -\hat{G}_6 \hat{i}_{S6} \\ \hat{G}_6 \hat{i}_{S6} \\ \hat{i}_{S5} \end{bmatrix} \tag{3.7.2}$$

如果两个电路的元件值具有下列关系

$$\hat{G}_1 = R_1, \quad \hat{G}_2 = R_2, \quad \hat{G}_3 = R_3, \quad \hat{G}_4 = R_4, \quad \hat{G}_5 = R_5, \quad \hat{G}_6 = R_6$$

以及电源值具有下列关系

$$\hat{i}_{S5} = u_{S5}, \quad i_{S6} = \hat{u}_{S6}$$

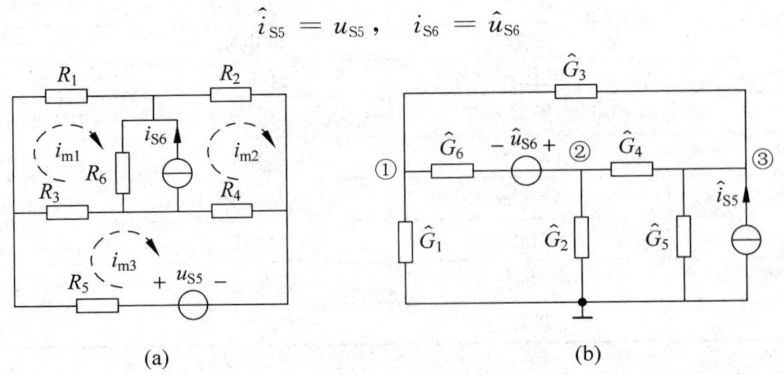

图3.7.2 两个互为对偶的电路

则式(3.7.1)的解与式(3.7.2)的解相同,即

$$\hat{u}_{n1}=i_{m1},\quad \hat{u}_{n2}=i_{m2},\quad \hat{u}_{n3}=i_{m3}$$

从上面的讨论可知,如果电路$\hat{N}$的节点方程与电路 N 的网孔方程不仅形式相同,各项系数以及激励的数值相同,那么电路方程的解也对应相等,称这样的两个电路互为**对偶电路**(dual circuit)。

其实,可以由平面电路直接作出其对偶电路。如图 3.7.3 所示,在图 3.7.3(a)的每一个网孔中标出一个节点,作为其对偶电路的独立节点(对偶节点),在外网孔标出非独立节点即参考节点。把所标出的节点①、②、③之间用虚线连接(每一个元件对于一条虚线)就得到对偶电路的支路。规定原电路中网孔电流取顺时针绕向,当支路方向与网孔方向一致时,则对偶支路的方向为离开对偶节点的方向。在对偶支路上作出对偶元件,就得到图 3.7.3(b)所示的对偶电路。如果在电路中含有电压源(电流源),在作对偶电路时必须注意对偶电流源(电压源)在对偶电路对应支路中的方向。如果电压源电压升方向(电流源电流方向)与网孔电流方向一致(或相反),则对偶电流源电流方向(电压源电压升方向)为指向(或离开)对偶节点方向。

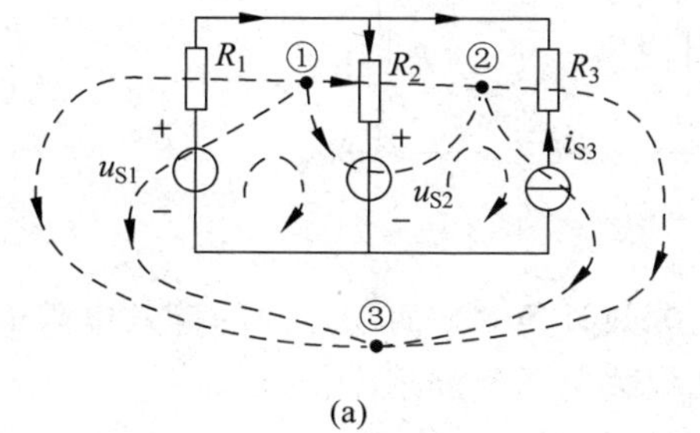

(a)

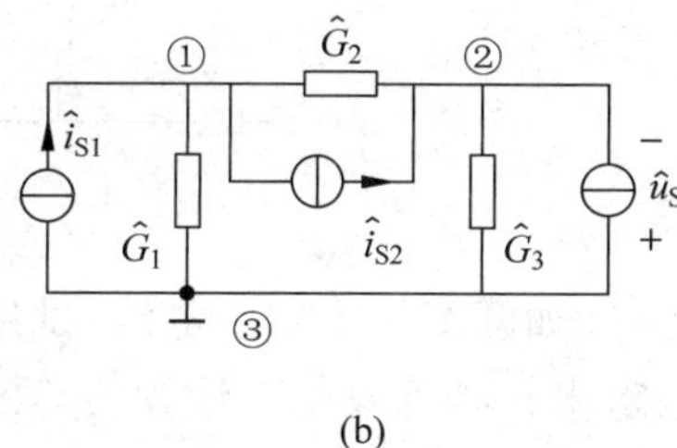

(b)

图 3.7.3 对偶电路

通过对偶性就能从一种分析方法推出另一种分析方法,而且用其中的一种方法求解了一个电路,就等于求解了该电路的对偶电路。由此可见,掌握了对偶原理会取得事半功倍的效果。在工程上,利用对偶电路可以简化电路的设计。

【思考与练习】

3.7.1 试指出在已经学过的电路知识中还存在哪些对偶现象。

3.7.2 试画出图 3.7.4 所示电路的对偶电路,并列出图示电路的网孔电流方程和对偶电路的节点电压方程,比较它们的对偶性。

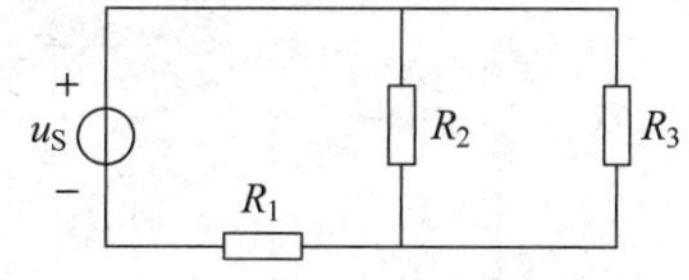

图 3.7.4 思考与练习 3.7.2

习题

等效电路与等效变换

3.1 试求题图 3.1 所示一端口电路的等效电阻 R_{ab}。已知 $R_1=5\Omega$,$R_2=20\Omega$,$R_3=$

$15\Omega, R_4=7\Omega, R_5=R_6=6\Omega$。

3.2 试求题图 3.2 所示一端口电路的等效电阻 R_{ab}。已知 $R_1=12\Omega, R_2=6\Omega, R_3=4\Omega$。

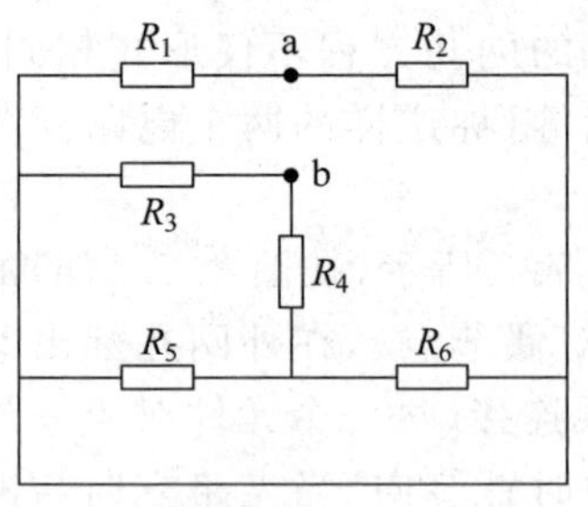

题图 3.1

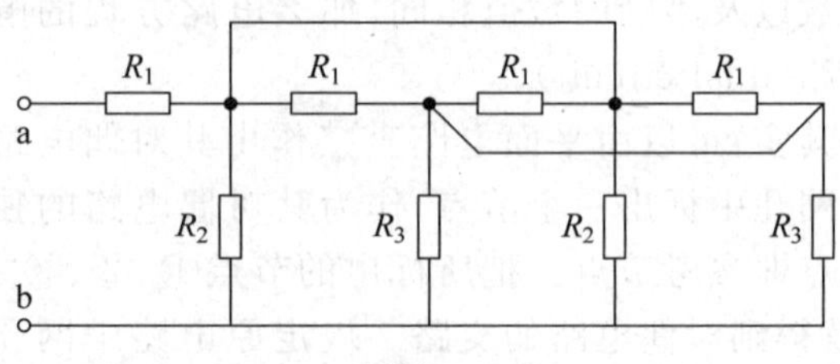

题图 3.2

3.3 题图 3.3 所示电路为一无限阶梯电路，已知 $R_1=1\Omega, R_2=2\Omega$。试求其端口的等效电阻 R_{ab}。

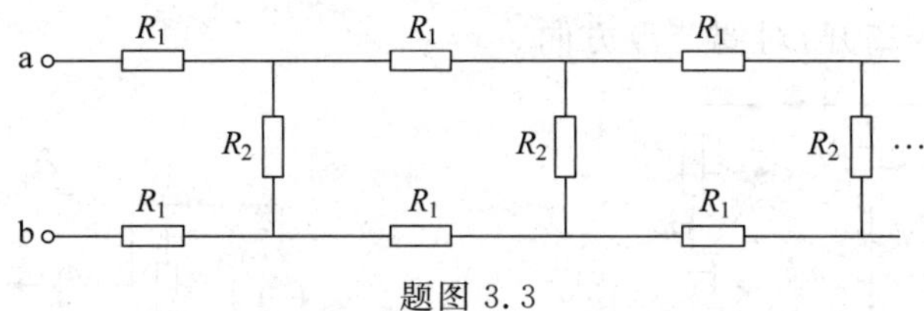

题图 3.3

3.4 如题图 3.4 所示电路，试用电阻串并联等效计算 a、c 两端点间的等效电阻 R_{ac}。使用电阻串并联等效能否计算出等效电阻 R_{ab}、R_{bc}，试说明你的理由。

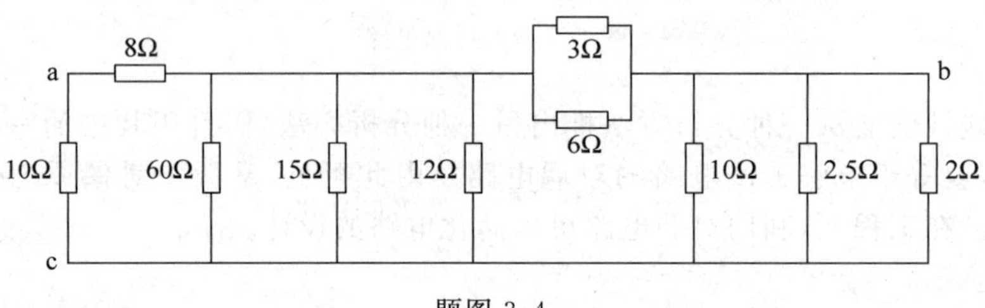

题图 3.4

3.5 如题图 3.5 所示电路，已知 $I_S=7A$，试计算电流 I。

3.6 试求题图 3.6 电路中的电压 u。

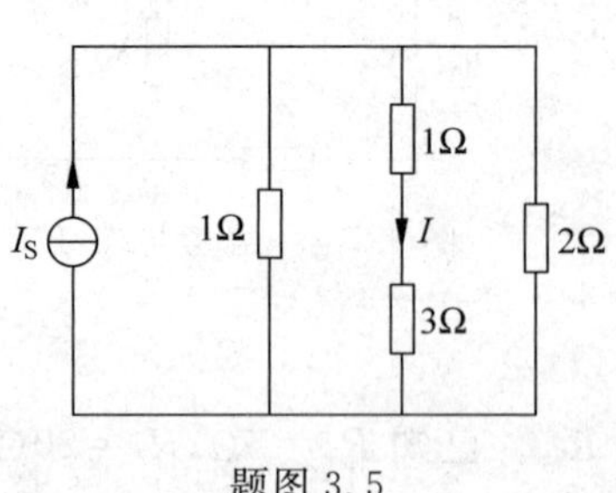

题图 3.5

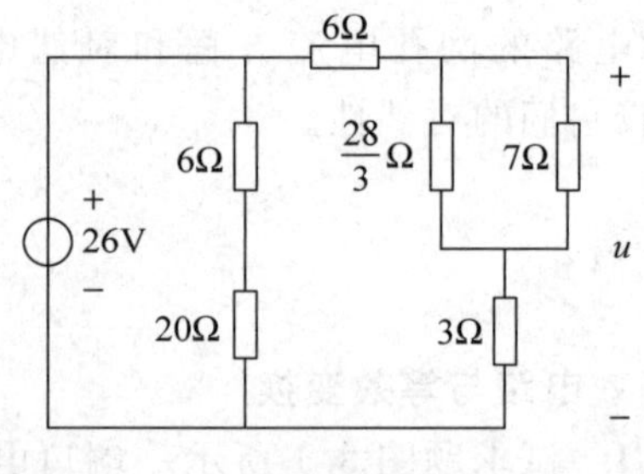

题图 3.6

3.7 如题图 3.7 所示电路，试用 KCL 和 KVL 计算各电流源两端的电压和流过各电压源的电流。

3.8 题图 3.8 所示电路，已知 $u_S=60\text{V}$，$C_1=200\mu\text{F}$，$C_2=50\mu\text{F}$，$C_3=10\mu\text{F}$。试求(1)总等效电容 C_{eq}；(2)每个电容上的电量及总电量；(3)每个电容两端的电压。

3.9 题图 3.9 所示电路，已知 $u_S=48\text{V}$，$C_1=800\mu\text{F}$，$C_2=60\mu\text{F}$，$C_3=1200\mu\text{F}$。试求(1)总等效电容 C_{eq}；(2)每个电容上的电量；(3)总电量。

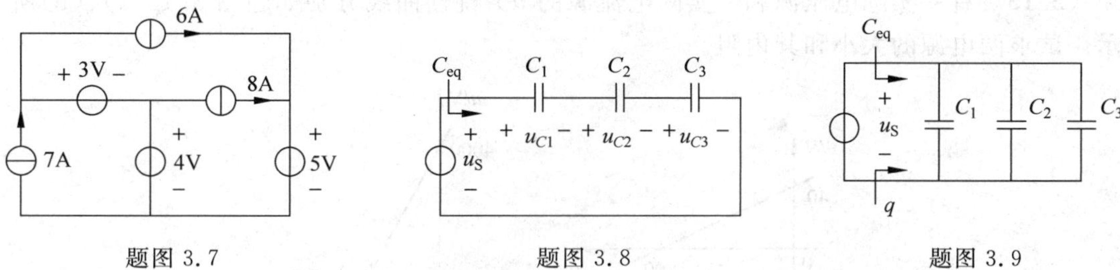

题图 3.7　　题图 3.8　　题图 3.9

3.10 如题图 3.10 所示电路，试求端口的等效电感 L_{eq} 和等效电容 C_{eq}。

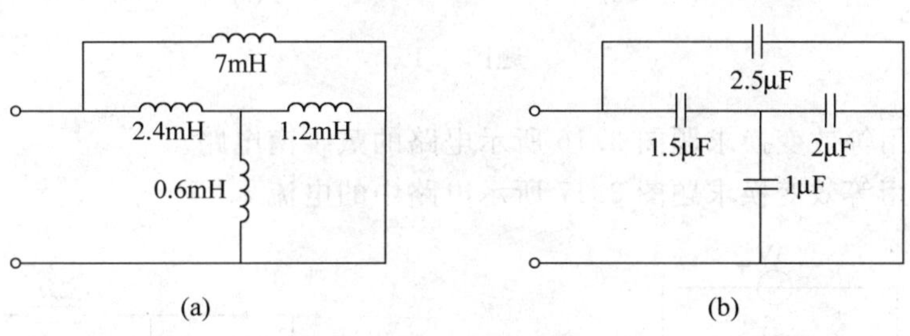

题图 3.10

3.11 如题图 3.11 所示电路，当 $i_S=10\cos(2t)\,\text{mA}(t\geqslant0)$ 时，试求从电源看进去的等效电容 C_{eq} 和 u。

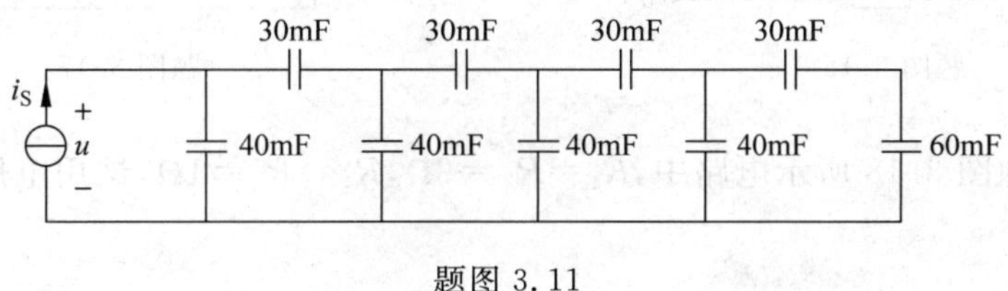

题图 3.11

3.12 题图 3.12 所示一端口电路，已知 $L_1=0.56\text{H}$，$L_2=1.2\text{H}$，$L_3=1.2\text{H}$，$L_4=1.8\text{H}$。试求等效电感 L_{eq}。

3.13 如题图 3.13 所示电路，已知 $i_S=\sin(t)\,\text{A}(t\geqslant0)$，试求电流 i 及受控源提供的瞬时功率。

3.14 如题图 3.14 所示电路，已知 $u_S=\sin(\pi t)\,\text{V}(t\geqslant0)$，$u(0)=10\text{V}$，当 $t=0$ 时，2F 电容的电压为 0，试求电压 u 及 2F 电容存储的能量。

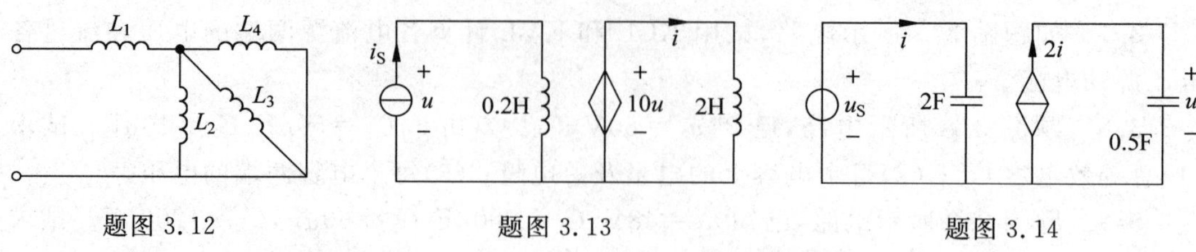

题图 3.12　　题图 3.13　　题图 3.14

3.15　有一实际电压源和一实际电流源的 u-i 特性曲线分别如题图 3.15(a)、(b)所示。试求两电源的大小和其内阻。

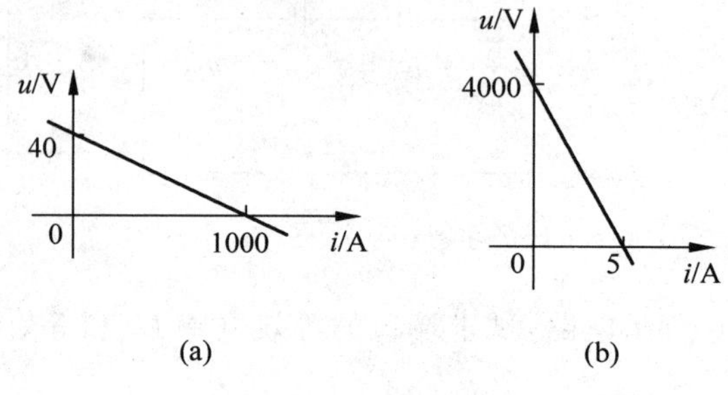

题图 3.15

3.16　试用等效变换求题图 3.16 所示电路的戴维南电路。

3.17　试用等效变换求题图 3.17 所示电路中的电流 i。

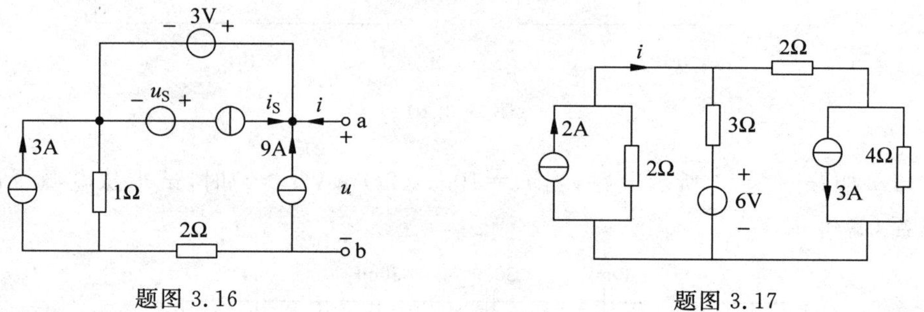

题图 3.16　　题图 3.17

3.18　在题图 3.18 所示电路中，$R_1=R_2=2\Omega$，$R_3=R_4=1\Omega$，试用电路的等效变换，求电压比 u_o/u_S。

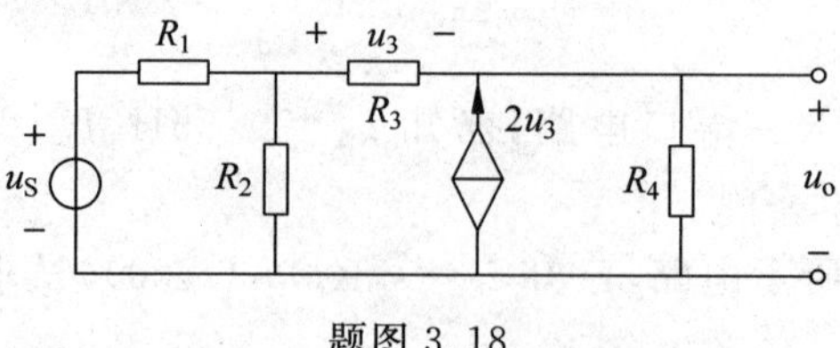

题图 3.18

3.19　试用等效变换，将题图 3.19 所示电路简化为最简形式的等效电路。已知 $R_1=R_2=R_3=2\Omega$，$U_S=2\text{V}$。

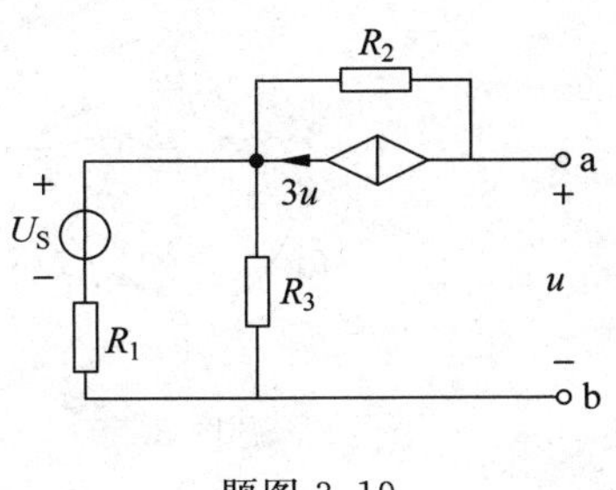

题图 3.19

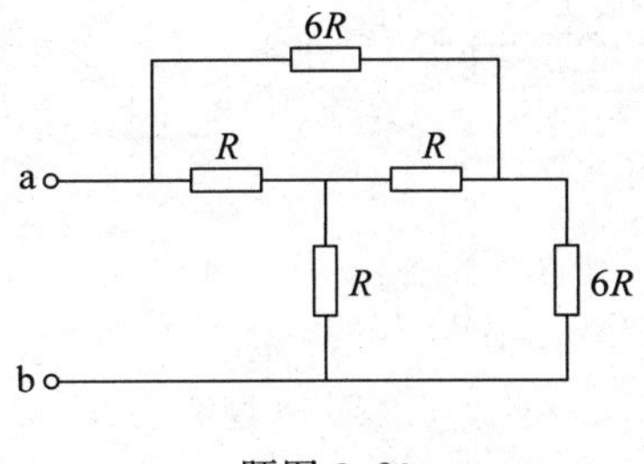

题图 3.20

多端电路的等效变换

3.20 题图 3.20 所示为一个带有负载的桥-T 形电路，试求 a、b 端的入端电阻 R_{ab}。

3.21 如题图 3.21 所示电路，已知 $R_a=1/3\Omega$，$R_b=1\Omega$，$R_c=1/2\Omega$，$R_1=2\Omega$，$R_2=R_4=1\Omega$，$R_3=3\Omega$，设输入电压为 u_S，试求电压 u_o。

3.22 试求题图 3.22 所示 Π 形电路的 T 形等效电路。已知 $R_1=1\Omega$，$R_2=2\Omega$，$R_3=3\Omega$，$U_{S1}=2V$，$U_{S2}=6V$，$U_{S3}=3V$。

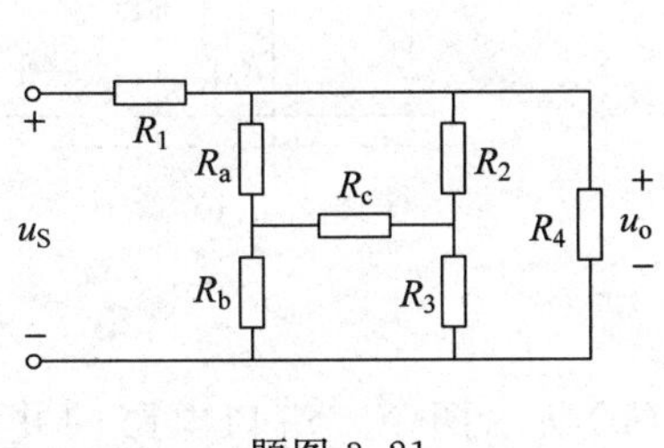

题图 3.21

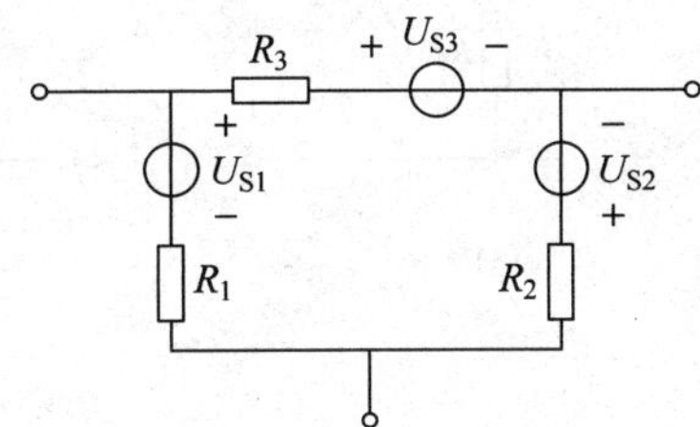

题图 3.22

3.23 试推导题图 3.23 所示电路的 T-Π 电容电路的等效变换公式，设电容的初始电压为零。

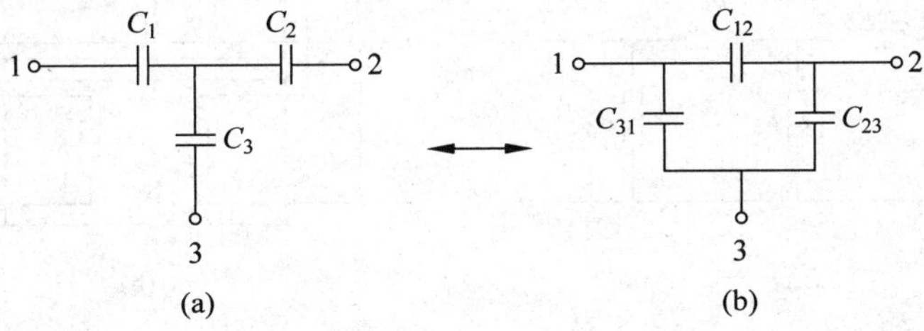

题图 3.23

3.24 试推导题图 3.24 所示电路的 T-Π 电感电路的等效变换公式，设电感的初始电流为零。

3.25 试推导题图 3.25 所示三端耦合电感的去耦等效电路。

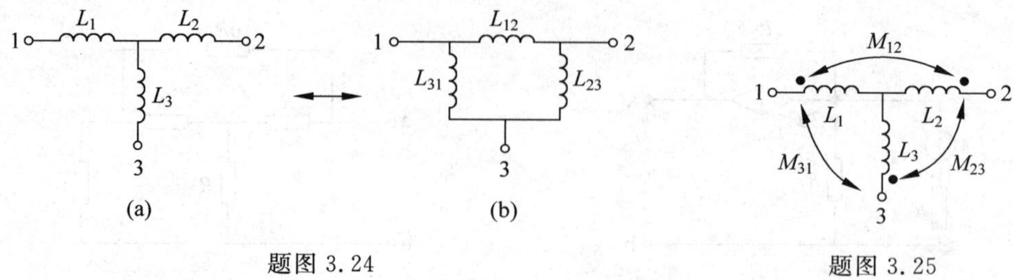

题图 3.24　　　　题图 3.25

3.26　题图 3.26(a)所示 T 形二端口电路可看做两个二端口电路的串联，如题图 3.26(b)所示，也可看做三个二端口电路的级联，如题图 3.26(c)所示，试用题图 3.26(b)、(c)求题图 3.26(a)所示 T 形二端口电路的 **R** 矩阵和 **A** 矩阵。已知 $R_1=1\Omega, R_2=3\Omega, R_3=2\Omega$。

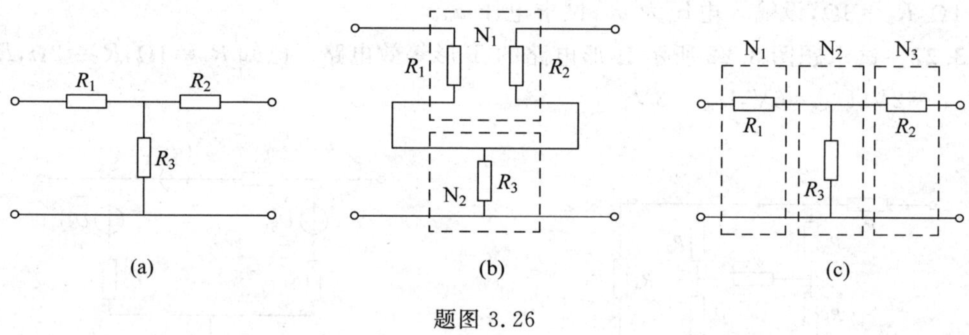

题图 3.26

3.27　题图 3.27(a)所示电路可看做题图 3.27(b)所示两个二端口电路的并联，试用求题图 3.27(b)求题图 3.27(a)所示电路的 **G** 矩阵。

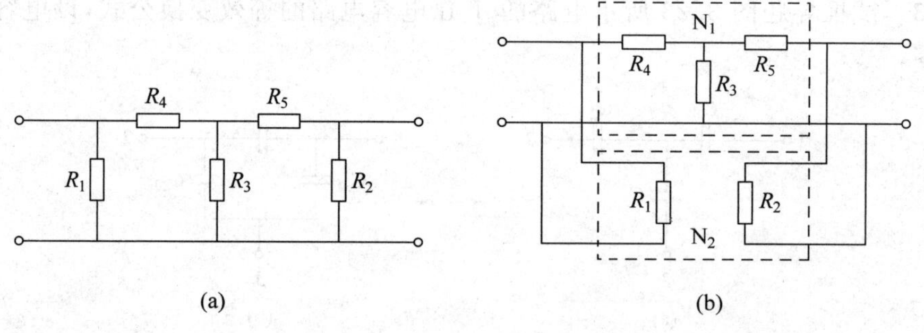

题图 3.27

回路分析法

3.28　试用回路分析法求题图 3.28 电路中的 u_1、u_2。

3.29　试用回路分析法求题图 3.29 电路中的 u_{ab} 和 4Ω 电阻中的电流 i。

3.30　试直接观察列出题图 3.30 所示电路的网孔方程。

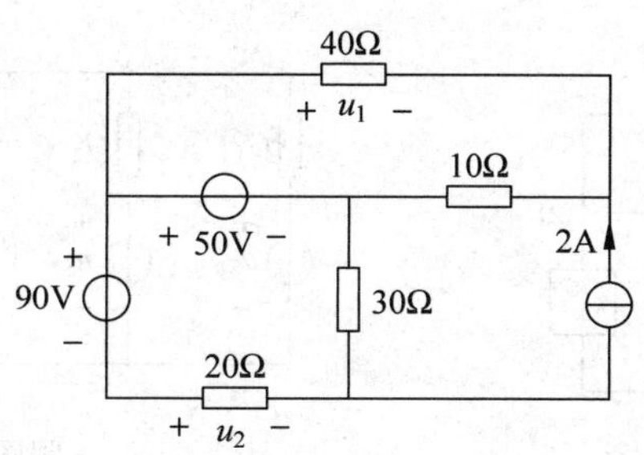

题图 3.28

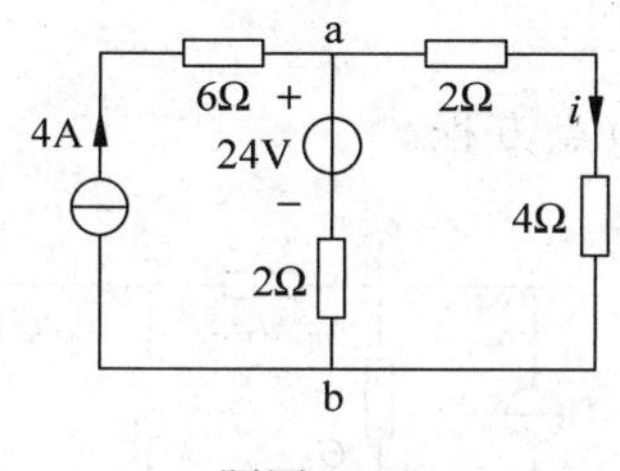

题图 3.29

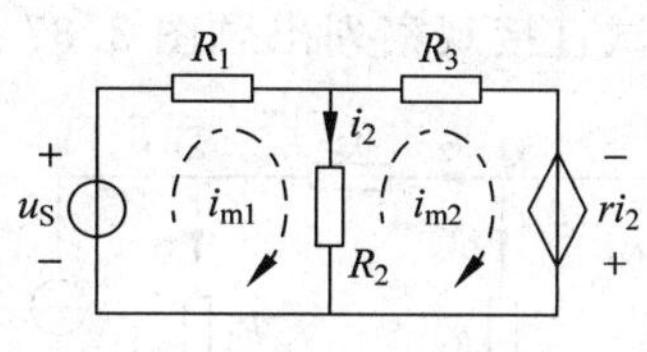

题图 3.30

3.31 如题图 3.31 所示电路中，试求使 $i=0$ 的 r。

3.32 试用网孔分析法求题图 3.32 所示电路中的 u_2。

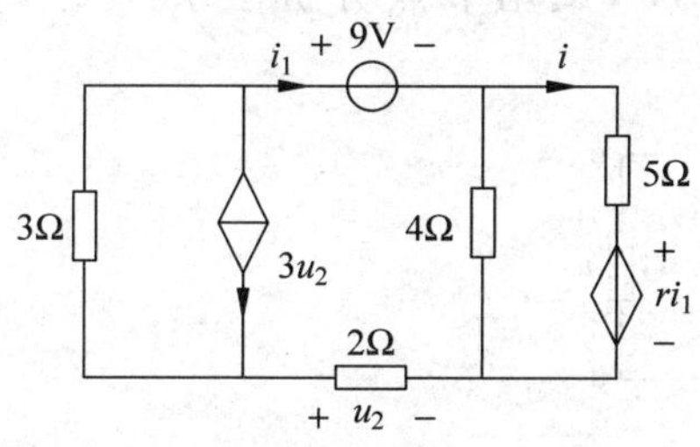

题图 3.31

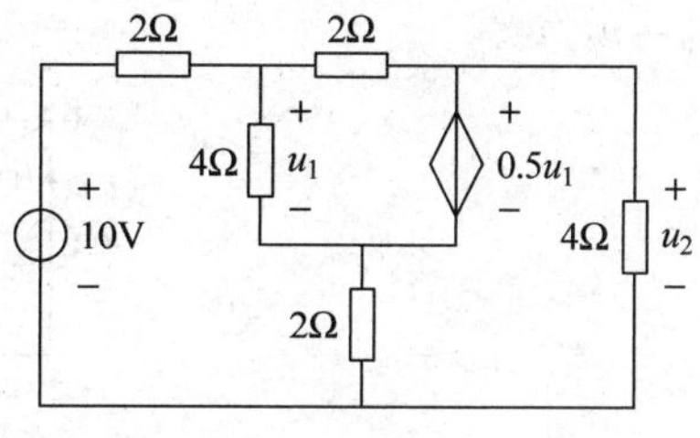

题图 3.32

3.33 试用回路分析法求题图 3.33 所示电路中支路电流 i_1、i_2 和 i_3。

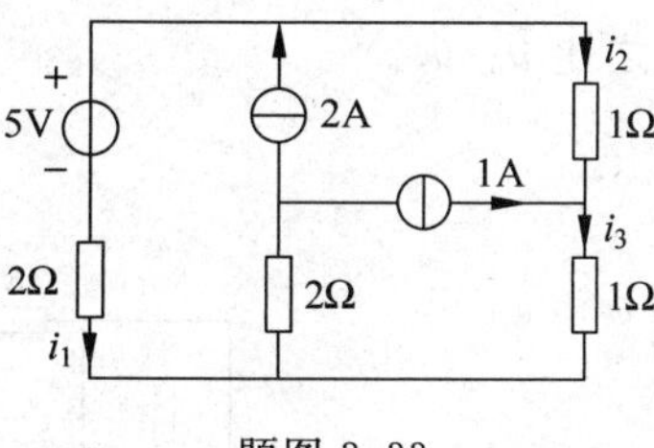

题图 3.33

节点分析法

3.34 在题图 3.34 所示电路中，以节点④参考节点时，各节点电压为 $u_{n1}=8\text{V}$，$u_{n2}=5\text{V}$，$u_{n3}=2\text{V}$。试求以节点①为参考节点时的各节点电压。

3.35 题图 3.35 所示为由电压源和电阻组成的只具有一个独立节点的电路，试证明节点①的电压为

$$u_{n1}=\sum_{k=1}^{n}G_k u_{Sk}\Big/\sum_{k=1}^{n}G_k$$

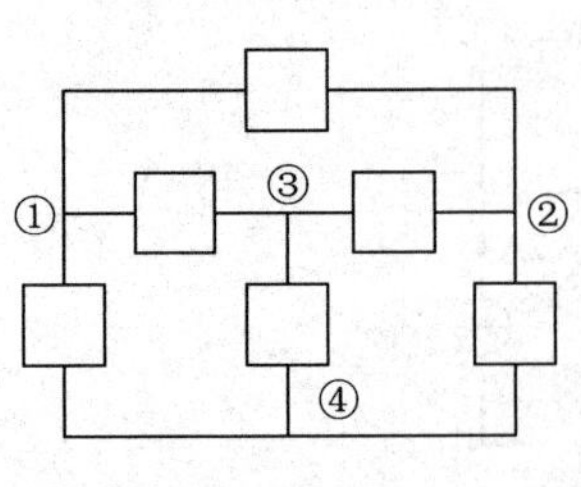

题图 3.34

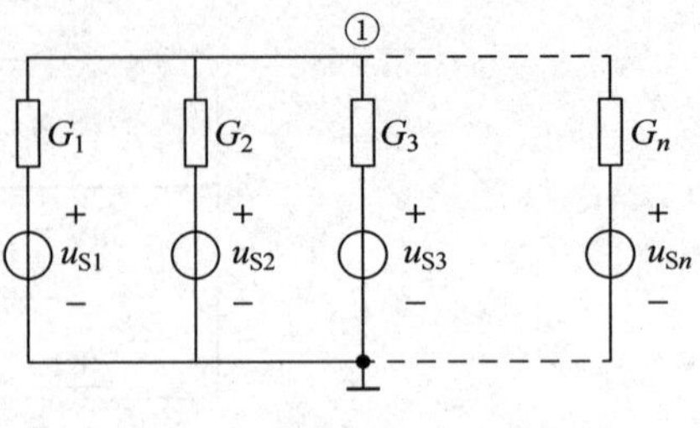

题图 3.35

3.36 试用节点分析法求题图 3.36 电路中的 i_1、i_2、i_3。已知 $R_1=3\Omega$，$R_2=R_3=2\Omega$，$i_{S1}=4\text{A}$，$i_{S2}=1\text{A}$。

3.37 试直接观察列出题图 3.37 所示电路的节点方程。

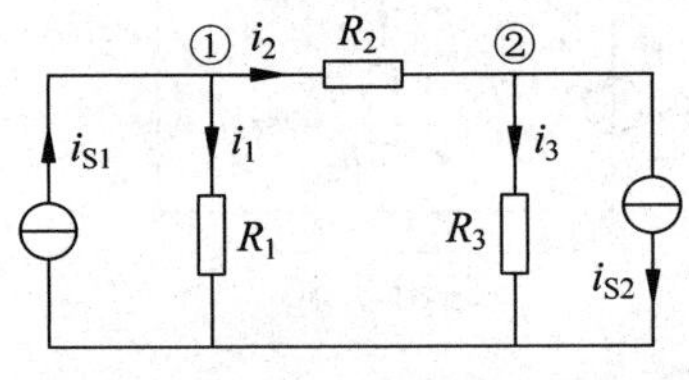

题图 3.36

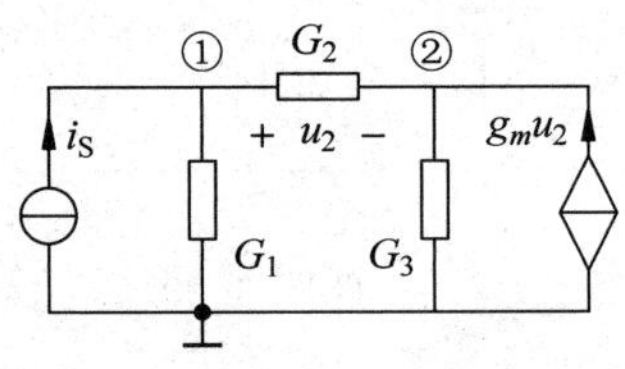

题图 3.37

3.38 题图 3.38 所示电路中，已知 $G_1G_2=G^2$，试用节点分析法求：(1) u_2/u_1；(2) $R_{ab}=u_1/i_1$。

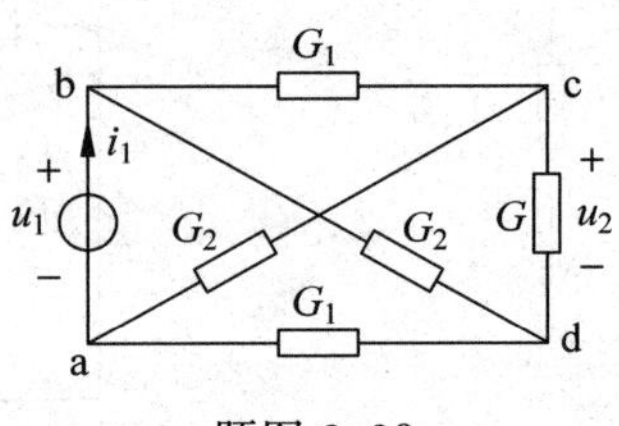

题图 3.38

3.39 题图 3.39 所示为两个运算放大器构成的放大电路，试求输出电压与输入电压之比 u_o/u_S。

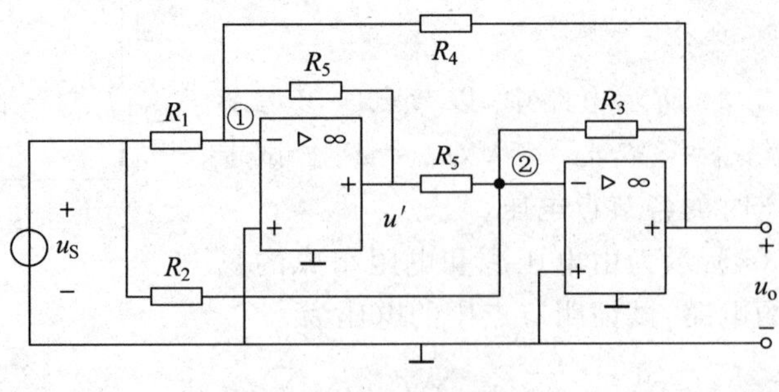

题图 3.39

3.40 试求题图 3.40 所示电路的输出电压与输入电压之比 u_o/u_1。

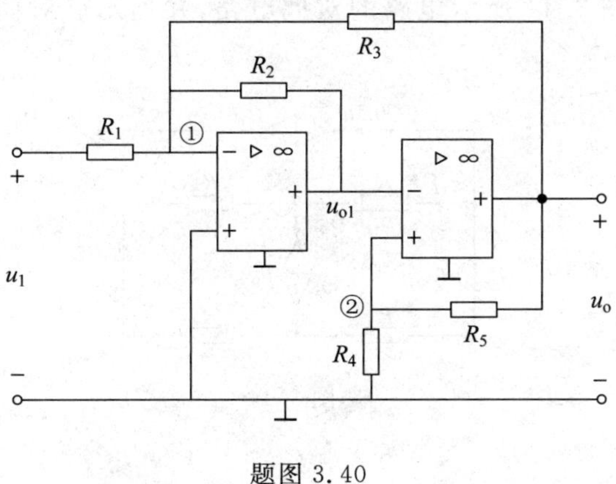

题图 3.40

3.41 试求题图 3.41 所示电路的输出电压与输入电压之比 u_o/u_S。

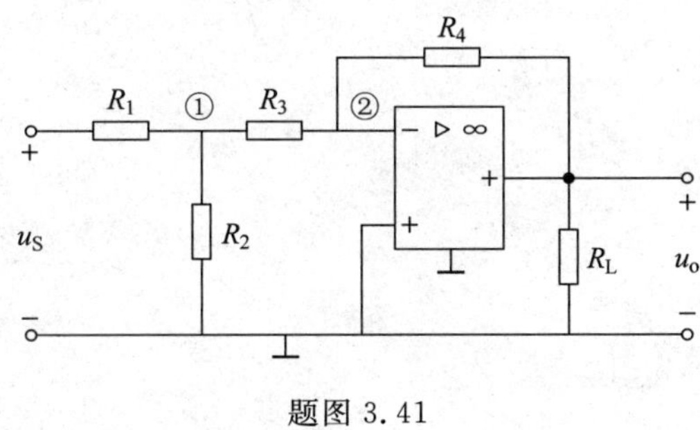

题图 3.41

3.42 题图 3.42 所示电路，若满足 $R_1R_4=R_2R_3$，试证明电流 i_L 仅决定于 u_1 而与负载电阻 R_L 无关。

3.43 试求题图 3.43 所示电路的输出电压 u_o 与输入电压 u_{S1}、u_{S2} 之间的关系。

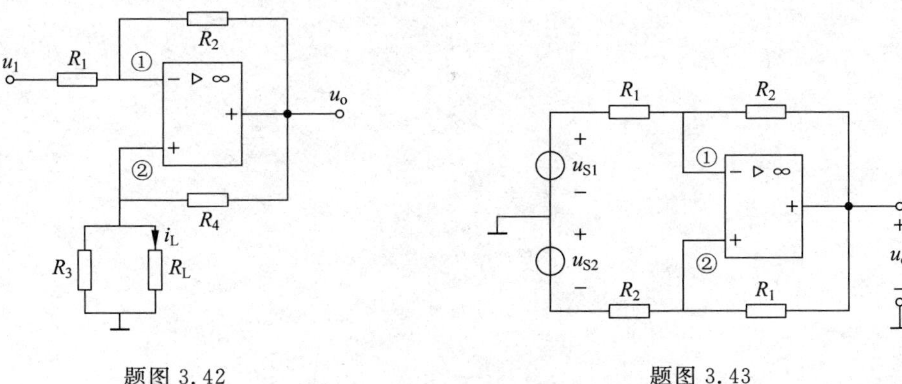

题图 3.42　　　　题图 3.43

电路的对偶性

3.44 试画出题图 3.44 所示电路的对偶电路，并列出该对偶电路的节点方程。已知 $R=1\Omega$，$U_S=14\text{V}$。

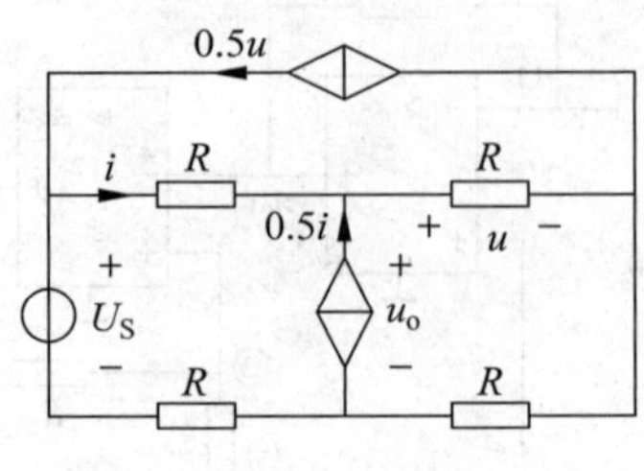

题图 3.44

第4章 电路的网络拓扑分析方法

内容提要

电路可以抽象成图，进而利用图论理论来加以研究。图论是拓扑学的一个分支，它通过点和线构成的图，模拟物理系统的数学模型。将图论应用于电路，对电路进行分析、研究的方法称为电路拓扑法，也称电路图论或网络图论。

本章介绍图论的基础知识及其在电路分析中的应用。首先讨论电路的图、树、基本回路、基本割集等概念，并利用这些概念讨论列写独立的 KCL、KVL 方程的方法以及如何选择独立的支路电压和支路电流；其次通过引入降阶关联矩阵、基本回路矩阵和基本割集矩阵的概念，将 KCL、KVL 方程表示成上述三种矩阵形式；最后在上述矩阵方程的基础上导出节点电压方程、基本回路电流方程以及基本割集电压方程的矩阵形式，用矩阵的形式表达电路方程具有形式简洁、便于计算机编程等特点。

4.1 树 割集

4.1.1 电路的图

可以利用图论的概念和方法来研究电路的图。将图论应用于电路，对电路进行分析、研究的方法称为电路拓扑法，也称电路图论或网络图论。

如果只研究电路的互连性质，而不考虑元件的特性，则电路可抽象为“线段”(支路)和“点”(节点)组成的**图**(graph)。对于一个给定结构的电路，KCL、KVL 分别给出了电路结构对电流、电压的制约，与组成电路的元件性质无关。因此利用电路的图就可以列写 KCL、KVL 方程。

在电路图论中，图是一组节点和一组支路的集合，且每条支路的两端必须终止在两个节点上。图通常用符号 G 记之。例如，图 4.1.1(a)所示电路，不管其中连接的是何种性质的元件，对应的图如图 4.1.1(b)所示，它含有支路集{1,2,3,4,5}和节点集{①,②,③,④}；图 4.1.1(c)所示电路对应的图如图 4.1.1(d)所示，此图所含的支路集为{1,2,3,4,5,6}，节点集为{①,②,③,④,⑤,⑥}。

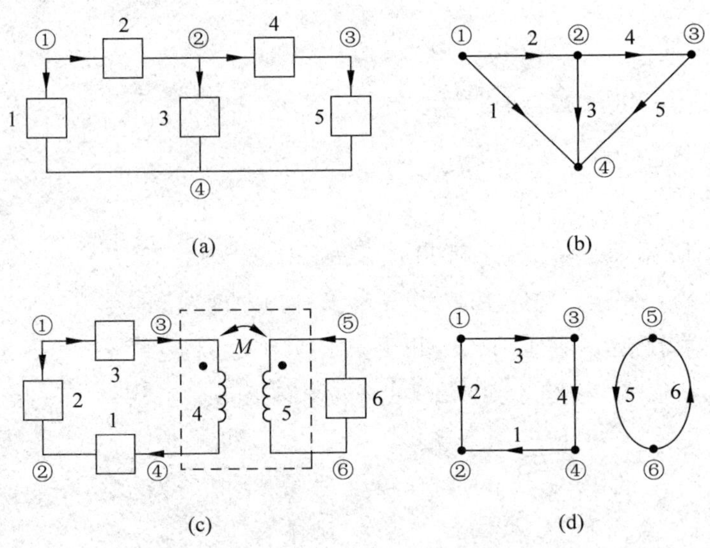

图 4.1.1 电路及其图

下面介绍电路图论中的几个术语。

(1) 连通图

如果图中任意两个节点之间至少存在一条路径，则称为**连通图**(connected graph)，否则称为非连通图。例如，图 4.1.1(b)表示了原电路元件间的连通性，为连通图。图 4.1.1(c)中元件 4、5 之间存在互感 M，反映了它们之间的电磁特性，并不属于拓扑关系，由于有耦合关系的两个线圈在物理上没有连接，描述它们的拓扑图也就不连通，因此

图 4.1.1(d)是非连通图。

(2) 有向图

各支路都标有参考方向(用箭标表示)的图称为**有向图**(directed graph),否则称为无向图。例如,图 4.1.1(b)、(d)均为有向图,图中支路的方向用于表示对应电路的支路电压和电流的一致参考方向。

对多端元件同样可以用电路拓扑图来表示。图 4.1.2(a)表示的三端元件,可以选择任一端钮如端钮 3 作为参考点,见图 4.1.2(b)。此时电路拓扑图表示如图 4.1.2(c)所示。图 4.1.3(a)表示的是一个二端口元件,其有向图如图 4.1.3(b)所示。

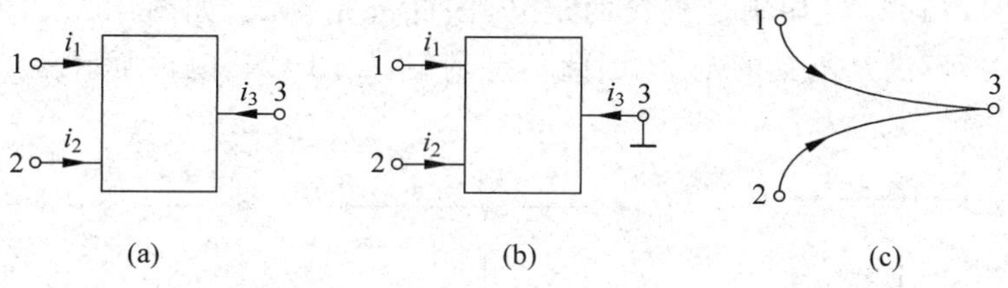

图 4.1.2　三端元件及其有向图

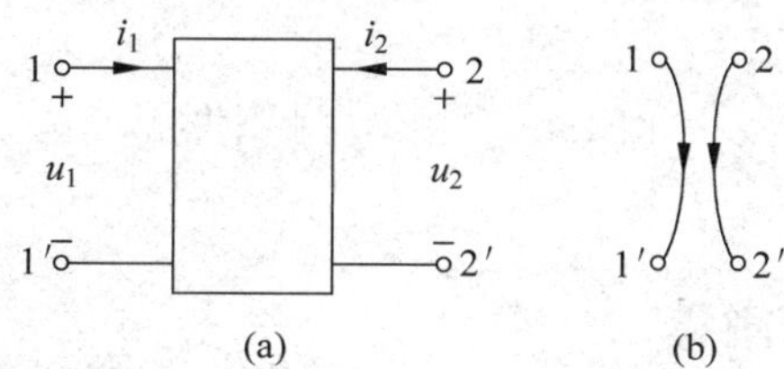

图 4.1.3　二端口元件及其有向图

有了各类元件的有向图后,就能作出任意电路的有向图。

(3) 子图

给定图 G 和 G_i,如果 G_i 的每个节点都是图 G 中的节点,每条支路都是图 G 中的支路,则称图 G_i 是图 G 的**子图**(subgraph)。例如,图 4.1.4 中的 G_1、G_2 及 G_3 都是图 G 的子图。

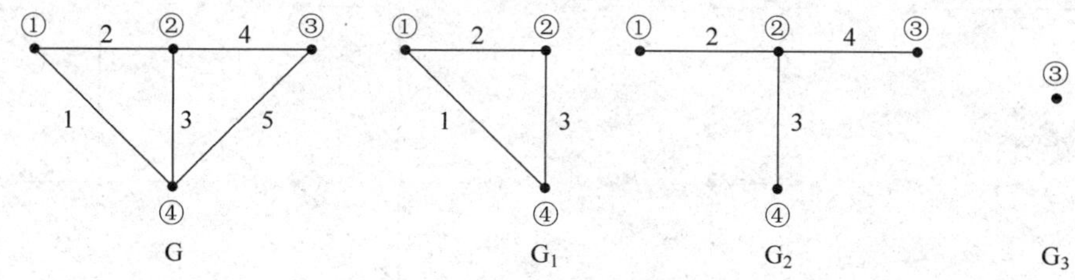

图 4.1.4　图 G 的子图

(4) 回路

给定图 G 的一个子图 G_i,如果 G_i 是连通的,且其每一个节点仅与两条支路相关联,

则称这个子图 G_i 为回路。例如，图 4.1.4 中的图 G 的子图 G_1 满足回路的定义，因此 G_1 是 G 的一个回路。

(5) 割集

对于连通图 G 的任一支路集，如果移去该集的所有支路，能使图 G 分成两个分离部分，然而只要少移去该集的任一支路，图仍然是连通的，则此支路集称为图 G 的一个**割集**(cut set)。

对于一个连通图，确定其割集的一个比较方便的方法是先作一个高斯面(闭合曲面)，然后看高斯面切割到的一组支路是否满足割集的定义。例如，对图 4.1.5 中的图来说，支路集{1,2}，{1,3,4}均满足割集的定义，因此都是割集，如图 4.1.5(a)、(b)所示。支路集{1,2,3,4}不满足割集的定义，因此不是割集，如图 4.1.5(c)所示。

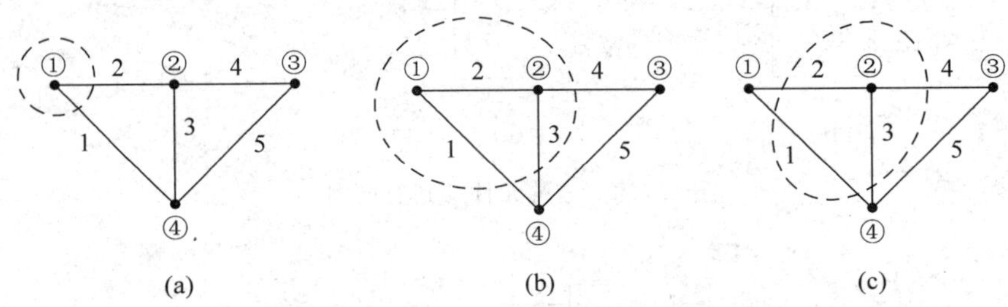

图 4.1.5 割集与非割集

4.1.2 基本回路和基本割集

1. 树

在图论中，树是一个重要的概念。给定连通图 G 的一个子图 G_t，如果 G_t 是包含图 G 中的所有节点而不形成回路的连通图，则称子图 G_t 为连通图 G 的一个**树**(tree)。例如，图 4.1.4 中连通图 G 的子图 G_2 满足树的定义，因此 G_2 是图 G 的一个树。图 4.1.6 画出了图 4.1.1(b)中图的所有可能的树，共有 8 个。

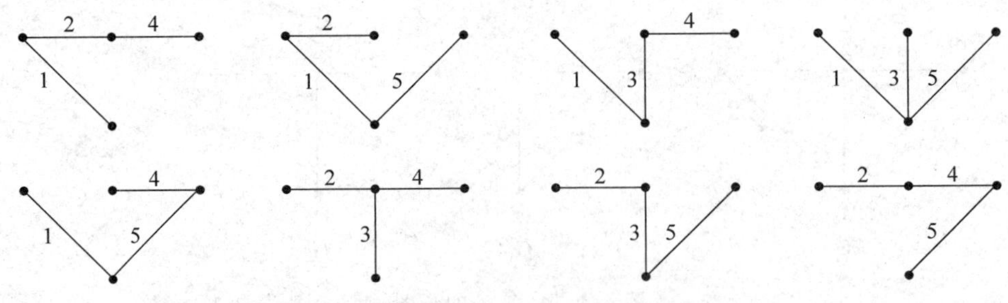

图 4.1.6 图 4.1.1(b)中图的所有树

通常把图 G 中构成树的支路称为**树枝**(tree branch)，而把图 G 中除去树枝以外的支路称为**连枝**(link branch)。显然，一个图的支路是由树枝和连枝组成的。故有

$$b = b_t + b_l \tag{4.1.1}$$

式中，b 是支路数；b_t 是树枝数；b_l 是连枝数。

根据树的定义，树 G_t 连接了 G 的所有节点，即 n 个节点。如果把 G_t 中的只与一条树枝相关联的节点称为 G_t 的端节点，则由于 G_t 是一个不包含回路的连通子图，所以它至少具有两个端节点。现在，从树上移掉一个端节点以及同该端节点相关联的树枝，余下的子图必然仍旧至少具有两个端节点。继续移掉端节点及与其相关联的树枝，直到只留下一条树枝为止。这条最后的树枝显然仍具有两个端节点。于是，除了与两个节点相连接的最后的那条树枝外，在移掉每一个节点时相应地移掉了一条树枝。由于 G_t 有 n 个节点，所以树枝数必然为 $n-1$ 个。又由于树枝数和连枝数的总和等于支路数 b，所以连枝数为 $b-(n-1)$个。

2. 基本回路

对任意一个连通图 G，任意选定一个树，如果在这个树上每添接上一条连枝，就会有一个回路出现，且只需添接该条连枝即可。这种由一条连枝和若干条树枝构成的回路称为**基本回路**(fundamental loop)。由于基本回路具有一条为自己所独有的连枝(是其他回路未曾用过的连枝)，也称为单连枝回路。由于连枝数等于 $b-(n-1)$，因此基本回路数也等于 $b-(n-1)$。显然，基本回路是一种独立的回路，其参考方向一般取与连枝的方向一致。

如图 4.1.7 所示，图中包含 4 个节点和 6 条支路。如果选定树枝集为{4,5,6}，则连枝集为{1,2,3}，连枝集中的任一连枝和若干树枝构成一个基本回路。图中共有 3 条连枝，因此对选定的树，可以得到 3 个基本回路 l_1、l_2 和 l_3，如图 4.1.7 中虚线所示。

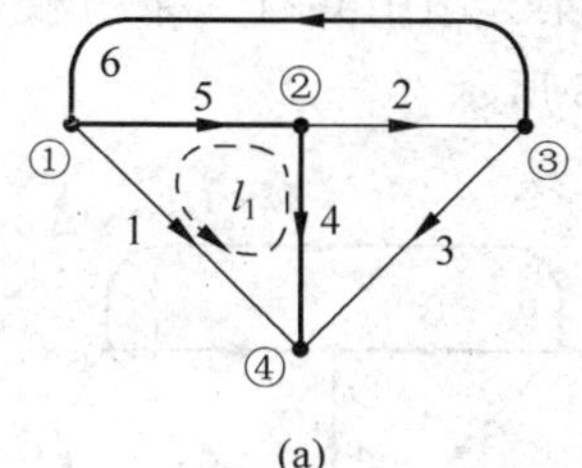

(a)

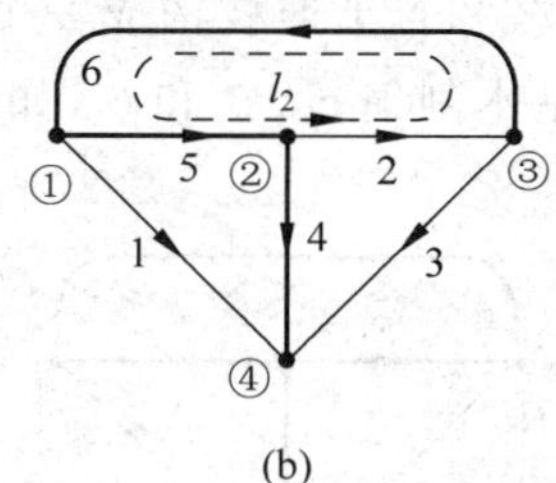

(b)

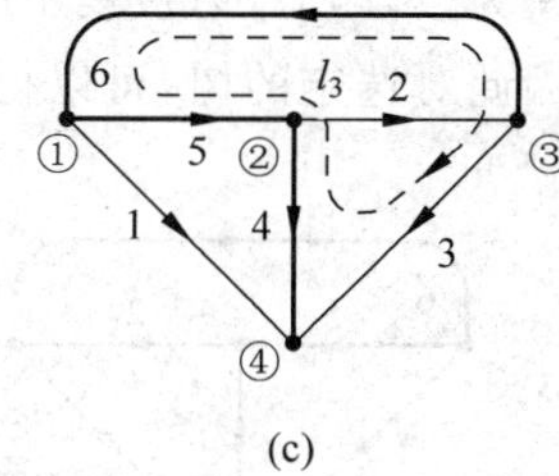

(c)

图 4.1.7　基本回路

列写基本回路的 KVL 方程，得

回路 l_1：

$$u_1 - u_4 - u_5 = 0 \tag{4.1.2a}$$

回路 l_2：

$$u_2 + u_5 + u_6 = 0 \tag{4.1.2b}$$

回路 l_3：

$$u_3 - u_4 - u_5 - u_6 = 0 \tag{4.1.2c}$$

上述 KVL 方程的每一个方程都包含一个不同的连枝电压，因此它们是独立的。

对基本回路之外的回路列写 KVL 方程，都可以由上述方程通过线性组合而得。例如对支路集{1,3,6}构成的回路取与支路 1 相同的参考方向，列写 KVL 方程，得

$$u_1 - u_3 + u_6 = 0 \tag{4.1.3}$$

显然，该方程可由式(4.1.2a)减去式(4.1.2c)而得。

由此可得到下述结论：由基本回路列写的KVL方程是一组独立的方程，其方程数为$b-(n-1)$。

从式(4.1.2)还可以看出，所有的连枝电压都可以用树枝电压的线性组合来求得。例如由式(4.1.2)得到各连枝电压为

$$\begin{cases} u_1 = u_3 - u_6 \\ u_2 = -u_6 - u_5 \\ u_3 = u_4 + u_5 + u_6 \end{cases} \tag{4.1.4}$$

可见，树枝电压是一组完备的电压变量。又因为树不构成回路，因此树枝电压之间是相互独立的。由此可得出如下结论：在全部支路电压中，树枝电压是一组完备的独立电压变量。

3. 基本割集

对于任意一个连通图G，选定一个树，每条树枝总能和若干条连枝构成一个割集，这种仅包含一条树枝的割集称为**基本割集**(fundamental cut set)。由于基本割集具有一条为自己所独有的树枝(是其他割集未曾用过的支路)，也称为单树枝割集。由于树枝数等于$n-1$，因此基本割集数也等于$n-1$。显然，基本割集是一种独立的割集，其参考方向一般取与树枝的方向一致。

以图4.1.7为例研究基本割集的性质。选定树枝集为{4,5,6}构成一个树，则连枝集为{1,2,3}，树枝集中的任一树枝和若干连枝构成一个基本割集。图中共有3条树枝，因此对选定的树，可以得到3个基本割集c_1、c_2和c_3，如图4.1.8所示。

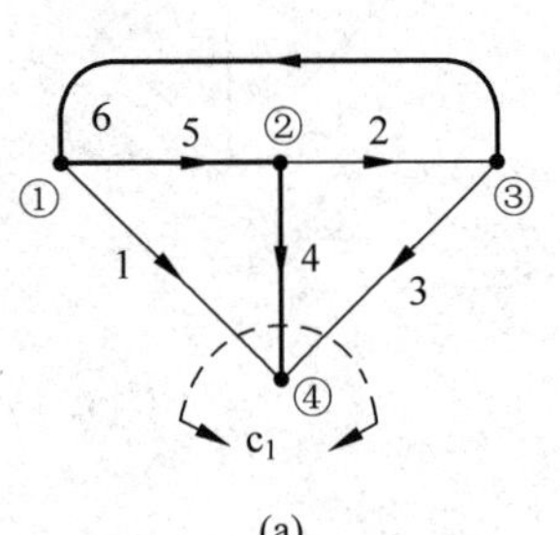

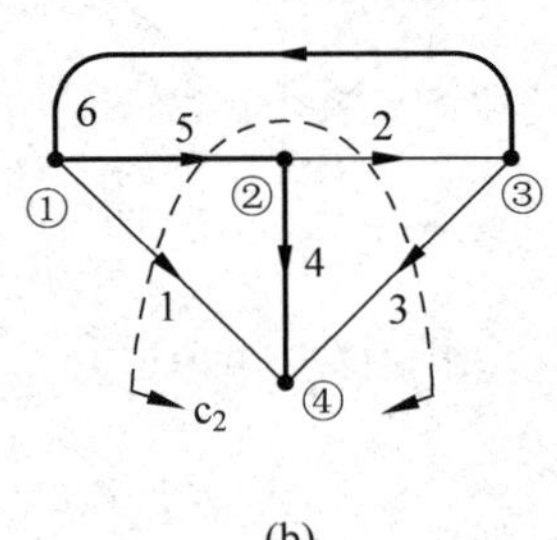

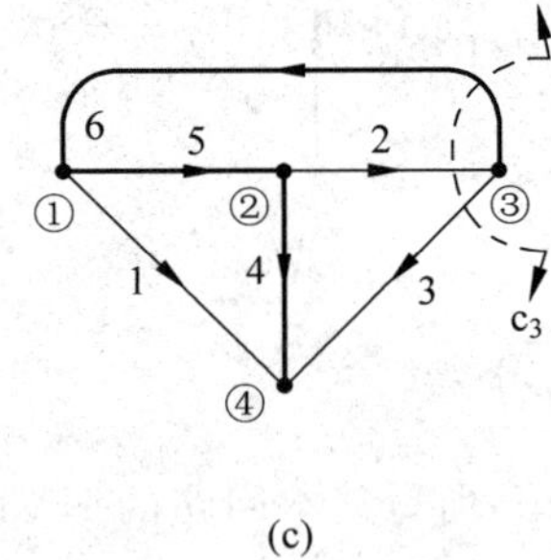

图4.1.8 基本割集

列写基本割集的KCL方程，得

割集c_1：
$$i_1 + i_3 + i_4 = 0 \tag{4.1.5a}$$

割集c_2：
$$i_1 - i_2 + i_3 + i_5 = 0 \tag{4.1.5b}$$

割集c_3：
$$i_2 - i_3 - i_6 = 0 \tag{4.1.5c}$$

上述 KCL 方程的每一个方程都包含一个不同的树枝电流，因此它们是独立的。

对基本割集之外的割集列写的 KCL 方程，都可以由上述方程通过线性组合而得。例如对支路集{1,5,6}构成的割集列写 KCL 方程，得

$$-i_1-i_5+i_6=0 \tag{4.1.6}$$

显然，该方程与由式(4.1.5b)加上式(4.1.5c)而得的方程是一致的。

由此可得到下述结论：由基本割集列写的 KCL 方程是一组独立的方程，其方程数为 $n-1$。

从式(4.1.5)还可以看出，所有的树枝电流都可以用连枝电流的线性组合来求得。例如由式(4.1.5)得到各树枝电流为

$$\begin{cases} i_4=-i_1-i_3 \\ i_5=-i_1+i_2-i_3 \\ i_6=i_2-i_3 \end{cases} \tag{4.1.7}$$

可见，连枝电流是一组完备的电流变量。又因为仅由连枝不能构成割集，因此连枝电流之间是相互独立的。由此可得出如下结论：在全部支路电流中，连枝电流是一组完备的独立电流变量。

【思考与练习】

4.1.1　试画出图4.1.9所示电路的图中所有的回路和割集。如果选定树{2,3,5,6}，试确定基本回路和基本割集。

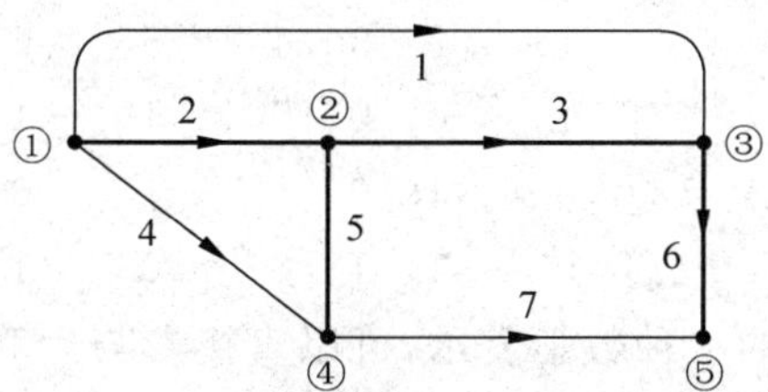

图4.1.9　思考与练习4.1.1

4.2　关联矩阵　回路矩阵　割集矩阵

4.2.1　关联矩阵及基尔霍夫定律的关联矩阵形式

有向图反映了其对应电路的互连方式，所以它能提供有关节点与支路之间连接关系的全部信息。**关联矩阵**(incidence matrix)可用来描述这种连接关系。

对于一个具有 n 个节点、b 条支路的有向图，定义一个矩阵 $\mathbf{A}_a=[a_{ik}]_{n\times b}$，其中行号对应节点，列号对应支路，矩阵的第 (i,k) 个元素 a_{ik} 定义为

$$a_{ik}=\begin{cases}1 & \text{支路 } k \text{ 与节点}ⓘ\text{相关联，且其方向离开节点}ⓘ\\ -1 & \text{支路 } k \text{ 与节点}ⓘ\text{相关联，且其方向指向节点}ⓘ\\ 0 & \text{支路 } k \text{ 与节点}ⓘ\text{无关联}\end{cases} \quad (4.2.1)$$

则此矩阵称为电路的节点-支路关联矩阵。节点-支路关联矩阵简称为关联矩阵。

例如对图 4.2.1 所示电路的图，其关联矩阵为

$$\mathbf{A}_a=\begin{matrix}①\\②\\③\\④\end{matrix}\overset{\begin{matrix}1 & 2 & 3 & 4 & 5 & 6\end{matrix}}{\begin{bmatrix}1 & 0 & 0 & 0 & 1 & -1\\ 0 & 1 & 0 & 1 & -1 & 0\\ 0 & -1 & 1 & 0 & 0 & 1\\ -1 & 0 & -1 & -1 & 0 & 0\end{bmatrix}} \quad (4.2.2)$$

若把 $\mathbf{A}_a$ 的行看成是向量，则节点数为 n 的有向图的关联矩阵 $\mathbf{A}_a$ 共有 n 个行向量。如果将这 n 个行向量相加，便得到一个零向量，即矩阵 $\mathbf{A}_a$ 不是满秩矩阵。可以证明，一个连通图的 $\mathbf{A}_a$ 的秩为 $n-1$，即 $\mathbf{A}_a$ 中的任意一行都可由其他的 $n-1$ 行来确定。因此，可以把 $\mathbf{A}_a$ 中的任意一行删去，便得到一个具有 $n-1$ 行和 b 列的矩阵，其秩为 $n-1$，称之为**降阶关联矩阵**（reduced-order incidence matrix），通常记为 $\mathbf{A}$，为了方便起见，常常省略“降阶”二字。一般将 $\mathbf{A}_a$ 中参考节点所对应的行删去得到 $\mathbf{A}$。$\mathbf{A}$ 中元素 a_{ik} $(i=1,2,\cdots,n-1;\ k=1,2,\cdots,b)$ 的确定方法与 $\mathbf{A}_a$ 完全相同。例如，对图 4.2.1 所示的有向图，选定节点④为参考节点，除去节点④所对应的行，就得到降阶关联矩阵 $\mathbf{A}$ 为

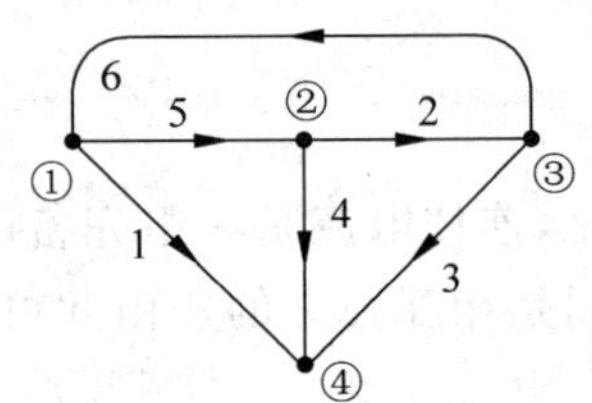

图 4.2.1　电路的图的关联矩阵

$$\mathbf{A}=\begin{matrix}①\\②\\③\end{matrix}\overset{\begin{matrix}1 & 2 & 3 & 4 & 5 & 6\end{matrix}}{\begin{bmatrix}1 & 0 & 0 & 0 & 1 & -1\\ 0 & 1 & 0 & 1 & -1 & 0\\ 0 & -1 & 1 & 0 & 0 & 1\end{bmatrix}} \quad (4.2.3)$$

关联矩阵作为电路图的一种数学表示，可以直接参与运算。由于利用 $\mathbf{A}$ 进行电路分析可以得到独立的电路方程，因此在以后的分析计算中用到的是 $\mathbf{A}$ 而不是 $\mathbf{A}_a$。

从上面的讨论可知，只要给定一个有向图，就能按式(4.2.1)的定义求得关联矩阵 $\mathbf{A}_a$ 或降阶关联矩阵 $\mathbf{A}$；反之，对任意一个给定的关联矩阵 $\mathbf{A}_a$ 或降阶关联矩阵 $\mathbf{A}$，也能画出相对应的有向图。

【例 4.2.1】 已知降阶关联矩阵 $\mathbf{A}$ 为如下表达式，试画出其对应的有向图。

$$\mathbf{A}=\begin{matrix}①\\②\\③\\④\end{matrix}\overset{\begin{matrix}1 & 2 & 3 & 4 & 5 & 6 & 7\end{matrix}}{\begin{bmatrix}1 & 1 & 0 & 1 & 0 & 0 & 0\\ 0 & -1 & 1 & 0 & 1 & 0 & 0\\ -1 & 0 & -1 & 0 & 0 & 1 & 0\\ 0 & 0 & 0 & -1 & -1 & 0 & -1\end{bmatrix}}$$

解　由 $\mathbf{A}$ 的定义可知，对应的有向图具有 5 个节点和 7 条支路。由 $\mathbf{A}_a$ 与 $\mathbf{A}$ 之间的关系可得到 $\mathbf{A}_a$ 为

$$
\boldsymbol{A}_{\mathrm{a}} = \begin{matrix} \\ ① \\ ② \\ ③ \\ ④ \\ ⑤ \end{matrix}
\begin{matrix} & 1 & 2 & 3 & 4 & 5 & 6 & 7 \\ & \left[\begin{matrix} 1 \\ 0 \\ -1 \\ 0 \\ 0 \end{matrix}\right. & \begin{matrix} 1 \\ -1 \\ 0 \\ 0 \\ 0 \end{matrix} & \begin{matrix} 0 \\ 1 \\ -1 \\ 0 \\ 0 \end{matrix} & \begin{matrix} 1 \\ 0 \\ 0 \\ -1 \\ 0 \end{matrix} & \begin{matrix} 0 \\ 1 \\ 0 \\ -1 \\ 0 \end{matrix} & \begin{matrix} 0 \\ 0 \\ 1 \\ 0 \\ -1 \end{matrix} & \left.\begin{matrix} 0 \\ 0 \\ 0 \\ -1 \\ 1 \end{matrix}\right] \end{matrix}
$$

画有向图时,可以将全部节点画在一条水平线上,然后根据 $\boldsymbol{A}$ 的表达式画出节点间的相关支路。例如,从关联矩阵的第1列可知,支路1离开节点①而指向节点③,因此可以画出有向支路1。其余支路可以按同样步骤画出。最后画出的有向图如图4.2.2(a)所示。再将节点的位置加以调整,改画得到如图4.2.2(b)所示的有向图。

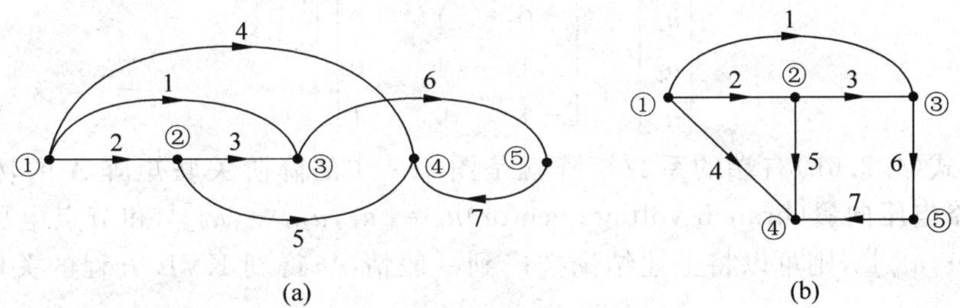

图4.2.2 例4.2.1

有向图是对其对应电路拓扑结构的具体表示,所以完全可以通过有向图来列写电路KCL方程和KVL方程。

对图4.2.1所示有向图的节点①、②、③列写KCL方程,并写成矩阵形式为

$$
\begin{bmatrix} 1 & 0 & 0 & 0 & 1 & -1 \\ 0 & 1 & 0 & 1 & -1 & 0 \\ 0 & -1 & 1 & 0 & 0 & 1 \end{bmatrix}
\begin{bmatrix} i_1 \\ i_2 \\ i_3 \\ i_4 \\ i_5 \\ i_6 \end{bmatrix}
= \begin{bmatrix} 0 \\ 0 \\ 0 \end{bmatrix} \tag{4.2.4}
$$

式(4.2.4)的系数矩阵就是图4.2.1的降阶关联矩阵 $\boldsymbol{A}$,即式(4.2.3)。根据关联矩阵的定义,不难理解式(4.2.4)的含义。

如果引入**支路电流向量**(branch current vector) $i_{\mathrm{b}}=[i_1, i_2, \cdots, i_b]^{\mathrm{T}}$,则可以将上述结论推广到一般情况,得到KCL方程的关联矩阵矩阵形式为

$$
\boldsymbol{A}\boldsymbol{i}_{\mathrm{b}} = \boldsymbol{0} \tag{4.2.5}
$$

下面分析KVL方程的矩阵形式。

对于图4.2.1所示有向图,如果取节点④作为参考节点,并把节点①、②及③对参考节点的电压分别用 u_{n1}、u_{n2} 及 u_{n3} 表示,各支路电压用 u_1、u_2、$\cdots$、u_6 表示,支路电流与支路电压取一致参考方向,则可得其KVL方程为

$$\begin{cases} u_1 = u_{n1} \\ u_2 = u_{n2} - u_{n3} \\ u_3 = u_{n3} \\ u_4 = u_{n2} \\ u_5 = u_{n1} - u_{n2} \\ u_6 = u_{n3} - u_{n1} \end{cases} \tag{4.2.6a}$$

将此方程组写成矩阵形式，有

$$\begin{bmatrix} u_1 \\ u_2 \\ u_3 \\ u_4 \\ u_5 \\ u_6 \end{bmatrix} = \begin{bmatrix} 1 & 0 & 0 \\ 0 & 1 & -1 \\ 0 & 0 & 1 \\ 0 & 1 & 0 \\ 1 & -1 & 0 \\ -1 & 0 & 1 \end{bmatrix} \begin{bmatrix} u_{n1} \\ u_{n2} \\ u_{n3} \end{bmatrix} \tag{4.2.6b}$$

不难看出，式(4.2.6b)右端的系数矩阵就是图 4.2.1 的降阶关联矩阵 $\boldsymbol{A}$ 的转置 $\boldsymbol{A}^{\mathrm{T}}$。如果引入**支路电压向量**(branch voltage vector)$\boldsymbol{u}_{\mathrm{b}} = [u_1, u_2, \cdots, u_b]^{\mathrm{T}}$ 和节点电压向量 $\boldsymbol{u}_{\mathrm{n}} = [u_{n1}, u_{n2}, \cdots, u_{nn}]^{\mathrm{T}}$，则可以将上述结论推广到一般情况，得到 KVL 方程的关联矩阵矩阵形式为

$$\boldsymbol{u}_{\mathrm{b}} = \boldsymbol{A}^{\mathrm{T}} \boldsymbol{u}_{\mathrm{n}} \tag{4.2.7}$$

4.2.2 基本回路矩阵及基尔霍夫定律的关联矩阵形式

如同可用降阶关联矩阵来描述连通图的节点和支路的关系一样，也可用**基本回路矩阵**(fundamental loop matrix)来描述连通图的回路和支路的关系。

对于一个具有 b 条支路、l 个基本回路的连通图，定义基本回路矩阵 $\boldsymbol{B} = [b_{ik}]_{l \times b}$，其中行号对应基本回路，列号对应支路，$\boldsymbol{B}$ 的第(i,k)个元素 b_{ik} 定义为

$$b_{ik} = \begin{cases} 1, & \text{支路 } k \text{ 与基本回路 } i \text{ 相关联，且它们的参考方向一致} \\ -1 & \text{支路 } k \text{ 与基本回路 } i \text{ 相关联，且它们的参考方向相反} \\ 0 & \text{支路 } k \text{ 与基本回路 } i \text{ 无关联} \end{cases} \tag{4.2.8}$$

对图 4.2.3(a)所示的有向图，选支路 4、5 和 6 构成一个树，得到基本回路为 l_1、l_2 和 l_3，如图 4.2.3(b)所示，写出基本回路矩阵为

$$\boldsymbol{B} = \begin{matrix} & \begin{matrix} 1 & 2 & 3 & 4 & 5 & 6 \end{matrix} \\ \begin{matrix} l_1 \\ l_2 \\ l_3 \end{matrix} & \begin{bmatrix} 1 & 0 & 0 & -1 & -1 & 0 \\ 0 & 1 & 0 & 0 & 1 & 1 \\ 0 & 0 & 1 & -1 & -1 & -1 \end{bmatrix} \end{matrix} \tag{4.2.9}$$

$\boldsymbol{B}$ 表示了各个基本回路与支路之间的关联关系。在列写矩阵时按先连枝后树枝排列的情况下，$\boldsymbol{B}$ 具有下列形式

$$\boldsymbol{B} = \{ \underset{l\text{条连枝}}{\boldsymbol{1}_l} \vdots \underset{n-1\text{条树枝}}{\boldsymbol{B}_{\mathrm{t}}} \} \quad l\text{个基本回路} \tag{4.2.10}$$

式中 $\mathbf{1}_l$ 表示一个 l 阶的单位矩阵；$\boldsymbol{B}_\mathrm{t}$ 表示一个 l 行和 $n-1$ 列的矩阵。由于 $\boldsymbol{B}$ 包含单位矩阵 $\mathbf{1}_l$ 且只有 l 行，因此 $\boldsymbol{B}$ 的秩是 $l=b-n+1$。

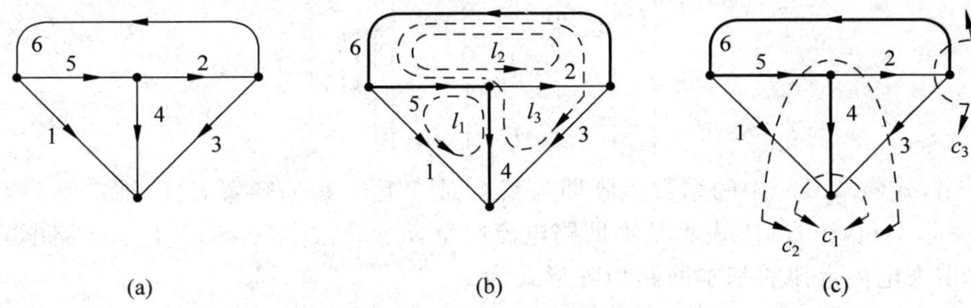

图 4.2.3　有向图及其基本回路

对图 4.2.3(b)所示基本回路列写 KVL 方程，并写成矩阵形式

$$\begin{bmatrix}1 & 0 & 0 & -1 & -1 & 0\\0 & 1 & 0 & 0 & 1 & 1\\0 & 0 & 1 & -1 & -1 & -1\end{bmatrix}\begin{bmatrix}u_1\\u_2\\u_3\\u_4\\u_5\\u_6\end{bmatrix}=\begin{bmatrix}0\\0\\0\end{bmatrix}\tag{4.2.11}$$

上述方程的系数矩阵就是图 4.2.3(b)的基本回路矩阵，即式(4.2.9)。推广到一般情况，假设 $\boldsymbol{u}_\mathrm{b}$ 表示支路电压向量，基尔霍夫电压定律的基本回路矩阵形式为

$$\boldsymbol{B}\boldsymbol{u}_\mathrm{b}=\mathbf{0}\tag{4.2.12}$$

如果将支路电压按照连枝电压和树枝电压进行分块，则式(4.2.12)可以写成

$$\boldsymbol{B}\boldsymbol{u}_\mathrm{b}=[\mathbf{1}_l \mid \boldsymbol{B}_\mathrm{t}]\begin{bmatrix}\boldsymbol{u}_l\\\boldsymbol{u}_\mathrm{t}\end{bmatrix}=\boldsymbol{u}_l+\boldsymbol{B}_\mathrm{t}\boldsymbol{u}_\mathrm{t}=\mathbf{0}\tag{4.2.13}$$

从而得到连枝电压向量和树枝电压向量之间的关系为

$$\boldsymbol{u}_l=-\boldsymbol{B}_\mathrm{t}\boldsymbol{u}_\mathrm{t}\tag{4.2.14}$$

现在讨论各支路电流和基本回路电流(即连枝电流)间的关系。连枝电流是一组独立变量，可以用来表达全部支路电流。通过对基本割集列写 KCL 方程，能够将树枝电流表达成连枝电流的代数和。如果选支路 4、5 和 6 构成一个树，其基本割集如图 4.2.3(c)所示，应用 KCL，有

$$\begin{cases}i_4=-i_{l1}-i_{l3}\\i_5=-i_{l1}+i_{l2}-i_{l3}\\i_6=i_{l2}-i_{l3}\end{cases}\tag{4.2.15}$$

式中，$i_{l1}=i_1$，$i_{l2}=i_2$，$i_{l3}=i_3$，分别为连枝 1,2,3 的电流。

用连枝电流表示所有的支路电流，并写成矩阵形式为

$$\begin{bmatrix} i_1 \\ i_2 \\ i_3 \\ i_4 \\ i_5 \\ i_6 \end{bmatrix} = \begin{bmatrix} 1 & 0 & 0 \\ 0 & 1 & 0 \\ 0 & 0 & 1 \\ -1 & 0 & -1 \\ -1 & 1 & -1 \\ 0 & 1 & -1 \end{bmatrix} \begin{bmatrix} i_{l1} \\ i_{l2} \\ i_{l3} \end{bmatrix} \tag{4.2.16}$$

可以看出，式(4.2.16)中的系数矩阵即为基本回路矩阵 $\boldsymbol{B}$ 的转置 $\boldsymbol{B}^{\mathrm{T}}$。推广到一般情况，假设 $\boldsymbol{i}_l=[i_{l1},i_{l2},\cdots,i_{ll}]^{\mathrm{T}}$ 表示基本回路电流向量，$\boldsymbol{i}_{\mathrm{b}}=[i_1,i_2,\cdots,i_b]^{\mathrm{T}}$ 表示支路电流向量，则基尔霍夫电流定律的基本回路矩阵形式为

$$\boldsymbol{i}_{\mathrm{b}} = \boldsymbol{B}^{\mathrm{T}}\boldsymbol{i}_l \tag{4.2.17}$$

值得指出的是，由于网孔是一特殊的回路，将基本回路矩阵的定义应用于网孔，不难得到**网孔矩阵**(mesh matrix)$\boldsymbol{M}$ 的定义以及用于网孔分析的基尔霍夫定律矩阵表达式。请读者自行推导。

【例 4.2.2】 已知某电路包含 6 条支路，基本回路矩阵为 $\boldsymbol{B}=\begin{bmatrix} 1 & 0 & 0 & 1 & 0 & 1 \\ 0 & 1 & 0 & -1 & -1 & -1 \\ 0 & 0 & 1 & 0 & -1 & -1 \end{bmatrix}$，支路 1、2、3 为电阻支路，其电阻分别为 20Ω、5Ω、10Ω；支路 4、5、6 的电压分别为 4V、6V、−24V。试求该电路的支路电流向量。

解 由基本回路矩阵可知，支路 1、2、3 为连枝，支路 4、5、6 为树枝，已知树枝电压向量为

$$\boldsymbol{u}_{\mathrm{t}} = [4,6,-24]^{\mathrm{T}}$$

于是连枝电压向量为

$$\boldsymbol{u}_l = -\boldsymbol{B}_{\mathrm{t}}\boldsymbol{u}_{\mathrm{t}} = -\begin{bmatrix} 1 & 0 & 1 \\ -1 & -1 & -1 \\ 0 & -1 & -1 \end{bmatrix}\begin{bmatrix} 4 \\ 6 \\ -24 \end{bmatrix}\mathrm{V} = \begin{bmatrix} 20 \\ -14 \\ -18 \end{bmatrix}\mathrm{V}$$

连枝电流向量为

$$\boldsymbol{i}_l = \left[\frac{u_1}{R_1},\frac{u_2}{R_2},\frac{u_3}{R_3}\right]^{\mathrm{T}} = \left[1,\frac{-14}{5},\frac{-18}{10}\right]^{\mathrm{T}}\mathrm{A} = [1,-2.8,-1.8]^{\mathrm{T}}\mathrm{A}$$

最后求得支路电流向量为

$$\boldsymbol{i}_{\mathrm{b}} = \boldsymbol{B}^{\mathrm{T}}\boldsymbol{i}_l = \begin{bmatrix} 1 & 0 & 0 & 1 & 0 & 1 \\ 0 & 1 & 0 & -1 & -1 & -1 \\ 0 & 0 & 1 & 0 & -1 & -1 \end{bmatrix}^{\mathrm{T}}\begin{bmatrix} 1 \\ -2.8 \\ -1.8 \end{bmatrix} = [1,-2.8,-1.8,3.8,4.6,5.6]^{\mathrm{T}}\mathrm{A}$$

MATLAB 计算程序：

```
%采用 MATLAB 求解例 4.2.2
B=[1 0 0 1 0 1; 0 1 0 -1 -1 -1; 0 0 1 0 -1 -1];
R123=[20; 5; 10]; ut=[4; 6; -24];
Bt=B(:,4:6); ul=-Bt*ut;          %输入有关矩阵和向量
il=ul./R123                      %计算节点电导矩阵
ib=B'*il
```

```
计算结果:
ib =    1.0000
      - 2.8000
      - 1.8000
        3.8000
        4.6000
        5.6000
```

4.2.3 基本割集矩阵及基尔霍夫定律的关联矩阵形式

一个电路的连通图的拓扑关系也可以用该连通图的基本割集加以描述。基本割集和支路的关系可以通过**基本割集矩阵**(fundamental cut-set matrix)来表达。

对一个支路数为 b、割集数为 c 的连通图,定义一个基本割集矩阵 $\boldsymbol{Q}=[q_{ik}]_{c\times b}$,其中行号对应割集,列号对应支路,$\boldsymbol{Q}$ 的第(i,k)个元素 q_{ik} 定义为

$$q_{ik}=\begin{cases}1 & \text{当支路 } k \text{ 与基本割集 } i \text{ 相关联,且它们的参考方向一致}\\ -1 & \text{当支路 } k \text{ 与基本割集 } i \text{ 相关联,且它们的参考方向相反}\\ 0 & \text{当支路 } k \text{ 与基本割集 } i \text{ 无关联}\end{cases} \tag{4.2.18}$$

对图 4.2.3(a)所示的有向图,如果选支路 4、5、6 构成一个树,则得到基本割集为 c_1、c_2 和 c_3,如图 4.2.3(c)所示,写出基本割集矩阵为

$$\boldsymbol{Q}=\begin{matrix}c_1\\c_2\\c_3\end{matrix}\begin{bmatrix}1 & 0 & 1 & 1 & 0 & 0\\ 1 & -1 & 1 & 0 & 1 & 0\\ 0 & -1 & 1 & 0 & 0 & 1\end{bmatrix} \tag{4.2.19}$$

$\boldsymbol{Q}$ 表示了各个基本割集与支路之间的关联关系。在列写矩阵时按先连枝后树枝排列的情况下,$\boldsymbol{Q}$ 具有下列形式

$$\boldsymbol{Q}=[\boldsymbol{Q}_l \,\vdots\, \boldsymbol{1}_\text{t}] \quad n-1\text{ 个基本割集} \tag{4.2.20}$$

$$\quad l\text{ 条连枝} \qquad n-1\text{ 条树枝}$$

式中,$\boldsymbol{Q}_l$ 是一个具有 1、−1 和 0 元素的$(n-1)\times l$ 矩阵;$\boldsymbol{1}_\text{t}$ 为 $n-1$ 阶的单位矩阵。显然,由于 $\boldsymbol{Q}$ 包含单位矩阵 $\boldsymbol{1}_\text{t}$,且只有 $n-1$ 行,所以 $\boldsymbol{Q}$ 的秩为 $n-1$。

对图 4.2.3(c)所示的基本割集列写 KCL 方程,并写成矩阵形式

$$\begin{bmatrix}1 & 0 & 1 & 1 & 0 & 0\\ 1 & -1 & 1 & 0 & 1 & 0\\ 0 & -1 & 1 & 0 & 0 & 1\end{bmatrix}\begin{bmatrix}i_1\\i_2\\i_3\\i_4\\i_5\\i_6\end{bmatrix}=\begin{bmatrix}0\\0\\0\end{bmatrix} \tag{4.2.21}$$

上述方程的系数矩阵就是图 4.2.3(c)的基本割集矩阵,即式(4.2.19)。推广到一般情况,假设 $\boldsymbol{i}_\text{b}$ 表示支路电流向量,基尔霍夫电流定律的基本割集矩阵形式为

$$\boldsymbol{Q}\boldsymbol{i}_\text{b}=\boldsymbol{0} \tag{4.2.22}$$

如果将支路电流按照连枝电流和树枝电流进行分块，则式(4.2.22)可以写成

$$\boldsymbol{Q}\boldsymbol{i}_{\mathrm{b}}=[\boldsymbol{Q}_{l}\mid\boldsymbol{1}_{\mathrm{t}}]\begin{bmatrix}\boldsymbol{i}_{l}\\\boldsymbol{i}_{\mathrm{t}}\end{bmatrix}=\boldsymbol{Q}_{l}\boldsymbol{i}_{l}+\boldsymbol{i}_{\mathrm{t}}=\boldsymbol{0}\tag{4.2.23}$$

从而得到树枝电流向量和连枝电流向量之间的关系

$$\boldsymbol{i}_{\mathrm{t}}=-\boldsymbol{Q}_{l}\boldsymbol{i}_{l}\tag{4.2.24}$$

现在讨论各支路电压和基本割集电压(即树枝电压)间的关系。树枝电压是一组独立变量，可以用来表达全部支路电压。对基本回路列写 KVL 方程，能够将连枝电压表达成树枝电压的代数和。对图 4.2.3(b)所示的基本回路应用 KVL，有

$$\begin{cases}u_{1}=u_{\mathrm{t4}}+u_{\mathrm{t5}}\\u_{2}=-u_{\mathrm{t5}}-u_{\mathrm{t6}}\\u_{3}=u_{\mathrm{t4}}+u_{\mathrm{t5}}\end{cases}\tag{4.2.25}$$

式中，$u_{\mathrm{t4}}=u_{4}$，$u_{\mathrm{t5}}=u_{5}$，$u_{\mathrm{t6}}=u_{6}$，分别为树枝 4,5,6 的电压。

用树枝电压表示所有的支路电压，并写成矩阵形式为

$$\begin{bmatrix}u_{1}\\u_{2}\\u_{3}\\u_{4}\\u_{5}\\u_{6}\end{bmatrix}=\begin{bmatrix}1&1&0\\0&-1&-1\\1&1&0\\1&0&0\\0&1&0\\0&0&1\end{bmatrix}\begin{bmatrix}u_{\mathrm{t4}}\\u_{\mathrm{t5}}\\u_{\mathrm{t6}}\end{bmatrix}\tag{4.2.26}$$

可以看出，式(4.2.26)中的系数矩阵即为基本割集矩阵 $\boldsymbol{Q}$ 的转置 $\boldsymbol{Q}^{\mathrm{T}}$。推广到一般情况，假设 $\boldsymbol{u}_{\mathrm{t}}=[u_{\mathrm{t1}},u_{\mathrm{t2}},\cdots,u_{\mathrm{t}(n-1)}]^{\mathrm{T}}$ 表示基本割集电压向量，$\boldsymbol{u}_{\mathrm{b}}$ 表示支路电压向量，则基尔霍夫电压定律的基本割集矩阵形式为

$$\boldsymbol{u}_{\mathrm{b}}=\boldsymbol{Q}^{\mathrm{T}}\boldsymbol{u}_{\mathrm{t}}\tag{4.2.27}$$

【例 4.2.3】 已知电路的图如图 4.2.4(a)所示，试根据给定的树(树枝集{4,5,6})列写独立的 KCL、KVL 矩阵方程。

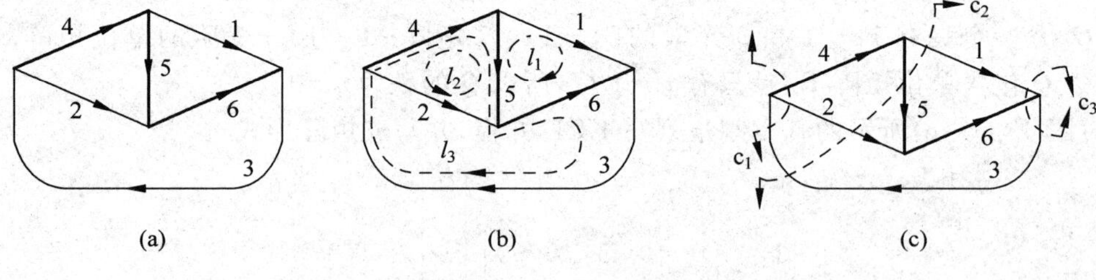

图 4.2.4 例 4.2.3

解 利用基本回路矩阵可以表示独立的 KVL 方程；利用基本割集矩阵可以表示独立的 KCL 方程。根据给定的树，作出基本回路如图 4.2.4(b)所示，写出基本回路矩阵为

$$\boldsymbol{B}=\begin{matrix}l_1\\l_2\\l_3\end{matrix}\begin{bmatrix}1&0&0&0&-1&-1\\0&1&0&-1&-1&0\\0&0&1&1&1&1\end{bmatrix}$$

因此 KVL 可表示为

$$\begin{bmatrix} 1 & 0 & 0 & 0 & -1 & -1 \\ 0 & 1 & 0 & -1 & -1 & 0 \\ 0 & 0 & 1 & 1 & 1 & 1 \end{bmatrix}\begin{bmatrix} u_1 \\ u_2 \\ u_3 \\ u_4 \\ u_5 \\ u_6 \end{bmatrix} = \begin{bmatrix} 0 \\ 0 \\ 0 \end{bmatrix}$$

根据给定的树，作出基本割集如图 4.2.4(c)所示，写出基本割集矩阵为

$$\boldsymbol{Q} = \begin{matrix} c_1 \\ c_2 \\ c_3 \end{matrix}\begin{bmatrix} 0 & 1 & -1 & 1 & 0 & 0 \\ 1 & 1 & -1 & 0 & 1 & 0 \\ 1 & 0 & -1 & 0 & 0 & 1 \end{bmatrix}$$

因此 KCL 可表示为

$$\begin{bmatrix} 0 & 1 & -1 & 1 & 0 & 0 \\ 1 & 1 & -1 & 0 & 1 & 0 \\ 1 & 0 & -1 & 0 & 0 & 1 \end{bmatrix}\begin{bmatrix} i_1 \\ i_2 \\ i_3 \\ i_4 \\ i_5 \\ i_6 \end{bmatrix} = \begin{bmatrix} 0 \\ 0 \\ 0 \end{bmatrix}$$

4.2.4　$\boldsymbol{A}$、$\boldsymbol{B}$、$\boldsymbol{Q}$ 矩阵之间的关系

上面介绍了如何用矩阵来表示电路的结构，即用降阶关联矩阵表达节点与支路的关系，用基本回路矩阵表达回路与支路的关系，用基本割集矩阵表达割集与支路的关系。显然，这三种矩阵之间存在一定的关系，下面借助 KCL、KVL 的矩阵形式来推导这种关系。

1. $\boldsymbol{A}$ 和 $\boldsymbol{B}$ 之间的关系

对于一个电路的图，在支路排列顺序相同(一般先连枝后树枝)时，写出关联矩阵 $\boldsymbol{A}$ 和基本回路矩阵 $\boldsymbol{B}$，再将式(4.2.17)代入式(4.2.5)，得

$$\boldsymbol{A}\boldsymbol{i}_{\mathrm{b}} = \boldsymbol{A}\boldsymbol{B}^{\mathrm{T}}\boldsymbol{i}_l = \boldsymbol{0} \tag{4.2.28}$$

由于回路电流 $\boldsymbol{i}_l$ 是一组独立的电流变量，可取任意值，因此由式(4.2.28)可得

$$\boldsymbol{A}\boldsymbol{B}^{\mathrm{T}} = \boldsymbol{0} \tag{4.2.29a}$$

对上式进行转置，得

$$\boldsymbol{B}\boldsymbol{A}^{\mathrm{T}} = \boldsymbol{0} \tag{4.2.29b}$$

如果按照连枝、树枝对矩阵进行分块，由式(4.2.29a)得

$$\begin{bmatrix} \boldsymbol{A}_l & \boldsymbol{A}_{\mathrm{t}} \end{bmatrix}\begin{bmatrix} \boldsymbol{1}_l \\ \boldsymbol{B}_{\mathrm{t}}^{\mathrm{T}} \end{bmatrix} = \boldsymbol{0} \tag{4.2.30}$$

即

$$\boldsymbol{A}_l + \boldsymbol{A}_t\boldsymbol{B}_t^{\mathrm{T}} = \boldsymbol{0} \tag{4.2.31}$$

解得 $\boldsymbol{B}_t$ 为

$$\boldsymbol{B}_t = -(\boldsymbol{A}_t^{-1}\boldsymbol{A}_l)^{\mathrm{T}} \tag{4.2.32}$$

2. $\boldsymbol{B}$ 和 $\boldsymbol{Q}$ 之间的关系

对于一个电路的图，在支路排列顺序相同(一般先连枝后树枝)时，写出基本回路矩阵 $\boldsymbol{B}$ 和基本割集矩阵 $\boldsymbol{Q}$，再将式(4.2.27)代入式(4.2.12)，得

$$\boldsymbol{B}\boldsymbol{u}_b = \boldsymbol{B}\boldsymbol{Q}^{\mathrm{T}}\boldsymbol{u}_t = 0 \tag{4.2.33}$$

上式对任意的树枝电压 $\boldsymbol{u}_t$ 都成立，因此可得

$$\boldsymbol{B}\boldsymbol{Q}^{\mathrm{T}} = 0 \tag{4.2.34a}$$

或

$$\boldsymbol{Q}\boldsymbol{B}^{\mathrm{T}} = 0 \tag{4.2.34b}$$

如果按照连枝树枝对矩阵进行分块，由式(4.2.34a)得

$$\begin{bmatrix}\boldsymbol{1}_l & \boldsymbol{B}_t\end{bmatrix}\begin{bmatrix}\boldsymbol{Q}_l^{\mathrm{T}} \\ \boldsymbol{1}_t\end{bmatrix} = 0 \tag{4.2.35}$$

解得 $\boldsymbol{B}_t$ 为

$$\boldsymbol{B}_t = -\boldsymbol{Q}_l^{\mathrm{T}} \tag{4.2.36}$$

3. $\boldsymbol{A}$ 和 $\boldsymbol{Q}$ 之间的关系

$\boldsymbol{A}$ 和 $\boldsymbol{Q}$ 之间的关系可以直接由 $\boldsymbol{A}$ 和 $\boldsymbol{B}$ 之间的关系，即式(4.2.32)与 $\boldsymbol{B}$ 和 $\boldsymbol{Q}$ 之间的关系，即式(4.2.36)求得

$$\boldsymbol{Q}_l = \boldsymbol{A}_t^{-1}\boldsymbol{A}_l \tag{4.2.37}$$

【例 4.2.4】 已知电路的图的关联矩阵为

$$\boldsymbol{A} = \begin{bmatrix} 1 & 0 & 0 & -1 & -1 & 0 \\ 0 & 0 & -1 & 0 & 1 & 1 \\ 0 & -1 & 1 & 1 & 0 & 0 \end{bmatrix}$$

已知支路编号次序为先连枝后树枝，试求基本回路矩阵和基本割集矩阵。

解 将关联矩阵写成如下分块矩阵形式

$$\boldsymbol{A} = [\underbrace{\boldsymbol{A}_l}_{b-(n-1)\text{列}} \quad \underbrace{\boldsymbol{A}_t}_{(n-1)\text{列}}]$$

有

$$\boldsymbol{A}_l = \begin{bmatrix} 1 & 0 & 0 \\ 0 & 0 & -1 \\ 0 & -1 & 1 \end{bmatrix}, \quad \boldsymbol{A}_t = \begin{bmatrix} -1 & -1 & 0 \\ 0 & 1 & 1 \\ 1 & 0 & 0 \end{bmatrix}$$

由式(4.2.32)可得

$$\boldsymbol{B}_t = -\left(\begin{bmatrix} -1 & -1 & 0 \\ 0 & 1 & 1 \\ 1 & 0 & 0 \end{bmatrix}^{-1}\begin{bmatrix} 1 & 0 & 0 \\ 0 & 0 & -1 \\ 0 & -1 & 1 \end{bmatrix}\right)^{\mathrm{T}} = \begin{bmatrix} 0 & 1 & -1 \\ 1 & -1 & 1 \\ -1 & 1 & 0 \end{bmatrix}$$

写出基本回路矩阵的完整形式为

$$\boldsymbol{B}=[\boldsymbol{1}_l \mid \boldsymbol{B}_{\mathrm{t}}]=\begin{bmatrix}1&0&0&0&1&-1\\0&1&0&1&-1&1\\0&0&1&-1&1&0\end{bmatrix}$$

由式(4.2.36)可得 $\boldsymbol{Q}_l$ 为

$$\boldsymbol{Q}_l=-\boldsymbol{B}_{\mathrm{t}}^{\mathrm{T}}=\begin{bmatrix}0&-1&1\\-1&1&-1\\1&-1&0\end{bmatrix}$$

也可以由式(4.2.37)计算,得到同样的结果。写出基本回路矩阵的完整形式为

$$\boldsymbol{Q}=\begin{bmatrix}0&-1&1&1&0&0\\-1&1&-1&0&1&0\\1&-1&0&0&0&1\end{bmatrix}$$

【思考与练习】

4.2.1　对图 4.2.5 所示电路的图,试选定一节点为参考节点,写出降阶关联矩阵 $\boldsymbol{A}$。再选定一个树,写出基本回路矩阵 $\boldsymbol{B}$ 和基本割集矩阵 $\boldsymbol{Q}$。

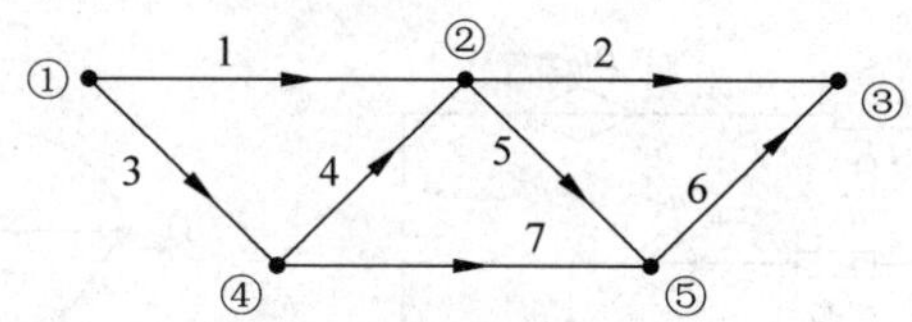

图 4.2.5　思考与练习 4.2.1

4.3　一般支路及其电压-电流关系的矩阵形式

为了建立矩阵形式的电路方程,除了建立矩阵形式的 KCL、KVL 方程外,还必须建立矩阵形式的支路特性方程。为具有一般性,引入图 4.3.1(a)所示的**一般支路**(generalized branch),图中 u_k 和 i_k 分别表示支路 k 的支路电压和支路电流。广义支路也称标准支路或一般支路,其中包括电阻、电压源和电流源。一个广义支路在图中对应一条支路,如图 4.3.1(b)所示。

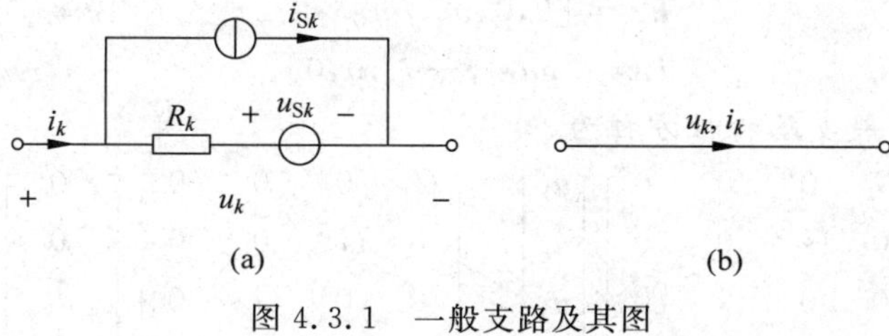

图 4.3.1　一般支路及其图

设电路具有 b 条支路、n 个节点,根据基尔霍夫定律和欧姆定律可得支路 k 的特性方程为

$$u_k = R_k(i_k - i_{Sk}) + u_{Sk} = R_k i_k - R_k i_{Sk} + u_{Sk} \tag{4.3.1a}$$

如果用 G_k 表示支路 k 中电阻元件的电导，则有

$$i_k = G_k(u_k - u_{Sk}) + i_{Sk} = G_k u_k - G_k u_{Sk} + i_{Sk} \tag{4.3.1b}$$

令 $k=1,2,\cdots,b$，便可得出所有支路的特性方程，将全部方程合成写成矩阵形式，有

$$\boldsymbol{u}_b = \boldsymbol{R}_b \boldsymbol{i}_b - \boldsymbol{R}_b \boldsymbol{i}_S + \boldsymbol{u}_S \tag{4.3.2a}$$

或

$$\boldsymbol{i}_b = \boldsymbol{G}_b \boldsymbol{u}_b - \boldsymbol{G}_b \boldsymbol{u}_S + \boldsymbol{i}_S \tag{4.3.2b}$$

式(4.3.2)称为一般支路特性方程的矩阵形式。在此二式中，$\boldsymbol{i}_b$ 和 $\boldsymbol{u}_b$ 分别为支路电流向量和支路电压向量；$\boldsymbol{u}_S=[u_{S1},u_{S2},\cdots,u_{Sb}]^T$ 和 $\boldsymbol{i}_S=[i_{S1},\ i_{S2},\cdots,i_{Sb}]^T$ 分别为电压源向量和电流源向量，矩阵 $\boldsymbol{R}_b=\mathrm{diag}[R_1,R_2,\cdots,R_b]$ 为支路电阻矩阵，矩阵 $\boldsymbol{G}_b=\mathrm{diag}[G_1,G_2,\cdots,G_b]$ 为支路电导矩阵。支路电阻矩阵和支路电导矩阵都是一个 b 阶的对角线矩阵，并互为逆矩阵，即 $\boldsymbol{G}_b=\boldsymbol{R}_b^{-1}$ 或 $\boldsymbol{R}_b=\boldsymbol{G}_b^{-1}$。

值得指出的是，如果广义支路含有受控电源，支路电阻矩阵和支路电导矩阵一般不再具有对角性质。下面通过例子加以说明。

【例 4.3.1】 试写出图 4.3.2(a)所示电路的一般支路特性方程的矩阵形式。

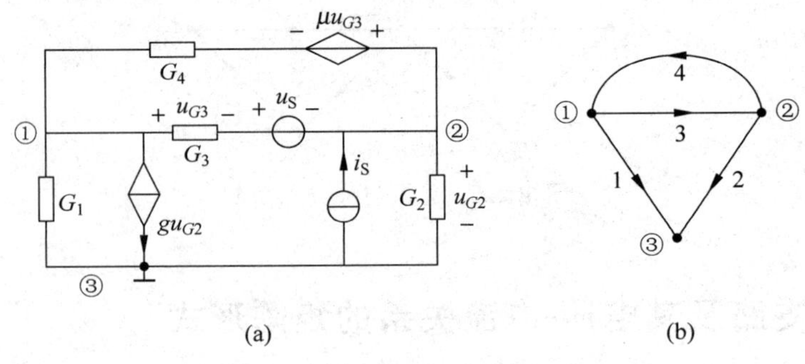

图 4.3.2 例 4.3.1

解 图 4.3.2(a)所示电路包含电压控制型受控源，列写一般支路特性方程时，可将受控源先当作独立电源处理。作出电路的图如图 4.3.2(b)所示，分别写出支路电导矩阵、电压源向量和电流源向量为

$$\boldsymbol{G}_b = \mathrm{diag}[G_1,G_2,G_3,G_4]$$
$$\boldsymbol{u}_S = [0,0,u_S,\mu u_{G3}]^T$$
$$\boldsymbol{i}_S = [gu_{G2},-i_S,0,0]^T$$

写出含受控源的一般支路特性方程为

$$\begin{bmatrix} i_1 \\ i_2 \\ i_3 \\ i_4 \end{bmatrix} = \begin{bmatrix} G_1 & 0 & 0 & 0 \\ 0 & G_2 & 0 & 0 \\ 0 & 0 & G_3 & 0 \\ 0 & 0 & 0 & G_4 \end{bmatrix} \begin{bmatrix} u_1 \\ u_2 \\ u_3 \\ u_4 \end{bmatrix} - \begin{bmatrix} G_1 & 0 & 0 & 0 \\ 0 & G_2 & 0 & 0 \\ 0 & 0 & G_3 & 0 \\ 0 & 0 & 0 & G_4 \end{bmatrix} \begin{bmatrix} 0 \\ 0 \\ u_S \\ \mu u_{G3} \end{bmatrix} + \begin{bmatrix} gu_{G2} \\ -i_S \\ 0 \\ 0 \end{bmatrix}$$

受控源控制电压可用支路电压表示为

$$u_{G2} = u_2,\quad u_{G3} = u_3 - u_S$$

将上式代入一般支路特性方程，并整理得

$$\begin{bmatrix} i_1 \\ i_2 \\ i_3 \\ i_4 \end{bmatrix} = \begin{bmatrix} G_1 & g & 0 & 0 \\ 0 & G_2 & 0 & 0 \\ 0 & 0 & G_3 & 0 \\ 0 & 0 & -\mu G_4 & G_4 \end{bmatrix} \begin{bmatrix} u_1 \\ u_2 \\ u_3 \\ u_4 \end{bmatrix} - \begin{bmatrix} G_1 & g & 0 & 0 \\ 0 & G_2 & 0 & 0 \\ 0 & 0 & G_3 & 0 \\ 0 & 0 & -\mu G_4 & G_4 \end{bmatrix} \begin{bmatrix} 0 \\ 0 \\ u_S \\ 0 \end{bmatrix} + \begin{bmatrix} 0 \\ -i_S \\ 0 \\ 0 \end{bmatrix}$$

可见，支路电导矩阵不再是对角矩阵。

4.4 节点分析的矩阵方法

根据基尔霍夫定律的关联矩阵形式和支路方程的矩阵形式，可以建立节点方程的矩阵形式，进而求出电路的支路电压和支路电流。下面进行具体分析。

将支路方程式(4.3.2b)代入 KCL 的关联矩阵形式，即式(4.2.5)，得

$$\boldsymbol{A}\boldsymbol{i}_b = \boldsymbol{A}(\boldsymbol{G}_b\boldsymbol{u}_b - \boldsymbol{G}_b\boldsymbol{u}_S + \boldsymbol{i}_S) = \boldsymbol{0} \tag{4.4.1}$$

再将 KVL 的关联矩阵形式，即式(4.2.7)，代入上式，并经移项得

$$\boldsymbol{A}\boldsymbol{G}_b\boldsymbol{A}^T\boldsymbol{u}_n = \boldsymbol{A}\boldsymbol{G}_b\boldsymbol{u}_S - \boldsymbol{A}\boldsymbol{i}_S \tag{4.4.2}$$

上式即为节点方程的矩阵形式。令

$$\boldsymbol{G}_n = \boldsymbol{A}\boldsymbol{G}_b\boldsymbol{A}^T \tag{4.4.3}$$

$$\boldsymbol{i}_{Sn} = \boldsymbol{A}\boldsymbol{G}_b\boldsymbol{u}_S - \boldsymbol{A}\boldsymbol{i}_S \tag{4.4.4}$$

式(4.4.2)可简写为

$$\boldsymbol{G}_n\boldsymbol{u}_n = \boldsymbol{i}_{Sn} \tag{4.4.5}$$

式中，$\boldsymbol{G}_n$ 称为节点电导矩阵；$\boldsymbol{i}_{Sn}$ 称为节点电流源向量。必须注意，式(4.4.5)只有在 $\det\boldsymbol{G}_n \neq 0$ 的条件下才具有唯一解。

对较复杂的电路，一般可用计算机编程来求取上述方程的解。

【例 4.4.1】 试用矩阵方法列写图 4.4.1(a)所示电路的节点电压矩阵方程，并求一般支路的电压和电流。

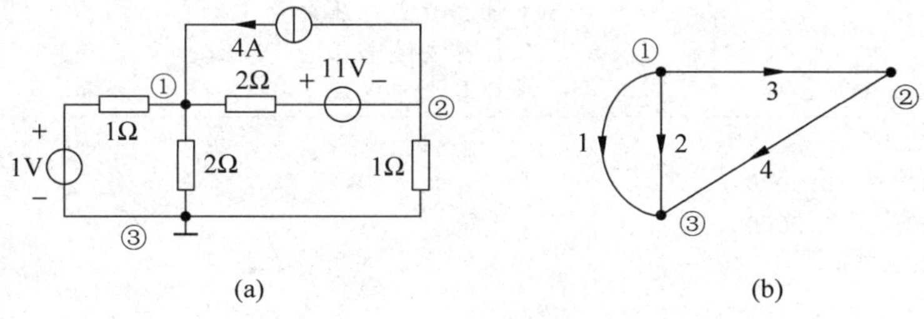

图 4.4.1 例 4.4.1

解 可按下述步骤列写电路的节点矩阵方程：

(1) 按照一般支路的定义，作出与电路对应的有向图，如图 4.4.1(b)所示。

(2) 根据有向图写出关联矩阵 $\boldsymbol{A}$

$$\boldsymbol{A} = \begin{bmatrix} 1 & 1 & 1 & 0 \\ 0 & 0 & -1 & 1 \end{bmatrix}$$

(3) 由电路及电路的图写出

支路电导矩阵 $\boldsymbol{G}_b=\text{diag}[1,0.5,0.5,1]\text{S}$

电压源向量 $\boldsymbol{u}_S=[1,0,11,0]^T\text{V}$

电流源向量 $\boldsymbol{i}_S=[0,0,-4,0]^T\text{A}$

(4) 由式(4.4.3)计算节点电导矩阵

$$\boldsymbol{G}_n=\boldsymbol{A}\boldsymbol{G}_b\boldsymbol{A}^T=\begin{bmatrix}2 & -0.5\\ -0.5 & 1.5\end{bmatrix}\text{S}$$

(5) 由式(4.4.4)计算节点电流源向量

$$\boldsymbol{i}_{Sn}=\boldsymbol{A}\boldsymbol{G}_b\boldsymbol{u}_S-\boldsymbol{A}\boldsymbol{i}_S=\begin{bmatrix}10.5\\ -9.5\end{bmatrix}\text{A}$$

(6) 由式(4.4.4)列出节点矩阵方程

$$\begin{bmatrix}2 & -0.5\\ -0.5 & 1.5\end{bmatrix}\begin{bmatrix}u_{n1}\\ u_{n2}\end{bmatrix}=\begin{bmatrix}10.5\\ -9.5\end{bmatrix}$$

(7) 由上述方程解得节点电压向量

$$\begin{bmatrix}u_{n1}\\ u_{n2}\end{bmatrix}=\begin{bmatrix}4\\ -5\end{bmatrix}\text{V}$$

(8) 由式(4.2.7)求取一般支路电压向量，由式(4.3.2b)求取支路电流向量

$$\boldsymbol{u}_b=[u_1,u_2,u_3,u_4]^T=\boldsymbol{A}^T\boldsymbol{u}_n=[4,4,9,-5]^T\text{V}$$

$$\boldsymbol{i}_b=[i_1,i_2,i_3,i_4]^T=\boldsymbol{G}_b\boldsymbol{u}_b-\boldsymbol{G}_b\boldsymbol{u}_S+\boldsymbol{i}_S=[3,2,-5,-5]^T\text{A}$$

MATLAB 计算程序：

```
%采用 MATLAB 求解例 4.4.1
A = [1 1 1 0; 0 0 -1 1]; Gb = diag([1; 0.5; 0.5; 1]); us = [1; 0; 11; 0]; is = [0; 0; -4; 0];
                                        %输入有关矩阵和向量
Gn = A * Gb * A'                        %计算节点电导矩阵
isn = A * Gb * us - A * is              %计算节点源电流向量
un = Gn\isn;                            %计算节点电压向量
ub = A' * un                            %计算支路电压
ib = Gb * ub - Gb * us + is             %计算支路电流
```

计算结果：

```
Gn =     2.0000    -0.5000
        -0.5000     1.5000
isn =   10.5000
        -9.5000
ub =     4.0000
         4.0000
         9.0000
        -5.0000
ib =     3.0000
         2.0000
        -5.0000
        -5.0000
```

【例 4.4.2】 试用矩阵方法列写图 4.4.2(a)所示电路的节点矩阵方程。

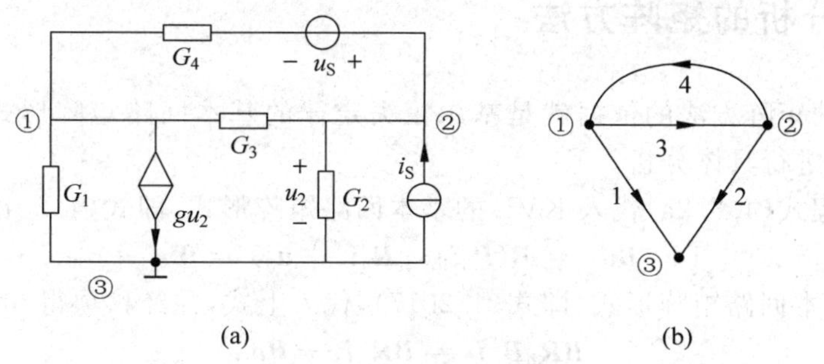

图 4.4.2 例 4.4.2

解 图 4.4.2 所示电路包含受控源，在用矩阵方法列写节点方程时，可先将受控源当作独立电源处理，列出节点电压方程后，再将控制量用节点电压表示。

作出电路的图，如图 4.4.2(b)所示，写出关联矩阵为

$$\boldsymbol{A}=\begin{bmatrix}1 & 0 & 1 & -1\\0 & 1 & -1 & 1\end{bmatrix}$$

根据电路及其图写出

支路电导矩阵 $\boldsymbol{G}_b=\text{diag}[G_1,G_2,G_3,G_4]$

电压源向量 $\boldsymbol{u}_S=[0,0,0,u_S]^T$

电流源向量 $\boldsymbol{i}_S=[gu_2,-i_S,0,0]^T$

节点电导矩阵 $\boldsymbol{G}_n=\boldsymbol{A}\boldsymbol{G}_b\boldsymbol{A}^T=\begin{bmatrix}G_1+G_3+G_4 & -G_3-G_4\\-G_3-G_4 & G_2+G_3+G_4\end{bmatrix}$

节点电流源向量 $\boldsymbol{i}_{Sn}=\boldsymbol{A}\boldsymbol{G}_b\boldsymbol{u}_S-\boldsymbol{A}\boldsymbol{i}_S=\begin{bmatrix}-G_4u_S-gu_2\\G_4u_S+i_S\end{bmatrix}$

列出节点矩阵方程

$$\begin{bmatrix}G_1+G_3+G_4 & -G_3-G_4\\-G_3-G_4 & G_2+G_3+G_4\end{bmatrix}\begin{bmatrix}u_{n1}\\u_{n2}\end{bmatrix}=\begin{bmatrix}-G_4u_S-gu_2\\G_4u_S+i_S\end{bmatrix}$$

用节点电压表示控制电压 $u_2=u_{n2}$，得到所求的节点矩阵方程为

$$\begin{bmatrix}G_1+G_3+G_4 & -G_3-G_4+g\\-G_3-G_4 & G_2+G_3+G_4\end{bmatrix}\begin{bmatrix}u_{n1}\\u_{n2}\end{bmatrix}=\begin{bmatrix}-G_4u_S\\G_4u_S+i_S\end{bmatrix}$$

【思考与练习】

4.4.1 试用节点分析的矩阵方法求图 4.4.3 所示电路中的电流。(−1A,3A,1A)

4.4.2 试用节点分析的矩阵方法求图 4.4.4 所示电路中的 u 和 i。(4V,0.5A)

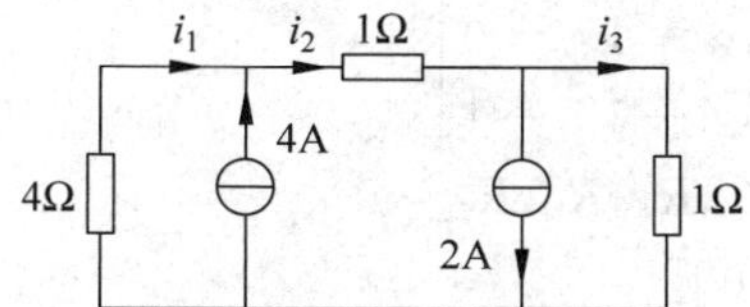

图 4.4.3 思考与练习 4.4.1

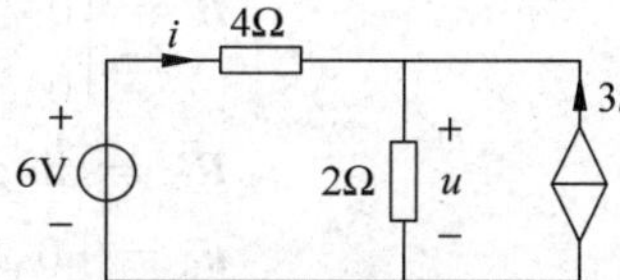

图 4.4.4 思考与练习 4.4.2

4.5 回路分析的矩阵方法

回路分析的矩阵方法的依据就是基尔霍夫定律的基本回路矩阵形式和支路方程的矩阵形式，下面进行具体分析。

将支路方程式(4.3.2a)代入 KVL 的基本回路矩阵形式，即式(4.2.12)，得

$$\boldsymbol{B}\boldsymbol{u}_{\mathrm{b}}=\boldsymbol{B}(\boldsymbol{R}_{\mathrm{b}}\boldsymbol{i}_{\mathrm{b}}-\boldsymbol{R}_{\mathrm{b}}\boldsymbol{i}_{\mathrm{S}}+\boldsymbol{u}_{\mathrm{S}})=\mathbf{0} \tag{4.5.1}$$

再将 KCL 的基本回路矩阵形式，即式(4.2.17)，代入上式，并经移项得

$$\boldsymbol{B}\boldsymbol{R}_{\mathrm{b}}\boldsymbol{B}^{\mathrm{T}}\boldsymbol{i}_{l}=\boldsymbol{B}\boldsymbol{R}_{\mathrm{b}}\boldsymbol{i}_{\mathrm{S}}-\boldsymbol{B}\boldsymbol{u}_{\mathrm{S}} \tag{4.5.2}$$

上式即为基本回路方程的矩阵形式。令

$$\boldsymbol{R}_{l}=\boldsymbol{B}\boldsymbol{R}_{\mathrm{b}}\boldsymbol{B}^{\mathrm{T}} \tag{4.5.3}$$

$$\boldsymbol{u}_{\mathrm{S}l}=\boldsymbol{B}\boldsymbol{R}_{\mathrm{b}}\boldsymbol{i}_{\mathrm{S}}-\boldsymbol{B}\boldsymbol{u}_{\mathrm{S}} \tag{4.5.4}$$

式(4.5.2)可简写为

$$\boldsymbol{R}_{l}\boldsymbol{i}_{l}=\boldsymbol{u}_{\mathrm{S}l} \tag{4.5.5}$$

式中，$\boldsymbol{R}_l$ 称为回路电阻矩阵；$\boldsymbol{u}_{\mathrm{S}l}$ 称为回路电压源向量。必须注意，式(4.5.5)只有在 $\det\boldsymbol{R}_l\neq 0$ 的条件下才具有唯一解。

【例 4.5.1】 试列写出图 4.5.1(a)所示电路的基本回路矩阵方程。

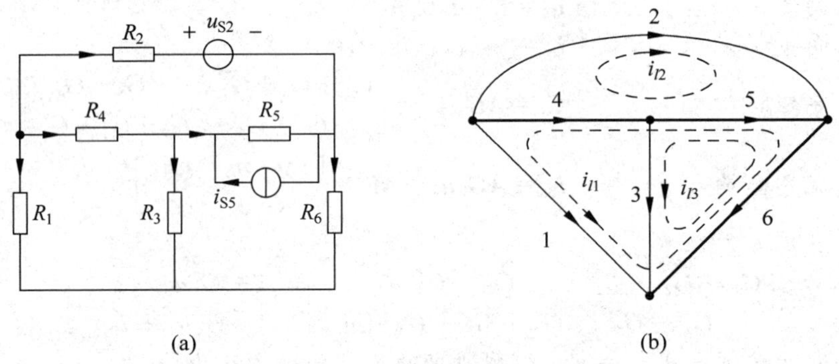

图 4.5.1 例 4.5.1

解 可按下述步骤进行：

(1) 画出图 4.5.1(a)所示电路的有向图。选树 $\boldsymbol{G}_{\mathrm{t}}$ 为{4,5,6}，并按先连枝后树枝的次序对支路进行编号。作出基本回路，确定回路方向与该回路中的连枝方向相一致(见图 4.5.1(b))。

(2) 写出基本回路矩阵 $\boldsymbol{B}$、支路电阻矩阵 $\boldsymbol{R}_{\mathrm{b}}$、电压源向量 $\boldsymbol{u}_{\mathrm{S}}$ 及电流源向量 $\boldsymbol{i}_{\mathrm{S}}$

$$\boldsymbol{B}=\begin{bmatrix}1&0&0&-1&-1&-1\\0&1&0&-1&-1&0\\0&0&1&0&-1&-1\end{bmatrix}$$

$$\boldsymbol{R}_{\mathrm{b}}=\mathrm{diag}[R_1,R_2,R_3,R_4,R_5,R_6]$$

$$\boldsymbol{u}_{\mathrm{S}}=[0,u_{\mathrm{S2}},0,0,0,0]^{\mathrm{T}}$$

$$\boldsymbol{i}_{\mathrm{S}}=[0,0,0,0,-i_{\mathrm{S5}},0]^{\mathrm{T}}$$

(3) 求回路电阻矩阵 $\boldsymbol{R}_l$

$$\boldsymbol{R}_l=\boldsymbol{B}\boldsymbol{R}_\mathrm{b}\boldsymbol{B}^\mathrm{T}=\begin{bmatrix}R_1+R_4+R_5+R_6 & R_4+R_5 & R_5+R_6\\ R_4+R_5 & R_2+R_4+R_5 & R_5\\ R_5+R_6 & R_5 & R_3+R_5+R_6\end{bmatrix}$$

(4) 求回路电压源向量 $\boldsymbol{u}_{\mathrm{S}l}$

$$\boldsymbol{u}_{\mathrm{S}l}=\boldsymbol{B}\boldsymbol{R}_\mathrm{b}\boldsymbol{i}_\mathrm{S}-\boldsymbol{B}\boldsymbol{u}_\mathrm{S}=\begin{bmatrix}R_5 i_{\mathrm{S}5}\\ R_5 i_{\mathrm{S}5}\\ R_5 i_{\mathrm{S}5}\end{bmatrix}-\begin{bmatrix}0\\ u_{\mathrm{S}2}\\ 0\end{bmatrix}=\begin{bmatrix}R_5 i_{\mathrm{S}5}\\ R_5 i_{\mathrm{S}5}-u_{\mathrm{S}2}\\ R_5 i_{\mathrm{S}5}\end{bmatrix}$$

最后得到以基本回路电流向量 $\boldsymbol{i}_l=[i_{l1},i_{l2},i_{l3}]^\mathrm{T}$ 为变量的基本回路矩阵方程为

$$\begin{bmatrix}R_1+R_4+R_5+R_6 & R_4+R_5 & R_5+R_6\\ R_4+R_5 & R_2+R_4+R_5 & R_5\\ R_5+R_6 & R_5 & R_3+R_5+R_6\end{bmatrix}\begin{bmatrix}i_{l1}\\ i_{l2}\\ i_{l3}\end{bmatrix}=\begin{bmatrix}R_5 i_{\mathrm{S}5}\\ R_5 i_{\mathrm{S}5}-u_{\mathrm{S}2}\\ R_5 i_{\mathrm{S}5}\end{bmatrix}$$

【思考与练习】

4.5.1 试列写图 4.5.2 所示电路的基本回路矩阵方程,并求解电流 i。(−2A)

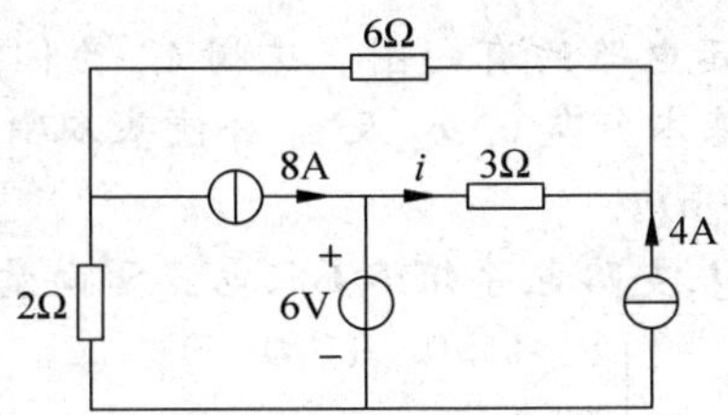

图 4.5.2 思考与练习 4.5.1

4.6 割集分析的矩阵方法

割集分析法(cut-set analysis)是以基本**割集电压**(cut-set voltage)(也称树枝电压)为独立变量来列写电路方程的电路分析方法。割集可看做节点的广义形式,因此割集分析法可以理解为节点分析法的推广。

将 KCL、KVL 的基本割集矩阵形式,即式(4.2.22)、式(4.2.27)与支路方程式(4.3.2b)联立,简化为只保留树枝电压的矩阵方程,得到

$$\boldsymbol{Q}\boldsymbol{G}_\mathrm{b}\boldsymbol{Q}^\mathrm{T}\boldsymbol{u}_\mathrm{t}=\boldsymbol{Q}\boldsymbol{G}_\mathrm{b}\boldsymbol{u}_\mathrm{S}-\boldsymbol{Q}\boldsymbol{i}_\mathrm{S} \tag{4.6.1}$$

上式即为基本割集方程的矩阵形式。令

$$\boldsymbol{G}_\mathrm{t}=\boldsymbol{Q}\boldsymbol{G}_\mathrm{b}\boldsymbol{Q}^\mathrm{T} \tag{4.6.2}$$

$$\boldsymbol{i}_{\mathrm{St}}=\boldsymbol{Q}\boldsymbol{G}_\mathrm{b}\boldsymbol{u}_\mathrm{S}-\boldsymbol{Q}\boldsymbol{i}_\mathrm{S} \tag{4.6.3}$$

式(4.6.1)可简写为

$$\boldsymbol{G}_{t}\boldsymbol{u}_{t}=\boldsymbol{i}_{St} \tag{4.6.4}$$

式中，$\boldsymbol{G}_t$ 称为基本割集电导矩阵；$\boldsymbol{i}_{St}$称为基本割集电流源向量。注意，式(4.6.4)只有在 $\det\boldsymbol{G}_t\neq 0$ 的条件下才具有唯一解。

【例 4.6.1】 试列写出图 4.6.1(a)所示电路的基本割集矩阵方程。

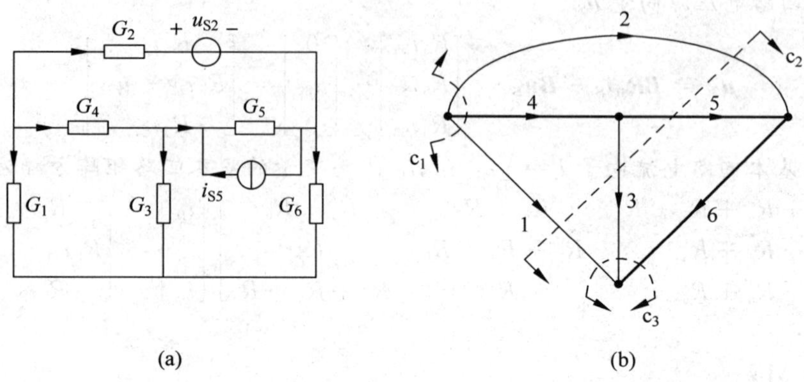

图 4.6.1　例 4.6.1

解　可按下列步骤进行。

(1) 画出图 4.6.1(a)所示电路的有向图。选树 G_t 为{4,5,6}，并按先连枝后树枝的次序进行支路编号。再找出基本割集 c_1、c_2 及 c_3 并使基本割集的方向与该基本割集中的树枝方向相一致，见图 4.6.1(b)。

(2) 写出基本割集矩阵 $\boldsymbol{Q}$、支路电导矩阵 $\boldsymbol{G}_b$、电流源向量 $\boldsymbol{i}_S$ 及电压源向量 $\boldsymbol{u}_S$

$$\boldsymbol{Q}=\begin{bmatrix}1&1&0&1&0&0\\1&1&1&0&1&0\\1&0&1&0&0&1\end{bmatrix}$$

$$\boldsymbol{G}_b=\mathrm{diag}[G_1,G_2,G_3,G_4,G_5,G_6]$$

$$\boldsymbol{u}_S=[0,\ u_{S2},\ 0,\ 0,\ 0,\ 0]^{T}$$

$$\boldsymbol{i}_S=[0,0,\ 0,\ 0,\ -i_{S5},\ 0]^{T}$$

(3) 求基本割集电导矩阵 $\boldsymbol{G}_t$

$$\boldsymbol{G}_t=\boldsymbol{Q}\boldsymbol{G}_b\boldsymbol{Q}^{T}=\begin{bmatrix}G_1+G_2+G_4&G_1+G_2&G_1\\G_1+G_2&G_1+G_2+G_3+G_5&G_1+G_3\\G_1&G_1+G_3&G_1+G_3+G_6\end{bmatrix}$$

(4) 求基本割集电流源向量 $\boldsymbol{i}_{St}$

$$\boldsymbol{i}_{St}=\boldsymbol{Q}\boldsymbol{G}_b\boldsymbol{u}_S-\boldsymbol{Q}\boldsymbol{i}_S=\begin{bmatrix}G_2u_{S2}\\G_2u_{S2}\\0\end{bmatrix}-\begin{bmatrix}0\\-i_{S5}\\0\end{bmatrix}=\begin{bmatrix}G_2u_{S2}\\G_2u_{S2}+i_{S5}\\0\end{bmatrix}$$

最后得到以基本割集电压向量 $\boldsymbol{u}_t=[u_{t5},u_{t6},u_{t7}]^{T}$ 为变量的基本割集矩阵方程为

$$\begin{bmatrix}G_1+G_2+G_4&G_1+G_2&G_1\\G_1+G_2&G_1+G_2+G_3+G_5&G_1+G_3\\G_1&G_1+G_3&G_1+G_3+G_6\end{bmatrix}\begin{bmatrix}u_{t5}\\u_{t6}\\u_{t7}\end{bmatrix}=\begin{bmatrix}G_2u_{S2}\\G_2u_{S2}+i_{S5}\\0\end{bmatrix}$$

【思考与练习】

4.6.1 试用割集分析法求解思考与练习 4.4.1 和思考与练习 4.4.2。

4.7 节点分析、回路分析和割集分析方法的比较

对一个大型、复杂的电路列写电路方程时，采用矩阵形式比较方便，同时矩阵方法也非常适合用计算机来求解电路。上面讨论的节点分析、回路分析和割集分析的矩阵方法这三种方法常称为电路的矩阵分析法。它们之间的比较如表 4.7.1 所示。

表 4.7.1 三种矩阵分析方法的比较

方法	节点分析	回路分析	割集分析
变量	$\boldsymbol{u}_{\mathrm{n}}$	$\boldsymbol{i}_l$	$\boldsymbol{u}_t$
KCL KVL VCR	$\boldsymbol{A}\boldsymbol{i}_{\mathrm{b}}=\boldsymbol{0}$ $\boldsymbol{u}_{\mathrm{b}}=\boldsymbol{A}^{\mathrm{T}}\boldsymbol{u}_{\mathrm{n}}$ $\boldsymbol{i}_{\mathrm{b}}=\boldsymbol{G}_{\mathrm{b}}\boldsymbol{u}_{\mathrm{b}}-\boldsymbol{G}_{\mathrm{b}}\boldsymbol{u}_{\mathrm{S}}+\boldsymbol{i}_{\mathrm{S}}$	$\boldsymbol{i}_{\mathrm{b}}=\boldsymbol{B}^{\mathrm{T}}\boldsymbol{i}_l$ $\boldsymbol{B}\boldsymbol{u}_{\mathrm{b}}=\boldsymbol{0}$ $\boldsymbol{u}_{\mathrm{b}}=\boldsymbol{R}_{\mathrm{b}}\boldsymbol{i}_{\mathrm{b}}-\boldsymbol{R}_{\mathrm{b}}\boldsymbol{i}_{\mathrm{S}}+\boldsymbol{u}_{\mathrm{S}}$	$\boldsymbol{Q}\boldsymbol{i}_{\mathrm{b}}=0$ $\boldsymbol{u}_{\mathrm{b}}=\boldsymbol{Q}^{\mathrm{T}}\boldsymbol{u}_t$ $\boldsymbol{i}_{\mathrm{b}}=\boldsymbol{G}_{\mathrm{b}}\boldsymbol{u}_{\mathrm{b}}-\boldsymbol{G}_{\mathrm{b}}\boldsymbol{u}_{\mathrm{S}}+\boldsymbol{i}_{\mathrm{S}}$
方程	$\boldsymbol{G}_{\mathrm{n}}\boldsymbol{u}_{\mathrm{n}}=\boldsymbol{i}_{\mathrm{Sn}}$ 式中：$\boldsymbol{G}_{\mathrm{n}}=\boldsymbol{A}\boldsymbol{G}_{\mathrm{b}}\boldsymbol{A}^{\mathrm{T}}$ $\boldsymbol{i}_{\mathrm{Sn}}=\boldsymbol{A}\boldsymbol{G}_{\mathrm{b}}\boldsymbol{u}_{\mathrm{S}}-\boldsymbol{A}\boldsymbol{i}_{\mathrm{S}}$	$\boldsymbol{R}_l\boldsymbol{i}_l=\boldsymbol{u}_{\mathrm{S}l}$ 式中：$\boldsymbol{R}_l=\boldsymbol{B}\boldsymbol{R}_{\mathrm{b}}\boldsymbol{B}^{\mathrm{T}}$ $\boldsymbol{u}_{\mathrm{S}l}=\boldsymbol{B}\boldsymbol{R}_{\mathrm{b}}\boldsymbol{i}_{\mathrm{S}}-\boldsymbol{B}\boldsymbol{u}_{\mathrm{S}}$	$\boldsymbol{G}_{\mathrm{t}}\boldsymbol{u}_{\mathrm{t}}=\boldsymbol{i}_{\mathrm{St}}$ 式中：$\boldsymbol{G}_{\mathrm{t}}=\boldsymbol{Q}\boldsymbol{G}_{\mathrm{b}}\boldsymbol{Q}^{\mathrm{T}}$ $\boldsymbol{i}_{\mathrm{St}}=\boldsymbol{Q}\boldsymbol{G}_{\mathrm{b}}\boldsymbol{u}_{\mathrm{S}}-\boldsymbol{Q}\boldsymbol{i}_{\mathrm{S}}$
求解步骤	(1) 画有向图，对支路进行编号；选参考节点，对各节点编号。 (2) 写出 $\boldsymbol{A}$、$\boldsymbol{G}_{\mathrm{b}}$、$\boldsymbol{u}_{\mathrm{S}}$ 及 $\boldsymbol{i}_{\mathrm{S}}$ (3) 求 $\boldsymbol{G}_{\mathrm{n}}=\boldsymbol{A}\boldsymbol{G}_{\mathrm{b}}\boldsymbol{A}^{\mathrm{T}}$ (4) 求 $\boldsymbol{i}_{\mathrm{Sn}}=\boldsymbol{A}\boldsymbol{G}_{\mathrm{b}}\boldsymbol{u}_{\mathrm{S}}-\boldsymbol{A}\boldsymbol{i}_{\mathrm{S}}$ (5) 求 $\boldsymbol{u}_{\mathrm{n}}=\boldsymbol{G}_{\mathrm{n}}^{-1}\boldsymbol{i}_{\mathrm{Sn}}$ (6) 求 $\boldsymbol{u}_{\mathrm{b}}=\boldsymbol{A}^{\mathrm{T}}\boldsymbol{u}_{\mathrm{n}}$ (7) 求 $\boldsymbol{i}_{\mathrm{b}}=\boldsymbol{G}_{\mathrm{b}}\boldsymbol{u}_{\mathrm{b}}-\boldsymbol{G}_{\mathrm{b}}\boldsymbol{u}_{\mathrm{S}}+\boldsymbol{i}_{\mathrm{S}}$	(1) 画有向图，选树并对支路进行编号；确定基本回路。 (2) 写出 $\boldsymbol{B}$、$\boldsymbol{R}_{\mathrm{b}}$、$\boldsymbol{u}_{\mathrm{S}}$ 及 $\boldsymbol{i}_{\mathrm{S}}$ (3) 求 $\boldsymbol{R}_l=\boldsymbol{B}\boldsymbol{R}_{\mathrm{b}}\boldsymbol{B}^{\mathrm{T}}$ (4) 求 $\boldsymbol{u}_{\mathrm{S}l}=\boldsymbol{B}\boldsymbol{R}_{\mathrm{b}}\boldsymbol{i}_{\mathrm{S}}-\boldsymbol{B}\boldsymbol{u}_{\mathrm{S}}$ (5) 求 $\boldsymbol{i}_l=\boldsymbol{R}_l^{-1}\boldsymbol{u}_{\mathrm{S}l}$ (6) 求 $\boldsymbol{i}_{\mathrm{b}}=\boldsymbol{B}^{\mathrm{T}}\boldsymbol{i}_l$ (7) 求 $\boldsymbol{u}_{\mathrm{b}}=\boldsymbol{R}_{\mathrm{b}}\boldsymbol{i}_{\mathrm{b}}-\boldsymbol{R}_{\mathrm{b}}\boldsymbol{i}_{\mathrm{S}}+\boldsymbol{u}_{\mathrm{S}}$	(1) 画有向图，选树并对支路进行编号；确定基本割集。 (2) 写出 $\boldsymbol{Q}$、$\boldsymbol{G}_{\mathrm{b}}$、$\boldsymbol{u}_{\mathrm{S}}$ 及 $\boldsymbol{i}_{\mathrm{S}}$ (3) 求 $\boldsymbol{G}_{\mathrm{t}}=\boldsymbol{Q}\boldsymbol{G}_{\mathrm{b}}\boldsymbol{Q}^{\mathrm{T}}$ (4) 求 $\boldsymbol{i}_{\mathrm{St}}=\boldsymbol{Q}\boldsymbol{G}_{\mathrm{b}}\boldsymbol{u}_{\mathrm{S}}-\boldsymbol{Q}\boldsymbol{i}_{\mathrm{S}}$ (5) 求 $\boldsymbol{u}_{\mathrm{t}}=\boldsymbol{G}_{\mathrm{t}}^{-1}\boldsymbol{i}_{\mathrm{St}}$ (6) 求 $\boldsymbol{u}_{\mathrm{b}}=\boldsymbol{Q}^{\mathrm{T}}\boldsymbol{u}_{\mathrm{t}}$ (7) 求 $\boldsymbol{i}_{\mathrm{b}}=\boldsymbol{G}_{\mathrm{b}}\boldsymbol{u}_{\mathrm{b}}-\boldsymbol{G}_{\mathrm{b}}\boldsymbol{u}_{\mathrm{S}}+\boldsymbol{i}_{\mathrm{S}}$

习题

树 割集

4.1 对题图 4.1 所示的定向图，试问下列支路集哪些是树？哪些不是树？为什么？{1,2,3}，{1,2,4}，{1,2,4,5}，{3,4,5,6}，{2,3,4,5}，{2,3,5,6}，{2,3,5,7}，{1,2,3,4,5}，{2,3,4,5,6}。

4.2 对题图 4.1 所示的定向图，试问下列支路集哪些是割集？哪些不是割集？为什么？{1,2,3}，{2,3,4,5}，{4,5,6}，{5,6,7}，{4,6,7}，{1,2,4,7}，{4,7}。

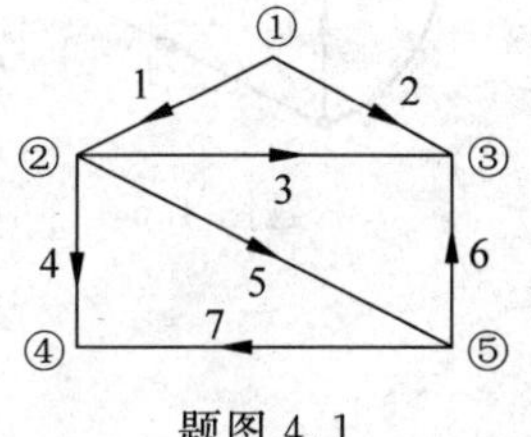

题图 4.1

4.3 在题图 4.3 所示电路中，已知 $u_2=3\text{V}$，$u_4=1\text{V}$，$u_5=2\text{V}$，$u_6=-3\text{V}$，$u_7=4\text{V}$，$u_9=-1\text{V}$，$u_{10}=2\text{V}$，$u_{13}=-2\text{V}$。试问能否确定其他电压的大小？如能，试确定它们；如不能，说明原因。

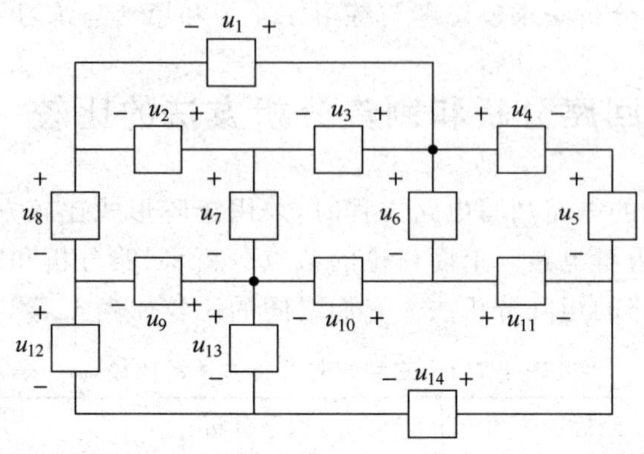

题图 4.3

4.4 在题图 4.4 所示电路中，已标示部分支路电流。试问能否确定其他电流的大小？如能，试确定它们；如不能，说明原因。

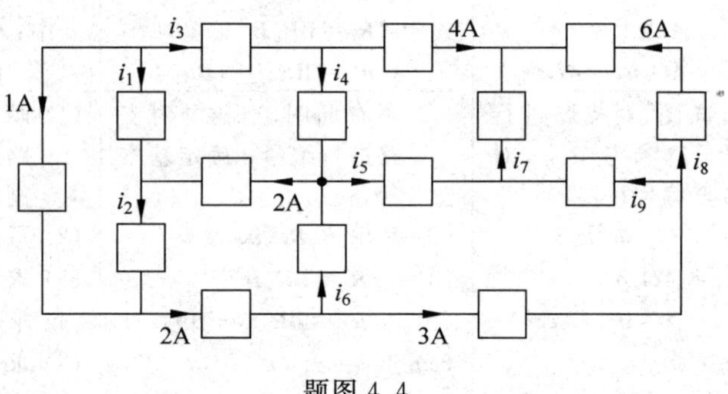

题图 4.4

4.5 有向图如题图 4.5 所示，选定树枝集{4,5,6}，试确定基本回路和基本割集。

4.6 有向图如题图 4.6 所示，选定树枝集{5,6,7}，试确定基本回路和基本割集。

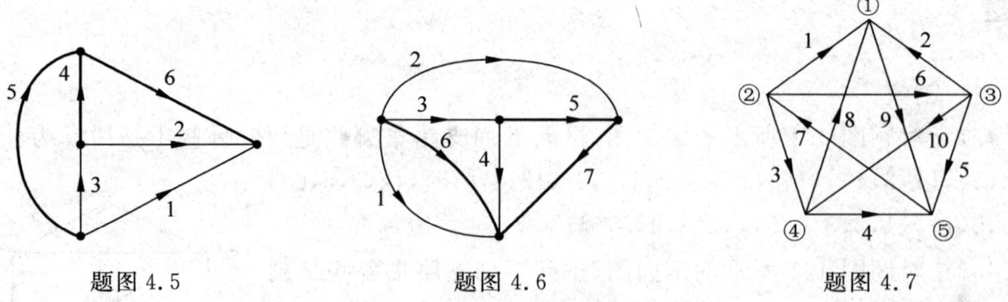

题图 4.5　　题图 4.6　　题图 4.7

关联矩阵 回路矩阵 割集矩阵

4.7 有向图如题图4.7所示，试以节点⑤为参考节点，写出该有向图的降阶关联矩阵 $\boldsymbol{A}$。

4.8 已知降阶关联矩阵 $\boldsymbol{A}$ 为

$$\boldsymbol{A}=\begin{bmatrix}1 & 1 & -1 & 0 & 0 & 0 & 0 & 0 & 0 & 0 & 0 & 0\\ 0 & 0 & 0 & 0 & -1 & -1 & 1 & 0 & 0 & 0 & 0 & 0\\ -1 & 0 & 0 & 0 & 0 & 0 & 0 & 0 & -1 & 1 & 0 & 0\\ 0 & 0 & 1 & 1 & 1 & 0 & 0 & 0 & 0 & 0 & 0 & 0\\ 0 & 0 & 0 & 0 & 0 & 0 & -1 & 1 & 0 & 0 & 0 & -1\\ 0 & -1 & 0 & -1 & 0 & 1 & 0 & -1 & 1 & 0 & 1 & 0\end{bmatrix}$$

试画出其对应的有向图。

4.9 已知某电路包含6条支路，降阶关联矩阵为 $\boldsymbol{A}=\begin{bmatrix}1 & 1 & 0 & 0 & 0 & 1\\ 0 & -1 & 1 & 1 & 0 & 0\\ 0 & 0 & -1 & 0 & 1 & -1\end{bmatrix}$，矩阵中的列按序编号，已知节点电压向量为 $[10,4,7]^{\mathrm{T}}\mathrm{V}$。支路1、2、3为电阻支路，其电阻分别为2Ω、6Ω、3Ω。试求各支路电压及支路1、2、3的电流。

4.10 题图4.10所示的非平面图，取支路{1,2,8,9}为树，试求其基本回路。

4.11 已知一个有向图的基本回路矩阵为 $\boldsymbol{B}=\begin{bmatrix}1 & 0 & 0 & -1 & 0 & 1\\ 0 & 1 & 0 & -1 & -1 & 0\\ 0 & 0 & 1 & 0 & 1 & 1\end{bmatrix}$，试画出相应的有向图及其树。

4.12 试就题图4.12所示的定向图：(1)选出一树，使树枝编号最小；(2)在所选树的基础上，写出相应的基本回路矩阵和基本割集矩阵。

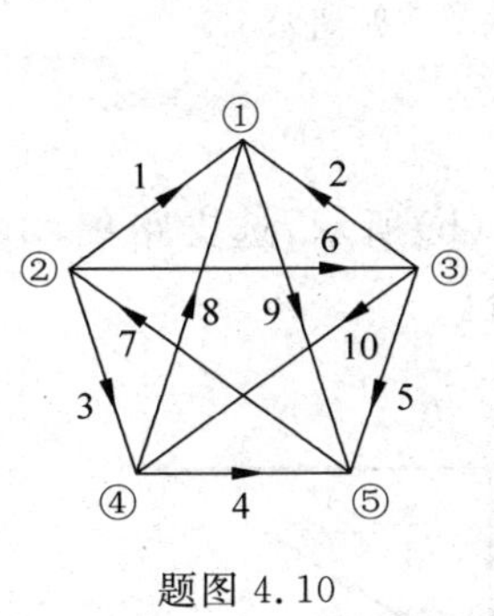

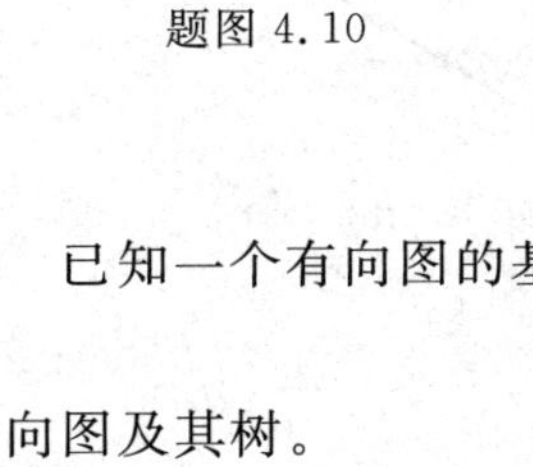

题图4.10

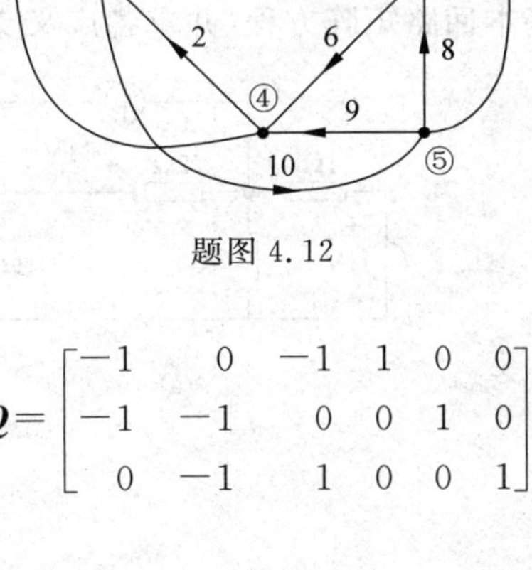

题图4.12

4.13 已知一个有向图的基本割集矩阵为 $\boldsymbol{Q}=\begin{bmatrix}-1 & 0 & -1 & 1 & 0 & 0\\ -1 & -1 & 0 & 0 & 1 & 0\\ 0 & -1 & 1 & 0 & 0 & 1\end{bmatrix}$，试画出相应的有向图及其树。

4.14 已知某电路包含6条支路，基本割集矩阵为 $\boldsymbol{Q}=\begin{bmatrix}1 & 0 & 1 & 1 & 0 & 0\\1 & -1 & 1 & 0 & 1 & 0\\0 & -1 & 1 & 0 & 0 & 1\end{bmatrix}$，支路1、2、3的电流分别为1A、2A、−2A；支路4、5、6为电阻支路，其电阻分别为2Ω、5Ω、10Ω。试求该电路的各支路电压。

4.15 对某有向图G进行先连枝后树枝编号，得到该图的基本割集矩阵为

$$\boldsymbol{Q}=\begin{bmatrix}-1 & 0 & 1 & 1 & 0 & 0\\0 & 1 & -1 & 0 & 1 & 0\\1 & -1 & 0 & 0 & 0 & 1\end{bmatrix}$$

试确定该有向图G对于同一个树的基本回路矩阵 $\boldsymbol{B}$。

4.16 对某有向图G进行先连枝后树枝编号，得到该图的基本回路矩阵为

$$\boldsymbol{B}=\begin{bmatrix}1 & 0 & 0 & -1 & 1 & -1\\0 & 1 & 0 & 1 & -1 & 0\\0 & 0 & 1 & 0 & 1 & -1\end{bmatrix}$$

试确定该有向图G对于同一个树的基本割集矩 $\boldsymbol{Q}$。

节点分析的矩阵方法

4.17 试用矩阵方法列写题图4.17所示电路的节点矩阵方程。

4.18 试用矩阵方法列写题图4.18所示电路的节点矩阵方程。

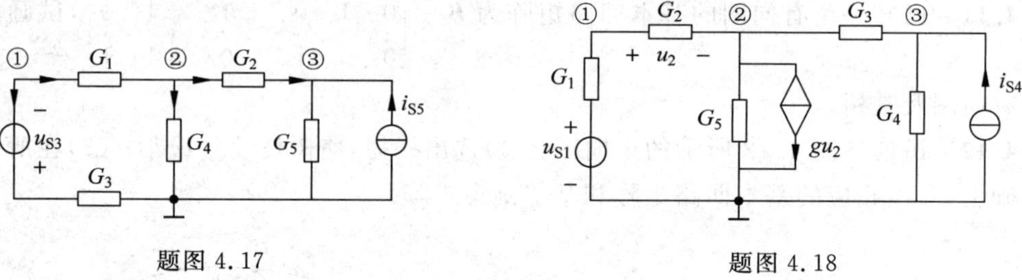

题图4.17　　题图4.18

回路分析的矩阵方法

4.19 题图4.19(a)所示电路的有向图如题图4.19(b)所示，选支路集{3,4}为树，试写出基本回路矩阵方程，并求各广义支路的电压和电流。

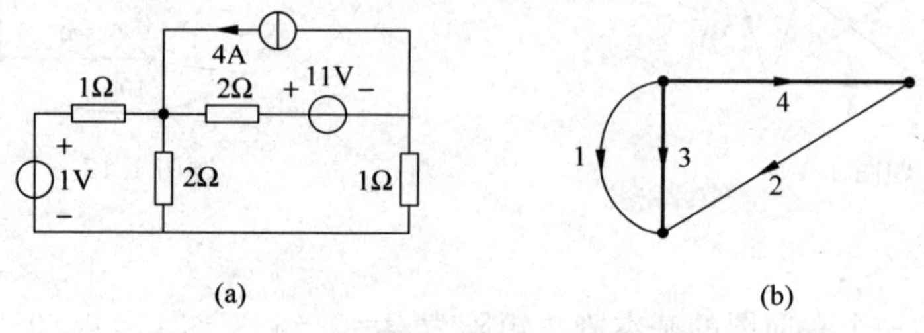

题图4.19

4.20 题图 4.20 所示电路，选{1,2,6,7}为树，试写出基本回路矩阵方程。

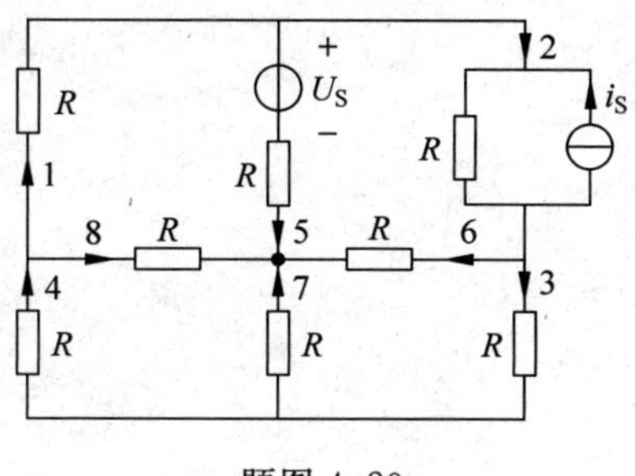

题图 4.20

割集分析的矩阵方法

4.21 题图 4.20 所示电路，选{1,2,6,7}为树，试写出基本割集矩阵方程。

第5章 电路基本定理

内容提要

本章介绍电路理论中的一些重要定理，包括叠加定理和齐次定理、置换定理、戴维南定理和诺顿定理、特勒根定理、互易定理等。线性电路满足齐次性和可加性，叠加定理和齐次定理所表达的就是线性电路的这一基本性质，这种基本性质在线性电阻电路中表现为电路的激励和电路的响应之间具有线性关系。置换定理对任何有唯一解的电路均成立，所以是一个应用范围非常广泛的定理，置换定理允许用一个经适当选择的独立电源来置换电路中一条特定的支路，而不会引起电路中其他支路上的电压和电流的改变。戴维南定理和诺顿定理又称为等效电源定理，对于一个含独立电源的线性电阻性（可含受控源）一端口电路，可等效为电压源与电阻的串联（戴维南电路）或电流源与电导的并联（诺顿电路）。特勒根定理是电路理论中的重要定理，它适用于任何集中参数电路。特勒根定理仅通过基尔霍夫定律导出，与基尔霍夫定律一样，特勒根定理反映了电路的互连性质，与电路元件的性质无关。互易定理概括了具有互易性质的电路的特性，它具有三种表现形式，由于并非任何电路都是互易电路，因此互易定理的适用范围较狭窄。

利用电路定理可以简化电路的分析。在掌握这些电路定理的内容的同时，还必须注意它们的适用范围和限制条件。

5.1 齐次定理和叠加定理

5.1.1 齐次定理

齐次定理(homogeneity theorem)可表述为：在只有一个激励(电压源和电流源)w的线性电路中，取电路中任意支路电流或支路电压为响应 y，记为 $y=f(w)$，当激励增大或缩小 a 倍(a 为实数)时，响应 y'也将同样增大或缩小 a 倍，即 $y'=ay=f(aw)$。

如图 5.1.1 所示，电路只有一个激励(电流源)i_S，现在要求电路中电流 i_1(响应)。

由 KCL、KVL 可列出如下电路方程

$$\begin{cases} i_1 = i_S + i_2 \\ R_1 i_1 - R_2 i_2 - r i_1 = 0 \end{cases} \tag{5.1.1}$$

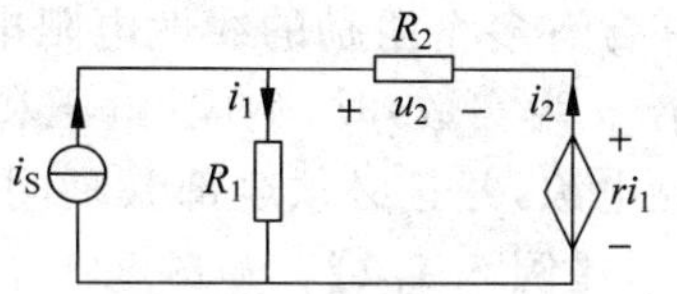

图 5.1.1 齐次定理

求解上述方程可得到响应 i_1 为

$$i_1 = \frac{R_2}{R_2 - R_1 + r} i_S \tag{5.1.2}$$

由于 R_1、R_2、r 为常数，响应 i_1 和激励 i_S 之间是一个线性关系，显然 i_S 增大 a 倍，i_1 也随之增大 a 倍，这种性质称为**齐次性**(homogeneity)。该电路中的其他任何响应(电压或电流)对激励 i_S 均存在类似的线性关系。例如，不难得出 u_2 与 i_S 之间的关系为

$$u_2 = \frac{R_2(R_1 - r)}{R_2 - R_1 + r} i_S \tag{5.1.3}$$

从第 3 章的讨论可知，描述线性电阻电路的电路方程是线性代数方程，因此当电路方程的两边同时乘以实数 a 时，激励和所有的响应都同时乘以 a，激励 aw 所对应的响应必为 ay。此时可将齐次定理直观地表述为：在只有一个激励(电压源和电流源)的线性电阻电路中，任一响应(电压或电流)都是激励的比例函数，即

$$y = Hw \tag{5.1.4}$$

式中，H 为一实数，称为**网络函数**(network function)。

在应用齐次定理时，应注意激励是指独立电源，并且必须在电路具有唯一解的条件下齐次定理才成立。

【例 5.1.1】 如图 5.1.2(a)所示电路，已知 $u_S=64\text{V}$，试求 1Ω 电阻两端的电压 u。

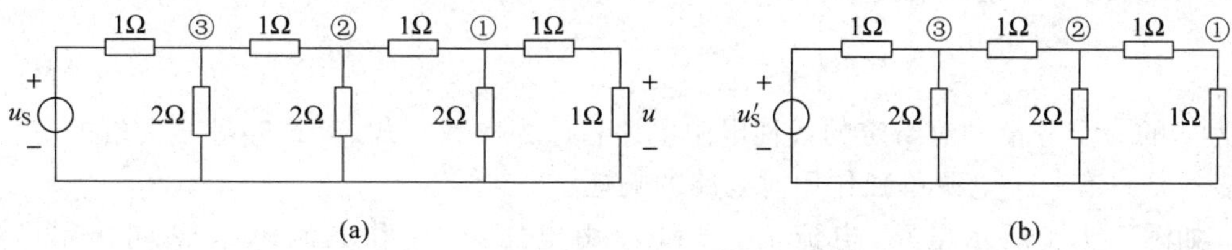

图 5.1.2 例 5.1.1

解 应用齐次定理求解。设 $u=1\text{V}$，由图 5.1.2(a)所示电路可得节点①的电压为

$$u_{n1} = 2u = 2\text{V}$$

利用电阻的串联与并联将图 5.1.2(a)所示电路等效变换为 5.1.2(b)所示电路,可知节点②的电压为

$$u_{n2}=2u_{n1}=4u=4\text{V}$$

同理,节点③的电压为

$$u_{n3}=2u_{n2}=8u=8\text{V}$$

于是电压源电压 u'_S 为

$$u'_S=2u_{n3}=16u=16\text{V}$$

当 $u_S=64\text{V}$ 时,$u_S=4u'_S$,根据齐次性定理,响应也是原来的 4 倍,因此所求电压为

$$u=4\text{V}$$

对于含有多个激励的线性电阻电路,同样满足齐次性。此时齐次性定理可表述为:在含有多个激励的线性电阻电路中,当所有激励(电压源和电流源)都同时增大或缩小 a 倍(a 为实数)时,响应(电压和电流)也将同样增大或缩小 a 倍。同样,这里的激励是指独立电源,并且必须全部激励同时增大或缩小 a 倍,否则将导致错误的结果。

【例 5.1.2】 如图 5.1.3 所示电路,已知 $i_S=6\text{A}$,$u_S=3\text{V}$,试求支路电流 i_1。如果 $i_S=12\text{A}$,$u_S=6\text{V}$,再求该支路电流。

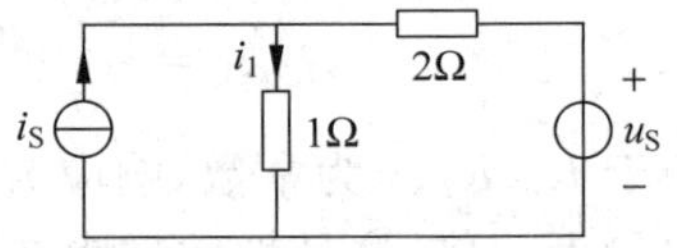

图 5.1.3 例 5.1.2

解 由 KCL、KVL 可列出电路方程

$$u_S=1\times i_1+2\times(i_1-i_S)$$

将 $i_S=6\text{A}$,$u_S=3\text{V}$ 代入,求得

$$i_1=5\text{A}$$

如果 $i_S=12\text{A}$,$u_S=6\text{V}$,则激励是原来的 2 倍,因此 i_1 将变为 10A。

5.1.2 叠加定理

叠加定理(superposition theorem)可表述为:在线性电阻电路中,任一电压或电流都是电路中各个独立电源单独作用时产生的电压或电流的叠加。

设线性电路中有 n 个独立电源 $w_i(i=1,2,\cdots,n)$,取电路中任意支路电流或支路电压为响应 y,则有

$$y=\sum_{i=1}^{n}H_i w_i \tag{5.1.5}$$

式中 H_i 为网络函数,其表达式为

$$H_i=\frac{y_i}{w_i}\bigg|_{w_j=0(j=1,2,\cdots,i-1,i+1,\cdots,n)} \tag{5.1.6}$$

y_i 为 y 的一个分量。对给定的线性电阻电路,H_i 为实数。式(5.1.5)等号右端的每一项代表的是只有一个电源单独作用时电路的响应。

如图 5.1.4 所示电路,电流 i_1、i_2 和 i_3 由电压源 u_S 和电流源 i_S 共同作用产生。图 5.1.4(b)和图(c)是独立电源单独作用时的分电路,产生的电流标示于图中。在进行叠加的各分电路中,不作用的电压源置零,将电压源两端用短路代替;不作用的电流源置零,将电流源两端用开路代替。电路中所有电阻都不予更动,受控源仍保留在各分电路中。现在来验证叠加定理的正确性。

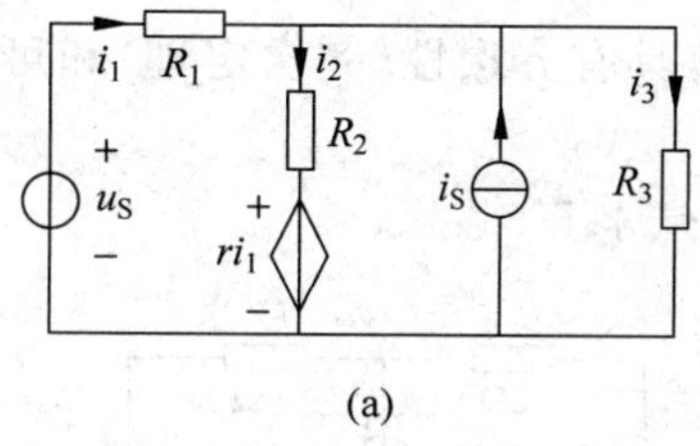

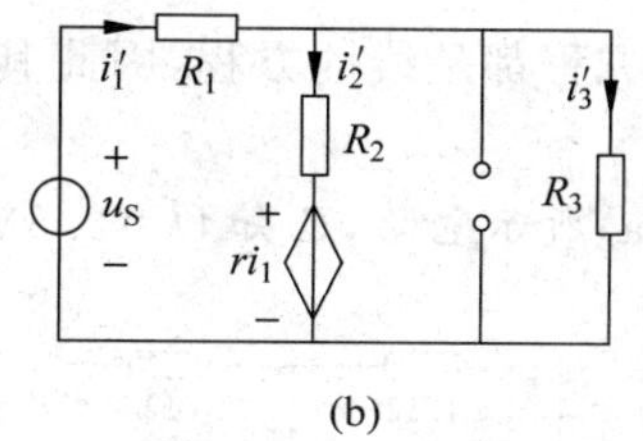

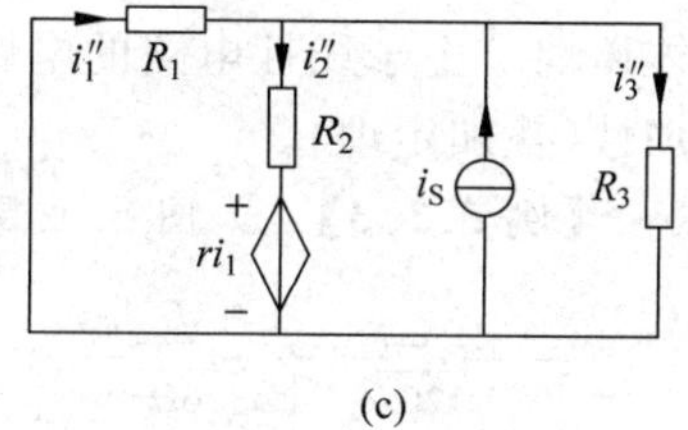

图 5.1.4　验证叠加定理用图

由 KCL、KVL 可列出如下电路方程

对图 5.1.4(a)电路有

$$\begin{cases} i_1 - i_2 + i_S - i_3 = 0 \\ (R_1 + r)i_1 + R_2 i_2 = u_S \\ R_1 i_1 + R_3 i_3 = u_S \end{cases} \tag{5.1.7}$$

对图 5.1.4(b)电路有

$$\begin{cases} i_1' - i_2' - i_3' = 0 \\ (R_1 + r)i_1' + R_2 i_2' = u_S \\ R_1 i_1' + R_3 i_3' = u_S \end{cases} \tag{5.1.8}$$

对图 5.1.4(c)电路有

$$\begin{cases} i_1'' - i_2'' + i_S - i_3'' = 0 \\ (R_1 + r)i_1'' + R_2 i_2'' = 0 \\ R_1 i_1'' + R_3 i_3'' = 0 \end{cases} \tag{5.1.9}$$

将式(5.1.8)、式(5.1.9)的对应项相加得

$$\begin{cases} (i_1' + i_1'') - (i_2' + i_2'') + i_S - (i_3' + i_3'') = 0 \\ (R_1 + r)(i_1' + i_1'') + R_2(i_2' + i_2'') = u_S \\ R_1(i_1' + i_1'') + R_3(i_3' + i_3'') = u_S \end{cases} \tag{5.1.10}$$

比较式(5.1.7)、式(5.1.10)可得出

$$\begin{cases} i_1 = i_1' + i_1'' \\ i_2 = i_2' + i_2'' \\ i_3 = i_3' + i_3'' \end{cases} \tag{5.1.11}$$

由式(5.1.11)可知，图 5.1.4 所示电路响应的叠加关系是正确的。

叠加定理必须在电路具有唯一解的条件下才能成立。

叠加定理说明了线性电路的可加性这一性质。它在线性电路的分析中起着重要的作用，是分析线性电路的基础。线性电路中很多定理都与叠加定理有关。直接应用叠加定理计算和分析电路时，有时可将电源分成几组，按组计算以后再叠加，以便简化计算。

当电路中存在受控源时，叠加定理仍然适用。受控源的作用反映在回路方程或节点方程中的自电阻和互电阻或自电导和互电导中，所以任一处的电流或电压仍可按照各独立电源单独作用时在该处产生的电流或电压的叠加计算。对含有受控源的电路应用叠加定理，在进行各分电路计算时，仍应把受控源保留在各分电路之中。

必须指出，功率与电压和电流不是线性关系，总功率不等于按各分电路计算所得功率的叠加，即功率不满足叠加定理。这是因为功率是电压和电流的乘积，不满足可加性。

齐次性定理和叠加定理是线性函数齐次性和可加性的基本性质在线性电路中的具

体体现。由于线性电路的电路方程都是线性方程，因此其解具有齐次性（齐次定理）和可加性（叠加定理）。

【例 5.1.3】 如图 5.1.5(a)所示电路，已知 $U=2.5\text{V}$，试求 U_S。

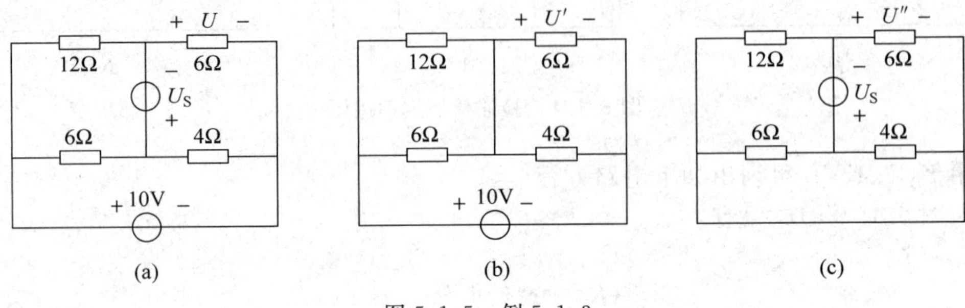

图 5.1.5　例 5.1.3

解　应用叠加定理求解。画出独立电源单独作用时的分电路如图 5.1.5(b)、(c)所示。对图 5.1.5(b)，应用分压公式有

$$U' = \frac{6 /\!/ 4}{12 /\!/ 6 + 6 /\!/ 4} \times 10\text{V} = \frac{2.4}{4+2.4} \times 10\text{V} = 3.75\text{V}$$

同理，对图 5.1.5(c)有

$$U'' = \frac{12 /\!/ 6}{12 /\!/ 6 + 4 /\!/ 6} \times (-U_S) = -0.625U_S$$

由叠加定理可得

$$U = U' + U'' = 3.75 - 0.625U_S$$

令 $U=2.5\text{V}$，求得

$$U_S = 2\text{V}$$

MATLAB 计算程序：

```
%采用 MATLAB 求解例 5.1.3
syms US                                      %定义符号变量
U = 2.5;                                     %输入已知电压
U1 = pllz(6,4)/serz(pllz(12,6), pllz(6,4)) * 10;     %计算 U',函数 serz()、pllz()的用法见例 3.2.1
U2 =  pllz(12,6)/serz(pllz(12,6), pllz(4,6)) * ( - us);    %计算 U"
US = solve(U1 + U2 - U)                                     %求解 US
```

计算结果：

```
US = 2
```

【例 5.1.4】 如图 5.1.6(a)所示电路，试求输出电压 u_o 与输入电压 u_1、u_2、u_3 的关系。

解　利用叠加定理求解。

当 u_1 单独作用时的分电路如图 5.1.6(b)所示，此时 $u_2=0$，$u_3=0$，电路为一反相放大器，输出电压为

$$u_o' = -\frac{20}{4}u_1 = -5u_1$$

同理，当 u_2 单独作用时，$u_1=0$，$u_3=0$，有

$$u_o'' = -\frac{20}{10}u_2 = -2u_2$$

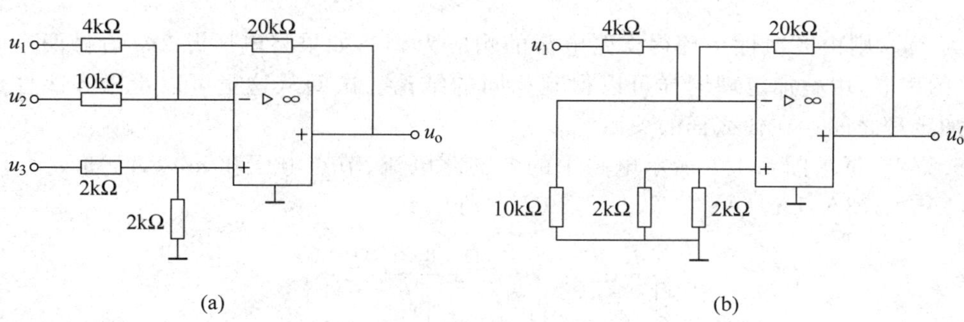

图 5.1.6 例 5.1.4

当 u_3 单独作用时，$u_1=0$，$u_2=0$，有

$$\frac{2}{2+2}u_3=\frac{4\ /\!/\ 10}{4\ /\!/\ 10+20}u'''_o=\frac{1}{8}u'''_o$$

即

$$u'''_o=4u_3$$

最后得出输出电压 u_o 为

$$u_o=u'_o+u''_o+u'''_o=-5u_1-2u_2+4u_3$$

【例 5.1.5】 已知电路如图 5.1.7(a)所示，当 3A 电流源置零时，2A 电流源所产生的功率为 28W，$u_3=8$V；当 2A 电流置零时，3A 电流源产生的功率为 54W，$u_2=12$V，试求当两个电流源共同作用时各自发出的功率。

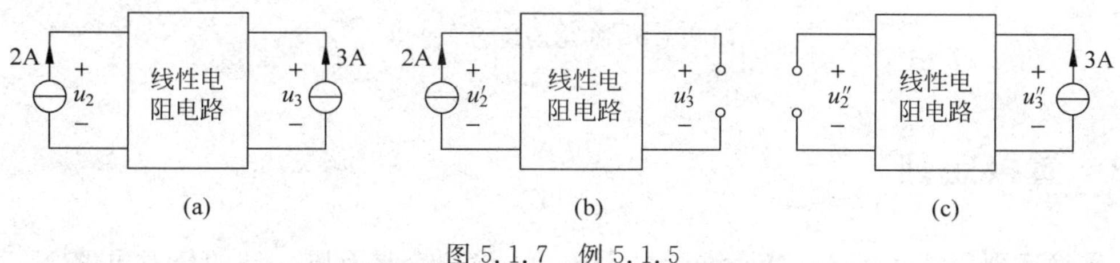

图 5.1.7 例 5.1.5

解 由问题出发，若要求出各电源发出的功率，最关键的是要求得两个电流源共同作用时，电流源各自的端电压。显然，图 5.1.7(a)所示二端口电路没有给出具体结构，也就无法列写明确的电路方程进行求解。而叠加定理此时则提供了分析途径。利用叠加定理和已知条件可知

当 2A 电流源单独作用时，如图 5.1.7(b)所示，有

$$u'_2=(28/2)\text{V}=14\text{V},\quad u'_3=8\text{V}$$

当 3A 电流源单独作用时，如图 5.1.7(c)所示，有

$$u''_2=12\text{V},u''_3=(54/3)\text{V}=18\text{V}$$

当两个电流源共同作用时，$u_2=u'_2+u''_2=26$V，$u_3=u'_3+u''_3=26$V，求得

$$P_{2\text{A}}=u_2\times 2\text{A}=52\text{W},\quad P_{3\text{A}}=u_3\times 3\text{A}=78\text{W}$$

【思考与练习】

5.1.1 对于含有单一电压源 u_S 的电路，某一支路电流的响应为 i。如果将电压源

替换为 $2u_S$，则由齐次性定理得支路电流的响应为 $2i$。如果将电压源 $2u_S$ 看做两个电压源 u_S 的串联，由叠加定理同样可以得到相同的结论。试问从这里可以看出齐次性定理和叠加定理之间存在什么样的关系？

5.1.2 试求图 5.1.8 所示电路中的各支路电流、节点电压和 u/u_S，已知 $u_S=55$V。(1A,1A,2A,3A,1A,4A; 20V,24V,39V; 4/11)

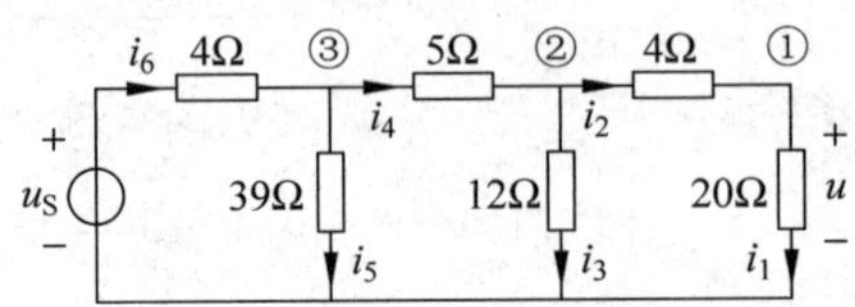

图 5.1.8 思考与练习 5.1.2

5.1.3 试求图 5.1.9 所示电路中的电流 i 和电压 u。(2A,1V)

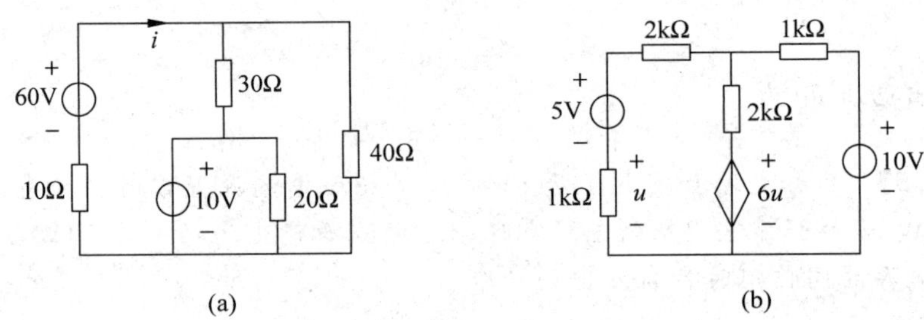

图 5.1.9 思考与练习 5.1.3

5.2 置换定理

置换定理(substitution theorem)可表述为：设一个具有唯一解的任意电路 N，若已知第 k 条支路的电压和电流为 u_k、i_k，则不论该支路是由什么元件组成的，总可以用电压为 $u_S=u_k$ 的电压源或电流为 $i_S=i_k$ 的电流源置换，而不影响电路未置换部分各支路电压和支路电流。

图 5.2.1 是置换定理的示意图。图 5.2.1(a)的第 k 支路用电压为 $u_S=u_k$ 的电压源或电流为 $i_S=i_k$ 的电流源置换后如图 5.2.1(b)、(c)所示，三个电路在唯一解的条件下有相同解。

可以用电路的等效变换来证明换置换定理。在图 5.2.2(a)所示电路支路 k 上取三个节点 a、b 和 c，由于 $u_{bc}=0$，因此 b、c 两点间钳接电压为 u_k 的两个电压源，其方向如图 5.2.2(b)所示。显然，这是一种等效变换，因为在图 5.2.2(b)中，$u_{bc}=-u_k+u_k=0$。又在图 5.2.2(b)中，$u_{ad}=u_{ab}+u_{bd}=u_k-u_k=0$，因此 a、d 两点间可用导线短接，图 5.2.2(b)等效变换为如图 5.2.2(c)所示。可见 5.2.2(a)电路中的支路 k 可用电压为 $u_S=u_k$ 的电压源来置换，电路的工作状态不受影响。

支路 k 用电流源 i_S 来置换的情况，可以类似地给出证明。

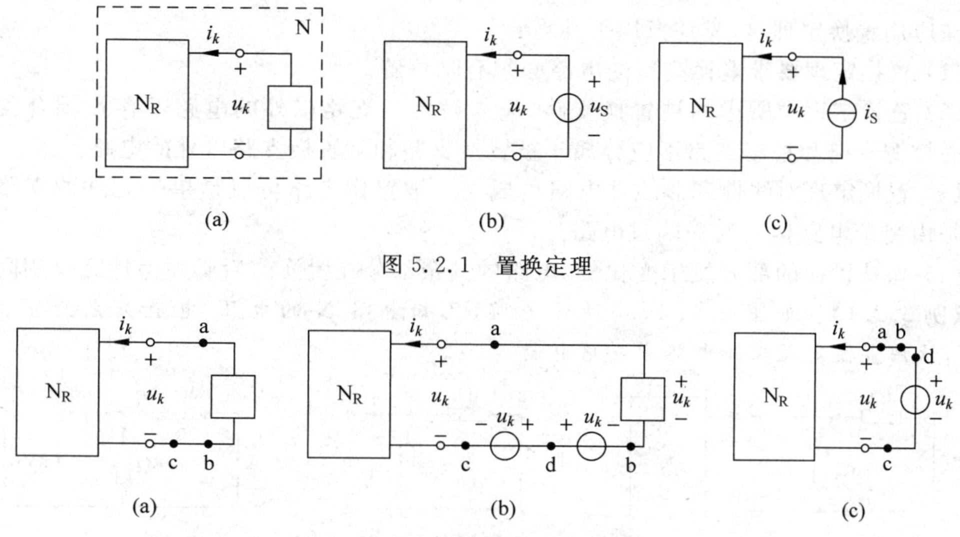

图 5.2.1 置换定理

图 5.2.2 置换定理的证明

应用置换定理可以把一个较复杂的电路经置换后变成一些较简单的电路，然后再进行分析。设有一个由电路 N_1、N_2 和 N_3 组成的线性电阻性电路 N 如图 5.2.3(a)所示。如果要对电路中的 N_1 部分进行分析，根据置换定理，可以得到如图 5.2.3(b)所示的两个相对较简单的电路。同样，如果要对电路中的 N_2 部分进行分析，根据置换定理，可以得到如图 5.2.3(c)所示的四个相对较简单的电路。因此，利用置换定理可以简化电路的分析。

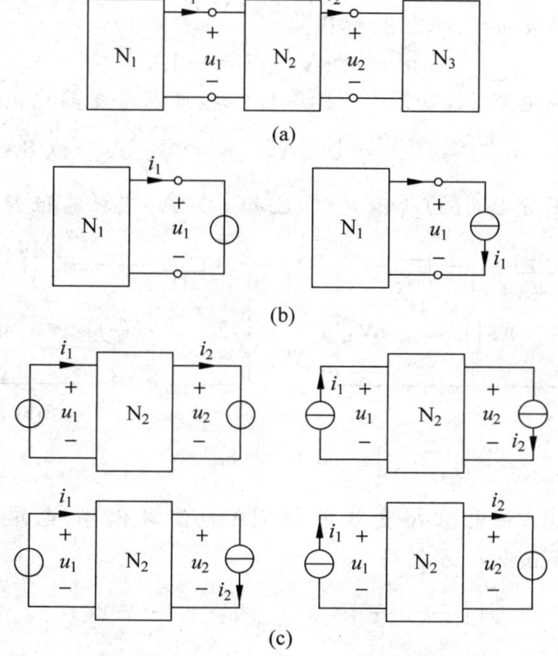

图 5.2.3 原电路及其置换

在应用置换定理时，应注意以下几点：

(1) 置换定理要求置换前后的电路必须有唯一解。

(2) 置换定理中所指的被置换支路，应与被置换支路以外的电路不存在耦合关系。例如受控源支路和控制支路不应分属于被置换支路和被置换支路以外的电路。

(3) 置换定理对线性和非线性电路均成立。被置换支路可以是单一元件的支路，也可以是由复杂电路构成的一端口电路。

(4) 除被置换的部分发生变化外，电路的其余部分在置换前后必须保持完全相同。

【例 5.2.1】 如图 5.2.4(a)所示电路，已知电路 N 的电压-电流关系为 $u=i+5.8\text{V}$，试用置换定理求解电路中支路电流 i_1、i_2。

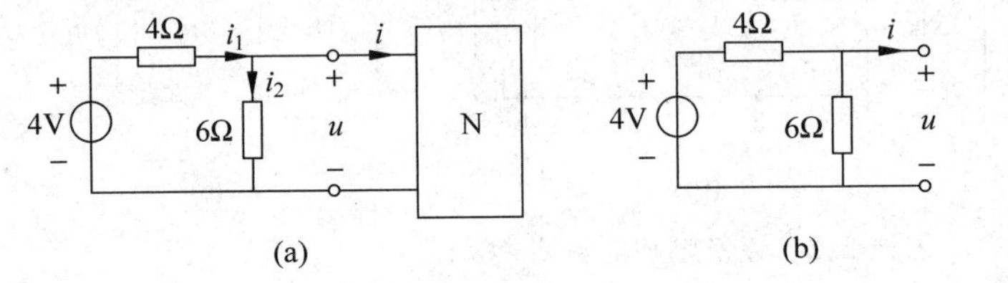

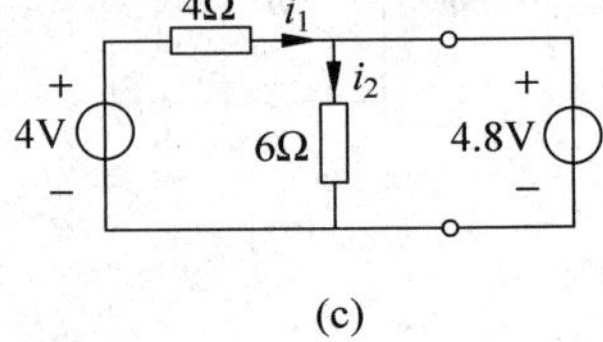

图 5.2.4 例 5.2.1

解 先求出图 5.2.4(a)所示电路 N 左侧一端口电路的电压-电流关系，如图 5.2.4(b)所示，列出端口的节点方程为

$$\left(\frac{1}{4}+\frac{1}{6}\right)u=\frac{1}{4}\times 4-i$$

即

$$u=2.4-2.4i$$

联立 N 的电压-电流关系 $u=i+5.8$，解得

$$u=4.8\text{V},\quad i=-1\text{A}$$

以 4.8V 的电压源置换电路 N，如图 5.2.4(c)所示，可求得支路电流 i_1、i_2 分别为

$$i_1=\frac{4.8-4}{4}\text{A}=0.2\text{A},\quad i_2=\frac{4.8}{6}\text{A}=0.8\text{A}$$

【例 5.2.2】 如图 5.2.5(a)所示电路，已知 $i=2\text{A}$，试求电阻 R。

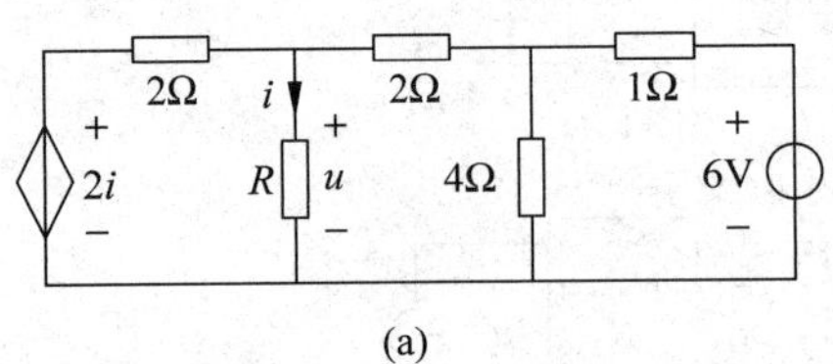

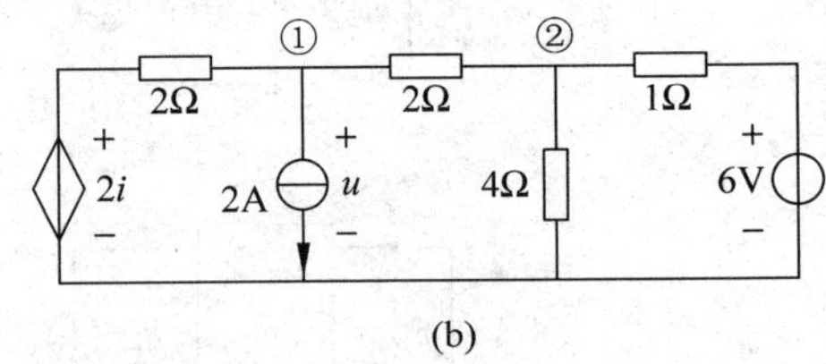

图 5.2.5 例 5.2.2

解 应用置换定理，将电阻 R 支路用 $i=2\text{A}$ 电流源代替，电路如图 5.2.5(b)所示。对电路节点①、②列节点电压方程得

$$\begin{cases}\left(\frac{1}{2}+\frac{1}{2}\right)\times u-\frac{1}{2}u_2=\frac{2i}{4}-2\\ -\frac{1}{2}u+\left(1+\frac{1}{2}+\frac{1}{4}\right)\times u_2=\frac{6}{1}\end{cases}$$

将 $i=2$ 代入解得

$$u=(5/6)\text{V}$$

用欧姆定律求得

$$R=u/i=(5/12)\Omega$$

MATLAB 计算程序：

```
%采用 MATLAB 求解例 5.2.2
syms u u2                                          %定义符号变量
i = 2;                                             %输入已知电流
eqnode1 = (1/2 + 1/2) * u - 1/2 * u2 - 2 * i/4 + 2;  %列节点①电压方程
eqnode2 = - 1/2 * u + (1 + 1/2 + 1/4) * u2 - 6/1;    %列节点②电压方程
g = solve(eqnode1,eqnode2,'u','u2');               %求解 u、u2
R = g.u/i                                          %计算电阻 R
```

计算结果：

```
R = 5/12
```

【例 5.2.3】 试求如图 5.2.6(a)所示电路的输入电阻 R_i。

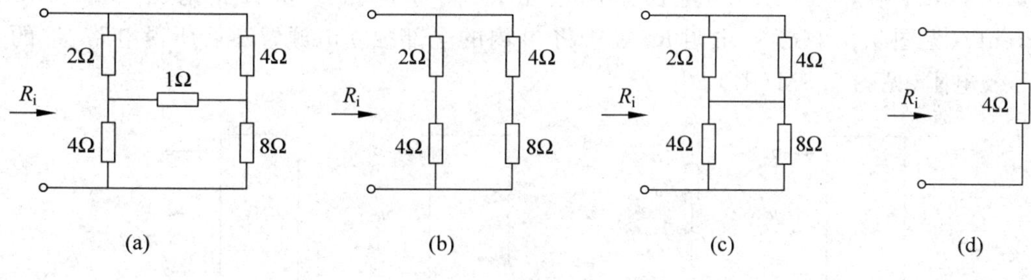

图 5.2.6 例 5.2.3

解 图 5.2.5(a)所示电路满足电桥平衡条件，因此流经 1Ω 电阻的电流为零，其两端的电压为零，可用电流为零的电流源置换 1Ω 电阻(开路)，如图 5.2.6(b)所示，也可电压为零的电压源置换 1Ω 电阻(短路)，如图 5.2.6(c)所示。由图 5.2.6(b)求得输入电阻为

$$R_i=\frac{(2+4)\times(4+8)}{(2+4)+(4+8)}\Omega=4\Omega$$

由图 5.2.6(c)求得输入电阻为

$$R_i=\frac{2\times4}{2+4}\Omega+\frac{4\times8}{4+8}\Omega=4\Omega$$

【思考与练习】

5.2.1 在图 5.2.1(a)中如果已知 u_k、i_k 的值，试问第 k 条支路可否用电阻来置换？电阻值应如何计算？三种置换方式，哪一种最方便？

5.2.2 在图 5.2.7 所示电路中，已知 $u=60\text{V}$，试求电阻 R 的大小。(10Ω)

5.2.3 电路如图 5.2.8 所示，已知 N 的电压-电流关系为 $u=i-1$，试用置换定理求解 i_1。(1A)

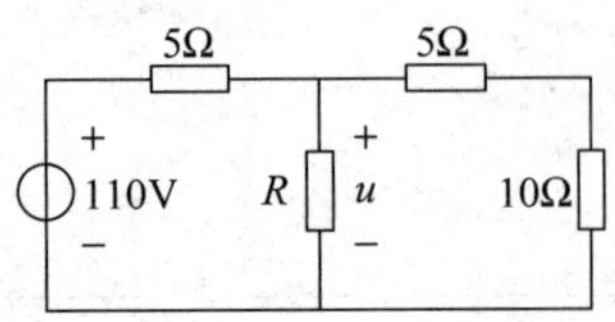

图 5.2.7　思考与练习 5.2.2

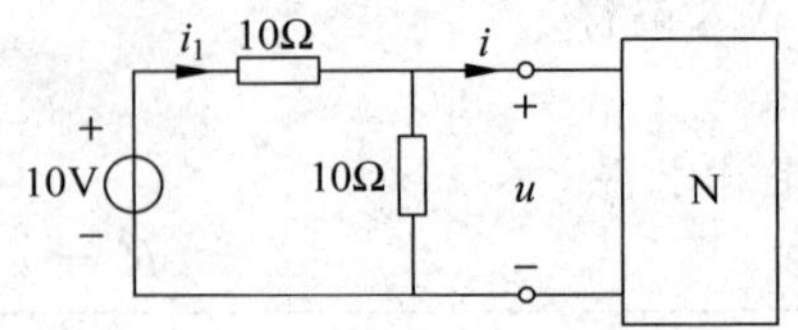

图 5.2.8　思考与练习 5.2.3

5.3　戴维南定理和诺顿定理

5.3.1　戴维南定理

戴维南定理(Thevenin's theorem)可表述为：任何线性含独立电源一端口电阻电路N(见图 5.3.1(a)),就其端口而言,可以用一个电压源 u_{OC} 与一个电阻 R_o 的串联组合(见图 5.3.1(b))来等效。其中,电压源的电压 u_{OC} 等于电路 N 的**开路电压**(open-circuit current)(见图 5.3.1(c))；电阻 R_o 等于将 N 内的全部独立电源置零后所得电路 N_0 的入端等效电阻(见图 5.3.1(d))。

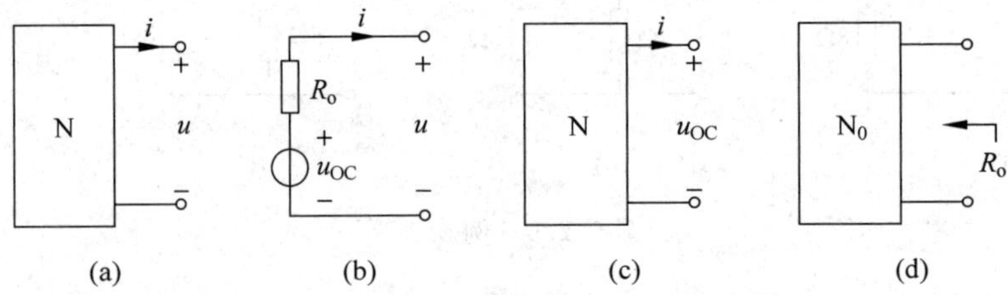

图 5.3.1　戴维南定理

图 5.3.1(b)所示的等效电路称为戴维南电路,其中电阻 R_o 称为戴维南等效电阻。

戴维南定理可以由叠加定理导出。下面给出该定理的证明。图 5.3.1(b)所示一端口电路的电压-电流关系为

$$u = u_{OC} - R_o i \tag{5.3.1}$$

只需证明图 5.3.1(a)所示一端口电路 N 的电压-电流关系满足式(5.3.1)。

为了求出一端口电路 N 的电压-电流关系,在 N 的端口接入电流为 i 的电流源,如图 5.3.2(a)所示,现在求电流源两端的电压 u。

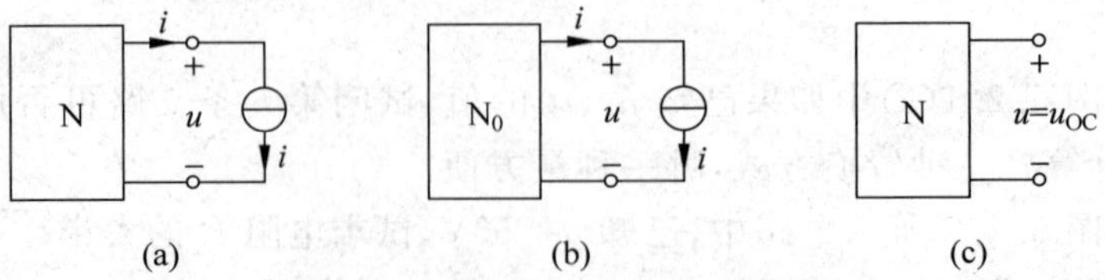

图 5.3.2　戴维南定理的证明

设 N 内部含有 n 个独立电源 $w_k(k=1,2,\cdots,n)$，由叠加定理可得

$$u = Hi + \sum_{k=1}^{n} H_k w_k \tag{5.3.2}$$

式中，H 与 $H_k(k=1,2,\cdots,n)$ 为网络函数。式(5.3.2)中的系数 H 与求和项可由叠加定理求得，即

$$H = \left.\frac{u}{i}\right|_{w_k=0} \tag{5.3.3}$$

$$\sum_{k=1}^{n} H_k w_k = u\,|_{i=0} \tag{5.3.4}$$

令图 5.3.2(a)中 $w_k=0\ (k=1,2,\cdots,n)$，则得到图 5.3.2(b)所示电路，其中 N_0 是 N 所含的独立电源都被置零后得出的电路，因此是一不含独立电源电路。若设其等效电阻为 R_o，则可得图 5.3.2(b)一端口电路的电压-电流关系为

$$u = -R_o i \tag{5.3.5}$$

比较上式和式(5.3.3)，可以看出

$$H = -R_o \tag{5.3.6}$$

令图 5.3.2(a)中 $i=0$，则得到图 5.3.2(c)所示电路，设端口的开路电压为 u_{OC}，则可以得出

$$\sum_{k=1}^{n} H_k w_k = u_{OC} \tag{5.3.7}$$

将式(5.3.6)、式(5.3.7)代入式(5.3.2)，得出一端口电路 N 的电压-电流关系为 $u=u_{OC}-R_o i$，与式(5.3.1)完全一致。至此戴维南定理得证。

在式(5.3.1)中如果令 $u=0$，则端口被短路，i 就是端口**短路电流**(short-circuit current)i_{SC}，于是可得

$$R_o = \frac{u_{OC}}{i_{SC}} \tag{5.3.8}$$

式(5.3.8)表明，如果求出电路 N 的开路电压 u_{OC} 和电路 N 的端口被短路后的短路电流 i_{SC}，就可以求出等效电阻 R_o。

【例 5.3.1】 试求图 5.3.3 所示电路等效的戴维南电路。

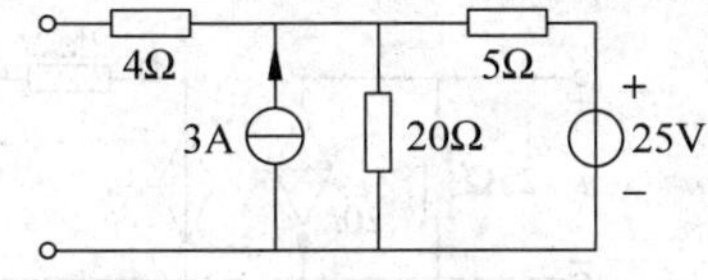

图 5.3.3 例 5.3.1

解 1 用电路等效变换求解。首先将电压源与电阻串联等效变换为电流源与电阻并联，如图 5.3.4(a)所示，再简化并联的电流源和并联的电阻，如图 5.3.4(b)所示，最后将电流源与电阻并联等效变换为电压源与电阻串联，得到如图 5.3.4(c)所示戴维南电路。

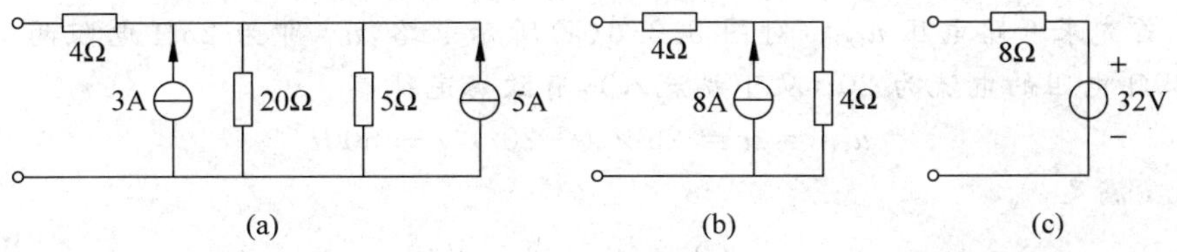

图 5.3.4 例 5.3.1 解 1

解 2 首先求开路电压 u_{OC}。可以用前面介绍的支路分析法、网孔分析法、节点分析法、叠加定理等电路分析方法求解。这里采用节点分析法来求解，如图 5.3.5(a)所示，取端口的下端为参考节点，节点①的电压即为开路电压 u_{OC}，列出节点①电压方程为

$$\left(\frac{1}{5}+\frac{1}{20}\right)u_{OC}=3+\frac{25}{5}$$

求解上述方程组，得开路电压为

$$u_{OC}=32\text{V}$$

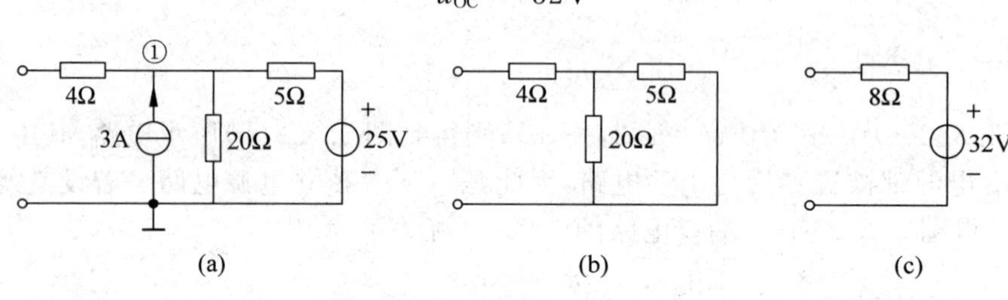

图 5.3.5 例 5.3.1 解 2

然后求等效电阻 R_o。将图 5.3.3 所示电路中的独立电源置零，如图 5.3.5(b)所示，用电阻的串、并联等效变换，可得等效电阻 R_o 为

$$R_o=(4+5\ /\!/\ 20)\Omega=8\Omega$$

得到戴维南电路如图 5.3.5(c)所示。

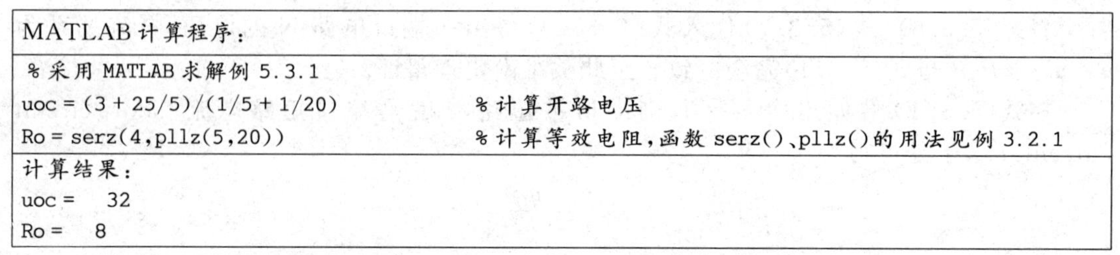

MATLAB 计算程序：

```
%采用 MATLAB 求解例 5.3.1
uoc = (3 + 25/5)/(1/5 + 1/20)          %计算开路电压
Ro = serz(4,pllz(5,20))                %计算等效电阻，函数 serz()、pllz()的用法见例 3.2.1
```

计算结果：

```
uoc =    32
Ro =    8
```

【例 5.3.2】 试求图 5.3.6(a)所示电路等效的戴维南电路。

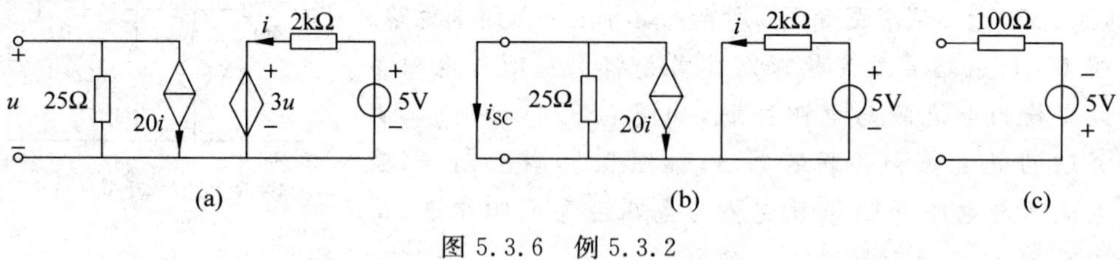

图 5.3.6 例 5.3.2

解 首先求开路电压 u_{OC}。对图 5.3.6(a)所示电路，u_{OC} 即为 25Ω 电阻两端的电压 u，流经 25Ω 电阻的电流为 $20i$(从下端流入)，有欧姆定律有

$$u_{OC}=u=25\times(-20i)=-500i$$

其中电流 i 满足

$$i=\frac{5-3u}{2000}=\frac{5-3u_{OC}}{2000}$$

联立求解上述两个方程解得

$$u_{OC} = -5\text{V}$$

用式(5.3.8)求等效电阻 R_o。为求短路电流 i_{SC}，将端口两端短路，如图 5.3.6(b)所示，此时由于端口电压为零，因此受控电压源 $3u$ 用短路置换。对图 5.3.6(b)左侧电路，由 KCL 可知

$$i_{SC} = -20i$$

对图 5.3.6(b)电路右侧电路，由 KVL 可知

$$i = \frac{5}{2000}\text{A} = 2.5 \times 10^{-3}\text{A}$$

求得短路电流 i_{SC} 为

$$i_{SC} = -20 \times 2.5 \times 10^{-3}\text{A} = -5 \times 10^{-2}\text{A}$$

由式(5.3.8)求得等效电阻 R_o 为

$$R_o = \frac{u_{OC}}{i_{SC}} = \frac{-5}{-5 \times 10^{-2}}\Omega = 100\Omega$$

于是得到戴维南电路如图 5.3.6(c)所示。

【例 5.3.3】 如图 5.3.7 所示为具有端接的二端口电路，已知二端口电路 N 的开路电阻矩阵为$\boldsymbol{R} = \begin{bmatrix} r_{11} & r_{12} \\ r_{21} & r_{22} \end{bmatrix}$，试求从 1-1′端向 2-2′端看去的等效(输入)电阻 R_i 和从 2-2′端向 1-1′端看去的等效(输出)电阻 R_o 以及输出端 2-2′的开路电压 u_{OC}。

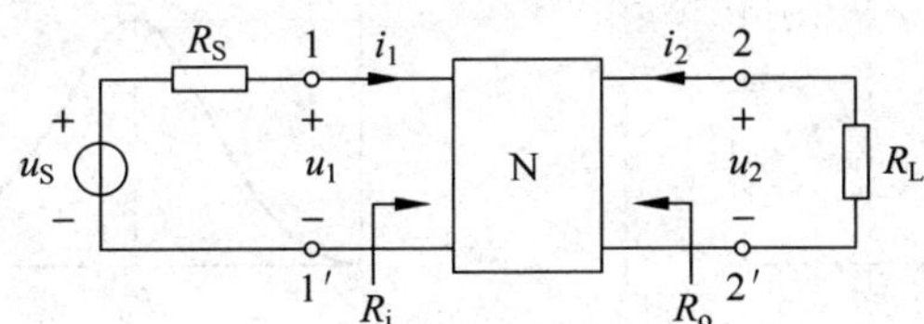

图 5.3.7 例 5.3.3

解 二端口电路的电压-电流关系可表示为

$$u_1 = r_{11}i_1 + r_{12}i_2 \tag{a}$$

$$u_2 = r_{21}i_1 + r_{22}i_2 \tag{b}$$

对输入回路列写 KVL 方程得

$$u_1 = u_S - R_S i_1 \tag{c}$$

对输出回路列写 KVL 方程得

$$u_2 = -R_L i_2 \tag{d}$$

将式(d)代入式(b)，求解 i_2 得

$$i_2 = -\frac{r_{21}}{r_{22} + R_L}i_1$$

将上式代入式(a)，可求得输入电阻 R_i 为

$$R_i = r_{11} - \frac{r_{12}r_{21}}{r_{22} + R_L}$$

求输出电阻 R_o 时，应将电压源 u_S 置零。此时式(c)可写为 $u_1=-R_S i_1$，代入式(a)求出 i_1 为

$$i_1=-\frac{r_{12}}{r_{11}+R_S}i_2$$

将上式代入式(b)，可求得输入电阻 R_o 为

$$R_o=r_{22}-\frac{r_{12}r_{21}}{r_{11}+R_S}$$

输出端 2-2′的开路电压 u_{OC} 是指 2-2′端断开，即 $i_2=0$ 时该端口的电压 u_2。此时式(a)可写为 $u_1=r_{11}i_1$，代入式(c)，求出 i_1 为

$$i_1=\frac{u_S}{r_{11}+R_S}$$

将上式代入式(b)，令 $i_2=0$ 可求得开路电压 u_{OC} 为

$$u_{OC}=\frac{r_{21}}{r_{11}+R_S}u_S$$

【例 5.3.4】 在信号传输和处理电路中，信号源可以用电压源与电阻的串联即戴维南电路作为其模型。如图 5.3.8 所示，含独立电源电路 N_1 为信号源，让负载电路 N_2 从信号源获得尽可能大的功率是有意义的。当信号源的开路电压 u_{OC} 和等效电阻 R_o 一定时，试求负载电阻 R_L 为多大时从信号源获得最大的功率。

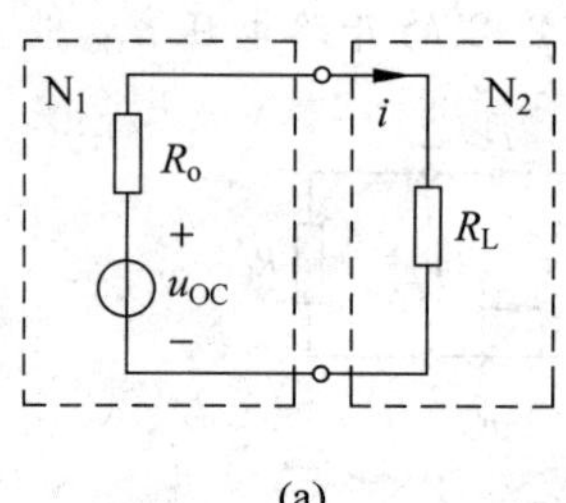

(a)

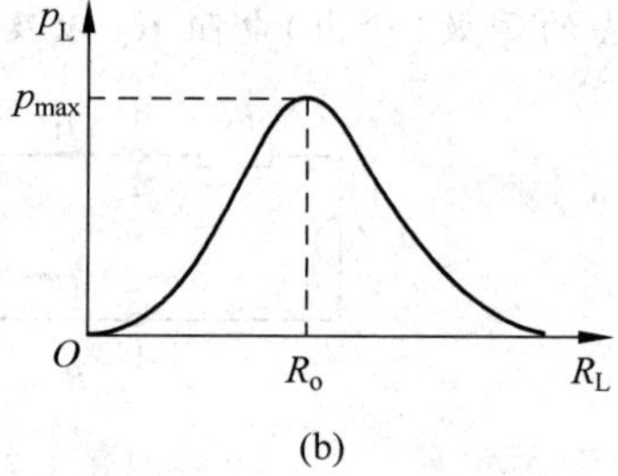

(b)

图 5.3.8 例 5.3.4

解 图 5.3.8(a)所示一端口电路 N_2 中负载电阻 R_L 的功率可以表示为

$$p_L=i^2R_L=\left(\frac{u_{OC}}{R_o+R_L}\right)^2R_L=\frac{u_{OC}^2R_L}{(R_o+R_L)^2}$$

负载功率 p_L 随负载电阻值 R_L 变化的情况如图 5.3.8(b)所示。以 R_L 为变量，求功率的极值，可知当 $R_L=R_o$ 时，负载可以获得最大功率为

$$p_{max}=\frac{u_{OC}^2R_L}{(R_o+R_L)^2}\bigg|_{R_L=R_o}=\frac{u_{OC}^2}{4R_L}$$

上述结论就是**最大功率传递定理**(maximum power transfer theorem)：对于给定的线性含独立电源一端口电路，其负载获得最大功率的条件是负载电阻 R_L 等于含独立电源一端口电路的等效电阻 R_o，此时称为最大功率匹配或负载与信号源匹配。

MATLAB 计算程序：

```
%采用 MATLAB 求解例 5.3.4
syms uoc Ro RL                                %定义符号变量
pL = (uoc/(Ro + RL))^2 * RL;                  %计算 RL 消耗的功率
RLmax = solve(diff(pL,'RL'),'RL')             %以 RL 为变量令 pL 的导数为零,求解 RL 的值
pLmax = subs(pL,RL,RLmax)                     %计算 RL 消耗的最大功率
```

计算结果：

```
RLmax = Ro
pLmax = 1/4 * uoc^2/Ro
```

5.3.2 诺顿定理

诺顿定理(Norton's theorem)可表述为：任何线性含独立电源一端口电阻电路 N(见图 5.3.9(a))，就其端口而言，可以用一个电流源 i_{SC} 与一个电导 G_o 的并联组合(诺顿电路)(见图 5.3.9(b))来等效。其中，电流源的电流 i_{SC} 等于原电路 N 的短路电流(见图 5.3.9(c))；电导 G_o 等于将 N 内的全部独立电源置零后所得电路 N_0 的等效电导(见图 5.3.9(d))。

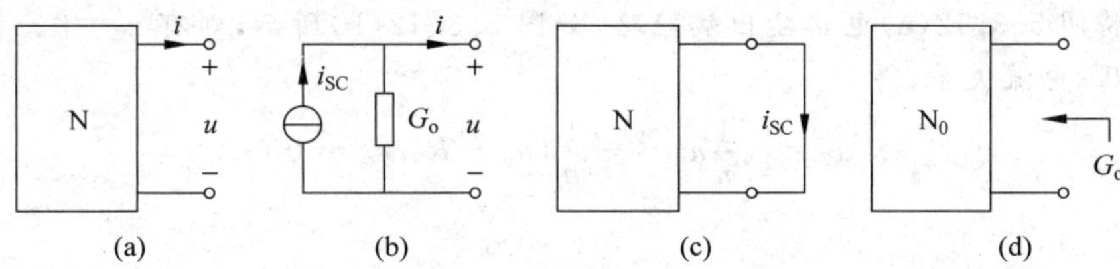

图 5.3.9 诺顿定理

图 5.3.9(b)所示的等效电路称为诺顿等效电路，其中电导 G_o 称为诺顿等效电导。

可以采用与证明戴维南定理类似的方法证明诺顿定理。由于戴维南电路和诺顿电路互为等效电路，因此戴维南定理和诺顿定理可以相互推出。比较图 5.3.1(b)和图 5.3.9(b)可知，戴维南等效电阻 R_o 和诺顿等效电导 G_o 为同一等效电阻，因此 G_o 的求法与 R_o 相同。

并非所有一端口电路都存在等效的戴维南电路和诺顿电路。等效的戴维南电路(诺顿)电路存在的条件为：(1)所研究的一端口电路必须不存在与电路之外的变量相耦合的元件；(2)所研究的一端口电路在端接任意电流源(电压源)时满足唯一可解性条件。

在实际求解时，如果计算得到的戴维南电路的等效电阻为无穷大，则该一端口电路的等效戴维南电路不存在；如果计算得到的诺顿电路的等效电导为无穷大，则该一端口电路的等效诺顿电路不存在。例如，图 5.3.10(a)所示的电路只存在等效的戴维南电路，如图 5.3.10(b)所示，等效的诺顿电路不存在。图 5.3.11(a)所示的电路只存在等效的诺顿电路，如图 5.3.11(b)所示，等效的戴维南电路不存在。

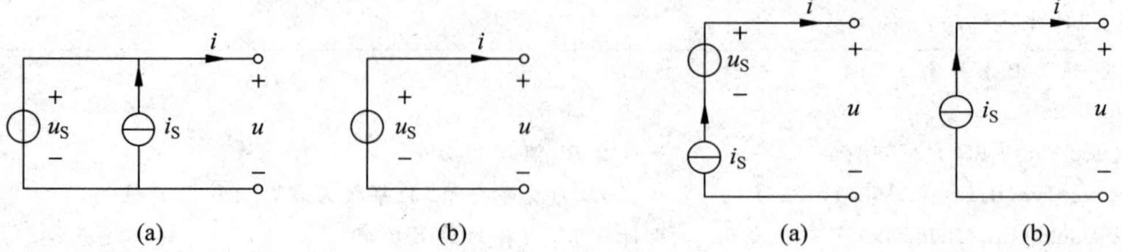

图 5.3.10　电压源与电流源并联的等效电路　　图 5.3.11　电压源与电流源串联的等效电路

【例 5.3.5】　试求图 5.3.12(a)所示电路的诺顿电路。

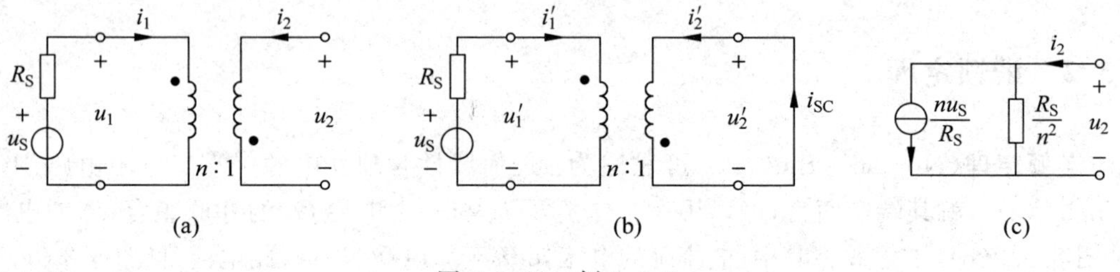

图 5.3.12　例 5.3.5

解　将图 5.3.12(a)电路输出端短路，如图 5.3.12(b)所示，则有 $u_2'=0$。由理想变压器的电压-电流关系，得

$$u_2'=-\frac{1}{n}u_1'=-\frac{1}{n}(u_S-R_Si_1')=0$$

解得

$$i_1'=\frac{u_S}{R_S}$$

因此，得到输出端短路电流为

$$i_{SC}=i_2'=ni_1'=\frac{nu_S}{R_S}$$

将图 5.3.12(a)所示电路中电压源置零，由理想变压器的电阻变换性质，从输出端口看进去的等效电阻为

$$R_o=\left(\frac{1}{n}\right)^2R_S=\frac{R_S}{n^2}$$

诺顿电路如图 5.3.12(c) 所示。

【例 5.3.6】　试用诺顿定理求图 5.3.13(a)所示电路的电流 i，其中 R 分别取 7.5Ω、15Ω 及 30Ω。

解　先求 R 左侧电路的诺顿电路，如图 5.3.13(b)所示。将图 5.3.13(b)进行等效变换为图 5.3.13(c)，由图 5.3.13(c)求开路电压 u_{OC}。由 KVL 可得

$$i_1=\frac{160-30i_1}{50}$$

求得

$$i_1=2\text{A}$$

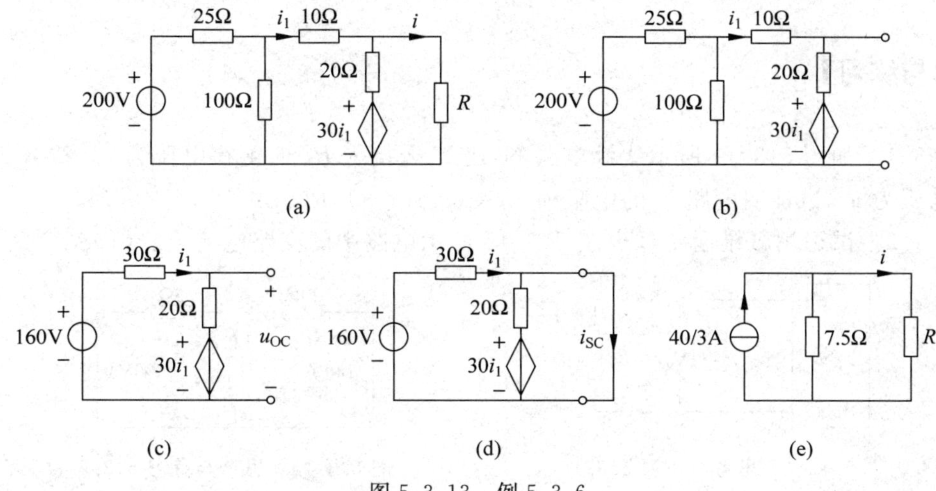

图 5.3.13 例 5.3.6

因此有

$$u_{OC} = 20 \times i_1 + 30i_1 = 50i_1 = 100\text{V}$$

由图 5.3.13(d)求短路电流 i_{SC}。列写网孔方程为

$$\begin{cases}(20+30)i_1 - 20i_{SC} = 160 - 30i_1 \\ -20i_1 + 20i_{SC} = 30i_1\end{cases}$$

求得 i_{SC} 得

$$i_{SC} = 40/3\text{A}$$

由式(5.3.8)求得等效电阻 R_o 为

$$R_o = \frac{u_{OC}}{i_{SC}} = \frac{100}{40/3}\Omega = 7.5\Omega$$

得到诺顿电路如图 5.3.13(e)所示。

由诺顿电路可得到计算电流 i 的公式为

$$i = \frac{R_o}{R_o + R} i_{SC} = \frac{7.5}{7.5 + R} \times \frac{40}{3}$$

当 R 取 7.5Ω、15Ω 及 30Ω 时，算得相应的电流分别为 20/3A、40/9A 及 8/3A。

MATLAB 计算程序：

```
%采用 MATLAB 求解例 5.3.6
syms i1 isc                                  %定义符号变量
R = [7.5 15 30];                             %输入电阻值
i1 = solve('i1 = (160 - 30 * i1)/50');       %求解 i1
uoc = 20 * i1 + 30 * i1;                     %计算开路电压
g2 = solve('(20 + 30) * i1 - 20 * isc = 160 - 30 * i1','- 20 * i1 + 20 * isc = 30 * i1','i1','isc');    %求解短路电流
Ro = uoc/g2.isc;                             %计算等效电阻
i = Ro./(Ro + R) * g2.isc                    %计算 R 取不同阻值时的电流 i
```

计算结果：

```
i = [ 20/3, 40/9, 8/3]
```

【思考与练习】

5.3.1　如图5.3.14所示线性电路N，当N未接入R_L时测得电压为u_0，接入R_L时测得电压为u_1，试证明电路N的电阻为$R_o=(u_0/u_1-1)R_L$。

5.3.2　试运用戴维南定理求图5.3.15所示电路中的支路电流i_3。(10A)

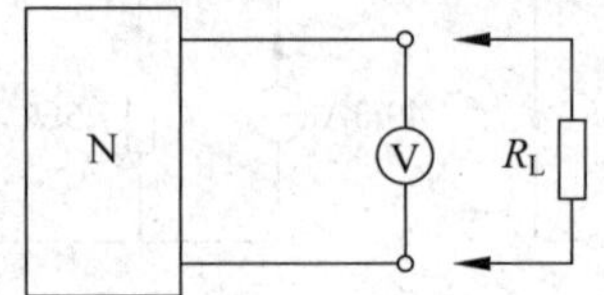

图5.3.14　思考与练习5.3.1

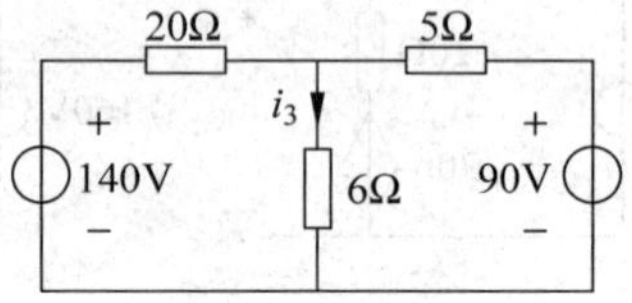

图5.3.15　思考与练习5.3.2

5.3.3　试求图5.3.16所示电路的诺顿电路。

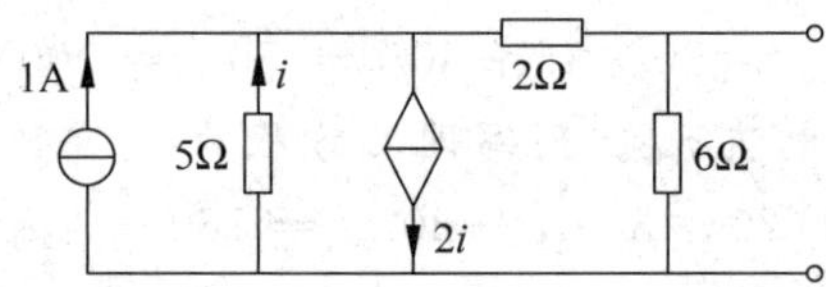

图5.3.16　思考与练习5.3.3

5.4　特勒根定理

特勒根定理(Tellegen's theorem)是电路理论中一个重要的定理，它是从基尔霍夫定律导出的定理，所以它也适用于任何集中参数电路，且与电路元件的性质无关。特勒根定理有两种形式，分别称特勒根第一定理和特勒根第二定理。

特勒根第一定理可表述为：对一个具有n个节点和b条支路的集中参数电路，若其支路电压向量和支路电流向量分别用$\boldsymbol{u}_b$和$\boldsymbol{i}_b$表示，即$\boldsymbol{u}_b=[u_1,u_2,\cdots,u_b]^T$，$\boldsymbol{i}_b=[i_1,i_2,\cdots,i_b]^T$，且各支路电压与电流采取一致参考方向，则恒有

$$\boldsymbol{u}_b^T\boldsymbol{i}_b=\boldsymbol{0} \tag{5.4.1a}$$

式(5.4.1)又可写成

$$\sum_{k=1}^{b}u_k i_k=0 \tag{5.4.1b}$$

特勒根第一定理的物理含义是，一条支路的电压与电流的乘积就是该支路所吸收或提供的功率，那么在任一时刻，任一集中参数电路的各支路所吸收或提供功率之和等于零。所以，特勒根第一定理所表达的是功率守恒，故又有特勒根功率定理之称。

如果在求功率之和时，把电路中的电源与其他支路区分开来，则特勒根第一定理又表明，电路中独立电源所提供功率的总和，等于电路中其他元件所吸收功率的总和。

特勒根第一定理可直接由基尔霍夫定律导出。为了方便起见，这里采用关联矩阵形

式的基尔霍夫定律来加以证明。

由于电路中各支路电流满足 KCL，各支路电压满足 KVL，若电路的关联矩阵为 $\boldsymbol{A}$，则按 KVL 有

$$\boldsymbol{u}_{\mathrm{b}} = \boldsymbol{A}^{\mathrm{T}}\boldsymbol{u}_{\mathrm{n}} \tag{5.4.2a}$$

式中，$\boldsymbol{u}_{\mathrm{n}}$ 为节点电压向量。对上式两边进行转置，得

$$\boldsymbol{u}_{\mathrm{b}}^{\mathrm{T}} = \boldsymbol{u}_{\mathrm{n}}^{\mathrm{T}}\boldsymbol{A} \tag{5.4.2b}$$

两边右乘 $\boldsymbol{i}_{\mathrm{b}}$，得

$$\boldsymbol{u}_{\mathrm{b}}^{\mathrm{T}}\boldsymbol{i}_{\mathrm{b}} = \boldsymbol{u}_{\mathrm{n}}^{\mathrm{T}}\boldsymbol{A}\boldsymbol{i}_{\mathrm{b}} \tag{5.4.3}$$

根据 KCL 有

$$\boldsymbol{A}\boldsymbol{i}_{\mathrm{b}} = \boldsymbol{0} \tag{5.4.4}$$

所以

$$\boldsymbol{u}_{\mathrm{b}}^{\mathrm{T}}\boldsymbol{i}_{\mathrm{b}} = \boldsymbol{0}$$

此式即式(5.4.1)，定理得证。

特勒根第二定理可表述为：对于具有 n 个节点和 b 条支路的两个集中参数电路 N 和 $\hat{\mathrm{N}}$，它们可以由不同的元件构成，但却有相同的有向图。若二者的支路电压向量和支路电流向量分别用 $\boldsymbol{u}_{\mathrm{b}}=[u_1,u_2,\cdots,u_b]^{\mathrm{T}}$、$\boldsymbol{i}_{\mathrm{b}}=[i_1,i_2,\cdots,i_b]^{\mathrm{T}}$ 及 $\hat{\boldsymbol{u}}_{\mathrm{b}}=[\hat{u}_1,\hat{u}_2,\cdots,\hat{u}_b]^{\mathrm{T}}$、$\hat{\boldsymbol{i}}_{\mathrm{b}}=[\hat{i}_1,\hat{i}_2,\cdots,\hat{i}_b]^{\mathrm{T}}$ 表示，支路电压、电流取一致参考方向，则有

$$\boldsymbol{u}_{\mathrm{b}}^{\mathrm{T}}\hat{\boldsymbol{i}}_{\mathrm{b}} = \boldsymbol{0} \tag{5.4.5a}$$

和

$$\hat{\boldsymbol{u}}_{\mathrm{b}}^{\mathrm{T}}\boldsymbol{i}_{\mathrm{b}} = \boldsymbol{0} \tag{5.4.5b}$$

采用回路矩阵形式的基尔霍夫定律加以证明。由于电路 N 和 $\hat{\mathrm{N}}$ 有相同的有向图，因此两者的回路矩阵相同，设为 $\boldsymbol{B}$。对电路 N，有

$$\boldsymbol{B}\boldsymbol{u}_{\mathrm{b}} = \boldsymbol{0} \tag{5.4.6a}$$

或

$$\boldsymbol{u}_{\mathrm{b}}^{\mathrm{T}}\boldsymbol{B}^{\mathrm{T}} = \boldsymbol{0} \tag{5.4.6b}$$

等号两边同右乘回路电流向量 $\hat{\boldsymbol{i}}_l$ 得

$$\boldsymbol{u}_{\mathrm{b}}^{\mathrm{T}}\boldsymbol{B}^{\mathrm{T}}\hat{\boldsymbol{i}}_l = \boldsymbol{0} \tag{5.4.7}$$

对电路 $\hat{\mathrm{N}}$，有

$$\hat{\boldsymbol{i}}_{\mathrm{b}} = \boldsymbol{B}^{\mathrm{T}}\hat{\boldsymbol{i}}_l \tag{5.4.8}$$

将上式代入式(5.4.7)得

$$\boldsymbol{u}_{\mathrm{b}}^{\mathrm{T}}\hat{\boldsymbol{i}}_{\mathrm{b}} = \boldsymbol{0}$$

类似地，可以证明

$$\hat{\boldsymbol{u}}_{\mathrm{b}}^{\mathrm{T}}\boldsymbol{i}_{\mathrm{b}} = \boldsymbol{0}$$

式(5.4.5)又可写成

$$\sum_{k=1}^{b} u_k \hat{i}_k = 0 \tag{5.4.9a}$$

$$\sum_{k=1}^{b}\hat{u}_k i_k = 0 \tag{5.4.9b}$$

由式(5.4.9)可知，这个定理的物理含义不同于前一个定理，所表达的并非功率守恒。因为此时是一个电路的支路电压与另一个电路的支路电流相乘，其积虽具有功率的量纲，但却未形成真实的功率。所以说此定理所表达的只是一个电路的支路电压与另一个电路的支路电流之间的一个数学关系。由于上述诸式中的乘积项毕竟具有功率的量纲，故此定理又称特勒根似功率定理。

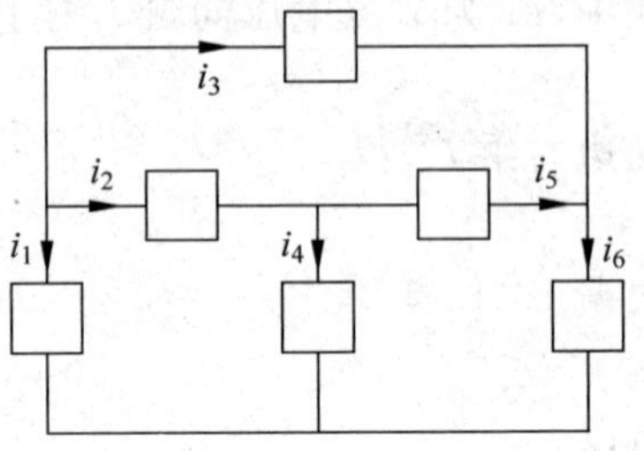

图 5.4.1 例 5.4.1

【例 5.4.1】 设有如图 5.4.1 所示电路，支路电压、电流取一致参考方向。表 1.3.1 列出了该电路在不同时刻的支路电压和部分支路电流值，试求未知的支路电流和支路电压。

表 5.4.1 例 5.4.1

支路 / u,i	1	2	3	4	5	6
i_k/A	1	2				4
$\hat{u}_k$/V	10	4	15		11	−5

解 图 5.4.1 所示电路有 3 个独立的节点，可得到 3 个独立的 KCL 方程为

$$\begin{cases}1+2+i_3=0\\2-i_4-i_5=0\\i_3+i_5-4=0\end{cases}$$

由特勒根第二定理得

$$\sum_{k=1}^{6}\hat{u}_k i_k = 10\times 1+4\times 2+15\times i_3+u_4\times i_4+11\times i_5-5\times 4=0$$

联立上述方程求解得

$$i_3=-3\text{A},\quad i_4=-5\text{A},\quad i_5=7\text{A},\quad \hat{u}_4=6\text{V}$$

MATLAB 计算程序：

```
%采用 MATLAB 求解例 5.4.1
syms i3 i4 i5 u4_                                      %定义符号变量
eqKCL1 = 1 + 2 + i3;                                   %列写 KVL 方程
eqKCL2 = 2 - i4 - i5;
eqKCL3 = i3 + i5 - 4;
eqT = 10 * 1 + 4 * 2 + 15 * i3 + u4_ * i4 + 11 * i5 - 5 * 4;   %列写特勒根方程
g = solve(eqKCL1, eqKCL2, eqKCL3, eqT);                %求解电流
i3 = g.i3                                              %显示电流
i4 = g.i4
i5 = g.i5
u4_ = g.u4_
```

```
计算结果:
i3 = -3
i4 = -5
i5 = 7
u4_ = 6
```

【例 5.4.2】 试应用特勒根定理证明式(4.2.29)$\boldsymbol{A}\boldsymbol{B}^{\mathrm{T}}=\mathbf{0}$。

证明 对于任一电路,由式(4.2.7)得

$$\boldsymbol{u}_{\mathrm{b}}=\boldsymbol{A}^{\mathrm{T}}\boldsymbol{u}_{\mathrm{n}}$$

又由式(4.2.17)得

$$\boldsymbol{i}_{\mathrm{b}}=\boldsymbol{B}^{\mathrm{T}}\boldsymbol{i}_{l}$$

由特勒根第二定理

$$\boldsymbol{u}_{\mathrm{b}}^{\mathrm{T}}\boldsymbol{i}_{\mathrm{b}}=\mathbf{0}$$

即

$$(\boldsymbol{A}^{\mathrm{T}}\boldsymbol{u}_{\mathrm{n}})^{\mathrm{T}}\boldsymbol{B}^{\mathrm{T}}\boldsymbol{i}_{l}=\boldsymbol{u}_{\mathrm{n}}^{\mathrm{T}}(\boldsymbol{A}\boldsymbol{B}^{\mathrm{T}})\boldsymbol{i}_{l}=\mathbf{0}$$

因此

$$\boldsymbol{A}\boldsymbol{B}^{\mathrm{T}}=\mathbf{0}$$

此即为式(4.2.29)。

【思考与练习】

5.4.1 试运用特勒根定理证明式(4.2.34)。

5.4.2 试验证图 5.4.2 所示电路功率守恒。

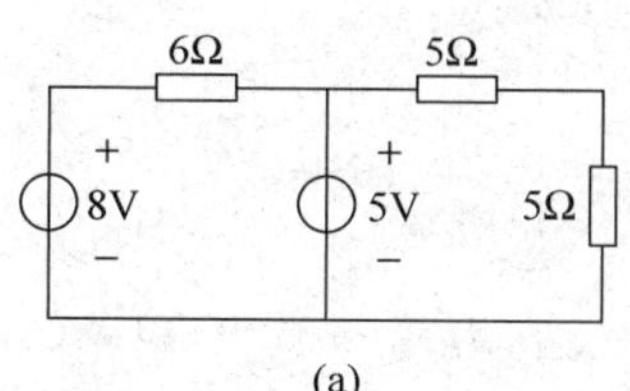

(a)

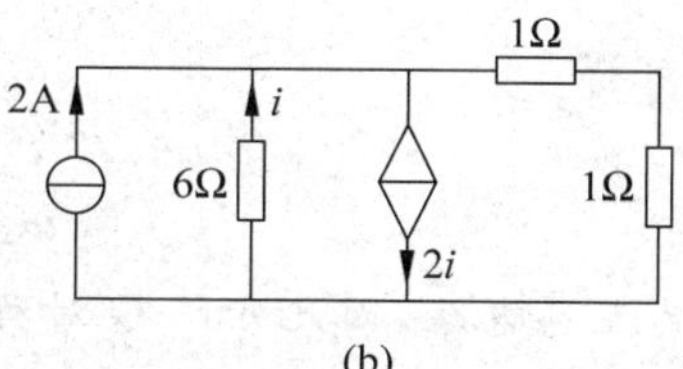

(b)

图 5.4.2 思考与练习 5.4.2

5.5 互易定理

互易定理(reciprocity theorem)是互易电路所具有的重要性质。对于不含独立电源的电路,如果该电路对外具有两个端口,构成二端口电路,当描述该电路端口特性的开路电阻矩阵或短路电导矩阵为对称矩阵时,称该电路为**互易电路**(reciprocal circuit)。互易定理可分三种形式进行描述。

互易定理(形式一) 已知图 5.5.1 所示电路中 N 为互易电路,如果在端口 1-1′施加

电压源激励 u_{S1}，在端口 2-2′得到电流响应 i_2，如图 5.5.1(a)所示。反之，对端口 2-2′施加电压源激励 u_{S2}，在端口 1-1′得到电流响应 i_1，如图 5.5.1(b)，则在电路具有唯一解的情况下，有

$$\frac{i_2}{u_{S1}} = \frac{i_1}{u_{S2}} \tag{5.5.1}$$

如果 $u_{S1}=u_{S2}$，则 $i_1=i_2$。

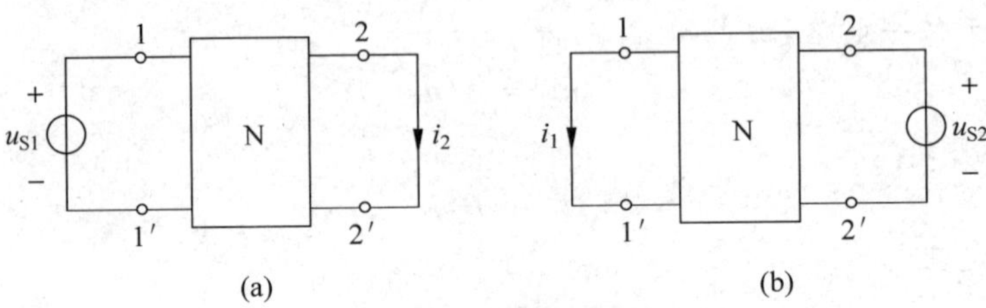

图 5.5.1　互易定理(形式一)

证明　不失一般性，假设二端口电路 N 的短路电导矩阵为 $\boldsymbol{G}=\begin{bmatrix} g_{11} & g_{12} \\ g_{21} & g_{22} \end{bmatrix}$，则对图 5.5.1(a)所示电路，有

$$-i_2 = g_{21}u_{S1} + g_{22} \times 0 \tag{5.5.2}$$

由式(5.5.2)可得

$$\frac{i_2}{u_{S1}} = -g_{21} \tag{5.5.3}$$

同理，对图 5.5.1(b)所示电路，有

$$-i_1 = g_{11} \times 0 + g_{12}u_{S2} \tag{5.5.4}$$

由式(5.5.4)可得

$$\frac{i_1}{u_{S2}} = -g_{12} \tag{5.5.5}$$

由于 N 为互易电路，因此矩阵 $\boldsymbol{G}$ 对称，即 $g_{12}=g_{21}$，由式(5.5.3)和式(5.5.5)直接得出式(5.5.1)。定理得证。

由互易定理形式一可知，如果 N 为互易电路，则电路的正向转移电导和反向转移电导相等。

互易定理(形式二)　已知图 5.5.2 所示电路中 N 为互易电路，如果在端口 1-1′施加电流源激励 i_{S1}，在端口 2-2′得到电压响应 u_2，如图 5.5.2(a)所示。反之，对端口 2-2′施加电流源激励 i_{S2}，可在端口 1-1′得到电压响应 u_1，如图 5.5.2(b)，则在电路具有唯一解的情况下，有

$$\frac{u_2}{i_{S1}} = \frac{u_1}{i_{S2}} \tag{5.5.6}$$

如果 $i_{S1}=i_{S2}$，则 $u_1=u_2$。

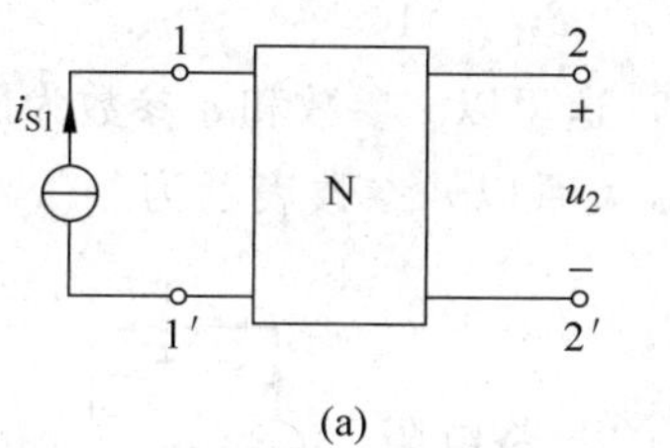

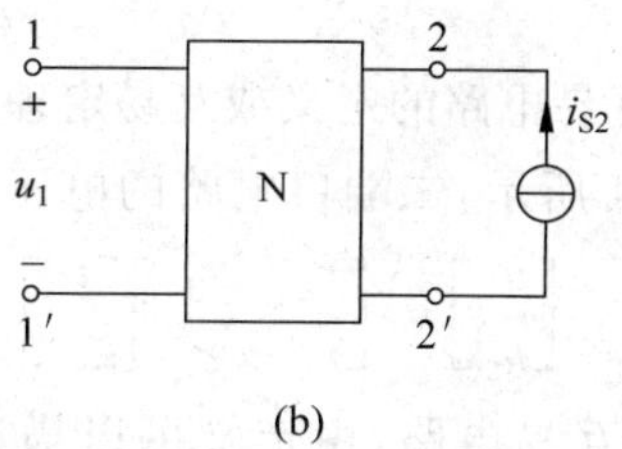

图 5.5.2 互易定理(形式二)

互易定理形式二的证明与形式一类似。由互易定理形式二可知,如果 N 为互易电路,则电路的正向转移电阻和反向转移电阻相等。

互易定理(形式三) 已知图 5.5.3 所示电路中 N 为互易电路,如果在端口 1-1′施加电流源激励 i_{S1},在端口 2-2′得到电流响应 i_2,如图 5.5.3(a)所示。反之,对端口 2-2′施加电压源激励 u_{S2},可在端口 1-1′得到电压响应 u_1,如图 5.5.3(b),则在电路具有唯一解的情况下,有

$$\frac{i_2}{i_{S1}}=\frac{u_1}{u_{S2}} \tag{5.5.7}$$

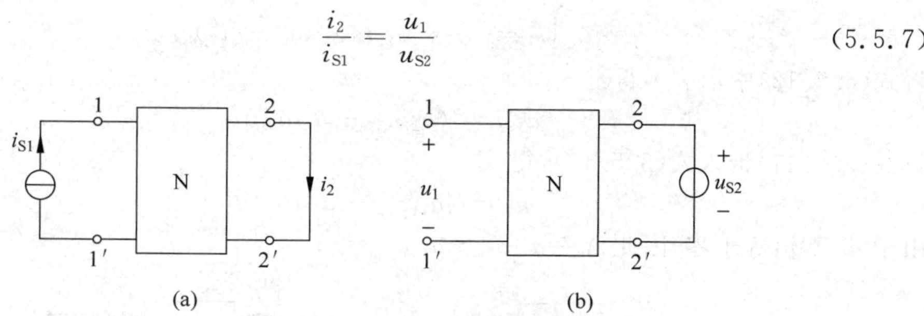

图 5.5.3 互易定理(形式三)

应用互易定理进行电路分析时,不仅要注意变量的数值大小,还要注意它们的方向。

对上面互易定理的三种不同形式,尽管激励和响应可能是电压或电流而有所不同,但在它们互换位置前后,如果把电压源和电流源置零,则电路保持不变。注意这一共性,有利于正确应用互易定理。

互易定理的适用范围是比较窄的,如果电路中有电源(独立的或非独立的)、非线性元件、时变元件等,一般来说都不能应用互易定理。

互易二端口电路的参数矩阵的元素满足

$$r_{12}=r_{21} \tag{5.5.8a}$$

$$g_{12}=g_{21} \tag{5.5.8b}$$

$$h_{21}=-h_{12} \tag{5.5.8c}$$

$$\hat{h}_{21}=-\hat{h}_{12} \tag{5.5.8d}$$

$$\Delta_a=a_{11}a_{22}-a_{12}a_{21}=1 \tag{5.5.8e}$$

$$\Delta_{\hat{a}} = \hat{a}_{11}\hat{a}_{22} - \hat{a}_{12}\hat{a}_{21} = 1 \tag{5.5.8f}$$

上述结论可由互易电路的定义或互易定理导出。这里以 r 参数和 a 参数为例来加以说明。

如图 5.5.4 所示，二端口电路的电压-电流关系以 r 参数表示为

$$\begin{bmatrix} u_1 \\ u_2 \end{bmatrix} = \begin{bmatrix} r_{11} & r_{12} \\ r_{21} & r_{22} \end{bmatrix}\begin{bmatrix} i_1 \\ i_2 \end{bmatrix} \tag{5.5.9}$$

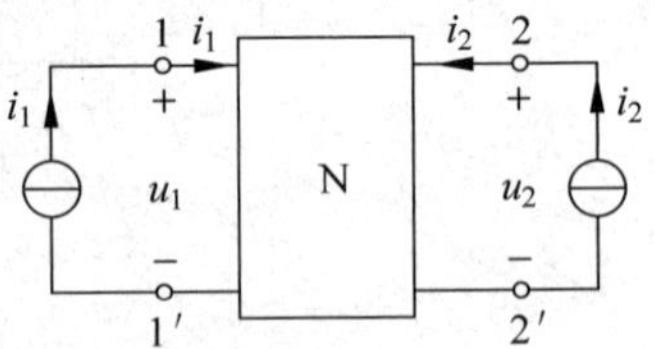

图 5.5.4 运用 r 参数的互易二端口电路

如果 N 为互易电路，由定义可以描述 N 的开路电阻矩阵对称，即有 $r_{12}=r_{21}$。

当二端口电路 N 用 a 参数表征时，此时有

$$\begin{cases} u_1 = a_{11}u_2 + a_{12}(-i_2) \\ i_1 = a_{21}u_2 + a_{22}(-i_2) \end{cases} \tag{5.5.10}$$

如果此二端口电路 N 满足互易定理，应有图 5.5.5 所示性质。将上述传输参数方程分别应用于图 5.5.5 (a)和图 5.5.5 (b)得

$$u_1 = a_{12}(-i_2) = a_{12}i \tag{5.5.11}$$

$$\begin{cases} 0 = a_{11}u_1 + a_{12}(-i_2') \\ i_1' = -i = a_{21}u_1 + a_{22}(-i_2') \end{cases} \tag{5.5.12}$$

将式(5.5.12)中消去 i_2' 得

$$a_{12}i = (a_{11}a_{22} - a_{12}a_{21})u_1 \tag{5.5.13}$$

将式(5.5.11)带入式(5.5.13)，得

$$u_1 = (a_{11}a_{22} - a_{12}a_{21})u_1 \tag{5.5.14}$$

由于 u_1 不恒等于零，因此 $\Delta_a = a_{11}a_{22} - a_{12}a_{21} = 1$。

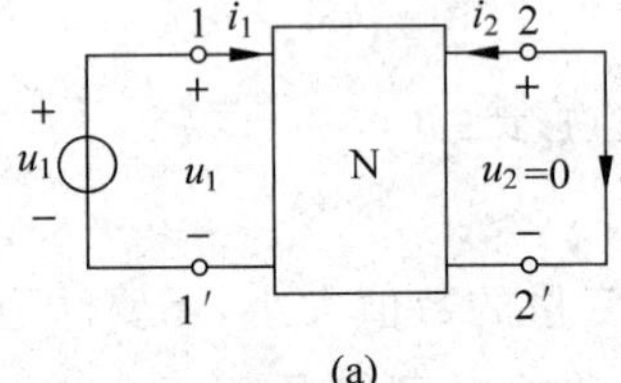

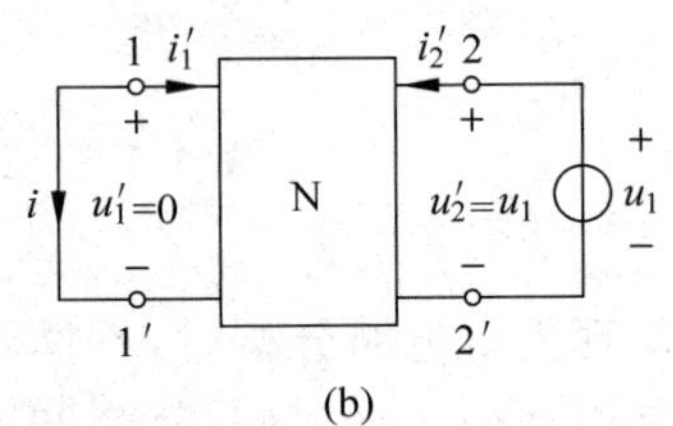

图 5.5.5 运用 a 参数的互易二端口电路

根据式(5.5.8a)～(5.5.8f)，可知表征互易二端口电路的任一参数矩阵中只有三个元素是独立的。这就是说，只需进行三次计算或测量即可确定参数矩阵中的四个元素。

进一步，如果互易二端口电路的两个端口可以交换而端口的电压、电流的数值不变，则称该二端口电路是对称的。对称二端口电路的参数矩阵的元素除满足式(5.5.8a)～(5.5.8f)之外，还满足如下附加关系

$$r_{11} = r_{22} \tag{5.5.15a}$$

$$g_{11} = g_{22} \tag{5.5.15b}$$

$$\Delta_h = h_{11}h_{22} - h_{12}h_{21} = 1 \tag{5.5.15c}$$

$$\Delta_{\hat{h}} = \hat{h}_{11}\hat{h}_{22} - \hat{h}_{12}\hat{h}_{21} = 1 \tag{5.5.15d}$$

$$a_{11} = a_{22} \tag{5.5.15e}$$

$$\hat{a}_{11} = \hat{a}_{22} \tag{5.5.15f}$$

上述结论可由对称二端口电路的定义导出。这里仅以 h 参数为例来加以说明。

二端口电路的电压-电流关系以 h 参数表示为

$$\begin{bmatrix} u_1 \\ i_2 \end{bmatrix} = \begin{bmatrix} h_{11} & h_{12} \\ h_{21} & h_{22} \end{bmatrix} \begin{bmatrix} i_1 \\ u_2 \end{bmatrix} \tag{5.5.16}$$

如果二端口电路是对称的，则 u_1 与 u_2、i_1 与 i_2 交换而上述表达式不变，即

$$\begin{bmatrix} u_2 \\ i_1 \end{bmatrix} = \begin{bmatrix} h_{11} & h_{12} \\ h_{21} & h_{22} \end{bmatrix} \begin{bmatrix} i_2 \\ u_1 \end{bmatrix} \tag{5.5.17}$$

上式可改写为

$$\begin{bmatrix} i_1 \\ u_2 \end{bmatrix} = \begin{bmatrix} h_{22} & h_{21} \\ h_{12} & h_{11} \end{bmatrix} \begin{bmatrix} u_1 \\ i_2 \end{bmatrix} \tag{5.5.18}$$

将式(5.5.16)代入式(5.5.18)得

$$\begin{bmatrix} i_1 \\ u_2 \end{bmatrix} = \begin{bmatrix} h_{22} & h_{21} \\ h_{12} & h_{11} \end{bmatrix} \begin{bmatrix} h_{11} & h_{12} \\ h_{21} & h_{22} \end{bmatrix} \begin{bmatrix} i_1 \\ u_2 \end{bmatrix} \tag{5.5.19}$$

由上式得

$$\begin{bmatrix} h_{22} & h_{21} \\ h_{12} & h_{11} \end{bmatrix} \begin{bmatrix} h_{11} & h_{12} \\ h_{21} & h_{22} \end{bmatrix} = \begin{bmatrix} 1 & 0 \\ 0 & 1 \end{bmatrix} \tag{5.5.20}$$

由式(5.5.20)可得出 $h_{21} = -h_{12}$ 和 $\Delta_h = h_{11}h_{22} - h_{12}h_{21} = 1$，它们分别为式(5.5.8c)和式(5.5.15c)。

由上面的推导可知，对称二端口电路必是互易的，反之不然。根据式(5.5.15a)～(5.5.15f)，可知表征对称二端口电路的任一参数矩阵中只有两个元素是独立的。这就是说，只需进行两次计算或测量即可确定参数矩阵中的四个元素。常见对称二端口电路的例子如图 5.5.6 所示。

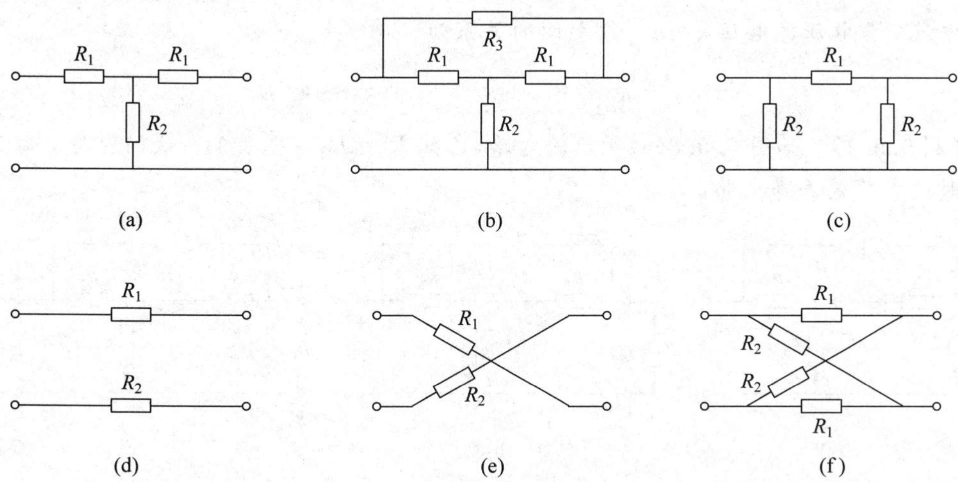

图 5.5.6　对称二端口电路

(a) 对称 T 形；(b) 对称桥 T 形；(c) 对称 Π 形；(d) 平行线形；(e) 交叉线形；(f) 对称格形

【例 5.5.1】 试用互易定理求图 5.5.7(a)所示电路中电流 i 与电压源电压 u_1、u_2、u_3 之间的关系。

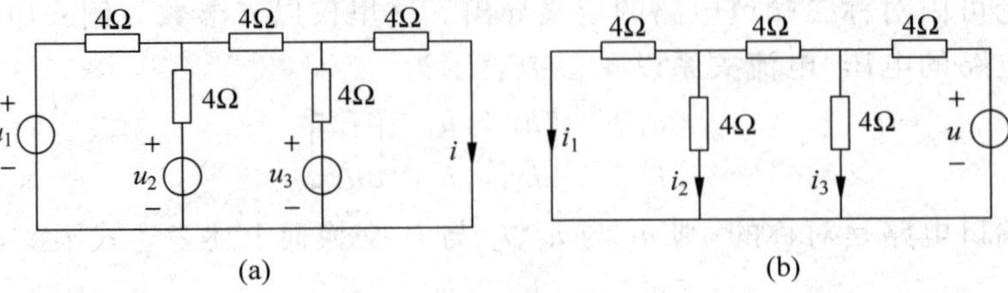

图 5.5.7 例 5.5.1

解 由叠加定理可知，电流 i 是各独立电压源的线性组合，可表示为

$$i = k_1 u_1 + k_2 u_2 + k_3 u_3$$

为求各系数，令 $u_1 = u_2 = u_3 = 1\text{V}$，则各独立电源单独作用时产生的电流 i 的量值就是相应的比例系数。根据互易定理，计算各电压源单独作用时的电流 i 值等效于计算图 5.5.7(a)中电路只有 $u = 1\text{V}$ 一个电压源作用时的各支路电流值 i_1、i_2、i_3。由图 5.5.7(b)，可知

$$\begin{cases} i_2 = i_1 \\ i_3 = [4(i_1 + i_2) + 4i_2]/4 = 3i_1 \\ u = 4(i_1 + i_2 + i_3) + 4i_3 = 32i_1 = 1\text{V} \end{cases}$$

由上式解得

$$i_1 = \frac{1}{32}\text{A}, \quad i_2 = \frac{1}{32}\text{A}, \quad i_3 = \frac{3}{32}\text{A}$$

从而

$$k_1 = k_2 = \frac{1}{32}\text{S}, \quad k_3 = \frac{3}{32}\text{S}$$

因此电流 i 与电压源电压 u_1、u_2、u_3 之间的关系为

$$i = \frac{1}{32} \times u_1 + \frac{1}{32} \times u_2 + \frac{3}{32} \times u_3$$

【例 5.5.2】 如图 5.5.8(a)所示的电路，已知 $R_1 = R_2 = R_3 = 1\Omega$，试问 β 与 γ 取何种关系时此电路是互易电路。

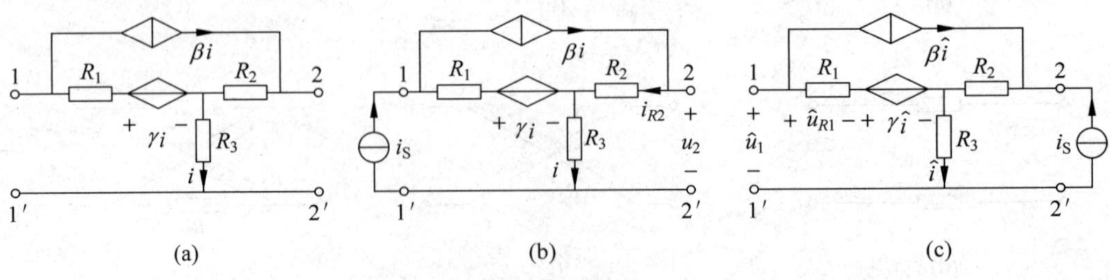

图 5.5.8 例 5.5.2

解 对互易电路来说互易定理成立。如果题给电路是互易电路，则根据互易定理形式二从图 5.5.8(b)算出的 u_2 应与从图 5.5.8(c)算出的 $\hat{u}_1$ 相等。

由图 5.5.8(b)可知

$$u_2 = R_2 i_{R2} + R_3 i = \beta R_2 i + R_3 i = (\beta R_2 + R_3) i$$

又因为

$$i = i_S$$

所以有

$$u_2 = (\beta R_2 + R_3) i_S$$

将 R_2、R_3 的值代入，得

$$u_2 = (\beta + 1) i_S$$

由图 5.5.8(c)可知

$$\hat{u}_1 = \hat{u}_{R1} + \gamma \hat{i} + R_3 \hat{i}$$

又因为

$$\hat{i} = i_S, \quad \hat{u}_{R1} = -\beta R_1 \hat{i} = -\beta R_1 i_S$$

所以

$$\hat{u}_1 = -\beta R_1 i_S + \gamma i_S + R_3 i_S = (-\beta R_1 + \gamma + R_3) i_S$$

将 R_1、R_3 的值代入上式，得

$$\hat{u}_1 = (-\beta + \gamma + 1) i_S$$

由于 u_2 应等于 $\hat{u}_1$，所以有

$$-\beta + \gamma + 1 = \beta + 1$$

从上式可得

$$\gamma = 2\beta$$

此式表明当 $\gamma = 2\beta$ 时，本题的电路尽管含有受控源，但却是互易电路。

【例 5.5.3】 在图 5.5.9 中已知 N_0 为线性不含独立电源电阻电路。在图 5.5.9(a)中，当 $u_S = 24V$ 时，$i_1 = 8A$，$i_2 = 6A$。试求在图 5.5.9(b)中，当 $u_S' = 12V$ 时的 i_1'。

解 对图 5.5.9(b)应用诺顿定理求流过 3Ω 的电流。

当将 3Ω 支路短接求短路电流 i_{SC} 时，如图 5.5.9(c)所示，由互易定理形式一和例题已知条件得到

$$\frac{i_2}{u_S} = \frac{i_{SC}}{u_S'}$$

因此

$$i_{SC} = \frac{6}{24} \times 12A = 3A$$

当求电路 N 两端向右看的诺顿电路的等效电阻时，如图 5.5.9(d)所示，根据用图 5.5.9(a)电路，可得

$$R_o = \frac{u_S}{i_1} = \frac{24}{8}\Omega = 3\Omega$$

得到诺顿电路如图 5.5.9(e)所示，于是求得

$$i_1' = \frac{3}{3+3} \times 3\text{A} = 1.5\text{A}$$

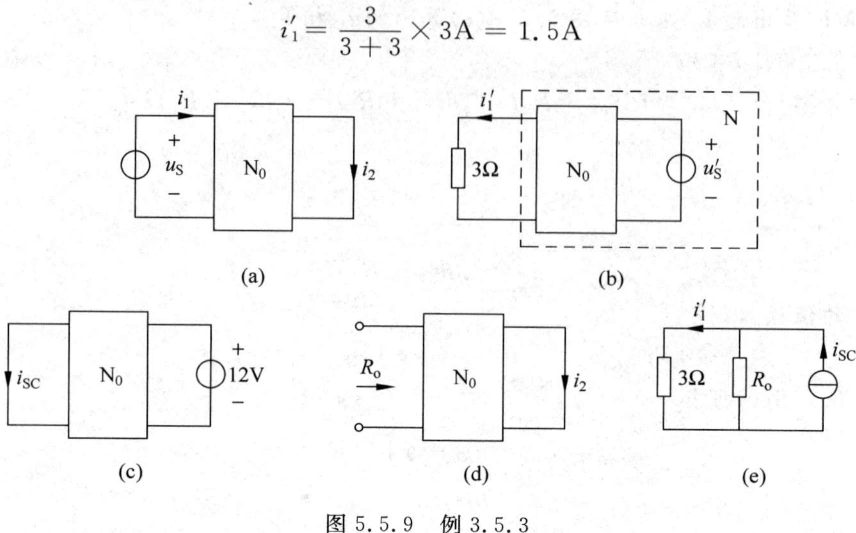

图 5.5.9　例 3.5.3

【思考与练习】

5.5.1　试求图 5.5.10(a)所示电路中的电流 i 和图 5.5.10(c)所示电路中的电压 u。如果运用互易定理得到图 5.5.10(b)和(d)，再进行计算是否会更简单一些？(1.5A,6V)。

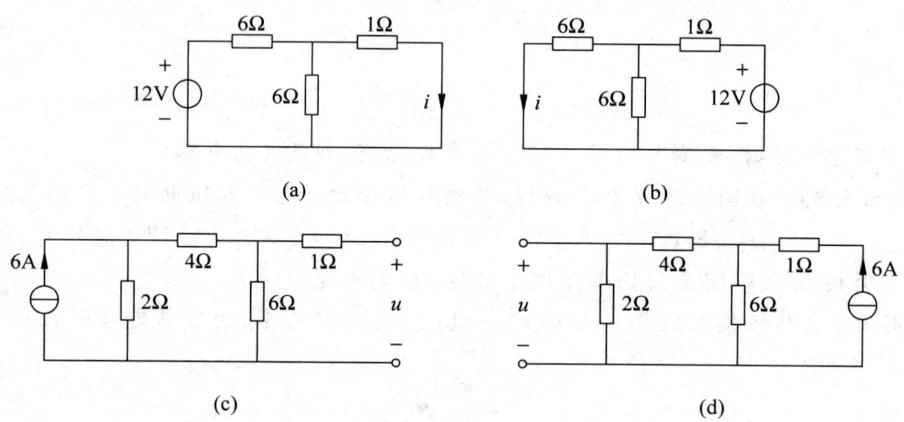

图 5.5.10　思考与练习 5.5.1

习题

齐次定理和叠加定理

5.1　如题图 5.1 所示电路，电阻的阻值均为 1Ω。若 $u_i = 178\text{V}$，试求电压 u_o。

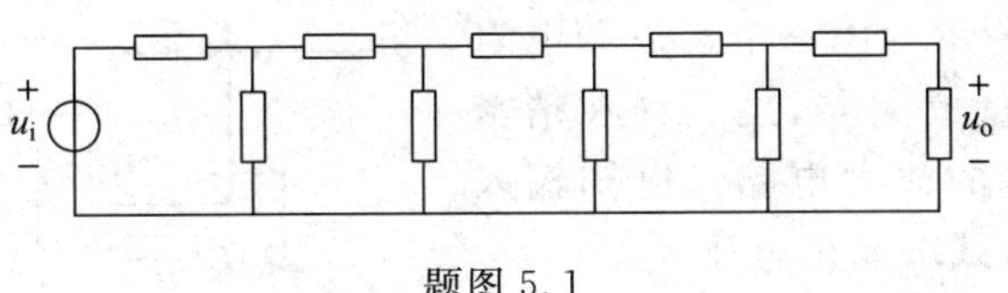

题图 5.1

5.2 题图 5.2 所示电路，试求输出电压 u_o。若要使输出电压 u_o 的值达到 u_S 的值，则激励电压源 u_S 的电压又应为多少？

5.3 如题图 5.3 所示电路，试运用叠加定理求电压 u_o。

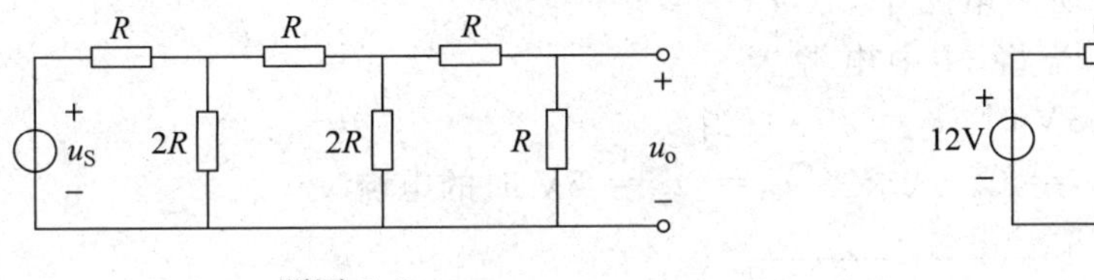

题图 5.2

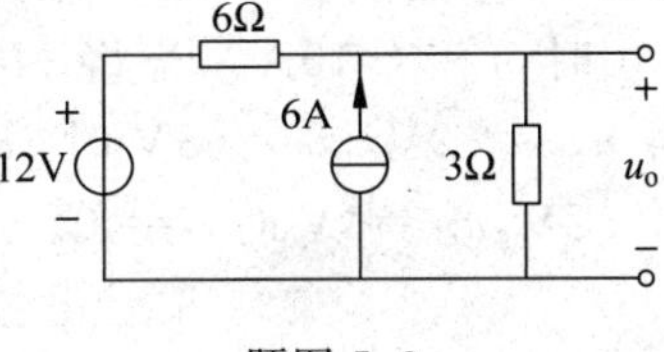

题图 5.3

5.4 如图题图 5.4 所示电路，试运用叠加定理求电压 u_o。

5.5 题图 5.5 所示电路中，N 为线性含独立电源电路，已知 $u_S=0$ 时，$i=2\text{mA}$，当 $u_S=20\text{V}$ 时，$i=-2\text{mA}$，求 $u_S=-10\text{V}$ 时的电流 i。

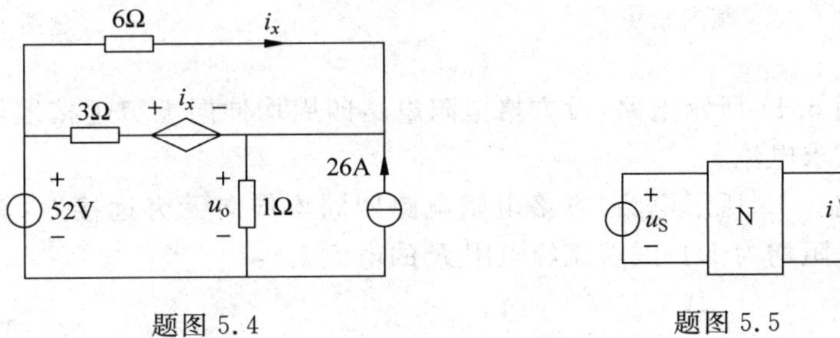

题图 5.4

题图 5.5

5.6 如题图 5.6 所示的电路中，当 i_{S1} 和 u_{S1} 反向时（u_{S2} 不变），电压 u 是原来的 0.5 倍；当 i_{S1} 和 u_{S2} 反向时（u_{S1} 不变），电压 u 是原来的 0.3 倍。试求当 i_{S1} 反向（u_{S1}、u_{S2} 均不变）时，电压 u 应为原来的多少倍？

5.7 如题图 5.7 所示为一个由运算放大器和电阻构成的电路，称为差动放大器，是一种应用广泛的放大电路。已知输入电压分别为 u_1 和 u_2，试求输出电压 u_o。

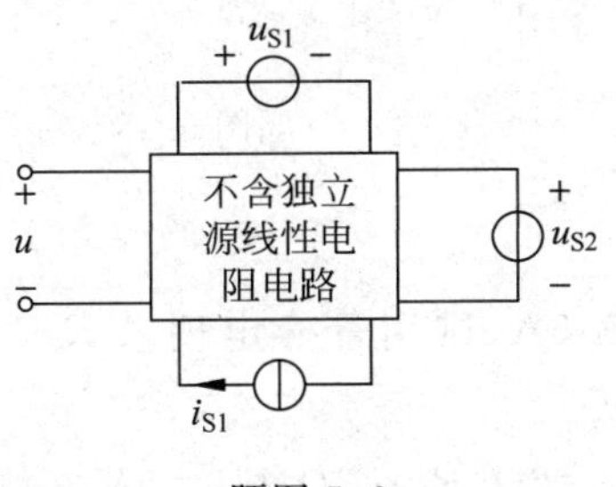

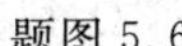

题图 5.6

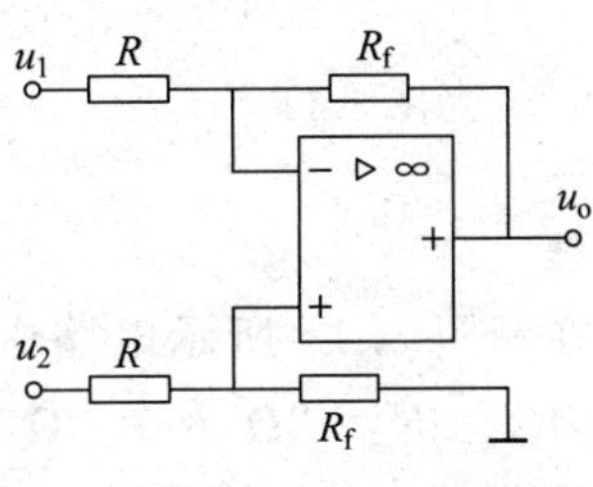

题图 5.7

5.8 题图 5.8 所示为由三个运放和电阻构成的电路，称为测量放大器，是一种在精密测量场合下广泛使用的放大电路。已知输入电压分别为 u_1 和 u_2，试求输出电压 u_o。

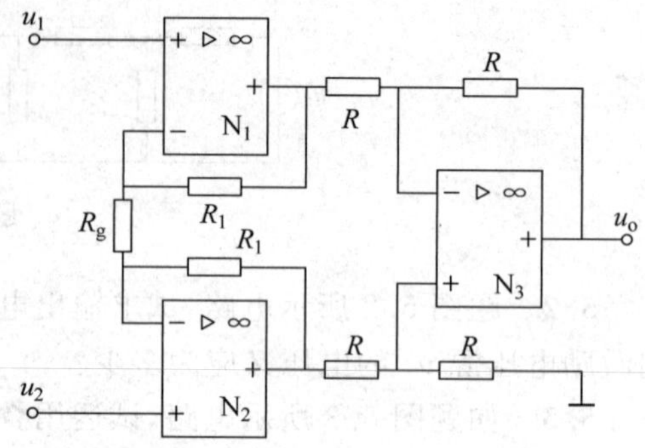

题图 5.8

5.9 如题图 5.9 所示电路中，$u_{S1}=20V$，$u_{S2}=30V$，当开关 S 在位置 1 时，电流 $i=4A$；当开关 S 合向位置 2 时，电流 $i=-6A$。试求开关 S 合向 3 时的电流 i。

5.10 如题图 5.10 所示电路中，当 $u_{S1}=u_{S2}=0$ 时，$i=-10A$。若将 N 中电源置零后，当 $u_{S1}=2V$，$u_{S2}=3V$ 时，$i=20A$；当 $u_{S1}=-2V$，$u_{S2}=1V$ 时，$i=0$。试求当 $u_{S1}=u_{S2}=5V$ 时的电流 i。

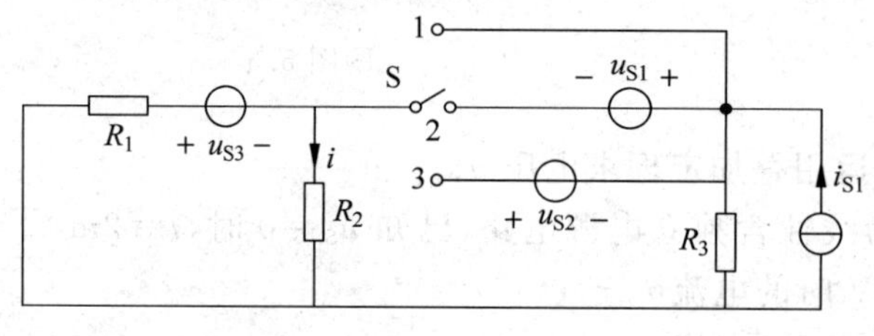

题图 5.9

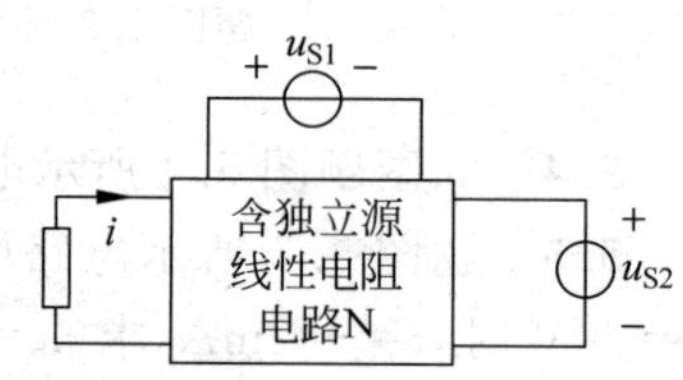

题图 5.10

5.11 题图 5.11 所示电路，设方格电阻电路四周均伸向无穷远接地，所有未标识的电阻均为 1Ω，试求电流 i。

5.12 题图 5.12 所示电路，方格电阻电路四周均伸向无穷远接地，其中 $R=1/3\Omega$，所有未标识的电阻均为 1Ω，试求流经电阻 R 的电流 i。

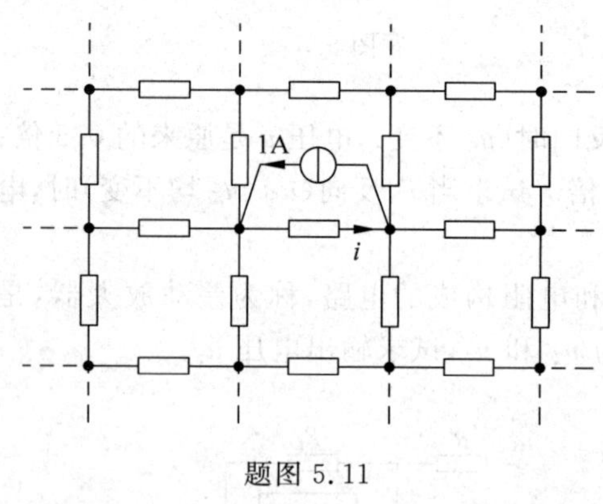

题图 5.11

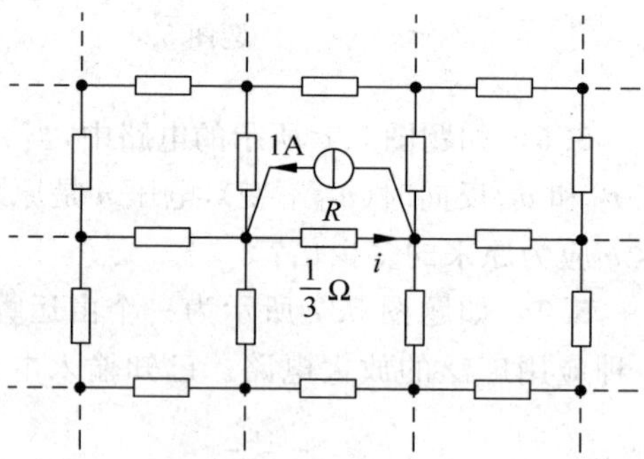

题图 5.12

置换定理

5.13 在题图 5.13 所示电路中，已知 $I_x=0.5A$，试用置换定理求 R_x。已知 $R_1=6\Omega$，$R_2=3\Omega$，$R_3=R_4=2\Omega$，$R_5=3\Omega$，$U_S=5V$。

5.14 题图 5.14 所示电路，已知 $R_1=1\Omega$，$R_2=2\Omega$，$R_3=3\Omega$，$U_S=5V$，一端口电路 N

的电压-电流关系为 $u=2i+18$。试用置换定理求电路中各支路电流。

5.15 根据题图 5.15(a)、图 5.15(b)的数据，试用置换定理求题图 5.15(c)中的电压 u。

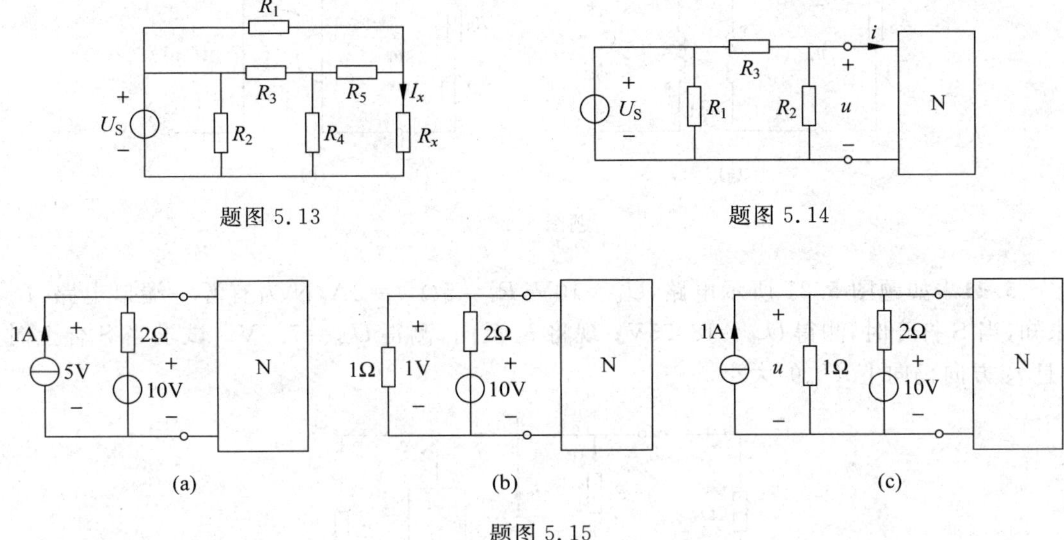

题图 5.13

题图 5.14

题图 5.15

5.16 题图 5.16 所示电路中，已知当 $R_x=0$ 时，$I_x=8\text{A}$，$U=12\text{V}$；当 $R_x\to\infty$ 时，$U_x=36\text{V}$，$U=6\text{V}$，试求当 $R_x=9\Omega$ 时的 U_x 和 U？

戴维南定理和诺顿定理

5.17 试求题图 5.17 所示电路的戴维南电路。

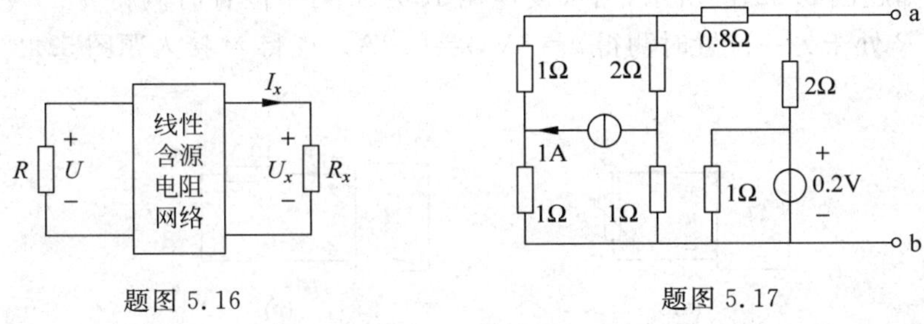

题图 5.16

题图 5.17

5.18 试求题图 5.18 所示电路的戴维南电路。

5.19 试求题图 5.19 所示含受控电源电路的戴维南电路和诺顿电路。图中 $u_S=12\text{V}$，转移电导 $g=0.2$。

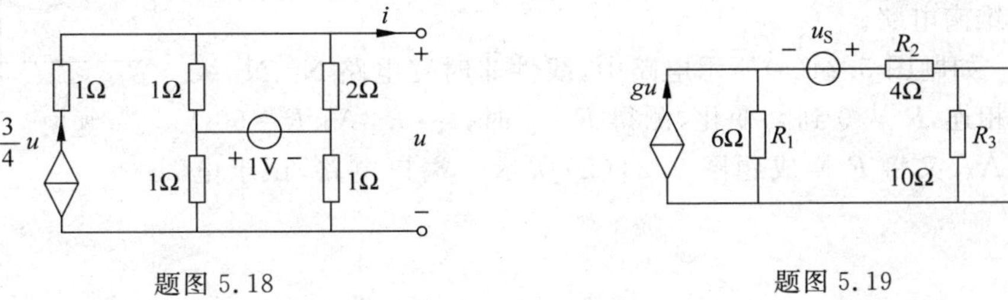

题图 5.18

题图 5.19

5.20 试求题图 5.20(a)与题图 5.20(b)所示电路的诺顿电路。

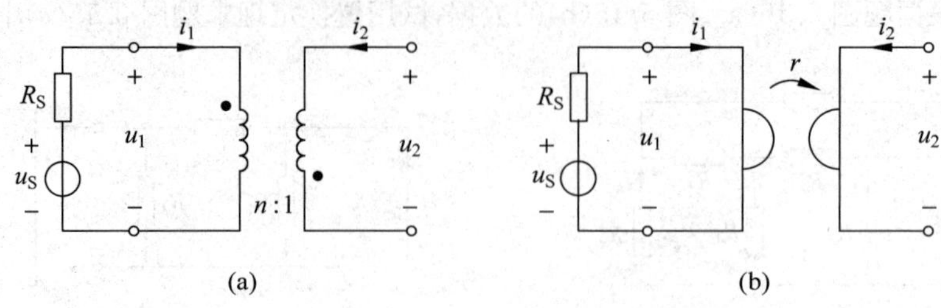

题图 5.20

5.21 如题图 5.21 所示电路，$U_1=10\text{V}$，$R_1=5\Omega$，$i=3\text{A}$，N 为有源一端口电路，R_2 未知，当 S 打开时，测得 $U_{ab}=18.75\text{V}$；现将 i_S 反向，测得 $U_{ab}=7.5\text{V}$。试求当 S 合上时(且 i_S 方向仍向上)U_{ab}的大小。

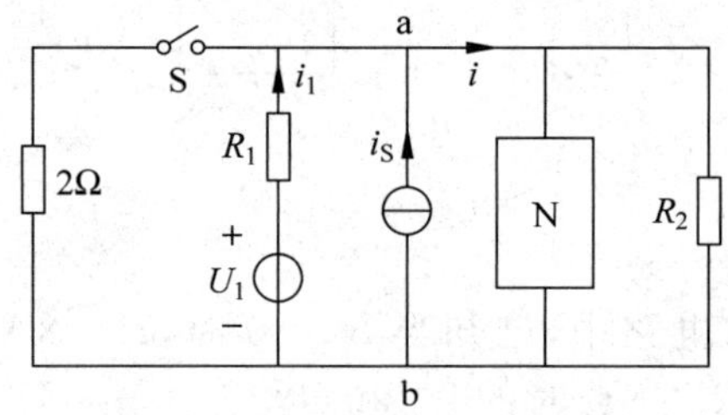

题图 5.21

5.22 如题图 5.22(a)所示，当可变电阻 R 处于某一位置时测得 $u=5\text{V}$，$i=0.1\text{A}$；当可变电阻 R 处于另一位置时测得 $u=4\text{V}$，$i=0.2\text{A}$。现将 N 接入题图 5.22(b)电路中，试求电压 u。

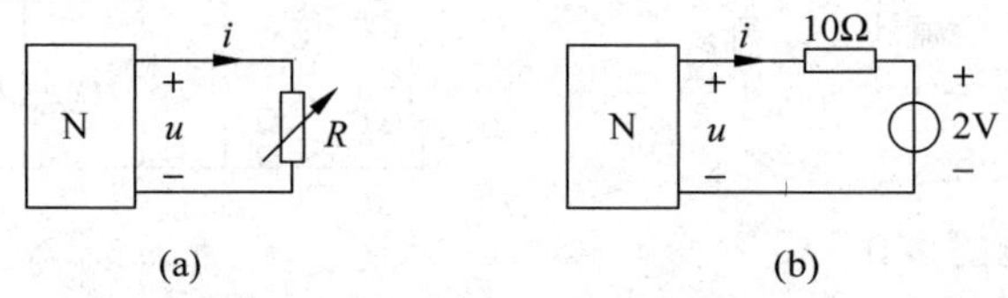

题图 5.22

5.23 题图 5.23 所示电路的伏安关系为 $U=2000I+10$，其中 U 的单位为 V，I 的单位为 A，$I_S=2\text{mA}$。试求一端口含独立电源网络 N 的戴维南电路。

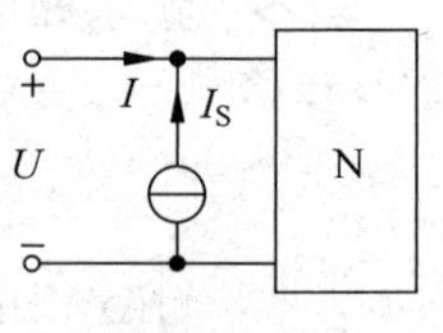

题图 5.23

5.24 如题图 5.24(a)所示电路中，线性非时变电路 N_1、N_2 级联后与 R 相连，R 从 0 到∞变化，测得 $R=0$ 时，$i=0.2\text{A}$；$R=50\Omega$ 时，$i=0.1\text{A}$。又将 R 换成题图 5.24(b)所示一端口电路，试求电压 u_{ab}。

5.25 如题图 5.25 所示，N 为含独立电源线性电阻电路，已知当 $R=1\Omega$ 时，$i_1=0.5\text{A}$，$i_2=4\text{A}$；当 $R=2\Omega$ 时，$i_1=1\text{A}$，$i_2=3\text{A}$。试问当 $R=5\Omega$ 时，测得 $i_1=1.5\text{A}$，i_2 为多少？

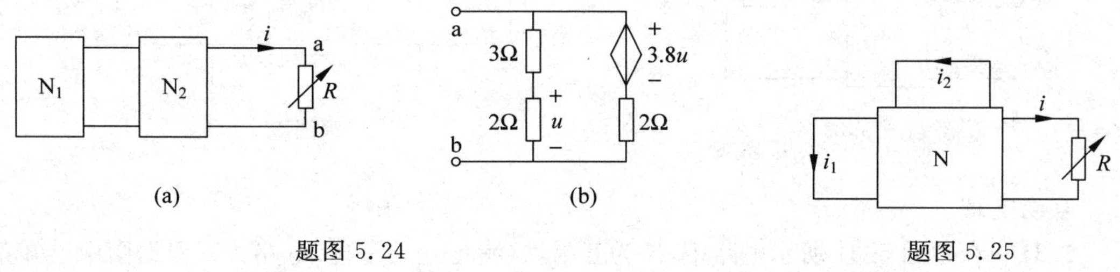

题图 5.24　　题图 5.25

5.26 如题图 5.26 所示电路中，R 为多大时，它吸收的功率最大？试求此最大功率。

5.27 试求题图 5.27 所示电路中 R_L 所获得的最大功率。

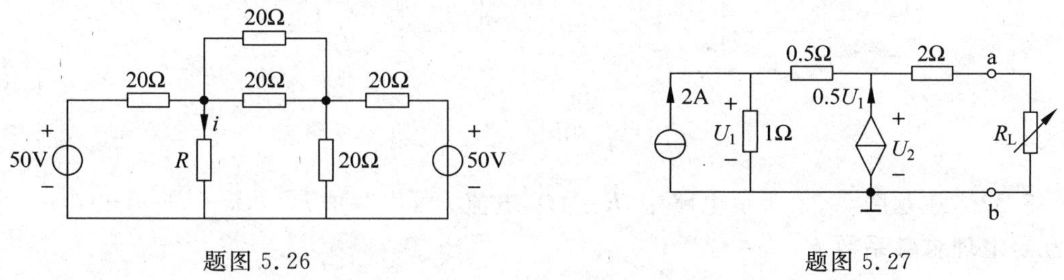

题图 5.26　　题图 5.27

特勒根定理

5.28 如题图 5.28 所示，N 仅由电阻组成，已知题图 5.28(a)中 $u_1=1\text{V}$，$i_2=0.5\text{A}$，试求题图 5.28(b)中的 $\hat{i}_1$。

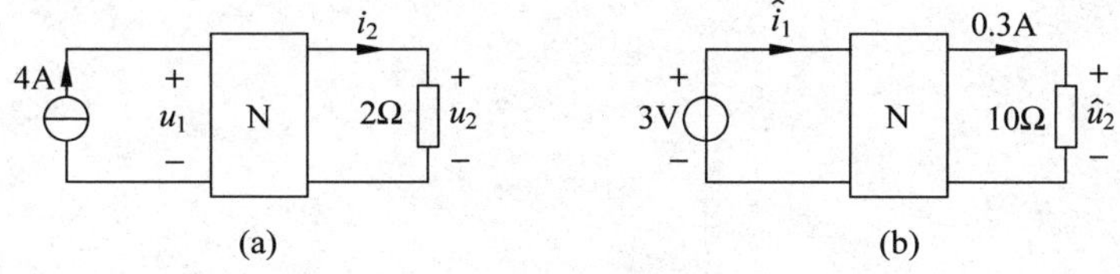

题图 5.28

5.29 题图 5.29 所示电路中，N_0 为无源电阻电路，已知：当 $u_{S1}=5\text{V}$，$u_{S2}=0$ 时，$i_1=1\text{A}$，$i_2=0.5\text{A}$；当 $u_{S1}=0$，$u_{S2}=20\text{V}$ 时，$i_2=-2\text{A}$。试求 u_{S1} 和 u_{S2} 共同作用时各电源发出的功率。

5.30 题图 5.30 所示电路中 N_R 为电阻电路，已知 $R_1=1\Omega$，$R_2=2\Omega$，$R_3=3\Omega$，$u_{S1}=18\text{V}$，当 u_{S1} 作用，$u_{S2}=0$ 时，测得 $u_1=9\text{V}$，$u_2=4\text{V}$；又当 u_{S1} 和 u_{S2} 共同作用时，测得 $u_3=-30\text{V}$，试求 u_{S2} 之值。

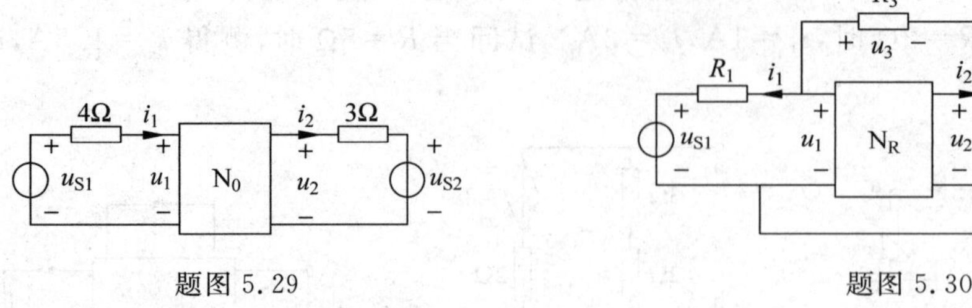

题图 5.29　　　　题图 5.30

互易定理

5.31　在题图 5.31 所示电路中，N 为互易性（满足互易定理）电路。试根据图中已知条件计算电阻 R。

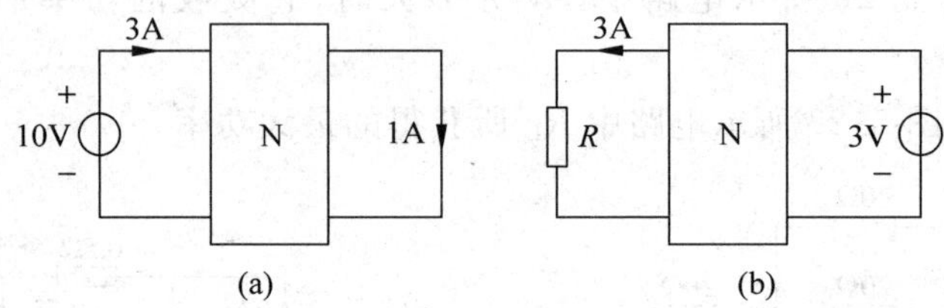

题图 5.31

5.32　在题图 5.32 所示电路中，$R=4\Omega$，电流 i 可以写成 $i=k_1u_1+k_2u_2+k_3u_3$。试用互易定理求各系数 $k_i(i=1,2,3)$。

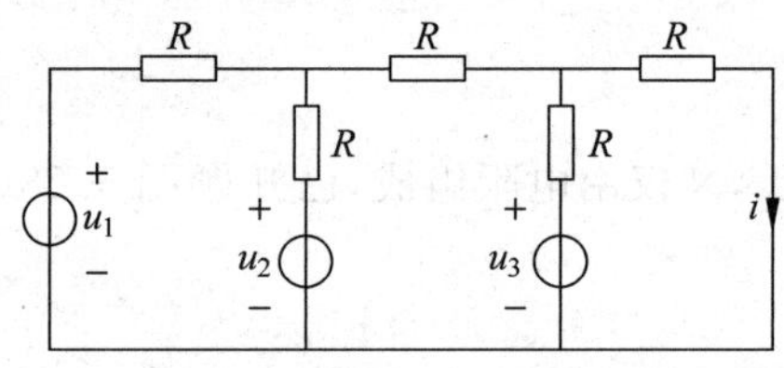

题图 5.32

第6章 一阶电路

内容提要

前面各章讨论的内容主要局限于电阻电路。实际上，大量实际电路并不能只用电阻和受控源来构建它们的模型，还必须包含有电容元件和电感元件等动态元件。电容和电感元件的端口电压-电流关系要用微分方程描述，所以含有动态元件的电路称为**动态电路**(dynamic circuit)。动态电路是用微分方程来描述的，所以对这种电路的分析要涉及对微分方程的求解。

动态电路发生换路，一般会引起电压、电流的变化，使电路的工作状态发生改变。由于电路中存在储能元件，这种改变通常不可能在瞬间完成，需要一段时间历程。这一时间历程称为动态电路的**暂态过程**(transient process)，在工程上也称**过渡过程**(transition)。通常暂态过程是极为短暂的，但对控制系统、计算机系统和通信系统关系重大。

本章主要介绍一阶电路及其电路方程，一阶电路的三要素求解方法，经典方法(即建立电路方程分析方法)，零输入响应，零状态响应，全响应，以及阶跃响应、冲激响应和任意输入下的响应等概念。

6.1 一阶电路及其电路方程

6.1.1 一阶电路及其方程

电路中除电阻元件外，还包含有电容和电感等动态元件，这样的电路称为动态电路。由于动态元件的电压-电流关系都是微分关系或积分关系，所以描述动态电路输入-输出关系的方程通常为微分方程。

在电路分析中，作为输出的待求电路变量可以是支路电压、支路电流，或者是支路电压和支路电流的线性组合，也可以是电容中的电荷，或者是电感中的磁通。这些待求的变量称为电路的响应(或输出)，而独立电源称为激励(或输入)。例如图 6.1.1 所示电路的方程为

$$RC\frac{\mathrm{d}u_C}{\mathrm{d}t}+u_C=u_S \tag{6.1.1}$$

它是以电压源 u_S 为输入，以电容电压 u_C 为输出的一阶微分方程。

又如图 6.1.2 所示电路的方程可以表示为

$$\frac{L}{R}\frac{\mathrm{d}i_L}{\mathrm{d}t}+i_L=i_S \tag{6.1.2}$$

它是以电流源 i_S 为输入，以电感电流 i_L 为输出的一阶微分方程。

这些描述电路中输入与输出关系的一阶微分方程，称为电路的输入-输出方程。如果电路的输入-输出方程是一阶微分方程，则称该电路为**一阶电路**(first order circuit)。

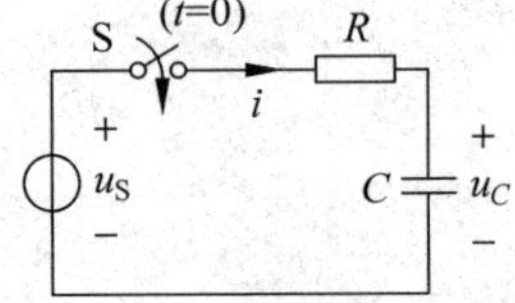

图 6.1.1 元件串联形式的动态电路

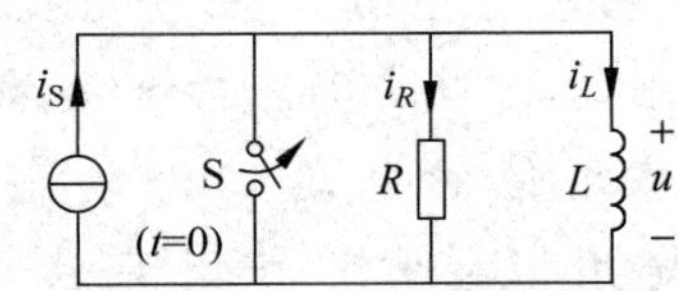

图 6.1.2 元件并联形式的动态电路

6.1.2 一阶电路方程的求解

一阶电路用一阶微分方程来表示输入与输出关系，其一般形式为

$$a_1\frac{\mathrm{d}y}{\mathrm{d}t}+a_0y=b_0w \tag{6.1.3}$$

其中，y 表示输出(响应)；w 表示输入(激励)；常数 a_0，a_1 和 b_0 取决于电路的参数和拓扑结构。

由求解微分方程的经典方法可知，其解为通解 y_h 与特解 y_p 之和，通解(也称齐次解)y_h 是方程式(6.1.3)对应的齐次方程

$$a_1 \frac{\mathrm{d}y}{\mathrm{d}t} + a_0 y = 0 \tag{6.1.4}$$

的解。而特解 y_p 是与输入 w 有关的函数。当 w 为直流激励时，y_p 为一常数；当 w 为正弦波形激励时，y_p 为一与输入同频率的正弦量。

式(6.1.4)的通解 y_h 为

$$y_h = K\mathrm{e}^{st} \tag{6.1.5}$$

其中，s 为式(6.1.4)的特征方程 $a_1 s + a_0 = 0$ 的根，即特征根 $s = -a_0/a_1$；K 为待定常数，由初始条件确定。

一阶电路方程的求解过程通过以下例题具体说明。

【例 6.1.1】 图 6.1.1 所示电路，在 $t=0$ 时接入直流电压源 $u_S = U_S$，已知电容已充电，且 $u_C(0) = U_0$，试求响应电容电压 u_C。

解 (1) 建立电路方程。由 KVL 方程 $Ri + u_C = u_S$ 和电容支路特性方程 $i = \mathrm{d}u_C/\mathrm{d}t$，经整理可得电路方程

$$RC \frac{\mathrm{d}u_C}{\mathrm{d}t} + u_C = u_S$$

(2) 求通解。由特征方程

$$RCs + u_C = 0$$

得特征根

$$s = -\frac{1}{RC}$$

令 $\tau = RC$，则

$$s = -\frac{1}{\tau}$$

故通解(即齐次解)为

$$u_{Ch} = K\mathrm{e}^{st} = K\mathrm{e}^{-\frac{t}{\tau}}$$

(3) 求特解。方程的特解应满足方程，且符合电路实际。因为电路的激励为直流电压源 $u_S = U_S$，所以特解为一常数，可设特解 $u_{Cp} = A$，代入电路方程使等式两边相等，则有

$$A = U_S$$

故

$$u_{Cp} = U_S$$

(4) 确定常数 K。方程的解为通解 u_{Ch} 与特解 u_{Cp} 之和，即

$$u_C = u_{Ch} + u_{Cp} = K\mathrm{e}^{-\frac{t}{\tau}} + U_S$$

将初始条件 $u_C(0) = U_0$ 代入上式有

$$u_C(0) = K + U_S = U_0$$

得

$$K = U_0 - U_S$$

则方程的解应为

$$u_C = u_{Ch} + u_{Cp} = (U_0 - U_S)\mathrm{e}^{-\frac{t}{\tau}} + U_S \quad t \geqslant 0 \tag{6.1.6}$$

求出 u_C 后也就不难求得电容电流 i_C、电阻电流和电阻电压等。

MATLAB 计算程序：
%采用 MATLAB 求解例 6.1.1 uC = dsolve('tao * DuC + uC = uS','uC(0) = U0')　　%求解微分方程，其中 tao = R * C，为时间常数
计算结果： uC = uS + exp(- 1/tao * t) * (- uS + U0)

在动态电路的分析中，由于用独立电容电压 u_C 或独立电感电流 i_L 作为响应变量建立的动态电路方程，其初始条件容易确定，一旦求得解，由它们再求电路中的其他变量又方便，所以习惯上都取独立电容电压 u_C 或独立电感电流 i_L 为响应变量。

另外，根据基尔霍夫定律和电路元件的电压-电流关系，列出一组联立的微分方程，或一组联立的积分微分方程。通过此联立方程组，总可以求出对应电路中任一响应变量的输入-输出方程。一般情况下，对于线性非时变动态电路，只含单一响应变量的输入-输出方程是常系数线性微分方程。

【思考与练习】

6.1.1　试问图 6.1.3 所示电路是否为一阶电路，为什么？

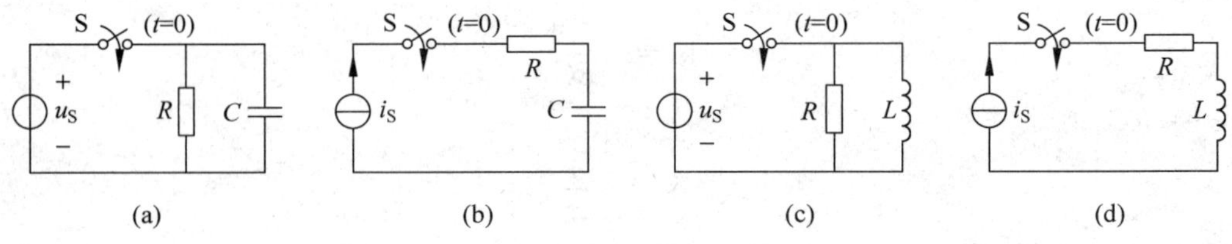

图 6.1.3　思考与练习 6.1.1

6.1.2　设微分方程为 $\frac{dy}{dt}+2y=w$。(1)试求特征方程及对应齐次方程的通解；(2)试求下列情况下的特解：(a)$w=1$；(b)$w=t^2$；(c)$w=e^{-t}$；(d)$w=e^{-2t}$。

6.1.3　设 $y(0)=1$，试求微分方程 $\frac{dy}{dt}+2y=w$ 在 $w=1$ 和 $w=e^{-2t}$ 时的通解。($0.5+0.5\,e^{-2t}$；$te^{-2t}+e^{-2t}$)

6.2　三要素法求解一阶直流电路

对于给定的一阶直流电路，可以跳过建立电路微分方程的过程，直接求出电路的三个要素，并写出响应的数学表达式。这种方法称一阶直流电路的三要素分析方法，简称三要素法。三要素法是在总结了一阶电路响应解析式结构规律的基础上得出的，由于三要素法简单、方便，因此得到广泛应用。

三要素法指出，任意一个一阶直流电路的响应变量 y 总可表示成

$$y = [y(0_+) - y(\infty)]e^{-\frac{t}{\tau}} + y(\infty) \tag{6.2.1}$$

只要求得 $y(0_+)$、$y(\infty)$ 和 τ 三个量，即响应变量 y 的三要素，代入上式也就求得响应 y。

例如对于图 6.1.1 所示电路，当选取电容电压为响应，即 y 为 u_C 时，将 $y(0_+)=U_0$、$y(\infty)=U_S$、$\tau=RC$ 分别代入式(6.2.1)，便可求得电容电压 u_C 的响应式(6.1.6)。

式(6.2.1)中的 $y(0_+)$ 称为响应变量的初始值，$y(\infty)$ 称为响应变量的稳态值，τ 称为响应变量 y 的时间常数。

1. 时间常数

一阶直流电路的时间常数，对于 RC 电路，有 $\tau=RC$，对于 RL 电路，有 $\tau=L/R$，其中 R 为电路中的独立电源置零后，从电容或电感元件两端看进去的等效电阻。

对一个已经确定的 RC 电路来说电路参数 C 和 R 的乘积 RC 为一常数，且具有时间量纲(欧·法=欧·库/伏=欧·安·秒/伏=秒)；对一个已经确定的 RL 电路来说，L/R 也为一常数，同样具有时间的量纲(亨/欧=韦/安·欧=秒·伏/欧·安=秒)。因此，分别称 $\tau=RC$ 或 $\tau=L/R$ 为 RC 电路或 RL 电路的**时间常数**(time constant)。

【例 6.2.1】 图 6.2.1(a)所示电路，已知 I_S、R_1、R_2 和 C，$t<0$ 时开关 S 长时间闭合，$t=0$ 时 S 断开，试求 $t>0$ 时的时间常数 τ。

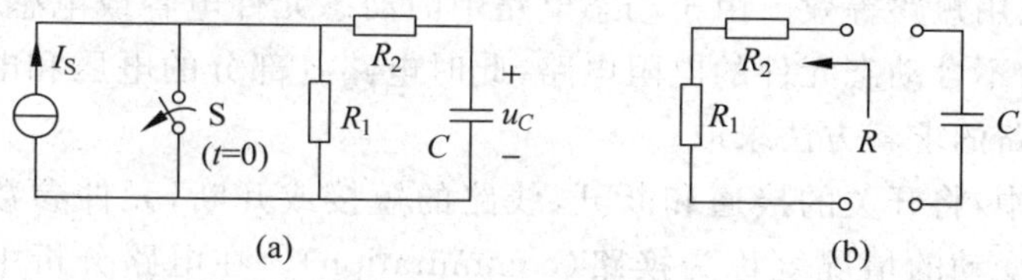

图 6.2.1 例 6.2.1

解 对图 6.2.1(a)所示 RC 电路，在 $t>0$ 时开关 S 已断开，在求取时间常数 τ 时，电源要置零，即电压源短接，电流源开路，于是得到求取时间常数的电路图 6.2.1(b)。

对图 6.2.1(b)，从电容元件两端看进去为两个电阻 R_1 和 R_2 的串联，即等效电阻等于 R_1+R_2，故所求时间常数为

$$\tau = (R_1 + R_2)C$$

【例 6.2.2】 图 6.2.2(a)所示电路，开关 S 在 $t=0$ 时闭合，闭合前电路处于稳定状态。已知 $U_S=100\text{V}$，$R_1=R_2=30\Omega$，$R_3=20\Omega$，$L=1\text{H}$。试求 S 闭合后的时间常数 τ。

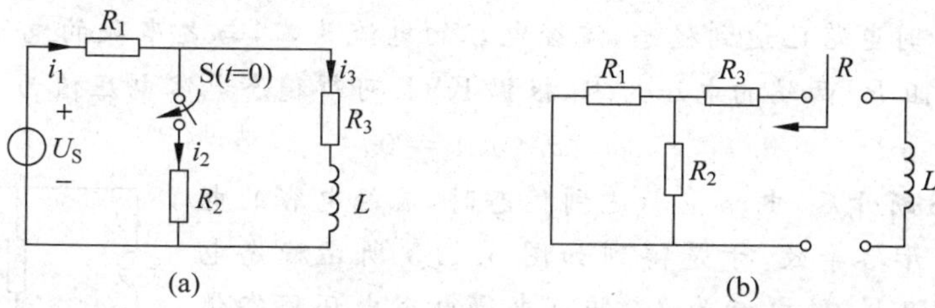

图 6.2.2 例 6.2.2

解 对图 6.2.2(a)所示 RL 电路，在求时间常数时，电源要置零，即电压源短接，于是得到求取 S 闭合后时间常数的电路如图 6.2.2(b)所示。

对图 6.2.2(b)，从电感元件两端看进去的等效电阻等于 R_1 与 R_2 并联再与 R_3 串联，即 $R=35\Omega$，所以时间常数为

$$\tau = L/R = (1/35)\text{s}$$

若一阶直流电路的方程已经建立，时间常数也可以通过求取特征根获得。

2. 稳态值

电路达到稳态时，电路中的电压和电流值称为稳态值。一阶直流电路达到稳态时，电路中的电压和电流将不再变化，为常量，故有

$$\frac{\mathrm{d}u_C}{\mathrm{d}t} = 0, \quad \frac{\mathrm{d}i_L}{\mathrm{d}t} = 0$$

所以

$$i_C = C\frac{\mathrm{d}u_C}{\mathrm{d}t} = 0, \quad u_L = L\frac{\mathrm{d}i_L}{\mathrm{d}t} = 0$$

因此，一阶直流电路达到稳态时，电容电流总为零，电容可以用开路等效；电感电压总为零，电感可以用短路等效。由于动态电路中的动态元件电容或电感分别用开路或短路等效，电路成为不含动态元件的电阻电路，此时电路各部分的电压和电流值，即稳态值完全可用电阻电路的求解方法求取。

在动态电路中，将开关的接通和断开，线路的短接或开断，元件参数值的改变等，引起电路工作状态变动的情况统称为**换路**(commutation)。在电路分析中，认为换路是瞬间完成的，如果将换路发生的时刻取为 $t=0$，则换路之前的稳定时刻取为 $t=0_-$，对电路分析计算的开始时间取为 $t=0_+$。

在动态电路的分析中，经常涉及不同时刻电路变量稳态值的求取。由于不同时刻电路成立的条件不同，其对应的电路也不同，因此，所求的电路变量稳态值也就不同。通常，换路前的稳态值由 $t=0_-$ 时的电路求取，换路后的稳态值由 $t=\infty$ 时的电路求取。

【例 6.2.3】 图 6.2.1(a)所示电路，已知 I_S、R_1、R_2 和 C，$t<0$ 时开关 S 长时间闭合，$t=0$ 时 S 断开，试求：(1)开关 S 断开前的稳态电容电压 $u_C(0_-)$；(2)开关 S 断开后的稳态电容电压 $u_C(\infty)$。

解 (1) 对图 6.2.1(a)所示 RC 电路，已知 $t<0$ 时开关 S 长时间闭合，可认为开关 S 断开前在 $t=0_-$ 时电路已达到稳态，流经电容的电流为零，与之串联的电阻 R_2 中的电流也为零，加上电阻 R_1 两端的电压为零，根据 KVL 可得稳态电容电压值为

$$u_C(0_-) = 0$$

(2) 开关 S 断开后，电路重新达到稳态时，流经电容的电流为零，可以用开路等效，于是得到如图 6.2.3 所示稳态电路，此时流经电阻 R_1 的电流为 I_S，并可求得电容电压稳态值 $u_C=R_1I_S$。由于从理论上分析，开关 S 断开后，电路重新达到稳态所需时间为无穷大，即 $t=\infty$，所求电容电压稳态值常表

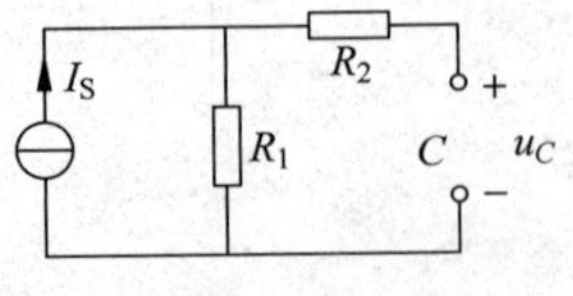

图 6.2.3 例 6.2.3

示为

$$u_C(\infty) = R_1 I_S$$

【例 6.2.4】 图 6.2.2(a)所示电路，开关 S 在 $t=0$ 时闭合，闭合前电路处于稳定状态。已知 $U_S=100V, R_1=R_2=30\Omega, R_3=20\Omega, L=1H$。试求 S 闭合后电路的稳态值 $i_1(\infty)$、$i_2(\infty)$和 $i_3(\infty)$。

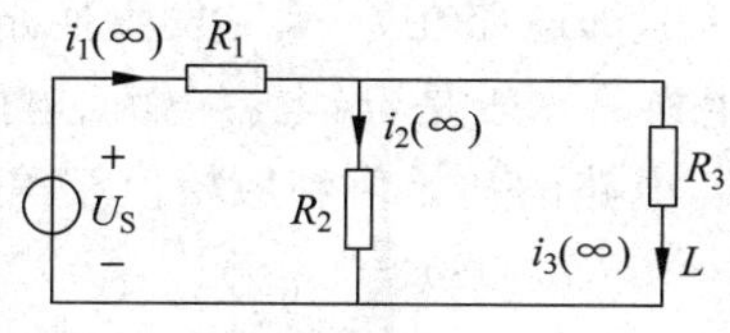

图 6.2.4 例 6.2.4

解 对图 6.2.2(a)所示 RL 电路，在开关 S 闭合后，电路重新达到稳态时，电感两端的电压为零，可用短路等效，于是得到如图 6.2.4 所示 $t=\infty$时的稳态电路，并可求得

$$i_1(\infty) = \frac{U_S}{R_1 + (R_2 \mathbin{/\!/} R_3)} = 2.38A$$

根据分流关系，有

$$i_2(\infty) = \frac{R_3}{R_2 + R_3} i_1(\infty) = 0.95A, \quad i_3(\infty) = \frac{R_2}{R_2 + R_3} i_1(\infty) = 1.43A$$

MATLAB 计算程序：

```
%采用 MATLAB 求解例 6.2.4
us = 100; R1 = 30; R2 = 30; R3 = 20;        %输入已知参数
i1inf = us/serz(R1,pllz(R2,R3))              %计算并显示支路电流，函数 serz()、pllz()的用法见例 3.2.1
i2inf = R3/(R2 + R3) * i1inf
i3inf = R2/(R2 + R3) * i1inf
```

计算结果：

```
i1inf =   2.3810
i2inf =   0.9524
i3inf =   1.4286
```

3. *初始值*

在电路分析中将换路发生的时刻作为对电路分析计算的开始时间。式(2.1.16)和式(2.1.24)已经表明，如果电路在 $t=t_0$ 时发生换路，只要电容电流、电感电压是有限值，电容电压 u_C、电感电流 i_L 就是连续量，它们不会跳变。其他的电路变量，如电容电流 i_C、电感电压 u_L、电阻电流 i_R、电阻电压 u_R 则由电路方程决定，随时可能发生跳变。为了反映电路变量在换路前后的变化规律，用 $t=t_{0_-}$ 表示换路前的瞬间，用 $t=t_{0_+}$ 表示换路后的瞬间，它们与 $t=t_0$ 的间隔都趋于零。电路变量在 $t=t_{0_-}$ 时的值，称为原始值，在 $t=t_{0_+}$ 时的值，称为**初始值**(initial value)。

动态电路在 $t=t_{0_+}$ 时各独立电容电压 $u_C(t_{0_+})$ 和各独立电感电流 $i_L(t_{0_+})$ 等初始值的集合称为电路的**初始状态**(initial state)；在 $t=t_{0\_}$ 时各独立电容电压 $u_C(t_{0\_})$ 和各独立电感电流 $i_L(t_{0\_})$ 等原始值的集合称为电路的**原始状态**(original state)。

如果在 $t=t_{0\_}$ 时，各独立电容电压和独立电感电流都为零，则称为零原始状态，简称**零状态**(zero state)。

为了分析的方便，常取 $t_0=0$，即电路在 $t=0$ 时发生换路。图 6.2.1 和图 6.2.2 所示电路都表示电路在 $t=0$ 时发生换路。于是，当电容电流、电感电压为有限值时，由于电容电压 u_C、电感电流 i_L 的连续性，电路的初始值和原始值相等，即

$$u_C(0_+) = u_C(0_-) \tag{6.2.2a}$$

$$i_L(0_+) = i_L(0_-) \tag{6.2.2b}$$

式(6.2.2)所述规律，可称之为**换路定律**(commutation law)，电路的初始值可以用换路定律由原始值求得。

电容电压 u_C、电感电流 i_L 的初始值可根据换路前 $t=0_-$ 时的电路和换路定律式(6.2.2)求得。其他电路变量(如电容电流、电感电压、电阻电流和电压等)的初始值，可根据换路后 $t=0_+$ 时的电路，由电容电压 u_C、电感电流 i_L 的初始值，基尔霍夫定律，元件电压-电流关系，以及置换定理等来求得。下面举例说明。

【例 6.2.5】 图 6.2.1(a)所示电路，已知 I_S、R_1、R_2 和 C，$t<0$ 时开关 S 长时间闭合，$t=0$ 时 S 断开，试求：(1)电容电压初始值 $u_C(0_+)$；(2)用三要素法求 $t>0$ 时电路的响应电容电压 u_C。

解 (1) 例 6.2.3 中已经求得图 6.2.1(a)所示电路在 $t=0_-$ 时的电容电压值，即电容电压原始值为 $u_C(0_-)=0$。根据换路定律可以求得电容电压初始值为

$$u_C(0_+) = u_C(0_-) = 0$$

(2) 由于在例 6.2.1 中已经求得图 6.2.1(a)所示电路的时间常数 $\tau=(R_1+R_2)C$；在例 6.2.3 中已经求得电容电压稳态值为 $u_C(\infty)=R_1I_S$；在本例中已求得电容电压初始值 $u_C(0_+)=0$。将以上数据代入三要素公式(6.2.1)可得 $t>0$ 时电路响应电容电压的表达式为

$$u_C = (0-R_1I_S)\mathrm{e}^{-\frac{t}{(R_1+R_2)C}} + R_1I_S = R_1I_S[1-\mathrm{e}^{-\frac{t}{(R_1+R_2)C}}]$$

【例 6.2.6】 图 6.2.2(a)所示电路，开关 S 在 $t=0$ 时闭合，闭合前电路处于稳定状态。已知 $U_S=100\text{V}$，$R_1=R_2=30\Omega$，$R_3=20\Omega$，$L=1\text{H}$。试求：(1)电流初始值 $i_1(0_+)$、$i_2(0_+)$ 和 $i_3(0_+)$；(2)用三要素法求 $t>0$ 时电路中的电流 i_1、i_2 和 i_3。

解 (1) 图 6.2.2(a)所示电路在 $t=0_-$ 时电路已达到稳态，电感元件对直流电压源的作用可用短路等效，于是得到如图 6.2.5(a)所示 $t=0_-$ 时的电路，并可求得电感电流原始值

$$i_3(0_-) = i_L(0_-) = \frac{U_S}{R_1+R_3} = 2\text{A}$$

根据换路定律可以求得电感电流初始值 $i_L(0_+)=i_L(0_-)=2\text{A}$，于是有

$$i_3(0_+) = i_L(0_+) = i_L(0_-) = 2\text{A}$$

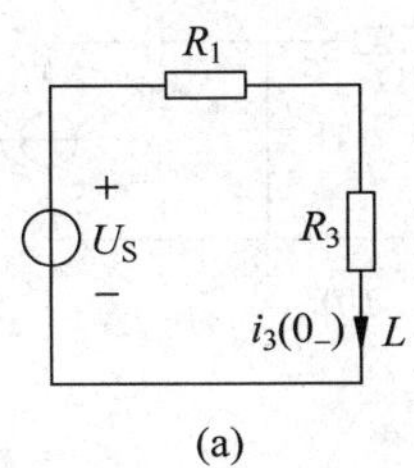

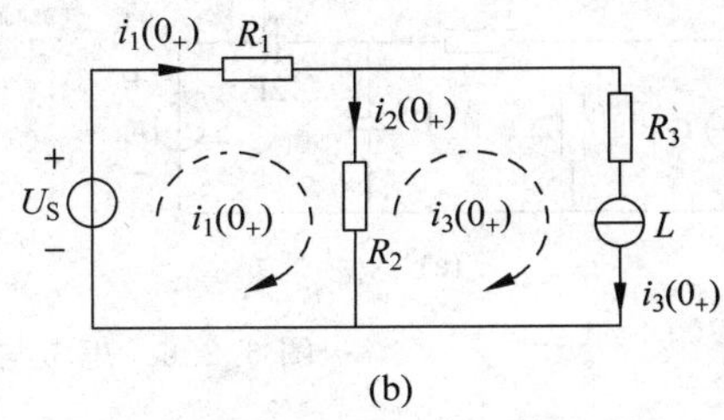

图 6.2.5 例 6.2.6

(a) $t=0_-$ 时的电路；(b) $t=0_+$ 时的电路

为要求得 $i_1(0_+)$ 和 $i_2(0_+)$，可先求得 $t=0_+$ 时的电路。由于此时刻的电感电流 $i_L(0_+)=2\text{A}$，根据置换定理，电感支路可用电流值为 $i_L(0_+)=i_3(0_+)$ 的电流源置换，于是有图 6.2.5(b)所示 $t=0_+$ 时刻的电路。按图中所设网孔电流，用网孔分析法建立电路方程为

$$\begin{cases} i_3(0_+)=2 \\ (R_1+R_2)i_1(0_+)-R_2 i_3(0_+)=U_S \end{cases}$$

代入已知参数求得

$$i_1(0_+)=2.67\text{A}$$

根据 KCL 有

$$i_2(0_+)=i_1(0_+)-i_3(0_+)=0.67\text{A}$$

(2) 由于在例 6.2.2 中已经求得时间常数 $\tau=L/R=(1/35)\text{s}$；在例 6.2.4 中已经求得电流稳态值分别为 $i_1(\infty)=2.38\text{A}$、$i_2(\infty)=0.95\text{A}$ 和 $i_3(\infty)=1.43\text{A}$；在本例中已求得电流初始值分别为 $i_1(0_+)=2.67\text{A}$、$i_2(0_+)=0.67\text{A}$ 和 $i_3(0_+)=2\text{A}$。将以上数据代入三要素式(6.2.1)可得 $t>0$ 时电流 i_1、i_2 和 i_3 的表达式分别为

$$i_1=i_1(\infty)+[i_1(0_+)-i_1(\infty)]\text{e}^{-\frac{t}{\tau}}=(2.38+0.29\text{e}^{-35t})\text{A}$$

$$i_2=i_2(\infty)+[i_2(0_+)-i_2(\infty)]\text{e}^{-\frac{t}{\tau}}=(0.95-0.28\text{e}^{-35t})\text{A}$$

$$i_3=i_3(\infty)+[i_3(0_+)-i_3(\infty)]\text{e}^{-\frac{t}{\tau}}=(1.43+0.57\text{e}^{-35t})\text{A}$$

线性非时变动态电路的输入-输出方程是常系数线性微分方程，微分方程通解中的待定系数要由微分方程的初始条件确定。微分方程的初始条件就是方程输出变量及其各阶导数在 $t=0_+$ 时的初始值。因此，确定电路变量的初始值是很重要的。例 6.2.5 和例 6.2.6 中求取电路变量初始值的方法同样适用于求取微分方程的初始条件。

【思考与练习】

6.2.1 试问图 6.1.3 所示电路的时间常数分别为多少？

6.2.2 图 6.2.6 所示为换路后的电路，试求电路的时间常数。(9s；1s)

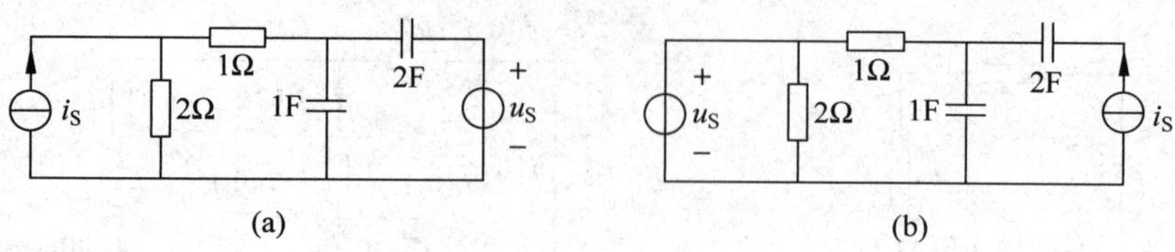

图 6.2.6 思考与练习 6.2.2

6.2.3 试求如图 6.2.7 所示电路的时间常数。(1.25s)

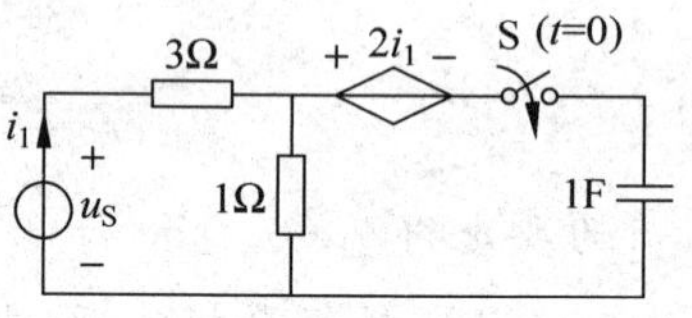

图 6.2.7 思考与练习 6.2.3

6.2.4 已知电路如图 6.2.8 所示，试求电流 i 和电压 u 的初始值和稳态值。[(a)：$i(0_+)=1\text{A}$；$i(\infty)=0$；$u(0_+)=2\text{V}$；$u(\infty)=4\text{V}$。(b)：$i(0_+)=2\text{A}$；$i(\infty)=1\text{A}$；$u(0_+)=4\text{V}$；$u(\infty)=2\text{V}$。]

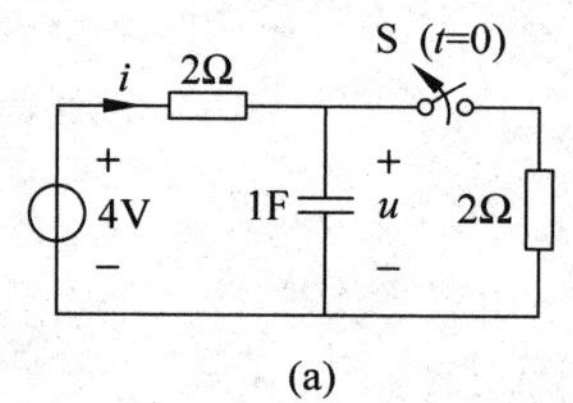

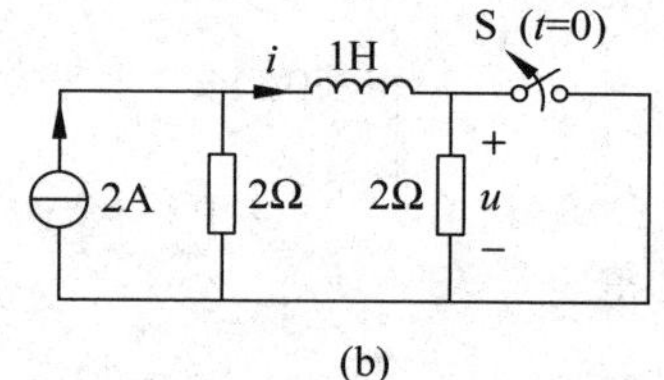

图 6.2.8 思考与练习 6.2.4

6.2.5 试用三要素法求图 6.2.8 所示电路在 $t>0$ 时的响应电流 i 和电压 u。

6.3 经典法分析一阶电路

动态电路响应的求取，可以如 6.1 节所述，通过列写电路微分方程并计算齐次解和特解的方法得到，这种方法在电路分析中称**经典方法**(classical method)。

经典方法通常以 t 为自变量，取动态元件电容电压 u_C 或电感电流 i_L 为因变量，并根据基尔霍夫定律和支路电压-电流关系，对给定电路建立电路微分方程。通过求取齐次解和特解等步骤，求出微分方程的解，然后再求其他解，如电容电流 i_C、电感电压 u_L、电阻电压 u_R 和电阻电流 i_R 等。

一阶动态电路微分方程的解，即电路的响应可以是由独立电源引起的，或者是由电路中储能元件的原始状态引起的，也可以是由独立电源和储能元件的原始状态共同引起的。仅由电路中储能元件的原始状态引起的响应，称为零输入响应；仅由独立电源引起的响应，称为零状态响应；由独立电源和储能元件的原始状态共同引起的响应，称为全响应。

6.3.1 零输入响应

对一个动态电路，仅由电路的原始状态引起的响应(此时电路的输入为零)，称为电路的**零输入响应**(zero-input response)。

1. 一阶 RC 电路的零输入响应

图 6.3.1(a)所示电路在 $t=0$ 时发生换路，换路前电路处于稳定状态，电容已充电到 U_0，即 $u_C(0_-)=U_0$，换路后的瞬间 $t=0_+$ 时刻，根据换路定律，电容电压 $u_C(0_+)=u_C(0_-)=U_0$。随即电容 C 通过电阻 R 放电(如图 6.3.1(b)所示，该电路也称 RC 放电电路)，电容电压从它的初始值 U_0 开始，随时间的增长逐渐减小并趋于零。在放电过程中，电容中的电场能通过电阻转化成热能而不断损耗。

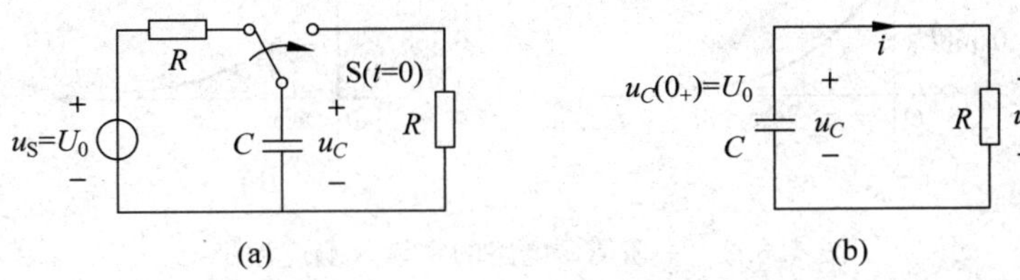

图 6.3.1 一阶 RC 电路的零输入响应

(a) $t\leqslant 0_-$ 时的电路；(b) $t\geqslant 0_+$ 时的电路

求解由电容原始状态引起的电路中电压、电流的变化规律，就是求解图 6.3.1(b)电路的零输入响应。为定量分析电路的零输入响应，可首先建立电路方程。按图中标示的电压、电流参考方向，根据 KVL 有

$$-u_R+u_C=-Ri+u_C=0 \tag{6.3.1}$$

将电容元件电压-电流关系式(2.1.13)代入上式，得到电路的微分方程

$$RC\frac{\mathrm{d}u_C}{\mathrm{d}t}+u_C=0 \tag{6.3.2}$$

上式的特征方程为

$$RCs+1=0 \tag{6.3.3}$$

特征根为

$$s=-\frac{1}{RC} \tag{6.3.4}$$

式(6.3.2)的通解为

$$u_C=K\mathrm{e}^{st} \tag{6.3.5}$$

根据电路的初始条件确定通解中的待定系数 K。由式(6.3.5)，令 $t=0_+$，并将初始值 $u_C(0_+)=U_0$ 代入，得到

$$K=U_0 \tag{6.3.6}$$

从而求得零输入响应电容电压为

$$u_C=U_0\mathrm{e}^{st}=U_0\mathrm{e}^{-\frac{t}{RC}}\quad t\geqslant 0 \tag{6.3.7}$$

由上式可求得零输入响应回路电流

$$i=\frac{u_C}{R}=\frac{U_0}{R}\mathrm{e}^{-\frac{t}{RC}}\quad t>0 \tag{6.3.8a}$$

或

$$i = -C\frac{\mathrm{d}u_C}{\mathrm{d}t} = -C\frac{\mathrm{d}}{\mathrm{d}t}(U_0 \mathrm{e}^{-\frac{t}{RC}}) = \frac{U_0}{R}\mathrm{e}^{-\frac{t}{RC}} \quad t > 0 \tag{6.3.8b}$$

在电压 u_C 的表达式中时间域用 $t \geqslant 0$ 表示，是考虑到 $u_C(0_+) = u_C(0_-) = u_C(0)$；在回路电流 i 的表达式中时间域用 $t > 0$ 表示，是考虑到电流 i 在 $t \leqslant 0_-$ 时的值为零。零输入响应电容电压 u_C 和回路电流 i 随时间变化的波形如图 6.3.2 所示。

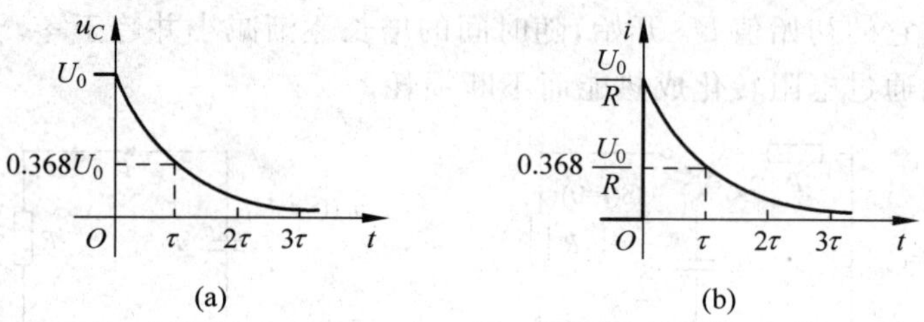

图 6.3.2 一阶 RC 电路的零输入响应波形

(a) 电容电压波形；(b) 回路电流波形

式(6.3.7)和式(6.3.8)表明，RC 电路的零输入响应都是随时间衰减的指数函数。在电路放电过程中，电容电压 u_C 从初始值 U_0 开始，随时间按指数规律下降而趋于零。回路电流 i 在电容开始放电瞬间有一个正向跳变，从 $i(0_-)=0$ 跳变到 $i(0_+)=U_0/R$。以后，随着电容电压的逐渐下降，回路电流按电容电压同样的指数规律下降，直至放电结束。

电容电压在初始值 U_0 已确定的情况下，电容 C 越大，电容中储存的电荷越多，放电所需要的时间也越长；电阻 R 越大，放电电流越小，放电所需要的时间也越长。由式(6.3.7)、式(6.3.8)可知，电容电压 u_C、回路电流 i 衰减的快慢决定于电路参数 C 和 R 的乘积，即 R_C 电路的时间常数 τ。

根据式(6.3.7)有

$$u_C(\tau) = U_0 \mathrm{e}^{-\frac{\tau}{RC}} = U_0 \mathrm{e}^{-1} \approx 0.368U_0 \tag{6.3.9}$$

说明 RC 放电电路从 $t=0$ 时开始放电，经过时间 τ，电容电压值已近似降到初始值的 36.8%，所以时间常数 τ 又是电容电压 u_C 衰减到初始值 36.8%所需的时间。在表 6.3.1 中，列出了 $t=\tau, 2\tau, 3\tau \cdots$ 瞬间电容电压 $u_C(t)/u_C(0)$ 的比值。

表 6.3.1

t	τ	2τ	3τ	4τ	5τ	6τ
$u_C(t)/u_C(0)$	36.8%	13.5%	4.98%	1.83%	0.674%	0.248%

由表 6.3.1 可以看出，RC 放电电路，从 $t=0$ 时开始，经过 $4\tau \sim 5\tau$ 时间后，u_C 已衰减到初始值的 1.83%～0.674%，工程技术上认为放电过程已基本结束。

式(6.3.7) 表明，u_C 的瞬时值取决于电容上电压的初始值 U_0 和电路的时间常数 τ。一旦电路已经确定，对于任意时间 $t=t_0$，$\mathrm{e}^{-\frac{t_0}{RC}}$ 为常数，瞬时值 $u_C(t_0)$ 仅取决于电压的初始

值 U_0，且满足齐次性和可加性。这个性质对任意线性电路也是成立的，即线性电路的零输入响应是初始值的线性函数。对于每一个确定的 U_0，RC 电路的零输入响应是时间 t 的指数函数。

如果在任意时刻 $t=t_1$，$u_C(t_1)$ 位于电容电压波形的 p 点，如图 6.3.3 所示，则电容电压 u_C 在该点的变化率为

$$\left.\frac{\mathrm{d}u_C}{\mathrm{d}t}\right|_{t=t_1}=\frac{\mathrm{d}}{\mathrm{d}t}\left(U_0\mathrm{e}^{-\frac{t}{\tau}}\right)\Bigg|_{t=t_1}=-\frac{U_0}{\tau}\mathrm{e}^{-\frac{t_1}{\tau}}=-\frac{u_C(t_1)}{\tau} \quad (6.3.10)$$

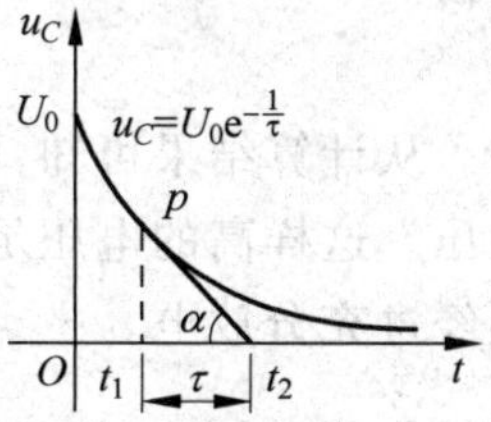

或者

$$\tau=\frac{u_C(t_1)}{-\left.\frac{\mathrm{d}u_C}{\mathrm{d}t}\right|_{t=t_1}} \quad (6.3.11)$$

图 6.3.3 用图解法求时间常数

此式表明，时间常数 τ 等于电容电压 u_C 波形上任一点的次切距，因此在已知响应波形的情况下，可以用图解方法来求取电路的时间常数。如图 6.3.3 所示，波形的 p 点对应横轴 t_1，作 p 点的切线交横轴于 t_2，从而得到次切距的长度(t_2-t_1)，即为时间常数 τ。

由式(6.3.4)有 $s=-1/RC=-1/\tau$，具有频率的量纲，以弧度每秒来度量，称 s 为 RC 电路的**固有频率**(natural frequency)。

从能量的角度看，虽然电路在换路后没有外来电源作用，但在 $t=0$ 时电容元件已储存有电场能量。就是这种能量在 $t\geqslant 0_+$ 时激励电路，使电路中有电流流通。由于电流通过电阻元件后要消耗能量，使得电容中储存的电场能量逐渐衰减，最后消失。在整个过程中，电阻元件所消耗的能量

$$w=\int_0^{\infty}\frac{u_C^2}{R}\mathrm{d}t=\int_0^{\infty}\frac{U_0^2}{R}\mathrm{e}^{-\frac{2t}{RC}}\mathrm{d}t=\frac{1}{2}CU_0^2 \quad (6.3.12)$$

它等于电容元件在 $t=0$ 时储存的电场能量。

【例 6.3.1】 高压设备检修时，一个 $40\mu\mathrm{F}$ 的电容器从高压电网上切除，切除瞬间电容两端的电压为 4.5kV。切除后，电容经本身的漏电电阻 R_S 放电。现测得 $R_\mathrm{S}=175\mathrm{M}\Omega$，试求电容电压下降到 1kV 所需要的时间。

解 设在 $t=0$ 时电容器从高压电网上切除，电容经漏电电阻 R_S 放电的等效电路如图 6.3.4 所示，电路时间常数 τ 等于

$$\tau=R_\mathrm{S}C=175\times10^6\times40\times10^{-6}\mathrm{s}=7000\mathrm{s}$$

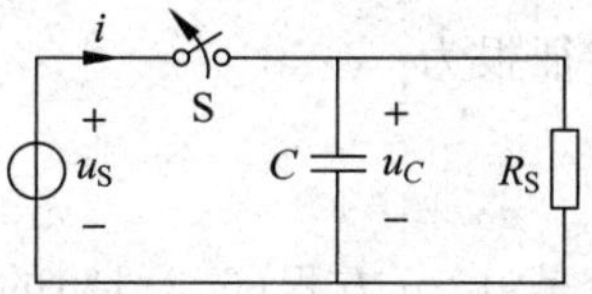

图 6.3.4 例 6.3.1

根据式(6.3.7)，电容电压 u_C 的变化规律为

$$u_C=4.5\times10^3\mathrm{e}^{-\frac{t}{\tau}}$$

如果在 $t=t_1$ 时 u_C 下降到 1000V，则有

$$1000=4.5\times10^3\mathrm{e}^{-\frac{t_1}{\tau}}$$

或

$$\frac{t_1}{7000}=\ln 4.5=1.5$$

所以

$$t_1=1.5\times 7000=10500\text{s}$$

从计算结果可知，电容器与电源虽然已断开将近3个小时，但还保持高达1000V的电压。这样高的电压足以造成人身安全事故。因此，在检修具有大电容设备时，事先必须经过充分放电。

2. 一阶 RL 电路的零输入响应

图6.3.5(a)所示 RL 电路在 $t=0$ 时发生换路，换路前电路处于稳定状态，电感电流原始值为 $i_L(0_-)=I_0$，换路后的瞬间 $t=0_+$，根据换路定律，电感电流初始值 $i_L(0_+)=i_L(0_-)=I_0$。随即电感电流从它的初始值 I_0 开始，沿 RL 回路流动，储存在电感中的磁场能量将逐渐转换成电阻中的热能而损耗。

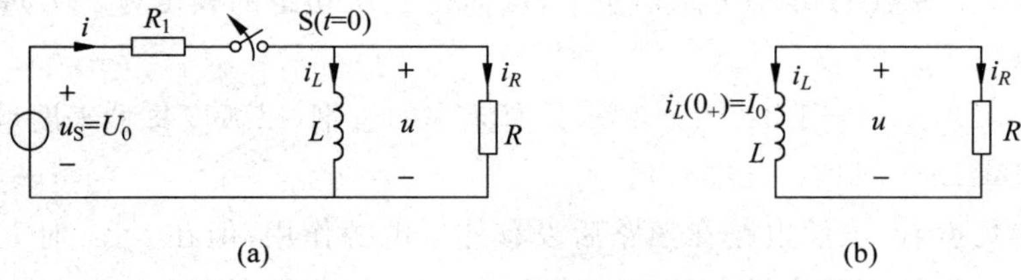

图6.3.5 一阶 RL 电路的零输入响应

(a) $t\leqslant 0_-$ 时的电路；(b) $t\geqslant 0_+$ 时的电路

换路后电路中的响应就是一阶 RL 电路的零输入响应。按图6.3.5(b)中标定的电压、电流参考方向，根据基尔霍夫定律和电感、电阻元件的电压-电流关系，有电路的微分方程

$$L\frac{\mathrm{d}i_L}{\mathrm{d}t}+Ri_L=0 \tag{6.3.13}$$

上式为一阶常系数线性齐次微分方程。相应的特征方程为

$$Ls+R=0 \tag{6.3.14}$$

特征根为

$$s=-\frac{R}{L} \tag{6.3.15}$$

于是，微分方程(6.3.13)的通解为

$$i_L=K\mathrm{e}^{st}=K\mathrm{e}^{-\frac{R}{L}t} \tag{6.3.16}$$

代入初始条件 $i_L(0_+)=I_0$，求出待定系数 $K=I_0$，从而得到零输入响应电感电流为

$$i_L=I_0\mathrm{e}^{-\frac{R}{L}t}\quad t\geqslant 0 \tag{6.3.17}$$

由电感电流可求得零输入响应电感电压为

$$u=u_L=L\frac{\mathrm{d}i_L}{\mathrm{d}t}=-RI_0\mathrm{e}^{-\frac{R}{L}t}\quad t>0 \tag{6.3.18}$$

从以上两式可以看出，电路中电感电流（或电压）变量都是以同样的指数规律变化的，且完全取决于电感电流（或电压）的初始值和固有频率 $s=-R/L$。图 6.3.6 所示为电流 i_L 和电压 u 随时间变化的波形。

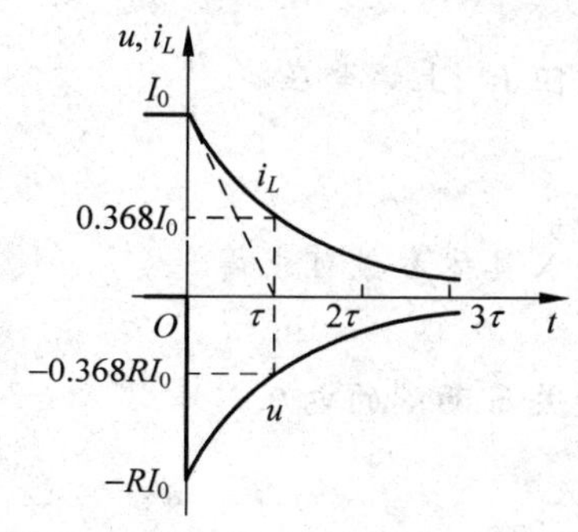

图 6.3.6　一阶 RL 电路零输入响应波形

式(6.3.17)、式(6.3.18)和波形表明，RL 电路的电感电流 i_L 从初始值 I_0 开始，随时间的增长按指数规律下降并趋于零。电压 u 在换路后的瞬间有一个反向跳变，从 $u(0_-)=0$ 跳变到 $u(0_+)=-RI_0$。以后，随着电流的逐渐下降，电压的绝对值按同样的指数规律下降，直至结束。

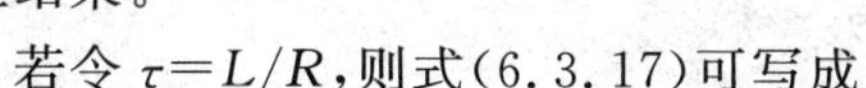

若令 $\tau=L/R$，则式(6.3.17)可写成

$$i_L = I_0 \mathrm{e}^{-\frac{R}{L}t} = I_0 \mathrm{e}^{-\frac{t}{\tau}} \quad t \geqslant 0 \tag{6.3.19}$$

由式(6.3.19)可知，增大电路的时间常数 τ（即增大 L、或减小 R），电流 i_L 衰减减慢；反之，衰减加快。实际上，对一定的初始电流 $i_L(0)$，L 增大就意味着电感元件中原有的磁场能量增多，而 R 减小意味着能量的消耗减少，因此电流衰减减慢。

式(6.3.19) 同样表明，RL 电路零输入响应 i_L 取决于电感电流的初始值 I_0 和电路的时间常数 τ。对于每个确定的时间 $t=t_0$，$i_L(t_0)$ 仅取决于电感电流初始值 I_0，且满足齐次性和可加性；对于每个确定的电感电流初始值 I_0，RL 电路的零输入响应则是时间 t 的指数函数。

在已知 RL 电路零输入响应波形的情况下，也可用图解方法来求取电路的时间常数 τ，如图 6.3.6 所示。

电流 i_L 流经电阻 R 的整个过程中消耗的能量

$$w = \int_0^\infty p\mathrm{d}t = \int_0^\infty R i_L^2 \mathrm{d}t = \int_0^\infty R I_0^2 \mathrm{e}^{-\frac{2R}{L}t} \mathrm{d}t = \frac{1}{2} L I_0^2 \tag{6.3.20}$$

这表明 RL 电路的物理过程，实质上就是电感中储存的磁场能量转化为电阻中所消耗的热量的过程。

【例 6.3.2】 设图 6.3.7 所示电路中，开关 S 在 $t=0$ 时打开，开关打开前电路在直流电压源 U_S 作用下已稳定。若已知 $U_S=220\text{V}$，$L=0.1\text{H}$，$R_1=50\text{k}\Omega$，$R_2=5\Omega$，试求开关打开瞬间其两端的电压 $u_{Sw}(0_+)$ 以及 R_1 上的电压 u_{R1}。

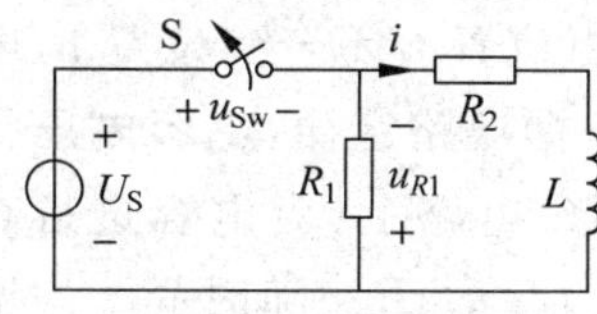

图 6.3.7　例 6.3.2

解　开关打开前电路在直流电源 U_S 作用下处于稳定状态，电感等效于短路，所以有 $i(0_-)=U_S/R_2$，应用换路定律得 $i(0_+)=i(0_-)$。根据基尔霍夫定律和电路元件电压-电流关系，有电路方程

$$L\frac{\mathrm{d}i}{\mathrm{d}t} + (R_1 + R_2)i = 0$$

参照式(6.3.19)，可求得

$$i=\frac{U_S}{R_2}e^{-\frac{R_1+R_2}{L}t}=\frac{U_S}{R_2}e^{-\frac{t}{\tau}}\quad t\geqslant 0$$

电阻 R_1 上的电压

$$u_{R1}=R_1 i=\frac{R_1}{R_2}U_S e^{-\frac{t}{\tau}}\quad t\geqslant 0_+$$

代入具体参数可求得

$$u_{R1}\approx 2.2\times 10^6 e^{-5\times 10^5 t}\,\text{V}\quad t\geqslant 0_+$$

开关 S 两端的电压

$$u_{Sw}=U_S+u_{R1}=U_S\left(1+\frac{R_1}{R_2}e^{-\frac{t}{\tau}}\right)\quad t\geqslant 0_+$$

所以开关刚打开瞬间 $t=0_+$ 时，开关两端的电压为

$$u_{Sw}(0_+)=\left(1+\frac{R_1}{R_2}\right)U_S\approx 2.2\times 10^6\,\text{V}$$

由本例结果可知，开关 S 在打开的瞬间，其两端电压会高出电源电压约 R_1/R_2 倍，开关将承受一个很高的冲激电压，会引起强烈的电弧。这是由于电感电流不能跳变，从而在电阻 R_1 两端产生高电压。另外，电阻 R_1 两端出现高电压，也可能使电气设备 R_1 损坏。由此可见，在切断感性负载电流时，必须考虑电感内磁场能量的释放问题，以防电气设备因承受过高电压而损坏。例如可先在 R_1 上并联一个阻值较小的电阻，等开关断开片刻再移去该并联电阻。

另外，在 u_{R1} 的表达式中时间域用 $t\geqslant 0_+$ 表示，是考虑到 u_{R1} 在 $t=0_+$ 时的值与其在 $t=0_-$ 时的值 $u_{R1}(0_-)=U_S$ 不相等，u_{R1} 在 $t=0$ 换路时发生了有限跳变。

6.3.2 零状态响应

动态电路在原始状态为零的情况下，仅由独立电源作为输入激励引起的响应，称**零状态响应**(zero-state response)。

1. 一阶电路在直流电源激励下的零状态响应

图 6.3.8(a)所示电路为 RC 充电电路。开关 S 在 $t=0$ 时由位置 a 闭合到位置 b，电路发生换路。换路前电路处于稳定状态，即零状态。换路后，根据换路定律，电容电压初始值 $u_C(0_+)=u_C(0_-)=0$，电压为 U 的直流电压源 u_S 接到 RC 电路上，对电容进行充电。由于 $u_C(0_+)=0$，电容支路等效为短路，其充电电流 $i(0_+)=u_S/R$。随时间 t 的增加，电容中电荷增加，电容电压升高。当 $t\to\infty$ 时，$u_C(\infty)=u_S$，充电电流 $i(\infty)=0$，电容中的电荷与电压不再变化，电容支路等效为开路，充电也就停止了。

电路在零状态情况下，求解由直流电压源 u_S 引起的电路中电压、电流的变化规律，就是求解图 6.3.8(b)电路的零状态响应。

为定量分析电路的零状态响应，可首先讨论该电路的零状态响应电容电压 u_C，并建立电路方程。对图 6.3.8(b)所示的 $t\geqslant 0_+$ 时的电路，按图中标定的电压、电流参考方向，

根据基尔霍夫电压定律，有

$$u_R + u_C = u_S \tag{6.3.21}$$

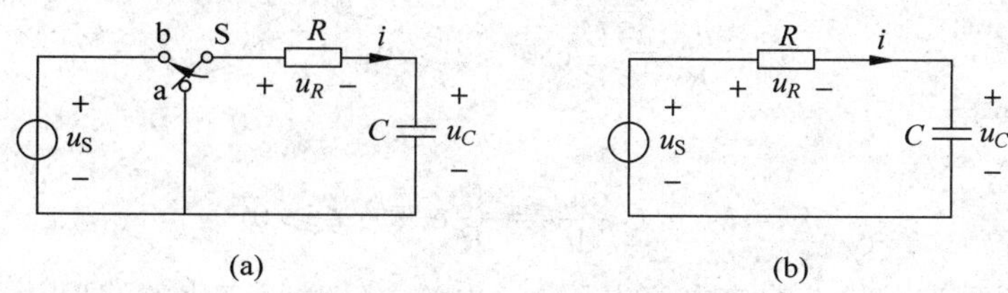

图 6.3.8 一阶 RC 电路在直流电压源激励下的零状态响应

(a) $t\leqslant 0_-$ 时的电路；(b) $t\geqslant 0_+$ 时的电路

将电容和电阻的电压-电流关系代入上式，可得电路微分方程

$$RC\frac{\mathrm{d}u_C}{\mathrm{d}t} + u_C = u_S \tag{6.3.22}$$

上式为一阶常系数线性非齐次微分方程。该微分方程的特征方程为

$$RCs + 1 = 0 \tag{6.3.23}$$

特征根为

$$s = -\frac{1}{RC} \tag{6.3.24}$$

微分方程(6.3.22)的解为

$$u_C = u_{Ch} + u_{Cp} \tag{6.3.25}$$

式中，u_{Ch}为电路方程对应的齐次微分方程的通解；u_{Cp}为非齐次微分方程的特解。

电路方程对应的齐次微分方程的通解(齐次解)为

$$u_{Ch} = K\mathrm{e}^{st} = K\mathrm{e}^{-\frac{t}{RC}} \tag{6.3.26}$$

非齐次微分方程的特解 u_{Cp} 应满足电路方程，并符合电路响应实际规律。通常特解的形式与输入激励的形式有关。图 6.3.8(b)所示电路的输入激励是直流电压 $u_S=U$，且当充电结束时，电容支路等效为开路，电容电压等于电压源电压 U，设其为微分方程的特解

$$u_{Cp} = u_C(\infty) = U \tag{6.3.27}$$

于是式(6.3.22)的解为

$$u_C = u_{Ch} + u_{Cp} = K\mathrm{e}^{-\frac{t}{RC}} + U \tag{6.3.28}$$

将初始值代入上式，有

$$u_C(0_+) = K\mathrm{e}^{-\frac{0_+}{RC}} + U = K + U = 0 \tag{6.3.29}$$

求得待定系数为

$$K = -U \tag{6.3.30}$$

因此，零状态响应电容电压为

$$u_C = -U\mathrm{e}^{-\frac{t}{RC}} + U = U(1-\mathrm{e}^{-\frac{t}{RC}}) \quad t \geqslant 0_+ \tag{6.3.31}$$

上式中时间域用 $t\geqslant 0_+$ 表示，是考虑零状态响应电容电压 u_C 在 $t\leqslant 0_-$ 时的值为零。由 u_C

可以求得电路中其他的零状态响应

$$u_R = u_S - u_C = U\mathrm{e}^{-\frac{t}{RC}} \quad t \geqslant 0_+ \tag{6.3.32}$$

$$i = \frac{u_R}{R} = \frac{U}{R}\mathrm{e}^{-\frac{t}{RC}} \quad t \geqslant 0_+ \tag{6.3.33}$$

或

$$i = i_C = C\frac{\mathrm{d}u_C}{\mathrm{d}t} = \frac{U}{R}\mathrm{e}^{-\frac{t}{RC}} \quad t \geqslant 0_+ \tag{6.3.34}$$

图 6.3.9 所示为零状态响应电容电压 u_C、电流 i 随时间变化的波形。

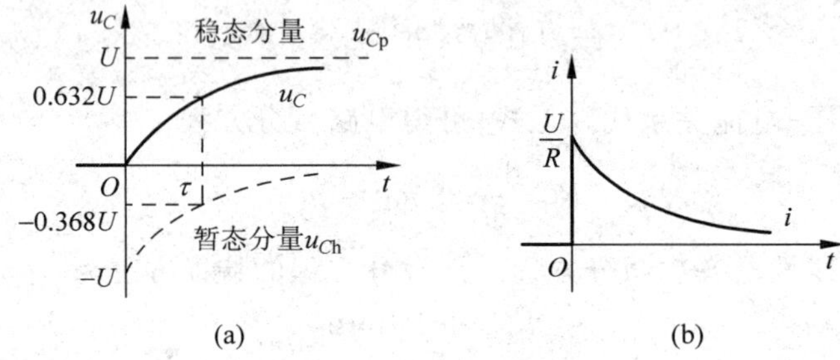

图 6.3.9　一阶 RC 电路的零状态响应波形

(a) 电容电压波形；(b) 电流波形

式(6.3.31)和图 6.3.9 (a)所示波形表明，零状态响应电容电压 u_C 可以分解为齐次解 u_{Ch}和特解 u_{Cp}之和。齐次解在换路后经过 4τ～5τ 时间，可以认为已衰减结束，所以称为**暂态(或瞬态)分量**(transient component)。暂态分量逐渐衰减的过程，就是电路逐渐趋于稳定的过程；暂态分量的初始值及其以后的任何瞬时值，是和输入电源有关的。但在随时间变化的规律上讲，齐次解只取决于时间常数 τ，而时间常数仅由电路结构和元件参数决定，与输入电源无关，因此也称其为自由分量。特解是电路趋于稳定状态后的响应，称为**稳态分量**(steady state component)；或认为是输入电源强迫其电压达到规定值，所以也称为**强制分量**(forced component)。

式(6.3.31) 表明，零状态响应 u_C 的瞬时值取决于电路的输入，即电压源电压 U 和电路的时间常数 τ。一旦电路已经确定，对于任意时刻 $t=t_0$，$(1-\mathrm{e}^{-\frac{t_0}{\tau}})$为常数，瞬时值 $u_C(t_0)$仅取决于输入电压 U，且满足齐次性和可加性。这一性质对任意线性电路都是成立的，即线性电路的零状态响应是输入的线性函数。

从能量的角度看，电容电压被充电到 $u_C=U$ 时，其储能为

$$w_C = \frac{1}{2}Cu_C^2 = \frac{1}{2}CU^2 \tag{6.3.35}$$

在充电过程中电阻消耗的总能量为

$$w_R = \int_0^\infty Ri^2\,\mathrm{d}t = \int_0^\infty \frac{u_S^2}{R}\mathrm{e}^{-\frac{2t}{RC}}\,\mathrm{d}t = \frac{u_S^2}{R}\left(-\frac{RC}{2}\right)\mathrm{e}^{-\frac{2t}{RC}}\Big|_0^\infty = \frac{1}{2}Cu_S^2 = \frac{1}{2}CU^2 \tag{6.3.36}$$

所以，在充电过程中电阻消耗的总能量与电容最后所存储的能量是相等的。电流源在充电过程中提供的总能量为

$$w_S = w_C + w_R = CU^2 \tag{6.3.37}$$

【例 6.3.3】 在图 6.3.10 的电路中，开关 S 一直闭合在位置 a 上。一旦电路达到稳态，开关立即闭合到位置 b，假设开关闭合到位置 b 的时间发生在 $t=0$，试求零状态响应 i 和 u_L。

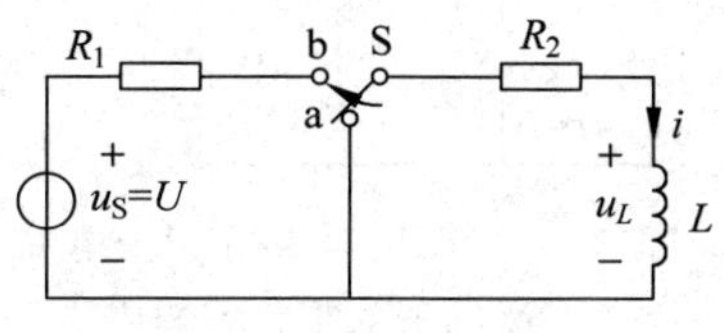

图 6.3.10 例 6.3.3

解 题图 6.3.10 所示为具有直流电压输入的 RL 电路，所求为零状态响应。

开关 S 闭合在位置 b 之前，即 $t \leqslant 0_-$ 时，电路已达到稳态，由于电路中没有独立电源，因而 $i(0_-)=0$。开关 S 闭合在位置 b 之后，由于串联支路中有电阻元件，电感电压是有限量，所以电路中的电流是连续量，由换路定律可求得初始值 $i(0_+)=i(0_-)=0$。

根据基尔霍夫定律，可以求得电路方程

$$L\frac{\mathrm{d}i}{\mathrm{d}t} + (R_1 + R_2)i = U$$

由特征方程

$$Ls + (R_1 + R_2) = 0$$

求得特征根

$$s = -\frac{R_1 + R_2}{L}$$

方程的解，即电路中的电流 i 可分解成暂态分量与稳态分量之和

$$i = i_h + i_p$$

稳态分量(方程特解)可以是电路重新稳定后的回路电流，在直流电压源激励下，此时电感支路等效为短路，所以有

$$i_p = \frac{U}{R_1 + R_2}$$

暂态分量(方程齐次解)为

$$i_h = K\mathrm{e}^{-\frac{R_1+R_2}{L}t}$$

所以

$$i = i_p + i_h = \frac{U}{R_1 + R_2} + K\mathrm{e}^{-\frac{R_1+R_2}{L}t}$$

将初始值代入上式，可求得待定系数

$$K = -\frac{U}{R_1 + R_2}$$

最后求得零状态响应回路电流

$$i = \frac{U}{R_1 + R_2}\left(1 - \mathrm{e}^{-\frac{R_1+R_2}{L}t}\right) \quad t \geqslant 0_+$$

根据电感元件的电压-电流关系，求得零状态响应电感电压为

$$u_L = L\frac{\mathrm{d}i}{\mathrm{d}t} = U\mathrm{e}^{-\frac{R_1+R_2}{L}t} \quad t \geqslant 0_+$$

2. 一阶电路在正弦电源激励下的零状态响应

图 6.3.11 所示电路为正弦电源激励下的 RC 并联电路。电路稳定后,开关 S 在 $t=0$ 时打开,正弦电流源 i_S 在电路处于零状态的情况下接入。此时,由正弦电源引起的响应称为正弦响应。设正弦电流源为

$$i_S = I_m\cos(\omega t+\varphi) \tag{6.3.38}$$

式中,I_m 称为振幅;ω 称为角频率(单位是 rad/s);φ 称为初相。

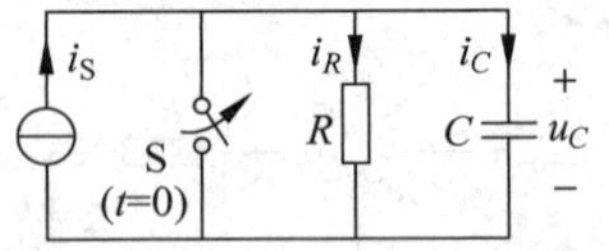

图 6.3.11　一阶 RC 电路在正弦电源激励下的零状态响应

开关换路后以电容电压 u_C 为正弦响应的电路方程为

$$C\frac{\mathrm{d}u_C}{\mathrm{d}t}+\frac{1}{R}u_C = I_m\cos(\omega t+\varphi) \tag{6.3.39}$$

上式也是一阶常系数线性非齐次微分方程,同样可以把电容电压分解成暂态分量与稳态分量两个分量之和,即

$$u_C = u_{Ch}+u_{Cp} \tag{6.3.40}$$

在正弦信号作用下的稳态分量 u_{Cp} 是一个与输入具有相同频率的正弦量,其一般表达式为

$$u_{Cp} = U_m\cos(\omega t+\psi) \tag{6.3.41}$$

式中,U_m 和 ψ 都是待定常数。为了求出它们的值,可将式(6.3.41)代入电路方程(6.3.39)得

$$-CU_m\omega\sin(\omega t+\psi)+\frac{U_m}{R}\cos(\omega t+\psi) = I_m\cos(\omega t+\varphi) \tag{6.3.42}$$

再将上式等号左边的三角函数展开、合并项,整理后取等式两边对应项系数相等,即可得

$$U_m = \frac{I_m}{\sqrt{(\omega C)^2+(1/R)^2}} \tag{6.3.43}$$

和

$$\psi = \varphi-\arctan(\omega RC) \tag{6.3.44}$$

暂态分量 u_{Ch} 为与方程(6.3.39)对应的齐次方程的解,其形式仍为

$$u_{Ch} = K\mathrm{e}^{st} \tag{6.3.45}$$

式中,K 为待定系数;s 为电路方程的特征根,即

$$s = -\frac{1}{RC} \tag{6.3.46}$$

因此,方程(6.3.39)的通解是

$$u_C = K\mathrm{e}^{-\frac{t}{RC}}+U_m\cos(\omega t+\psi) \tag{6.3.47}$$

可将初始值代入上式用以确定待定系数。$t=0_-$ 时电路处于零状态,电容电压初始值为零,即 $u_C(0_+)=u_C(0_-)=0$,所以

$$u_C(0_+) = K+U_m\cos\psi = 0 \tag{6.3.48}$$

于是求得待定系数

$$K = -U_m\cos\psi \tag{6.3.49}$$

最后求得零状态响应，即正弦响应电容电压为

$$u_C = (-U_m\cos\psi)e^{-\frac{t}{RC}} + U_m\cos(\omega t + \psi) \quad t \geqslant 0_+ \tag{6.3.50}$$

式(6.3.50)表明，电容电压暂态分量的初值 $u_{Ch}(0_+) = -U_m\cos\psi$ 与稳态分量的初值 $u_{Cp}(0_+) = U_m\cos\psi$ 大小相等，方向相反。由于稳态分量的初值又与输入电源的初相位有关，即与电源接入时间有关，所以稳态分量、暂态分量的初值都将随输入电源初相位的不同而不同。当 $\psi=90°$时，也即 $\varphi=\psi+\arctan(\omega RC)=90°+\arctan(\omega RC)$时，电源接入瞬间，电容电压稳态分量的值为零，暂态分量的值也为零。这时电容电压响应中没有暂态分量，也就没有过渡过程，电路从一开始就进入稳态。这是一种特殊情况。

如果换路时 $\psi=0°$，则

$$u_C = -U_m e^{-\frac{t}{RC}} + U_m\cos\omega t \tag{6.3.51}$$

如果电路的时间常数 $\tau=RC$ 远大于输入信号的周期，则从换路起，经过半个周期左右的时间，电容电压的暂态分量的衰减极为有限，暂态分量与稳态分量的叠加结果为

$$u_C(\pi) \approx -U_m + U_m\cos180° = -2U_m \tag{6.3.52}$$

这说明当电容电压的稳态分量经过极大值时换路，而电路的时间常数又大，则换路后电容电压的最大瞬时绝对值接近于稳态电压振幅的2倍。图6.3.12所示为 $\psi=180°$时电源接入 RC 并联电路后的零状态响应 u_C 的波形。在工程应用中计算电气设备或电气元件所要承受的电压时，必须考虑这种极端情况。

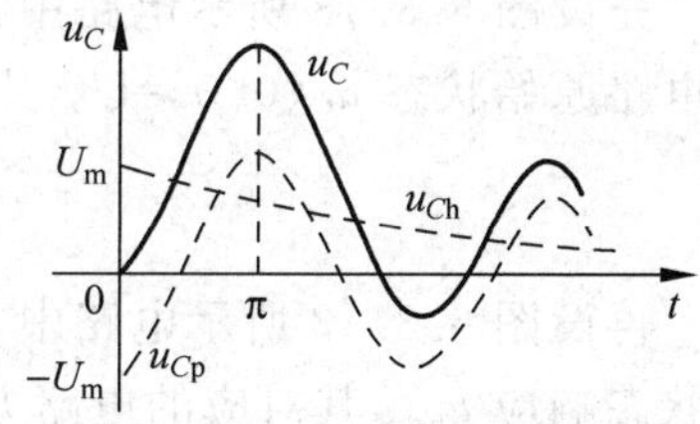

图 6.3.12 $\psi=180°$时电源接入 RC 并联电路的零状态响应

6.3.3 完全响应

动态电路在非零原始状态的情况下，由输入激励和原始状态共同引起的响应，称为完全响应，简称**全响应**(complete response)。

图6.3.13所示 RC 并联电路中，假定电路原始状态 $u_C(0_-)=U_0$，由电流源 $i_S=I_S(t\geqslant 0)$和电路原始状态 $u_C(0_-)$共同引起的响应 u_C 就是一阶电路在电流源激励下的全响应。

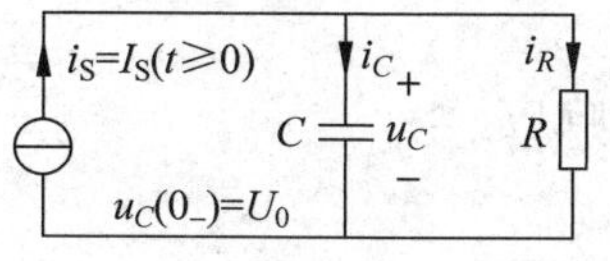

图 6.3.13 电流源和 $u_C(0_-)$共同作用下的 RC 并联电路

图6.3.13所示 $t\geqslant 0$ 时的一阶 RC 并联电路的方程为

$$C\frac{du_C}{dt} + \frac{1}{R}u_C = I_S \tag{6.3.53}$$

上式为一阶常系数线性非齐次微分方程。电容电压可分解为暂态分量与稳态分量之和，即

$$u_C = u_{Ch} + u_{Cp} \tag{6.3.54}$$

稳态分量可以是电路重新稳定后，即电容等效为开路后的电压，为

$$u_{Cp}=RI_S \tag{6.3.55}$$

暂态分量为

$$u_{Ch}=Ke^{-\frac{t}{RC}} \tag{6.3.56}$$

所以方程(6.3.53)的通解是

$$u_C=Ke^{-\frac{t}{RC}}+RI_S \tag{6.3.57}$$

代入初始值 $u_C(0_+)=u_C(0_-)=U_0$，有

$$u_C(0_+)=K+RI_S=U_0 \tag{6.3.58}$$

求得待定系数

$$K=U_0-RI_S \tag{6.3.59}$$

最后求得全响应电容电压为

$$u_C=(U_0-RI_S)e^{-\frac{t}{RC}}+RI_S \quad t\geqslant 0 \tag{6.3.60}$$

下面重点讨论全响应与零输入响应和零状态响应的关系。

先设图 6.3.13 所示电路中无电流源的作用，即 $i_S=0$，电流源用开路置换。于是仅由电路原始状态 $u_C(0_-)=U_0$ 引起的响应是零输入响应 u_{Czi}，其对应的电路方程为

$$C\frac{du_{Czi}}{dt}+\frac{1}{R}u_{Czi}=0 \tag{6.3.61}$$

再设图 6.3.13 所示电路中，电路原始状态 $u_C(0_-)=0$，仅由电流源 i_S 引起的响应是零状态响应 u_{Czs}，其对应的电路方程为

$$C\frac{du_{Czs}}{dt}+\frac{1}{R}u_{Czs}=I_S \tag{6.3.62}$$

将方程(6.3.61)和方程(6.3.62)相加，则有

$$C\frac{d(u_{Czi}+u_{Czs})}{dt}+\frac{1}{R}(u_{Czi}+u_{Czs})=I_S \tag{6.3.63}$$

根据微分方程解的唯一性充分条件，比较方程(6.3.53)和(6.3.63)就可得到

$$u_C=u_{Czi}+u_{Czs} \tag{6.3.64}$$

上式表明，图 6.3.13 所示 RC 并联电路的全响应 u_C 等于其零输入响应 u_{Czi} 与零状态响应 u_{Czs} 之和。

上述结论对所有线性动态电路都是成立的，即

全响应 = 零输入响应 + 零状态响应

由方程(6.3.61)可得零输入响应

$$u_{Czi}=U_0e^{-\frac{t}{RC}} \tag{6.3.65}$$

由方程(6.3.62)可得零状态响应

$$u_{Czs}=RI_S(1-e^{-\frac{t}{RC}}) \tag{6.3.66}$$

所以，全响应 u_C 为

$$u_C=u_{Czi}+u_{Czs}=U_0e^{-\frac{t}{RC}}+RI_S(1-e^{-\frac{t}{RC}}) \quad t\geqslant 0 \tag{6.3.67}$$

其响应波形示于图 6.3.14(a)中。

显然，由式(6.3.67)表达的电路全响应与输入激励和初始值之间的关系都不满足齐次性和可加性。因此，一阶线性电路的全响应既不是输入的线性函数，也不是初始值的线性函数。

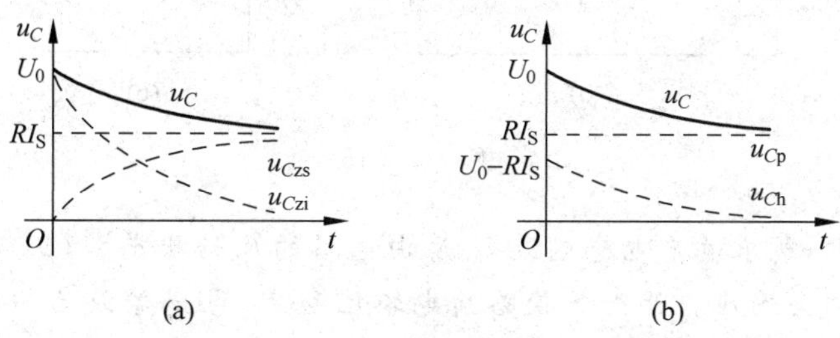

图 6.3.14 全响应波形的分解与合成

将全响应分解为零输入响应和零状态响应两个分量，是强调了激励和响应的因果关系。其实，式(6.3.67)也可分解为

$$u_C = u_{Ch} + u_{Cp} = (U_0 - RI_S)e^{-\frac{t}{RC}} + RI_S \tag{6.3.68a}$$

即一阶常系数线性非齐次微分方程(6.3.53)的解 u_C，也可以表示为齐次解 u_{Ch} 和特解 u_{Cp} 的合成。针对电路理论问题，特解总与输入激励有关，或者说受输入激励的制约，故称其为强制响应。齐次解则按指数规律衰减，且衰减规律仅与电路自身的结构和元件参数有关，所以称为自由响应。因此，全响应又可分解为

全响应 = 自由响应 + 强制响应

式(6.3.67)也可分解为

$$u_C = u_{Ct} + u_{Cs} = (U_0 - RI_S)e^{-\frac{t}{RC}} + RI_S \tag{6.3.68b}$$

其中，$u_{Cs}=RI_S$ 是电路换路以后重新稳定时的解，故称其为稳态响应；$u_{Ct}=(U_0-RI_S)e^{-t/RC}$ 则是按指数规律衰减项，表达了电路换路以后的过渡过程，所以称其为暂态响应。因此，全响应又可分解为

全响应＝暂态响应＋稳态响应

反映式(6.3.68)分解的响应波形示于图 6.3.14(b)。

将全响应分解成零输入响应和零状态响应，或者分解成自由响应和强制响应，是对同一响应的两种不同的分解方法。通过前面的讨论已经知道，零输入响应仅与电路的原始状态以及电路的参数和拓扑结构有关，因此，这一响应有助于考察电路参数及拓扑结构对电路响应产生的影响；至于零状态响应，因电路原始状态为零，故有助于分析电路在不同输入下的输出。另外，在直流或正弦电源激励的情况下，如果将线性电路的全响应分解成暂态响应和稳态响应，则随着时间的推移暂态响应逐渐衰减为零，全响应将趋于稳态响应。因此，这种分解方法的数学表达式与电路现象一致，有助于理解动态电路中出现的过渡过程。

【例 6.3.4】 在图 6.3.15(a)电路中，$u_S=24\text{V}$，$R_1=12\Omega$，$R_2=6\Omega$，$L=4\text{H}$，$t=0$ 时开关 S 换路，换路前电路已稳定。试求电感电流 i_L。

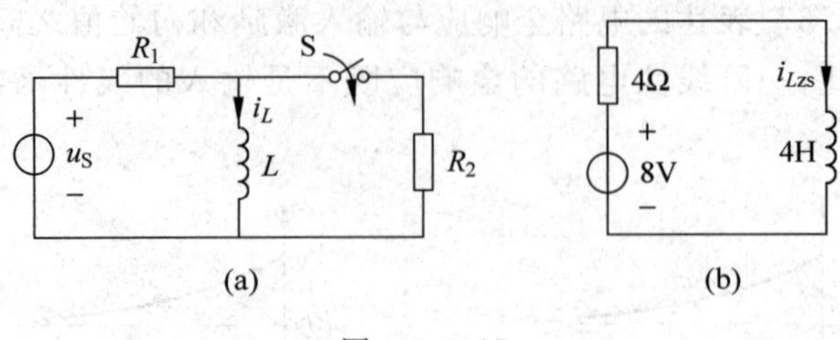

图 6.3.15

解 根据题意，所求响应电感电流 i_L 为由电路的原始状态 $i_L(0_-)$ 和直流电压源 u_S 共同作用而得到的全响应。开关 S 换路前电路已稳定，电感等效为短路，电感电流原始值 $i_L(0_-)=u_S/R_1=2A$。根据换路定律有 $i_L(0_+)=i_L(0_-)=2A$。从电感元件两端看进去电路的等效电阻为 $R=R_1/\!/R_2=4\Omega$，得到时间常数 $\tau=L/R=1s$。所以零输入响应电感电流

$$i_{Lzi}=2e^{-t}A$$

求零状态响应 i_{Lzs} 的电路如题图 6.3.15(b)所示，可求得零状态响应电感电流为

$$i_{Lzs}=\frac{8}{4}(1-e^{-t})A=2(1-e^{-t})A$$

因此全响应电感电流为

$$i_L=i_{Lzi}+i_{Lzs}=[2(1-e^{-t})+2e^{-t}]A=2A$$

MATLAB 计算程序：

```
% 采用 MATLAB 求解例 6.3.4
uS = 24; R1 = 12; R2 = 6; L = 4;        % 输入已知参数
syms t                                  % 定义符号变量
iL0 = uS/R1;                            % 电感电流初始值
uOC = R2/(R1 + R2) * uS;                % 求电感 L 两端戴维南电路的开路电压和等效电阻
Req = pllz(R1,R2);
tao = L/Req;                            % 求时间常数
iLzi = iL0 * exp( - t/tao)              % 求零输入响应
iLzs = uOC/Req * (1 - exp( - t/tao))    % 求零状态响应
iL = iLzi + iLzs                        % 求全响应
```

计算结果：

```
iLzi  =  2 * exp( - t)
iLzs  =  2 - 2 * exp( - t)
iL  =  2
```

【例 6.3.5】 如图 6.3.16(a)所示电路，称为积分电路。已知输入电压 u_i 的波形如图 6.3.16(b)所示，且 $u_C(0_-)=0V$，试求输出电压 u_o 的波形。

解 对图 6.3.16(a)所示电路，根据运算放大器的“虚短”和“虚断”的概念，有

$$i_R=i_C=\frac{u_i}{R},\quad u_o=-u_C$$

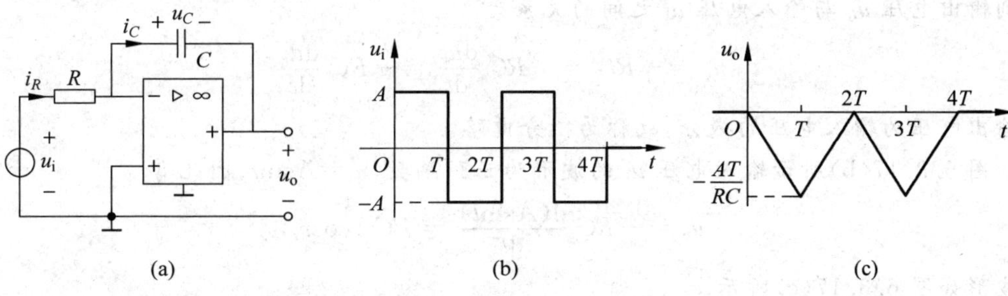

图 6.3.16 例 6.3.5

又由电容的电压-电流关系

$$u_C = \frac{1}{C}\int_{-\infty}^{t} i_C \mathrm{d}t$$

和换路定律，$u_C(0_+) = u_C(0_-) = 0\mathrm{V}$，可得到输出电压 u_o 与输入电压 u_i 之间的关系为

$$u_o = -\frac{1}{C}\int_{-\infty}^{t} i_C \mathrm{d}t = -\left[u_C(0_+) + \frac{1}{C}\int_{0_+}^{t} i_C \mathrm{d}t\right] = -\frac{1}{RC}\int_{0_+}^{t} u_i \mathrm{d}t$$

即输出电压为输入电压的积分，故称为积分电路。

图 6.3.16(b)所示输入电压 u_i 的波形为脉冲函数，当 $0_+ \leqslant t \leqslant T$ 时，由上式得

$$u_o = -\frac{A}{RC}t$$

当 $T < t \leqslant 2T$ 时，可求出输出电压 u_o 为

$$u_o = -\frac{1}{RC}\int_{T}^{t} u_i \mathrm{d}t + u_o(T) = \frac{A}{RC}(T - t)$$

依此类推，可得出输出电压 u_o 的波形如图 6.3.16(c)所示。

【例 6.3.6】 如图 6.3.17(a)所示电路，称为微分电路。已知输入电压 u_i 的波形如图 6.3.17(b)所示，为正弦波形，试求输出电压 u_o 的波形。

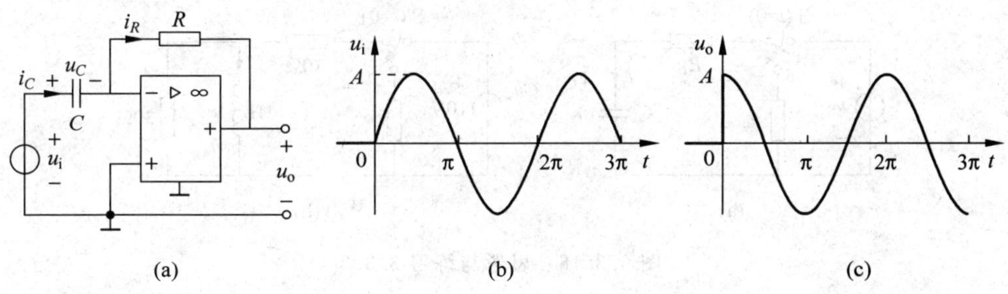

图 6.3.17 例 6.3.6

解 对图 6.3.17(a)所示电路，根据运算放大器的"虚短"和"虚断"的概念，有

$$i_C = i_R, \quad u_o = -Ri_R, \quad u_C = u_i$$

又由电容的电压-电流关系

$$i_C = C\frac{\mathrm{d}u_C}{\mathrm{d}t}$$

得到输出电压 u_o 与输入电压 u_i 之间的关系为

$$u_o = -Ri_R = -RC\frac{du_C}{dt} = -RC\frac{du_i}{dt}$$

即输出电压为输入电压的微分，故称为微分电路。

图 6.3.17(b)所示输入电压 u_i 的波形为正弦函数，$u_i = A\sin t$，因此有

$$u_o = -RC\frac{d(A\sin t)}{dt} = RCA\cos t$$

其波形如图 6.3.17(c)所示。

例 6.3.5 和例 6.3.6 介绍的积分电路和微分电路在自动控制系统中常用作调节环节，它们还广泛应用于波形的产生和变换以及仪器仪表电路之中。

【思考与练习】

6.3.1　设有两个如图 6.3.1 所示的 RC 电路，其时间常数不同，电容的初始电压不同，试问下列说法是否正确：

(a) 如果 $\tau_1 > \tau_2$，那么电容电压衰减到同一个电压所需的时间必然是 $t_1 > t_2$。

(b) 如果 $\tau_1 > \tau_2$，那么电容电压衰减到各自常数电压同一百分比值所需的时间必然是 $t_1 > t_2$。

(c) 如果 $\tau_1 = \tau_2$，那么电容电压衰减到同一个电压所需的时间必然是 $t_1 = t_2$。

6.3.2　试证明图 6.3.3 所示 u_C 曲线在 $t=0$ 处的切线与时间轴交点处的时间为 τ。该结果说明了什么?

6.3.3　已知电路如图 6.3.18 所示，换路前电路处于稳态。试求 $t>0$ 时电压 u 和电流 i。$\left[(a)：u_S e^{-\frac{t}{(R_1+R_2)C}}, \frac{u_S}{R_1+R_2}e^{-\frac{t}{(R_1+R_2)C}}；(b)：-10e^{-10t}\text{V}, e^{-10t}\text{A}\right]$

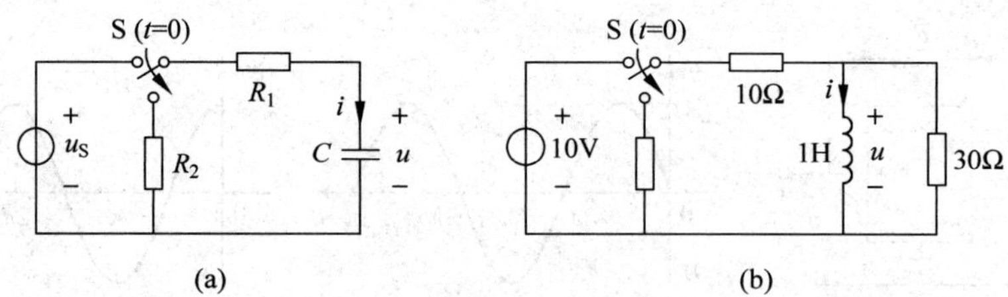

图 6.3.18　思考与练习 6.3.3

6.3.4　试求图 6.3.19 所示电路 u_C 的零输入响应，已知 $u_C(0_-)=1\text{V}$。($e^{-8000t}\text{V}$，$t \geqslant 0$)

6.3.5　已知电路如图 6.3.20 所示，试求零状态响应电压 u 和电流 i。[$5(1-e^{-\frac{t}{5}})\text{V}$，$t \geqslant 0$；$e^{-\frac{t}{5}}\text{A}$]

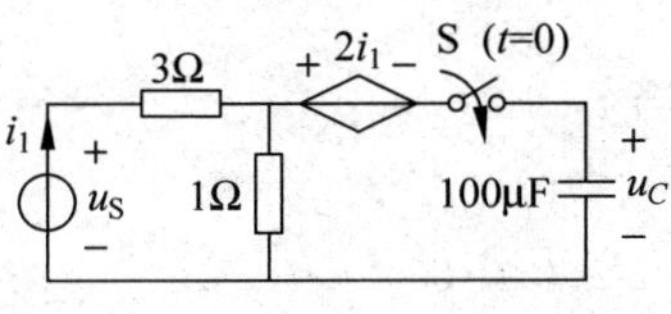

图 6.3.19 思考与练习 6.3.4

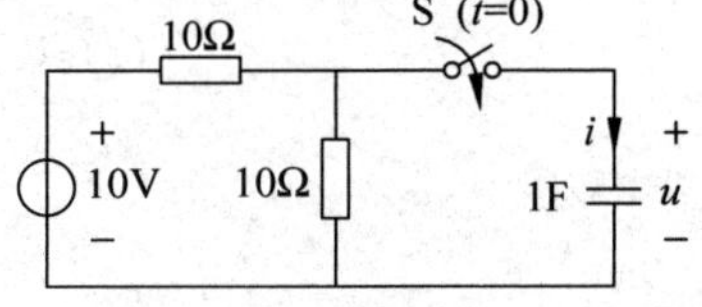

图 6.3.20 思考与练习 6.3.5

6.3.6 试求 u_S分别为 5V 和 20V 时图 6.3.19 所示电路的零状态响应 u_C。[$-1.25(1-e^{-8000t})$V,$t\geqslant 0$; $-5(1-e^{-8000t})$V,$t\geqslant 0$]

6.3.7 试求 $u_S=10$V,$u_C(0_-)=2$V 时图 6.3.19 所示电路的完全响应 u_C。[$(-2.5+4.5e^{-8000t})$V,$t\geqslant 0$]

6.4 一阶电路的阶跃响应

1. 单位阶跃函数

单位阶跃函数的定义为

$$\varepsilon(t)=\begin{cases}0 & \text{当 } t<0\\ 1 & \text{当 } t>0\end{cases} \tag{6.4.1}$$

$\varepsilon(t)$是奇异函数,$t=0$ 时无定义,一般可取 0、1 或 1/2。单位阶跃波形如图 6.4.1(a)所示。从单位阶跃波形图可见,函数在 $t=0$ 时发生跃变,即从 $t=0_-$ 到 0_+,函数值从 0 跃变到 1。

图 6.4.1(b)表示的是一种在 $t=t_0$ 处由 0 跃变到 1 的单位阶跃波形,称为延迟单位阶跃波形,其数学表达式为

$$\varepsilon(t-t_0)=\begin{cases}0 & \text{当 } t<t_0\\ 1 & \text{当 } t>t_0\end{cases} \tag{6.4.2}$$

ε(t)　1　0　t　(a)

ε(t−t0)　1　0　t0　t　(b)

图 6.4.1 单位阶跃波形和延迟单位阶跃波形

单位阶跃函数具有信号起始作用,可以用来规定任意波形的起始点。任何一个函数 $f(t)$乘以单位阶跃函数后,其乘积在单位阶跃跳变之前为零,而在单位阶跃跳变之后则为 $f(t)$,即

$$f(t)\varepsilon(t)=\begin{cases}0 & \text{当 } t<0\\ f(t) & \text{当 } t>0\end{cases} \tag{6.4.3a}$$

和

$$f(t)\varepsilon(t-t_0)=\begin{cases}0 & \text{当 } t<t_0\\ f(t) & \text{当 } t>t_0\end{cases} \tag{6.4.3b}$$

利用上述性质可以简化电路的分析。例如，图 6.4.2(a)所示电路可以用不带开关 S 的电路来替代，如图 6.4.2(b)所示。因此，单位阶跃函数也称为开关函数。

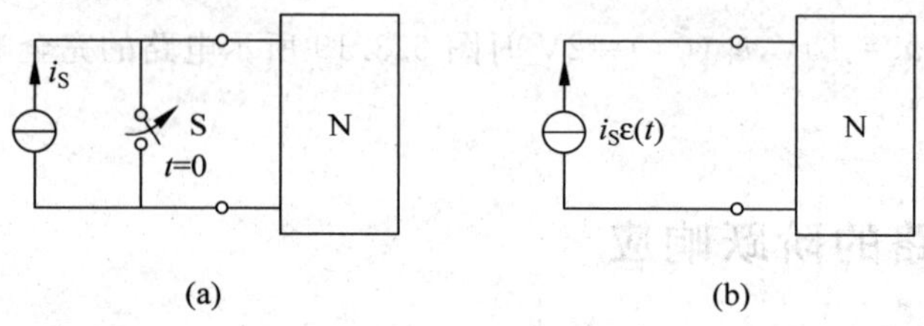

图 6.4.2　单位阶跃函数的开关功能表示

单位阶跃函数还可以用来表示其他的波形或函数。例如，对图 6.4.3(a)所示的单位脉冲函数 $p_\Delta(t)$，可以用单位阶跃函数表示为

$$p_\Delta(t)=\frac{1}{\Delta}[\varepsilon(t)-\varepsilon(t-\Delta)] \tag{6.4.4}$$

对图 6.4.3(b)所示的只在 $t>0$ 取值的正弦波形，可以用单位阶跃函数表示为

$$f(t)=A_m\sin(\omega t)\varepsilon(t) \tag{6.4.5}$$

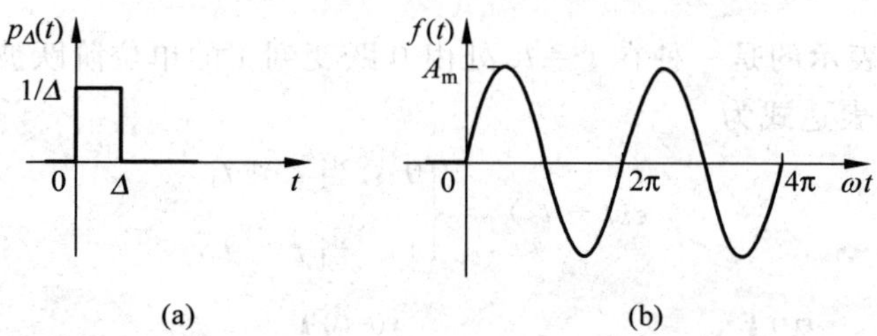

图 6.4.3　$t>0$ 取值的正弦波形

2. 一阶电路的阶跃响应

电路在单位阶跃电源激励下的零状态响应称为**单位阶跃响应**(unit step response)。单位阶跃响应常用符号 $s(t)$表示。

图 6.4.4 所示电路中 $u_C(0_-)=0$，仅由电流源 $i_S=\varepsilon(t)$ 引起的 RC 并联电路的响应(电压或电流)，即为单位阶跃响应。根据基尔霍夫定律和元件电压-电流关系，可求得单位阶跃响应电容电压 u_C 的电路方程为

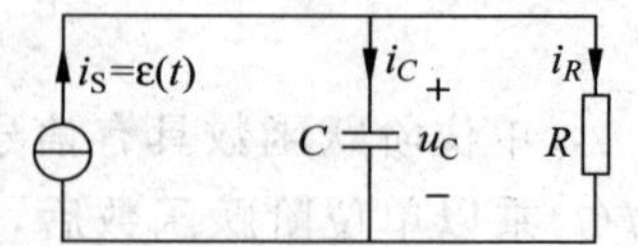

图 6.4.4　单位阶跃作用下的 RC 电路

$$C\frac{\mathrm{d}u_C}{\mathrm{d}t}+\frac{1}{R}u_C=i_S \tag{6.4.6}$$

根据阶跃函数的定义，在 $t=0_-$ 到 $t=0_+$ 瞬间电流源电流从 0 跳变到 1。又根据换路定律，$u_C(0_+)=u_C(0_-)=0$。因此，式(6.4.6)可表示为

$$C\frac{\mathrm{d}u_C}{\mathrm{d}t}+\frac{1}{R}u_C=1 \tag{6.4.7}$$

参照 6.3.2 小节的方法可得单位阶跃响应 u_C 为

$$s(t)=u_C=R(1-\mathrm{e}^{-\frac{t}{RC}})\varepsilon(t) \tag{6.4.8}$$

由 u_C 可求得单位阶跃响应电阻电流 i_R 和电容电流 i_C 为

$$i_R=\frac{u_C}{R}=(1-\mathrm{e}^{-\frac{t}{RC}})\varepsilon(t) \tag{6.4.9}$$

$$i_C=\varepsilon(t)-i_R=\mathrm{e}^{-\frac{t}{RC}}\varepsilon(t) \tag{6.4.10}$$

图 6.4.5 所示为电流源 i_S 输入的单位阶跃波形，以及单位阶跃响应电容电压 u_C、电阻电流 i_R 和电容电流 i_C 的波形。

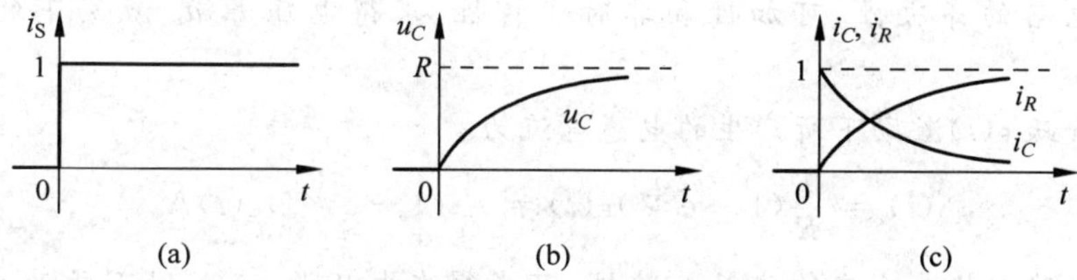

图 6.4.5　*RC* 并联电路阶跃响应

(a) 单位阶跃波形；(b) 电容电压波形；(c) 电容电流、电阻电流波形

如果图 6.4.4 电路的电流源延迟 t_0 作用，即 $i_S=\varepsilon(t-t_0)$，那么在线性非时变电路中，激励延迟 t_0，响应也延迟 t_0。此时对延迟单位阶跃 $\varepsilon(t-t_0)$ 的电容电压响应为

$$u_C=R(1-\mathrm{e}^{-\frac{t-t_0}{RC}})\varepsilon(t-t_0) \tag{6.4.11}$$

电容电流、电阻电流分别为

$$i_R=(1-\mathrm{e}^{-\frac{t-t_0}{RC}})\varepsilon(t-t_0) \tag{6.4.12}$$

$$i_C=\mathrm{e}^{-\frac{t-t_0}{RC}}\varepsilon(t-t_0) \tag{6.4.13}$$

图 6.4.6 所示为线性非时变电路中的延迟单位阶跃激励、延迟单位阶跃响应波形。

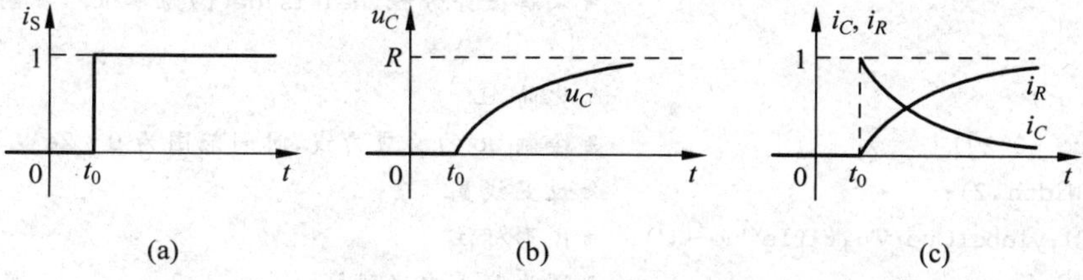

图 6.4.6　电路的非时变特性

(a) 延迟单位阶跃波形；(b) 延迟阶跃响应电容电压波形；(c) 延迟阶跃响应电容电流、电阻电流波形

电路的这种性质称为线性非时变电路的非时变特性，也称为延迟特性。

【例 6.4.1】 在图 6.4.7(a)所示 RL 电路中，电压源 u_S 的波形如图 6.4.7(b)所示。试求零状态响应 u_o 并绘制相应波形。

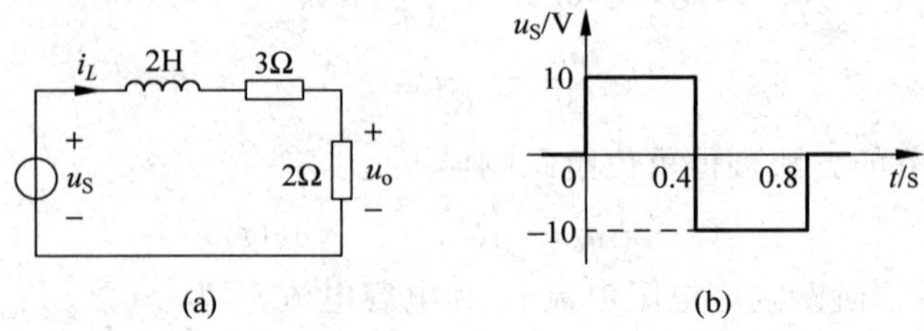

图 6.4.7　例 6.4.1

解　图 6.4.7(b)所示脉冲电压可表示为阶跃电压 $\varepsilon(t)$ 与延迟阶跃电压之叠加，即

$$u_S = 10\varepsilon(t) - 20\varepsilon(t-0.4) + 10\varepsilon(t-0.8)$$

于是本例成为求解阶跃响应与延迟阶跃响应之叠加。可先求出单位阶跃响应，然后根据线性非时变电路的齐次性、可加性和非时变特性，求得电压源 u_S 激励下的零状态响应 u_o。

在单位阶跃 $\varepsilon(t)$ 激励下所产生的电感电流为

$$s(t) = \frac{1}{R}(1-e^{-\frac{R}{L}t})\varepsilon(t) = \frac{1}{5}(1-e^{-2.5t})\varepsilon(t)\,\text{A}$$

根据非时变电路零状态响应的非时变特性，可求得在电压源 u_S 激励下所产生的电感电流为

$$\begin{aligned} i_L &= \left[\frac{10}{5}(1-e^{-2.5t})\varepsilon(t) - \frac{20}{5}(1-e^{-2.5(t-0.4)})\varepsilon(t-0.4) + \frac{10}{5}(1-e^{-2.5(t-0.8)})\varepsilon(t-0.8)\right]\text{A} \\ &= [2(1-e^{-2.5t})\varepsilon(t) - 4(1-e^{-2.5(t-0.4)})\varepsilon(t-0.4) + 2(1-e^{-2.5(t-0.8)})\varepsilon(t-0.8)]\text{A} \end{aligned}$$

最后求得零状态响应 u_o 为

$$u_o = 2i_L = [4(1-e^{-2.5t})\varepsilon(t) - 8(1-e^{-2.5(t-0.4)})\varepsilon(t-0.4) + 4(1-e^{-2.5(t-0.8)})\varepsilon(t-0.8)]\text{V}$$

其波形由 MATLAB 程序给出。

MATLAB 计算程序：

```
%采用 MATLAB 求解例 6.4.1
iL = dsolve('2 * DiL + 5 * iL = 10 * heaviside(t) - 20 * heaviside(t - 0.4) + 10 * heaviside(t - 0.8)','iL(0) = 0');
                                        %求解微分方程,heaviside(t)为单位阶跃函数
uo = 2 * iL;
uo = simple(uo)                         %化简 iL
h = ezplot(uo,[0,2])                    %绘制 uo 的响应曲线,时间范围为 0～2s
set(h,'LineWidth',2);                   %设置线宽
xlabel('t/s');ylabel('uo/V');title('uo～t');  %图形标注
grid on;                                %图形加上虚线网格
```

计算结果：

uo = 4 * heaviside(t) - 4 * exp(- 5/2 * t) * heaviside(t) - 8 * heaviside(t - 2/5) + 8 * heaviside(t - 2/5) * exp(- 5/2 * t + 1) + 4 * heaviside(t - 4/5) - 4 * heaviside(t - 4/5) * exp(- 5/2 * t + 2)

u_o的波形如下所示。

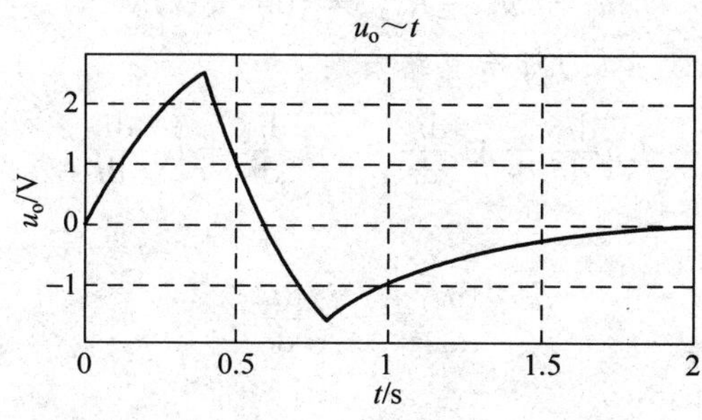

【例 6.4.2】 在图 6.4.8(a)所示电路中，$R=2\Omega$，$L_1=1\text{H}$，$L_2=5\text{H}$，$M=2\text{H}$，$u_S=10\varepsilon(t)\text{V}$，试求阶跃响应 i_0、u_0、i_1 和 i_2。

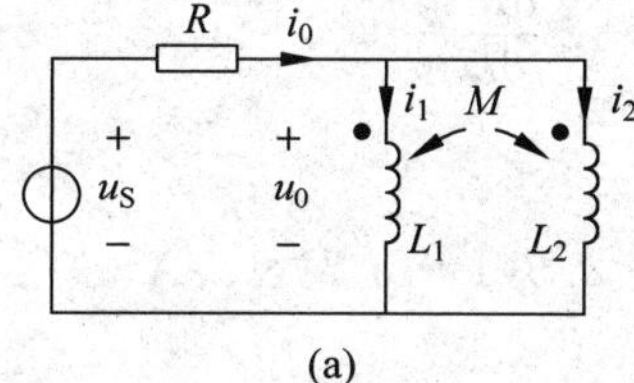

(a)

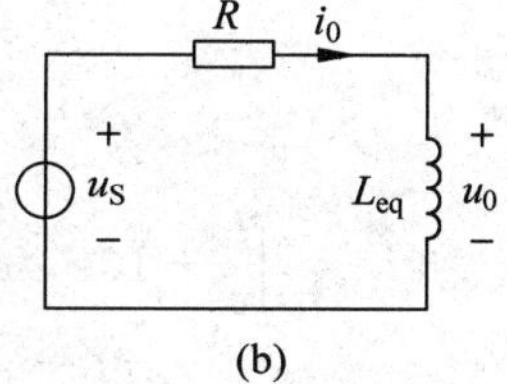

(b)

图 6.4.8　例 6.4.2

解　根据题意，阶跃电压源接入电路时，电路处于零状态，即初始值 $i_0(0_+)=i_0(0_-)=0$。由式(3.2.29)，图 6.4.8(a)电路中的耦合电感元件可以用等效电感 L_{eq}替代，即

$$L_{eq}=\frac{L_1L_2-M^2}{L_1+L_2-2M}=0.5\text{H}$$

于是，图 6.4.8(a)电路可简化成图 6.4.8(b)所示电路。

根据基尔霍夫定律和支路电压-电流关系，电路方程为

$$L_{eq}\frac{\mathrm{d}i_0}{\mathrm{d}t}+Ri_0=u_S$$

代入具体参数，得

$$\frac{1}{2}\frac{\mathrm{d}i_0}{\mathrm{d}t}+2i_0=10$$

齐次解为

$$i_{0h}=K\mathrm{e}^{-4t}$$

特解为

$$i_{0p}=\frac{u_S}{R}=5$$

根据初始值求待定系数，得 $K=5$，于是有

$$i_0 = 5(1-\mathrm{e}^{-4t})\varepsilon(t)\,\mathrm{A}$$

根据 KVL，由 i_0 可求得 u_0 为

$$u_0 = u_S - Ri_0 = 10\mathrm{e}^{-4t}\varepsilon(t)\,\mathrm{V}$$

为求 i_1 和 i_2，由图 6.4.8 (a)所示电路有

$$L_1\frac{\mathrm{d}i_1}{\mathrm{d}t}+M\frac{\mathrm{d}i_2}{\mathrm{d}t}=M\frac{\mathrm{d}i_1}{\mathrm{d}t}+L_2\frac{\mathrm{d}i_2}{\mathrm{d}t}$$

即

$$\frac{\mathrm{d}i_1}{\mathrm{d}t}=-3\frac{\mathrm{d}i_2}{\mathrm{d}t}$$

根据 KCL，$i_0=i_1+i_2$，则有

$$\frac{\mathrm{d}i_0}{\mathrm{d}t}=\frac{\mathrm{d}i_1}{\mathrm{d}t}+\frac{\mathrm{d}i_2}{\mathrm{d}t}$$

所以

$$20\mathrm{e}^{-4t}=-2\frac{\mathrm{d}i_2}{\mathrm{d}t}$$

由于 $i_2(0)=0$，有

$$i_2=\int_0^t -10\mathrm{e}^{-4t}\mathrm{d}t=-2.5(1-\mathrm{e}^{-4t})\varepsilon(t)\,\mathrm{A}$$

根据 KCL，可求得

$$i_1=i_0-i_2=7.5(1-\mathrm{e}^{-4t})\varepsilon(t)\,\mathrm{A}$$

【思考与练习】

6.4.1 试用阶跃函数表示图 6.4.9 所示波形。[$3\varepsilon(t)-6\varepsilon(t-2)+3\varepsilon(t-4)$；$4\varepsilon(t)-4\varepsilon(t-1)+4\varepsilon(t-2)-4\varepsilon(t-3)+\cdots$]

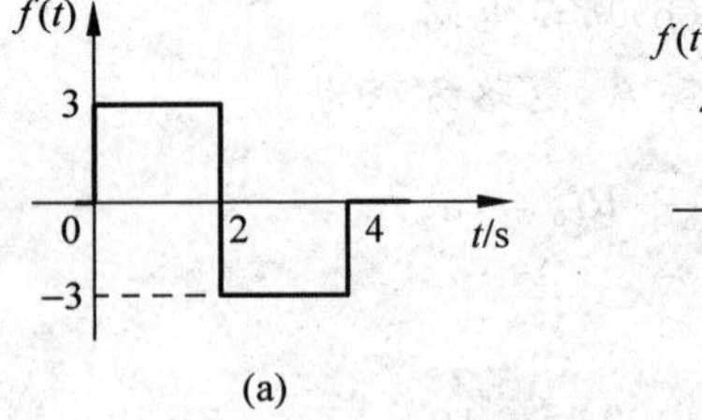

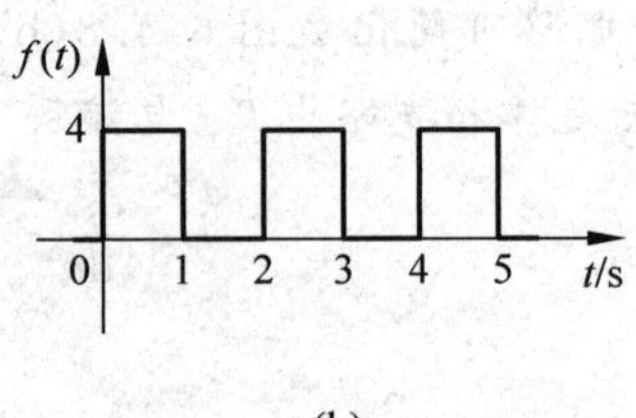

图 6.4.9 思考与练习 6.4.1

6.4.2 阶跃响应在零状态条件下加以定义，你是怎么理解的？

6.4.3 已知电路如图 6.4.10(a)所示，u_S 的波形如图 6.4.10(b)所示，试求电流 i。([$0.4\mathrm{e}^{-1.2(t-1)}\varepsilon(t-1)-0.4\mathrm{e}^{-1.2(t-4)}\varepsilon(t-4)$]V)

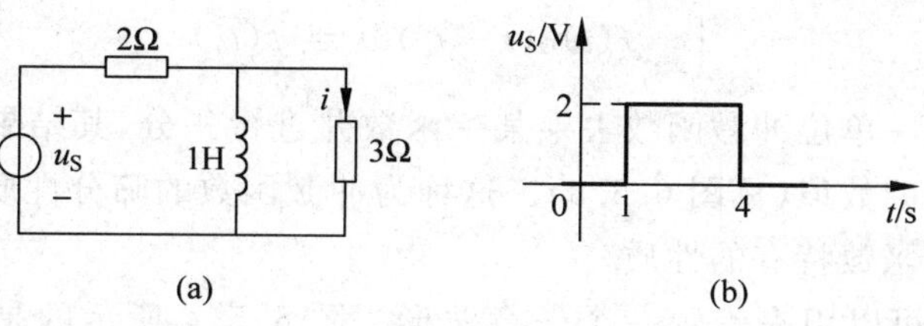

图 6.4.10　思考与练习 6.4.3

6.5　一阶电路的冲激响应

1. 单位冲激函数

单位冲激函数又称**狄拉克**(Dirac)函数，用符号 $\delta(t)$ 表示，其定义为

$$\begin{cases}\delta(t)=0 \quad t\neq 0\\ \int_{-\infty}^{\infty}\delta(t)\mathrm{d}t=1\end{cases} \tag{6.5.1}$$

单位冲激函数的图形如图 6.5.1 所示，箭标旁注的数值 1 表示式(6.5.1)中的积分值，称为冲激函数的强度。式中积分上、下限也可写作 $+\sigma$、$-\sigma(\sigma>0)$，或 0_+、0_-。

由于单位冲激函数和单位脉冲函数表示的波形面积都为 1，所以可以认为单位冲激函数 $\delta(t)$ 是单位脉冲函数 $p_\Delta(t)$ 在 $\Delta\to 0$ 时的极限，即

$$\lim_{\Delta\to 0}p_\Delta(t)=\delta(t) \tag{6.5.2}$$

$K\delta(t)$ 表示发生在 $t=0$ 处、强度为 K 的冲激函数。如果表示电流源，则 $K\delta(t)$ 的单位为 A，K 的单位为 A·s，即 C(库仑)；如果表示电压源，则 $K\delta(t)$ 的单位为 V，K 的单位为 V·s，即 Web(韦伯)。

同样，$\delta(t-t_0)$ 表示在 $t=t_0$ 处的单位冲激函数，称为延迟单位冲激函数，其图形如图 6.5.2 所示。

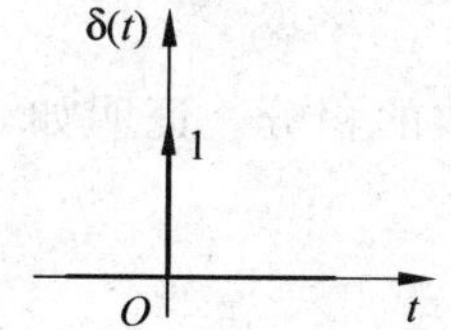

图 6.5.1　单位冲激波形

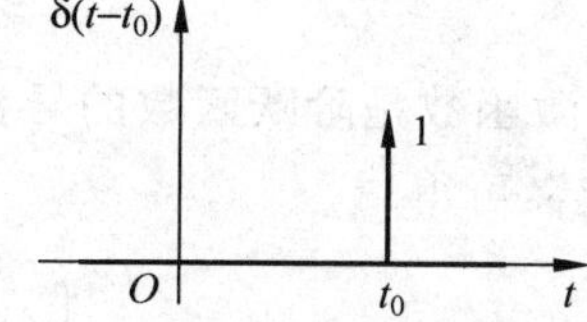

图 6.5.2　延迟单位冲激波形

冲激函数具有一些重要性质。

(1) 筛分性质　对任一在 $t=0$ 处连续的函数 $f(t)$ 满足

$$\int_{-\infty}^{\infty}f(t)\delta(t)\mathrm{d}t=f(0) \tag{6.5.3a}$$

类似地，还可得到

$$\int_{-\infty}^{\infty} f(t)\delta(t-t_0)\mathrm{d}t = f(t_0) \tag{6.5.3b}$$

式(6.5.3)表明，用一单位冲激函数去乘某一函数并进行积分，其结果等于被乘函数在单位冲激函数所在处的数值(见图 6.5.3)。这称为冲激函数的筛分性质(或抽样性质)。筛分性质是单位冲激函数特有的性质。

(2) 冲激函数可以用来表示一个任意波形。图 6.5.4 所示的是一任意形状的波形 $f(t)$，显然它可以用许多脉冲波形叠加而成的阶梯波形 $f_a(t)$ 来逼近。将时间轴在 $0\sim t$ 之间均匀分成 n 段，其间隔为 $\Delta=t/n$，于是 $f_a(t)$ 可表示成

$$f_a(t) = \sum_{k=0}^{n-1} f(k\Delta)p_\Delta(t-k\Delta)\Delta \tag{6.5.4}$$

即 $f_a(t)$ 可以表示成 n 个面积不同、延迟时间不同、延迟间隔相同的脉冲波形(脉冲序列)的叠加。其中单位脉冲函数 $p_\Delta(t-k\Delta)$ 的表达式为

$$p_\Delta(t-k\Delta) = \begin{cases} 0 & t < k\Delta \\ \dfrac{1}{\Delta} & k\Delta < t < (k+1)\Delta \\ 0 & (k+1)\Delta < t \end{cases} \tag{6.5.5}$$

当取 $n\to\infty$ 时，有 $f_a(t)\to f(t)$，将各项求和变成积分，可得

$$f(t) = \int_0^t f(\tau)\delta(t-\tau)\mathrm{d}\tau \tag{6.5.6}$$

即任意波形可表示成由无限多个强度各异并依次连续出现的冲激波形(冲激序列)之和。

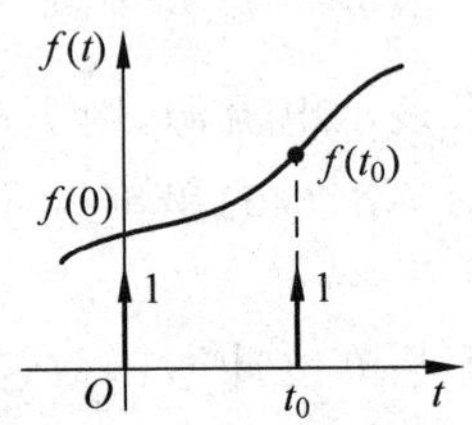

图 6.5.3 冲激函数的筛分性质

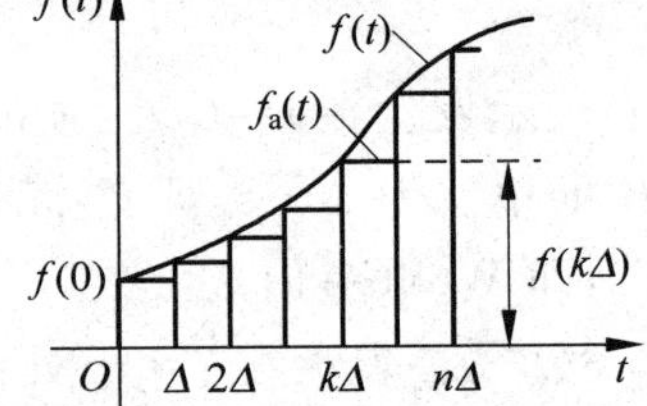

图 6.5.4 任意波形看成是一系列脉冲波形的叠加

(3) 冲激函数是阶跃函数的导数，阶跃函数是冲激函数的积分。证明如下：根据冲激函数的定义可得

$$\int_{-\infty}^{t} \delta(\tau)\mathrm{d}\tau = \begin{cases} 1 & t > 0 \\ 0 & t < 0 \end{cases} \tag{6.5.7}$$

因此有

$$\int_{-\infty}^{t} \delta(\tau)\mathrm{d}\tau = \varepsilon(t) \tag{6.5.8}$$

从而可得

$$\frac{\mathrm{d}}{\mathrm{d}t}\varepsilon(t) = \delta(t) \tag{6.5.9}$$

2. *RC* 并联电路的冲激响应

电路在单位冲激电源激励下的零状态响应称为**单位冲激响应**(unit impulse response)。单位冲激响应常用符号 $h(t)$表示。

图 6.5.5 所示电路中 $u_C(0_-)=0$,仅由电流源 $i_S=\delta(t)$ 引起的 *RC* 并联电路的响应(电压或电流),即为单位冲激响应。根据基尔霍夫定律和元件电压-电流关系,可求得单位冲激响应 u_C 的电路方程为

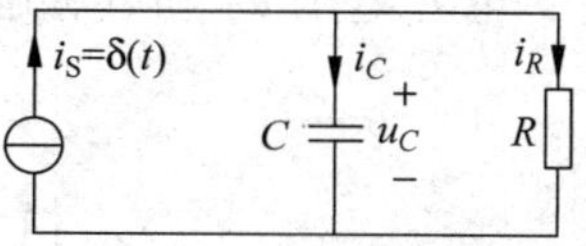

图 6.5.5 单位冲激激励下的 *RC* 电路

$$C\frac{\mathrm{d}u_C}{\mathrm{d}t}+\frac{1}{R}u_C=i_S \tag{6.5.10}$$

根据单位冲激函数的定义,在 $t=0$ 时,一个无限大的电流在一个无限小的时间间隔内通过电路。此时将引起电容电压 u_C 在 $t=0$ 时刻的有限跳变。如果 $i_S=\delta(t)$引起电容电压 u_C 在 $t=0$ 时刻为无限跳变,那么在 u_C 的求导项将出现冲激函数的导数,方程(6.5.10)两边就不相等。由于在 $t\geqslant0_+$ 时冲激函数 $\delta(t)$恒等于零,可把冲激响应理解为是起始于 $t=0_+$ 的零输入响应,而引起这个零输入响应的是 $t=0$ 瞬间的冲激 $\delta(t)$在 $t=0_+$ 时建立的电路的初始状态 $u_C(0_+)$。

电路的初始状态,即 $u_C(0_+)$,可通过对方程(6.5.10)的两边从 $t=0_-$ 到 $t=0_+$ 进行积分求取

$$\int_{0_-}^{0_+}C\frac{\mathrm{d}u_C}{\mathrm{d}t}\mathrm{d}t+\int_{0_-}^{0_+}\frac{1}{R}u_C\mathrm{d}t=\int_{0_-}^{0_+}\delta(t)\mathrm{d}t \tag{6.5.11}$$

其结果为

$$Cu_C(0_+)-Cu_C(0_-)+\int_{0_-}^{0_+}\frac{1}{R}u_C\mathrm{d}t=1 \tag{6.5.12}$$

在图 6.5.5 所示 *RC* 并联电路中,电压 u_C 是有限量,因此

$$\int_{0_-}^{0_+}\frac{1}{R}u_C(t)\mathrm{d}t=0 \tag{6.5.13}$$

将上式代入式(6.5.12),可得

$$u_C(0_+)=\frac{1}{C} \tag{6.5.14}$$

上式说明,当单位冲激电流流经电容 C 时,在电容上产生 $1/C$ 的跳变电压,或者说,当 $t=0$ 时,单位冲激电流与一电容 C 并联,将从 0_- 到 0_+ 使电容充电到 $u_C(0_+)=1/C$。当 $t\geqslant0_+$ 时,单位冲激 $\delta(t)=0$,电路成为由电容初始值 $u_C(0_+)=1/C$ 引起的零输入响应。此时的电路方程为

$$C\frac{\mathrm{d}u_C}{\mathrm{d}t}+\frac{1}{R}u_C=0 \tag{6.5.15}$$

方程的解为

$$h(t)=u_C=\frac{1}{C}\mathrm{e}^{-\frac{t}{RC}}\varepsilon(t) \tag{6.5.16}$$

由 u_C 可求得电阻电流 i_R 和电容电流 i_C 为

$$i_R = \frac{u_C}{R} = \frac{1}{RC}\mathrm{e}^{-\frac{t}{RC}}\varepsilon(t) \tag{6.5.17}$$

$$i_C = C\frac{\mathrm{d}u_C}{\mathrm{d}t} = \delta(t) - \frac{1}{RC}\mathrm{e}^{-\frac{t}{RC}}\varepsilon(t) \tag{6.5.18}$$

电容电压 u_C 和电容电流 i_C 的波形示于图 6.5.6。

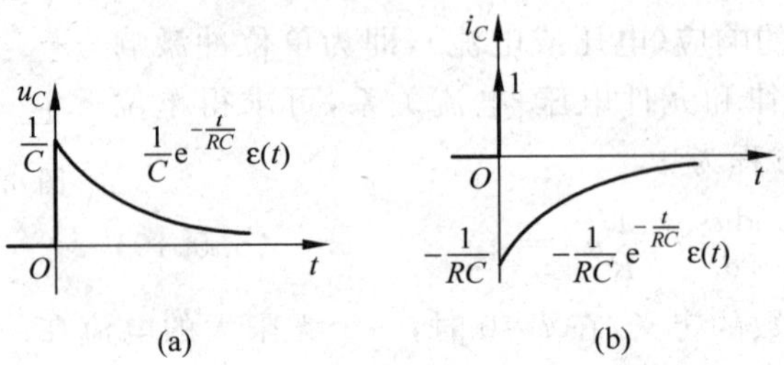

图 6.5.6　*RC* 并联电路的冲激响应

(a) 电容电压波形；(b) 电容电流波形

3. *RL* 串联电路的冲激响应

图 6.5.7 所示电路为一个在单位冲激电压源 $u_S=\delta(t)$ 激励下的 *RL* 串联电路。电路中 $i_L(0_-)=0$，在 $t\geqslant 0_+$ 时电路中的电压、电流就是单位冲激响应。根据基尔霍夫定律和元件电压-电流关系，可求得单位冲激响应 i_L 的电路方程为

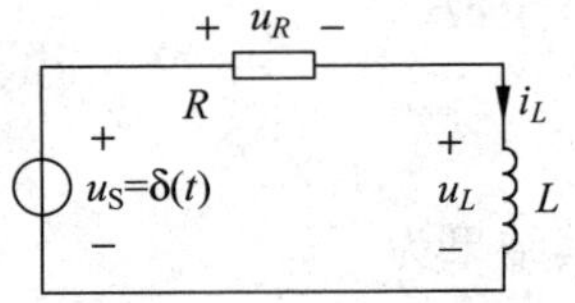

$$L\frac{\mathrm{d}i_L}{\mathrm{d}t} + Ri_L = \delta(t) \tag{6.5.19}$$

图 6.5.7　单位冲激激励下的 *RL* 电路

根据单位冲激函数的定义，在 $t=0$（或 t 从 0_- 到 0_+）时，一个无限大的电压加到电感元件两端，引起电感电流在 $t=0$ 时的有限跳变。冲激 $\delta(t)$ 在 $t=0_+$ 时建立的电路的初始状态，即电感电流 $i_L(0_+)$，可通过对方程(6.5.19)的两边从 $t=0_-$ 到 $t=0_+$ 进行积分求取，即

$$\int_{0_-}^{0_+} L\frac{\mathrm{d}i_L}{\mathrm{d}t}\mathrm{d}t + \int_{0_-}^{0_+} Ri_L\,\mathrm{d}t = \int_{0_-}^{0_+}\delta(t)\,\mathrm{d}t \tag{6.5.20}$$

从而得到

$$i_L(0_+) = \frac{1}{L} \tag{6.5.21}$$

于是得到单位冲激响应电感电流为

$$h(t) = i_L = \frac{1}{L}\mathrm{e}^{-\frac{R}{L}t}\varepsilon(t) \tag{6.5.22}$$

单位冲激响应电感电压为

$$u_L = L\frac{\mathrm{d}i_L}{\mathrm{d}t} = \delta(t) - \frac{R}{L}\mathrm{e}^{-\frac{R}{L}t}\varepsilon(t) \tag{6.5.23}$$

电感电流 i_L 和电感电压 u_L 波形示于图 6.5.8。

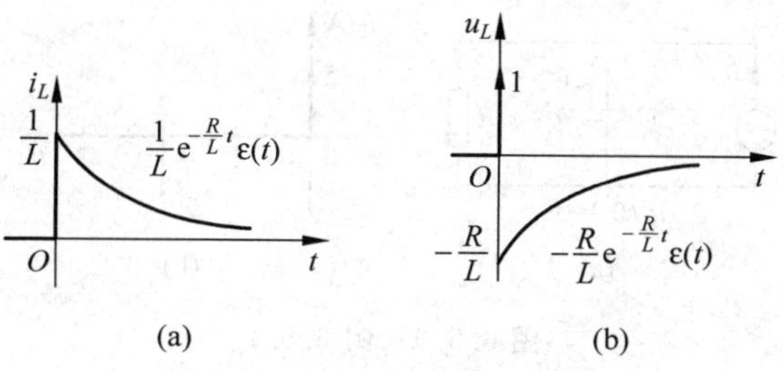

图 6.5.8 *RL* 串联电路的冲激响应

(a) 电感电流波形；(b) 电感电压波形

4. 冲激响应与阶跃响应的关系

由上面讨论可知，冲激函数是阶跃函数的导数，阶跃函数是冲激函数的积分。其实，一个线性电路的冲激响应与阶跃响应之间也存在类似的关系，也就是说，冲激响应是阶跃响应的导数，即

$$h(t)=\frac{\mathrm{d}s(t)}{\mathrm{d}t} \tag{6.5.24}$$

或者，阶跃响应是冲激响应的积分，为

$$s(t)=\int_{-\infty}^{t}h(\tau)\mathrm{d}\tau \tag{6.5.25}$$

现在来证明冲激响应与阶跃响应之间的上述相互关系。

由式(6.4.4)和式(6.5.2)可知

$$\delta(t)=\lim_{\Delta\to 0}\frac{1}{\Delta}[\varepsilon(t)-\varepsilon(t-\Delta)] \tag{6.5.26}$$

根据线性非时变电路的齐次性、可加性和非时变特性，$\varepsilon(t)/\Delta$ 对应的零状态响应为 $s(t)/\Delta$，$\varepsilon(t-\Delta)/\Delta$ 对应的零状态响应为 $s(t-\Delta)/\Delta$。因此 $\delta(t)$ 对应的零状态响应，即单位冲激响应为

$$h(t)=\lim_{\Delta\to 0}\frac{1}{\Delta}[s(t)-s(t-\Delta)]=\frac{\mathrm{d}s(t)}{\mathrm{d}t} \tag{6.5.27}$$

于是

$$s(t)=\int_{-\infty}^{t}h(\tau)\mathrm{d}\tau \tag{6.5.28}$$

证毕。

根据冲激响应与阶跃响应之间上述相互关系，在已知电路阶跃响应的情况下，可对其求导来获得冲激响应；在已知电路冲激响应的情况下，可对其积分来求得阶跃响应。

【例 6.5.1】 在图 6.5.9(a)电路中，$u_C(0_-)=0$，$C=2\mathrm{F}$，$R=1\Omega$，电流源波形如图 6.5.9(b)所示，试求 u_C 并绘制响应曲线。

解 先求出单位冲激响应，然后根据线性非时变电路的齐次性、可加性和非时变特性，求出响应 u_C，最后用分段方法表示解的结果。

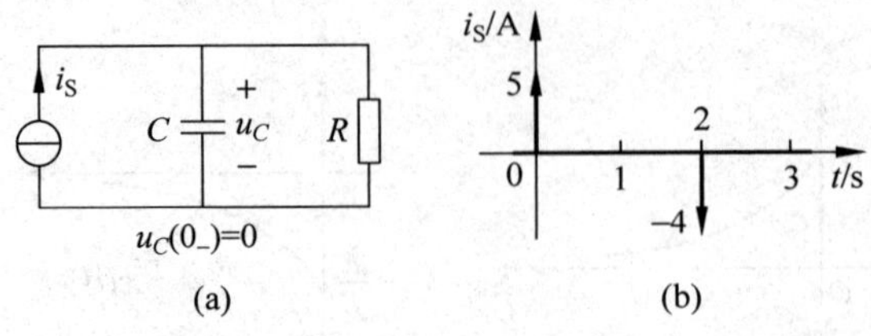

图 6.5.9　例 6.5.1

根据前面对 RC 并联电路冲激响应所述，不难求得单位冲激响应

$$h(t)=\frac{1}{C}\mathrm{e}^{-\frac{t}{RC}}\varepsilon(t)$$

根据线性非时变电路的齐次性、可加性和非时变特性，响应 u_C 为

$$u_C=5h(t)-4h(t-2)=\frac{5}{C}\mathrm{e}^{-\frac{t}{RC}}\varepsilon(t)-\frac{4}{C}\mathrm{e}^{-\frac{t-2}{RC}}\varepsilon(t-2)$$

代入已知参数，并分段表示为

$0_+\leqslant t\leqslant 2_-$　　$u_C=2.5\mathrm{e}^{-t/2}\,\mathrm{V}$

$2_+\leqslant t$　　$u_C=(2.5\mathrm{e}^{-t/2}-2\mathrm{e}^{-(t-2)/2})\,\mathrm{V}=(2.5\mathrm{e}^{-1}-2)\mathrm{e}^{-(t-2)/2}\,\mathrm{V}=-1.08\mathrm{e}^{-(t-2)/2}\,\mathrm{V}$

u_C 的波形由 MATLAB 程序给出。

MATLAB 计算程序：

```
%采用 MATLAB 求解例 6.5.1
h1 = dsolve('2 * DuC + uC = dirac(t)','uC(-1) = 0');
                %求单位冲激响应,dirac(t)为单位冲激函数,uC(-1) = 0 中的 -1 可为任意负实数
h1 = diff(s);                                          %求单位冲激响应
h2 = dsolve('2 * DuC + uC = dirac(t - 2)','uC(0) = 0'); %求延时单位冲激响应,dirac(t)为单位冲激函数
uC = simple(5 * h1 - 4 * h2)                           %求响应 uC 并化简结果
h = ezplot(uC,[0,4])                                   %绘制 uC 的响应曲线,时间范围为 0~4s
set(h,'LineWidth',2);                                  %设置线宽
xlabel('t/s');ylabel('uC/V');title('uC~t');            %图形标注
grid on;                                               %图形加上虚线网格
```

计算结果：

```
uC = 1/2 * exp(-1/2 * t) * (5 * heaviside(t) - 4 * exp(1) * heaviside(t - 2))
```

相应波形如下：

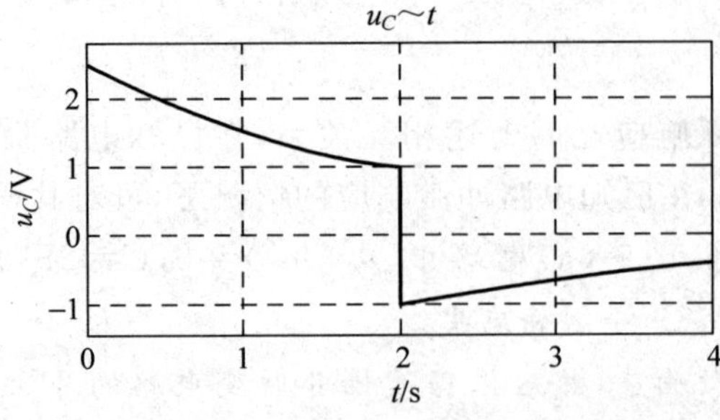

【思考与练习】

6.5.1 试求 RC 串联电路(图 6.3.8(b))在单位冲激电压源作用下电容电压和电流的冲激响应。$\left(\frac{1}{RC}\mathrm{e}^{-\frac{t}{RC}}\varepsilon(t)；\frac{1}{R}\left[\delta(t)-\frac{1}{RC}\mathrm{e}^{-\frac{t}{RC}}\varepsilon(t)\right]\right)$

*6.6 动态电路对任意输入的零状态响应(卷积积分)

线性非时变电路对输入为任意波形 $f(t)$的零状态响应,总可借助于电路的冲激响应 $h(t)$,采用卷积积分的方法求取。

设在 $t=0$ 时作用于线性动态电路的输入波形 $f(t)$如图 6.5.4 所示。现在的问题是求出电路对所有 $t>0$ 时的零状态响应 $y(t)$。

应用线性非时变电路的齐次性、可加性和非时变特性可知,如果激励 $\delta(t)$对应的零状态响应(即单位冲激响应)为 $h(t)$,则 $f(\tau)\delta(t-\tau)$对应的零状态响应为 $f(\tau)\ h(t-\tau)$,从而$\int_0^t f(\tau)\delta(t-\tau)\mathrm{d}\tau$ 对应的零状态响应为$\int_0^t f(\tau)h(t-\tau)\mathrm{d}\tau$。由式(6.5.6)可知,$\int_0^t f(\tau)\delta(t-\tau)\mathrm{d}\tau$ 等于激励 $f(t)$,因此 $f(t)$的零状态响应为

$$y(t)=\int_0^t f(\tau)h(t-\tau)\mathrm{d}\tau \tag{6.6.1}$$

式(6.6.1)所表示的积分称为**卷积积分**(convolution integral),简称**卷积**(convolution)。

卷积积分实际上是将任意输入波形理解成是由无穷多个幅度不同并依次连续出现的冲激序列所组成,每个 $\tau<t$ 时的冲激激励,都会在 $\tau=t$ 时有一个冲激响应,这些响应的总和即为 t 时刻电路对任意输入的零状态响应。

用卷积公式(6.6.1)进行积分时,积分下限是电路处于零状态的时刻(如 $\tau=0$),上限为指定时间 $\tau=t$,即需要计算响应值的时刻。卷积积分不能积分到 t 以外,因为 t 以后的输入并不影响 t 时刻响应。

卷积积分可简写成

$$y(t)=f(t)*h(t) \tag{6.6.2}$$

输入函数 $f(t)$和冲激响应 $h(t)$在卷积积分中的位置次序是可以交换的,或者说,它们在卷积积分中具有对称的性质。设 $t'=t-\tau$,则 $\tau=t-t'$,式(6.6.1)可表示成

$$y(t)=\int_t^0 f(t-t')h(t')\mathrm{d}(-t')=\int_0^t h(t')f(t-t')\mathrm{d}(t') \tag{6.6.3}$$

再将 t' 改为 τ 有

$$y(t)=\int_0^t h(\tau)f(t-\tau)\mathrm{d}(\tau)=h(t)*f(t) \tag{6.6.4}$$

利用卷积积分的上述性质可以使卷积运算简化。

卷积积分也是分析线性非时变动态电路的有效工具。当已知某一电路的冲激响应

时，即可用卷积公式求出该电路对任意输入的零状态响应。

【例 6.6.1】 在图 6.6.1(a)电路中，$R=1\Omega$，$L=1\text{H}$，电压源 u_S 波形如图 6.6.1(b)所示，试用卷积求零状态响应 i_L。

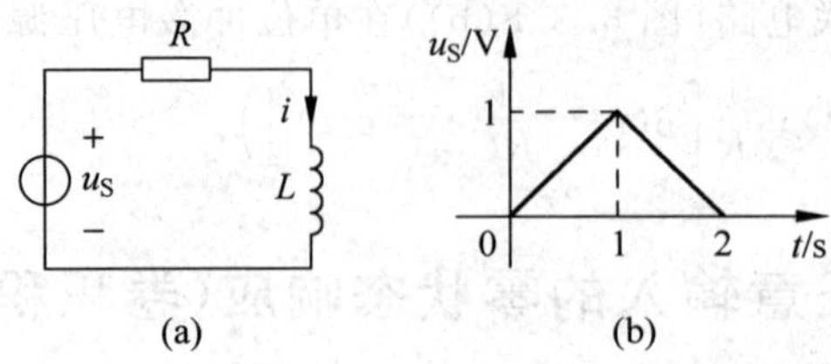

图 6.6.1 例 6.6.1

解 用卷积方法求零状态响应 i_L，首先要求出单位冲激响应电感电流 $h(t)$，然后再与电压源 u_S 卷积 $h(t)*u_S(t)$。为求单位冲激响应电感电流，可先求出单位阶跃响应电感电流 $s(t)$，然后用求导的方法求取。

图 6.6.1(a)电路的单位阶跃响应电感电流 $s(t)$ 为

$$s(t)=i=\frac{1}{R}(1-\mathrm{e}^{-\frac{t}{\tau}})\varepsilon(t)\,\text{A}=(1-\mathrm{e}^{-t})\varepsilon(t)\,\text{A}$$

单位冲激响应为

$$h(t)=\frac{\mathrm{d}s(t)}{\mathrm{d}t}=\mathrm{e}^{-t}\varepsilon(t)\,\text{A}$$

由图 6.6.1(b)，在 $0\leqslant t<1\text{s}$ 时间段里，$u_S=t$，根据式(6.6.3)，零状态响应为

$$i_L=\int_0^t h(t-\tau)u_S(\tau)\mathrm{d}\tau=\int_0^t \mathrm{e}^{-(t-\tau)}\times\tau\mathrm{d}\tau=\mathrm{e}^{-t}(\tau\mathrm{e}^{\tau}-\mathrm{e}^{\tau})\big|_0^t=(\mathrm{e}^{-t}+t-1)\,\text{A}$$

当 $1\text{s}\leqslant t<2\text{s}$ 时，$u_S=2-t$，根据式(6.6.3)可得

$$\begin{aligned}i_L&=\int_0^t h(t-\tau)u_S(\tau)\mathrm{d}\tau=\int_0^1 \mathrm{e}^{-(t-\tau)}\times\tau\mathrm{d}\tau+\int_1^t \mathrm{e}^{-(t-\tau)}\times(2-\tau)\mathrm{d}\tau\\&=\mathrm{e}^{-t}+\mathrm{e}^{-t}(3\mathrm{e}^{-\tau}-\tau\mathrm{e}^{-\tau})\big|_1^t=(\mathrm{e}^{-t}-2\mathrm{e}^{-(t-1)}+3-t)\,\text{A}\end{aligned}$$

当 $2\leqslant t<\infty$ 时，$u_S=0$，根据式(6.6.3)可得

$$\begin{aligned}i_L&=\int_0^t h(t-\tau)u_S(\tau)\mathrm{d}\tau=\int_0^1 \mathrm{e}^{-(t-\tau)}\times\tau\mathrm{d}\tau+\int_1^2 \mathrm{e}^{-(t-\tau)}\times(2-\tau)\mathrm{d}\tau\\&=\mathrm{e}^{-t}+\mathrm{e}^{-t}(3\mathrm{e}^{-\tau}-\tau\mathrm{e}^{-\tau})\big|_1^2=(\mathrm{e}^{-t}-2\mathrm{e}^{-(t-1)}+\mathrm{e}^{-(t-2)})\,\text{A}\end{aligned}$$

将上述响应用阶跃函数表示，可得

$$\begin{aligned}i_L=&\{(\mathrm{e}^{-t}+t-1)[\varepsilon(t)-\varepsilon(t-1)]+(\mathrm{e}^{-t}-2\mathrm{e}^{-(t-1)}+3-t)[\varepsilon(t-1)-\varepsilon(t-2)]\\&(\mathrm{e}^{-t}-2\mathrm{e}^{-(t-1)}+\mathrm{e}^{-(t-2)})\varepsilon(t-2)\}\,\text{A}\\=&[(\mathrm{e}^{-t}+t-1)\varepsilon(t)-2(\mathrm{e}^{1-t}+t-2)\varepsilon(t-1)+(\mathrm{e}^{2-t}+t-3)\varepsilon(t-2)]\,\text{A}\end{aligned}$$

零状态响应 i_L 的波形由 MATLAB 程序给出。

MATLAB 计算程序：

```
%采用 MATLAB 求解例 6.6.1
T = 0.001;                                          %设定计算的时间间隔(采样周期)
t = 1e-6: T: 3;                                     %设定计算的时间范围为 0+～3s,0+用 1e-6 表示
h = dsolve('DiL + iL = dirac(t)','iL(-1) = 0')      %求单位冲激响应,iL(-1)=0 中的-1 可为任意负实数
h = subs(h);                                        %单位冲激响应离散化
iS = [(1e-6:T:1),2-(1+T:T:2),0*(2+T:T:3)];          %设置激励
iL = conv(h,iS) * T;                                %计算卷积
subplot(3,1,1); plot(t,iS)                          %绘制激励的曲线
set(h1,'LineWidth',2);                              %设置线宽
ylabel('iS(t)');                                    %加坐标标注
grid on;                                            %图形加上虚线网格
subplot(3,1,2); plot(t,h)                           %绘制单位冲激响应的曲线
set(h2,'LineWidth',2);                              %设置线宽
ylabel('h(t)');
grid on;
subplot(3,1,3); plot(t,iL(1: length(t)))            %绘制 iL 响应的曲线
set(h3,'LineWidth',2);                              %设置线宽
xlabel('t');                                        %加坐标标注
ylabel('iL(t)');
grid on;
```

计算结果：

h = exp(-t) * heaviside(t)

相应波形如下：

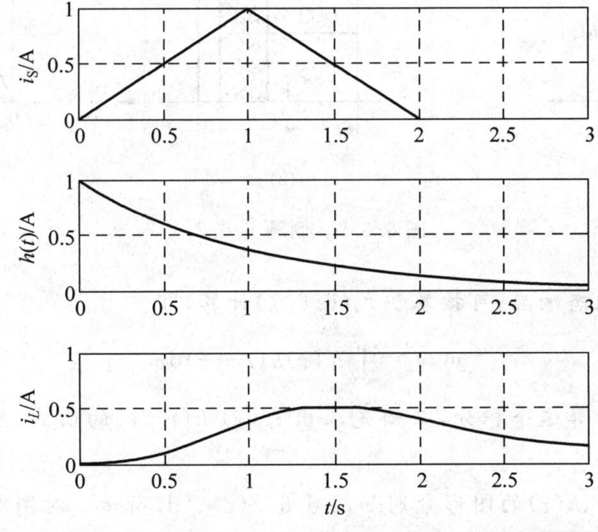

卷积积分实质上是求函数 $f(\tau)h(t-\tau)$ 在 τ 由 0 到 t 的定积分，只不过被积函数还与积分上限有关。根据定积分的几何意义，函数在 0 到 t 区间内的定积分值，取决于被积函

数 $f(\tau)h(t-\tau)$的曲线在该区间内与时间轴之间所限定的面积。因此，卷积积分可以用图解方法来计算线性非时变电路的零状态响应，下面举例加以说明。

【例 6.6.2】 某线性非时变电路在 $t=0$ 时刻接入的输入波形 i_S 如图 6.6.2(a)所示，电路的冲激响应 $h(t)$如图 6.6.2 (b)所示，试求零状态响应 $y(t)$。

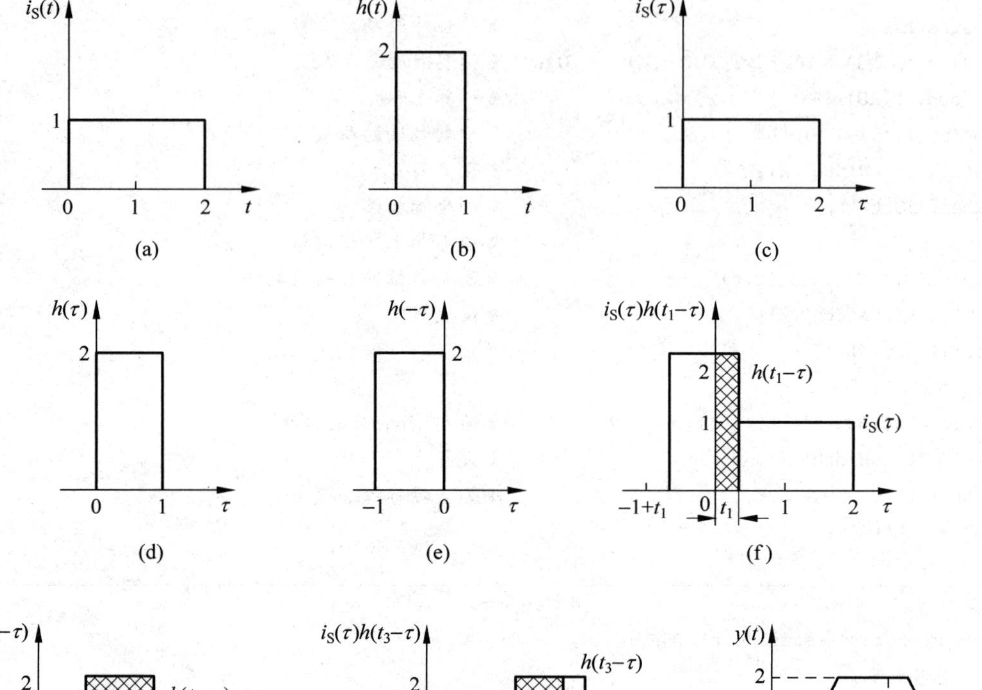

(g)

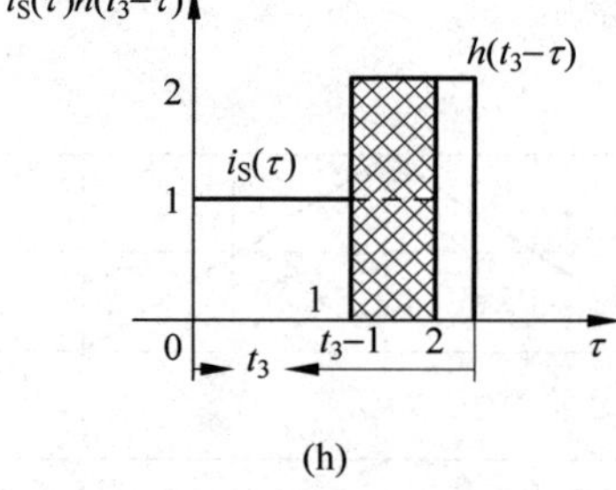

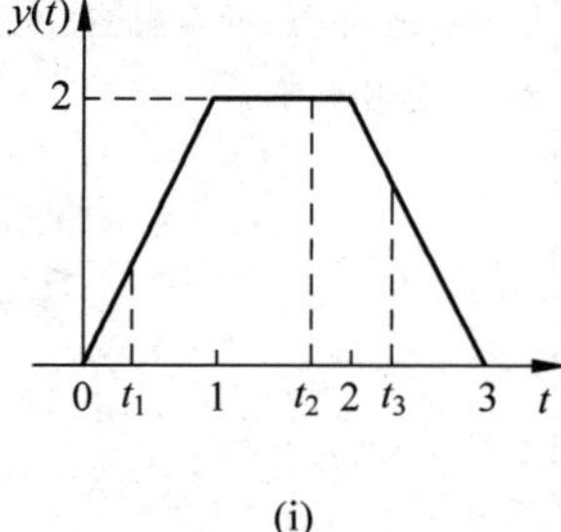

图 6.6.2 例题 6.6.2

解 电路的零状态响应，可按卷积式(6.6.1)计算，即

$$y(t)=\int_0^t i_S(\tau)h(t-\tau)\mathrm{d}\tau$$

为用图解方法计算这个积分，必须先求出 $i_S(\tau)\ h(t-\tau)$的曲线，然后求出该曲线下的面积。

首先，作出 $i_S(\tau)$、$h(\tau)$的图形分别如图 6.6.2(c)、(d)所示。对图 6.6.2(d)沿纵轴折叠得到图 6.6.2(e)的 $h(-\tau)$，它是 $h(\tau)$对纵轴的镜像。再使 $h(-\tau)$向右平移 t，得到 $h(t-\tau)$，如图 6.6.2(f)～(h)所示，它们分别表示 t 的三个不同时刻 t_1、t_2、t_3 时的 $h(t-\tau)$。然后，将图 6.6.2(f)～(h)中的 $i_S(\tau)$与$h(t-\tau)$相乘，得到乘积 $i_S(\tau)h(t-\tau)$。最后，根据每

个给定时间 t 对 $i_S(\tau)h(t-\tau)$ 进行积分，即计算 $i_S(\tau)h(t-\tau)$ 曲线下阴影部分的面积。图 6.6.2(f)～(h)中的阴影部分的面积分别表示在 t_1、t_2、t_3 时刻卷积积分值。这些卷积积分值对应于图 6.6.2(i)所示的零状态响应 $y(t)$ 在 t_1、t_2、t_3 时刻的值。当分别求出 t 在各个不同时刻的面积后，就可得到图 6.6.2(i)所示的零状态响应 $y(t)$ 的波形。

例 6.6.2 说明，即使输入波形本身很复杂以至于很难用公式计算卷积，或者输入 i_S 和冲激响应 $h(t)$ 都无法用解析函数来表示，两个波形的卷积还可以用图解方法求出。

【思考与练习】

6.6.1 试说明 $\delta(t) * h(t)$ 所表示的含义。

6.6.2 已知电路的单位冲激响应为 $2e^{-t}\varepsilon(t)$，激励为 $\varepsilon(t)-\varepsilon(t-1)$，试求电路在下列时刻的响应值：$t=-0.5s, 0.5s, 1.5s$。(0,0.787,0.767)

习题

一阶电路及其电路方程

6.1 如题图 6.1 所示 RC 电路，$u_C(0_-)=10V$。计算当 $t\geqslant 0$ 时的 u_C 和 i_C。

6.2 如题图 6.2 所示电路，$R_1=90\Omega, R_2=70\Omega, C=1F$。设 $u_C(0)$ 已知，试计算 $t\geqslant 0$ 时的 u_C 和 i_x。

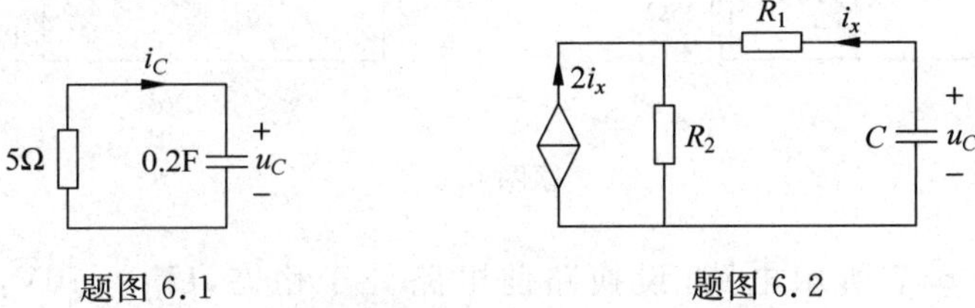

题图 6.1　　题图 6.2

6.3 如题图 6.3 所示电路，已知当 $t=0.012s$ 时，$u_C(0.012)=100e^{-1}V$，试计算 R 的值和原始值 $u_C(0_-)$。

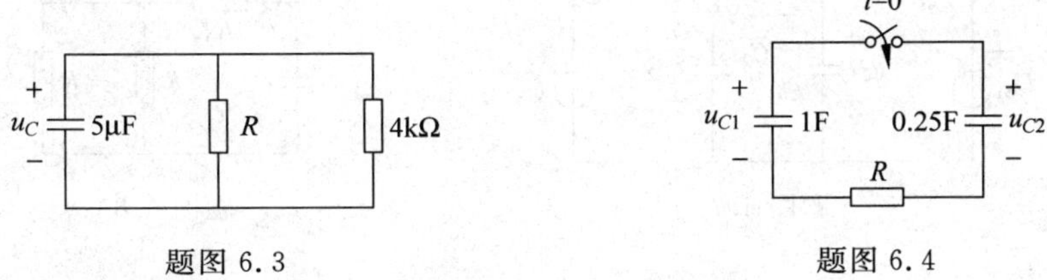

题图 6.3　　题图 6.4

三要素法求解一阶直流电路

6.4 题图 6.4 所示电路，已知 $u_{C1}(0_-)=1V$、$u_{C2}(0_-)=0.5V$，试计算 $u_{C1}(\infty)$ 和 $u_{C2}(\infty)$。

6.5 如题图 6.5 所示电路，试用 u_i 表示 $t>0$ 时刻的 u_o。

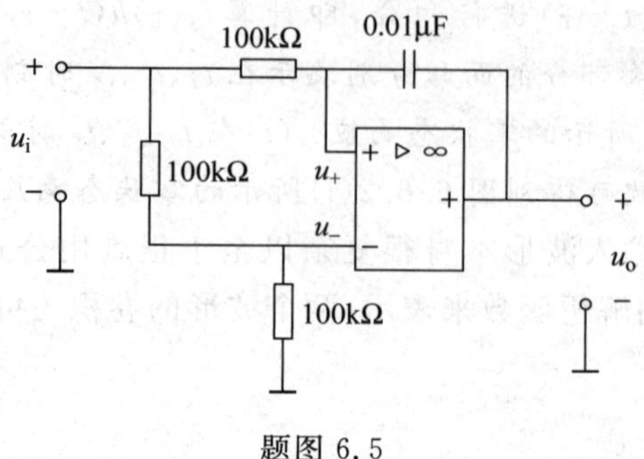

题图 6.5

6.6 在题图 6.6 所示各电路中，开关 S 在 $t=0$ 时动作，试求 $t=0_+$ 时刻 u,i 的值。

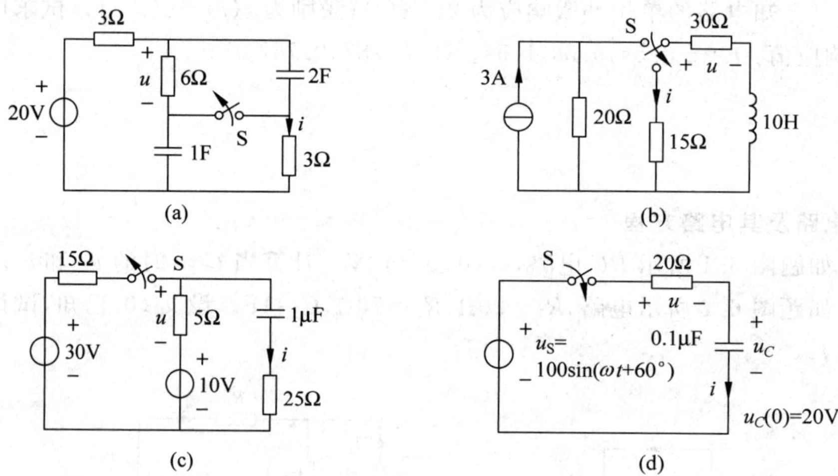

题图 6.6

6.7 如题图 6.7 所示电路，设换路前电路处于稳态，$U_{S1}=10V$，$U_{S2}=1V$，$C_1=0.6\mu F$，$C_2=0.4\mu F$。试求电路在换路瞬间的电容电压 $u_{C1}(0_+)$、$u_{C2}(0_+)$。

6.8 试计算题图 6.8 所示电路的时间常数 τ。已知 $R=1k\Omega$，$C=0.01\mu F$。

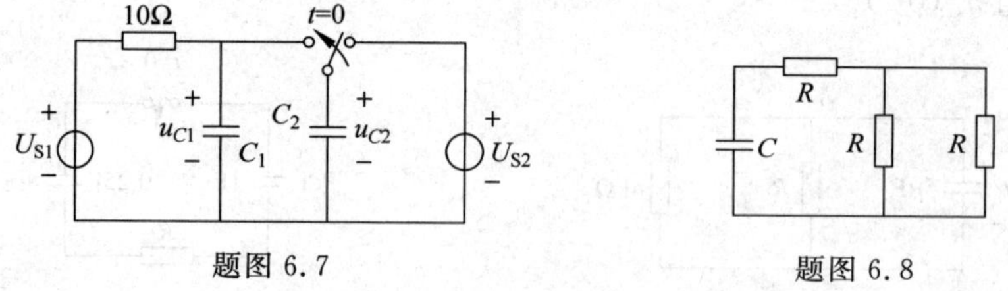

题图 6.7　　题图 6.8

6.9 题图 6.9 所示电路已达稳态，在 $t=0$ 时将开关 S 闭合。试求 $t\geqslant 0_+$ 时的 u_C 和 i_1。

6.10 题图 6.10 所示电路中开关 S 在 $t=0$ 时闭合，闭合前电路已处于稳态。已知 $R_1=R_2=R_3=4\Omega$，$L=0.5H$，$U_S=32V$，试求开关闭合后的电压 u。

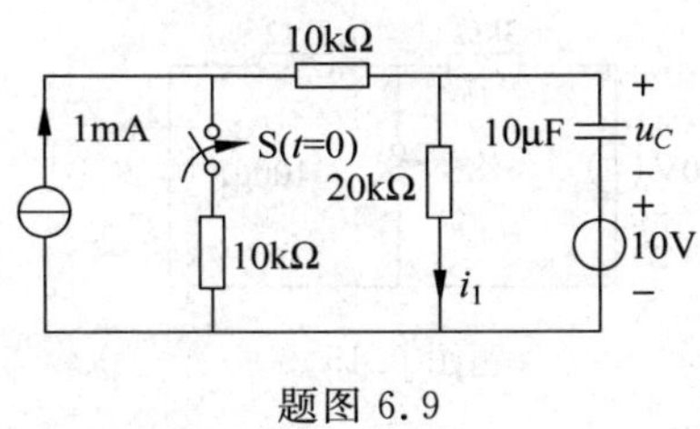

题图 6.9

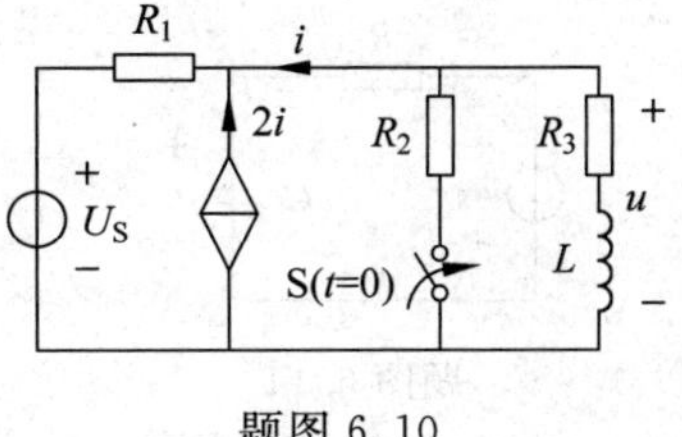

题图 6.10

6.11 电路如题图 6.11 所示，$t=0$ 时开关 S 闭合，闭合前电路已达稳态，试求 S 闭合后的电感电流 i_L 和电容电压 u_C。

6.12 题图 6.12 所示电路，已知开关 S 在位置 1 已久，$t=0$ 时合向位置 2，$R_1=6\Omega$，$R_2=1\Omega$，$R_3=4\Omega$，$L=1\text{H}$，$u_S\geqslant 10\text{V}$。试求换路后的 i 和 u_L。

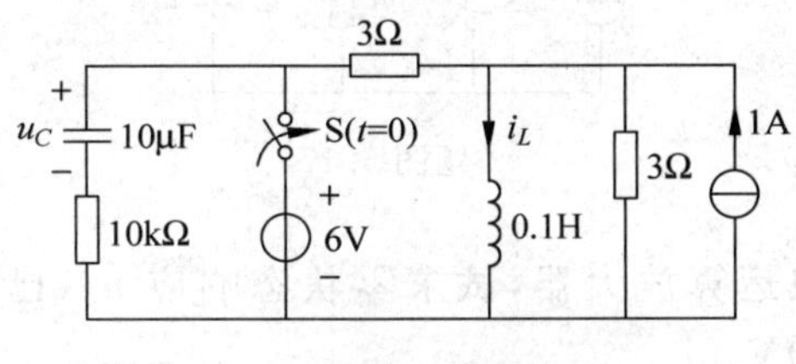

题图 6.11

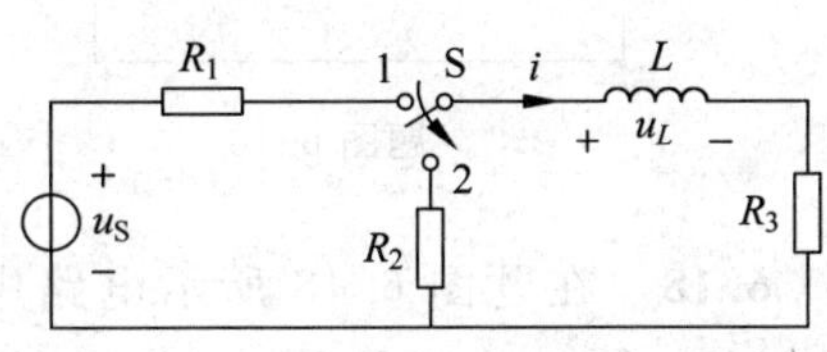

题图 6.12

6.13 含理想运算放大器的电路如题图 6.13(a)所示，已知 $u_C(0_-)=0$，u_1 的波形如题图 6.13(b)所示，试求输出电压 u_2。

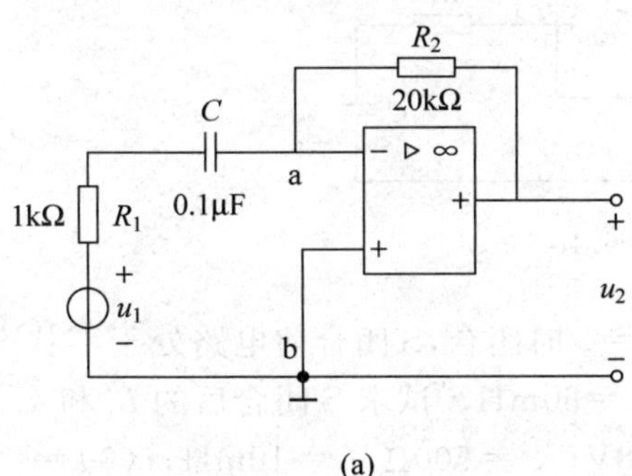

(a)

u_1/V, 5, 0, 10, 20, t/ms, −5

(b)

题图 6.13

经典法分析一阶电路

6.14 电路如题图 6.14 所示，已知 $t=1\text{s}$ 时，$u(1)=3\text{V}$，$R=-2\Omega$，$C=1\text{F}$，$u_S=2\text{V}$。试分别用(1)经典法和(2)三要素法求 u。

6.15 如题图 6.15 所示电路，在 $t=0$ 时开关 S 闭合，闭合前电路已达到稳态，试求 u_C 和 i。

6.16 在题图 6.16 所示电路中，$R=1\Omega$，$C_1=2\text{F}$，$C_2=1\text{F}$，$u_{C1}(0_-)=5\text{V}$，$u_{C2}(0_-)=0$，$t=0$ 时开关 S 闭合，试求 $t\geqslant 0$ 时的 u_{C1} 和 u_{C2}，并简略画出它们的波形。

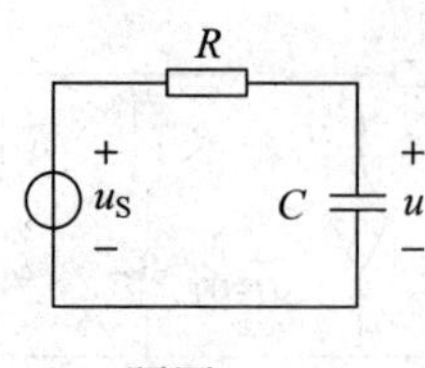

题图 6.14

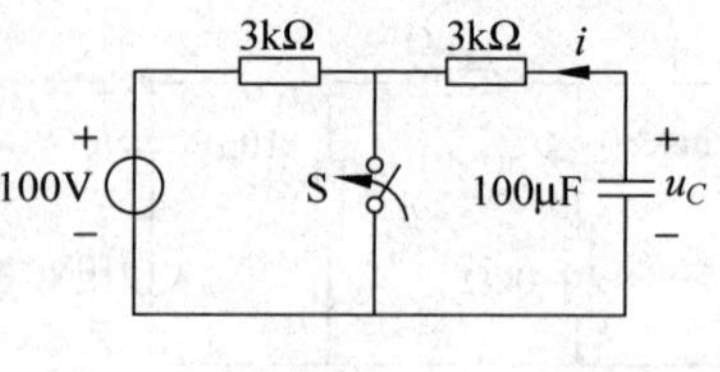

题图 6.15

6.17 在题图 6.17 所示电路中，假设开关 S 打开之前电容元件没有充电，直流电流源 $i_S = I$。开关 S 在 $t=0$ 时打开，S 打开前电路处于稳态，试求电路的零状态响应 u_C。

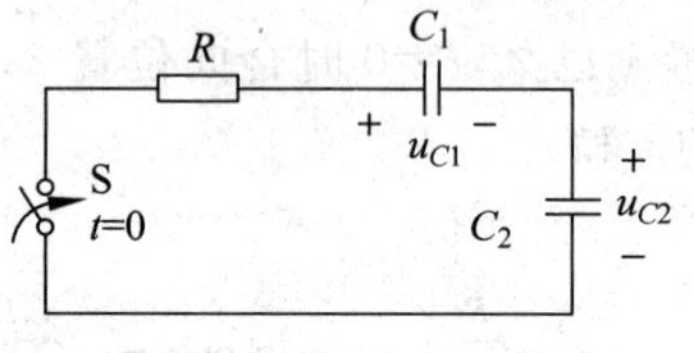

题图 6.16

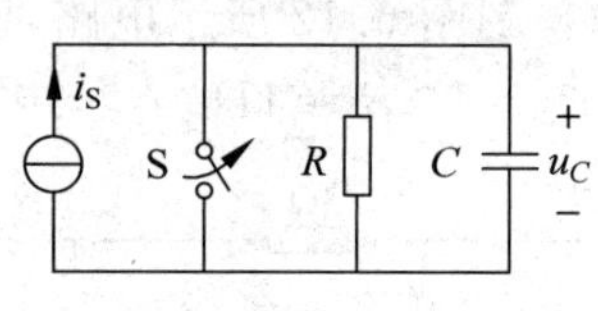

题图 6.17

6.18 在题图 6.18 所示电路中含有理想运算放大器，试求零状态响应 u_C，已知 $R_1 = 1\text{k}\Omega$，$R_2 = 2\text{k}\Omega$，$R_3 = 3\text{k}\Omega$，$C = 1\text{F}$，$u_S = 5\varepsilon(t)\text{V}$。

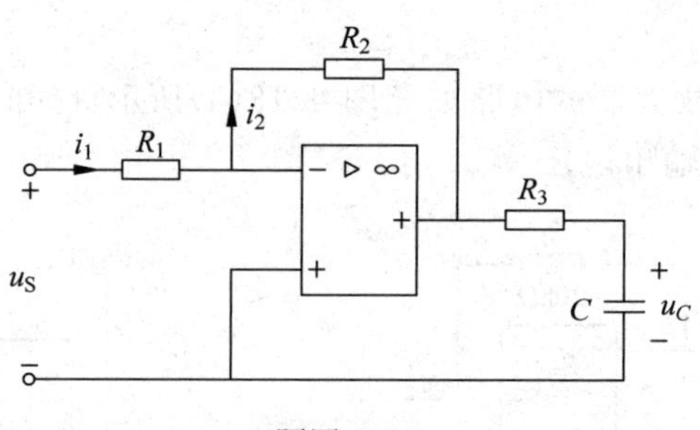

题图 6.18

6.19 题图 6.19 所示电路，开关 S 在 $t=0$ 时闭合，S 闭合前电路处于零状态。已知 $u_S = 12\text{V}$，$R_1 = 20\text{k}\Omega$，$R_2 = 4\text{k}\Omega$，$R_3 = 16\text{k}\Omega$，$L = 80\text{mH}$。试求 S 闭合后的 i_L 和 u_L。

6.20 在题图 6.20 所示电路中，$U = 8\text{V}$，$R = 500\Omega$，$L = 10\text{mH}$，$i(0) = -10\text{mA}$。(1)试计算 $t \geqslant 0$ 时的电流 i；(2)将 i 表示成零输入响应和零状态响应之和；(3)将 i 表示成暂态响应和稳态响应之和。

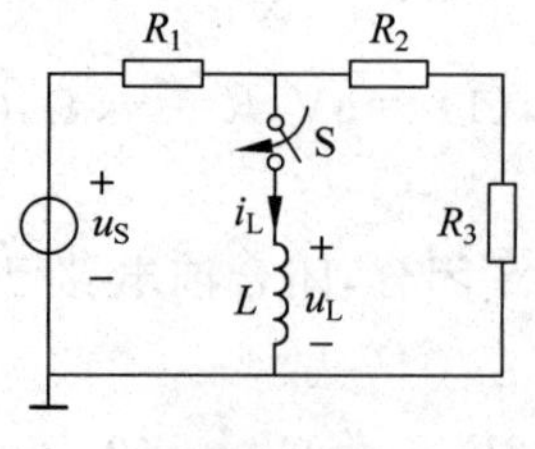

题图 6.19

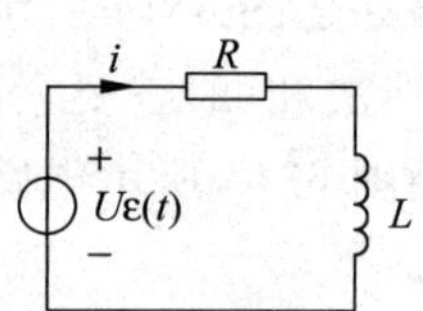

题图 6.20

6.21 如题图 6.21 所示电路中的开关动作前电路处于稳态，试求 i_C、u_C。

6.22 如题图 6.22 所示电路，$t<0$ 时处于稳态，$t=0$ 时开关断开。试求 $t>0$ 时的电压 u。

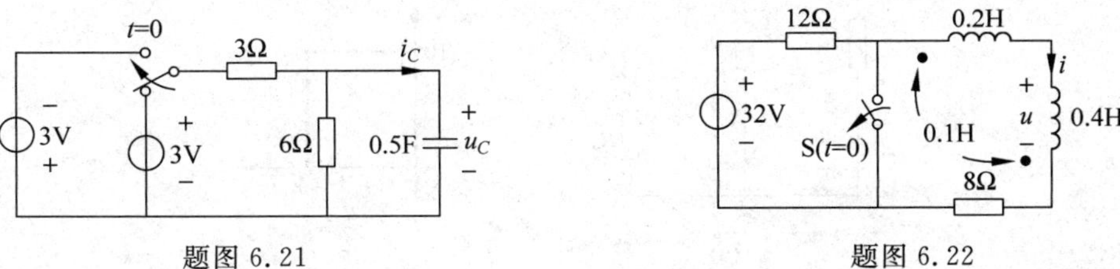

题图 6.21　　　　题图 6.22

6.23 在题图 6.23 所示电路中，N_R 为一线性非时变电阻电路，一个恒定的电压源 u_S 加在其端钮 a-a′上，一个 2F 的电容(初始电压为零)接在其端钮 b-b′上。测得其输出电压为 $u_{OC}=\left(\frac{1}{2}+\frac{1}{8}e^{\frac{t}{4}}\right)V(t\geqslant0)$。如果把电容换成一个 2H 的电感接到 b-b′，且电感的初始电流为零，试求输出电压 u_{OC}。

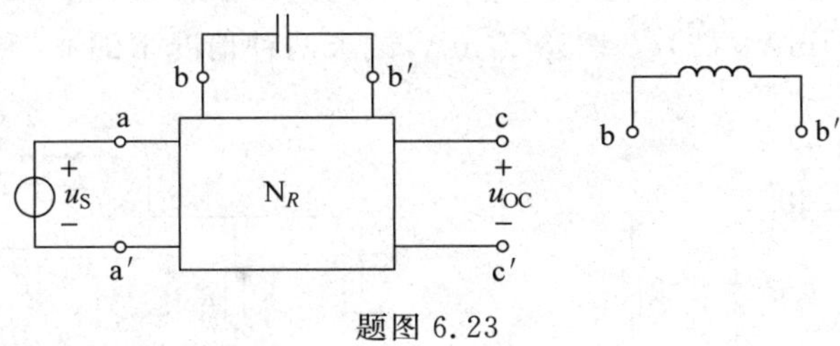

题图 6.23

一阶电路的阶跃响应

6.24 在题图 6.24 所示电路中，已知 $R_1=6\Omega$，$R_2=3\Omega$，$R_3=15\Omega$，$C=2\mu F$，$U_S=3\varepsilon(t)V$，$u_C(0)=4V$，试求输出电压 u_o。

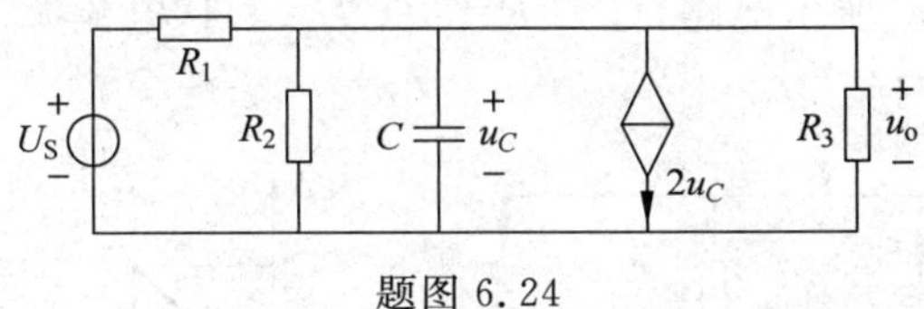

题图 6.24

6.25 在题图 6.25(a)所示电路中电压源 u_S 的波形如题图 6.25(b)，已知 $R=1\Omega$，$L=1H$，试求 i 的表达式，设 $i(0_-)=0$。

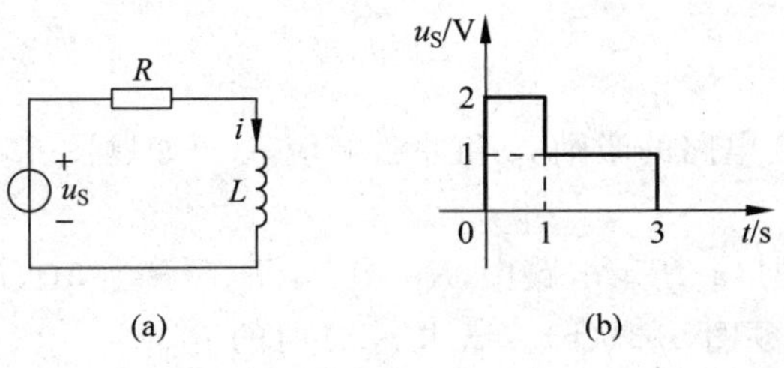

题图 6.25

6.26 如题图 6.26(a)所示电路中，已知 $R_1=5\Omega$，$R_2=10\Omega$，$R_3=2\Omega$，$r=1\Omega$，$L=2\text{H}$，$i_1(0_-)=2\text{A}$，u_S 波形如图 6.26(b)所示。试求电流 i_1。

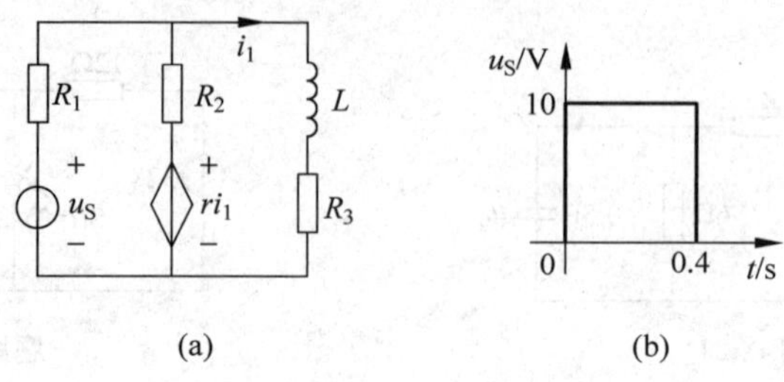

题图 6.26

一阶电路的冲激响应

6.27 题图 6.27 所示电路，已知 $R=1\Omega$，$C=1\text{F}$，试求电压 u 的阶跃响应和冲激响应。

6.28 在题图 6.28 所示电路中的电容原未充电，$R_1=8\text{k}\Omega$，$R_2=20\text{k}\Omega$，$R_3=12\text{k}\Omega$，$C=5\mu\text{F}$，若(1)$i_S=25\varepsilon(t)\text{mA}$；(2)$i_S=25\delta(t)\text{mA}$，试求两种情况下的 u_C 和 i_C。

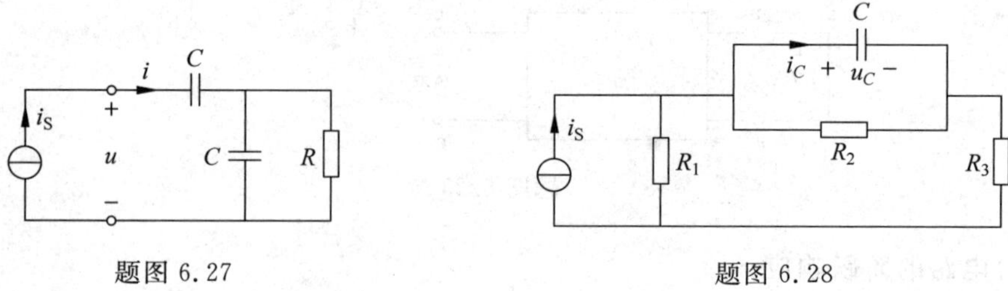

题图 6.27　　　　题图 6.28

动态电路对任意输入的零状态响应(卷积积分)

6.29 题图 6.29(a)所示电路，已知 $R=5\Omega$，$L=1\text{H}$，电流源 i_S 波形如图 6.29(b)所示，试用卷积求零状态响应 i_L。

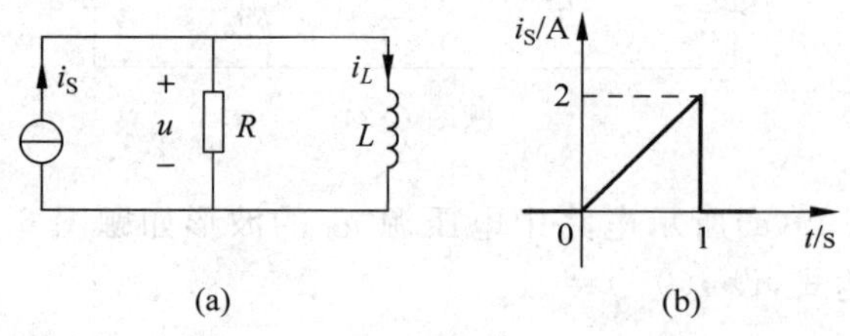

题图 6.29

6.30 线性非时变电路的激励 i_S 和冲激响应 $h(t)$ 如题图 6.30 所示，试求零状态响应 y。

6.31 在题图 6.31(a)所示电路中，$R_1=15\Omega$，$R_2=R_3=5\Omega$，$L=1\text{H}$，$\beta=1$，$i_L(0_-)=0$，电压源 u_S 的波形如题图 6.31(b)。试求 $t\geqslant0$ 时的 i_L。

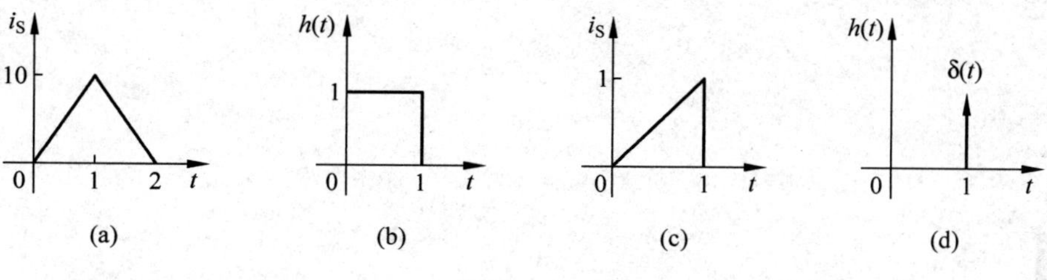

i_S
10
0
1
2
t
(a)
$h(t)$
1
0
1
t
(b)
i_S
1
0
1
t
(c)
$h(t)$
$\delta(t)$
0
1
t
(d)

i_1
i_L
R_1
R_2
βi_1
+
u_S
−
L
R_3
(a)
u_S/V
10
$10e^{-10(t-1)}$
0
1
t/s
(b)

题图 6.30

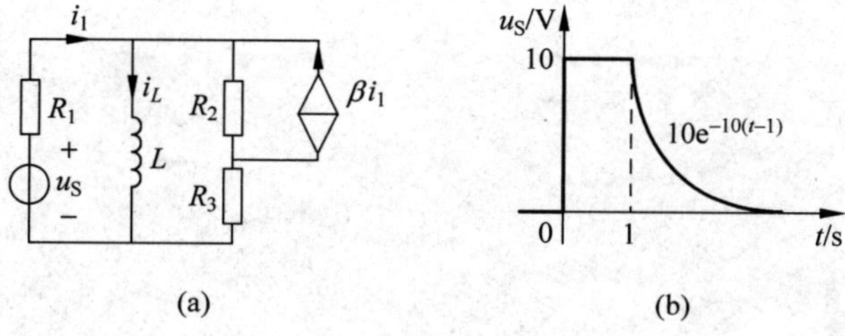

题图 6.31

第7章 二阶电路

内容提要

本章主要介绍二阶电路的时域分析方法，动态电路的复频域分析方法，以及动态电路的状态变量分析方法等。

7.1 二阶电路的时域分析

在动态电路分析中，激励和响应都表示为时间 t 的函数，采用微分方程求解电路和分析电路的方法，称时域分析方法。

用二阶微分方程描述的电路称为二阶电路。二阶电路一般含有两个独立储能元件。RLC 串联电路和 RLC 并联电路是最简单的二阶电路。本节主要讨论 RLC 电路的响应。

7.1.1 二阶电路方程及其求解

二阶电路用二阶微分方程来表示输入与输出关系，其一般形式为(有时等式右边还含有 w 的导数)

$$a_2 \frac{\mathrm{d}^2 y}{\mathrm{d}t^2} + a_1 \frac{\mathrm{d}y}{\mathrm{d}t} + a_0 y = b_0 w \tag{7.1.1}$$

其中，y 表示输出(响应)；w 表示输入(激励)；常数 a_0，a_1，a_2 和 b_0 取决于电路的参数和拓扑结构。

由求解微分方程的经典方法可知，其解为齐次解 y_h 与特解 y_p 之和，齐次解 y_h 是方程式(7.1.1)对应的齐次方程式

$$a_2 \frac{\mathrm{d}^2 y}{\mathrm{d}t^2} + a_1 \frac{\mathrm{d}y}{\mathrm{d}t} + a_0 y = 0 \tag{7.1.2}$$

的通解。而特解 y_p 是与输入 w 具有类似形式的函数。当 w 为直流激励时，y_p 为一常数，当 w 为正弦波形激励时，y_p 为一与输入同频率的正弦量。

式(7.1.2)的通解 y_h 取决于特征方程 $a_2 s^2 + a_1 s + a_0 = 0$ 的根，即特征根 s_1 和 s_2。

(1) 当 s_1 和 s_2 为两个不相等的负实根时，解为

$$y_h = K_1 e^{s_1 t} + K_2 e^{s_2 t} \tag{7.1.3}$$

(2) 当 s_1 和 s_2 为两个相等的负实根时，$s_1 = s_2 = -\alpha$，解为

$$y_h = K_1 e^{st} + K_2 t e^{st} = (K_1 + K_2 t) e^{-\alpha t} \tag{7.1.4}$$

(3) 当 s_1 和 s_2 为一对共轭复根时，$s_1 = -\alpha + j\omega_d$、$s_2 = -\alpha - j\omega_d$，解为

$$y_h = (K_1 \cos\omega_d t + K_2 \sin\omega_d t) e^{-\alpha t} = K e^{-\alpha t} \cos(\omega_d t + \theta) \tag{7.1.5}$$

(4) 当 s_1 和 s_2 为一对共轭虚根时，$s_1 = j\omega_0$、$s_2 = -j\omega_0$，解为

$$y_h = K_1 \cos\omega_0 t + K_2 \sin\omega_0 t = K\cos(\omega_0 t + \theta) \tag{7.1.6}$$

式(7.1.3)至式(7.1.6)中的待定常数 K、K_1、K_2 由初始条件确定。

7.1.2 二阶 *RLC* 电路的零输入响应

在图 7.1.1 所示 RLC 并联电路中，开关 S 在 $t=0$ 时发生换路，换路前电路已稳定。由图 7.1.1(a)可知，电路的原始状态电容电压 $u_C(0_-)=U_0$，电感电流 $i_L(0_-)=0$。换路后，根据换路定律有 $u_C(0_+)= u_C(0_-)=U_0$，$i_L(0_+)= i_L(0_-)=0$。图 7.1.1(b)所示电

路就是由电容进行放电的 RLC 放电电路，电路中的响应就是由电路原始状态引起的二阶 RLC 并联电路的零输入响应。

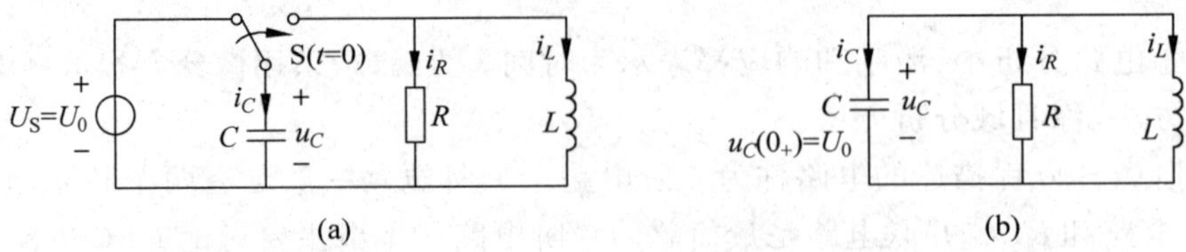

图 7.1.1　RLC 并联电路的零输入响应

(a) $t\leqslant 0_-$ 时的电路；(b) $t\geqslant 0_+$ 时的电路

由图 7.1.1(b)，根据 KCL 方程 $i_C+i_R+i_L=0$ 和电容支路特性方程 $i_C=\mathrm{d}u_C/\mathrm{d}t$、电阻支路特性方程 $i_R=u_C/R$、电感支路特性方程 $i_L=i_L(0)+\dfrac{1}{L}\int_0^t u_C\mathrm{d}\tau$，可得电路的积分微分方程

$$C\frac{\mathrm{d}u_C}{\mathrm{d}t}+\frac{1}{R}u_C+i_L(0)+\frac{1}{L}\int_0^t u_C(\tau)\mathrm{d}\tau=0 \tag{7.1.7}$$

把电感元件的电压-电流关系 $u_C=L\dfrac{\mathrm{d}i_L}{\mathrm{d}t}$ 代入式(7.1.7)，可得到以电感电流 i_L 为单一输出变量的电路输入-输出方程上式为二阶常系数线性齐次微分方程。

$$LC\frac{\mathrm{d}^2 i_L}{\mathrm{d}t^2}+\frac{L}{R}\frac{\mathrm{d}i_L}{\mathrm{d}t}+i_L=0 \tag{7.1.8}$$

电路方程的初始条件，即电感电流 i_L 及其一阶导数的初始值可根据换路后 $t=0_+$ 时刻的电路(见图 7.1.2)求取。由于已知 $u_C(0_+)=u_C(0_-)=U_0$，$i_L(0_+)=i_L(0_-)=0$，根据置换定理，将图 7.1.1(b)中的电容元件用电压源(电压值为 U_0)置换，电感元件用电流源置换(由于电感电流值为零，电感元件也可用开路等效)，便得图 7.1.2，并有电感电流 i_L 的初始值

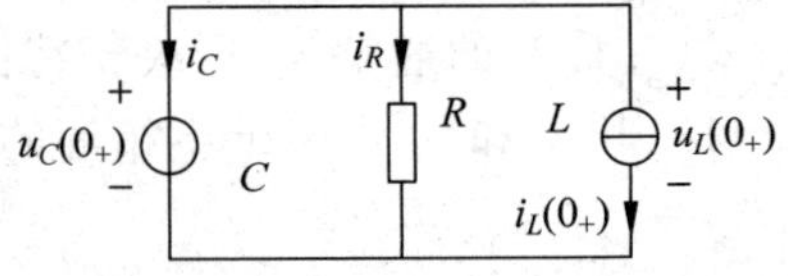

图 7.1.2　$t=0_+$ 时刻的 RLC 并联电路

$$i_L(0_+)=i_L(0_-)=0 \tag{7.1.9a}$$

及其一阶导数的初始值

$$\left.\frac{\mathrm{d}i_L}{\mathrm{d}t}\right|_{t=0_+}=\frac{u_L(0_+)}{L}=\frac{u_C(0_+)}{L}=\frac{U_0}{L} \tag{7.1.9b}$$

由微分方程式(7.1.8)的特征方程

$$LCs^2+\frac{L}{R}s+1=0 \tag{7.1.10}$$

求得特征根为

$$s_{1,2}=-\frac{1}{2RC}\pm\sqrt{\left(\frac{1}{2RC}\right)^2-\frac{1}{LC}} \tag{7.1.11}$$

令

$$\alpha = \frac{1}{2RC}, \quad \omega_0 = \frac{1}{\sqrt{LC}} \tag{7.1.12}$$

于是特征根可表示为

$$\begin{cases} s_1 = -\alpha + \sqrt{\alpha^2 - \omega_0^2} \\ s_2 = -\alpha - \sqrt{\alpha^2 - \omega_0^2} \end{cases} \tag{7.1.13}$$

RLC 并联电路的零输入响应的形式与特征根 s_1 和 s_2 有关，而 s_1 和 s_2 又取决于电路拓扑结构和电路参数 R、C 和 L。由式(7.1.12)和式(7.1.13)可知，根据 α 和 ω_0 的相对大小，s_1 和 s_2 可以是两个不相等的负实根、两个相等的负实根、一对共轭复根和一对共轭虚根等四种情况。与此相对应，RLC 并联电路的零输入响应有**过阻尼**(overdamped)，**临界阻尼**(critically damped)，**欠阻尼**(underdamped)和**无阻尼**(non-damped)等四种情况。下面分别讨论这四种情况。

1. 过阻尼情况　$\alpha > \omega_0$，即电路参数满足 $R < \frac{1}{2}\sqrt{\frac{L}{C}}$

此时，特征根 s_1 和 s_2 是两个不相等的负实根，由式(7.1.3)可知方程(7.1.8)的通解为

$$i_L = K_1 e^{s_1 t} + K_2 e^{s_2 t} \tag{7.1.14}$$

其中，K_1 和 K_2 为待定常数，由初始条件来确定。对式(7.1.14)两边求导，有

$$\frac{di_L}{dt} = K_1 s_1 e^{s_1 t} + K_2 s_2 e^{s_2 t} \tag{7.1.15}$$

将方程(7.1.8)的初始条件用于式(7.1.14)和式(7.1.15)，可得方程组

$$\begin{cases} i_L(0_+) = K_1 + K_2 = 0 \\ \left.\dfrac{di_L}{dt}\right|_{t=0_+} = K_1 s_1 + K_2 s_2 = \dfrac{U_0}{L} \end{cases} \tag{7.1.16}$$

由此解出

$$\begin{cases} K_1 = \dfrac{1}{s_1 - s_2}\dfrac{U_0}{L} \\ K_2 = \dfrac{-1}{s_1 - s_2}\dfrac{U_0}{L} \end{cases} \tag{7.1.17}$$

将 K_1 和 K_2 代入式(7.1.14)，得过阻尼情况下的零输入响应电感电流为

$$i_L = \frac{U_0}{L(s_1 - s_2)}(e^{s_1 t} - e^{s_2 t}) \quad t \geqslant 0 \tag{7.1.18}$$

由电感电流可求得其他电路变量的零输入响应

$$u_C = u_L = L\frac{di_L}{dt} = \frac{U_0}{s_1 - s_2}(s_1 e^{s_1 t} - s_2 e^{s_2 t}) \quad t \geqslant 0 \tag{7.1.19}$$

$$i_R = \frac{u_C}{R} = \frac{U_0}{R(s_1 - s_2)}(s_1 e^{s_1 t} - s_2 e^{s_2 t})\varepsilon(t) \tag{7.1.20}$$

$$i_C = C\frac{du_C}{dt} = \frac{CU_0}{s_1 - s_2}(s_1^2 e^{s_1 t} - s_2^2 e^{s_2 t})\varepsilon(t) \tag{7.1.21}$$

以上零输入响应的波形如图 7.1.3(a)所示。由于 u_C 与 i_R 仅相差一个常数比例因子，它们的波形形式是相同的，所以图中用同一条曲线表示。

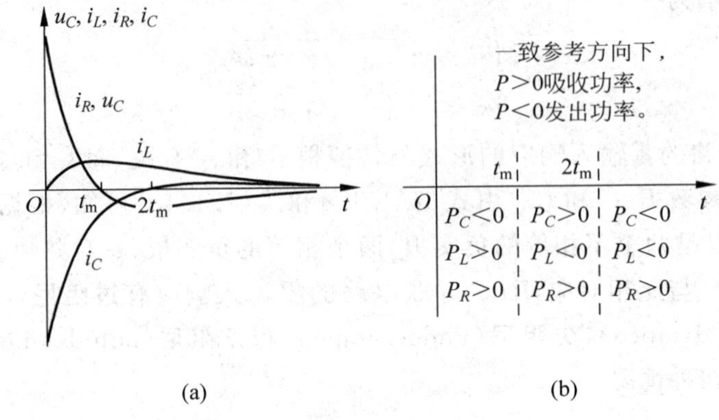

图 7.1.3　*RLC* 并联电路的放电过程

(a) 零输入响应波形；(b) 放电过程中的功率

下面分析零输入响应电容电压 u_C 和电感电流 i_L 波形的变化规律。

在 $t=0_+$ 时，电容电压和电感电流分别为 $u_C(0_+)=U_0$ 和 $i_L(0_+)=0$，即为电路的初始状态。

设在 $t=t_m$ 时，电容电压 u_C 为零值，而电感电流 i_L 达最大值。由于 $u_C=L\mathrm{d}i_L/\mathrm{d}t$，当 $u_C=0$ 时正好对应于$(\mathrm{d}i_L/\mathrm{d}t)=0$，满足 i_L 达到最大值的条件。由式(7.1.19)可得

$$u_C=\frac{U_0}{s_1-s_2}(s_1\mathrm{e}^{s_1t_m}-s_2\mathrm{e}^{s_2t_m})=0 \tag{7.1.22}$$

解得

$$t_m=\frac{1}{s_1-s_2}\ln\frac{s_2}{s_1} \tag{7.1.23}$$

那么在 $t=2t_m$ 时，电容电压 u_C 达到极值，通过对式(7.1.19)求导，取$(\mathrm{d}u_C/\mathrm{d}t)=0$ 即可得到

$$t=\frac{2}{s_1-s_2}\ln\frac{s_2}{s_1}=2t_m \tag{7.1.24}$$

而 $\mathrm{d}u_C/\mathrm{d}t=0$ 又对应于 $\mathrm{d}^2i_L/\mathrm{d}t^2=0$，所以 $t=2t_m$ 也正是电感电流 i_L 波形的拐点位置。

当 $t\to\infty$时，电容电压和电感电流都趋于零。

在图 7.1.3(a)中，反映了零输入响应电容电压 u_C 和电感电流 i_L 波形的上述变化规律。

过阻尼情况下，*RLC* 并联电路的放电过程有三个阶段。

(1) $0_+<t<t_m$阶段　这阶段电容电压从初始值 U_0 开始放电，随着电荷的不断减少，电容电压不断下降，到 $t=t_m$时，电压降为零。电容电压通过电阻放电，这部分电场能转变成电阻的热能而消耗。与此同时，电容中的另一部分电场能转变成电感中的磁场能，并在 $t=t_m$时使电感电流达到最大值，电感中的磁场能也达到最大值。如图 7.1.3(b)所

示，这一阶段电容向外发出功率，提供能量，电感和电阻吸收功率，吸收能量。

(2) $t_m<t<2t_m$ 阶段　这阶段电感电流从最大值开始放电，随着磁场能的不断减少，电感电流不断减小。电感电流通过电阻，磁场能转变成热能而消耗；电感电流的另一部分又流入电容，对电容进行充电，磁场能的这部分又转变成电场能(注意，这时电容电压和电流的方向均与参考方向相反)。在 $t=2t_m$ 时电容电压达到反向极大值，即电容中的电场能达到充电后的最大值。如图 7.1.3(b)所示，这一阶段电感向外发出功率，提供能量，电容和电阻吸收功率，吸收能量。

(3) $t<2t_m$ 阶段　这阶段电容和电感共同通过电阻放电，电容中的电场能和电感中的磁场能都通过电阻释放，一直到放电结束。如图 7.1.3(b)所示，这一阶段电容和电感都向外发出功率，提供能量，只有电阻吸收功率，吸收能量。

在整个放电过程中，电感和电容都只有一次充电过程，并没有出现反复的充电。如图 7.1.3(a)所示，响应波形最多只有一次改变方向，穿过横轴，所以这种情况称为非振荡情况或过阻尼情况。

2. 临界阻尼情况　$\alpha=\omega_0$，即电路参数满足 $R=\frac{1}{2}\sqrt{\frac{L}{C}}$

此时，特征根 s_1 和 s_2 是两个相等的负实根，$s_1=s_2=-\alpha$，由式(7.1.4)可知方程(7.1.8)的通解为

$$i_L=K_1\mathrm{e}^{s_1t}+K_2t\mathrm{e}^{s_2t}=(K_1+K_2t)\mathrm{e}^{-\alpha t} \tag{7.1.25}$$

其中，K_1 和 K_2 为待定常数，由方程(7.1.8)的初始条件可得方程组

$$\begin{cases}i_L(0_+)=K_1=0\\ \left.\dfrac{\mathrm{d}i_L}{\mathrm{d}t}\right|_{t=0_+}=K_2-\alpha K_1=\dfrac{U_0}{L}\end{cases} \tag{7.1.26}$$

解得

$$K_1=0,\quad K_2=\frac{U_0}{L} \tag{7.1.27}$$

代入式(7.1.25)得临界阻尼情况下的零输入响应电感电流

$$i_L=\frac{U_0}{L}t\mathrm{e}^{-\alpha t}\quad t\geqslant 0 \tag{7.1.28}$$

以及电容电压

$$u_C=u_L=L\frac{\mathrm{d}i_L}{\mathrm{d}t}=U_0(1-\alpha t)\mathrm{e}^{-\alpha t}\quad t\geqslant 0 \tag{7.1.29}$$

由于 $\alpha=\omega_0$ 时正好处于振荡与非振荡两种情况之间，所以称为临界情况，或临界阻尼情况。这种情况下电容电压 u_C 和电感电流 i_L 波形与图 7.1.3(a)所示波形相似，也是非振荡的。

3. 欠阻尼情况　$\alpha<\omega_0$，即电路参数满足 $R>\frac{1}{2}\sqrt{\frac{L}{C}}$

此时，特征根 s_1 和 s_2 为一对共轭复根，为

$$\begin{cases} s_1 = -\alpha + j\sqrt{(\omega_0^2 - \alpha^2)} = -\alpha + j\omega_d \\ s_2 = -\alpha - j\sqrt{(\omega_0^2 - \alpha^2)} = -\alpha - j\omega_d \end{cases} \tag{7.1.30}$$

其中

$$\omega_d = \sqrt{\omega_0^2 - \alpha^2} \tag{7.1.31}$$

当 s_1 和 s_2 为一对共轭复根时，由式(7.1.5)可知方程(7.1.8)的通解为

$$i_L = Ke^{-\alpha t}\cos(\omega_d t + \theta) \tag{7.1.32}$$

其中，K 和 θ 可由方程(7.1.8)的初始条件来确定。由上式得

$$i_L(0_+) = K\cos\theta = 0 \tag{7.1.33}$$

由于式(7.1.32)中的 $K \neq 0$，因此 $\theta = 90°$。对式(7.1.32)求导并得

$$\left.\frac{di_L}{dt}\right|_{t=0_+} = -K(\alpha\cos\theta + \omega_d\sin\theta) = \frac{U_0}{L} \tag{7.1.34}$$

于是有

$$K = \frac{U_0}{L\omega_d} \tag{7.1.35}$$

代入式(7.1.32)可得欠阻尼情况下的零输入响应电感电流

$$i_L = -\frac{U_0}{L\omega_d}e^{-\alpha t}\cos(\omega_d t + 90°) = \frac{U_0}{L\omega_d}e^{-\alpha t}\sin\omega_d t \quad t \geqslant 0 \tag{7.1.36}$$

电容电压

$$\begin{aligned} u_C = u_L = L\frac{di_L}{dt} &= \frac{U_0}{\omega_d}(-\alpha e^{-\alpha t}\sin\omega_d t + \omega_d e^{-\alpha t}\cos\omega_d t) \\ &= \frac{\omega_0}{\omega_d}U_0 e^{-\alpha t}\left(-\frac{\alpha}{\omega_0}\sin\omega_d t + \frac{\omega_d}{\omega_0}\cos\omega_d t\right) \\ &= -\frac{\omega_0}{\omega_d}U_0 e^{-\alpha t}\sin(\omega_d t - \varphi) \quad t \geqslant 0 \end{aligned} \tag{7.1.37}$$

其中，$\varphi = \arctan(\omega_d/\alpha)$。$\omega_d$、$\omega_0$、$\alpha$ 和 φ 之间的关系可用图 7.1.4 所示的直角三角形表示。

由式(7.1.37)求得电容电流为

$$\begin{aligned} i_C = C\frac{du_C}{dt} &= -C\frac{\omega_0}{\omega_d}U_0[-\alpha e^{-\alpha t}\sin(\omega_d t - \varphi) + \omega_d e^{-\alpha t}\cos(\omega_d t - \varphi)] \\ &= C\frac{\omega_0^2}{\omega_d}U_0 e^{-\alpha t}\sin(\omega_d t - 2\varphi)\varepsilon(t) \end{aligned} \tag{7.1.38}$$

根据式(7.1.36)和式(7.1.37)可知，欠阻尼情况下的零输入响应电容电压和电感电流都是振幅按指数规律衰减的正弦函数或余弦函数，即放电过程是一种周期性(振荡性)的放电，或欠阻尼放电。它们的振荡角频率为 ω_d(又称电路的固有振荡角频率)。它们的振荡幅度都是随时间按指数规律衰减的，衰减的快慢取决于衰减系数 α。在相位方面，电容电压 u_C 的初相位比电感电流 i_L 的初相位落后 φ，而电容电流 i_C 的初相位比电容电压 u_C 落后 φ，比电感电流 i_L 落后 2φ。

图 7.1.5 所示为欠阻尼情况下零输入响应电感电流 i_L、电容电压 u_C 和电流 i_C 的波形。

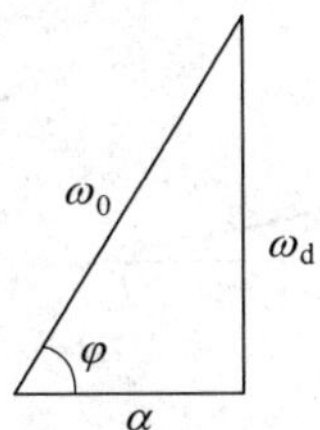

图 7.1.4 ω_d、ω_0、α 和 φ 之间的关系

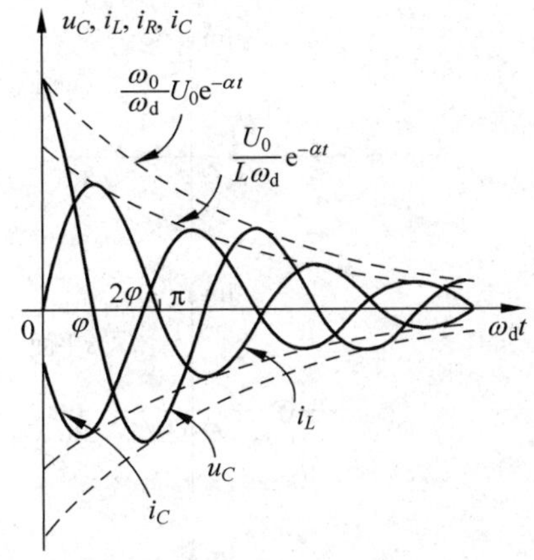

图 7.1.5 欠阻尼情况下 i_L、u_C 和 i_C 的波形

4. 无阻尼情况　$\alpha=0$，即电路参数满足 $R=\infty$

此时，特征根 s_1 和 s_2 为一对共轭虚根，$s_1=j\omega_0$，$s_2=-j\omega_0$。由式(7.1.6)可知方程(7.1.8)的解为

$$i_L = K\cos(\omega_0 t+\theta) \tag{7.1.39}$$

用初始条件可以确定 $K=-\dfrac{U_0}{L\omega_0}$，$\theta=90°$。电感电流 i_L 和电容电压 u_C 分别为

$$i_L = -\frac{U_0}{L\omega_0}\cos(\omega_0 t+90°) = -\frac{U_0}{L\omega_0}\sin\omega_0 t \quad t\geqslant 0 \tag{7.1.40}$$

$$u_C = L\frac{di_L}{dt} = U_0\cos\omega_0 t \quad t\geqslant 0 \tag{7.1.41}$$

由式(7.1.40)和式(7.1.41)可知，电容电压和电感电流均为不衰减的正弦函数或余弦函数，即电容电压和电感电流都是按正弦规律振荡，并不衰减，所以振荡是无阻尼的。振荡的角频率为 ω_0，称之为无阻尼振荡角频率。这种情况下的放电过程称为无阻尼周期性(振荡性)放电。

从以上 RLC 并联电路的零输入响应的数学表达式可知，四种不同情况与电路方程特征根 s_1 和 s_2 的取值有关。因为 s_1 和 s_2 取决于电路的结构和元件的参数，可以是负数、复数或纯虚数，所以它们在复数平面(亦称为 s 平面)上的位置是不同的。当在 s 平面上取横轴为实轴、纵轴为虚轴时，在过阻尼的情况下，两个特征根位于负实轴的两个点上；在临界阻尼的情况下，两个特征根共处于负实轴的一个点上；在欠阻尼的情况下，两个特征根是共轭复数 $-\alpha+j\omega_d$ 和 $-\alpha-j\omega_d$，位于虚轴之左侧，且关于实轴互为镜像的两点上；在无阻尼的情况下，两个特征根是共轭虚数 $+j\omega_0$ 和 $-j\omega_0$，位于虚轴上两个关于原点对称的点上。现将上述四种情况下特征根在 s 平面上的位置和相应的零输入响应 i_L 的波形分别画在图 7.1.6(a)、(b)、(c)和(d)中。

从图 7.1.6 中能清晰地看出因特征根在 s 平面上位置的改变对零输入响应波形所产生的影响。根据特征根在 s 平面上的位置可以得出如下一般性的结论：

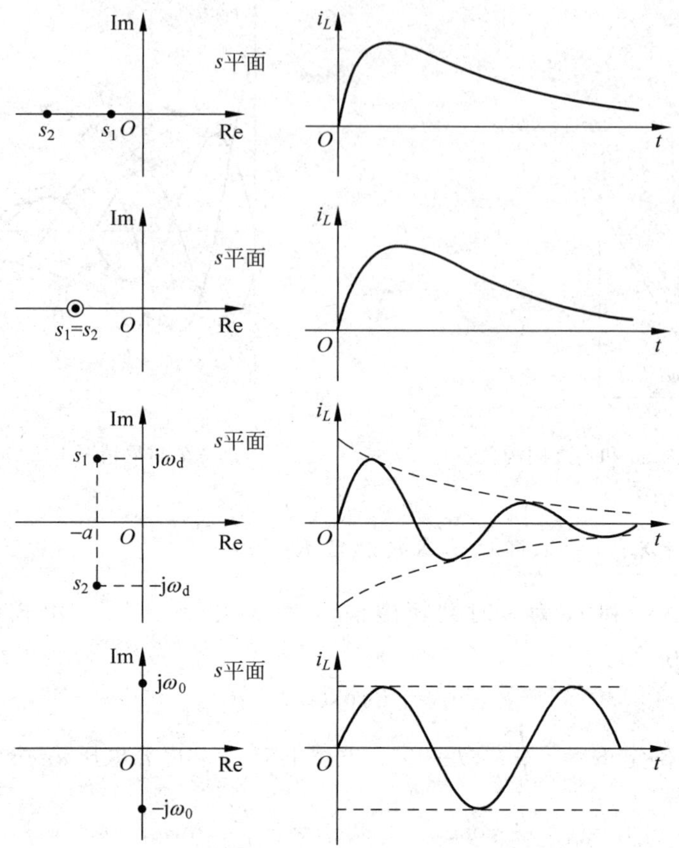

图 7.1.6　特征根在 s 平面上的位置和相应的零输入响应波形

(1) 当电路方程的特征根位于 s 平面的负实轴上时,电路的零输入响应必是衰减非周期性(非振荡性)的,或者说是过阻尼型的(其中包括临界阻尼型)。

(2) 当电路方程的特征根位于开左半 s 平面内,但不包括位于负实轴上时,电路的零输入响应必是衰减周期性(减幅振荡性)的,或者说是欠阻尼型的。

(3) 当电路方程的特征根位于 s 平面的虚轴上时,电路的零输入响应必是无衰减周期性(等幅振荡性)的,或者说是无阻尼型的。

(4) 当电路方程的特征根位于开右半 s 平面内时,电路方程的解是不收敛的,响应波形是发散的。

从图 7.1.6 和零输入响应在四种不同情况下的数学表达式中都能看到,二阶电路最突出的特征是响应具有振荡趋势。振荡是按正弦规律进行的,振荡频率取决于电路的拓扑结构和元件的参数。二阶电路响应的特征不仅具有理论意义,而且具有实际意义。当需要振荡时,可把电路参数调整在欠阻尼条件下;当需要消除不必要的干扰,希望迅速衰减掉电路中出现的瞬时信号时,可调整电路参数,使电路处于过阻尼状态,以保证其工作的稳定性。

7.1.3 二阶 *RLC* 电路的零状态响应

这一节仅以单位阶跃响应和单位冲激响应为例来分析二阶 *RLC* 电路的零状态响应。

1. *RLC* 串联电路的单位阶跃响应

图 7.1.7 所示电路处在零状态的情况下，由单位阶跃电压源激励，为 *RLC* 串联充电电路。因为有限量值电压源的激励，所以电容电压在 $t=0$时为连续量，$u_C(0_+)=u_C(0_-)=0$。该时刻电感电流也为连续量，$i_L(0_+)=i_L(0_-)=0$。并且，它们一阶导数的初始值为$\left.\frac{\mathrm{d}u_C}{\mathrm{d}t}\right|_{t=0_+}=0$，$\left.\frac{\mathrm{d}i_L}{\mathrm{d}t}\right|_{t=0_+}=\frac{1}{L}$。

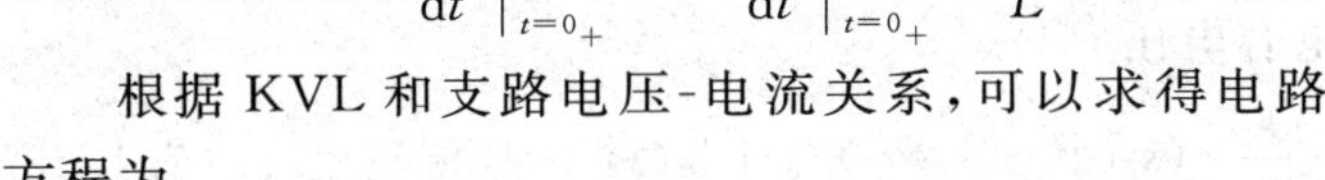

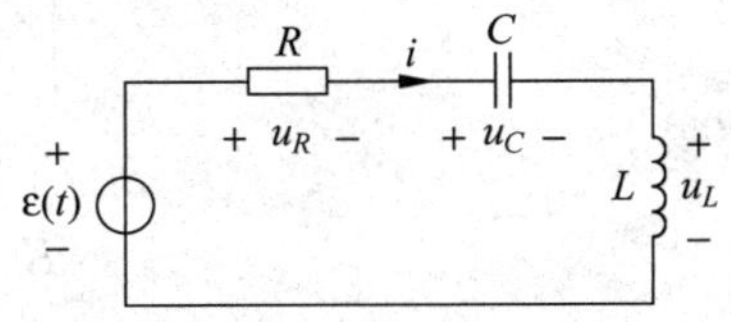

图 7.1.7 *RLC* 串联电路的零状态响应

根据 KVL 和支路电压-电流关系，可以求得电路方程为

$$LC\frac{\mathrm{d}^2u_C}{\mathrm{d}t^2}+RC\frac{\mathrm{d}u_C}{\mathrm{d}t}+u_C=1 \tag{7.1.42}$$

上式为二阶常系数线性非齐次微分方程。方程的解可以分解成稳态分量和暂态分量之和，即

$$u_C=u_{\mathrm{Ch}}+u_{\mathrm{Cp}} \tag{7.1.43}$$

暂态分量 u_{Ch}的形式与电路方程对应的齐次方程通解的形式相同，该齐次方程为

$$LC\frac{\mathrm{d}^2u_{\mathrm{Ch}}}{\mathrm{d}t^2}+RC\frac{\mathrm{d}u_{\mathrm{Ch}}}{\mathrm{d}t}+u_{\mathrm{Ch}}=0 \tag{7.1.44}$$

齐次解为

$$u_{\mathrm{Ch}}=K_1\mathrm{e}^{s_1t}+K_2\mathrm{e}^{s_2t} \tag{7.1.45}$$

其中，K_1 和 K_2 为待定常数，由初始条件来确定；s_1 和 s_2 为电路变量 u_C 的固有频率(即特征根)，可由式(7.1.42)的特征方程

$$LCs^2+RCs+1=0 \tag{7.1.46}$$

求取，即

$$s_{1,2}=-\frac{R}{2L}\pm\sqrt{\left(\frac{R}{2L}\right)^2-\frac{1}{LC}} \tag{7.1.47}$$

令

$$\alpha=\frac{R}{2L},\quad \omega_0=\frac{1}{\sqrt{LC}} \tag{7.1.48}$$

于是有固有频率

$$\begin{cases}s_1=-\alpha+\sqrt{\alpha^2-\omega_0^2}\\ s_2=-\alpha-\sqrt{\alpha^2-\omega_0^2}\end{cases} \tag{7.1.49}$$

与 RLC 并联电路的情况一样，RLC 串联电路的固有频率 s_1 和 s_2 也可以是两个不相等的负实数，两个相等的负实数，一对共轭复数和一对共轭虚数等。

稳态分量 u_{Cp} 随输入激励 u_S 而异。在单位阶跃激励下的稳态分量 $u_{Cp}=1$（即响应的稳态解），于是方程(7.1.42)的解为

$$u_C = u_{Ch} + u_{Cp} = K_1 e^{s_1 t} + K_2 e^{s_2 t} + 1 \tag{7.1.50}$$

根据方程(7.1.42)的初始条件，有方程组

$$\begin{cases} u_C(0_+) = K_1 + K_2 + 1 = 0 \\ \left.\dfrac{du_C}{dt}\right|_{t=0_+} = K_1 s_1 + K_2 s_2 = 0 \end{cases} \tag{7.1.51}$$

解得

$$K_1 = \frac{s_2}{s_1 - s_2}, \quad K_2 = \frac{s_1}{s_2 - s_1} \tag{7.1.52}$$

代入式(7.1.50)得单位阶跃响应电容电压

$$u_C = \left[\frac{1}{s_1 - s_2}(s_2 e^{s_1 t} - s_1 e^{s_2 t}) + 1\right]\varepsilon(t) \tag{7.1.53}$$

类似于前面所讨论的 RLC 并联电路放电过程，根据 α 和 ω_0 的相对大小，此时 RLC 串联充电电路也可以区分为过阻尼 $\alpha>\omega_0$（即电路参数满足 $R>2\sqrt{L/C}$）、临界阻尼 $\alpha=\omega_0$（即 $R=2\sqrt{L/C}$）、欠阻尼 $\alpha<\omega_0$（即 $R<2\sqrt{L/C}$）和无阻尼 $\alpha=0(R=0)$ 等四种情况。下面仅讨论过阻尼和欠阻尼两种不同情况的阶跃响应。

(1) 过阻尼情况　$\alpha>\omega_0$，固有频率 s_1 和 s_2 是两个不相等的负实数，由式(7.1.53)的电容电压可求得过阻尼情况下的单位阶跃响应电感电流

$$i_L = i = C\frac{du_C}{dt} = \frac{s_1 s_2}{L(s_1 - s_2)}(e^{s_1 t} - e^{s_2 t})\varepsilon(t) \tag{7.1.54}$$

上述阶跃响应波形如图 7.1.8 所示。图 7.1.8(a)为过阻尼情况下电路的固有频率在 s 平面上的位置，图 7.1.8(b)为电容电压 u_C 和电感电流 i_L 的响应波形。

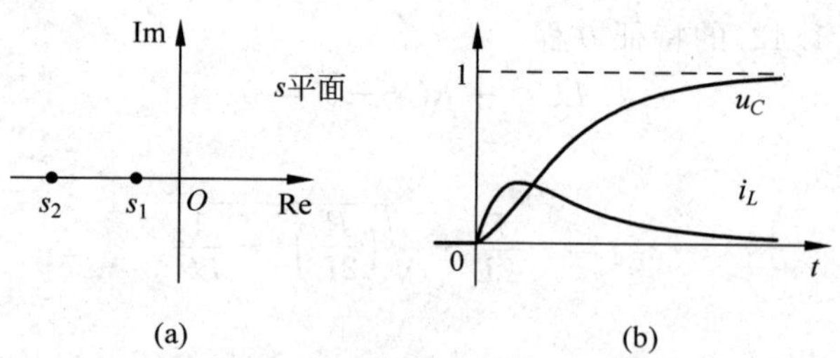

图 7.1.8　过阻尼情况下阶跃响应波形

(a) 固有频率在 s 平面上的位置；(b) 电容电压 u_C、电感电流 i_L 波形

过阻尼情况下电路的固有频率为两个不等的负实数。由于 $s_1<0$、$s_2<0$ 及 $|s_2|>|s_1|$，当 t 从 0 变到 ∞ 时，在式(7.1.53)和式(7.1.54)中，$e^{s_1 t}$ 较 $e^{s_2 t}$ 衰减得慢，差值 $e^{s_1 t}-e^{s_2 t}$ 永远

为正，使电容电压 u_C 和电感电流 i_L 永远不改变方向。由此可见，电容元件在全部时间内一直在充电。这种单向充电称为非周期性充电，或者称为阻尼充电。

(2) 欠阻尼情况　$\alpha>\omega_0$，固有频率 s_1 和 s_2 为一对共轭复数，即

$$\begin{cases}s_1=-\alpha+\sqrt{-(\omega_0^2-\alpha^2)}=-\alpha+\mathrm{j}\omega_\mathrm{d}\\ s_2=-\alpha-\sqrt{-(\omega_0^2-\alpha^2)}=-\alpha-\mathrm{j}\omega_\mathrm{d}\end{cases}\tag{7.1.55}$$

或表示成极坐标形式

$$\begin{cases}s_1=\omega_0\mathrm{e}^{\mathrm{j}(90^\circ+\theta)}\\ s_2=\omega_0\mathrm{e}^{-\mathrm{j}(90^\circ+\theta)}\end{cases}\tag{7.1.56}$$

其中，$\theta=\arctan(\alpha/\omega_\mathrm{d})$。代入式(7.1.53)得欠阻尼情况下的单位阶跃响应电容电压为

$$\begin{aligned}u_C&=\left\{1+\frac{1}{2\mathrm{j}\omega_\mathrm{d}}\omega_0\mathrm{e}^{-\alpha t}\left[\mathrm{e}^{\mathrm{j}(\omega_\mathrm{d}t-90^\circ-\theta)}-\mathrm{e}^{-\mathrm{j}(\omega_\mathrm{d}t-90^\circ-\theta)}\right]\right\}\varepsilon(t)\\&=\left[1+\frac{\omega_0}{\omega_\mathrm{d}}\mathrm{e}^{-\alpha t}\sin(\omega_\mathrm{d}t-90^\circ-\theta)\right]\varepsilon(t)=\left[1-\frac{\omega_0}{\omega_\mathrm{d}}\mathrm{e}^{-\alpha t}\cos(\omega_\mathrm{d}t-\theta)\right]\varepsilon(t)\end{aligned}\tag{7.1.57}$$

根据电容的电压-电流关系 $i=C\mathrm{d}u_C/\mathrm{d}t$，可求得欠阻尼情况下的单位阶跃响应电感电流为

$$i_L=i=\left(\frac{1}{\omega_\mathrm{d}L}\mathrm{e}^{-\alpha t}\sin\omega_\mathrm{d}t\right)\varepsilon(t)\tag{7.1.58}$$

图 7.1.9 所示为欠阻尼情况下电路的固有频率在 s 平面上的位置，以及阶跃响应电容电压 u_C 和电感电流 i_L 的波形。从波形中可见，电容电压和电感电流都作衰减振荡。电容电压在电源电压值的附近作衰减振荡，而不超过电源电压值的两倍。电感电流，即回路电流围绕着零值作衰减振荡。因此，这种充电过程称周期性的或振荡性的充电。

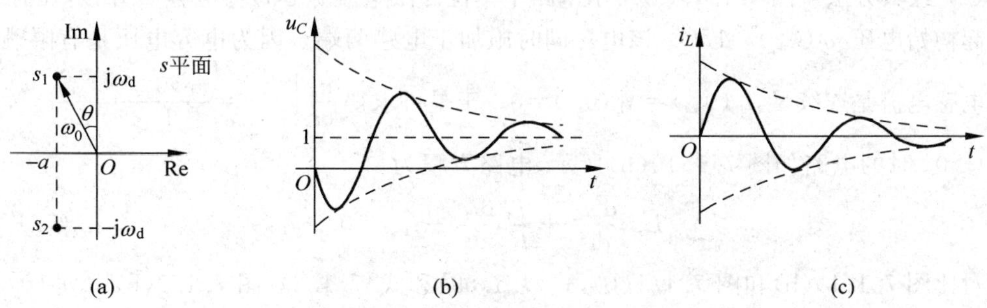

图 7.1.9　欠阻尼情况下阶跃响应波形

(a) 固有频率在 s 平面上的位置；(b) 电容电压 u_C 波形；(c) 电感电流 i_L 波形

电容电压在暂态过程中的数值可能超过电压源的电压值，这种现象称过电压效应。在实际应用中考虑电路元件的耐压时，应充分注意过电压效应。

2. *RLC* 并联电路的冲激响应

RLC 并联电路的冲激响应,是指 *RLC* 并联电路对单位冲激电流激励的零状态响应。

如图 7.1.10(a)所示,电路在 $t=0$ 时处于零状态,若激励电流源 $i_S=\delta(t)$,则电路的响应就是单位冲激响应 $h(t)$。

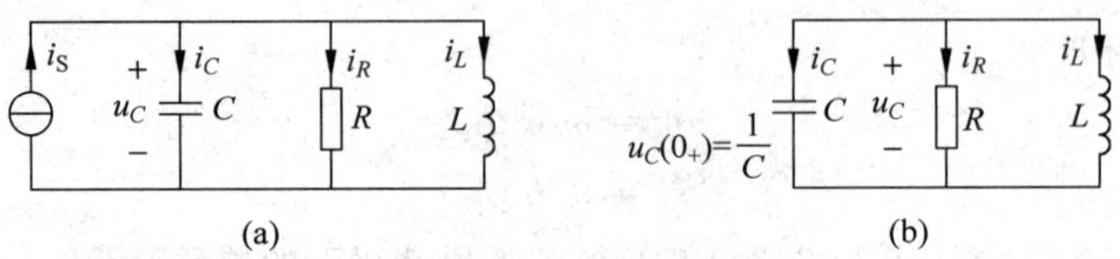

图 7.1.10　*RLC* 并联电路的冲激响应

(a) $t\leqslant 0_-$ 时的电路;(b) $t\geqslant 0_+$ 时的电路

在一阶电路冲激响应的讨论中已经知道,当单位冲激电流源 $\delta(t)$ 与电容 C 并接时,将在电容上引起 $1/C$ 的跳变电压,即在电容上产生初始值 $u_C(0_+)=1/C$;当单位冲激电压源 $\delta(t)$ 与电感 L 串接时,将在电感上引起 $1/L$ 的跳变电流,即在电感上产生初始值 $i_L(0_+)=1/L$。这个结论在分析线性电路的冲激响应时具有普遍意义。冲激激励使电路在 $t=0_+$ 建立了初始状态,$t\geqslant 0_+$ 时的冲激响应从本质上说,就是由冲激电源激发出的电路初始状态引起的零输入响应。由于电路的零输入响应能够反映电路的属性,因此,也可以说冲激电源能够激发出反映电路属性的响应。另外,若已知电路的冲激响应,则可以用卷积积分的方法求取任意输入所引起的零状态响应。可见冲激响应在电路分析中占有非常重要的地位。

下面分别讨论用经典方法和对阶跃响应求导来求取 *RLC* 并联电路的冲激响应 $h(t)$ 的方法。

(1) 经典方法　图 7.1.10(a)所示电路中单位冲激电流源 $\delta(t)$ 与电容 C 并接,在 $t=0_+$ 时引起初始电压 $u_C(0_+)=1/C$。该电压同时施加于电感两端。因为电容电压是有限跳变,所以电感电流是连续量,$i_L(0_+)=i_L(0_-)=0$。于是可求得 $\left.\frac{\mathrm{d}i_L}{\mathrm{d}t}\right|_{t=0_+}=\frac{u_C(0_+)}{L}=\frac{1}{LC}$。

$t\geqslant 0_+$ 时的电路如图 7.1.10(b)所示,电路方程为

$$LC\frac{\mathrm{d}^2 i_L}{\mathrm{d}t^2}+\frac{L}{R}\frac{\mathrm{d}i_L}{\mathrm{d}t}+i_L=0 \tag{7.1.59}$$

分别对比图 7.1.10(b)和图 7.1.1(b),式(7.1.59)和式(7.1.8),图 7.1.1(b)中 $u_C(0_+)=U_0$,而图 7.1.10(b)中 $u_C(0_+)=1/C$,根据线性电路的零输入响应是初始值的线性函数的结论,将式(7.1.18)中的 U_0 改为 $1/C$,可得过阻尼情况下冲激响应

$$i_L=\frac{1}{LC(s_1-s_2)}(\mathrm{e}^{s_1 t}-\mathrm{e}^{s_2 t})\varepsilon(t) \tag{7.1.60}$$

由式(7.1.36)可得欠阻尼情况下冲激响应

$$i_L=-\frac{1}{LC\omega_d}\mathrm{e}^{-\alpha t}\cos(\omega_d t+90°)\varepsilon(t)=\frac{1}{LC\omega_d}\mathrm{e}^{-\alpha t}\sin(\omega_d t)\varepsilon(t) \tag{7.1.61}$$

(2) 阶跃响应求导方法　在一阶电路冲激响应的讨论中已经知道,冲激响应是阶跃响应的导数,就是说在已知电路阶跃响应的情况下,可以通过对其求导来获得冲激响应。

图 7.1.10(a)所示 RLC 并联电路在过阻尼情况下的阶跃响应为

$$s(t)=i_L=\left[\frac{1}{s_1-s_2}(s_2\mathrm{e}^{s_1t}-s_1\mathrm{e}^{s_2t})+1\right]\varepsilon(t) \tag{7.1.62}$$

因此,过阻尼情况下的冲激响应为

$$\begin{aligned}h(t)&=\frac{\mathrm{d}s(t)}{\mathrm{d}t}\\&=\left[\frac{1}{s_1-s_2}(s_2\mathrm{e}^{s_1t}-s_1\mathrm{e}^{s_2t})+1\right]\delta(t)+\left[\frac{s_1s_2}{s_1-s_2}(\mathrm{e}^{s_1t}-\mathrm{e}^{s_2t})\right]\varepsilon(t)\\&=\frac{\omega_0^2}{s_1-s_2}(\mathrm{e}^{s_1t}-\mathrm{e}^{s_2t})\varepsilon(t)=\frac{1}{LC(s_1-s_2)}(\mathrm{e}^{s_1t}-\mathrm{e}^{s_2t})\varepsilon(t)\end{aligned} \tag{7.1.63}$$

上式中 $t=0$ 时 $\delta(t)$的系数为零。

图 7.1.10(a)所示 RLC 并联电路在欠阻尼情况下的阶跃响应为

$$s(t)=i_L=\left[1-\frac{\omega_0}{\omega_\mathrm{d}}\mathrm{e}^{-\alpha t}\cos(\omega_\mathrm{d}t-\theta)\right]\varepsilon(t) \tag{7.1.64}$$

对其求导可得

$$\begin{aligned}h(t)&=\frac{\mathrm{d}s(t)}{\mathrm{d}t}\\&=\left[1-\frac{\omega_0}{\omega_\mathrm{d}}\mathrm{e}^{-\alpha t}\cos(\omega_\mathrm{d}t-\theta)\right]\delta(t)+\left\{\frac{\mathrm{d}}{\mathrm{d}t}\left[1-\frac{\omega_0}{\omega_\mathrm{d}}\mathrm{e}^{-\alpha t}\cos(\omega_\mathrm{d}t-\theta)\right]\right\}\varepsilon(t)\end{aligned} \tag{7.1.65}$$

利用关系式 $\cos\theta=\omega_\mathrm{d}/\omega_0$ 和 $\sin\theta=\alpha/\omega_0$,可求得 $t=0$ 时,式(7.1.65)第一项 $\delta(t)$的系数为零。因此,欠阻尼情况下的冲激响应为

$$\begin{aligned}h(t)&=\frac{\mathrm{d}s(t)}{\mathrm{d}t}\\&=\left[\frac{\omega_0^2}{\omega_\mathrm{d}}\mathrm{e}^{-\alpha t}\cos(\omega_\mathrm{d}t-\theta)+\omega_0\mathrm{e}^{-\alpha t}\sin(\omega_\mathrm{d}t-\theta)\right]\varepsilon(t)\\&=\frac{\omega_0^2}{\omega_\mathrm{d}}\mathrm{e}^{-\alpha t}[\sin\theta\cos(\omega_\mathrm{d}t-\theta)+\cos\theta\sin(\omega_\mathrm{d}t-\theta)]\varepsilon(t)\\&=\frac{\omega_0^2}{\omega_\mathrm{d}}\mathrm{e}^{-\alpha t}\sin(\omega_\mathrm{d}t)\varepsilon(t)=\frac{1}{LC\omega_\mathrm{d}}\mathrm{e}^{-\alpha t}\sin(\omega_\mathrm{d}t)\varepsilon(t)\end{aligned} \tag{7.1.66}$$

可以看出,以上两种求取冲激响应的方法所得到的结果是相同的。

*7.1.4　二阶 *RLC* 电路的全响应

在 6.3 节中已经知道,电路由输入激励和原始状态共同引起的响应,称为全响应。并且,电路的全响应等于其零输入响应与零状态响应之和。这一结论,对于二阶电路仍然成立。

在图 7.1.11 所示 RLC 并联电路中，输入激励为电流源 $i_S=\varepsilon(t)$，电容原始电压 $u_C(0_-)=U_0$，电感原始电流 $i_L(0_-)=0$。电路中的响应就是二阶 RLC 并联电路的全响应。

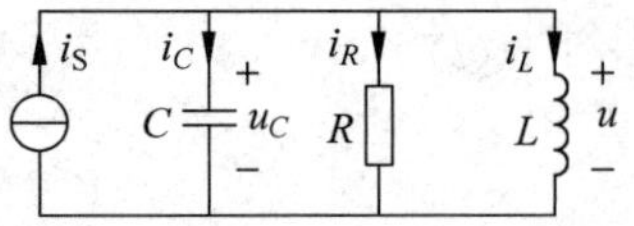

图 7.1.11 RLC 并联电路的全响应

图 7.1.11 所示 RLC 并联电路方程为

$$LC\frac{d^2 i_L}{dt^2}+\frac{L}{R}\frac{di_L}{dt}+i_L=1 \tag{7.1.67}$$

上式为二阶常系数线性非齐次微分方程。其初始条件为 $i_L(0_+)=0$，$\left.\frac{di_L}{dt}\right|_{t=0_+}=\frac{U_0}{L}$。

电路方程的解为

$$i_L=i_{Lh}+i_{Lp} \tag{7.1.68}$$

其中，i_{Lh}是方程的齐次解；i_{Lp}是方程的特解。

齐次解 i_{Lh} 为

$$i_{Lh}=K_1 e^{s_1 t}+K_2 e^{s_2 t} \tag{7.1.69}$$

其中，K_1 和 K_2 为待定常数，由初始条件来确定；s_1 和 s_2 为电路变量 i_L 两个不相等的固有频率（即特征根），可以是两个不相等的负实数，一对共轭复数和一对共轭虚数等。

在单位阶跃激励下的特解 $i_{Lp}=1$（即响应的稳态解），于是方程(7.1.67)的解为

$$i_L=i_{Lh}+i_{Lp}=K_1 e^{s_1 t}+K_2 e^{s_2 t}+1 \tag{7.1.70}$$

根据初始条件，有方程组

$$\begin{cases} i_L(0_+)=K_1+K_2+1=0 \\ \left.\frac{di_L}{dt}\right|_{t=0_+}=K_1 s_1+K_2 s_2=\frac{U_0}{L} \end{cases} \tag{7.1.71}$$

解得

$$K_1=\frac{s_2+U_0/L}{s_1-s_2},\quad K_2=\frac{-s_1-U_0/L}{s_1-s_2} \tag{7.1.72}$$

代入式(7.1.70)得全响应电感电流为

$$i_L=\frac{s_2+U_0/L}{s_1-s_2}e^{s_1 t}-\frac{s_1+U_0/L}{s_1-s_2}e^{s_2 t}+1 \quad t\geqslant 0 \tag{7.1.73}$$

由式(7.1.18)，电路零输入响应电感电流为

$$i_{Lzi}=\frac{U_0}{L(s_1-s_2)}(e^{s_1 t}-e^{s_2 t}) \quad t\geqslant 0 \tag{7.1.74}$$

由式(7.1.53)，根据对偶原理得电路零状态响应电感电流为

$$i_{Lzs}=\left[\frac{1}{s_1-s_2}(s_2 e^{s_1 t}-s_1 e^{s_2 t})+1\right]\varepsilon(t) \tag{7.1.75}$$

通过式(7.1.73)～式(7.1.75)，又一次验证了全响应等于零输入响应与零状态响应之和这一结论。

【例7.1.1】 图7.1.12所示电路已处于稳态，已知$R_1=1\Omega, R_2=R_3=2\Omega, L=2\text{H}$，$C=1\text{F}, u_S=4\text{V}$，在$t=0$时将开关S打开，试求$t>0$时的电容电压$u_C$和电感电流$i_L$并绘制响应曲线。

解 对图7.1.12电路，根据换路定律求得初始值

$$i_L(0_+)=i_L(0_-)=\frac{u_S}{R_1+R_2 /\!/ R_3}\times\frac{R_3}{R_2+R_3}=1\text{A}$$

$$u_C(0_+)=u_C(0_-)=R_2\times i_L(0_-)=2\text{V}$$

当$t>0$时，有KCL方程

$$-i_L+C\frac{\mathrm{d}u_C}{\mathrm{d}t}+\frac{1}{R_2}u_C=0$$

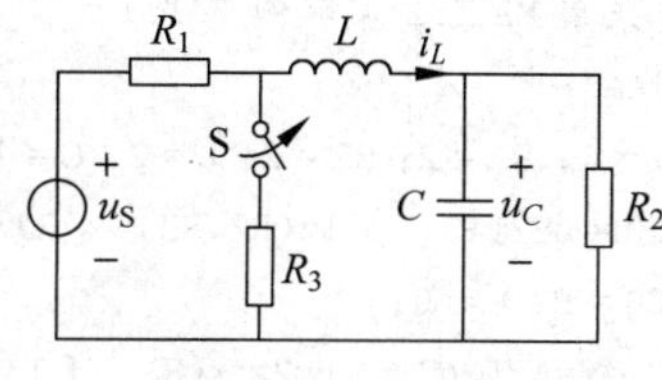

图7.1.12 例7.1.1

及KVL方程

$$R_1 i_L+L\frac{\mathrm{d}i_L}{\mathrm{d}t}+u_C=u_S$$

消去两式中的i_L得

$$\frac{\mathrm{d}^2u_C}{\mathrm{d}t^2}+\left(\frac{R_1}{L}+\frac{1}{R_2C}\right)\frac{\mathrm{d}u_C}{\mathrm{d}t}+\frac{R_1+R_2}{R_2LC}u_C=\frac{1}{LC}u_S$$

代入参数得电路方程

$$\frac{\mathrm{d}^2u_C}{\mathrm{d}t^2}+\frac{\mathrm{d}u_C}{\mathrm{d}t}+\frac{3}{4}u_C=2$$

由电路方程的特征方程求得特征根$s_{1,2}=-\frac{1}{2}\pm\mathrm{j}\frac{1}{\sqrt{2}}$为一对共轭复根，对应的齐次解为

$$u_{Ch}=K\mathrm{e}^{-\frac{t}{2}}\cos\left(\frac{1}{\sqrt{2}}t+\theta\right)$$

特解可取电容电压的稳态值，即$u_{Cp}=8/3\text{V}$，所以电路方程的通解为

$$u_C=u_{Ch}+u_{Cp}=K\mathrm{e}^{-\frac{t}{2}}\cos\left(\frac{1}{\sqrt{2}}t+\theta\right)+\frac{8}{3}$$

由初始条件$u_C(0_+)=2\text{V}$，$\left.\frac{\mathrm{d}u_C}{\mathrm{d}t}\right|_{t=0_+}=\frac{1}{C}i_L(0_+)-\frac{1}{R_2C}u_C(0_+)=0$，得

$$u_C(0_+)=K\cos\theta+\frac{8}{3}=2$$

$$\left.\frac{\mathrm{d}u_C}{\mathrm{d}t}\right|_{t=0_+}=\left[-\frac{1}{2}K\mathrm{e}^{-\frac{t}{2}}\cos\left(\frac{1}{\sqrt{2}}t+\theta\right)-\frac{1}{\sqrt{2}}K\mathrm{e}^{-\frac{t}{2}}\sin\left(\frac{1}{\sqrt{2}}t+\theta\right)\right]_{t=0_+}$$

$$=-\frac{1}{2}K(\cos\theta+\sqrt{2}\sin\theta)=0$$

解得

$$K=-0.816,\quad \theta=-35.3^\circ$$

全响应为

$$u_C=\left[-0.816\mathrm{e}^{-\frac{t}{2}}\cos\left(\frac{1}{\sqrt{2}}t-35.3^\circ\right)+\frac{8}{3}\right]\text{V}\quad t>0$$

$$i_L = C\frac{\mathrm{d}u_C}{\mathrm{d}t} + \frac{1}{R_2}u_C = \left[0.577\mathrm{e}^{-\frac{t}{2}}\sin\left(\frac{1}{\sqrt{2}}t - 35.3^\circ\right) + \frac{4}{3}\right]\mathrm{A} \quad t > 0$$

由计算结果可以看出，u_C 和 i_L 的表达式都由一个指数衰减项和一个常数项组成，其中衰减项是它们的暂态分量，常数项是它们的稳态分量。u_C 和 i_L 的响应曲线由 MATLAB 程序给出。

MATLAB 计算程序：

```
%采用 MATLAB 求解例 7.1.1
clear;                                               %清除工作空间的所有变量
R1 = 1; R2 = 2; R3 = 2; L = 2; C = 1; uS = 4;        %输入已知参数
iL0 = uS/(R1 + pllz(R2,R3)) * R3/(R2 + R3);          %电感电流初始值
uC0 = R2 * iL0;                                      %电容电压初始值
uC_eq = ['D2uC + 'num2str(R1/L + 1/R2/C)' * DuC + 'num2str((R1 + R2)/R2/L/C)' * uC = 'num2str(uS/L/C)'];
                                                     %列写 uC 的电路方程
init_eq1 = ['DuC(0) = ' num2str(iL0/C - uC0/R2/C)];  %列写初始条件方程
init_eq2 = ['uC(0) = ' num2str(uC0)];
uC = dsolve(uC_eq,init_eq1,init_eq2)                 %求解 uC 的电路方程
iL = C * diff(uC) + uC/R2                            %求解 iL 的电路方程
t = 0: 0.05: 10;                                     %定义绘制响应曲线的时间点
uC = subs(uC);                                       %求时间点处的电压 uC
iL = subs(iL);                                       %求时间点处的电流 iL
plot(t,uC,t,iL,'Line Width',2)                       %绘制响应曲线
xlabel('t'); ylabel('uC/V,iL/A');                    %加坐标轴标注
gtext('uC');gtext('iL');                             %利用鼠标定位标注曲线名称
grid on;                                             %图形加上虚线网格
```

计算结果：

```
uC =   - 1/3 * exp( - 1/2 * t) * sin(1/2 * 2^(1/2) * t) * 2^(1/2) - 2/3 * exp( - 1/2 * t) * cos(1/2 * 2^
       (1/2) * t) + 8/3
iL =   1/3 * exp( - 1/2 * t) * sin(1/2 * 2^(1/2) * t) * 2^(1/2) - 1/3 * exp( - 1/2 * t) * cos(1/2 * 2^
       (1/2) * t) + 4/3
```

其波形如下所示：

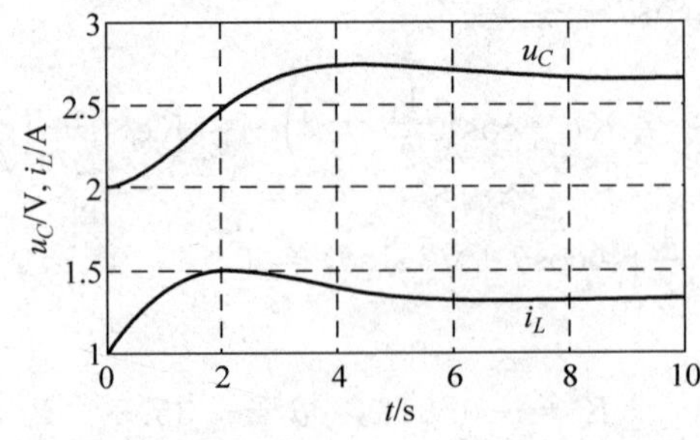

【思考与练习】

7.1.1 *RLC* 并联电路如图 7.1.13 所示，若电路的特征根为：

(1) $s_1=-1, s_2=-2$；(2) $s_{1,2}=-1$；(3) $s_{1,2}=\pm j2$；(4) $s_{1,2}=-1\pm j2$

试写出相应的零输入响应 u_C 和 i_L 并判断响应属于欠阻尼、临界阻尼还是过阻尼情况。

7.1.2 已知 *RLC* 并联电路中 $L=1\text{H}, C=1\text{F}$，如果要求电路的响应为衰减的振荡波形，试问 R 的取值范围。($0<R<2\Omega$)

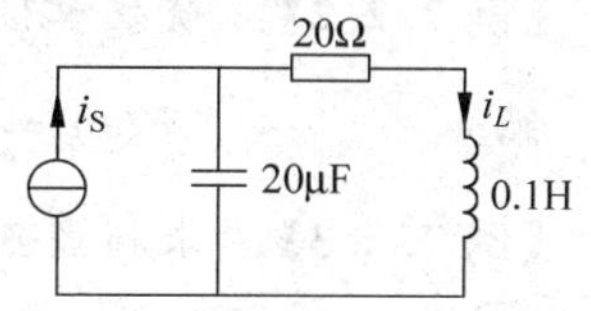

图 7.1.13 思考与练习 7.1.3

7.1.3 电路如图 7.1.13 所示，试求 i_L 的单位阶跃响应和单位冲激响应。{$[1-1.01e^{-100t}\sin(700t+81.87°)]\varepsilon(t)\text{A}$；$714.2e^{-100t}\sin(700t)\varepsilon(t)\text{A}$}

7.2 动态电路的复频域分析

在线性非时变动态电路分析中，也可采用拉普拉斯变换的分析方法，称为复频域分析，即 s 域分析。

7.2.1 拉普拉斯变换及其性质简介

1. 拉普拉斯变换的定义

设时域函数 $f(t)$在区间 $[0,\infty)$内的定积分为

$$\int_{0_-}^{\infty} f(t)e^{-st}\,dt \tag{7.2.1}$$

式中，$s=\sigma+j\omega$ 为**复频率**(complex frequency)。若该定积分在 s 某一域内收敛，则由此积分确定的**复频域**(complex frequency domain)函数可表示为

$$F(s)=\int_{0_-}^{\infty} f(t)e^{-st}\,dt \tag{7.2.2}$$

复频域函数 $F(s)$定义为时域函数 $f(t)$的**拉普拉斯变换**(Laplace transform)(简称拉氏变换)，或称 $F(s)$为 $f(t)$的**象函数**(image function)，简记成

$$F(s)=\mathcal{L}[f(t)] \tag{7.2.3}$$

在拉普拉斯变换式中取积分下限为 0_-，可以计及 $t=0$ 时的 $f(t)$中包含的冲激函数，从而给计算含冲激电压或冲激电流的电路带来方便。

由已知象函数 $F(s)$，求对应**原函数**(original function) $f(t)$的变换，称拉普拉斯反变换(inverse Laplace transform)(简称拉氏反变换)，其积分公式为

$$f(t)=\frac{1}{2\pi j}\int_{\sigma-j\infty}^{\sigma+j\infty} F(s)e^{st}\,ds \tag{7.2.4}$$

或简记为

$$f(t)=\mathcal{L}^{-1}[F(s)] \tag{7.2.5}$$

下面举例求取几个常用函数的拉普拉斯变换。

【例 7.2.1】 试求单位阶跃函数 $\varepsilon(t)$的拉普拉斯变换。

解 $F(s)=\mathcal{L}[\varepsilon(t)]=\int_{0_-}^{\infty}\varepsilon(t)\mathrm{e}^{-st}\mathrm{d}t=\int_{0_-}^{\infty}\mathrm{e}^{-st}\mathrm{d}t=-\frac{1}{s}\mathrm{e}^{-st}\Big|_{0_-}^{\infty}=\frac{1}{s}$

【例 7.2.2】 试求单位冲激函数 $\delta(t)$ 的拉普拉斯变换。

解 $F(s)=\mathcal{L}[\delta(t)]=\int_{0_-}^{\infty}\delta(t)\mathrm{e}^{-st}\mathrm{d}t=\mathrm{e}^{-st}\big|_{t=0}=1$

【例 7.2.3】 求指数函数 $\mathrm{e}^{\alpha t}$ 的拉普拉斯变换，其中 α 为任一实数或复数。

解 $F(s)=\mathcal{L}[\mathrm{e}^{\alpha t}]=\int_{0_-}^{\infty}\mathrm{e}^{\alpha t}\mathrm{e}^{-st}\mathrm{d}t=\int_{0_-}^{\infty}\mathrm{e}^{-(s-\alpha)t}\mathrm{d}t=\frac{1}{-(s-\alpha)}\mathrm{e}^{-(s-\alpha)t}\Big|_{0_-}^{\infty}$

当 $\mathrm{Re}[s]>\mathrm{Re}[\alpha]$时，极限$\lim\limits_{t\to\infty}\mathrm{e}^{-(s-\alpha)t}=0$，上式积分收敛于 $1/(s-\alpha)$。于是得

$$F(s)=\mathcal{L}[\mathrm{e}^{\alpha t}]=\frac{1}{s-\alpha}$$

MATLAB 计算程序：

```
% 采用 MATLAB 求解例 7.2.1、例 7.2.2、例 7.2.3
syms t alpha                          % 定义符号变量
f1 = dirac(t);                        % 定义原函数
f2 = heaviside(t);
f3 = exp(alpha * t);
F1 = laplace(f1)                      % 求原函数的拉普拉斯变换
F2 = laplace(f2)
F3 = laplace(f3)
```

计算结果：

```
F1  =  1
F2  =  1/s
F3  =  1/(s-alpha)
```

表 7.2.1 列出了一些常用时间函数的拉氏变换，以供查阅使用。注意，当 $t<0$ 时，表中所有函数 $f(t)$都设为零，即它们都是有始函数，可认为与 $\varepsilon(t)$相乘。

表 7.2.1 一些常用时间函数的拉氏变换

序号	原函数 $f(t)(t\geqslant 0)$	象函数 $F(s)$
1	$\delta(t)$	1
2	$\delta^{(n)}(t)\quad n=1,2,\cdots$	s^n
3	$\varepsilon(t)$	$\frac{1}{s}$
4	t	$\frac{1}{s^2}$

续表

序号	原函数 $f(t)(t\geqslant 0)$	象函数 $F(s)$
5	$\frac{t^n}{n!}\quad n=1,2,\cdots$	$\frac{1}{s^{n+1}}$
6	$e^{-\alpha t}$	$\frac{1}{s+\alpha}$
7	$\frac{t^n}{n!}e^{-\alpha t}\quad n=1,2,\cdots$	$\frac{1}{(s+\alpha)^{n+1}}$
8	$\sin\omega t$	$\frac{\omega}{s^2+\omega^2}$
9	$\cos\omega t$	$\frac{s}{s^2+\omega^2}$
10	$e^{-\alpha t}\sin\omega t$	$\frac{\omega}{(s+\alpha)^2+\omega^2}$
11	$e^{-\alpha t}\cos\omega t$	$\frac{s+\alpha}{(s+\alpha)^2+\omega^2}$
12	$\alpha e^{-\alpha t}\cos\omega t+\frac{(b-a\alpha)}{\omega}e^{-\alpha t}\sin\omega t$	$\frac{as+b}{(s+\alpha)^2+\omega^2}$
13	$2\lvert K\rvert e^{-\alpha t}\cos(\omega t+\varphi_K)\quad K=\lvert K\rvert e^{j\varphi_K}$	$\frac{K}{s+\alpha-j\omega}+\frac{K^*}{s+\alpha+j\omega}$

应当指出，并不是所有的时间函数都可以进行拉氏变换，$f(t)$存在拉氏变换的充分条件是$f(t)$乘以$e^{-\sigma t}$后绝对可积。也就是说，存在一个$\sigma(>0)$，使收敛因子$e^{-\sigma t}$能够抑制$|f(t)|$随时间的增长。否则，$|f(t)|$随时间增长的速度超过收敛因子$e^{-\sigma t}$的抑制能力，如$f(t)=e^{t^2}$，这样的$f(t)$就不存在拉氏变换。但是，在工程应用的动态电路分析中，一般只需计算某一具体时刻的响应，比如时间t_1。尽管t_1可能很大，但毕竟是有限的。这样对于从0时刻开始，到t_1时刻结束的电路响应来说，$f(t)=e^{t^2}$的拉氏变换仍然存在，且不影响从0到t_1时刻内电路的分析。

2. 拉普拉斯变换的基本性质

在已知拉普拉斯变换的定义及其反变换的基础上，熟悉拉普拉斯变换的基本性质并能灵活加以运用，这对于应用拉普拉斯变换分析线性非时变电路是非常必要的。这里仅介绍几个与电路分析有关的拉普拉斯变换的基本性质。

(1) 线性性质

若$\mathcal{L}[f_1(t)]=F_1(s)$，$\mathcal{L}[f_2(t)]=F_2(s)$，则对任意常数$a_1$及$a_2$(实数或复数)有

$$\mathcal{L}[a_1f_1(t)+a_2f_2(t)]=a_1\mathcal{L}[f_1(t)]+a_2\mathcal{L}[f_2(t)]=a_1F_1(s)+a_2F_2(s)\tag{7.2.6}$$

证明 可直接由拉氏变换的定义推得

$$\mathcal{L}[a_1 f_1(t) + a_2 f_2(t)] = \int_{0_-}^{\infty} [a_1 f_1(t) + a_2 f_2(t)]\mathrm{e}^{-st}\mathrm{d}t$$

$$= a_1 \int_{0_-}^{\infty} f_1(t)\mathrm{e}^{-st}\mathrm{d}t + a_2 \int_{0_-}^{\infty} f_2(t)\mathrm{e}^{-st}\mathrm{d}t$$

$$= a_1 F_1(s) + a_2 F_2(s)$$

拉氏变换的线性性质表明，由若干原函数线性组合的象函数，等于各原函数的象函数以同样形式的线性组合，即拉氏变换满足齐次性和可加性。

应用拉氏变换的线性性质，很容易得到基尔霍夫定律的复频域形式。例如时域的 KCL 为

$$\sum_{k=1}^{n} i_k(t) = 0 \tag{7.2.7}$$

如果$\mathcal{L}[i_k(t)] = I_k(s)$，则由线性性质得到

$$\sum_{k=1}^{n} I_k(s) = 0 \tag{7.2.8}$$

这就是 KCL 的拉氏变换形式，即复频域形式。此式表明，对于任一集中参数电路中的任一节点，流出(或流入)该节点的所有支路电流象函数的代数和等于零。

【例 7.2.4】 试求电阻元件电压-电流关系的复频域形式。

解 在时域中线性电阻元件的电压-电流关系服从欧姆定律，即

$$u_R = Ri_R$$

对电阻电压、电流进行拉氏变换，并由线性性质可得

$$\mathcal{L}[u_R] = \mathcal{L}[Ri_R] = R\,\mathcal{L}[i_R]$$

即

$$U_R(s) = RI_R(s)$$

这就是电阻元件电压-电流关系的复频域形式。它表明，电阻电压的象函数与电阻电流的象函数之间的关系也服从欧姆定律。

(2) 微分性质

若$\mathcal{L}[f(t)] = F(s)$，则

$$\mathcal{L}\left[\frac{\mathrm{d}}{\mathrm{d}t}f(t)\right] = sF(s) - f(0_-) \tag{7.2.9}$$

证明 由拉氏变换的定义和应用分部积分法，有

$$\mathcal{L}\left[\frac{\mathrm{d}}{\mathrm{d}t}f(t)\right] = \int_{0_-}^{\infty} \frac{\mathrm{d}}{\mathrm{d}t}f(t)\mathrm{e}^{-st}\mathrm{d}t = \mathrm{e}^{-st}f(t)\Big|_{0_-}^{\infty} - \int_{0_-}^{\infty} f(t)(-s\mathrm{e}^{-st})\mathrm{d}t$$

$$= 0 - f(0_-) + s\int_{0_-}^{\infty} f(t)\mathrm{e}^{-st}\mathrm{d}t = sF(s) - f(0_-)$$

拉氏变换的微分性质表明，时域中的求导运算，对应于复频域中乘以 s 的运算，并以 $f(0_-)$计入原始值。

重复运用拉氏变换的微分性质，可求原函数 $f(t)$的 n 阶导数 $f^{(n)}(t)$的拉氏变换为

$$\mathcal{L}[f^{(n)}(t)] = s^n F(s) - s^{n-1}f(0_-) - s^{n-2}f^{(1)}(0_-) - \cdots - f^{(n-1)}(0_-)$$
$$= s^n F(s) - \sum_{k=0}^{n-1} s^k f^{(n-1-k)}(0_-) \tag{7.2.10}$$

【例 7.2.5】 试求电容元件由电压表示电流关系的复频域形式。

解 在时域中线性非时变电容元件由端电压 u_C 表示流经其中电流 i_C 的关系式(2.1.13)为

$$i_C = C\frac{\mathrm{d}u_C}{\mathrm{d}t}$$

对电容电压、电流进行拉氏变换，并根据微分性质和线性性质可得

$$\mathcal{L}[i_C] = \mathcal{L}\left[C\frac{\mathrm{d}u_C}{\mathrm{d}t}\right] = C\,\mathcal{L}\left[\frac{\mathrm{d}u_C}{\mathrm{d}t}\right] = C[sU_C(s) - u_C(0_-)]$$

可得由电压表示电流关系的电容元件的复频域形式为

$$I_C(s) = sCU_C(s) - Cu_C(0_-)$$

(3) 积分性质

若$\mathcal{L}[f(t)] = F(s)$，则

$$\mathcal{L}\left[\int_{0_-}^{t} f(\tau)\mathrm{d}\tau\right] = \frac{1}{s}F(s) \tag{7.2.11}$$

证明 仍然由拉氏变换的定义和应用分部积分法，有

$$\mathcal{L}\left[\int_{0_-}^{t} f(\tau)\mathrm{d}\tau\right] = \int_{0_-}^{\infty}\left[\int_{0_-}^{t} f(\tau)\mathrm{d}\tau\right]\mathrm{e}^{-st}\mathrm{d}t = \left[\int_{0_-}^{t} f(\tau)\mathrm{d}\tau\right]\left(-\frac{1}{s}\mathrm{e}^{-st}\right)\Bigg|_{0_-}^{\infty} - \int_{0_-}^{\infty}\frac{\mathrm{e}^{-st}}{-s}f(t)\mathrm{d}t$$
$$= 0 - 0 + \frac{1}{s}\int_{0_-}^{\infty} f(t)\mathrm{e}^{-st}\mathrm{d}t = \frac{1}{s}F(s)$$

拉氏变换的积分性质表明，时域中由 0 到 t 的积分运算，对应于复频域中除以 s 的运算。

【例 7.2.6】 试求电感元件由电压表示电流关系的复频域形式。

解 在时域中线性非时变电感元件用端电压 u 来描述流经它的电流 i 的关系式为

$$i_L = i_L(0_-) + \frac{1}{L}\int_{0_-}^{t} u_L(\tau)\mathrm{d}\tau$$

对电感电压、电流进行拉氏变换，并由积分性质和线性性质可得

$$\mathcal{L}[i_L] = \mathcal{L}\left[i_L(0_-) + \frac{1}{L}\int_{0_-}^{t} u_L(\tau)\mathrm{d}\tau\right]$$
$$= \mathcal{L}[i_L(0_-)] + \mathcal{L}\left[\frac{1}{L}\int_{0_-}^{t} u_L(\tau)\mathrm{d}\tau\right] = \frac{i_L(0_-)}{s} + \frac{1}{sL}U_L(s)$$

电感原始电流 $i_L(0_-)$为常数，所以它的拉氏变换为 $i_L(0_-)/s$。于是由电压表示电流关系的电感元件的复频域形式为

$$I_L(s) = \frac{i_L(0_-)}{s} + \frac{1}{sL}U_L(s)$$

(4) 时移性质

若$\mathcal{L}[f(t)]=F(s)$,则

$$\mathcal{L}[f(t-\tau)]=\mathrm{e}^{-s\tau}F(s) \tag{7.2.12}$$

证明 根据拉氏变换的定义有

$$\mathcal{L}[f(t-\tau)]=\int_{0_-}^{\infty}[f(t-\tau)]\mathrm{e}^{-st}\mathrm{d}t=\int_{\tau_-}^{\infty}f(t-\tau)\mathrm{e}^{-st}\mathrm{d}t$$

令$t'=t-\tau$,则$t=t'+\tau$,$\mathrm{d}t=\mathrm{d}t'$,代入上式得

$$\mathcal{L}[f(t-\tau)]=\int_{0_-}^{\infty}f(t')\mathrm{e}^{-s(t'+\tau)}\mathrm{d}t'=\mathrm{e}^{-s\tau}\int_{0_-}^{\infty}f(t)\mathrm{e}^{-st}\mathrm{d}t=\mathrm{e}^{-s\tau}F(s)$$

拉氏变换的时移性质表明,若原函数在时间上推迟τ(即其图形沿时间轴向右移动τ),则其象函数应乘以延时因子$\mathrm{e}^{-s\tau}$。

【例7.2.7】 图7.2.1所示单个矩形脉冲波形$f(t)$,其幅度为A,起始于$t=a$,终止于$t=b$。试求$f(t)$的拉氏变换$F(s)$。

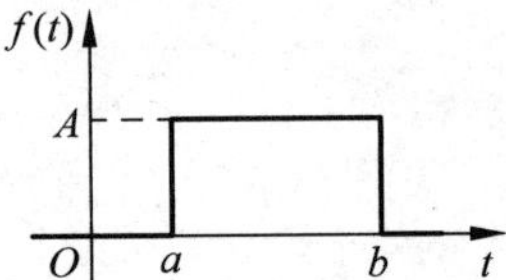

图7.2.1 单矩形脉冲波形

解 矩形脉冲$f(t)$可表示为

$$f(t)=A[\varepsilon(t-a)-\varepsilon(t-b)]$$

故根据时移性质,有

$$F(s)=\mathcal{L}[f(t)]=A\,\mathcal{L}[\varepsilon(t-a)-\varepsilon(t-b)]=\frac{A}{s}(\mathrm{e}^{-as}-\mathrm{e}^{-bs})$$

(5) 频移性质

若$\mathcal{L}[f(t)]=F(s)$,则

$$\mathcal{L}[\mathrm{e}^{\alpha t}f(t)]=F(s-\alpha) \tag{7.2.13}$$

证明 根据拉氏变换的定义得

$$\mathcal{L}[\mathrm{e}^{\alpha t}f(t)]=\int_{0_-}^{\infty}[\mathrm{e}^{\alpha t}f(t)]\mathrm{e}^{-st}\mathrm{d}t=\int_{0_-}^{\infty}f(t)\mathrm{e}^{-(s-\alpha)t}\mathrm{d}t=F(s-\alpha)$$

拉氏变换的频移性质表明,若原函数乘以指数因子$\mathrm{e}^{\alpha t}$,则其象函数应位移α(即其图形沿实轴向右移动α)。

【例7.2.8】 试求$\mathrm{e}^{-\alpha t}\sin\omega t$及$\mathrm{e}^{-\alpha t}\cos\omega t$的拉氏变换。

解 由表7.2.1第8、9项可知

$$\mathcal{L}[\sin\omega t]=\frac{\omega}{s^2+\omega^2},\quad \mathcal{L}[\cos\omega t]=\frac{s}{s^2+\omega^2}$$

根据频移性质可求得

$$\mathcal{L}[\mathrm{e}^{-\alpha t}\sin\omega t]=\frac{\omega}{(s+\alpha)^2+\omega^2}$$

$$\mathcal{L}[\mathrm{e}^{-\alpha t}\cos\omega t]=\frac{s+\alpha}{(s+\alpha)^2+\omega^2}$$

(6) 初值定理

利用**初值定理**(initial value theorem)和**终值定理**(final value theorem)可以由象函数$F(s)$求出原函数$f(t)$在0和∞时刻的值。

若$\mathcal{L}[f(t)]=F(s)$，且$\lim\limits_{s\to\infty}sF(s)$存在，则

$$f(0_+)=\lim_{s\to\infty}sF(s) \tag{7.2.14}$$

证明 由微分性质，有

$$\mathcal{L}\left[\frac{\mathrm{d}}{\mathrm{d}t}f(t)\right]=sF(s)-f(0_-)=\int_{0_-}^{\infty}\frac{\mathrm{d}}{\mathrm{d}t}f(t)\mathrm{e}^{-st}\mathrm{d}t=\int_{0_-}^{0_+}\frac{\mathrm{d}}{\mathrm{d}t}f(t)\mathrm{e}^{-st}\mathrm{d}t+\int_{0_+}^{\infty}\frac{\mathrm{d}}{\mathrm{d}t}f(t)\mathrm{e}^{-st}\mathrm{d}t$$

$$=f(0_+)-f(0_-)+\int_{0_+}^{\infty}\frac{\mathrm{d}}{\mathrm{d}t}f(t)\mathrm{e}^{-st}\mathrm{d}t$$

可得

$$sF(s)=f(0_+)+\int_{0_+}^{\infty}\frac{\mathrm{d}}{\mathrm{d}t}f(t)\mathrm{e}^{-st}\mathrm{d}t$$

当 $s\to\infty$ 时，上式成为

$$\lim_{s\to\infty}sF(s)=f(0_+)+\lim_{s\to\infty}\int_{0_+}^{\infty}\frac{\mathrm{d}}{\mathrm{d}t}f(t)\mathrm{e}^{-st}\mathrm{d}t$$

式中

$$\lim_{s\to\infty}\int_{0_+}^{\infty}\frac{\mathrm{d}}{\mathrm{d}t}f(t)\mathrm{e}^{-st}\mathrm{d}t=\int_{0_+}^{\infty}\frac{\mathrm{d}}{\mathrm{d}t}f(t)(\lim_{s\to\infty}\mathrm{e}^{-st})\mathrm{d}t=0$$

故得

$$\lim_{s\to\infty}sF(s)=f(0_+)$$

(7) 终值定理

若$\mathcal{L}[f(t)]=F(s)$，且$\lim\limits_{t\to\infty}f(t)$存在，则

$$f(\infty)=\lim_{s\to 0}sF(s) \tag{7.2.15}$$

证明 同样由微分规则，可得

$$\mathcal{L}\left[\frac{\mathrm{d}}{\mathrm{d}t}f(t)\right]=sF(s)-f(0_-)=\int_{0_-}^{\infty}\frac{\mathrm{d}}{\mathrm{d}t}f(t)\mathrm{e}^{-st}\mathrm{d}t$$

取 $s\to 0$ 时的极限，得

$$\lim_{s\to 0}[sF(s)-f(0_-)]=\lim_{s\to 0}\int_{0_-}^{\infty}\frac{\mathrm{d}}{\mathrm{d}t}f(t)\mathrm{e}^{-st}\mathrm{d}t=f(\infty)-f(0_-)$$

所以

$$\lim_{s\to 0}sF(s)=f(\infty)$$

利用初值定理和终值定理，可以不经过反变换而直接由象函数 $F(s)$来确定原函数 $f(t)$的初值和终值。

(8) 卷积定理

卷积定理(convolution theorem)在线性非时变动态电路的分析中具有重要地位。

若$\mathcal{L}[f_1(t)]=F_1(s)$，$\mathcal{L}[f_2(t)]=F_2(s)$，且 $t<0$ 时 $f_1(t)=f_2(t)=0$，则

$$\mathcal{L}[f_1(t)*f_2(t)]=F_1(s)F_2(s) \tag{7.2.16}$$

证明 由拉氏变换的定义有

$$\mathcal{L}[f_1(t)*f_2(t)]=\int_{0_-}^{\infty}\left[\int_0^t f_1(\tau)f_2(t-\tau)\mathrm{d}\tau\right]\mathrm{e}^{-st}\mathrm{d}t$$

当$\tau>t$，即$t-\tau<0$时，$f_2(t-\tau)=0$，因此将卷积的上限延伸至∞，下限也与拉氏变换一致为0，于是上式为

$$\mathcal{L}[f_1(t)*f_2(t)]=\int_{0_-}^{\infty}\left[\int_{0_-}^{\infty}f_1(\tau)f_2(t-\tau)\mathrm{d}\tau\right]\mathrm{e}^{-st}\mathrm{d}t=\int_{0_-}^{\infty}f_1(\tau)\left[\int_{0_-}^{\infty}f_2(t-\tau)\mathrm{e}^{-st}\mathrm{d}t\right]\mathrm{d}\tau$$

其中，$\int_{0_-}^{\infty}f_2(t-\tau)\mathrm{e}^{-st}\mathrm{d}t=F_2(s)\mathrm{e}^{-s\tau}$（见时移性质），因此

$$\mathcal{L}[f_1(t)*f_2(t)]=\int_{0_-}^{\infty}f_1(\tau)F_2(s)\mathrm{e}^{-s\tau}\mathrm{d}\tau=F_2(s)\int_{0_-}^{\infty}f_1(\tau)\mathrm{e}^{-s\tau}\mathrm{d}\tau=F_1(s)F_2(s)$$

卷积定理表明，时域中两原函数的卷积，对应于复频域中两象函数的乘积。

表7.2.2中列出了一些常用拉普拉斯变换的基本性质，以供查阅使用。

表7.2.2　常用拉普拉斯变换的基本性质

名称	原函数 $f(t)$ $(t\geqslant 0)$	象函数 $F(s)$
线性性质	$a_1f_1(t)+a_2f_2(t)$	$a_1F_1(s)+a_2F_2(s)$
微分性质	$\frac{\mathrm{d}}{\mathrm{d}t}f(t)$	$sF(s)-f(0_-)$
积分性质	$\int_{0_-}^{t}f(t')\mathrm{d}t'$	$\frac{1}{s}F(s)$
时移性质	$f(t-\tau)$	$\mathrm{e}^{-s\tau}F(s)$
频移性质	$\mathrm{e}^{\alpha t}f(t)$	$F(s-\alpha)$
初值定理	$f(0_+)$	$\lim\limits_{s\to\infty}sF(s)$
终值定理	$f(\infty)$	$\lim\limits_{s\to 0}sF(s)$
卷积定理	$f_1(t)*f_2(t)$	$F_1(s)F_2(s)$

3. 拉普拉斯反变换

用拉普拉斯变换分析线性非时变动态电路，首先是将时域中的问题变换为复频域中的问题，并求得电路响应的象函数表示，然后经过拉普拉斯反变换求得响应的原函数。因此，应该熟练掌握拉普拉斯反变换。

(1) 部分分式展开法

如果引用拉普拉斯反变换公式(7.2.4)求象函数的原函数，则需计算复变函数积分，会很繁琐。在线性非时变动态电路分析中，电压和电流的象函数都具有实系数有理分式的形式，并可展开成部分分式之和。每个部分分式的原函数又容易求得，然后根据线性组合就可求得整个原函数。下面讨论这种常用的拉普拉斯反变换方法——**部分分式展开法**(partial fraction expansion)。

线性非时变动态电路分析中所求得的响应象函数$F(s)$可表示为实有理函数

$$F(s)=\frac{P(s)}{Q(s)}=\frac{b_ms^m+b_{m-1}s^{m-1}+\cdots+b_1s+b_0}{a_ns^n+a_{n-1}s^{n-1}+\cdots+a_1s+a_0}\tag{7.2.17}$$

式中，m和n分别为分子和分母多项式的阶次。如果$m\geqslant n$，称$F(s)$为假分式，如果$m<n$，则称$F(s)$为真分式。当$m\geqslant n$时，可将式(7.2.17)分解为一个s多项式和一个真

分式之和，即

$$F(s)=\frac{P(s)}{Q(s)}=A(s)+\frac{B(s)}{Q(s)} \tag{7.2.18}$$

其中，$A(s)$是$P(s)$被$Q(s)$所除而得的商式，多项式$A(s)$所对应的时间函数是$\delta(t)$，$\delta^{(1)}(t),\cdots,\delta^{(m-n)}(t)$等函数的线性组合；$B(s)$是$P(s)$被$Q(s)$所除而得的余式，$B(s)$的阶次总是低于$Q(s)$的阶次，因此$B(s)/Q(s)$为真分式。把假分式分解为一个$s$多项式和一个真分式之和的过程，称有理函数真分式化。

【例 7.2.9】 试求$F(s)=\dfrac{s^3+5s^2+10s+16}{s+3}$的原函数。

解 $F(s)$的分子多项式的阶次高于分母多项式的阶次，故为假分式。进行真分式化得

$$F(s)=\frac{s^3+5s^2+10s+16}{s+3}=s^2+2s+4+\frac{4}{s+3}$$

所以$F(s)$对应的原函数为

$$f(t)=\delta^{(2)}(t)+2\delta^{(1)}(t)+4\delta(t)+4\mathrm{e}^{-3t}$$

MATLAB 计算程序：

```
%采用 MATLAB 求解例 7.2.9
syms t s                                   %定义符号变量
F = (s^3 + 5 * s^2 + 10 * s + 16)/(s + 3);   %定义象函数
f = ilaplace(F,s,t)                        %求象函数的拉普拉斯逆变换
```

计算结果：

```
f = dirac(2,t) + 2 * dirac(1,t) + 4 * dirac(t) + 4 * exp( - 3 * t)
```

为了讨论有理函数的部分分式展开式，设象函数$F(s)$为真分式，并将分母多项式$Q(s)$用因式连乘的形式来表示，也就是将其写成

$$F(s)=\frac{P(s)}{Q(s)}=\frac{b_m s^m+b_{m-1}s^{m-1}+\cdots+b_1 s+b_0}{a_n s^n+a_{n-1}s^{n-1}+\cdots+a_1 s+a_0}=\frac{1}{a_n}\frac{P(s)}{\prod_{j=1}^{n}(s-p_j)} \tag{7.2.19}$$

式中，$p_j(j=1,2,\cdots,n)$为方程$Q(s)=0$的根，即分母多项式$Q(s)$的零点。因为$s\to p_j$时，$F(s)\to\infty$，所以p_j也称为$F(s)$的极点。若p_j是多项式$Q(s)$的单零点（即单根），则称p_j为$F(s)$的单极点。如果$p_j(j=1,2,\cdots,r)$是$Q(s)$的r阶零点（即r重根），则称p_j为$F(s)$的r阶极点。

下面就$F(s)$只有单极点情况进行讨论。

(2) 单极点有理函数的拉氏反变换

当式(7.2.19)中所有极点均为单极点时，$F(s)$的部分分式展开式为

$$F(s)=\frac{P(s)}{Q(s)}=\frac{K_1}{s-p_1}+\frac{K_2}{s-p_2}+\cdots+\frac{K_n}{s-p_n}=\sum_{j=1}^{n}\frac{K_j}{s-p_j} \tag{7.2.20}$$

式中，$K_j(j=1,2,\cdots,n)$为待定常数。为了确定任一常数K_j，可在式(7.2.20)两端分别乘以$(s-p_j)$，得到

$$(s-p_j)F(s)=\frac{K_1(s-p_j)}{s-p_1}+\frac{K_2(s-p_j)}{s-p_2}+\cdots+K_j+\cdots+\frac{K_n(s-p_j)}{s-p_n}$$

(7.2.21)

令 $s\to p_j$，上式等号右边只剩下常数 K_j，其余各项全为零，于是

$$K_j=\lim_{s\to p_j}(s-p_j)F(s)=(s-p_j)F(s)\Big|_{s=p_j} \tag{7.2.22}$$

确定了各部分分式的系数 $K_j(j=1,2,\cdots,n)$后，即可根据拉氏反变换并进行线性组合，求得

$$f(t)=\mathcal{L}^{-1}[F(s)]=\mathcal{L}^{-1}\left[\sum_{j=1}^{n}\frac{K_j}{s-p_j}\right]=\sum_{j=1}^{n}K_j\mathrm{e}^{p_j t} \tag{7.2.23}$$

在象函数 $F(s)$的所有极点均为单极点的情况下，仍然存在所有极点均为实数或某些极点为复数的情况。通常，当所有极点均为实数时，部分分式展开式较为简单；当某些极点为复数时，计算较为复杂。

① 极点均为实数情况

当所有极点均为实数时，只要确定真分式 $F(s)$的各个实数极点，直接按式(7.2.22)求出待定常数，最后根据式(7.2.23)求得原函数。以下举例说明之。

【例 7.2.10】 试求 $F(s)=\dfrac{s^2+3s+5}{s^3+6s^2+11s+6}$的原函数 $f(t)$。

解 $Q(s)=s^3+6s^2+11s+6=(s+1)(s+2)(s+3)=0$，所以 $F(s)$的各极点分别为 $p_1=-1,p_2=-2,p_3=-3$。$F(s)$展开成部分分式为

$$F(s)=\frac{s^2+3s+5}{(s+1)(s+2)(s+3)}=\frac{K_1}{s+1}+\frac{K_2}{s+2}+\frac{K_3}{s+3}$$

由式(7.2.22)分别求得

$$K_1=(s+1)F(s)\Big|_{s=p_1}=\frac{s^2+3s+5}{(s+2)(s+3)}\Big|_{s=-1}=1.5$$

$$K_2=(s+2)F(s)\Big|_{s=p_2}=\frac{s^2+3s+5}{(s+1)(s+3)}\Big|_{s=-2}=-3$$

$$K_3=(s+3)F(s)\Big|_{s=p_3}=\frac{s^2+3s+5}{(s+1)(s+2)}\Big|_{s=-3}=2.5$$

由式(7.2.23)得

$$f(t)=\mathcal{L}^{-1}[F(s)]=\mathcal{L}^{-1}\left[\frac{1.5}{s+1}+\frac{-3}{s+2}+\frac{2.5}{s+3}\right]=1.5\mathrm{e}^{-t}-3\mathrm{e}^{-2t}+2.5\mathrm{e}^{-3t}$$

② 极点为复数情况

当某些极点为复数时，由于 $F(s)$的分母 $Q(s)$是实系数多项式，故复数极点必以共轭复数的形式成对出现。若 $F(s)$有单极点 $p_1=\alpha+\mathrm{j}\omega$，则必有单极点 $p_2=p_1^*=\alpha-\mathrm{j}\omega$。在 $F(s)$的部分分式展开式中将包含以下两项

$$\frac{K_1}{s-(\alpha+\mathrm{j}\omega)}+\frac{K_2}{s-(\alpha-\mathrm{j}\omega)} \tag{7.2.24}$$

应用式(7.2.22)可得

$$K_1=[s-(\alpha+\mathrm{j}\omega)]F(s)\mid_{s=\alpha+\mathrm{j}\omega} \tag{7.2.25}$$

$$K_2=[s-(\alpha-\mathrm{j}\omega)]F(s)\mid_{s=\alpha-\mathrm{j}\omega} \tag{7.2.26}$$

K_1 和 K_2 一般也是共轭复数。如果 $K_1=|K_1|\mathrm{e}^{\mathrm{j}\varphi_K}$，则 $K_2=K_1^*=|K_1|\mathrm{e}^{-\mathrm{j}\varphi_K}$。这样式(7.2.24)的拉氏反变换为

$$\begin{aligned}K_1\mathrm{e}^{(\alpha+\mathrm{j}\omega)t}+K_2\mathrm{e}^{(\alpha-\mathrm{j}\omega)t}&=|K_1|\mathrm{e}^{\alpha t}[\mathrm{e}^{\mathrm{j}(\omega t+\varphi_K)}+\mathrm{e}^{-\mathrm{j}(\omega t+\varphi_K)}]\\&=2|K_1|\mathrm{e}^{\alpha t}\cos(\omega t+\varphi_K)\end{aligned} \tag{7.2.27}$$

由此可知，对式(7.2.24)求取原函数，只需确定 K_1 就能写出其对应的式(7.2.27)所示的原函数。下面通过例题来熟悉这种方法。

【例 7.2.11】 试求 $F(s)=\dfrac{s^2+3s+7}{(s^2+4s+13)(s+1)}$ 的原函数 $f(t)$。

解 1 $Q(s)=(s^2+4s+13)(s+1)=0$，解得 $F(s)$ 的各极点分别为 $p_1=-2+\mathrm{j}3$，$p_2=-2-\mathrm{j}3$，$p_3=-1$。$F(s)$ 的部分分式展开式为

$$F(s)=\frac{K_1}{s-(-2+\mathrm{j}3)}+\frac{K_1^*}{s-(-2-\mathrm{j}3)}+\frac{K_3}{s+1}$$

由式(7.2.22)确定各待定常数为

$$K_1=\left.\frac{s^2+3s+7}{[s-(-2-\mathrm{j}3)](s+1)}\right|_{s=-2+\mathrm{j}3}=\frac{4+\mathrm{j}3}{18+\mathrm{j}6}=0.264\mathrm{e}^{-\mathrm{j}18.4^\circ}$$

$$K_3=\left.\frac{s^2+3s+7}{s^2+4s+13}\right|_{s=-1}=0.5$$

直接利用式(7.2.27)，可得到

$$f(t)=\mathcal{L}^{-1}[F(s)]=[0.528\mathrm{e}^{-2t}\cos(3t-18.4^\circ)+0.5\mathrm{e}^{-t}]\varepsilon(t)$$

解 2 本例题也可用“待定系数法”求解。当判断 $F(s)$ 中含有共轭复数极点时，可对照表 7.2.1 中的第 12 组变换式，将 $F(s)$ 表示为

$$F(s)=\frac{s^2+3s+7}{(s^2+4s+13)(s+1)}=\frac{As+B}{(s+2)^2+9}+\frac{C}{s+1}$$

则有

$$(As+B)(s+1)+C[(s+2)^2+9]=s^2+3s+7$$

比较上式两端对应项的系数，可求得“待定系数”A、B、C 的值为

$$A=0.5,\quad B=0.5,\quad C=0.5$$

于是

$$F(s)=\frac{0.5(s+1)}{(s+2)^2+9}+\frac{0.5}{s+1}=0.5\,\frac{(s+2)-\frac{1}{3}\times 3}{(s+2)^2+3^2}+\frac{0.5}{s+1}$$

查表可得

$$\begin{aligned}f(t)=\mathcal{L}^{-1}[F(s)]&=0.5\left(\mathrm{e}^{-2t}\cos 3t-\frac{1}{3}\mathrm{e}^{-2t}\sin 3t\right)+0.5\mathrm{e}^{-t}\\&=[0.528\mathrm{e}^{-2t}\cos(3t-18.4^\circ)+0.5\mathrm{e}^{-t}]\varepsilon(t)\end{aligned}$$

可见用两种方法计算的结果是一致的。

MATLAB计算程序：

```
%采用 MATLAB 求解例 7.2.11
syms t s                                        %定义符号变量
F = (s^2 + 3 * s  + 7)/(s^2 + 4 * s + 13)/(s + 1);   %定义象函数
f = ilaplace(F,s,t)                             %求象函数的拉普拉斯逆变换
```

计算结果：

```
f  =  1/2 * exp( - 2 * t) * cos(3 * t) - 1/6 * exp( - 2 * t) * sin(3 * t) + 1/2 * exp( - t)
```

上面讨论了 $F(s)$仅包含单极点的情况。对 $F(s)$包含重极点的情况，请读者参阅参考文献[1]。下面仅举例加以说明。

【例 7.2.12】 试求 $F(s)=\dfrac{10s^2+4}{s(s+1)(s+2)^2}$的原函数 $f(t)$。

解 $Q(s)=s(s+1)(s+2)^2=0$，解得 $F(s)$的极点分别为 $p_1=0,p_2=-1,p_3=-2$(二重)。故$F(s)$的部分分式展开式为

$$F(s)=\frac{K_{11}}{s}+\frac{K_{21}}{s+1}+\frac{K_{31}}{s+2}+\frac{K_{32}}{(s+2)^2}$$

其中

$$K_{11}=sF(s)\Big|_{s=0}=\frac{10s^2+4}{(s+1)\ (s+2)^2}\Bigg|_{s=0}=1$$

$$K_{21}=(s+1)F(s)\Big|_{s=-1}=\frac{10s^2+4}{s\ (s+2)^2}\Bigg|_{s=-1}=-14$$

$$K_{32}=(s+2)^2F(s)\Big|_{s=-2}=\frac{10s^2+4}{s(s+1)}\Bigg|_{s=-2}=22$$

$$K_{31}=\frac{\mathrm{d}}{\mathrm{d}s}[(s+2)^2F(s)]\Big|_{s=-2}=\frac{\mathrm{d}}{\mathrm{d}s}\left[\frac{10s^2+4}{s^2+s}\right]\Bigg|_{s=-2}$$

$$=\frac{20s(s^2+s)-(10s^2+4)(2s+1)}{(s^2+s)^2}\Bigg|_{s=-2}=13$$

故

$$f(t)=\mathcal{L}^{-1}[F(s)]=[1-14\mathrm{e}^{-t}+(13+22t)\mathrm{e}^{-2t}]\varepsilon(t)$$

MATLAB计算程序：

```
%采用 MATLAB 求解例 7.2.12
syms t s                                   %定义符号变量
F = (10 * s^2 + 4)/s/(s + 1)/(s + 2)^2;    %定义象函数
f = ilaplace(F,s,t)                        %求象函数的拉普拉斯逆变换
```

计算结果：

```
f  =  1 - 14 * exp( - t) + (13 + 22 * t) * exp( - 2 * t)
```

7.2.2 电路基本定律及电路元件的复频域形式

应用拉普拉斯变换分析线性非时变电路时，可以如 7.2.1 节所介绍，先列出电路的微分方程，然后变换为复频域中的代数方程并求解；也可以先将电路定律和各电路元件的电压-电流关系变换成复频域形式，再作出线性非时变电路的复频域等效电路，然后直接列出电路在复频域中的代数方程并求解。一般来说，后一种方法比前一种方法简便。习惯上，后一种方法称为运算法。在这一节中主要介绍运算法的基本概念。

1. 基尔霍夫定律的复频域形式

在 7.2.1 节拉普拉斯变换基本性质的讨论中，已经给出了基尔霍夫电流定律的复频域形式。用同样的方法也可以得到基尔霍夫电压定律的复频域形式。

(1) 复频域基尔霍夫电流定律

复频域基尔霍夫电流定律 KCL(s)：对于任一集中参数电路中的任一节点，流出（或流入）该节点的所有支路电流象函数的代数和等于零，即

$$\sum_{k=1}^{n} I_k(s) = 0 \tag{7.2.28}$$

(2) 复频域基尔霍夫电压定律

复频域基尔霍夫电压定律 KVL(s)：对于任一集中参数电路中的任一回路，沿该回路的所有支路电压的象函数的代数和等于零。

$$\sum_{k=1}^{n} U_k(s) = 0 \tag{7.2.29}$$

2. 电路元件电压-电流关系的复频域形式

在 7.2.1 节拉普拉斯变换基本性质的讨论中，已经给出了电阻、电容和电感元件电压-电流关系的复频域形式。用以表示电路元件这种复频域关系的模型，称为电路元件的复频域模型。

(1) 电阻元件电压-电流关系的复频域形式

在复频域中，电阻电压的象函数与电阻电流的象函数之间的关系也服从欧姆定律，即

$$U_R(s) = RI_R(s) \tag{7.2.30}$$

电阻元件的时域模型与复频域模型如图 7.2.2 所示。

i R + u −

(a)

I(s) R + U(s) −

(b)

图 7.2.2 电阻元件

(a) 时域模型；(b) 复频域模型

(2) 电容元件电压-电流关系的复频域形式

在复频域中,电容元件电压-电流关系的复频域形式为

$$I_C(s) = sCU_C(s) - Cu_C(0_-) \tag{7.2.31a}$$

或

$$U_C(s) = \frac{u_C(0_-)}{s} + \frac{1}{sC}I_C(s) \tag{7.2.31b}$$

式中,$1/sC$ 是 $u_C(0_-)=0$ 时 $U_C(s)$ 与 $I_C(s)$ 的比值,具有电阻的量纲,称为**运算容抗**(operational capacitive reactance); $u_C(0_-)/s$ 是电容原始电压的象函数,可用独立电压源表示;此电压源反映电容原始储能对暂态过程的影响; sC 是运算容抗的倒数,称为运算容纳。式中 $Cu_C(0_-)$ 可用独立电流源表示。

图 7.2.3 所示为电容元件的时域模型与根据式(7.2.31)绘出的电容元件复频域戴维南模型、诺顿模型。

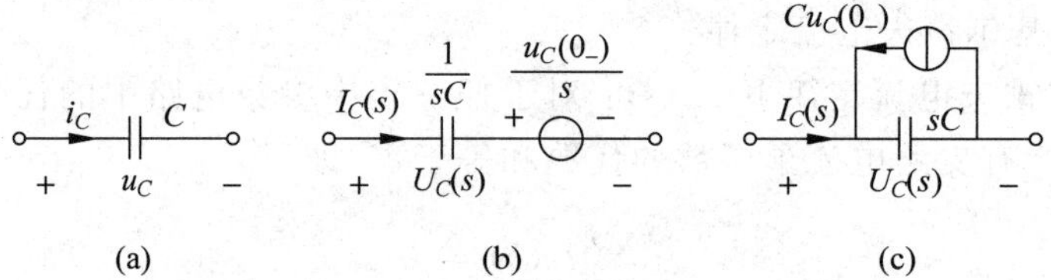

图 7.2.3 电容元件

(a) 时域模型;(b) 复频域戴维南模型;(c) 复频域诺顿模型

(3) 电感元件电压-电流关系的复频域形式

在复频域中,电感元件电压-电流关系的复频域形式为

$$U_L(s) = sLI_L(s) - Li_L(0_-) \tag{7.2.32a}$$

或

$$I_L(s) = \frac{i_L(0_-)}{s} + \frac{1}{sL}U_L(s) \tag{7.2.32b}$$

式中,sL 具有电阻的量纲,称为**运算感抗**(operational inductive reactance); $1/sL$ 称为运算感纳; $i_L(0_-)/s$ 是电感原始电流的象函数,可用独立电流源表示,而 $Li_L(0_-)$ 可用独立电压源表示。此电源反映电感原始储能对暂态过程的影响。

图 7.2.4 所示为电感元件的时域模型与根据式(7.2.32)绘出的电感元件复频域戴维南模型、诺顿模型。

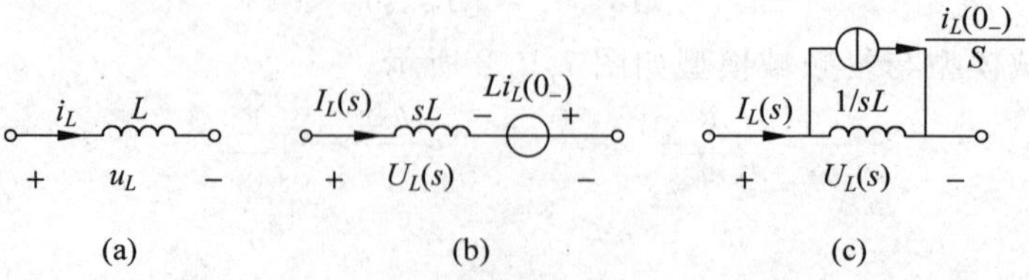

图 7.2.4 电感元件

(a) 时域模型;(b) 复频域戴维南模型;(c) 复频域诺顿模型

(4) 耦合电感元件电压-电流关系的复频域形式

在时域中，耦合电感元件由电流表示的电压关系如式(2.2.14)所示，矩阵方程为

$$\boldsymbol{u}=\boldsymbol{L}\frac{\mathrm{d}\boldsymbol{i}}{\mathrm{d}t} \tag{7.2.33}$$

对电感电压向量和电流向量进行拉氏变换，并由微分规则和线性性质可得

$$\mathcal{L}[\boldsymbol{u}]=\mathcal{L}\left[\boldsymbol{L}\frac{\mathrm{d}\boldsymbol{i}}{\mathrm{d}t}\right]=\boldsymbol{L}\,\mathcal{L}\left[\frac{\mathrm{d}\boldsymbol{i}}{\mathrm{d}t}\right]=\boldsymbol{L}[s\boldsymbol{I}(s)-\boldsymbol{i}(0_-)] \tag{7.2.34}$$

于是耦合电感元件由电流向量表示电压向量关系的复频域形式为

$$\boldsymbol{U}(s)=s\boldsymbol{L}\boldsymbol{I}(s)-\boldsymbol{L}\boldsymbol{i}(0_-) \tag{7.2.35}$$

具有两个线圈的耦合电感元件 L_1 和 L_2 的原始电流分别为 $i_1(0_-)$ 和 $i_2(0_-)$，互感为 M，其时域电压-电流关系为

$$\begin{bmatrix}u_1\\u_2\end{bmatrix}=\begin{bmatrix}L_1 & M\\M & L_2\end{bmatrix}\begin{bmatrix}\mathrm{d}i_1/\mathrm{d}t\\\mathrm{d}i_2/\mathrm{d}t\end{bmatrix} \tag{7.2.36}$$

与之对应的耦合电感元件电压-电流关系的复频域形式为

$$\begin{bmatrix}U_1(s)\\U_2(s)\end{bmatrix}=s\begin{bmatrix}L_1 & M\\M & L_2\end{bmatrix}\begin{bmatrix}I_1(s)\\I_2(s)\end{bmatrix}-\begin{bmatrix}L_1 & M\\M & L_2\end{bmatrix}\begin{bmatrix}i_1(0_-)\\i_2(0_-)\end{bmatrix} \tag{7.2.37}$$

图 7.2.5 所示为耦合电感元件的时域模型与根据式(7.2.37)绘出的复频域模型。

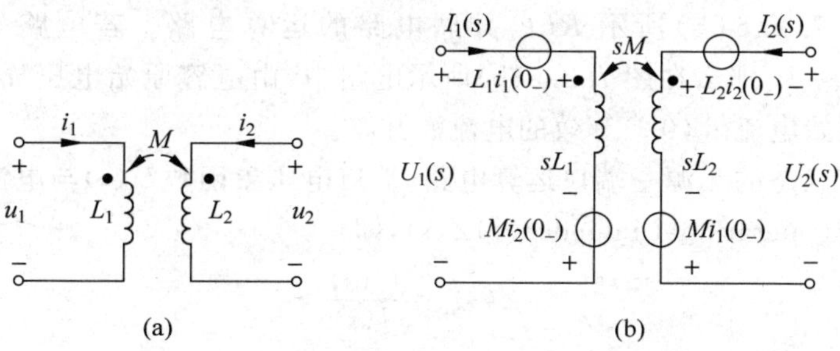

图 7.2.5 用电感矩阵表示的耦合电感元件

(a) 时域模型；(b) 复频域模型

受控源、回转器及理想变压器等电路元件电压-电流关系的复频域形式可根据它们的时域电压-电流关系应用拉氏变换而得，这里不再一一列举。

7.2.3 应用拉普拉斯变换分析动态电路

在 7.2.2 节讨论中已经知道，用拉普拉斯变换分析线性非时变动态电路，可以采用运算法。在运算法中，电路中所有元件都用复频域模型表示，所有电压和电流都用相应的象函数表示，所得的运算电路都服从复频域形式基尔霍夫定律和欧姆定律，列出的电路方程是复频域代数方程。如果把电阻与运算阻抗相对应，时域的电压和电流与复频域的电压和电流象函数相对应，时域的电路与复频域的运算电路相对应，并把电容原始电压的象函数 $u_C(0_-)/s$ 用独立电压源表示，电感原始电流的象函数 $i_L(0_-)/s$ 用独立电流

源表示，那么，在第 2 章、第 3 章中用于直流电阻电路的分析方法、电路定理等都可以推广到复频域的运算电路。

1. 电路的复频域形式及运算阻抗和运算导纳

将电路中所有元件都用复频域模型表示，所有电压和电流都用相应的象函数表示，这样的电路就成为原电路的复频域模型，称为**运算电路**（operational circuit）。下面以图 7.2.6 所示 RLC 并联电路为例，讨论运算电路的建立。

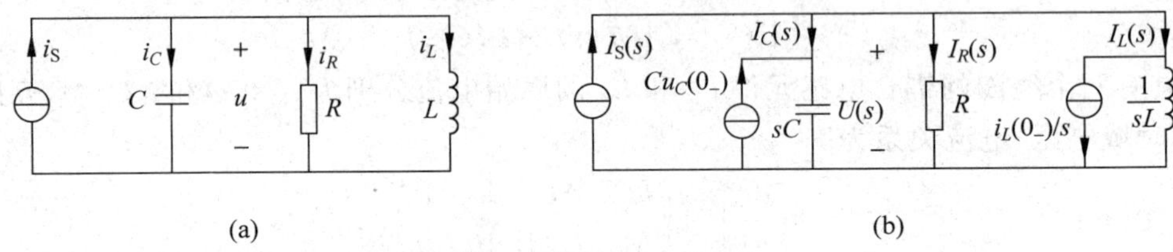

图 7.2.6 RLC 并联电路

(a) 时域电路；(b) 运算电路

设图 7.2.6(a)中电容元件的原始电压为 $u_C(0_-)$，电感元件的原始电流为 $i_L(0_-)$。将图 7.2.6(a)中所有元件都用复频域模型表示，所有电压和电流都用相应的象函数表示，就得到如图 7.2.6(b)所示 RLC 并联电路的运算电路。若电路处于零状态，即 $u_C(0_-)=i_L(0_-)=0$，那么在图 7.2.6(b)所示电路中，由电容原始电压 $u_C(0_-)$ 等效的电流源和由电感原始电流 $i_L(0_-)$ 等效的电流源开路。

一个处于零状态的无源一端口运算电路，端口电压象函数 $U(s)$ 与电流象函数 $I(s)$ 之比称为**运算阻抗**（operational impedance）$Z(s)$，即

$$Z(s)=\frac{U(s)}{I(s)} \tag{7.2.38}$$

与此相对应，端口电流象函数 $I(s)$ 与电压象函数 $U(s)$ 之比称为**运算导纳**（operational admittance）$Y(s)$，即

$$Y(s)=\frac{I(s)}{U(s)} \tag{7.2.39}$$

对于同一运算电路的同一端口，运算阻抗与运算导纳互为倒数，有 $Y(s)=1/Z(s)$ 或 $Z(s)=1/Y(s)$。

式(7.2.38)、式(7.2.39)形式上与欧姆定律相同，称为欧姆定律的复频域形式。

图 7.2.7 所示 RLC 串联运算电路，处于零状态，即 $u_C(0_-)=i_L(0_-)=0$。其端口电压象函数为 $U(s)$，流入端口的电流象函数为 $I(s)$，则有运算阻抗

$$Z(s)=\frac{U(s)}{I(s)}=R+sL+\frac{1}{sC} \tag{7.2.40}$$

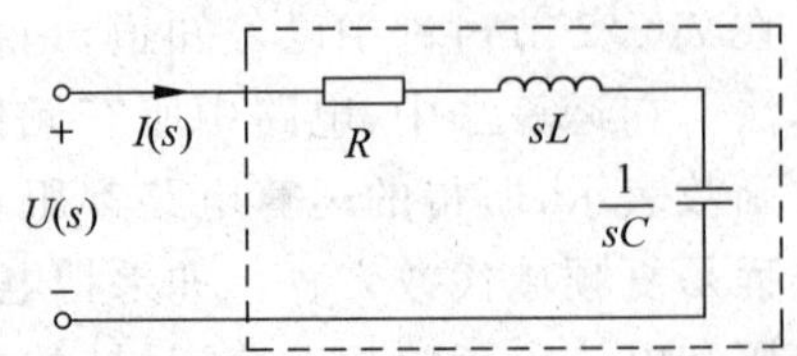

图 7.2.7 处于零状态的 RLC 串联运算电路

同样可求得该 RLC 串联运算电路的运算导纳为

$$Y(s)=\frac{1}{Z(s)}=\frac{I(s)}{U(s)}=\frac{1}{R+sL+1/sC}=\frac{sC}{s^2LC+sRC+1} \qquad (7.2.41)$$

值得指出，尽管运算阻抗 $Z(s)$ 和运算导纳 $Y(s)$ 都是有关象函数的比值，但它们都不是象函数，只是复频率 s 的函数。

2. 用运算法分析线性非时变动态电路

运算法分析线性非时变动态电路的主要步骤可归结为：

(1) 将时域电路变换为运算电路。

(2) 用第 2 章、第 3 章的电路分析方法建立电路的复频域代数方程，并求解方程。

(3) 将求得响应的象函数进行部分分式展开，用拉普拉斯反变换求出响应的原函数。

【例 7.2.13】 图 7.2.8(a)所示电路，已知 $C=0.5\text{F}$，$R_1=R_2=2\Omega$，$L=2\text{H}$，$u_1(0_-)=1\text{V}$，$\left.\frac{\mathrm{d}u_1}{\mathrm{d}t}\right|_{t=0_-}=2\text{V/s}$，输入激励为单位阶跃电流 $\varepsilon(t)\text{A}$。试用运算法求全响应 u_1。

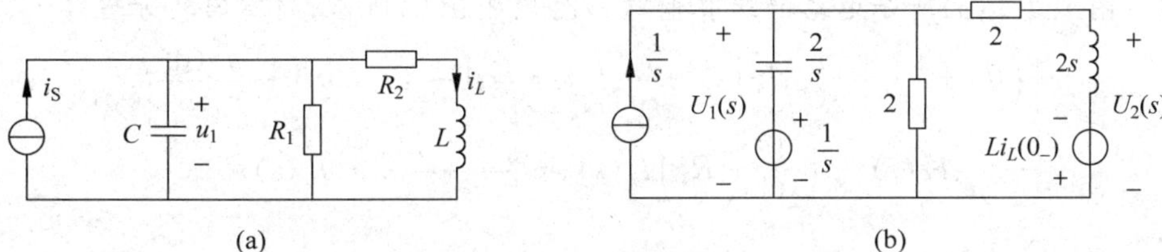

图 7.2.8　例 7.2.13

解　由图 7.2.8(a)所示电路可得

$$i_L(0_-)=i_S(0_-)-C\left.\frac{\mathrm{d}u_1}{\mathrm{d}t}\right|_{t=0_-}-\frac{u_1(0_-)}{R_1}=\left(0-0.5\times 2-\frac{1}{2}\right)\text{A}=-1.5\text{A}$$

作出运算电路如图 7.2.8(b)所示，列写电路节点方程得

$$\begin{bmatrix}\frac{s}{2}+\frac{1}{2}+\frac{1}{2} & -\frac{1}{2}\\ -\frac{1}{2} & \frac{1}{2}+\frac{1}{2s}\end{bmatrix}\begin{bmatrix}U_1(s)\\ U_2(s)\end{bmatrix}=\begin{bmatrix}\frac{1}{s}+\frac{1}{2}\\ \frac{3}{2s}\end{bmatrix}$$

解得

$$U_1(s)=\frac{\begin{vmatrix}\frac{1}{s}+\frac{1}{2} & -\frac{1}{2}\\ \frac{3}{2s} & \frac{1}{2}+\frac{1}{2s}\end{vmatrix}}{\begin{vmatrix}\frac{s}{2}+1 & -\frac{1}{2}\\ -\frac{1}{2} & \frac{1}{2}+\frac{1}{2s}\end{vmatrix}}=\frac{s^2+6s+2}{(s^2+2s+2)s}=\frac{1}{s}+\frac{4}{s^2+2s+2}=\frac{1}{s}+\frac{4}{(s+1)^2+1}$$

因此

$$u_1 = \mathcal{L}^{-1}\left[\frac{1}{s} + \frac{4}{(s+1)^2+1}\right] = (1 + 4\mathrm{e}^{-t}\sin t)\varepsilon(t)\mathrm{V}$$

【例 7.2.14】 在图 7.2.9(a)所示电路中，已知 $R_1 = 2\Omega, R_2 = 0.5\Omega, L = 2\mathrm{H}, C = 0.5\mathrm{F}, r_\mathrm{m} = -0.5\Omega, u_C(0_-) = 0.5\mathrm{V}, i_L(0_-) = -1\mathrm{A}$，试用拉氏变换法求 i_L。

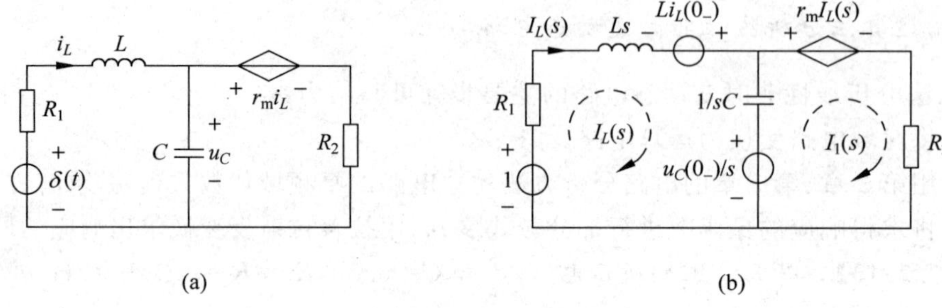

图 7.2.9 例 7.2.14

解 图 7.2.9(a)所示电路的运算电路如图 7.2.9(b)所示，列写网孔方程得

$$\begin{cases}\left(R_1 + Ls + \dfrac{1}{sC}\right)I_L(s) - \dfrac{1}{sC}I_1(s) = 1 + Li_L(0_-) - \dfrac{u_C(0_-)}{s} \\ -\dfrac{1}{sC}I_L(s) + \left(\dfrac{1}{sC} + R_2\right)I_1(s) = \dfrac{u_C(0_-)}{s} - r_\mathrm{m}I_L(s)\end{cases}$$

将已知参数代入得

$$\begin{cases}\left(2 + 2s + \dfrac{2}{s}\right)I_1(s) + \dfrac{2}{s}I_2(s) = 1 - \dfrac{0.5}{s} - 2 \\ \dfrac{2}{s}I_1(s) + \left(\dfrac{2}{s} + 0.5\right)I_2(s) = -0.5I_L(s) - \dfrac{0.5}{s}\end{cases}$$

解得

$$I_L(s) = \frac{-0.5s - \dfrac{9}{4}}{s^2 + 5s + 4} = \frac{-\dfrac{7}{12}}{s+1} + \frac{\dfrac{1}{12}}{s+4}$$

求拉氏逆变换得

$$i_L = \left(-\frac{7}{12}\mathrm{e}^{-t} + \frac{1}{12}\mathrm{e}^{-4t}\right)\varepsilon(t)\mathrm{A}$$

MATLAB 计算程序：

```
%采用 MATLAB 求解例 7.2.14
R1 = 2; R2 = 0.5; L = 2; C = 0.5; rm = - 0.5; uC0 = 0.5; iL0 = - 1;      %输入已知参数
g = solve('(R1 + L * s + 1/C/s) * IL - 1/C/s * I1 = 1 + L * iL0 - uC0/s','- 1/C/s * IL + (1/C/s + R2) *
    I1 = uC0/s - rm * IL','IL','I1');                                   %列写网孔方程并求解
IL = simple(g.IL);                                                      %简化 IL(s)
IL = subs(IL)                                                           %将已知参数代入 IL(s)
iL = ilaplace(IL)                                                       %求电压 iL 的时域表达式
```

计算结果：

```
IL =    ( - 1/4 * s - 9/8)/(1/2 * s^2 + 5/2 * s + 2)
iL =    - 7/12 * exp( - t) + 1/12 * exp( - 4 * t)
```

【例 7.2.15】 在图 7.2.10 (a)所示电路中，开关 S 在 $t=0$ 时闭合，S 闭合前电路处稳定状态。试用拉氏变换求 $t\geqslant0$ 时的输出电压 u_o。

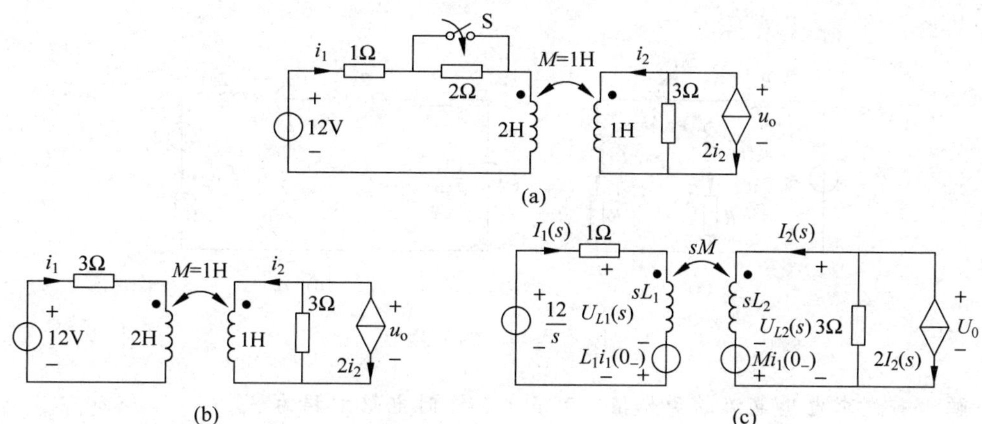

图 7.2.10 例 7.2.15

解 由于开关 S 闭合前电路处于稳定状态，作出 $t=0_-$ 时的电路如图 7.2.10(b)所示，可求得 $i_1(0_-)=4\text{A}$，$i_2(0_-)=0$。

当 $t\geqslant0$ 时，用拉氏变换法求解，运算电路如图 7.2.10(c)所示，根据图中的参考方向列出耦合电感的电压电流关系为

$$\begin{bmatrix}U_{L1}(s)\\U_{L2}(s)\end{bmatrix}=s\begin{bmatrix}2&1\\1&1\end{bmatrix}\begin{bmatrix}I_1(s)\\I_2(s)\end{bmatrix}-\begin{bmatrix}2&1\\1&1\end{bmatrix}\begin{bmatrix}i_1(0_-)\\i_2(0_-)\end{bmatrix}$$

列写耦合电感两边回路的 KVL 方程得

$$\begin{cases}3I_1+U_{L1}=\dfrac{12}{s}\\U_{L2}+9I_2=0\end{cases}$$

由上面两式消去 $U_{L1}(s)$、$U_{L2}(s)$ 得

$$\begin{bmatrix}2s+1&s\\s&s+9\end{bmatrix}\begin{bmatrix}I_1(s)\\I_2(s)\end{bmatrix}=\begin{bmatrix}12/s+8\\4\end{bmatrix}$$

解得

$$\begin{cases}I_2(s)=-\dfrac{8s+12}{s^2+11s+5}\\U_o(s)=-9I_2(s)=\dfrac{72s+108}{s^2+11s+5}=\dfrac{63.9}{s+10.5}+\dfrac{7.38}{s+0.47}\end{cases}$$

从而

$$u_o=(63.9\mathrm{e}^{-10.5t}+7.38\mathrm{e}^{-0.47t})\varepsilon(t)\,\text{V}$$

含有耦合电感的电路，可以由耦合电感电压-电流关系式，根据 KVL 建立回路方程，也可以根据 KCL 建立节点方程。另外，还可以采用 T 形、Π 形去耦等效，或用受控源去耦等效等方法进行求解。

【例 7.2.16】 在图 7.2.11(a)所示含耦合电感电路中，已知 $u_S=12\cos t\mathrm{V}$，$R=2\Omega$，$L_1=L_2=4\mathrm{H}$，$M=2\mathrm{H}$，且电路已达稳态。当 $t=0$ 时将开关 S 打开，试用运算方法求 $t\geqslant 0$ 时的 i_{L1}。

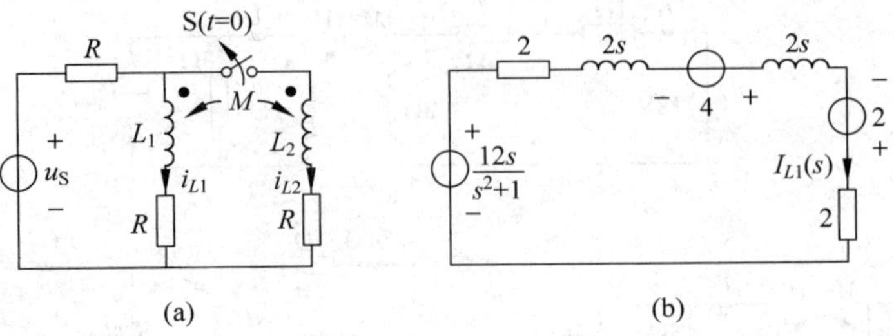

图 7.2.11 例 7.2.16

解 首先求电感电流的原始值。列出 $t\leqslant 0_-$ 时电路方程为

$$\begin{cases} u_S = R(i_{L1}+i_{L2}) + L_1\dfrac{\mathrm{d}i_{L1}}{\mathrm{d}t} + M\dfrac{\mathrm{d}i_{L2}}{\mathrm{d}t} + Ri_{L1} \\ Ri_{L1} + L_1\dfrac{\mathrm{d}i_{L1}}{\mathrm{d}t} + M\dfrac{\mathrm{d}i_{L2}}{\mathrm{d}t} = Ri_{L2} + L_2\dfrac{\mathrm{d}i_{L2}}{\mathrm{d}t} + M\dfrac{\mathrm{d}i_{L1}}{\mathrm{d}t} \end{cases}$$

将参数代入，解得 i_{L1}、i_{L2} 满足的方程为

$$\frac{\mathrm{d}i_{L1}}{\mathrm{d}t} + i_{L1} = 2\cos t, \quad \frac{\mathrm{d}i_{L2}}{\mathrm{d}t} + i_{L2} = 2\cos t$$

由于电路此时已达稳态，设方程稳态解为 $i_{L1}=A\cos(t+\varphi)$，代入上式，得

$$2\cos t = A\cos(t+\varphi) - A\sin(t+\varphi)$$

即

$$2\cos t = \sqrt{2}A\cos(t+\varphi+45°)$$

得到

$$A = \sqrt{2}/2, \quad \varphi = -45°$$

$$i_{L1} = \sqrt{2}\cos(t-45°)\,\mathrm{A}$$

于是有原始值 $i_{L1}(0_-)=1\mathrm{A}$。同理可得 $i_{L2}(0_-)=1\mathrm{A}$。

再作出开关断开后的运算电路如图 7.2.11(b)所示，得到 $I_{L1}(s)$ 为

$$I_{L1}(s) = \frac{\dfrac{12s}{s^2+1}+4+2}{4(s+1)} = \frac{12s+6(s^2+1)}{4(s+1)(s^2+1)} = \frac{3}{2}\times\frac{s+1}{s^2+1}$$

求拉氏逆变换得

$$i_{L1} = \frac{3}{2}(\cos t+\sin t)\varepsilon(t) = \frac{3}{\sqrt{2}}\cos\left(t-\frac{\pi}{4}\right)\varepsilon(t)\,\mathrm{A}$$

【例 7.2.17】 图 7.2.12 所示二端口电路处于零状态，试求该二端口电路的短路导纳矩阵。

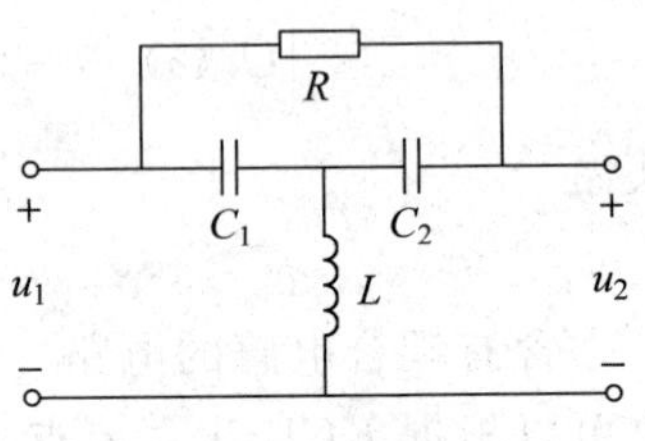

图 7.2.12 例 7.2.17

解 电阻电路中的开路电阻矩阵 $\boldsymbol{R}$ 和短路电导矩阵 $\boldsymbol{G}$，在运算法中相应地都用开路阻抗矩阵 $\boldsymbol{Z}$ 和短路导纳矩

阵 **Y** 表示。图 7.2.12 所示二端口电路可分解为图 7.2.13(a)、(b)所示两个二端口电路的并联。

对图 7.2.13(a)所示二端口电路,有

$$Y_{11}^{a}=\left.\frac{I_1^{a}(s)}{U_1(s)}\right|_{U_2=0}=\frac{1}{R}\quad Y_{12}^{a}=\left.\frac{I_1^{a}(s)}{U_2(s)}\right|_{U_1=0}=-\frac{1}{R}$$

$$Y_{21}^{a}=\left.\frac{I_2^{a}(s)}{U_1(s)}\right|_{U_2=0}=-\frac{1}{R}\quad Y_{22}^{a}=\left.\frac{I_2^{a}(s)}{U_2(s)}\right|_{U_1=0}=\frac{1}{R}$$

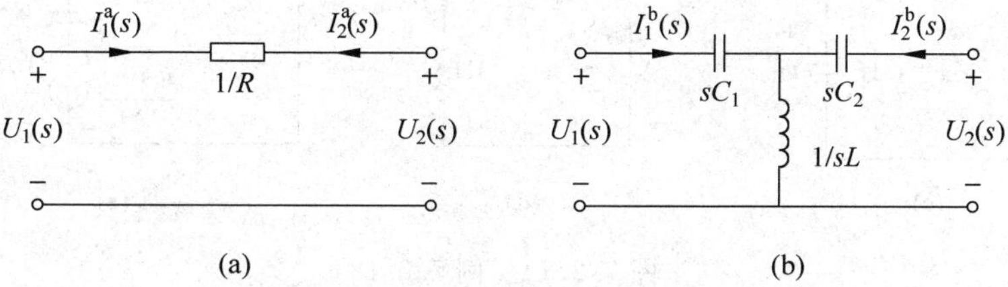

(a) (b)

图 7.2.13 二端口电路端口特性在运算法中的应用

所以有图 7.2.13(a)所示二端口电路的短路导纳矩阵

$$\boldsymbol{Y}^{a}=\begin{bmatrix}\dfrac{1}{R} & -\dfrac{1}{R}\\ -\dfrac{1}{R} & \dfrac{1}{R}\end{bmatrix}$$

对图 7.2.13(b)所示二端口电路,有

$$Y_{11}^{b}=\left.\frac{I_1^{b}(s)}{U_1(s)}\right|_{U_2=0}=\frac{sC_1(s^2LC_2+1)}{s^2L(C_1+C_2)+1}\quad Y_{12}^{b}=\left.\frac{I_1^{b}(s)}{U_2(s)}\right|_{U_1=0}=-\frac{s^3LC_1C_1}{s^2L(C_1+C_2)+1}$$

$$Y_{21}^{b}=\left.\frac{I_2^{b}(s)}{U_1(s)}\right|_{U_2=0}=-\frac{s^3LC_1C_2}{s^2L(C_1+C_2)+1}\quad Y_{22}^{b}=\left.\frac{I_2^{b}(s)}{U_2(s)}\right|_{U_1=0}=\frac{sC_2(s^2LC_1+1)}{s^2L(C_1+C_2)+1}$$

所以有图 7.2.13(b)所示二端口电路的短路导纳矩阵

$$\boldsymbol{Y}^{b}=\begin{bmatrix}\dfrac{sC_1(s^2LC_2+1)}{s^2L(C_1+C_2)+1} & -\dfrac{s^3LC_1C_2}{s^2L(C_1+C_2)+1}\\ -\dfrac{s^3LC_1C_2}{s^2L(C_1+C_2)+1} & \dfrac{sC_2(s^2LC_1+1)}{s^2L(C_1+C_2)+1}\end{bmatrix}$$

因此,图 7.2.12 所示二端口电路的短路导纳矩阵为 $\boldsymbol{Y}^{a}$ 与 $\boldsymbol{Y}^{b}$ 之和,即

$$\boldsymbol{Y}=\boldsymbol{Y}^{a}+\boldsymbol{Y}^{b}=\begin{bmatrix}\dfrac{1}{R}+\dfrac{sC_1(s^2LC_2+1)}{s^2L(C_1+C_2)+1} & -\dfrac{1}{R}-\dfrac{s^3LC_1C_2}{s^2L(C_1+C_2)+1}\\ -\dfrac{1}{R}-\dfrac{s^3LC_1C_2}{s^2L(C_1+C_2)+1} & \dfrac{1}{R}+\dfrac{sC_2(s^2LC_1+1)}{s^2L(C_1+C_2)+1}\end{bmatrix}$$

【例 7.2.18】 图 7.2.14(a)所示电路已达稳态,在 $t=0$ 时合上开关 S,试求 i 和 u_C。

解 根据开关闭合前电路,可求得 $t=0_-$ 时电路的原始状态,$u_C(0_-)=1\text{V}$,$i(0_-)=1\text{A}$。开关闭合后,图 7.2.14(a)所示电路形成如图 7.2.14(b)、(c)所示两个独立电路。

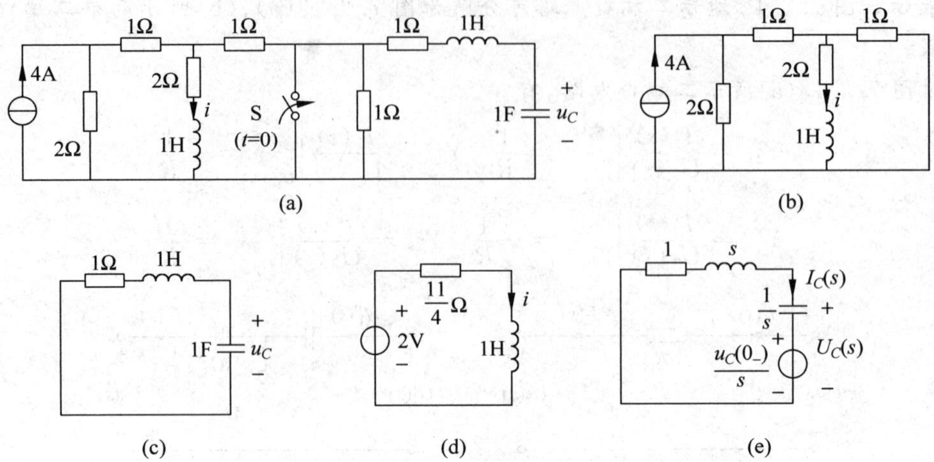

图 7.2.14　例 7.2.18

图 7.2.14(b)电路电感两端开路电压为 $U_{OC}=2V$,等效电阻为 $R_{eq}=[(3/\!/1)+2]\Omega=(11/4)\Omega$,其戴维南电路如图 7.2.14(d)所示。可求得三要素,$i_L(0_+)=1A$,$i_L(\infty)=2/(11/4)=(8/11)A$,$\tau=(4/11)s$。因此求得

$$i=\left(\frac{8}{11}+\frac{3}{11}e^{-\frac{11}{4}t}\right)\varepsilon(t)A$$

根据图 7.2.14(c)电路的运算电路如图 7.2.14(e)所示,有 KVL 方程

$$\left(1+s+\frac{1}{s}\right)I_C(s)=-\frac{1}{s}$$

解得

$$I_C(s)=-\frac{1}{s^2+s+1}$$

于是

$$U_C(s)=\frac{1}{s}I_C(s)+\frac{1}{s}=\frac{s+1}{s^2+s+1}$$

由拉氏反变换求得

$$u_C=[e^{-0.5t}(\cos 0.866t+1.15\sin 0.866t)]\varepsilon(t)V=1.53e^{-0.5t}\sin(0.866t+40.8°)\varepsilon(t)V$$

【例 7.2.19】 图 7.2.15(a)所示电路,开关 S 在 $t=0$ 时闭合,S 闭合前电路处于稳定状态。已知 $i_S=10A$,$C_1=0.3F$,$C_2=0.2F$,$R_1=(1/2)\Omega$,$R_2=(1/3)\Omega$,试求 $t\geqslant 0$ 时的 u_C 和 i_{C1},i_{C2}。

解 由于开关 S 闭合前电路处于稳定状态,可求得 $u_{C1}(0_-)=5V$,$u_{C2}(0_-)=0V$。运算电路如图 7.2.15(b)所示。根据 KCL 求得电路的节点方程

$$(5+0.5s)U_C(s)=\frac{10}{s}+1.5$$

整理成

$$U_C(s)=\frac{3s+20}{s(s+10)}=\frac{K_1}{s}+\frac{K_2}{s+10}$$

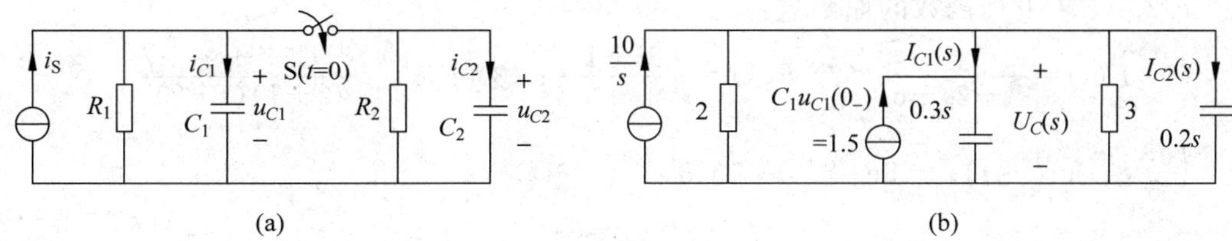

图 7.2.15 例题 7.2.19

(a) 时域电路；(b) 运算电路

求得待定常数 $K_1=2, K_2=1$，解得象函数

$$U_C(s)=\frac{2}{s}+\frac{1}{s+10}$$

由式(7.2.31a)可得 i_{C1} 的象函数

$$I_{C1}(s)=sC_1U_C(s)-C_1u_{C1}(0_-)=0.3s\times\frac{3s+20}{s(s+10)}-1.5=\frac{-0.6s^2-9s}{s(s+10)}$$

此式为假分式。进行真分式化得

$$I_{C1}(s)=\frac{-0.6s^2-9s}{s(s+10)}=-0.6-\frac{3s}{s(s+10)}=-0.6-\frac{K_3}{s}-\frac{K_4}{s+10}$$

求得待定常数 $K_3=0, K_4=3$，解得象函数

$$I_{C1}(s)=-0.6-\frac{3}{s+10}$$

同样，可得 i_{C2} 的象函数

$$I_{C2}(s)=0.6-\frac{2}{s+10}$$

分别对 $U_C(s)$、$I_{C1}(s)$ 和 $I_{C2}(s)$ 进行反变换求得原函数

$$u_C=\mathcal{L}^{-1}[U_C(s)]=(2+\mathrm{e}^{-10t})\varepsilon(t)\mathrm{V}$$
$$i_{C1}=\mathcal{L}^{-1}[I_{C1}(s)]=[-0.6\delta(t)-3\mathrm{e}^{-10t}\varepsilon(t)]\mathrm{A}$$
$$i_{C2}=\mathcal{L}^{-1}[I_{C2}(s)]=[0.6\delta(t)-2\mathrm{e}^{-10t}\varepsilon(t)]\mathrm{A}$$

本例中两电容电压在 $t=0$ 时发生强迫跳变，由 $t=0_-$ 时的 $u_{C1}(0_-)=5\mathrm{V}$，$u_{C2}(0_-)=0\mathrm{V}$，跳变到 $t=0_+$ 时的 $u_{C1}(0_+)=u_{C2}(0_+)=3\mathrm{V}$。这是由于在 $t=0$ 时开关 S 的闭合，使电路结构发生突变，使电容中出现冲激电流而产生的结果。但在以上应用运算法的计算过程中并没有，也不需要特别考虑是否发生电容电压的强迫跳变，这是因为运算方法使用的是 $t=0_-$ 时刻的原始值，而不是 $t=0_+$ 时刻的初始值。因此，在分析含有电容电压和电感电流发生强迫跳变的电路时，复频域分析方法要比时域分析方法方便。

【思考与练习】

7.2.1 根据定义求下列原函数的象函数：

(1) $f(t)=t\mathrm{e}^{-\alpha t}$；(2) $f(t)=\sin\omega t$；(3) $f(t)=\sin(\omega t+\varphi)$；(4) $f(t)=t$

7.2.2 求下列函数的原函数：

(1) $F(s)=\dfrac{1}{s^2+2s+6}$；(2) $F(s)=\dfrac{2s+1}{s^2+5s+6}$；(3) $F(s)=\dfrac{s^3+5s^2+9s+7}{(s+1)(s+2)}$

$\left(\dfrac{\sqrt{5}}{5}e^{-t}\sin(\sqrt{5}t)；-3e^{-2t}+5e^{-3t}；\delta'(t)+2\delta(t)+2e^{-t}-e^{-2t}\right)$

7.2.3 试证明：$\int_{-\infty}^{\infty} f(t)\delta'(t-a)\mathrm{d}t=-f'(a)$。利用该结果表明：$\mathcal{L}[\delta'(t)]=s$。

7.2.4 如图 7.2.16 所示电路，试求电感电流和电容电压的象函数。

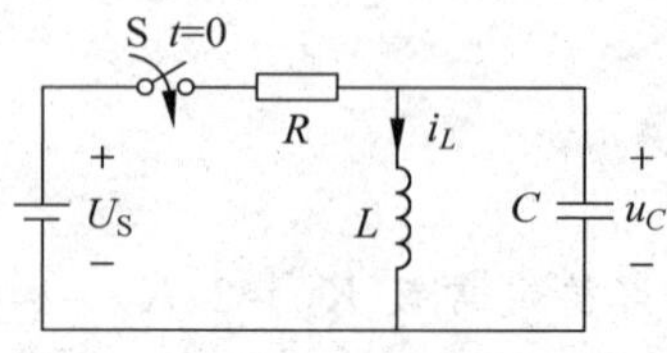

图 7.2.16 思考与练习 7.2.4

$\left(\dfrac{U_S/RLC}{s[s^2+(1/RC)s+1/(LC)]}；\dfrac{U_S/RC}{s^2+(1/RC)s+1/(LC)}\right)$

7.2.5 试采用运算法求解思考与练习 7.1.3。

*7.3 动态电路的状态变量分析

状态变量法(state variable method)是 20 世纪 50 年代末兴起的一种分析电路的重要方法。状态变量法列写出的状态方程是一阶微分方程组，据此就能分析并求解电路在任意时刻的全部响应。

状态变量法不仅适用于分析线性非时变电路，而且适合用来分析线性时变电路和非线性电路。

本章将给出电路的状态和状态变量的定义，讨论状态方程的列写方法和求解方法。

7.3.1 电路的状态和状态变量

状态(state)一词来自系统理论，是一个比较抽象但又基本的概念。在电路理论中引用“状态”这一概念时，是指在某个给定时刻电路必须具备的最少量的信息，由这些信息加上从该时刻起的输入，就能够完全确定以后任何时刻该电路的行为。这最少量的信息就是**状态变量**(state variable)，即电路中独立的动态变量的集合，它们在任何时刻的值形成了该时刻电路的状态。

一般来说，电路变量的集合 $\boldsymbol{x}(t)$ 满足以下两个条件，可作为电路的状态。

(1) 如果已知 $\boldsymbol{x}(t)$（其各个元素都是独立的）在 t_0 时刻的值 $\boldsymbol{x}(t_0)$ 以及从 t_0 开始的输入 $\boldsymbol{w}(t)$，则对任意 $t>t_0$，$\boldsymbol{x}(t)$ 就能完全确定。

(2) 由 $\boldsymbol{x}(t)$ 和 $\boldsymbol{w}(t)$ 可确定任何其他电路变量集 $\boldsymbol{y}(t)$。

可以认为，电路中全部独立的电容电压 u_C（或电荷 q_C）和独立的电感电流 i_L（或磁链 ψ_L）的集合就是电路的状态 $\boldsymbol{x}(t)$。

$\boldsymbol{x}(t)$ 总是表示成向量的形式，所以又称**状态向量**(state vector)。状态向量也可以直接用 $\boldsymbol{x}$ 表示。它的每个元素或分量 $x_i(i=1,2,\cdots,n)$ 称为状态变量。把每个状态变量作为一个坐标形成的空间称为**状态空间**(state space)。状态向量所含元素或分量的个数 n，就是状态向量的维数。状态向量 $\boldsymbol{x}(t)$ 在任一时刻 t 的值称为电路在该时刻的状态。每一时刻的状态在状态空间中都对应一个"点"，所有这些"点"形成的"轨迹"，称为**状态轨迹**(state trajectory)。通过状态轨迹人们就可以判断电路的基本性质。

状态向量在时刻 $t_{0\_}$ 的值 $\boldsymbol{x}(t_{0\_})$ 称为电路的原始状态，在时刻 t_{0_+} 的值 $\boldsymbol{x}(t_{0_+})$ 称为电路的初始状态。

下面通过一个简单的例子说明上述基本概念。在第 6 章 RLC 并联电路的响应分析中，对图 7.3.1 所示电路，列出了以电感电流 i_L 为求解对象的微分方程

$$LC\frac{\mathrm{d}^2 i_L}{\mathrm{d}t^2}+\frac{L}{R}\frac{\mathrm{d}i_L}{\mathrm{d}t}+i_L=0 \tag{7.3.1}$$

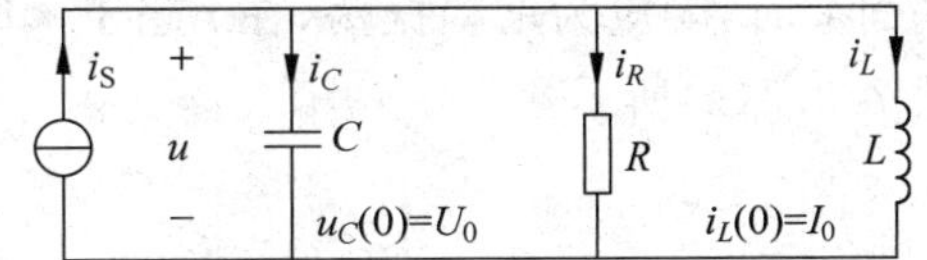

图 7.3.1 RLC 并联电路分析

这是一个二阶常系数线性齐次微分方程。用以确定待定系数的初始条件是电感电流、电容电压的初始值，即 $i_L(0_+)=I_0$、$u_C(0_+)=U_0$。

如果以电感电流 i_L 和电容电压 u_C 作为变量分别列写 RLC 并联电路的方程，则有

$$L\frac{\mathrm{d}i_L}{\mathrm{d}t}=u_C$$

$$C\frac{\mathrm{d}u_C}{\mathrm{d}t}=-i_L-\frac{u_C}{R}+i_S$$

可表示成矩阵形式

$$\begin{bmatrix}\dfrac{\mathrm{d}i_L}{\mathrm{d}t}\\[2mm]\dfrac{\mathrm{d}u_C}{\mathrm{d}t}\end{bmatrix}=\begin{bmatrix}0 & \dfrac{1}{L}\\[2mm]-\dfrac{1}{C} & -\dfrac{1}{RC}\end{bmatrix}\begin{bmatrix}i_L\\u_C\end{bmatrix}+\begin{bmatrix}0\\[1mm]\dfrac{1}{C}\end{bmatrix}i_S$$

这是以 i_L 和 u_C 为变量的一阶微分方程组。它们的初始值 $i_L(0_+)=I_0$、$u_C(0_+)=U_0$，也可表示成

$$\begin{bmatrix}i_L(0_+)\\u_C(0_+)\end{bmatrix}=\begin{bmatrix}I_0\\U_0\end{bmatrix}$$

$i_L(0_+)$和 $u_C(0_+)$提供了确定待定系数的初始条件。称这一阶微分方程组为描述图 7.3.1 所示 RLC 并联电路动态过程的**状态方程**(state equations)，并可简写成

$$\dot{\boldsymbol{x}}=\boldsymbol{A}\boldsymbol{x}+\boldsymbol{B}\boldsymbol{w} \tag{7.3.2}$$

其中，$\boldsymbol{x}=[i_L,u_C]^{\mathrm{T}}$ 称为电路的状态；$\boldsymbol{x}$ 中的元素 i_L 和 u_C 称为状态变量；$\boldsymbol{A}$、$\boldsymbol{B}$ 为系数矩阵，取决于电路拓扑结构和元件参数；$\boldsymbol{w}$ 为输入向量。

i_L 和 u_C 的初始值可表示成 $\boldsymbol{x}(0_+)=[I_0,U_0]^{\mathrm{T}}$，称 $\boldsymbol{x}(0_+)$为电路的初始状态。同样，i_L 和 u_C 的原始值也可表示成 $\boldsymbol{x}(0_-)$，称之为电路的原始状态。根据换路定律有

$$\boldsymbol{x}(0_+)=\boldsymbol{x}(0_-)=\boldsymbol{x}(0)=\boldsymbol{x}_0 \tag{7.3.3}$$

当 $\boldsymbol{w}=\boldsymbol{0}$，$\boldsymbol{x}_0\neq\boldsymbol{0}$ 时，状态方程描述零输入响应；当 $\boldsymbol{w}\neq 0$，$\boldsymbol{x}_0=\boldsymbol{0}$ 时，状态方程描述零状态响应；当 $\boldsymbol{w}\neq 0$，$\boldsymbol{x}_0\neq\boldsymbol{0}$ 时，状态方程描述完全响应。

电路的状态空间轨迹能够反映电路的特性。由于电路的特性主要由电路的拓扑结构和元件特性决定,所以一般只讨论零输入响应情况。图 7.3.2(a)是 RLC 并联电路在过阻尼情况下 i_L 和 u_C 的零输入响应时域波形,图 7.3.2(b)就是与之对应的状态变量 i_L、u_C 在状态空间中的轨迹。在状态向量 $\boldsymbol{x}$ 构成(由状态变量 i_L、u_C 组成)二维空间中,它从 $t=0_+$ 的初始状态 $\boldsymbol{x}_0=[I_0,U_0]^{\mathrm{T}}$ 开始,在 $t=\infty$ 时终止于坐标原点。欠阻尼情况下的状态轨迹是从 $t=0_+$ 到 $t=\infty$ 时的螺旋线,如图 7.3.3(a)所示;无阻尼情况下的状态轨迹是以原点为中心的椭圆,如图 7.3.3(b)所示;当电路的固有频率位于 s 复平面的开右半平面上时,响应为增幅振荡,在 t 趋于∞时,零输入响应是无界的,状态轨迹向外发散,如图 7.3.3(c)所示。

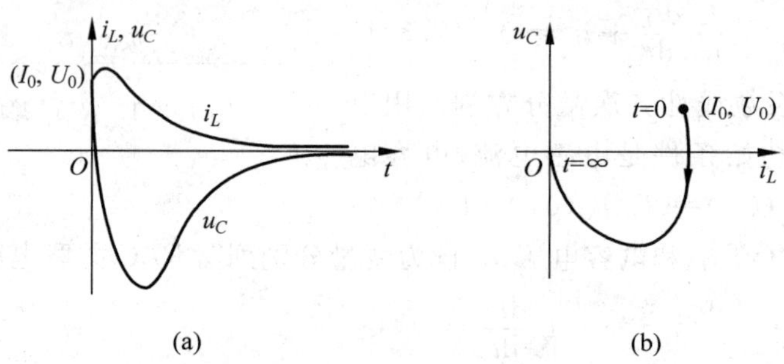

图 7.3.2　RLC 并联电路的零输入响应

(a) 过阻尼情况的时域波形;(b) 过阻尼情况的状态空间轨迹

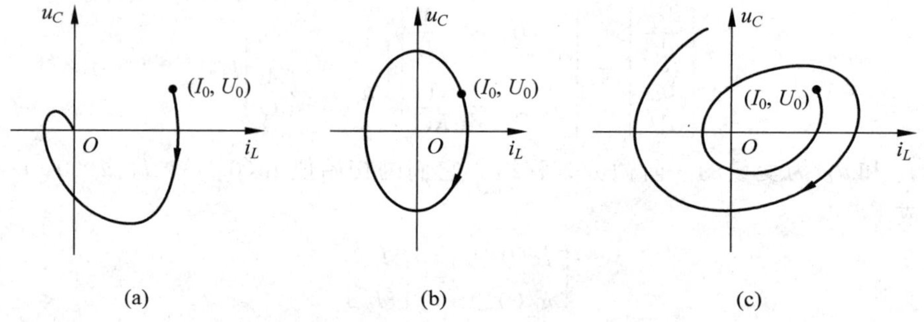

图 7.3.3　RLC 并联电路的状态空间轨迹

(a) 欠阻尼情况;(b) 无阻尼情况;(c) 发散情况

在线性非时变电路中,由于求解电路响应所必需的初始条件可以由电容的初始电压和电感的初始电流完全确定,所以通常选取独立的电容电压 u_C 和独立的电感电流 i_L 作为状态变量。在非线性电路中,除选电容电压和电感电流作状态变量外,为方便起见,也可选电容的电荷 q_C 和电感的磁链 ψ_L 作状态变量。由于电路的状态就其本质而言是指电路的储能状态,对不含储能元件的纯电阻电路来说无状态可言。

电路状态向量的维数 n,即电路独立状态变量的个数称为电路的**复杂度**(complexity),亦称**自由度**(freedom)。知道了电路独立状态变量的个数,就可以列写电路的状态方程,因为每一个独立的状态变量对应一个一阶微分方程。

7.3.2 状态方程及其列写

1. 状态方程和输出方程

前面所述对线性非时变动态电路的分析，无论采用经典法还是采用运算法，分析一个电路的过程无非是先选取某些独立变量，再根据基尔霍夫定律和支路电压-电流关系列写电路方程，然后从方程中解出这些变量。本节所要讨论的状态变量法，其分析过程也是这样，即先选定状态变量，再列写电路的方程，即状态方程，然后求解状态方程。

状态方程是一阶微分方程组，其一般形式为

$$\dot{x}_i = f_i(x_1, x_2, \cdots, x_n, w_1, w_2, \cdots, w_m, t) \quad i = 1,2,\cdots,n \tag{7.3.4a}$$

表示成矩阵形式为

$$\dot{\boldsymbol{x}} = \boldsymbol{f}(\boldsymbol{x}, \boldsymbol{w}, t) \tag{7.3.4b}$$

对线性非时变动态电路，状态方程是一阶线性微分方程组，其形式为

$$\dot{x}_i = \sum_{k=1}^{n} a_{ik} x_k + \sum_{j=1}^{m} b_{ij} w_j \quad i = 1,2,\cdots,n \tag{7.3.5a}$$

表示成矩阵形式为

$$\dot{\boldsymbol{x}} = \boldsymbol{A}\boldsymbol{x} + \boldsymbol{B}\boldsymbol{w} \tag{7.3.5b}$$

初始条件为

$$\boldsymbol{x}(0_+) = \boldsymbol{x}_0 \tag{7.3.6}$$

其中，$x=[x_1, x_2, \cdots, x_n]^{\mathrm{T}}$，$\dot{\boldsymbol{x}} = [\dot{x}_1, \dot{x}_2, \cdots, \dot{x}_n]^{\mathrm{T}}$ 和 $\boldsymbol{w} = [w_1, w_2, \cdots, w_m]^{\mathrm{T}}$，分别称为状态向量、状态向量导数和输入向量；$\boldsymbol{x}_0 = [x_{10}, x_{20}, \cdots, x_{n0}]^{\mathrm{T}}$ 称为初始状态；n 为状态变量 x_i 的个数，m 为输入激励 w_j 的个数；系数矩阵 $\boldsymbol{A} = [a_{ik}]_{n\times n}$ 和 $\boldsymbol{B} = [b_{ij}]_{n\times m}$ 均取决于电路的拓扑结构和元件特性。式(7.3.5b)通常称为状态方程的标准形式。

由状态方程和 t_0 时刻的初始状态可解出各状态变量在任一时刻 $t(t>t_0)$ 的值。然后根据 KCL，KVL 和支路电压电流关系总可求出电路的任意输出变量集 $\boldsymbol{y}(t)$，并用状态向量 $\boldsymbol{x}(t)$ 和输入向量 $\boldsymbol{w}(t)$ 表示出来。这就是输出方程。

输出方程的一般形式为

$$y_i = g_i(x_1, x_2, \cdots, x_n, w_1, w_2, \cdots, w_m, t) \quad i = 1,2,\cdots,r \tag{7.3.7a}$$

或表示成矩阵形式

$$\boldsymbol{y} = \boldsymbol{g}(\boldsymbol{x}, \boldsymbol{w}, \boldsymbol{t}) \tag{7.3.7b}$$

对线性非时变动态电路，输出方程是线性代数方程组，其形式为

$$y_i = \sum_{k=1}^{n} c_{ik} x_k + \sum_{j=1}^{m} d_{ij} w_j \quad i = 1,2,\cdots,r \tag{7.3.8a}$$

或表示成矩阵形式

$$\boldsymbol{y} = \boldsymbol{C}\boldsymbol{x} + \boldsymbol{D}\boldsymbol{w} \tag{7.3.8b}$$

其中，$y=[y_1, y_2, \cdots, y_r]^{\mathrm{T}}$ 称为输出向量；r 为输出变量 y_i 的个数；系数矩阵 $\boldsymbol{C} = [c_{ik}]_{r\times n}$ 和 $\boldsymbol{D} = [d_{ij}]_{r\times m}$ 均取决于电路的拓扑结构和元件特性。输出方程之所以是代数方程组，是

因为此时的状态变量(电容电压和电感电流)均为已知量。若根据置换定理,分别用电压源和电流源置换电容和电感元件,则动态电路便成为线性电阻性电路。式(7.3.8b)通常称为输出方程的标准形式。

如果电路中存在由电容 C 与电压源 u_S 组成的回路以及由电感 L 与电流源 i_S 组成的割集,则输出方程中将出现输出向量导数

$$u_L = L\frac{\mathrm{d}i_L}{\mathrm{d}t} = L\frac{\mathrm{d}i_S}{\mathrm{d}t} = L\dot{i}_S \tag{7.3.8c}$$

$$i_C = C\frac{\mathrm{d}u_C}{\mathrm{d}t} = C\frac{\mathrm{d}u_S}{\mathrm{d}t} = C\dot{u}_S \tag{7.3.8d}$$

这种情况下输出方程的形式为

$$\boldsymbol{y} = \boldsymbol{C}\boldsymbol{x} + \boldsymbol{D}\boldsymbol{w} + \boldsymbol{E}\dot{\boldsymbol{w}} \tag{7.3.8e}$$

2. 线性非时变动态电路状态方程列写

电路的状态方程有不同的列写方法。一般来说,对不太复杂的电路可以直接观察或采用置换方法列写;对较为复杂的电路多采用系统法。系统法列写状态方程的步骤和下面将要介绍的直接观察的步骤是一样的,只是它使列写状态方程的步骤和结果公式化。这里只介绍直接观察或采用置换方法列写电路的状态方程。

(1) 直接观察列写状态方程

通过直接观察列写电路状态方程,其过程可分成以下几个步骤,即

① 选一个树,使它包含全部电容(和无伴电压源支路)而不含电感(和无伴电流源支路)。

② 对每个电容树枝确定的基本割集列写 KCL 方程;对每个电感连枝确定的基本回路列写 KVL 方程。

③ 消除以上两组方程中的非状态变量(就是将非状态变量用状态变量和激励来表示),并整理成标准形式的状态方程。

输出方程的列写一般用置换定理将每个电容 C 用电压源 u_C 置换,将每个电感 L 用电流源 i_L 置换。这样得到一个线性电阻性电路。于是电路中的任何一个电路变量都可以用状态变量和输入激励表示出来,然后整理成标准形式的输出方程。

【例 7.3.1】 试列出图 7.3.4(a)所示电路的标准形式状态方程。

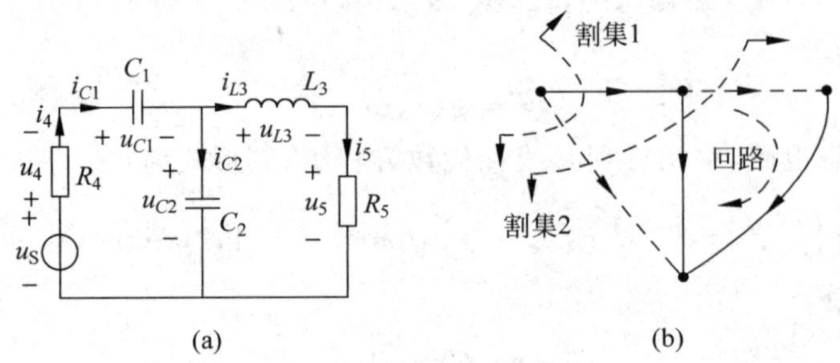

图 7.3.4 例 7.3.1

(a) 电路;(b) 电路拓扑图

解 按直接观察的步骤列写。

首先作出图 7.3.4(a)电路的拓扑图如图 7.3.4(b)所示，选取 C_1、C_2、R_5 所在支路为树枝，其余支路为连枝，选取 u_{C1}、u_{C2} 和 i_{L3} 为状态变量。对图 7.3.4(b)所示基本割集列写 KCL 方程

$$C_1\frac{\mathrm{d}u_{C1}}{\mathrm{d}t}=\frac{u_4}{R_4},\quad C_2\frac{\mathrm{d}u_{C2}}{\mathrm{d}t}=\frac{u_4}{R_4}-i_{L3}$$

对图 7.3.4(b)所示基本回路列写 KVL 方程

$$L_3\frac{\mathrm{d}i_{L3}}{\mathrm{d}t}=u_{C2}-R_5i_5$$

由于

$$u_4=u_S-(u_{C1}+u_{C2}),\quad i_5=i_{L3}$$

将这两个关系式代入上面三式，整理后得出标准形式的状态方程

$$\begin{bmatrix}\dfrac{\mathrm{d}u_{C1}}{\mathrm{d}t}\\ \dfrac{\mathrm{d}u_{C2}}{\mathrm{d}t}\\ \dfrac{\mathrm{d}i_{L3}}{\mathrm{d}t}\end{bmatrix}=\begin{bmatrix}-\dfrac{1}{C_1R_4} & -\dfrac{1}{C_1R_4} & 0\\ -\dfrac{1}{C_2R_4} & -\dfrac{1}{C_2R_4} & -\dfrac{1}{C_2}\\ 0 & \dfrac{1}{L_3} & -\dfrac{R_5}{L_3}\end{bmatrix}\begin{bmatrix}u_{C1}\\ u_{C2}\\ i_{L3}\end{bmatrix}+\begin{bmatrix}\dfrac{1}{C_1R_4}\\ \dfrac{1}{C_2R_4}\\ 0\end{bmatrix}u_S$$

用观察法列写状态方程，选取合适状态变量，分别列出必要的 KCL 和 KVL 方程，整理得到标准形式的状态方程。

【例 7.3.2】 试写出图 7.3.5(a)所示电路的标准形式状态方程。

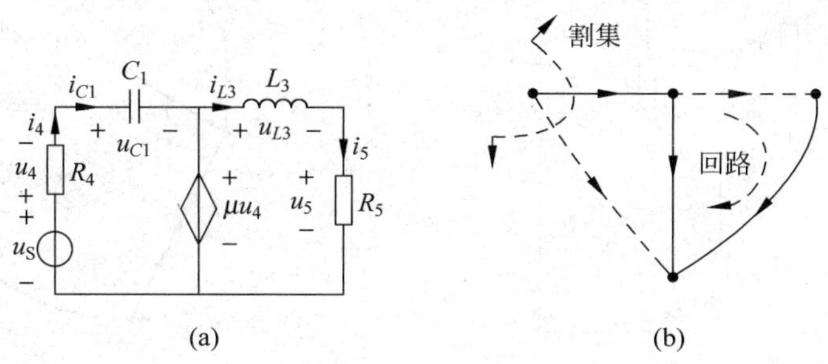

图 7.3.5 例 7.3.2

(a) 电路；(b) 电路拓扑图

解 按直接观察的步骤列写。

首先作出图 7.3.5(a)电路的拓扑图如图 7.3.5(b)所示，选取 C_1、R_5 和受控电压源所在支路为树枝，其余支路为连枝，选取 u_{C1} 和 i_{L3} 为状态变量。对图 7.3.5(b)所示基本割集列写 KCL 方程

$$C_1\frac{\mathrm{d}u_{C1}}{\mathrm{d}t}=\frac{u_4}{R_4}$$

对图 7.3.5(b)所示基本回路列写 KVL 方程

$$L_3\frac{\mathrm{d}i_{L3}}{\mathrm{d}t}=\mu u_4-R_5 i_{L3}$$

又 $u_4=u_S-u_{C1}-\mu u_4$，即 $u_4=-\dfrac{1}{1+\mu}u_{C1}+\dfrac{1}{1+\mu}u_S$，代入 KCL 方程和 KVL 方程，整理成标准形式的状态方程

$$\begin{bmatrix}\dfrac{\mathrm{d}u_{C1}}{\mathrm{d}t}\\ \dfrac{\mathrm{d}i_{L3}}{\mathrm{d}t}\end{bmatrix}=\begin{bmatrix}-\dfrac{1}{C_1R_4(1+\mu)} & 0\\ -\dfrac{\mu}{L_3(1+\mu)} & -\dfrac{R_5}{L_3}\end{bmatrix}\begin{bmatrix}u_{C1}\\ i_{L3}\end{bmatrix}+\begin{bmatrix}\dfrac{1}{C_1R_4(1+\mu)}\\ \dfrac{\mu}{L_3(1+\mu)}\end{bmatrix}u_S$$

注意，当系数 $\mu=-1$ 时，因为 $u_{C1}=u_S$，状态方程将变成

$$\frac{\mathrm{d}i_{L3}}{\mathrm{d}t}=-\frac{R_5}{L_3}i_{L3}-\frac{R_4C_1}{L_3}\frac{\mathrm{d}u_S}{\mathrm{d}t}$$

对于含受控源的电路，可先根据独立储能元件选取状态变量，分别列出必要的 KCL 和 KVL 方程，整理得状态方程。根据本题状态方程可以看出，如果 $\mu=-1$，则电压源对电容电压产生了约束，电容电压不再独立，降低了电路的复杂度。

【例 7.3.3】 试列出图 7.3.6(a)所示电路的状态方程。并以 u_{R7} 和 u_{R9} 作为输出变量，列写输出方程。

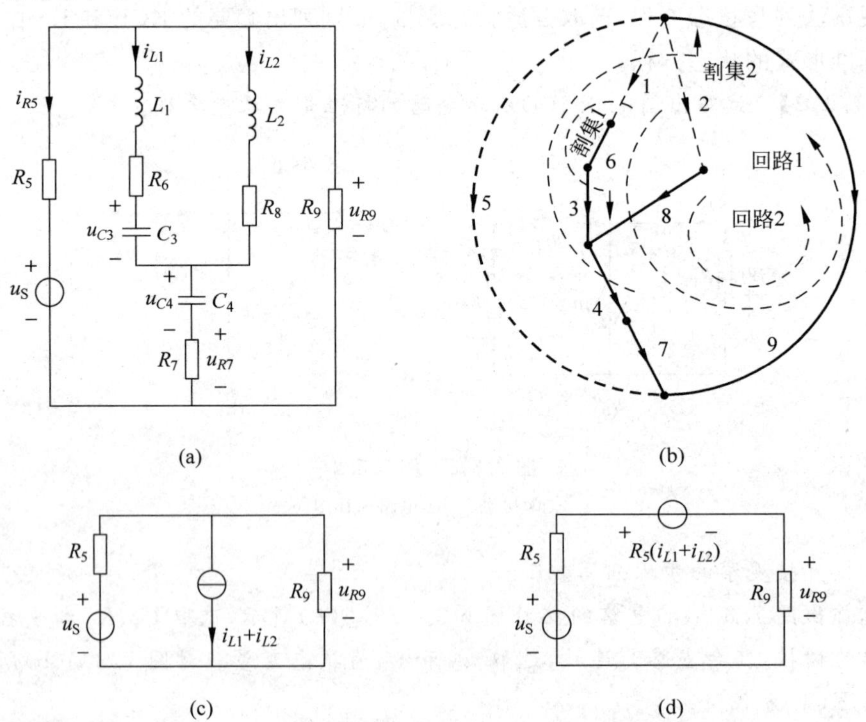

图 7.3.6 例 7.3.3

(a) 电路；(b) 电路拓扑图；(c) 用电流源置换图(a)中间支路；(d) 图(c)的等效电路

解 按直接观察的步骤列写。

(1) 将电感支路1、2作为连枝,电容支路3、4作为树枝。于是树由支路3、4、6、7、8和9及全部节点组成;树枝3与连枝1组成基本割集1,树枝4与连枝1和2组成基本割集2;连枝1与树枝3、4、6、7和9组成基本回路1,连枝2与树枝4、7、8和9组成基本回路2。选定的树、基本割集1、基本割集2和基本回路1、基本回路2如图7.3.6(b)所示。

(2) 对电感 L_1 确定的基本回路1列写KVL方程

$$L_1\frac{\mathrm{d}i_{L1}}{\mathrm{d}t}=-u_{C3}-u_{C4}-u_{R6}-u_{R7}+u_{R9}$$

对电感 L_2 确定的基本回路2列写KVL方程

$$L_2\frac{\mathrm{d}i_{L2}}{\mathrm{d}t}=-u_{C4}-u_{R7}-u_{R8}+u_{R9}$$

对电容 C_3 确定的基本割集1列写KCL方程

$$C_3\frac{\mathrm{d}u_{C3}}{\mathrm{d}t}=i_{L1}$$

对电容 C_4 确定的基本割集2列写KCL方程

$$C_4\frac{\mathrm{d}u_{C4}}{\mathrm{d}t}=i_{L1}+i_{L2}$$

(3) 用 i_{L1}、i_{L2}、u_{C3}、u_{C4} 和 u_S 表示非状态变量 u_{R6}、u_{R7}、u_{R8} 和 u_{R9}。观察电路容易求得

$$u_{R6}=R_6i_{L1},\quad u_{R7}=R_7(i_{L1}+i_{L2}),\quad u_{R8}=R_8i_{L2}$$

u_{R9} 的求取可应用置换定理,将电感和电容分别用电流源和电压源置换,并获得线性电阻性电路。这里只需用电流源来置换电路的中间支路,如图7.3.6(c)所示,图7.3.6(d)为其等效电路。

由图7.3.6(d)根据分压关系可求得

$$u_{R9}=\frac{R_9}{R_5+R_9}[u_S-R_5(i_{L1}+i_{L2})]$$

将所求代入基本割集和基本回路方程,经整理可得标准形式的状态方程

$$\begin{bmatrix}\dfrac{\mathrm{d}i_{L1}}{\mathrm{d}t}\\[2mm]\dfrac{\mathrm{d}i_{L2}}{\mathrm{d}t}\\[2mm]\dfrac{\mathrm{d}u_{C3}}{\mathrm{d}t}\\[2mm]\dfrac{\mathrm{d}u_{C4}}{\mathrm{d}t}\end{bmatrix}=\begin{bmatrix}-\dfrac{R_6+R}{L_1} & -\dfrac{R}{L_1} & -\dfrac{1}{L_1} & -\dfrac{1}{L_1}\\[2mm] -\dfrac{R}{L_2} & -\dfrac{R_8+R}{L_2} & 0 & -\dfrac{1}{L_2}\\[2mm] \dfrac{1}{C_3} & 0 & 0 & 0\\[2mm] \dfrac{1}{C_4} & \dfrac{1}{C_4} & 0 & 0\end{bmatrix}\begin{bmatrix}i_{L1}\\ i_{L2}\\ u_{C3}\\ u_{C4}\end{bmatrix}+\begin{bmatrix}\dfrac{1}{L_1}\\[2mm]\dfrac{1}{L_2}\\[2mm]0\\0\end{bmatrix}\frac{R_9}{R_5+R_9}u_S$$

其中,$R=R_7+\dfrac{R_5R_9}{R_5+R_9}$。

u_{R7}和u_{R9}为输出，用状态变量i_{L1}、i_{L2}、u_{C3}、u_{C4}和输入u_S表示为

$$\begin{cases} u_{R7}=R_7 i_{L1}+R_7 i_{L2} \\ u_{R9}=-\dfrac{R_5R_9}{R_5+R_9}i_{L1}-\dfrac{R_5R_9}{R_5+R_9}i_{L2}+\dfrac{R_9}{R_5+R_9}u_S \end{cases}$$

整理后标准形式的输出方程为

$$\begin{bmatrix} u_{R7} \\ u_{R9} \end{bmatrix}=\begin{bmatrix} R_7 & R_7 & 0 & 0 \\ -\dfrac{R_5R_9}{R_5+R_9} & -\dfrac{R_5R_9}{R_5+R_9} & 0 & 0 \end{bmatrix}\begin{bmatrix} i_{L1} \\ i_{L2} \\ u_{C3} \\ u_{C4} \end{bmatrix}+\begin{bmatrix} 0 \\ \dfrac{R_9}{R_5+R_9} \end{bmatrix}u_S$$

【例 7.3.4】 试写出图 7.3.7(a)所示电路的标准形式状态方程。已知$R_1=R_2=10\Omega$，$g_m=1S$，$L_1=10H$，$L_2=1H$，$M=1H$，$C=1F$。

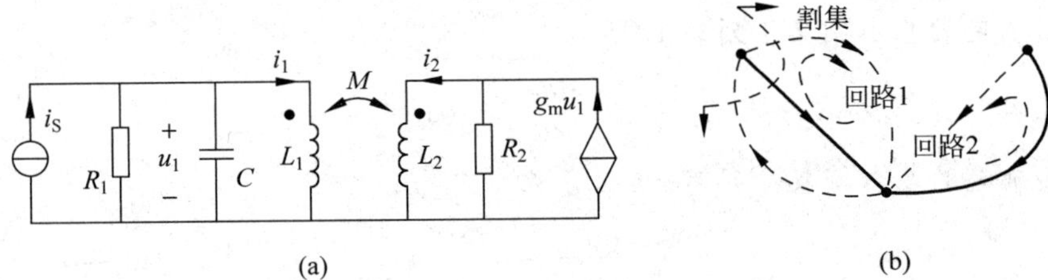

图 7.3.7 例 7.3.4

(a) 电路；(b) 电路拓扑图

解 先作出图 7.3.7(a)电路的拓扑图如图 7.3.7(b)所示，选取电容支路、R_2与受控源并联支路为树枝。取u_1、i_1、i_2为状态变量，对电容树枝确定的基本割集列写 KCL 方程

$$C\frac{du_1}{dt}=-i_1-\frac{u_1}{R_1}+i_S$$

对L_1、L_2连枝确定的基本回路列写 KVL 方程

$$\begin{cases} L_1\dfrac{di_1}{dt}+M\dfrac{di_2}{dt}=u_1 \\ L_2\dfrac{di_2}{dt}+M\dfrac{di_1}{dt}=R_2(g_m u_1-i_2) \end{cases}$$

代入参数并整理为标准形式状态方程

$$\begin{bmatrix} \dfrac{du_1}{dt} \\ \dfrac{di_1}{dt} \\ \dfrac{di_2}{dt} \end{bmatrix}=\begin{bmatrix} -\dfrac{1}{10} & -1 & 0 \\ -1 & 0 & \dfrac{10}{9} \\ 11 & 0 & -\dfrac{100}{9} \end{bmatrix}\begin{bmatrix} u_1 \\ i_1 \\ i_2 \end{bmatrix}+\begin{bmatrix} 1 \\ 0 \\ 0 \end{bmatrix}i_S$$

(2) 用置换法列写状态方程

在例 7.3.3 中，用状态变量和输入激励消去非状态变量时，采用了置换方法，即用电流源 i_L 置换电感 L，用电压源 u_C 置换电容 C。实际上，置换法不仅在消去非状态变量或列写输出方程时十分有用，而且也可以用来列写状态方程。因为置换后的电路成为一个电阻性电路，于是可将"电流源"i_L 两端的电压 $u_L = L\mathrm{d}i_L/\mathrm{d}t$ 用状态变量 i_L、u_C 和输入激励 i_S、u_S 表示，同样也可将"电压源"u_C 中的电流 $i_C = C\mathrm{d}u_C/\mathrm{d}t$ 用状态变量 i_L、u_C 和输入激励 i_S、u_S 表示。然后稍加整理，即可得出状态方程。

【例 7.3.5】 试用置换法列出图 7.3.8(a)所示电路的状态方程。

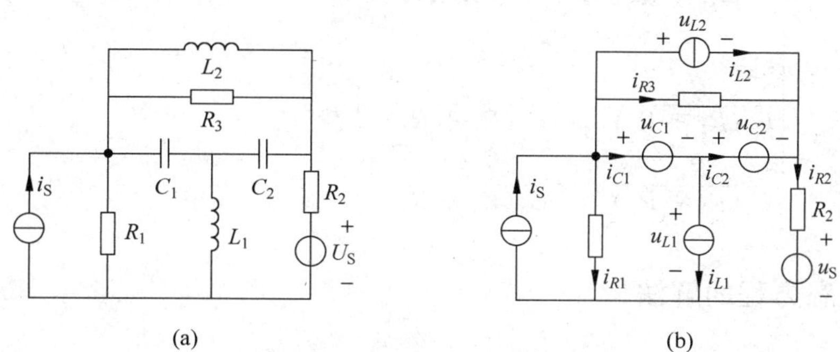

图 7.3.8 例 7.3.5

(a) 置换法电路；(b) 等效电路

解 选取 u_{C1}、u_{C2}、i_{L1}、i_{L2} 为状态变量，采用置换法，分别用电压源和电流源置换电容和电感，如图 7.3.8(b)所示。对电感元件列写 KVL 方程，对电容元件列写 KCL 方程，有电路方程

$$\begin{cases} u_{L1} = u_{C2} + R_2 i_{R2} + u_S \\ u_{L2} = u_{C1} + u_{C2} \\ i_{C1} = -i_{L2} - i_{R1} - i_{R3} + i_S \\ i_{C2} = -i_{L2} + i_{R2} - i_{R3} \end{cases}$$

用状态变量和输入激励表示电阻电流，即由方程组

$$\begin{cases} R_1 i_{R1} = u_{C1} + u_{C2} + R_2 i_{R2} + u_S \\ i_{R2} = -i_{L1} - i_{R1} + i_S \\ R_3 i_{R3} = u_{C1} + u_{C2} \end{cases}$$

解得

$$i_{R1} = -\frac{R_2}{R_1+R_2} i_{L1} + \frac{1}{R_1+R_2} u_{C1} + \frac{1}{R_1+R_2} u_{C2} + \frac{R_2}{R_1+R_2} i_S + \frac{1}{R_1+R_2} u_S$$

$$i_{R2} = -\frac{R_1}{R_1+R_2} i_{L1} - \frac{1}{R_1+R_2} u_{C1} - \frac{1}{R_1+R_2} u_{C2} + \frac{R_1}{R_1+R_2} i_S - \frac{1}{R_1+R_2} u_S$$

$$i_{R3} = (u_{C1} + u_{C2})/R_3$$

将 i_{R1}、i_{R2}、i_{R3} 代入电路方程，并整理成标准形式的状态方程为

$$\begin{bmatrix}\frac{di_{L1}}{dt}\\ \frac{di_{L2}}{dt}\\ \frac{du_{C1}}{dt}\\ \frac{du_{C2}}{dt}\end{bmatrix}=\begin{bmatrix}-\frac{R_1R_2}{L_1(R_1+R_2)} & 0 & -\frac{R_2}{L_1(R_1+R_2)} & \frac{R_1}{L_1(R_1+R_2)}\\ 0 & 0 & \frac{1}{L_2} & \frac{1}{L_2}\\ \frac{R_2}{C_1(R_1+R_2)} & -\frac{1}{C_1} & -\frac{R_1+R_2+R_3}{C_1(R_1+R_2)R_3} & -\frac{R_1+R_2+R_3}{C_1(R_1+R_2)R_3}\\ -\frac{R_1}{C_2(R_1+R_2)} & -\frac{1}{C_2} & -\frac{R_1+R_2+R_3}{C_2(R_1+R_2)R_3} & -\frac{R_1+R_2+R_3}{C_2(R_1+R_2)R_3}\end{bmatrix}\begin{bmatrix}i_{L1}\\ i_{L2}\\ u_{C1}\\ u_{C2}\end{bmatrix}$$

$$+\begin{bmatrix}\frac{R_1R_2}{L_1(R_1+R_2)} & \frac{R_1}{L_1(R_1+R_2)}\\ 0 & 0\\ \frac{R_1}{C_1(R_1+R_2)} & -\frac{1}{C_1(R_1+R_2)}\\ \frac{R_1}{C_2(R_1+R_2)} & -\frac{1}{C_2(R_1+R_2)}\end{bmatrix}\begin{bmatrix}i_S\\ u_S\end{bmatrix}$$

7.3.3 状态方程的解法

状态方程是一阶微分方程组,最适合用数值方法(比如龙格库塔法)求解。特别是对于非线性电路和时变电路,其状态方程一般只能用数值方法求解。线性非时变电路状态方程是一阶线性常微分方程组,其解法有三种,即时域解法、复频域解法(拉氏变换法)和数值解法。这里仅讨论一阶线性常微分方程组,即线性非时变电路状态方程的时域解法和复频域解法。

1. 线性非时变电路状态方程的时域解法

(1) 标量一阶微分方程解

线性非时变电路的状态方程

$$\dot{\boldsymbol{x}}=\boldsymbol{A}\boldsymbol{x}+\boldsymbol{B}\boldsymbol{w} \tag{7.3.9}$$

可视为向量一阶微分方程。它在形式上和标量一阶微分方程

$$\dot{x}=ax+bw \tag{7.3.10}$$

相同。这里先回顾一下该标量一阶微分方程(7.3.10)的解法。

用 e^{-at} 乘式(7.3.10)两端,并移项得

$$e^{-at}\dot{x}-e^{-at}ax=e^{-at}bw \tag{7.3.11}$$

有

$$\frac{d}{dt}(e^{-at}x)=e^{-at}bw \tag{7.3.12}$$

对上式两端从 0 到 t 积分

$$e^{-at}x-x(0)=\int_0^t e^{-a\tau}bw(\tau)d\tau \tag{7.3.13}$$

将 $x(0)$移到等式右边，再对等号两端乘 e^{at}，得

$$x = \mathrm{e}^{at}x(0) + \mathrm{e}^{at}\int_0^t \mathrm{e}^{-a\tau}bw(\tau)\mathrm{d}\tau \tag{7.3.14}$$

(2) 状态方程的时域解法

下面仿照求解标量一阶微分方程的方式来求解向量一阶微分方程，即求解状态方程。

对状态方程

$$\dot{\boldsymbol{x}} = \boldsymbol{A}\boldsymbol{x} + \boldsymbol{B}\boldsymbol{w} \tag{7.3.15}$$

两端前乘 $\mathrm{e}^{-\boldsymbol{A}t}$，并移项

$$\mathrm{e}^{-\boldsymbol{A}t}\dot{\boldsymbol{x}} - \mathrm{e}^{-\boldsymbol{A}t}\boldsymbol{A}\boldsymbol{x} = \mathrm{e}^{-\boldsymbol{A}t}\boldsymbol{B}\boldsymbol{w} \tag{7.3.16}$$

有

$$\frac{\mathrm{d}}{\mathrm{d}t}(\mathrm{e}^{-\boldsymbol{A}t}\boldsymbol{x}) = \mathrm{e}^{-\boldsymbol{A}t}\boldsymbol{B}\boldsymbol{w} \tag{7.3.17}$$

对上式两端从 0 到 t 积分

$$\mathrm{e}^{-\boldsymbol{A}t}\boldsymbol{x} - \boldsymbol{x}(0) = \int_0^t \mathrm{e}^{-\boldsymbol{A}\tau}\boldsymbol{B}\boldsymbol{w}(\tau)\mathrm{d}\tau \tag{7.3.18}$$

移项并左乘 $\mathrm{e}^{\boldsymbol{A}t}$，得

$$\boldsymbol{x} = \mathrm{e}^{\boldsymbol{A}t}\boldsymbol{x}(0) + \mathrm{e}^{\boldsymbol{A}t}\int_0^t \mathrm{e}^{-\boldsymbol{A}\tau}\boldsymbol{B}\boldsymbol{w}(\tau)\mathrm{d}\tau \tag{7.3.19}$$

当$\boldsymbol{w}(t)=\boldsymbol{0}$ 时，有解

$$\boldsymbol{x}_{\mathrm{zi}} = \mathrm{e}^{\boldsymbol{A}t}\boldsymbol{x}(0) \tag{7.3.20}$$

可见 $\mathrm{e}^{\boldsymbol{A}t}$ 可以将 $\boldsymbol{x}(0)=\boldsymbol{x}_0$ 转移成解 $\boldsymbol{x}_{\mathrm{zi}}$，所以称 $\mathrm{e}^{\boldsymbol{A}t}$ 为**状态转换矩阵**(state transition matrix)函数。

当 $\boldsymbol{x}(0)=\boldsymbol{0}$ 时，有解

$$\boldsymbol{x}_{\mathrm{zs}} = \mathrm{e}^{\boldsymbol{A}t}\int_0^t \mathrm{e}^{-\boldsymbol{A}\tau}\boldsymbol{B}\boldsymbol{w}(\tau)\mathrm{d}\tau = \int_0^t \mathrm{e}^{-\boldsymbol{A}(t-\tau)}\boldsymbol{B}\boldsymbol{w}(\tau)\mathrm{d}\tau \tag{7.3.21}$$

该解 $\boldsymbol{x}_{\mathrm{zs}}$也与 $\mathrm{e}^{\boldsymbol{A}t}$密切相关，所以计算 $\mathrm{e}^{\boldsymbol{A}t}$是求解状态方程的关键。

(3) 状态转换矩阵函数 $\mathrm{e}^{\boldsymbol{A}t}$的定义和性质

① 状态转换矩阵函数 $\mathrm{e}^{\boldsymbol{A}t}$的定义

状态转换矩阵函数 $\mathrm{e}^{\boldsymbol{A}t}$作为矩阵指数函数仍然仿照指数函数

$$\mathrm{e}^{at} = \sum_{k=0}^{\infty}\frac{1}{k!}(at)^k = 1 + at + \frac{1}{2!}(at)^2 + \frac{1}{3!}(at)^3 + \cdots \tag{7.3.22}$$

定义为

$$\mathrm{e}^{\boldsymbol{A}t} = \sum_{k=0}^{\infty}\frac{1}{k!}(\boldsymbol{A}t)^k = \boldsymbol{I} + \boldsymbol{A}t + \frac{1}{2!}(\boldsymbol{A}t)^2 + \frac{1}{3!}(\boldsymbol{A}t)^3 + \cdots \tag{7.3.23}$$

则状态转换矩阵函数 $\mathrm{e}^{\boldsymbol{A}t}$是一个和 $\boldsymbol{A}$ 同阶的 $n\times n$ 方阵，且当 $t=0$，$\mathrm{e}^{\boldsymbol{A}t}=\mathrm{e}^{\boldsymbol{0}}=\boldsymbol{I}$。

② 状态转换矩阵函数 $\mathrm{e}^{\boldsymbol{A}t}$的性质

状态转换矩阵函数 $\mathrm{e}^{\boldsymbol{A}t}$的主要性质有以下几点。

- $\mathrm{e}^{-\boldsymbol{A}t} = \sum_{k=0}^{\infty} \frac{1}{k!}(-\boldsymbol{A}t)^k = \boldsymbol{I} - \boldsymbol{A}t + \frac{1}{2!}(\boldsymbol{A}t)^2 - \frac{1}{3!}(\boldsymbol{A}t)^3 + \cdots$ (7.3.24)
- $\mathrm{e}^{\boldsymbol{A}t}\mathrm{e}^{-\boldsymbol{A}t} = \mathrm{e}^{\boldsymbol{0}} = \boldsymbol{I}$ (7.3.25)
- $\frac{\mathrm{d}}{\mathrm{d}t}\mathrm{e}^{\boldsymbol{A}t} = \boldsymbol{A}\mathrm{e}^{\boldsymbol{A}t} = \mathrm{e}^{\boldsymbol{A}t}\boldsymbol{A}, \quad \frac{\mathrm{d}}{\mathrm{d}t}\mathrm{e}^{-\boldsymbol{A}t} = -\boldsymbol{A}\mathrm{e}^{-\boldsymbol{A}t} = -\mathrm{e}^{-\boldsymbol{A}t}\boldsymbol{A}$ (7.3.26)
- $\frac{\mathrm{d}}{\mathrm{d}t}(\mathrm{e}^{-\boldsymbol{A}t}\boldsymbol{x}) = \mathrm{e}^{-\boldsymbol{A}t}\frac{\mathrm{d}}{\mathrm{d}t}\boldsymbol{x} + \left(\frac{\mathrm{d}}{\mathrm{d}t}\mathrm{e}^{-\boldsymbol{A}t}\right)\boldsymbol{x} = \mathrm{e}^{-\boldsymbol{A}t}\dot{\boldsymbol{x}} - \boldsymbol{A}\mathrm{e}^{-\boldsymbol{A}t}\boldsymbol{x}$ (7.3.27)

以上性质证明略。

③ 状态转换矩阵函数 $\mathrm{e}^{\boldsymbol{A}t}$ 的计算

计算状态转换矩阵函数 $\mathrm{e}^{\boldsymbol{A}t}$ 的方法有多种，这里只讨论拉普拉斯变换方法。

设电路的输入为零，状态方程变为

$$\dot{\boldsymbol{x}} = \boldsymbol{A}\boldsymbol{x} \tag{7.3.28}$$

对上式取拉氏变换，得

$$s\boldsymbol{X}(s) - \boldsymbol{x}(0) = \boldsymbol{A}\boldsymbol{X}(s) \tag{7.3.29}$$

于是

$$\boldsymbol{X}(s) = (s\boldsymbol{I} - \boldsymbol{A})^{-1}\boldsymbol{x}(0) \tag{7.3.30}$$

取拉氏反变换，有

$$\boldsymbol{x} = \boldsymbol{x}_{\mathrm{zi}} = \mathcal{L}^{-1}[(s\boldsymbol{I} - \boldsymbol{A})^{-1}]\boldsymbol{x}(0) \tag{7.3.31}$$

将上式的解与式(7.3.20)进行比较，有

$$\mathrm{e}^{\boldsymbol{A}t} = \mathcal{L}^{-1}(s\boldsymbol{I} - \boldsymbol{A})^{-1} \tag{7.3.32}$$

上式表明先求出 $n \times n$ 矩阵 $(s\boldsymbol{I} - \boldsymbol{A})$ 的逆矩阵，再取此逆矩阵的拉氏反变换即可求得 $\mathrm{e}^{\boldsymbol{A}t}$。

【例 7.3.6】 已知

$$\boldsymbol{A} = \begin{bmatrix} -3 & -3 \\ 2 & -8 \end{bmatrix}$$

试求状态转换矩阵指数函数 $\mathrm{e}^{\boldsymbol{A}t}$。

解 对已知矩阵 $\boldsymbol{A}$ 先写出

$$s\boldsymbol{I} - \boldsymbol{A} = \begin{bmatrix} s+3 & 3 \\ -2 & s+8 \end{bmatrix}$$

再求逆

$$(s\boldsymbol{I} - \boldsymbol{A})^{-1} = \frac{1}{(s+3)(s+8)+6}\begin{bmatrix} s+8 & -3 \\ 2 & s+3 \end{bmatrix} = \frac{1}{s^2+11s+30}\begin{bmatrix} s+8 & -3 \\ 2 & s+3 \end{bmatrix}$$
$$= \frac{1}{(s+5)(s+6)}\begin{bmatrix} s+8 & -3 \\ 2 & s+3 \end{bmatrix}$$

最后取拉氏反变换，得

$$\mathrm{e}^{\boldsymbol{A}t} = \mathcal{L}^{-1}(s\boldsymbol{I} - \boldsymbol{A})^{-1}$$
$$= \begin{bmatrix} 3\mathrm{e}^{-5t} - 2\mathrm{e}^{-6t} & -3\mathrm{e}^{-5t} + 3\mathrm{e}^{-6t} \\ 2\mathrm{e}^{-5t} - 2\mathrm{e}^{-6t} & -2\mathrm{e}^{-5t} + 3\mathrm{e}^{-6t} \end{bmatrix}$$

【例 7.3.7】 已知

$$\boldsymbol{A}=\begin{bmatrix}-2 & 1 & 3\\ 0 & -3 & 0\\ 0 & 2 & -2\end{bmatrix}$$

试求状态转换矩阵指数函数 $e^{\boldsymbol{A}t}$。

解 对已知矩阵 $\boldsymbol{A}$ 先写出

$$s\boldsymbol{I}-\boldsymbol{A}=\begin{bmatrix}s+2 & -1 & -3\\ 0 & s+3 & 0\\ 0 & -2 & s+2\end{bmatrix}$$

再求逆

$$(s\boldsymbol{I}-\boldsymbol{A})^{-1}=\frac{1}{(s+2)^2(s+3)}\begin{bmatrix}(s+2)(s+3) & s+8 & -3(s+3)\\ 0 & (s+2)^2 & 0\\ 0 & 2(s+2) & (s+2)(s+3)\end{bmatrix}$$

$$=\begin{bmatrix}\frac{1}{s+2} & \frac{s+8}{(s+2)^2(s+3)} & \frac{-3}{(s+2)^2}\\ 0 & \frac{1}{s+3} & 0\\ 0 & \frac{2}{(s+2)(s+3)} & \frac{1}{s+2}\end{bmatrix}$$

$$=\begin{bmatrix}\frac{1}{s+2} & \frac{5}{s+3}-\frac{5}{s+2}+\frac{6}{(s+2)^2} & \frac{0}{s+2}+\frac{-3}{(s+2)^2}\\ 0 & \frac{1}{s+3} & 0\\ 0 & \frac{2}{s+2}-\frac{2}{s+3} & \frac{1}{s+2}\end{bmatrix}$$

最后取拉氏反变换,得

$$e^{\boldsymbol{A}t}=\mathcal{L}^{-1}(s\boldsymbol{I}-\boldsymbol{A})^{-1}$$

$$=\begin{bmatrix}e^{-2t} & (-5+6t)e^{-2t}+5e^{-3t} & -3te^{-3t}\\ 0 & e^{-3t} & 0\\ 0 & 2(e^{-2t}-e^{-3t}) & e^{-2t}\end{bmatrix}$$

④ 电路状态方程的时域求解

电路的状态方程一旦建立,就可参照式(7.3.19)～式(7.3.21)分别求出电路的全响应,零输入响应和零状态响应。下面举例说明。

【例 7.3.8】 图 7.3.9(a)所示电路中,$R_1=1\Omega$,$R_2=1/4\Omega$,$L=1/3\text{H}$,$C=1/2\text{F}$,$u_S=\varepsilon(t)V$,$i_L(0_-)=9/5\text{A}$,$u_C(0_-)=11/5\text{V}$。试对电路进行状态分析。

解 按直接观察的步骤列写。

(1) 将电容支路选作树枝,电感支路选作连枝。于是由电容支路、电感支路和电阻 R_2 支路组成基本割集,由电感支路、电容支路和电阻 R_1 支路组成基本回路。选定的树、基本割集和基本回路如图 7.3.9(b)所示。

(2) 对电感 L 确定的基本回路列写 KVL 方程

$$L\frac{\mathrm{d}i_L}{\mathrm{d}t}=-R_1 i_L-u_C+u_S$$

对电容 C 确定的基本割集列写 KCL 方程

$$C\frac{\mathrm{d}u_C}{\mathrm{d}t}=i_L-\frac{u_C}{R_2}$$

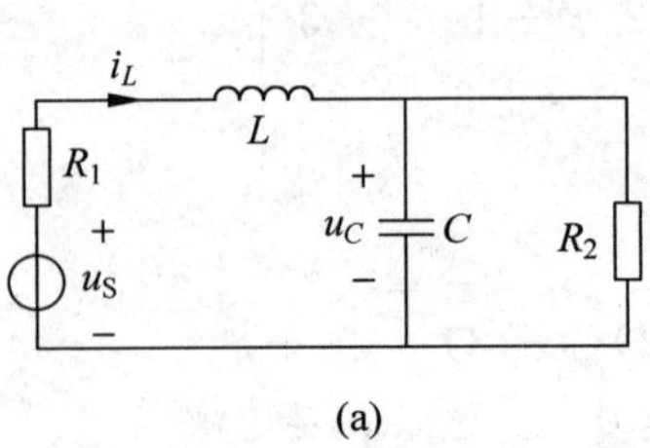

(a)

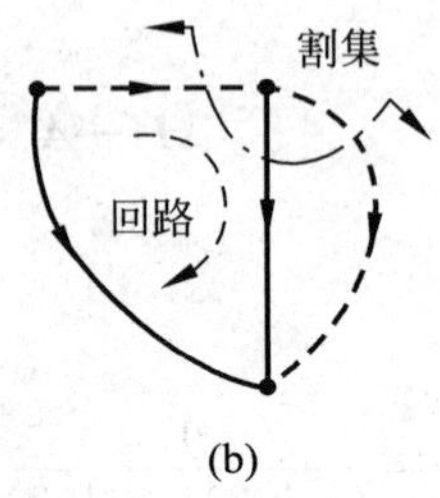

(b)

图 7.3.9 例 7.3.8

(a) 电路；(b) 电路拓扑图

经整理可得状态方程

$$\begin{bmatrix}\dfrac{\mathrm{d}i_L}{\mathrm{d}t}\\ \dfrac{\mathrm{d}u_C}{\mathrm{d}t}\end{bmatrix}=\begin{bmatrix}-\dfrac{R_1}{L} & -\dfrac{1}{L}\\ \dfrac{1}{C} & -\dfrac{1}{R_2C}\end{bmatrix}\begin{bmatrix}i_L\\ u_C\end{bmatrix}+\begin{bmatrix}\dfrac{1}{L}\\ 0\end{bmatrix}u_S$$

代入具体参数

$$\dot{\boldsymbol{x}}=\boldsymbol{A}\boldsymbol{x}+\boldsymbol{B}\boldsymbol{w}=\begin{bmatrix}-3 & -3\\ 2 & -8\end{bmatrix}\boldsymbol{x}+\begin{bmatrix}3\\ 0\end{bmatrix}\varepsilon(t)$$

并有 $\boldsymbol{x}(0_+)=\boldsymbol{x}(0_-)=\boldsymbol{x}_0=[9/5\ 11/5]^{\mathrm{T}}$。

然后由 $\mathrm{e}^{\boldsymbol{A}t}=\mathcal{L}^{-1}(s\boldsymbol{I}-\boldsymbol{A})^{-1}$ 计算状态转换矩阵函数，在上例中已经求得

$$\mathrm{e}^{\boldsymbol{A}t}=\begin{bmatrix}3\mathrm{e}^{-5t}-2\mathrm{e}^{-6t} & -3\mathrm{e}^{-5t}+3\mathrm{e}^{-6t}\\ 2\mathrm{e}^{-5t}-2\mathrm{e}^{-6t} & -2\mathrm{e}^{-5t}+3\mathrm{e}^{-6t}\end{bmatrix}$$

于是根据式(7.3.20)，求得零输入响应为

$$\boldsymbol{x}_{\mathrm{zi}}=\mathrm{e}^{\boldsymbol{A}t}\boldsymbol{x}(0)=\begin{bmatrix}3\mathrm{e}^{-5t}-2\mathrm{e}^{-6t} & -3\mathrm{e}^{-5t}+3\mathrm{e}^{-6t}\\ 2\mathrm{e}^{-5t}-2\mathrm{e}^{-6t} & -2\mathrm{e}^{-5t}+3\mathrm{e}^{-6t}\end{bmatrix}\begin{bmatrix}9/5\\ 11/5\end{bmatrix}$$

$$=\begin{bmatrix}(-1.2\mathrm{e}^{-5t}+3\mathrm{e}^{-6t})\mathrm{A}\\ (-0.8\mathrm{e}^{-5t}+3\mathrm{e}^{-6t})\mathrm{V}\end{bmatrix}\quad t\geqslant 0$$

根据式(7.3.21)，求得零状态响应为

$$\boldsymbol{x}_{\mathrm{zs}}=\int_0^t \mathrm{e}^{-\boldsymbol{A}(t-\tau)}\boldsymbol{B}\boldsymbol{w}(\tau)\mathrm{d}\tau$$

$$=\int_0^t\begin{bmatrix}3\mathrm{e}^{-5(t-\tau)}-2\mathrm{e}^{-6(t-\tau)} & -3\mathrm{e}^{-5(t-\tau)}+3\mathrm{e}^{-6(t-\tau)}\\ 2\mathrm{e}^{-5(t-\tau)}-2\mathrm{e}^{-6(t-\tau)} & -2\mathrm{e}^{-5(t-\tau)}+3\mathrm{e}^{-6(t-\tau)}\end{bmatrix}\begin{bmatrix}3\\ 0\end{bmatrix}\varepsilon(\tau)\mathrm{d}\tau$$

$$=\int_{0}^{t}\begin{bmatrix}9\mathrm{e}^{-5(t-\tau)}-6\mathrm{e}^{-6(t-\tau)}\\6\mathrm{e}^{-5(t-\tau)}-6\mathrm{e}^{-6(t-\tau)}\end{bmatrix}\mathrm{d}\tau=\begin{bmatrix}\frac{9}{5}\mathrm{e}^{-5(t-\tau)}-\mathrm{e}^{-6(t-\tau)}\\\frac{6}{5}\mathrm{e}^{-5(t-\tau)}-\mathrm{e}^{-6(t-\tau)}\end{bmatrix}\Bigg|_{0_-}^{t}$$

$$=\begin{bmatrix}\left(\frac{4}{5}-\frac{9}{5}\mathrm{e}^{-5t}+\mathrm{e}^{-6t}\right)\mathrm{A}\\\left(\frac{1}{5}-\frac{6}{5}\mathrm{e}^{-5t}+\mathrm{e}^{-6t}\right)\mathrm{V}\end{bmatrix}\varepsilon(t)$$

所以全响应为

$$\boldsymbol{x}=\begin{bmatrix}i_L\\u_C\end{bmatrix}=\boldsymbol{x}_{\mathrm{zi}}+\boldsymbol{x}_{\mathrm{zs}}=\begin{bmatrix}\left(\frac{4}{5}-3\mathrm{e}^{-5t}+4\mathrm{e}^{-6t}\right)\mathrm{A}\\\left(\frac{1}{5}-2\mathrm{e}^{-5t}+4\mathrm{e}^{-6t}\right)\mathrm{V}\end{bmatrix}\quad t\geqslant 0$$

2. 线性非时变电路状态方程的复频域解法

线性非时变电路状态方程的复频域解法，就是用拉普拉斯变换方法求解电路的状态方程。由于拉普拉斯变换式中积分下限取 0_-，所以求解电路状态方程的初始条件取原始状态 $\boldsymbol{x}(0_-)$。现对状态方程

$$\dot{\boldsymbol{x}}=\boldsymbol{A}\boldsymbol{x}+\boldsymbol{B}\boldsymbol{w}\tag{7.3.33}$$

进行拉普拉斯变换，有

$$s\boldsymbol{X}(s)-\boldsymbol{x}(0_-)=\boldsymbol{A}\boldsymbol{X}(s)+\boldsymbol{B}\boldsymbol{W}(s)\tag{7.3.34}$$

移项后可得

$$(s\boldsymbol{I}-\boldsymbol{A})\boldsymbol{X}(s)=\boldsymbol{x}(0_-)+\boldsymbol{B}\boldsymbol{W}(s)\tag{7.3.35}$$

于是

$$\begin{aligned}\boldsymbol{X}(s)&=(s\boldsymbol{I}-\boldsymbol{A})^{-1}\boldsymbol{x}(0_-)+(s\boldsymbol{I}-\boldsymbol{A})^{-1}\boldsymbol{B}\boldsymbol{W}(s)\\&=\boldsymbol{\Phi}(s)\boldsymbol{x}(0_-)+\boldsymbol{\Phi}(s)\boldsymbol{B}\boldsymbol{W}(s)\end{aligned}\tag{7.3.36}$$

其中，$\boldsymbol{\Phi}(s)\stackrel{\mathrm{def}}{=}(s\boldsymbol{I}-\boldsymbol{A})^{-1}$称为**预解矩阵**(resolvent matrix)。

对式(7.3.36) 进行拉普拉斯反变换，得

$$\boldsymbol{x}=\mathcal{L}^{-1}[\boldsymbol{\Phi}(s)]\boldsymbol{x}(0_-)+\mathcal{L}^{-1}[\boldsymbol{\Phi}(s)\boldsymbol{B}\boldsymbol{W}(s)]\tag{7.3.37}$$

式中零输入响应

$$\boldsymbol{x}_{\mathrm{zi}}=\mathcal{L}^{-1}[\boldsymbol{\Phi}(s)]\boldsymbol{x}(0_-)\tag{7.3.38}$$

零状态响应

$$\boldsymbol{x}_{\mathrm{zs}}=\mathcal{L}^{-1}[\boldsymbol{\Phi}(s)\boldsymbol{B}\boldsymbol{W}(s)]\tag{7.3.39}$$

将式(7.3.20)与式(7.3.38)进行比较，有

$$\mathrm{e}^{\boldsymbol{A}t}=\mathcal{L}^{-1}[\boldsymbol{\Phi}(s)]=\mathcal{L}^{-1}(s\boldsymbol{I}-\boldsymbol{A})^{-1}\tag{7.3.40}$$

从中可知，预解矩阵 $\Phi(s)$的拉普拉斯反变换$\mathcal{L}^{-1}[\Phi(s)]=\mathrm{e}^{\boldsymbol{A}t}$为状态转换矩阵。

【例 7.3.9】 已知状态方程

$$\dot{\boldsymbol{x}}=\begin{bmatrix}-3&-3\\2&-8\end{bmatrix}\boldsymbol{x}+\begin{bmatrix}3\\0\end{bmatrix}\varepsilon(t)$$

和原始状态 $\boldsymbol{x}(0_-)=[9/5\quad 11/5]^{\mathrm{T}}$，试求该状态方程的解 $\boldsymbol{x}$。

解 在例7.3.6中已求出预解矩阵

$$\boldsymbol{\Phi}(s)=(s\boldsymbol{I}-\boldsymbol{A})^{-1}=\frac{1}{(s+5)(s+6)}\begin{bmatrix}s+8 & -3\\ 2 & s+3\end{bmatrix}$$

于是零输入响应的象函数为

$$\boldsymbol{X}_{\mathrm{zi}}(s)=\boldsymbol{\Phi}(s)\boldsymbol{x}(0_-)=\frac{1}{(s+5)(s+6)}\begin{bmatrix}s+8 & -3\\ 2 & s+3\end{bmatrix}\begin{bmatrix}\dfrac{9}{5}\\ \dfrac{11}{5}\end{bmatrix}$$

$$=\frac{1}{5}\begin{bmatrix}\dfrac{9s+39}{(s+5)(s+6)}\\ \dfrac{11s+51}{(s+5)(s+6)}\end{bmatrix}=\begin{bmatrix}\dfrac{-6/5}{s+5}+\dfrac{3}{s+6}\\ \dfrac{-4/5}{s+5}+\dfrac{3}{s+6}\end{bmatrix}$$

零状态响应的象函数为

$$\boldsymbol{X}_{\mathrm{zs}}(s)=\boldsymbol{\Phi}(s)\boldsymbol{B}\boldsymbol{W}(s)=\frac{1}{(s+5)(s+6)}\begin{bmatrix}s+8 & -3\\ 2 & s+3\end{bmatrix}\begin{bmatrix}3\\ 0\end{bmatrix}\frac{1}{s}$$

$$=\frac{1}{(s+5)(s+6)}\begin{bmatrix}\dfrac{3(s+8)}{s}\\ \dfrac{6}{s}\end{bmatrix}=\begin{bmatrix}\dfrac{4/5}{s}+\dfrac{-9/5}{s+5}+\dfrac{1}{s+6}\\ \dfrac{1/5}{s}+\dfrac{-6/5}{s+5}+\dfrac{1}{s+6}\end{bmatrix}$$

进行拉氏反变换，得零输入响应

$$\boldsymbol{x}_{\mathrm{zi}}=\mathcal{L}^{-1}[\boldsymbol{X}_{\mathrm{zi}}(s)]=\begin{bmatrix}-\dfrac{6}{5}\mathrm{e}^{-5t}+3\mathrm{e}^{-6t}\\ -\dfrac{4}{5}\mathrm{e}^{-5t}+3\mathrm{e}^{-6t}\end{bmatrix}\varepsilon(t)$$

零状态响应

$$\boldsymbol{x}_{\mathrm{zs}}=\mathcal{L}^{-1}[\boldsymbol{X}_{\mathrm{zs}}(s)]=\begin{bmatrix}\dfrac{4}{5}-\dfrac{9}{5}\mathrm{e}^{-5t}+\mathrm{e}^{-6t}\\ \dfrac{1}{5}-\dfrac{6}{5}\mathrm{e}^{-5t}+\mathrm{e}^{-6t}\end{bmatrix}\varepsilon(t)$$

最后可得全响应，即状态方程的解

$$\boldsymbol{x}=\begin{bmatrix}i_L\\ u_C\end{bmatrix}=\boldsymbol{x}_{\mathrm{zi}}+\boldsymbol{x}_{\mathrm{zs}}=\begin{bmatrix}\dfrac{4}{5}-3\mathrm{e}^{-5t}+4\mathrm{e}^{-6t}\\ \dfrac{1}{5}-2\mathrm{e}^{-5t}+4\mathrm{e}^{-6t}\end{bmatrix}\varepsilon(t)$$

MATLAB计算程序：

```
%采用MATLAB求解例7.3.9
syms s t                                            %定义符号变量
A = [-3 -3; 2 -8]; B = [3; 0]; x0 = [9/5; 11/5];    %输入已知参数
Phi = inv(s * diag([1 1]) - A);                     %求解预解矩阵
```

```
Xzi = simple(Phi * x0);              % 求解零输入响应的象函数并化简
Xzs = simple(Phi * B/s);             % 求解零状态响应的象函数并化简
xzi =  ilaplace(Xzi,s,t)             % 求解零输入响应的原函数
xzs =  ilaplace(Xzs,s,t)             % 求解零状态响应的原函数
x = xzi + xzs                        % 求全响应
```

```
计算结果:
xzi  = 3 * exp( - 6 * t) - 6/5 * exp( - 5 * t)
       3 * exp( - 6 * t) - 4/5 * exp( - 5 * t)
xzs  = 4/5 + exp( - 6 * t) - 9/5 * exp( - 5 * t)
       1/5 - 6/5 * exp( - 5 * t) + exp( - 6 * t)
x =    4 * exp( - 6 * t) - 3 * exp( - 5 * t) + 4/5
       4 * exp( - 6 * t) - 2 * exp( - 5 * t) + 1/5
```

【思考与练习】

7.3.1 如图7.3.10所示电路,试列写电路的状态方程。$\left(\begin{bmatrix}\dot{u}_C\\ \dot{i}_L\end{bmatrix}=\begin{bmatrix}-1/R_1C & -1/C\\ 1/L & -R_2/L\end{bmatrix}\begin{bmatrix}u_C\\ i_L\end{bmatrix}+\begin{bmatrix}1/R_1C & 1/C\\ 0 & R_2/L\end{bmatrix}\begin{bmatrix}u_S\\ i_S\end{bmatrix}\right)$

7.3.2 已知状态方程为$\dot{\boldsymbol{x}}=\begin{bmatrix}-3 & 1\\ 2 & -4\end{bmatrix}\boldsymbol{x}+\begin{bmatrix}1\\ 0\end{bmatrix}\varepsilon(t)$,和原始状态 $\boldsymbol{x}(0_-)=[1,1]^{\mathrm{T}}$,试求该状态方程的解 $\boldsymbol{x}$。$\left(\begin{bmatrix}\frac{2}{5}+\frac{2}{3}\mathrm{e}^{-2t}-\frac{1}{15}\mathrm{e}^{-5t}\\ \frac{1}{5}+\frac{2}{3}\mathrm{e}^{-2t}+\frac{2}{15}\mathrm{e}^{-5t}\end{bmatrix}\quad t\geqslant 0\right)$

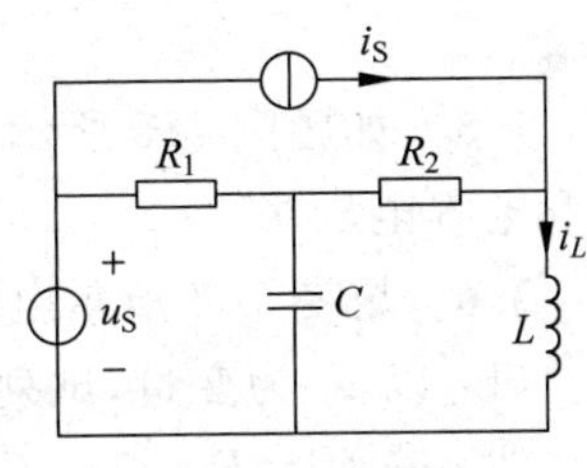

图7.3.10 思考与练习7.3.1

习题

二阶电路的时域分析

7.1 题图7.1所示电路换路前已处于稳态,已知 $R_1=60\Omega$,$R_2=15\Omega$,$R_3=R_4=10\Omega$,$R_5=20\Omega$,$R_6=30\Omega$,$C=0.5\mu\mathrm{F}$,$L=1\mathrm{H}$,$i_S=3\mathrm{A}$,$u_S=10\mathrm{V}$。试求换路后电流 i 的初值 $i(0_+)$。

7.2 题图7.2所示电路,开关未动作前电路已达到稳态,$t=0$ 时开关S打开。已知 $R_1=R_2=6\Omega$,$R_3=3\Omega$,$C=(1/24)\mathrm{F}$,$L=0.1\mathrm{H}$,$u_S=24\mathrm{V}$,试求 $\left.\frac{\mathrm{d}u_C}{\mathrm{d}t}\right|_{t=0_+}$,$\left.\frac{\mathrm{d}i_L}{\mathrm{d}t}\right|_{t=0_+}$,$\left.\frac{\mathrm{d}i_R}{\mathrm{d}t}\right|_{t=0_+}$。

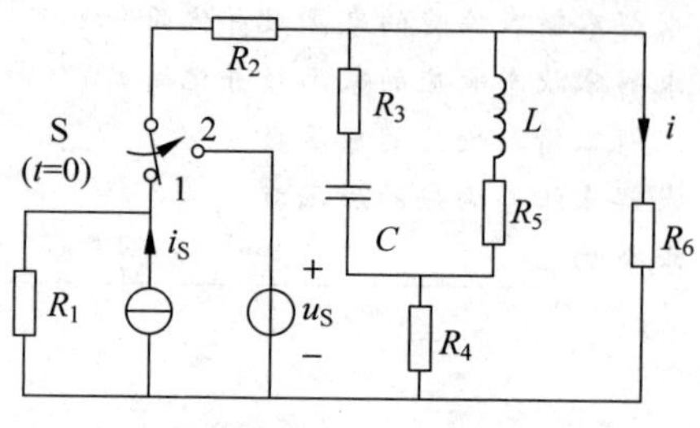

题图 7.1

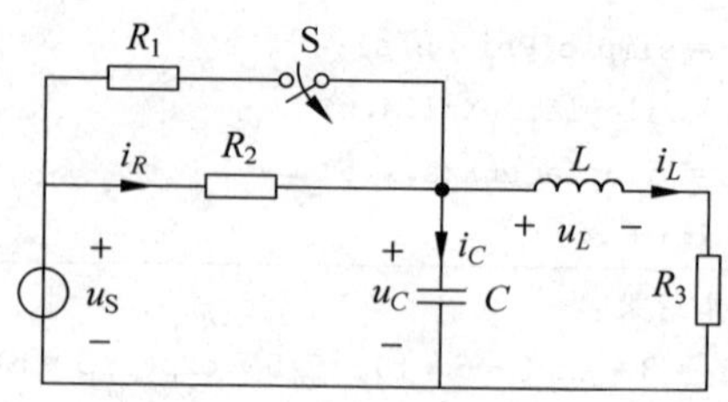

题图 7.2

7.3 电路如题图 7.3 所示，已知 $u_S = 12\varepsilon(t)$V，$u_C(0_-) = 1$V，$i_L(0_-) = 2$A。

(1) 列写关于 u_C 的二阶微分方程。

(2) 试求 u_C，并写出 u_C 的自由分量和强制分量。

7.4 如题图 7.4 所示电路，$t=0$ 时开关 S 闭合，设 $u_C(0_-) = 4$V，$i_L(0_-) = 0$A，$L=1$H，$C=0.25$F。试求电阻 R 分别为 2Ω、4Ω、5Ω 时电路中的电流 i_L 和电压 u_C。

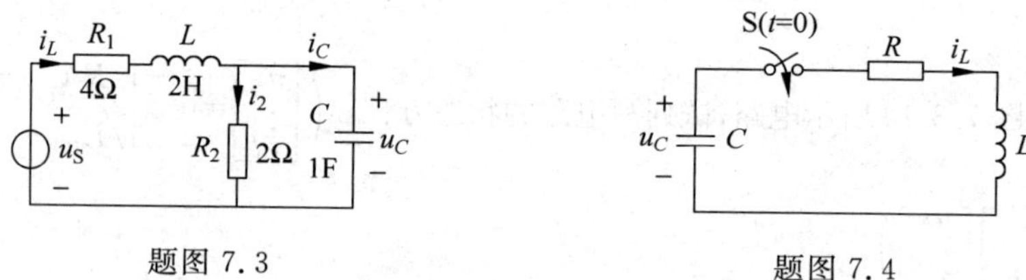

题图 7.3　　题图 7.4

7.5 如题图 7.5 所示电路在开关换位前已处于稳态，试求开关换位后的电感电流 i_L 和电容电压 u_C。

7.6 题图 7.6 所示电路，试求

(1) 以 u_1 为变量，试列出电路方程。

(2) 若 $R_1 = R_3 = 1\Omega$，$C_1 = C_2 = 1$F，$u_1(0_-) = 1$V，$u_2(0_-) = 1$V，试用时域分析方法求 $t \geqslant 0$ 的响应 u_1。

(3) 指出(2)中 u_1 的零状态响应分量和零输入响应分量，并指出它的暂态分量和稳态分量。

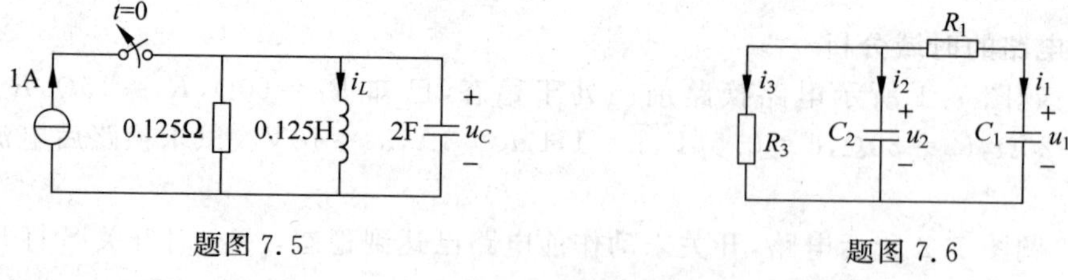

题图 7.5　　题图 7.6

7.7 题图 7.7 所示电路在开关 S 打开之前已达到稳态。$t=0$ 时，开关 S 打开，$R_1 = R_3 = 5\Omega$，$R_2 = 20\Omega$，$C = 100\mu$F，$L = 0.5$H，$u_S = 100$V，试求 $t > 0$ 时的 u_C。

7.8 在题图 7.8 所示电路中，$L = 0.5$H，$C = 2$F，$I_S = 10$A，开关 S 长时间断开，电路

处于零状态。$t=0$ 时 S 闭合,为了使 i_L 的值在任何时候都不超过它的终值,试问电阻 R 最大可取什么值,在这种情况下,i_L 何时达到其终值的 80%。

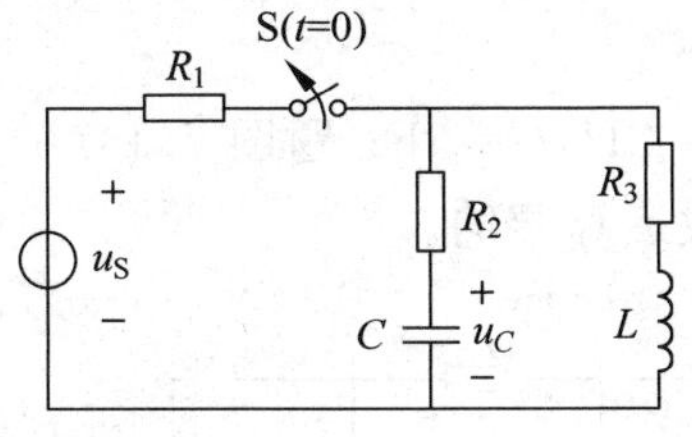

题图 7.7

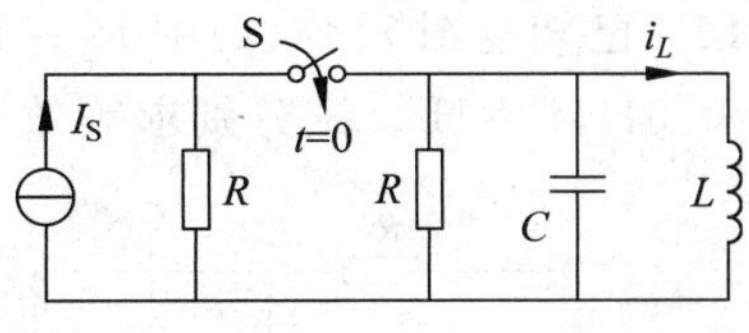

题图 7.8

7.9 为使题图 7.9 所示电路产生振荡性的响应,试求电路中元件参数应满足的条件。

7.10 如题图 7.10 所示电路在开关 S 动作前已达稳态,试求 $t>0$ 时 u_C 和 u_L。

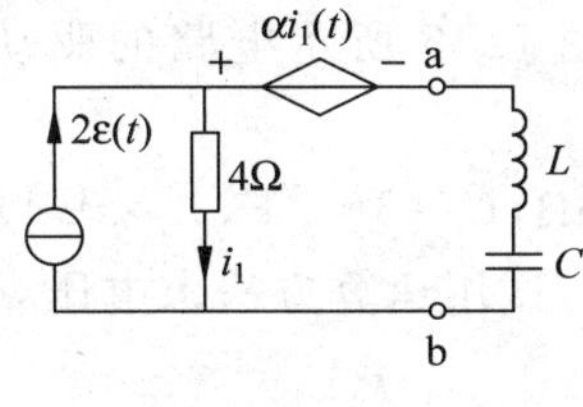

题图 7.9

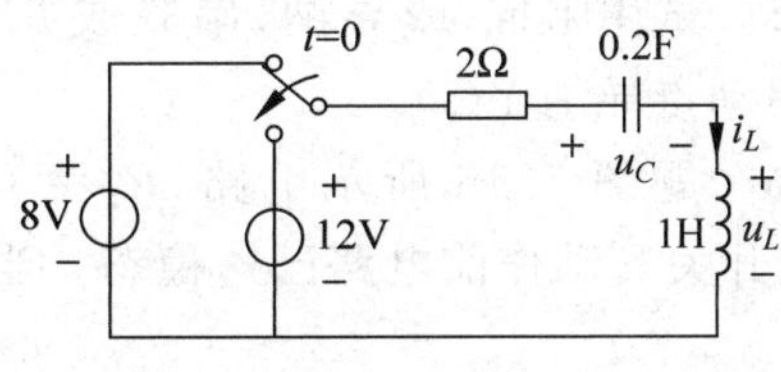

题图 7.10

7.11 如题图 7.11 所示电路,已知 $u_S=12\varepsilon(t)\,\text{V}$,$u_C(0)=1\text{V}$,$i_L(0)=2\text{A}$,试求 u_C,并写出 u_C 的自由分量和强制分量。

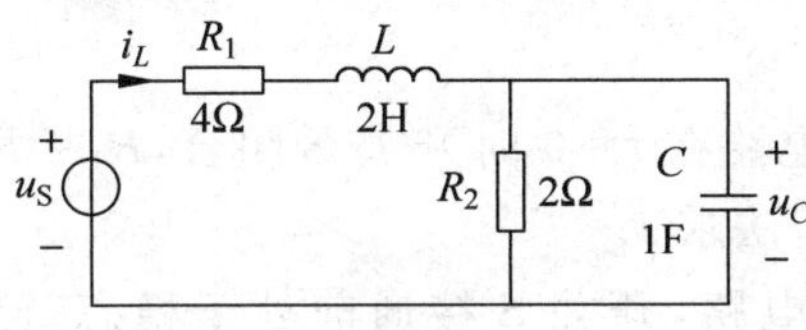

题图 7.11

动态电路的复频域分析

7.12 试求下列各函数的象函数。

(1) $f(t)=1-\mathrm{e}^{-at}$　　(2) $f(t)=\sin(\omega t+\varphi)$

(3) $f(t)=\mathrm{e}^{-at}(1-at)$　　(4) $f(t)=\dfrac{1}{a}(1-\mathrm{e}^{-at})$

(5) $f(t)=t^2$　　(6) $f(t)=t+2+3\delta(t)$

(7) $f(t)=t\cos(at)$　　(8) $f(t)=\mathrm{e}^{-at}+at-1$

7.13 试求下列各象函数的原函数。

(1) $\dfrac{(s+1)(s+3)}{s(s+2)(s+4)}$　　(2) $\dfrac{2s^2+16}{(s^2+5s+6)(s+12)}$

(3) $\dfrac{2s^2+9s+9}{s^2+3s+2}$　　　　(4) $\dfrac{s^3}{(s^2+3s+2)s}$

(5) $\dfrac{4s^2+7s+1}{s(s+1)^2}$

7.14　已知题图 7.14(a)中 $R_1=1\Omega, R_2=4\Omega, L=2\text{H}, C=3\text{F}$；题图 7.14(b)中 $R=1\Omega, L=0.5\text{H}, C=1\text{F}$。试分别求等效运算阻抗或等效运算导纳。

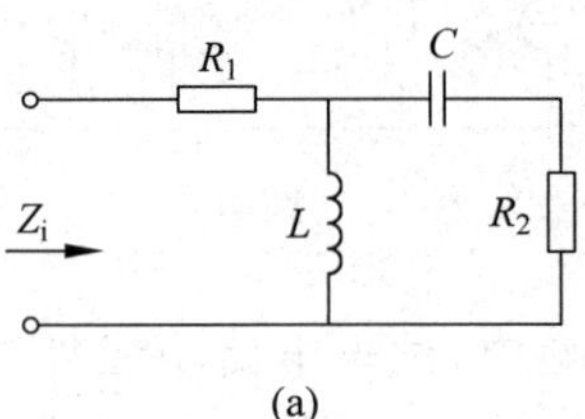

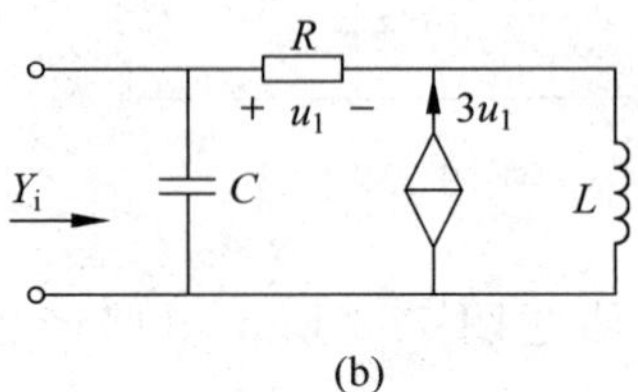

题图 7.14

7.15　试用阻抗(或导纳)串联或并联的方法求题图 7.15 所示电路的驱动点阻抗 $Z(s)$和驱动点导纳 $Y(s)$。

7.16　题图 7.16 所示电路，$R_1=30\Omega, R_2=R_3=5\Omega, C=10^{-3}\text{F}, L=0.1\text{H}, U_S=140\text{V}$，在开关 S 动作前电路已达稳态。当 $t=0$ 时 S 断开，试用运算方法求电压 u_C。

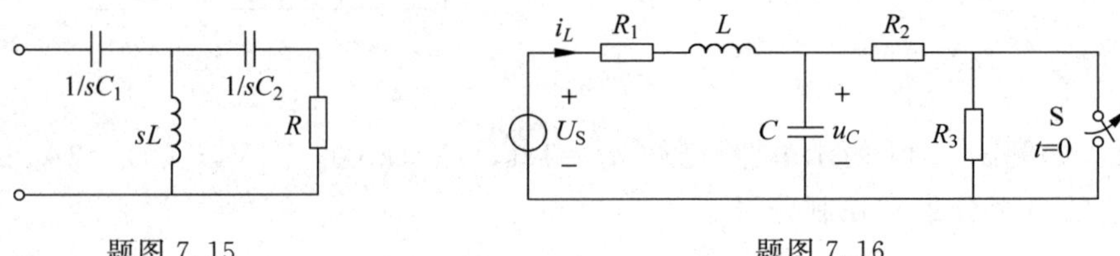

题图 7.15　　　　题图 7.16

7.17　题图 7.17 所示电路在 $t=0$ 时开关 S 闭合，$R_1=R_2=R_3=1\Omega, L_1=1\text{H}, L_2=2\text{H}, U_S=10\text{V}$，试用节点分析法求 i。

7.18　题图 7.18 所示电路，开关 S 接通前处于稳态，已知 $u_S=1\text{V}, R_1=R_2=1\Omega, L_1=L_2=0.1\text{H}, M=0.05\text{H}$。试求 S 接通后的响应 i_1 和 i_2。

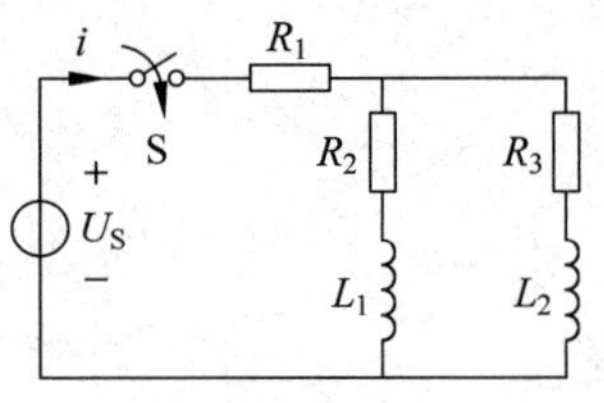

题图 7.17

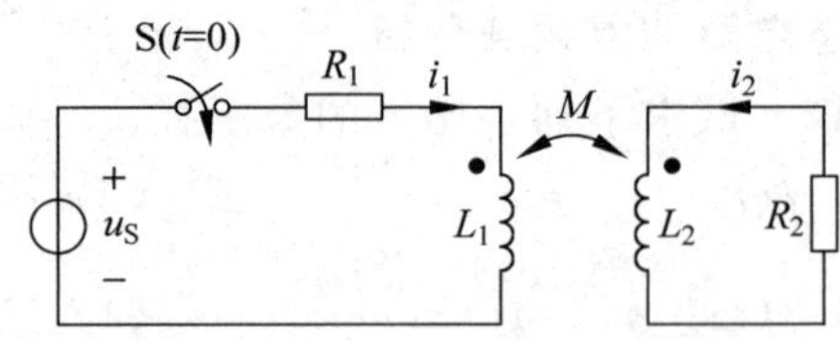

题图 7.18

7.19　在题图 7.19 所示电路中，N 为互易二端口电路。若 $I_1(s)$、$I_2(s)$、$\hat{U}_1(s)$、$\hat{U}_2(s)$分别为 i_1、i_2、$\hat{u}_1$、$\hat{u}_2$ 的象函数，已知 $i_1=3\delta(t)\text{A}, i_2=(3e^{-4t}-3e^{-5t})\varepsilon(t)\text{A}, \hat{u}_2=\cos t\varepsilon(t)\text{V}$。试求 $\hat{u}_1$。

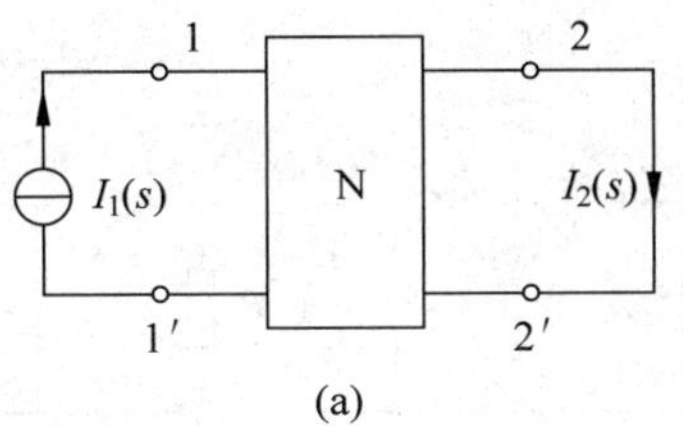

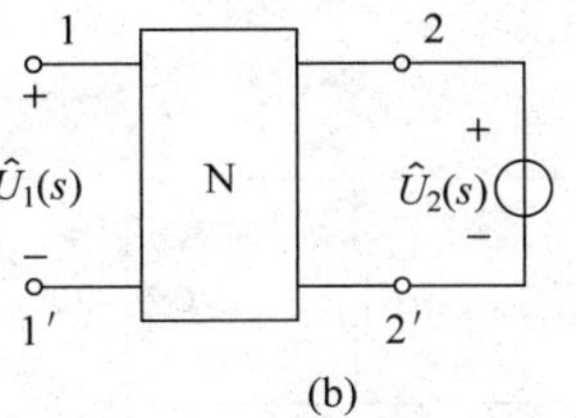

题图 7.19

7.20 题图 7.20 所示二端口电路，已知当 $u_S=6\varepsilon(t)\text{V}$ 时，全响应 $u_o=(8+2e^{-0.2t})\text{V}$ $(t>0)$；当 $u_S=12\varepsilon(t)\text{V}$ 时，全响应 $u_o=(11-e^{-0.2t})\text{V}(t>0)$。试求当 $u_S=6e^{-5t}\varepsilon(t)\text{V}$ 时的全响应 u_o。

7.21 试求题图 7.21 所示电路的网络函数 $H(s)=U(s)/U_S(s)$ 及其单位冲激响应 $h(t)$。已知 $R_1=R_2=R_3=5\Omega, C_1=C_2=0.1\text{F}$。

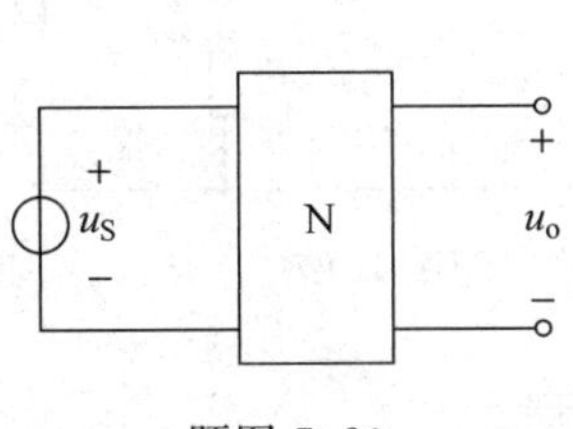

题图 7.20

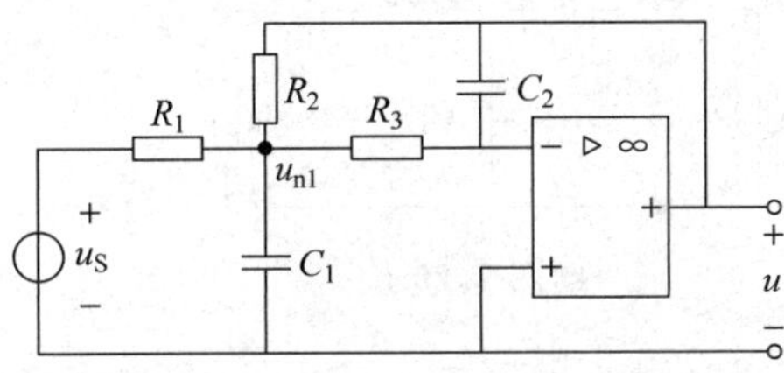

题图 7.21

7.22 题图 7.22 所示电路，已知当 $R=2\Omega, C=0.5\text{F}, u_S=e^{-3t}\varepsilon(t)\text{V}$ 时的零状态响应 $u=(-0.1e^{-0.5t}+0.6e^{-3t})\varepsilon(t)\text{V}$。现将 R 换成 1Ω 电阻，将 C 换成 0.5H 电感，u_S 换成冲激电压源 $u_S=2\delta(t)\text{V}$，试求零状态响应 u。

7.23 题图 7.23 所示电路，试求驱动点阻抗 $Z(s)$，以及使 $Z(s)$ 的极点为复数的 A 值范围。

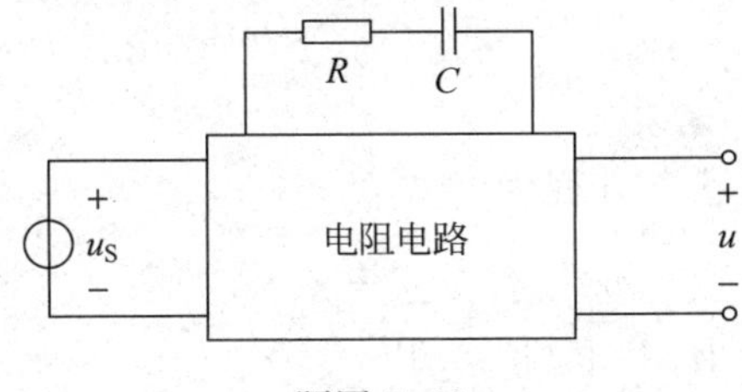

题图 7.22

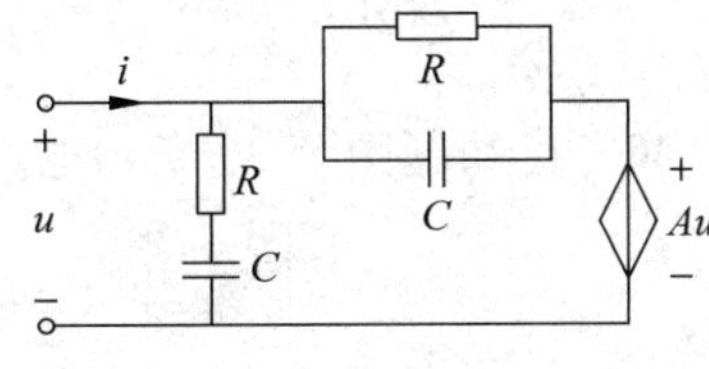

题图 7.23

7.24 题图 7.24 所示电路原处于稳态，$R=0.5\Omega, L=2\text{H}, C=0.5\text{F}, U_S=10\text{V}$，试求开关 S 接通后电压 u_C 的象函数，并判断响应是否振荡？

7.25 题图 7.25 所示电路原处于稳态，在 $t=0$ 时将开关 S 接通，已知 $U_S=10\text{V}$，$R_1=1\Omega, R_2=R_3=4\Omega, L=1\text{H}, C_1=0.2\text{F}, C_2=0.8\text{F}$。试求电压 u_2 的象函数 $U_2(s)$，判断此电路的暂态过程是否振荡，利用拉普拉斯变换的初值和终值定理求 u_2 的初始值和稳

态值。

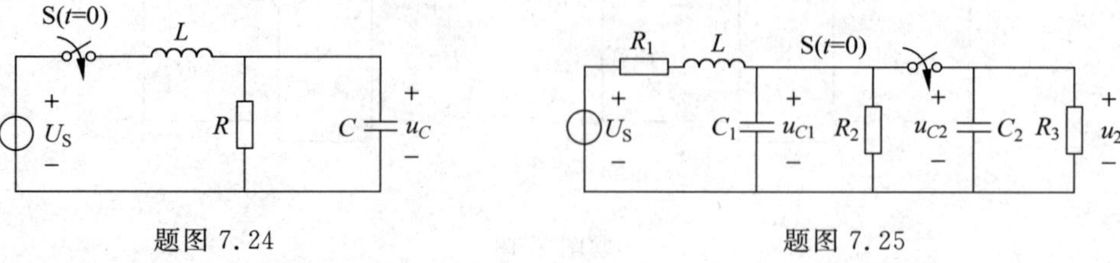

题图 7.24　　　　题图 7.25

动态电路的状态变量分析

7.26　试写出题图 7.26 所示电路的标准形式状态方程。

7.27　试直接观察写出题图 7.27 所示电路的标准形式状态方程和以 i_1、u_2 为输出的标准形式输出方程。已知 $R_1=R_2=1\Omega, L=1\text{H}, C=1\text{F}$。

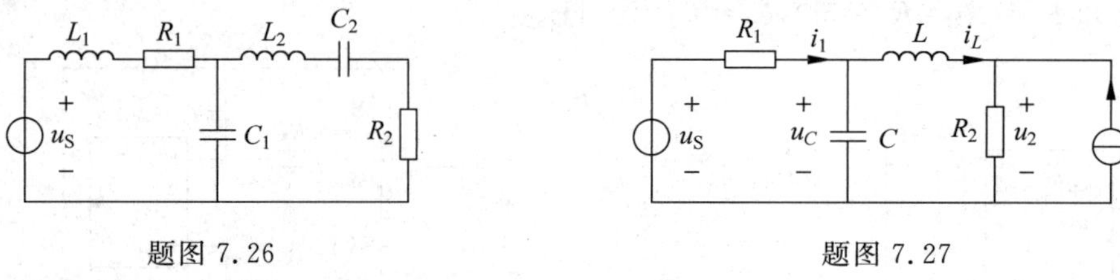

题图 7.26　　　　题图 7.27

7.28　试写出题图 7.28 所示电路的标准形式状态方程。

7.29　试写出题图 7.29 所示电路的标准形式状态方程。

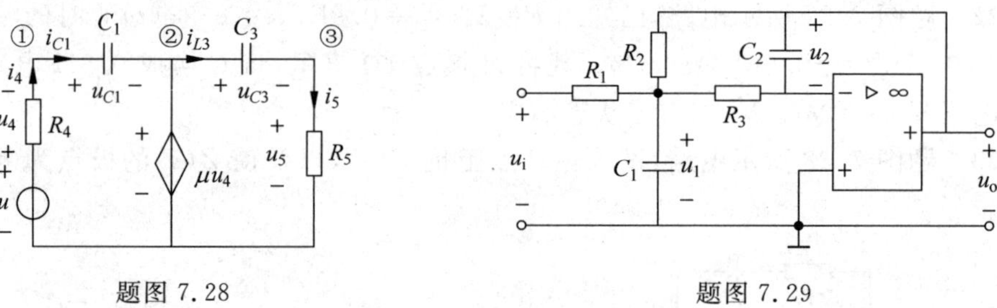

题图 7.28　　　　题图 7.29

7.30　已知题图 7.30 所示电路的标准形式状态方程为

$$\begin{bmatrix}\dfrac{du_{C1}}{dt}\\[2mm]\dfrac{du_{C2}}{dt}\end{bmatrix}=\begin{bmatrix}-1 & -1\\ -0.5 & -1.5\end{bmatrix}\begin{bmatrix}u_{C1}\\ u_{C2}\end{bmatrix}+\begin{bmatrix}1\\ 0.5\end{bmatrix}u_S$$

其中，$R_1=1\Omega, C_1=1\text{F}, C_2=2\text{F}$。试确定电路中的电阻 R_2。

7.31　题图 7.31 所示电路，$L_1=L_2=1\text{H}, R_1=R_2=1\Omega, C=1\text{F}$，已知状态方程之一为 $\dfrac{du_C}{dt}=-i_{L1}-\dfrac{1}{2}u_C+5$，试列出状态方程。

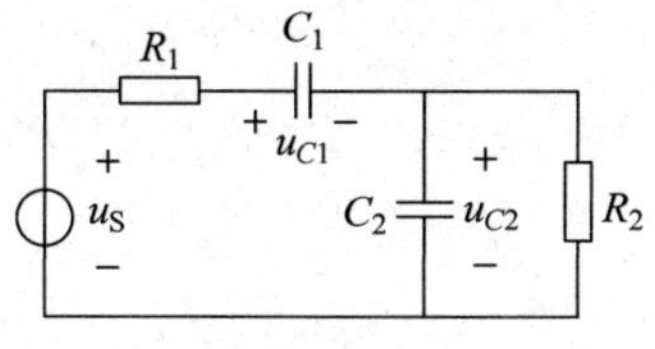

题图 7.30

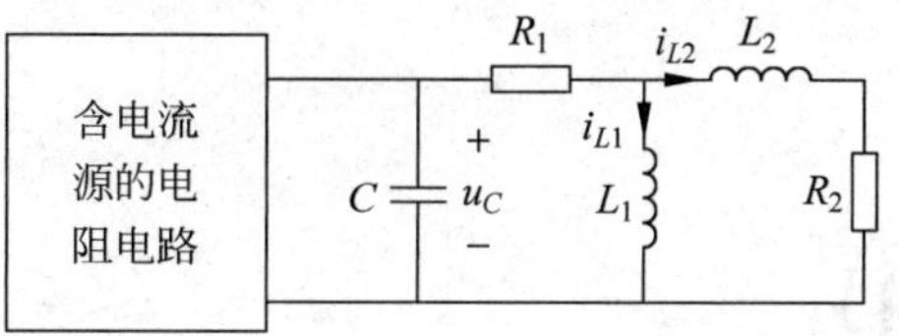

题图 7.31

7.32 已知 $\boldsymbol{A}=\begin{bmatrix}3&1&0\\0&1&1\\0&0&2\end{bmatrix}$，试求 $e^{\boldsymbol{A}t}$。

7.33 已知电路的状态方程 $\dot{\boldsymbol{x}}=\boldsymbol{A}\boldsymbol{x}+\boldsymbol{B}\boldsymbol{w}$，$\boldsymbol{x}(0)=\boldsymbol{x}_0$，式中

$$\boldsymbol{A}=\begin{bmatrix}-4&-\frac{2}{3}\\\frac{9}{2}&0\end{bmatrix},\quad \boldsymbol{B}=\begin{bmatrix}\frac{4}{3}&\frac{2}{3}\\0&0\end{bmatrix},\quad \boldsymbol{x}=\begin{bmatrix}u_C\\i_L\end{bmatrix},\quad \boldsymbol{w}=\begin{bmatrix}\varepsilon(t)\\\varepsilon(t)\end{bmatrix},\quad \boldsymbol{x}_0=\begin{bmatrix}2\\\frac{1}{2}\end{bmatrix}。$$

试求此方程的解 $\boldsymbol{x}$。

7.34 题图 7.34 所示电路在 $t<0$ 时已处于稳态，$t=0$ 时 S 闭合。已知 $u_S=4\text{V}$，$i_S=4\text{A}$，$L=1\text{H}$，$C=0.2\text{F}$，$R_1=9\Omega$，$R_2=18\Omega$。(1)试列写 $t>0$ 电路的状态方程；(2)计算状态转换矩阵 $e^{\boldsymbol{A}t}$；(3)求出 i_L 和 u_C 的零输入响应。

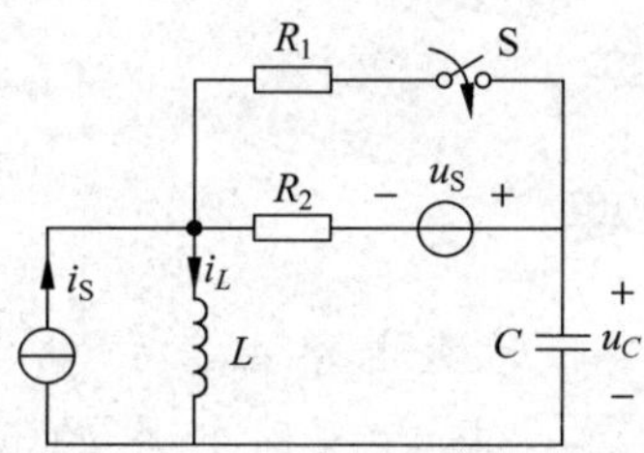

题图 7.34

第8章 相量及相量分析法

内容提要

线性非时变电路在正弦电源激励下，若其响应（电压、电流等）都是与输入同频率的正弦量，则称该电路处于**正弦稳态**（sinusoidal steady-state）。处于正弦稳态的电路称为**正弦稳态电路**（sinusoidal steady-state circuit）。在工程上，正弦稳态电路亦常被称为交流电路，它在电子工程、电气工程、控制工程等领域具有重要的理论意义和工程应用价值。对正弦稳态电路的分析一般采用相量分析法。

另一方面，由傅里叶级数可知，任意周期信号可以由无限多个以周期信号频率为基频的正弦函数叠加构成，即可以理解为任意周期信号都可表示为正弦信号的合成，因此适合正弦稳态电路分析的相量分析法也同样适合于非正弦周期稳态电路的分析。

谐振是电路中可能发生的一种特殊现象，本章还讨论了相量分析法在谐振电路分析中的应用。

8.1 相量及其基本性质

8.1.1 正弦量

按照正弦规律变化的物理量都称为**正弦量**(sinusoid)。具有正弦函数形式或余弦函数形式变化规律的物理量，由于仅存在90°相位差，所以都称为正弦量。本书中以余弦函数形式表达正弦量。在电路理论中，正弦量一般指按正弦规律变化的电压或电流。

一个正弦量，例如电压 u 的表达式为

$$u = U_{\mathrm{m}}\cos(\omega t + \varphi) \tag{8.1.1}$$

式中，U_{m}、ω 和 φ 分别为正弦电压的振幅(也称最大值)、角频率和初相。由于 $\omega=2\pi/T$ 及 $f=1/T$，所以式(8.1.1)可写成

$$u = U_{\mathrm{m}}\cos\left(\frac{2\pi}{T}t + \varphi\right) = U_{\mathrm{m}}\cos(2\pi f t + \varphi) \tag{8.1.2}$$

式中，T 为正弦电压的周期，SI 单位为 s；f 为正弦电压的频率，SI 单位为 Hz。我国工业用电和民用电的频率 $f=50\mathrm{Hz}$，称为**工频**(power frequency)，其周期 $T=1/f=0.02\mathrm{s}$，角频率 $\omega=314\mathrm{rad/s}$。

在电路分析中，存在各种正弦量，如正弦电压、正弦电流、正弦磁链、正弦电荷等。在本书中正弦量泛指所有随时间按正弦规律变化的电路变量。

【例 8.1.1】 已知一个正弦电流的 $I_{\mathrm{m}}=5\mathrm{A}$，$\omega=314\mathrm{rad/s}$，$\varphi=\pi/6=30°$，试写出正弦电流 i 的表达式。

解

$$i = 5\cos(314t + \pi/6)\mathrm{A} = 5\cos(314t + 30°)\mathrm{A}$$

正弦量(电流、电压等)的瞬时值是随时间而变的，对正弦量的计量通常不用其瞬时值而用其有效值。在工程中将正弦量或周期量在一个周期内的做功能力换算成具有相同做功能力的直流量，该直流量的大小称为**有效值**(effective value)，并用相应的大写字母表示。

当周期电流 i 流过电阻 R 时，在一个周期 T 内所做的功为

$$w = \int_0^T R i^2 \mathrm{d}t \tag{8.1.3}$$

同理，若有直流电流 I 流过电阻 R 时，则在 T 这段时间内所做的功应为 RI^2T。当这两个电流在电阻 R 上做功的能力相同时，应有

$$RI^2T = \int_0^T R i^2 \mathrm{d}t \tag{8.1.4}$$

由式(8.1.4)可得出

$$I = \sqrt{\frac{1}{T}\int_0^T i^2 \mathrm{d}t} \tag{8.1.5}$$

上式就是周期电流 i 有效值的定义式，它表明周期量的有效值等于瞬时值的平方在一个周期内积分的平均值的平方根，因此又称为**均方根值**(root-mean-square value，rms)。

将正弦电流 $i=I_{\mathrm{m}}\cos(\omega t+\varphi)$ 代入式(8.1.5)，得

$$I=\sqrt{\frac{1}{T}\int_0^T I_{\mathrm{m}}^2\cos^2(\omega t+\varphi)\mathrm{d}t}=\frac{I_{\mathrm{m}}}{\sqrt{2}}=0.707I_{\mathrm{m}} \tag{8.1.6}$$

上述讨论对正弦电压也是同样适用的，正弦电压 $u(t)=U_{\mathrm{m}}\cos(\omega t+\varphi)$ 的有效值为

$$U=\sqrt{\frac{1}{T}\int_0^T u^2\mathrm{d}t}=\frac{U_{\mathrm{m}}}{\sqrt{2}}=0.707U_{\mathrm{m}} \tag{8.1.7}$$

可见，正弦量的振幅与有效值之比为 $\sqrt{2}$，且与正弦量的频率和初相无关。

引入了有效值后，正弦电流和电压又可写成

$$\begin{cases}u=\sqrt{2}U\cos(\omega t+\varphi_u)\\ i=\sqrt{2}I\cos(\omega t+\varphi_i)\end{cases} \tag{8.1.8}$$

工程中所用的交流电压表和电流表，其表面标尺的刻度通常都是电压和电流的有效值。交流电机等电器的铭牌上所标明的额定电压和电流一般也是指有效值。

在电路分析中，有时还用到**平均值**(average value)的概念。周期量的平均值指在一个周期内绝对值(或正半波)的平均值，若正弦电流为 $i=I_{\mathrm{m}}\cos(\omega t+\varphi)$，则其平均值

$$I_{\mathrm{a}}=\frac{1}{T}\int_{-\frac{T}{2}}^{\frac{T}{2}}I_{\mathrm{m}}\mid\cos\omega t\mid\mathrm{d}t=\frac{2}{T}\int_0^{\frac{T}{2}}I_{\mathrm{m}}\cos\omega t\,\mathrm{d}t=\frac{2}{\pi}I_{\mathrm{m}}=0.637I_{\mathrm{m}} \tag{8.1.9}$$

同样有

$$U_{\mathrm{a}}=\frac{2}{\pi}U_{\mathrm{m}}=0.637U_{\mathrm{m}} \tag{8.1.10}$$

下面讨论同频率正弦量之间的相位关系。正弦电压 $u=U_{\mathrm{m}}\cos(\omega t+\varphi_u)$ 和正弦电流 $i=I_{\mathrm{m}}\cos(\omega t+\varphi_i)$ 的**相位差**(phase difference)为

$$(\omega t+\varphi_u)-(\omega t+\varphi_i)=\varphi_u-\varphi_i \tag{8.1.11}$$

可见，虽然各正弦量的相位 $(\omega t+\varphi_u)$ 和 $(\omega t+\varphi_i)$ 都是时间的函数，但由于两正弦量的角频率相同，所以相位差是一常量，等于它们的初相之差。

由式(8.1.11)可以得出同频率的两正弦量之间的相位关系：若 $\varphi_u-\varphi_i>0$，如图 8.1.1 所示，则称 u **超前**(lead)于 i，也就是 u 的波形比 i 的波形先达到最大值或先达到零值。反之，若 $\varphi_u-\varphi_i<0$，则称 u **滞后**(lag)于 i。超前或滞后的相位差通常以 180°为限，如两个正弦量的相位差为 0，则称它们**同相**(in phase)；如为 90°，则称它们相位**正交**(phase quadrature)；如为 180°，则称它们**反相**(phase inversion)。

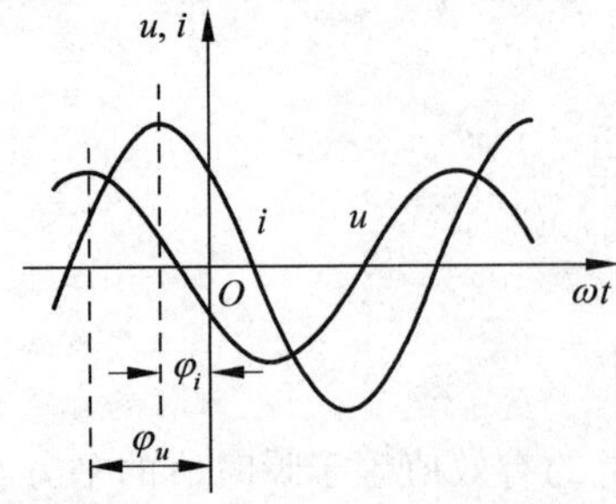

图 8.1.1 u 超前于 i 的波形

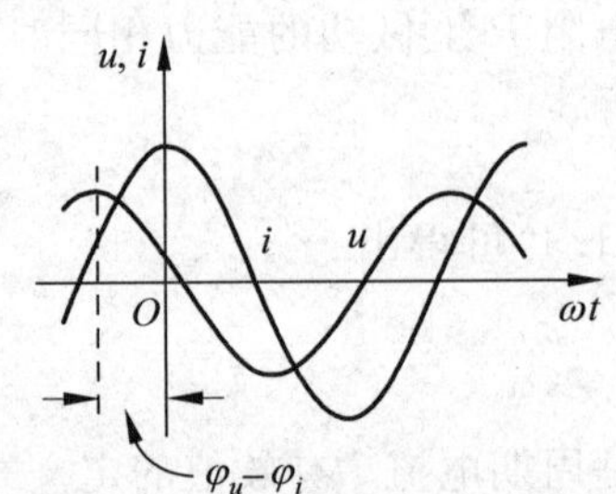

图 8.1.2 i 为参考正弦量的波形

必须指出的是，在比较两个正弦量的相位时，应将两个正弦量均用正弦函数或余弦函数表示。

在写出正弦量的函数或绘制正弦量的波形时，需要设定时间坐标的原点，即 $t=0$ 点。如果将图 8.1.1 中的时间原点取为正弦电流 i 达到最大值的时间点，如图 8.1.2 所示，则 i 的初相 $\varphi_i=0$，其表达式可写为

$$i = I_m\cos(\omega t) \tag{8.1.12}$$

称这个初相为零的正弦量为参考正弦量。u 的表达式可写为

$$u = U_m\cos(\omega t + \varphi_u) \tag{8.1.13}$$

显然，参考正弦量可以任意选取，它并不影响正弦量之间的相位差。

【例 8.1.2】 如图 8.1.3 所示为三个正弦电压的波形，其角频率为 $\omega=314\text{rad/s}$，试以 u_3 为参考正弦量写出各电压的表达式。

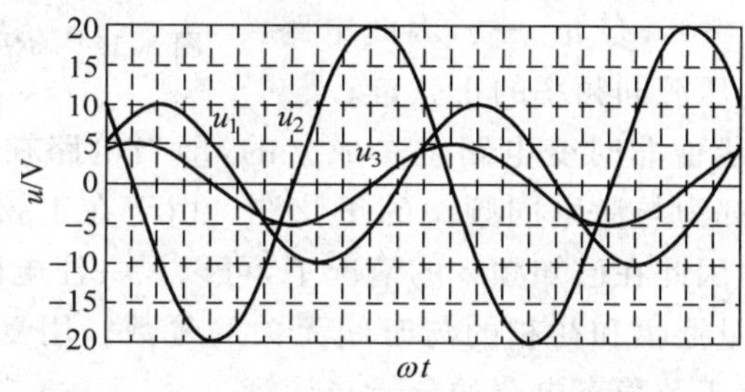

图 8.1.3 例 8.1.2

解 由图 8.1.3 所示的电压波形可知，u_1、u_2、u_3 的振幅分别为 10V、20V 和 5V。以 u_3 为参考正弦量，其表达式为

$$u_3 = 5\cos(314t)\text{V}$$

正弦波形的一个周期的相位为 360°，在图中时间轴上占 12 格，因此时间轴上每一格代表 30°。由图 8.1.3 所示波形可知，u_1 滞后 u_3 30°，u_2 超前 u_3 90°，于是得到

$$u_1 = 10\cos(314t - 30°)\text{V}$$

$$u_2 = 20\cos(314t + 90°)\text{V}$$

8.1.2 相量的基本概念

在 6.3.2 节已经知道，正弦电流源作用于 RC 并联电路的零状态响应电容电压 u_C 为式(6.3.50)，即

$$u_C = [(-U_m\cos\psi)e^{-t/RC} + U_m\cos(\omega t + \psi)]\varepsilon(t) \tag{8.1.14}$$

从上式可知，电容电压的暂态分量为指数衰减函数，当经过无穷长时间后，暂态分量衰减到零，响应成为与输入 i_S 相同频率的正弦量，达到正弦激励下电路的稳定状态，即正弦稳态。当 $t>(4\sim5)\tau$ 时，暂态分量已经衰减到很小，工程中，即可认为电路达到正弦稳态。

如图 8.1.4 所示 RLC 串联电路，在 $t=0$ 时开关 S 闭合，正弦电压源 $u_S=U_m\cos(\omega t)$ 接入电路。根据 KVL，当 $t\geqslant0$ 时，以电容电压 u_C 为变量的电路方程为

$$LC\frac{d^2u_C}{dt^2}+RC\frac{du_C}{dt}+u_C=U_m\cos(\omega t)$$

电路响应电容电压 $u_C=u_{Ch}+u_{Cp}$，其中 u_{Cp} 是电路方程的特解，为与正弦激励电压源 u_S 相同频率的正弦量，即

$$u_{Cp}=U_{mp}\cos(\omega t+\varphi) \tag{8.1.15}$$

u_{Ch}为电路方程的齐次解

$$u_{Ch}=K_1e^{s_1t}+K_2e^{s_2t} \tag{8.1.16}$$

固有频率 s_1 和 s_2（假设 $s_1\neq s_2$）是电路特征方程 $LCs^2+RCs+1=0$ 的解，待定系数 K_1 和 K_2 由初始值 $i(0_+)$和$u_C(0_+)$确定。当 s_1、s_2 为两个负实根或者一对共轭复根时，也就是固有频率都位于 s 平面的开左半平面内时，当 $t\to\infty$，有 $u_{Ch}\to0$，因此电路响应 u_C 的稳态解是与电压源同频率的正弦量。

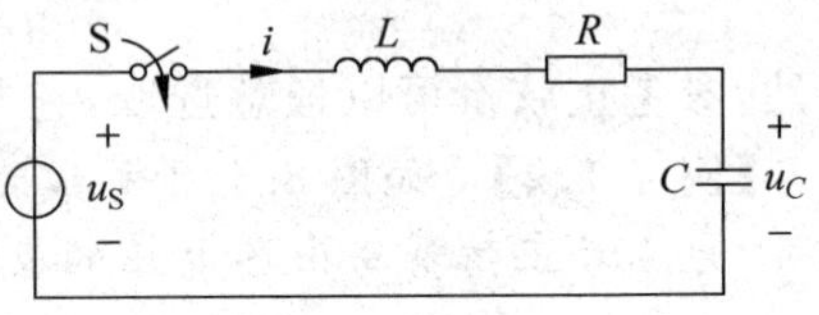

图 8.1.4 *RLC* 串联正弦稳态电路

上述分析对一般的线性非时变电路也是成立的，即当电路在正弦激励下进入稳态后，各个电压、电流响应都为与激励同频率的正弦波。由于在正弦稳态电路中电路变量都是相同频率的正弦量，因此在已知频率的情况下，可以只关注电路变量的振幅和初相。相量就是用于表示正弦量振幅和初相的与时间无关的复数。用复数(相量)的运算代替正弦量的运算，可以简化正弦稳态电路的分析与计算。

设正弦量表示为

$$f(t)=A_m\cos(\omega t+\varphi) \tag{8.1.17}$$

由欧拉公式

$$e^{j\theta}=\cos\theta+j\sin\theta \tag{8.1.18}$$

可知，如果令 $\theta=\omega t$，则有

$$\cos\omega t=\mathrm{Re}[e^{j\omega t}],\quad \sin\omega t=\mathrm{Im}[e^{j\omega t}] \tag{8.1.19}$$

于是式 (8.1.17)可表示为

$$f(t)=\mathrm{Re}[A_me^{j(\omega t+\varphi)}]=\mathrm{Re}[A_me^{j\varphi}e^{j\omega t}]=\mathrm{Re}[\dot{A}_me^{j\omega t}]=\mathrm{Re}[(A_m\angle\varphi)e^{j\omega t}] \tag{8.1.20}$$

其中

$$\dot{A}_m=A_me^{j\varphi}=A_m\angle\varphi \tag{8.1.21}$$

上式中$\dot{A}_m$ 是一个复数，其模 A_m 和辐角 φ 分别为正弦量 $f(t)$的振幅和初相。把这个含有正弦量 $f(t)$三要素中的振幅和初相信息的复数称为振幅**相量**(phasor)。

由式(8.1.6)和式(8.1.7)可知，正弦量的有效值是幅值的 $1/\sqrt{2}$，因此有

$$\dot{A}_m=A_m\angle\varphi=\sqrt{2}A\angle\varphi \tag{8.1.22}$$

称 $A\angle\varphi$ 为有效值相量，记为$\dot{A}$，即

$$\dot{A}=A\angle\varphi \tag{8.1.23}$$

显然，有效值相量也是一个复数，它的模和辐角分别为正弦量的有效值和初相。由

式(8.1.22)可知振幅相量和有效值相量之间的关系为

$$\dot{A}_{\mathrm{m}} = \sqrt{2}\,\dot{A} \tag{8.1.24}$$

振幅相量一般附下标 m,如$\dot{I}_{\mathrm{m}}$、$\dot{U}_{\mathrm{m}}$,有效值相量则无下标 m,如$\dot{I}$、$\dot{U}$。

相量是一个复数,在复平面上可以用有向线段表示,其中有向线段的长度代表正弦量的有效值或振幅,有向线段与实轴之间的夹角代表正弦量的初相。图 8.1.5 给出了分别表示电压相量$\dot{U}=U\angle\varphi_u$ 和电流相量$\dot{I}=I\angle\varphi_i$ 的有向线段。这种表示相量的图形称为**相量图**(phasor diagram)。利用相量图可以将电路中的众多电压、电流相量表示在一个相量图中,各电压或电流的相量关系也可以通过相量图直接反映出来。

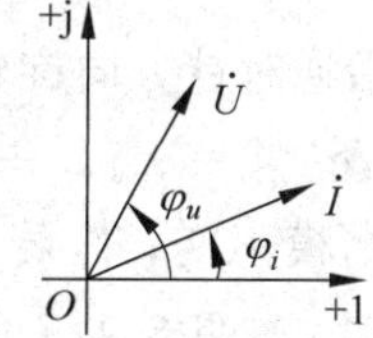

图 8.1.5　相量图

在式(8.1.20)中的另一复数 $e^{j\omega t}$,其模为1,辐角为ωt。由于ωt 是时间 t 的函数,所以在复平面上 $e^{j\omega t}$ 是一个以恒定角速度ω 逆时针方向旋转的单位长度有向线段,称为**旋转因子**(rotating factor)。振幅相量与旋转因子的乘积$\dot{A}_{\mathrm{m}}e^{j\omega t}=\sqrt{2}\dot{A}e^{j\omega t}$表示长度为$A_{\mathrm{m}}=\sqrt{2}A$ 的有向线段在复平面上以角速度ω 逆时针方向旋转,它随时间 t 的不同在复平面上旋转到不同的位置,如图 8.1.6 所示,因此亦称$\dot{A}_{\mathrm{m}}e^{j\omega t}$ 为**旋转相量**(rotating phasor)。

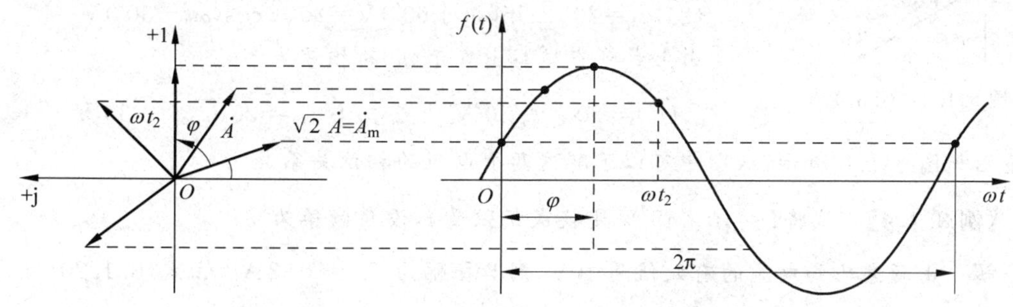

图 8.1.6　旋转相量和正弦量($\varphi<0$)

从几何意义上讲,用余弦形式表示的正弦量等于其对应的旋转相量在实轴上的投影,将所得投影作为纵坐标,对应的ωt 作为横坐标,便得出正弦量 $f(t)$的波形。注意图 8.1.6 所示相量图中纵坐标为实轴,横轴为虚轴,且$\varphi<0$。

相量从数学上看是一种正弦量与复数之间的变换,称为**相量变换**(phasor transform)。将正弦量变换成有效值相量或振幅相量的过程称为相量的正变换;将已知的有效值相量或振幅相量变换成相应的正弦量的过程称为相量反变换。

由式(8.1.20)可知,当已知正弦量时,可以写出对应的相量,反之亦然。正弦量与相量的对应关系为

正弦量　　　　相量

$$f(t) = A_{\mathrm{m}}\cos(\omega t + \varphi) = \sqrt{2}A\cos(\omega t + \varphi) \quad \Leftrightarrow \quad \dot{A}_{\mathrm{m}} = A_{\mathrm{m}}\angle\varphi \text{ 或 } \dot{A} = A\angle\varphi$$

这里在表示相量与正弦量关系时,采用了符号“⇔”,是为了表明相量与相应的正弦量之

间的一一对应关系，应该注意，相量并不等于正弦量。

当任意一相量$\dot{A}=A\angle\varphi$与旋转因子$\mathrm{e}^{\mathrm{j}\theta}$相乘时，有

$$\dot{A}\mathrm{e}^{\mathrm{j}\theta}=\dot{A}\times 1\angle\theta=A\angle\varphi\times 1\angle\theta=A\angle(\varphi+\theta) \quad (8.1.25)$$

在相量图上容易看出，任意相量$\dot{A}$与$\mathrm{e}^{\mathrm{j}\theta}$的乘积，其结果是使相量$\dot{A}$沿逆时针方向旋转$\theta$角度，而其模不变。特别地，当$\theta=\pm 90°$时，$\mathrm{e}^{\pm\mathrm{j}90°}=\pm\mathrm{j}$。一个相量乘$+\mathrm{j}$，则该相量向逆时针方向旋转90°，模不变；若乘一个$-\mathrm{j}$，则该相量向顺时针方向旋转90°，模不变，如图8.1.7所示，称$\pm\mathrm{j}$为$\pm 90°$旋转因子。

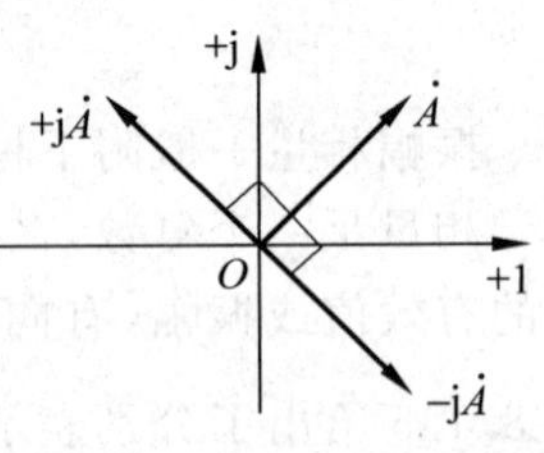

图8.1.7　相量图中的旋转因子+j与−j

【例8.1.3】　试将$u_1=10\sqrt{2}\cos(\omega t+30°)\mathrm{V}$，$u_2=20\sqrt{2}\sin(\omega t+60°)\mathrm{V}$变换成相量，并绘出相量图。

解　(1) 按照相量与正弦量的对应关系有

$$u_1=10\sqrt{2}\cos(\omega t+30°)\mathrm{V} \quad \Leftrightarrow \quad \dot{U}_1=10\angle 30°\mathrm{V}$$

对应的振幅相量为

$$\dot{U}_{1\mathrm{m}}=10\sqrt{2}\angle 30°\mathrm{V}$$

(2) $u_2=20\sqrt{2}\sin(\omega t+60°)\mathrm{V}=20\sqrt{2}\cos(\omega t-30°)\mathrm{V}$

由上式可直接写出表示u_2的相量为

$$\dot{U}_2=20\angle-30°\mathrm{V} \quad 或 \quad \dot{U}_{2\mathrm{m}}=20\sqrt{2}\angle-30°\mathrm{V}$$

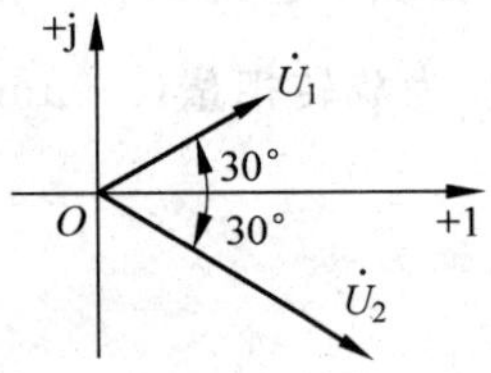

图8.1.8　例8.1.3

相量图如图8.1.8所示，从图中可以了解这两个电压的相位关系。

【例8.1.4】　试将$\dot{I}=10\angle 45°\mathrm{V}$变换成正弦量$i$，设角频率为$\omega$。

解　由题意已知电流的有效值为10V，则其振幅为$I_{\mathrm{m}}=10\sqrt{2}\mathrm{A}$。由式(8.1.20)可得

$$\begin{aligned}i&=\mathrm{Re}\left[I_{\mathrm{m}}\angle 45°\times\mathrm{e}^{\mathrm{j}\omega t}\right]=\mathrm{Re}\left[10\sqrt{2}\angle(\omega t+45°)\right]\mathrm{A}\\&=\mathrm{Re}\left[10\sqrt{2}\cos(\omega t+45°)+\mathrm{j}10\sqrt{2}\cos(\omega t+45°)\right]\mathrm{A}\\&=10\sqrt{2}\cos(\omega t+45°)\mathrm{A}\end{aligned}$$

也可以由正弦量与相量的对应关系直接写出上式。

8.1.3　相量的基本性质

正弦量乘以常数、正弦量求导、积分以及任意个相同频率的正弦量的代数和、正弦量的任意阶导数或积分的代数和，仍然是相同频率的正弦量，因此这些运算都可以转换为相对应的相量运算。下面讨论相量的这些运算所表现出来的性质。

线性性质　令k_1和k_2是常量，已知正弦量$f_1(t)$和$f_2(t)$对应的相量分别是$\dot{A}_1$和$\dot{A}_2$，则正弦量$k_1f_1(t)\pm k_2f_2(t)$对应的相量为$k_1\dot{A}_1\pm k_2\dot{A}_2$。

证明

$$kf(t) = k\mathrm{Re}\left[\sqrt{2}\,\dot{A}\angle\omega t\right] = \mathrm{Re}\left[\sqrt{2}\,k\dot{A}\angle\omega t\right]$$

因此

$$k_1 f_1(t) \pm k_2 f_2(t) = \mathrm{Re}\left[\sqrt{2}k_1\dot{A}_1\angle\omega t\right] \pm \mathrm{Re}\left[\sqrt{2}k_2\dot{A}_2\angle\omega t\right] = \mathrm{Re}\left[\sqrt{2}(k_1\dot{A}_1 \pm k_2\dot{A}_2)\angle\omega t\right]$$

亦即 $k_1 f_1(t) \pm k_2 f_2(t)$ 可用相量 $k_1\dot{A}_1 \pm k_2\dot{A}_2$ 表示。

相量的线性性质说明相量变换满足齐次性和可加性，即两个相同频率的正弦量代数组合的相量，等于对应相量同样的代数组合。

【例 8.1.5】 已知 $i_1 = 10\sqrt{2}\cos(\omega t - 45°)\mathrm{A}$，$i_2 = 20\sqrt{2}\cos(\omega t + 60°)\mathrm{A}$，试求 $i_1 + i_2$。

解 用相量变换的线性性质来求解。

(1) 将正弦量变换为对应的相量，得

$$\dot{I}_1 = 10\angle -45°\mathrm{A}, \quad \dot{I}_2 = 20\angle 60°\mathrm{A}$$

(2) 由相量的线性性质，$i_1 + i_2$ 的相量为

$$\begin{aligned}\dot{I}_1 + \dot{I}_2 &= 10\angle -45° + 20\angle 60° \\ &= 7.07 - \mathrm{j}7.07 + 10 + \mathrm{j}17.32 \\ &= 17.07 + \mathrm{j}10.25 = 19.91\angle 30.98°\mathrm{A}\end{aligned}$$

(3) 将上述相量变换为对应的正弦量，得

$$i_1 + i_2 = 19.91\sqrt{2}\cos(\omega t + 30.98°)\mathrm{A}$$

MATLAB 计算程序：

```
%采用 MATLAB 求解例 8.1.5
I1 = pj2zz(10, - 45);                    %将 i1 表示为相量,并转换为直角坐标形式
I2 = pj2zz(20,60);                       %将 i2 表示为相量,并转换为直角坐标形式
I12 =  zz2pj(I1 + I2)                    %计算 I1 + I2,并转换为极坐标形式
```

计算结果：

```
I12 =   19.9116   30.9805
```

上面程序中用到的直角坐标形式复数和极坐标形式复数相互转换的函数如下：

```
function pj = zz2pj(z)
%将复数 z 转化极坐标形式
%pj: 复数的模 = |z|,幅角 = angle(z) * 180/pi,单位为度
pj = [abs(z),angle(z) * 180/pi];


function z = pj2zz(A,angle)
%极坐标形式的复数 pj 转化直角坐标形式的复数 zz
%A 为模,phase 为幅角,单位为度; z = x + j * y
phase_pj = angle * pi/180;
z = A * cos(phase_pj) + j * A * sin(phase_pj);
```

本例也可以用三角函数方法求解，但比较繁琐。采用相量进行计算时，其运算为复数运算，要简便得多。参与代数和运算的正弦量愈多，采用相量计算就愈具有优越性。

微分性质 令正弦量 $f(t)$ 对应的相量是 $\dot{A}$，则 $\dfrac{\mathrm{d}f(t)}{\mathrm{d}t}$ 对应的相量为 $\mathrm{j}\omega\dot{A}$。

证明

$$\frac{\mathrm{d}}{\mathrm{d}t}f(t)=\frac{\mathrm{d}}{\mathrm{d}t}\left[\mathrm{Re}\,(\sqrt{2}\,\dot{A}\mathrm{e}^{\mathrm{j}\omega t})\right]=\mathrm{Re}\left[\sqrt{2}\,\dot{A}\left(\frac{\mathrm{d}}{\mathrm{d}t}\mathrm{e}^{\mathrm{j}\omega t}\right)\right]=\mathrm{Re}\left[\sqrt{2}\,\dot{A}(\mathrm{j}\omega\mathrm{e}^{\mathrm{j}\omega t})\right]=\mathrm{Re}\left[\sqrt{2}(\mathrm{j}\omega\dot{A})\mathrm{e}^{\mathrm{j}\omega t}\right]$$

上述结果可推广到 n 阶微分的情况，即如果正弦量 $f(t)$ 对应的相量是 $\dot{A}$，则 $\mathrm{d}^n f(t)/\mathrm{d}t^n$ 对应的相量为 $(\mathrm{j}\omega)^n\dot{A}$。

相量的微分性质表明，正弦量对时间的求导运算对应于相量与 $\mathrm{j}\omega$ 的乘积运算。

积分性质 令正弦量 $f(t)$ 对应的相量是 $\dot{A}$，则 $\int f(t)\mathrm{d}t$ 对应的相量为 $\frac{1}{\mathrm{j}\omega}\dot{A}$。

此性质的证法类似于微分性质的证法。

对于 n 阶积分的情况，则 $\underbrace{\int\cdots\int}_{n} f(t)\mathrm{d}t^n$ 对应的相量为 $\frac{1}{(\mathrm{j}\omega)^n}\dot{A}$。

相量的微分性质和积分性质说明采用相量表示正弦量，可以将对时间的微分和积分运算，变换为相量中的复数代数运算，这给计算动态电路在正弦激励下的稳态响应带来极大的方便。以二阶微分方程为例，若二阶线性非时变电路在正弦输入激励下的电路方程为

$$a_0\frac{\mathrm{d}^2 y}{\mathrm{d}t^2}+a_1\frac{\mathrm{d}y}{\mathrm{d}t}+a_2 y=\sqrt{2}A\cos(\omega t+\varphi) \tag{8.1.26}$$

式中，a_0、a_1、a_2 以及 A、ω、φ 均为常数。

设 $\mathrm{j}\omega$ 不是特征方程的根，则电路的稳态响应就是上述微分方程的特解 y_{p}，它可表示为与激励相同频率的正弦量，即

$$y_{\mathrm{p}}=\sqrt{2}Y\cos(\omega t+\psi) \tag{8.1.27}$$

其对应的相量为

$$\dot{Y}_{\mathrm{p}}=Y\mathrm{e}^{\mathrm{j}\psi} \tag{8.1.28}$$

由于 y_{p} 是电路方程的特解，因此 y_{p} 满足式(8.1.26)，即

$$a_0\frac{\mathrm{d}^2 y_{\mathrm{p}}}{\mathrm{d}t^2}+a_1\frac{\mathrm{d}y_{\mathrm{p}}}{\mathrm{d}t}+a_2 y_{\mathrm{p}}=\sqrt{2}A\cos(\omega t+\varphi) \tag{8.1.29}$$

利用相量的表示形式，式(8.1.29)可以写为

$$a_0\frac{\mathrm{d}^2}{\mathrm{d}t^2}\mathrm{Re}\left[\sqrt{2}\,\dot{Y}_{\mathrm{p}}\mathrm{e}^{\mathrm{j}\omega t}\right]+a_1\frac{\mathrm{d}}{\mathrm{d}t}\mathrm{Re}\left[\sqrt{2}\,\dot{Y}_{\mathrm{p}}\mathrm{e}^{\mathrm{j}\omega t}\right]+a_2\mathrm{Re}\left[\sqrt{2}\,\dot{Y}_{\mathrm{p}}\mathrm{e}^{\mathrm{j}\omega t}\right]=\mathrm{Re}\left[\sqrt{2}\,\dot{A}\mathrm{e}^{\mathrm{j}\omega t}\right] \tag{8.1.30}$$

式中，$\dot{A}=A\mathrm{e}^{\mathrm{j}\varphi}$ 为正弦激励所对应的相量。根据相量的线性性质，可得

$$\frac{\mathrm{d}^2}{\mathrm{d}t^2}\mathrm{Re}\,(a_0\dot{Y}_{\mathrm{p}}\mathrm{e}^{\mathrm{j}\omega t})+\frac{\mathrm{d}}{\mathrm{d}t}\mathrm{Re}\,(a_1\dot{Y}_{\mathrm{p}}\mathrm{e}^{\mathrm{j}\omega t})+\mathrm{Re}\,(a_2\dot{Y}_{\mathrm{p}}\mathrm{e}^{\mathrm{j}\omega t})=\mathrm{Re}\,(\dot{A}\mathrm{e}^{\mathrm{j}\omega t}) \tag{8.1.31}$$

根据相量的微分性质，可得

$$\mathrm{Re}\left[a_0(\mathrm{j}\omega)^2\dot{Y}_{\mathrm{p}}\mathrm{e}^{\mathrm{j}\omega t}\right]+\mathrm{Re}\left[a_1(\mathrm{j}\omega)\dot{Y}_{\mathrm{p}}\mathrm{e}^{\mathrm{j}\omega t}\right]+\mathrm{Re}\,(a_2\dot{Y}_{\mathrm{p}}\mathrm{e}^{\mathrm{j}\omega t})=\mathrm{Re}\,(\dot{A}\mathrm{e}^{\mathrm{j}\omega t}) \tag{8.1.32}$$

式(8.1.32)又可写为

$$\mathrm{Re}\left[a_0(\mathrm{j}\omega)^2\dot{Y}_{\mathrm{p}}\mathrm{e}^{\mathrm{j}\omega t}+a_1(\mathrm{j}\omega)\dot{Y}_{\mathrm{p}}\mathrm{e}^{\mathrm{j}\omega t}+a_2\dot{Y}_{\mathrm{p}}\mathrm{e}^{\mathrm{j}\omega t}\right]=\mathrm{Re}\,(\dot{A}\mathrm{e}^{\mathrm{j}\omega t}) \tag{8.1.33}$$

即

$$[a_0(\mathrm{j}\omega)^2+a_1(\mathrm{j}\omega)+a_2]\dot{Y}_\mathrm{p}=\dot{A} \tag{8.1.34}$$

由式(8.1.34)可见，微分方程的特解 y_p 所对应的相量$\dot{Y}_\mathrm{p}$ 满足一个复数代数方程。由式(8.1.34)解得$\dot{Y}_\mathrm{p}$ 为

$$\dot{Y}_\mathrm{p}=\frac{\dot{A}}{a_0(\mathrm{j}\omega)^2+a_1(\mathrm{j}\omega)+a_2} \tag{8.1.35a}$$

或

$$\dot{Y}_\mathrm{p}=\frac{\dot{A}}{a_2-a_0\omega^2+\mathrm{j}a_1\omega} \tag{8.1.35b}$$

由此可得相量$\dot{Y}_\mathrm{p}$ 的模

$$Y_\mathrm{p}=\frac{A}{\sqrt{(a_2-a_0\omega^2)^2+a_1^2\omega^2}} \tag{8.1.36a}$$

相量$\dot{Y}_\mathrm{p}$ 的辐角

$$\psi=\varphi-\arctan\frac{a_1\omega}{a_2-a_0\omega^2} \tag{8.1.36b}$$

于是得到微分方程的特解为

$$y_\mathrm{p}=\frac{\sqrt{2}A}{\sqrt{(a_2-a_0\omega^2)^2+a_1^2\omega^2}}\cos\left(\omega t+\varphi-\arctan\frac{a_1\omega}{a_2-a_0\omega^2}\right) \tag{8.1.37}$$

【例 8.1.6】 在图 8.1.4 所示 RLC 串联电路中，已知 $u_\mathrm{S}=\sqrt{2}\cos(2t)\mathrm{V}$，$u_C(0_-)=1\mathrm{V}$，$i_L(0_-)=2\mathrm{A}$，$C=1\mathrm{F}$，$L=0.5\mathrm{H}$，$R=1.5\Omega$，试求电压 u_C 的稳态响应。

解 根据电路图可得 $t\geqslant 0$ 时的电路方程

$$LC\frac{\mathrm{d}^2u_C}{\mathrm{d}t^2}+RC\frac{\mathrm{d}u_C}{\mathrm{d}t}+u_C=u_\mathrm{S}$$

由式(8.1.26)可知

$$a_0=LC=0.5,\quad a_1=RC=1.5,\quad a_2=1$$

由式(8.1.36)可知

$$Y_\mathrm{p}=\frac{1}{\sqrt{(1-0.5\times 2^2)^2+1.5^2\times 2^2}}=0.316,\quad \psi=0-\arctan\frac{1.5\times 2}{1-0.5\times 2^2}=71.57^\circ$$

由式(8.1.37)可得方程的特解即稳态响应为

$$u_{C\mathrm{p}}=\sqrt{2}\times 0.316\cos(2t+51.57^\circ)=0.447\cos(2t+51.57^\circ)\mathrm{V}$$

【思考与练习】

8.1.1 试将下列复数化为直角坐标形式。

$3\angle 30^\circ$，$5\angle 120^\circ$，$10\angle 90^\circ$，$1\angle 180^\circ$，$4\angle -120^\circ$，$15\angle 360^\circ$

8.1.2 试将下列复数化为极坐标形式。

$a+\mathrm{j}a$，$a-\mathrm{j}a$，$-a+\mathrm{j}a$，$-a-\mathrm{j}a$，a，$-a$，$\mathrm{j}a$，$-\mathrm{j}a$

8.1.3　试求下列正弦量的相量，并作相量图。

$2\sin(\omega t+30°)$，$2\cos(\omega t+30°)$，$-2\sin(\omega t-30°)$，$-2\cos(\omega t-30°)$

8.1.4　设 $f(t)=\sqrt{2}A_1\cos(\omega t)+\sqrt{2}A_2\sin(\omega t)$，且 $f(t)\Leftrightarrow\dot{A}$，试证明 $\dot{A}=\dot{A}_1-\mathrm{j}\dot{A}_2$。试问可以给出多少种证明方法？

8.1.5　试求正弦量 $20\cos(\omega t+50°)+30\sin(\omega t-40°)$ 的相量及其有效值和平均值。

8.1.6　试求如图 8.1.9 所示 RC 电路电压 u_C 的稳态响应，其中 $u_S=U_{Sm}\sin(\omega t)$。$\left(\dfrac{U_{Sm}}{\sqrt{1+(\omega RC)^2}}\cos[\omega t-\arctan(\omega RC)-90°]\right)$

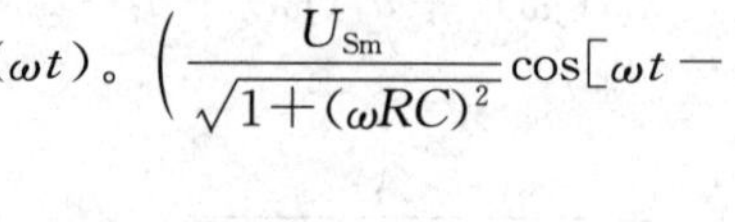

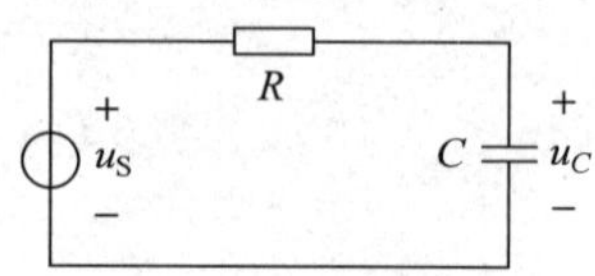

图 8.1.9　思考与练习 8.1.5

8.2　KCL 和 KVL 的相量形式

基尔霍夫定律适用于任何集中参数电路，因此也适用于正弦稳态电路。正弦稳态电路中的各支路电流和各支路电压都是相同频率的正弦量，可以用相量将 KCL 和 KVL 方程的时域形式变换为相对应的相量形式。

在任意时刻，对于正弦稳态电路中的任意节点，KCL 可表示为

$$\sum_{k=1}^{n} i_k = \sum_{k=1}^{n}\mathrm{Re}[\sqrt{2}\ \dot{I}_k \mathrm{e}^{\mathrm{j}\omega t}] = 0 \tag{8.2.1}$$

式中，$\dot{I}_k=I_k\mathrm{e}^{\mathrm{j}\varphi_k}$ 为流出该节点的第 k 条支路正弦电流 i_k 的有效值相量；n 为连接该节点的支路数。根据相量的线性性质，有

$$\sum_{k=1}^{n}\dot{I}_k = 0 \tag{8.2.2}$$

式(8.2.2)就是 KCL 方程的相量形式，它表明：对处于正弦稳态条件下的任一集中参数电路中的任一节点，流出(或流入)该节点的所有支路电流相量的代数和等于零。

同理，对于正弦稳态电路中的任意回路，KVL 可表示为

$$\sum_{k=1}^{n}\dot{U}_k = 0 \tag{8.2.3}$$

式中，n 为该回路中的支路数；$\dot{U}_k$ 表示回路中第 k 条支路电压的有效值相量。

式(8.2.3)就是 KVL 方程的相量形式，它表明：对处于正弦稳态条件下的任一集中参数电路中的任一回路，沿该回路的所有支路电压相量的代数和等于零。

显然，如果采用振幅相量，也可得到与式(8.2.2)和式(8.2.3)类似的 KCL 和 KVL 的相量形式。

【例 8.2.1】　图 8.2.1 所示为电路中的一个节点，已知 $i_1=20\cos(2\pi t+45°)\mathrm{A}$，$i_2=10\sin(2\pi t-90°)\mathrm{A}$，试求 i_3，并绘制三个电流的相量图和时域波形图。

i_1　i_2　i_3

图 8.2.1　例 8.2.1

解　首先写出已知电流 i_1、i_2 的振幅相量为

$$\dot{I}_{1m}=20\angle 45°\mathrm{A},\quad \dot{I}_{2m}=10\angle 180°\mathrm{A}$$

设 i_3 的振幅相量为 $\dot{I}_{3m}$，则由 KCL 的相量形式可知

$$-\dot{I}_{1m}+\dot{I}_{2m}+\dot{I}_{3m}=0$$

即

$$\dot{I}_{3m}=\dot{I}_{1m}-\dot{I}_{2m}=20\angle 45^\circ-10\angle 180^\circ=27.98\angle 30.36^\circ\text{A}$$

根据相量 $\dot{I}_{3m}$ 写出电流 i_3 为

$$i_3=27.98\cos(2\pi t+30.36^\circ)\text{A}$$

三个电流的相量图和时域波形图由下面的 MATLAB 程序给出。

MATLAB 计算程序：

```
%采用 MATLAB 求解例 8.2.1
I1 = pj2zz(20,45);                          %计算 i1 的相量
I2 = pj2zz(10,180);                         %计算 i2 的相量
I3 = I1 - I2;                               %计算 i3 的相量
figure(1);
compass([I1,I2,I3]);                        %绘制电流相量图
gtext('I1'); gtext('I2'); gtext('i3');
I3 = zz2pj(I3)
t = 0: 0.001: 2;
i1 = 20 * cos(2 * pi * t + 45/180 * pi);
i2 = 10 * cos(2 * pi * t + 180/180 * pi);
i3 = i1 - i2;
figure(2);
plot(t,i1,t,i2,t,i3,'LineWidth',2);
xlabel('t/s');
ylabel('i1,i2,i3/A');
grid on;
```

计算结果：

```
I3 =   27.9793   30.3612
```

三个电流的相量图和时域波形图为

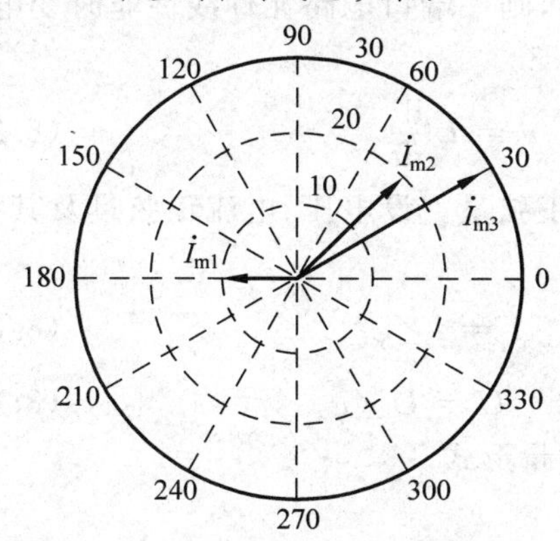

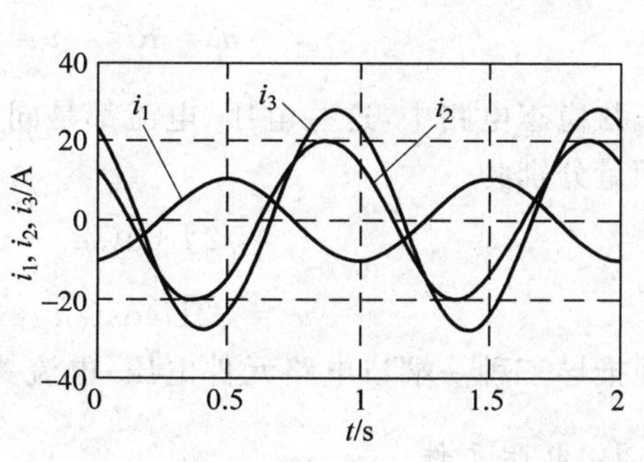

【例 8.2.2】 图 8.2.2 所示为电路中的一个回路，已知 $u_1=10\sqrt{2}\cos(2t+60^\circ)\text{V}$，$u_2=20\sqrt{2}\sin(2t-90^\circ)\text{V}$，$u_3=30\sqrt{2}\cos(2t-90^\circ)\text{V}$，试求 u_4。

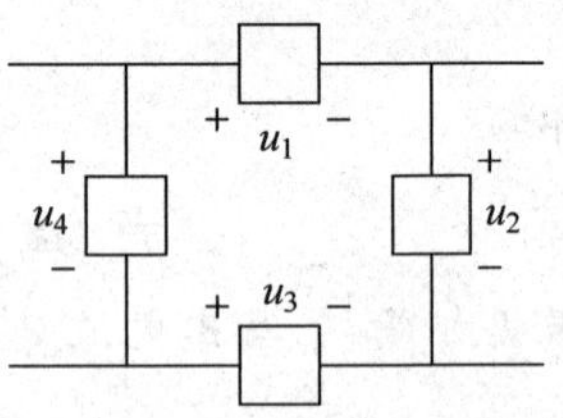

图 8.2.2 例 8.2.2

解 运用式(8.2.3)，由图 8.2.2 可得

$$\dot{U}_1+\dot{U}_2-\dot{U}_3-\dot{U}_4=0$$

其中

$\dot{U}_1=10\angle 60^\circ\text{V}=(5+\text{j}8.66)\text{V}$

$\dot{U}_2=20\angle 180^\circ\text{V}=-20\text{V}$， $\dot{U}_3=30\angle -90^\circ\text{V}=-\text{j}30\text{V}$

于是可得

$$\begin{aligned}\dot{U}_4&=\dot{U}_1+\dot{U}_2-\dot{U}_3=(5+\text{j}8.66-20+\text{j}30)\text{V}\\&=(-15+\text{j}38.66)\text{V}=41.47\angle 111.21^\circ\text{V}\end{aligned}$$

根据相量$\dot{U}_4$ 写出电压 u_4 为

$$u_4=41.47\sqrt{2}\cos(2t+111.21^\circ)\text{V}=58.65\cos(2t+111.21^\circ)\text{V}$$

【思考与练习】

8.2.1 设同频率正弦电压 u_1 和 u_2 的有效值分别为 U_1 和 U_2，u_1+u_2 的有效值为 U_3，试问在什么条件下，下列关系式成立。

(1) $U_3=U_1+U_2$；(2) $U_3=-U_1+U_2$；(3) $U_3=-U_1-U_2$；(4) $U_3^2=U_1^2+U_2^2$

8.2.2 已知 $u_1=10\sqrt{2}\cos(2t+60^\circ)\text{V}$，$u_2=10\sqrt{2}\sin(2t+30^\circ)\text{V}$，试求 u_1+u_2。($10\sqrt{2}\text{V}$)

8.3 电路元件电压-电流关系的相量形式

8.3.1 一端口电路元件电压-电流关系的相量形式

设电路元件两端的电压、电流取一致参考方向，则一端口电路元件线性非时变电阻、电容和电感的电压-电流关系为

$$u=Ri,\quad i=C\frac{\text{d}u}{\text{d}t},\quad u=L\frac{\text{d}i}{\text{d}t} \tag{8.3.1}$$

在正弦稳态电路中，这些电压、电流都是同频率的正弦量。设电压、电流正弦量及其有效值相量分别为

$$i=\sqrt{2}I\cos(\omega t+\varphi_i)\quad\Leftrightarrow\quad\dot{I}=I\angle\varphi_i \tag{8.3.2}$$

$$u=\sqrt{2}U\cos(\omega t+\varphi_u)\quad\Leftrightarrow\quad\dot{U}=U\angle\varphi_u \tag{8.3.3}$$

下面推导三种一端口电路元件电压-电流关系的相量形式。

1. 电阻元件

设有电阻支路与正弦稳态电路相连接，如图 8.3.1(a)所示，则由式(8.3.1)可知

$$\sqrt{2}U\cos(\omega t+\varphi_u)=R\times\sqrt{2}I\cos(\omega t+\varphi_i) \tag{8.3.4}$$

式(8.3.4)可表示为

$$\mathrm{Re}[\sqrt{2}\,\dot{U}\mathrm{e}^{\mathrm{j}\omega t}]=R\times\mathrm{Re}[\sqrt{2}\,\dot{I}\mathrm{e}^{\mathrm{j}\omega t}] \tag{8.3.5}$$

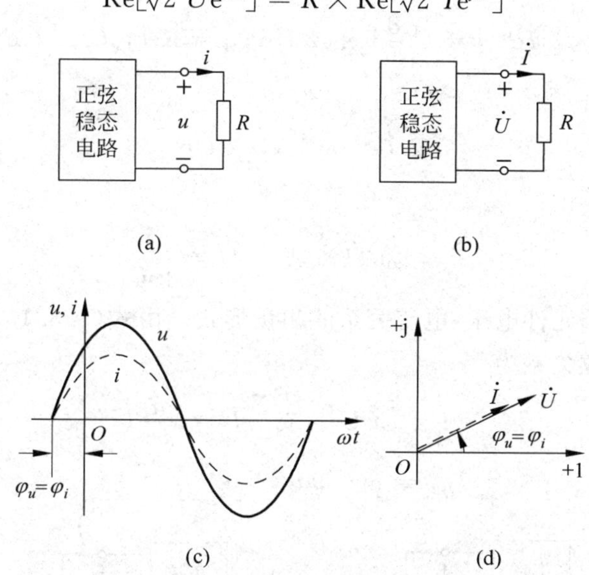

图 8.3.1 线性非时变电阻元件正弦稳态关系

(a) 时域模型；(b) 相量模型；(c) 波形图；(d) 相量图

运用相量的线性性质，有

$$\dot{U}=R\dot{I} \quad 或 \quad U\angle\varphi_u=RI\angle\varphi_i \tag{8.3.6}$$

式(8.3.6)称为电阻元件电压-电流关系的相量形式。根据两个复数相等，则二者之模必相等、二者之辐角也必相等，可得电阻的端电压与端电流的有效值与相位关系为

$$\begin{cases}U=RI \quad 或 \quad I=GU\\ \varphi_u=\varphi_i\end{cases} \tag{8.3.7}$$

因此，电阻元件电压有效值(或幅值)与电流有效值(或幅值)之间的关系服从欧姆定律，并且具有相同的初相位，其在电路中的符号也可表示成如图 8.3.1(b)所示，称为电阻元件的相量模型，其中电压、电流用相应的电压、电流相量表示，它们之间的关系满足式(8.3.7)。这种将正弦稳态电路时域模型中的各电压、电流用相应的电压、电流相量表示，各电路元件都用相量模型表示，所得到的电路模型称为电路的**相量模型**(phasor model)。

电阻元件上的电压和电流波形如图 8.3.1(c)所示，图 8.3.1(d)为对应的相量图，其中，相量$\dot{U}$和$\dot{I}$的长度(由所选的比例尺确定)表示各自的有效值，它们与实轴之间的夹角φ_u、φ_i分别是各自的初相位，二者相等。电阻元件上电压与电流相位相同，即电阻电压与电阻电流同相。

2. 电容元件

设有电容支路与正弦稳态电路相连接，如图 8.3.2(a)所示，则由式(8.3.1)可知

$$\mathrm{Re}[\sqrt{2}\ \dot{I}\mathrm{e}^{\mathrm{j}\omega t}] = C\frac{\mathrm{d}}{\mathrm{d}t}\mathrm{Re}[\sqrt{2}\ \dot{U}\mathrm{e}^{\mathrm{j}\omega t}] = \mathrm{Re}[\mathrm{j}\omega C\sqrt{2}\ \dot{U}\mathrm{e}^{\mathrm{j}\omega t}] \tag{8.3.8}$$

因此有

$$\sqrt{2}\ \dot{I}\mathrm{e}^{\mathrm{j}\omega t} = \mathrm{j}\omega C\sqrt{2}\ \dot{U}\mathrm{e}^{\mathrm{j}\omega t} \tag{8.3.9}$$

即

$$\dot{I} = \mathrm{j}\omega C\dot{U} \quad 或 \quad \dot{U} = \frac{\dot{I}}{\mathrm{j}\omega C} \tag{8.3.10}$$

式(8.3.10)称为电容元件电压-电流关系的相量形式。由式(8.3.10)可得电容电压与电容电流有效值及相位关系为

$$\begin{cases} I = \omega CU \quad 或 \quad U = \dfrac{1}{\omega C}I \\ \varphi_u = \varphi_i - 90° \end{cases} \tag{8.3.11}$$

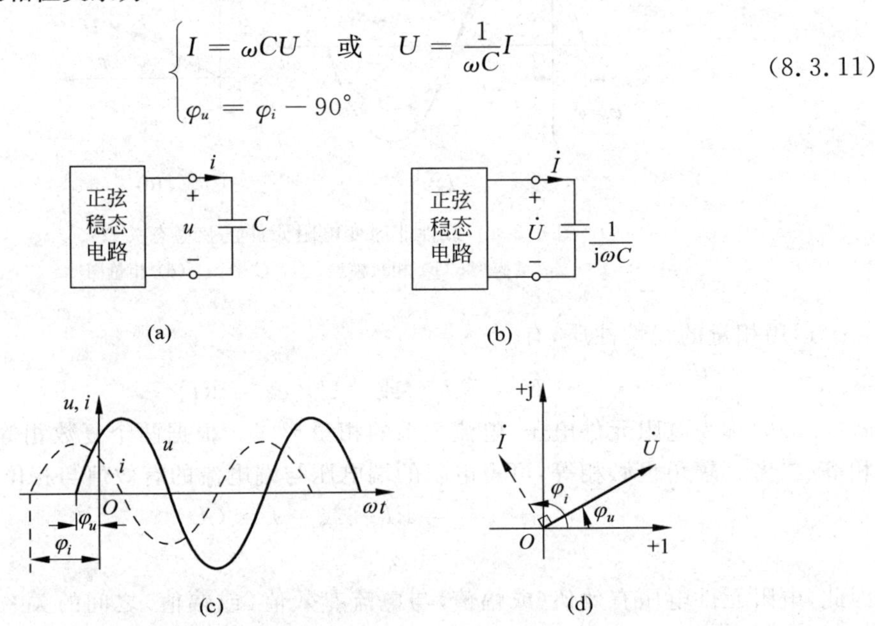

图 8.3.2　线性非时变电容元件正弦稳态关系

(a) 时域模型；(b) 相量模型；(c) 波形图；(d) 相量图

电容元件的相量模型如图 8.3.2(b)所示，其电压、电流相量之间的关系满足式(8.3.11)。电容电压和电流波形如图 8.3.2(c)所示，图 8.3.2(d)为相应的相量图，其中，相量$\dot{U}$和$\dot{I}$的长度表示各自的有效值，它们与实轴之夹角 φ_u 和 φ_i 分别是各自的初相，二者之差为 $-90°$，即电容电压滞后电容电流 90°。

3. 电感元件

设有电感支路与正弦稳态电路相连接，如图 8.3.3(a)所示。由于电感的电压-电流

关系与电容的电压-电流关系存在对偶关系，因此可根据已得到的电容电压-电流关系的相量形式得到电感电压-电流关系的相量形式为

$$\dot{U} = \mathrm{j}\omega L\,\dot{I} \quad 或 \quad \dot{I} = \frac{1}{\mathrm{j}\omega L}\dot{U} \tag{8.3.12}$$

式(8.3.12)称为电感元件电压-电流关系的相量形式。由式(8.3.12)可得电感电压与电感电流有效值及相位关系为

$$\begin{cases} U = \omega L I \quad 或 \quad I = \dfrac{1}{\omega L}U \\ \varphi_u = \varphi_i + 90^\circ \end{cases} \tag{8.3.13}$$

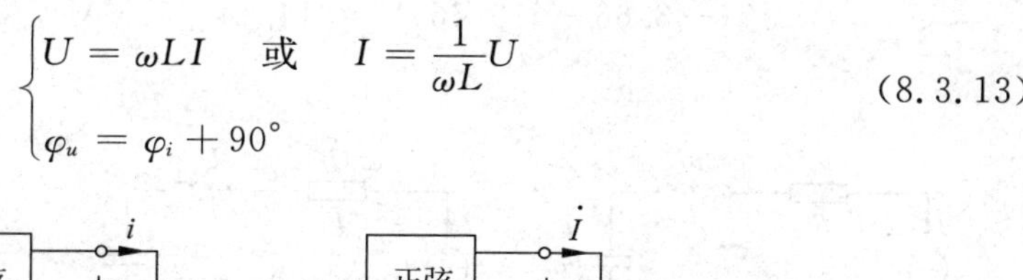
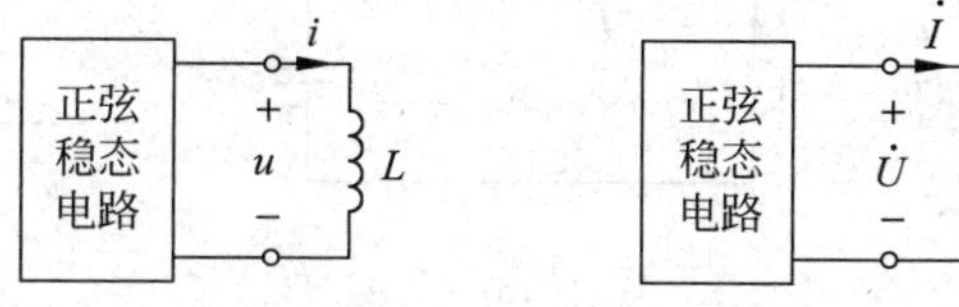

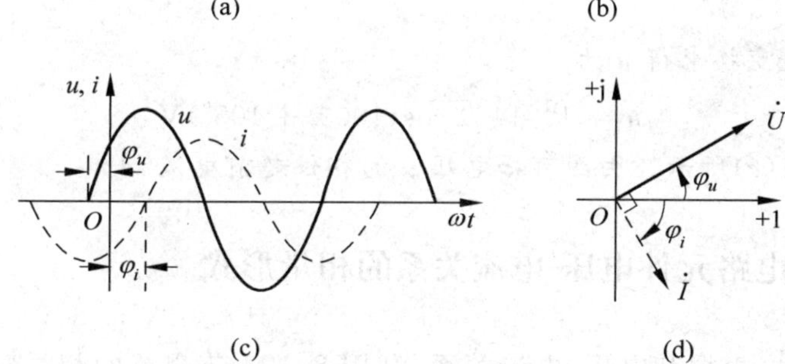

图 8.3.3 线性非时变电感的正弦稳态关系

(a) 时域模型；(b) 相量模型；(c) 波形图；(d) 相量图

电感元件的相量模型如图 8.3.3(b)所示，其电压、电流相量之间的关系满足式(8.3.13)。电感电压和电流波形如图 8.3.3(c)所示，图 8.3.3(d)为相应的相量图，其中，相量$\dot{U}$和$\dot{I}$的长度表示各自的有效值，它们与实轴之夹角 φ_u 和 φ_i 分别是各自的初相，二者之差为 90°，即电感电压超前电感电流 90°。

【例 8.3.1】 电路如图 8.3.4(a)所示，已知 $i=\sqrt{2}\cos(1000t+60^\circ)\mathrm{A}$，$R=10\Omega$，$L=20\mathrm{mH}$，$C=100\mu\mathrm{F}$，试求 u。

解 (1) 作出时域电路的相量模型，如图 8.3.4(b)所示。

(2) 电流源电流相量为$\dot{I}=1\angle 60^\circ\mathrm{A}$。

由 KCL 可知，流经电阻、电感、电容元件的电流相量均为$\dot{I}$，因此电阻、电感、电容元件两端的电压相量分别为

$$\dot{U}_R = R\dot{I} = 10\angle 60^\circ\mathrm{V} = (5+\mathrm{j}8.66)\mathrm{V}$$

$$\dot{U}_L = \mathrm{j}\omega L\,\dot{I} = 1000 \times 20 \times 10^{-3} \times 1\angle(60^\circ + 90^\circ)\mathrm{V} = 20\angle 120^\circ\mathrm{V} = (-17.32 + \mathrm{j}10)\mathrm{V}$$

$$\dot{U}_C = \frac{\dot{I}}{\mathrm{j}\omega C} = \frac{1\angle 60^\circ}{1000 \times 100 \times 10^{-6}\angle -90^\circ}\mathrm{V} = 10\angle -30^\circ\mathrm{V} = (8.66 - \mathrm{j}5)\mathrm{V}$$

由 KVL 得

$$\begin{aligned}\dot{U} &= \dot{U}_R + \dot{U}_L + \dot{U}_C = (5 + \mathrm{j}8.66 - 17.32 + \mathrm{j}10 + 8.66 - \mathrm{j}5)\mathrm{V} \\ &= (-3.66 + \mathrm{j}13.66)\mathrm{V} = 14.14\angle 105^\circ\mathrm{V}\end{aligned}$$

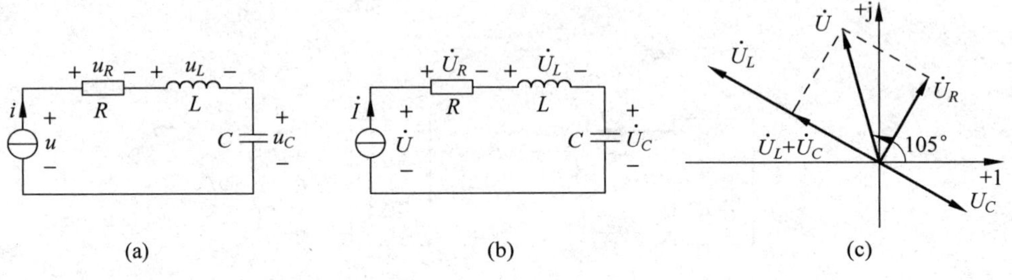

图 8.3.4　例 8.3.1

（3）由相量反变换求得 u 为

$$u = 14.14\sqrt{2}\cos(1000t + 105^\circ)\mathrm{V}$$

相量图如图 8.3.4(c)所示。由图可知电压 u 的相位超前电流 i45°。

8.3.2　二端口电路元件电压-电流关系的相量形式

对二端口元件，根据其电压-电流关系，利用 8.1.3 节介绍的相量基本性质，可以推导出各种二端口元件电压-电流关系的相量形式。下面以耦合电感元件为例加以说明。

如图 8.3.5(a)所示，耦合电感的电压-电流关系为

$$\begin{bmatrix} u_1 \\ u_2 \end{bmatrix} = \begin{bmatrix} L_1 & M \\ M & L_2 \end{bmatrix}\begin{bmatrix} \mathrm{d}i_1/\mathrm{d}t \\ \mathrm{d}i_2/\mathrm{d}t \end{bmatrix} \tag{8.3.14}$$

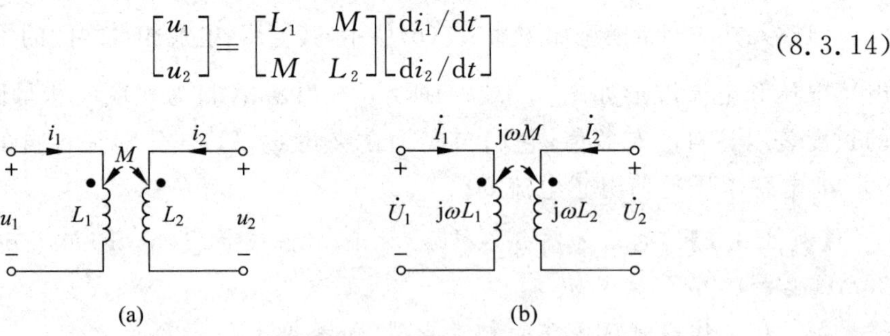

图 8.3.5　线性非时变耦合电感元件

(a) 时域模型；(b) 相量模型

在分析含耦合电感的正弦稳态电路时，根据相量的微分性质，可得到耦合电感电压-电流关系的相量形式为

$$\begin{bmatrix}\dot{U}_1\\ \dot{U}_2\end{bmatrix}=\mathrm{j}\omega\begin{bmatrix}L_1 & M\\ M & L_2\end{bmatrix}\begin{bmatrix}\dot{I}_1\\ \dot{I}_2\end{bmatrix}\tag{8.3.15}$$

由式(8.3.15)可得到耦合电感的相量模型如图 8.3.5(b)所示。

对于其他二端口电路元件，如受控源、理想变压器等，利用相量的性质同样可以推出相应电压-电流关系的相量形式，这里不再一一叙述。表 8.3.1 给出了常用电路元件的电压-电流关系及其相量形式。

表 8.3.1　常用电路元件的电压-电流关系及其相量形式

元件名称	时域形式	相量形式
电阻	$u=Ri,\quad i=Gu$	$\dot{U}=R\dot{I},\quad \dot{I}=G\dot{U}$
电感	$u=L\dfrac{\mathrm{d}i}{\mathrm{d}t}$	$\dot{U}=\mathrm{j}\omega L\dot{I}$
电容	$i=C\dfrac{\mathrm{d}u}{\mathrm{d}t}$	$\dot{I}=\mathrm{j}\omega C\dot{U}$
受控源 VCCS,CCCS VCVS,CCVS	$\begin{cases}i_1=0\\ i_2=gu_1\end{cases}\quad\begin{cases}u_1=0\\ i_2=\beta i_1\end{cases}$ $\begin{cases}i_1=0\\ u_2=\mu u_1\end{cases}\quad\begin{cases}u_1=0\\ u_2=ri_1\end{cases}$	$\begin{cases}\dot{I}_1=0\\ \dot{I}_2=g\dot{U}_1\end{cases}\quad\begin{cases}\dot{U}_1=0\\ \dot{I}_2=\beta\dot{I}_1\end{cases}$ $\begin{cases}\dot{I}_1=0\\ \dot{U}_2=\mu\dot{U}_1\end{cases}\quad\begin{cases}\dot{U}_1=0\\ \dot{U}_2=r\dot{I}_1\end{cases}$
耦合电感	$\begin{cases}u_1=L_1\dfrac{\mathrm{d}i_1}{\mathrm{d}t}\pm M\dfrac{\mathrm{d}i_2}{\mathrm{d}t}\\ u_2=\pm M\dfrac{\mathrm{d}i_1}{\mathrm{d}t}+L_2\dfrac{\mathrm{d}i_2}{\mathrm{d}t}\end{cases}$	$\begin{cases}\dot{U}_1=\mathrm{j}\omega L_1\dot{I}_1\pm\mathrm{j}\omega M\dot{I}_2\\ \dot{U}_2=\pm\mathrm{j}\omega M\dot{I}_1+\mathrm{j}\omega L_2\dot{I}_2\end{cases}$
理想变压器	$\begin{cases}u_1=nu_2\\ i_1=-\dfrac{1}{n}i_2\end{cases}$	$\begin{cases}\dot{U}_2=n\dot{U}_1\\ \dot{I}_2=-\dfrac{1}{n}\dot{I}_1\end{cases}$

【思考与练习】

8.3.1　图 8.3.6 所示电路 a-b 端间为一单个元件，测得电压、电流波形如图所示。试求在下列两种情况下元件的参数值：(1)电压波形代表电压 u_{ab}；(2)电压波形代表电压 u_{ba}。(3.2mH；796.2μF)

8.3.2　设电阻两端的电压振幅相量为(20+j30)V，试求 $t=1$ms 和 $t=2$ms 时流经电阻的电流。已知 $\omega=100$rad/s，$R=10\Omega$，电压、电流取一致参考方向。(1.69A；1.36A)

8.3.3　设电容两端的电压有效值相量为(20+j30)V，试求流经电容的电流 i。已知 $\omega=10000$rad/s，$C=100\mu$F，电压、电流取一致参考方向。[$51\cos(10000t-33.7°)$A]

8.3.4　设流经电感的电流为 $4\cos(1000t-60°)$A，试求电感两端的电压 u。已知 $L=10$mH，电压、电流取一致参考方向。[$40\cos(1000t+30°)$V]

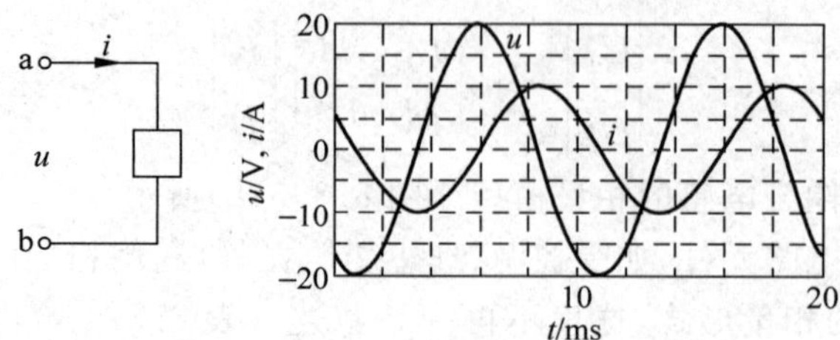

图 8.3.6　思考与练习 8.3.1

8.4　阻抗与导纳

8.4.1　阻抗与导纳

8.3 节讨论了三种基本一端口电路元件电压-电流关系的相量形式，在电压、电流取一致参考方向的情况下，有

$$\dot{U}=R\dot{I},\quad \dot{U}=\frac{\dot{I}}{\mathrm{j}\omega C},\quad \dot{U}=\mathrm{j}\omega L\dot{I}$$

可以看出，上述关系均为复数代数方程，且电压、电流相量之间成比例关系。

对如图 8.4.1 所示正弦稳态无源一端口电路，设端口电压 u 和端口电流 i 对应的相量分别为$\dot{U}$和$\dot{I}$。定义该一端口电路的**阻抗**(impedance)为端口电压相量$\dot{U}$与电流相量$\dot{I}$之比，记为 Z，即

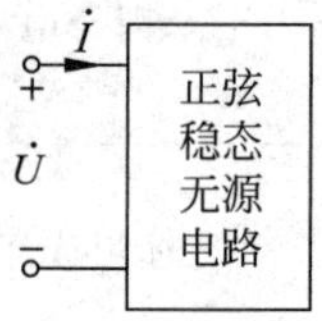

$$Z=\frac{\dot{U}}{\dot{I}}\tag{8.4.1}$$

正弦稳态无源电路

图 8.4.1　正弦稳态一端口电路

那么三种基本元件的相量关系可统一为如下表达式

$$\dot{U}=Z\dot{I}\tag{8.4.2}$$

其中电阻、电容、电感的阻抗分别为

$$Z_R=R\tag{8.4.3}$$

$$Z_C=\frac{1}{\mathrm{j}\omega C}=-\mathrm{j}\frac{1}{\omega C}\tag{8.4.4}$$

$$Z_L=\mathrm{j}\omega L\tag{8.4.5}$$

式(8.4.2)称为欧姆定律的相量形式。阻抗的 SI 单位为欧姆(Ω)

由式(8.4.4)、式(8.4.5)可知，电容或电感的阻抗均为虚数，它们的阻抗可表示为 $Z=\mathrm{j}X$，X 称为**电抗**(reactance)，即

$$X=\mathrm{Im}[Z]\tag{8.4.6}$$

对电容而言

$$X_C = \mathrm{Im}[Z_C] = -\frac{1}{\omega C} \tag{8.4.7}$$

称为电容的电抗，简称**容抗**(capacitive reactance)。当 C 值一定时，容抗与频率 ω 成反比。当 $\omega=0$ 时，$|X_C|=\infty$，表明电容可等效为开路，所以电容具有隔离直流的性质；随着 ω 的增大，$|X_C|$ 则减少；当 $\omega\to\infty$ 时，$|X_C|\to 0$，此时电容可等效为短路，因此电容具有通过交流的性质。

对电感而言

$$X_L = \mathrm{Im}[Z_L] = \omega L \tag{8.4.8}$$

称为电感的电抗，简称**感抗**(inductive reactance)。当 L 值一定时，感抗与频率成正比。当 $\omega=0$ 时，$X_L=0$，电感可等效为短路，所以电感具有通过直流的性质；随着 ω 的增大，X_L 增大，当 $\omega\to\infty$ 时，$X_L\to\infty$，电感可等效为开路，因此电感具有阻碍交流通过的性质。

一端口电路的阻抗亦称为输入阻抗或驱动点阻抗。

把电路元件在正弦稳态时电流相量与电压相量之比定义为该元件的**导纳**(admittance)，记为 Y，即

$$Y = \frac{\dot{I}}{\dot{U}} \tag{8.4.9}$$

导纳的 SI 单位为西门子(S)。由阻抗和导纳的定义可知，两者互为倒数，即

$$Z = \frac{1}{Y} \quad 或 \quad Y = \frac{1}{Z} \tag{8.4.10}$$

电阻、电容和电感元件的导纳分别为

$$Y_R = G \tag{8.4.11}$$

$$Y_C = \mathrm{j}\omega C \tag{8.4.12}$$

$$Y_L = \frac{1}{\mathrm{j}\omega L} = -\mathrm{j}\frac{1}{\omega L} \tag{8.4.13}$$

于是，三种基本电路元件电压-电流相量关系也可以统一为

$$\dot{I} = Y\dot{U} \tag{8.4.14}$$

上式也称为欧姆定律的相量形式。

一端口电路的导纳亦称为输入导纳或驱动点导纳。

由式(8.4.12)、式(8.4.13)可知，电容或电感的导纳也均为虚数，它们的导纳可表示为 $Y=\mathrm{j}B$，B 称为**电纳**(susceptance)，即

$$B = \mathrm{Im}[Y] \tag{8.4.15}$$

对电容而言

$$B_C = \mathrm{Im}[Y_C] = \omega C \tag{8.4.16}$$

称为电容的电纳，简称**容纳**(capacitive susceptance)。

对电感而言

$$B_L = \mathrm{Im}[Y_L] = -\frac{1}{\omega L} \tag{8.4.17}$$

称为电感的电纳，简称**感纳**(inductive susceptance)。

一端口电路的阻抗是一个随频率变化的复数。由于端口电压$\dot{U}$、端口电流$\dot{I}$都是在确定频率ω下的相量，因此阻抗就是在该频率ω下的一个复数。如果频率发生变化，阻抗也随之改变。为了反映阻抗与频率相关的特点，阻抗也可以表示为

$$Z(\mathrm{j}\omega)=|Z(\mathrm{j}\omega)|\angle\varphi_Z(\omega) \tag{8.4.18}$$

其中，$Z(\mathrm{j}\omega)$的模为

$$|Z(\mathrm{j}\omega)|=\frac{|\dot{U}|}{|\dot{I}|}=\frac{U}{I} \tag{8.4.19}$$

$Z(\mathrm{j}\omega)$的辐角$\varphi_Z(\omega)$称为**阻抗角**(impedance angle)，且

$$\varphi_Z(\omega)=\varphi_u-\varphi_i \tag{8.4.20}$$

阻抗也可用它的实部和虚部表示，即

$$Z(\mathrm{j}\omega)=\mathrm{Re}[Z(\mathrm{j}\omega)]+\mathrm{jIm}[Z(\mathrm{j}\omega)]=R(\omega)+\mathrm{j}X(\omega) \tag{8.4.21}$$

式中，$R(\omega)$是$Z(\mathrm{j}\omega)$的实部，称为电阻分量；$X(\omega)$是$Z(\mathrm{j}\omega)$的虚部，称为电抗分量。一般来说，电阻分量是由电路的拓扑结构、各元件参数和频率共同决定的；电抗分量也是由电路的拓扑结构、各元件参数和频率共同决定的。

电阻的电抗分量为零，电容的电抗分量为负值，电感的电抗分量为正值，因此$X(\omega)$的取值决定了电抗的性质。当$X(\omega)>0$时，电抗呈电感性，称一端口电路为**感性电路**(inductive circuit)；当$X(\omega)<0$时，电抗呈电容性，称一端口电路为**容性电路**(capacitive circuit)；当$X(\omega)=0$时，阻抗为一电阻，一端口电路为一电阻电路。对正值电阻分量的阻抗，阻抗角的主值范围为$|\varphi_Z(\omega)|\leqslant 90°$。

一端口电路的导纳也是一个随频率变化的复数，可以表示为

$$Y(\mathrm{j}\omega)=|Y(\mathrm{j}\omega)|\angle\varphi_Y(\omega) \tag{8.4.22}$$

$Y(\mathrm{j}\omega)$的模为

$$|Y(\mathrm{j}\omega)|=\frac{|\dot{I}|}{|\dot{U}|}=\frac{I}{U} \tag{8.4.23}$$

$Y(\mathrm{j}\omega)$的辐角$\varphi_Y(\omega)$称为**导纳角**(admittance angle)，且

$$\varphi_Y(\omega)=\varphi_i-\varphi_u \tag{8.4.24}$$

导纳也可用它的实部和虚部表示，即

$$Y(\mathrm{j}\omega)=\mathrm{Re}[Y(\mathrm{j}\omega)]+\mathrm{jIm}[Y(\mathrm{j}\omega)]=G(\omega)+\mathrm{j}B(\omega) \tag{8.4.25}$$

式中，$G(\omega)$是$Y(\mathrm{j}\omega)$的实部，称为电导分量；$B(\omega)$是$Y(\mathrm{j}\omega)$的虚部，称为电纳分量。一般来说，电导分量或电纳分量也不能简单理解为仅由电阻或电容、电感所确定，而是由电路的拓扑结构、电路中的元件参数和频率共同确定。

电阻的电纳分量为零，电容的电纳分量为正值，电感的电纳分量为负值，同样$B(\omega)$的取值决定了电纳的性质。当$B(\omega)>0$时，电纳呈电容性，一端口电路为容性电路；当$B(\omega)<0$时，电纳呈电感性，一端口电路为感性电路；当$B(\omega)=0$时，导纳为一电导，一端口电路为一电阻电路。对正值电导分量的导纳，导纳角的主值范围为$|\varphi_Y(\omega)|\leqslant 90°$。

运用相量分析正弦稳态电路，只有在引入阻抗和导纳后才能充分体现出优越性。阻抗和导纳的概念可看做是电阻和电导概念的推广，这样在作出正弦稳态电路的相量模型后，就可仿照电阻电路的分析方法对相量模型进行分析。

【例 8.4.1】 电路如图 8.4.2(a)所示，已知 $u_S=10\sqrt{2}\cos(10^6t+60°)\text{V}$，试求 i。

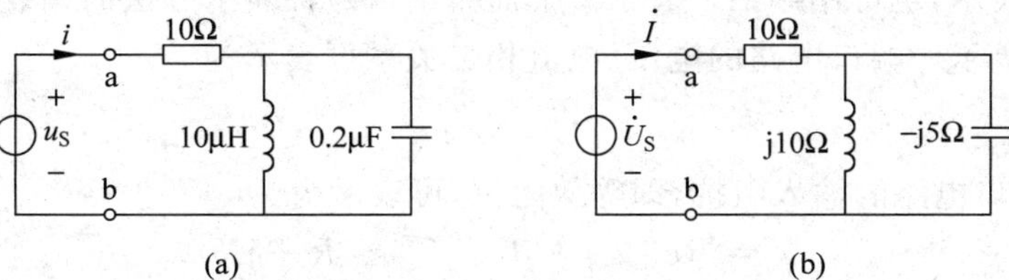

图 8.4.2 例 8.4.1

解 已知正弦量的相量

$$\dot{U}_S = 10\angle 60°\text{V}$$

时域电路的相量模型，如图 8.4.2(b)所示。其中

$$\text{j}\omega L = \text{j}10^6\times 10\times 10^{-6}\Omega = \text{j}10\Omega,\quad \frac{1}{\text{j}\omega C} = -\text{j}\frac{1}{10^6\times 0.2\times 10^{-6}}\Omega = -\text{j}5\Omega$$

根据相量模型进行计算。输入阻抗为

$$Z_{ab} = [10+(\text{j}10)\mathbin{/\!/}(-\text{j}5)]\Omega = \left[10+\frac{(\text{j}10)(-\text{j}5)}{\text{j}10-\text{j}5}\right]\Omega = (10-\text{j}10)\Omega = 14.14\angle -45°\Omega$$

电流相量 $\dot{I}$ 为

$$\dot{I} = \frac{\dot{U}_S}{Z_{ab}} = \frac{10\angle 60°}{14.14\angle -45°} = 0.707\angle 105°\text{A}$$

于是 i 的表达式为

$$i = 0.707\sqrt{2}\cos(10^6t+105°)\text{A} = \cos(10^6t+105°)\text{A}$$

MATLAB 计算程序：

```
%采用 MATLAB 求解例 8.4.1
w = 1e6;                               %输入频率
US = pj2zz(10,60);                     %输入 US
R = 10; L = 10e-6; C = 0.2e-6;         %输入 R、L、C 参数
ZL = i * w * L;                        %计算电感的阻抗
ZC = 1/(i * w * C);                    %计算电容的阻抗
Zab = serz(R,pllz(ZL,ZC));             %计算阻抗 Zab,serz()、pllz()的用法见例 3.2.1
I = US/Zab;                            %计算电流 I
I = zz2pj(I)                           %将电流 I 转化为相量形式
```

计算结果：

```
     有效值    相角
I =    0.7071   105.0000
```

8.4.2 一端口电路相量模型的等效

在运用相量分析正弦稳态电路时，正弦稳态无源一端口电路的电压-电流相量关系既可用阻抗来表示，也可用导纳来表示。下面讨论这两种表示方法的等效关系。

图 8.4.1 所示一端口电路的电压-电流相量关系可表示为

$$\dot{U} = Z\dot{I} \tag{8.4.26}$$

其中，Z 为一端口电路的输入阻抗，即等效阻抗，可表示为

$$Z = \mathrm{Re}\,[Z] + \mathrm{jIm}\,[Z] = R + \mathrm{j}X \tag{8.4.27}$$

这样，图 8.4.1 所示一端口电路就可等效为一由电阻分量 R 和电抗分量 X 串联的相量模型，如图 8.4.3(a)所示。

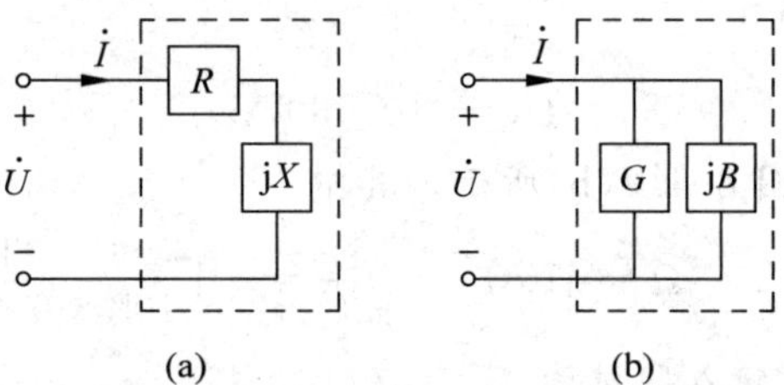

图 8.4.3 正弦稳态无源一端口电路的两种等效相量模型

一端口电路的电压-电流相量关系也可表示为

$$\dot{I} = Y\dot{U} \tag{8.4.28}$$

其中，Y 为一端口电路的输入导纳，即等效导纳，可表示为

$$Y = \mathrm{Re}\,[Y] + \mathrm{jIm}\,[Y] = G + \mathrm{j}B \tag{8.4.29}$$

同样，图 8.4.1 所示一端口电路就可等效为一由电导分量 G 和电纳分量 B 并联的相量模型，如图 8.4.3(b)所示。

图 8.4.3 所示两种相量模型之间的变换公式可由等效电路的定义求得。由于式(8.4.26)和式(8.4.29)所表示的端口电压-电流相量关系相同，因此有

$$Y = \frac{1}{Z} \quad 或 \quad Z = \frac{1}{Y} \tag{8.4.30}$$

如果已知 $Z=R+\mathrm{j}X$，则由式(8.4.30)可得

$$Y = \frac{1}{R+\mathrm{j}X} = \frac{R-\mathrm{j}X}{(R+\mathrm{j}X)(R-\mathrm{j}X)} = \frac{R}{R^2+X^2} + \mathrm{j}\frac{-X}{R^2+X^2} = G + \mathrm{j}B \tag{8.4.31}$$

因此并联相量模型的电导和电纳分别为

$$G = \frac{R}{R^2+X^2}, \quad B = -\frac{X}{R^2+X^2} \tag{8.4.32}$$

由(8.4.32)可知，一般情况下 G 并非是 R 的倒数，而 B 则不可能是 X 的倒数。

如果已知 $Y=G+\mathrm{j}B$，同样可得

$$Z=\frac{1}{G+\mathrm{j}B}=\frac{G-\mathrm{j}B}{(G+\mathrm{j}B)(G-\mathrm{j}B)}=\frac{G}{G^2+B^2}+\mathrm{j}\frac{-B}{G^2+B^2}=R+\mathrm{j}X \quad (8.4.33)$$

因此串联相量模型的电阻和电抗分别为

$$R=\frac{G}{G^2+B^2},\quad X=-\frac{B}{G^2+B^2} \quad (8.4.34)$$

同样，一般情况下 R 并非是 G 的倒数，而 X 则不可能是 B 的倒数。

值得指出的是，以上讨论中的 R、G、X、B 等都是角频率 ω 的函数，只有在某一指定频率时才能确定 R、G、X、B 的大小。而等效相量模型只能用来计算在该频率下的正弦稳态响应。

【例 8.4.2】 RLC 串联电路如图 8.4.4(a)所示，已知 $u_S=10\sqrt{2}\cos(2t)\mathrm{V}$，$R=2\Omega$，$L=2\mathrm{H}$，$C=0.25\mathrm{F}$，试画出相量模型及等效的相量模型。

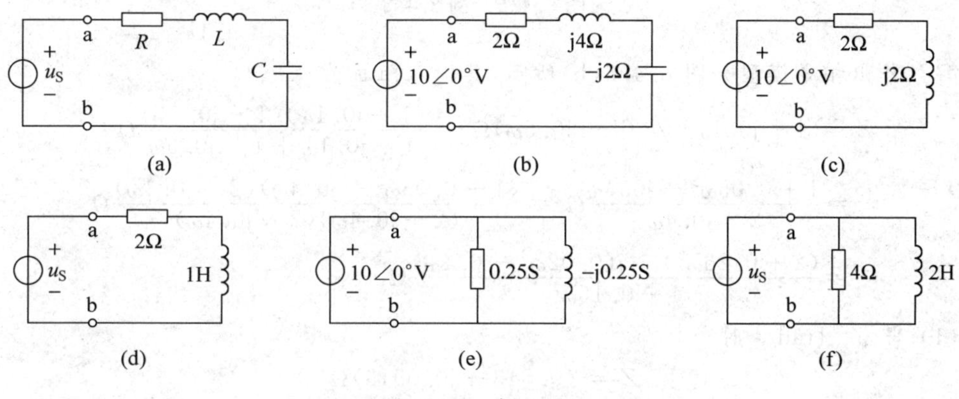

图 8.4.4 例 8.4.2

解 写出已知正弦量的相量

$$\dot{U}_S=10\angle 0^\circ\mathrm{V}$$

因为 $\omega=2\mathrm{rad/s}$，所以

$$Z_L=\mathrm{j}\omega L=\mathrm{j}2\times 2\Omega=\mathrm{j}4\Omega$$

$$Z_C=\frac{1}{\mathrm{j}\omega C}=-\mathrm{j}\frac{1}{2\times 0.25}\Omega=-\mathrm{j}2\Omega$$

于是可作出时域电路的相量模型，如图 8.4.4(b)所示。由该相量模型可求得输入阻抗为

$$Z_{ab}(\mathrm{j}2)=Z_R+Z_L+Z_C=(2+\mathrm{j}4-\mathrm{j}2)\Omega=(2+\mathrm{j}2)\Omega$$

得到等效的串联相量模型如图 8.4.4(c)所示。与该相量模型对应的时域模型如图 8.4.4(d)所示，它只在 $\omega=2\mathrm{rad/s}$ 时才有意义。

另一种等效的相量模型可如下求得

$$Y_{ab}(\mathrm{j}2)=\frac{1}{Z_{ab}(\mathrm{j}2)}=\frac{1}{2+\mathrm{j}2}\mathrm{S}=(0.25-\mathrm{j}0.25)\mathrm{S}$$

得到等效的并联相量模型如图 8.4.4(e)所示。与该相量模型对应的时域模型如图 8.4.4(f)所示，其中并联的电阻元件参数用电阻值表示，大小为$(1/0.25)=4\Omega$，电感元件的电感值满足

$$B_L = -\frac{1}{\omega L} = -0.25\text{S}$$

解得 $L=2\text{H}$。显然，图 8.4.4(f)所示的时域模型只在 $\omega=2\text{rad/s}$ 时才有意义。

【例 8.4.3】 电路如图 8.4.5(a)所示，试求 ω 分别为 1rad/s、$2\sqrt{5}$ rad/s、10rad/s 时的串联等效时域模型的参数。

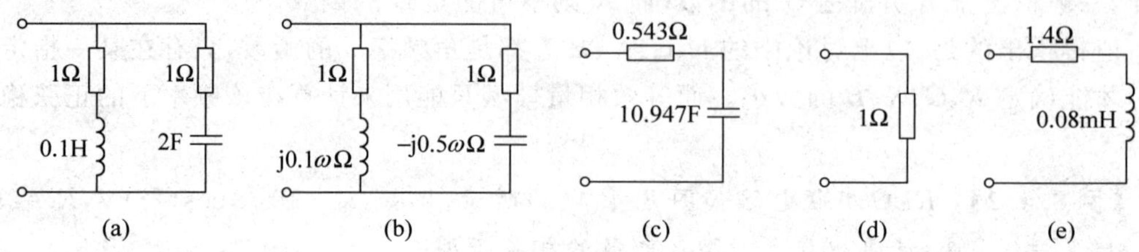

图 8.4.5　例 8.4.3

解　作出相量模型如图 8.4.5(b)所示，其输入阻抗为

$$Z = (1+\text{j}0.1\omega) \,/\!/\, (1-\text{j}0.5\omega)\Omega = \frac{(1+\text{j}0.1\omega)(1-\text{j}0.5\omega)}{1+\text{j}0.1\omega+1-\text{j}0.5\omega}\Omega$$

$$= \frac{1+0.05\omega^2-\text{j}0.4\omega}{2-\text{j}0.4\omega}\Omega = \frac{(1+0.05\omega^2-\text{j}0.4\omega)(2+\text{j}0.4\omega)}{(2+\text{j}0.4\omega)(2-\text{j}0.4\omega)}\Omega$$

$$= \frac{(2+0.26\omega^2)+\text{j}(0.02\omega^3-0.4\omega)}{4+0.16\omega^2}\Omega$$

(1) 当 $\omega=1\text{rad/s}$ 时

$$Z = (0.543-\text{j}0.0913)\Omega$$

阻抗 Z 的虚部为负，其串联等效时域模型由电阻和电容组成，如图 8.4.5(c)所示。其中等效电容为

$$C = -\frac{1}{\omega X_C} = \frac{1}{1\times 0.0913}\text{F} = 10.947\text{F}$$

(2) 当 $\omega=2\sqrt{5}\text{rad/s}$ 时

$$Z = 1\Omega$$

阻抗 Z 为一电阻，其串联等效时域模型如图 8.4.5(d)所示。

(3) 当 $\omega=10\text{rad/s}$ 时

$$Z = (1.4+\text{j}0.8)\Omega$$

阻抗 Z 的虚部为正，其串联等效时域模型由电阻和电感组成，如图 8.4.5(e)所示。其中等效电感为

$$L = \frac{X_L}{\omega} = \frac{0.8}{10}\text{H} = 0.08\text{mH}$$

由上面的计算可知，一个实际电路在不同频率下的等效电路，不仅其电路参数不同，甚至连元件类型也可能发生变化。这说明经过等效变换得到的等效电路只是在一定频率下才与变换前的电路等效。

【思考与练习】

8.4.1 试求 100μF 电容在 100Hz 和 10kHz 时的阻抗和容抗；0.1H 电感在 100Hz 和 10kHz 时的阻抗和感抗。（$-$j100Ω，$-$j1Ω；$-$100Ω，$-$1Ω；j10Ω，j1kΩ；10Ω，1kΩ）

8.4.2 在某一频率下对线性非时变无源电路测得阻抗如下：

RL 电路：$Z=(2-\mathrm{j}2)\Omega$；　RC 电路：$Z=(3-\mathrm{j}2)\Omega$；　LC 电路：$Z=(1-\mathrm{j}3)\Omega$

RLC 电路：$Z=(3-\mathrm{j}5)\Omega$；　电容 C：$Z=3\Omega$；　电感 L：$Z=-\mathrm{j}3\Omega$

试问这些结果合理吗？

8.4.3 (1) 如果一端口电路由 n 个元件串联组成，元件的阻抗为 $Z_k(k=1,2,\cdots,n)$，试写出端口输入阻抗的计算公式。

(2) 如果一端口电路由 n 个元件并联组成，元件的导纳为 $Y_k(k=1,2,\cdots,n)$，试写出端口输入导纳的计算公式。

(3) 一端口电路由阻抗分别为 Z_1 和 Z_2 的元件并联组成，试写出端口输入阻抗的计算公式。

(4) 试写出分压公式和分流公式的相量形式。

8.4.4 试求 $\omega=10\mathrm{rad/s}$ 时图 8.4.6 所示各电路的输入阻抗。

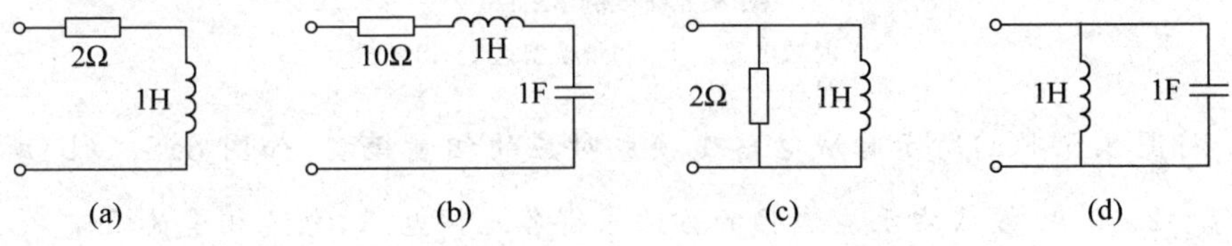

图 8.4.6 思考与练习 8.4.4

8.5 正弦稳态电路的分析

8.5.1 相量分析法

在对正弦稳态电路分析时，若电路中的所有元件都用元件相量模型表示，电路中的所有电压和电流都用相量表示，所得的电路的相量模型都服从相量形式的基尔霍夫定律和欧姆定律，则列出的电路方程都是线性复数代数方程（称相量方程），和电阻电路中相应方程相类似。因此，第 1 章所讨论的关于电阻电路的分析方法、定理、公式可推广到正弦稳态电路的相量运算之中。这种基于相量模型对正弦稳态进行分析的方法称为**相量分析法**(phase analysis)，也称为符号法。其主要步骤为：

(1) 作出时域电路的相量模型。必须注意，在相量模型中，正弦量激励用相应的相量形式表示，其他电路元件用相应的元件相量模型表示。

(2) 根据相量形式的基尔霍夫定律和元件的电压-电流相量关系，求解待求时域变量的相量解。

(3) 由所得到的相量解,用相量反变换得出解的时域表达式。

8.5.2 相量分析法的应用

相量分析法是在相量模型的基础上进行的,因此应用相量分析法求解电路的正弦稳态响应的关键在于求得待求时域变量的相量解。在得到时域电路的相量模型后,完全可以采用电阻电路的分析方法对相量模型进行分析,如采用等效变换、节点分析法、回路分析法、电路定理等。下面举例说明。

【例 8.5.1】 在图 8.5.1(a)所示电路中已知 $i_R=2\sqrt{2}\cos(\omega t)\text{A}$,$\omega=2\times10^3\text{rad/s}$。试求各元件的电压、电流及电源电压 u,并画出各电压、电流的相量图。

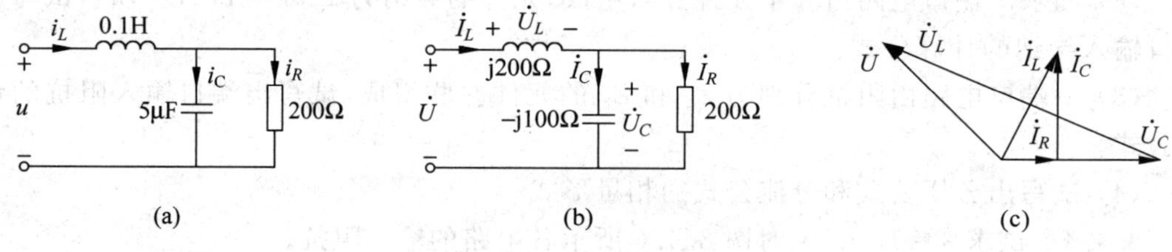

图 8.5.1 例 8.5.1

(a) 时域电路;(b) 相量模型;(c) 相量图

解 将图 8.5.1(a)所示时域电路变换成对应的相量模型,如图 8.5.1(b)所示。由已知有 $\dot{I}_R=2\angle0^\circ\text{A}$,按从右至左递推的方法求得各元件电压、电流相量为

$$\dot{U}_R=R\dot{I}_R=400\angle0^\circ\text{V}$$

$$\dot{I}_C=\frac{\dot{U}_C}{\text{j}X_C}=\frac{400\angle0^\circ}{-\text{j}100}=4\angle90^\circ\text{A}$$

$$\dot{I}_L=\dot{I}_C+\dot{I}_R=(2\angle0^\circ+4\angle90^\circ)\text{A}=(2+\text{j}4)\text{A}=2\sqrt{5}\angle63.43^\circ\text{A}$$

$$\dot{U}_L=\text{j}X_L\dot{I}_L=\text{j}200\times2\sqrt{5}\angle63.43^\circ\text{V}=400\sqrt{5}\angle153.43^\circ\text{V}$$

$$\dot{U}=\dot{U}_L+\dot{U}_C=(400\sqrt{5}\angle153.43^\circ+400\angle0^\circ)\text{V}=400\sqrt{2}\angle135^\circ\text{V}$$

各电压、电流相量图如图 8.5.1(c)所示。

由各相量解可以求得各元件电压、电流时域表达式分别为

$$i_C=4\sqrt{2}\cos(\omega t+90^\circ)\text{A},\quad i_L=2\sqrt{10}\cos(\omega t+63.43^\circ)\text{A}$$

$$u_R=u_C=400\sqrt{2}\cos(\omega t)\text{V},\quad u_L=400\sqrt{10}\cos(\omega t+153.43^\circ)\text{V}$$

$$u=800\cos(\omega t+135^\circ)\text{V}$$

【例 8.5.2】 试求图 8.5.2(a)所示电路的输入阻抗 Z_{in}。

解 将图 8.5.2(a)电路中受控电流源与 RL 并联支路等效变换为受控电压源与阻抗串联支路,如图 8.5.2(b)所示。对图 8.5.2(b)电路列写 KVL 方程得

$$\dot{U}=(R+\mathrm{j}X_C+\mathrm{j}X_L)\dot{I}+g(R+\mathrm{j}X_L)\dot{U}_C$$

对电容，有$\dot{U}_C=\mathrm{j}X_C\dot{I}$，代入上式得

$$\begin{aligned}\dot{U}&=(R+\mathrm{j}X_C+\mathrm{j}X_L)\dot{I}+g(R+\mathrm{j}X_L)\mathrm{j}X_C\dot{I}\\&=[(R-gX_CX_L)+\mathrm{j}(X_C+X_L+gRX_C)]\dot{I}\end{aligned}$$

得到输入阻抗 Z_{in} 为

$$Z_{\mathrm{in}}=(R-gX_CX_L)+\mathrm{j}(X_C+X_L+gRX_C)$$

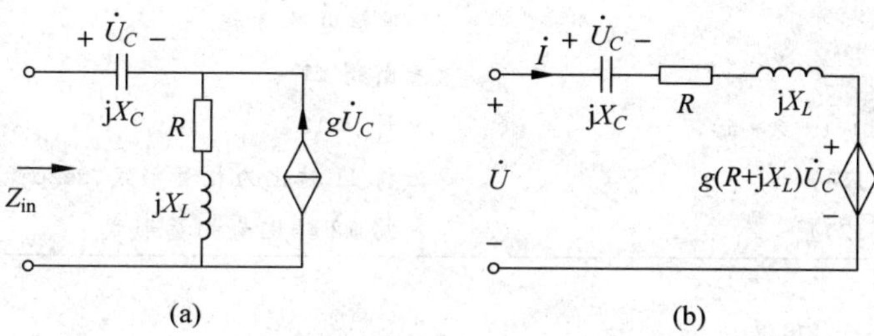

图 8.5.2 例 8.5.2

【例 8.5.3】 已知如图 8.5.3(a)所示含受控电压源的电路，正弦激励为 $u_{\mathrm{S}}=10\sqrt{2}\cos(10^3t)\mathrm{V}$，试用节点分析法求解正弦稳态电流 i_1，i_2。

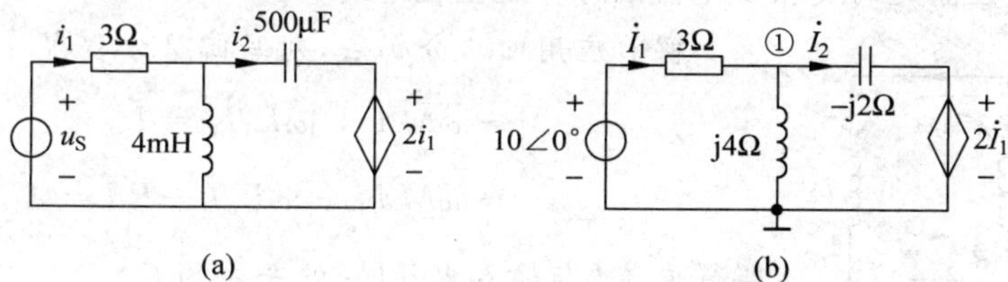

图 8.5.3 例 8.5.3

解 作出相量模型如图 8.5.3(b)所示，对节点①列写节点方程，有

$$\left(\frac{1}{3}+\frac{1}{-\mathrm{j}2}+\frac{1}{\mathrm{j}4}\right)\dot{U}_{\mathrm{n1}}=\frac{10\angle0^\circ}{3}+\frac{2\dot{I}_1}{-\mathrm{j}2}$$

用节点电压表示受控源的控制电流$\dot{I}_1$，即

$$\dot{I}_1=\frac{10\angle0^\circ-\dot{U}_{\mathrm{n1}}}{3}$$

将上式代入节点方程并求解得节点电压相量为

$$\dot{U}_{\mathrm{n1}}=(6.769-\mathrm{j}1.846)\mathrm{V}$$

从而求出

$$\dot{I}_1=\frac{10\angle0^\circ-\dot{U}_{\mathrm{n1}}}{3}=1.077+\mathrm{j}0.615=1.24\angle29.7^\circ\mathrm{A}$$

$$\dot{I}_2 = \frac{\dot{U}_{n1} - 2\dot{I}_1}{-j2} = 1.539 + j2.308 = 2.77\angle 56.3°\text{A}$$

i_1 和 i_2 的时域表达式分别为

$$i_1 = 1.24\sqrt{2}\cos(10^3 t + 29.7°)\text{A}, \quad i_2 = 2.77\sqrt{2}\cos(10^3 t + 56.3°)\text{A}$$

MATLAB 计算程序：

```
%采用 MATLAB 求解例 8.5.3
g = solve('(1/3 + 1/( - 2 * i) + 1/(4 * i)) * Un1 = 10/3 + 2 * I1/( - 2 * i)', 'I1 = (10 - Un1)/3','Un1
','I1');                                                %解电路方程
I1 = g.I1;                                             %解得 I1
I2 = (g.Un1 - 2 * I1)/( - 2 * i);                      %计算 I2
I1 = zz2pj(double(I1))                                 %将 I1 转化为相量形式,zz2pj()的用法见例 8.1.5
I2 = zz2pj(double(I2))                                 %将 I2 转化为相量形式
```

计算结果：

	有效值	相角
I1 =	1.2403	29.7449
I2 =	2.7735	56.3099

【例 8.5.4】 图 8.5.4 所示电路,要求在任意频率下,电流 i 与输入电压 u_S 始终同相,试求各参数应满足的关系及电流 i 的有效值表达式。

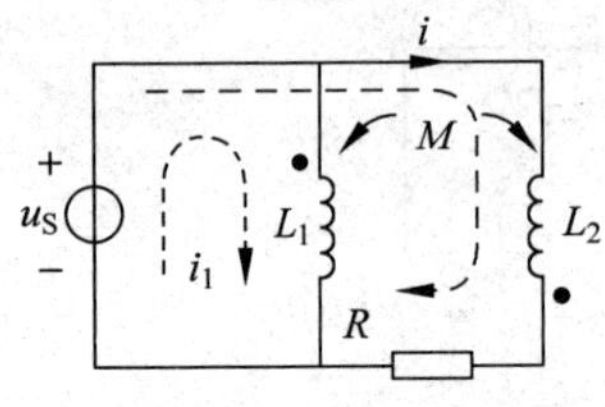

图 8.5.4　例 8.5.4

解　应用回路分析法,列写回路方程得

$$\begin{cases} -j\omega M\dot{I} + j\omega L_1\dot{I}_1 = \dot{U}_S \\ -j\omega M\dot{I}_1 + j\omega L_2\dot{I} + R\dot{I} = \dot{U}_S \end{cases}$$

解得电流 $\dot{I}$ 与输入电压 $\dot{U}_S$ 的关系为

$$\dot{I} = \frac{(L_1 - M)\dot{U}_S}{RL_1 + j\omega(L_1L_2 - M^2)}$$

由上式可见：当 $M=\sqrt{L_1L_2}$,即互感为全耦合时,$\dot{I}=\dfrac{L_1-M}{RL_1}\dot{U}_S$,$\dot{I}$ 与 $\dot{U}_S$ 同相且与频率无关。此时 i 的有效值为 $I=U_S(L_1-M)/(RL_1)$。

【例 8.5.5】 试求图 8.5.5(a)所示一端口电路的戴维南电路。

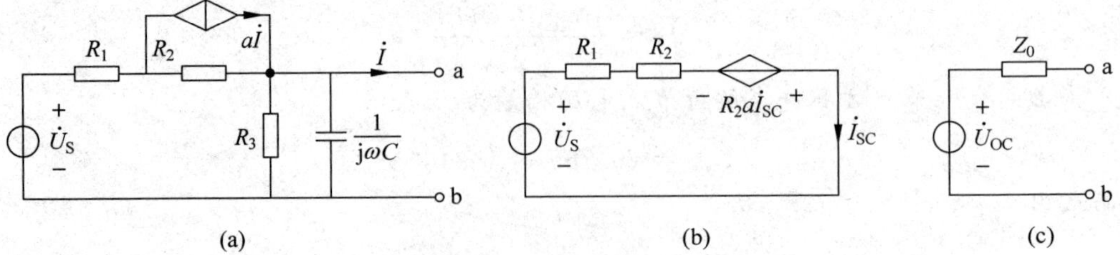

图 8.5.5　例 8.5.4

(a) 原电路；(b) 求 $\dot{I}_{SC}$ 电路；(c) 等效电路

解 (1) 求开路电压$\dot{U}_{OC}$。由于 a-b 端开路,$\dot{I}=0$,因此受控电流源 $a\dot{I}=0$,于是有

$$\dot{U}_{OC}=\frac{Z\dot{U}_S}{R_1+R_2+Z}$$

其中

$$Z=\frac{R_3\times\frac{1}{j\omega C}}{R_3+\frac{1}{j\omega C}}=\frac{R_3}{j\omega CR_3+1}$$

所以

$$\dot{U}_{OC}=\frac{\frac{R_3}{j\omega CR_3+1}\times\dot{U}_S}{R_1+R_2+\frac{R_3}{j\omega CR_3+1}}=\frac{R_3\dot{U}_S}{R_1+R_2+R_3+j\omega CR_3(R_1+R_2)}$$

(2) 求短路电流$\dot{I}_{SC}$。a-b 端电路短路后的等效电路如图 8.5.5(b)所示。由 KVL,可得

$$(R_1+R_2)\dot{I}_{SC}-a\dot{I}_{SC}R_2=\dot{U}_S$$

所以

$$\dot{I}_{SC}=\frac{\dot{U}_S}{R_1+R_2-aR_2}$$

(3) 求电路的等效阻抗

$$Z_0=\frac{\dot{U}_{OC}}{\dot{I}_{SC}}=\frac{R_3(R_1+R_2-aR_2)}{R_1+R_2+R_3+j\omega CR_3(R_1+R_2)}$$

因此,一端口电路的戴维南电路如图 8.5.5(c)所示。

【例8.5.6】 如图 8.5.6(a)所示为测试电感线圈的电路。已知正弦激励电压的有效值为 130V,用电压表测得 35Ω 电阻两端的电压为 70V,电感线圈两端的电压为 100V。已知 $f=50$Hz,试求 R 和 L 的值。

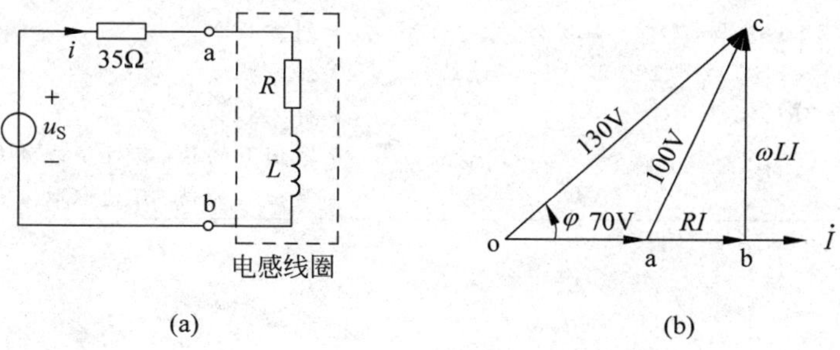

图 8.5.6 例 8.5.6

解 此题用相量图分析比较方便。在作相量图时,一般要选择一个相量作为参考相量(辐角为零的相量),以便于作图和求解。本题以电流$\dot{I}$为参考相量,I 为电流 i 的有效值,其

大小为(70/35)A=2A。

如图 8.5.6(b)所示，与$\dot{I}$同向作有向线段 oa，此即为 35Ω 电阻的电压相量，其长度对应 70V，分别以 o 点为圆心、对应 130V 的长度为半径和以 a 点为圆心、对应 100V 的长度为半径作圆，其交点为 c，则有向线段 oc 代表激励电压相量，ac 代表电感线圈两端电压相量。由 c 点向相量$\dot{I}$作垂线交于 b 点，则 ab 代表线圈电阻电压相量，bc 代表线圈电感电压相量。

对△oac，由余弦定理得

$$100^2 = 130^2 + 70^2 - 2 \times 130 \times 70\cos\varphi$$

解得

$$\varphi = 49.6^\circ$$

由△obc，可得

$$\begin{cases} \omega LI = 130\sin\varphi \\ \mathrm{oc} = 70 + RI = 130\cos\varphi \end{cases}$$

代入已知参数得

$$\begin{cases} 2 \times 3.14 \times 50L \times 2 = 130\sin 49.6^\circ \\ 70 + R \times 2 = 130\cos 49.6^\circ \end{cases}$$

解得

$$R = 7.14\Omega, \quad L = 157.6\text{mH}$$

下面通过 MATLAB 求解方程

$$\begin{cases} (70 + RI)^2 + (\omega LI)^2 = 130^2 \\ (RI)^2 + (\omega LI)^2 = 100^2 \end{cases}$$

MATLAB 计算程序：

```
%采用 MATLAB 求解例 8.5.6
syms R L;                                %定义符号变量
w = 2 * pi * 50;                         %计算频率
I = 70/35;                               %计算电流 I 的有效值
eq1 = (70 + R * I)^2 + (w * L * I)^2 - 130^2;   %列方程 1
eq2 = (R * I)^2 + (w * L * I)^2 - 100^2  %列方程 2
g = solve(eq1,eq2,'R','L')               %解方程
R = vpa(g.R,4)                           %写出 R 的值，有效位取 4 位
L = vpa(g.L,4)                           %写出 L 的值，有效位取 4 位
```

计算结果：

```
R = 7.143
    7.143
L =  .1575
    -.1575
```

可见，计算结果包括两组解，应舍去 L 取负值的一组不合理解。

【思考与练习】

8.5.1　试求图 8.5.7 所示电路中的电压、电流相量。(1.491∠−64.43°A，1.334∠−90°A，0.667∠0°A，2.982∠90°V，6.667∠0°V)

8.5.2　试求图 8.5.8 所示电路中电压表 V_1 的读数。各电压表的读数为有效值。(30V)

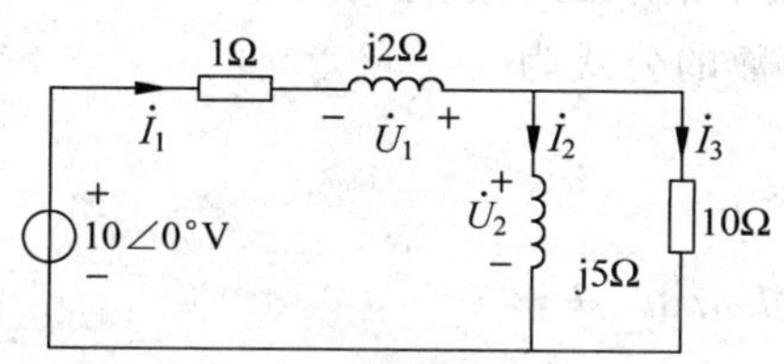

图 8.5.7　思考与练习 8.5.1

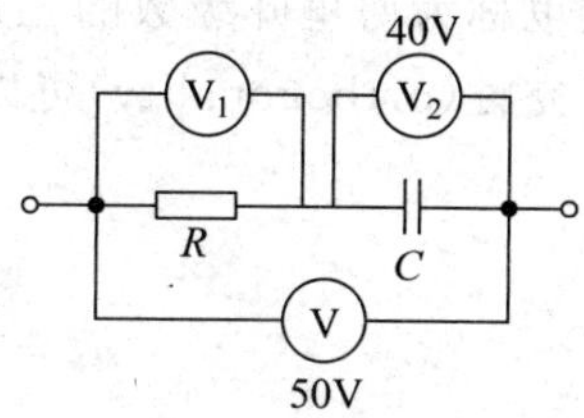

图 8.5.8　思考与练习 8.5.2

8.6　非正弦周期稳态电路的分析

8.6.1　非正弦周期波形的傅里叶级数展开

上面讨论了正弦电源激励下电路的响应，但是，还有一些非正弦的周期波形在电气、电子、通讯、控制等各个领域被广泛应用。例如，在电子技术中常见的方波、半波整流波形、全波整流波形、三角波等都是非正弦周期波形，如图 8.6.1 所示。

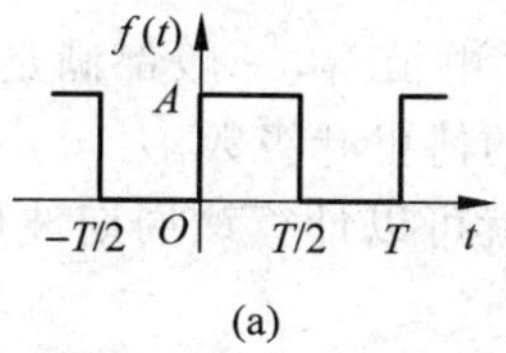

(a)

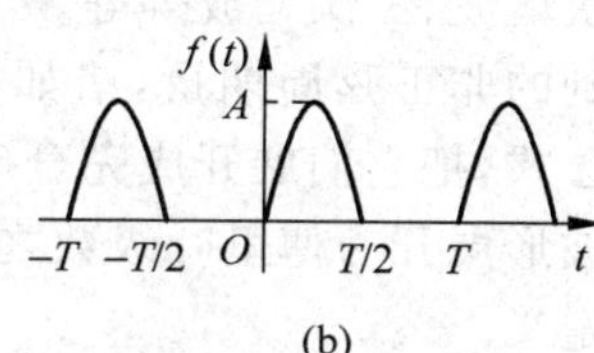

(b)

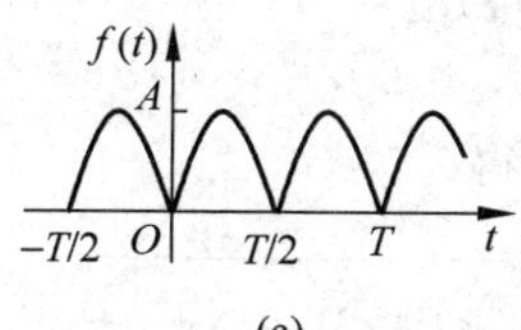

(c)

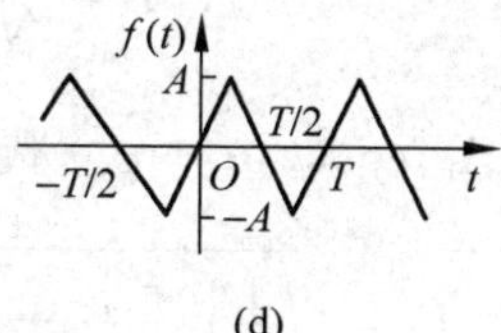

(d)

图 8.6.1　非正弦周期波形

(a) 方波；(b) 半波整流波形；(c) 全波整流波形；(d) 三角波

周期波形都可用一个周期函数来表示，即

$$f(t) = f(t + kT) \quad k = 0, \pm 1, \pm 2, \cdots \tag{8.6.1}$$

式中，T 为周期波形的周期。只要 $f(t)$ 满足狄里赫利条件（即在每个周期上 $f(t)$ 满足：连续或者具有有限个第一类间断点；具有有限个最大值和最小值；函数绝对可积），便可展开成一个收敛的**傅里叶级数**（Fourier series），即

$$f(t)=A_0+\sum_{k=1}^{\infty}(a_k\cos k\omega t+b_k\sin k\omega t)$$

$$=A_0+\sum_{k=1}^{\infty}A_{mk}\cos(k\omega t+\varphi_k) \quad (8.6.2)$$

上述级数也称为傅里叶级数的三角形式。级数中诸项的系数称为傅里叶系数，利用三角函数的**正交性**（orthogonality）可以导出这些系数的公式为

$$A_0=\frac{1}{T}\int_0^T f(t)\,dt \quad (8.6.3)$$

$$a_k=\frac{2}{T}\int_0^T f(t)\cos k\omega t\,dt \quad k\neq 0 \quad (8.6.4)$$

$$b_k=\frac{2}{T}\int_0^T f(t)\sin k\omega t\,dt \quad k\neq 0 \quad (8.6.5)$$

$$A_{mk}=\sqrt{a_k^2+b_k^2} \quad (8.6.6)$$

$$\varphi_k=\arctan\frac{-b_k}{a_k} \quad (8.6.7)$$

其中，$\omega=2\pi/T$ 为 $f(t)$ 的（角）频率。

在电路理论中，习惯于把级数中的常数项称为**直流分量**（DC component）（或恒定分量），把诸正弦项和余弦项称为**谐波分量**（harmonic component）。其中，频率等于原波形频率的谐波分量 $A_{m1}\cos(\omega t+\varphi_1)$ 称为基波分量（或基波），频率为基波频率整数倍的谐波分量 $A_{mk}\cos(k\omega t+\varphi_k)$ 称为**高次谐波**（higher harmonic）。在高次谐波中，又按其对基波频率之倍数分为二次谐波、三次谐波等等。

在工程中所用到的非正弦周期量，诸如电压、电流等，一般都满足狄里赫利条件，因此可以按上述计算公式，把它们展开成完全确定的傅里叶级数。

将非正弦周期波形展开为傅里叶级数之后，就可以计算该周期波形的有效值。按照周期量的有效值的定义

$$F=\sqrt{\frac{1}{T}\int_0^T f^2(t)\,dt} \quad (8.6.8)$$

将 $f(t)=A_0+\sum\limits_{k=1}^{\infty}A_{mk}\cos(k\omega t+\varphi_k)$ 代入上式，得

$$F=\sqrt{\frac{1}{T}\int_0^T\left[A_0+\sum_{k=1}^{\infty}A_{mk}\cos(k\omega t+\varphi_k)\right]^2 dt} \quad (8.6.9)$$

上式方括号展开后得到下列四种积分形式，根据正弦函数的正交性有

$$\frac{1}{T}\int_0^T A_0^2\,dt=A_0^2 \quad (8.6.10)$$

$$\frac{1}{T}\int_0^T\sum_{k=1}^{\infty}A_{mk}^2\cos^2(k\omega t+\varphi_k)\,dt=\sum_{k=1}^{\infty}\frac{1}{2}A_{mk}^2 \quad (8.6.11)$$

$$\frac{1}{T}\int_0^T A_0 \sum_{k=1}^{\infty} A_{mk}\cos(k\omega t+\varphi_k)\mathrm{d}t = 0 \tag{8.6.12}$$

$$\frac{1}{T}\int_0^T \sum_{k=1}^{\infty}\sum_{k'=1}^{\infty} A_{mk}A_{mk'}\cos(k\omega t+\varphi_k)\cos(k'\omega t+\varphi_{k'})\mathrm{d}t = 0 \quad (k\neq k') \tag{8.6.13}$$

将上述结果代入式(8.6.9)，得

$$F=\sqrt{\frac{1}{T}\int_0^T f^2(t)\mathrm{d}t}=\sqrt{A_0^2+\sum_{k=1}^{\infty}\frac{1}{2}A_{mk}^2}=\sqrt{A_0^2+A_1^2+A_2^2+\cdots} \tag{8.6.14}$$

式中，$A_1=A_{m1}/\sqrt{2}$，$A_2=A_{m2}/\sqrt{2}$，… 分别为基波，二次谐波，… 的有效值。

当 $f(t)$为非正弦周期电压或电流时，有

$$U=\sqrt{U_0^2+U_1^2+U_2^2+\cdots+U_k^2+\cdots} \tag{8.6.15}$$

$$I=\sqrt{I_0^2+I_1^2+I_2^2+\cdots+I_k^2+\cdots} \tag{8.6.16}$$

与正弦量一样，非正弦周期量的有效值可直接用电工仪表(如电磁式、电动式或热电式等仪表)进行测量。

利用欧拉公式，还可以将式(8.6.2)表示为指数形式。由式(8.6.2)可得

$$f(t)=A_0+\sum_{k=1}^{\infty}\left(a_k\frac{\mathrm{e}^{\mathrm{j}k\omega t}+\mathrm{e}^{-\mathrm{j}k\omega t}}{2}+b_k\frac{\mathrm{e}^{\mathrm{j}k\omega t}-\mathrm{e}^{-\mathrm{j}k\omega t}}{\mathrm{j}2}\right)=A_0+\sum_{k=1}^{\infty}\left(\frac{a_k-\mathrm{j}b_k}{2}\mathrm{e}^{\mathrm{j}k\omega t}+\frac{a_k+\mathrm{j}b_k}{2}\mathrm{e}^{-\mathrm{j}k\omega t}\right) \tag{8.6.17}$$

定义

$$\begin{aligned}\widetilde{A}_{mk}&=\frac{a_k-\mathrm{j}b_k}{2}=\frac{1}{2}\left(\frac{2}{T}\int_0^T f(t)\cos k\omega t\,\mathrm{d}t-\frac{\mathrm{j}2}{T}\int_0^T f(t)\sin k\omega t\,\mathrm{d}t\right)\\&=\frac{1}{T}\int_0^T f(t)(\cos k\omega t-\mathrm{j}\sin k\omega t)\mathrm{d}t=\frac{1}{T}\int_0^T f(t)\mathrm{e}^{-\mathrm{j}k\omega t}\mathrm{d}t \quad k=1,2,\cdots\end{aligned} \tag{8.6.18}$$

则式(8.6.6)中的系数可表示为

$$A_0=\frac{1}{T}\int_0^T f(t)\mathrm{d}t=\widetilde{A}_{mk}\Big|_{k=0}=\widetilde{A}_{m0} \tag{8.6.19}$$

$$\begin{aligned}\frac{a_k+\mathrm{j}b_k}{2}&=\frac{1}{2}\left(\frac{2}{T}\int_0^T f(t)\cos k\omega t\,\mathrm{d}t+\frac{\mathrm{j}2}{T}\int_0^T f(t)\sin k\omega t\,\mathrm{d}t\right)\\&=\frac{1}{T}\int_0^T f(t)\mathrm{e}^{\mathrm{j}k\omega t}\mathrm{d}t=\widetilde{A}_{m(-k)} \quad k=1,2,\cdots\end{aligned} \tag{8.6.20}$$

这样周期波形 $f(t)$可展开为傅里叶级数的指数形式，即

$$f(t)=\sum_{k=-\infty}^{\infty}\widetilde{A}_{mk}\mathrm{e}^{\mathrm{j}k\omega t} \tag{8.6.21}$$

式中

$$\widetilde{A}_{mk}=\frac{1}{T}\int_0^T f(t)\mathrm{e}^{-\mathrm{j}k\omega t}\mathrm{d}t \quad k=0,\pm1,\pm2,\cdots \tag{8.6.22}$$

式(8.6.21)的 k 取从 $-\infty$ 到 ∞ 的全部整数。当 $k=0$ 时，$\widetilde{A}_{m0}$ 即为直流分量；当 $k\neq0$ 时，$\widetilde{A}_{mk}$ 和 $\widetilde{A}_{m(-k)}$ 是共轭复数，如果 $\widetilde{A}_{mk}=|\widetilde{A}_{mk}|\mathrm{e}^{\mathrm{j}\varphi_k}$，则 $\widetilde{A}_{m(-k)}=|\widetilde{A}_{mk}|\mathrm{e}^{-\mathrm{j}\varphi_k}$。傅里叶级数的 k

次谐波分量就是式(8.6.10)中$\pm k$次复指数项的和所组成，即

$$f_k(t)=\widetilde{A}_{mk}e^{jk\omega t}+\widetilde{A}_{m(-k)}e^{-jk\omega t}=|\widetilde{A}_{mk}|e^{j\varphi_k}e^{jk\omega t}+|\widetilde{A}_{mk}|e^{-j\varphi_k}e^{-jk\omega t}$$
$$=2|\widetilde{A}_{mk}|\cos(k\omega t+\varphi_k) \tag{8.6.23}$$

可见k次谐波分量的振幅和初相分别为$2|\widetilde{A}_{mk}|$和φ_k，即$2\widetilde{A}_{mk}$就是代表k次谐波分量的振幅相量。

【例8.6.1】 如图8.6.2所示为全波整流波形，试求该波形的傅里叶级数展开式。

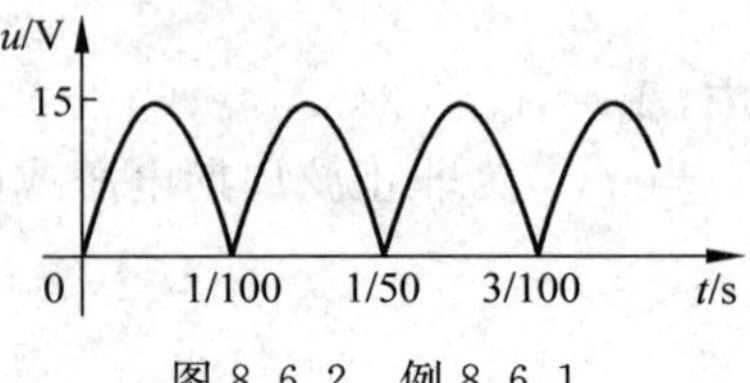

图8.6.2 例8.6.1

解 图示波形的表达式为

$$u_S=|15\sin(314t)|\ \text{V}$$

显然，该波形的周期为$T=0.01\text{s}$，$\omega=2\pi/T=200\pi\text{rad/s}$。由式(8.6.3)～式(8.6.5)可得

$$A_0=\frac{1}{T}\int_0^T f(t)\mathrm{d}t=100\int_0^{0.01}15\sin314t\mathrm{d}t=\frac{30}{\pi}$$

$$a_k=\frac{2}{T}\int_0^T f(t)\cos k\omega t\mathrm{d}t=200\int_0^{0.01}15\sin314t\cos200\pi kt\mathrm{d}t=\frac{60/\pi}{1-4k^2}$$

$$b_k=\frac{2}{T}\int_0^T f(t)\sin k\omega t\mathrm{d}t=0\quad（图示波形为偶函数）$$

得到波形的傅里叶级数展开式为

$$u_S=\frac{30}{\pi}-\frac{60}{\pi}\left(\frac{1}{3}\cos\omega t+\frac{1}{15}\cos2\omega t+\frac{1}{35}\cos3\omega t+\frac{1}{63}\cos4\omega t+\cdots\right)$$

还可将波形展开为傅里叶级数的指数形式。由式(8.6.18)可得

$$\widetilde{A}_{mk}=\frac{a_k-jb_k}{2}=\frac{a_k}{2}=\frac{30/\pi}{1-4k^2}$$

因此傅里叶级数的指数形式为

$$f(t)=\sum_{k=-\infty}^{\infty}\widetilde{A}_{mk}e^{jk\omega t}=\sum_{k=-\infty}^{\infty}\frac{30/\pi}{1-4k^2}e^{jk\omega t}$$

8.6.2 非正弦周期稳态电路的响应

当电路中的电压、电流波形为非正弦周期波形时，这样的电路称为非正弦周期稳态电路。对线性非时变非正弦周期稳态电路的分析仍可采用相量法。常见的非正弦周期稳态电路可分为两类：一类为电路中存在多个频率不同的正弦稳态激励，因此电路的响应为非正弦周期波形，对这类电路采用叠加定理和相量法进行分析，即运用相量法求出每一个正弦激励单独作用时的电路时域响应，再运用叠加定理得到所有激励作用时电路总的响应。另一类为电路中仅存在单个激励，但该激励为非正弦周期波形，对这类电路同样采用叠加定理和相量法进行分析，即首先将非正弦周期激励分解成诸谐波分量(包括直流分量)之和，电路在非正弦周期电源激励下的响应等于非正弦周期电源诸谐波分量单独作用时电路响应之代数和。对包含多个非正弦周期激励的电路，则可综合运用上

述方法进行分析。

在应用相量法和叠加定理分析非正弦周期稳态电路的响应时，应注意以下两点：

(1) 直流激励作用时，电路中的电感相当于短路，电容相当于开路；在其他频率正弦激励时，电感和电容的电抗值都要随频率发生变化。

(2) 用相量法求得一系列稳态响应相量，由于其对应的频率各不相同，不能直接相加，而必须表示为相应的时域响应后再进行叠加。

【例 8.6.2】 在如图 8.6.3(a)所示电路中，已知 $u_S=[2+5\cos(100t)]\text{V}$，$i_S=2\sin t\text{A}$，试求稳态电压 u_o。

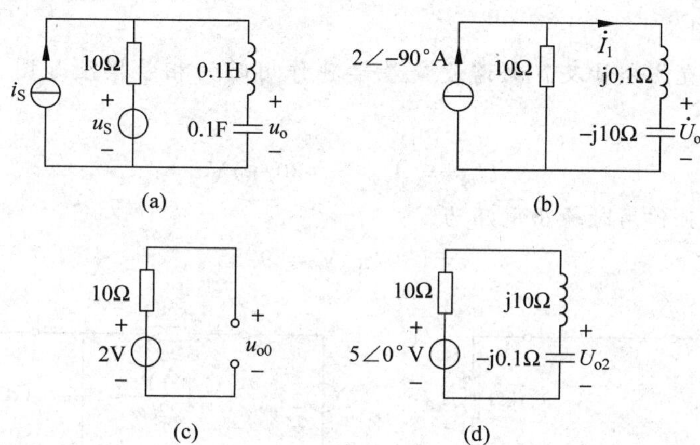

图 8.6.3 例 8.6.2

解 图 8.6.3(a)所示电路包含两个激励。先求电流源单独作用时的稳态响应，作出如图 8.6.3(b)所示的相量模型，由分流公式可得

$$\dot{I}_1=\frac{10}{10+\text{j}0.1-\text{j}10}\times 2\angle-90^\circ\text{A}=1.42\angle-45.29^\circ\text{A}$$

于是得到

$$\dot{U}_{o1}=-\text{j}10\times\dot{I}_1=-\text{j}10\times 1.42\angle-45.29^\circ\text{V}=14.2\angle-135.29^\circ\text{V}$$

对应的时域响应表达式为

$$u_{o1}=14.2\cos(t-135.29^\circ)\text{V}$$

再求电压源单独作用时的稳态响应。电压源包含两个频率分量，直流分量单独作用时的电路模型如图 8.6.3(c)所示，$\omega=100\text{rad/s}$ 的分量单独作用时的相量模型如图 8.6.3(d)所示。由图 8.6.3(c)可知

$$u_{o0}=2\text{V}$$

由图 8.6.3(c)可知

$$\dot{U}_{o2}=\frac{50\angle 0^\circ}{10+\text{j}10-\text{j}0.1}\times(-\text{j}0.1)\text{V}=0.36\angle-134.71^\circ\text{V}$$

对应的时域响应表达式为

$$u_{o2}=0.36\cos(100t-134.71^\circ)\text{V}$$

最后，由叠加定理可得两个电源都作用时的稳态电压 u_o 为

$$u_o = u_{o0} + u_{o1} + u_{o2} = [2 + 14.2\cos(t - 135.29^\circ) + 0.36\cos(100t - 134.71^\circ)]\text{V}$$

【例 8.6.3】 在如图 8.6.4 所示电路中，已知 u_S 的波形如图 8.6.2 所示，求稳态电压 u_o。

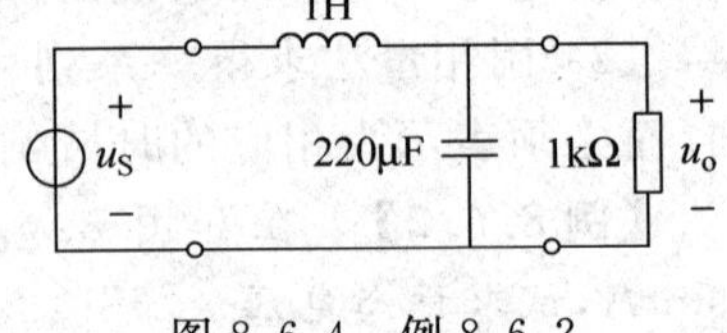

图 8.6.4 例 8.6.2

解 例 8.6.1 已求得 u_S 的傅里叶级数的指数形式为

$$f(t) = \sum_{k=-\infty}^{\infty} \widetilde{A}_{mk} e^{jk\omega t} = \sum_{k=-\infty}^{\infty} \frac{30/\pi}{1-4k^2} e^{jk\omega t}$$

式中，$\omega = 200\pi \text{rad/s}$。

作出电路在直流分量及 k 次谐波分量单独作用时的相量模型如图 8.6.5 所示。由图 8.6.5(a)可知

$$\dot{U}_{o0} = \widetilde{A}_{m0} = (30/\pi)\text{V}$$

因此直流分量单独作用时输出电压为

$$u_{o0} = (30/\pi)\text{V} = 9.55\text{V}$$

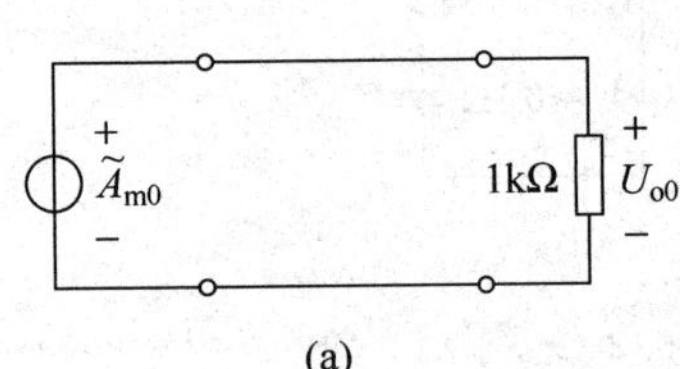

(a)

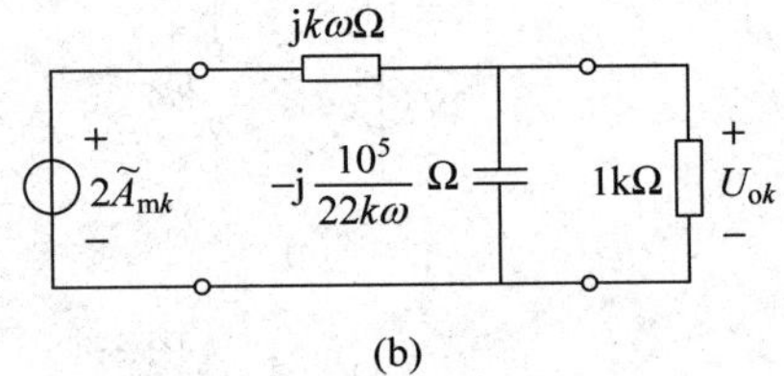

(b)

图 8.6.5

对图 8.6.5(b)所示的相量模型运用分压公式，可得

$$\dot{U}_{ok} = \frac{\left(-j\dfrac{10^5}{22k\omega}\right) /\!/ \ 1000}{\left(-j\dfrac{10^5}{22k\omega}\right) /\!/ \ 1000 + jk\omega} \times 2\widetilde{A}_{mk} = \frac{1000}{(1000 - 0.22 \times k^2\omega^2) + jk\omega} \times \frac{60/\pi}{1-4k^2}$$

计算 $k=1,2,3,4$ 时的输出电压相量，分别为

$$\begin{cases} \dot{U}_{o1} = 7.42 \times 10^{-2} \angle 0.42^\circ \\ \dot{U}_{o2} = 3.68 \times 10^{-3} \angle 0.21^\circ \\ \dot{U}_{o3} = 6.99 \times 10^{-4} \angle 0.14^\circ \\ \dot{U}_{o4} = 2.18 \times 10^{-4} \angle 0.10^\circ \end{cases}$$

对应于时域的输出电压为

$$\begin{cases} u_{o1} = 7.42 \times 10^{-2} \cos(\omega t + 0.42^\circ)\text{V} \\ u_{o2} = 3.68 \times 10^{-3} \cos(2\omega t + 0.21^\circ)\text{V} \\ u_{o3} = 6.99 \times 10^{-4} \cos(3\omega t + 0.14^\circ)\text{V} \\ u_{o4} = 2.18 \times 10^{-4} \cos(4\omega t + 0.10^\circ)\text{V} \end{cases}$$

由叠加定理，得到电阻两端的电压为

$$u_o = [9.55 + 7.42\times10^{-2}\cos(\omega t + 0.42°) + 3.68\times10^{-3}\cos(2\omega t + 0.21°) + 6.99\times10^{-4}\cos(3\omega t + 0.14°) + 2.18\times10^{-4}\cos(4\omega t + 0.10°) + \cdots]\text{V}$$

由于二次及二次以上谐波分量的幅值很小，可以略去，因此输出电压近似为

$$u_o = [9.55 + 7.42\times10^{-2}\cos(\omega t + 0.42°)]\text{V}$$

*8.6.3 傅里叶变换简介

利用傅里叶级数展开和相量法可计算非正弦周期激励下线性非时变电路的稳态响应。如果将非周期激励看做周期为无穷大的周期函数，则可用傅里叶级数的极限形式来表达非周期激励，这样就可按照分析非正弦周期稳态电路的方法来对非周期激励下的线性非时变电路进行分析。

将式(8.6.21)和式(8.6.22)重写为

$$f(t) = \sum_{k=-\infty}^{\infty} \widetilde{A}_{mk} e^{jk\omega t} \tag{8.6.24}$$

$$\widetilde{A}_{mk} = \frac{1}{T}\int_0^T f(t)e^{-jk\omega t}dt \quad k = 0, \pm1, \pm2, \cdots \tag{8.6.25}$$

随着波形周期的增大，相邻谐波频率的间隔 $\Delta\omega = \omega = 2\pi/T$ 越来越小。如果 $f(t)$ 为非周期函数，则可将周期看做 $T\to\infty$，此时对式(8.6.25)中的变量和符号作如下替换，即

$$\omega \to d\omega,\quad \frac{1}{T}\to\frac{d\omega}{2\pi},\quad k\omega\to\omega,\quad \widetilde{A}_{mk}\to\widetilde{A}_m(j\omega),\quad \int_0^T \to \int_{-\infty}^{\infty}$$

则式(8.6.25)可写作

$$\widetilde{A}_m(j\omega) = \frac{d\omega}{2\pi}\int_{-\infty}^{\infty} f(t)e^{-j\omega t}dt \tag{8.6.26}$$

称式(8.6.26)中的积分

$$F(j\omega) = \int_{-\infty}^{\infty} f(t)e^{-j\omega t}dt \tag{8.6.27}$$

为**傅里叶积分**(Fourier integral)。

同样，当 $T\to\infty$ 时，式(8.6.24)中的求和将转化为求积分，将式(8.6.26)代入可得

$$f(t) = \lim_{T\to\infty}\left[\sum_{k=-\infty}^{\infty}\widetilde{A}_{mk}e^{jk\omega t}\right] = \int_{-\infty}^{\infty}\left[\frac{d\omega}{2\pi}\int_{-\infty}^{\infty} f(t)e^{-j\omega t}\right]e^{j\omega t} = \frac{1}{2\pi}\int_{-\infty}^{\infty}F(j\omega)e^{j\omega t}d\omega \tag{8.6.28}$$

由式(8.6.28)可知，非周期函数 $f(t)$ 可展开为从 $-\infty$ 到 ∞ 频率连续的谐波分量，谐波振幅分量 $\frac{1}{2\pi}F(j\omega)d\omega$ 为无穷小，其中 $F(j\omega)$ 可看做各谐波振幅相量的相对值，称为频谱密度函数，简称**频谱函数**(frequency spectrum function)。$F(j\omega)$ 的模 $|F(j\omega)|$ 和辐角 $\arg[F(j\omega)]$ 都是 ω 的函数，分别称为非周期函数 $f(t)$ 的幅值频谱和相位频谱。

式(8.6.27)和式(8.6.28)可以相互表示，$F(j\omega)$ 称为 $f(t)$ 的**傅里叶变换**(Fourier transform)；$f(t)$ 称为 $F(j\omega)$ 的**傅里叶反变换**(inverse Fourier transform)，上述关系简

记为

$$F(\mathrm{j}\omega)=\mathcal{F}[f(t)] \tag{8.6.29}$$

$$f(t)=\mathcal{F}^{-1}[F(\mathrm{j}\omega)] \tag{8.6.30}$$

值得指出的是：并非所有非周期函数都存在傅里叶变换，根据傅里叶变换理论，$f(t)$ 可进行傅里叶变换的充分条件为 $f(t)$ 满足狄里赫利条件且在无限区间上绝对可积 $\left(\int_{-\infty}^{\infty}|f(t)|\,\mathrm{d}t<\infty\right)$。

通过傅里叶变换可将时域函数 $f(t)$ 变换为**频率域**（frequency domain）中的函数 $F(\mathrm{j}\omega)$。如果电路中的电压、电流可用式(8.6.27)变换为相应的频谱函数，则在频率域中可用相量法和叠加定理对电路进行分析。例如对图 8.6.6(a)所示电路，所加电流源激励为非周期函数 i，现在要求端口两端的电压 u。为此，首先将激励 i 作傅里叶变换，得到其频谱函数，即

$$I(\mathrm{j}\omega)=\int_{-\infty}^{\infty}i(t)\mathrm{e}^{-\mathrm{j}\omega t}\,\mathrm{d}t \tag{8.6.31}$$

显然，激励 i 用其频谱函数可表示为

$$i=\frac{1}{2\pi}\int_{-\infty}^{\infty}I(\mathrm{j}\omega)\mathrm{e}^{\mathrm{j}\omega t}\,\mathrm{d}\omega \tag{8.6.32}$$

式中，$\frac{1}{2\pi}I(\mathrm{j}\omega)\mathrm{d}\omega$ 可看做激励 i 中频率为 ω 的谐波所对应的电流相量。

再作出时域电路在频率域的电路模型，如图 8.6.6(b)所示，该模型与相量模型的区别在于频率域模型中的所有电压、电流均为频谱函数，而相量模型中的电压、电流均为相量。设图 8.6.6(b)所示电路的端口阻抗为 $Z(\mathrm{j}\omega)$，则由激励 $I(\mathrm{j}\omega)$ 产生的端口电压频谱函数为

$$U(\mathrm{j}\omega)=Z(\mathrm{j}\omega)I(\mathrm{j}\omega) \tag{8.6.33}$$

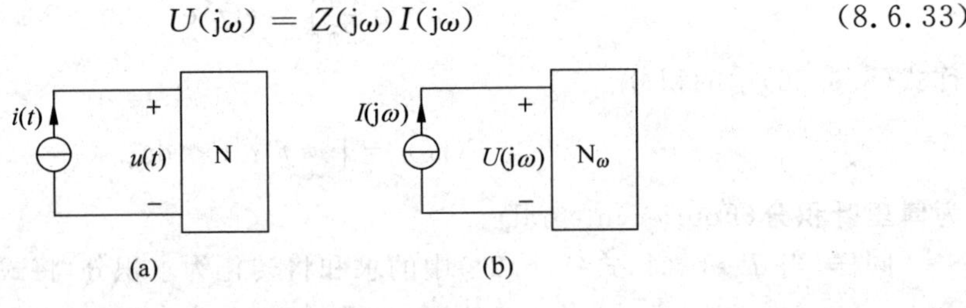

图 8.6.6

端口电压频谱函数 $U(\mathrm{j}\omega)$ 由傅里叶反变换求出得

$$u=\frac{1}{2\pi}\int_{-\infty}^{\infty}Z(\mathrm{j}\omega)I(\mathrm{j}\omega)\mathrm{e}^{\mathrm{j}\omega t}\,\mathrm{d}\omega \tag{8.6.34}$$

由式(8.6.32)可知，激励 i 由频率为 ω 的电流相量 $\frac{1}{2\pi}I(\mathrm{j}\omega)\mathrm{d}\omega$ 叠加而成，$\frac{1}{2\pi}I(\mathrm{j}\omega)\mathrm{d}\omega$ 所产生的端口电压相量为 $Z(\mathrm{j}\omega)\frac{1}{2\pi}I(\mathrm{j}\omega)\mathrm{d}\omega$，把所有频率的端口电压相量叠加起来就是所求的端口电压，此即式(8.6.34)。

【例 8.6.4】 在如图 8.6.7(a)所示电路中，已知 $u=Ue^{-\alpha t}(t>0)$，试用傅里叶变换求输出电压 u_o。

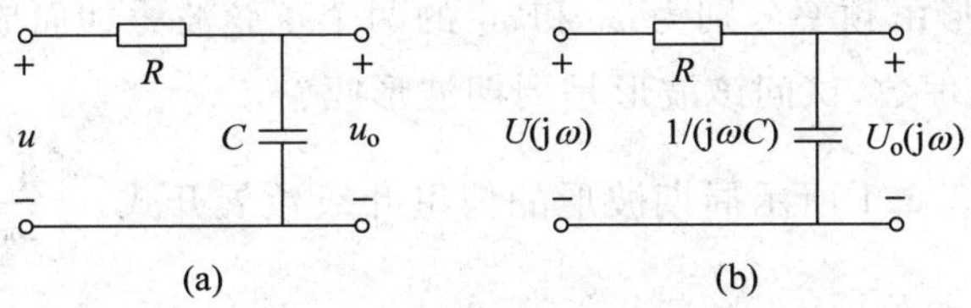

图 8.6.7 例 8.6.4

解 非周期电压 u 的傅里叶变换为

$$U(j\omega)=\int_0^{\infty}Ue^{-\alpha t}e^{-j\omega t}dt=U\int_0^{\infty}e^{-(\alpha+j\omega)t}dt=\frac{U}{\alpha+j\omega}$$

图 8.6.7(a)所示电路的频率域模型如图 8.6.7(b)所示，由分压公式可得输出电压的频谱函数为

$$U_o(j\omega)=\frac{1/(j\omega C)}{R+1/(j\omega C)}U(j\omega)=\frac{U}{(1+j\omega RC)(\alpha+j\omega)}$$

$$=\frac{U}{RC\alpha-1}\left(\frac{1}{1/RC+j\omega}-\frac{1}{\alpha+j\omega}\right)$$

对上式求傅里叶反变换，得到

$$u_o=\frac{U}{RC\alpha-1}(e^{-\frac{t}{RC}}-e^{-\alpha t})\quad t>0$$

MATLAB 计算程序：

```
%采用 MATLAB 求解例 8.6.4
syms t w; syms a R c U positive;                    %定义符号变量
ut = U * exp( - a * t) * heaviside(t);              %写出 u(t)的表达式
Ujw = fourier(ut, t, w);                            %利用 fourier()求 u(t)的傅里叶变换
Uojw = 1/(i * w * c)/(R + 1/(i * w * c)) * Ujw;     %计算 Uo(jω)的表达式
uot = ifourier(Uojw, w, t)                          %利用 ifourier()求 Uo(jω)的傅里叶反变换
```

计算结果：

```
uot = U * heaviside(t) * ( - exp( - a * t) + exp( - t/R/c))/( - 1 + R * c * a)
```

对上面计算结果适当化简即可得到与手算一致的结果。

【思考与练习】

8.6.1 如果周期波形为奇函数，试问傅里叶级数展开式系数公式(8.6.3)～公式(8.6.5)有何特点？如果周期波形为偶函数呢？

8.6.2 如果周期波形由频率分别为 ω_1 和 ω_2 的两个正弦波叠加而成，两个频率之间

的关系为 $\omega_1=(m/n)\omega_2$，m、n 为互质的正整数，试问该周期波形的基波频率为多少？($n\omega_1$)

8.6.3 如果波形由频率分别为 ω_1 和 ω_2 的两个正弦波叠加而成，两个频率之间的关系为 $\omega_1=r\omega_2$，r 为无理数，试问该波形是周期波形吗？

8.6.4 试求图 8.6.1 所示周期波形的傅里叶级数展开式。$\left[\frac{4A}{\pi}\left(\sin\omega t+\frac{1}{3}\sin 3\omega t+\frac{1}{5}\sin 5\omega t+\frac{1}{7}\sin 7\omega t+\cdots\right)\text{；}\frac{A}{\pi}\left(1+\frac{\pi}{2}\sin\omega t-\frac{2}{3}\cos 2\omega t-\frac{2}{15}\cos 4\omega t-\frac{2}{35}\cos 6\omega t-\cdots\right)\text{；}\frac{2A}{\pi}-\frac{4A}{\pi}\left(\frac{1}{3}\cos\omega t+\frac{1}{15}\cos 2\omega t+\frac{1}{35}\cos 3\omega t+\frac{1}{63}\cos 4\omega t+\cdots\right)\text{；}\frac{8A}{\pi^2}\left(\sin\omega t-\frac{1}{3^2}\sin 3\omega t+\frac{1}{5^2}\sin 5\omega t-\frac{1}{7^2}\sin 7\omega t+\cdots\right)\right]$

8.6.5 在图 8.6.8 所示电路中，已知 $u_S=(2+2\cos t+3\sin 2t)$ V，试求稳态电压 u。($2+1.26\cos(t-71.57°)+0.83\cos(2t-176.82°)$ V)

8.6.6 在图 8.6.9 所示电路中，已知 $u=U\mathrm{e}^{-\alpha t}(t>0)$，试用傅里叶变换求电流 i。$\left[\frac{U}{\alpha L-R}(\mathrm{e}^{-\frac{R}{L}t}-\mathrm{e}^{-\alpha t})\quad t>0\right]$

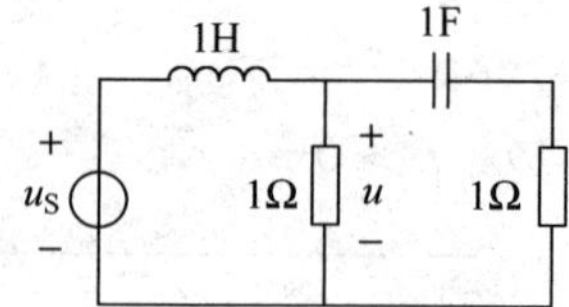

图 8.6.8 思考与练习 8.6.5

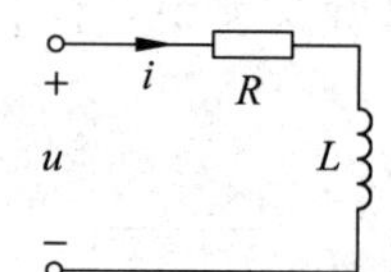

图 8.6.9 思考与练习 8.6.6

8.7 频率响应与谐振电路

8.7.1 网络函数与频率特性

网络函数是电路理论中一个非常重要的概念，在 5.1 节中提出了电阻电路网络函数的概念，电阻电路的网络函数是一实数。对于相量模型，在单一激励的情况下，网络函数定义为

$$H(\mathrm{j}\omega)=\frac{\text{响应(相量)}}{\text{激励(相量)}}=\frac{\dot{Y}(\mathrm{j}\omega)}{\dot{W}(\mathrm{j}\omega)}\tag{8.7.1}$$

式中，$\dot{W}(\mathrm{j}\omega)$为激励相量；$\dot{Y}(\mathrm{j}\omega)$为响应相量。

在复频率中激励和响应都为 s 域形式，则定义电路零状态响应 $Y(s)$与激励 $W(s)$之比为(s 域的)网络函数，表示为

$$H(s)=\frac{\text{响应}(s\text{ 域})}{\text{激励}(s\text{ 域})}=\frac{Y(s)}{W(s)} \tag{8.7.2}$$

由于正弦稳态响应与电路的初始状态无关，因此上述两种网络函数定义的含义完全相同，只是形式（相量或 s 域）不同而已。将一个电路的 s 域模型与相量模型比较，可以发现如果把 s 域模型中的 s 替换为 $\mathrm{j}\omega$，把象函数代之以相量，就得到相应的相量模型。反之也可由相量模型得到相应的 s 域模型。两种网络函数之间具有如下关系，即

$$H(s)=H(\mathrm{j}\omega)\Big|_{\mathrm{j}\omega=s} \quad \text{或} \quad H(\mathrm{j}\omega)=H(s)\Big|_{s=\mathrm{j}\omega} \tag{8.7.3}$$

网络函数由电路的拓扑结构和电路元件参数决定，可以反映电路本身的特性。网络函数泛指单一激励电路中（零状态）响应与激励的相互关系，并未指明响应和激励究竟是电流还是电压，以及响应在电路中的具体位置。根据响应和激励是否在电路的同一端口，网络函数有驱动点函数和转移函数之分。当激励是电流源电流，响应是同一端口的电压时，网络函数称为驱动点阻抗（或入端阻抗）；当激励是电压源电压，响应是流入电路同一端口的电流时，网络函数称为驱动点导纳（或入端导纳）。驱动点阻抗和驱动点导纳统称**驱动点函数**（driving point function）。对同一电路的同一端口，驱动点阻抗和驱动点导纳互为倒数。

如果响应和激励不在电路的同一端口，则网络函数称为**转移函数**（transfer function），也称为传输函数。当激励是电压源电压，响应是另一端口的电压（除电压源所在支路外其他支路上的电压）时，网络函数称为转移电压比；不同端口的响应电流与电流源电流之比，称为转移电流比。同样，不同端口的响应电压与电流源电流之比，称为转移阻抗；不同端口的响应电流与电压源电压之比则称为转移导纳。

对于任意一个线性非时变正弦稳态电路，当激励的有效值保持不变，而频率改变时，电路的响应也将改变，其变化的规律与网络函数 $H(\mathrm{j}\omega)$ 的变化规律一致。电路的网络函数 $H(\mathrm{j}\omega)$ 或响应随频率的变化规律称为**频率响应**（frequency response）。

将网络函数写成极坐标的形式

$$H(\mathrm{j}\omega)=|H(\mathrm{j}\omega)|\angle\varphi(\omega) \tag{8.7.4}$$

式中，$|H(\mathrm{j}\omega)|$ 为网络函数的模，$|H(\mathrm{j}\omega)|$ 与频率之间的关系特性称为电路的**幅频特性**（amplitude-frequency characteristic），它反映响应和激励振幅（或有效值）的比值与频率之间的关系，描述幅频特性的曲线称为幅频特性曲线。$\varphi(\omega)$ 为网络函数的辐角，$\varphi(\omega)$ 与频率之间的关系特性称为电路的**相频特性**（phase-frequency characteristic），它反映响应超前于激励的相位差与频率之间的关系，描述相频特性的曲线称为相频特性曲线。电路的幅频特性和相频特性总称为**频率特性**（frequency chracteristic）。

对给定的电路，频率特性既可以通过对电路进行正弦稳态分析得到网络函数，再根据式(8.7.4)分别求得幅频特性和相频特性，也可以用实验方法加以确定。采用实验方法确定频率特性时，改变外施正弦激励的频率，测出不同频率下输出与输入的比值以及输出对输入的相位差角，即可得到电路的频率特性曲线（幅频特性曲线和相频特性曲线）。

如图 8.7.1 所示为一阶 RC 串联电路，若以 $\dot{U}_1$ 为激励相量，$\dot{U}_2$ 为响应相量，则网络函数为一转移电压比，即

$$H(\mathrm{j}\omega)=\frac{\dot{U}_2}{\dot{U}_1}=\frac{1/\mathrm{j}\omega C}{R+1/\mathrm{j}\omega C}=\frac{\omega_0}{\mathrm{j}\omega+\omega_0}\tag{8.7.5}$$

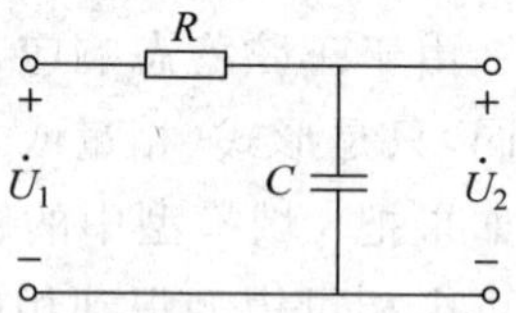

图 8.7.1　一阶 RC 低通电路

式中，$\omega_0=1/RC$，为电路的固有频率。

由式(8.7.5)得到描述 RC 串联电路的频率特性，即

$$\begin{cases}|H(\mathrm{j}\omega)|=\dfrac{\omega_0}{\sqrt{\omega_0^2+\omega^2}}\\ \varphi(\omega)=\angle-\arctan\dfrac{\omega}{\omega_0}\end{cases}\tag{8.7.6}$$

由上式可以绘制出频率特性曲线，如图 8.7.2 所示。

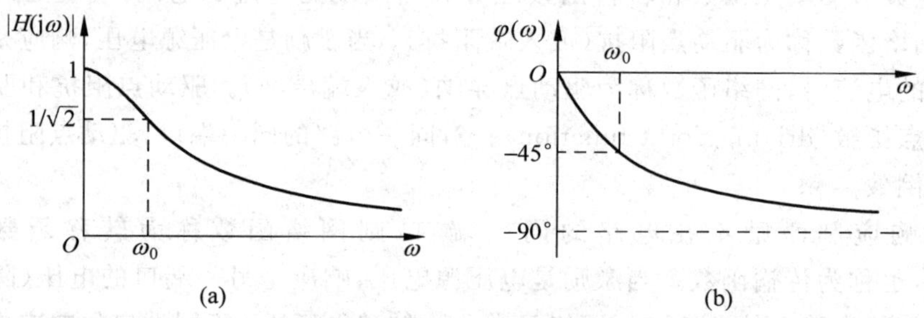

图 8.7.2　一阶低通 RC 电路的频率特性

(a) 幅频特性曲线；(b) 相频特性曲线

从图 8.7.2 中可以看出，当 $\omega=\omega_0=1/RC$ 时，$|H(\mathrm{j}\omega)|=1/\sqrt{2}=0.707$，即 $U_2/U_1=0.707$，且 $|H(\mathrm{j}\omega)|$ 随着 ω 增长而下降。这说明以电容上电压作为输出的一阶 RC 串联电路传输正弦电压时，输入电压的频率越高，输出电压振幅的衰减就越大，电路具有阻止高频率输入电压通过和保证低频率输入电压通过的性能。这种保证低频输入通过的一阶电路称为**一阶低通电路**(first order low pass circuit)。

通常将网络函数的模等于其最大值的 $1/\sqrt{2}$ 所对应的频率称为**截止频率**(cutoff frequency)或半功率点频率，记为 ω_c。由图 8.7.2 所示的频率特性可知，一阶低通 RC 电路的截止频率为

$$\omega_c=\omega_0=\frac{1}{RC}\tag{8.7.7}$$

对低通电路，当频率低于截止频率时，输出的幅度大于输入幅度的 0.707 倍，因而频率为 $0\sim\omega_c$ 这一范围称为**通带**(pass band)。而频率高于截止频率时，输出的幅度小于输入幅度的 0.707 倍，因而频率为 $\omega_c\sim\infty$ 这一范围称为**阻带**(stop band)。

在工程中，人们通常是用**分贝**(decibel)(记为 dB)作为单位进行度量 $|H(\mathrm{j}\omega)|$。$|H(\mathrm{j}\omega)|$ 所具有的分贝数被规定为 $20\lg|H(\mathrm{j}\omega)|$。例如已知 $|H(\mathrm{j}\omega)|=100$，则对应的分贝数为 $20\lg|H(\mathrm{j}\omega)|=20\lg100=40$。在 $\omega_0=1/RC$ 时，$|H(\mathrm{j}\omega)|\approx0.707$，所以其分贝数

为 $20\lg|H(\mathrm{j}\omega)| = 20\lg 0.707 = -3$。引入度量单位(dB)之后，就可以把输出电压振幅下降至输入电压振幅的 $1/\sqrt{2}$ 倍改说成下降了 3 分贝，并把 ω_c 称为**3 分贝频率**(3dB frequency)。

如果将 RC 元件接成如图 8.7.3 所示形式，以$\dot{U}_1$ 为激励相量，$\dot{U}_2$ 为响应相量，则有转移电压比为

$$H(\mathrm{j}\omega) = \frac{\dot{U}_2}{\dot{U}_1} = \frac{R}{R + 1/\mathrm{j}\omega C} = \frac{\mathrm{j}\omega}{\mathrm{j}\omega + \omega_0} \quad (8.7.8)$$

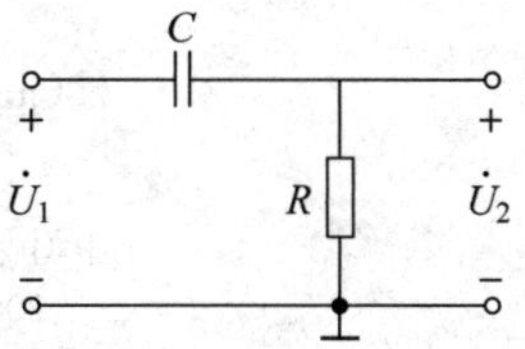

图 8.7.3　一阶高通 RC 电路

式中，$\omega_0 = 1/RC$，为电路的固有频率。

由式(8.7.8)得到描述 RC 串联电路的频率特性，即

$$\begin{cases} |H(\mathrm{j}\omega)| = \dfrac{\omega}{\sqrt{\omega_0^2 + \omega^2}} \\ \varphi(\omega) = \angle\arctan\dfrac{\omega_0}{\omega} \end{cases} \quad (8.7.9)$$

其幅频特性曲线和相频特性曲线如图 8.7.4 所示。从图中可以看出，当 $\omega = \omega_0 = 1/RC$ 时，$|H(\mathrm{j}\omega)| = 1/\sqrt{2} = 0.707$，电路的截止频率为 $\omega_c = \omega_0 = 1/RC$。当频率为 $0\sim\omega_c$ 这一范围时，输出电压的幅度小于输入电压幅度的 0.707 倍，因而 $0\sim\omega_c$ 为电路的阻带；当频率为 $\omega_c\sim\infty$ 这一范围时，输出电压的幅度大于输入电压幅度的 0.707 倍，因而 $\omega_c\sim\infty$ 为电路的通带。这说明当以电阻电压作为输出的一阶 RC 串联电路传输正弦电压时，输入电压的频率越高，输出电压振幅的衰减就越小，电路具有保证高频输入电压通过和阻止低频输入电压通过的性能。与一阶低通电路相对应，此时的一阶电路称为**一阶高通电路**(first order high pass circuit)。

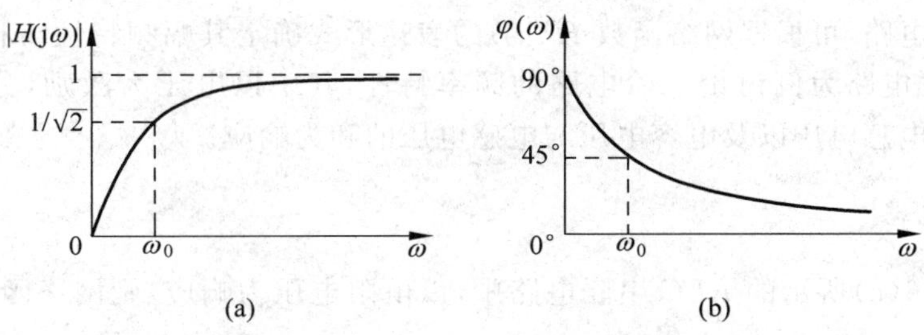

图 8.7.4　一阶高通 RC 电路的频率特性

(a) 幅频特性曲线；(b) 相频特性曲线

【例 8.7.1】　如图 8.7.5(a)所示电路，激励为电流 i，响应为电压 u，试求：(1)网络函数；(2)绘制相应的频率特性曲线；(3)该电路的截止频率、通带和阻带。

解　(1)

$$H(\mathrm{j}\omega) = \frac{\dot{U}}{\dot{I}} = \frac{2000 \times \dfrac{1}{\mathrm{j}\omega \times 50 \times 10^{-6}}}{2000 + \dfrac{1}{\mathrm{j}\omega \times 50 \times 10^{-6}}} = \frac{2000}{1 + \mathrm{j}0.1\omega}$$

则

$$\omega_0 = \frac{1}{0.1}\text{rad/s} = 10\text{rad/s}$$

因此

$$H(\mathrm{j}\omega) = \frac{2000}{\sqrt{1+(\omega/10)^2}}\angle[-\arctan(\omega/10)]$$

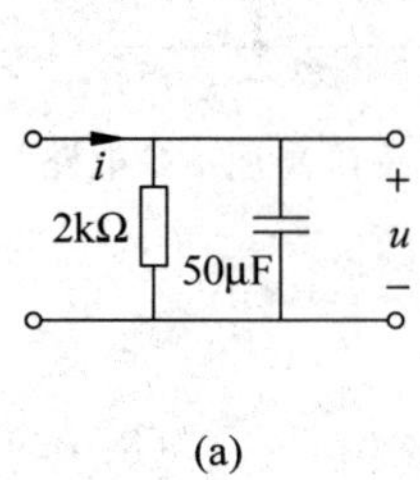

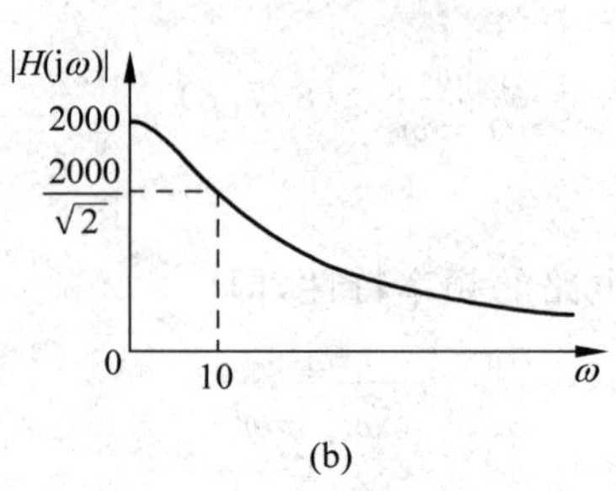

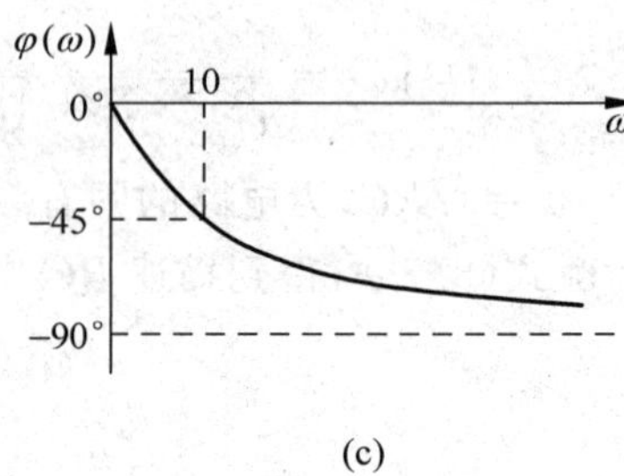

图 8.7.5　例 8.7.1

(2) 当 $\omega=0$ 时，$|H(\mathrm{j}\omega)|=2000$，$\varphi(\omega)=0$；当 $\omega=10\text{rad/s}$ 时，$|H(\mathrm{j}\omega)|=2000/\sqrt{2}$，$\varphi(\omega)=-45°$；当 $\omega=\infty$ 时，$|H(\mathrm{j}\omega)|=0$，$\varphi(\omega)=-90°$；由此可画出幅频特性和相频特性，分别如图 8.7.5(b)、(c)所示。

(3) 由幅频特性可知，该电路的截止频率为 $\omega_c=\omega_0=10\text{rad/s}$，通带为 $0\sim10\text{rad/s}$，阻带为 $10\text{rad/s}\sim\infty$。

8.7.2　*RLC* 串联电路的频率特性

对于二阶电路，可根据网络函数 $H(\mathrm{j}\omega)$的表达形式确定其幅频特性与相频特性。下面以 *RLC* 串联电路为例讨论二阶电路的频率特性，其中以电压为激励，分别取电阻电压、电容电压、电感电压以及电容电压与电感电压的和为响应。

1. 带通电路

在图 8.7.6(a)所示的 *RLC* 串联电路中，以电阻电压为响应，则网络函数(转移电压比)为

$$H_R(\mathrm{j}\omega) = \frac{\dot{U}_R}{\dot{U}} = \frac{R}{R+\mathrm{j}[\omega L - 1/(\omega C)]} \tag{8.7.10}$$

式中，ωL 与 $1/(\omega C)$相减，当 $\omega L = 1/(\omega C)$时，网络函数式(8.7.10)的模达到最大值，此时有

$$\omega_0 = 1/\sqrt{LC} \tag{8.7.11}$$

称 ω_0 为 *RLC* 串联电路的**谐振频率**(resonant frequency)。令

$$Q = \frac{\omega_0 L}{R} = \frac{1}{R\omega_0 C} = \frac{1}{R}\sqrt{\frac{L}{C}} \tag{8.7.12}$$

称为 RLC 串联电路的**品质因数**(quality factor)。利用谐振频率和品质因数,式(8.7.10)又可写为

$$H_R(\mathrm{j}\omega)=\frac{1}{1+\mathrm{j}Q\left(\dfrac{\omega}{\omega_0}-\dfrac{\omega_0}{\omega}\right)} \tag{8.7.13}$$

由式(8.7.13)得到幅频特性和相频特性关系式为

$$\begin{cases}|H_R(\mathrm{j}\omega)|=\dfrac{1}{\sqrt{1+Q^2\left(\dfrac{\omega}{\omega_0}-\dfrac{\omega_0}{\omega}\right)^2}}\\ \varphi_R(\omega)=-\arctan Q\left(\dfrac{\omega}{\omega_0}-\dfrac{\omega_0}{\omega}\right)\end{cases} \tag{8.7.14}$$

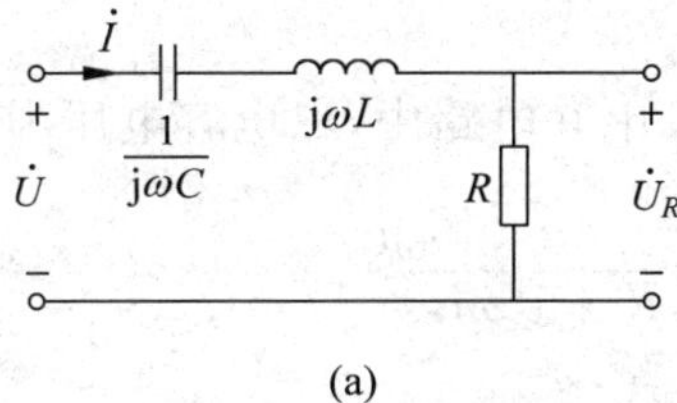

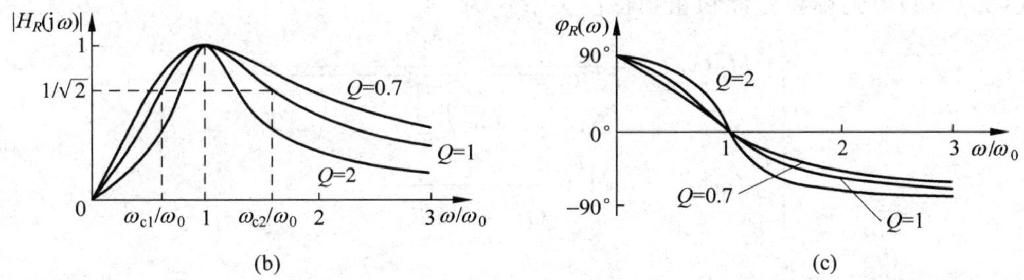

图 8.7.6 RLC 带通电路及其频率特性

(a) RLC 带通电路;(b) 幅频特性曲线;(c) 相频特性曲线

图 8.7.6(b)、(c)分别画出了 Q 等于 0.7、1、2 时的幅频特性和相频特性曲线。由式(8.7.14)和图 8.7.6(b)、(c)可知,当 $\omega/\omega_0=0$ 时,$|H_R(\mathrm{j}\omega)|=0$,$\varphi_R(\omega)=90°$;当 $\omega/\omega_0=1$ 时,$|H_R(\mathrm{j}\omega)|=1$,达到最大,$\varphi_R(\omega)=0°$;当 $\omega/\omega_0=\infty$ 时,$|H_R(\mathrm{j}\omega)|=0$,$\varphi_R(\omega)=-90°$。可见 RLC 串联电路对低频率电压和高频率电压有较大衰减,从而构成**带通电路**(band pass circuit)。

由图 8.7.6(b)所示的幅频特性可知,RLC 带通电路的截止频率 ω_c 满足方程

$$\frac{1}{\sqrt{1+Q^2\left(\dfrac{\omega}{\omega_0}-\dfrac{\omega_0}{\omega}\right)^2}}=\frac{1}{\sqrt{2}} \tag{8.7.15}$$

解得两个截止频率为

$$\begin{cases}\omega_{c1}=\left(-\dfrac{1}{2Q}+\sqrt{1+\dfrac{1}{4Q^2}}\right)\omega_0\\[2ex]\omega_{c2}=\left(\dfrac{1}{2Q}+\sqrt{1+\dfrac{1}{4Q^2}}\right)\omega_0\end{cases}\tag{8.7.16}$$

它们的差称为**通带宽度**(pass band width)，用 $\Delta\omega$ 表示，即

$$\Delta\omega=\omega_{c2}-\omega_{c1}=\omega_0/Q\tag{8.7.17}$$

可见 RLC 带通滤波电路的通带宽度与品质因数成反比。电路中电阻 R 越大，品质因数 Q 越低，通带宽度就越宽，如图 8.7.6(b)所示。相应地，$0\sim\omega_{c1}$ 和 $\omega_{c2}\sim\infty$ 为带通电路的阻带。

2. 低通电路

在图 8.7.7(a)所示的 RLC 串联电路中，以电容电压为响应，则转移电压比为

$$H_C(\mathrm{j}\omega)=\frac{\dot{U}_C}{\dot{U}}=\frac{1/\mathrm{j}\omega C}{R+\mathrm{j}(\omega L-1/\omega C)}=\frac{1}{\left[1-\left(\dfrac{\omega}{\omega_0}\right)^2\right]+\dfrac{\mathrm{j}\omega}{Q\omega_0}}\tag{8.7.18}$$

由式(8.7.18)得到幅频特性和相频特性关系式为

$$\begin{cases}\mid H_C(\mathrm{j}\omega)\mid=\dfrac{1}{\sqrt{\left[1-\left(\dfrac{\omega}{\omega_0}\right)^2\right]^2+\dfrac{1}{Q^2}\left(\dfrac{\omega}{\omega_0}\right)^2}}\\[3ex]\varphi_C(\omega)=-\arctan\dfrac{1}{Q\left(\dfrac{\omega_0}{\omega}-\dfrac{\omega}{\omega_0}\right)}\end{cases}\tag{8.7.19}$$

(a)

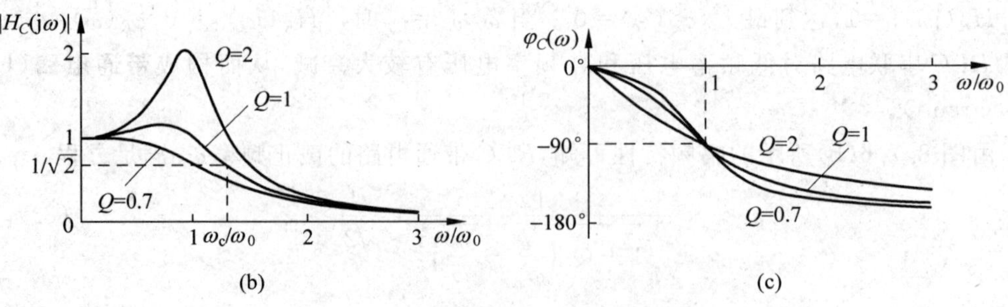

图 8.7.7　RLC 低通电路及其频率特性

(a) RLC 低通电路；(b) 幅频特性曲线；(c) 相频特性曲线

图 8.7.7(b)、(c)分别给出了 Q 等于 0.7、1、2 时的幅频特性和相频特性曲线。由式(8.7.19)和图 8.7.7(b)、(c)可知，当 $\omega/\omega_0=0$ 时，$|H_C(\mathrm{j}\omega)|=1, \varphi_C(\omega)=0°$；当 $\omega/\omega_0=1$ 时，$|H_C(\mathrm{j}\omega)|=Q, \varphi_C(\omega)=-90°$；当 $\omega/\omega_0=\infty$ 时，$|H_C(\mathrm{j}\omega)|=0, \varphi_C(\omega)=-180°$。可见 RLC 串联电路对高频率电压有较大衰减，从而构成低通电路。

由图 8.7.7(b)所示的幅频特性可知，RLC 低通滤波电路的截止频率 ω_c 满足

$$|H_C(\mathrm{j}\omega_c)|=1/\sqrt{2} \tag{8.7.20}$$

3. 高通电路

在图 8.7.8(a)所示的 RLC 串联电路中，以电感电压为响应，则转移电压比为

$$H_L(\mathrm{j}\omega)=\frac{\dot{U}_L}{\dot{U}}=\frac{\mathrm{j}\omega L}{R+\mathrm{j}(\omega L-1/\omega C)}=\frac{1}{\left[1-\left(\frac{\omega_0}{\omega}\right)^2\right]-\mathrm{j}\frac{1}{Q}\left(\frac{\omega_0}{\omega}\right)} \tag{8.7.21}$$

得到幅频特性和相频特性为

$$\begin{cases}|H_L(\mathrm{j}\omega)|=\dfrac{1}{\sqrt{\left[1-\left(\frac{\omega_0}{\omega}\right)^2\right]^2+\frac{1}{Q^2}\left(\frac{\omega_0}{\omega}\right)^2}}\\ \varphi_L(\omega)=-\arctan\dfrac{-1}{Q\left(\frac{\omega}{\omega_0}-\frac{\omega_0}{\omega}\right)}\end{cases} \tag{8.7.22}$$

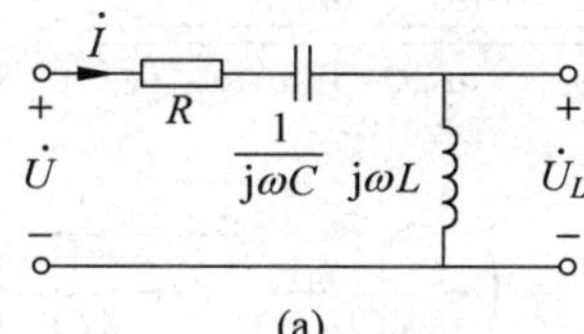

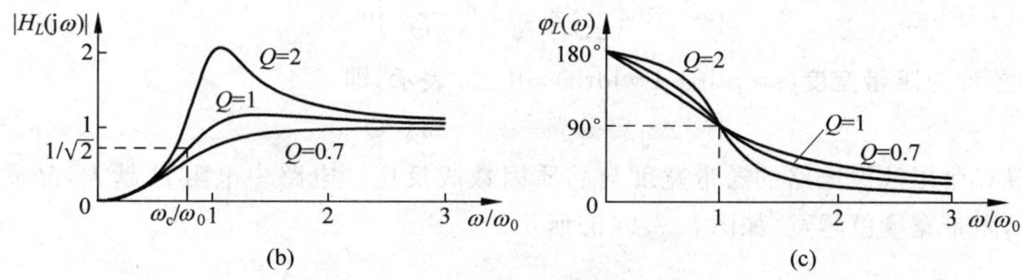

图 8.7.8 RLC 高通电路及其频率特性

(a) RLC 高通电路；(b) 幅频特性曲线；(c) 相频特性曲线

图 8.7.8(b)、(c)分别给出了 Q 等于 0.7、1、2 时的幅频特性和相频特性曲线。由式(8.7.22)和图 8.7.8(b)、(c)可知，当 $\omega/\omega_0=0$ 时，$|H_L(\mathrm{j}\omega)|=1, \varphi_L(\omega)=180°$；当 $\omega/\omega_0=1$ 时，$|H_L(\mathrm{j}\omega)|=Q, \varphi_L(\omega)=90°$；当 $\omega/\omega_0=\infty$ 时，$|H_L(\mathrm{j}\omega)|=1, \varphi_L(\omega)=0°$。可见 RLC 串联电路对低频率电压有较大衰减，从而构成高通电路。

由图 8.7.8(b)所示的幅频特性可知，RLC 高通滤波电路的截止频率 ω_c 满足

$$|H_L(\mathrm{j}\omega_c)| = 1/\sqrt{2} \tag{8.7.23}$$

4. 带阻电路

在图 8.7.9(a)所示的 RLC 串联电路中，以电感电压和电容电压之和为响应，则转移电压比为

$$H_{LC}(\mathrm{j}\omega) = \frac{\dot{U}_L + \dot{U}_C}{\dot{U}} = \frac{\mathrm{j}\omega L + 1/(\mathrm{j}\omega C)}{R + \mathrm{j}[\omega L - 1/(\omega C)]} = \frac{\omega_0^2 - \omega^2}{(\omega_0^2 - \omega^2) + \mathrm{j}\omega_0\omega/Q} \tag{8.7.24}$$

得到幅频特性和相频特性为

$$\begin{cases} |H_{LC}(\mathrm{j}\omega)| = \dfrac{|\omega_0^2 - \omega^2|}{\sqrt{(\omega_0^2 - \omega^2)^2 + \omega_0^2\omega^2/Q^2}} \\ \varphi_{LC}(\omega) = -\arctan \dfrac{\omega_0\omega}{Q(\omega_0^2 - \omega^2)} \end{cases} \tag{8.7.25}$$

图 8.7.9(b)、(c)分别给出了 Q 等于 0.7、1、2 时的幅频特性和相频特性曲线。由式(8.7.25)和图 8.7.9(b)可知，当 $\omega/\omega_0 = 0$ 时，$|H_{LC}(\mathrm{j}\omega)| = 1$，$\varphi_{LC}(\omega) = 0°$；当 $\omega/\omega_0 = 1$ 时，$|H_R(\mathrm{j}\omega)| = 0$，达到最小；当 $\omega/\omega_0 = \infty$ 时，$|H_R(\mathrm{j}\omega)| = 1$，$\varphi_R(\omega) = 0°$。可见 RLC 串联电路对 ω_0 频率附近电压有较大衰减，从而构成**带阻电路**(band stop circuit)。

由图 8.7.9(b)所示的幅频特性可知，RLC 带阻滤波电路的截止频率 ω_c 满足

$$\frac{|\omega_0^2 - \omega^2|}{\sqrt{(\omega_0^2 - \omega^2)^2 + \omega_0^2\omega^2/Q^2}} = \frac{1}{\sqrt{2}} \tag{8.7.26}$$

解得两个截止频率为

$$\begin{cases} \omega_{c1} = \left(-\dfrac{1}{2Q} + \sqrt{1 + \dfrac{1}{4Q^2}}\right)\omega_0 \\ \omega_{c2} = \left(\dfrac{1}{2Q} + \sqrt{1 + \dfrac{1}{4Q^2}}\right)\omega_0 \end{cases} \tag{8.7.27}$$

它们的差称为**阻带宽度**(stop band width)，用 $\Delta\omega$ 表示，即

$$\Delta\omega = \omega_{c2} - \omega_{c1} = \omega_0/Q \tag{8.7.28}$$

可见 RLC 带阻滤波电路的通带宽度与品质因数成反比。电路中电阻 R 越大，品质因数 Q 越低，阻带宽度就越宽，如图 8.7.9(b)所示。

8.7.3 谐振电路

电路**谐振**(resonance)是在特定条件下出现在电路中的一种现象。对一个一端口电路，若出现了其端口电压与端口电流同相的现象，则说此电路发生了谐振。发生谐振的电路称为**谐振电路**(resonance circuit)，而发生谐振的条件称为谐振条件。电路谐振广泛应用在无线电、通信工程中。在电力系统中，电路谐振通常会造成设备损坏，因此必须加以避免。

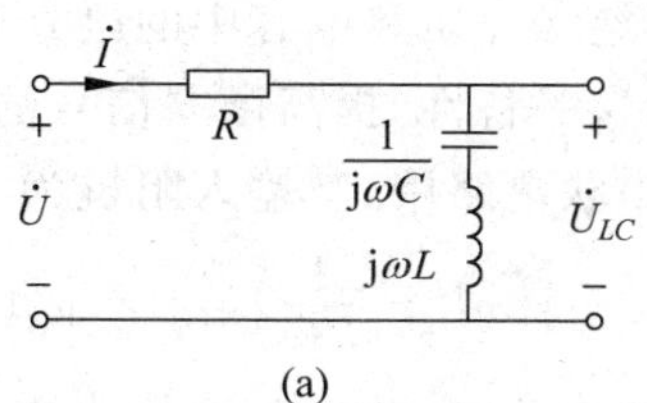

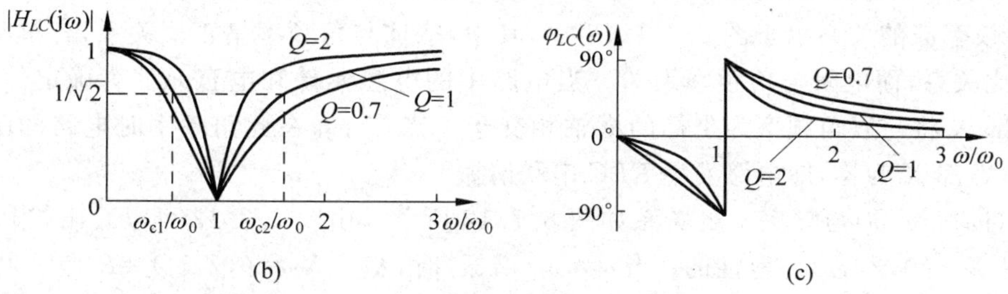

图 8.7.9 *RLC* 带阻电路及其频率特性

(a) *RLC* 电阻电路；(b) 幅频特性曲线；(c) 相频特性曲线

如图 8.7.10 所示 *RLC* 串联电路，其输入阻抗为

$$Z(j\omega) = R + jX = R + j\left(\omega L - \frac{1}{\omega C}\right) \quad (8.7.29)$$

当电路发生谐振时，式(8.7.29)的虚部为零，即

$$X = X_L + X_C = \omega L - \frac{1}{\omega C} = 0 \quad (8.7.30)$$

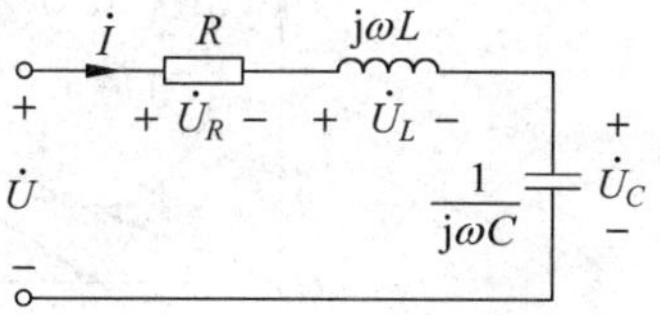

图 8.7.10 *RLC* 串联谐振电路

上式表明谐振条件能否实现与输入频率以及电路的参数 L、C 密切相关。当 L 和 C 一定时，要实现谐振条件，必须调节输入频率，使其满足式(8.7.30)，为 $\omega = \omega_0 = 1/\sqrt{LC}$。当输入频率一定时，也可改变 L 或 C 的数值来达到谐振条件。

在 *RLC* 串联电路中出现的谐振称为**串联谐振**(series resonance)。

电路串联谐振时电感和电容上的电压分别为

$$\dot{U}_L = j\omega_0 L \dot{I} = \omega_0 L \dot{I} \angle 90^\circ \quad (8.7.31)$$

$$\dot{U}_C = -j\frac{1}{\omega_0 C}\dot{I} = \frac{1}{\omega_0 C}\dot{I}\angle -90^\circ \quad (8.7.32)$$

可见，这两个电压彼此大小相等，相位相反，故串联谐振又称为**电压谐振**(voltage resonance)。串联谐振时的相量图如图 8.7.11 所示。

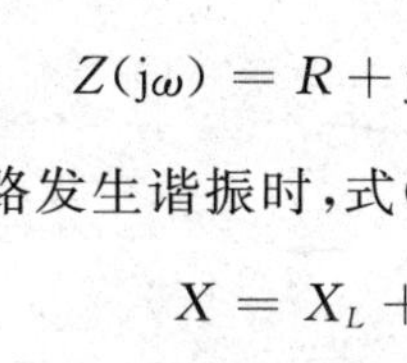

图 8.7.11 串联谐振相量图

由式(8.7.31)和式(8.7.32)可得

$$\frac{U_L}{U} = \frac{U_C}{U} = \frac{\omega_0 LI}{RI} = \frac{I}{\omega_0 CRI} = \frac{\omega_0 L}{R} = \frac{1}{\omega_0 CR} = Q \quad (8.7.33a)$$

或

$$U_L = U_C = QU \quad (8.7.33b)$$

显然，当 $\omega_0 L = 1/(\omega_0 C) \gg R$，或者说 Q 很大时，将有 $U_L = U_C \gg U$ 的现象出现。这种现象

在电力系统中，往往导致电感的绝缘介质和电容中的电介质被击穿，造成损失；而在一些无线电设备中，却常利用谐振的这一特性，提高微弱信号的幅值。

在图 8.7.10 所示的 RLC 串联电路中，其输入阻抗为

$$Z(\mathrm{j}\omega)=R+\mathrm{j}\left(\omega L-\frac{1}{\omega C}\right)=|Z(\mathrm{j}\omega)|\angle\varphi(\omega) \tag{8.7.34}$$

当电路中的正弦稳态激励的频率变化时，感抗和容抗也将随着频率变化而变化。X_L、X_C 和 X 与频率 ω 的关系示于图 8.7.12(a)中，其中，感抗与角频率呈正比关系，容抗与角频率呈反比关系，而电阻与角频率无关。当电路中的电感元件和电容元件为确定值时，阻抗的虚部 X 将与以角频率为坐标的横轴相交于一点 ω_0，即在此角频率时电路的阻抗为电阻性，虚部 X 为零，即电路发生 RLC 串联谐振。

$|Z(\mathrm{j}\omega)|$，$\varphi(\omega)$与频率 ω 的关系如图 8.7.12 所示。由图 8.7.12 可以看出，当 $\omega<\omega_0$ 时，$X_L+X_C<0$，$Z(\mathrm{j}\omega)$是容性的；当 $\omega=\omega_0$（谐振）时，$X_L+X_C=0$，$Z(\mathrm{j}\omega)=R$ 是电阻性的；当 $\omega>\omega_0$ 时，$X_L+X_C>0$，$Z(\mathrm{j}\omega)$是感性的。阻抗角 $\varphi(\omega)$随 ω 的变化是从 $-90°(\omega=0)$经过 $0°(\omega=\omega_0)$而达到 $+90°(\omega=\infty)$。

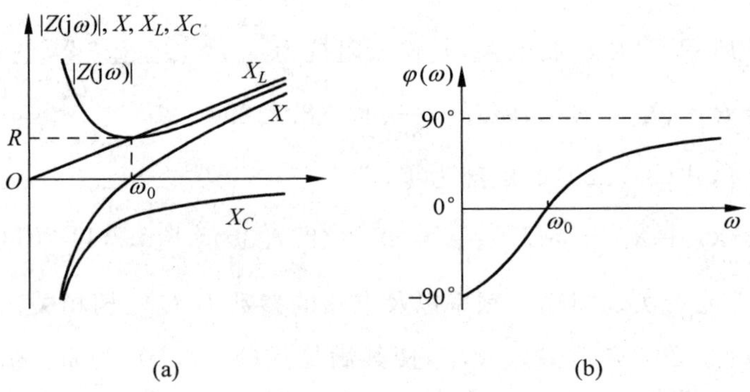

图 8.7.12　RLC 串联电路的频率特性曲线

谐振电路中电压、电流与频率关系的图形称为**谐振曲线**(resonance curve)。RLC 串联谐振电路电流的有效值为

$$I=\frac{U}{\sqrt{R^2+\left(\omega L-\frac{1}{\omega C}\right)^2}}=\frac{U}{R\sqrt{1+\frac{1}{R^2}\left(\omega L-\frac{1}{\omega C}\right)^2}}=\frac{I_0}{\sqrt{1+\frac{1}{R^2}\left(\omega L-\frac{1}{\omega C}\right)^2}} \tag{8.7.35}$$

式中，$I_0=U/R$ 是电路谐振时电流的有效值。由于 $Q=\omega_0 L/R=1/(\omega_0 C R)$，上式可改写为

$$I=\frac{I_0}{\sqrt{1+Q^2\left(\frac{\omega}{\omega_0}-\frac{\omega_0}{\omega}\right)^2}} \tag{8.7.36}$$

取 I/I_0 为纵坐标，ω/ω_0 为横坐标，Q 为参变量，由式(8.7.36)可作出电流谐振曲线如图 8.7.13 所示，称为**电流谐振曲线**(current resonant curve)。

由图 8.7.13 可见，品质因数 Q 对电流谐振曲线的形状有很大的影响，Q 大则曲线变化陡峭；Q 小则曲线变化平坦，只有频率与谐振频率 ω_0 相同和与 ω_0 相差不多的电流可以通过电路，其他的则受到衰减。把电路具有这种选择谐振频率附近的电流的性质称为电路的选择性。显然，电路的 Q 值越大，电路的选择性越好。谐振电路的这种只允许一定频率范围的电流通过的性质也称为滤波性质，RLC 串联谐振电路对电流来说是一个带通滤波电路。显然通带宽度满足

$$\Delta\omega = \omega_2 - \omega_1 \tag{8.7.37}$$

式中，ω_1 和 ω_2 分别为谐振曲线上纵坐标为 $I_0/\sqrt{2}$ 的两点的横坐标（见图 8.7.14）。由式(8.7.36)可知，ω_1 和 ω_2 满足

$$\frac{I}{I_0} = \frac{1}{\sqrt{2}} = \frac{1}{\sqrt{1 + Q^2\left(\frac{\omega}{\omega_0} - \frac{\omega_0}{\omega}\right)^2}} \tag{8.7.38}$$

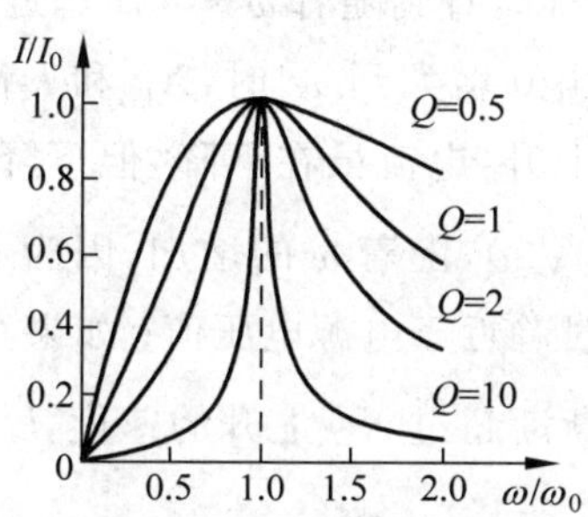

图 8.7.13 电流谐振曲线

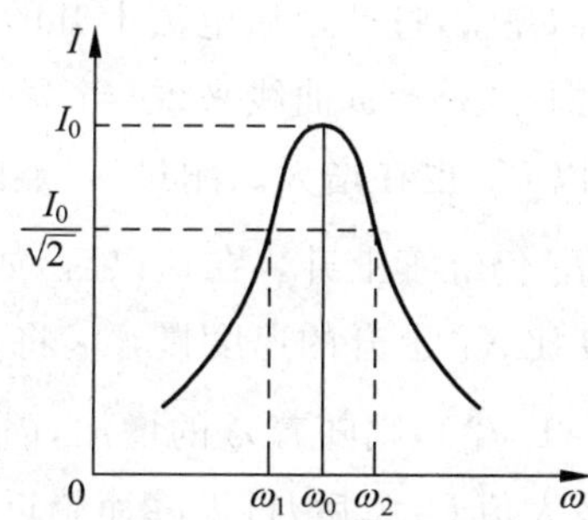

图 8.7.14 通频带宽度

解得

$$\begin{cases} \omega_1 = \omega_0\left(-\frac{1}{2Q} + \sqrt{1 + \frac{1}{4Q^2}}\right) \\ \omega_2 = \omega_0\left(\frac{1}{2Q} + \sqrt{1 + \frac{1}{4Q^2}}\right) \end{cases} \tag{8.7.39}$$

当 Q 很大($Q \gg 1$)时，ω_1 和 ω_2 可近似为

$$\omega_1 = \omega_0\left(1 - \frac{1}{2Q}\right), \quad \omega_2 = \omega_0\left(1 + \frac{1}{2Q}\right) \tag{8.7.40}$$

可得通带宽度为

$$\Delta\omega = \omega_2 - \omega_1 = \omega_0/Q \tag{8.7.41}$$

上式表明，Q 大则通频带窄，Q 小则通频带宽。

RLC 串联谐振电路中电容的电压为

$$U_C = \frac{1}{\omega C}I = \frac{U}{\omega C\sqrt{R^2 + \left(\omega L - \frac{1}{\omega C}\right)^2}} \tag{8.7.42}$$

电感的电压

$$U_L = \omega LI = \frac{\omega LU}{\sqrt{R^2 + \left(\omega L - \frac{1}{\omega C}\right)^2}} \tag{8.7.43}$$

按式(8.7.42)和式(8.7.43)画出的 $U_C(\omega) \sim \omega$ 和 $U_L(\omega) \sim \omega$ 曲线如图 8.7.15 所示,称为**电压谐振曲线**(voltage resonant curve)。

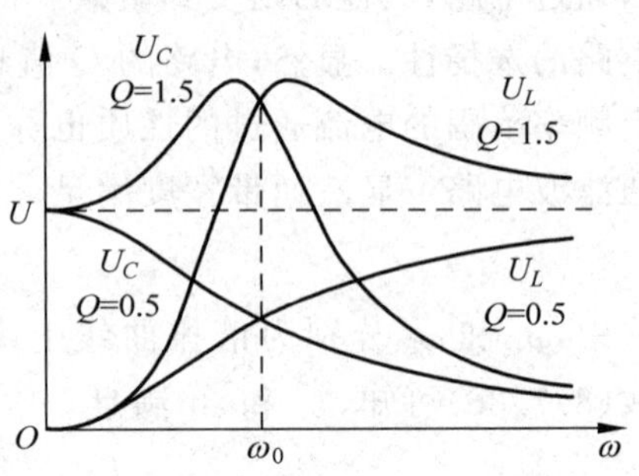

图 8.7.15　$U_L(\omega)$和$U_C(\omega)$曲线

对 $U_C(\omega) \sim \omega$ 曲线来说,$\omega=0$ 时 $U_C=U$,此时如果 Q 很小($Q<1/\sqrt{2}$),则因 $1/\omega C$ 随着 ω 的上升而下降的速度大于电流的上升速度,U_C 将一直下降,到 $\omega \to \infty$ 时而趋近于零。但如果 Q 值较大($Q>1/\sqrt{2}$),则因此时电流的上升速度快于 X_C 的下降速度,在 ω 到达 ω_0 之前 U_C 将一直上升而达到最大值 $U_{C\max}$,过此值后电流上升的速度变慢,U_C 开始下降,直到随着 $\omega \to \infty$ 而趋近于零。

对 $U_L(\omega) \sim \omega$ 曲线来说,当 $\omega=0$ 时 $U_L=0$。当 ω 由 0 增大到 ω_0 时,X_L 和 I 都在增大,所以 U_L 也在增大。刚过 ω_0 点时,因 X_L 随 ω 直线上升,电流虽在下降,但下降不多,结果 U_L 仍继续上升。在这以后,如果 Q 值较小($Q<1/\sqrt{2}$),随着 ω 的增加,因为 I 下降的速度比 X_L 上升的速度慢,U_L 将一直上升,到 $\omega \to \infty$ 时趋近于电源电压值;如果 Q 值较大($Q>1/\sqrt{2}$),则随着 ω 的增加,因为 I 下降的速度会渐渐超过 X_L 上升的速度,U_L 将在达到最大值 $U_{L\max}$ 后,再下降而趋近于电源电压值。

【例 8.7.2】　试设计一 RLC 串联电路,要求谐振频率为 1000rad/s,通带宽度为 100rad/s,谐振时阻抗为 10Ω。

解　在谐振时

$$Z = R = 10\Omega$$

于是

$$Q = \frac{\omega_0}{\Delta\omega} = \frac{1000}{100} = 10$$

$$L = \frac{QR}{\omega_0} = \frac{10 \times 10}{1000} = 0.1\text{H}$$

$$C = \frac{1}{\omega_0 QR} = \frac{1}{1000 \times 10 \times 10} = 10\mu\text{F}$$

【例 8.7.3】　试求 RLC 串联电路中电容电压和电感电压分别为最大值时所对应的频率。

解　(1) 由式(8.7.42)可得

$$U_C = \frac{U}{\omega C\sqrt{R^2 + \left(\omega L - \frac{1}{\omega C}\right)^2}} = \frac{\omega_0 QU}{\sqrt{\omega^2 + Q^2\left(\frac{\omega^2}{\omega_0} - \omega_0\right)^2}}$$

为求 U_C 最大值所对应的频率,则需求上式分母最小值所对应的频率。令 $x=\omega^2$,则由

$$\frac{\mathrm{d}\left[x+Q^2\left(\frac{x}{\omega_0}-\omega_0\right)^2\right]}{\mathrm{d}x}=1+\frac{2}{\omega_0}Q^2\left(\frac{x}{\omega_0}-\omega_0\right)=0$$

可得

$$x=\omega_0^2\left(1-\frac{1}{2Q^2}\right)$$

得到 U_C 为最大值所对应的频率 ω_C 为

$$\omega_C=\omega_0\sqrt{1-\frac{1}{2Q^2}}$$

由上式可知，电容电压存在极值的条件是 $Q>\sqrt{2}/2$。

(2) 由式(8.7.43)可得

$$U_L=\frac{\omega LU}{\sqrt{R^2+\left(\omega L-\frac{1}{\omega C}\right)^2}}=\frac{QU}{\omega_0\sqrt{\frac{1}{\omega^2}+Q^2\left(\frac{1}{\omega_0}-\frac{\omega_0}{\omega^2}\right)^2}}$$

类似地，令 $y=1/\omega^2$，则由

$$\frac{\mathrm{d}\left[y+Q^2\left(\frac{1}{\omega_0}-\omega_0 y\right)^2\right]}{\mathrm{d}x}=1-2\omega_0Q^2\left(\frac{1}{\omega_0}-\omega_0 y\right)=0$$

可得

$$y=\frac{1}{\omega_0^2}\left(1-\frac{1}{2Q^2}\right)$$

得到 U_L 为最大值所对应的频率 ω_L 为

$$\omega_L=\frac{\omega_0}{\sqrt{1-\frac{1}{2Q^2}}}$$

同样，电感电压存在极值的条件是 $Q>\sqrt{2}/2$。

由上面计算可知，Q 越大，U_C 和 U_L 出现最大值时的频率越靠近谐振频率 ω_0。U_L 和 U_C 的最大值为

$$U_{C\max}=U_{L\max}=\frac{QU}{\sqrt{1-\frac{1}{4Q^2}}}$$

在电子技术中还常常应用如图 8.7.16 所示的 GCL 并联电路。GCL 并联电路与 RLC 串联电路互为对偶电路，有关 GCL 并联电路的谐振现象不再详细讨论，仅将有关结果列举出来供读者参考。

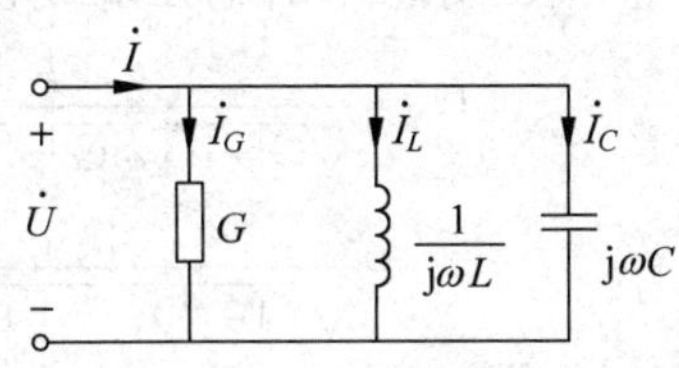

图 8.7.16 GCL 并联谐振电路

GCL 并联电路的谐振既称**并联谐振**(parallel resonance)，又称**电流谐振**(current resonance)。

谐振条件为

$$B=B_C+B_L=\omega C-\frac{1}{\omega L}=0 \tag{8.7.44}$$

谐振频率为

$$\omega_0 = \frac{1}{\sqrt{LC}} \tag{8.7.45}$$

相量图如图 8.7.17 所示。

GCL 并联电路谐振时有

$$\begin{cases} \dot{I} = G\dot{U} \\ \dot{I}_L = -\mathrm{j}\,\dfrac{1}{\omega_0 L}\dot{U} \\ \dot{I}_C = \mathrm{j}\omega_0 C\dot{U} \end{cases} \tag{8.7.46}$$

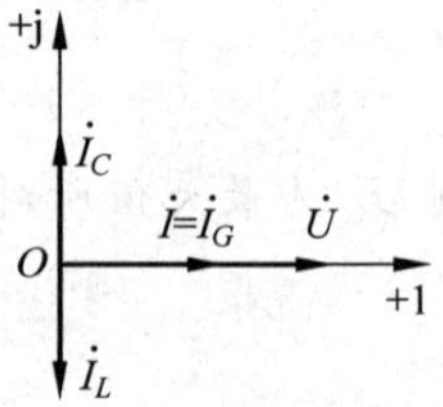

图 8.7.17 并联谐振相量图

此时若 $\omega_0 C=1/(\omega_0 L)\gg G$,则有 $I_L=I_C\gg I$。

品质因数

$$Q = \frac{\omega_0 C}{G} = \frac{1}{G\omega_0 L} = \frac{1}{G}\sqrt{\frac{C}{L}} \tag{8.7.47}$$

谐振曲线可以根据其与 RLC 串联电路的有关特性和曲线类似推得。

【例 8.7.4】 已知 RLC 并联电路的谐振频率为 1000rad/s,通带宽度为 10rad/s,谐振时阻抗为 1000Ω。试求 1010rad/s 的电流激励产生的电压与谐振时的电压之比,设电流激励幅值不变。

解 在谐振时

$$Z = R = 1000\Omega$$

又

$$Q = \frac{\omega_0}{\Delta\omega} = \frac{1000}{10} = 100$$

$$C = \frac{Q}{\omega_0 R} = \frac{100}{1000\times 1000} = 100\mu\text{F}$$

$$L = \frac{R}{\omega_0 Q} = \frac{1000}{1000\times 100} = 0.01\text{H}$$

设电流激励的有效值为 I,则在谐振时电压有效值为

$$U_0 = RI = 1000I$$

在 $\omega=1010$rad/s 时电压有效值为

$$\begin{aligned} U &= \frac{I}{\sqrt{G^2 + [\omega C - 1/(\omega L)]^2}} \\ &= \frac{I}{\sqrt{(10^{-3})^2 + [1010\times 100\times 10^{-6} - 1/(1010\times 0.01)]^2}} = 449I \end{aligned}$$

因此

$$\frac{U}{U_0} = \frac{499I}{1000I} = 0.499$$

【例 8.7.5】 试判断图 8.7.18 所示电路能否发生谐振?如能发生谐振,求出其谐振频率。

解 (a) 对于图 8.7.18(a)所示电路,有

$$Z_{ab}=\frac{\left(j\omega L+\frac{1}{j\omega C_2}\right)\frac{1}{j\omega C_1}}{j\omega L+\frac{1}{j\omega C_2}+\frac{1}{j\omega C_1}}=\frac{1-\omega^2 LC_2}{j[\omega(C_1+C_2)-\omega^3 LC_1C_2]}$$

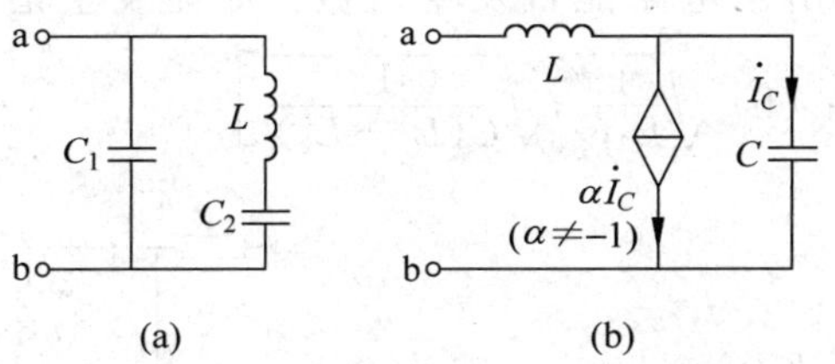

图 8.7.18 例 8.7.5

当 Z_{ab} 的分子为零时,LC_2 支路的阻抗为零,该支路产生谐振,亦即串联谐振,此时有

$$1-\omega^2 LC_2=0$$

解得

$$\omega=\sqrt{\frac{1}{LC_2}}$$

当 Z_{ab} 的分母为零时,LC_2 支路和 C_1 支路并联的导纳为零,发生并联谐振,此时有

$$C_1+C_2=\omega^2 LC_1C_2$$

解得

$$\omega=\sqrt{\frac{C_1+C_2}{LC_1C_2}}$$

所以本电路有两个谐振频率,分别为

$$\sqrt{\frac{C_1+C_2}{LC_1C_2}},\quad \sqrt{\frac{1}{LC_2}}$$

(b) 对于图 8.7.18(b)所示电路,有

$$\dot{I}_{ab}=(1+\alpha)\dot{I}_C$$

$$\dot{U}_{ab}=j\omega L\dot{I}_{ab}+\frac{1}{j\omega C}\dot{I}_C=j\omega L\dot{I}_{ab}+\frac{1}{j\omega C}\frac{\dot{I}_{ab}}{1+\alpha}$$

可得

$$Z_{ab}=\frac{\dot{U}_{ab}}{\dot{I}_{ab}}=j\omega L+\frac{1}{j\omega C}\frac{1}{1+\alpha}=\frac{1-(1+\alpha)\omega^2 LC}{j\omega C(1+\alpha)}$$

因此,当分子为零时,电路的阻抗为零,可发生串联谐振,谐振频率为

$$\omega=\sqrt{\frac{1}{LC(1+\alpha)}}$$

【思考与练习】

8.7.1 如图 8.7.19 所示电路,试求转移电压比 $H_u(j\omega)$。有人认为,已求得图 8.7.1

所示一阶 RC 低通电路的转移电压比 $H(\mathrm{j}\omega)$ 如式(8.7.5)所示，由于图 8.7.18 所示电路由两个一阶 RC 低通电路级联而得，因此 $H_u(\mathrm{j}\omega)=H(\mathrm{j}\omega)\times H(\mathrm{j}\omega)$，此说法对吗？

8.7.2 试设计一 RLC 并联电路，要求谐振频率为 1000rad/s，通频带为 100rad/s，谐振时阻抗为 1000Ω。($L=0.1\mathrm{H}$；$C=10\mu\mathrm{F}$)

8.7.3 图 8.7.20 所示电路能否发生谐振？如能发生谐振，试求出其谐振频率。$\left[(\mathrm{a})\sqrt{\dfrac{C_1+C_2}{LC_1C_2}},\sqrt{\dfrac{1}{LC_2}}；(\mathrm{b})\sqrt{\dfrac{1}{L_2C}},\sqrt{\dfrac{1}{C(L_1+L_2)}}\right]$

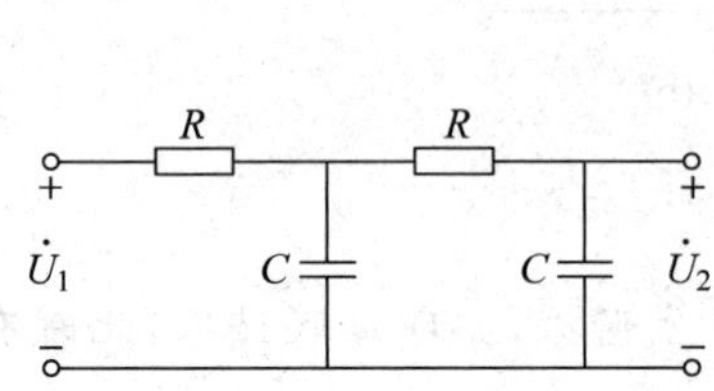

图 8.7.19 思考与练习 8.7.1

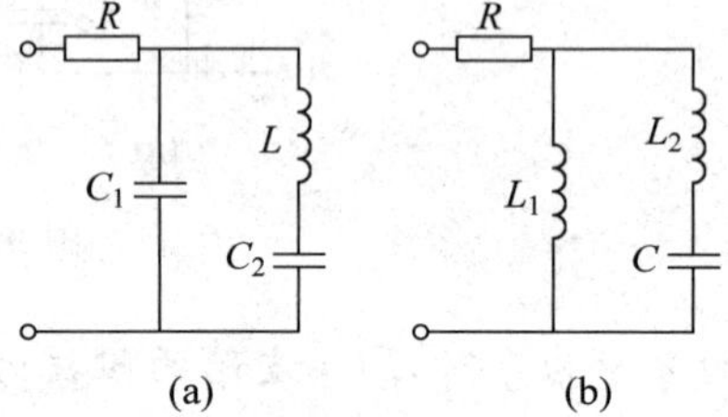

图 8.7.20 思考与练习 8.7.3

习题

相量及其基本性质

8.1 试用有效值相量表示下列正弦量。

(1) $50\sqrt{2}\sin(\omega t+60°)$　　(2) $10\cos(2t+30°)+5\sin 2t$

(3) $\sin(3t-90°)+\cos(3t+45°)$　　(4) $\cos t+\cos(t+30°)+\cos(t+60°)$

8.2 设下列复数代表有效值相量，试求其对应的正弦量。

(1) $3-\mathrm{j}4$；　(2) $-4+\mathrm{j}3$；　(3) $\mathrm{j}3$；　(4) $220\angle 60°$

8.3 已知 $u_1=30\sqrt{2}\cos(\omega t)\mathrm{V}$，$u_2=40\sqrt{2}\sin(\omega t-60°)\mathrm{V}$，试用相量法求 $u=u_1+u_2$ 及二者的相位差。

8.4 试计算 $6\angle 15°-4\angle 40°+7\angle -60°$。(1)用复数计算，(2)用相量图计算。

KCL 和 KVL 的相量形式

8.5 题图 8.5(a)所示电路，试说明 $U=U_1+U_2+U_3$ 成立的条件。对图 8.5(b)所示电路，试说明 $I=I_1+I_2+I_3$ 成立的条件。

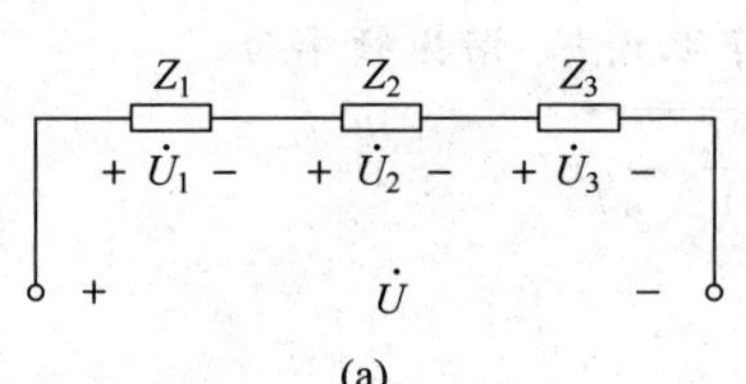

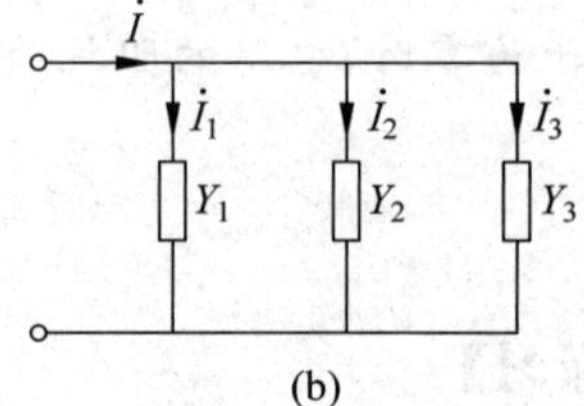

题图 8.5

8.6 在题图 8.6 所示电路中，$u=10\cos(\omega t+20°)$ V、$i_1=2\cos(\omega t+110°)$ A、$i_2=-4\cos(\omega t+200°)$ A、$i_3=5\sin(\omega t+20°)$ A。试写出电压和各电流的有效值、初相位，并求电压与各电流的相位差。

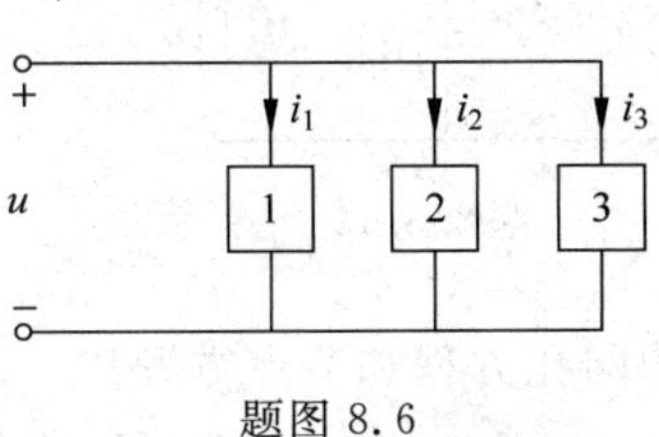

题图 8.6

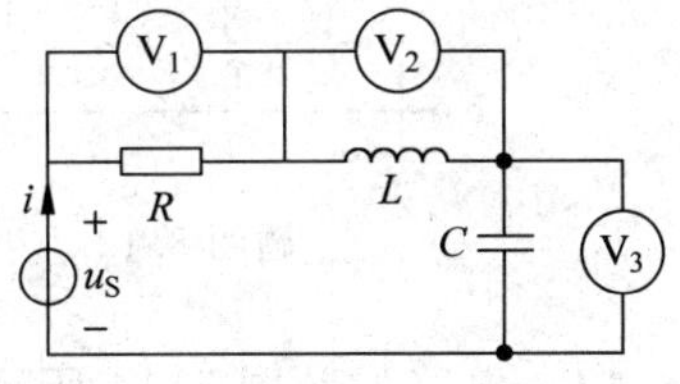

题图 8.7

电路元件电压-电流关系的相量形式

8.7 题图 8.7 所示电路，电压表的读数 V_1、V_2、V_3 分别为 15V、80V、100V，试求电压 u_S 的有效值。

阻抗与导纳

8.8 在题图 8.8 所示正弦稳态电路中，正弦电流源 $i_S=\sqrt{2}\cos(\omega t)$ A，$Z_1=-\mathrm{j}100\Omega$，$Z_2=80\Omega$，$Z_3=(20+\mathrm{j}100)\Omega$，试求 u_1 和 u_3。

8.9 在题图 8.9 所示电路中，已知 $R=200\Omega$，$L=100\mathrm{mH}$，$C=5\mu\mathrm{F}$，$i_R=2\sqrt{2}\cos(\omega t)$ A，$\omega=2\times10^3$ rad/s。试求各元件的电压、电流及电源电压 u，并作各电压、电流相量图。

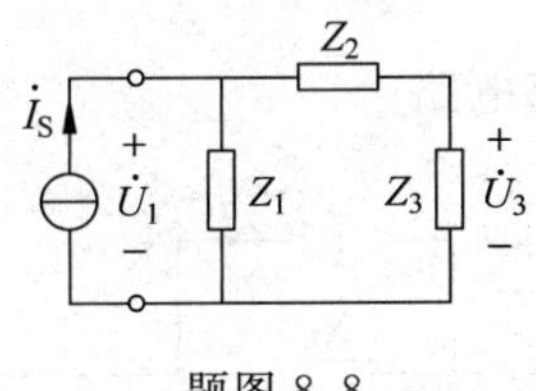

题图 8.8

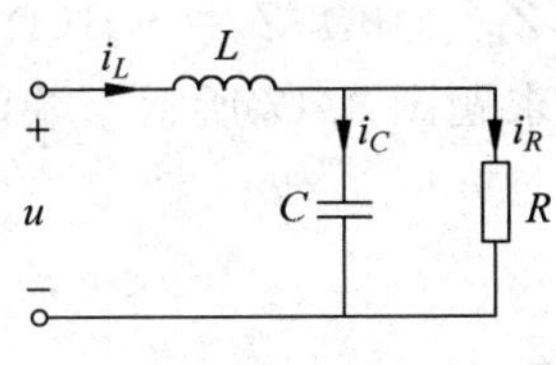

题图 8.9

8.10 试写出题图 8.10 所示电路的输入阻抗 Z 与角频率 ω 的关系，并求 $\omega=0$ 时的输入阻抗值。已知 $R_1=2\Omega$，$R_2=1\Omega$，$L=2$H，$C=1$F。

8.11 试求题图 8.11 所示一端口电路的输入阻抗 Z_{ab}。

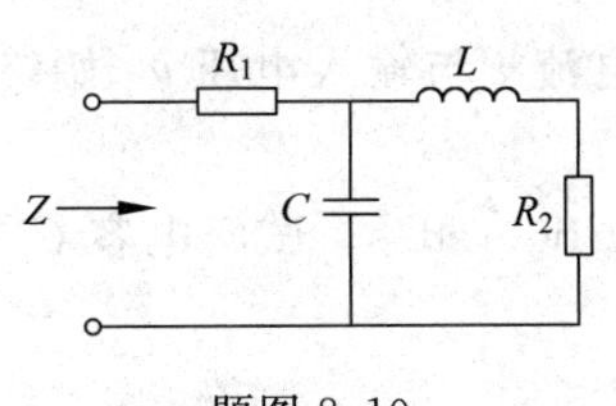

题图 8.10

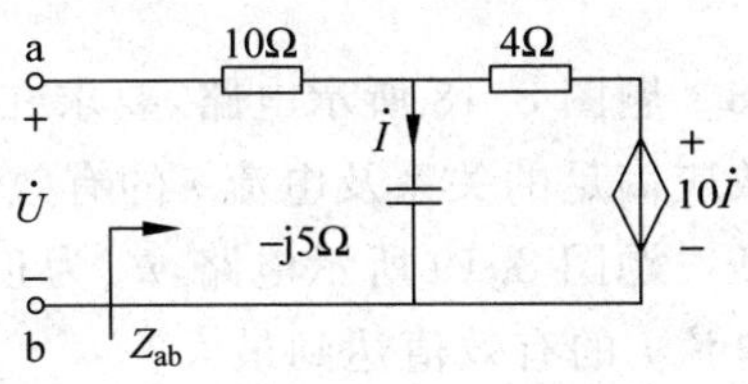

题图 8.11

8.12 试求题图 8.12 所示一端口电路的输入阻抗 Z_{ab}。

正弦稳态电路的分析

8.13 电路如题图 8.13 所示，其中 $u_S=9\sqrt{2}\cos(5t)$ V，试求 u。

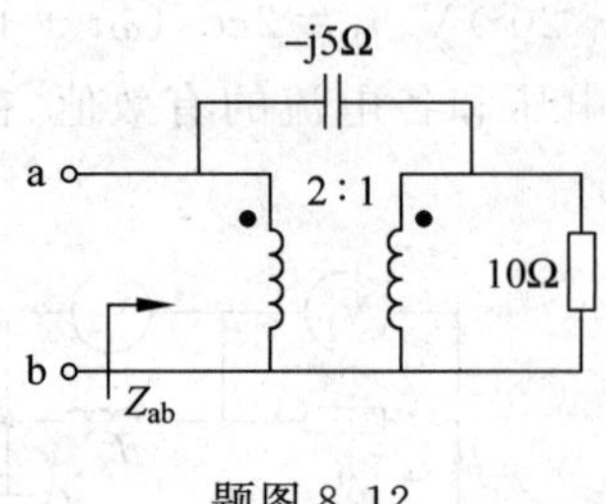

题图 8.12

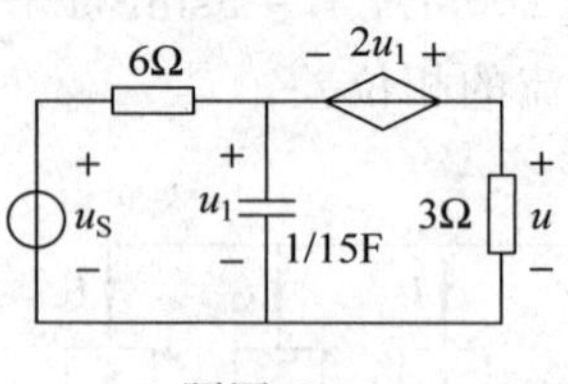

题图 8.13

8.14 电路如题图 8.14 所示，试列出其相量形式的网孔方程和节点方程。

8.15 在如题图 8.15 所示的 RC 电路中，电压源为 $u_S=14.14\cos(10t)$V，稳态响应为 $u_C=10\cos(10t-45°)$V。试计算满足条件的电容 C 的值。

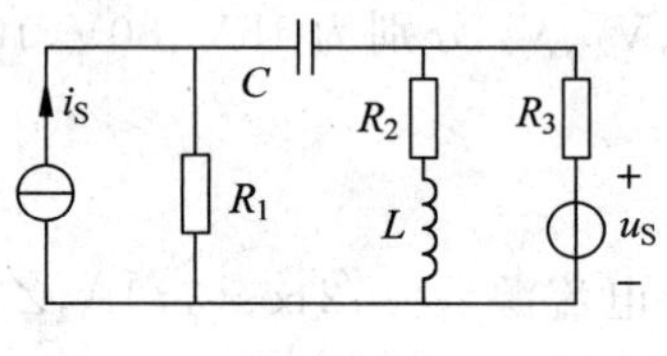

题图 8.14

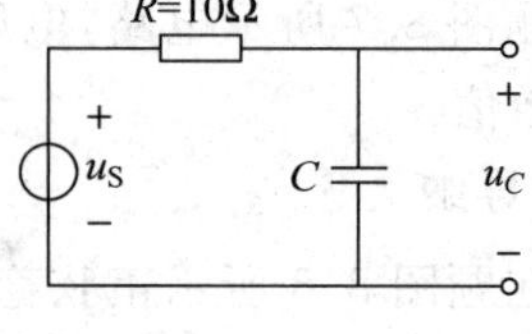

题图 8.15

8.16 试求题图 8.16 所示一端口电路的戴维南(或诺顿)电路。已知题图 8.16 中 $\dot{U}_S=20\angle 0°$V，$Z_1=\mathrm{j}10\Omega$，$Z_2=-\mathrm{j}10\Omega$。

8.17 试求题图 8.17 所示一端口电路的戴维南电路。

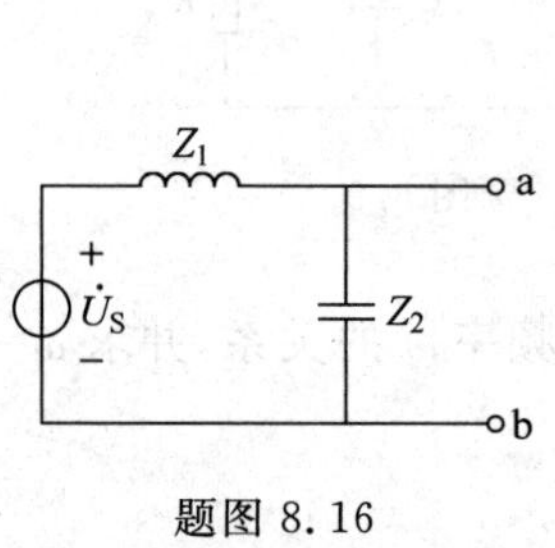

题图 8.16

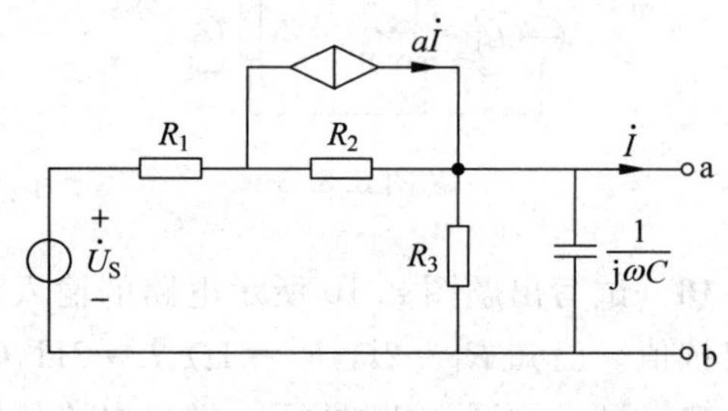

题图 8.17

8.18 题图 8.18 所示电路，要求在任意频率下，电流 i 与输入电压 u_S 始终同相，试求各参数应满足的关系及电流 i 的有效值表达式。

8.19 题图 8.19 所示电路，u_S 为正弦电压源，$\omega=2000$rad/s。试问电容 C 等于多少才能使电流 i 的有效值达到最大？

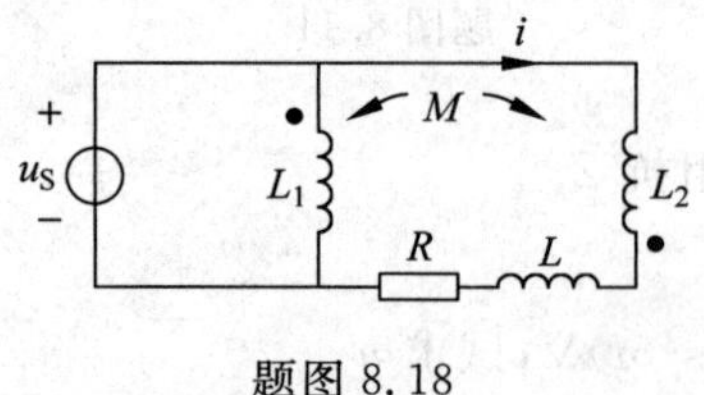

题图 8.18

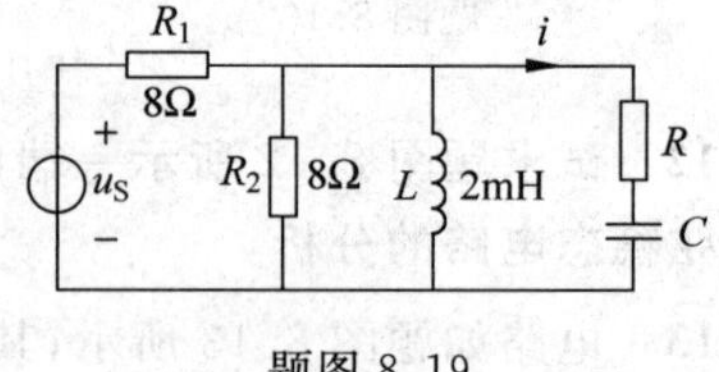

题图 8.19

8.20 电路如题图 8.20 所示，其中 $u_S = 220\sqrt{2}\cos(314t - 45°)$V，当 $|Z_L|$ 为任意有限值时，欲使电流 $\dot{I}$ 始终等于 $1.4\angle -135°$A，试求 L、C、α 的值。

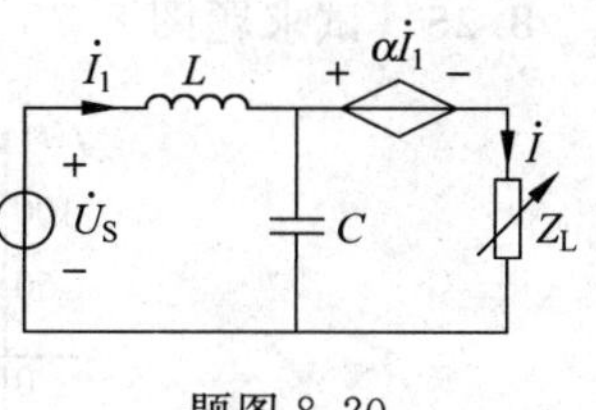

题图 8.20

8.21 试列出题图 8.21 所示电路的回路方程和节点方程。已知 $R_1 = R_2 = R_3 = R_4 = 1\Omega$，$L = 4$H，$C = 4$F，$u_S = 14.14\cos(2t)$V，$i_S = 1.414\cos(2t + 30°)$A。

8.22 题图 8.22 所示脉冲分压电路，设 R_1，R_2 已知，试分析 C_1 和 C_2 在何条件下使输出电压相量 $\dot{U}_2$ 总是与输入电压相量 $\dot{U}_1$ 同相位，在此条件下，求电压比 $\dot{U}_2/\dot{U}_1$。

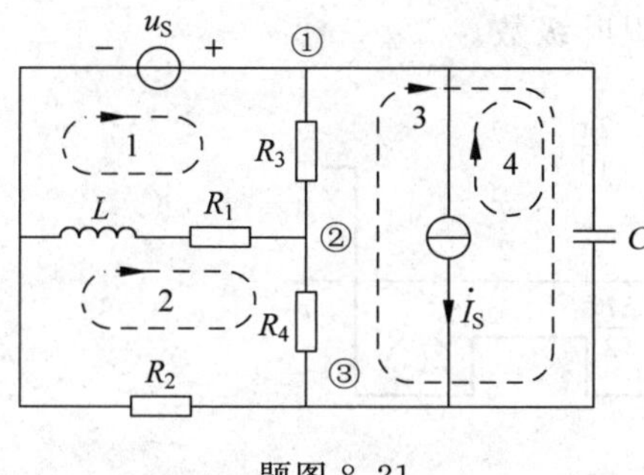

题图 8.21

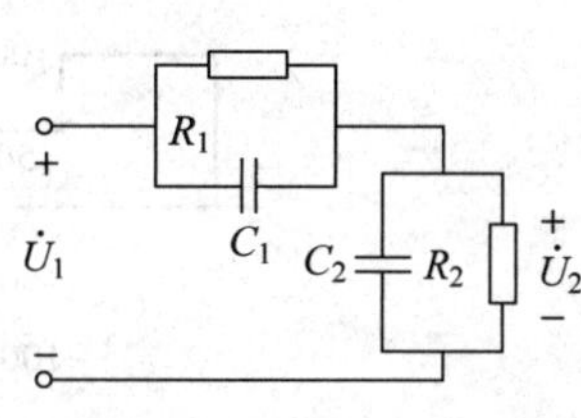

题图 8.22

非正弦周期稳态电路的分析

8.23 试将题图 8.23 中所示的两种方波分解成傅里叶级数。

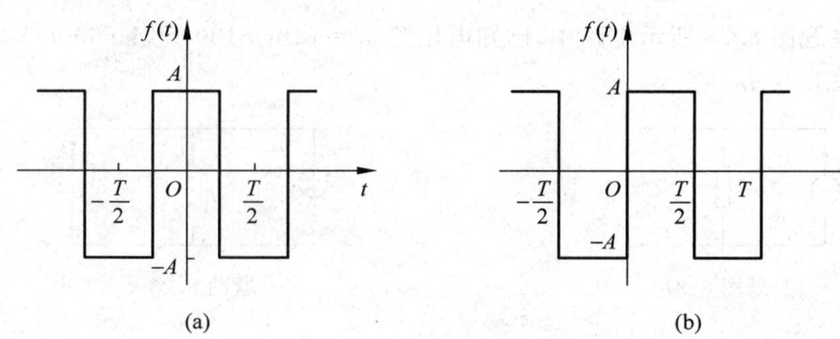

题图 8.23

8.24 试求题图 8.24 所示半波整流周期波形的傅里叶级数。

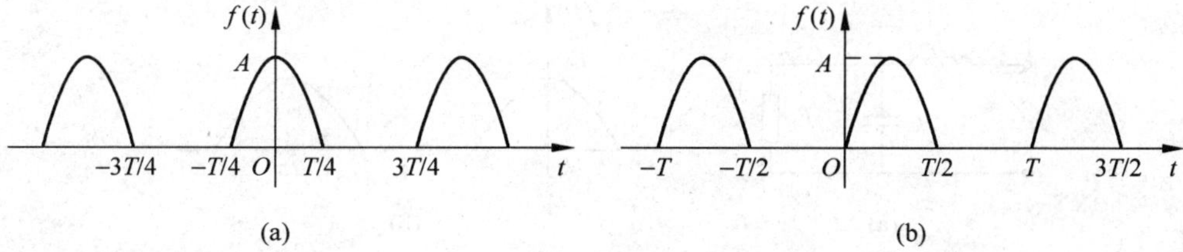

题图 8.24

8.25 试求题图 8.25 所示周期波形的傅里叶级数。

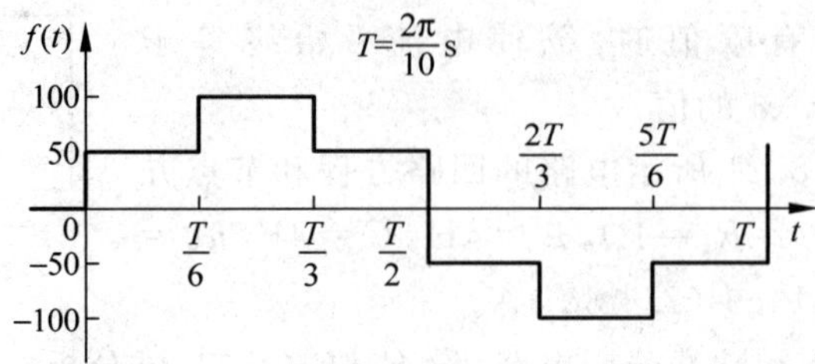

题图 8.25

8.26 试求题图 8.26 所示周期波形的傅里叶级数。

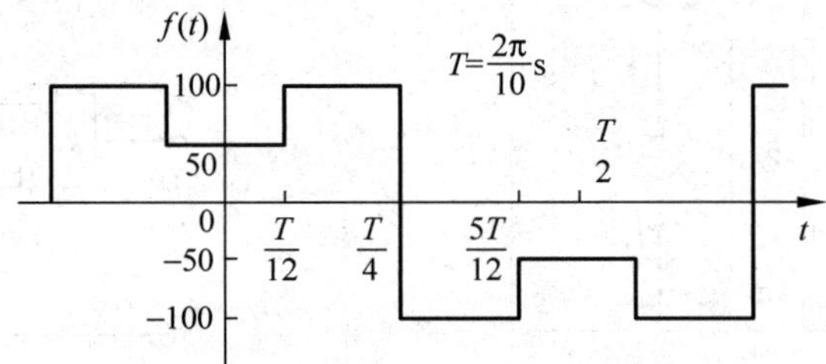

题图 8.26

8.27 题图 8.27 所示电路中，$R=1\Omega$，$C=1\text{F}$，已知对所有的 t，$i_S=(1+2\cos2t)\text{A}$，试求稳态电压 u。

8.28 在题图 8.28 所示电路中，已知电压源 $u_S=(10\sin100t+3\sin500t)\text{V}$，$L=1\text{H}$，$C=100\mu\text{F}$，试求 i_L、i_C。

题图 8.27　　　　题图 8.28

8.29 题图 8.29(a)所示电路，$R_L=100\Omega$，$L=200\text{mH}$，$C=200\mu\text{F}$，端口 1-1′间加上波形如题图 8.29(b)所示的电压 $f(t)$，并知 $F_m=100\text{V}$，$\omega=314\text{rad/s}$，试求负载 R_L 两端的电压 u。

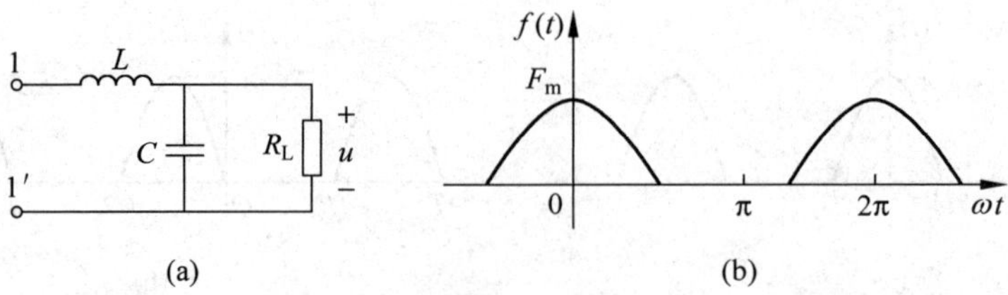

题图 8.29

8.30 在题图 8.30 所示电路中，N 中不含独立电源。当 $u_S=5\cos(1000t+40°)$V 和 $i_S=0.1\cos(500t-20°)$A 时，$u_{ab}=[2\cos(1000t-10°)+3\cos(500t-30°)]$V；当 $u_S=5\cos(500t+40°)$V 和 $i_S=0.1\cos(1000t-20°)$A 时，$u_{ab}=[3\cos(1000t-20°)+2\cos(500t-10°)]$V。若 $u_S=(20\cos1000t+10\cos500t)$V 和 $i_S=(0.3\cos1000t-0.2\cos500t)$A，试求 u_{ab}。

8.31 在题图 8.31 所示电路中，已知 $R=1\Omega$，$L=0.5$H，$C=0.25$F，$u_1=(2+\cos t)$V，$u_2=3\sin(2t)$V，试求稳态电压 u_0。

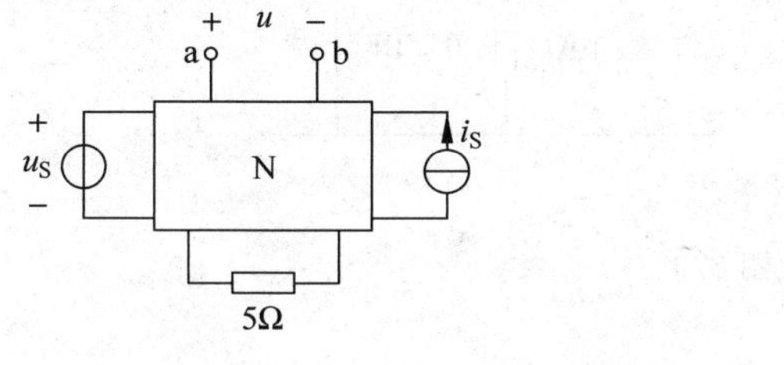

题图 8.30

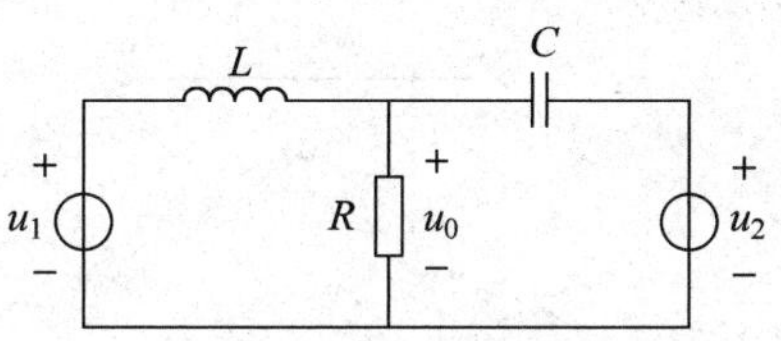

题图 8.31

8.32 在题图 8.32 所示电路中，已知 $u_1=(1+\sin10^4t+\sin10^5t+\sin10^6t)$V，$L_1=2$mH，$L_2=1$mH，$M=1$mH，$C=10\mu$F，$R_1=300\Omega$，$R_2=50\Omega$，试求 u_2。

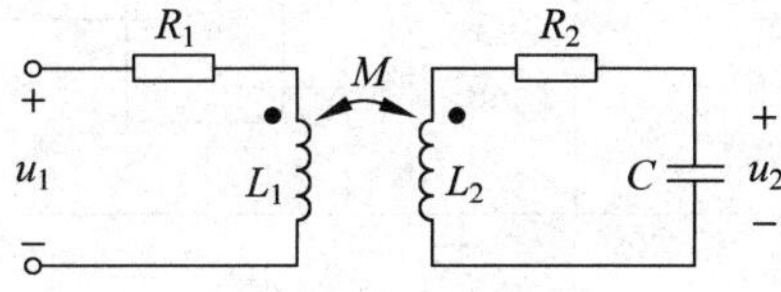

题图 8.32

8.33 试用傅里叶变换求题图 8.33(a)所示电路中的电流 i。其中电流源电流的波形如题图 8.33(b)所示。

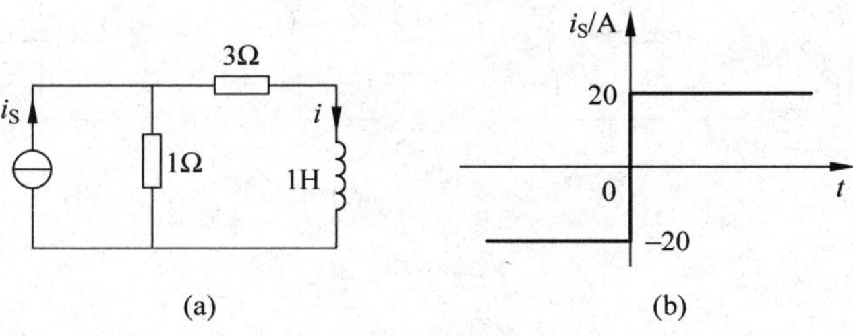

题图 8.33

8.34 在题图 8.33(a)所示电路中，设 $i_S=50\cos3t$A，试用傅里叶变换求电流 i。

频率响应与谐振电路

8.35 试求题图 8.35 所示电路的转移电压比 $\dot{U}_o/\dot{U}_i$。设电路的工作频率为 ω。

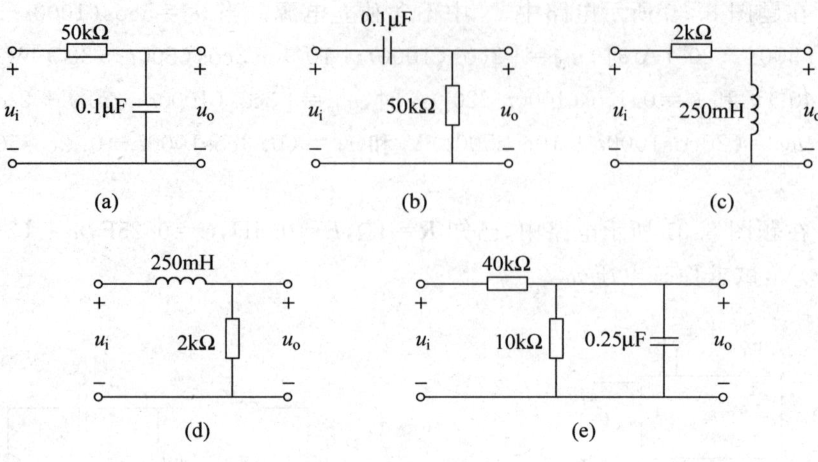

题图 8.35

8.36 试求题图 8.36 所示电路的转移电压比$\dot{U}_2/\dot{U}_1$。

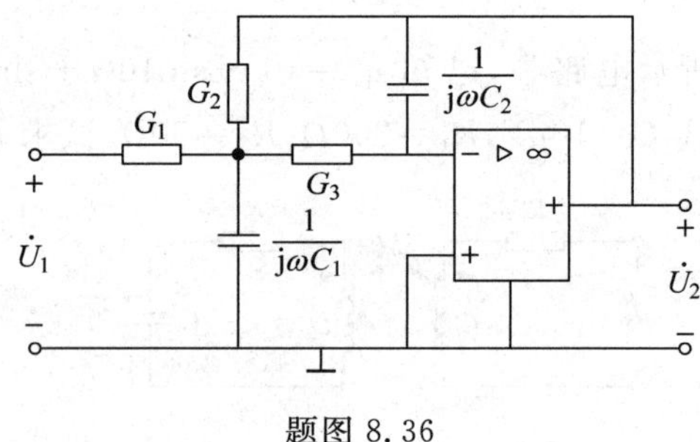

题图 8.36

8.37 试求题图 8.37 所示电路短路或开路时的频率。

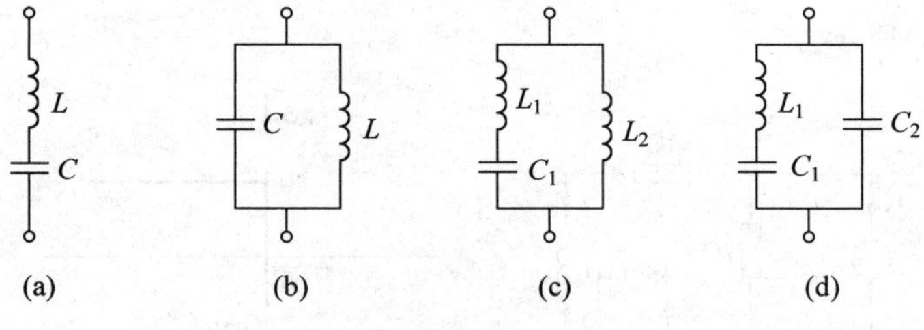

题图 8.37

8.38 试求题图 8.38 所示电路的谐振角频率，已知 $R_1=20\Omega$，$R_2=500\Omega$，$L=200\text{mH}$，$C=4\mu\text{F}$。若$\dot{U}=100\angle 0°$，则求谐振时的$\dot{U}_2$，并作出电路的相量图。

8.39 如题图 8.39 所示电路工作在正弦稳态，已知输入为 $u_i=U_m\cos(\omega t)$V。如果输出电压 $u_o=-(R_1/R_2)u_i$，试求角频率 ω。

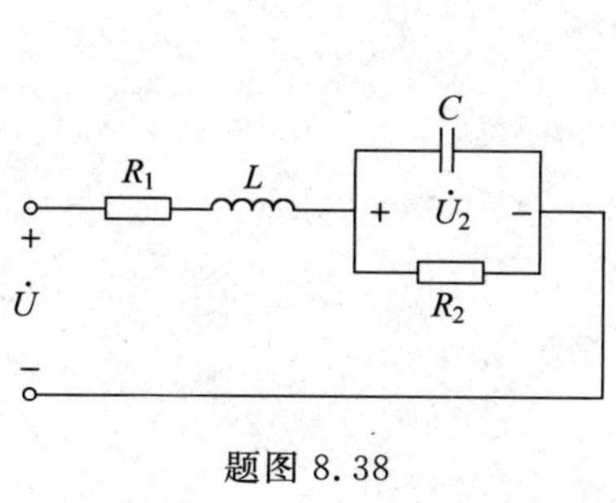

题图 8.38

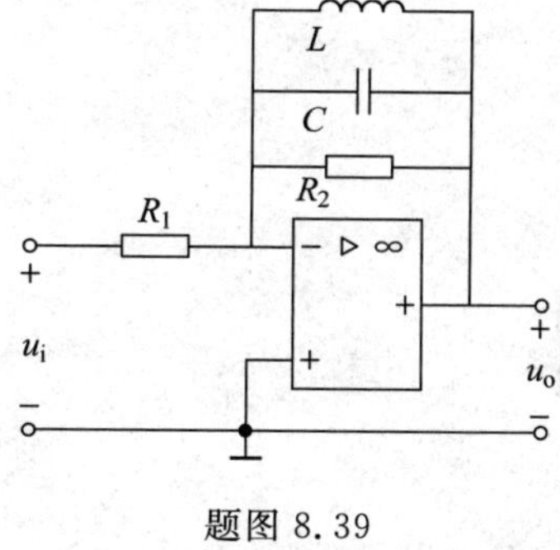

题图 8.39

8.40 题图 8.40 所示电路能否发生谐振？如能发生谐振，试求出其谐振频率。

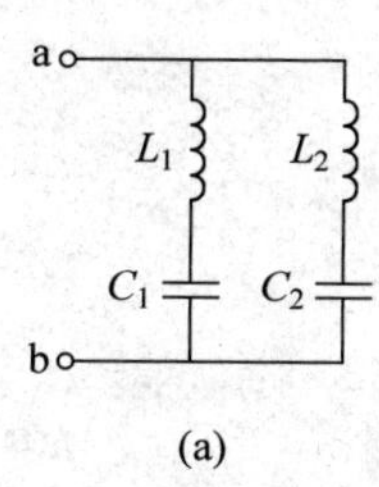

(a)

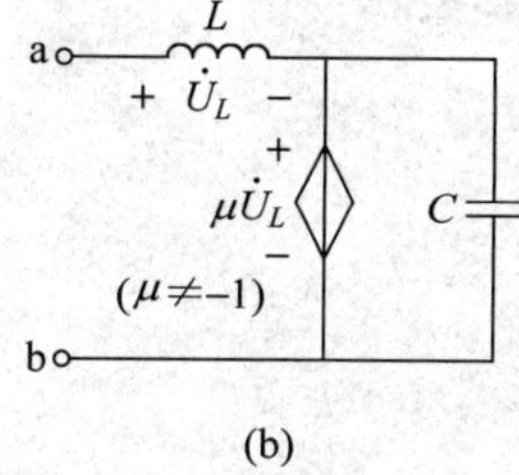

(b)

题图 8.40

第9章 三相电路

内容提要

三相电路是电力生产、变送和应用的主要形式。目前世界上各个国家的电力系统主要是采用三相制(三相系统)。根据电路理论,采用三相制的电力系统,由于其特定的连接方式以及三相对称的正弦稳态激励、负载连接等,使得这类电路都可以按照三相电路进行分析。三相电路实际上是一类特殊的正弦稳态电路,因此可采用相量法分析三相电路。本章主要介绍三相电路的基本概念,并讨论对称三相电路和不对称三相电路的计算。

9.1 三相电的基本原理

三相电路(three-phase circuit)是由**三相电源**(three-phase source)、三相负载和三相传输线路组成的电路。三相电路在发电、输电、配电,以及大功率用电设备等电力系统中应用广泛。由三相电源供电的体系称为**三相制**(three-phase circuit)。一般情况下,三相发电机产生三个频率相同、波形相同、相位依次相差 120°的正弦电压,称为**对称三相电压**(symmetric three-phase voltage),分别用 u_U、u_V、u_W 表示,如图 9.1.1 所示。

产生对称三相电压且各相阻抗相等的电源称为**对称三相电源**(symmetric three-phase source)。在图 9.1.1(a)中,发电机的定子上嵌有三个绕组 U_1U_2、V_1V_2 及 W_1W_2,分别称为 U 相、V 相及 W 相绕组。各绕组的形状及匝数相同,在定子上彼此相隔 120°。发电机的转子是一对磁极,当它按图示顺时针方向以角速度 ω 旋转时,能在各个绕组中感应出正弦波形的电压 u_U、u_V、u_W,如图 9.1.1(b)所示。由于匀速旋转的转子任一磁极经过 U_1、V_1、W_1 处的时间依次相差 1/3 周期,所以三相电压 u_U、u_V、u_W 的相位依次相差 120°,且振幅相同。假设的初始相位为零,则 u_U、u_V、u_W 的表达式为

$$\begin{cases} u_U = \sqrt{2}U\cos(\omega t) \\ u_V = \sqrt{2}U\cos(\omega t - 120°) \\ u_W = \sqrt{2}U\cos(\omega t + 120°) \end{cases} \tag{9.1.1}$$

对称三相电压波形如图 9.1.2 所示。对应的相量表达式为

$$\begin{cases} \dot{U}_U = U\angle 0° \\ \dot{U}_V = U\angle -120° = a^2\dot{U}_U \\ \dot{U}_W = U\angle 120° = a\dot{U}_U \end{cases} \tag{9.1.2}$$

式中,$a=1\angle 120°$是一旋转因子,以 a 乘某一相量,相当于在复平面上将此相量逆时针旋转 120°或顺时针旋转 240°;以 a^2 乘某一相量,相当于在复平面上将此相量逆时针旋转 240°或顺时针旋转 120°。对称三相电压相量图如图 9.1.3 所示。

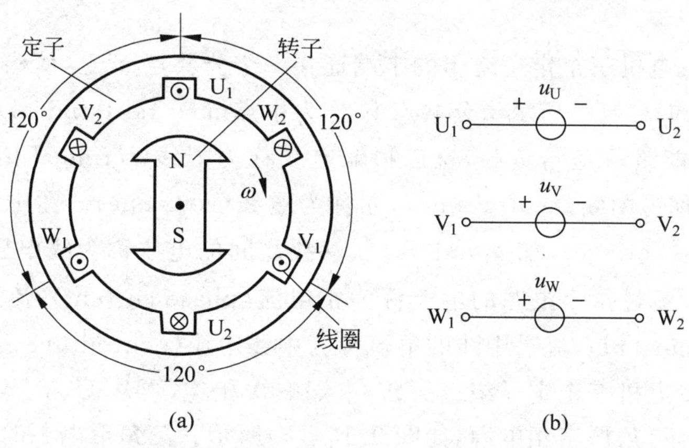

图 9.1.1 三相发电机原理示意图

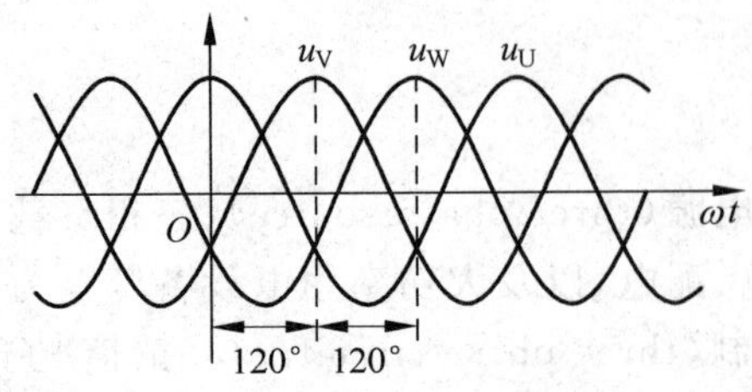

图 9.1.2　对称三相电压波形图

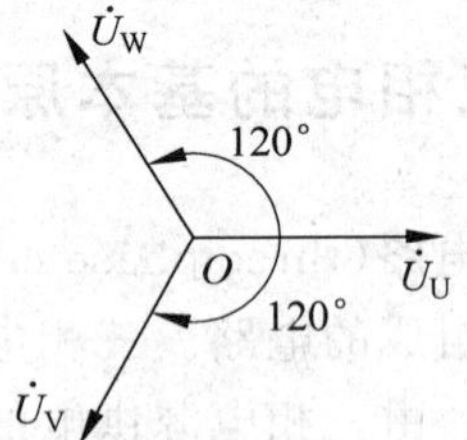

图 9.1.3　对称三相电压相量

三相电压 u_U、u_V、u_W 中的每一相电压达到同一任意指定的相位值的先后次序称为**相序**(phase sequence)。式(9.1.1)中三相电压相位达到同一相位(如 0°)的次序为 U-V-W(也可看成 V-W-U 或 W-U-V)，称为**正序**(positive sequence)或**顺序**。如果三相电压的表达式为

$$\begin{cases} u_U = \sqrt{2}U\cos(\omega t) \\ u_V = \sqrt{2}U\cos(\omega t + 120°) \\ u_W = \sqrt{2}U\cos(\omega t - 120°) \end{cases} \tag{9.1.3}$$

则三相电压相位达到同一相位的次序为 U-W-V(也可看成是 W-V-U 或 V-U-W)，称为**负序**(negative sequence)或**逆序**。负序是相对正序而言的。对于三相电压的相序，以后如不加说明，就认为是正序。如果图 9.1.1(a)所示的三相发电机转子的旋转方向是逆时针方向，与图中标明的方向相反，则是逆序。

由式(9.1.1)及式(9.1.3)可得，对称三相电压不管是正序还是逆序，都满足

$$u_U + u_V + u_W = 0 \tag{9.1.4}$$

由相量的线性性质，对称三相电压相量满足

$$\dot{U}_U + \dot{U}_V + \dot{U}_W = 0 \tag{9.1.5}$$

可见，如果三相电压是对称的，则各相电压的瞬时值之和等于零，各相电压对应的相量之和也必然等于零。

如果把三相发电机三个定子绕组的末端连在一个公共点 N 上，就构成了一个对称星形三相电源，如图 9.1.4(a)所示。公共点 N 称为**中点**(neutral terminal)。U、V、W 三端与输电线相接，将能量输送给负载，这三根输电线称为**端线**(terminal line)或火线，从中点 N 引出的导线称为**中线**(neutral line)，亦称为**零线**(zero line)。图中每个电源的电压称为**相电压**(phase voltage)，如 u_U、u_V、u_W。端线之间的电压称为**线电压**(line voltage)，如 u_{UV}、u_{VW}、u_{WU}。流过每个电源的电流称为**相电流**(phase current)，流过各端线的电流称为**线电流**(line current)，流过中线的电流称为**中线电流**(neutral line current)。

如果把三相发电机三个定子绕组的始、末端顺次相连，再从 U、V、W 三端引出端线，就构成了一个对称三角形三相电源，如图 9.1.4(b)所示。三角形电源的线电压、相电压、相电流的概念与星形电源相同。对三角形电源，中线不存在。

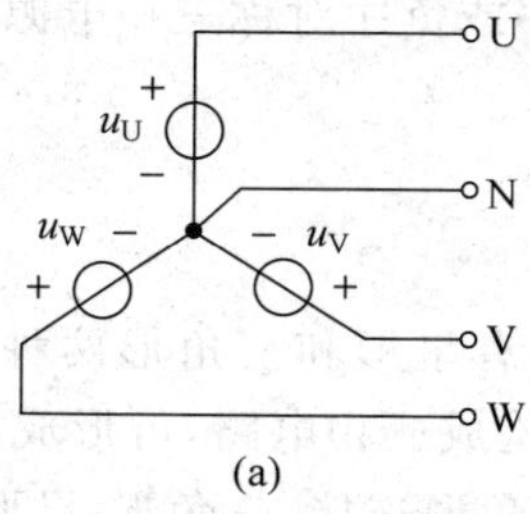

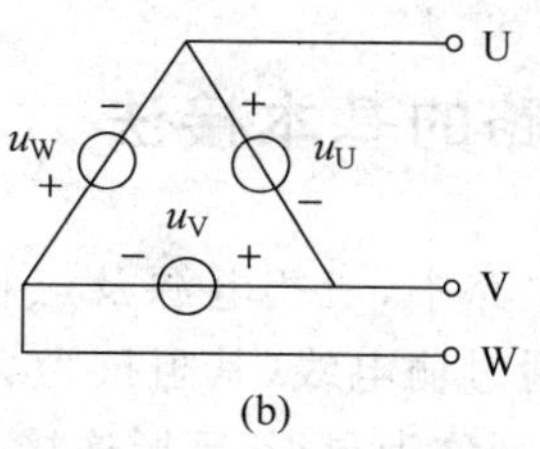

图 9.1.4 对称三相电源的接法

在实际三相电路中，三相电源是对称的。注意：在三相电路问题中，如不加说明，电压都是指线电压，且为有效值。如 110kV 的输电线，即指其线电压的有效值为 110kV。

在三相电路中，负载一般也是三相的，即由三个部分所组成，每一部分称为负载的一个相。如果三相负载的各相阻抗值相同，则称为**对称三相负载**(symmetric three-phase load)。例如三相电动机就是一种对称三相负载。对称三相负载也可以接成星形或三角形，如图 9.1.5 所示。三相电源中的相电压、线电压、相电流、线电流等概念也适用于三相负载。

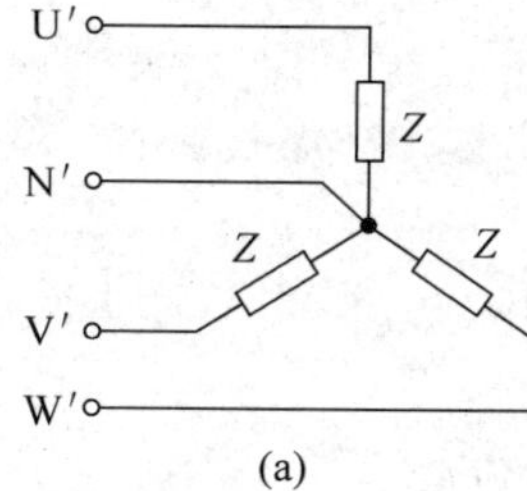

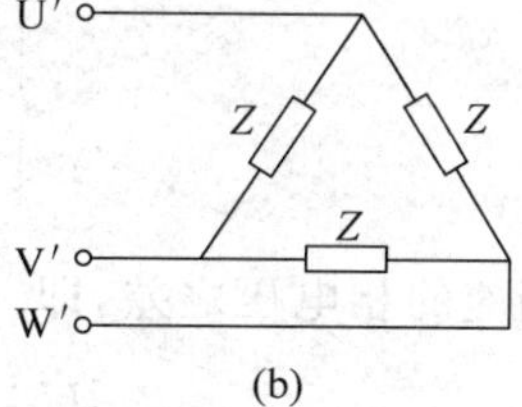

图 9.1.5 对称三相负载的接法

三相负载也可由三个不同的单相负载(如电灯或电炉等)组成，构成不对称三相负载。

【思考与练习】

9.1.1 如果把三相发电机三个定子绕组的 U_1、V_2、W_2 端连在一个公共点 N 上，试问会出现什么后果？

9.1.2 三相星形负载接三相电源的相电压分别为 $\dot{U}_{U'}=220\angle 10°\text{V}$，$\dot{U}_{V'}=220\angle 130°\text{V}$，$\dot{U}_{W'}=220\angle -110°\text{V}$，试问三相电压的相序是什么？(U′-W′-V′)

9.1.3 试画出星形对称三相负载的相电压和线电压的相量图，设 $\dot{U}_{V'}=110\angle 30°\text{V}$，三相电压为负序。

9.1.4 设三个同频率的电压源分别为 $\dot{U}_1=100\angle 0°\text{V}$，$\dot{U}_2=100\angle 60°\text{V}$，$\dot{U}_3=$

$100\angle -60°\text{V}$,试问能否将这组电压源连接成正序或负序对称三相电源?

9.2 三相电路的基本接法

在对称三相电路中,三相电源及三相负载都有星形和三角形两种连接方式,当三相电源和三相负载通过输电线(其阻抗为 Z_L)连接构成三相电路,可形成如图 9.2.1 所示的四种连接方式,分别称为星形-星形连接、星形-三角形连接、三角形-星形连接和三角形-三角形连接。图 9.2.1(a)中存在两个中点,中点之间可连接输电线(中线,其阻抗为 Z_N),称为三相四线制方式,图 9.2.1(b)~(d)中只有三根输电线,不存在中线,称为三相三线制方式。下面分析三相电路中线电压(电流)与相电压(电流)之间的关系。

9.2.1 星形连接

设对称三相电源和对称三相负载的各相电压相量、电流相量以及三相电路的线电流相量如图 9.2.1 所示。对于对称星形电源(见图 9.2.1(a)、(b)),线电流等于相应的相电流,即

$$\begin{cases}\dot I_{UU'}=\dot I_U\\ \dot I_{VV'}=\dot I_V\\ \dot I_{WW'}=\dot I_W\end{cases}\tag{9.2.1}$$

线电压等于两个相应的相电压之差,即

$$\begin{cases}\dot U_{UV}=\dot U_U-\dot U_V\\ \dot U_{VW}=\dot U_V-\dot U_W\\ \dot U_{WU}=\dot U_W-\dot U_U\end{cases}\tag{9.2.2}$$

由于相电压是三相对称的,有

$$\begin{cases}\dot U_V=a^2\dot U_U\\ \dot U_W=a^2\dot U_V\\ \dot U_U=a^2\dot U_W\end{cases}\tag{9.2.3}$$

于是式(9.2.2)可表示为

$$\begin{cases}\dot U_{UV}=\dot U_U-a^2\dot U_U=\sqrt3\angle 30°\dot U_U\\ \dot U_{VW}=\dot U_V-a^2\dot U_V=\sqrt3\angle 30°\dot U_V\\ \dot U_{WU}=\dot U_W-a^2\dot U_W=\sqrt3\angle 30°\dot U_W\end{cases}\tag{9.2.4}$$

线电压与相电压的相量图如图 9.2.2(a)所示。由于在复平面上相量可以平移,图 9.2.2(a)所示的相量图也可表示为图 9.2.2(b)所示的相量图。由式(9.2.4)及相量图可见,如果相电压是三相对称的,则线电压也是三相对称的。用 U_L 和 U_P 分别表示线

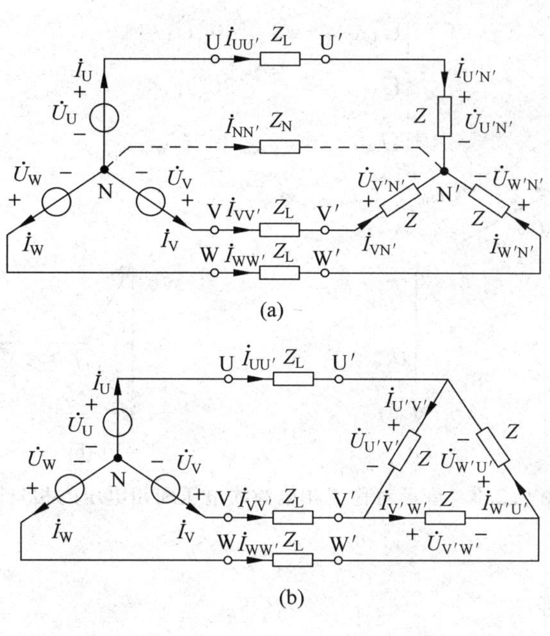

(a)

(b)

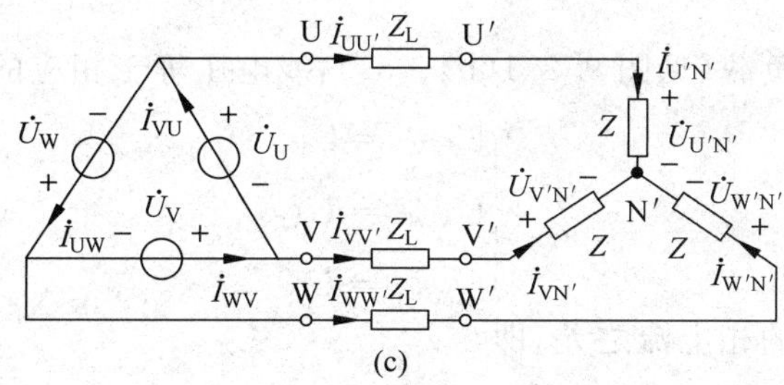

(c)

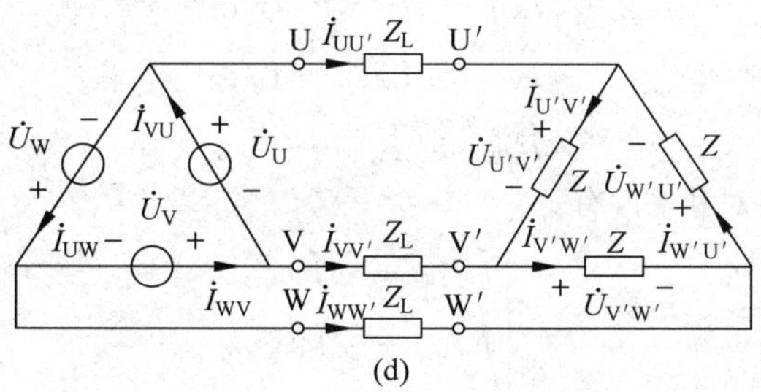

(d)

图 9.2.1　对称三相电路的基本接法

电压的有效值和相电压的有效值，则有

$$U_L = \sqrt{3} U_P \tag{9.2.5}$$

对于对称星形负载(见图 9.2.1(a)、(c))，可得到类似的分析结果，即

$$\begin{cases} \dot I_{UU'} = \dot I_{U'N'} \\ \dot I_{VV'} = \dot I_{V'N'} \\ \dot I_{WW'} = \dot I_{W'N'} \end{cases} \tag{9.2.6}$$

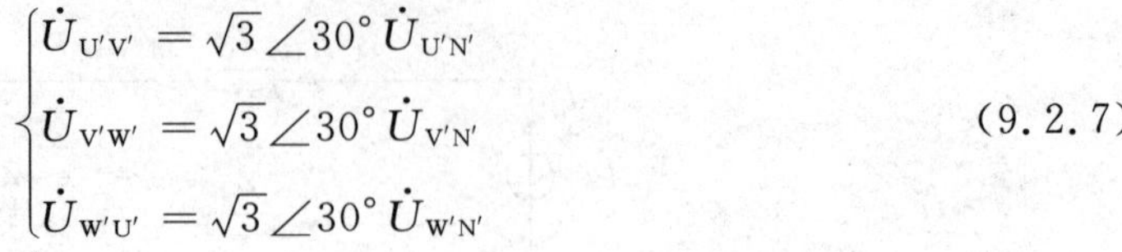

$$\begin{cases}\dot{U}_{U'V'}=\sqrt{3}\angle 30^\circ\,\dot{U}_{U'N'}\\ \dot{U}_{V'W'}=\sqrt{3}\angle 30^\circ\,\dot{U}_{V'N'}\\ \dot{U}_{W'U'}=\sqrt{3}\angle 30^\circ\,\dot{U}_{W'N'}\end{cases}\tag{9.2.7}$$

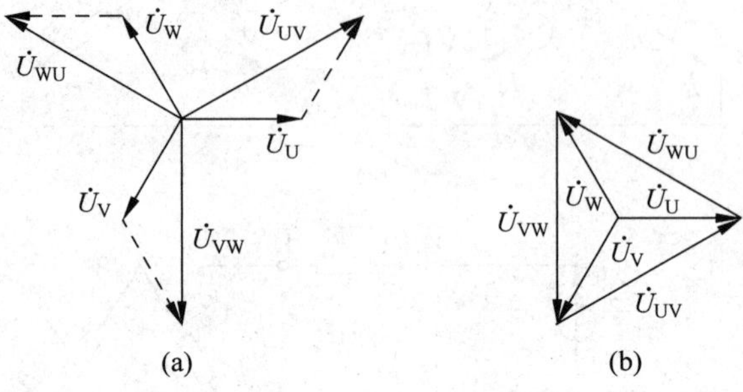

图 9.2.2　星形对称三相电源线电压和相电压的相量图

9.2.2　三角形连接

对于对称三角形负载(见图 9.2.1(b)、(d)),线电压等于相应的相电压,即

$$\begin{cases}\dot{U}_{U'V'}=\dot{U}_{U'}\\ \dot{U}_{V'W'}=\dot{U}_{V'}\\ \dot{U}_{W'U'}=\dot{U}_{W'}\end{cases}\tag{9.2.8}$$

线电流等于两个相应的相电流之差,即

$$\begin{cases}\dot{I}_{UU'}=\dot{I}_{U'V'}-\dot{I}_{W'U'}\\ \dot{I}_{VV'}=\dot{I}_{V'W'}-\dot{I}_{U'V'}\\ \dot{I}_{WW'}=\dot{I}_{W'U'}-\dot{I}_{V'W'}\end{cases}\tag{9.2.9}$$

由于负载相电流是三相对称的,有

$$\begin{cases}\dot{I}_{W'U'}=a\,\dot{I}_{U'V'}\\ \dot{I}_{U'V'}=a\,\dot{I}_{V'W'}\\ \dot{I}_{V'W'}=a\,\dot{I}_{W'U'}\end{cases}\tag{9.2.10}$$

于是式(9.2.9)可表示为

$$\begin{cases}\dot{I}_{UU'}=(1-a)\,\dot{I}_{U'V'}=\sqrt{3}\angle -30^\circ\,\dot{I}_{U'V'}\\ \dot{I}_{VV'}=(1-a)\,\dot{I}_{V'W'}=\sqrt{3}\angle -30^\circ\,\dot{I}_{V'W'}\\ \dot{I}_{WW'}=(1-a)\,\dot{I}_{W'U'}=\sqrt{3}\angle -30^\circ\,\dot{I}_{W'U'}\end{cases}\tag{9.2.11}$$

线电流与相电流的相量图如图 9.2.3 所示。由式(9.2.11)及相量图可见,如果相电压是三相对称的,则线电流也是三相对称的。用 I_L 和 I_P 分别表示线电流的有效值和相电流的有效值,则有

$$I_L = \sqrt{3} I_P \tag{9.2.12}$$

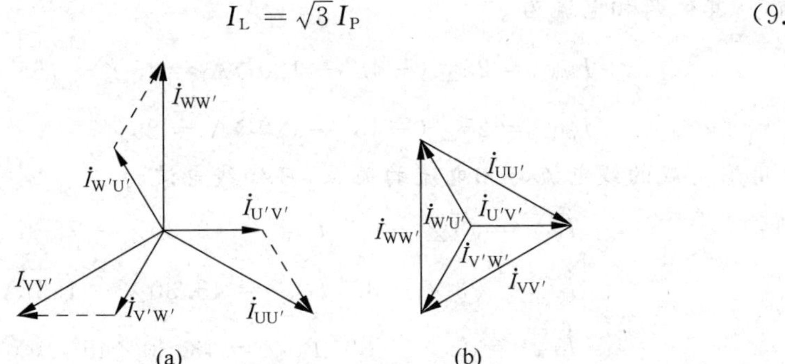

图 9.2.3 三角形对称三相电源线电流和相电流的相量图

对于对称三角形电源(见图 9.2.1(c)、(d)),可得到类似的分析结果,请读者自行推导。表 9.2.1 给出了三相电路的各种接法线电压(电流)与相电压(电流)之间的关系,以供分析三相电路时查阅。

表 9.2.1 三相电路的各种接法线电压(电流)与相电压(电流)之间的关系

<table>
<tr><td rowspan="2"></td><td colspan="2">线电压与相电压之间的关系</td><td colspan="2">线电流与相电流之间的关系</td></tr>
<tr><td>电源端</td><td>负载端</td><td>电源端</td><td>负载端</td></tr>
<tr><td>星形-星形</td><td>$\begin{cases}\dot{U}_{UV}=\sqrt{3}\angle 30°\dot{U}_U\\ \dot{U}_{VW}=\sqrt{3}\angle 30°\dot{U}_V\\ \dot{U}_{WU}=\sqrt{3}\angle 30°\dot{U}_W\end{cases}$</td><td>$\begin{cases}\dot{U}_{U'V'}=\sqrt{3}\angle 30°\dot{U}_{U'N'}\\ \dot{U}_{V'W'}=\sqrt{3}\angle 30°\dot{U}_{V'N'}\\ \dot{U}_{W'U'}=\sqrt{3}\angle 30°\dot{U}_{W'N'}\end{cases}$</td><td colspan="2">相等</td></tr>
<tr><td>星形-三角形</td><td>$\begin{cases}\dot{U}_{UV}=\sqrt{3}\angle 30°\dot{U}_U\\ \dot{U}_{VW}=\sqrt{3}\angle 30°\dot{U}_V\\ \dot{U}_{WU}=\sqrt{3}\angle 30°\dot{U}_W\end{cases}$</td><td>相等</td><td>相等</td><td>$\begin{cases}\dot{I}_{UU'}=\sqrt{3}\angle -30°\dot{I}_{U'V'}\\ \dot{I}_{VV'}=\sqrt{3}\angle -30°\dot{I}_{V'W'}\\ \dot{I}_{WW'}=\sqrt{3}\angle -30°\dot{I}_{W'U'}\end{cases}$</td></tr>
<tr><td>三角形-星形</td><td>相等</td><td>$\begin{cases}\dot{U}_{U'V'}=\sqrt{3}\angle 30°\dot{U}_{U'N'}\\ \dot{U}_{V'W'}=\sqrt{3}\angle 30°\dot{U}_{V'N'}\\ \dot{U}_{W'U'}=\sqrt{3}\angle 30°\dot{U}_{W'N'}\end{cases}$</td><td>$\begin{cases}\dot{I}_{UU'}=\sqrt{3}\angle -30°\dot{I}_{VU}\\ \dot{I}_{VV'}=\sqrt{3}\angle -30°\dot{I}_{WV}\\ \dot{I}_{WW'}=\sqrt{3}\angle -30°\dot{I}_{UW}\end{cases}$</td><td>相等</td></tr>
<tr><td>三角形-三角形</td><td colspan="2">相等</td><td>$\begin{cases}\dot{I}_{UU'}=\sqrt{3}\angle -30°\dot{I}_{VU}\\ \dot{I}_{VV'}=\sqrt{3}\angle -30°\dot{I}_{WV}\\ \dot{I}_{WW'}=\sqrt{3}\angle -30°\dot{I}_{UW}\end{cases}$</td><td>$\begin{cases}\dot{I}_{UU'}=\sqrt{3}\angle -30°\dot{I}_{U'V'}\\ \dot{I}_{VV'}=\sqrt{3}\angle -30°\dot{I}_{V'W'}\\ \dot{I}_{WW'}=\sqrt{3}\angle -30°\dot{I}_{W'U'}\end{cases}$</td></tr>
<tr><td colspan="5">如果 $Z_L=0$,则有 $\dot{U}_{UV}=\dot{U}_{U'V'}$,$\dot{U}_{VW}=\dot{U}_{V'W'}$,$\dot{U}_{WU}=\dot{U}_{W'U'}$</td></tr>
</table>

【例 9.2.1】 已知正相序三相电路的负载为对称三角形连接方式,$\dot{U}_{U'V'}=500\angle 0°\text{V}$,$Z=20\angle 45°\Omega$,试求负载相电流和线电流。

解 U 相电流为

$$\dot{I}_{U'V'} = \dot{U}_{U'V'}/Z = 500\angle 0°/20\angle 45°\text{A} = 25\angle -45°\text{A}$$

根据相序，其他两相电流为

$$\dot{I}_{V'W'} = 25\angle(-45° - 120°)\text{A} = 25\angle -165°\text{A}$$

$$\dot{I}_{W'U'} = 25\angle(-45° + 120°)\text{A} = 25\angle 75°\text{A}$$

根据三角形负载的线电流与相电流的关系，可知线电流为

$$\dot{I}_{UU'} = \sqrt{3}\angle -30°\ \dot{I}_{U'V'} = 43.30\angle -75°\text{A}$$

$$\dot{I}_{VV'} = \sqrt{3}\angle -30°\ \dot{I}_{V'W'} = 43.30\angle -195°\text{A}$$

$$\dot{I}_{WW'} = \sqrt{3}\angle -30°\ \dot{I}_{W'U'} = 43.30\angle 45°\text{A}$$

【例 9.2.2】 设逆相序对称三相三线制的输电线的阻抗为零，线电压为 380V，星形对称负载每相阻抗为 $Z=10\angle -10°\Omega$，试求线电流。

解 设 U 相电压初相为零，则

$$\dot{U}_U = \frac{U_L}{\sqrt{3}}\angle 0° = \frac{380}{\sqrt{3}}\angle 0°\text{V} = 220\angle 0°\text{V}$$

U 相线电流为

$$\dot{I}_{UU'} = \frac{\dot{U}_U}{Z} = \frac{220\angle 0°}{20\angle -10°}\text{A} = 22\angle 10°\text{A}$$

注意到三相电路是逆相序，因此 V、W 相线电流分别为

$$\dot{I}_{VV'} = a\,\dot{I}_{UU'} = 11\angle(10° + 120°)\text{A} = 22\angle 130°\text{A}$$

$$\dot{I}_{WW'} = a^2\,\dot{I}_{UU'} = 11\angle(10° - 120°)\text{A} = 22\angle -110°\text{A}$$

【思考与练习】

9.2.1 已知星形三相电源的相电压分别 $\dot{U}_U=220\angle 10°\text{V}$，$\dot{U}_V=220\angle 130°\text{V}$，$\dot{U}_W=220\angle -110°\text{V}$，如果把 U 相电源的极性对调，试求线电压的大小并绘制线电压相量图。($\dot{U}_{UV}=220\angle -110°\text{V}$，$\dot{U}_{VW}=380\angle 100°\text{V}$，$\dot{U}_{WV}=220\angle -50°\text{V}$)

9.2.2 在图 9.2.1(d)中，已知 $Z_l=(2+\text{j}2)\Omega$，$Z=(150+\text{j}150)\Omega$，负载的线电压为 380V，试求电源端的线电压。(396V)

9.3 对称三相电路的分析

三相电路可看做一类特殊的正弦稳态电路，正弦稳态电路的分析方法对三相电路完全适用。由于对称三相电路的线电压(电流)与相电压(电流)之间的关系具有对称性，利用这一特点，可简化对称三相电路的分析。

首先分析图 9.2.1(a)所示的星形-星形三相四线制对称三相电路。对该电路可采用节点法进行分析。以中点 N 为参考节点，列写节点方程得

$$\left(\frac{3}{Z_L+Z}+\frac{1}{Z_N}\right)\dot{U}_{N'N}=\frac{\dot{U}_U}{Z_L+Z}+\frac{\dot{U}_V}{Z_L+Z}+\frac{\dot{U}_W}{Z_L+Z} \quad (9.3.1)$$

即

$$\dot{U}_{N'N}=\frac{\frac{1}{Z_L+Z}(\dot{U}_U+\dot{U}_V+\dot{U}_W)}{\frac{3}{Z_L+Z}+\frac{1}{Z_N}} \quad (9.3.2)$$

由于电源是三相对称的，由式(9.1.5)可知，$\dot{U}_U+\dot{U}_V+\dot{U}_W=0$，因此，$\dot{U}_{N'N}=0$，中点N、N′之间等效于短路，各相的计算具有独立性。于是，对称三相电路的计算可以采用一相计算法，即就其中的一相(例如U相)电路进行计算。一相计算法的电路如图9.3.1所示。由图可知，U相的相电流等于线电流，即

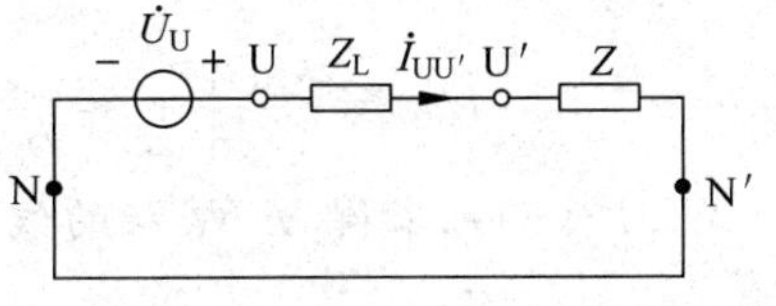

图9.3.1　一相(U相)计算法电路

$$\dot{I}_{UU'}=\frac{\dot{U}_U}{Z_L+Z} \quad (9.3.3)$$

相电压为

$$\dot{U}_{U'N'}=Z\dot{I}_{UU'} \quad (9.3.4)$$

中线电流为

$$\dot{I}_N=\frac{\dot{U}_{N'N}}{Z_N}=0 \quad (9.3.5)$$

类似地，可求得V、W相的相电流(等于线电流)和相电压分别为

$$\begin{cases}\dot{I}_{VV'}=\dfrac{\dot{U}_V}{Z_L+Z}=\dfrac{a^2\dot{U}_U}{Z_L+Z}=a^2\dot{I}_{UU'}\\[2ex]\dot{I}_{WW'}=\dfrac{\dot{U}_W}{Z_L+Z}=\dfrac{a\dot{U}_U}{Z_L+Z}=a\dot{I}_{UU'}\end{cases} \quad (9.3.6)$$

$$\begin{cases}\dot{U}_{V'N'}=Z\dot{I}_{VV'}=Za^2\dot{I}_{UU'}\\\dot{U}_{W'N'}=Z\dot{I}_{WW'}=Za\dot{I}_{UU'}\end{cases} \quad (9.3.7)$$

由式(9.3.6)及式(9.3.7)可知，在对称星形-星形三相电路中，求得一相的电流及一相中各元件的电压后，另外两相的电流及各元件电压可根据三相电路的对称性直接写出。

值得指出的是，由于$\dot{I}_N=0$，因此中线存在与否，以及中线阻抗的大小对于对称三相电路的一相计算法计算是没有影响的。

【例9.3.1】 在图9.3.2所示电路中，已知$Z=(5+j4)\Omega$，$Z_L=(0.4+j0.3)\Omega$，电源的线电压为380V。试求负载端的线电压相量和线电流相量。

解 在计算三相电路时，为计算方便可选合适的参考相量。本例选择U相电压相量为参考相量。由于电源的线电压为380V，由式(9.2.5)可知，相电压为$330/\sqrt{3}=220\text{V}$，

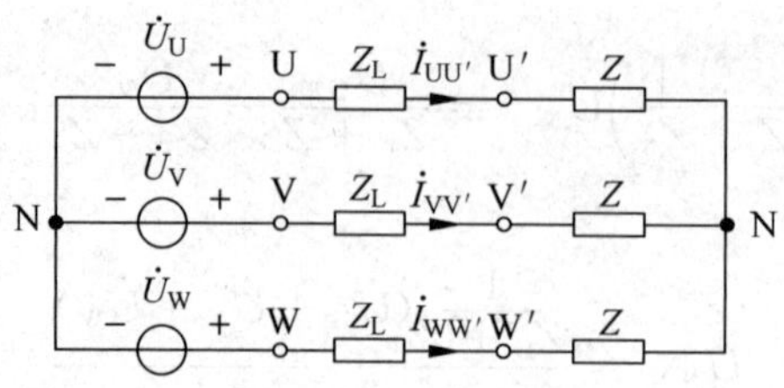

图 9.3.2 例 9.3.1

因此可设$\dot{U}_U = 220\angle 0°$V。由一相计算法，有

$$\dot{I}_{UU'} = \frac{\dot{U}_U}{Z_L + Z} = \frac{220\angle 0°}{5 + j4 + 0.4 + j0.3}\text{A} = 31.78\angle -38.53°\text{A}$$

由式(9.3.6)可求得 V、W 相的线电流分别为

$$\dot{I}_{VV'} = a^2\,\dot{I}_{UU'} = 31.78\angle -158.53°\text{A}$$

$$\dot{I}_{WW'} = a\,\dot{I}_{UU'} = 31.78\angle 81.67°\text{A}$$

再求出负载端的相电压，利用线电压和相电压之间的关系就可求得负载端的线电压。由一相计算电路，有

$$\dot{U}_{U'N'} = Z\,\dot{I}_{UU'} = 204.07\angle 0.13°\text{V}$$

由式(9.2.7)可得

$$\dot{U}_{U'V'} = \sqrt{3}\angle 30°\,\dot{U}_{U'N'} = 352.49\angle 30.13°\text{V}$$

根据对称性可写出

$$\dot{U}_{V'W'} = a^2\,\dot{U}_{U'V'} = 352.49\angle -89.87°\text{V}$$

$$\dot{U}_{W'U'} = a\,\dot{U}_{U'V'} = 352.49\angle 120.13°\text{V}$$

MATLAB 计算程序：

```
%采用 MATLAB 求解例 9.3.1
 Z = 5 + 4i; Zl = 0.4 + 0.3i;                 % 输入已知阻抗值
 UU = pj2zz(380/sqrt(3),0);                   % 设置 U 相电压相量,pj2zz()的用法见例 8.1.5
 IUU1 = UU/(Z + Zl);                          % 计算 U 相线电流
 IVV1 = IUU1 * pj2zz(1, - 120);               % V 相线电流
 IWW1 = IUU1 * pj2zz(1, 120);                 % W 相线电流
 UU1N1 = Z * IUU1;                            % 计算 U 相相电压
 UU1V1 =  pj2zz(sqrt(3),30) * UU1N1;          % 计算 U 相线电压
 UV1W1 =  UU1V1 * pj2zz(1, - 120);            %  V 相线电压
 UW1U1 =  UU1V1 * pj2zz(1,120);               %  W 相线电压
 IU = zz2pj(IUU1)                             % 显示线电流,zz2pj()的用法见例 8.1.5
 IV = zz2pj(IVV1)
 IW = zz2pj(IWW1)
 UU = zz2pj(UU1V1)                            % 显示线电压
 UV = zz2pj(UV1W1)
 UW = zz2pj(UW1U1)
```

```
计算结果：

 IU = 31.7828 -38.5302
 IV = 31.7828 -158.5302
 IW = 31.7828   81.4698
 UU = 352.4878  30.1296
 UV = 352.4878 -89.8704
 UW = 352.4878  150.1296
```

对于其他连接方式的对称三相电路，可将电路中的三角形连接方式等效变换为星形连接方式，再按照一相电路的计算方法进行分析。如果三角形连接的对称负载每相阻抗为 Z，则星形连接的等效负载每相阻抗为

$$Z' = \frac{Z}{3} \tag{9.3.8}$$

如果三角形连接的对称电源各相电压为$\dot{U}_{\mathrm{U}}$、$\dot{U}_{\mathrm{V}}$、$\dot{U}_{\mathrm{W}}$，如图 9.3.3(a)所示，等效的星形连接对称三相电源如图 9.3.3(b)所示，各相电压为$\dot{U}'_{\mathrm{U}}$、$\dot{U}'_{\mathrm{V}}$、$\dot{U}'_{\mathrm{W}}$，则由等效的条件可得

$$\begin{cases} \dot{U}_{\mathrm{U}} = \dot{U}'_{\mathrm{U}} - \dot{U}'_{\mathrm{V}} \\ \dot{U}_{\mathrm{V}} = \dot{U}'_{\mathrm{V}} - \dot{U}'_{\mathrm{W}} \\ \dot{U}_{\mathrm{W}} = \dot{U}'_{\mathrm{W}} - \dot{U}'_{\mathrm{U}} \end{cases} \tag{9.3.9}$$

求出等效关系式为

$$\begin{cases} \dot{U}'_{\mathrm{U}} = \dfrac{1}{\sqrt{3}} \angle -30^\circ\, \dot{U}_{\mathrm{U}} \\ \dot{U}'_{\mathrm{V}} = \dfrac{1}{\sqrt{3}} \angle -30^\circ\, \dot{U}_{\mathrm{V}} \\ \dot{U}'_{\mathrm{W}} = \dfrac{1}{\sqrt{3}} \angle -30^\circ\, \dot{U}_{\mathrm{W}} \end{cases} \tag{9.3.10}$$

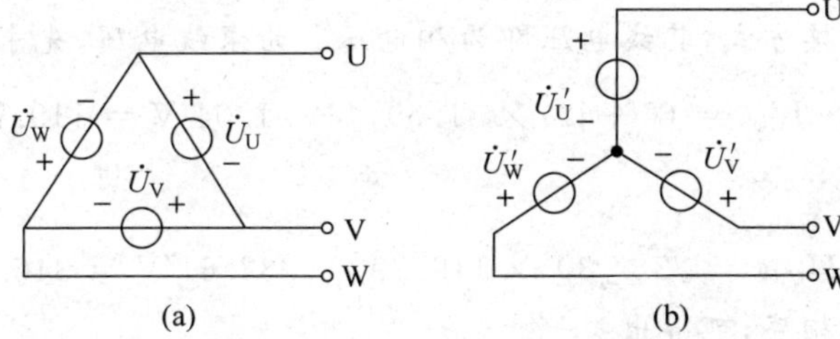

图 9.3.3 三角形对称电源变换为星形对称电源

如果已知对称三相电源的线电压为$\dot{U}_{\mathrm{UV}}$、$\dot{U}_{\mathrm{VW}}$、$\dot{U}_{\mathrm{WU}}$，电源内部阻抗可忽略不计，则不论此电源连接方式如何，都可以用图 9.3.3(b)所示的星形连接对称三相电源表示。电源的电压

$$\begin{cases} \dot{U}'_{\mathrm{U}} = \dfrac{1}{\sqrt{3}}\angle -30^\circ\, \dot{U}_{\mathrm{UV}} \\ \dot{U}'_{\mathrm{V}} = \dfrac{1}{\sqrt{3}}\angle -30^\circ\, \dot{U}_{\mathrm{VW}} \\ \dot{U}'_{\mathrm{W}} = \dfrac{1}{\sqrt{3}}\angle -30^\circ\, \dot{U}_{\mathrm{WU}} \end{cases} \tag{9.3.11}$$

【例 9.3.2】 三角形-三角形连接的对称三相电路如图 9.3.4 所示，试求负载线电压和负载相电流。

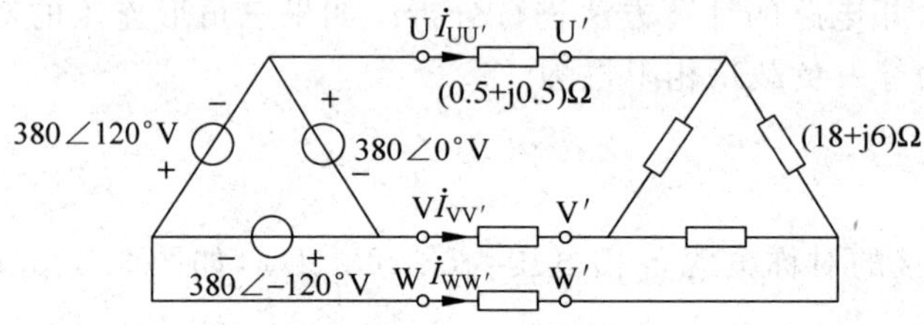

图 9.3.4 例 9.3.2

解 将三角形负载等效变换为星形负载，由式(9.3.8)可得星形负载的阻抗为

$$Z' = (18 + \mathrm{j}6)\Omega/3 = (6 + \mathrm{j}2)\Omega$$

将三角形电源等效变换为星形电源，由式(9.3.9)可得对应的星形电源相电压为

$$\dot{U}'_{\mathrm{U}} = \frac{1}{\sqrt{3}}\angle -30^\circ \times 380\angle 0^\circ = 220\angle -30^\circ\mathrm{V}$$

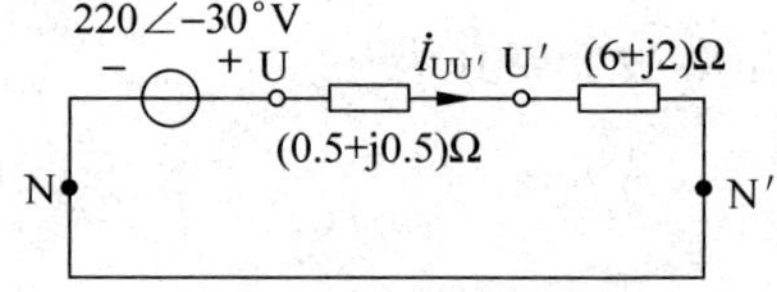

图 9.3.5 U 相等效电路

作出 U 相的一相计算电路如图 9.3.5 所示，于是可求出 U 相负载的线电流为

$$\dot{I}_{\mathrm{UU'}} = \frac{220\angle -30^\circ}{0.5 + \mathrm{j}0.5 + 6 + \mathrm{j}2}\mathrm{A} = 31.59\angle -51.04^\circ\mathrm{A}$$

由于负载是三角形连接方式，其线电压即为相电压。为求线电压，先求出$\dot{U}_{\mathrm{U'N'}}$为

$$\dot{U}_{\mathrm{U'N'}} = (6 + \mathrm{j}2) \times \dot{I}_{\mathrm{UU'}} = (6 + \mathrm{j}2) \times 31.59\angle -51.04^\circ\mathrm{V} = 119.79\angle -32.61^\circ\mathrm{V}$$

于是得到$\dot{U}_{\mathrm{U'V'}}$为

$$\dot{U}_{\mathrm{U'V'}} = \sqrt{3}\angle 30^\circ\, \dot{U}_{\mathrm{U'N'}} = \sqrt{3}\angle 30^\circ \times 119.79\angle -32.61^\circ\mathrm{V} = 346.05\angle -2.61^\circ\mathrm{V}$$

注意到三相电源是正相序，可得出

$$\dot{U}_{\mathrm{V'W'}} = 346.05\angle -122.61^\circ\mathrm{V}$$

$$\dot{U}_{\mathrm{W'U'}} = 346.05\angle 117.39^\circ\mathrm{V}$$

相电流可根据线电流来计算，查表 9.2.1，有$\dot{I}_{\mathrm{UU'}} = \sqrt{3}\angle -30^\circ \dot{I}_{\mathrm{U'V'}}$，于是

$$\dot{I}_{\mathrm{U'V'}} = \frac{1}{\sqrt{3}}\angle 30^\circ\, \dot{I}_{\mathrm{UU'}} = \frac{1}{\sqrt{3}}\angle 30^\circ \times 31.59\angle -51.04^\circ\mathrm{A} = 18.24\angle -21.04^\circ\mathrm{A}$$

根据对称性，直接写出其他两相电流为

$$\dot{I}_{\mathrm{V'W'}} = 18.24\angle -141.04^\circ \mathrm{A}$$

$$\dot{I}_{\mathrm{W'U'}} = 18.24\angle 98.96^\circ \mathrm{A}$$

相电流也可根据相电压来计算，$\dot{I}_{\mathrm{U'V'}}$ 为

$$\dot{I}_{\mathrm{U'V'}} = \frac{\dot{U}_{\mathrm{U'V'}}}{Z} = \frac{346.05\angle -2.61^\circ}{18+\mathrm{j}6}\mathrm{A} = 18.24\angle -21.04^\circ \mathrm{A}$$

两种计算方法结果一致。

【例 9.3.3】 在图 9.3.6(a)所示电路中，已知 $Z=(5+\mathrm{j}4)\Omega$，$Z_{\mathrm{L}}=(0.5+\mathrm{j}0.4)\Omega$，端点 U、V、W 接于对称三相电源，电源的线电压为 380V。试求 $\dot{I}_{\mathrm{U'1}}$、$\dot{I}_{\mathrm{U'2}}$ 及 $\dot{I}_{\mathrm{UU'}}$。

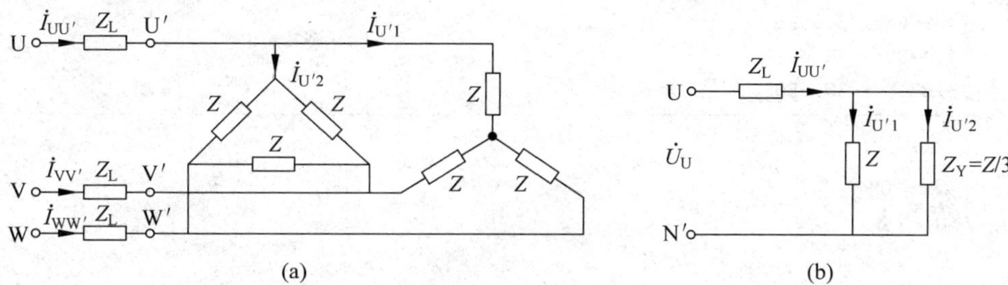

图 9.3.6 例 9.3.3

解 应用一相计算法，先求出 U 相计算电路，如图 9.3.6(b)所示，对称三角形负载变换成星形负载，有

$$Z_{\mathrm{Y}} = \frac{Z}{3} = \left(\frac{5}{3}+\mathrm{j}\,\frac{4}{3}\right)\Omega$$

设 $\dot{U}_{\mathrm{U}}$ 为参考相量。由线电压为 380V，可得 $\dot{U}_{\mathrm{U}}=220\angle 0^\circ V$，从一相计算电路可知，电路的总阻抗为

$$Z_{\mathrm{U}} = Z_{\mathrm{L}} + \frac{1\times\frac{1}{3}}{1+\frac{1}{3}}Z = Z_{\mathrm{L}} + \frac{1}{4}Z = (1.75+\mathrm{j}1.4)\Omega$$

于是可以求得

$$\dot{I}_{\mathrm{UU'}} = \frac{\dot{U}_{\mathrm{U}}}{Z_{\mathrm{U}}} = \frac{220\angle 0^\circ}{1.75+\mathrm{j}1.4} = \frac{220}{2.241\angle 38.66^\circ} = 97.90\angle -38.66^\circ \mathrm{A}$$

$$\dot{I}_{\mathrm{U'1}} = \frac{1}{4}\,\dot{I}_{\mathrm{UU'}} = 24.47\angle -38.66^\circ \mathrm{A}$$

$$\dot{I}_{\mathrm{U'2}} = \frac{3}{4}\,\dot{I}_{\mathrm{UU'}} = 73.42\angle -38.66^\circ \mathrm{A}$$

MATLAB 计算程序：

%采用 MATLAB 求解例 9.3.3
`Z = 5 + 4i; Zl = 0.5 + 0.4i;`　　　　% 输入已知阻抗值
`UU = pj2zz(380/sqrt(3),0);`　　　　% 设置 U 相电压相量,pj2zz()的用法见例 8.1.5
`ZU = serz(Zl,pllz(Z,Z/3));`　　　　% 计算 U 相阻抗,pllz()的用法见例 3.2.1
`IUU1 = UU/ZU;`　　　　% 计算 U 相线电流
`IU11 = IUU1/4;`　　　　% 计算 IU′1
`IU12 = IUU1 * 3/4;`　　　　% 计算 IU′2
`IU = zz2pj(IUU1)`　　　　% 显示结果,zz2pj()的用法见例 8.1.5
`IU1 = zz2pj(IU11)`
`IU2 = zz2pj(IU12)`

计算结果：
`IU = 97.8956 -38.6598`
`IU1 = 24.4739 -38.6598`
`IU2 = 73.4217 -38.6598`

【思考与练习】

9.3.1　在图 9.2.1 所示对称三相电路的四种基本接法中，设$\dot{U}_U=220\angle 10°\text{V}$，$Z_L=0\Omega$，$Z=(6+\text{j}6)\Omega$，试求各种接法的线电流相量。(图(a)：$\dot{I}_{UU'}=25.93\angle -45°\text{A}$，$\dot{I}_{VV'}=25.93\angle -165°\text{A}$，$\dot{I}_{WW'}=25.93\angle 75°\text{A}$；图(b)：$\dot{I}_{UU'}=77.78\angle -45°\text{A}$，$\dot{I}_{VV'}=77.78\angle -165°\text{A}$，$\dot{I}_{WW'}=77.78\angle 75°\text{A}$；图(c)：$\dot{I}_{UU'}=14.97\angle -75°\text{A}$，$\dot{I}_{VV'}=14.97\angle -195°\text{A}$，$\dot{I}_{WW'}=14.97\angle 45°\text{A}$；图(d)：$\dot{I}_{UU'}=44.91\angle -75°\text{A}$，$\dot{I}_{VV'}=44.91\angle -195°\text{A}$，$\dot{I}_{WW'}=44.91\angle 45°\text{A}$)

9.4　非对称三相电路的分析

在三相电路中，只要电源、负载及输电线中至少有一个部分或几个部分不对称就构成不对称三相电路。通常，在不对称三相电路中，只是负载是不对称的，而电源仍是对称的。在电力系统中，除电动机等对称三相负载外，还包含着许多由单项负载(如电灯、电视机等)组成的三相负载，也常常形成不对称三相电路。当三相电路发生故障(如发电机某相绕组短路，输电线断裂等)时，不对称情况可能更为严重。

不对称三相电路是一种具有三相电源的复杂正弦稳态电路，对其分析不能像对称三相电路那样用一相计算法进行计算，应该作为一般的正弦稳态电路进行分析。

以图 9.4.1(a)所示的星形-星形连接不对称三相电路为例分析计算。对此电路应用节点分析法可得

$$\dot{U}_{N'N}=\frac{\dot{U}_U/Z_{U'}+\dot{U}_V/Z_{V'}+\dot{U}_W/Z_{W'}}{1/Z_{U'}+1/Z_{V'}+1/Z_{W'}+1/Z_N}\tag{9.4.1}$$

负载各相电压为

$$\begin{cases}\dot{U}_{UN'}=\dot{U}_U-\dot{U}_{N'N}\\ \dot{U}_{VN'}=\dot{U}_V-\dot{U}_{N'N}\\ \dot{U}_{WN'}=\dot{U}_W-\dot{U}_{N'N}\end{cases} \tag{9.4.2}$$

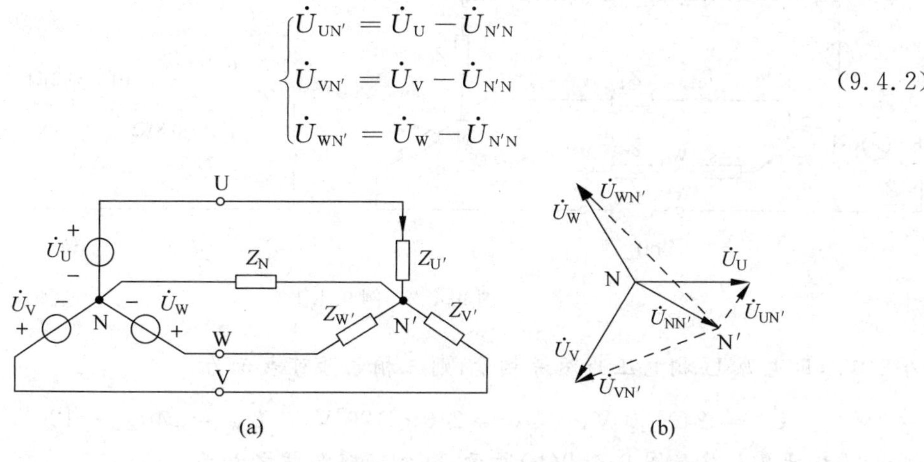

图 9.4.1 不对称三相电路

由于三相电源是对称的，在三相负载不对称的情况下，如果中线阻抗 $Z_N\neq0$，则由式(9.4.1)可知$\dot{U}_{N'N}\neq0$，而式(9.4.2)表明各相电压不对称的程度与中点电压$\dot{U}_{N'N}$有关。这种负载中性点与电源中性点的电位不重合的现象称为负载中点位移。各相电压相量图如图 9.4.1(b)所示。

由式(9.4.2)和图 9.4.1(b)可以看出，三相负载不对称的程度越大，则中点位移越大，负载相电压不对称越严重，此时负载相电压的振幅有的大于电源相电压的振幅，有的小于电源相电压的振幅。这种现象往往使负载设备不能正常工作，甚至损坏。解决这一问题的有效方法是加接中线并减小中线阻抗，当中线阻抗很小，甚至可以忽略($Z_N\approx0$)时，$\dot{U}_{N'N}$的幅值很小，甚至接近于零。这样，负载各相电压与电源各相电压相差很小，使得负载能够正常运行。在低压(例如额定的相电压有效值为 220V)供电系统中广泛采用三相四线制，并且规定中线(零线)上不准装保险丝，使中线不会断开，就是为了减小$\dot{U}_{N'N}$的幅值，使负载相电压接近对称。

当 $Z_N=0$ 时，由式(9.4.1)可知$\dot{U}_{N'N}=0$，此时尽管负载阻抗不对称，但由于三相电源对称，由式(9.4.2)可知，负载相电压也对称。但由于三相负载不对称，在采用 9.3 节介绍的一相电路分析方法时应对每相电路单独计算。

通常三相电路在工作时应尽量避免出现不对称的情况，但有的电路则是利用三相电路不对称特性工作的，相序指示器就是一例。

【例 9.4.1】 在图 9.4.2(a)所示的不对称三相电路中，电源为逆序三相对称，相电压为 240V，电源阻抗为 $Z_S=(0.1+j0.8)\Omega$；输电线阻抗为 $Z_L=(0.4+j3.2)\Omega$；负载阻抗分别为 $Z_{U'}=(59.5+j76)\Omega$，$Z_{V'}=(39.5+j26)\Omega$，$Z_{W'}=(19.5+j11)\Omega$。试求当中线阻抗 Z_N 分别为 0Ω、10Ω 时的中线电流。

解 (1) 当 $Z_N=0\Omega$ 时，每相电路可单独计算。由于电源是逆序三相对称的，相电压

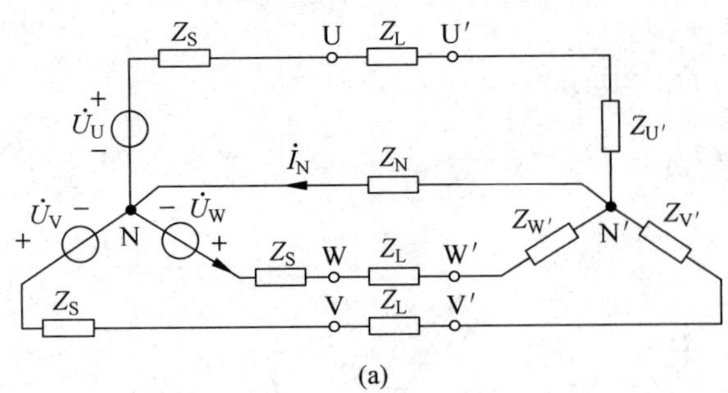

(a)

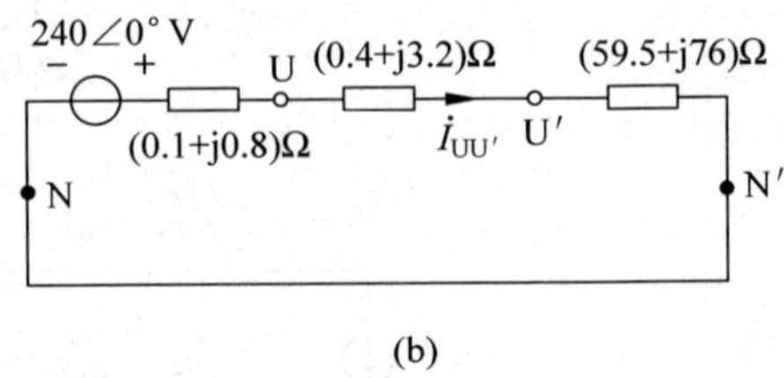

(b)

图 9.4.2　例 9.4.1

为 240V，设电源 U 相电压为参考相量，则三相电源可表示为

$$\dot{U}_U = 240\angle 0°\text{V},\quad \dot{U}_V = 240\angle 120°\text{V},\quad \dot{U}_W = 240\angle -120°\text{V}$$

作出 U 相计算电路如图 9.4.2(b)所示，U 相回路阻抗之和为

$$Z_{LU'} = (0.1 + \text{j}0.8 + 0.4 + \text{j}3.2 + 59.5 + \text{j}76)\Omega = (60 + \text{j}80)\Omega$$

则 U 相线电流为

$$\dot{I}_{UU'} = \frac{240\angle 0°}{Z_{LU'}} = \frac{240\angle 0°}{60 + \text{j}80}\text{A} = 2.40\angle -53.13°\text{A}$$

类似地，其他两相回路阻抗之和分别为

$$Z_{LV'} = (0.1 + \text{j}0.8 + 0.4 + \text{j}3.2 + 39.5 + \text{j}26)\Omega = (40 + \text{j}30)\Omega$$

$$Z_{LW'} = (0.1 + \text{j}0.8 + 0.4 + \text{j}3.2 + 19.5 + \text{j}11)\Omega = (20 + \text{j}15)\Omega$$

可求出其他两相线电流为

$$\dot{I}_{VV'} = \frac{240\angle 120°}{Z_{LV'}} = \frac{240\angle 120°}{40 + \text{j}30}\text{A} = 4.80\angle 83.13°\text{A}$$

$$\dot{I}_{WW'} = \frac{240\angle -120°}{Z_{LW'}} = \frac{240\angle -120°}{20 + \text{j}15}\text{A} = 9.60\angle -156.87°\text{A}$$

求得中线电流为

$$\begin{aligned}\dot{I}_N &= \dot{I}_{UU'} + \dot{I}_{VV'} + \dot{I}_{WW'}\\ &= 2.40\angle -53.13°\text{A} + 4.80\angle 83.13°\text{A} + 9.60\angle -156.87°\text{A} = 6.88\angle -127.27°\text{A}\end{aligned}$$

(2) 当 $Z_N = 10\Omega$ 时，可用节点电压法求中点之间的电压 $\dot{U}_{N'N}$，由式(9.4.1)可得

$$\begin{aligned}\dot{U}_{N'N} &= \frac{\dot{U}_U/Z_{LU'} + \dot{U}_V/Z_{LV'} + \dot{U}_W/Z_{LW'}}{1/Z_{LU'} + 1/Z_{LV'} + 1/Z_{LW'} + 1/Z_N}\\ &= \frac{240\angle 0°/(60 + \text{j}80) + 240\angle 120°/(40 + \text{j}30) + 240\angle -120°/(20 + \text{j}15)}{1/(60 + \text{j}80) + 1/(40 + \text{j}30) + 1/(20 + \text{j}15) + 1/10}\\ &= 42.94\angle -156.32°\text{V}\end{aligned}$$

求得中线电流为

$$\dot{I}_N = \frac{\dot{U}_{N'N}}{Z_N} = \frac{42.94\angle -156.32°}{10} = 4.29\angle -156.32°\text{A}$$

MATLAB计算程序：

```
%采用 MATLAB 求解例 9.4.1
Zs = 0.1 + 0.8i; Zl = 0.4 + 3.2i; ZU1 = 59.5 + 76i; ZV1 = 39.5 + 26i; ZW1 = 19.5 + 11i;
                                                                    % 输入已知阻抗值
UU = pj2zz(240,0); UV = pj2zz(240,120); UW = pj2zz(240, - 120);     % 输入三相电压
% 下面计算 ZN = 0 时的中线电流
ZlU1 = Zs + Zl + ZU1;                               % 计算 U 相回路阻抗
ZlV1 = Zs + Zl + ZV1;                               % 计算 V 相回路阻抗
ZlW1 = Zs + Zl + ZW1;                               % 计算 W 相回路阻抗
IN0 = zz2pj(UU/ZlU1 + UV/ZlV1 + UW/ZlW1)            % 计算并显示中线电流
ZN = 10;                                            % 下面计算 ZN = 10Ω 时的中线电流
UN1N = ( UU/ZlU1 + UV/ZlV1 + UW/ZlW1)/( 1/ZlU1 + 1/ZlV1 + 1/ZlW1 + 1/ZN);  % 计算中点间电压
IN10 = zz2pj(UN1N/ZN)                               % 计算并显示中线电流
```

计算结果：

```
IN0 = 6.8767 - 172.2651
IN10 = 4.2936 - 156.3197
```

【例 9.4.2】 图 9.4.3 所示星形连接的不对称三相负载由一个电容元件 C 和两个电阻值 R 相等的白炽灯泡所组成，称为相序指示器。设 $R=1/(\omega C)$，试说明如何根据两灯泡的明暗确定对称三相电源的相序。

解 设三相电源的相序如图 9.4.3 所示，则对图示电路列写节点方程可得中点电压为

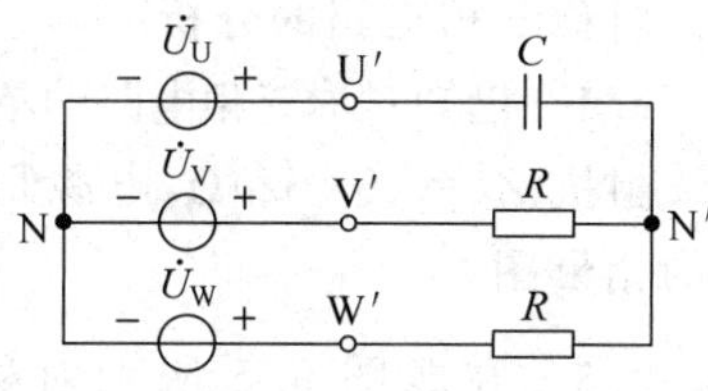

图 9.4.3 例 9.4.2

$$\dot U_{N'N}=\frac{j\omega C\,\dot U_U+\dfrac{\dot U_V}{R}+\dfrac{\dot U_W}{R}}{j\omega C+\dfrac{1}{R}+\dfrac{1}{R}}=\frac{j+a^2+a}{j+1+1}\dot U_U$$

$$\approx(-0.2+j0.6)\dot U_U$$

V 相和 W 相白炽灯泡上的电压分别为

$$\dot U_{VN'}=\dot U_V-\dot U_{N'N}=a^2\dot U_U-(-0.2+j0.6)\dot U_U\approx 1.5\angle-101.5^\circ\dot U_U$$

$$\dot U_{WN'}=\dot U_W-\dot U_{N'N}=a\dot U_U-(-0.2+j0.6)\dot U_U\approx 0.4\angle 138^\circ\dot U_U$$

因此，有 $U_{VN'}=1.5U_U$，$U_{WN'}=0.4U_U$，所以，如果把与电容元件连接的一相作为 U 相，则白炽灯泡较亮的一相为 V 相，较暗的一相为 W 相。

【思考与练习】

9.4.1 已知四线制对称三相电路线电流为 2A，试求下列情况下各相电流和中线电流：(a)U′相断线；(b)U′、V′相断线。

9.4.2 在上题中，去掉中线，再求各相电流。

习题

三相电路的基本接法

9.1 设三个同频率的电压源分别为$\dot{U}_1=20\angle 0°\text{V}$，$\dot{U}_2=20\angle 60°\text{V}$，$U_3=20\angle -60°\text{V}$，试问能否将这组电压源接成星形联结，并标出端钮 U、V、W，使得：(1)三相电源为正序对称；(2)三相电源为负序对称。

9.2 对称三相电源为星形联结，每相电压有效值均为 220V，但其中 V_1V_2 反接，如题图 9.2 所示。试画出三相电源线电压的相量图，并求出 U_1V_2 间的电压有效值。

9.3 对称三相电压源按题图 9.3 所示连接，每相电压有效值均为 220V，试画出三相电压源线电压的相量图，并求出 U_1W_1 间电压有效值 U_{U1W1}。

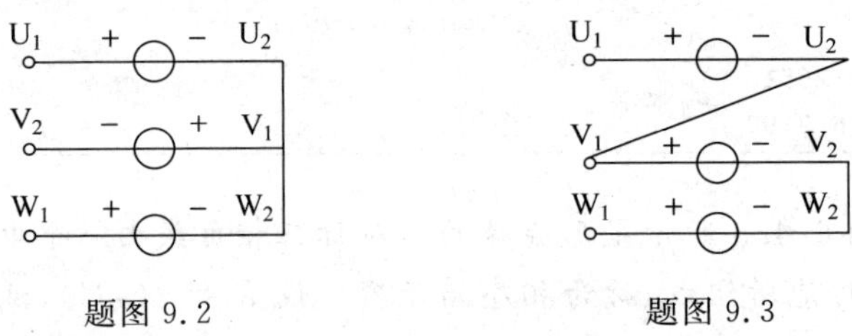

题图 9.2　　题图 9.3

对称三相电路的分析

9.4 已知对称三相电路的星形负载阻抗 $Z=(178+\text{j}86)\Omega$，端线阻抗 $Z_L=(2+\text{j}1.18)\Omega$，中线阻抗 $Z_N=(3+\text{j}2)\Omega$，电源侧线电压 $U_L=380\text{V}$，试求负载端的电流和线电压，并作电路的相量图。

9.5 在题图 9.5 所示对称三相电路中，$\dot{U}_U=220\angle 0°\text{V}$，$Z=(15+\text{j}12)\Omega$，$Z_L=(1+\text{j}1)\Omega$。试求负载一侧的线电压、线电流、相电压与相电流。

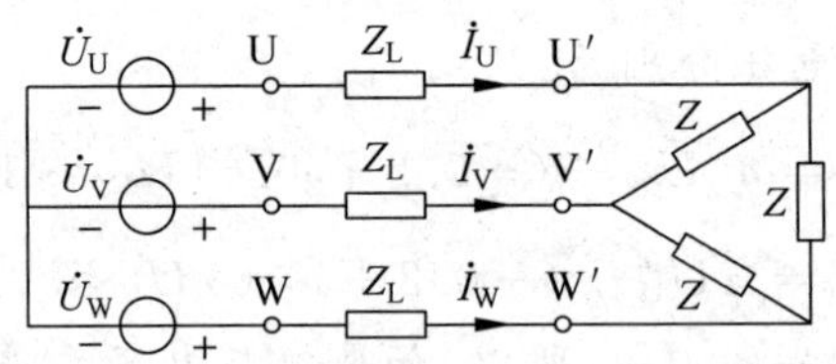

题图 9.5

9.6 如题图 9.6 所示的对称三相电路中，$U_L=380\text{V}$，$Z_1=80\Omega$，$Z_{2\triangle}=30+\text{j}40\Omega$，端线阻抗为零，试求端线中电流的大小。

9.7 如题图 9.7 所示的对称三相电路，已知 $U_L=380\text{V}$，$Z_1=(0.14+\text{j}0.14)\Omega$，$Z_2=(30+\text{j}40)\Omega$，$Z_3=(1+\text{j})\Omega$，$Z_4=(117+\text{j}87)\Omega$，试求$\dot{I}_U$、$\dot{I}_V$、$\dot{I}_W$。

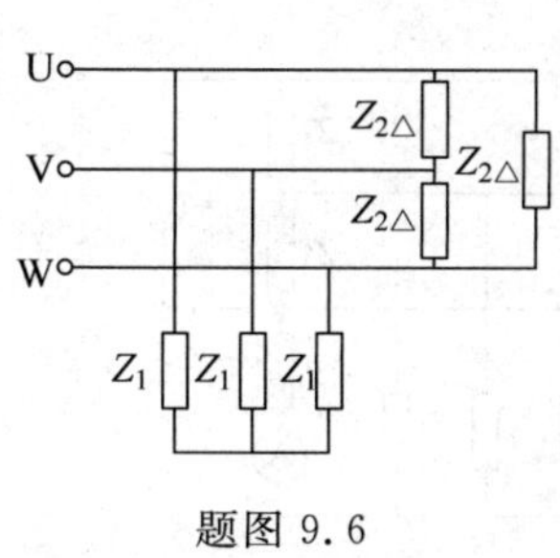

题图 9.6

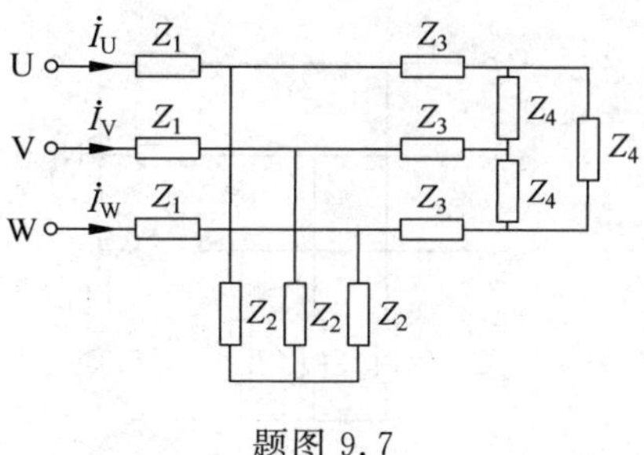

题图 9.7

9.8 题图 9.8 所示对称三相电路，相序为 U-V-W。已知$\dot{I}_U=2\angle 0°\text{A}$，$\dot{I}_V=2\angle -120°\text{A}$，$\dot{I}_W=2\angle 120°\text{A}$，$R=6\Omega$，$X_C=-8\Omega$。试求：(1)每相负载两端的电压$\dot{U}_{U'N'}$、$\dot{U}_{V'N'}$和$\dot{U}_{W'N'}$；(2)线电压$\dot{U}_{UV}$、$\dot{U}_{VW}$和$\dot{U}_{WU}$。

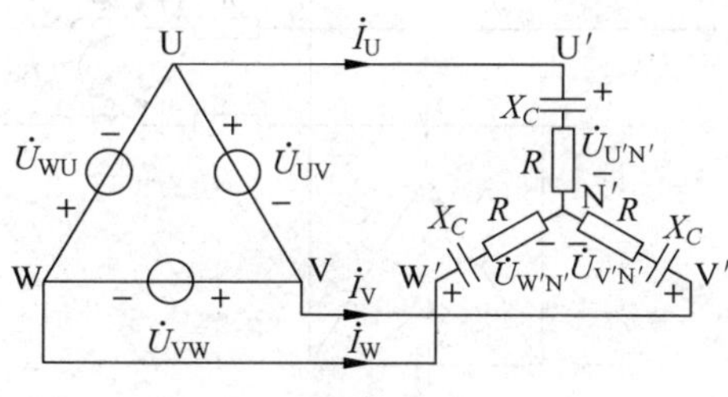

题图 9.8

9.9 题图 9.9 所示对称三相电路中，已知电源线电压为 380V。图中电压表内阻可视为无穷大，试求此时的电压表读数。

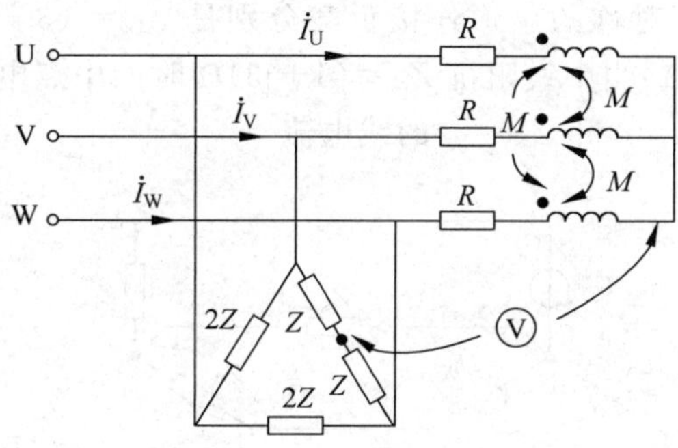

题图 9.9

9.10 在题图 9.10(a)、(b)所示三相电路中，已知三相对称电源的线电压 $U_L=380\text{V}$，单相电阻负载 $R=1\Omega$。比较题图 9.10(a)和题图 9.10(b)中电流表的读数。

9.11 在题图 9.11 所示对称三相电路中，已知电源线电压 $U_L=380\text{V}$，$R=8\Omega$，$\omega L=7\Omega$，$\omega M=1\Omega$，$1/\omega C=30\Omega$，试求线电流有效值 I_L。

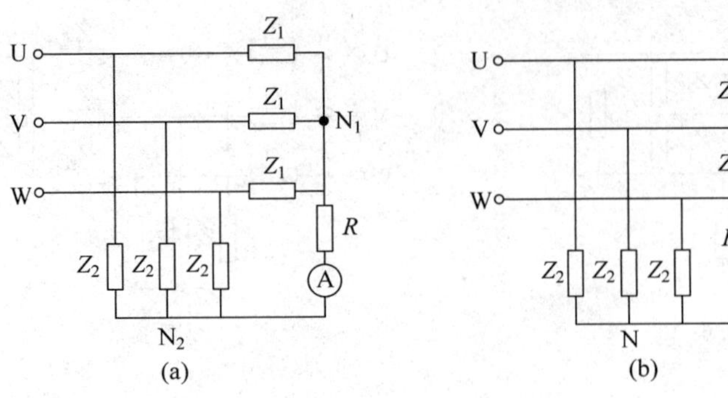

题图 9.10

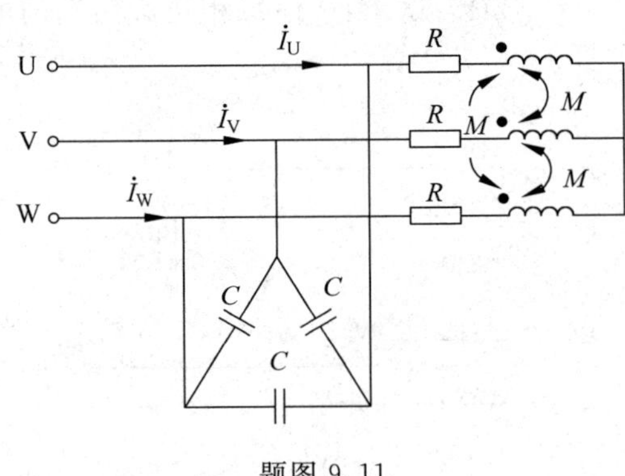

题图 9.11

非对称三相电路的分析

9.12 已知题图 9.12 所示不对称三相四线制电路中的端线阻抗为零，对称电源端的线电压 $U_L=380\text{V}$，不对称的星形连接负载分别是 $Z_{U'}=(3+j2)\Omega$，$Z_{V'}=(4+j4)\Omega$，$Z_{W'}=(2+j)\Omega$。试求：(1)当中线阻抗 $Z_N=(4+j3)\Omega$ 时的中点电压、线电流；(2)U 相开路时中线阻抗分别为 $Z_N=0$ 和 $Z_N=\infty$ 的线电流。

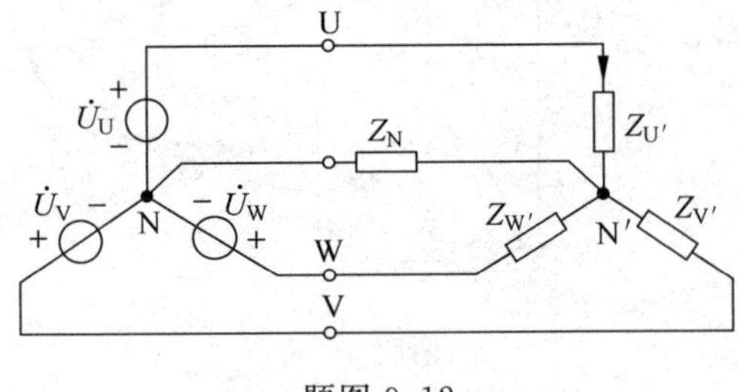

题图 9.12

9.13 如题图 9.13 所示电路，电源线电压 $U_L=380\text{V}$。(1)如果图中各相负载的阻抗模都等于 10Ω，是否可以说负载是对称的？(2)试求各相电流及中性线电流，并画出电压与电流的相量图。

9.14 在题图 9.14 所示三相电路中，已知三相对称电源的 U 相电压为 $u_U=10\sqrt{2}\sin t\text{V}$，

若电流表读数为零，试问电路参数 R、L 和 C 应满足什么关系？

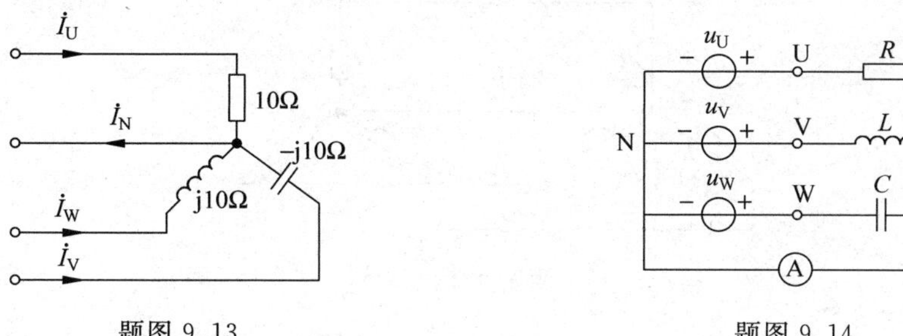

题图 9.13　　题图 9.14

9.15　如果测得三角形联结负载的三个线电流均为 3A，能否说线电流和相电流都是对称的？若已知负载对称，试求相电流。

9.16　在题图 9.16 所示对称星形-星形联结三相电路中，已知各相电流均为 5A，负载 Z 的电流滞后其端电压（二者取一致参考方向）60°。若图中 m 点处发生断路，试问此时 V 相负载中电流有效值 $I_{VN'}$ 为多少？若对称三相电压源的连接方式改为三角形联结，对结果有无影响？

9.17　在题图 9.17 所示对称三相电路中，已知开关 S 闭合前电流表 A_1 读数为 10A，开关 S 闭合后电流表 A_1、A_2 读数均为 10A。星形对称负载 $Z=(1+j2)\Omega$。试计算 S 闭合接入的元件 Z_L 的值。

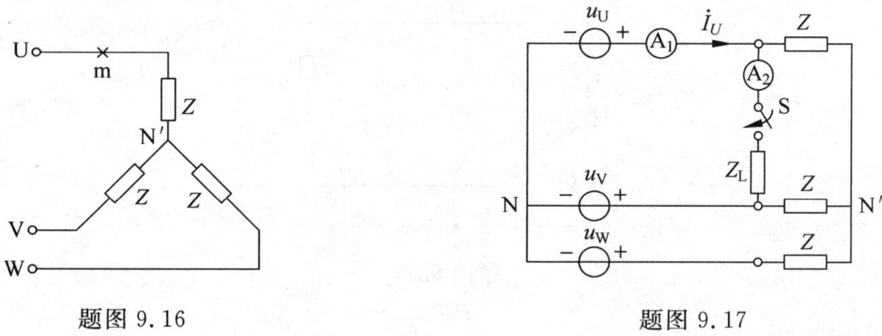

题图 9.16　　题图 9.17

9.18　题图 9.18 所示三相四线电路，电源对称、正序，线电压有效值为 240V，U 相负载阻抗为 $Z_U=3\angle 0°\Omega$，其他两相负载阻抗为 $Z_V=4\angle 60°\Omega$、$Z_W=5\angle 90°\Omega$，试求每相负载电流及中线电流。

9.19　在题图 9.19 所示三相电路中，电源三相对称，$\dot{U}_U=10\angle 0°V$，$Z_U=-j\Omega$，$Z_V=Z_W=j2.5\Omega$。试求 $\dot{U}_{N'N}$ 及各负载相电压。当电路中 N、N′点接入阻抗为 0.1Ω 的中线时，再求 $\dot{U}_{N'N}$ 及各负载相电压。

9.20　在题图 9.20 所示电路中，一组三角形联结的不对称三相负载接于线电压为 380V 的对称三相电源，已知：当开关 S 合上时电流表 A_1、A_2、A_3 的读数均为 2A；当开关 S 断开时，电流表 A_1、A_2、A_3 的读数分别为 1A、2A、1A，试求 Z_{UV}、Z_{VW} 和 Z_{WU}。

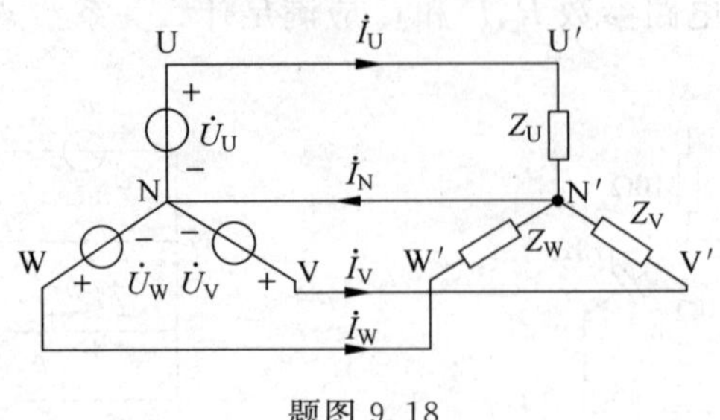

题图 9.18

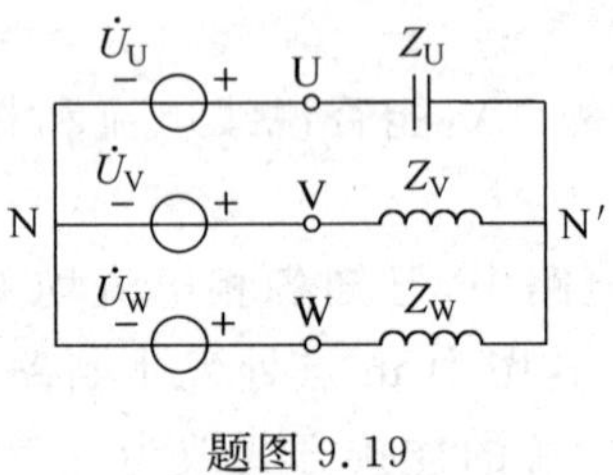

题图 9.19

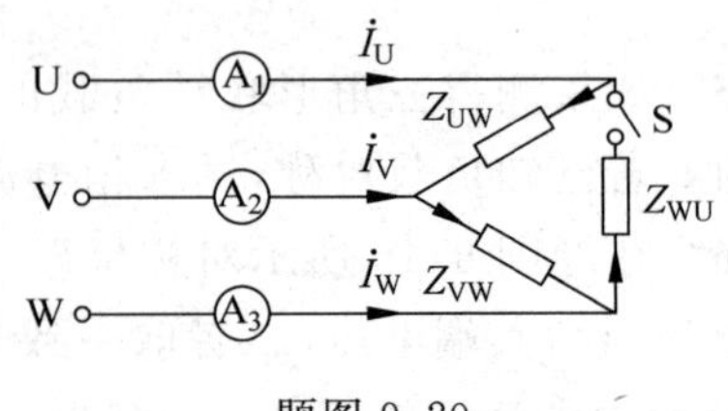

题图 9.20

9.21 在题图 9.21 所示对称三相电路中，$\dot{U}_U=220\angle 0°$ V，负载阻抗 $Z=(200+\mathrm{j}100)\Omega$。试求以下两种情况下各相负载的电压，并画出三相负载的线电压和相电压的相量图。(1)当 U 相负载发生短路时；(2)当 U 相负载断开时。

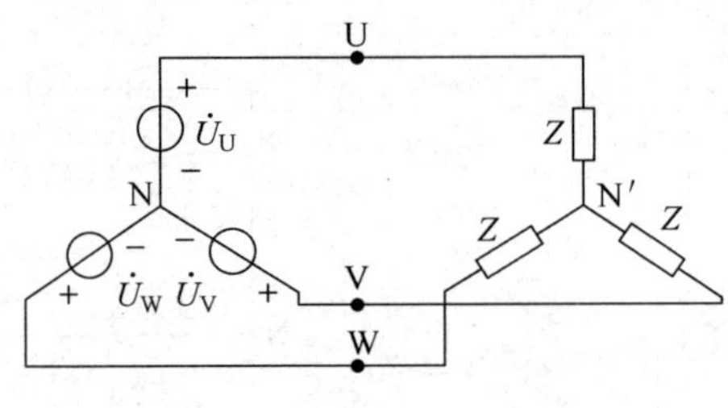

题图 9.21

第10章 功率和能量

内容提要

电路的应用可分为能量和信号两大基本形式。当电路应用于电能的产生、传输和转换时，除了要关注电路的电压、电流，有时更关注电路的功率和能量；当电路应用于信号处理时，携带信息的电压或电流信号是关注的重点，但此时也必须关注电路所消耗的功率和能量。电路的功率等于电压与电流之积，能量等于功率在所计算时间区间内的积分。对直流稳态电路而言，功率和能量的计算比较简单，而对正弦稳态甚至非正弦周期稳态电路而言，功率和能量的计算要复杂得多。本章主要讨论电路分析中所涉及的一些功率概念及其计算，包括瞬时功率、有功（平均）功率、无功功率、表观功率、复功率等。以电路端口为线索，介绍了一端口电路的最大功率传输定理；以三相电路为例，介绍了其功率的计算与测量。

10.1 瞬时功率和能量

10.1.1 瞬态过程的功率和能量

在 1.2 节已经指出，对一端口电路，如端口电压 u、端口电流 i 取一致参考方向，则该电路吸收的功率为

$$p = ui \tag{10.1.1}$$

由上式可知，在任意时刻，p 都等于该时刻电压和电流的乘积，是一个随时间变化的量，因此 p 也称为瞬时功率。

在已知瞬时功率的情况下，就可由式(1.2.6)计算在 t_0 到 t 的时间内电路吸收的能量，即

$$w(t_0,t) = \int_{t_0}^{t} p(\tau)\mathrm{d}\tau = \int_{t_0}^{t} u(\tau)i(\tau)\mathrm{d}\tau \tag{10.1.2}$$

由式(10.1.1)和式(10.1.2)可计算任意电路的功率和能量。

如图 10.1.1 所示一阶 RC 电路，在零状态下，可求得有关的电压和电流，即

$$i = \frac{U}{R}\mathrm{e}^{-\frac{t}{RC}}\varepsilon(t) \tag{10.1.3}$$

$$u_R = U\mathrm{e}^{-\frac{t}{RC}}\varepsilon(t) \tag{10.1.4}$$

$$u_C = U(1-\mathrm{e}^{-\frac{t}{RC}})\varepsilon(t) \tag{10.1.5}$$

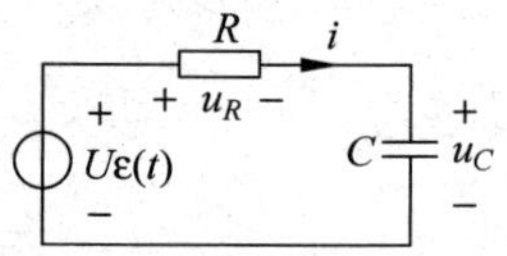

图 10.1.1　一阶 RC 电路

由式(10.1.3)～式(10.1.5)得到电压源提供的功率以及 R、C 消耗的功率分别为

$$p_U = Ui = \frac{U^2}{R}\mathrm{e}^{-\frac{t}{RC}}\varepsilon(t) \tag{10.1.6}$$

$$p_R = u_R i = \frac{U^2}{R}\mathrm{e}^{-\frac{2t}{RC}}\varepsilon(t) \tag{10.1.7}$$

$$p_C = u_C i = \frac{U^2}{R}(\mathrm{e}^{-\frac{t}{RC}} - \mathrm{e}^{-\frac{2t}{RC}})\varepsilon(t) \tag{10.1.8}$$

在 0 到 t 的时间内电压源提供的能量以及 R、C 消耗的能量分别为

$$w_U = \int_0^t p_U(t)\mathrm{d}t = CU^2(1-\mathrm{e}^{-\frac{t}{RC}})\varepsilon(t) \tag{10.1.9}$$

$$w_R = \int_0^t p_R(t)\mathrm{d}t = \frac{CU^2}{2}(1-\mathrm{e}^{-\frac{2t}{RC}})\varepsilon(t) \tag{10.1.10}$$

$$w_C = \int_0^t p_C(t)\mathrm{d}t = CU^2\left(\frac{1}{2} - \mathrm{e}^{-\frac{t}{RC}} + \frac{1}{2}\mathrm{e}^{-\frac{2t}{RC}}\right)\varepsilon(t) \tag{10.1.11}$$

图 10.1.1 所示一阶 RC 电路中电压源、R、C 的功率和能量变化曲线如图 10.1.2 所示。

下面从功率的角度对电路进行分析。由式(10.1.6)～式(10.1.8)和图 10.1.2(a)可以看出：

(1) 电压源提供的功率 p_U 等于 R、C 消耗的功率 p_R、p_C 之和，即电路满足功率守恒。

(2) p_U 和 p_R 随时间都呈指数衰减，但 p_U 衰减得慢，其时间常数为电路的时间常数 RC，而 p_R 衰减得快，其时间常数为电路时间常数的一半，即 $RC/2$。

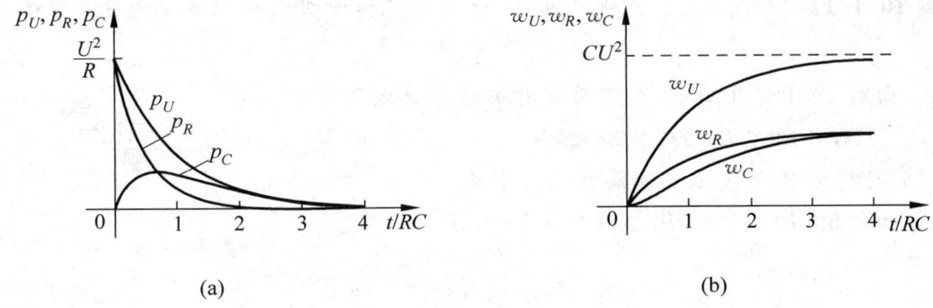

图 10.1.2 一阶 RC 电路的功率和能量

(3) p_C 随时间先升后降，为求其最大值，令

$$\frac{\mathrm{d}p_C}{\mathrm{d}t}=\frac{U^2}{R}\left(-\frac{1}{RC}\mathrm{e}^{-\frac{t}{RC}}+\frac{2}{RC}\mathrm{e}^{-\frac{2t}{RC}}\right)=0 \tag{10.1.12}$$

得到

$$t_{\max}=\ln 2(RC)=0.693RC \tag{10.1.13}$$

电容 C 消耗的最大功率为

$$p_{C\max}=\frac{U^2}{4R} \tag{10.1.14}$$

式(10.1.13)表明，在 $0\sim t_{\max}$ 时间段内，电容吸收能量的速率(功率)是逐渐加快的；当 $t>t_{\max}$ 时，电容吸收能量的速率(功率)逐渐减缓，直至为零。由式(10.1.14)可知，$p_{C\max}$ 仅与 U、R 有关，与 C 无关。

(4) 当 $t\to\infty$ 时，电路中电压源不再提供功率，电阻和电容不再消耗功率，电路进入稳态。

同样，可从能量的角度对电路进行分析。由式(10.1.9)～式(10.1.11)和图 10.1.2(b)可以看出：

(1) 电压源提供的能量 w_U 等于 R 消耗的能量 w_R 和 C 存储的能量 w_C 之和，即电路满足能量守恒定律。

(2) w_U 和 w_R 随时间呈指数增长，但 w_U 增长得快，其时间常数即为电路的时间常数 RC，而 w_R 增长得慢，其时间常数为电路时间常数的一半，即 $RC/2$。

(3) w_C 随时间也呈指数增长，但 w_C 的表达式包含两项指数项，其对应的时间常数分别为 RC 和 $RC/2$，使得 $w_C\leqslant w_R$。

(4) 当 $t\to\infty$ 时，电路中电压源不再提供能量，电路进入稳态，此时电阻和电容吸收的能量均为 $CU^2/2$，该能量的大小仅与 U、C 有关，与 R 无关。电阻吸收的能量转化为热能而损失掉，电容吸收的能量转化为电能存储在电容之中，表现为电容存储的电荷量为 CU。

上面分析了一阶电路在零状态情况下的功率和能量变化规律。对其他电路,也可作类似分析,下面举例说明。

【例 10.1.1】 如图 10.1.3 所示电路,试问电容何时吸收的功率为最大,并求此最大功率。

解 由图 10.1.3 可知,从电容两端看去的等效电阻为 $(2+2)\Omega=4\Omega$,开路电压为 $2\times2\varepsilon(t)\text{V}=4\varepsilon(t)\text{V}$。由式(10.1.13)可得电容吸收功率为最大的时刻为

$$t_{\max}=0.693RC=0.693\times4\times0.5\text{s}=1.386\text{s}$$

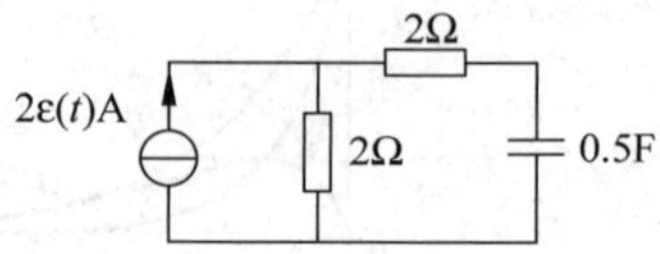

图 10.1.3 例 10.1.1

最大功率为

$$p_{C\max}=\frac{U^2}{4R}=\frac{4^2}{4\times4}\text{W}=1\text{W}$$

【例 10.1.2】 如图 10.1.4(a)所示电路,已知 $R=1\Omega, L=1\text{H}, C=1\text{F}, i_L(0)=1\text{A}$, $u_C(0)=1\text{V}$,试求 R,L,C 吸收的功率和能量,并画出它们的变化曲线。

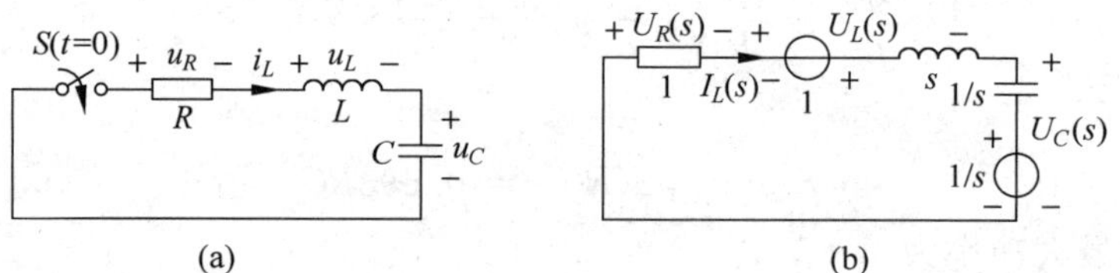

图 10.1.4 例 10.1.2

解 运用拉普拉斯变换求解。作出图 10.1.4(a)的运算电路如图 10.1.4(b)所示,由图 10.1.4(b)可得

$$I_L(s)=\frac{1-1/s}{1+s+1/s}=\frac{s-1}{s^2+s+1},\quad U_C(s)=\frac{1}{s}\times I_L(s)+\frac{1}{s}=\frac{s+2}{s^2+s+1}$$

求拉普拉斯反变换,可得

$$i_L=\mathcal{L}^{-1}[I_L(s)]=2\text{e}^{-\frac{t}{2}}\cos\left(\frac{\sqrt{3}}{2}t+60^\circ\right)\varepsilon(t)\text{A}$$

$$u_C=\mathcal{L}^{-1}[U_C(s)]=2\text{e}^{-\frac{t}{2}}\cos\left(\frac{\sqrt{3}}{2}t-60^\circ\right)\varepsilon(t)\text{V}$$

L、C 储存的能量分别为

$$w_L=\frac{1}{2}Li_L^2=2\text{e}^{-t}\cos^2\left(\frac{\sqrt{3}}{2}t+60^\circ\right)\varepsilon(t)\text{J}$$

$$w_C=\frac{1}{2}Cu_C^2=2\text{e}^{-t}\cos^2\left(\frac{\sqrt{3}}{2}t-60^\circ\right)\varepsilon(t)\text{J}$$

由能量守恒定律,有

$$w_R+w_L+w_C=\frac{1}{2}Li_L^2(0)+\frac{1}{2}Cu_C^2(0)=1$$

因此

$$w_R = 1 - w_L - w_C = \left[1 - 2\mathrm{e}^{-t}\cos^2\left(\frac{\sqrt{3}}{2}t + 60°\right) - 2\mathrm{e}^{-t}\cos^2\left(\frac{\sqrt{3}}{2}t - 60°\right)\right]\varepsilon(t)\,\mathrm{J}$$

由功率和能量的关系可得

$$p_L = \frac{\mathrm{d}w_L}{\mathrm{d}t} = \left[-2\mathrm{e}^{-t}\cos^2\left(\frac{\sqrt{3}}{2}t + 60°\right) - \sqrt{3}\,\mathrm{e}^{-t}\sin(\sqrt{3}\,t + 120°)\right]\varepsilon(t)\,\mathrm{W}$$

$$p_C = \frac{\mathrm{d}w_C}{\mathrm{d}t} = \left[-2\mathrm{e}^{-t}\cos^2\left(\frac{\sqrt{3}}{2}t - 60°\right) - \sqrt{3}\,\mathrm{e}^{-t}\sin(\sqrt{3}\,t - 120°)\right]\varepsilon(t)\,\mathrm{W}$$

由特勒根定理，有

$$p_R = -p_L - p_C = 2\mathrm{e}^{-t}[1 - \cos(\sqrt{3}\,t - 60°)]\varepsilon(t)\,\mathrm{W}$$

由上面计算结果，画出 R、L、C 吸收的功率变化曲线如图 10.1.5(a)所示；R 吸收的能量以及 L、C 储存的能量变化曲线如图 10.1.5(b)所示。

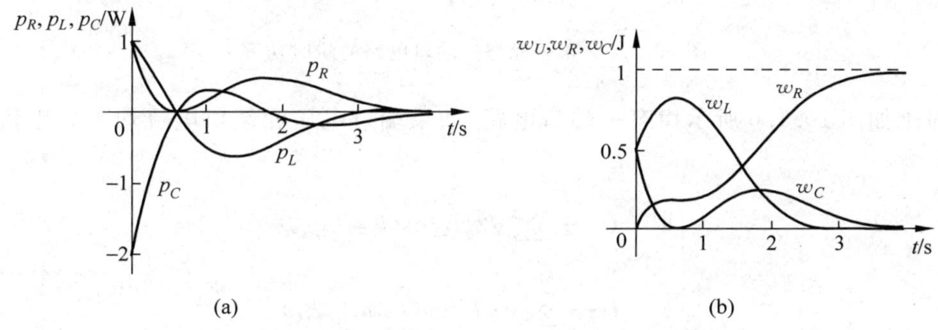

图 10.1.5　R、L、C 的功率和能量变化曲线

10.1.2　稳态电路的瞬时功率

对于直流稳态，电路中的电压和电流均为恒定量，因此功率的计算较为简单。下面主要讨论正弦稳态和非正弦周期稳态电路的瞬时功率。

对于如图 10.1.6 所示稳态一端口电路，取端口电压 u 和端口电流 i 为一致参考方向。如果端口电压和端口电流分别为

$$u = \sqrt{2}U\cos(\omega t + \varphi_u),\quad i = \sqrt{2}I\cos(\omega t + \varphi_i) \tag{10.1.15}$$

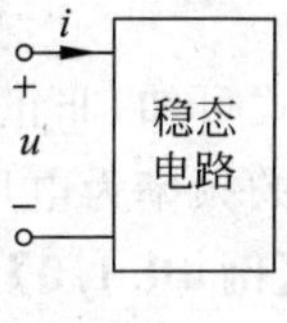

则该一端口电路处于正弦稳态，其吸收的功率为

$$\begin{aligned} p &= ui = 2UI\cos(\omega t + \varphi_u)\cos(\omega t + \varphi_i) \\ &= UI\cos(\varphi_u - \varphi_i) + UI\cos(2\omega t + \varphi_u + \varphi_i) \end{aligned} \tag{10.1.16}$$

i
+
u
−
稳态电路

图 10.1.6　稳态一端口电路

由上式可知，p 是一个随时间变化的量，为瞬时功率。瞬时功率 p 包括两项，一项为常量，另一项为正弦量，频率是电压(电流)频率的二倍。图 10.1.7 给出了 p 的一般变化规律。从图中可以看出 p 有时为正，有时为负。$p>0$ 表示一端口电路吸收功率，$p<0$ 表示

一端口电路发出功率，这表明一端口电路与外电路之间有能量往返交换。在图 10.1.7 中，p 为正时的波形所覆盖的面积大于 p 为负时波形所覆盖的面积，这说明一端口电路吸收的功率多于其向外电路发出的功率，也就是说一端口电路吸收的能量多于发出的能量，在其内部有能量消耗。如果一端口电路包含负电阻，则 p 为正时的波形所覆盖的面积可能小于 p 为负时波形所覆盖的面积，电路吸收的能量少于发出的能量。

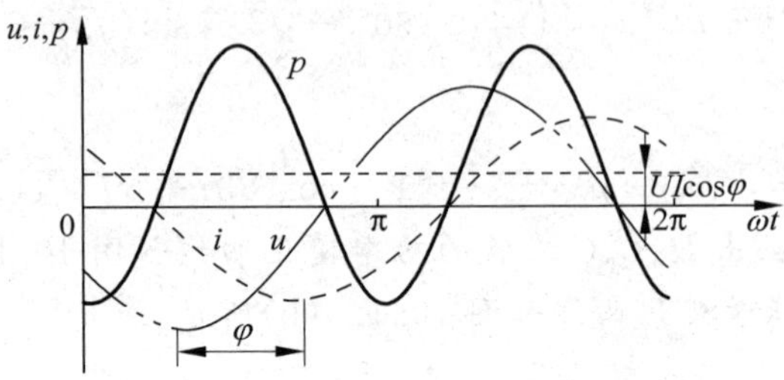

图 10.1.7　正弦稳态一端口电路的瞬时功率

对于如图 10.1.6 所示稳态一端口电路，如果端口电压和端口电流均为非正弦周期量，即

$$\begin{cases} u = U_0 + \sum_{k=1}^{\infty} \sqrt{2} U_k \cos(k\omega t + \varphi_{uk}) \\ i = I_0 + \sum_{k=1}^{\infty} \sqrt{2} I_k \cos(k\omega t + \varphi_{ik}) \end{cases} \tag{10.1.17}$$

则该一端口电路处于非正弦周期稳态，其所吸收的瞬时功率为

$$\begin{aligned} p = ui &= \left[U_0 + \sum_{k=1}^{\infty} \sqrt{2} U_k \cos(k\omega t + \varphi_{uk}) \right] \left[I_0 + \sum_{k=1}^{\infty} \sqrt{2} I_k \cos(k\omega t + \varphi_{ik}) \right] \\ &= U_0 I_0 + \sum_{k=1}^{\infty} \sqrt{2} U_k \cos(k\omega t + \varphi_{uk}) \sqrt{2} I_k \cos(k\omega t + \varphi_{ik}) \\ &\quad + I_0 \sum_{k=1}^{\infty} \sqrt{2} U_k \cos(k\omega t + \varphi_{uk}) + U_0 \sum_{k=1}^{\infty} \sqrt{2} I_k \cos(k\omega t + \varphi_{ik}) \\ &\quad + \sum_{\substack{k=1 \\ (k \neq k')}}^{\infty} \sum_{k'=1}^{\infty} \sqrt{2} U_k \cos(k\omega t + \varphi_{uk}) \sqrt{2} I_{k'} \cos(k'\omega t + \varphi_{ik'}) \end{aligned} \tag{10.1.18}$$

由上式可知，非正弦周期稳态电路的瞬时功率 p 既包括直流分量，还包括谐波分量，谐波分量的频率为电压、电流谐波频率的代数组合。

【例 10.1.3】 设稳态一端口电路端口电压和端口电流分别为 $u=[0.5+2\cos(\omega t)+\cos(2\omega t)]\text{V}$，$i=[0.5+\cos(\omega t+30^\circ)]\text{A}$，试求瞬时功率的表达式。

解　瞬时功率的表达式为

$$\begin{aligned} p = ui &= [0.5 + 2\cos(\omega t) + \cos(2\omega t)][0.5 + \cos(\omega t + 30^\circ)]\text{W} \\ &= [0.25 + 0.5\cos(\omega t + 30^\circ) + \cos(\omega t) + 2\cos(\omega t)\cos(\omega t + 30^\circ) \\ &\quad + 0.5\cos(2\omega t) + \cos(2\omega t)\cos(\omega t + 30^\circ)]\text{W} \end{aligned}$$

利用三角函数的积化和差公式进行化简，并将同频率正弦量进行合并得

$$p=[1.116+1.866\cos(\omega t)+1.455\cos(2\omega t+20.1°)+0.5\cos(3\omega t+30°)]\text{W}$$

可见，瞬时功率 p 的表达式中除了直流分量、ω 和 2ω 频率分量外，还增加了 3ω 的频率分量，其随时间变化的波形如图 10.1.8 所示。

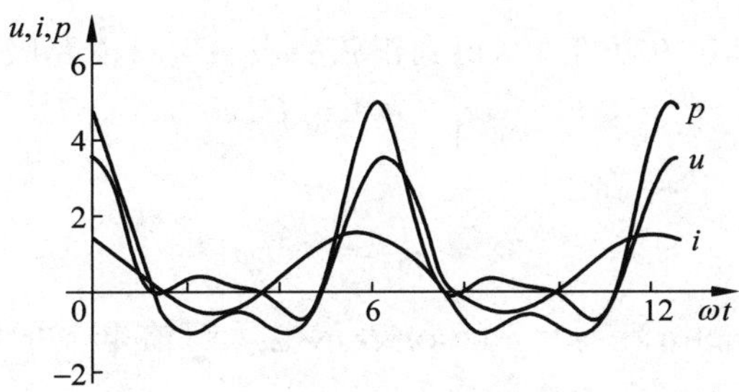

图 10.1.8 例 10.1.2

【思考与练习】

10.1.1 如图 10.1.9 所示电路，已知 $u_C(0)=U_0$。试讨论电路中 R、C 元件的功率和能量变化规律。

10.1.2 如图 10.1.10 所示电路，试问电感何时吸收的功率为最大，并求最大功率。(0.347s；0.5W)

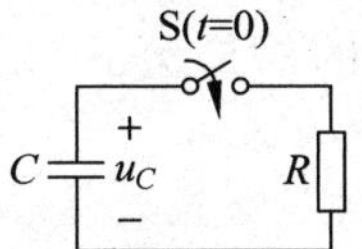

图 10.1.9 思考与练习 10.1.1

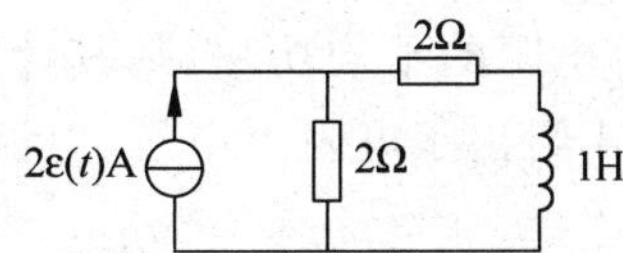

图 10.1.10 思考与练习 10.1.2

10.1.3 设稳态一端口电路端口电压和端口电流分别为 $u=[2\cos(\omega t+30°)+\sin(2\omega t)]\text{V}$，$i=[0.5+\cos(\omega t-30°)+\cos(3\omega t)]\text{A}$，试求瞬时功率的表达式。$[0.5+1.252\cos(\omega t+26.9°)+2.117\cos(2\omega t-28.2°)-0.5\cos(3\omega t+60°)+\cos(4\omega t+30°)+0.5\sin(5\omega t)]$

10.2 有功功率和无功功率

10.2.1 有功功率

在一般情况下，瞬时功率是一个随时间变化的量，不便于测量，在工程中采用有功功率或平均功率的概念。

将瞬时功率在一个周期内的平均值定义为**平均功率**(average power)，简称功率，用

大写字母 P 表示,即

$$P = \frac{1}{T}\int_0^T p\mathrm{d}t \tag{10.2.1}$$

平均功率的 SI 单位为瓦(W)。平均功率亦称为**有功功率**(active power),是电路中实际消耗的功率。

将式(10.1.16)代入式(10.2.1),得到正弦稳态一端口电路吸收的平均功率为

$$P = UI\cos(\varphi_u - \varphi_i) = UI\cos\varphi = UI\lambda \tag{10.2.2}$$

式中

$$\lambda = \frac{P}{UI} = \cos\varphi \tag{10.2.3}$$

称为**功率因数**(power factor)。$\varphi=\varphi_u-\varphi_i$ 表示电压超前电流的相位角,也称为功率因数角。

式(10.2.2)表明,正弦稳态一端口电路吸收的平均功率一般并不等于端口电压、电流有效值的乘积,还要乘以功率因数 $\lambda(\lambda\leqslant 1)$,而 λ 取决于端口电压与端口电流的相位差。下面分几种情况加以讨论。

(1) 设图 10.1.6 所示的一端口电路只由一个电阻 R 构成,则端口电压、电流就是电阻 R 上的电压、电流,两者同相位,$\varphi=0$,从而 $\lambda=1$。由式(10.1.16)和式(10.2.2)可得电阻吸收的瞬时功率和平均功率分别为

$$p_R = UI + UI\cos2(\omega t + \varphi_u) \tag{10.2.4}$$

$$P_R = UI = RI^2 = GU^2 \tag{10.2.5}$$

由式(10.2.4)可知,$p_R\geqslant 0$,电路中的正电阻总是吸收功率。如果用端口电压、电流有效值来计算电阻的平均功率,则其计算公式与电阻电路中的对应公式(2.2.2)完全一致。图 10.2.1 给出了电阻上电压、电流和功率的波形。

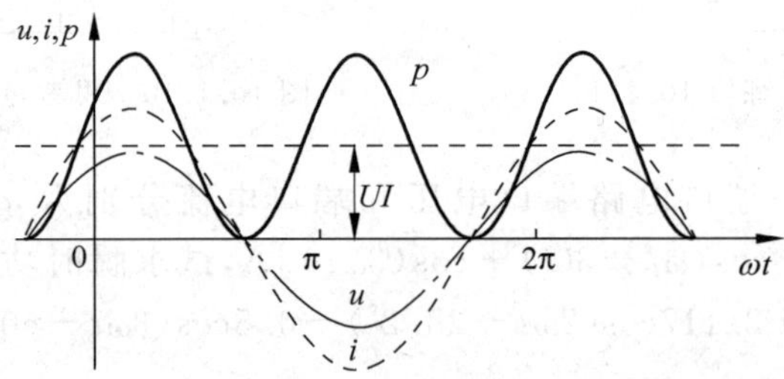

图 10.2.1 电阻元件的电压、电流和功率的波形

(2) 设图 10.1.6 所示的一端口电路只由一个电感 L 构成,由于电感 L 上的电压超前电流 90°,即 $\varphi=90°$,从而 $\lambda=0$。由式(10.1.16)和式(10.2.2)可得电感吸收的瞬时功率和平均功率分别为

$$p_L = UI\cos 90^\circ + UI\cos(2\omega t + \varphi_u + \varphi_u - 90^\circ) = UI\sin2(\omega t + \varphi_u) \tag{10.2.6}$$

$$P_L = UI\lambda = 0 \tag{10.2.7}$$

从以上二式中可以看出,电感元件在正弦稳态下吸收的瞬时功率以 2ω 的频率波动,

平均值为零。图 10.2.2 给出了电感上电压、电流和功率的波形。

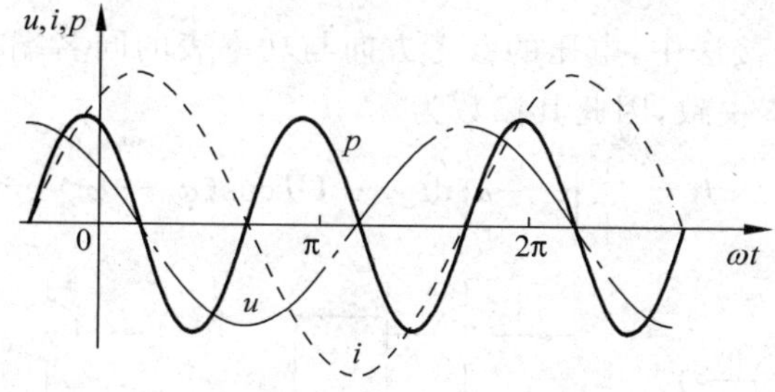

图 10.2.2 电感元件的电压、电流和功率的波形

(3) 设图 10.1.6 所示的一端口电路只由一个电容 C 构成，由于电容 C 上的电压滞后电流 90°，即 $\varphi=-90°$，从而 $\lambda=0$。与上面讨论类似，电容吸收的瞬时功率和平均功率分别为

$$p_C = UI\cos(-90°) + UI\cos(2\omega t + \varphi_u + \varphi_u + 90°) = -UI\sin 2(\omega t + \varphi_u) \quad (10.2.8)$$

$$P_C = UI\lambda = 0 \quad (10.2.9)$$

因此，电容元件在正弦稳态下吸收的瞬时功率以 2ω 的频率波动，平均值也为零。图 10.2.3 给出了电容上电压、电流和功率的波形。

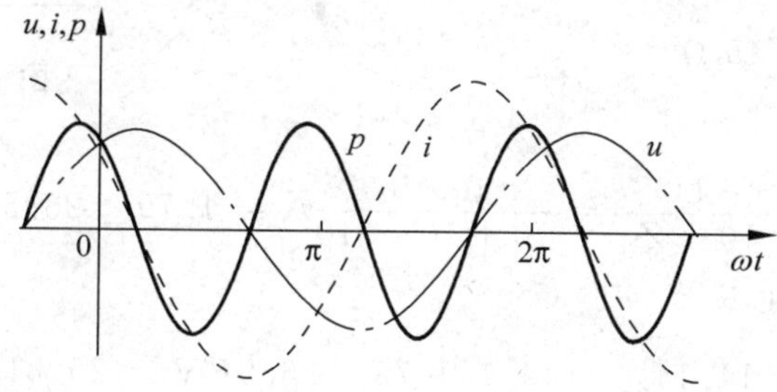

图 10.2.3 电容元件电压、电流和功率的波形

上面讨论了正弦稳态一端口电路分别是电阻、电感和电容等元件时的功率情况，可以看出：正电阻总是消耗功率的，电感、电容则不消耗有功功率。由 R、L、C 构成的一端口电路的有功功率恒为正，但当一端口电路中包含受控源时，可能使得一端口电路的输入阻抗的电阻分量为负值，此时有功功率为负值。

对正弦稳态电路，同相位的电压与电流产生有功功率，其大小为有效值之积（见式(10.2.5)）；而相位正交的电压与电流不产生平均功率（见式(10.2.7)和式(10.2.9)）。

实际电路中的平均功率可用功率表来测量，功率表的符号如图 10.2.4(a)所示。功率表有两对连接端钮，其中一对端钮与表内的电流线圈相连，使用时需与负载串联，用于测量负载电流；另一对端钮与表内的电压线圈相连，使用时需与负载并联，用于测量负载电压。在电流线圈和电压线圈的一端标有“*”或“±”，用以表明电流、电压的参考方向，称为同名端。测量一端口正弦稳态电路的平均功率，功率表可采用图 10.2.4(b)、(c)所示的接法。图 10.2.4(b)所示的接法中电压、电流的参考方向与功率表的同名端一致，其读数为

$$P=\frac{1}{T}\int_0^T ui\,\mathrm{d}t=UI\cos(\varphi_u-\varphi_i) \tag{10.2.10}$$

在图 10.2.4(c)所示的接法中，电压的参考方向与功率表的同名端一致，而电流的参考方向与功率表的同名端不一致，因此其读数为

$$P=\frac{1}{T}\int_0^T -ui\,\mathrm{d}t=-UI\cos(\varphi_u-\varphi_i) \tag{10.2.11}$$

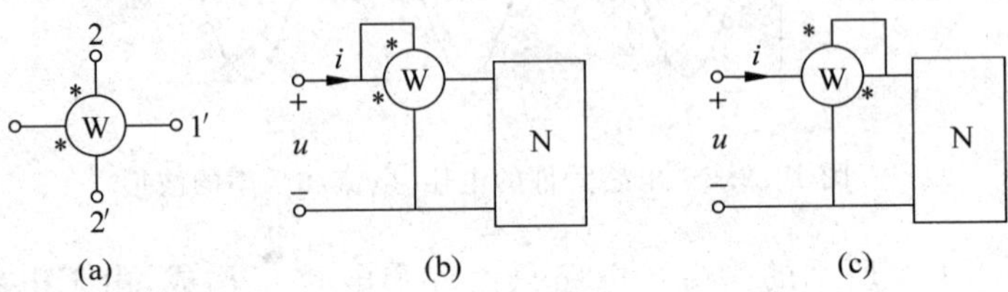

图 10.2.4 功率表的符号及其连接

【例 10.2.1】 图 10.2.5 所示电路，设 $\dot{U}=40\angle0^\circ\text{V}$，试求功率表的读数。

解 功率表的读数实际上为一端口电路 N 消耗的平均功率。一端口电路 N 的等效阻抗为

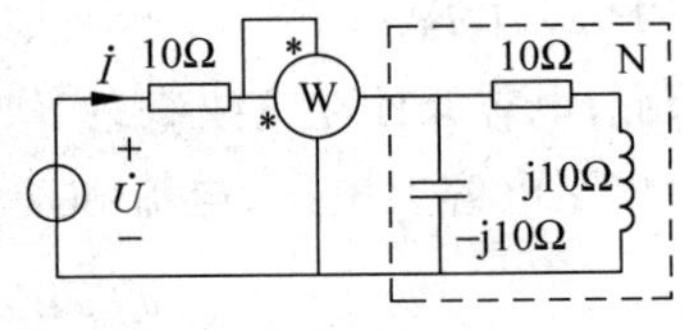

图 10.2.5 例 10.2.1

$$Z_\mathrm{N}=\frac{(10+\mathrm{j}10)\times(-\mathrm{j}10)}{10+\mathrm{j}10-\mathrm{j}10}\Omega=(10-\mathrm{j}10)\Omega$$

$$=14.14\angle-45^\circ\Omega$$

输入电流

$$\dot{I}=\frac{\dot{U}}{10+Z_\mathrm{N}}=\frac{40\angle0^\circ}{10+10-\mathrm{j}10}\mathrm{A}=1.79\angle26.57^\circ\mathrm{A}$$

一端口电路 N 的端口电压为

$$\dot{U}_\mathrm{N}=Z_\mathrm{N}\dot{I}=14.14\angle-45^\circ\times1.79\angle26.57^\circ\mathrm{V}=25.31\angle-18.43^\circ\mathrm{V}$$

因此功率表的读数为

$$P=U_\mathrm{N}I\cos(\varphi_u-\varphi_i)=25.31\times1.79\times\cos(-18.43^\circ-26.57^\circ)\mathrm{W}=32.0\mathrm{W}$$

MATLAB 计算程序：

```
%采用 MATLAB 求解例 10.2.1
  U = pj2zz(40,0);                    % 设置输入电压相量,pj2zz()的用法见例 8.1.5
  ZN = pllz(-10i, 10 + 10i);          % 计算一端口电路 N 的等效阻抗
  I = U/(10 + ZN);                    % 计算输入电流
  UN = ZN * I;                        % 计算一端口电路 N 的端口电压
  phi = angle(UN) - angle(I);         % 计算一端口电路 N 的功率因数角
  P = abs(UN) * abs(I) * cos(phi)     % 计算功率表的读数
```

计算结果：

```
  P = 32.0000
```

10.2.2 无功功率

由式(10.2.6)和式(10.2.7)可知，在正弦稳态下电感元件吸收的瞬时功率可正可负，而消耗的有功功率为零，表明电感元件与外电路存在能量往返交换的现象，但不消耗能量，能量交换的大小由端口电压、电流有效值的乘积所确定。在电路理论中，把式(10.2.6)中的振幅定义为电感元件的**无功功率**(reactive power)，记为 Q_L，即

$$Q_L = UI \tag{10.2.12}$$

用以表征电感元件与外电路之间能量往返的规模。

电感元件的瞬时能量为

$$w_L = \frac{1}{2}Li^2 = LI^2\cos^2(\omega t + \varphi_i) = \frac{1}{2}LI^2[1 + \cos(2\omega t + 2\varphi_i)] \tag{10.2.13}$$

表明电感储存的能量以 2ω 的频率在其平均值上下波动，但在任意时刻，$w_L \geqslant 0$。电感储能平均值为

$$W_L = \frac{1}{2}LI^2 \tag{10.2.14}$$

由于对电感元件有

$$\dot{U} = Z_L\dot{I} = \mathrm{j}\omega L\dot{I} \tag{10.2.15}$$

也即 $U = \omega LI$，从而得出

$$Q_L = UI = \omega LI^2 = 2\omega W_L \tag{10.2.16}$$

由上式可知，电感的平均储能越多，与外电路能量往返的频率越高，那么其无功功率就越大。

与电感元件类似，电容元件不消耗能量，但是与外电路存在能量往返交换的现象，能量交换的大小也是由端口电压、电流有效值的乘积所确定的。在电路理论中，把式(10.2.8)中的振幅定义为电容元件的无功功率，记为 Q_C，即

$$Q_C = -UI \tag{10.2.17}$$

Q_C 用以表征电容元件与外电路之间能量往返的规模。

电容元件的瞬时能量为

$$w_C = \frac{1}{2}Cu^2 = CU^2\cos^2(\omega t + \varphi_u) = \frac{1}{2}CU^2[1 + \cos(2\omega t + 2\varphi_u)] \tag{10.2.18}$$

表明电容储存的能量以 2ω 的频率在其平均值上下波动，但在任意时刻，$w_C \geqslant 0$。电容储能平均值为

$$W_C = \frac{1}{2}CU^2 \tag{10.2.19}$$

电容元件的无功功率与平均储能之间的关系为

$$Q_C = -UI = -\omega CU^2 = -2\omega W_C \tag{10.2.20}$$

由上式可知，电容的无功功率为负，其大小为电容平均储能的 2ω 倍。

对于一般的正弦稳态一端口电路，其端口电压与端口电流的相位差 $\varphi = \varphi_u - \varphi_i$，且

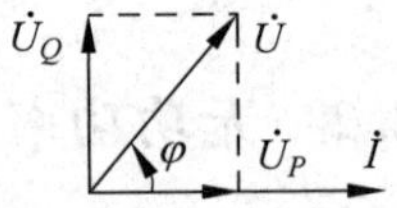

$|\varphi|\leqslant 90°$。若 $\varphi>0$,则电路呈现电感性质(简称感性);若 $\varphi<0$,则电路呈现电容性质(简称容性);若 $\varphi=0$,则电路是阻性的。图 10.2.6 所示为感性一端口电路的相量图。由式(10.2.2)可知,一端口电路吸收的平均功率为

$$P = UI\cos\varphi = U_P I \tag{10.2.21}$$

$\dot{U}_Q$ $\dot{U}$ φ $\dot{U}_P$ $\dot{I}$

图 10.2.6　正弦稳态一端口电路的相量图

式中,$U_P=U\cos\varphi$。由图 10.2.6 可知,$\dot{U}_P$ 是与电流 $\dot{I}$ 同相位的电压分量,两者有效值之积得到有功功率,因此 $U\cos\varphi$ 称为电压的有功分量或有功电压。相量图中的 $\dot{U}_Q$ 是与电流 $\dot{I}$ 正交的电压分量,两者有效值之积得到无功功率,即

$$Q = UI\sin\varphi = U_Q I \tag{10.2.22}$$

式中,$U_Q=U\sin\varphi$,称为电压的无功分量或无功电压。

无功功率具有功率的量纲,其 SI 单位为乏(var)。无功功率是用以表征一端口电路与外电路之间能量往返的规模,其本身并不是做功的功率,因为从平均的意义上说,其值为零。

【例 10.2.2】 接续例 10.2.1,试求一端口电路 N 的无功功率以及电感、电容元件的无功功率。

解　一端口电路 N 的无功功率为

$$Q = U_N I\sin(\varphi_u - \varphi_i) = 25.31\times 1.79\times \sin(-18.43° - 26.57°)\text{var} = -32.03\text{var}$$

由式(10.2.20)得电容元件的无功功率为

$$Q_C = -\omega C U_N^2 = -\frac{25.31^2}{10}\text{var} = -64.06\text{var}$$

为了求电感元件的无功功率,可先求流经电感的电流,即

$$\dot{I}_L = \frac{\dot{U}_N}{10+\text{j}10} = \frac{25.31\angle -18.43°}{10+\text{j}10}\text{A} = 1.79\angle -64.43°\text{A}$$

则电感元件的无功功率为

$$Q_L = U_L I_L = |Z_L \dot{I}_L| I_L = |Z_L| I_L^2 = 10\times 1.79^2\text{var} = 32.03\text{var}$$

由上面计算结果可验证 $Q=Q_C+Q_L$。

10.2.3　表观功率

有功功率和无功功率的计算都涉及到电压、电流有效值之积 UI。在电路理论中,把这一乘积定义为**表观功率**(apparent power)或视在功率,记为 S,即

$$S = UI \tag{10.2.23}$$

表观功率的 SI 单位是伏安(VA)。许多电气设备的容量是由它们的额定电压和额定电流的乘积,即表观功率来决定的。例如说到一台容量为 250kVA 的变压器,就是指这台变压器的表观功率为 250kVA。

引入表观功率后,有功功率和无功功率又可分别表示为

$$P = S\cos\varphi,\quad Q = S\sin\varphi \tag{10.2.24}$$

因此 P、Q、S 之间的关系为

$$S=\sqrt{P^2+Q^2} \tag{10.2.25}$$

而且有

$$\tan\varphi=Q/P \tag{10.2.26}$$

P、Q、S 三者也构成了直角三角形关系，如图 10.2.7 所示，称为功率三角形。

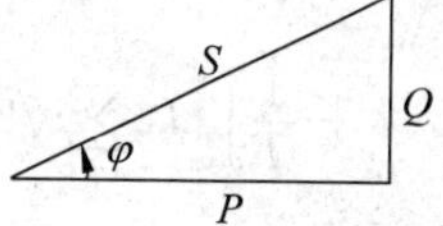

图 10.2.7 功率三角形

【例 10.2.3】 图 10.2.8 中的 3 个负载 Z_1、Z_2 和 Z_3 并联接到 220V 正弦电源上，已知负载 Z_1 吸收的功率为 4.4kW，功率因数为 0.5(容性)；负载 Z_2 的表观功率为 11kVA，功率因数为 0.8(感性)，负载 Z_3 的有功功率为 6.6kW，表观功率为 13.2kVA(容性)。试求电源供给的总电流和电路的功率因数。

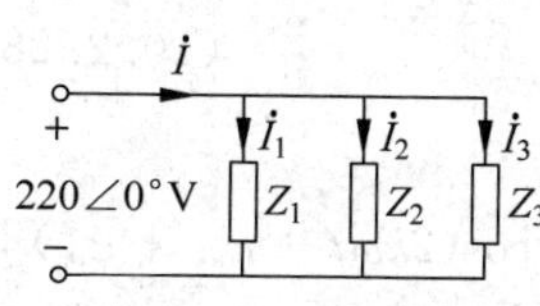

图 10.2.8 例 10.2.3

解 设负载的功率因数角分别为 φ_1、φ_2、φ_3，则由已知条件可得

$$\cos\varphi_1=0.5(\text{容性}),\quad \cos\varphi_2=0.8(\text{感性})$$

解得

$$\varphi_1=-60°,\quad \varphi_2=36.87°$$

又由功率三角形可得

$$\cos\varphi_3=P_3/S_3=6.6/13.2=0.5(\text{容性})$$

解得

$$\varphi_3=-60°$$

由 $P=UI\cos\varphi$，可得负载 1 的电流有效值为

$$I_1=\frac{P_1}{U_1\cos\varphi_1}=\frac{4400}{220\times0.5}\text{A}=40\text{A}$$

因此

$$\dot{I}_1=40\angle60°\text{A}$$

同样可算得

$$\dot{I}_2=50\angle-36.87°\text{A},\quad \dot{I}_3=60\angle60°\text{A}$$

总电流为

$$\dot{I}=\dot{I}_1+\dot{I}_2+\dot{I}_3=106.32\angle32.17°\text{A}$$

电路的功率因数为

$$\cos\varphi=\cos(-32.17°)=0.847(\text{容性})$$

10.2.4 非正弦周期稳态电路的功率

对非正弦周期稳态电路，根据平均功率的定义，可计算非正弦周期稳态电路的有功功率。将式(10.1.18)代入式(10.2.1)得一端口电路所吸收的平均功率为

$$P=\frac{1}{T}\int_0^T p\mathrm{d}t=\frac{1}{T}\int_0^T U_0I_0\mathrm{d}t+\frac{1}{T}\int_0^T\sum_{k=1}^{\infty}\sqrt{2}U_k\cos(k\omega t+\varphi_{uk})\sqrt{2}I_k\cos(k\omega t+\varphi_{ik})\mathrm{d}t$$
$$+\frac{1}{T}\int_0^T I_0\sum_{k=1}^{\infty}\sqrt{2}U_k\cos(k\omega t+\varphi_{uk})\mathrm{d}t+\frac{1}{T}\int_0^T U_0\sum_{k=1}^{\infty}\sqrt{2}I_k\cos(k\omega t+\varphi_{ik})\mathrm{d}t$$
$$+\frac{1}{T}\int_0^T\sum_{\substack{k=1\\(k\neq k')}}^{\infty}\sum_{k'=1}^{\infty}\sqrt{2}U_k\cos(k\omega t+\varphi_{uk})\sqrt{2}I_{k'}\cos(k'\omega t+\varphi_{ik'})\mathrm{d}t \tag{10.2.27}$$

上式等号右边的第一项积分为

$$P_0=U_0I_0 \tag{10.2.28}$$

第二项积分中两个相同频率余弦函数的乘积为

$$\sqrt{2}U_k\cos(k\omega t+\varphi_{uk})\sqrt{2}I_k\cos(k\omega t+\varphi_{ik})=U_kI_k[\cos(\varphi_{uk}-\varphi_{ik})+\cos(2k\omega t+\varphi_{uk}+\varphi_{ik})] \tag{10.2.29}$$

即第二项积分在一个周期内的平均值为

$$P_k=U_kI_k\cos(\varphi_{uk}-\varphi_{ik})=U_kI_k\cos\varphi_k \tag{10.2.30}$$

根据三角函数的正交性，式(10.2.27)等号右边第三项、第四项和第五项积分都为零。因此，最后得到的平均功率为

$$P=U_0I_0+\sum_{k=1}^{\infty}P_k=U_0I_0+\sum_{k=1}^{\infty}U_kI_k\cos\varphi_k \tag{10.2.31}$$

由上式可见，非正弦周期电路的平均功率等于直流分量和各次谐波分量分别产生的平均功率之和，而非相同频率的电压谐波和电流谐波只形成瞬时功率，并不产生平均功率。

仿照正弦稳态电路，可以定义非正弦周期电路的无功功率、表观功率、功率因数等概念。非正弦周期电路的电压有效值与电流有效值之乘积定义为表观功率，即

$$S=UI=\sqrt{\sum_{k=0}^{\infty}U_k^2}\sqrt{\sum_{k=0}^{\infty}I_k^2} \tag{10.2.32}$$

无功功率定义为

$$Q=\sum_{k=1}^{\infty}U_kI_k\sin\varphi_k \tag{10.2.33}$$

功率因数为

$$\cos\varphi=P/S \tag{10.2.34}$$

由式(10.2.31)～式(10.2.34)可知，表观功率 S 一般大于平均功率 P 和无功功率 Q 平方和的平方根，即

$$S>\sqrt{P^2+Q^2} \tag{10.2.35}$$

出现这种现象的原因是由于电压波形和电流波形不是正弦波形，而是非正弦波形，而且两者的波形有差别。为此定义

$$T=\sqrt{S^2-(P^2+Q^2)} \tag{10.2.36}$$

为**畸变功率**(distortion power)。在电力系统中，畸变功率的出现标志着其内部的电压和

电流已由正弦波畸变为非正弦波，并且电压和电流两者的波形也不相同。

【例 10.2.4】 已知一端口电路的电压和电流分别为

$$u=[-10+10\cos10t+10\cos30t+10\cos50t]\mathrm{V}$$
$$i=[1+1.94\cos(10t-14^\circ)+1.7\cos(50t+32^\circ)]\mathrm{A}$$

试求平均功率、无功功率、表观功率和畸变功率。

解 一端口电路吸收的平均功率为

$$P=-10\times1+\frac{10}{\sqrt{2}}\times\frac{1.94}{\sqrt{2}}\cos14^\circ+\frac{10}{\sqrt{2}}\times\frac{1.7}{\sqrt{2}}\cos(-32^\circ)$$
$$=(-10+9.412+7.208)\mathrm{W}=6.62\mathrm{W}$$

无功功率为

$$Q=\frac{10}{\sqrt{2}}\times\frac{1.94}{\sqrt{2}}\sin14^\circ+\frac{10}{\sqrt{2}}\times\frac{1.7}{\sqrt{2}}\sin(-32^\circ)$$
$$=(2.347-4.504)\mathrm{var}=-2.158\mathrm{var}$$

表观功率为

$$S=UI=\sqrt{10^2+\left(\frac{10}{\sqrt{2}}\right)^2+\left(\frac{10}{\sqrt{2}}\right)^2+\left(\frac{10}{\sqrt{2}}\right)^2}\sqrt{2^2+\left(\frac{1.94}{\sqrt{2}}\right)^2+\left(\frac{1.7}{\sqrt{2}}\right)^2}\mathrm{VA}$$
$$=\sqrt{250}\times\sqrt{7.3268}\mathrm{VA}=42.8\mathrm{VA}$$

畸变功率为

$$T=\sqrt{S^2-P^2-Q^2}=42.23\mathrm{W}$$

10.2.5 功率因数的提高

在电力系统中提供电能的发电机是按发电机的表观功率（额定电压与额定电流之积 UI）设计的。发电机在额定电压和额定电流下运行时输出的平均功率 P 与所接负载的功率因数 $\cos\varphi$ 密切相关，即 $P=UI\cos\varphi$。只有当所接负载是电阻性负载时，$\cos\varphi=1$，发电机输出的平均功率为 $UI\cos\varphi=UI$，恰好等于发电机的容量；当负载是感性（或容性）负载时，因 $\cos\varphi<1$，发电机输出的平均功率要小于该机的容量，发电机得不到充分利用，且负载的功率因数越小，发电机输出的平均功率越小。因此，为了充分利用发电机的容量，应该设法提高负载的功率因数。

电力系统和工业负载多数是感性负载，这使得负载电流的相位滞后于电压，功率因数角 φ 相对较大。为了提高功率因数，最简单的办法就是在感性负载两端并联电容，如图 10.2.9(a)所示。提高功率因数从物理意义上讲，就是用电容的无功功率去补偿感性负载的无功功率，以使电源输出的无功功率减少，功率因数角 φ 也变小。通常并不把功率因数提高到 $\cos\varphi=1$，而是提高到 0.9 左右，以防止电路中产生并联谐振现象。

下面讨论一个感性负载在已知其端电压和平均功率分别为 U 和 P 的情况下，若要将功率因数从 λ_1 提高到 λ_2（功率因数角从 φ_1 减小到 φ_2）需要并联电容的大小。

由图 10.2.9(b)所示的相量图可知，在并联电容之前端口电流的有功分量为 I_P，有

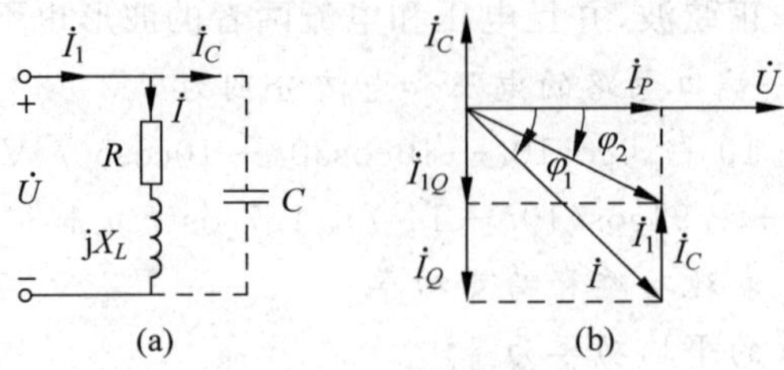

图 10.2.9 功率因数的提高

功功率为

$$P = UI_P = UI\lambda_1 = UI\cos\varphi_1 \tag{10.2.37}$$

式中，φ_1 为并联电容之前的功率因数角。

并联电容之后，负载上的电压、电流变量没有发生任何变化，而端口电流的无功分量却因并联电容而减小到

$$I_{1Q} = I_Q - I_C = I\sin\varphi_1 - \omega CU \tag{10.2.38}$$

上式两边同乘以端口电压有效值，得

$$Q_1 = UI_{1Q} = UI_Q - UI_C = Q + Q_C \tag{10.2.39}$$

式中，Q_1 表示并联电容之后端口的无功功率；Q 表示感性负载的无功功率；$Q_C = -\omega CU$ 表示电容的容性无功功率，为负值，因此并联电容之后使端口的无功功率 Q_1 减小，从而达到了提高功率因数的目的。这种利用容性无功功率抵消部分感性无功功率以提高功率因数的方法称为**无功补偿**(reactive power compensation)。

设并联电容之后功率因数达到 $\lambda_2 = \cos\varphi_2$，则由图 10.2.9(b)可知

$$\tan\varphi_2 = \frac{I_{1Q}}{I_P} = \frac{I\sin\varphi_1 - \omega CU}{I\cos\varphi_1} \tag{10.2.40}$$

由式(10.2.37)可知

$$I = \frac{P}{U\cos\varphi_1} \tag{10.2.41}$$

将上式代入式(10.2.40)，可知需要并联电容 C 的大小为

$$C = \frac{P}{\omega U^2}(\tan\varphi_1 - \tan\varphi_2) \tag{10.2.42}$$

【例 10.2.5】 已知一功率为 $P=10\text{kW}$、$\cos\varphi_1 = 0.6$ 的感性负载接在电压为 220V、频率为 50Hz 的电源上。试求：(1)将功率因数提高到 $\cos\varphi_2 = 0.9$ 时所需并联电容的大小；(2)并联电容前后电源提供的电流；(3)如果将功率因数提高到 1，并联电容还需增加多少？

解 电路如图 10.2.9(a)所示。

(1) 将已知的数据代入式(10.2.42)，得出所需并联的电容为

$$C = \frac{10000}{2\pi \times 50 \times 220^2}[\tan(\arccos 0.6) - \tan(\arccos 0.9)]$$

$$= \frac{10000}{314 \times 220^2}(\tan 53.2° - \tan 25.8°)\text{F} = 558 \times 10^{-6}\text{F} = 558\mu\text{F}$$

(2) 电容并联之前电源提供的电流

$$I = \frac{10000}{220 \times 0.6} = 75.76\text{A}$$

电容并联之后电源提供的电流

$$I_1 = \frac{10000}{220 \times 0.9} = 50.51\text{A}$$

可见,在负载所吸收功率保持不变的情况下,提高功率因数之后电源提供的电流得到减小。

(3)

$$C = \frac{10000}{2\pi \times 50 \times 220^2}[\tan(\arccos 0.6) - \tan(\arccos 1)]$$
$$= \frac{10000}{314 \times 220^2}(\tan 53.2° - 0)\text{F} = 876.7 \times 10^{-6}\text{F} = 876.9\mu\text{F}$$

因此需增加的电容量为

$$\Delta C = (876.9 - 558)\mu\text{F} = 319\mu\text{F}$$

可见,当功率因数较低时,并联 558μF 的电容将功率因数从 0.6 提高到 0.9;而在功率因数比较高的情况下,再继续提高功率因数,则需增加较大的电容量。

MATLAB 计算程序:

```
%采用 MATLAB 求解例 10.2.5
P = 1e4; lamda1 = 0.6; U = 220; w = 2 * pi * 50; lamda2 = 0.9;    %设置已知参数
C = P/(w * U^2) * (tan(acos(lamda1)) - tan(acos(lamda2)))        %计算功率因数提高到 0.9 时需
                                                                  %并联的电容
I = P/(U * lamda1)          %计算电容并联之前电源提供的电流
I1 = P/(U * lamda2)         %计算电容并联之后电源提供的电流
C1 = P/(w * U^2) * (tan(acos(lamda1)) - tan(acos(1)));          %计算功率因数提高到 1 时需并联
                                                                  %的电容
deitaC = C1 - C                                                   %计算增加的电容量
```

计算结果:

```
C = 5.5837e-004
I = 75.7576
I1 = 50.5051
deitaC = 3.1852e-004
```

【思考与练习】

10.2.1 “一电路有功功率不为零而无功功率等于零,则该电路一定是纯电阻电路。”试问这句话是否正确,为什么?

10.2.2 如图 10.2.10 电路,已知 $u=\sin t$V,$i=\cos t$V,试求该一端口电路吸收的有功功率和无功功率。(0; -0.5var)

10.2.3　如图 10.2.11 电路，已知$\dot{U}_S=10\angle 0°\text{V}$，试求功率表的读数并计算电路的平均功率。(50W；125W)

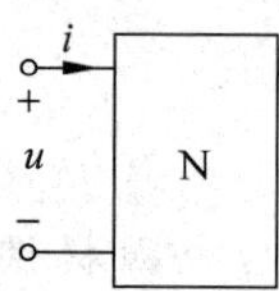

图 10.2.10　思考与练习 10.2.2

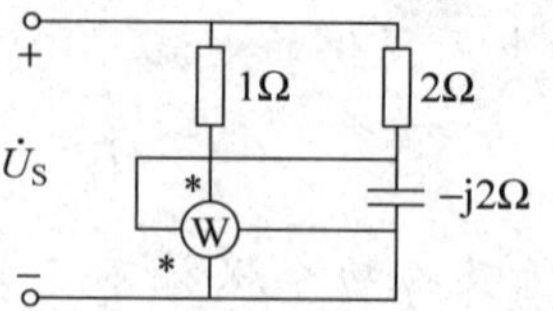

图 10.2.11　思考与练习 10.2.3

10.2.4　在含电阻、电容、电感的电路中，试问各电阻平均功率之和、各电容平均功率之和、各电感平均功率之和各代表什么？电路的表观功率与上述各功率之和的关系是什么？

10.2.5　试问通过并联电容来提高感性负载的功率因数是否与感性负载的端电压及其平均功率有关？为什么？

10.2.6　如图 10.2.12 电路，试问电源频率为多少时两电阻的平均功率相等？(3.33×10^5 rad/s)

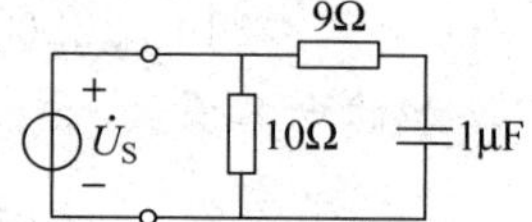

图 10.2.12　思考与练习 10.2.6

10.3　复功率

10.3.1　复功率的基本概念

在正弦稳态下，为了能用电压相量和电流相量来计算功率，将有功功率 P 和无功功率 Q 分别作为实部和虚部构成一个复数变量，即

$$\begin{aligned}\widetilde{S}&=P+\text{j}Q=UI\cos\varphi+\text{j}UI\sin\varphi\\&=UI\angle\varphi=U\angle\varphi_u I\angle-\varphi_i=\dot{U}\,\dot{I}^*\end{aligned}\tag{10.3.1}$$

式中，$\dot{I}^*$是电流相量$\dot{I}$的共轭复数。复数变量$\widetilde{S}$称为**复功率**(complex power)，其 SI 单位同表观功率，即伏安(VA)。复功率只是用于计算的复数变量，它不代表正弦量，因此不能视为相量。

如果将复功率表示成极坐标形式，则其模就是表观功率，而辐角就是功率因数角，即

$$\begin{cases}|\widetilde{S}|=\sqrt{P^2+Q^2}=S\\ \arg\widetilde{S}=\arctan\left(\dfrac{Q}{P}\right)=\arctan\left(\dfrac{UI\sin\varphi}{UI\cos\varphi}\right)=\varphi\end{cases}\tag{10.3.2}$$

由式(10.3.1)和式(10.3.2)可以看出，正弦稳态电路中的平均功率 P、无功功率 Q、表观功率 S、功率因数 λ 都统一在复功率$\widetilde{S}$中，引入复功率$\widetilde{S}$有助于正弦稳态功率的计算。

【例 10.3.1】　已知一功率为 $P=8\text{kW}$、$\cos\varphi=0.8$ 的感性负载接在电压为 240V 的电源上。试求：(1)负载的复功率；(2)负载阻抗的大小。

解　(1) 由 $\cos\varphi=0.8$ 得 $\varphi=36.87°$。由功率三角形可得负载的无功功率为

$$Q = P\tan\varphi = 8 \times \tan[\arccos(0.8)]\text{kvar} = 6\text{kvar}$$

负载复功率为

$$\widetilde{S} = P + \text{j}Q = (8 + \text{j}6)\text{kVA}$$

(2) 流经负载的电流为

$$I = \frac{P}{U\cos\varphi} = \frac{8000}{240 \times 0.8}\text{A} = 41.67\text{A}$$

负载阻抗的模为

$$|Z| = \frac{U}{I} = \frac{240}{41.67}\Omega = 5.76\Omega$$

负载是感性的,因此其阻抗为

$$Z = |Z| \angle\varphi = 5.76\angle 36.87°\Omega = (4.608 + \text{j}3.456)\Omega$$

10.3.2 复功率守恒

在正弦稳态下,任意电路的复功率具有守恒性,即电路中各支路吸收的复功率之代数和为零。下面给出证明。

对正弦稳态电路的支路电压相量和支路电流相量,由相量形式的KCL、KVL得

$$\sum \dot{I}_k = 0, \quad \sum \dot{U}_k = 0 \tag{10.3.3}$$

由复数相等的定义,可得

$$\sum \dot{I}_k^* = 0 \tag{10.3.4}$$

上式表明对于支路电流的共轭相量$\dot{I}_k^*$,仍然满足KCL方程。因此,对含b条支路的正弦稳态电路,其支路电压相量满足KVL,支路电流相量满足式(10.3.4),由特勒根定理可得

$$\sum_{k=1}^{b} \dot{U}_k \dot{I}_k^* = 0 \tag{10.3.5}$$

即

$$\sum_{k=1}^{b} \widetilde{S}_k = 0 \tag{10.3.6}$$

复功率守恒得到了证明。

由式(10.3.6)可得

$$\sum_{k=1}^{b} (P_k + \text{j}Q_k) = 0 \tag{10.3.7}$$

即

$$\begin{cases} \sum_{k=1}^{b} P_k = 0 \\ \sum_{k=1}^{b} Q_k = 0 \end{cases} \tag{10.3.8}$$

上式表明在正弦稳态下,电路中的平均功率和无功功率也分别守恒。

【例 10.3.2】 图 10.3.1 所示电路中,已知$\dot{U}=100\angle 0°\text{V}$,试计算电压源提供的复功率。

解 1 利用复功率的定义计算。从电压源两端看去的等效阻抗为

$Z=(3+\text{j}4)\ /\!/\ (-\text{j}5)\Omega=(7.5-\text{j}2.5)\Omega=7.91\angle-18.43°\Omega$

$\dot{I}=\dfrac{\dot{U}}{Z}=\dfrac{100\angle 0°}{7.5-\text{j}2.5}\text{A}=(12+\text{j}4)\text{A}$

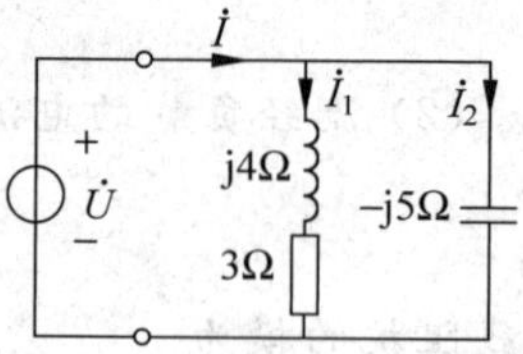

图 10.3.1 例 10.3.2

电压源提供的复功率为

$$\widetilde{S}=\dot{U}\dot{I}^*=100\angle 0°\times(12-\text{j}4)\text{VA}=(1200-\text{j}400)\text{VA}$$

解 2 利用复功率守恒计算。由图 10.3.1 所示电路知

$$\dot{I}_1=\frac{100\angle 0°}{3+\text{j}4}\text{A}=20\angle-53.1°\text{A}$$

$$\dot{I}_2=\frac{100\angle 0°}{-\text{j}5}\text{A}=20\angle\ 90°\text{A}$$

由于电路中电阻只产生平均功率,因此

$$P=I_1^2R=20^2\times 3\text{W}=1200\text{W}$$

或者由平均功率的定义得

$$P=UI_1\cos(0°+53.1°)=100\times 20\cos(53.1°)\text{W}=1200\text{W}$$

而电路中动态元件只产生无功功率,因此电感元件的无功功率为

$$Q_L=I_1^2X_L=20^2\times 4\text{var}=1600\text{var}$$

或者由无功功率的定义得

$$Q_L=UI_1\sin(0°+53.1°)=100\times 20\sin(53.1°)\text{var}=1600\text{var}$$

电容元件的无功功率为

$$Q_C=I_1^2X_C=20^2\times(-5)\text{var}=-2000\text{var}$$

或

$$Q_C=\frac{U^2}{X_C}=\frac{100^2}{-5}\text{var}=-2000\text{var}$$

由无功功率守恒,可得

$$Q=Q_L+Q_C=(1600-2000)\text{var}=-400\text{var}$$

最后由复功率守恒得到电压源提供的复功率为

$$\widetilde{S}=P+\text{j}Q=(1200-\text{j}400)\text{VA}$$

【思考与练习】

10.3.1 一端口电路的端口电压、电流取一致参考方向,试写出下列两种情况下一端口电路的复功率:(1)已知端口电压$\dot{U}$和端口等效阻抗$Z=|Z|\angle\varphi_Z$;(2)已知端口电流

$\dot{I}$和端口等效阻抗 $Z=|Z|\angle\varphi_Z$。$\left(\frac{|\dot{U}|^2}{|Z|}\angle\varphi_Z;|\dot{I}|^2|Z|\angle\varphi_Z\right)$

10.3.2　如图10.3.2所示 RLC 串联电路，已知 $u=14.14\sin 2t\text{V}$，试求该一端口电路吸收的复功率。[$(12+\text{j}16)\text{VA}$]

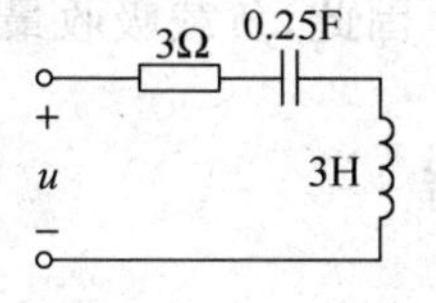

图10.3.2　思考与练习10.3.2

10.4　功率的传输

10.4.1　功率传输的共轭匹配

负载电阻从具有内阻的直流电源获取最大功率的问题已在第5章中讨论过。本节讨论正弦稳态电路负载从电源获得最大功率的条件。

图10.4.1(a)所示正弦稳态电路，负载 $Z_L=R_L+\text{j}X_L$ 连接在一端口电路N上。当一端口电路N应用戴维南定理后，可等效为图10.4.1(b)所示的电路。设给定开路电压 $\dot{U}_{OC}$ 和等效阻抗 $Z_o=R_o+\text{j}X_o$，设负载的电阻和电抗均可独立地变化，下面讨论负载从电源 $\dot{U}_{OC}$ 获得最大功率的条件。

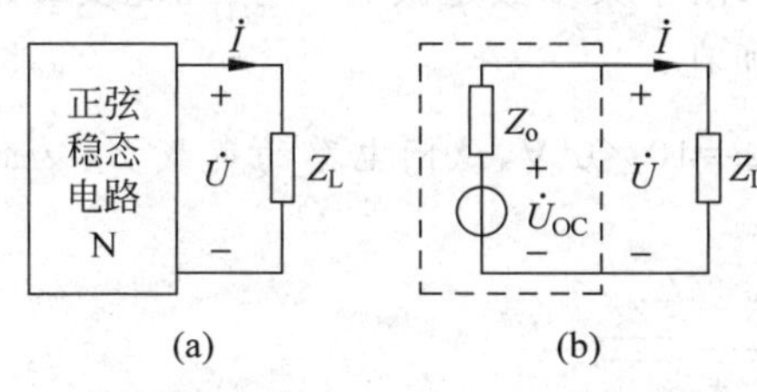

图10.4.1　最大功率传输

图10.4.1(b)所示电路中的负载 Z_L 吸收的平均功率为

$$P_L=R_L I^2 \tag{10.4.1}$$

而

$$\dot{I}=\frac{1}{Z_o+Z_L}\dot{U}_{OC} \tag{10.4.2}$$

电流有效值为

$$I=\frac{U_{OC}}{|Z_o+Z_L|}=\frac{U_{OC}}{\sqrt{(R_o+R_L)^2+(X_o+X_L)^2}} \tag{10.4.3}$$

将式(10.4.3)代入式(10.4.1)，得

$$P_L=\frac{R_L U_{OC}^2}{(R_o+R_L)^2+(X_o+X_L)^2} \tag{10.4.4}$$

先分析 P_L 与 X_L 的关系。由于 X_L 出现在式(10.4.4)的分母中，故知在 R_L 为任意值的情况下，当 $X_L=-X_o$ 时 P_L 达到最大，为

$$P_L=\frac{R_L}{(R_o+R_L)^2}U_{OC}^2 \tag{10.4.5}$$

上式表明 P_L 为 R_L 的函数，当 $\text{d}P_L/\text{d}R_L$ 等于零时可求得 P_L 的最大值。为此令

$$\frac{\text{d}P_L}{\text{d}R_L}=\frac{(R_o+R_L)^2-2(R_o+R_L)R_L}{(R_o+R_L)^4}U_{OC}^2=0 \tag{10.4.6}$$

可得

$$R_L=R_o$$

因此,负载吸收最大功率的条件是

$$R_L = R_o \quad 和 \quad X_L = -X_o \tag{10.4.7a}$$

或者

$$Z_L = Z_o^* \tag{10.4.7b}$$

即负载阻抗和电源等效阻抗互为共轭复数。

当负载阻抗满足式(10.4.7)时,称负载阻抗和电源等效阻抗为最大功率匹配或**共轭匹配**(conjugate matching)。此时负载从电源取得最大功率

$$P_{Lmax} = \frac{R_L U_{OC}^2}{(2R_L)^2} = \frac{U_{OC}^2}{4R_L} \tag{10.4.8}$$

由于电源等效阻抗吸收的功率也是 $P_o = U_{OC}^2/(4R_o)$,因此电路的传输效率

$$\eta = \frac{P_L}{P_L + P_o} = 50\% \tag{10.4.9}$$

上式表明负载取得最大功率时电路的传输效率很低。对电力系统来说如此低的传输效率是不允许的;至于在电子系统和一些测量系统中,由于大多数是微弱信号,因此负载取得最大功率则相当重要,而效率的高低却不是关键所在。

【例 10.4.1】 已知图 10.4.2(a)所示电路中 $\dot{U}_S = 10\angle 0°V$,试问电路的负载 Z_L 为何值时吸收的功率最大?并求最大功率。

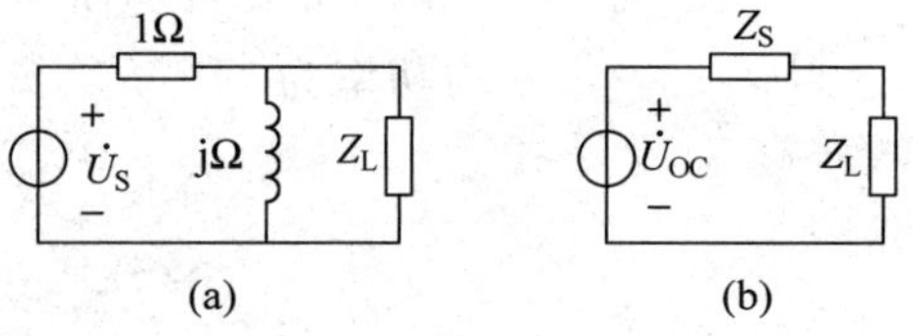

图 10.4.2 例 10.4.1

解 运用戴维南定理求从负载 Z_L 向左看进去的等效电路如图 10.4.2(b)所示。其中

$$\dot{U}_{OC} = \frac{j}{1+j} \times 10\angle 0°V = 7.07\angle 45°V$$

$$Z_S = \frac{j}{1+j}\Omega = (0.5 + j0.5)\Omega$$

因此当 $Z_L = Z_S^* = (0.5 - j0.5)\Omega$ 时,负载 Z_L 吸收的功率最大,最大功率为

$$P_{Lmax} = \frac{(7.07)^2}{4 \times 0.5}W = 25W$$

【例 10.4.2】 已知图 10.4.3 所示电路中 $\omega = 10^3 rad/s$,为使负载 $R_L = 10\Omega$ 与等效电阻为 $R_S = 100\Omega$ 的电源实现共轭匹配,在负载与电源之间接入一个由 LC 构成的 Γ 形二端口电路,试确定 L、C 的大小。

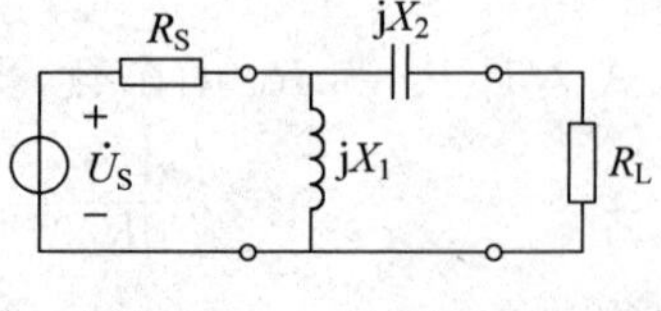

图 10.4.3 例 10.4.2

解 从电源向右看进去的等效阻抗为

$$Z_L = \frac{(R_L + jX_2)jX_1}{R_L + jX_2 + jX_1}$$

当 $Z_L = R_S$ 时,电路实现共轭匹配,于是

$$\frac{(R_L+jX_2)jX_1}{R_L+jX_2+jX_1}=R_S$$

得到

$$jR_LX_1-X_1X_2=R_LR_S+jR_SX_2+jR_SX_1$$

由上式得

$$\begin{cases}-X_1X_2=R_LR_S\\ R_LX_1=R_SX_2+R_SX_1\end{cases}$$

解得

$$X_1=\pm R_S\sqrt{\frac{R_L}{R_S-R_L}}$$

由于 X_1 为电感，上述解取正值，代入数据得

$$X_1=100\sqrt{\frac{10}{100-10}}\Omega=33.3\Omega$$

又由 $X_1=\omega L$ 得到电感值为

$$L=\frac{X_1}{\omega}=\frac{33.3}{1000}\text{H}=3.33\times10^{-2}\text{H}$$

将 X_1 代入 $-X_1X_2=R_LR_S$，解得 X_2 为

$$X_2=-\frac{R_LR_S}{X_1}=-\frac{10\times100}{33.3}\Omega=-30\Omega$$

又由 $X_2=-1/(\omega C)$ 得到电容值为

$$C=-\frac{1}{\omega X_2}=-\frac{1}{1000\times(-30)}\text{F}=3.33\times10^{-5}\text{F}$$

本例题亦可以先求出从负载 R_L 向左看去的等效电阻，当该等效电阻与 R_L 相等时，电路实现共轭匹配。两种解法结果相同。

MATLAB计算程序：

```
%采用 MATLAB 求解例 10.4.2

w = 1e3;                                                    %设置频率
syms RL RS X1 X2;                                           %定义符号变量
g = solve('-X1 * X2 = RL * RS', 'RL * X1 = RS * X2 + RS * X1', 'X1', 'X2');   %根据最大功率传输条
                                                                               件求解 X1 和 X2

X1 = subs(g.X1,{RL,RS},{10,100});                           %计算 X1 的大小
X2 = subs(g.X2,{RL,RS},{10,100});                           %计算 X2 的大小
L = X1/w                                                    %计算电感的大小并显示
C = -1./(w * X2)                                            %计算电容的大小并显示
```

计算结果：

```
L =  -0.0333
      0.0333
C = 1.0e-004 *
     -0.3333
      0.3333
```

注意：本例题存在多解，应去除不合理解。

10.4.2 功率传输的模匹配

由 10.4.1 节讨论可知，要实现共轭匹配，条件是负载阻抗的实部和虚部都可变化，但实际上负载往往与电源一样是给定的，而不是任意可变的。为了使负载获得尽可能大的功率，可通过理想变压器来实现匹配，如图 10.4.4(a)所示，其中理想变压器的变比 n 是可变的。利用理想变压器变换阻抗的性质，得到如图 10.4.4(b)所示的等效电路，即负载阻抗等效为 $n^2 Z_L$，与 Z_L 比较，该等效负载阻抗的阻抗角不变，而模扩大了 n^2 倍。

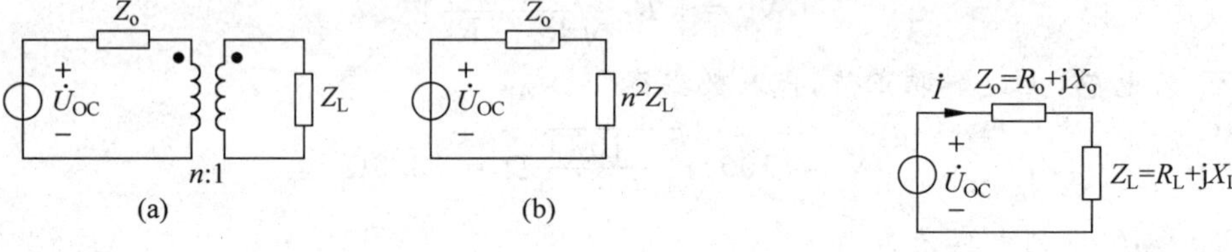

图 10.4.4 用理想变压器实现匹配

图 10.4.5 模匹配

下面讨论负载阻抗角固定而模可改变时，负载获取极大功率的条件。

设图 10.4.5 所示电路中的负载阻抗为

$$Z_L = R_L + jX_L = |Z_L| \angle \varphi_L = |Z_L| \cos\varphi_L + j|Z_L| \sin\varphi_L \tag{10.4.10}$$

则

$$\dot{I} = \frac{\dot{U}_{OC}}{(R_o + |Z_L| \cos\varphi_L) + j(X_o + |Z_L| \sin\varphi_L)} \tag{10.4.11}$$

回路电流为

$$I = \frac{U_{OC}}{\sqrt{(R_o + |Z_L| \cos\varphi_L)^2 + (X_o + |Z_L| \sin\varphi_L)^2}} \tag{10.4.12}$$

负载吸收的平均功率为

$$P_L = I^2 R_L = \frac{U_{OC}^2 |Z_L| \cos\varphi_L}{(R_o + |Z_L| \cos\varphi_L)^2 + (X_o + |Z_L| \sin\varphi_L)^2} \tag{10.4.13}$$

令

$$\frac{dP_L}{d|Z_L|} = 0 \tag{10.4.14}$$

即

$$\frac{U_{OC}^2 \cos\varphi}{[(R_o + |Z_L| \cos\varphi_L)^2 + (X_o + |Z_L| \sin\varphi_L)^2]^2} \times \{(R_0 + |Z_L| \cos\varphi_L)^2$$
$$+ (X_o + |Z_L| \sin\varphi_L)^2 - 2|Z_L|[(R_o + |Z_L| \cos\varphi_L)\cos\varphi_L + (X_o + |Z_L| \sin\varphi_L)]\} = 0$$

可得

$$|Z_L| = \sqrt{R_o^2 + X_o^2} \tag{10.4.15}$$

因此，负载阻抗角固定而模可改变时，负载吸收极大功率的条件是：负载阻抗的模应与电源等效阻抗的模相等，称为模匹配。显然，在这种情况下所得到的极大功率并非为可能获得的最大功率。

【例 10.4.3】 已知图 10.4.6 所示电路，为使 125Ω 电阻获得极大功率，试问变比 n 应取多少？此时极大功率等于多少？如 125Ω 电阻直接与电源相接，再求获得的功率。

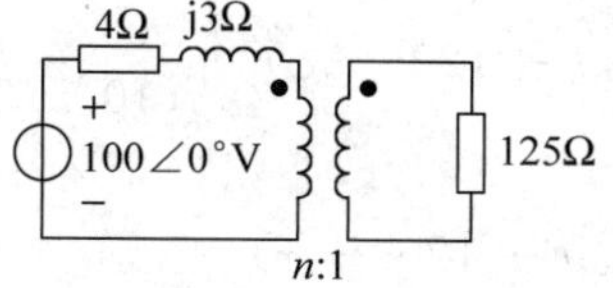

图 10.4.6 例 10.4.3

解 电源内阻抗的模为

$$\sqrt{4^2+3^2}\,\Omega = 5\Omega$$

则

$$n^2 \times 125 = 5$$

解得

$$n = 1/5 = 0.2$$

获得的极大功率为

$$P_{\text{Lmax}} = \frac{100^2 \times 5}{(4+5)^2+3^2}\text{W} = 555.56\text{W}$$

如负载电阻直接与电源相接，则获得的功率为

$$P_{\text{L}} = \frac{100^2 \times 125}{(4+125)^2+3^2}\text{W} = 75.08\text{W}$$

可见用变压器实现模匹配可使负载获得模匹配情况下的极大功率。

【思考与练习】

10.4.1 电路如图 10.4.7 所示，试求：(1)获得最大功率时的 Z_{L}；(2)最大功率值；(3)若 Z_{L} 为纯电阻，Z_{L} 获得的极大功率。[(2−j2)Ω；1W；0.707W]

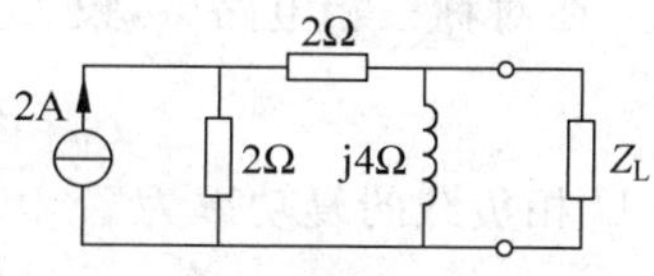

图 10.4.7 思考与练习 10.4.1

10.5 三相电路的功率

10.5.1 三相电路功率的基本概念

1. 三相电路的瞬时功率

三相电源或三相负载的瞬时功率等于各相瞬时功率之和，即

$$p = p_{\text{U}} + p_{\text{V}} + p_{\text{W}} \tag{10.5.1}$$

设对称三相电路中各相的电压和电流取一致参考方向，以 U 相的相电压为参考正弦量，即

$$u_{pU} = \sqrt{2}U_p\cos\omega t, \quad i_{pV} = \sqrt{2}I_p\cos(\omega t - \varphi) \tag{10.5.2}$$

则三相电源或三相负载的各相瞬时功率分别为

$$\begin{cases} p_U = u_{pU}i_{pU} = \sqrt{2}U_p\cos\omega t \times \sqrt{2}I_p\cos(\omega t - \varphi) \\ \quad = U_pI_p[\cos\varphi - \cos(2\omega t - \varphi)] \\ p_V = u_{pV}i_{pV} = \sqrt{2}U_p\cos(\omega t - 120°) \times \sqrt{2}I_p\cos(\omega t - 120° - \varphi) \\ \quad = U_pI_p[\cos\varphi - \cos(2\omega t - 240° - \varphi)] \\ p_W = u_{pW}i_{pW} = \sqrt{2}U_p\cos(\omega t + 120°) \times \sqrt{2}I_p\cos(\omega t + 120° - \varphi) \\ \quad = U_pI_p[\cos\varphi - \cos(2\omega t + 240° - \varphi)] \end{cases} \tag{10.5.3}$$

将上式代入式(10.5.1)，有

$$p = p_U + p_V + p_W = 3U_pI_p\cos\varphi \tag{10.5.4}$$

上式表明，在对称三相电路中，三相电源或三相负载的瞬时功率 p 是不随时间变化的常量，其值在任一瞬间都等于一个恒定量。这种性质称为“瞬时功率平衡”。对于三相发电机或三相电动机而言，瞬时功率不随时间变化意味着机械转矩不随时间变化，这样可以避免它们在运转时因转矩变化而产生的振动。这是三相制的优点之一。

2. 三相电路的复功率

在三相电路中，由复功率守恒可知三相负载的复功率是其各相负载的复功率之和，即

$$\widetilde{S} = \widetilde{S}_U + \widetilde{S}_V + \widetilde{S}_W \tag{10.5.5}$$

在对称三相电路中，设 U 相负载的电压、电流相量为

$$\dot{U}_U = U_p\angle\varphi_u, \quad \dot{I}_U = I_p\angle\varphi_i \tag{10.5.6}$$

则 U 相负载的复功率为

$$\begin{aligned} \widetilde{S}_U &= \dot{U}_U\dot{I}_U^* = U_p\angle\varphi_u \times I_p\angle-\varphi_i = U_pI_p\angle(\varphi_u - \varphi_i) \\ &= U_pI_p\cos\varphi_Z + jU_pI_p\sin\varphi_Z = P_U + jQ_U \end{aligned} \tag{10.5.7}$$

式中，$\varphi_Z = \varphi_u - \varphi_i$ 为对称三相负载的阻抗角。

由式(10.5.7)得到 U 相负载的表观功率为

$$S_U = U_pI_p \tag{10.5.8}$$

功率因数为

$$\lambda_U = P_U/S_U = \cos\varphi_Z \tag{10.5.9}$$

对 V 相和 W 相负载，其复功率与 U 相相同，这样对称三相负载总的复功率为

$$\begin{aligned} \widetilde{S} &= \widetilde{S}_U + \widetilde{S}_V + \widetilde{S}_W = 3\widetilde{S}_U = 3P_U + j3Q_U \\ &= 3U_pI_p\cos\varphi_Z + j3U_pI_p\sin\varphi_Z = P + jQ \end{aligned} \tag{10.5.10}$$

由上式可得三相负载总的表观功率为

$$S = 3S_U = 3U_pI_p \tag{10.5.11}$$

电路的功率因数为

$$\lambda = P/S = \cos\varphi_Z \tag{10.5.12}$$

可见,对称三相电路的功率因数也就是一相电路的功率因数。

当电源或负载为星形连接时,有 $U_p=U_L/\sqrt{3}$,$I_p=I_L$;当电源或负载为三角形连接时,$U_p=U_L$,$I_p=I_L/\sqrt{3}$。将这些关系代入式(10.5.10),则得到用线电压、线电流表示的对称三相电路总的复功率为

$$\widetilde{S} = \sqrt{3}U_L I_L\cos\varphi_Z + \mathrm{j}\sqrt{3}U_L I_L\sin\varphi_Z = P + \mathrm{j}Q \tag{10.5.13}$$

表观功率为

$$S = \sqrt{3}U_L I_L \tag{10.5.14}$$

不对称三相电路的复功率可按上面讨论的方法进行计算。值得指出的是,当按式(10.5.12)计算出功率因数后,其对应的功率因数角 φ 并不是负载阻抗角,也不是相电压与相电流之间的相位差,因此,此时的功率因数角 φ 是没有实际意义的计算量。

【例 10.5.1】 图 10.5.1 所示对称三相电路,已知电源相电压为$\dot{U}_U=100\angle0°\text{V}$,线路阻抗为 $Z_L=(1+\mathrm{j})\Omega$,星形连接的每相负载阻抗 $Z=(5+\mathrm{j}7)\Omega$。试计算负载及电源的 P、Q、S 与 λ 的大小。

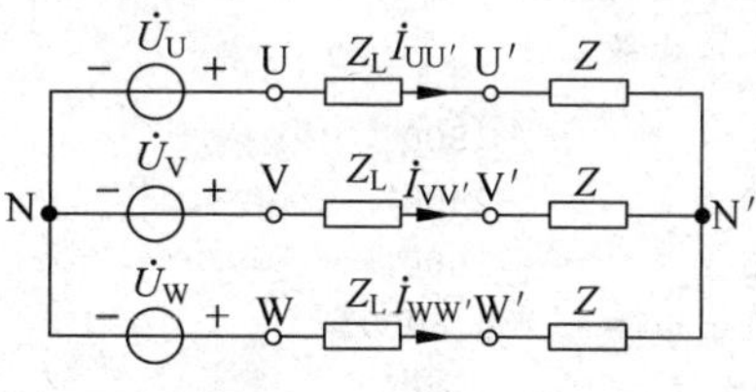

图 10.5.1 例 10.5.1

解 运用一相计算法。U 相线电流相量为

$$\dot{I}_{UU'} = \frac{\dot{U}_U}{Z_L+Z} = \frac{100\angle0°}{1+\mathrm{j}+5+\mathrm{j}7}\text{A} = (6-\mathrm{j}8)\text{A}$$

U 相电源提供的复功率为

$$\widetilde{S}_U = \dot{U}_U\dot{I}^*_{UU'} = 100\angle0°\times(6-\mathrm{j}8)\text{VA} = (600-\mathrm{j}800)\text{VA}$$

三相电源提供的总复功率为

$$\widetilde{S} = 3\widetilde{S}_U = (1800-\mathrm{j}2400)\text{VA} = 3000\angle-53.13°\text{VA}$$

电源的 P、Q、S 与 λ 的大小分别为

$$P = 1800\text{W},\quad Q = 2400\text{var},\quad S = 3000\text{VA},\quad \lambda = P/S = 1800/3000 = 0.6$$

对 U 相负载,相电压为$\dot{U}_{U'}=Z\dot{I}_{UU'}$,U 相负载吸收的复功率为

$$\begin{aligned}\widetilde{S}_{U'} &= \dot{U}_{U'}\dot{I}^*_{UU'} = Z\dot{I}_{UU'}\dot{I}^*_{UU'} = Z\mid\dot{I}_{UU'}\mid^2\\ &= (5+\mathrm{j}7)\times\mid6-\mathrm{j}8\mid^2\text{VA} = (500+\mathrm{j}700)\text{VA}\end{aligned}$$

三相负载吸收的总复功率为

$$\widetilde{S}' = 3\widetilde{S}_{U'} = (1500-\mathrm{j}2100)\text{VA} = 2580.7\angle-54.5°\text{VA}$$

负载的 P、Q、S 与 λ 的大小分别为

$$P' = 1500\text{W},\quad Q' = 2100\text{var},\quad S' = 2580.7\text{VA},\quad \lambda' = P'/S' = 1500/2580.7 = 0.58$$

MATLAB计算程序：

```
%采用 MATLAB 求解例 10.5.1
UU = pj2zz(100,0); Zl = 1 + i; Z = 5 + 7i;      % 设置已知参数,pj2zz()的用法见例 8.1.5
IU = UU/(Zl + Z);                               % 计算 U 相电流
SUC = UU * conj(IU);                            % 计算 U 相电源提供的复功率
SC = 3 * SUC;                                   % 计算电源提供的总复功率
P = real(SC)                                    % 计算电源提供的平均功率
Q = imag(SC)                                    % 计算电源提供的无功功率
S = abs(SC)                                     % 计算电源提供的表观功率
lamda = P/S                                     % 计算电源的功率因数
UU1 = Z * IU;                                   % 计算 U 相负载电压
SUC1 = UU1 * conj(IU);                          % 计算 U 相负载的复功率
SC1 = 3 * SUC1;                                 % 计算负载的总复功率
P1 = real(SC1)                                  % 计算电源提供的平均功率
Q1 = imag(SC1)                                  % 计算电源提供的无功功率
S1 = abs(SC1)                                   % 计算电源提供的表观功率
lamda1 = P1/S1                                  % 计算电源的功率因数
```

计算结果：

```
P =          1800
Q =          2400
S =          3000
lamda =      0.6000
P1 =          1500
Q1 =          2100
S1 =    2.5807e+003
lamda1 =      0.5812
```

【例 10.5.2】 图 10.5.2(a)所示对称三相电路，已知电源频率为 50Hz，三角形连接的每相负载阻抗 $Z=(18+\mathrm{j}24)\Omega$。在负载端口处接入星形连接的电容元件组后，在保持电路功率不变的情况下，为使功率因数提高到 0.9，试求接入的每相电容 C 的值。

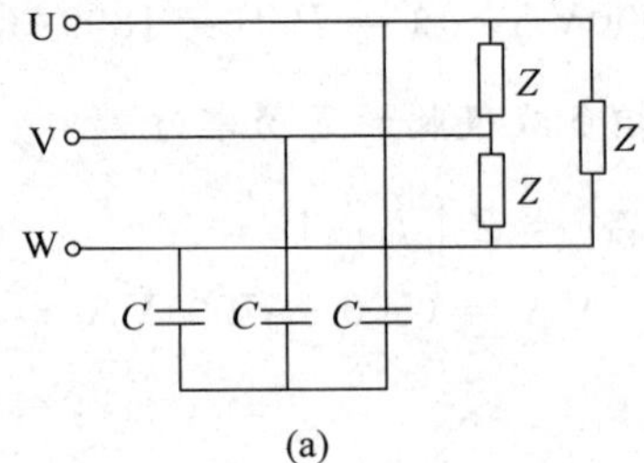

(a)

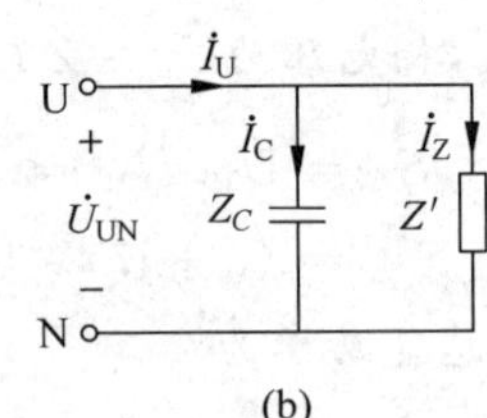

(b)

图 10.5.2 例 10.5.2

解 在已知对称三相负载中，当每相负载阻抗为 $Z=(18+\mathrm{j}24)\Omega$ 时，有 $\cos\varphi=0.6$，也即功率因数角 $\varphi=53.13°$。功率因数提高到 0.9 后，则有 $\cos\varphi'=0.9$，得到 $\varphi'=25.84°$。

把负载阻抗的三角形连接等效变换为星形连接，作出一相计算电路如图 10.5.2(b)所示，其中 $Z'=Z/3=(6+\mathrm{j}8)\Omega$，$Z_C=1/(\mathrm{j}\omega C)$。由图 10.5.2(b)可知 U 相负载的有功功率为

$$P_{\mathrm{U}}=U_{\mathrm{UN}}I_Z\cos\varphi=U_{\mathrm{UN}}\frac{U_{\mathrm{UN}}}{|Z'|}\cos\varphi=\frac{U_{\mathrm{UN}}^2}{|Z'|}\cos\varphi$$

由式(10.2.42)可得电容为

$$C=\frac{P_{\mathrm{U}}}{\omega U_{\mathrm{UN}}^2}(\tan\varphi-\tan\varphi')=\frac{\cos\varphi}{\omega|Z'|}(\tan\varphi-\tan\varphi')$$

$$=\frac{0.6}{2\pi\times 50}\times(\tan 53.13^\circ-\tan 25.84^\circ)\mathrm{F}=1.62\times 10^{-3}\mathrm{F}$$

10.5.2 三相电路功率的测量

三相电路有三相四线制和三相三线制之分，还有对称与不对称之分。下面根据不同情况来讨论这些三相电路的平均功率测量问题。

1. 三相四线制电路功率的测量

在三相四线制情况下，如果电路是三相对称的，由上面讨论可知，每一相的平均功率是相同的，因此可用一功率表法，即用一个功率表进行三相电路功率的测量，如图 10.5.3 所示。此时功率表的读数为

$$P_{\mathrm{U}}=U_{\mathrm{UN}}I_{\mathrm{U}}\cos(\varphi_{u\mathrm{U}}-\varphi_{i\mathrm{U}})\qquad(10.5.15)$$

三相总功率为

$$P=3P_{\mathrm{U}}\qquad(10.5.16)$$

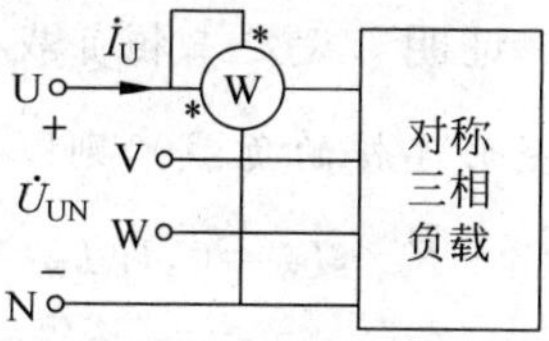

图 10.5.3 测量对称三相四线制电路功率

在三相四线制电路中，如果电路是三相不对称的，则三相的功率是不相等的，此时功率测量一般要用三个功率表，连接方式如图 10.5.4 所示。此时功率表的读数为

$$\begin{cases}P_1=U_{\mathrm{UN}}I_{\mathrm{U}}\cos(\varphi_{u\mathrm{U}}-\varphi_{i\mathrm{U}})=P_{\mathrm{U}}\\P_2=U_{\mathrm{VN}}I_{\mathrm{V}}\cos(\varphi_{u\mathrm{V}}-\varphi_{i\mathrm{V}})=P_{\mathrm{V}}\\P_3=U_{\mathrm{WN}}I_{\mathrm{W}}\cos(\varphi_{u\mathrm{W}}-\varphi_{i\mathrm{W}})=P_{\mathrm{W}}\end{cases}\qquad(10.5.17)$$

三相总功率为

$$P=P_1+P_2+P_3\qquad(10.5.18)$$

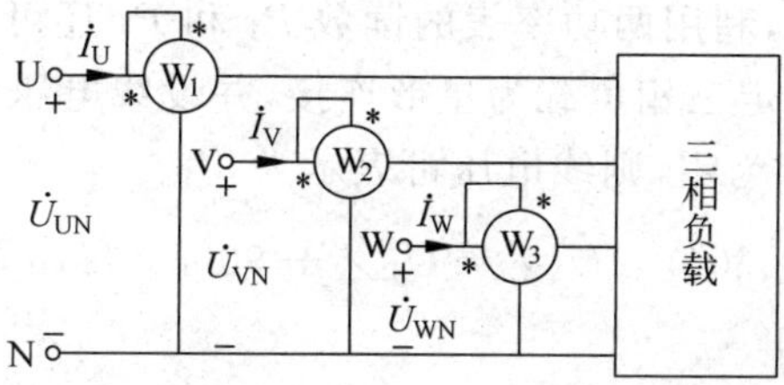

图 10.5.4 三功率表测量三相四线制电路平均功率

2. 三相三线制电路功率的测量

在测量三相三线制电路的平均功率时，不论负载对称与否，都可以采用二功率表法，即用两个功率表进行三相电路功率的测量。在图 10.5.5 所示的对称或不对称三相电路中，三相负载可以是星形连接的，也可以是三角形连接的。功率表 W_1 及 W_2 测得的平均功率分别为

$$\begin{cases} P_1 = \mathrm{Re}\,[\dot{U}_{UW}\,\dot{I}_U^*] = U_{UW} I_U \cos\varphi_1 \\ P_2 = \mathrm{Re}\,[\dot{U}_{VW}\,\dot{I}_V^*] = U_{VW} I_V \cos\varphi_2 \end{cases} \tag{10.5.19}$$

式中，φ_1 为$\dot{U}_{UW}$与$\dot{I}_U$ 之间的相位差，φ_2 为$\dot{U}_{VW}$与$\dot{I}_V$ 之间的相位差。下面证明三相负载的平均功率

$$P = P_1 + P_2 \tag{10.5.20}$$

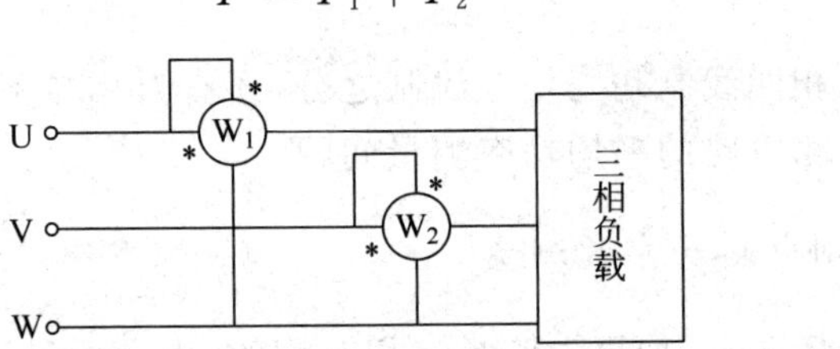

图 10.5.5　二功率表测量三相三线制电路平均功率

证明　设定三相负载为星形连接，中点是 N′(对于三角形连接的负载，可以等效变换为星形连接的负载)，则$\dot{U}_{UW}=\dot{U}_{UN'}-\dot{U}_{WN'}$，$\dot{U}_{VW}=\dot{U}_{VN'}-\dot{U}_{WN'}$。同时，在三相三线制电路中$\dot{I}_U+\dot{I}_V+\dot{I}_W=0$，即$\dot{I}_W=-(\dot{I}_U+\dot{I}_V)$，于是

$$\begin{aligned} P_1 + P_2 &= \mathrm{Re}\,[\dot{U}_{UW}\,\dot{I}_U^*] + \mathrm{Re}\,[\dot{U}_{VW}\,\dot{I}_V^*] = \mathrm{Re}\,[\dot{U}_{UW}\,\dot{I}_U^* + \dot{U}_{VW}\,\dot{I}_B^*] \\ &= \mathrm{Re}\,[(\dot{U}_{UN'} - \dot{U}_{WN'})\,\dot{I}_U^* + (\dot{U}_{VN'} - \dot{U}_{WN'})\,\dot{I}_V^*] \\ &= \mathrm{Re}\,[\dot{U}_{UN'}\,\dot{I}_A^* + \dot{U}_{VN'}\,\dot{I}_V^* - \dot{U}_{WN'}(\dot{I}_U^* + \dot{I}_V^*)] \\ &= \mathrm{Re}\,[\dot{U}_{UN'}\,\dot{I}_U^* + \dot{U}_{VN'}\,\dot{I}_V^* + \dot{U}_{WN'}\,\dot{I}_W^*] \\ &= U_{UN'} I_U \cos\varphi_U + U_{VN'} I_V \cos\varphi_V + U_{WN'} I_W \cos\varphi_W \\ &= P_U + P_V + P_W = P \end{aligned} \tag{10.5.21}$$

上式中，P_U、P_V、P_W 分别是负载 U 相、V 相、W 相的平均功率。证毕。

在对称负载的情况下，利用两功率表的读数 P_1 和 P_2 还可以推算出负载的无功功率和负载的阻抗角。同样设定三相负载为星形连接，并设线电压和线电流的有效值分别为 U_L 和 I_L，U 相电压的初相为零，则线电压可表示为

$$\dot{U}_{UV} = U_L\angle 30°,\quad \dot{U}_{VW} = U_L\angle -90°,\quad \dot{U}_{WU} = U_L\angle 150° \tag{10.5.22}$$

而线电流$\dot{I}_U$、$\dot{I}_V$ 可表示为

$$\dot{I}_U = I_L\angle -\varphi_Z,\quad \dot{I}_V = I_L\angle(-\varphi_Z - 120°) \tag{10.5.23}$$

式中，φ_Z 为负载的阻抗角。

由图 10.5.3 可知，功率表 W_1 的读数为

$$P_1 = \mathrm{Re}[\dot{U}_{UW}\ \dot{I}_U^*] = \mathrm{Re}[-\dot{U}_{WU}\ \dot{I}_U^*] = \mathrm{Re}[-U_L\angle 150° \times I_L\angle\varphi_Z]$$
$$= \mathrm{Re}[U_L\angle -30° \times I_L\angle\varphi_Z] = \mathrm{Re}[U_L I_L\angle(\varphi_Z - 30°)] = U_L I_L\cos(\varphi_Z - 30°) \tag{10.5.24}$$

功率表 W_2 的读数为

$$P_2 = \mathrm{Re}[\dot{U}_{VW}\ \dot{I}_V^*] = \mathrm{Re}[U_L\angle -90° \times I_L\angle(\varphi_Z + 120°)]$$
$$= \mathrm{Re}[U_L I_L\angle(\varphi_Z + 30°)] = U_L I_L\cos(\varphi_Z + 30°) \tag{10.5.25}$$

两功率表的读数相减得

$$P_1 - P_2 = U_L I_L\cos(\varphi_Z - 30°) - U_L I_L\cos(\varphi_Z + 30°) = U_L I_L\sin\varphi_Z \tag{10.5.26}$$

因此，负载的无功功率为

$$Q = \sqrt{3}(P_1 - P_2) \tag{10.5.27}$$

负载的阻抗角，也即电路的功率因数角为

$$\varphi_Z = \arctan\frac{Q}{P} = \arctan\sqrt{3}\,\frac{P_1 - P_2}{P_1 + P_2} \tag{10.5.28}$$

在三相三线制电路中，如果负载是对称的，则可采用一个功率表来测量负载的平均功率和无功功率，连接方式如图 10.5.6 所示。

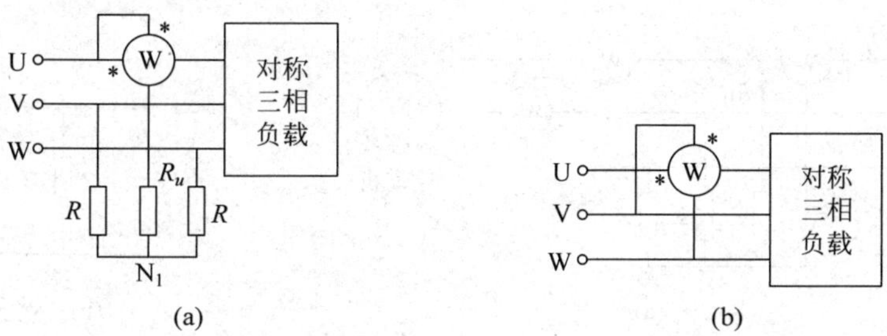

图 10.5.6 一功率表法测量对称三相电路的平均功率和无功功率

测量对称三相电路的平均功率的连接方式如图 10.5.6(a)所示，设功率表电压线圈的内阻为 R_u，如果选取 $R=R_u$，则星形电阻构成对称三相星形负载，其连接点 N_1 就成为对称三相负载的一个人工中性点，因此功率表的读数即为 U 相负载的平均功率，三相对称负载总的平均功率为功率表读数的 3 倍。

测量对称三相电路的无功功率的连接方式如图 10.5.6(b)所示，由图 10.5.6(b)可得功率表的读数为

$$P = \mathrm{Re}[\dot{U}_{VW}\ \dot{I}_U^*] = \mathrm{Re}[U_L\angle -90° I_L\angle\varphi_Z]$$
$$= U_L I_L\cos(-90° + \varphi_Z) = U_L I_L\sin\varphi_Z \tag{10.5.29}$$

得到三相电路的无功功率为

$$Q = \sqrt{3}U_L I_L\sin\varphi_Z = \sqrt{3}P \tag{10.5.30}$$

【例 10.5.3】 在如图 10.5.7 所示电路中，已知 $R=\omega L=1/\omega C=100\Omega$，不对称三相负载接于线电压为 400V 的对称三相电源，试求功率表 W_1 和 W_2 的读数。

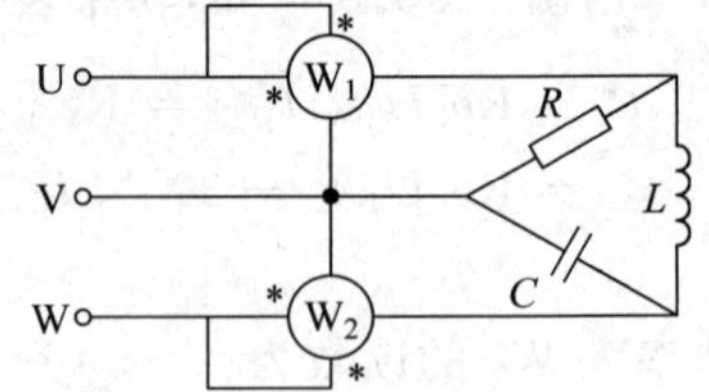

图 10.5.7 例 10.5.3

解 设 $\dot{U}_{UV}=400\angle 0°$V，则 $\dot{U}_{VW}=400\angle-120°$V，$\dot{U}_{WU}=400\angle 120°$V，于是有

$$\dot{I}_U=\frac{\dot{U}_{UV}}{R}-\frac{\dot{U}_{WU}}{j\omega L}=\frac{400}{100}(1-1\angle 120°\angle-90°)\text{A}$$

$$=2.07\angle-75°\text{A}$$

$$\dot{I}_W=\frac{\dot{U}_{WU}}{j\omega L}-j\omega C\dot{U}_{VW}=\frac{400}{100}[1\angle(120°-90°)-1\angle(-120°+90°)]\text{A}=4\angle 90°\text{A}$$

功率表读数为

$$P_1=\text{Re}[\dot{U}_{UV}\quad \overset{*}{\dot{I}}_U]=\text{Re}(400\times 2.07\angle 75°)=214.3\text{W}$$

$$P_2=\text{Re}[\dot{U}_{WV}\quad \overset{*}{\dot{I}}_W]=\text{Re}(400\angle 120°\times 4\angle-90°)=1385.6\text{W}$$

【例 10.5.4】 在如图 10.5.8(a)所示电路中，线电压为 380V，接有两组对称三相负载，已知星形负载的每组负载阻抗为 $Z=(30+j40)\Omega$，电动机负载的功率为 $P_M=1700$W，功率因数为 0.8(感性)。试求三个功率表的读数。

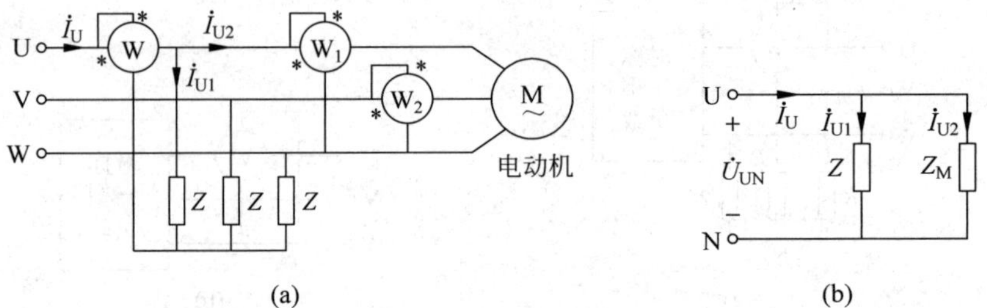

图 10.5.8 例 10.5.4

解 图 10.5.8(a)电路中电动机可用对称星形连接的负载等效，设每相负载阻抗为 Z_M。作出一相等效电路如图 10.5.8(b)所示，由于线电压为 380V，可设 $\dot{U}_{UN}=220\angle 0°$V，则星形负载的线电流为

$$\dot{I}_{U1}=\frac{\dot{U}_{UN}}{Z}=\frac{220\angle 0°}{30+j40}\text{A}=4.4\angle-53.1°\text{A}$$

对电动机，由

$$P_M=\sqrt{3}U_L I_{U2}\cos\varphi$$

得

$$I_{U2}=\frac{P_M}{\sqrt{3}U_L\cos\varphi}=\frac{1700}{\sqrt{3}\times 380\times 0.8}\text{A}=3.23\text{A}$$

又由 $\cos\varphi=0.8$(感性),得

$$\varphi = 36.9^\circ$$

因此

$$\dot{I}_{U2} = 3.23\angle -36.9^\circ \text{A}$$

于是

$$\dot{I}_U = \dot{I}_{U1} + \dot{I}_{U2} = (4.4\angle -53.1^\circ + 3.23\angle -36.9^\circ)\text{A} = 7.56\angle -46.25^\circ \text{A}$$

功率表 W 的读数为

$$P = \text{Re}[\dot{U}_{UN} \quad \dot{I}_U^*] = \text{Re}[220\angle 0^\circ \times 5.45\angle 16.78^\circ]\text{W} = 1144.3\text{W}$$

由式(10.5.24)可得功率表 W_1 的读数为

$$P_1 = U_L I_{U2}\cos(\varphi - 30^\circ) = 380 \times 3.23\cos(36.9^\circ - 30^\circ)\text{W} = 1218\text{W}$$

由式(10.5.25)可得功率表 W_1 的读数为

$$P_2 = U_L I_{U2}\cos(\varphi + 30^\circ) = 380 \times 3.23\cos(36.9^\circ + 30^\circ)\text{W} = 482\text{W}$$

可见两功率的读数之和为

$$P = P_1 + P_2 = (1218 + 482)\text{W} = 1700\text{W}$$

其值等于电动机的功率。

MATLAB 计算程序:

%采用 MATLAB 求解例 10.5.4

```
UL = 380; Z = 30 + 40i; PM = 1700; lamdaM = 0.8       % 设置已知参数
UUN = UL/sqrt(3);                                     % 计算 U 相电压
IU1 = UUN/Z;                                          % 计算星形负载的线电流相量
IU2_Am = PM/(sqrt(3) * UL * lamdaM);                  % 计算电动机的线电流幅值
phi = acos(lamdaM);                                   % 计算电动机阻抗角
IU2 = pj2zz(IU2_Am, - phi * 180/pi);                  % 计算电动机的线电流相量
IU = IU1 + IU2;                                       % 计算总的线电流
P = real(UUN * conj(IU))                              % 计算功率表 W 的读数
P1 = UL * IU2_Am * cos(phi - 30 * pi/180)             % 计算功率表 W1 的读数
P2 = UL * IU2_Am * cos(phi + 30 * pi/180)             % 计算功率表 W2 的读数
```

计算结果:

```
P  = 1.1443e + 003
P1  = 1.2181e + 003
P2  = 481.9392
```

【思考与练习】

10.5.1 用图 10.5.5 所示两功率表法测量三相负载的功率,试证明下列瞬时功率的表达式成立,并用该表达式说明两功率表的读数之和等于三相负载的功率。

$$u_{UW}i_U + u_{VW}i_V = u_U i_U + u_V i_V + u_W i_W$$

10.5.2　用图 10.5.5 所示两功率表法测量对称三相负载的无功功率，试问如果相序为负序，那么无功功率的计算表达式与式(10.5.27)相同吗？如不相同，试写出表达式。

习题

瞬时功率和能量

10.1　在题图 10.1 所示 LC 电路中，已知 $u_C(0)=1\text{V}$，$i_L(0)=0$，$C=1\text{F}$，$L=1\text{H}$。试求电容和电感的功率以及电路的能量。

10.2　题图 10.2 所示电路由一个电阻 R、一个电感 L 和一个电容 C 构成。已知回路电流 $i=(10e^{-t}-20e^{-2t})\text{A}$，$t\geqslant 0$；电压 $u_1=(-5e^{-t}+20e^{-2t})\text{V}$，$t\geqslant 0$。若当 $t=0$ 时电路的总储能为 25J，试求 R、L、C 的值。

题图 10.1　　　　题图 10.2

10.3　如题图 10.3 所示电路，设电容 C 未经充电，在 $t=0$ 时开关 S 闭合与电压源 U 连接，则电容电压则应为 $U_C=U\varepsilon(t)$，流经电容的电流应为

$$i = C\frac{\mathrm{d}U_C}{\mathrm{d}t} = CU\delta(t)$$

显然，电容的最终储能为 $\frac{1}{2}CU^2$，此能量应由电源供给。但是电源提供的能量为

$$\int_{-\infty}^{\infty} Ui\,\mathrm{d}t = U^2\int_{-\infty}^{\infty} C\delta(t)\,\mathrm{d}t = CU^2$$

试解释另一半能量的去向。

10.4　试解释题图 10.4 所示电路在 $t>0$ 时能量变化关系。

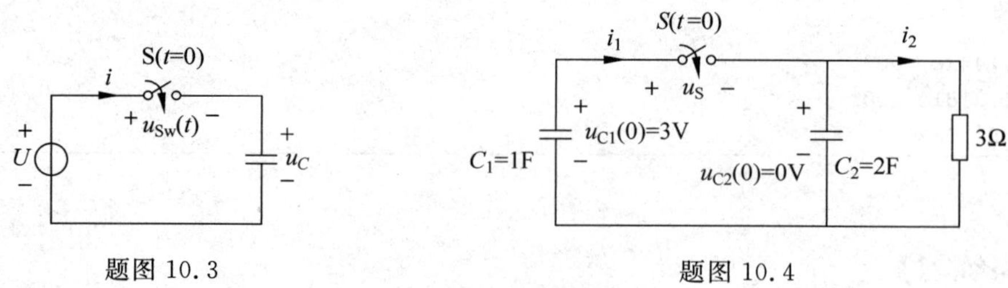

题图 10.3　　　　题图 10.4

10.5　已知一端口电路的端口有效值电压相量为 $\dot{U}=20\angle 30^\circ\text{V}$，端口等效阻抗为 $Z=(3+\text{j}4)\Omega$。试求一端口电路的功率表达式。

10.6 题图 10.6 所示电路，$R_1=R_2=1\Omega$，$L=1\text{H}$，$C=1\text{F}$，(1)试求在频率为 ω 时的输入阻抗 $Z(\text{j}\omega)$；(2)若输入电压 $u=10\cos(\omega t)\text{V}$，再求稳态下进入电路的瞬时功率 p。

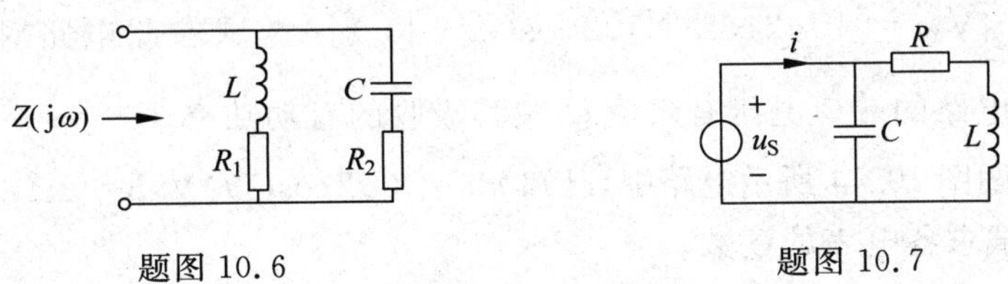

题图 10.6　　　　题图 10.7

有功功率和无功功率

10.7 题图 10.7 所示电路，已知 $u_S=100\sin(t)\text{V}$，$R=3\Omega$，$L=4\text{H}$，$C=0.2\text{F}$，试求此电路的瞬时功率 p、平均功率 P、无功功率 Q 和功率因数 $\cos\varphi$。

10.8 题图 10.8 所示电路，设 $\dot{U}=50\angle0°\text{V}$，$Z_1=30\Omega$，$Z_2=10\Omega$，$Z_3=-\text{j}20\Omega$，$Z_4=\text{j}10\Omega$，试求电路 N 的平均功率、无功功率、表观功率和功率因数。

10.9 在题图 10.9 所示电路中，设定各个阻抗在频率 $f=50\text{Hz}$ 时分别为 $Z_1=(8+\text{j}36)\Omega$，$Z_2=(30-\text{j}40)\Omega$，$Z_3=(10+\text{j}10)\Omega$，$Z_4=(10+\text{j}5)\Omega$。电源电压(有效值)为 220V，试计算各阻抗的有功功率和无功功率。

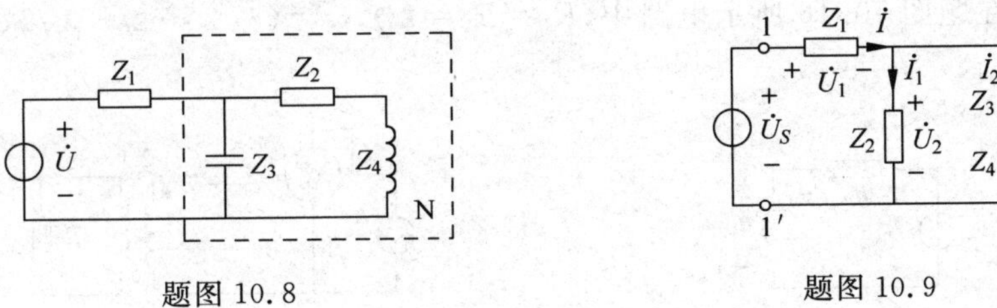

题图 10.8　　　　题图 10.9

10.10 在题图 10.10 所示电路中，$u_{S1}=[1.5+5\sqrt{2}\sin(2t+90°)]\text{V}$，$i_{S2}=2\sin(1.5t)\text{A}$，$R=1\Omega$，$L=2\text{H}$，$C=2/3\text{F}$。试求 u_R 及 u_{S1} 发出的功率。

10.11 在题图 10.11 所示电路中，$u_S=U_0+U_{1m}\cos(\omega t)\text{V}$，$R_1=50\Omega$，$R_2=100\Omega$，$\omega L=70\Omega$，$(1/\omega C)=100\Omega$，在稳态下，电流表的读数分别是 A_1 为 1A，A_2 为 1.5A，试求电压源发出的有功功率。

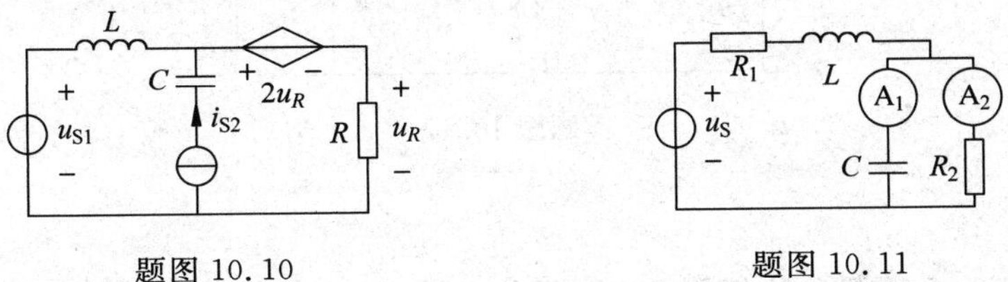

题图 10.10　　　　题图 10.11

10.12 已知某一端口电路的电压和电流分别为 $u=(10+10\sin10t+10\sin30t+10\sin50t)\text{V}$ 和 $i=[2+1.94\sin(10t-14°)+1.7\sin(50t+32°)]\text{A}$，试求其吸收的平均功率、无功功率和表观功率。

10.13 在题图 10.13 所示电路中，$u=\left[2\sqrt{2}\cos(t-60°)+\sqrt{2}\cos(2t+45°)+\frac{\sqrt{2}}{2}\cos(3t-60°)\right]$V，$i=[10\sqrt{2}\cos t+5\sqrt{2}\cos(2t-45°)]$A。试求此电路对基波和二次谐波的输入阻抗，电路的端口电压有效值 U 及其吸收的有功功率。

10.14 在题图 10.14 所示电路中，已知 $u_{S1}=10\sqrt{2}\cos(\omega t)$V，$R=3\Omega$，$\omega L=(1/\omega C)=4\Omega$，$u_{S2}=10$V，试求各电表的读数。

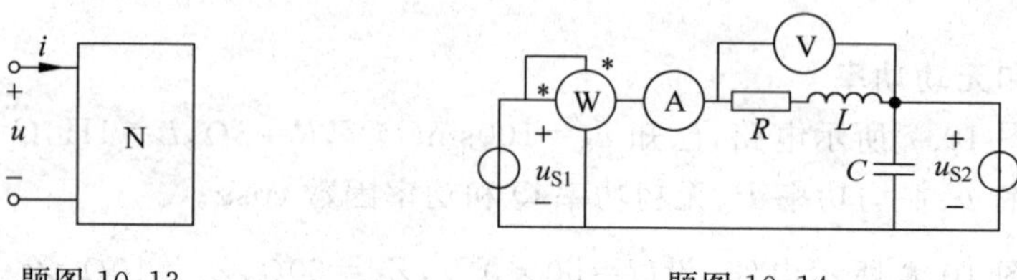

题图 10.13　　　题图 10.14

10.15 在题图 10.15 所示电路中，已知 $R=6\Omega$，$L=0.1$H，$U_m=200$V，$\omega=377$rad/s，输入电压为 $u_S=(0.318U_m+0.500U_m\cos\omega t-0.212U_m\sin 2\omega t-0.042U_m\cos 4\omega t+\cdots)$V，试求电路的总平均功率。

10.16 在题图 10.16 所示电路中，$R_1=R_2=2\Omega$，$i_S=(5\sqrt{2}\sin 2t+3\sqrt{2}\cos t)$A，试求功率表的读数。

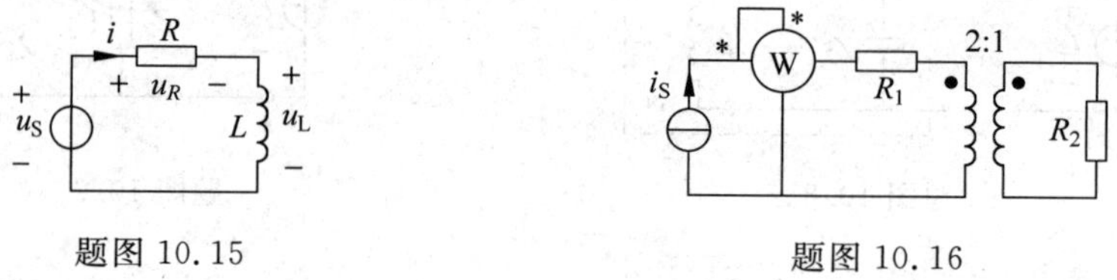

题图 10.15　　　题图 10.16

10.17 在题图 10.17 所示电路中，已知 $u_{S1}=10\sqrt{2}\cos(2t)$V，$u_{S2}=5$V，$R_1=R_2=1\Omega$，$C=1$F，试求功率表的读数。

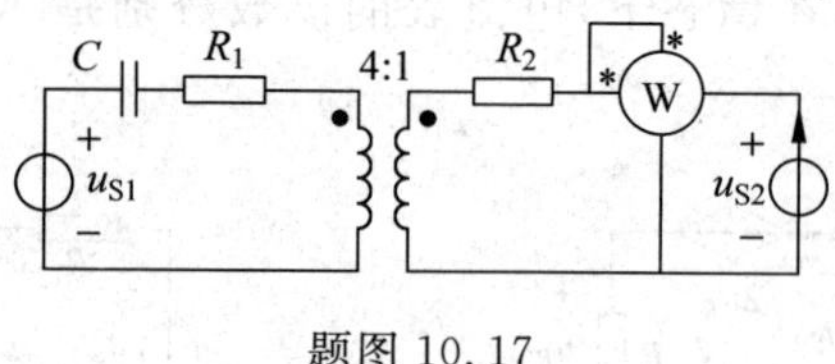

题图 10.17

复功率

10.18 把 3 个负载并联接到 220V 正弦电源上，各负载的功率和电流分别为：$P_1=4.4$kW，$I_1=40$A(容性)；$P_2=8.8$kW，$I_2=50$A(感性)；$P_3=6.6$kW，$I_3=60$A（容性），试求电源供给的总电流和电路的功率因数。

10.19 题图 10.19 所示电路中，功率为 40W、功率因数为 0.5 的日光灯(感性负载)

75 只与功率为 50W 的白炽灯 100 只并联在 220V 的正弦电源上($f=50$Hz)。如果要把电路的功率因数提高到 0.92(感性),试求并联电容的大小。

10.20 在题图 10.20 所示电路中,$I_1=10$A,$I_2=20$A,负载 Z_1、Z_2 的功率因数分别为 $\lambda_1=\cos\varphi_1=0.8(\varphi_1<0)$,$\lambda_2=\cos\varphi_2=0.5(\varphi_2>0)$,端电压 $U=50$V,$\omega=1000$rad/s。

(1) 试求题图 10.20 中电流表、功率表的读数和电路的功率因数;

(2) 若电源的额定电流为 30A,试问还能并联多大的电阻?求并联电阻后功率表的读数和电路的功率因数;

(3) 如使原电路的功率因数提高到 $\lambda=0.9$,试求应并联的电容值。

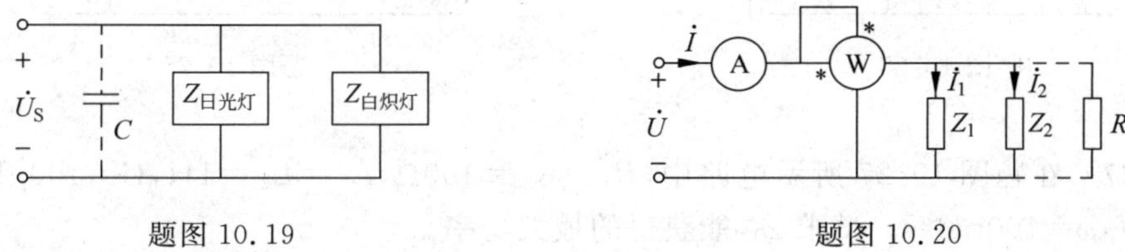

题图 10.19　　　　题图 10.20

10.21 在题图 10.21 所示电路中,$U=200$V,$Z_1=30\Omega$,$Z_2=10\Omega$,$Z_3=-\text{j}20\Omega$,$Z_4=\text{j}10\Omega$,试求功率表的读数。

10.22 在题图 10.22 所示电路中,$U_L=100$V,$Z_1=10\Omega$,$Z_2=-\text{j}100\Omega$,Z_L 吸收的平均功率 $P_1=200$W,及其功率因数 $\lambda_1=0.8$(感性)。试求电压有效值 U 和电流有效值 I。

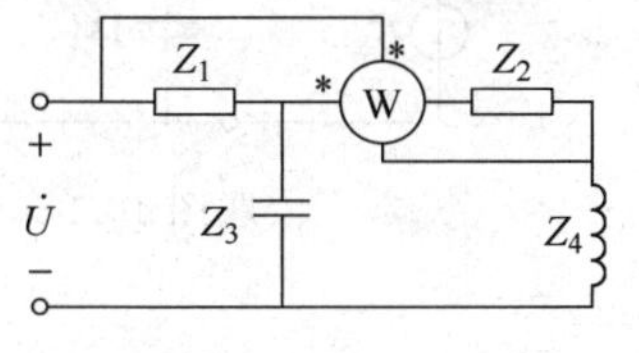

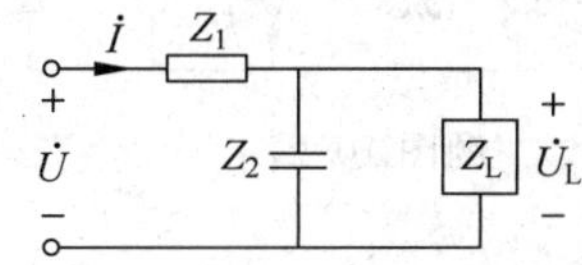

题图 10.21　　　　题图 10.22

功率的传输

10.23 电路如题图 10.23 所示,$\dot{U}_S=10\angle-0°$V,为使负载获得最大功率,试求负载 Z_L 及此时的最大功率。

10.24 在题图 10.24 所示电路中,已知 $Z_0=(1+\text{j}1)\Omega$,$\dot{U}_{S1}=22\angle0°$V,$\dot{U}_{S2}=22\angle10°$V。试问负载吸收最大功率时的 Z_L 以及此最大功率。

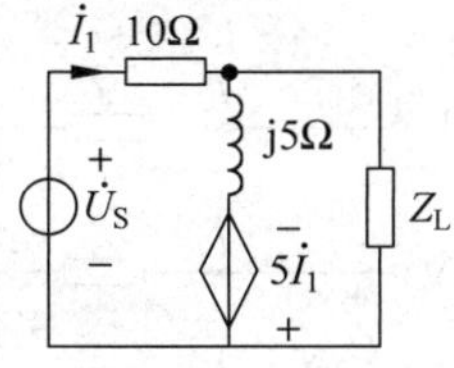

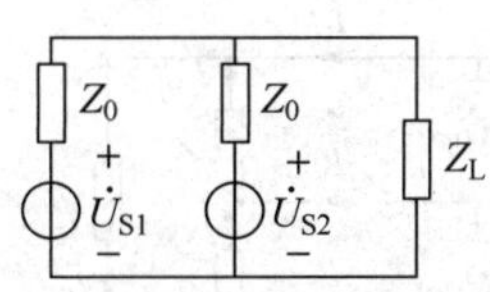

题图 10.23　　　　题图 10.24

10.25 题图 10.25 所示电路，$\dot{U}_S=20\angle 0°\text{V}$，$R_1=R_2=4\Omega$，$R_3=1\Omega$，$R_4=2\Omega$，试求 R_L 为何值时获得最大功率，并求此最大功率。

10.26 在题图 10.26 所示电路中，$\dot{U}_S=10\angle -45°\text{V}$，$\omega=10^3\text{rad/s}$，$R_1=1\Omega$，$R_2=2\Omega$，$L=0.4\text{mH}$，$C=10^3\mu\text{F}$。试求 Z_L（可任意变动）能获得的最大功率。

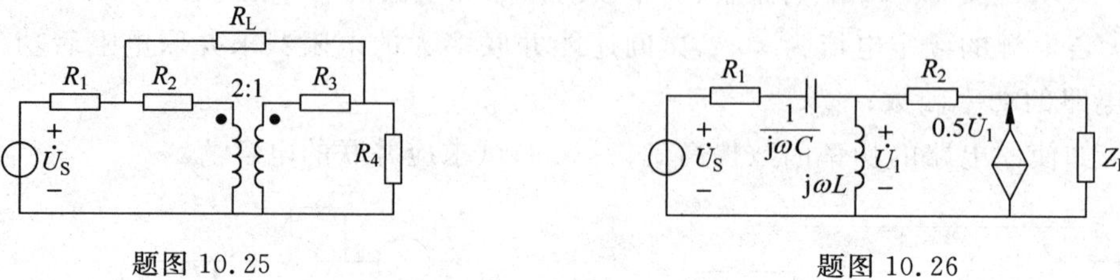

题图 10.25　　题图 10.26

10.27 在题图 10.27 所示电路中，$R_1=R_2=100\Omega$，$L_1=L_2=1\text{H}$，$C=100\mu\text{F}$，$\dot{U}_S=100\angle 0°\text{V}$，$\omega=100\text{rad/s}$。试求 Z_L 能获得的最大功率。

10.28 已知题图 10.28 所示电路中 $\omega=10^3\text{rad/s}$，为使 $R_L=10\Omega$ 的负载与等效电阻为 $R_S=100\Omega$ 的电源实现共轭匹配，在负载与电源之间接入一个由 LC 构成的 Γ 形二端口网络，试确定 L、C 的大小。

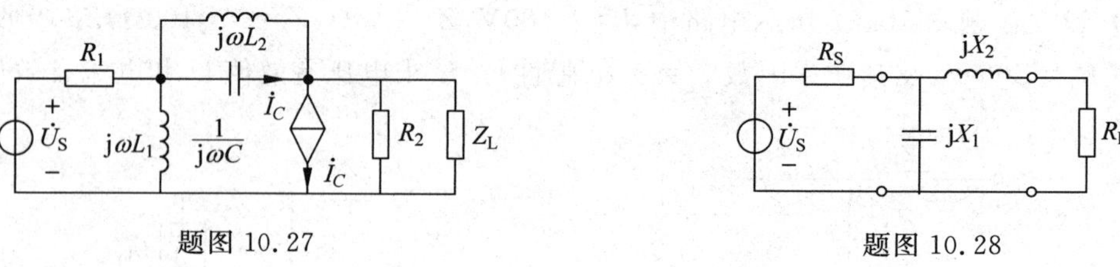

题图 10.27　　题图 10.28

三相电路的功率

10.29 在题图 10.29 所示三相电路中，$\dot{U}_{UV}=200\angle 0°\text{V}$，$\dot{U}_{VW}=200\angle 120°\text{V}$，$Z=(30+\text{j}15)\Omega$。试计算电源发出的总平均功率和无功功率。

10.30 对称三相电路的线电压 $U_L=380\text{V}$，负载阻抗 $Z=(8+\text{j}6)\Omega$，试求：(1)负载为星形连接时的线电流及吸收的功率；(2)负载为三角形连接时的线电流、相电流和吸收的总功率；(3)比较计算的结果能得到什么结论？

10.31 在题图 10.31 所示三相电路中，$\dot{U}_{UV}=200\angle 0°\text{V}$，$\dot{U}_{VW}=200\angle -120°\text{V}$，$Z=(10+\text{j}5)\Omega$。试计算电源的总平均功率和无功功率。

题图 10.29　　题图 10.31

10.32 在电源线电压为380V的对称三相电路中，三角形联结的负载每相阻抗$Z=(42+\mathrm{j}54)\Omega$，端线阻抗$Z_L=(1+\mathrm{j}2)\Omega$，试求负载的相电流和相电压，三相负载吸收的平均功率、有功功率及功率因数。

10.33 已知对称三相电路负载端线电压为380V，负载从电源吸收的功率为2.2kW，它的功率因数$\lambda=0.85$(滞后)，端线的阻抗$Z_L=(1+\mathrm{j})\Omega$。试求电源端的线电压和功率因数λ'。

10.34 在题图10.34所示对称三相电路中，已知线电压为380V，其中方框内是一组对称三相感性负载，其功率因数为0.866，功率$P_1=5.7\mathrm{kW}$。对称星形负载每相阻抗$Z=22\times(0.866-\mathrm{j}0.5)\Omega$。试求此时的电源输出线电流$\dot{I}_U$及电源侧的功率因数。

10.35 试证明如题图10.35所示三个功率表的读数之和等于三相负载的功率。

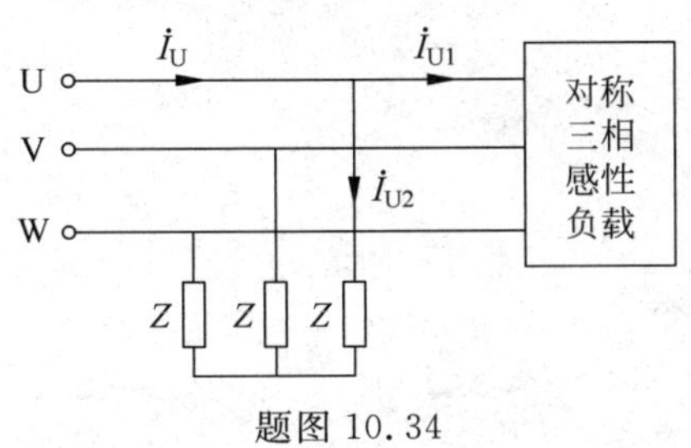

题图10.34

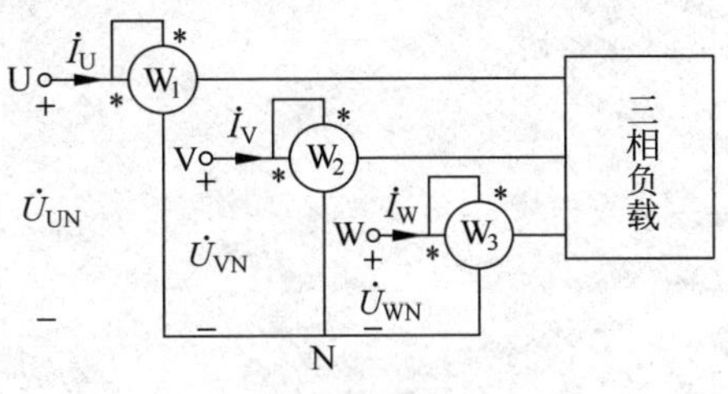

题图10.35

10.36 试求：(1)题图10.36所示电路中功率表W_1和W_2的读数及R、L、C三元件各吸收的平均功率和无功功率；(2)当电源为星形连接时，试求各相电源所发出的复功率。已知对称三相电源的线电压为380V，$R=\omega L=1/(\omega C)=100\Omega$。

10.37 在题图10.37所示对称三相电路中，电源线电压的有效值$U=380\mathrm{V}$，负载阻抗$Z=(100\sqrt{3}+\mathrm{j}100)\Omega$。试求三相负载吸收的功率及两个功率表的读数。

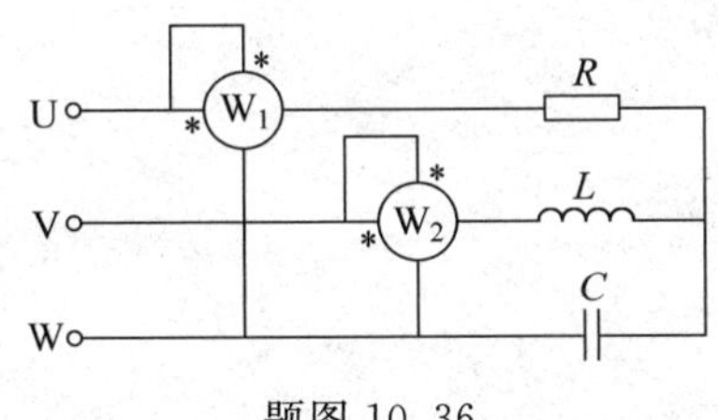

题图10.36

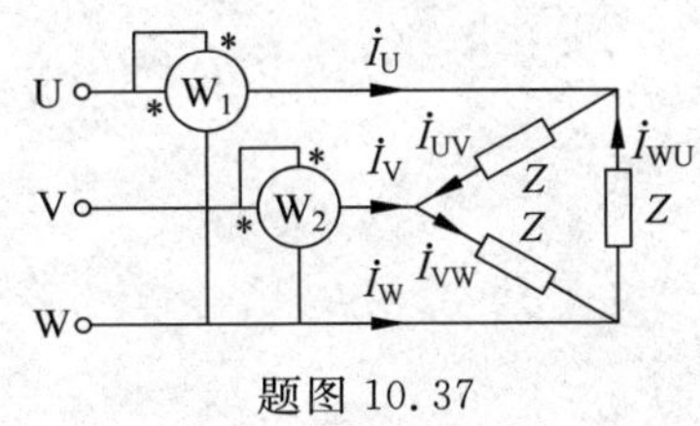

题图10.37

10.38 题图10.38所示为测量对称三相电路平均功率的电路，两功率表的读数分别为P_1、P_2，试证明三相电路的平均功率为

$$P=2P_1-P_2$$

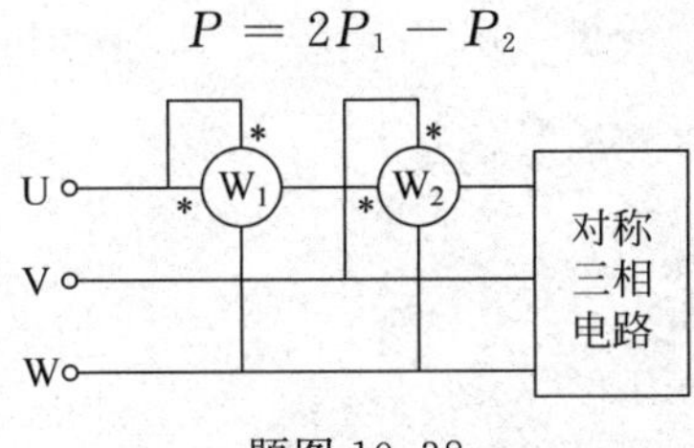

题图10.38

附录A MATLAB语言简介

A.1 MATLAB 简介

MATLAB 语言是以矩阵计算为基础的程序设计语言，语法规则简单易学，用户不用花太多时间即可掌握其编程技巧。其指令格式与教科书中的数学表达式非常相近，用 MATLAB 编写程序犹如在便笺上列写公式和求解，因而被称为"便笺式"的编程语言。MATLAB 拥有功能丰富和完备的数学函数库及工具箱，大量繁杂的数学运算和分析可通过调用 MATLAB 函数直接求解，大大提高了编程效率，其程序编译和执行速度远远超过了传统的 C 和 FORTRAN 语言，因而用 MATLAB 编写程序，往往可以达到事半功倍的效果。在图形处理方面，MATLAB 可以对数据进行二维、三维乃至四维的直观表示，并在图形色彩、视角、品性等方面具有较强的渲染和控制能力，使科技人员对大量原始数据的分析变得轻松和得心应手。正是由于 MATLAB 在数值计算及符号计算等方面的强大功能，使 MATLAB 一路领先，成为数学类科技应用软件中的佼佼者。目前，MATLAB 已成为国际上公认的最优秀的科技应用软件。MATLAB 的上述特点，使它深受工程技术人员及科技专家的欢迎，并很快成为应用学科计算机辅助分析、设计、仿真、教学等领域不可缺少的基础软件。

整个 MATLAB 系统由两部分组成，即 MATLAB 内核及辅助工具箱，两者的调用提供了 MATLAB 的强大功能。MATLAB 语言是一种以数组为基本数据单位，包括控制流语句、函数、数据结构、输入输出及面向对象等特点的高级语言，与其他程序设计语言相比，MATLAB 语言具有如下优势：

(1) 语言的易学性　MATLAB 语言采用非常容易理解的语法规则，使用者非常容易掌握，几乎能够把所需要解决的数学问题直接"转换"成相应的 MATLAB 语言。

(2) 高效的运算功能　MATLAB 语言以矩阵为基本运算单元，可以直接进行矩阵运算。MATLAB 运算符和库函数极其丰富，语言简洁，编程效率高，MATLAB 除了提供和 C 语言一样的运算符号外，还提供广泛的矩阵和向量运算符。正是这种矩阵运算方式，使得 MATLAB 语言的运行速度非常快。利用其运算符号和库函数可使其程序相当简短，两三行语句就可实现几十行甚至几百行 C 或 FORTRAN 的程序功能。

(3) 直观的绘图功能　MATLAB 语言可以用简单的语言将数据和计算结果用直观的图形显示出来，甚至还可以将难以显示出来的隐函数直接用曲线绘制出来。MATLAB 语言还允许使用者采用可视的方式编写图形用户界面，这样，使用者可以非常容易地编写通用程序。

(4) 丰富的工具箱　工具箱是解决某一类问题的函数集，MATLAB 语言除了使用其内部函数解决数学问题的能力外，它还拥有解决各类问题的工具箱，从而大大地简化了编程。工具箱可分为两类：功能性工具箱和学科性工具箱。功能性工具箱主要用来扩充其符号计算功能、图示建模仿真功能、文字处理功能以及与硬件实时交互的功能。而学科性工具箱是专业性比较强的，如优化工具箱、统计工具箱、控制工具箱、小波工具箱、图像处理工具箱、通信工具箱等。目前，几乎所有的数学和工程问题都可以用 MATLAB 语言编程解决。

(5) 强大的系统仿真功能　MATLAB 语言中的 Simulink 模块具有面向框图的仿真功能，使用者可以容易地建立复杂系统模型，准确地对其进行仿真分析。Simulink 的概念性仿真模块集允许用户在一个框架下对含有不同环节的混合系统进行建模和仿真，这是其他计算机语言所不具备的。

(6) 易于扩充　除内部函数外，所有 MATLAB 的核心文件和工具箱文件都是可读可改的源文件，用户可修改源文件或加入自己的文件，它们可以与库函数一样被调用。

下面对 MATLAB 语言最基础的部分作一介绍。

A.2　MATLAB 的工作方式

MATLAB 的工作方式有两种，一种是交互式的指令行操作方式，即用户在命令窗口中按 MATLAB 的语法规则输入命令行并按下回车键后，系统将执行该命令并即时给出运算结果。该方式简便易行，非常适合于对简单问题的数学演算、结果分析及测试。这是例 A.2.1 介绍的操作方式。另一种是 M 文件的编程工作方式。M 文件的编程工作方式就是用户通过在命令窗口中调用 M 文件，从而实现一次执行多条 MATLAB 语句的方式。MATLAB 是解释性的编程语言，在初次运行 M 文件时将 M 文件编成代码并装入内存中，此过程会降低程序的运行速度，但再次运行该程序时便会直接从内存取出代码运行，从而加快程序的运行。

计算机安装好 MATLAB 之后，双击 MATLAB 图标，就可以进入命令窗口。此时意味着系统处于准备接受命令的状态，可以在命令窗口中直接输入符合 MATLAB 语法规则的语句。

【例 A.2.1】　已知回路电阻矩阵为 $\boldsymbol{R}=\begin{bmatrix}10.5 & -5 & -2\\ -5 & 37.5 & -2.5\\ -2 & -2.5 & 5.5\end{bmatrix}\Omega$，回路电压源向量为 $\boldsymbol{U}_{\mathrm{S}}=\begin{bmatrix}5\\10\\5\end{bmatrix}\mathrm{V}$，试求回路电流向量。

可在命令窗口输入如下命令来求解：

```
>> R=[10.5,-5,-2; -5,-37.5,-2.5; -2,-2.5,5.5];
>> US=[5; 10; 5];
>> I=inv(R)*US
I =
    0.4628
  - 0.3884
    0.9008
```

通过等于符号将表达式的值赋予变量。当单击回车键时，该语句被执行。语句执行之后，窗口自动显示出语句执行的结果。如果希望结果不被显示，则只要在语句之后加上一个分号“；”即可。此时尽管结果没有显示，但它依然被赋值并在 MATLAB 工作空间中分配了内存。

MATLAB 的基本数据单元既不需要指定维数，也不需要说明数据类型（向量和标量为矩阵的特例），而且数学表达式和运算规则与通常的习惯相同。

也可以将要执行的命令以 M 文件的方式执行。M 文件是由 MATLAB 语句构成的 ASCII 码文本文件，即 M 文件中的语句应符合 MATLAB 的语法规则，且文件名必须以.m 为扩展名，如 example.m。用户可以用任何文本编辑器来对 M 文件进行编辑。M 文件的作用过程为：当用户在命令窗口中键入已编辑并保存的 M 文件的文件名并按下回车键后，系统将搜索该文件，若该文件存在，系统则将按 M 文件中的语句所规定的计算任务以解释方式逐一执行语句，从而实现用户要求的特定功能。M 文件又分为脚本 M 文件和函数 M 文件两大类。脚本文件与函数文件的主要区别在于：函数文件一般都要带参数，都要有返回结果（也有一些函数文件不带参数和返回结果），而且函数文件要定义函数名；而脚本文件没有参数和返回结果，也不在程序的开头定义函数名，通过生成和访问全局变量可以与外界和其他函数交换数据。脚本文件的变量在文件执行结束后仍然会保存在内存中不丢失；而函数文件的变量在函数运行期间有效，当函数运行完毕，它所定义的所有变量都会被清除。

MATLAB 为用户提供了专用的 M 文件编辑器，用来帮助用户完成 M 文件的创建、保存、编辑、调试和执行等工作。在命令窗口单击快捷键□或选择 File/New 可创建新 M 文件。

A.3 MATLAB 变量和基本函数

MATLAB 变量的命名规则与其他计算机语言类似，变量必须以字母开头，后面可以跟字母、数字和下划线，长度不超过 63 个字符，对字母的大小写敏感。

在 MATLAB 语言中还为特定的常数保留了一些名称，尽管这些常量可重新赋值，但建议在编程时应避免对它们重新赋值。MATLAB 语言的预定义变量见表 A.3.1。

表 A.3.1 预定义变量

预定义变量名	含 义
ans	计算结果的缺省赋值变量
eps	容差变量，定义为 1.0 到最近浮点数的距离。在 PC 机上，等于 2^{-52}
pi	圆周率 π 的近似值
i,j	虚数单位
inf,Inf	正无穷大，定义为(1/0)
NaN,nan	非数。在 IEEE 运算规则中，它产生于 0/0、$0\times\infty$等运算
nargin	函数输入参数个数
nargout	函数输出参数个数
realmax	最大正实数
realmin	最小正实数
lasterr	存放最新的错误信息
lastwarn	存放最新的警告信息

【例 A.3.1】 预定义变量的使用。试计算 $x_1=[5+\sin(\pi/3)]/(1+\sqrt{2})$，$x_2=e^{j\pi/3}$。

可在命令窗口输入如下命令来求解：

```
>> x1 = (5 + sin(pi/3))/(1 + sqrt(2))
x1 =
  2.4298
>> x2 = exp(i * pi/3)
x2 =
  0.5000 + 0.8660i
```

上例中使用了特定的常数圆周率 $\pi=3.1415926\cdots$ 和虚数单位 $i=\sqrt{-1}$。该例还用到了三个函数 sin()、sqrt()和 exp()，它们都是 MATLAB 语言的基本函数。MATLAB 基本函数内嵌在 MATLAB 软件中，使用者不能修改。一些常用的 MATLAB 基本函数见表 A.3.2。

表 A.3.2 MATLAB 的基本数学函数

	函数名称	功能	函数名称	功能
三角函数	sin	正弦	sec	正割
	asin	反正弦	asec	反正割
	cos	余弦	csc	余割
	acos	反余弦	acsc	反余割
	tan	正切	cot	余切
	atan	反正切	acot	反余切
	atan2	第四象限的反正切		
指数函数	exp	以 e 为底的指数	pow2	2 的幂次
	log	自然对数	sqrt	开平方
	log10	以 10 为底的对数	nextpow2	大于或等于变量的 2 的下一个幂次
	log2	以 2 为底的对数		
复数函数	abs	绝对值或复数的模	real	复数的实部
	angle	相位角	unwrap	相位展开
	complex	由实部和虚部构造复数	isreal	是否为实数组
	conj	复数的共轭	cplxpair	整理为共轭对
	imag	复数的虚部		
取整函数	fix	朝零方向取整	mod	模数(带符号余数)
	floor	朝负无穷方向取整	rem	除后取余数
	ceil	朝正无穷方向取整	sign	符号函数
	round	四舍五入到最近的整数	gcd	最大公倍数
	lcm	最小公倍数		

A.4 MATLAB 函数编写

在应用 MATLAB 编程解决实际问题时，仅使用基本函数是不够的，用户往往需要编写实现特定功能的函数。函数文件是 M 文件的另一种类型，它也是由 MTALAB 语句构成的 ASCII 码文本文件，扩展名为 .m。MATLAB 自带大量的内部函数供用户调用。用户也可用前述的 M 文件的创建、保存及编辑的方法来进行函数文件的创建、保存与编辑。函数文件的格式为：

```
function [output_argument] = fun_name(input_argument)
 % function's help document for lookfor command
 % function's help about using
 % other information
statement
…
statement
```

其中，output_argument 和 input_argument 分别为输出参量与输入参量；fun_name 为函数名。

【例 A.4.1】 已知串联 *RLC* 电路的元件值，编写计算谐振角频率、特性阻抗和品质因数三个参数的函数。

解 编写的函数文件如下：

```
function [w0 p Q] = rlc(R,L,C)
w0 = 1/sqrt(L * C);    % 计算谐振角频率
p = sqrt(L/C);         % 计算特性阻抗
Q = p/R;               % 计算品质因数
```

将文件以 rlc.m(必须与所编函数名相同，注意函数名不要与内部函数名相同)为名保存。在命令窗口输入下面的命令进行计算：

```
>> [w0 p Q] = rlc(100,1e-2,20e-6)
```

计算结果为

```
w0 =
    2.2361e+003
p =
    22.3607
Q =
    0.2236
```

函数 M 文件提供了一个简单的扩展 MATLAB 功能的方法。事实上，MATLAB 本身的许多标准函数就是 M 函数文件。

A.5 MATLAB 的二维绘图

MATLAB 提供了丰富的绘图功能。在命令窗口输入“help graph2d”可得到所有画二维图形的命令，输入“help graph3d”可得到所有画三维图形的命令。其中最常用的二维图形命令为 plot 函数，其格式为

```
plot(x1,y1,option1,x2,y2,option2,…)
```

其中，x1，y1 给出的数据分别为 x，y 轴坐标值，option1 为选项参数，以逐点连折线的方式绘制 1 个二维图形；同时类似地绘制第二个二维图形等。这是 plot 命令的完全格式，在实际应用中可以根据需要进行简化。比如：plot(x，y)，plot(x，y，option)等，选项参数 option 可定义图形曲线的颜色、线型及标示符号，它由一对单引号括起来。

通过指定 plot(X1，Y1，LineSpec，…)中的线参数 LineSpec 可以规定所绘曲线的线型、点型和颜色。线型、点型和颜色的允许取值见表 A.5.1。

表 A.5.1　plot()函数的线型、点型和颜色取值意义

点型控制		线型控制		颜色控制	
符号	含义	符号	含义	符号	含义
d	菱形	-	实线	y	黄色
h	六角星	:	点线	k	黑色
o	圆圈	-.	点划线	w	白色
p	五角星	--	虚线	b	蓝色
s	方块			g	绿色
x	叉号			r	红色
.	点			c	青色
+	十字标号			m	洋红色
*	星号				
^	正三角形				
<	朝左三角形				
>	朝右三角形				
v	朝下三角形				

【例 A.5.1】　试绘制函数 $y_1=\sin t, y_2=\cos 3t, y_3=\cos(3t+1)$ 在 $t\in[0,2\pi]$ 内的曲线。

解　在命令窗口输入下面的命令：

```
>> t = 0: 0.1: 2 * pi;
>> y1 = sin(t);
>> y2 = cos(3 * t);
>> y3 = cos(3 * t + 1);
>> plot(t,y1,'rd: ',t,y2,'b- - + ',t,y3,' * ')
```

运行结果如图 A.5.1 所示。

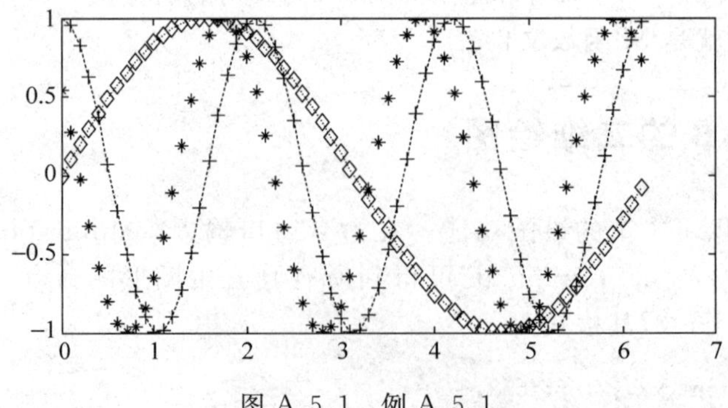

图 A.5.1　例 A.5.1

可以根据需要对图形加以控制并进行标注，这些工作可通过 MATLAB 命令来实现，一些常见命令见表 A.5.2。

表 A.5.2 图形的控制与标注

图形控制	figure(n)	n 为正整数，新建句柄为 n 的图形窗口，或使句柄为 n 的图形窗口成为当前窗口
	clf/cla	清除当前窗口/清除当前坐标轴
	set(gca,…)	设置当前坐标特性
	hold on/off	为 on 时绘图命令不删除当前窗口中的线条，后续绘图命令将新的曲线加入其中，并且自动调整坐标轴的显示范围；为 off 时绘图命令删除当前窗口中的线条，后续绘图命令将重新绘图
	subplot(m,n,k)	将绘图窗口分割为 m 行 n 列个子绘图窗口，k 为当前子绘图窗口编号。子窗口按从左至右、从上至下编号
坐标控制	grid on/off	在图形窗口中绘制或清除网格线
	box on/off	使当前坐标呈封闭或开启形式
	axis(V)	V=[xmin xmax ymin ymax]，设定坐标范围
	zoom on/off	对所绘图形进行放大操作
图形标注	title('text')	在图形窗口顶端输出图形标题
	xlabel('text')	对 x 轴进行标注
	ylabel('text')	对 y 轴进行标注
	legend('string1','string2',…)	绘制曲线所用线型、颜色和点型图例
	text(x,y,'string')	在图形窗口坐标(x,y)处输出字符注释

A.6 获得有关 MATLAB 的帮助

使用 MATLAB 包括两方面：MATLAB 软件本身的使用与操作以及对实际工程问题的数学建模。MATLAB 是一个非常庞大的软件，内容非常丰富，作为一种计算机语言，它和其他计算机语言如 Basic、C、C++等有许多相通之处。此外，有关 MATLAB 语言的使用与操作还可以从以下途径获得必要的帮助：

(1) 在命令窗口输入“help 函数名或关键字”可获得文本形式的帮助信息。例如 help plot; help conv 等。

(2) 在命令窗口按 F1 键或选择 Help/MATLAB Help 进入帮助窗口，其中有丰富的帮助信息。

(3) 在命令窗口选择 Help 菜单中的帮助形式也可以获得帮助信息。

(4) 进入 Mathworks 公司的网站 http://www.mathworks.com 获取帮助。

(5) 阅读有关 MATLAB 的出版物掌握有关语法和使用方法。

附录B 运算放大器工作状态的判定

B.1 运算放大器工作状态的判定规则

随着电子技术的发展,越来越多的电路都采用运算放大器作为构成电路的基本器件,因此在电路教材中将运算放大器作为基本电路元件之一加以介绍。运算放大器在工作时具有两种状态:线性状态和非线性状态,分别对应其输入输出特性的线性区和正、负饱和区。下面讨论含运算放大器的电路中运算放大器工作状态的判定规则。

如图 B.1.1 所示,运算放大器的净输入电压为 $u_i=u_+-u_-$,输出电压为 u_o,其输入-输出特性如图 B.1.1(b)所示,其中 U_{sat} 为饱和输出电压,一般小于(或等于)运算放大器的工作电压。由于运算放大器的开环放大倍数为∞,因此当 $u_i=0$ 时,运算放大器工作于线性区;当 $u_i<0$ 时,运算放大器工作于负饱和区;当 $u_i>0$ 时,运算放大器工作于正饱和区。

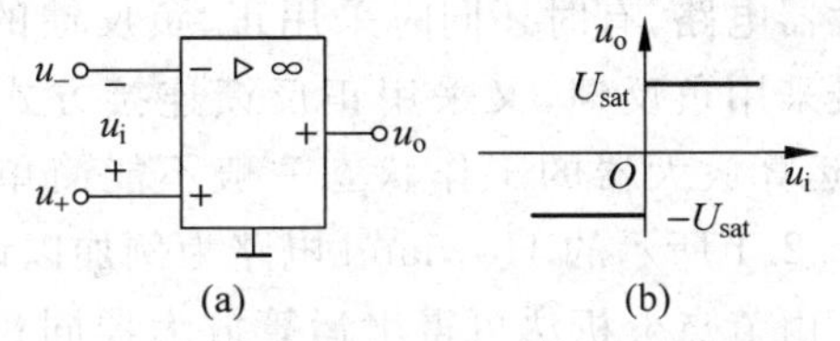

图 B.1.1 运算放大器的符号及输入-输出特性

(a) 运算放大器符号;(b) 输入-输出特性

对于给定的含运算放大器的电路,有时并不一定知道 u_i 的符号及大小,这给运算放大器工作状态的判定造成了一定的困难。分析运算放大器的输入-输出特性可以看出:当 $u_o=U_{sat}$ 时,则必有 $u_i>0$,运算放大器工作于正饱和区,否则运算放大器工作于线性区或负饱和区;当 $u_o=-U_{sat}$ 时,则必有 $u_i<0$,运算放大器工作于负饱和区,否则运算放大器工作于线性区或正饱和区。基于这一分析,可总结出判定运算放大器工作状态的规则如下:

(1) 令 $u_o=U_{sat}$,计算 $u_i=u_+-u_-$,如果 $u_i>0$,则运算放大器工作于正饱和区;

(2) 令 $u_o=-U_{sat}$,计算 $u_i=u_+-u_-$,如果 $u_i<0$,则运算放大器工作于负饱和区;

(3) 如果运算放大器不工作于正、负饱和区,则工作于线性区,即:如果令 $u_o=U_{sat}$,得出 $u_i=u_+-u_-\leqslant 0$,并且令 $u_o=-U_{sat}$,得出 $u_i=u_+-u_-\geqslant 0$,则运算放大器工作于线性区。

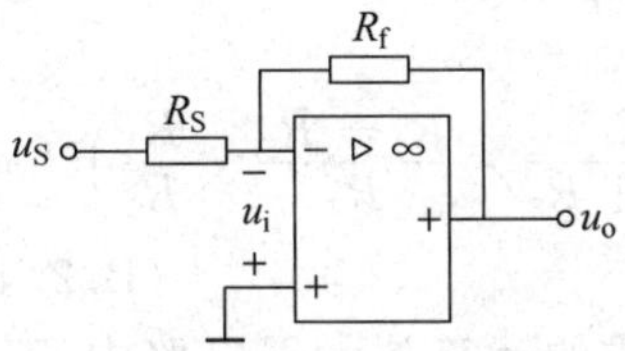

图 B.1.2 反相放大器

下面利用上述规则来分析如图 B.1.2 所示的反相放大器。令 $u_o=U_{sat}$,由运算放大器的“虚断”特性,可得

$$u_-=\frac{R_S}{R_S+R_f}U_{sat}+\frac{R_f}{R_S+R_f}u_S \tag{B.1.1}$$

又 $u_+=0$,因此

$$u_i=u_+-u_-=-\frac{R_S}{R_S+R_f}U_{sat}-\frac{R_f}{R_S+R_f}u_S \tag{B.1.2}$$

当 $u_i>0$ 时,运算放大器工作于正饱和区,此时由式(B.1.2)可得

$$u_S<-\frac{R_S}{R_f}U_{sat} \tag{B.1.3}$$

同理,可类似得到运算放大器工作于负饱和区的条件为

$$u_S>\frac{R_S}{R_f}U_{sat} \tag{B.1.4}$$

而由判定规则(3),可得运算放大器工作于线性区的条件为

$$-\frac{R_S}{R_f}U_{sat}\leqslant u_S\leqslant\frac{R_S}{R_f}U_{sat} \tag{B.1.5}$$

由式(B.1.3)和式(B.1.4)可知，当反相放大器的输入电压超出一定范围时，运算放大器将工作于非线性区。

B.2 采用正、负反馈连接方式的运算放大器工作状态的判定

对于仅采用负反馈连接方式的运算放大器电路，当电路的输入处于一定范围之内时，由负反馈的作用原理可知，运算放大器必定工作于线性区，运算放大器的“虚短”、“虚断”特性成立。对实际的运算放大器电路，有时还同时采用正、负反馈的连接方式。对这种既采用负反馈，又采用正反馈连接方式的运算放大器电路，运算放大器的工作状态一般不能简单地得出。下面以图 B.2.1 所示的 Howland 电路为例加以说明。

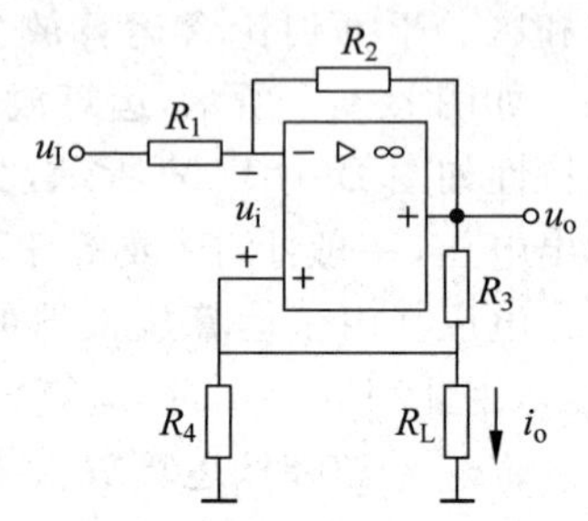

图 B.2.1 Howland 电路

由节点分析法可得出运算放大器同相端和反相端节点电压分别为

$$\begin{cases} u_+ = \dfrac{R_4 /\!/ R_L}{R_4 /\!/ R_L + R_3} u_o \\ u_- = \dfrac{R_2}{R_1 + R_2} u_I + \dfrac{R_1}{R_1 + R_2} u_o \end{cases} \tag{B.2.1}$$

令 $u_o = U_{sat}$，由 $u_i = u_+ - u_- > 0$，可得运算放大器工作于正饱和区的条件为

$$u_I < \left(\frac{R_4 /\!/ R_L}{R_4 /\!/ R_L + R_3} \times \frac{R_1 + R_2}{R_2} - \frac{R_1}{R_2}\right) U_{sat} \tag{B.2.2}$$

令 $u_o = -U_{sat}$，由 $u_i = u_+ - u_- < 0$，可得运算放大器工作于负饱和区的条件为

$$u_I > -\left(\frac{R_4 /\!/ R_L}{R_4 /\!/ R_L + R_3} \times \frac{R_1 + R_2}{R_2} - \frac{R_1}{R_2}\right) U_{sat} \tag{B.2.3}$$

由运算放大器工作状态的判定规则(3)，结合式(B.2.2)和式(B.2.3)，得到运算放大器工作于线性区的条件为

$$\left(\frac{R_4 /\!/ R_L}{R_4 /\!/ R_L + R_3} \times \frac{R_1 + R_2}{R_2} - \frac{R_1}{R_2}\right) U_{sat} \leqslant u_I \leqslant -\left(\frac{R_4 /\!/ R_L}{R_4 /\!/ R_L + R_3} \times \frac{R_1 + R_2}{R_2} - \frac{R_1}{R_2}\right) U_{sat} \tag{B.2.4}$$

由上面的分析可知，一般情况下，采用正、负反馈连接方式的运算放大器电路中运算放大器的工作区可以包括线性区和非线性区(正、负饱和区)。特别地，由式(B.2.4)可知，图 B.2.1 电路工作于线性区的必要条件为

$$\frac{R_4 /\!/ R_L}{R_4 /\!/ R_L + R_3} \times \frac{R_1 + R_2}{R_2} - \frac{R_1}{R_2} < 0 \tag{B.2.5}$$

如上述条件不满足，则不存在满足式(B.2.4)的输入电压 u_I，图 B.2.1 电路只能工作于非线性区。

当图 B.2.1 电路工作于线性区时，其输出电压为

$$u_o = \left(\frac{R_2}{R_1 + R_2} u_I\right) \Big/ \left(\frac{R_4 /\!/ R_L}{R_4 /\!/ R_L + R_3} - \frac{R_1}{R_1 + R_2}\right) \tag{B.2.6}$$

附录C 含源T形电路和含源Π形电路的等效变换

T 形电路和 Π 形电路的等效变换是电路理论和电路分析中重要的内容之一，很多复杂的电阻网络通过 T 形电路和 Π 形电路的等效变换可简化为较为简单的串、并联电阻网络，从而简化了电路的分析。作为这一部分内容的扩展和补充，下面讨论含源 T 形电路和含源 Π 形电路的等效变换的问题。

C.1 含源 T-Π 形电路等效变换的唯一性

如图 C.1.1 所示为含源 T 形电路和含源 Π 形电路，现在要求图 C.1.1 所示的两个电路互相等效。根据等效电路的概念，即两个电路的端口特性方程相同，则这两个电路互相等效，将图 C.1.1 所示电路看做两个二端口电路，如图 C.1.2 所示。显然，如果图 C.1.2(a)、(b)所示电路的端口特性方程相同，则含源 T 形电路和含源 Π 形电路互为等效。

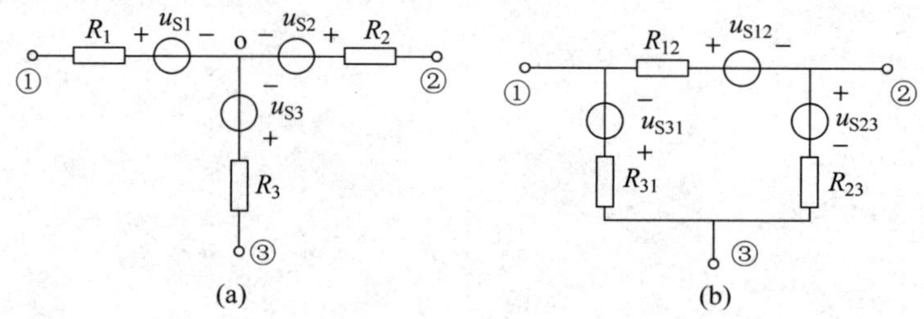

图 C.1.1 含源 T 形电路和含源 Π 形电路

(a) 含源 T 形电路；(b) 含源 Π 形电路

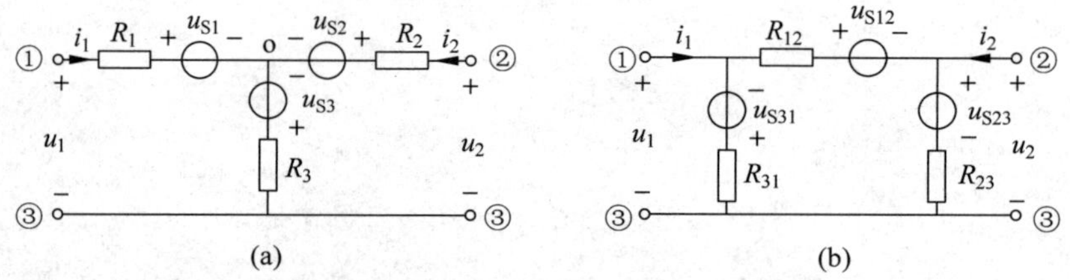

图 C.1.2 含源 T 形电路和含源 Π 形电路

(a) 含源 T 形电路；(b) 含源 Π 形电路

含源二端口电路的端口特性方程有多种表示方法，这里采用开路电阻矩阵和开路电压参数来表示。不失一般性，假设图 C.1.2(a)、(b)所示电路的开路电阻矩阵分别为 $\boldsymbol{R}_{\mathrm{T}}$ 和 $\boldsymbol{R}_{\Pi}$，开路电压向量分别为 $[u_{\mathrm{T1}}, u_{\mathrm{T2}}]^{\mathrm{T}}_{i_1=0,i_2=0}$ 和 $[u_{\Pi1}, u_{\Pi2}]^{\mathrm{T}}_{i_1=0,i_2=0}$，则图 C.1.2(a)、(b)所示电路的端口特性方程可分别表示为

$$\begin{bmatrix} u_1 \\ u_2 \end{bmatrix} = \boldsymbol{R}_{\mathrm{T}} \begin{bmatrix} i_1 \\ i_2 \end{bmatrix} + \begin{bmatrix} u_{\mathrm{T1}} \\ u_{\mathrm{T2}} \end{bmatrix}_{i_1=0,i_2=0} \tag{C.1.1}$$

式中

$$\boldsymbol{R}_{\mathrm{T}}=\begin{bmatrix}R_1+R_3 & R_3\\ R_3 & R_2+R_3\end{bmatrix},\quad \begin{bmatrix}u_{\mathrm{T1}}\\ u_{\mathrm{T2}}\end{bmatrix}_{i_1=0,i_2=0}=\begin{bmatrix}u_{\mathrm{S1}}-u_{\mathrm{S3}}\\ u_{\mathrm{S2}}-u_{\mathrm{S3}}\end{bmatrix}$$

$$\begin{bmatrix}u_1\\ u_2\end{bmatrix}=\boldsymbol{R}_{\Pi}\begin{bmatrix}i_1\\ i_2\end{bmatrix}+\begin{bmatrix}u_{\Pi1}\\ u_{\Pi2}\end{bmatrix}_{i_1=0,i_2=0} \tag{C.1.2}$$

式中

$$\boldsymbol{R}_{\Pi}=\begin{bmatrix}\dfrac{R_{12}R_{31}+R_{23}R_{31}}{R_{12}+R_{23}+R_{31}} & \dfrac{R_{23}R_{31}}{R_{12}+R_{23}+R_{31}}\\ \dfrac{R_{23}R_{31}}{R_{12}+R_{23}+R_{31}} & \dfrac{R_{12}R_{23}+R_{23}R_{31}}{R_{12}+R_{23}+R_{31}}\end{bmatrix},\quad \begin{bmatrix}u_{\Pi1}\\ u_{\Pi2}\end{bmatrix}_{i_1=0,i_2=0}=\begin{bmatrix}\dfrac{R_{31}(u_{\mathrm{S12}}+u_{\mathrm{S23}}+u_{\mathrm{S31}})}{R_{12}+R_{23}+R_{31}}-u_{\mathrm{S31}}\\ u_{\mathrm{S23}}-\dfrac{R_{23}(u_{\mathrm{S12}}+u_{\mathrm{S23}}+u_{\mathrm{S31}})}{R_{12}+R_{23}+R_{31}}\end{bmatrix}$$

显然,如果要求含源 T 形电路和 Π 形电路相互等效,则由式(C.1.1)和式(C.1.2)可得到等效的两个关系式

$$\boldsymbol{R}_{\mathrm{T}}=\boldsymbol{R}_{\Pi} \tag{C.1.3}$$

$$\begin{bmatrix}u_{\mathrm{T1}}\\ u_{\mathrm{T2}}\end{bmatrix}_{i_1=0,i_2=0}=\begin{bmatrix}u_{\Pi1}\\ u_{\Pi2}\end{bmatrix}_{i_1=0,i_2=0} \tag{C.1.4}$$

由式(C.1.3)可得到含源 T 形电路和 Π 形电路中三个电阻之间的等效关系,由式(C.1.4)得到含源 T 形电路和 Π 形电路中三个电压源之间的等效关系。由于式(C.1.4)仅包含两个方程,但含源 T 形电路和 Π 形电路中都有三个电压源,因此不能得到电压源之间的等效关系的唯一解。这说明含源 T 形电路和含源 Π 形电路的等效变换不具有唯一性。

C.2 含源 Π 形电路到含源 T 形电路的一种等效变换

一种含源 Π 形电路到含源 T 形电路等效变换的过程如图 C.2.1 所示,即运用戴维宁电路和诺顿电路等效变换、电源转移将图 C.2.1(a)所示电路经过图 C.2.1(b)～(e)的变换步骤,得到图 C.2.1(f)所示的电路。仔细分析图 C.2.1 的变换步骤,可以看出该变换过程隐含了一个限制条件,就是图 C.2.1(f)中的 o 点和图 C.2.1(c)中的 O 点电位相同。由于附加了这一条件,使得含源 Π 形电路到含源 T 形电路的等效变换具有唯一性。经过推导,这种等效变换可以表示为如下公式

$$\begin{cases}R_1=\dfrac{R_{12}R_{31}}{R_{12}+R_{23}+R_{31}}\\ R_2=\dfrac{R_{23}R_{12}}{R_{12}+R_{23}+R_{31}}\\ R_3=\dfrac{R_{31}R_{23}}{R_{12}+R_{23}+R_{31}}\end{cases},\quad \begin{cases}u_{\mathrm{S1}}=\dfrac{R_{31}u_{\mathrm{S12}}-R_{12}u_{\mathrm{S31}}}{R_{12}+R_{23}+R_{31}}\\ u_{\mathrm{S2}}=\dfrac{R_{12}u_{\mathrm{S23}}-R_{23}u_{\mathrm{S12}}}{R_{12}+R_{23}+R_{31}}\\ u_{\mathrm{S3}}=\dfrac{R_{23}u_{\mathrm{S31}}-R_{31}u_{\mathrm{S23}}}{R_{12}+R_{23}+R_{31}}\end{cases} \tag{C.2.1}$$

下面证明图 C.2.1(f)中的 o 点和图 C.2.1(c)中的 O 点电位相同。由图 C.2.1(f)可知,$u_{1\mathrm{o}}=u_{\mathrm{S1}}$；由图 C.2.1(c)可知,$u_{1\mathrm{O}}=R_1(i_{\mathrm{S12}}-i_{\mathrm{S31}})=\dfrac{R_{31}u_{\mathrm{S12}}-\mathrm{R}_{12}u_{\mathrm{S31}}}{R_{12}+R_{23}+R_{31}}$。由式(C.2.1)可知,$u_{1\mathrm{o}}=u_{1\mathrm{O}}$,即图 C.2.1(f)中的 o 点和图 C.2.1(c)中的 O 点电位相同。

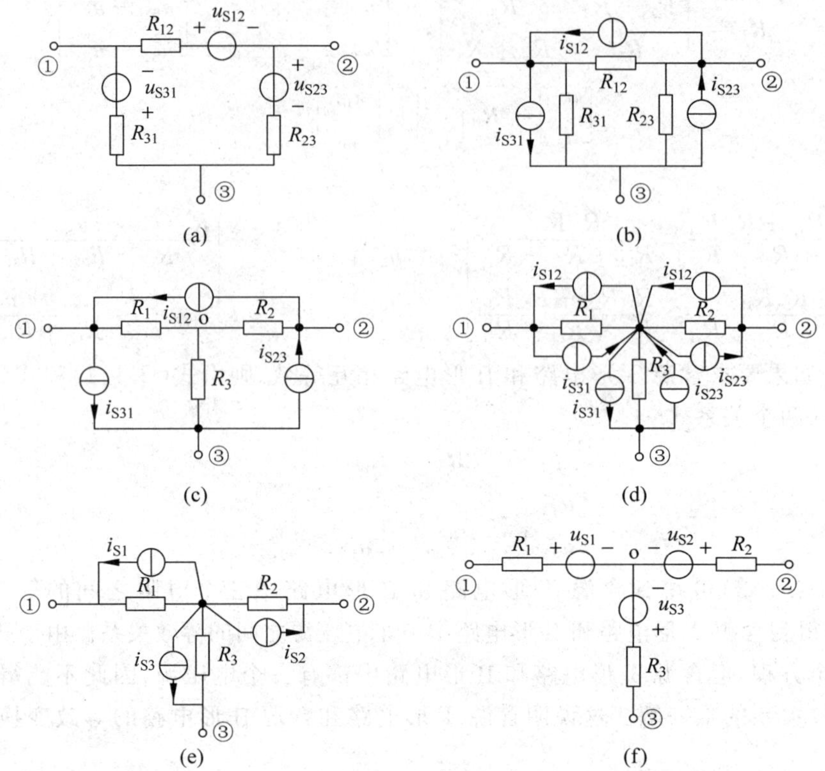

图 C.2.1　含源 Π 形电路到含源 T 形电路的等效变换

(a) Π 形电路；(b) 电源等效变换；(c) Π 形电阻等效变换为 T 形电阻

(d) 电流源转移等效变换；(e) 电流源等效变换；(f) T 形电路

由式(C.2.1)还可得出图 C.2.1 所示的等效变换过程满足条件

$$\frac{u_{S1}}{R_1}+\frac{u_{S2}}{R_2}+\frac{u_{S3}}{R_3}=0 \tag{C.2.2}$$

如果在等效变换过程中不加限制条件，则这种变换不是唯一的。此时可取 u_{S1}，u_{S2}，u_{S3} 中的变量之一为任意值。假设 u_{S3} 可取任意值，则以 R_1，R_2，R_3，u_{S1}，u_{S2} 为变量求解式(C.1.3)和式(C.1.4)所包含的 5 个方程，可得到含源 Π 形电路到含源 T 形电路等效变换的公式为

$$\begin{cases}R_1=\dfrac{R_{12}R_{31}}{R_{12}+R_{23}+R_{31}}\\ R_2=\dfrac{R_{23}R_{12}}{R_{12}+R_{23}+R_{31}},\\ R_3=\dfrac{R_{31}R_{23}}{R_{12}+R_{23}+R_{31}}\end{cases}\quad \begin{cases}u_{S1}=u_{S3}+\dfrac{R_{31}(u_{S12}+u_{S23})-(R_{12}+R_{23})u_{S31}}{R_{12}+R_{23}+R_{31}}\\ u_{S2}=u_{S3}+\dfrac{(R_{12}+R_{31})u_{S23}-R_{23}(u_{S12}+u_{S31})}{R_{12}+R_{23}+R_{31}}\\ u_{S3}=u_{S3}\text{(任意值)}\end{cases} \tag{C.2.3}$$

【例 C.2.1】　已知图 C.1.1(b)所示含源 Π 形电路中 $R_{12}=3\Omega$，$R_{23}=2\Omega$，$R_{31}=1\Omega$，$u_{S12}=3\text{V}$，$u_{S23}=-6\text{V}$，$u_{S31}=-2\text{V}$，试求等效的含源 T 形电路中的电阻和电压源的量值。

解 将已知参数代入式(C.2.1),得到计算结果为 $R_1=(1/2)\Omega$,$R_2=1\Omega$,$R_3=(1/3)\Omega$,$u_{S1}=(3/2)\text{V}$,$u_{S2}=-4\text{V}$,$u_{S3}=(1/3)\text{V}$。得到含源T形等效电路如图C.2.2(a)所示。

如果将已知参数代入式(C.2.3),不妨令 $u_{S3}=0\text{V}$,得到计算结果为 $R_1=(1/2)\Omega$,$R_2=1\Omega$,$R_3=(1/3)\Omega$,$u_{S1}=(7/6)\text{V}$,$u_{S2}=-(13/3)\text{V}$。得到含源T形等效电路如图C.2.2(b)所示。

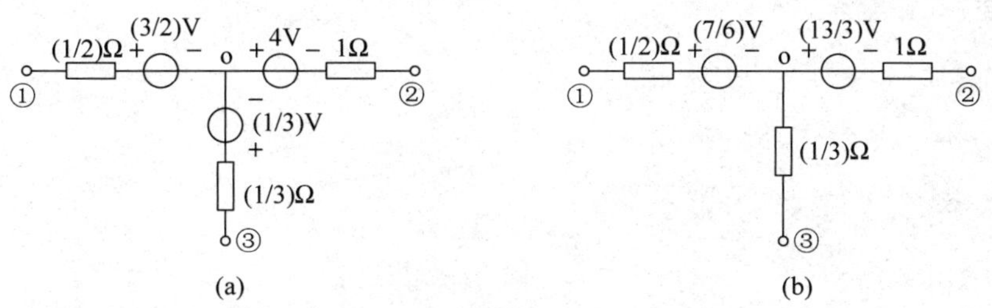

图C.2.2 例C.2.1

(a) 含源T形等效电路1;(b) 含源T形等效电路2

比较图C.2.2(a)、(b)两个电路,如果将图C.2.2(a)中的(1/3)V的电压源进行电源转移等效变换,则得到图C.2.2(b),可见图C.2.2(a)、(b)两个电路是相互等效的。

C.3 含源T形电路到含源Π形电路的一种等效变换

与上面讨论类似,含源T形电路到含源Π形电路的等效变换结果也不是唯一的,u_{S12},u_{S23},u_{S31}中的变量之一可为任意值。假设 u_{S31} 可取任意值,则以 R_{12},R_{23},R_{31},u_{S12},u_{S23}为变量求解式(C.1.3)和式(C.1.4)所包含的5个方程,可得到含源T形电路到含源Π形电路等效变换的公式为

$$\begin{cases} R_{12}=R_1+R_2+\dfrac{R_1R_2}{R_3} \\ R_{23}=R_2+R_3+\dfrac{R_2R_3}{R_1}, \\ R_{31}=R_3+R_1+\dfrac{R_3R_1}{R_2} \end{cases} \begin{cases} u_{S12}=u_{S1}-u_{S2}+\dfrac{R_2}{R_3}(u_{S1}-u_{S3}+u_{S31}) \\ u_{S23}=u_{S2}-u_{S3}+\dfrac{R_2}{R_1}(u_{S1}-u_{S3}+u_{S31}) \\ u_{S31}=u_{S31}(\text{任意值}) \end{cases} \tag{C.3.1}$$

同样可以通过附加等效变换的条件使变换结果唯一。在图C.2.1所示变换过程(变换次序相反)中,如果附加如下条件

$$i_{S12}+i_{S23}+i_{S31}=0 \tag{C.3.2}$$

则可得到含源T形电路到含源Π形电路等效变换的公式为

$$\begin{cases} R_{12}=R_1+R_2+\dfrac{R_1R_2}{R_3} \\ R_{23}=R_2+R_3+\dfrac{R_2R_3}{R_1}, \\ R_{31}=R_3+R_1+\dfrac{R_3R_1}{R_2} \end{cases} \begin{cases} u_{S12}=\dfrac{2}{3}(u_{S1}-u_{S2})+\dfrac{R_1(u_{S3}-u_{S2})+R_2(u_{S1}-u_{S3})}{3R_3} \\ u_{S23}=\dfrac{2}{3}(u_{S2}-u_{S3})+\dfrac{R_2(u_{S1}-u_{S3})+R_3(u_{S2}-u_{S1})}{3R_1} \\ u_{S31}=\dfrac{2}{3}(u_{S3}-u_{S1})+\dfrac{R_3(u_{S2}-u_{S3})+R_1(u_{S3}-u_{S2})}{3R_2} \end{cases} \tag{C.3.3}$$

式(C.3.1)、式(C.3.3)的推导以及式(C.3.2)的证明请读者给出。

【例 C.3.1】 将图 C.2.2(a)所示含源 T 形电路等效变换为含源 Π 形电路,要求含源 Π 形电路中 $u_{S31}=-2V$。

解 将图 C.2.2(a)所示电路中的参数代入式(C.3.1),得到计算结果为 $R_{12}=3\Omega$, $R_{23}=2\Omega$, $R_{31}=1\Omega$, $u_{S12}=3V$, $u_{S23}=-6V$。该结果与例 C.2.1 给出的含源 Π 形电路的参数完全吻合。

附录D 二端口电路互连有效性的结论及证明

对二端口电路串联连接和并联连接，两个二端口电路之间的连接是否有效，可通过有效性测试来判定。下面以串联连接为例(见图 D.1)，说明互联有效性的结论及相应证明。

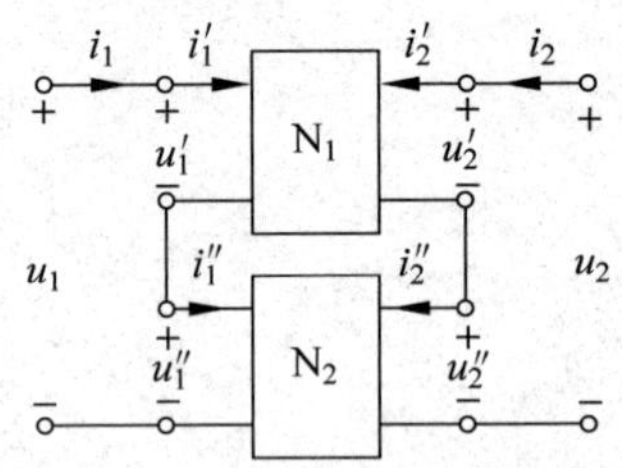

图 D.1　两个二端口电路的串联连接

如图 D.2 所示，设二端口电路 N_1、N_2 的 r 参数矩阵分别为 $\boldsymbol{R}_1$、$\boldsymbol{R}_2$，串联连接后的 r 参数矩阵分别为 $\boldsymbol{R}$，则 $u_{V1}=0$ 和 $u_{V2}=0$ 是式 $\boldsymbol{R}=\boldsymbol{R}_1+\boldsymbol{R}_2$ 成立的充分必要条件。

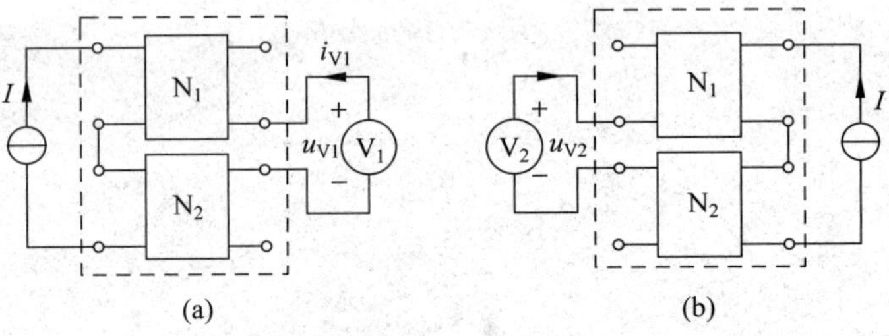

图 D.2　串联连接的有效性测试电路

证明　(1) 必要性。

根据图 D.1 所示串联二端口电路中给出的电压、电流及参考方向，对图 D.2(a)中的 N_1，有

$$\begin{bmatrix} u_1' \\ u_2' \end{bmatrix}=\boldsymbol{R}_1\begin{bmatrix} I \\ 0 \end{bmatrix} \tag{D.1a}$$

对图 D.2(a)中的 N_2，有

$$\begin{bmatrix} u_1'' \\ u_2'' \end{bmatrix}=\boldsymbol{R}_2\begin{bmatrix} I \\ 0 \end{bmatrix} \tag{D.1b}$$

注意到 $\boldsymbol{R}=\boldsymbol{R}_1+\boldsymbol{R}_2$，由式(D.1)可得

$$\begin{bmatrix} u_1'+u_1'' \\ u_2'+u_2'' \end{bmatrix}=(\boldsymbol{R}_1+\boldsymbol{R}_2)\begin{bmatrix} I \\ 0 \end{bmatrix}=\boldsymbol{R}\begin{bmatrix} I \\ 0 \end{bmatrix} \tag{D.2}$$

对于整个图 D.2(a)所示电路，有

$$\begin{bmatrix} u_1 \\ u_2 \end{bmatrix}=\begin{bmatrix} u_1'+u_1'' \\ u_2'+u_2'' \end{bmatrix}+\begin{bmatrix} 0 \\ u_{V1} \end{bmatrix}=\boldsymbol{R}\begin{bmatrix} I \\ 0 \end{bmatrix}+\begin{bmatrix} 0 \\ u_{V1} \end{bmatrix} \tag{D.3}$$

如果将图 D.2(a)所示电路中的电压表 V_1 两端短接，设串联二端口电路输入、输出端口电压为 $\hat{u}_1$、$\hat{u}_2$，则有

$$\begin{bmatrix} \hat{u}_1 \\ \hat{u}_2 \end{bmatrix}=\boldsymbol{R}\begin{bmatrix} I \\ 0 \end{bmatrix} \tag{D.4}$$

比较式(D.3)和式(D.4)，可知 $u_1=\hat{u}_1$，即在电压表 V_1 接入电路和电压表 V_1 两端短接两种情况下，电流源 I 两端的电压不变。

将图 D.2(a)虚框中的电路看做二端口电路，不失一般性，可设其第二种传输矩阵为 $\hat{\boldsymbol{A}}$，则在电压表 V_1 接入电路时，$i_{V1}=0$，有

$$\begin{bmatrix} u_{V1} \\ 0 \end{bmatrix} = \hat{\boldsymbol{A}} \begin{bmatrix} u_1 \\ -I \end{bmatrix} \tag{D.5}$$

将电压表 V_1 两端短接时，$u_{V1}=0$，有

$$\begin{bmatrix} 0 \\ i_{V1} \end{bmatrix} = \hat{\boldsymbol{A}} \begin{bmatrix} \hat{u}_1 \\ -I \end{bmatrix} = \hat{\boldsymbol{A}} \begin{bmatrix} u_1 \\ -I \end{bmatrix} \tag{D.6}$$

比较式(D.5)和式(D.6)，可得

$$u_{V1} = 0 \tag{D.7}$$

即图 D.2(a)中的电压表读数为零。

同理可证，对于图 D.2(b)，电压表读数为零，即 $u_{V2}=0$。

(2) 充分性。

对于图 D.2(a)，有

$$\begin{bmatrix} u_1' \\ u_2' \end{bmatrix} = \boldsymbol{R}_1 \begin{bmatrix} I \\ 0 \end{bmatrix} \tag{D.8a}$$

$$\begin{bmatrix} u_1'' \\ u_2'' \end{bmatrix} = \boldsymbol{R}_2 \begin{bmatrix} I \\ 0 \end{bmatrix} \tag{D.8b}$$

注意到 $V_1=0$，则有

$$\begin{bmatrix} u_1 \\ u_2 \end{bmatrix} = \begin{bmatrix} u_1' + u_1'' \\ u_2' + u_2'' + V_1 \end{bmatrix} = \begin{bmatrix} u_1' + u_1'' \\ u_2' + u_2'' \end{bmatrix} = \boldsymbol{R} \begin{bmatrix} I \\ 0 \end{bmatrix} \tag{D.9}$$

由上面三式可以得出

$$(\boldsymbol{R}_1 + \boldsymbol{R}_2) \begin{bmatrix} I \\ 0 \end{bmatrix} = \boldsymbol{R} \begin{bmatrix} I \\ 0 \end{bmatrix} \tag{D.10}$$

从上式不难得到矩阵 $\boldsymbol{R}_1+\boldsymbol{R}_2$ 和矩阵 $\boldsymbol{R}$ 的第一列相等。同理，由图 D.2(b)，可以得出矩阵 $\boldsymbol{R}_1+\boldsymbol{R}_2$ 和矩阵 $\boldsymbol{R}$ 的第二列相等。于是得出 $\boldsymbol{R}=\boldsymbol{R}_1+\boldsymbol{R}_2$。得证。

附录E 奇异电路及其能量分析

E.1 奇异电路

在电路中，如果由于换路引起电路的状态(电容电压和/或电感电流)出现不连续的变化，即发生跳变，这样的电路称为**奇异电路**(singular circuit)。

如图 E.1.1 所示，该电路为一非冲激函数激励下的奇异电路。设电容 C 的原始值为零，在 $t=0$ 时开关 S 闭合，则由 KVL 可得

$$u_C = U_S \quad t \geqslant 0_+ \qquad \text{(E.1.1)}$$

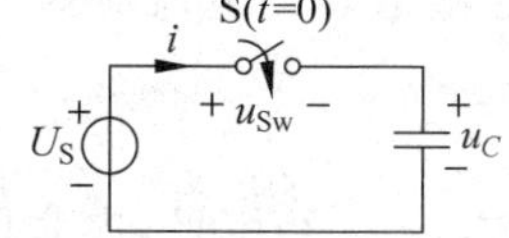

图 E.1.1 零阶奇异电路

由式(E.1.1)可见，电容电压 u_C 在开关 S 闭合前后发生了跳变。又式(E.1.1)是一代数方程，因此图 E.1.1 所示电路是一零阶奇异电路。

对奇异电路的分析，可采用时域分析法(经典法)，也可采用拉普拉斯变换法。由于采用拉普拉斯变换分析电路时直接使用电路状态的原始值，不必计算电路状态的初始值，因此较为方便。下面举例加以说明。

【例 E.1.1】 在图 E.1.2(a)所示电路中，$u_{C1}(0_-)=3\text{V}$，$u_{C2}(0_-)=0$，$t=0$ 时刻开关闭合。试求电流 i_1、i_2。

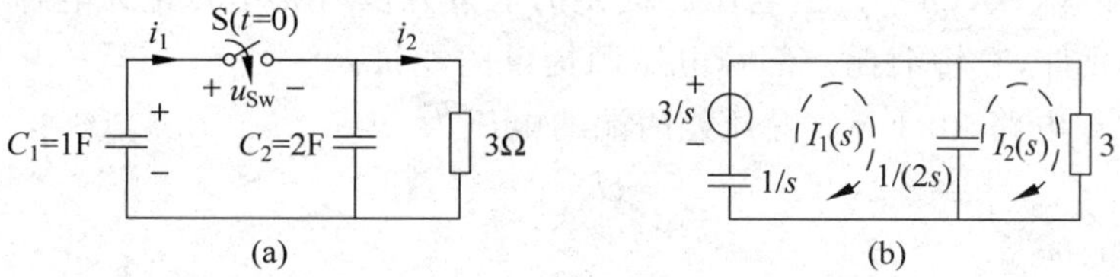

(a) (b)

图 E.1.2 例 E.1.1

解 作运算电路如图 E.1.2(b)所示，采用网孔分析法，列写网孔方程为

$$\begin{cases} \left(\dfrac{1}{s}+\dfrac{1}{2s}\right)I_1(s)-\dfrac{1}{2s}I_2(s)=\dfrac{3}{s} \\ -\dfrac{1}{s}I_1(s)+\left(3+\dfrac{1}{2s}\right)I_2(s)=0 \end{cases}$$

解得

$$\begin{cases} I_1(s)=3\times\dfrac{6s+1}{9s+1}=2\left(1+\dfrac{1/18}{s+1/9}\right) \\ I_2(s)=\dfrac{3}{9s+1}=\dfrac{1}{3}\times\dfrac{1}{s+1/9} \end{cases}$$

求拉氏反变换得

$$\begin{cases} i_1=\left(2\delta(t)+\dfrac{1}{9}\mathrm{e}^{-\frac{t}{9}}\varepsilon(t)\right)\text{A} \\ i_2=\dfrac{1}{3}\mathrm{e}^{-\frac{t}{9}}\varepsilon(t)\text{A} \end{cases}$$

不难得知，图 E.1.2(a)所示电路为一阶奇异电路。

E.2 奇异电路的能量分析

下面分析图 E.1.1 电路的能量关系。由式(E.1.1)，可将电容电压表示为

$$u_C = U_S\varepsilon(t) \tag{E.2.1}$$

则通过电容的电流应为

$$i = C\frac{du_C}{dt} = CU_S\delta(t) \tag{E.2.2}$$

由式(E.2.2)可见，电容电流为一冲激电流。

通过上面的推导，可计算电压源提供的能量和电容存储的能量。电压源提供的能量为

$$w_S = \int_{-\infty}^{\infty} p_S dt = \int_{-\infty}^{\infty} U_S i dt = U_S^2\int_{-\infty}^{\infty} C\delta(t) dt = CU_S^2 \tag{E.2.3}$$

电容的最终储能为

$$w_C = \frac{1}{2}CU_S^2 \tag{E.2.4}$$

由式(E.2.3)和式(E.2.4)可见，电压源提供的能量并没有完全转化为电容的储能。由于开关是一电阻元件，它将消耗一部分电压源提供的能量。

对图 E.1.1 电路，由 KVL 得开关两端的电压为

$$u_{Sw} = U_S[1-\varepsilon(t)] \tag{E.2.5}$$

因此开关消耗的能量为

$$w_{Sw} = \int_{-\infty}^{\infty} p_{Sw} dt = \int_{-\infty}^{\infty} U_S[1-\varepsilon(t)]CU_S\delta(t) dt = \frac{1}{2}CU_S^2 \tag{E.2.6}$$

上式的推导利用了下述积分关系式

$$\int_{-\infty}^{\infty} \varepsilon(t)\delta(t) dt = \int_{-\infty}^{\infty} \varepsilon(t) d\varepsilon(t) = \frac{1}{2}\int_{-\infty}^{\infty} d\varepsilon^2(t) = \frac{1}{2} \tag{E.2.7}$$

由式(E.2.6)可以看出，开关元件也消耗了能量！电容的储能与开关消耗的能量之和正好为电源提供的能量，满足能量守恒定律。当然，由于开关在极短时间内消耗能量，因此有部分能量以电磁波的形式向空间辐射出去。

可见，当开关元件两端的电压发生跃变并且有冲激电流通过时，开关元件必然要消耗能量。这与开关元件是线性时变电阻是吻合的。

【例 E.2.1】 试分析图 E.1.2(a)所示电路的能量关系。

解 例 E.1.1 已算得电流 i_1、i_2。电路的初始能量为电容 C_1 的初始储能，即

$$w_{C1} = \frac{1}{2}C_1 u_{C1}^2(0_-) = \frac{1}{2}\times 1\times 3^2\text{J} = \frac{9}{2}\text{J}$$

当电路达到稳态时，两个电容的储能均为零，3Ω 电阻消耗的能量为

$$w_R = \int_{-\infty}^{\infty} 3\times i_2^2 dt = \frac{1}{3}\int_0^{\infty} e^{-\frac{2t}{9}} dt = \frac{3}{2}\text{J}$$

开关 S 两端的电压可表示为

$$u_{\mathrm{Sw}} = 3[1-\varepsilon(t)]\mathrm{V}$$

其消耗的能量为

$$\begin{aligned} w_{\mathrm{S}} &= \int_{-\infty}^{\infty} u_{\mathrm{Sw}} i_1 \mathrm{d}t = \int_{-\infty}^{\infty} 3[1-\varepsilon(t)]\left[2\delta(t)+\frac{1}{9}\mathrm{e}^{-\frac{t}{9}}\varepsilon(t)\right]\mathrm{d}t \\ &= \frac{1}{3}\int_{-\infty}^{\infty}[1-\varepsilon(t)]\mathrm{e}^{-\frac{t}{9}}\mathrm{d}t + \int_{-\infty}^{\infty} 6\delta(t)\mathrm{d}t - \int_{-\infty}^{\infty} 6\varepsilon(t)\delta(t)\mathrm{d}t = 3\mathrm{J} \end{aligned}$$

可见,电阻消耗的能量与开关消耗的能量之和正好为电容的初始储能。同样,开关消耗能量的一部分将以电磁波的形式向空间辐射。

附录F 一般高阶电路响应的时域求解

F.1 一般高阶电路的方程

二阶和二阶以上的电路称为**高阶电路**(high order circuit)。一般情况下,高阶电路需要用一组联立的微分方程描述,经过变换,可得到只含单个电路变量的高阶微分方程。

如果有一组输入(激励)集合(一组电压源和一组电流源)同时作用于线性电路,那么所需的输出(响应)可以是各个输入单独作用于电路时所得输出的代数和。这就是叠加定理的内容。另外,从一阶电路和二阶电路的分析中可以看出,二阶电路的响应比一阶电路的响应要复杂得多。可以想象,二阶以上电路的响应将更加复杂。

对于单输入的 n 阶线性非时变电路来说,用以描述输入与输出关系的电路方程是 n 阶常系数微分方程,可写作

$$\frac{\mathrm{d}^n y}{\mathrm{d}t^n}+a_1\frac{\mathrm{d}^{n-1} y}{\mathrm{d}t^{n-1}}+\cdots+a_n y=b_0\frac{\mathrm{d}^m w}{\mathrm{d}t^m}+b_1\frac{\mathrm{d}^{m-1} w}{\mathrm{d}t^{m-1}}+\cdots+b_m w \tag{F.1.1}$$

其中,y 表示输出(响应);w 表示输入(激励);常数 $a_1,a_2,\cdots,a_n$ 和 $b_1,b_2,\cdots,b_m$ 取决于电路的参数和拓扑结构,一般情况下 $m<n$。式(F.1.1)的初始条件为 $y(0_+)$,$\left.\frac{\mathrm{d}y}{\mathrm{d}t}\right|_{t=0_+}$,$\cdots$,$\left.\frac{\mathrm{d}^{n-1}y}{\mathrm{d}t^{n-1}}\right|_{t=0_+}$。

式(F.1.1)所表示的电路方程可以根据基尔霍夫定律和支路电压-电流关系,应用各种电路分析方法求得。$t=0_+$ 时的初始条件可根据 $t=0_-$ 时给定的电路原始状态和电路方程求取。

F.2 高阶电路响应的时域求解

F.2.1 高阶电路冲激响应的时域求解

如果电路方程式(F.1.1)中输入为单位冲激 $w(t)=\delta(t)$,则电路的零状态响应 $y_{zs}(t)=h(t)$ 称冲激响应。很明显,将 $w(t)=\delta(t)$ 代入式(F.1.1),等式的右边将包含有冲激函数和它的逐次导数(即各阶奇异函数)。待求的冲激响应 $h(t)$ 应保证式(F.1.1)左边的奇异函数和右边的奇异函数相平衡。由于方程右边奇异函数的最高阶次是 m,冲激响应 $h(t)$ 的形式将取决于 m 和 n 的相对大小。此时,式(F.1.1)左边的 $\mathrm{d}^n y/\mathrm{d}t^n$ 项应包含冲激函数的 m 阶导数 $\mathrm{d}^m\delta(t)/\mathrm{d}t^m$ 以便与右边相匹配,$\mathrm{d}^{n-1}y/\mathrm{d}t^{n-1}$ 项中对应有 $\mathrm{d}^{m-1}\delta(t)/\mathrm{d}t^{m-1}$,…若 $n=m+1$,则 $\mathrm{d}y/\mathrm{d}t$ 项要对应有 $\delta(t)$,而 $y(t)$ 项将不包含 $\delta(t)$ 及其各阶导数项。这表明,在 $n>m$ 的情况下,冲激响应不包含任何奇异函数。

根据定义,冲激函数 $\delta(t)$ 及其各阶导数在 $t>0$ 时等于零。这样,对于一个单位冲激输入,式(F.1.1)的右边在 $t>0$ 时恒等于零。因此,就 $t>0$ 而言,冲激响应恒等于零输入响应。式(F.1.1)右边的奇异函数实质上起到确定 $t=0_+$ 时的初始条件的作用。这些条件是

$$h(0_+),\left.\frac{\mathrm{d}h(t)}{\mathrm{d}t}\right|_{t=0_+},\cdots,\left.\frac{\mathrm{d}^{n-1}h(t)}{\mathrm{d}t^{n-1}}\right|_{t=0_+} \tag{F.2.1}$$

如果式(F. 1. 1)所有的固有频率都不相等,则有

$$h(t)=\left(\sum_{j=1}^{n}K_j\mathrm{e}^{s_jt}\right)\varepsilon(t) \tag{F. 2. 2}$$

上式中 n 个待定系数 K_j 可由 n 个初始条件(F. 2. 1)加以确定。

因此,求取冲激响应的关键问题是如何求取初始条件,或者说,如何确定式(F. 2. 2)中的待定系数 K_j。常见的时域解法包括平衡系数法,0_+ 条件法和线性叠加法等三种求解冲激响应的方法。

平衡系数方法是运用平衡电路方程等号两边奇异函数项系数来求取待定系数。0_+ 条件方法是通过不断地对电路方程两边从 0_- 到 0_+ 进行积分,确定 $t=0_+$ 时的初始条件,然后用求得的结果确定待定系数。线性叠加方法是根据线性方程解的齐次性和可加性来求解。下面通过实例加以说明。

【例 F. 2. 1】 试求电路微分方程 $\frac{\mathrm{d}^2y(t)}{\mathrm{d}t^2}+4\frac{\mathrm{d}y(t)}{\mathrm{d}t}+3y(t)=\frac{\mathrm{d}\delta(t)}{\mathrm{d}t}+2\delta(t)$ 的解。假设电路的原始状态为零。

解 (1) 平衡系数法。

特征方程为

$$s^2+4s+3=0$$

解得

$$s_1=-1,\quad s_2=-3$$

于是微分方程的通解为

$$y(t)=(K_1\mathrm{e}^{-t}+K_2\mathrm{e}^{-3t})\varepsilon(t)$$

对 $y(t)$ 逐次求导,有

$$\begin{cases}\dfrac{\mathrm{d}y(t)}{\mathrm{d}t}=(K_1+K_2)\delta(t)+(-K_1\mathrm{e}^{-t}-3K_2\mathrm{e}^{-3t})\varepsilon(t)\\ \dfrac{\mathrm{d}^2y(t)}{\mathrm{d}t^2}=(K_1+K_2)\dfrac{\mathrm{d}\delta(t)}{\mathrm{d}t}+(-K_1-3K_2)\delta(t)+(K_1\mathrm{e}^{-t}+9K_2\mathrm{e}^{-3t})\varepsilon(t)\end{cases}$$

将上式代入微分方程的通解得

$$(K_1+K_2)\frac{\mathrm{d}\delta(t)}{\mathrm{d}t}+(3K_1+K_2)\delta(t)=\frac{\mathrm{d}\delta(t)}{\mathrm{d}t}+2\delta(t)$$

为使上式左右两边的系数平衡,得到方程组为

$$\begin{cases}K_1+K_2=1\\ 3K_1+K_2=2\end{cases}$$

解得

$$K_1=1/2,\quad K_2=1/2$$

因此微分方程的解为

$$y(t)=\frac{1}{2}(\mathrm{e}^{-t}+\mathrm{e}^{-3t})\varepsilon(t)$$

(2) 0_+ 条件法。

对微分方程两边从 0_- 到 t 积分,并令 $t=0_+$ 得 $\left.\frac{\mathrm{d}y(t)}{\mathrm{d}t}\right|_{t=0_+}+4y(0_+)=2$;对微分方程

两边从 0_- 到 t 两次积分，并令 $t=0_+$，得 $y(0_+)=1$，因此 $\left.\frac{\mathrm{d}y(t)}{\mathrm{d}t}\right|_{t=0+}=-2$。

对微分方程的通解令 $t=0_+$，利用初始条件得到 $K_1=1/2, K_2=1/2$，得到微分方程的解为

$$y(t)=\frac{1}{2}(\mathrm{e}^{-t}+\mathrm{e}^{-3t})\varepsilon(t)$$

(3) 线性叠加法。

求得微分方程 $\frac{\mathrm{d}^2y(t)}{\mathrm{d}t^2}+4\frac{\mathrm{d}y(t)}{\mathrm{d}t}+3y(t)=\delta(t)$ 的冲激响应解为

$$h(t)=\frac{1}{2}(\mathrm{e}^{-t}-\mathrm{e}^{-3t})\varepsilon(t)$$

由叠加原理得原微分方程的解为

$$y(t)=\frac{\mathrm{d}h(t)}{\mathrm{d}t}+2h(t)=\frac{1}{2}(\mathrm{e}^{-t}+\mathrm{e}^{-3t})\varepsilon(t)$$

由本例可知，三种求解方法的结果一致。

F.2.2 高阶电路响应的时域求解

对高阶电路的一般响应，同样可采用平衡系数法，0_+ 条件法和线性叠加法等求解。下面举例说明。

【例 F.2.2】 图 F.2.1 为一个含全耦合电感的电路，已知 $i_1(0_-)=i_2(0_-)=0\mathrm{A}$，试求电路中的 i_1。

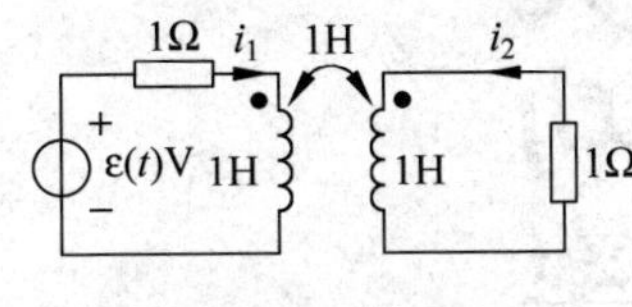

图 F.2.1 例 F.2.2

解 由图 F.2.1 电路可列写出时域电路方程为

$$\begin{cases}1\times i_1+1\times\frac{\mathrm{d}i_1}{\mathrm{d}t}+1\times\frac{\mathrm{d}i_2}{\mathrm{d}t}=\varepsilon(t)\\1\times\frac{\mathrm{d}i_1}{\mathrm{d}t}+1\times\frac{\mathrm{d}i_2}{\mathrm{d}t}+1\times i_2=0\end{cases}$$

由上式消去 i_2 得

$$2\frac{\mathrm{d}i_1}{\mathrm{d}t}+i_1=\delta(t)+\varepsilon(t)$$

这里采用线性叠加法求解上述电路方程。求出 $2\frac{\mathrm{d}i_1}{\mathrm{d}t}+i_1=\delta(t)$ 的解为

$$i_1'=\frac{1}{2}\mathrm{e}^{-\frac{1}{2}t}\varepsilon(t)\mathrm{A}$$

$2\frac{\mathrm{d}i_1}{\mathrm{d}t}+i_1=\varepsilon(t)$ 的解为

$$i_1''=(1-\mathrm{e}^{-\frac{1}{2}t})\varepsilon(t)\mathrm{A}$$

因此图 F.2.1 所示电路中 i_1 的时域解为

$$i_1=i_1'+i_1''=\left(1-\frac{1}{2}\mathrm{e}^{-\frac{1}{2}t}\right)\varepsilon(t)\mathrm{A}$$

附录G 正弦稳态最大功率传输的实现方法

正弦稳态最大功率传输定理指出，当负载阻抗与电源内阻抗互为共轭复数时，负载阻抗获得最大功率。此时负载阻抗和电源内阻抗为最大功率匹配或共轭匹配。在实际电路中，往往电源内电阻和负载阻抗是给定的，此时要使负载阻抗获得最大功率，一种解决办法是在电源和负载之间接入理想变压器，利用理想变压器的阻抗变换性质，使负载阻抗和电源内阻抗实现模匹配。当然，由于理想变压器仅变换阻抗的模而不改变阻抗的辐角，因此模匹配时负载阻抗获得的功率一般要小于共轭匹配时的功率。

下面讨论在给定电源内阻抗和负载阻抗的情况下，通过电路设计实现负载阻抗获得最大功率的实现方法。

为了使负载阻抗获得最大功率，可采用如图 G.1 所示的电路形式，即在电源和负载之间接入一个二端口电路 N，以达到实现阻抗变换的目的。图中，$Z_L=R_L+jX_L$ 为负载阻抗，$Z_S=R_S+jX_S$ 为电源内阻抗，均为给定；N 为某一合适的二端口电路，待求。

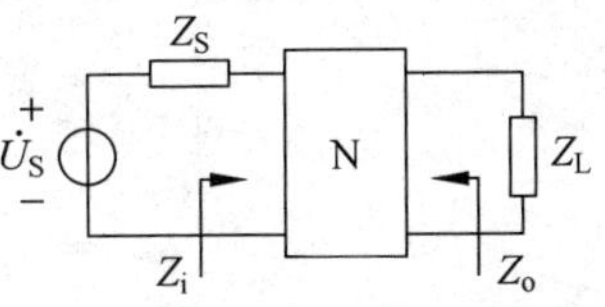

图 G.1 最大功率传输

由于动态元件不消耗平均功率，为使 Z_L 获得尽可能大的（平均）功率，可考虑 N 全部由无源动态元件组成。不失一般性，采用传输参数表示 N 的端口特性，则 N 的传输矩阵可表示为

$$\mathbf{A}=\begin{bmatrix} a_{11} & ja_{12} \\ ja_{21} & a_{22} \end{bmatrix} \tag{G.1}$$

式中矩阵元素 $a_{ij}(i,j=1,2)$ 为实数。短路驱动点阻抗 ja_{12} 和开路反向转移导纳 ja_{21} 为纯虚数，这是因为 N 仅由动态元件组成。

如果电源输出最大功率，由于动态元件不消耗平均功率，则该最大功率全部由负载吸收。由最大功率传输定理，电源输出最大功率的条件为从输入端向右端看去的输入阻抗与电源内阻抗 Z_S 共轭，即

$$Z_i = Z_S^* \tag{G.2}$$

而输入阻抗 Z_i 为

$$Z_i=\frac{a_{11}Z_L+ja_{12}}{ja_{21}Z_L+a_{22}}=\frac{a_{11}(R_L+jX_L)+ja_{12}}{ja_{21}(R_L+jX_L)+a_{22}} \tag{G.3}$$

由式(G.2)和式(G.3)得

$$\frac{a_{11}(R_L+jX_L)+ja_{12}}{ja_{21}(R_L+jX_L)+a_{22}}=R_S-jX_S \tag{G.4}$$

根据复数相等规则，得到

$$\begin{cases} a_{11}R_L+(R_SX_L-R_LX_S)a_{21}-R_Sa_{22}=0 \\ a_{11}X_L+a_{12}-(R_SR_L+X_SX_L)a_{21}+X_Sa_{22}=0 \end{cases} \tag{G.5}$$

上式即为最大功率传输时传输矩阵 **A** 应满足的条件。

由于电源发出的功率完全被负载吸收，因此式(G.5)也可由如下等式求出

$$Z_o = Z_L^* \tag{G.6}$$

上式表明从输出端向左端看去的输出阻抗与负载阻抗 Z_L 共轭时，负载阻抗获得最大

功率。

由式(G.5)可知，对传输矩阵的四个元素只有两个约束条件，说明传输矩阵并不唯一。如果规定二端口电路仅由无源动态元件组成，且为对称电路，则由互易定理和二端口电路对称性可得

$$\begin{cases} a_{11}a_{22} - \mathrm{j}a_{12}\mathrm{j}a_{21} = a_{11}a_{22} + a_{12}a_{21} = 1 \\ a_{11} = a_{22} \end{cases} \tag{G.7}$$

联立式(G.5)和式(G.7)，解得

$$\begin{cases} a_{11} = a_{22} = \pm \dfrac{R_{\mathrm{L}}X_{\mathrm{S}} - R_{\mathrm{S}}X_{\mathrm{L}}}{\sqrt{R_{\mathrm{S}}R_{\mathrm{L}}[(X_{\mathrm{L}} - X_{\mathrm{S}})^2 + (R_{\mathrm{S}} - R_{\mathrm{L}})^2]}} \\ a_{12} = \pm \dfrac{R_{\mathrm{S}}(R_{\mathrm{L}}^2 + X_{\mathrm{L}}^2) - R_{\mathrm{L}}(R_{\mathrm{S}}^2 + X_{\mathrm{S}}^2)}{\sqrt{R_{\mathrm{S}}R_{\mathrm{L}}[(X_{\mathrm{L}} - X_{\mathrm{S}})^2 + (R_{\mathrm{S}} - R_{\mathrm{L}})^2]}} \\ a_{21} = \pm \dfrac{R_{\mathrm{L}} - R_{\mathrm{S}}}{\sqrt{R_{\mathrm{S}}R_{\mathrm{L}}[(X_{\mathrm{L}} - X_{\mathrm{S}})^2 + (R_{\mathrm{S}} - R_{\mathrm{L}})^2]}} \end{cases} \tag{G.8}$$

式(G.8)即为在给定电源内阻抗和负载阻抗的情况下求取传输矩阵 $\boldsymbol{A}$ 的公式。此时负载阻抗获得的最大功率为

$$P_{\mathrm{Lmax}} = \frac{U_{\mathrm{S}}^2}{4R_{\mathrm{S}}} \tag{G.9}$$

下面通过实例来对上述结论作进一步说明。

【例 G.1】 对图 G.1 所示电路，假设电源内阻抗为 $Z_{\mathrm{S}} = R + \mathrm{j}X$，负载阻抗 $Z_{\mathrm{L}} = R - \mathrm{j}X$，试求传输矩阵 $\boldsymbol{A}$。

解 将 Z_{S} 和 Z_{L} 的实部和虚部分别代入式(G.8)，求得 $a_{11} = a_{22} = \pm 1$，$a_{12} = a_{21} = 0$，即 $\boldsymbol{A} = \begin{bmatrix} 1 & 0 \\ 0 & 1 \end{bmatrix}$ 或 $\boldsymbol{A} = \begin{bmatrix} -1 & 0 \\ 0 & -1 \end{bmatrix}$。上述传输矩阵分别对应于平行传输导线或交叉传输导线，说明 $Z_{\mathrm{S}} = R + \mathrm{j}X$ 与 $Z_{\mathrm{L}} = R - \mathrm{j}X$ 共轭，不必接入任何二端口电路即可保证负载阻抗获得最大功率。

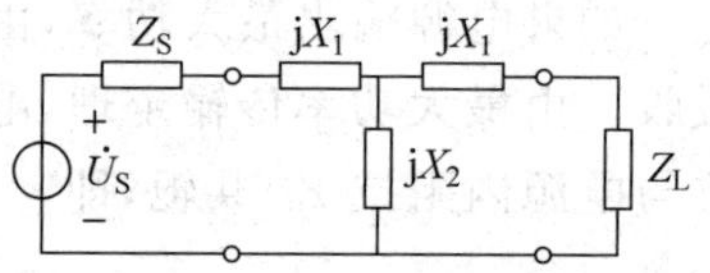

图 G.2 例 G.2

【例 G.2】 已知图 G.2 所示电路中 $\omega = 10^3\,\mathrm{rad/s}$，为了使 $Z_{\mathrm{L}} = (1 + \mathrm{j})\,\Omega$ 的负载阻抗与等效内阻抗为 $Z_{\mathrm{S}} = (4 + \mathrm{j})\,\Omega$ 的电源实现共轭匹配，在负载与电源之间接入一个由 LC 构成的对称二端口电路，试确定 L、C 的大小。

解 将 $R_{\mathrm{L}} = 1$，$X_{\mathrm{L}} = 1$，$R_{\mathrm{S}} = 4$，$X_{\mathrm{S}} = 1$ 代入式(G.8)，求得传输矩阵为 $\boldsymbol{A} = \begin{bmatrix} 0.5 & \mathrm{j}1.5 \\ \mathrm{j}0.5 & 0.5 \end{bmatrix}$ 或 $\boldsymbol{A} = \begin{bmatrix} -0.5 & -\mathrm{j}1.5 \\ -\mathrm{j}0.5 & -0.5 \end{bmatrix}$。

不难求出图 G.2 中由 $\mathrm{j}X_1$ 和 $\mathrm{j}X_2$ 构成的二端口电路的传输矩阵为

$$\boldsymbol{A} = \begin{bmatrix} 1 + X_1/X_2 & -\mathrm{j}(X_1^2/X_2 + 2X_1) \\ -\mathrm{j}/X_2 & 1 + X_1/X_2 \end{bmatrix}$$

于是得到

$$X_1 = -1, \quad X_2 = 2 \quad 或 \quad X_1 = 1, \quad X_2 = -2$$

对应第一组解，二端口电路可采用图 G.3(a)所示的电路，其中

$$C_1 = -\frac{1}{\omega X_1} = -\frac{1}{1000 \times (-1)} \mathrm{F} = 1 \times 10^{-3} \mathrm{F}, \quad L_2 = \frac{X_2}{\omega} = \frac{2}{1000} \mathrm{H} = 2 \times 10^{-3} \mathrm{H}$$

对应第二组解，二端口电路可采用图 G.3(b)所示的电路，其中

$$L_1 = \frac{X_1}{\omega} = \frac{1}{1000} \mathrm{H} = 1 \times 10^{-3} \mathrm{H}, \quad C_2 = -\frac{1}{\omega X_2} = -\frac{1}{1000 \times (-2)} \mathrm{F} = 5 \times 10^{-4} \mathrm{F}$$

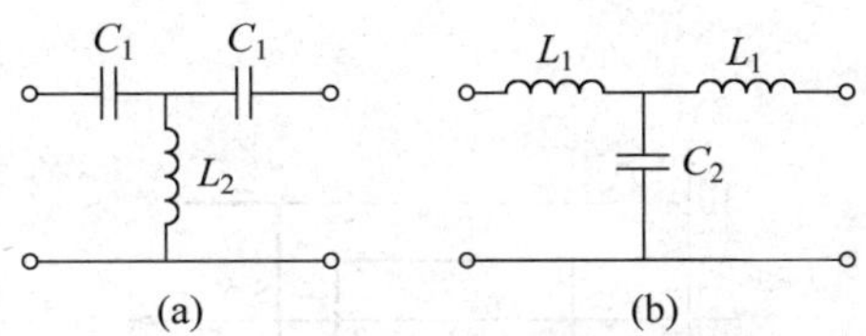

图 G.3　二端口网络的实现形式

部分习题答案

第 1 章

1.1 不能

1.2 能

1.3

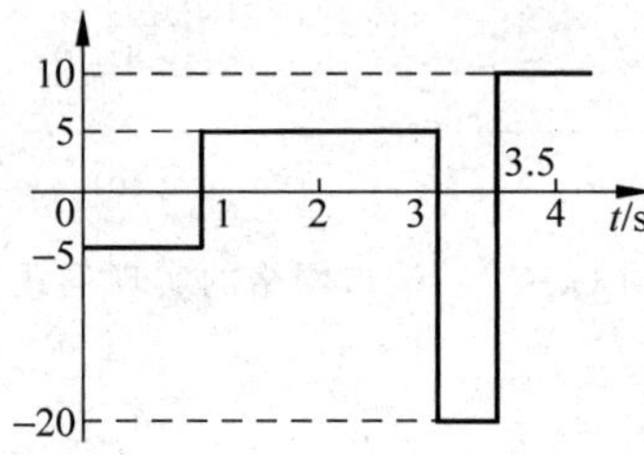

1.4 15V

1.5 $2000[1+\cos(4\pi t)]$W；$2000\left[t+\frac{1}{4\pi}\sin(4\pi t)\right]$J

1.6 －12W；$30\cos^2\omega t$ W；－0.2W；0.0001W

1.7 吸收；649.61mW；2.4×10^3J

1.8 1.296×10^7J

1.9 3A

1.10 －3A；－6A

1.11 $(1+2e^{-t}-4\sin t)$V

1.12 (1) 3A，2A，1.2A；(2) 6.2A；(3) －74.4W，74.4W；(4) 5

1.13 $u_1=-1$V；$u_2=3$V；$u_3=5$V

1.14 $i_1=-1$A；$i_2=-3$A；$i_3=-10$A；$i_4=6$A

1.15 $i_1=-2$A；$i_2=-6$A；$i_3=12$A；$u_4=-2$V；$u_5=8$V；$u_6=-14$V；0

第 2 章

2.2 11A；7A

2.3 －6A；4A

2.4 (1) 1.44W；8.64W；1.44W；2.88W (2) 0；2W；1W

2.5 0A；6W；8W

2.8 $3e^{-t}$A

2.9 $[1/3-(2/3)e^{-100t}]$A

2.10 1.5A

2.11 288W

2.12　7.5A

2.13　3A；1A

2.14　50V；5A

2.15　$-\frac{R_2}{R_2}u_i$；$-\frac{R_2}{R_L}$

2.16　$-\frac{R_2}{R_1}\left(1+\frac{R_4}{R_2}+\frac{R_4}{R_3}\right)$

2.17　5V；5mA

2.18　$u_o=\frac{R_2}{R_1}(u_2-u_1)$

2.19　$(2e^{-t}+\cos t)$V；$(e^{-t}+2\cos t)$V

2.20　$(-8te^{-20t}-0.816e^{-10t})$V

2.21　$[2\cos(t)e^{-t}-2\sin(t)e^{-t}]$V；$[\cos(t)e^{-t}-\sin(t)e^{-t}]$V

2.23　1

2.24　2A；4A

2.25　$u=4i$

2.26　$u=(R_1+R_2)i$

2.27　$u=u_S/2+(R/2)i$；$u=2Ri+Ri_S$

2.28　(a) 不存在，$\begin{bmatrix}1/R & -1/R\\-1/R & 1/R\end{bmatrix}$；(b) $\begin{bmatrix}R & R\\R & R\end{bmatrix}$，不存在

2.29　$\begin{bmatrix}\frac{5}{12} & -\frac{1}{12}\\-\frac{1}{4} & \frac{1}{4}\end{bmatrix}$；$\begin{bmatrix}\frac{3}{2} & -\frac{1}{2}\\-5 & 3\end{bmatrix}$

2.30　$\begin{bmatrix}R_b & \mu\\\beta & 1/R_c\end{bmatrix}$

2.31　(a) $\begin{bmatrix}1 & 0\\0 & 1\end{bmatrix}$，$\begin{bmatrix}1 & 0\\0 & 1\end{bmatrix}$；(b) $\begin{bmatrix}-1 & 0\\0 & -1\end{bmatrix}$，$\begin{bmatrix}-1 & 0\\0 & -1\end{bmatrix}$

2.32　$\begin{bmatrix}1/30 & -1/60\\-1/30 & 1/15\end{bmatrix}$S；$\begin{bmatrix}30\Omega & 0.5\\-1 & 0.05S\end{bmatrix}$；$\begin{bmatrix}0.025S & -0.25\\0.5 & 15\Omega\end{bmatrix}$；$\begin{bmatrix}2 & 30\Omega\\0.05S & 1\end{bmatrix}$；
$\begin{bmatrix}2 & 60\Omega\\0.1S & 4\end{bmatrix}$

第 3 章

3.1　10Ω

3.2　14Ω

3.3　3.236Ω

3.4　5Ω

3.5　1A

3.6　14V

3.7　$u_{7A}=7V, u_{8A}=1V, u_{6A}=-2V$；$i_{3V}=-1A, i_{4V}=7A, i_{5V}=-14A$

3.8　(1) $8\mu F$；(2) $480\mu F$；(3) 2.4V，9.6V，48V

3.10　2mH；$3.5\mu F$

3.11　60mF；$\frac{1}{12}\sin(2t)V$

3.12　1.01H

3.13　$\sin(t)A \quad t\geqslant 0$；$\sin(2t)W \quad t\geqslant 0$

3.14　$[10+8\sin(\pi t)]V \quad t\geqslant 0$；$\frac{1-\cos(2\pi t)}{2}J \quad t\geqslant 0$

3.15　(a) 40V，0.04Ω；(b) 5A，800Ω

3.17　1A

3.18　3/10

3.20　(12/7)R

3.21　$0.2u_S$

3.22

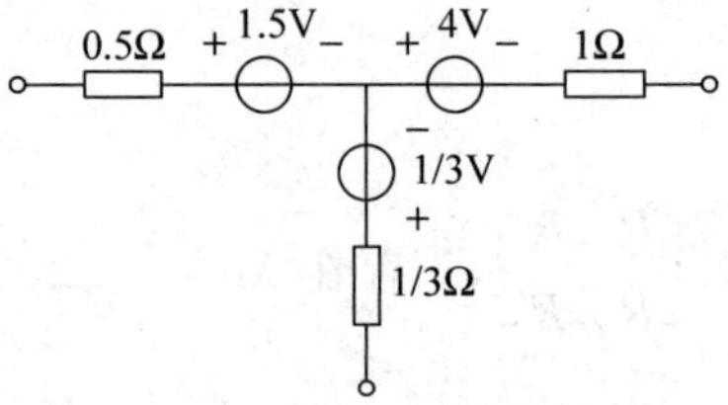

3.23　$\begin{cases} C_{12}=C_1C_2/(C_1+C_2+C_3) \\ C_{23}=C_2C_3/(C_1+C_2+C_3) \\ C_{31}=C_3C_1/(C_1+C_2+C_3) \end{cases}$　或　$\begin{cases} C_1=C_{12}+C_{31}+C_{12}C_{31}/C_{23} \\ C_2=C_{23}+C_{12}+C_{23}C_{12}/C_{31} \\ C_3=C_{31}+C_{23}+C_{31}C_{23}/C_{12} \end{cases}$

3.24　$\begin{cases} L_{12}=L_1+L_2+L_1L_2/L_3 \\ L_{23}=L_2+L_3+L_2L_3/L_1 \\ L_{31}=L_3+L_1+L_3L_1/L_2 \end{cases}$　或　$\begin{cases} L_1=L_{31}L_{12}/(L_{12}+L_{23}+L_{31}) \\ C_2=L_{12}L_{23}/(L_{12}+L_{23}+L_{31}) \\ C_3=L_{23}L_{31}/(L_{12}+L_{23}+L_{31}) \end{cases}$

3.26　$\begin{bmatrix} 3 & 2 \\ 2 & 5 \end{bmatrix}\Omega$；$\begin{bmatrix} 1\frac{1}{2} & 5\frac{1}{2}\Omega \\ \frac{1}{2}S & 2\frac{1}{2} \end{bmatrix}$

3.27　$\begin{bmatrix} \frac{1}{R_1}+\frac{R_3+R_5}{R_3R_4+R_3R_5+R_4R_5} & -\frac{R_3}{R_3R_4+R_3R_5+R_4R_5} \\ -\frac{R_3}{R_3R_4+R_3R_5+R_4R_5} & \frac{1}{R_2}+\frac{R_3+R_4}{R_3R_4+R_3R_5+R_4R_5} \end{bmatrix}$

3.28　24V；8V

3.29　24V；4A

3.30　$\begin{bmatrix} R_1+R_2 & -R_2 \\ -R_2-\gamma & R_2+R_3+\gamma \end{bmatrix}\begin{bmatrix} i_{m1} \\ i_{m2} \end{bmatrix}=\begin{bmatrix} u_S \\ 0 \end{bmatrix}$

3.31　4Ω

3.32　4V

3.33　0；2A；3A

3.34　−3V；−6V；−8V

3.36　2A；2A；1A

3.37　$\begin{bmatrix} G_1+G_2 & -G_2 \\ -g_m-G_2 & g_m+G_2+G_3 \end{bmatrix}\begin{bmatrix} u_{n1} \\ u_{n2} \end{bmatrix}=\begin{bmatrix} i_S \\ 0 \end{bmatrix}$

3.38　$\dfrac{\sqrt{G_1}-\sqrt{G_2}}{\sqrt{G_1}+\sqrt{G_2}}$；$\dfrac{1}{G}$

3.39　$\dfrac{G_1-G_2}{G_3-G_4}$

3.40　$-\dfrac{R_2R_3(R_4+R_5)}{R_1(R_2R_4+R_2R_5+R_3R_4)}$

3.41　$-\dfrac{R_2R_4}{R_1R_2+R_2R_3+R_3R_1}$

3.43　$u_o=\dfrac{R_2u_{S1}+R_1u_{S2}}{R_2-R_1}$

第 4 章

4.1　{1,2,4,5},{2,3,4,5},{2,3,5,7}

4.2　{2,3,4,5},{4,5,6},{5,6,7},{4,7}

4.7　$\boldsymbol{A}=\begin{array}{c} \\ 1 \\ 2 \\ 3 \\ 4 \end{array}\begin{array}{c} \begin{array}{cccccccccc} 1 & 2 & 3 & 4 & 5 & 6 & 7 & 8 & 9 & 10 \end{array} \\ \begin{bmatrix} -1 & -1 & 0 & 0 & 0 & 0 & 0 & -1 & 1 & 0 \\ 1 & 0 & 1 & 0 & 0 & 1 & -1 & 0 & 0 & 0 \\ 0 & 1 & 0 & 0 & 1 & -1 & 0 & 0 & 0 & 1 \\ 0 & 0 & -1 & 1 & 0 & 0 & 0 & 1 & 0 & -1 \end{bmatrix} \end{array}$

4.9　$[5,1,-1]^T$A

4.10　{1,3,8},{4,8,9},{2,5,9},{1,2,6},{1,7,9},{2,8,10}

4.11

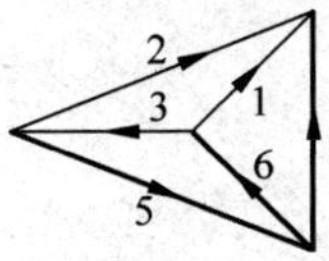

4.12　$\boldsymbol{B}=\begin{bmatrix} 1 & 0 & 0 & 0 & 0 & 0 & -1 & -1 & 0 & 0 \\ 0 & 1 & 0 & 0 & 0 & 0 & -1 & -1 & -1 & 0 \\ 0 & 0 & 1 & 0 & 0 & 0 & 0 & 1 & 1 & 0 \\ 0 & 0 & 0 & 1 & 0 & 0 & -1 & -1 & -1 & 1 \\ 0 & 0 & 0 & 0 & 1 & 0 & -1 & 0 & 0 & 1 \\ 0 & 0 & 0 & 0 & 0 & 1 & 1 & 1 & 0 & -1 \end{bmatrix}$

$$Q=\begin{bmatrix}1&1&0&1&1&-1&1&0&0&0\\1&1&-1&1&0&-1&0&1&0&0\\0&1&-1&1&0&0&0&0&1&0\\0&0&0&-1&-1&1&0&0&0&1\end{bmatrix}$$

4.13

4.14 $[3,-5,3,-2,5,0]^{T}$V

4.15 $\begin{bmatrix}1&0&0&1&0&-1\\0&1&0&0&-1&1\\0&0&1&-1&1&0\end{bmatrix}$

4.16 $\begin{bmatrix}1&-1&0&1&0&0\\-1&1&-1&0&1&0\\1&0&1&0&0&1\end{bmatrix}$

4.17 $\begin{bmatrix}G_1+G_3&-G_1&0\\-G_1&G_1+G_2+G_4&-G_2\\0&-G_2&G_2+G_5\end{bmatrix}\begin{bmatrix}u_{n1}\\u_{n2}\\u_{n3}\end{bmatrix}=\begin{bmatrix}-G_3u_{S3}\\0\\i_{S5}\end{bmatrix}$

4.18 $\begin{bmatrix}G_1+G_2&-G_2&0\\-G_2+g&G_2+G_3+G_5-g&-G_3\\0&-G_3&G_3+G_4\end{bmatrix}\begin{bmatrix}u_{n1}\\u_{n2}\\u_{n3}\end{bmatrix}=\begin{bmatrix}G_1u_{S1}\\0\\i_{S4}\end{bmatrix}$

4.19 $[3,-5,2,-5]^{T}$A；$[4,-5,4,9]^{T}$V

4.20 $\begin{bmatrix}3R&-2R&R&R\\-2R&5R&-2R&-3R\\R&-2R&3R&2R\\R&-3R&2R&4R\end{bmatrix}\begin{bmatrix}i_1\\i_2\\i_3\\i_4\end{bmatrix}=\begin{bmatrix}0\\-Ri_S\\Ri_S-U_S\\Ri_S\end{bmatrix}$

4.21 $\begin{bmatrix}\frac{3}{R}&\frac{2}{R}&\frac{2}{R}&-\frac{1}{R}\\\frac{2}{R}&\frac{4}{R}&\frac{3}{R}&-\frac{1}{R}\\\frac{2}{R}&\frac{3}{R}&\frac{5}{R}&-\frac{2}{R}\\-\frac{1}{R}&-\frac{1}{R}&-\frac{2}{R}&\frac{3}{R}\end{bmatrix}\begin{bmatrix}U_1\\U_2\\U_3\\U_4\end{bmatrix}=\begin{bmatrix}0\\i_S+\frac{U_S}{R}\\\frac{U_S}{R}\\0\end{bmatrix}$

第 5 章

5.1 2V

5.2 $u_S/8$；$8u_S$

5.3 16V

5.4　34V

5.5　4mA

5.6　1.8

5.7　$\dfrac{R_f}{R}(u_2-u_1)$

5.8　$\left(1+\dfrac{2R_1}{R_g}\right)(u_2-u_2)$

5.9　19A

5.10　27.5A

5.11　0.5A

5.12　0.75A

5.13　4.6Ω

5.14　$i_{2\Omega}=4A, i_{1\Omega}=5A, i_{3\Omega}=-1A$

5.15　(5/3)V

5.16　24V；8V

5.17

1Ω
+
0.2V
−
a
b

5.18

9.33Ω
+
1.33V
−

5.19

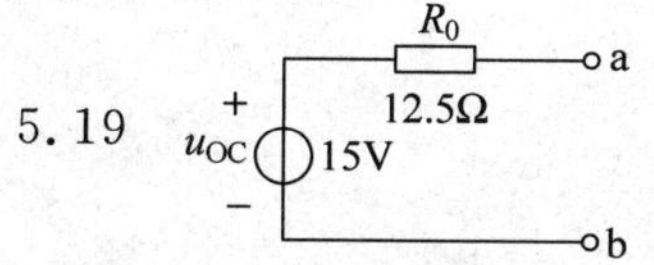

1.2A
a
i_{SC}
12.5Ω
R_0
b

5.20

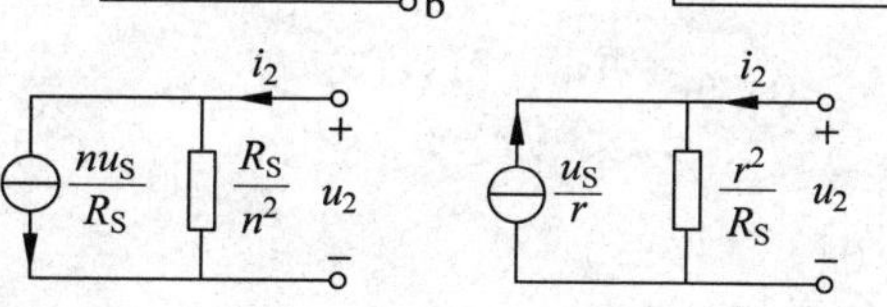

5.21　9.68V

5.22　4V

5.23　$U_{OC}=6V$；$R_{eq}=2k\Omega$

5.24　−5V

5.25　2A

5.26　10Ω；35.16W

5.27　1.25W

5.28　10.8A

5.29　−5W；30W

5.30　54V

5.31　−3Ω

5.32　$\frac{1}{32}$S；$\frac{1}{32}$S；$\frac{3}{32}$S

第 6 章

6.1　$10e^{-t}\varepsilon(t)$V；$-5e^{-t}\varepsilon(t)$A

6.2　$u_C(0)e^{-\frac{t}{300}}\varepsilon(t)$V；$\frac{u_C(0)}{300}e^{-\frac{t}{300}}\varepsilon(t)$A

6.3　6kΩ；100V

6.4　0.9V；0.9V

6.5　$0.5u_i-\int_0^t 500u_i dt$

6.6　(a) 8V,1A；(b) 36V,1.2A；(c) (5/6)V,(−1/6)A；(d) 66.6V,3.33A

6.7　6.4V；6.4V

6.8　15μs

6.9　$-5+15e^{-10t}$V　$t\geqslant 0_+$；$(0.25+0.75e^{-10t})$mA　$t\geqslant 0_+$

6.10　$(4.57-2.57e^{-14t})$V　$t\geqslant 0_+$

6.11　$(3-2e^{-15t})$A　$t\geqslant 0_+$；$6(1-e^{-10t})$V　$t\geqslant 0_+$

6.12　e^{-5t}A　$t\geqslant 0$；$(-5e^{-5t})\varepsilon(t)$V

6.13　$[-100e^{-10^4 t}\varepsilon(t)+200e^{-10^4(t-10)}\varepsilon(t-10)-200e^{-10^4(t-20)}\varepsilon(t-20)]$V

6.14　$[2+e^{(t-1)/2}]$V

6.15　$100e^{-3.33t}$V　$t\geqslant 0$；$33.3e^{-3.33t}$mA　$t\geqslant 0$

6.16　$2.5+2.5e^{-3t/2}$V　$t\geqslant 0$；$-5+5e^{-3t/2}$V　$t\geqslant 0$

6.17　$RI(1-e^{-t/\tau})\varepsilon(t)$

6.18　$-10(1-e^{-10^{-3}t/3})\varepsilon(t)$V

6.19　$0.6[1-e^{-t/(8\times 10^{-6})}]\varepsilon(t)$mA　$t\geqslant 0$；$6e^{-t/(8\times 10^{-6})}$V　$t>0$

6.20　$(16-26e^{-5\times 10^4 t})$mA　$t\geqslant 0$

6.21　$-2e^{-t}$A；$(-2+4e^{-t})$V　$t\geqslant 0_+$

6.22　$24e^{-50t}$V　$t\geqslant 0_+$

6.23　$\left(\frac{5}{8}-\frac{1}{8}e^{-t}\right)$V　$t>0$

6.24　$\left(\frac{15}{77}+\frac{293}{77}e^{-77\times 10^6 t/60}\right)$V　$t\geqslant 0$

6.25　$2(1-e^{-t})\varepsilon(t)-[1-e^{-(t-1)}]\varepsilon(t-1)-[1-e^{-(t-3)}]\varepsilon(t-3)$

6.26　$\left\{\left(\frac{4}{3}+\frac{2}{3}e^{-2.5t}\right)\varepsilon(t)-\frac{4}{3}(1-e^{-2.5(t-0.4)})\varepsilon(t-0.4)\right\}$A

6.27　$(1+t-e^{-t})\varepsilon(t)$V；$(1+e^{-t})\varepsilon(t)$V

6.28　$2000e^{-20t}\varepsilon(t)$V；$[-200e^{-20t}\varepsilon(t)+10\delta(t)]$mA

6.29 $(1.6+0.4e^{-5})e^{-5(t-1)}$A

6.30 $\begin{cases} 0, & t<0 \\ 5t^2, & 0\leqslant t\leqslant 1 \\ -10t^2+30t-15, & 1\leqslant t\leqslant 2 \\ 5t^2-30t+45, & 2\leqslant t\leqslant 3 \\ 0, & t\geqslant 3 \end{cases}$；$\begin{cases} 0, & t<1 \\ t-1, & 1\leqslant t\leqslant 2 \\ 0, & t\geqslant 2 \end{cases}$

6.31 $\{(1-e^{-5t})\varepsilon(t)+[2e^{5(1-t)}-e^{10(1-t)}-1]\varepsilon(t-1)\}$A

第 7 章

7.1 0.26A

7.2 -48V/s；0；8A/s

7.3 (1) $2\dfrac{d^2u_C}{dt^2}+5\dfrac{du_C}{dt}+3u_C=12\varepsilon(t)$；(2) $(4-6e^{-t}+3e^{-1.5t})\varepsilon(t)$V

7.4 (1) $\dfrac{4\sqrt{3}}{3}e^{-t}\sin(\sqrt{3}t)$A，$\dfrac{8\sqrt{3}}{3}e^{-t}\sin(\sqrt{3}t+60°)$V；(2) $4te^{-2t}$A，$4(1+2t)e^{-2t}$V

(3) $\dfrac{4}{3}(e^{-t}-e^{-4t})$A，$\dfrac{4}{3}(4e^{-t}-e^{-4t})$V

7.5 $(2t+1)e^{-2t}$A $t\geqslant 0_+$；$-0.5te^{-2t}$V $t\geqslant 0_+$

7.6 (1) $RC_1C_2\dfrac{d^2u_1}{dt^2}+\left(C_1+C_2+\dfrac{C_1R_1}{R_3}\right)\dfrac{du_1}{dt}+\dfrac{1}{R_3}u_1=0$

(2) $(1.17e^{-0.382t}-0.17e^{-2.62t})$V $t\geqslant 0$

7.7 $-710.81e^{-25t}\sin(139.19t-4.03°)$V $t>0$

7.8 0.5Ω；$t=3.0$s

7.9 $|4-\alpha|<2\sqrt{\dfrac{L}{C}}$

7.10 $[12-(4\cos 2t+2\sin 2t)e^{-t}]$V；$e^{-t}(4\cos 2t-2\sin 2t)$V

7.11 $(4-6e^{-t}+3e^{-1.5t})$V $t>0$

7.12 $\dfrac{a}{s(s+a)}$；$\dfrac{\omega\cos\varphi+s\sin\varphi}{s^2+\omega^2}$；$\dfrac{s}{(s+a)^2}$；$\dfrac{1}{s(s+a)}$；$\dfrac{2}{s^3}$；$\dfrac{3s^2+2s+1}{s^2}$；$\dfrac{s^2-a^2}{(s^2+a^2)^2}$；$\dfrac{a^2}{s^2(s+a)}$

7.13 $\dfrac{1}{8}(3+2e^{-2t}+3e^{-4t})\varepsilon(t)$；$\left(\dfrac{12}{5}e^{-2t}-\dfrac{34}{9}e^{-3t}+\dfrac{152}{45}e^{-12t}\right)\varepsilon(t)$；$2\delta(t)+(2e^{-t}$ $+e^{-2t})\varepsilon(t)$；$\delta(t)+(e^{-t}-4e^{-2t})\varepsilon(t)$；$(1+3e^{-t}+2te^{-t})\varepsilon(t)$

7.14 (a) $Z_i(s)=\dfrac{30s^2+14s+1}{6s^2+12s+1}$；(b) $Y_i(s)=\dfrac{2s^2+s+1}{2s+1}$

7.15 $\dfrac{s^3RC_1C_2L+s^2L(C_1+C_2)+sRC_2+1}{s^3C_1C_2L+s^2RC_1C_2+sC_1}$；$\dfrac{s^3C_1C_2L+s^2RC_1C_2+sC_1}{s^3RC_1C_2L+s^2L(C_1+C_2)+sRC_2+1}$

7.16 $[35-(1000t+15)e^{-200t}]\varepsilon(t)$V

7.17 $(6.67-0.446e^{-0.634t}-6.22e^{-2.366t})\varepsilon(t)$A

7.18 $(1-0.5e^{-6.67t}-0.5e^{-20t})\varepsilon(t)$A；$(-0.5e^{-6.67t}+0.5e^{-20t})\varepsilon(t)$A

7.19 $\left(-\frac{4}{17}e^{-4t}+\frac{5}{26}e^{-5t}+\frac{19}{442}\cos t+\frac{9}{442}\sin t\right)\varepsilon(t)\text{V}$

7.20 $(5+5.125e^{-0.2t}-0.125e^{-5t})\varepsilon(t)\text{V}$

7.21 $-\frac{4}{s^2+6s+4}$；$0.89(e^{-5.24t}-e^{-0.76t})\text{V}$

7.22 $8e^{-6t}\varepsilon(t)\text{V}$

7.23 $A>1.25$

7.24 不振荡

7.25 振荡；1.6V；(20/3)V

7.26
$$\begin{bmatrix}\frac{di_1}{dt}\\ \frac{di_2}{dt}\\ \frac{du_{C1}}{dt}\\ \frac{du_{C2}}{dt}\end{bmatrix}=\begin{bmatrix}-\frac{R_1}{L_1} & 0 & -\frac{1}{L_1} & 0\\ 0 & -\frac{R_2}{L_2} & \frac{1}{L_2} & -\frac{1}{L_2}\\ \frac{1}{C_1} & \frac{1}{C_1} & 0 & 0\\ 0 & \frac{1}{C_2} & 0 & 0\end{bmatrix}\begin{bmatrix}i_1\\ i_2\\ u_{C1}\\ u_{C2}\end{bmatrix}+\begin{bmatrix}\frac{1}{L_1}\\ 0\\ 0\\ 0\end{bmatrix}u_S$$

7.27
$$\begin{bmatrix}\frac{du_C}{dt}\\ \frac{di_L}{dt}\end{bmatrix}=\begin{bmatrix}-1 & -1\\ 1 & -1\end{bmatrix}\begin{bmatrix}u_C\\ i_L\end{bmatrix}+\begin{bmatrix}-1 & 0\\ 0 & -1\end{bmatrix}\begin{bmatrix}u_S\\ i_S\end{bmatrix};$$

$$\begin{bmatrix}i_1\\ u_2\end{bmatrix}=\begin{bmatrix}-1 & 0\\ 0 & 1\end{bmatrix}\begin{bmatrix}u_C\\ i_L\end{bmatrix}+\begin{bmatrix}1 & 0\\ 0 & 1\end{bmatrix}\begin{bmatrix}u_S\\ i_S\end{bmatrix}$$

7.28 $\mu\neq-1$：
$$\begin{bmatrix}\frac{du_{C1}}{dt}\\ \frac{du_{C3}}{dt}\end{bmatrix}=\begin{bmatrix}-\frac{1}{C_1R_4(1+\mu)} & 0\\ -\frac{\mu}{C_3R_5(1+\mu)} & -\frac{1}{C_3R_5}\end{bmatrix}\begin{bmatrix}u_{C1}\\ u_{C3}\end{bmatrix}+\begin{bmatrix}\frac{1}{C_1R_4(1+\mu)}\\ \frac{\mu}{C_3R_5(1+\mu)}\end{bmatrix}u;$$

$\mu=-1$：$\frac{du_{C3}}{dt}=-\frac{R_4C_1}{R_5C_3}\frac{du}{dt}-\frac{1}{C_3R_5}i_{L3}$

7.29
$$\begin{bmatrix}\frac{du_1}{dt}\\ \frac{du_2}{dt}\end{bmatrix}=\begin{bmatrix}-\frac{1}{C_1}\left(\frac{1}{R_1}+\frac{1}{R_2}+\frac{1}{R_3}\right) & \frac{1}{C_1R_2}\\ -\frac{1}{C_2R_3} & 0\end{bmatrix}\begin{bmatrix}u_1\\ u_2\end{bmatrix}+\begin{bmatrix}\frac{1}{C_1R_1}\\ 0\end{bmatrix}u_i$$

7.30 0.5Ω

7.31
$$\begin{cases}\frac{di_{L1}}{dt}=-i_{L1}-i_{L2}+u_C\\ \frac{di_{L2}}{dt}=-i_{L1}-2i_{L2}+u_C\end{cases}$$

7.32
$$\begin{bmatrix}e^{3t} & (e^{3t}-e^t)/2 & (e^{3t}-e^{2t}+e^t)/2\\ 0 & e^t & e^{2t}-e^t\\ 0 & 0 & e^{2t}\end{bmatrix}$$

7.33 $\begin{bmatrix}\left(-\dfrac{1}{6}\mathrm{e}^{-t}+\dfrac{13}{6}\mathrm{e}^{-3t}\right)\varepsilon(t)\mathrm{V}\\ \left(3+\dfrac{3}{4}\mathrm{e}^{-t}-\dfrac{13}{4}\mathrm{e}^{-3t}\right)\varepsilon(t)\mathrm{A}\end{bmatrix}$

7.34 (1) $\begin{bmatrix}\dfrac{\mathrm{d}i_L}{\mathrm{d}t}\\ \dfrac{\mathrm{d}u_C}{\mathrm{d}t}\end{bmatrix}=\begin{bmatrix}-6 & 1\\ -5 & 0\end{bmatrix}\begin{bmatrix}i_L\\ u_C\end{bmatrix}+\begin{bmatrix}6 & -\dfrac{1}{3}\\ 5 & 0\end{bmatrix}\begin{bmatrix}i_S\\ u_S\end{bmatrix}$；(2) $\begin{bmatrix}\dfrac{\mathrm{e}^{-5t}-\mathrm{e}^{-t}}{4} & \dfrac{5\mathrm{e}^{-t}-\mathrm{e}^{-5t}}{4}\\ \dfrac{5(\mathrm{e}^{-5t}-\mathrm{e}^{-t})}{4} & \dfrac{5\mathrm{e}^{-t}-\mathrm{e}^{-5t}}{4}\end{bmatrix}$；

(3) $4\mathrm{e}^{-5t}\mathrm{A}\quad t\geqslant 0, 4\mathrm{e}^{-5t}\mathrm{V}\quad t\geqslant 0$

第 8 章

8.1 $50\angle-30°$；$2.5\sqrt{6}\angle 0°$；$0.541\angle 112.5°$；$1.92\angle 29.95°$

8.2 $5\sqrt{2}\cos(\omega t-53.1°)$；$5\sqrt{2}\cos(\omega t+143.1°)$；$3\sqrt{2}\cos(\omega t+90°)$；$220\sqrt{2}\cos(\omega t+60°)$

8.3 $20.53\sqrt{2}\cos(\omega t-103°)\mathrm{V}$；150°

8.4 $1.43\angle-48.6°$

8.5 三个阻抗的阻抗角相等；三个导纳的导纳角相等

8.7 25V

8.8 $200\cos(\omega t-135°)\mathrm{V}$；$102\sqrt{2}\cos(\omega t-101.3°)\mathrm{V}$

8.9 $u_R=u_C=400\sqrt{2}\cos(\omega t)\mathrm{V}$；$u_L=400\sqrt{10}\cos(\omega t+153.43°)\mathrm{V}$；

$i_C=4\sqrt{2}\cos(\omega t+90°)\mathrm{A}$；$i_L=2\sqrt{10}\cos(\omega t+63.43°)\mathrm{A}$；$u=800\cos(\omega t+135°)\mathrm{V}$

8.10 3Ω

8.11 (11.6+j1.97)Ω

8.12 (8−j16)Ω

8.13 $3.71\sqrt{2}\cos(5t-15.95°)\mathrm{V}$

8.14 $\begin{cases}\dot{I}_1=\dot{I}_S\\ -R_1\dot{I}_1+\left(R_1+R_2+\mathrm{j}\omega L+\dfrac{1}{\mathrm{j}\omega C}\right)\dot{I}_2-(R_2+\mathrm{j}\omega L)\dot{I}_3=0\\ -(R_2+\mathrm{j}\omega L)\dot{I}_2+(R_2+R_3+\mathrm{j}\omega L)\dot{I}_3=-\dot{U}_S\end{cases}$；

$\begin{cases}\left(\dfrac{1}{R_1}+\mathrm{j}\omega C\right)\dot{U}_{n1}-\mathrm{j}\omega C\dot{U}_{n2}=\dot{I}_S\\ -\mathrm{j}\omega C\dot{U}_{n1}+\left(R_3+\mathrm{j}\omega C+\dfrac{1}{R_2+\mathrm{j}\omega L}\right)\dot{U}_{n2}=\dfrac{\dot{U}_S}{R_3}\end{cases}$

8.15 0.01F

8.16

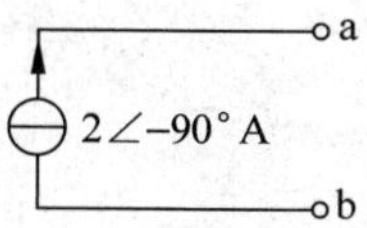

8.17 $\dot{U}_{OC}=\dfrac{\dot{U}_S R_3}{R_1+R_2+R_3+\mathrm{j}\omega CR_3(R_1+R_2)}$；$Z_{eq}=\dfrac{R_3(R_1+R_2-aR_2)}{R_1+R_2+R_3+\mathrm{j}\omega CR_3(R_1+R_2)}$

8.18　$L=0, M=\sqrt{L_1L_2}$；$U_S(L_1+M)/(RL_1)$

8.19　$250\mu F$

8.20　$20.3\mu F$；0.5H；α 可取任何实数

8.22　$R_1C_1=R_2C_2$；$\dfrac{R_2}{R_2+R_1}$

8.23　$\dfrac{4A}{\pi}\left(\cos\omega t-\dfrac{1}{3}\cos3\omega t+\dfrac{1}{5}\cos5\omega t-\dfrac{1}{7}\cos7\omega t+\cdots\right)$；

$\dfrac{4A}{\pi}\left(\sin\omega t+\dfrac{1}{3}\sin3\omega t+\dfrac{1}{5}\sin5\omega t+\dfrac{1}{7}\sin7\omega t+\cdots\right)$

8.24　$\dfrac{A}{\pi}\left(1+\dfrac{\pi}{2}\cos\omega t+\dfrac{2}{3}\cos2\omega t-\dfrac{2}{15}\cos4\omega t+\dfrac{2}{35}\cos6\omega t-\cdots\right)$；

$\dfrac{A}{\pi}\left(1+\dfrac{\pi}{2}\sin\omega t-\dfrac{2}{3}\cos2\omega t-\dfrac{2}{15}\cos4\omega t-\dfrac{2}{35}\cos6\omega t-\cdots\right)$

8.25　$\dfrac{300}{\pi}\left[\sin10t+\dfrac{1}{5}\sin50t+\dfrac{1}{7}\sin70t\right]$

8.26　$\dfrac{300}{\pi}\left[\cos10t-\dfrac{2}{3}\cos30t+\dfrac{1}{5}\cos50t-\dfrac{1}{7}\cos70t+\dfrac{2}{9}\cos90t\right]$

8.27　$[1+0.894\cos(2t-63.4°)]$V

8.28　$[0.1\sin(100t-90°)+6\times10^{-3}\sin(500t-90°)]$A；

$[0.1\sin(100t+90°)+0.15\sin(500t+90°)]$A

8.29　$[31.83+16.61\cos(314t-168°)+1.341\cos(628t-175°)+\cdots]$V

8.30　$[15.413\cos(1000t+23.43°)+9.422\cos(500t-25.84°)]$V

8.31　$[2+0.99\cos(t-29.74°)+1.34\cos(2t+26.56°)]$V

8.32　$[3.226\times10^{-2}\sin(10^4t+57°)+2.66\times10^{-2}\sin(10^5t-79.3°)+9.4\times10^{-4}\sin(10^6t-157.9°)]$V

8.33　$[10(1-e^{-4t})\varepsilon(t)-5]$A

8.34　$10\cos(3t-36.87°)$A

8.35　$\dfrac{200}{j\omega+200}$；$\dfrac{j\omega}{j\omega+200}$；$\dfrac{j\omega}{j\omega+8000}$；$\dfrac{8000}{j\omega+8000}$；$\dfrac{100}{j\omega+500}$

8.36　$\dfrac{-G_1G_3}{G_2G_3-\omega^2C_1C_2+j\omega C_2(G_1+G_2+G_3)}$

8.37　(a) $\omega=\dfrac{1}{\sqrt{LC}}$时短路；$\omega=0$ 或 $\omega=\infty$时开路

(b) $\omega=0$ 或 $\omega=\infty$时短路；$\omega=\dfrac{1}{\sqrt{LC}}$时开路

(c) $\omega=\dfrac{1}{\sqrt{L_1C_1}}$时短路；$\omega=\dfrac{1}{\sqrt{(L_1+L_2)C_1}}$时开路

(d) $\omega=\dfrac{1}{\sqrt{L_1C_1}}$时短路；$\omega=\sqrt{\dfrac{1}{L_1C_1}+\dfrac{1}{L_1C_2}}$时开路

8.38　186.3$\angle$63.45°V

8.39　$1/\sqrt{LC}$

8.40　(a) $\sqrt{\frac{1}{L_1C_1}}$，$\sqrt{\frac{1}{L_2C_2}}$，$\sqrt{\frac{C_1+C_2}{(L_1+L_2)C_1C_2}}$；(b) 不能谐振

第 9 章

9.2　220V

9.3　440V

9.4　$\dot{I}_U=1.1\angle-25.84°$A；$\dot{I}_V=1.1\angle-145.84°$A；$\dot{I}_W=1.1\angle94.16°$A

$\dot{U}_{U'V'}=376.65\angle-29.95°$V；$\dot{U}_{V'W'}=376.65\angle-90.05°$V；$\dot{U}_{W'U'}=376.65\angle149.95°$V

9.5　$\dot{I}_U=28.17\angle-39.8°$A；$\dot{I}_V=28.17\angle-159.8°$A；$\dot{I}_W=28.17\angle80.2°$A

$\dot{I}_{U'V'}=16.26\angle-9.8°$A；$\dot{I}_{V'W'}=16.26\angle-129.8°$A；$\dot{I}_{W'U'}=16.26\angle110.2°$A

$\dot{U}_{U'V'}=312.3\angle28.86°$V；$\dot{U}_{V'W'}=312.3\angle-91.14°$V；$\dot{U}_{W'U'}=312.3\angle148.86°$V

9.6　15.02A

9.7　8.64$\angle$−45°A；8.64$\angle$−165°A；8.64$\angle$75°A

9.8　(1) 20$\angle$−53.13°V，20$\angle$−173.13°V，20$\angle$66.87°V；

(2) 34.6$\angle$−23.13°V，34.6$\angle$−143.13°V，34.6$\angle$96.87°V

9.9　110V

9.10　0；220A

9.11　19.68A

9.12　(1) 50.09$\angle$115.52°V，68.17$\angle$−44.29°A，44.51$\angle$−155.52°A，76.07$\angle$94.76°A；

(2) $Z_N=0$ 时：0；38.89$\angle$−165°A，98.39$\angle$93.43°A

$Z_N=\infty$时：0；48.66$\angle$−129.81°A，48.66$\angle$50.19°A

9.13　22$\angle$0°A；22$\angle$−30°A；22$\angle$30°A；60.11$\angle$0°A

9.14　$\sqrt{3}RC=1$ 和 $LC=1$

9.15　$\sqrt{3}$A

9.16　4.33A

9.17　$(2\sqrt{3}-\mathrm{j}\sqrt{3})\Omega$

9.18　46.19$\angle$0°A；34.64$\angle$−180°A；27.71$\angle$30°A；38.15$\angle$21.3°A

9.19　70$\angle$0°V；60$\angle$180°V；75.5$\angle$−173.4°V；75.5$\angle$173.4°V

1.4$\angle$88.9°V；10.07$\angle$−8°V；11.25$\angle$−11.6°V；75.5$\angle$124.7°V

9.20　220Ω；380$\angle$−30°Ω；380$\angle$30°Ω

9.21　(1) 0，380$\angle$−150°V，380$\angle$150°V；(2) 329$\angle$0°V，190$\angle$−90°V，190$\angle$90°V

第 10 章

10.1　$-0.5\sin2t$W；$0.5\sin2t$W；1J

10.2　1.5Ω；0.5H；1F

10.5　[24＋40cos(2ωt＋6.87°)]W

10.6　1Ω；[50＋50cos(2ωt)]W

10.7　[599－632cos(2t＋18.5°)]W；599W；－201var；0.948

10.8　20W；0；20VA；1

10.9　154.9W,697var；116.4W,－155.2var；154.4W,154.4var；154.4W,77.2var

10.10　[0.5＋$\sqrt{2}$cos(2t－51.13°)＋$\sqrt{2}$cos(1.5t－45°)]V；3.75W

10.11　388W

10.12　36.62W；－2.158var；42.8VA

10.13　2.29V；10W

10.14　3.89A；14.14V；12W

10.15　659.96W

10.16　340W

10.17　0

10.18　106.32∠32.17°A；0.847(容性)

10.19　117.7μF

10.20　(1) 21.64A,900W,0.847；(2) 5.11Ω,1389W,0.926；(3) 5.15μF

10.21　800W

10.22　120.1V；2.06A

10.23　(5－j5)Ω；5W

10.24　(0.5－j0.5)Ω；239.8W

10.25　2.8Ω；12.8W

10.26　6.25W

10.27　12.5W

10.28　3×10^{-2}H；3×10^{-5}F

10.29　3200W；1600var

10.30　(1) 22∠－36.87°A,22∠－156.87°A,22∠83.13°A,11584W；
(2) 66∠－66.87°A；66∠173.13°A,66∠53.13°A,34752W

10.31　3200W；1600var

10.32　$\dot{I}_{UV}$＝5.08∠－23.13°A；$\dot{U}_{UV}$＝347.53∠29°V；3251W；4180var；0.614

10.33　390.4V；0.847(滞后)

10.34　36.06∠－16.10°A；0.96

10.35　(1) 1250W,194W,1444W,388var,－388var
(2) 836VA,(306＋j306)VA,(306－j306)VA

10.37　1881W；1254W；627W

中英文名词索引

B

C

D

E

F

G

H

J

K

L

M

N

O

P

Q

R

S

T

W

X

Y

Z

参 考 文 献

[1] 陈洪亮,张峰,田社平.电路基础.北京：高等教育出版社,2007

[2] 陈洪亮,赵艾萍,田社平.电路基础教学指导书.北京：高等教育出版社,2008

[3] 于歆杰,朱桂萍,陆文娟.电路原理.北京：清华大学出版社,2007

[4] C. A. 狄苏尔,葛守仁著,林争辉主译.电路基本理论.北京：人民教育出版社,1979

[5] 王蔼主编.基本电路理论.修订版.上海：上海交通大学出版社,1993

[6] 徐光藻,陈洪亮.电路分析理论.合肥：中国科学技术大学出版社,1990

[7] 李瀚荪.简明电路分析基础.北京：高等教育出版社,2002

[8] 吴锡龙.电路分析.北京：高等教育出版社,2004

[9] 陈希有.电路理论基础.第二版.北京：高等教育出版社,2004

[10] 邱关源主编.电路.第四版.北京：高等教育出版社,1999

[11] 周守昌.电路原理分析.北京：高等教育出版社,2004

[12] 周长源.电路理论基础.第二版.北京：高等教育出版社,1996

[13] 胡翔骏.电路分析.北京：高等教育出版社,2002

[14] L. O. Chua,C. A. Desor,E. S. Kuh. Linear and Non-linear Circuits. New York：McGraw-Hill Inc. ,1987

[15] J. W. Nilsson,S. A. Riedel. Electric Circuits. seventh edition. Prentice Hall,2005

[16] W. H. Hayt,J. E. Kemmerly. Engineering Circuit Analysis. New York：McGraw-Hill Inc. ,1978

[17] R. A. DeCarlo,Pen-Min Lin. Linear Circuit Analysis. Prentice-Hall Inc. ,1995

教师反馈表

感谢您购买本书！清华大学出版社计算机与信息分社专心致力于为广大院校电子信息类及相关专业师生提供优质的教学用书及辅助教学资源。

我们十分重视对广大教师的服务，如果您确认将本书作为指定教材，请您务必填好以下表格并经系主任签字盖章后寄回我们的联系地址，我们将免费向您提供有关本书的其他教学资源。

您需要教辅的教材：	电路分析基础(陈洪亮)		
您的姓名：			
院系：			
院/校：			
您所教的课程名称：			
学生人数/所在年级：	＿＿＿＿人/　1　2　3　4　硕士　博士		
学时/学期	＿＿＿＿学时/＿＿＿＿学期		
您目前采用的教材：	作者：＿＿＿＿ 书名：＿＿＿＿ 出版社：＿＿＿＿		
您准备何时用此书授课：			
通信地址：			
邮政编码：		联系电话	
E-mail：			
您对本书的意见/建议：		系主任签字 盖章	

我们的联系地址：

清华大学出版社　学研大厦 A602，A604 室

邮编：100084

Tel：010-62770175-4409，3208

Fax：010-62770278

E-mail：liuli@tup. tsinghua. edu. cn；hanbh@tup. tsinghua. edu. cn

教师反馈表